Fundraising Akademie (Hrsg.)

Fundraising

Fundraising Akademie (Hrsg.)

# Fundraising

Handbuch für Grundlagen,
Strategien und Methoden

4., aktualisierte Auflage

**GABLER**

Bibliografische Information Der Deutschen Nationalbibliothek
Die Deutsche Nationalbibliothek verzeichnet diese Publikation in der
Deutschen Nationalbibliografie;detaillierte bibliografische Daten sind im Internet über
<http://dnb.d-nb.de> abrufbar.

Die **Fundraising Akademie** ist die führende Ausbildungsstätte für die Professionalisierung des Fundraisings im deutschsprachigen Raum. Gesellschafter der Akademie sind das Gemeinschaftswerk der Evangelischen Publizistik gGmbH (GEP), der Deutsche Fundraising Verband e.V. und der Deutsche Spendenrat e.V.

Konzeptionelle und redaktionelle Leitung: Claudia Andrews, Christian Eitmann

Redaktionsteam: Claudia Andrews, Christian Eitmann, Kai Fischer, Dr. Marita Haibach, Hans-Josef Hönig, Dr. Thomas Kreuzer, Dr. Christoph Müllerleile, Lothar Schulz

1. Auflage 2001
2. Auflage 2003
3. Auflage 2006
4., aktualisierte Auflage 2008

Alle Rechte vorbehalten
© Betriebswirtschaftlicher Verlag Dr. Th. Gabler | GWV Fachverlage GmbH, Wiesbaden 2008

Lektorat: Susanne Kramer | Renate Schilling

Der Gabler Verlag ist ein Unternehmen von Springer Science+Business Media.
www.gabler.de

Umschlaggestaltung: Ulrike Weigel, www.CorporateDesignGroup.de
Korrektorat: Caroline Gutberlet
Satz: Ernst Karpf, Frankfurt am Main
Druck und buchbinderische Verarbeitung: Wilhelm & Adam, Heusenstamm
Gedruckt auf säurefreiem und chlorfrei gebleichtem Papier
Printed in Germany

ISBN 978-3-8349-0820-9

# Vorwort zur 4. Auflage

Mit dem Erfolg der ersten drei Auflagen hat sich das Handbuch Fundraising als Standardwerk des Fundraisings im deutschsprachigen Raum weiter etabliert.

Die Änderungen in der vorliegenden Neuauflage beziehen sich hauptsächlich auf die weitgreifenden Veränderungen im Dritten Sektor aufgrund des Gesetzes zur weiteren Stärkung des bürgerschaftlichen Engagements. Der Bundesrat hat am 21. September 2007 diesem Gesetz zugestimmt, mit dem Ergebnis, dass die wesentlichen Neuregelungen rückwirkend zum 1. Januar 2007 in Kraft treten. Mit dem Gesetz werden das Gemeinnützigkeits- und Spendenrecht großzügiger geregelt und mögliche Steuervergünstigungen verbessert. Insgesamt – so ist zu hoffen – wird durch die gesetzliche Neuregelung auch die Spendenbereitschaft von Bürgerinnen und Bürgern weiter gefördert.

Wir kommen mit der vierten Auflage den Wünschen und Erwartungen der Fundraising-Branche in Deutschland nach, im Handbuch aktuelle Veränderungen aufzunehmen, um so jeweils den fortgeschrittensten Stand der noch immer jungen Disziplin zu dokumentieren.

Wir danken vor allem den Autorinnen und Autoren, die unter großem zeitlichen Druck ihre Artikel für diese Auflage überarbeitet haben – ohne sie wäre das Werk nicht zustande gekommen. Wir danken auch dem Gabler Verlag, der sich rasch und unkompliziert zu einer vierten Auflage entschieden hat.

Fundraiserinnen und Fundraisern steht nun wieder das aktuellste und umfangreichste Lehrwerk der Profession im deutschsprachigen Raum zur Verfügung.

Frankfurt am Main, im Frühjahr 2008

Christian Eitmann, Thomas Kreuzer

# Vorwort zur 3. Auflage

Als die Fundraising Akademie ihre Arbeit im Jahr 1999 aufnahm, konnte man kaum erahnen, wie rasant sich die Bedeutung des Fundraisings für die Struktur und Finanzierung des Dritten Sektors entwickeln würde. Inzwischen ist Fundraising zum festen Bestandteil für die finanzielle Sicherung gemeinnütziger Arbeit geworden. Im Zuge der zunehmenden Professionalisierung hat die Theoriebildung durch den Diskurs mit den benachbarten humanwissenschaftlichen und ökonomischen Disziplinen in den vergangenen Jahren beträchtliche Fortschritte gemacht.

Das Verdienst der ersten Auflage des Handbuches war es, eine bis dahin einzigartige Enzyklopädie des Fundraisings vorzulegen, indem – stark induktiv – eine „Theorie aus der Praxis" entwickelt wurde. Die zweite durchgesehene Auflage leistete Aktualisierungen rechtlicher Grundlagen sowie die nötig gewordene Umstellung von D-Mark in

Euro. Die dritte Auflage nun stellt sich als völlig überarbeitete Neuausgabe vor, in die die Erfahrungen aus dem operativen Fundraising sowie der Lehre und Beratung im Fundraising Eingang gefunden haben. Die anwendungsbezogene Orientierung an den Themen des Fundraisings hat sich bewährt und stellt die Kontinuität zu den vorherigen Auflagen dar.

Die in den letzten Jahren erwachsenen Erfahrungen aus der Fundraising-Praxis ermöglichen es nun, das gesamte Gebiet des Fundraisings stärker strukturiert und systematisiert darzustellen. Ergebnis daraus ist auch eine Klärung der bisher recht heterogenen Nutzung von Begrifflichkeiten. Wir sind der Meinung, dass wir hier ein kohärentes Modell vorlegen können, das stringent und nachvollziehbar unterscheidet zwischen „Strategien des Fundraisings", „Formen des Fundraisings" und Fundraising-Methoden, differenziert dargestellt in den beiden Kapiteln „Kommunikationswege des Fundraisings" und „Fundraising-Fertigkeiten und -Instrumente". Mit dieser Festlegung soll eine klare Abgrenzung und Bezogenheit ermöglicht werden, „damit man weiß, wovon man spricht".

Mit der Entwicklung von Fundraising zu einem selbstständigen und professionalisierten Arbeitsgebiet hat sich der anfängliche inhaltliche Schwerpunkt von Themen der Öffentlichkeit sukzessive zum Thema der organisatorischen Voraussetzungen für Fundraising verschoben, das von Lothar Schulz hier unter dem Begriff „Institutional Readiness" expliziert wird.

Das vorliegende Handbuch wurde erneut als grundlegendes Lehrmaterial für die Studiengänge an der Fundraising Akademie weiterentwickelt, richtet sich darüber hinaus an einen breiten Leserkreis von Theoretikern, Praktikern und Interessierten im Dritten Sektor. 67 Autorinnen und Autoren, allesamt anerkannte Fachleute aus der Fundraising-Praxis, haben fundierte Beiträge zu allen wichtigen Themen des Fundraisings verfasst. Damit versteht sich das Handbuch weiterhin als Referenz- und Orientierungspunkt für die anhaltende Theoriebildung in der „Fundraising-Szene".

Besonders danken möchten wir all denen, die zum Entstehen des Buches beigetragen haben: voran den Autorinnen und Autoren, die in ihren Artikeln die eigene Sachkompetenz großzügig zur Verfügung gestellt haben; darüber hinaus dem Redaktionsteam, bestehend aus Kai Fischer, Dr. Marita Haibach, Hans-Josef Hönig, Dr. Christoph Müllerleile und Lothar Schulz. Ein besonderer Dank geht einmal mehr an Caroline Gutberlet für ihre außerordentlich präzisen und akribischen Lektorats- und Korrekturarbeiten und an Dr. Ernst Karpf, der souverän und mit hoher Professionalität die Umsetzung von Satz und Layout übernommen hat. Frau Kramer vom Gabler Verlag hat das Entstehen des Werkes freundlich und zuvorkommend unterstützt. Die organisatorische Umsetzung wurde begleitet durch Petra Buschkämper und Ursula Reusch. Ihnen allen sei herzlich gedankt.

Wir als Herausgeber wünschen allen Leserinnen und Lesern Muße und Spaß bei der gewiss inspirierenden Lektüre.

Frankfurt am Main, im Frühjahr 2006

Claudia Andrews, Thomas Kreuzer

# Kurzübersicht

# Inhaltsverzeichnis

# Checklisten 773

# Autorenverzeichnis 861

# Stichwortverzeichnis 873

# Einleitung

*Volker Then*

Fundraising hat Konjunktur. Das vorliegende Handbuch erscheint in vierter, überarbeiteter Auflage, und die Fundraising Akademie, für deren Qualifizierungsangebot es das Referenzwerk darstellt, bildet seit acht Jahren mit großem Erfolg und stabiler Nachfrage berufsbegleitend Fundraiser aus. Steht diese Entwicklung wirklich für die wachsende Mobilisierung privater Mittel für öffentliche Angelegenheiten? Verschiebt sich das Gewicht von Staat und Drittem Sektor sowie Privatwirtschaft in der Bereitstellung öffentlicher Güter tatsächlich? Ist die Bundesrepublik zum Land der Engagierten, der Stifter und Spender geworden, die Verantwortung für das Gemeinwohl übernehmen?

Gerne hätten wir auf diese Fragen präzise Antworten, doch müssen wir uns angesichts des nach wie vor äußerst lückenhaften Forschungsstandes und der unzureichenden Publizität im gemeinnützigen Sektor mit unpräzisen, geschätzten und unvollkommenen Antworten zufrieden geben.

Anstelle einer weiteren Hymne auf das wachsende bürgerschaftliche Engagement möchte ich das Experiment einer Schätzung des gesamten Zuwendungsvolumens in Deutschland wagen. Die legendäre Zahl des „Giving" in den USA wird jährlich errechnet und betrug im Jahr 2004 248,5 Milliarden US-Dollar.[1] Der leichte Einbruch der Vorjahre gegenüber dem historischen Spitzenjahr 2000 (252 Mrd. US-$) wurde mit einer Steigerungsrate von 2,3 Prozent gegenüber 2003 inzwischen fast aufgeholt. Ein Anteil von 88,3 Milliarden US-Dollar dieser Summe (= 35,5 %) floss an Kirchen und für religiöse Zwecke. Nach Daten des Foundation Center waren in der Gesamtsumme auch fast 27 Milliarden US-Dollar an Zustiftungen bzw. Kapital von Stiftungsgründungen enthalten. Zudem umfasst die Summe des „Giving" auch die Erträge der US-Stiftungen, die gemeinnützigen Zwecken zuflossen (32,4 Mrd. US-$).

Wie steht es um das Geben in Deutschland? Ein erfreulicher Effekt des steigenden Interesses an der wachsenden Professionalisierung des Fundraisings in Deutschland ist das seit 2004 in Kooperation von Deutschem Spendenrat und Gesellschaft für Konsumforschung (GfK) erstmals erhobene Spendenpanel. Es erlaubt, präzisere Aussagen über das Spendenvolumen in Deutschland zu machen.[2] Bedauerlicherweise stützen die erstmals verfügbaren Zahlen eher die konservativsten bisherigen Schätzungen und dämpfen übermäßigen Spendenoptimismus. Insgesamt spendeten die Deutschen von Juli 2004 bis April 2005 2,26 Milliarden Euro, und es ist realistisch, für die beiden fehlenden Monate ein Aufkommen von maximal jeweils ca. 150 Millionen Euro anzunehmen, sodass das Jahresaufkommen einen Betrag von 2,6 Milliarden Euro nicht übersteigt.[3] Folgen wir der Berechnungslogik der amerikanischen Vergleichszahlen, muss für Deutschland das Kirchensteueraufkommen als freiwillige Leistung an die Kirchen in Höhe von etwa 8 Milliarden Euro pro Jahr einbezogen werden.[4]

Die größte Schwierigkeit ergibt sich bei der Einschätzung des Stiftungssektors. Nach Daten des Bundesverbandes Deutscher Stiftungen betrug das Ausgabenvolumen deutscher Stiftungen im Jahr 2004 ca. 15 Milliarden Euro.[5] Von den Stiftungen in Deutschland arbeiten 21,2 Prozent operativ und 17,3 Prozent sowohl fördernd als auch operativ. Diese Stiftungen, vor allem die großen Träger- und Anstaltsstiftungen, erzielen einen großen Teil ihres Jahresbudgets durch Gebühren für Leistungen, jedoch nur einen kleineren Teil ihrer Budgets aus Spenden und Kapitalerträgen, sodass die Zahl des jährlichen Ausgabenvolumens um diese Beträge bereinigt werden muss.

Schätzt man umgekehrt die Erträge der Stiftungen auf der Grundlage des vom Bundesverband angegebenen Stiftungskapitals von 60 Milliarden Euro bei einer Durchschnittsverzinsung von vier Prozent, so ergibt sich ein Jahresertrag von ca. 2,4 Milliarden Euro. Dazu kommt das Spendenaufkommen der Spenden sammelnden Stiftungen, das jedoch bereits über das GfK-Panel erfasst ist. Betrachtet man andererseits die Daten des Johns Hopkins Comparative Nonprofit Sector Projects von 1995, so entsprachen die 3,4 Prozent philanthropischer Beiträge zur Finanzierung des Nonprofit-Sektors in absoluten Zahlen 3,2 Milliarden US-Dollar (bei einer Gesamtgröße des Sektors von 94,4 Mrd. US-$).[6] Es ergibt sich also unter Berücksichtigung der Umrechnung in Euro und der Inflation eine der obigen Schätzung vergleichbare Zahl für den jährlichen Ertrag des Stiftungssektors und somit der Beitrag zum „Giving" (der Kapitalaufbau ist in den Johns-Hopkins-Zahlen natürlich nicht enthalten).

Die US-Daten enthalten auch das Zustiftungs- bzw. Gründungsvolumen an Stiftungskapital. Diese Zahl liegt für Deutschland ebenfalls nicht vor. Schätzt man sie, indem man für die rund 800 Stiftungsneugründungen der letzten Jahre jeweils dieselbe Größenverteilung unterstellt wie für die bestehenden Stiftungen, ergäbe sich ein jährlicher Kapitalzuwachs von ca. 3 Milliarden Euro.[7] Es dürfte deshalb realistisch sein, von einem jährlichen Beitrag des Stiftungssektors zum „Giving" in Deutschland von maximal 6 Milliarden Euro auszugehen.

In der Summe ergibt diese Schätzung für Deutschland 16,6 Milliarden Euro, die die Deutschen jährlich für gemeinnützige Zwecke geben. Aufgrund der durchweg konservativen Schätzungen dürfte diese Zahl den Umfang des Spendens und Stiftens in Deutschland eher unterschätzen. So lassen sich mit den angeführten Daten z. B. die Sachspenden nicht erfassen.[8] Setzt man die Größe der Volkswirtschaften durch Vergleich des Bruttoinlandsproduktes/GDP in Beziehung, ergibt sich für die USA etwa die fünffache Größe der deutschen Volkswirtschaft. Dividiert man die Zahl für „Giving" in den USA entsprechend und berücksichtigt den Wechselkurs, müsste sich für Deutschland ein Wert von über 41 Milliarden Euro ergeben. Im Vergleich verfügen die USA also über eine Spendenkultur, die etwa das Zweieinhalbfache des deutschen Aufkommens erbringt. Diese experimentelle Betrachtung zeigt, wie der in Deutschland zu beobachtende „Boom" der Gemeinnützigkeit einzuordnen ist!

Das vorstehende Experiment, den Umfang des „Giving" für Deutschland zu schätzen, verweist auf einige der grundlegenden Herausforderungen für den Nonprofit-Sektor in Deutschland. Dazu gehört ohne Zweifel die immer noch relativ geringe Transparenz und mangelnde Erforschung des gemeinnützigen Handelns. Die Datenschätzung zeigt auch, dass die relative Schwäche des Nonprofit-Sektors in Deutschland weniger eine der mangelnden philanthropischen Zuwendungen als eine der geringen Eigeneinnahmen der Organisationen ist. Im Verhältnis zum Benchmark USA schneidet der Stiftungssektor besser ab als das „Giving" insgesamt.

Die mangelnde Transparenz des Stiftungssektors und des Nonprofit-Sektors insgesamt ist einerseits eine Folge der mangelnden Aggregation regional oder lokal an die Behörden berichteter Daten und andererseits uneinheitlicher Bewertungsmaßstäbe des Stiftungskapitals aufgrund der Rechtslage der Landesstiftungsgesetze. Positiv dürfte allerdings zu Buche schlagen, dass aufgrund dieser bekannt schwierigen Datenlage alle Schätzungen betont konservativ verfahren und das Volumen des Sektors wahrscheinlich unterschätzen.

Die Stiftungstätigkeit in Deutschland wurde jüngst jedoch genauer untersucht und es ergaben sich einige verblüffende Ergebnisse.[9] Zu den deutlichsten Korrekturen bestehender Erwartungen zwangen die Zahlen bei den Stiftungsneugründungen durch natürliche Personen: Von den Stiftungsneugründungen der letzten Jahre wurden im Jahr 2003 nur 39 durch natürliche Personen dotiert, während bei einer niedrigeren Zahl an Gründungen insgesamt während der gesamten 1990er-Jahre zwischen 94 und 152 persönliche Stifter pro Jahr eine Stiftung gegründet hatten.[10]

Der Boom der Stiftungsneugründungen besonders seit 2000 dürfte folglich weniger auf die gestiegene Bereitschaft privater Personen zum Stiften ihres Vermögens als auf die wachsende Zahl von Stiftungsgründungen zu Fundraising-Zwecken und zur Durchleitung von Spenden seit der Novellierung des Stiftungssteuerrechts im Jahr 2000 zurückgehen. Die Einführung besonderer Abzugssachverhalte, die nur für die Stiftung bürgerlichen Rechts gelten, dürfte eine Gründungswelle von Unterstützungsstiftungen für Nonprofit-Organisationen ausgelöst haben, von denen ungeklärt ist, ob sie bisherige Spendenmittel nur umleiten oder tatsächlich zusätzliches Spendenvolumen generieren.

Die „StifterStudie" birgt allerdings auch eine gute Nachricht: Stifter fangen in der Regel klein an und sehen ihr Engagement als Lernprozess, in dessen Verlauf sie Aufstockungen planen und auf jeden Fall testamentarisch weiteres Vermögen zustiften.[11] Ein erfreulicher Nebeneffekt dieser Stifterpräferenz für das schrittweise Vorgehen ist, dass die allermeisten Stiftungen, die natürliche Personen heute gründen, zu Lebzeiten und nicht von Todes wegen gegründet werden. Von den 629 Stiftern, die die Fragen der „StifterStudie" beantworteten, waren sich 53 Prozent sicher, dass sie ihr Stiftungskapital noch zu Lebzeiten aufstocken würden. Weitere 44 Prozent planten, das Stiftungsvermögen testamentarisch zu erhöhen.[12]

Die Tabelle der Stiftungsgründungen durch natürliche und juristische Personen zeigt jedoch, dass die Schere sich schon Mitte der 1990er-Jahre zu öffnen beginnt: Während die Gründungen durch natürliche Personen nur geringfügig ansteigen, nimmt die Zahl der von juristischen Personen gegründeten Stiftungen rasant zu.[13] Es scheint, dass sich hier einerseits die Entwicklung der öffentlichen Armut und andererseits die Verschiebungen im Staatsverständnis der gegenwärtigen Gesellschaft ablesen lassen. Die wachsende Zahl von Stiftungsgründungen durch juristische Personen erfolgt offenbar sowohl durch Nonprofit-Organisationen als auch durch Unternehmen, öffentliche Hände und öffentliche Institutionen. Leider lässt die Datenbank des Bundesverbandes Deutscher Stiftungen eine Aufschlüsselung nach diesen Stiftergruppen nicht zu.

Der gemeinnützige Sektor befindet sich jedoch zweifellos im Fokus einer Neujustierung des Verhältnisses von Staat, Markt und Zivilgesellschaft.[14] Die Situation ist zugleich durch Markt- und Staatsversagen gekennzeichnet: „Während der Markt an seine Legitimitätsgrenzen stößt, stößt der Staat an seine Effizienzgrenze."[15] Staatliches Handeln steht unter den Zwängen der Haushaltskrise, muss aber auch erkennen, dass häufig selbst bei hohem Mitteleinsatz die politischen Wirkungen an erstrebter Lebensqualität oder sozialer Sicherheit und Gerechtigkeit ausbleiben. Das Staatsverständnis wandelt sich unter diesem Erfolgsdruck rapide hin zum „kooperativen Gewährleistungsstaat"[16]. Der Staat sucht individuelles Engagement zu ermutigen und aktiviert Handeln zugunsten des Gemeinwohls.

Der gemeinnützige Sektor gerät in dieser Situation unter Erfolgsdruck: Einerseits steht er überhöhten Erwartungen der Politik und teilweise auch der Bürger an seine Leistungsfähigkeit gegenüber. Andererseits folgt aus der bestehenden Konstellation ein hoher Effizienzdruck und ein wachsender Legitimationsbedarf. Diese Faktoren korrespondieren mit der relativ geringen Eigenfinanzierungskraft des deutschen Nonprofit-Sektors und der hohen Staatsabhängigkeit seiner Finanzierung: 64,3 Prozent seiner Mittel kommen von der öffentlichen Hand, 32,3 Prozent aus Gebühren und eigenen Einnahmen für Leistungen und nur 3,4 Prozent aus Spenden bzw. Stiftungszuwendungen.[17]

In dem hohen Anteil von Mitteln aus öffentlichen Haushalten sind im Rahmen des internationalen Johns-Hopkins-Projekts, in dem diese Daten entstanden, aus Gründen statistischer Vergleichbarkeit auch die Pflichtbeiträge zu den Sozialversicherungen enthalten, die Organisationen des Dritten Sektors für ihre Leistungen zufließen. Für diesen Finanzierungsanteil gilt das Argument des Effizienzdrucks jedoch in gesteigertem Maße.

Wie wirkt sich der kooperative Gewährleistungsstaat konkret in Handlungszusammenhängen des Dritten Sektors aus? Beispiele können den Trend illustrieren: Universitäten wurden in Stiftungen umgewandelt (Beispiel: Niedersachsen) oder geraten unter wachsenden Druck, zur Sicherung oder Wiedererlangung ihrer Qualität und ihrer Autonomie Fundraising-Konzepte zu entwickeln. Über fünfzig Kultureinrichtungen in Deutschland sind inzwischen in Stiftungen umgewandelt worden. In mehreren Evangelischen Landeskirchen sind mehr oder weniger umfassende Initiativen zur Stiftungsförderung und -gründung gestartet worden. Auch die Welle der Bürgerstiftungsgründungen gehört auf lokaler Ebene in diesen Kontext.[18]

In allen diesen Fällen prägt eine Auseinandersetzung um die Autonomie bürgerschaftlichen Handelns die Entwicklung und den Erfolg dieser Organisationsbemühungen. Für Hochschulen ebenso wie für Kultureinrichtungen gilt, dass finanzielle Hoffnungen in solchen Public Private Partnerships nur in dem Maße in Erfüllung gehen können, wie Gremien und Organisation der Stiftung die Unabhängigkeit bürgerschaftlichen Handeln widerspiegeln und damit den Wertvorstellungen potenzieller Geldgeber entgegenkommen. Stifter zeichnen sich durch den Wunsch aus, gesellschaftlich etwas zu bewegen, aber auch durch ihr Interesse, Kontrolle über die Verwendung der Mittel ausüben zu können.[19]

In Bürgerstiftungen fand die Frage der Autonomie ihren ausdrücklichen Niederschlag in den „Zehn Merkmalen"[20], die sich die Mitglieder des Arbeitskreises Bürgerstiftungen des Bundesverbandes Deutscher Stiftungen gaben, um die „Marke Bürgerstiftung" klar zu positionieren. Die noch junge Geschichte dieser Stiftungsform zeigt, dass dominierende Akteure aus der Kommunalpolitik und der Wirtschaft oder dominierende Einzelpersönlichkeiten gleichermaßen eine Herausforderung für die Unabhängigkeit der Stiftung und damit für die Vertrauensbildung in der Öffentlichkeit darstellen können. Seit der Gründung der ersten deutschen Bürgerstiftung des neuen Typs in Gütersloh 1996 entstanden in Deutschland mittlerweile über achtzig Bürgerstiftungen mit einem Stiftungskapital von 37,8 Millionen Euro.[21]

Das Projekt „Stiften ist menschlich" der Evangelischen Landeskirche Hannover zeigt beispielhaft, wie viel Engagement sich durch institutionelle Stiftungsförderung mobilisieren lässt. In der ersten Projektphase von zwei Jahren (2001–03), die durch ein Matching-Fund-Angebot der Landeskirche gestärkt wurde, gab das Projekt den Anstoß zur Gründung von über achtzig kirchlichen Stiftungen und achtzig Fördervereinen in der Landeskirche. In diese Stiftungen brachten Bürgerinnen und Bürger ein Kapital von ca. 8 Millionen Euro ein. Seit 2003 stieg die Gesamtzahl der in der Hannoverschen Landeskirche neu angestoßenen Stiftungen auf 150.[22]

In anderen Landeskirchen machte das Beispiel Schule. Zeitgleich mit Hannover hatte die Landeskirchenstelle Ansbach in Franken Schritte zur Stiftungswerbung und Stifterinformation eingeleitet. Inzwischen folgen dem Beispiel Hannover Kampagnen in Hessen-Nassau und Baden.[23] Die Kirchen bereiten damit systematisch eine neue Finanzierungsstruktur vor, die auf die sinkenden Kirchensteuereinnahmen (sowohl aufgrund der Steuerreformen und der damit einhergehenden Senkung der direkten Steuern als auch aufgrund der sinkenden Mitgliederzahlen und der Arbeitslosigkeit) eine unabhängige Antwort gibt. Es ist die Antwort, die seit den frühchristlichen Gemeinden das christliche Leben prägte.[24]

Die Reaktionen auf solche institutionellen Förderbemühungen bürgerschaftlichen Engagements zeigen, dass prinzipiell eine große und nach den Befunden des Freiwilligensurvey der Bundesregierung[25] wachsende Bereitschaft zum Engagement besteht. Diese aktuellen Daten reihen sich ein in einen Reigen positiver Nachrichten zur Bürgergesellschaft in Deutschland. Schon die Erhebungen der Anzahl eingetragener Vereine im Jahr 2001 korrigierten die vorher aufgrund der Forschungen des Johns-Hopkins-Projekts bestehenden Zahlen erheblich nach oben: Anstatt etwa 416.000 geschätzter Vereine[26] ergab die Aggregation der Vereinsregister eine Zahl von 544.701 Vereinen in Deutschland.[27] Das dauerhafte freiwillige Engagement hat sich von 34 Prozent der Bevölkerung auf 36 Prozent erhöht, 70 Prozent der Bevölkerung sind in Gruppen, Vereinen, Organisationen und öffentlichen Einrichtungen aktiv beteiligt. Die Datenlage belegt sowohl eine Steigerung in Deutschland insgesamt wie auch ein deutliches Aufholen der (nicht mehr so) neuen Länder beim bürgerschaftlichen Engagement.

Die neu erhobenen Daten zum Spendenverhalten der Deutschen zeigen aber auch, dass sich Engagement moderner Formen bedient. Online-Spenden erzielen mit Abstand den höchsten Durchschnittsbetrag aller Formen der Spendenabwicklung – hier werden 59,94 Euro pro Spende aufgebracht, bei allen anderen Formen liegt dieser Wert unter 40 Euro und der Durchschnitt der Einzelspende in jedweder Form lag im vierten Quartal 2004 bei 34,99 Euro.[28]

Die Spendeneinwerbung durch Fernseh- und Hörfunksendungen gewinnt an Bedeutung, doch zeigt eine aktuelle Untersuchung, dass es sich bei dieser Strategie um ein voraussetzungsreiches Vorgehen handelt, das vor allem bei Katastrophenhilfe sowie der Hilfe für Kinder und in Not Geratene erfolgreich wirkt. Die öffentlich-rechtlichen Rundfunkanstalten sind dabei eher engagiert und genießen einen Vertrauensvorschuss. Es zeigt sich jedoch auch, dass diese Form der Spendeneinwerbung wenigen, vor allem größeren Organisationen zugute kommt und auf wenige Förderzwecke verengt ist.[29]

Ist das Glas nun halb leer oder halb voll? Diese kursorischen Betrachtungen, wie sie einer Einleitung angemessen sind, zeigen, dass die „Kultur des Gebens" der USA ein uneinholbares Benchmark darstellt. Aber es besteht Anlass zu Hoffnung. Vor allem das freiwillige und das stifterische Engagement der Deutschen steigt. Möglicherweise ist gerade bei diesen Kategorien des Engagements der Abstand zu den USA weit geringer als bisher angenommen, während er bei den Geldspenden eher größer ist. Die Spendenbereitschaft ist trotz eines Sonderanlasses wie der Tsunami-Katastrophe eher moderat und die Daten des GfK-Spendenpanels weisen zu Recht darauf hin, dass die stagnierenden Realeinkommen der breiten Bevölkerung dieser auch Grenzen setzen.[30] Vermögende und einkommensstarke Bürgerinnen und Bürger engagieren sich offenbar weniger in der Form der Großspende als in eigenen Stiftungen, die Kontrolle und Gestaltung ermöglichen.

Die Autonomie eines leistungsfähigen Dritten Sektors wird in der Politik noch zu wenig anerkannt – Instrumentalisierungshoffnungen überwiegen leicht die Chancen, die in bürgergesellschaftlichen Organisationsformen liegen. Insbesondere in Public Private Partnerships wird sich in Zukunft verstärkt erweisen, ob der Staat willens und in der Lage ist, Kontrolle abzugeben und Autonomie zuzulassen. Zum Schlüsselpunkt eines erfolgreichen und wachsenden gemeinnützigen Sektors wird allerdings die Frage von Transparenz und Rechenschaft. Nur wenn die Leistungsfähigkeit des Sektors bekannt, die Effektivität unumstritten und die Mobilisierungskraft und die Möglichkeit zur Partizipation ausgeprägt sind, werden die Bürgerinnen und Bürger ihr Engagement verstärken und private Investitionen in öffentliche Güter tätigen.

## Anmerkungen

1  Giving USA, Report des Center on Philanthropy at Indiana University, erhoben seit 1954 (mit einer Zuwendungssumme von 6,3 Mrd. US-$ im Jahr 1954, in heutigen Dollars entsprechend 44,2 Mrd. US-$).

2  GfK Charity*Scope, Präsentation Juli 2005.

3  Ebd., S. 20 u. 22.

4  EKD: 4,069 Mrd. €, Angaben der Deutschen Bischofskonferenz.

5  Pressemitteilung des Bundesverbandes vom 10. März 2005, www.stiftungen.org.

6  Zimmer, Annette/Priller, Eckhard: Germany (Kap. 5), in: Salamon, Lester M. u. a.: Global Civil Society. Dimensions of the Nonprofit Sector, Baltimore 1999, S. 101 u. 109.

7  Zur Größenverteilung siehe die Statistik „Verzeichnis 2005" zur Pressemitteilung des Bundes-verbandes vom 10. März 2005: 69,9 % bis 1 Mio. €, 24,8 % bis 10 Mio. €, 4,7 % bis 100 Mio. €, 0,6 % über 100 Mio. €, pro Größenklasse jeweils unter Verwendung des arithmetischen Mittels geschätzt, für die größten Stiftungen sind fünf Gründungen mit durchschnittlich 200 Mio. € pro Jahr unterstellt.

8  GfK Charity*Scope nennt Angaben zur Häufigkeit von Geld-, Sach- und Zeitspenden im zwei-ten Halbjahr 2004: Geldspenden 18,8 % der Befragten, Sachspenden 2,7 %, Zeitspenden 42,2 %.

9  Timmer, Karsten: Stiften in Deutschland. Die Ergebnisse der „StifterStudie", Gütersloh 2005.

10  Ebd., Abb. 1, S. 18.

11  Ebd., S. 55 f.

12  Ebd., S. 90.

13  Ebd., Abb. 1, S. 18.

14  Anheier, Helmut K./Then, Volker: Einleitung, in: dies. (Hrsg.): Zwischen Eigennutz und Ge-meinwohl. Neue Formen und Wege der Gemeinnützigkeit, Gütersloh 2004, S. 11–24, hier 12.

15  Ebd., S. 13.

16  Schuppert, Gunnar Folke: Gemeinwohl und Staatsverständnis, in: Anheier/Then: Eigennutz, S. 25–60.

17  Priller, Eckhard/Zimmer, Annette: Der Dritte Sektor: Wachstum und Wandel. Aktuelle deut-sche Trends, Gütersloh 2001, S. 28.

18  Strachwitz, Rupert Graf/Then, Volker: Kultureinrichtungen in Stiftungsform, Gütersloh 2004.

19  Timmer, Abb. 3, S. 28; Abb. 14, S. 63.

20  www.die-deutschen-buergerstiftungen.de, Grundlagen.

21  Pressemitteilung des Bundesverbands Deutscher Stiftungen vom 25. April 2005, www.stif-tungen.org.

22  Telefonische Auskunft von Paul Dalby, LiljeStiftung/Initiative „Stiften ist menschlich", am 25. Juli 2005.

23  Ebenso.

24  Campenhausen, Axel Freiherr von: Geschichte des Stiftungswesens, in: Bertelsmann Stiftung (Hrsg.): Handbuch Stiftungen, 2. Aufl., Wiesbaden 2003, S. 19–42, hier 23; Smith, James Allen/Borgmann, Karsten: Foundations in Europe: The Historical Context, in: Schlüter, Andreas/Then, Volker/Walkenhorst, Peter (Hrsg.): Foundations in Europe. Society, Management, and Law, London 2001, S. 2–34, hier 9 f.

25  Freiwilligensurvey (Pressemitteilung des BMFSF) vom 1. Oktober 2004, Anlage „Kurzfassung des 2. Freiwilligensurvey".

26  Priller/Zimmer, S. 20.

27  Erhebung der VM Service GmbH, Konstanz, bei den 600 örtlichen Vereinsregistern im Früh-jahr 2001, www.buerger-fuer-buerger.de, siehe Fördermöglichkeiten, Finanzierungsmöglich-keiten für gemeinnützige Organisationen.

28  GfK Charity*Scope, S. 27.

29  Müllerleile, Christoph: Spendensendungen und Spendenabwicklungspraxis der öffentlich-rechtlichen Rundfunkanstalten in Deutschland, Maecenata Institut, Opusculum Nr. 16, Juni 2005, Zusammenfassung, S. 3 f.

30  GfK Charity*Scope, S. 4 u. 6.

# Kapitel 1

# Gesellschaftliche Kontexte des Fundraisings

# 1.1 Die Entstehung des modernen Sozialstaates in Deutschland

*Jochen-Christoph Kaiser*

## 1.1.1 Die Entwicklung sozialstaatlicher Gesinnung im ausgehenden 18. und 19. Jahrhundert

Der Sozialstaat – der ältere und vielfach synonym gebrauchte Begriff ist „Wohlfahrtsstaat" – in Deutschland und Europa hat eine lange Geschichte. Sozialverfassungen gab es schon in Altertum und Mittelalter; dennoch ist der moderne Sozialstaat ein Produkt des ausgehenden 18. und dann vor allem des 19. und 20. Jahrhunderts. Seine Entstehung verdankt sich aufs Engste der neuzeitlichen Erscheinung der Industrialisierung bzw. ihrer legislativen Wegbereitung etwa durch die Stein-Hardenberg'schen Reformen in Preußen zu Beginn des 19. Jahrhunderts. Er verbindet sich im allgemeinen Bewusstsein mit dem Aufkommen der sozialen Frage, d. h. mit der Entstehung des Proletariats, hat aber auch wichtige Vorläufer im so genannten europäischen Pauperismus, d. h. einer durch rasches Bevölkerungswachstum *vor* Beginn der Industrialisierung entstehenden Massenarmut, die Staat und Gesellschaft vor bisher unbekannte Probleme größten Ausmaßes stellte.

Seit man über den Sozial- und Wohlfahrtsstaat nachdachte, wurde auch darüber gestritten: Für die einen tat der Staat auf diesem Felde zu wenig, für die anderen zu viel. Die einen wollten sich mit vorsichtigen Reformen zufrieden geben, die anderen forderten dagegen eine radikale Umgestaltung der Gesellschaft und ihrer Wirtschaftsverfassung. Und eine dritte Gruppe schließlich glaubte an die Selbstheilungskräfte der Ökonomie und verwarf jeden Eingriff des neuzeitlichen Staates in den Sozialbereich. Nun ist nicht abzustreiten, dass ein durchorganisierter Wohlfahrtsstaat mit Rechtsansprüchen auf Versorgung in allen Lebenslagen immer auch die Tendenz besitzt, unabhängig von der *politischen* Verfassung, Freiheitsrechte der Bürger einzuschränken: Die wohlhabenderen Gruppierungen müssen finanzielle Leistungen erbringen, von denen sie selbst wenig haben, sieht man von der Sicherung des sozialen Friedens als Grundbedingung für ökonomische Prosperität einmal ab. Und die ärmeren Schichten, auf die solche Leistungen zielen, müssen sich unter Umständen Einschränkungen des Gesetzgebers gefallen lassen, die im 19. Jahrhundert bei den durch die so genannte Armenpflege erfassten Menschen bis zum Verlust der bürgerlichen Ehrenrechte reichen konnten. Das gibt es heute nicht mehr, aber die Tendenz zur Unmündigmachung, zur gesellschaftlichen Bevormundung jener, die in den Genuss öffentlicher Fürsorge kommen, besteht nach wie vor. Ich will dies andeuten, um zu zeigen, dass die Frage nach dem Wohlfahrtsstaat auch eine grundsätzliche, die jeweilige Systemtheorie und ihre Logik berührende, quasi-weltanschauliche Dimension besitzt, die mit rationalen Erkenntnismitteln allein nicht immer aufzuschlüsseln ist.

Ein besonderes Problem liegt in der Tatsache, dass die Bereiche Soziales und Wohlfahrt keineswegs allein auf den Staat und seine Exekutive bezogen waren oder sind. Im Gegenteil: Häufig gingen entsprechenden Gesetzen und Verordnungen private Initiativen voran, die erst im Nachhinein von öffentlichen Instanzen übernommen wurden. Das trifft nicht allein für die konfessionellen und allgemein philanthropischen Bemühungen um fürsorgerische Betreuung bedürftiger und kranker Menschen zu, wie sie etwa die evangelische Innere Mission bzw. Diakonie oder die Caritas der katholischen Kirche verbinden. Auch die Bismarck'sche Sozialgesetzgebung der 1880er-Jahre hatte vielfältige private Vorläufer in Selbsthilfeeinrichtungen der Arbeiterschaft und anderer Bevölkerungsgruppen. Wir müssen deshalb zwischen dem *öffentlichen* und *privaten* Sektor unterscheiden, die bis heute das wohl wichtigste Strukturprinzip deutscher sozialer Staatlichkeit bilden.

Die folgenden Ausführungen gliedern sich in vier Teile:

Zunächst werden die wissenschaftlich-historischen Probleme einer Definition dessen behandelt, was wir unter sozialem Interventionsstaat bzw. unter Sozial- und Wohlfahrtsstaat verstehen können. Dies scheint unabdingbar, weil unsere Schwierigkeiten heute mit Idee und Inhalt des Sozialstaats immer an historische Erfahrungen gekoppelt ist; man könnte auch sagen: Seit Beginn der Ausprägung sozialstaatlicher Wirklichkeit im 19. Jahrhundert hatte man es mit nahezu den gleichen Problemen zu tun wie heute (vgl. 1.1.2).

In einem weiteren Schritt wird die Entstehung sozialreformerischer Vorstellungen im Vormärz auf dem Hintergrund des so genannten Pauperismus und der (Früh-)Industrialisierung beschrieben (vgl. 1.1.3).

Es folgt ein Abschnitt über die Professionalisierung der Sozialarbeit und die Herausbildung des Wohlfahrtsstaats von Weimar, der seine zentralen Impulse durch die sich nach 1914 rasch verschärfenden sozialen Spannungen während des Ersten Weltkriegs erhielt (vgl. 1.1.4).

Einige Bemerkungen zur Sozialstaatlichkeit der Bundesrepublik wie der DDR (vgl. 1.1.5) sowie eine knappe Bilanz (vgl. 1.1.6) schließen diesen Beitrag ab.

Damit ist implizit auch gesagt, worauf dieser Beitrag *nicht* eigens eingehen möchte: nämlich auf die einzelnen Stationen der *legislativen* Sozialstaatsentwicklung, wie sie uns im Unterstützungswohnsitzgesetz über die Bismarck'sche Sozialreform mit Invaliden-, Kranken- und Rentengesetzgebung bis hin zu den Ausnahmeregelungen des Ersten Weltkriegs und den Verfassungsartikeln der Weimarer Reichsverfassung begegnen.

## 1.1.2 Zur Definition des Sozialstaats

Die Sache, nicht der Begriff wurde von Lorenz von Stein[1] 1842 in seinem Buch „Der Sozialismus und Kommunismus des heutigen Frankreich" geprägt. Hier wird bereits das Programm der Sozialreform im Industriestaat beschrieben, wie es später die katholischen Sozialreformer und die so genannten Staats- bzw. Kathedersozialisten auch taten. Während sich der *Rechts*staat in der Spannung zwischen Absolutismus und bürgerlicher Gesellschaft herausbildete, entstand der *Sozial*staat in der Spannung zwischen Industriegesellschaft und Staat. „Die bürgerliche Gesellschaft", so hat es Ernst Rudolf Huber, der Freiburger Staatsrechtler und Verfassungshistoriker, einmal gesagt, „ist eine auf Freiheit von staatlicher Intervention angelegte Gesellschaft. Die Industriegesellschaft dagegen ist eine der staatlichen Intervention bedürftige Gesellschaft. [Und] der Sozialstaat ist der dem Industriezeitalter adäquate Staat der sozialen Intervention."[2]

Äußeres Kennzeichen des werdenden Sozialstaats ist die Herausbildung von antagonistisch einander gegenüberstehenden Klassen. Stürzt die eine Klasse die andere mit Gewalt, sprechen wir von der sozialen Revolution. Nähern sich die Klassen dagegen auf evolutionärem Wege an, reden wir von sozialer Reform: Das Ergebnis Letzterer ist die Überwindung des Klassenstaats in Richtung des Sozialstaats. Aber der Sozialstaat ist nicht identisch mit dem sozialen Fürsorgestaat. Auch ist er keineswegs gleichzusetzen mit der „Gesamtheit staatlicher Ausgleichsmaßnahmen, die auf die neue Verteilung des Sozialprodukts regulierend einwirken, um die Entstehung allzu krasser Ungleichheiten der Einkommens- und Eigentumsverhältnisse zu verhindern": In diesem Falle wäre der Sozialstaat nämlich ein „sozialer Versorgungsstaat oder Wohlfahrtsstaat". Demgegenüber besteht die *raison d'être* des Sozialstaats im Ziel der *sozialen Integration* oder in der „Gesamtheit der Maßnahmen, deren Ziel die in einem ständigen Prozess zu vollziehende Einigung der sozialen Klassen, Schichten und Gruppen darstellt, um so die in der Industriegesellschaft immer wieder hervorbrechenden Spannungen, Gegensätze und Konflikte zu bewältigen". Mit anderen Worten: Der „Sozialstaat ist der Staat des modernen Industriezeitalters, der den Widerstreit zwischen überlieferter Staatlichkeit und industrieller Klassengesellschaft durch soziale Integration zu überwinden sucht."

Diese „soziale Integration" steht *gegen* die Staatszielbestimmung des reinen Fürsorgestaates, der soziale Not verhüten respektive bekämpfen will, und gegen den „Umverteilungsstaat", der mit den Mitteln der Intervention die Ungleichheit der Einkommens- und Besitzverhältnisse verhindert bzw. bekämpft. In diesem Falle wäre der Sozialstaat lediglich eine Art „Selbstbedienungsladen" für alle Bürger, wenn auch vorzugsweise für jene, die in den gesellschaftlichen Verteilungskämpfen nicht zu ihrem Recht gekommen sind.

Der Sozialstaatsgedanke impliziert den Gedanken der sozialen Verantwortung aller. Ohne Verantwortung wird der Sozialstaat für die einen zum billigen Ausbeutungsobjekt, dem keine Eigenleistung gegenübersteht, und für die anderen zur schnellen, leicht fassbaren Beute, wenn Einsparungen bedingt durch Krisenzeiten auf der Tagesordnung stehen.[3] Zwischen solchen Abgründen hat der Sozialstaat hindurchzugehen und die Balance zu halten, und dieses *Grundgesetz* moderner Sozialstaatlichkeit hat den Sozialstaat von seinen Wurzeln bis zur vollen Ausbildung nach dem Zweiten Weltkrieg stets begleitet.

Die Verantwortung für das ganze Gemeinwesen, also neben Frieden, Ordnung und Gerechtigkeit auch für die Wohlfahrt der Untertanen gehört seit der Antike zu den Aufgaben des Staates bzw. des Fürsten.[4] Der absolutistische Herrscher hatte nach seinem Selbstverständnis bzw. den Auffassungen der zeitgenössischen Staatsrechtslehre „den äußeren und inneren Frieden aufrechtzuerhalten, die Gerechtigkeit zu wahren", vor allem aber der Verpflichtung nachzukommen, „für das Glück der Untertanen zu sorgen", was sich natürlich auch auf die materielle Wohlfahrt der Bürger beziehen konnte. Da die Durchführung dieses Staatsziels außerordentlich paternalistisch geprägt war, setzte sich mit dem Prozess des Wandels des Untertanen zum Bürger allmählich die Meinung durch, diese Förderung der Wohlfahrt als Staatszweck sei strikt abzulehnen, da sie im Gegensatz stehe „zu den Forderungen nach Selbstbestimmung, Emanzipation und Freiheit". Eine gegenläufige Entwicklung wurde freilich durch die Auswirkungen der beginnenden Industrialisierung – etwa den Pauperismus – begünstigt: d. h., die Staatsrechtslehre leitete nun von der Pflicht des Staates, für das „Glück" seiner Bürger zu sorgen, auch die Pflicht zum sozialen Handeln ab. Doch blieben die Begriffe „Wohlfahrtsstaat" bzw. „Sozialstaat" lange mit einer abwertenden Deutung verbunden. Besonders der Terminus Wohlfahrtsstaat, der sich im wissenschaftlichen Sprachgebrauch international durchgesetzt hat, wurde lange Zeit auch negativ benutzt. Noch gegen Ende der Weimarer Republik zog Reichskanzler Franz von Papen eine Art negative Bilanz, als er am 4. Juni 1932 in einer Kundgebung ausführte: „Die Nachkriegsregierungen haben geglaubt, durch einen sich ständig steigernden Staatssozialismus die materiellen Sorgen dem Arbeitnehmer wie dem Arbeitgeber in weitem Maße abnehmen zu können. Sie haben den Staat zu einer Art Wohlfahrtsstaat zu machen versucht und damit die moralischen Kräfte der Nation geschwächt." Wenige Monate später wiederholte er in einer Rede vor bayerischen Industriellen diese Kritik; seine Kernthese lautete: „… an die Stelle des marxistischen Begriffs der staatlich reglementierten Fürsorge für jeden Bürger setzen wir den Begriff einer wahren und christlichen Volksgemeinschaft." – In Großbritannien bildete der hier schon früh gebrauchte Begriff „Wohlfahrtsstaat" eine eigene Tradition aus. Man brachte ihn seit 1900 als *Social Work* oder *Welfare Work* in Verbindung mit dem, was wir heute „Sozialarbeit" nennen.

Alles in allem wird man sagen können, dass der Terminus Wohlfahrtsstaat respektive *Welfare State* undeutlich bleibt und in der Tat in vielen Facetten schillert: „Er beinhaltet offenbar in jedem Fall die Modifizierung der Marktkräfte durch staatliche Förderung der sozialen Sicherheit des einzelnen."[5] Weiter gefasste Konkretionen wie die Arbeiterschutzgesetzgebung, Streik- und Koalitionsrecht, sozialer Wohnungsbau oder die öffentliche Finanzierung des Bildungswesens bleiben dabei jedoch offensichtlich außerhalb der Diskussion.

Gerhard A. Ritter, einer der historischen Spezialisten für unser Thema, bezweifelt aus den dargelegten Motiven die Nützlichkeit des Begriffes Wohlfahrtsstaat. Diese enthalte neben den in einer Definition liegenden Problemen Anklänge an die paternalistische Wohlfahrts- bzw. Armenpflege des absolutistischen Staates und verwische damit die charakteristischen Unterschiede zwischen älteren und neuen Formen politischer Daseinsvorsorge und -fürsorge für den Bürger. Er schlägt deshalb vor, lieber die Bezeichnung „Sozialstaat" in die wissenschaftliche Debatte einzuführen, wenngleich er zugesteht, dass *Welfare State* sich in der englischsprachigen Welt inzwischen durchgesetzt hat. Er lasse sich auch besser mit der modernen Massendemokratie verbinden, weil hier die „Herrschaft des Volkes" mit der „Herrschaft *für* das Volk" verbunden sei.[6] Andererseits kritisiert Ritter die erwähnte Sozialstaatsdefinition Ernst Rudolf Hubers als zu etatistisch, d. h. zu stark auf den Staat fixiert, denn Huber vernachlässige den Aspekt der „Selbstregulierung sozialer Kräfte". Auch ignoriere er weitgehend die signifikanten Unterschiede zwischen den sozialstaatlichen Elementen des konstitutionellen und des demokratischen Sozialstaats, d. h. mit anderen Worten den Wandel sozialstaatlicher Vorstellungen zwischen 1850, 1918–1933 und seit 1949 in der Bundesrepublik Deutschland.

# 1.1.3 Pauperismus, Sozialreform und Industrialisierung

Der Pauperismus ist – kurz gesagt – als Massenarmut ein Phänomen des Zeitalters *zwischen* den großen Reformen zu Beginn des 19. Jahrhunderts, die den Feudalstaat beseitigten, und der in Deutschland erst um 1850 einsetzenden Industrialisierung. Er gilt als Manifestation einer für die Moderne typischen *Emanzipationskrise*, d. h. eines Vorgangs, in dem alte Sicherungsstrukturen für die unterständischen Schichten nicht mehr griffen und gleichzeitig die Reformen noch nicht in der Lage waren, den notwendigen Ertrag, d. h. Arbeitsplätze und die erforderlichen industriell produzierten Güter, zur Verfügung zu stellen.[7]

Davon hat man die Phase der Entstehung des Proletariats zu unterscheiden: Sie ist eng mit der Industrialisierung verbunden. In ihrem Kontext bildeten sich erstmals bestimmte Gruppen von Menschen heraus, die in Abhängigkeit vom Markt ihre Arbeit verkaufen mussten und das Risiko eingingen, im Wechsel der Konjunktur einmal über und einmal unter dem Existenzminimum zu verdienen.

Die bürgerlichen Zeitgenossen empfanden die rasante Zunahme einer an die Ausweitung der Industrie geknüpften neuen Unterklasse als bedrohlich. Damit korrespondierte bei den von der Proletarisierung Betroffenen ein langsam einsetzender mentaler Wandel: Es entwickelte sich bei ihnen das deutliche Bewusstsein ihrer Lage und der Willen, diese zum Besseren zu verändern. Die ursprünglich stabile und unabänderliche ständische Ordnung war ins Wanken geraten, deshalb nahmen die Menschen nun ihr Schicksal nicht mehr einfach hin und fanden sich so mit der ausweglosen Situation für sich und ihre Nachkommen nicht ab. Das hieß noch nicht, dass sie auf die Vorstellung von Marx und anderen von der Notwendigkeit einer grundstürzenden Änderung der gesellschaftlichen Verhältnisse durch eine soziale Revolution ausgingen, sondern – quasi bescheidener – das Recht auf menschenwürdige Existenz anmeldeten, bei gleichzeitig zunehmender Entfremdung von tradierten sozialen und weltanschaulichen Normen.

Die Lockerung des einst paternalistischen Bezugsverhältnisses zum ländlichen Grundherrn oder den Handwerksmeistern, das bei allen Abhängigkeiten auch soziale und mentale Schutzfunktionen besessen hatte, trug zum Verlust sozialer Bindungen bei.

Hinzu kam durch den Zwang zur Mitarbeit der ganzen Familie zur Sicherung des Existenzminimums eine so hohe, auch private Belastung, dass viele Ehen daran zerbrachen. Alkoholismus und Promiskuität waren an der Tagesordnung, überstaatliche moralische Institutionen wie die Kirchen verloren ihren Einfluss besonders auf jene, die aus geschlossenen ländlichen Gebieten in die großen Städte zogen in der Hoffnung, dort ein angemesseneres Auskommen zu finden. Sie glaubten zunehmend, dass Religion und Kirchen aufseiten der Besitzenden bzw. der Herrschenden standen. Denn hier sah man in der Tat hinter jeder sozialen Veränderungsforderung sogleich die Revolution aufscheinen und verwarf mit Blick darauf alle Strukturreformen, deren Unausweichlichkeit die bürgerliche Mehrheitsgesellschaft noch nicht erkannte. In die Lücke sprangen antikirchlich und antireligiös gesonnene Agitatoren, oft so genannte Freidenker, die ihre Kritik an der Institution Kirche mit einem rabiaten Atheismus verbanden. Auch wenn sie nicht auf die erhoffte breite Resonanz stießen – für die gebildeten Zeitgenossen, selbst wenn sich diese liberalen, rationalistischen Traditionen verbunden fühlten, verschwammen die berechtigte Sozialkritik der Betroffenen und ihre antireligiöse Grundhaltung zu einem Feindbild, das die bürgerliche Reformbereitschaft oftmals überdeckte und Ursache des Rufes nach dem Staat war, der mit seinen Machtmitteln diese die Gesellschaft zu zerstören drohenden Kräfte in Schach halten sollte.

Das viel beklagte „Versagen" der Kirchen vor der sozialen Frage muss natürlich differenzierter gesehen werden. Einmal gab es viele Stimmen aus den beiden Konfessionen – zu nennen sind hier etwa die Namen Franz von Baader, Bischof Ketteler, Johann Hinrich Wichern oder der erst vor wenigen Jahren vom Papst selig gesprochene Adolf Kolping –, die sehr wohl die Herausforderungen der sozialen Probleme erkannten und auf ihre Weise dazu Stellung nahmen. Andererseits wird man die Frage stellen müssen, warum denn ausgerechnet die Religionsgemeinschaften in ihrer rechtlich wie gesinnungsmäßig engen Anlehnung an den Staat die wegweisenden Reformvorschläge, die aus der Krise herausführten, hätten unterbreiten sollen und können? Die Kirchen waren doch integraler Teil der Gesellschaft ihrer Zeit – sie sind das bis heute – und vermochten in ihren sozialethischen Entwürfen nur im Einklang mit dem Denken ihrer Epoche zu handeln. Ihnen etwas darüber Hinausgehendes abzufordern, trifft nicht den Punkt, sondern offenbart ein idealistisches Wunschdenken, welches die Zeitlosigkeit der religiösen Sinnvermittlungsinstitution Kirche mit der ihr unterstellten – und manchmal auch von ihr beanspruchten – Kompetenz verwechselt, die drängenden Probleme zeitlich gebundener Gesellschaftsstrukturen lösen zu können. Der oft gegenüber den Protestanten und ihrer Inneren Mission erhobene Vorwurf, sie hätten lediglich an Symptomen herumkuriert, nicht aber gesehen, dass nur strukturelle sozial*politische* Maßnahmen zur Lösung der sozialen Frage beitragen konnten, ignoriert über das schon Gesagte hinaus viele wichtige gesellschaftliche und theologische Rahmenfaktoren:

(1) Männer wie Wichern erkannten um das Jahr 1848 *nicht* den grundsätzlichen Unterschied zwischen der Massenarmut des Pauperismus und dem in Deutschland erst in den 1850er-Jahren beginnenden Industrialisierungsprozess mit seinen einschneidenden Folgen für die Entstehung der neuen Klasse des Proletariats.

(2) Der den frühneuzeitlichen Absolutismus ablösende Verfassungsstaat (Konstitutionalismus) des 19. Jahrhunderts musste erst lernen, dass zu seinen Aufgaben auch

sozialpolitische Eingriffe des Gesetzgebers in Wirtschaft und Gesellschaft gehörten. Der so genannte soziale Interventionsstaat von heute, dessen Anfänge etwa mit der Bismarck'schen Sozialgesetzgebung beginnen, widersprach außerdem der bis über die Reichsgründung hinaus vorherrschenden liberalen Systemtheorie, die – man denke an den Manchester-Liberalismus – alle ökonomischen und sozialen Probleme durch die Selbstheilungskräfte des Marktes regulieren wollte.

(3) Damit korrespondierte eine theologische Prämisse, welche die Ursachen für Armut und Verelendung nicht auf die gegebenen Verhältnisse zurückführte, sondern einen Kausalkonnex zwischen Säkularisierung, Entkirchlichung und sozialer Not konstruierte. Mit anderen Worten: Entchristlichung und Glaubenslosigkeit waren aus dieser Sicht der tiefe Grund für das soziale Elend, während es sich realhistorisch eigentlich genau umgekehrt verhielt: Erst die soziale Entwurzelung der Unterschichten bewirkte den Verlust religiöser Bindungen, die mit den konventionellen Mitteln der bestehenden Kirchentümer nicht aufgefangen werden konnten.

(4) Erschwerend trat hinzu, dass die liberalen Ideen der Französischen Revolution wegen ihrer kirchen- und religionskritischen Komponenten als Bedrohung für die Christenheit empfunden wurden. In dem Maße, wie radikale Reformer des Frühsozialismus und später die marxistische Arbeiterbewegung die Revolution als Ausweg aus der sozialen Krise propagierten, identifizierten politisch konservative Theologen und Laien strukturelle Veränderungen der Gesellschaft stets mit einer feindlichen Attacke auch auf Christentum und Kirchen. Neben der politischen Nähe zum Staat beeinträchtigte, ja zerstörte das ihre Bereitschaft, die berechtigten Anliegen der sozialistischen Reform wahrzunehmen und mit ihren Trägern in einen Dialog einzutreten. Es macht die große geschichtliche Leistung Wicherns aus, dass er trotz der angedeuteten Probleme das Werk des Zusammenschlusses der vereinzelten Aktivitäten evangelischer Liebestätigkeit 1848 in Angriff nahm. Das war zugleich ein Reagieren auf gesellschaftliche Herausforderungen wie auch der Entwurf einer neuartigen volkskirchlichen bzw. volksmissionarischen Strategie. Diese deutete von ihren inhaltlichen Zielen her freilich nicht in die Zukunft, indem sie Christentum und Kirche eine neue Rolle in der sich verändernden Gesellschaft zuwies, sondern blickte zurück auf das Idealbild einer christlichen Gesellschaft, wie diese in Mittelalter und früher Neuzeit selbstverständlich gewesen war.

Dass inzwischen ein tief greifender politischer, sozialer und ökonomischer Wandel eingetreten war, dessen Bewegungsrichtung sich damals noch nicht in der Klarheit wie fünfzig oder hundert Jahre danach abzeichnete, hatte Wichern wohl erkannt, jedoch mit vielen anderen daraus falsche Schlüsse gezogen. Hier zeigen sich die Grenzen seiner analytischen und prognostischen Möglichkeiten – Grenzen, die er mit zahlreichen Zeitgenossen in Kirche, Politik und Gesellschaft teilte. Doch stellt das nicht die bleibenden Verdienste dieses Mannes und seiner Mitstreiter infrage. Zu ihnen gehört die Öffnung der Landeskirchen für das Anliegen der christlichen Liebestätigkeit und die Konstruktion eines Organisationsrahmens in Gestalt des „Central-Ausschusses für Innere Mission der deutschen ev. Kirche" in allen evangelischen Territorien des Deutschen Bundes und später des Reiches. Die Anlehnung an die bürgerliche Vereinsbewegung und ihre schon bestehenden protestantischen Ableger aktivierte das Laienelement und schuf die Voraussetzungen für ein neues Bewusstsein von Kirche, das sich allmählich von jener obrigkeitlichen Mentalität abkoppelte, die in den Konsistorien und ihrer staatlich-bürokratischen Ordnung bisher geherrscht hatte. Auch wenn der Verbandsprotestantismus – und der ihn repräsentierende Central-Ausschuss – sein zweifaches Ziel *nicht* erreichte, die innerevangelischen Konfessionsschranken zu überwinden und damit der Einheit der Landeskirchen in einer Reichskirche vorzuarbeiten, ebnete er doch einer Entwicklung die Bahn, die von der Behörden- und Pastorenkirche ein Stück wegführte und den Gemeinden mit Hilfe der auf ihrer Basis tätigen Vereine die Chance eröffnete, wieder zum lebendigen Kernbereich von Kirche zu werden.[8] – Ebenso gewichtig sind die Wirkungen der Inneren Mission im 19. Jahrhundert auf Staat und Gesellschaft gewesen. Sie wurde zusammen mit der katholischen Caritas zum Wegbereiter der Sozialarbeit.[9] Hier half sie nicht nur einer sonst unter- oder gar nicht versorgten Klientel insbesondere in gesellschaftlichen Randbereichen, sondern formte auch neue Berufsbilder aus, die oft erst nach 1918 von staatlichen und kommunalen Instanzen übernommen wurden.

Interessanterweise schienen sich die schon im Vormärz und dann im Kontext der Revolution von 1848 geäußerten Befürchtungen vor einem sozialen Umsturz durch die Besitz- und Eigentumslosen erst in den Jahren des Kaiserreichs zu bestätigen, als das Zeitalter des Pauperismus längst überwunden war. Jetzt erst, als der Organisationsrahmen durch Sozialdemokratie und freie Gewerkschaften geschaffen war, proklamierte man von dieser Seite tatsächlich die Notwendigkeit der sozialen Revolution, die mit der Sicherheit einer naturgesetzlichen Entwicklung kommen werde und die deshalb keines Anschubs vonseiten der Bewegung selbst bedürfe. Wir wissen heute, dass es dazu nicht kam, dass sich die Sozialdemokratie in der Frage eines evolutionären oder revolutionären Weges spaltete und schließlich, dass dieser revolutionäre Weg stets ein putschistischer gewesen ist – von kleinen radikalen Gruppen ohne wirkliche Massenbasis oder breite Verankerung in der Bevölkerung vorangetrieben, welche die Machtfrage mit terroristischen Mitteln für sich entscheiden wollten. Sie sind am Ende gescheitert, sieht man auf das Elend und die Verwüstung, die die kommunistische Weltbewegung, die nun von der politischen Bühne abtritt, hinterlassen hat. *Die reformerische Alternative:* Die Eingliederung des vierten Standes, des Proletariats, in die bürgerliche Gesellschaft hingegen verlief im Großen und Ganzen erfolgreich; sie bildete den sozialen Interventionsstaat aus und kreierte einen durch soziale Reformen gebändigten Kapitalismus.

# 1.1.4 Auf dem Wege zum Wohlfahrtsstaat von Weimar

Unter *Sozialpolitik* verstehen wir heute die Gesamtheit der Anstrengungen in Richtung einer umfassenden Daseinsfürsorge und -vorsorge für alle Menschen. Von der Entwicklung der Begrifflichkeit her verstand man darunter jedoch bis in die Bundesrepublik hinein vor allem „Arbeiterpolitik", d. h. die Belange der Sozialversicherten, nicht aber den Bereich von Fürsorge und Sozialarbeit, der ebenfalls konstitutives Element des Sozial- respektive Wohlfahrtsstaates ist.[10]

Ganz anders, nämlich unpolitisch, dafür jedoch auf das Ensemble physischer, psychischer, religiöser und ökonomischer Faktoren zielend, fasste die konfessionelle

Wohlfahrtspflege in der Weimarer Republik ihr Selbstverständnis. So konnte Johannes Steinweg, kurhessischer Pfarrer und Direktor der Wohlfahrtsabteilung des Central-Ausschusses für Innere Mission 1928 formulieren: „[Es] handelt es sich bei der [freien und öffentlichen] Wohlfahrtspflege um den Kampf mit Notständen körperlicher und seelischer, wirtschaftlicher und sittlicher Art. Aus dem Bestreben, diese Notstände zu beseitigen oder zu verhüten, erwachsen bestimmte Hilfsmaßnahmen und Hilfseinrichtungen. Die Summe dieser Maßnahmen und Einrichtungen nennen wir Wohlfahrtspflege."[11]

Die bürgerliche Gesellschaft der Zeit *reagierte* – wie ausgeführt – auf die neuartige Erscheinung der sozialen Frage, deren „Lösung" sie mit ihren eigenen, ebenfalls neuen Möglichkeiten nach dem Auseinandertreten von Staat und Gesellschaft in Angriff nahm. Dazu zählte als konstitutives Element in erster Linie die bürgerliche Vereinsbewegung des 19. Jahrhunderts, an deren Entstehung abzulesen ist, wie sich die Verantwortung um das gemeine Wohl allmählich von Obrigkeit und Monarch auf jenen Bund freier Bürger verlagerte, dessen Zugehörigkeit nicht mehr Geburt und Besitz, sondern Bildung und Leistung kennzeichneten. In der sozialreformerisch orientierten Vereinsbewegung blieben die Grenzen zwischen einer Analyse der sozialen Frage als Ausfluss neuartiger Massennotstände aufgrund von kaum steuerbaren demografischen Veränderungen mit temporären Hungerkrisen einerseits oder als Folge der beginnenden Industrialisierung andererseits lange unscharf; manchmal vermischten sich beide Deutungen auch.

Dieser Hinweis ist wichtig zum Verständnis der Entfaltung der eingangs schon erwähnten *deutschen* Besonderheit des hiesigen Wohlfahrtssystems: der dualen Struktur sozialer Sicherung im Bereich von Sozialarbeit oder nicht auf Arbeiterpolitik bezogener Wohlfahrtspflege. Hier gingen zunächst konfessionelle Gruppierungen voran, einmal die evangelische Innere Mission und – mit knapp 50-jähriger zeitlicher Verzögerung – die katholische Caritas. Ihre Bemühungen um Sozialarbeit wurden flankiert von weltanschaulich neutralen philanthropischen Vereinigungen, die sich nach englischem Vorbild vereinzelt auch in Deutschland herausbildeten und hier – wie der 1881 begründete „Deutsche Verein für Armenpflege und Wohltätigkeit" oder das auf die Initiative des jüdischen Großindustriellen Wilhelm Merton zurückgehende Frankfurter „Institut für Gemeinwohl" von 1890 – herausragende konzeptionelle Vorarbeiten zur politischen Formierung des Wohlfahrtsstaates leisteten. Daneben etablierten sich seit der Jahrhundertmitte kommunale Initiativen einer von Bürgern ehrenamtlich geleisteten reformierten städtischen Armenpflege (Elberfeld/Straßburg), die erheblich dazu beitrugen, die spärlichen landes- und reichsgesetzlichen Regelungen zur Organisation der Armenpflege inhaltlich auszufüllen, wie überhaupt die Geschichte der Sozialarbeit im Kontext der zunehmenden Verberuflichung dieses Sektors seit der Jahrhundertwende mehr und mehr von kommunalen Impulsen mitgeprägt wurde.[12]

Größeren Einfluss und Bedeutung für den noch heute bestehenden fruchtbaren Dualismus von öffentlicher und privater Trägerschaft von Fürsorge gewannen für die Frühphase der Geschichte der Sozialarbeit die Gruppierungen der so genannten christlichen Liebestätigkeit. Schon 1848 regte der Hamburger Theologe Johann Hinrich Wichern auf dem Wittenberger Kirchentag die Gründung des „Central-Ausschusses für die innere Mission der deutschen ev. Kirche" an. Dieses Gremium sollte die bestehenden vielfältigen Aktivitäten des sozialen Protestantismus koordinieren und die zahlreichen – und höchst unterschiedlichen – Arbeitsfelder durch Gründung von Landes- und Provinzialausschüssen im Bereich des Deutschen Bundes und später des Reiches fördern. Innere Mission als *Diakonie*, d. h. als soziale Praxis christlicher Nächstenliebe, war und blieb bis heute allerdings nur *ein* Aspekt der Tätigkeit des Central-Ausschusses und jetzt des „Diakonischen Werkes der Evangelischen Kirche in Deutschland"; denn der Wirkungsbereich der Inneren Mission zielte auf den *ganzen* Menschen und darüber hinaus auf die Gesellschaft, die es gegenüber Säkularisierung und Materialismus durch Re-Implementierung christlicher Glaubensüberzeugungen zu immunisieren galt. Innere Mission hieß deshalb in den Augen ihrer Gründer umfassende „Kulturarbeit", die neben Sozialarbeit und Verkündigung der kirchlichen Botschaft die gesamte politische Kultur ihrer Zeit intentional einbezog, um sie dem globalen Ziel der Re-Christianisierung von Staat und Gesellschaft dienstbar zu machen. Den Weg dorthin sah Wichern, der die Innere Mission im Übrigen aus arbeitsteiligen, nicht aus institutionenkritischen Überlegungen heraus von Staat und verfasster Kirche gleichermaßen abgrenzte, in der „Association" der Hilfsbedürftigen selbst, die zusammen mit freiwilligen Helfern der bürgerlichen Gesellschaft die wirtschaftliche und soziale Not bekämpfen und die Voraussetzungen für die weiter gesteckten kultur- und religionspolitischen Vorstellungen der Inneren Mission schaffen sollten.

Als zweite Großinstitution, die sich als wichtiger Träger der Sozialarbeit noch im ausgehenden 19. Jahrhundert etablierte, ist der Deutsche Caritasverband zu nennen, der 1897 gegründet wurde. Gleich dem Central-Ausschuss bildete er die nach Diözesen gegliederte Zusammenfassung zahlreicher bereits bestehender sozialer Arbeitsfelder des deutschen Katholizismus in der Krankenpflege, der offenen und geschlossenen Fürsorge und in der Sozialarbeit auf Gemeindeebene. Der charakteristische Unterschied zur Inneren Mission lag im Fehlen umfassenderer kultureller und religiöser Aktivitäten, *nicht* von Zielen, die andere Gruppierungen des katholischen Verbandsspektrums, vor allem der „Volksverein für das katholische Deutschland" (1890), verfolgten. Als weitere Besonderheit muss die im Vergleich zur Inneren Mission größere organisatorische Geschlossenheit des Caritasverbandes erwähnt werden – eine Strategie, die freilich als Reaktion auf den Selbstbehauptungskampf des deutschen Katholizismus im Kaiserreich zu verstehen ist.

Caritas wie Innere Mission besaßen in Gestalt der Ordensfrauen und Diakonissen ein großes Potenzial bereits *professionell* tätiger weiblicher Arbeitskräfte, dazu einen kaum zu überschätzenden Bestand an ehrenamtlichen Helferinnen, die neben (Kranken-)Pflegediensten für soziale Aufgaben in der kirchlichen wie der politischen Gemeinde eingesetzt werden konnten. Wer die Geschichte der Sozialarbeit mit der Verberuflichung sozialer Arbeit, d. h. mit dem Übergang von ehrenamtlicher zu bezahlter Tätigkeit auf diesem Sektor einsetzen lassen will, den Beginn dieses Prozesses aber erst auf die 1890er-Jahre datiert[13], muss notwendigerweise den langen Vorlauf ignorieren, den die konfessionellen Schwesternschaften auf diesem Sektor bereits besaßen. Andererseits ist nicht zu übersehen, dass mit Beginn der Wilhelminischen Ära das öffentliche Interesse an theoretischen und praktischen Fragen der Sozialarbeit einen bemerkenswerten Aufschwung erfuhr. Das hatte nicht nur mit dem seit der Jahrhundertwende auf kommunaler Ebene steigenden sozialen Handlungsbedarf zu tun; parallel zu diesem Prozess bildete sich nämlich im Kontext der bürgerlichen Frauenbewegung ein neuartiges Bewusstsein heraus, dem besonders daran lag, gerade für das Feld der Sozialarbeit „spezifisch weibliche" Qualitäten zu reklamieren, um diese dort haupt- und nebenberuflich einsetzen zu können. „Mütterlichkeit als Beruf" lautete das Motto einer modernen bürgerlichen Frauengeneration, die für die Anerkennung des beruflichen Sozialengagements von Frauen und – damit gekoppelt – für die weibliche Emanzipation focht.[14]

Da man das traditionelle, auf Ehe und Mutterschaft gerichtete Frauenbild der Gesellschaft nicht aufgeben wollte, musste die Vorstellung einer besonderen Konditionierung des weiblichen Geschlechts für soziale Arbeit im Sinne *seelischer Mutterschaft* als Vehikel dafür dienen, wenigstens im Sozialbereich den Anspruch auf Mitgestaltung und bezahlte Berufsarbeit anzumelden und durchzusetzen. Tatsächlich waren hier – abgesehen vom Erziehungsbereich – die Widerstände aller Gruppen der Gesellschaft am geringsten, weil der gemäßigte Flügel der bürgerlichen Frauenbewegung nicht (länger) auf die *Gleichheit* der Geschlechter, sondern lediglich auf ihre Gleich*wertigkeit* pochte, im Übrigen aber die unterschiedlichen Befähigungen von Frauen und Männern unterstrich und diese im Hinblick auf die weiblichen Professionalisierungsbestrebungen vornehmlich für die Sektoren „Bildung" und „Soziales" in Anspruch nahm. Die theoretische Begründung dieser als den Frauen wesensgemäß verstandenen Verbindung von Emanzipation und Sozialarbeit lieferte eine Berliner Jüdin aus gutbürgerlichem Haus, Alice Salomon.[15] Ihr Anliegen war es, die besondere „Kulturaufgabe der Frau" mit „der Vorstellung von Sozialreform als ethischer Verpflichtung des Mittelstandes gegenüber den ‚unteren Volksschichten'" zu verknüpfen.[16] Die antagonistischen Klassen sollten durch soziale Arbeit miteinander versöhnt werden; oberstes gesellschaftliches Ziel war der „soziale Frieden", dessen Herstellung mit den vor allem Frauen eigenen Gaben schließlich auch die proletarische Revolution obsolet werden lassen müsse.

Der Ort, an dem solche Vorstellungen gelehrt und verbreitet wurden, waren die „Sozialen Frauenschulen", die nach der Jahrhundertwende in rascher Folge, meist von konfessionellen Trägern, gegründet wurden. Den Anfang machte 1905 die Frauenschule des Deutsch-Evangelischen Frauenbundes in Hannover; für die Frühzeit konzeptionell wichtiger war vermutlich die wiederum von Alice Salomon seit 1908 geleitete soziale Frauenschule in Berlin. Mit der staatlichen Anerkennung dieser Einrichtungen und entsprechenden ministeriellen Vorgaben, was Unterrichtsinhalte und Prüfungsleistungen betraf, prägte sich in den Zwanzigerjahren das Berufsbild der Sozialfürsorgerin aus, das als wesentliche Komponente die praktische Ausgestaltung des Wohlfahrtsstaats von Weimar nachhaltig beeinflusst hat.[17]

Die Prinzipien „Verwissenschaftlichung" und „Rationalisierung" spielten ausgehend von den Zwängen des Industrialisierungsprozesses in der zweiten Hälfte des 19. Jahrhunderts bei der sozialen Mindestsicherung wie bei der sozialen Prävention eine immer wichtigere Rolle. Dies wirkte sich nicht zuletzt auf das Nebeneinander von öffentlicher, d. h. zumeist kommunaler und privater Fürsorge bzw. Sozialarbeit aus, das allmählich geordnete Formen annahm. Beide machten sich weder in der Theorie noch praktisch Konkurrenz, sondern ergänzten einander. Der damalige Vereinsgeistliche der Frankfurter Inneren Mission, Friedrich Naumann, forderte in diesem Sinne 1888 die spätere Verstaatlichung von sozialen Arbeitsfeldern, die aufgrund besserer innovativer Voraussetzungen von den freien Trägern gleichsam zuerst ‚ausgemacht' und in Angriff genommen worden seien. Einen ähnlichen Gedanken beschrieb 1911 das englische Ehepaar S. und B. Webb mit dem Modell der „extended-ladder-theory", der „Ausziehleiter"-Theorie: Danach gehöre es zu den Aufgaben der freien Träger, die von der staatlich-kommunalen Wohlfahrt garantierte Grundfürsorge durch darüber hinausgehende Maßnahmen zu ergänzen, die bei Erfolg dann wiederum von der öffentlichen Hand übernommen würden. Bei der permanenten Abfolge dieser beiden Phasen sozialen Handelns seien die privaten Gruppierungen immer wieder frei zur Übernahme neuer Aufgaben, was angesichts bürokratischer Beschränkungen ein öffentlicher Wohlfahrtsapparat nicht in gleicher Weise leisten könne.

Der langsamen, aber unaufhaltsamen Entwicklung zur Präferenz der kommunalen Sozialarbeit gegenüber den unter Koordinationsmängeln leidenden privaten Fürsorgeverbänden bereitete der Erste Weltkrieg ein abruptes Ende. Die Zurückhaltung des Reichs und der Länder in Sachen Armen- oder Wohlfahrtspflege ließ sich angesichts der plötzlich hereinbrechenden Notlagen neuer Bevölkerungskreise nicht mehr aufrechterhalten. Denn die Kriegsfolgen trafen nicht allein die Unterschichten, für deren Unterhalt nicht rechtzeitig Vorsorge getroffen worden war, sondern ebenso und mehr und mehr Angehörige des Mittelstands, meist Witwen oder von ihrem Vermögen lebende ältere Personen, deren Mittel durch Kriegsanleihen und Inflationsverluste aufgezehrt worden waren. Mit der Einebnung der traditionellen schichtenspezifischen Differenz zwischen „würdigen" und „unwürdigen" Empfängern öffentlicher und privater Zuwendungen griffen auch die alten Modelle nicht mehr, zumal die Zahlen der „neuen" jene der Altarmen bald um ein Vielfaches übertrafen. Reich und Länder sahen sich zu raschem Handeln genötigt und leiteten gegen den teils erbitterten Protest der großen freien Wohlfahrtsverbände strikte Verwendungskontrollen ein, um die jetzt erstmals in größerem Umfang fließenden öffentlichen Gelder sinnvoll einzusetzen.

Damit deutete sich schon im Krieg der innenpolitische Kurswechsel in Richtung auf den Wohlfahrtsstaat Weimarer Prägung an. Er geschah nicht freiwillig, sondern aus den dringenden Erfordernissen der Kriegs- und Nachkriegszeit heraus und kam erst 1924/25 mit Erlass der *Reichsfürsorgepflichtverordnung* und den sie interpretierenden *Reichsgrundsätzen* zu einem vorläufigen Abschluss. Beide Bestimmungen legten den – später durch die Gesetzgebung der BRD bestätigten – Quasi-Vorrang der freien Träger fest, was politisch-ideologisch mit dem Subsidiaritätsprinzip katholischer Provenienz legitimiert wurde, obwohl er dem dahinterstehenden Grundgedanken der älteren Assoziationsvorstellung entlehnt war. Da den privaten Verbänden damit öffentliche Aufgaben in zuvor ungeahntem Umfang zuwuchsen, drang das federführende Reichsarbeitsministerium auf die Schaffung eines funktionsfähigen Dachverbandes der staatlich anerkannten sieben Spitzenverbände der freien Wohlfahrtspflege. Dieser wurde 1926 mit Gründung der „Deutschen Liga" realisiert, der sich nur die Arbeiterwohlfahrt aus ideologischen und organisationspatriotischen Ressentiments gegenüber der Übermacht der die Liga dominierenden konfessionellen Altverbände und dem wegen seines hohen Anteils an adeligem Führungspersonal als „reaktionär" geltenden Roten Kreuz nicht anschloss.[18] – Schon 1919 hatte die Republik in der Reichsverfassung bestimmte Rahmenkompetenzen zur Regelung der Fürsorgepolitik erhalten; die Hauptlasten trugen allerdings fortan die Länder und vor allem die Kommunen. Letztere wurden durch die

Reichsfinanzreform Matthias Erzbergers um ihre wichtigsten Einkünfte gebracht und waren damit auf Schlüsselzuweisungen von Reich und Ländern angewiesen, was selbst in den relativ guten Jahren der Republik und erst recht in der Depression nach 1929 der Ausgestaltung des Wohlfahrtsstaats von Weimar enge Grenzen setzte.

Die sich mit der Weltwirtschaftskrise anbahnende Wendung vom demokratischen über den autoritären zum „völkischen" Wohlfahrtsstaat[19] höhlte sowohl das Anspruchsprinzip als auch das auf das Individuum bezogene Prinzip von sozialer Arbeit aus. Anstelle einer egalitären Behandlung der Fürsorgeklientel trat die Neubelebung der längst überwunden geglaubten Kategorien von „würdig" und „unwürdig", wobei erst Leistungskriterien und ab 1933 zusätzlich rassistische Kriterien ausschlaggebende Bedeutung erlangten. Die Ideologie der Volksgemeinschaft bildete ein Denken in ausschließlich auf die Verwertbarkeit für Rasse, Blut, Nation und die imperialen Politikziele bezogenen Wertmustern aus, das als Zielgruppe aller Formen von Sozialarbeit nur noch die sozial und medizinisch Rehabilitierungsfähigen im Visier hatte, während chronisch Kranke und Behinderte, dazu alle so genannten Fremdrassigen keinen bzw. einen nur stark eingeschränkten Anspruch auf soziale Grundversorgung haben sollten.

Populistisch agitierende Sozialdarwinisten, aber auch manche Mediziner schürten spätestens seit Einsetzen der Weltwirtschaftskrise in der Öffentlichkeit die Illusion, die in der Tat immensen Kosten des Wohlfahrtsstaates seien durch die freiwillige oder zwangsweise Sterilisierung so genannter Erbkranker dauerhaft wirksam zu begrenzen. Und die der totalitären Utopie einer „gesunden Volksgemeinschaft" verpflichteten Sozialtechnologen des NS-Regimes begannen nach 1933 damit, einen Katalog derjenigen zu erstellen, die aus rassistischen, gesundheitlichen und schließlich auch sozialen Gründen aus der Volksgemeinschaft zu entfernen seien. Bedeutete dies auf der einen Seite eine soziale Unterversorgung der „Gemeinschaftsfremden" aller Kategorien, deren Betreuung man jetzt zunehmend den konfessionellen Trägern und ihrem Personal zuschob, so wurden jene, die als approbierte Glieder der Volksgemeinschaft akzeptiert waren und als therapierbar galten, nun ohne Kostenrücksichten von der nationalsozialistischen Sozialarbeit intensiv gefördert – eine Aufgabe, die neben den sozialen Einrichtungen der paragewerkschaftlichen Deutschen Arbeitsfront in erster Linie die NS-Volkswohlfahrt (NSV) für sich beanspruchte. Diese Ambivalenz – einerseits rigide Ausgrenzung und Abschiebung, schließlich auch Massenmord im Gewande des Euphemismus „Euthanasie", andererseits verstärkte Zuwendung und Einsatz modernster wissenschaftlich geprüfter Methoden und Mittel – ist charakteristisch für das doppelte Gesicht der NS-Sozialarbeit. Sie kennzeichnet damit im Übrigen auch die Ambivalenz des Modernisierungsschubes, den das Dritte Reich innerhalb des deutschen Gesellschaft auslöste und der in manchen Folgewirkungen weit über 1945 hinausreichte.

# 1.1.5 Der Sozialstaat in der Bundesrepublik und der DDR nach 1945

Da der Nationalsozialismus zwar die inhaltliche Ausrichtung des Sozialstaats, nicht jedoch seine äußere *Form* grundlegend verändert hatte, konnte die Bundesrepublik nahezu nahtlos an die gegebenen Strukturen und materialiter an die Leistungen sozialer Staatlichkeit von Weimar anknüpfen. Neu nach 1945 war die Ausrichtung der Politik der Mehrheit aller bürgerlichen Parteien auf die soziale Marktwirtschaft, die dem Leitbild eines Interessenausgleichs zwischen (kapitalistischer) Marktwirtschaft und der sozialen Sicherung aller Bürger folgte. Die Fortführung des dualen Prinzips sozialer Staatlichkeit in öffentlicher *und* privater Trägerschaft sorgte nach 1945 für die Aufhebung der diskriminierenden Maßnahmen des Dritten Reiches gegenüber den verbliebenen privaten Wohlfahrtsverbänden Innere Mission und Caritas und förderte mit der Neugründung der nach 1933 aufgelösten Organisationen sowie weiterer Vereinigungen die Ausdifferenzierung des „Dritten Sektors". Eine halbstaatliche Institution wie die NSV entstand – wiewohl unter demokratischen Vorzeichen ja vorstellbar – im Westen des geteilten Landes anders als in der DDR nicht wieder.

Die nach 1933 aufgelösten freien Träger formierten sich nach 1945 neu, während Innere Mission und Caritas bestehen blieben. Das DRK wurde wegen seiner engen Verflechtung mit militärischen Sanitätsaufgaben und der „Gesundheitsführung" des Dritten Reiches zunächst aufgelöst, konnte sich dann aber wieder als Wohlfahrtsverband neu konstituieren. Zwischen 1945 und 1955 kam eine neue Institution hinzu: das Hilfswerk der Evangelischen Kirche in Deutschland, zunächst unter der Leitung Eugen Gerstenmaiers, der dann in die Politik ging und Mitte der Fünfzigerjahre Bundestagspräsident wurde. Ab 1956 vereinigten sich in einem mehrjährigen Prozess Innere Mission und Hilfswerk zum Diakonischen Werk der EKD. 1961 schlossen sich die nichtstaatlichen freien Träger zur „Bundesarbeitsgemeinschaft der freien Wohlfahrtspflege" zusammen. Sie sind bis heute anerkannte und privilegierte Partner des Sozialstaats, geraten aber durch die marktorientierte Wohlfahrtsgesetzgebung der Europäischen Union zunehmend unter Druck: Denn das deutsche Modell hat in Europa keine Parallele und sieht sich mehr und mehr der Kritik der anderen Länder ausgesetzt, die keine öffentlichen Mittelzuweisungen an private Organisationen des sozialen Sektors kennen, sondern diese – soweit vorhanden – als konkurrierende Anbieter auf dem Sozialmarkt betrachten.

Die Bundesrepublik Deutschland versteht sich nach Art. 20 und 28 GG als „demokratischer und sozialer Rechtsstaat", begnügt sich aber mit dem Attribut „sozial" und definiert sich nicht explizit als Sozial- oder Wohlfahrtsstaat. Damit ist der Spannung zwischen Gleichheit und Freiheit Rechnung getragen, die im Rahmen der geltenden Gesetze der Selbstverwirklichung des Individuums und seinen Gestaltungspotenzialen hohen Stellenwert einräumt. Das Sozialstaatsgebot der Verfassung ist also der Rechtsstaatlichkeit nicht vor-, sondern zugeordnet, besitzt aber normative Bedeutung für die grundgesetzlich vorgegebene Politikgestaltung der Bundesrepublik.[20]

Das 1962 in Kraft getretene Bundessozialhilfegesetz[21] löste die *Fürsorgepflichtverordnung* und die sie flankierenden *Reichsgrundsätze* aus den Anfangsjahren der Weimarer Republik ab; man kann es als erste bundesweit geltende legislative Regelung verstehen, nachdem ein Reichsfürsorge- oder Wohlfahrtsgesetz rund dreißig Jahre zuvor nicht zustande gekommen war. Das BSHG bestimmte erneut den Vorrang der freien Träger und schrieb den Anspruch Bedürftiger auf staatliche Hilfe fest. Am 1. Januar 2005 hob es der Gesetzgeber in wesentlichen Bestandteilen auf, als zu diesem Zeitpunkt Sozial- und Arbeitslosenhilfe (Arbeitslosengeld II oder „Hartz IV") zusammengelegt wurden. Seitdem haben seine Bestimmungen nur noch für dauernd oder zeitweise erwerbsunfähige und über 65 Jahre alte Menschen Gültigkeit.

Die CDU als größte Volks- und Regierungspartei hat die bundesdeutsche Sozialpolitik maßgeblich mitbestimmt. In ihr besaßen die Sozialpolitiker des ehemaligen katholischen Zentrums bestimmenden Einfluss; sie vertraten das alte *Subsidiaritätsprinzip* und sorgten mit dafür, dass die neue Sozialstaatsgesinnung auf dieses Prinzip hin ausgerichtet wurde. Obwohl es im Parlamentarischen Rat nicht gelang, die Subsidiarität zur Grundlage sozialer Staatlichkeit der BRD zu machen, hat man in ihm einen zumindest impliziten „Wesensbestandteil" des GG gesehen, was sich nicht nur im Sozialbereich, sondern darüber hinaus auch im Föderalismus, der Eigenständigkeit der Kommunen und nicht zuletzt in der Selbstverwaltung der Körperschaften des öffentlichen Rechts unter Einschluss der Kirchen niederschlug. Erst nach der Ratifizierung des Maastrichter Vertrags 1992 wurde das Subsidiaritätsprinzip in den modifizierten Art. 23 GG aufgenommen, wo es sich jedoch auf die Europäische Union und nicht auf die innerstaatlichen Regelungen der Mitgliedsländer bezieht. Der Sinn dieser Verankerung im europäischen Recht liegt in der Wahrung der „Autonomie" der Mitglieder gegenüber den Kompetenzen der EU.[22]

Solange Wirtschaftswachstum und gesellschaftlicher Reichtum garantiert schienen, verlief die Sozialstaatsentwicklung in der BRD ohne größere Grundsatzkonflikte. Seit im Kontext der weltweiten Globalisierung und durch Versäumnisse der deutschen Sozialpolitik mitbedingt jedoch eine tief greifende ökonomische Strukturkrise eingetreten ist, zu der die skizzierten Herausforderungen seitens der EU hinzutreten, bescheinigen immer mehr Kritiker dem deutschen Sozialstaat eine Tendenz zur Überforderung durch einen nicht mehr finanzierbaren „Versorgungsstaat", dessen grundlegender Umbau deshalb zwingend sei. Seit dem Herbst 2005 zeichnet sich in den großen Volksparteien ein Konsens darüber ab, dass neben Steuererhöhungen einschneidende Sparmaßnahmen, die Konzentration auf Hilfen in tatsächlichen Notlagen und eine Umverteilung der knappen noch verfügbaren Mittel für schulische Bildung sowie Forschung und Lehre derzeit Priorität vor einem weiteren Ausbau des Sozialstaats besitzen. Es wird darauf ankommen, dass sich dieser Wandel in Bahnen vollzieht, in denen soziale Gerechtigkeit, Freiheit des Einzelnen und ökonomische Effizienz des Sozialstaats in der Balance gehalten werden können.

Die DDR betrachtete das Sozialstaatspostulat bürgerlich-demokratischer Gesellschaften und die daraus resultierende Praxis stets als Ausfluss kapitalistischer Herrschaft, deren Auswüchse dadurch abgedämpft werden sollte. Die dahinter stehenden „Klassenantagonismen" würden auf diese Weise – so die Kritik – jedoch nicht aufgelöst, sondern im Gegenteil verfestigt. Bürgerliche Sozialpolitik besaß danach die Funktion eines „Reparaturbetriebs des Kapitalismus", der Gewinne privatisierte, die Kosten für die Beseitigung akuter sozialer Problemlagen jedoch als Aufgabe der Allgemeinheit zuwies.[23]

Hinzu trat die Überzeugung, dass sich durch den Aufbau des Sozialismus soziale Spannungen und Disparitäten von allein erledigen würden. Diesem Ziel wurde auch eine eigenständige Sozialpolitik – mindestens in der Theorie – untergeordnet und später in der Ära Honecker die „Einheit von Wirtschafts- und Sozialpolitik" proklamiert. Doch de facto hatten auch SBZ und DDR mit gravierenden Problemen sozialer Art zu kämpfen, die kriegsbedingt auf der ostdeutschen Gesellschaft lasteten. Dazu gehörte zunächst die Bewältigung der Lebensmittelversorgung und Wohnraumbeschaffung für die aus den Ostgebieten nach Mitteldeutschland strömenden Flüchtlinge und schließlich deren Integration in die DDR-Gesellschaft. Außerdem ging es darum, angesichts der Zerstörungen durch Krieg und Demontagen eine Grundsicherung für die Arbeiterschaft zu schaffen, die zu der bevorzugten Klientel des Oststaates zählte. Planwirtschaft und Einheitsversicherung bauten nach und nach alle historisch gewachsenen, ursprünglich eigenständigen Sicherungssysteme zugunsten einer straffen Einheitsversicherung ab. Dem stand das „Recht auf Arbeit" für alle gegenüber, das sich realiter als Arbeits*pflicht* erwies, die mit staatlichen Machtmitteln auch durchgesetzt wurde. Der Preis für diese Vollbeschäftigung lag in der drastisch zurückgehenden Produktivität der DDR-Volkswirtschaft, deren volles Ausmaß erst nach der Wende kenntlich wurde.

Das *duale Prinzip* deutscher Sozialstaatlichkeit fand in der DDR – mindestens in der Doktrin – ein Ende. Die beiden verbliebenen freien Trägerinstitutionen – Innere Mission und Caritas – wurden niemals zu „Partnern" der DDR-Gesundheits- und Fürsorgepolitik, erfüllten aber dennoch im Sinne des Systems nützliche Funktionen: Sie leisteten eine Arbeit am Rande der Gesellschaft, die nicht den Interessen der DDR-Gesundheitspolitik und -fürsorge entsprach. Denn die von Caritas und Diakonie betreuten Menschen entsprachen dem sozialistischen Menschenbild insofern nicht, als sie für den Aufbau des Sozialismus keine Bedeutung im Sinne ihrer gesellschaftlichen „Verwertbarkeit" besaßen. Die Arbeit der alten christlichen Träger wurde deshalb entgegen den weltanschaulichen Voraussetzungen des Oststaates akzeptiert, zumal hinter ihnen finanziell potente Partner aus der Bundesrepublik standen. Gleichwohl sahen die Machthaber sehr wohl, dass die Motive, die Diakonie und Caritas in der Arbeit an diesen chronisch kranken und behinderten Personen leiteten, sich aus einem ideellen Interesse speisten, das mit der offiziellen Leitideologie und ihrem Anspruch auf Durchsetzung in ihrem Machtbereich kollidierte. Insofern schwankte die Sozial- und Gesundheitspolitik des Oststaates gegenüber den konfessionellen Wohlfahrtsverbänden von Anfang an zwischen Akzeptanz und bedingter Förderung auf der einen und tiefem Misstrauen auf der anderen Seite.

Dass diese in der DDR „überlebten", war ursprünglich nicht vorgesehen; vielmehr sollten sie in der neuen Massenorganisation der „Volkssolidarität" aufgehen, die an die Stelle der NSV getreten war. Der Unterschied lag nach 1945 darin, dass die Volkssolidarität anfangs als Dachorganisation aller (noch) vorhandenen, nicht NS-belasteten Gruppen fungierte. Dies folgte der Volksfrontkonzeption der Dreißigerjahre, in der „progressive" bürgerliche Gruppen im Verein mit den Parteien der Arbeiterklasse im gemeinsamen Kampf den Faschismus überwinden sollten. Mit dem Wandel der SED zur Partei „neuen Typs" ab 1947 wurde jedoch erkennbar, dass auch die Volkssolidarität nur als verlängerter Arm der Hegemonialpartei zur Kontrolle der betreuten Klientel und zur Gleichschaltung der verbliebenen freien Wohlfahrtsorganisationen gedacht war. – Erst nach dem Mauerbau begann sich das Verhältnis von Caritas und Diakonie auf der einen und dem staatlichen Gesundheitssystem auf der anderen Seite zu entspannen: Die kirchlichen Mitarbeiterinnen und Mitarbeiter im Fürsorge- und Gesundheitsbereich wurden nun nach staatlichen Sätzen bezahlt und eine Vereinbarung über ein so genanntes Valutaprogramm geschlossen, nach dem Zahlungen in konvertierbarer Währung aus dem Westen, d. h. vornehmlich aus der BRD, Diakonie- und Caritaseinrichtungen im Osten in DDR-Mark gutgeschrieben wurden, wodurch deren Einrichtungen modernisiert und technisch auf einen höheren Standard gebracht werden konnten. Nach Schätzungen trug dieser Ost-West-Transfer mit knapp zehn Prozent zu den Gesamtkosten des DDR-Gesundheitssystems bei, zu dem auch die Einrichtungen für chronisch Behinderte und alte Menschen zählten.

## 1.1.6 Bilanz

Sozial*politik* und Sozial*arbeit* sind die beiden Grundpfeiler des neuzeitlichen Sozialstaats in Deutschland. Während die Regelungsmechanismen der sozialen Politik seit Mitte des 19. Jahrhunderts durchgängig in den staatlichen Bereich fielen, nahmen sich Reich und Länder nur höchst zögerlich der sozialen Arbeit an, die man den Kommunen, vor allem aber den freien Trägern überließ. In einem langwierigen Prozess entstand aus diesem komplexen Interaktionsverhältnis der soziale Interventionsstaat. Er ist ein Produkt der Moderne und teilt mit dieser Risiken wie Chancen. Sein vielleicht wichtigstes Kennzeichen in Deutschland bildet seine duale Struktur. Seine zentrale Gefährdung in Vergangenheit und Gegenwart bestand und besteht in den hohen Kosten, die er der Gesellschaft verursacht. In Zeiten ökonomischer Krisen stellt sich jedes Mal die Grundfrage nach *Inklusion und Exklusion* wieder neu: d. h. Politiker und Medien debattieren erbittert darüber, wer an den „Segnungen" des Sozialstaats teilhaben soll und wer nicht. Und an diesem Punkt, für den sich drastische Beispiele aus Vergangenheit *und* Gegenwart beibringen ließen, sind die konfessionellen Träger vielleicht am ehesten gefordert: Denn der Ausschluss von vermeintlich „unnützen" Gliedern der Volksgemeinschaft, von so genannten Fremdvölkischen oder heute von mittellos nach Deutschland und Mitteleuropa einströmenden Ausländern, also Asylanten, verlangt nach Anwaltschaft für eine Klientel, die sonst keine Fürsprecher hat.

Möglicherweise sind die einem christlichen Menschenbild verpflichteten freien Träger hier eher als andere in der Lage, für diese Personengruppen einzustehen und gleichzeitig den Bürgerinnen und Bürgern unseres Landes deutlich zu machen, dass Hilfe auch dann Not tut, wenn es viele gute und auch sehr rationale Argumente dagegen gibt. Hier liegt vermutlich eine essenziell neue Aufgabe für Diakonie, Caritas und vergleichbare Organisationen: Ihr sozialer Mitgestaltungsanspruch verlangt im Zeichen einer sich rapide säkularisierenden Gesellschaft innerhalb des sich immer perfekter ausgestaltenden

Sozialstaats und angesichts der Forderungen innerhalb der europäischen Gemeinschaft nach mehr „Markt" auf dem sozialen Sektor heute nach neuen und anderen Begründungen als in den ersten sechs Jahrzehnten des vergangenen 20. Jahrhunderts.

## Anmerkungen

1  1815–90, Staatsrechtslehrer und Nationalökonom; 1846 Prof. in Kiel, 1851 aus dem Staatsdienst entlassen wegen Eintretens für das Recht der Herzogtümer Schleswig-Holstein (gegenüber der dänischen Krone); 1855–85 Prof. in Wien.

2  Dies und das Folgende nach Ernst Rudolf Huber: Rechtsstaat und Sozialstaat in der modernen Industriegesellschaft, in: ders., Nationalstaat und Verfassungsstaat. Studien zur Geschichte der modernen Staatsidee, Stuttgart 1965, S. 249–272.

3  Vgl. die aktuelle Debatte um den Missbrauch des Arbeitslosengeldes durch die Ausweitung potenzieller Empfängerkreise.

4  Folgendes nach Ritter, Gerhard A.: Der Sozialstaat. Entstehung und Entwicklung im internationalen Vergleich, München 1989 [²1991].

5  Ebd., S. 9.

6  Nach Zacher, Hans F.: Das soziale Staatsziel, in: Isensee, Josef/Kirchhof, Paul (Hrsg.): Handbuch des Staatsrechts der Bundesrepublik Deutschland, Heidelberg 1987, S. 1045–1111.

7  Der Begriff wurde von Jantke/Hilger geprägt; vgl. Die Eigentumslosen. Der deutsche Pauperismus und die Emanzipationskrise in Darstellungen und Deutungen der zeitgenössischen Literatur, bearb. u. hrsg. von Carl Jantke u. Dietrich Hilger, Freiburg/München 1965.

8  Vgl. Kaiser, Jochen-Christoph/Greschat, Martin (Hrsg.): Sozialer Protestantismus und Sozialstaat: Diakonie und Wohlfahrtspflege in Deutschland 1890 bis 1938, Stuttgart u. a. 1996.

9  Kaiser, Jochen-Christoph u. a. (Hrsg.): Soziale Reform im Kaiserreich: Protestantismus, Katholizismus und Sozialpolitik, Stuttgart u. a. 1997.

10  Ludwig Preller definierte 1947 als einer der Ersten dieses neue integrative Verständnis von Sozialpolitik; vgl. ders., Sozialpolitik in der Weimarer Republik, ¹1949, ²1978, hrsg. von Florian Tennstedt, Kronberg/Ts. u. Düsseldorf. – Schon 1930 definierte das vom Hauptausschuss der Arbeiterwohlfahrt herausgegebene Lehrbuch der Wohlfahrtspflege diese als Bestandteil der Sozialpolitik.

11  Ders., Die Innere Mission der evangelischen Kirche. Eine Einführung in ihr Wesen und ihre Arbeit sowie in ihre Zusammenhänge mit der Wohlfahrtspflege und Sozialpolitik, Heilbronn 1928, S. 164. Siehe auch Kaiser, Jochen-Christoph: Freie Wohlfahrtspflege im Kaiserreich und in der Weimarer Republik. Ein Überblick, in: Westfälische Forschungen 32, 1993, S. 26–57.

12  Vgl. Kaiser, Jochen-Christoph: Geschichte der Sozialarbeit, in: Stimmer, Franz (Hrsg.): Lexikon der Sozialpädagogik und der Sozialarbeit, München 1994, ⁴2000, S. 203–209.

13  Müller, Carl Wolfgang: Wie Helfen zum Beruf wurde. Eine Methodengeschichte der Sozialarbeit, Weinheim u. a. 1982, S. 34.

14  Sachße, Christoph: Mütterlichkeit als Beruf. Die Entstehung moderner Sozialarbeit in Deutschland, Frankfurt am Main 1986; Weinheim ³2002 mit neuem Untertitel: „Sozialarbeit, Sozialreform und Frauenbewegung 1871–1929".

15  Hierzu Kuhlmann, Carola: Alice Salomon. Ihr Lebenswerk als Beitrag zur Entwicklung der Theorie und Praxis sozialer Arbeit, Weinheim 2000.

16  Sachße, Christoph/Tennstedt, Florian: Geschichte der Armenpflege in Deutschland, Bd. 2: Fürsorge und Wohlfahrtspflege 1871–1929, Stuttgart u. a. 1988, S. 43.

17 Aus den Frauenschulen in konfessioneller Trägerschaft entstanden in den 1960er-Jahren die evangelischen und katholischen Fachhochschulen, u. a. mit den Schwerpunkten Sozialarbeit, Sozialpädagogik, Religionspädagogik und später auch Pflegewissenschaften.

18 Einen Abriss zur Geschichte der Liga bietet Kaiser, Jochen-Christoph: Sozialer Protestantismus im 20. Jahrhundert. Beiträge zur Geschichte der Inneren Mission, München 1989, S. 95–226.

19 Vgl. Sachße/Tennstedt: Geschichte der Armenpflege in Deutschland, Bd. 3: Der Wohlfahrtsstaat im Nationalsozialismus, Stuttgart u. a. 1992.

20 Wiedemann, Lothar: Sozialstaat, in: Ev. Soziallexikon, NA, Stuttgart u. a. 2001, S. 1486–1491.

21 Dazu Huster, Ernst-Ulrich (Hrsg.): 40 Jahre Bundessozialhilfegesetz. Dokumentation einer Fachtagung am 28. Juni 2001 in der Ev. Fachhochschule RWL, Bochum, Bochum 2001.

22 Ronge, Frank: Subsidiarität, in: Ev. Soziallexikon, NA, Stuttgart u. a. 2001, S. 1565–1567.

23 Zum Folgenden vgl. die Beiträge von A. Sywottek, W. Rudloff und I. Hübner, in: Hübner, Ingolf/Kaiser, Jochen-Christoph (Hrsg.): Diakonie im geteilten Deutschland. Zur diakonischen Arbeit unter den Bedingungen der DDR und der Teilung Deutschlands, Stuttgart u. a. 1999.

## Weiterführende Literatur: siehe Anmerkungen

# 1.2 Sozialanthropologische und ethische Grundlagen des Gabehandelns

*Fritz Rüdiger Volz*

## 1.2.1 Einleitung: Wozu eine „anthropologische Lesehilfe"?

Will man die Praxis, die Formen und das Selbstverständnis von Fundraising besser verstehen oder auch besser begründen und rechtfertigen, dann bietet es sich an, dies mit Rückgriff auf Theorien des Gebens und der Gabe zu tun. Wir nähern uns also dem Thema Fundraising nicht direkt, sondern auf einem „Umweg". Dieser Umweg führt notwendigerweise auch durch eher abstraktes Gelände. Das aber ist unvermeidlich, wenn wir eben das erfassen wollen, was das moderne Fundraising gemeinsam hat mit anderen Formen des Gebens, Nehmens und Weitergebens, und wie es sich davon unterscheidet. Die Gabe und unser Nachdenken darüber sind von einer eigentümlichen Gleichzeitigkeit von Vertrautheit und Fremdheit gekennzeichnet. „Irgendwie" geben wir ständig, irgendetwas, an irgendwen, irgendwofür, aus irgendwelchen Motiven und Gründen. Sobald wir beginnen, darüber nachzudenken, wird uns das Selbstverständliche fremd. Wir bringen diese Erfahrungen zudem selten explizit mit den Stichworten „Geben" und „Gabe" zusammen, und Schilderungen von Gabehandlungen aus früheren Epochen oder fremden Kulturen kommen uns eher sonderbar vor.

Die Rückblicke auf die anthropologischen Dimensionen des Gebens und auf frühere Deutungen und Bewertungen sind auch deshalb unumgänglich, weil unser zeitgenössisches Verständnis oder auch unser Unverständnis, unsere Kritik, wie auch unsere Bejahung, ständig Gebrauch machen von Kriterien, Normierungen und Verständnissen, die alle aus unserer kulturellen Tradition stammen und die ihrerseits gerade in ihrem Spannungsverhältnis und in ihrer Gegensätzlichkeit nicht verstanden werden können, ohne sich – zumindest kurz und exemplarisch – auf diese Traditionen und Quellen einzulassen.

Das Geben gehört zu den elementaren anthropologischen Handlungsmöglichkeiten des Menschen. Wie allen vergleichbaren Phänomenen begegnen wir ihnen aber nur in der kulturellen Gestalt der menschlichen Gesellschaften und Gemeinschaften. Jeder Versuch – wie der hier vorgelegte –, theoretische Einsichten in diesen Grundvollzug menschlicher Lebensführung zu gewinnen, muss sich gleichsam einer dreifachen „Brechung" stellen: Zunächst sind unser Erleben und unsere Erkenntnis Teil der Kultur, in der wir selber leben und in die wir hineingewachsen sind. Wenn man in andere, zeitgenössische oder vergangene Kulturen blickt, um zu begreifen, was dort unter Geben und Gabe verstanden wird, dann ist es erforderlich, sich auf die Handlungsformen und vor allem auch auf die Deutungsmuster und das Selbstverständnis dieser Kulturen einzulassen. Schließlich müssen wir bereits eine Vorstellung mitbringen von denjenigen allgemeinen Strukturen und Elementen, die in der jeweiligen Kultur eine spezifische Ausformung und Gestaltung erfahren.

Diese durch Rekonstruktion und Abstraktion gewonnenen Einsichten kann man als „anthropologische" Vorstellungen und Begriffe bezeichnen. Sie sind also sowohl Voraussetzung als auch Folge dieses Kulturvergleiches. Prinzipiell aber gilt, dass *wir* es sind, die neugierig sind, die fragen und die auf Erkenntnisse aus sind, und dass wir folglich aus unserem kulturellen Kontext nicht heraustreten können, sondern lediglich die Perspektivität unseres Erlebens und Sehens differenzieren, erweitern und mitreflektieren können.

Solche Gedanken gleich zu Beginn einer Darstellung von Gabepraktiken und -verständnissen zu formulieren, mag überflüssig und unnötig schwierig erscheinen. Sie sind aber prinzipiell notwendig, damit wir nicht, gerade in einer vergleichenden Absicht, entweder naiv überall das freudig wiedererkennen, was wir uns unter Gabe, unter Geben, Spenden und Stiften vorstellen, oder wir uns andererseits, fasziniert von der Fremdheit und Unzugänglichkeit der frühen und anderen Kulturen, einen Vergleich und das Formulieren allgemeiner sozialanthropologischer Einsichten ganz verbieten.

Dieser Beitrag insgesamt möchte eine *Lesehilfe* sein, eine Entzifferungshilfe, die es ermöglicht, sowohl gegenwärtige wie auch frühere Gestalten, Verständnisse und Bewertungen zu verstehen. Das Gabehandeln tritt historisch und gegenwärtig in so unterschiedlichen Formen und unter so unterschiedlichen Namen auf, dass es schwer ist, unter dieser Oberfläche eine gemeinsame „Tiefenstruktur" zu erkennen. Zugleich ist das Thema Geben und Gabe das Feld sehr unterschiedlicher philosophischer, theologischer und sozialwissenschaftlicher Theorien. Alle diese Theorien wollen beschreiben und erklären, was die Gabe ist und was Geben bedeutet. Die Mehrheit allerdings möchte zugleich – und oft stärker – sowohl das Verständnis von Gabe als auch die Praxis des Gebens bewerten und normieren. Auch diese Theorien sind ohne eine Lesehilfe nur schwer zu entziffern und nicht leicht zu durchschauen.

Diese Lesehilfe bietet – als „Tiefenhermeneutik" – auch einen Leitfaden an, einen allgemeinen Problem- und Fragenkatalog für denkbare weitere Untersuchungen. Er könnte gewährleisten, dass Forschungen (im weitesten Sinne) auf diesem Gebiet sich nicht „hinter dem Rücken" der Akteure und der Beteiligten des Fundraisings vollziehen. Wenn er als Lesehilfe dazu taugt, die Akteure anzuregen, die Tiefenstrukturen ihres eigenen Handelns und ihrer Deutungen besser zu verstehen, dann kann auch eine sich an ihm orientierende Untersuchung, die allgemeiner, gründlicher und tiefer gehend verfährt, zugleich transparent und nachvollziehbar und gleichwohl kritisch sein.

In alledem ist bereits deutlich geworden, dass die Theorie der Gabe ein ebenso strittiges wie umstrittenes Themenfeld bildet. Fast jeder der in diesem Beitrag formulierten Sätze kann mit meist guten Gründen bestritten werden. Dieser Streit kann nicht selbst Gegenstand dieser Lesehilfe sein, gleichwohl haben Leserinnen und Leser einen Anspruch darauf, etwas über die Herangehensweise zu erfahren, der sie sich hier zunächst einmal anvertrauen sollen.

Das sozialwissenschaftliche wie auch das sozialethische Denken, das sich auch dem Gabehandeln zuwendet, wird in der Landschaft der gegenwärtigen Debatten von zwei Alternativen dominiert. Menschliches Handeln wird erklärt, indem man es auf ein zugrunde liegendes Eigeninteresse zurückführt. Handeln erscheint dann als eine den Nutzen kalkulierende und den Eigennutz optimierende strategische Realisierung dieses Interesses. Oder aber menschliches Handeln wird verstanden als die pflichtgemäße und in anspruchsvollen Geboten der Vernunft oder (eines) Gottes begründete Verwirklichung dessen, was wir als Menschen einander kategorisch schulden.

Im Blick auf das Geben folgt aus dem ersten Modell eine Heuristik des Verdachts und eine Praxis der Entlarvung: „Letztlich geben auch der fromme Spender, der großzügige Philanthrop und der freigiebige Mäzen nur aus Eigeninteresse, der Rest ist Rhetorik und Tarnung." Aus dem zweiten Modell folgt eine ähnliche Heuristik des Verdachts und eine Praxis autoritativer Vergatterung: „Gerade weil der Mensch egoistisch ist, bedarf es umso stärkerer Verpflichtungen, umso nachdrücklicherer Ermahnungen und des Bezugs auf umso höhere Autoritäten, um ihn doch noch zu einem ‚fröhlichen Geben' zu bewegen."

In beiden Modellen wird das, was beschrieben und erklärt und bewertet werden soll, letztlich „wegerklärt". Das Geben erscheint hier nur als das Erklärungsbedürftige, ihm werden kein eigener Sinn und keine eigene Logik zugestanden. Im Anschluss an den französischen Soziologen Marcel Mauss und seinen 1924 erstmals veröffentlichten „Essai sur le don" soll aber hier der Gabe genau dies zugestanden werden: Sie soll ihre eigene Erklärungskraft entfalten können. Im Horizont dieser sozialwissenschaftlichen Theorie und ihrer Weiterentwicklung werden unter Rückbezug auf die Tiefenstrukturen des Gabehandelns die unterschiedlichsten Praktiken des Schenkens an Freunde und Verwandte, der Freigiebigkeit, des Almosengebens, der Armenfürsorge, der Hilfe für Katastrophenopfer usw. nachvollziehbar und verständlich. Egoismus und Altruismus werden als soziale und moralische Phänomene nicht geleugnet, aber es wird der Versuch für sinnvoll erachtet, „diesseits" jener Alternativen einige Grundstrukturen menschlichen Gabehandelns zu rekonstruieren.

Warum dies alles? Weil die Praxis, die Organisationsform und das Selbstverständnis des Fundraisings eine theoretische Grundlegung erfordern, die weder zu schnell erklärt noch zu schnell bewertet, sondern den Akteuren Handlungsspielräume und Denkhorizonte eröffnet. Fundraising ist ganz wesentlich „Beziehungsarbeit" und braucht ein Verständnis seiner wesentlichen Vollzüge, das einen „pfleglichen" Umgang mit *allen* Beteiligten erlaubt.

# 1.2.2 Die Gestaltung wechselseitiger Angewiesenheit im „Geben — Nehmen — Erwidern"

Das Geben gehört zu den grundlegenden anthropologischen Handlungsmustern. Sein Ort ist die universelle wechselseitige Angewiesenheit aller Mitglieder einer menschlichen Gemeinschaft. Menschen müssen ihr Leben selbst führen, aber sie können es nicht alleine tun. Das darin zum Ausdruck gelangende Spannungsverhältnis ist charakteristisch für menschliche Lebensformen überhaupt. Die unterschiedlichsten Gestalten von Vergemeinschaftung und Vergesellschaftung haben doch das Eine gemeinsam, dass sie sich lesen lassen als Antworten auf die Frage, wie sie in ihrer „Verfassung" auf das unhintergehbare Spannungsverhältnis von Individuum und Gemeinschaft, von Eigensinn und Gemeinsinn antworten.

Das Geben stiftet, gestaltet, erhält und verändert menschliche Beziehungen. Es verbindet Menschen miteinander, es bindet Menschen aneinander, und daraus entstehen wechselseitige Verbindlichkeiten; Gaben sind die Mittel und Medien dieser vielfältigen Bindungen.

Da alles menschliche Handeln prinzipiell mehrdeutig ist und folglich seine spezifische Bedeutung nur dadurch erhält, dass es gedeutet wird, umschließt jede Gabe auch einen symbolischen Gehalt. Der Mensch ist ein Vernunftwesen, das das eigene Handeln mit Bedeutung versehen muss und in der Lage ist, die Bedeutung zu erfassen, die andere mit ihrem Handeln verknüpfen. Er ist aber auch ein leibhaftiges und ein bedürftiges Wesen, das im weitesten Sinne der Lebensmittel, zunächst und vor allem ganz elementarer, wie der Nahrungsmittel, bedarf. Deshalb ist jede Gabe eine „Doppelgabe" aus einem Gut und einem Symbol. Oft dominiert das Symbol sogar das Gut, da über das Symbol die Verbindung hergestellt und das jeweils Spezifische der daraus sich ergebenden Beziehung näher bestimmt wird.

Das Gabehandeln setzt stets einen Geber und einen Empfänger voraus. Eine spezifische Beziehung zwischen ihnen ist ebenso impliziert wie die Bezugnahme auf einen kulturellen Horizont, innerhalb dessen der ganze Vorgang überhaupt – auch für Geber und Nehmer selbst – erst sinnvoll und damit verständlich wird. Die Gabe als Einheit von Gut und Symbol enthält deshalb – mindestens implizit – immer Aussagen über den Geber selbst, über sein Bild vom Empfänger, über seine Vorstellung von ihrer Beziehung und schließlich über sein Verständnis des Horizontes, in den diese komplexe Handlung eingebettet ist.

In der nicht minder grundlegenden Handlungsform der Arbeit geht es um die Herstellung dieser Lebensmittel in der Auseinandersetzung mit der Natur. Neben anderen Institutionen der Verteilung geht es bei der Gabe um eine Verteilung solcher Güter, die nie nur der Versorgung der Mitglieder menschlicher Gemeinschaften mit Lebensmitteln dient, sondern stärker noch der Sorge um den Erhalt und um die Gestalt der für diese Gemeinschaft charakteristischen Lebens- und Beziehungsformen. Das, was verteilt wird, entstammt dem „Vermögen" des Gebers: auch Zeit, Kraft, Kompetenz und – stets zugleich – Symbole werden gegeben. Alle diese Gaben kann man erbitten, sammeln, weitergeben usw., im Fundraising, im Volunteering, in Kirchengemeinden und anderswo.

Bei genauerem Hinsehen erweist sich die Gabe als Institution gerade darin, dass sie ein ganzes Handlungs- und Beziehungsgeflecht umfasst, das dadurch strukturiert wird, dass dem Geben ein Annehmen, ein Erwidern, ein Wiedergeben und ein Weitergeben entsprechen. Wenn jede Gabe in ihrer symbolischen Dimension aber mindestens vier Aussagen macht, vier Botschaften übermittelt, dann wird hier bereits die enorme Komplexität eines jeden Gebens deutlich, wie die damit einhergehende Riskiertheit und Missverstehbarkeit dieses Handlungsgefüges. Wer aber ein Gabehandeln – zumal eines im Kontext einer anderen, früheren oder ferneren Kultur – nachvollziehen und verstehen will, kommt nicht umhin, sich gerade diese symbolischen Gehalte, die notwendigerweise mit Geben und Gabe einhergehen, zu erschließen.

Das Erwidern einer Gabe und ihr Weitergeben vollziehen sich also ihrerseits gleichfalls als Geben, und jeder, der gibt, ist immer auch zugleich jemand, der (an)nimmt. Daraus ergibt sich der oft so genannte „Kreislauf" der Gabe. Die Rede vom Kreislauf ist aber insofern nicht unproblematisch, als sie das Offene und Dynamische dieses Prozesses verdecken könnte. Sowohl im Blick auf die Beteiligten als auch im Blick auf die zirkulierenden Güter, Dienste und Symbole gilt eine prinzipielle Unabschließbarkeit. Zugleich ist festzuhalten, dass jede Dynamik des Einschließens grundsätzlich auch eine des Ausschließens impliziert. Deshalb wird es zu den wichtigsten Aufgaben bei allen systematischeren und genaueren Analysen von Gestalten des Gebens und der Gabe gehören, die Fragen nach der Zugehörigkeit und Einbezogenheit zu stellen. Es wird also die Frage nach dem „Wir" zu untersuchen sein, genauso wie die Frage nach denen, die potenziell beteiligt werden und dazugehören können, also die Frage nach dem „Ihr". Schließlich gehört hierher auch die Frage nach denen, die vielleicht nur als Empfänger gelten dürfen oder von vornherein ausgeschlossen sind und bleiben, also die Frage danach, wer denn „die da" oder „jene dort" sind.

Hier wird etwas besonders deutlich, dass für Geben und Gabe wie für jedes menschliche Handeln und jede seiner Institutionen gilt, dass sie weder schon immer noch stets „gut" sind. Es ist von großer Bedeutung, dass man gerade auf dieser – anthropologischen – Ebene versucht, die eigene Bewertung und insbesondere die moralische Beurteilung des Gebens, seiner Kontexte und seiner Gestalten zurückzustellen. Das bedeutet freilich nicht, dass im Selbstverständnis der verschiedenen Akteure und Beobachter im Alltag und auf der Ebene der philosophischen und religiösen Bedeutungs- und Orientierungsmuster Bewertungen und moralische Beurteilungen gar keine Rolle spielten. Das Gegenteil ist der Fall, sie dominieren so stark – und so selbstverständlich –, dass gerade deshalb jeder, der in diesem Felde etwas analysieren und verstehen will und zugleich etwas Neues erkennen möchte, zunächst einmal mit seinem eigenen Urteil sehr sparsam und kontrolliert umgehen sollte.

Die unhintergehbare, wechselseitige Angewiesenheit von Menschen impliziert, dass wir menschliche Gemeinschaften als strukturierte Formen des Zusammenlebens auch verstehen können als ein Netzwerk aus Erwartungen, Gegenerwartungen und Erwartungserwartungen, die Menschen im Blick auf ihr Handeln und das Handeln anderer haben. Diese aus der wechselseitigen Angewiesenheit sich ergebende Gegenseitigkeit der allermeisten Formen des sozialen Handelns, diese Netzwerkstruktur menschlicher Reziprozität gilt auch, und in charakteristischer Weise verstärkt, für das Geben und die Gabe.

Zu den Wesensmerkmalen des Gabehandelns gehört es nun, dass der Geber unvermeidlicherweise auch Erwartungen hat, Erwartungen aber, die sich auf „irgendein Echo", auf eine oft unbestimmte und unbestimmbare Erwiderung richten. Sein Gabehandeln vollzieht sich insofern unter Bedingungen der Unsicherheit, als er grundsätzlich nicht sicher sein kann, ob, wie und wann eine Erwiderung folgt. Die Gabe ist also eine Leistung, die erbracht wird, ohne die Garantie oder Sicherheit oder gar Erzwingbarkeit einer Gegenleistung.

Ganz anders ist es beim marktförmigen Güter- bzw. Warentausch, bei dem die Erwartung einer vertraglich abgesicherten äquivalenten Gegenleistung gilt, die, falls sie unvollständig, verspätet oder gar nicht erfolgt, rechtlich erzwungen werden kann. Durch den vorausgesetzten vertraglichen Rahmen wird gewährleistet, dass Geber und Nehmer – unbeschadet aller sonstigen sozialen und ökonomischen Unterschiede – als gleichberechtigte Partner in einer streng symmetrischen Beziehung zueinander stehen. Hier kann also eine vorgängige, rechtlich institutionalisierte und auf Dauer gestellte Beziehungsform von allen Beteiligten vorausgesetzt und in Anspruch genommen werden.

Dies gilt nun wiederum nicht für den Gabentausch, zu dessen Funktionen es gerade gehört, stets neu zu Stiftung, Erhaltung und Erneuerung sozialer Bindungen beizutragen, ja beitragen zu müssen. Für die allermeisten Gabehandlungen sind aber die Asymmetrie und die prinzipielle Riskiertheit der durch sie zustande kommenden Beziehungen charakteristisch. Zum Verständnis des Gabehandelns ist es unerlässlich, dass man es nicht auf eine im engeren Sinne ökonomische Sphäre der Gesellschaft einschränkt, sondern es als ein „fait social total" auffasst. Darunter versteht Marcel Mauss (im Anschluss an Emile Durkheim) eine soziale Tatsache, die alle Bereiche einer Gesellschaft durchzieht und nicht auf einen allein eingeschränkt werden kann. Dies unterstreicht noch einmal, dass es sich nicht nur um eine Beziehung zwischen zwei Akteuren, sondern um einen von vornherein sozialen und d. h. auch Gesellschaft insgesamt konstituierenden Prozess handelt.

Zur Gesellschaft insgesamt und zu jeder zwischenmenschlichen Erfahrung gehören personale Freiheit und Freiwilligkeit ebenso wie soziale Zwänge und Verpflichtungen. Eine weitere wesentliche Eigentümlichkeit des Gabehandelns ist es, dass in ihm Freiheit und Zwang so verschränkt sind, dass es unmöglich ist, Geben und Gabe angemessen zu verstehen, ohne dies zu berücksichtigen. Wahrscheinlich ist das Gabehandeln dasjenige soziale Handeln, auf das bezogen die berühmte „Was-war-zuerst?"-Frage im Blick auf Freiheit und Zwang (im Sinne von Ordnung, Regelung, Normierung und Sanktionen) sich nicht sinnvoll stellen lässt, dass es hingegen nötig ist, von der „Gleichursprünglichkeit" beider – im Gabehandeln selbst – auszugehen.

Eine Folge dieser eigentümlichen und im konkreten Handeln jeweils ganz anders gewichteten, stets schillernden und mehrdeutigen Verschränkung ist die „Unberechenbarkeit" der Gabe und des Gebens. Sie ist das Faszinierende, aber auch das Verunsichernde an Gabe und Geben – in all ihren Elementen und Phasen. Das Geben lässt sich nicht vollständig in ein „Kalkül" einzwängen, weder rationaler noch nutzenorientierter Art; es lässt sich auch nicht sicher „vorausberechnen". Folglich lassen sich weder Gabe noch Geben vollständig vorhersagen, kontrollieren und steuern. „Spontaneität" des Gebens und „Verschwendung" in Quantität und Qualität der Gabe gehören konstitutiv dazu. In ihrer Unberechenbarkeit trotzt die Gabe realer und mehr noch fiktiver Knappheit in reichen Gesellschaften.

Gabehandlungen sind durch eine grundsätzliche Asymmetrie der Beziehung und der beteiligten Akteure gekennzeichnet. Eine Asymmetrie, die aus dem unterschiedlichen sozialen Status sowohl der Akteure als auch ihres „Vermögens" bzw. „Bedürfens" entstammt. Was nun diese grundsätzliche Asymmetrie jeweils bedeutet, zwischen welchen Gebern und Nehmern sie sich vollzieht, mit welcher Art von Gaben und Erwiderungen sie einhergeht und wie in diesen Handlungsprozessen mit ihr umgegangen und in welcher Art sie möglicherweise im Gabehandeln selbst transformiert wird – das alles hängt entscheidend vom kulturellen Kontext und vom Ethos der jeweiligen Gemeinschaft ab, in der sie sich vollzieht. Auf jeden Fall ist davon auszugehen, dass die im Gabehandeln akzeptierten, integrierten und gestalteten Asymmetrien keineswegs an dem prinzipiellen und für Gabehandlungen wesentlichen Merkmal der Wechselseitigkeit bzw. der Gegenseitigkeit und der (so verstandenen) Reziprozität von Geben, Nehmen und Erwidern etwas ändern.

Im Horizont der universellen wechselseitigen Angewiesenheit und angesichts der prinzipiellen Riskiertheit des Gabehandelns kann jedoch nie ausgeschlossen werden, sondern muss vielmehr systematisch berücksichtigt werden, dass die Asymmetrien so extrem und so eindeutig ausfallen können, dass sie zu totalen Abhängigkeiten werden. Der herrschaftliche und gewaltgestützte Charakter extremer Formen von Asymmetrie, ihre Forderungen, ihre „räuberischen" Erpressungen und Abpressungen und entsprechenden Zwangsabgaben sprengen dann doch das Gabehandeln, überfordern seine friedlich bindenden Kräfte völlig und lassen das Reden von Geben, Nehmen und Erwidern zynisch werden.

Wenn es um die Verteilung von Gütern – im Sinne von Anteilen an dem „Vermögen" eines Gebers – geht, und wenn es um die Gestaltung (vorwiegend) asymmetrischer Beziehungen geht, und wenn es schließlich darum geht, dass Menschen in Beziehungen aneinander Erwartungen richten und zugleich eine Vorstellung davon haben, was andere von ihnen erwarten, dann stellt sich unvermeidbar die Frage nach dem „Wohl". Viele erwarten an dieser Stelle vermutlich die Verwendung des Begriffs „Interesse" oder den des „Nutzens". Beide Begriffe gehören nun aber ganz eindeutig zum Selbstverständnis und zur Selbstauslegung neuzeitlicher bzw. moderner Gesellschaften. Ihre Verwendung hat eine Dynamik, die meist darauf hinausläuft, das Geben in seiner Möglichkeit und in seiner gesellschaftlichen Bedeutung auf die vorneuzeitlichen Gemeinschaften und Gesellschaften zu beschränken und davon auszugehen, dass für das Funktionieren, die Dynamik und die Theorie zeitgenössischer Gesellschaften das Gabehandeln eine bestenfalls marginale Rolle spielt.

Es gehört zur *condicio humana,* zur „Daseinsverfassung des Menschen", dass alles Handeln in seinem Leben letztlich auch der biologischen und sozialen Erhaltung seines Lebens und seiner Lebensformen dient. Ein „Eigeninteresse" lässt sich folglich in jedem menschlichen Handeln ausmachen. Geben wird zu Recht in sehr vielen Deutungen und Theorien der Gabe mit dem „Wohl" zusammengebracht. Der Geber ist der Wohltäter, der Empfangende der Empfänger einer Wohltat, und das Netzwerk aller Handlungen des Gebens, Nehmens und Erwiderns trägt insgesamt zum Gemeinwohl bei. Naheliegenderweise gilt auch hier, dass die spezifische Gestalt der Praktiken und Deutungen des Wohltuns abhängig ist von den Sinnhorizonten einer Kultur und ihres Ethos.

Auf der anthropologischen Ebene gilt es festzuhalten, dass die prinzipielle wechselseitige Verwiesenheit von Eigenwohl und Gemeinwohl und dem Wohl des Anderen nicht auseinander gerissen werden kann. In allen Kulturen dominiert – bei allen Deutungsunterschieden – die Vorstellung, dass das Eigenwohl nie „rein und allein" zu haben ist, sondern weder denkbar, noch erstrebbar, noch lebbar ist ohne Bezüge und Beziehungen auf das Wohl anderer und auf das Wohl der Gemeinschaft insgesamt. Freilich bedeutet dies nicht, dass in jeder Kultur alle anderen Menschen und ihr Wohl einzuschließen sind. Auch hier gilt die Dialektik von Einschluss und Ausschluss: Es stellt sich die Frage, wer gehört dazu und wer nicht, wer wird berücksichtigt und wer nicht. Die Vorstellung, dass alle Angehörigen der menschlichen Spezies im Vollsinne Menschen sind, ist ja ohnehin kulturgeschichtlich gesehen eine relativ junge Errungenschaft. Es ist also jeweils genau zu fragen: „Was wird unter Wohl verstanden, wessen Wohl ist von wem zu berücksichtigen und zu fördern, aus welchen Gründen, mit welchen Absichten und mit welchen Folgen?" Die recht beliebte Reduktion all dieser Fragen auf die eng gefasste Frage nach dem Motiv, das dann auch noch als „kausal wirkendes" vorgestellt wird, wird jedenfalls der Komplexität der Handlungen nicht gerecht, zumal die Antwort auf die so gestellte Frage allermeist „aus Selbstinteresse und Egoismus" lautet. Dies aber läuft angesichts der *condicio humana* auf eine tautologische Erklärung menschlichen Handelns hinaus. Sowohl die Vorstellung von der Allpräsenz des „Eigeninteresses" als auch die Idee von der „reinen Gabe" erweisen sich letztlich als komplementär und als ideologisch, denn beide sind nicht falsifizierbar.

Dieser Zusammenhang der Gabe mit dem Wohl verweist auf ein benachbartes Problem, das sich aus dem anthropologischen Grundphänomen der wechselseitigen Angewiesenheit aller Menschen gleichursprünglich stellt: dem Problem der wechselseitigen Hilfe. Deutlich stärker als das Geben ist das Helfen von vornherein auf andere Menschen unter dem Gesichtspunkt ihres Bedarfs, ihrer Bedürftigkeit und schließlich auch ihrer Nöte bezogen. Was braucht, wessen bedarf der Andere? Was steht denen zu, die einem näher, und was denen, die einem ferner stehen? Auch hier verschafft sich wiederum die Dialektik von Einschluss und Ausschluss Geltung. Eine Theorie der Gabe kann eine Theorie der Hilfe nicht ersetzen; eine Theorie der Hilfe aber wird immer Anleihen machen müssen bei einer Theorie der Gabe.

Wenn man das Gabehandeln – wie es hier ja durchgängig geschieht – als eine Gestaltung und Bewältigung wechselseitiger asymmetrischer Abhängigkeit versteht, und wenn man die Überlappung betont, die mit einer anderen derartigen Institution, nämlich der Hilfe, besteht, dann erweist es sich als unvermeidlich, auch auf das Problemfeld der Armut bzw. der „Armenpflege" Bezug zu nehmen. Auch dies ist ein Thema, das hier, zumal mit seinen Nachbar- und Folgeproblemen von Caritas und Diakonie, von Nächstenliebe bis Wohlfahrtsstaat, unmöglich angemessen erörtert werden kann.

Es kann aber auch nicht unerwähnt bleiben, vor allem deswegen nicht, weil in den allermeisten theoretischen, politischen und praktischen Zusammenhängen das Thema Gabe fast automatisch, unter dem Stichwort Almosen-Geben, mit diesem Themenkreis zusammengebracht und sehr häufig auch darauf reduziert wird. Gerade angesichts solcher „Übermächtigung" des Gabehandelns durch die Folgeprobleme der Armut und der „Armenpflege" wird der gabentheoretische Rückgriff auf die Tiefenstrukturen der Gabe und des Gebens unverzichtbar, wenn man andere und teilweise ganz andere Gestalten, Funktionen und Bedeutungen der Gabe zur Sprache und zur Geltung bringen will – wie gerade auch im Kontext des Fundraisings.

Wenn menschliches Leben und Zusammenleben mehr und etwas anderes ist als lediglich ein biologischer Überlebens- und Vermehrungsprozess, dann bedeutet die wechselseitige Angewiesenheit aller Menschen aufeinander, dass sie auch als soziale Wesen auf soziale Anerkennung und auf eine über das Überleben weit hinausgreifende Sinnstiftung angewiesen sind. Dies kann man vielleicht noch auffassen als ihre Anerkennung als soziale Wesen in ihrer sozialen Rolle; dies wäre dann auch der Ansatz- und Bezugspunkt des (kollektiven) Kampfes um Anerkennung. Die Anerkennung als Person jedenfalls, die in Problemen ihrer Lebensführung unter erschwerten Bedingungen als „dazugehörig" wahrgenommen und ernst genommen wird und die der Hilfe, Unterstützung und Beteiligung nicht nur als bedürftig, sondern auch als würdig betrachtet wird, diese Anerkennung gilt nur innerhalb der Netzwerke des Gabehandelns.

Sowohl in Prozessen und Gestalten der wechselseitigen Anerkennung Gleichberechtigter, wie auch in den asymmetrischen Prozessen und Formen der Zuerkennung einer gestuften Wert-Schätzung spielen die Gabe und das Geben eine entscheidende Rolle. Wenn dann historisch und philosophisch später die Anerkennung als Achtung vor der Würde eines jeden Menschen und als prinzipiell unvertretbares Subjekt seiner Lebensführung Programm und Wirklichkeit wird, dann dürfen die Praxis des Gabehandelns und das Ethos der Gabe als eine Quelle dieser Idee gelten.

Im Blick auf die Frage, wo denn die Phänomene des Gabehandelns und seiner Dynamik gesellschaftlich entstehen und wo die personalen Kompetenzen sich bilden, die zu den erforderlichen Verhaltens- und Handlungsweisen befähigen, ist im besonderen Maße auf die Prozesse und Institutionen der „primären Sozialisation" zu verweisen. Der Mutter-Kind-Beziehung kommt dabei naheliegenderweise eine zentrale und auch paradigmatische Bedeutung zu. Gerade das wechselseitige Verhalten von Mutter und Kind lässt sich weder nach dem Modell bloßen Eigeninteresses noch nach dem Modell bloßer Pflichterfüllung begreifen.

Die Bedeutung des Gebens, Nehmens und Erwiderns für die Sozialisation der Individuen ist kaum zu überschätzen. Der Prozess der Selbst-Werdung oder der Identitätsbildung kann ohne den Dreiklang des Gabehandelns nicht gedacht werden. Das Selbst verdankt sich eben nicht alleine sich selbst, vielmehr bildet es sich heraus in Prozessen der Wechselseitigkeit, für die das Gabehandeln steht. Ob das Geben und das Annehmen von Gaben, der Dank dafür und das Weitergeben zu Elementen des Selbstverständnisses und damit zugleich selbstverständlich werden oder nicht, ist schlechterdings entscheidend für die Herausbildung von Personen, die zugleich soziale Wesen wie unverwechselbare Individuen mit Eigenwert und Selbstachtung sind.

Bei näherem Hinsehen erweisen sich sehr viele Handlungsformen des Gebens, Nehmens und Erwiderns als Rituale, die alle Beteiligten einhalten müssen, damit das Geben im weitesten Sinne gelingt. Dies ist wiederum der prinzipiellen Riskiertheit und Missverständlichkeit eines Handelns unter den Bedingungen der Unsicherheit geschuldet, wie es das Gabehandeln in besonderem Maße ist. Die Zugehörigkeit zu einer Gemeinschaft und die Integriertheit in eine gegebene Kultur erfordern deshalb eine entwickelte Fähigkeit, solche Rituale mitvollziehen zu können und Regeln und Erwartungen folgen zu können, die nirgendwo aufgeschrieben sind, sondern allermeist implizit gelten. Eine der wichtigsten Funktionen von Sozialisations- und Erziehungsprozessen ist deshalb das Erlernen und das Einüben solcher ritualisierten Handlungen.

Eine der wichtigsten sozialen Funktionen, die in allen menschlichen Gemeinschaften dem (rituellen) Gabehandeln zukommt, ist die des Gebens als „vertrauensbildende Maßnahme". Vertrauen impliziert eine hohe Erwartbarkeit (wie sie eben gerade durch das Ritual gewährleistet wird). Das Vertrauen stiftende und erneuernde Geben ist damit eine der wesentlichsten Bedingungen zur Lösung von Konflikten, oder sie ist sogar die Lösung selbst.

Die Gabe impliziert Gewaltverzicht. Zur „agonalen" Gabe gehört zwar ein erbitterter Wettstreit, in dem sich Geber und Nehmer wechselseitig zu übertrumpfen versuchen oder auch Geber miteinander darum kämpfen, wer der größere „Wohltäter" ist. Diesen „wettstreitenden" Gabehandlungen kommt aber eine große Bedeutung zu bei der sozialverträglichen Kanalisierung von Gewaltpotenzialen – ähnlich wie es auch sportliche Wettkämpfe leisten. Sowohl innerhalb gesellschaftlicher Gruppen wie auch zwischen ihnen hat damit das Gabehandeln eine wesentliche friedensstiftende Bedeutung. Es bildet damit auch eine Voraussetzung und eine Rahmenbedingung für Prozesse der Kooperation und der Kommunikation überhaupt.

# 1.2.3 Gabe und Ethos — „Athen versus Jerusalem?"

## 1.2.3.1 Ethos und Ethik

Jedes konkrete Gabehandeln, jedes Ritual und jede Deutung verweisen auf ein Ethos, auf das sie angewiesen sind; zugleich gilt, dass das Gabehandeln selbst ein wesentliches Element eines jeden Ethos bildet. Dieses Basiselement eines jeden Ethos wird häufig mit dem Stichwort „Goldene Regel" bezeichnet, die in sehr vielen Varianten auftritt und der man in unterschiedlichen religiösen und philosophischen Traditionen begegnet. Im Matthäusevangelium (7,12) lautet sie: „Alles nun, was ihr wollt, das es euch die Menschen tun, das sollt auch ihr ihnen tun." Und obwohl bei Matthäus der Jesus der Bergpredigt die Geltung der Goldenen Regel mit dem Zusatz unterstreicht „denn darin besteht das Gesetz und die Propheten", wird die Goldene Regel bei den Ethikern nicht sehr ernst genommen. Das entspricht durchaus der Randlage, die die Gabe in den meisten sozialwissenschaftlichen und sozialethischen Theorien einnimmt. Stärker noch dürfte die Bedeutung der Goldenen Regel in der Ethik daran hängen, dass man sie als Beitrag zur Grundlegung der Ethik (miss)versteht. Angemessener würde sie als Element des Ethos selbst verstanden, in dessen Horizont allein sie ihre orientierende Kraft entfalten kann. Eine für das menschliche Verhalten und Handeln orientierende Kraft im Rahmen eines Ethos gewinnt die Goldene Regel dadurch, dass sie den Zusammenhang von wechselseitiger Angewiesenheit mit der Notwendigkeit von Wohl-Taten und mit der Erfordernis wechselseitiger Anerkennung betont, ohne dabei auf ethische Kriterien und Kritiken zu verzichten, aber auch ohne chronischen moralischen (Selbst-)Überforderungen Vorschub zu leisten.

Die Antworten auf die – wenngleich meist impliziten – Fragen danach, was denn ein angemessenes, richtiges und gutes und vielleicht auch gerechtes Gabehandeln ist, danach, was eine realistische, was eine legitime, was eine angemessene Erwartung ist, und insbesondere danach, ob eine Erwartung die nachdrücklichere Gestalt eines Anspruchs oder sogar eines Rechtsanspruchs annehmen kann, und schließlich die Frage danach, worin denn sowohl Erwartungen als auch Ansprüche sich gründen und begründen lassen, all diese Fragen beantwortet das „Ethos" einer Gemeinschaft. Unter Ethos ist die Gesamtheit aller in einer Gemeinschaft in Geltung befindlichen „Üblichkeiten und Selbstverständlichkeiten" zu verstehen. Menschen, die sich um eine Orientierung in ihrem Handeln und in ihrer Lebensführung bemühen, stellen fest, dass ihr Handeln und ihr Zusammenwirken mit anderen von vielfältigen, unter Umständen auch widersprüchlichen religiösen Traditionen, Bildern vom gelingenden, guten menschlichen Leben und Vorstellungen von gut und böse, von richtig und falsch, von gerecht und ungerecht, schon längst orientiert sind. Das Ethos enthält auch bereits Antworten auf die möglichen Fragen der Mitglieder einer Gemeinschaft, warum denn das alles gilt und ob diese Geltungsansprüche begründbar und zu rechtfertigen sind, und ob die zu jedem Ethos dazugehörigen Sanktionen bei Nichtbefolgung gerecht und legitim sind. Freilich sind diese Antworten solche, die auch das Fragliche noch einmal vom Selbstverständlichen her zu beantworten versuchen und darin letztlich doch nur noch einmal das Interesse der Gemeinschaft an ihrer eigenen Erhaltung und Fortsetzung und an der dazu nötigen Befolgung durch ihre Mitglieder geltend machen.

Seit Aristoteles, der diesen Begriff geprägt hat, kennen wir aber die „Ethik", die mit dem einfachen Gelten und Geltendmachen von Regeln und Ordnungen der Lebensführung und der Gemeinschaftsformen sich nicht zufrieden gibt, sondern radikaler nach Gründen, Kriterien und Prinzipien fragt, die es – zumindest dem, der Ethik treibt – erlauben, all die Geltungsansprüche des Ethos noch einmal im Lichte der Vernunft zu prüfen. Da die Menschen sich aber grundsätzlich nicht einig sind, was denn die Vernunft bedeutet und was sie vermag und was sie verlangt, und da die Antworten der „Experten", der Ethiker aller Art, die Probleme noch komplexer und komplizierter machen, bleibt uns nichts anderes übrig, als uns selbst an dieser prinzipiell nicht abschließbaren und bereits seit Jahrhunderten dauernden Debatte – mit Argumenten – zu beteiligen.

Ethos und Ethik sind wesentliche Elemente der Kultur einer Gemeinschaft oder Gesellschaft, sie gehören zu deren Wissen, zu deren Orientierungs- und Reflexionswissen, letztlich zum Selbstverständnis einer Gemeinschaft und zu dem darin eingebetteten Selbstverständnis ihrer Mitglieder. Dazu wiederum gehören die Lebensentwürfe der Individuen und ihre Auffassungen vom Sinn ihres Lebens und des menschlichen Lebens überhaupt. Gerade für das Verständnis von Geben und Gabe als derjenigen menschlichen Praxis, der es insbesondere um die grundlegenden menschlichen Beziehungen, Bindungen und Verbindlichkeiten und zugleich um die Verteilung der „Lebensmittel" im Horizont der jeweiligen Vorstellungen vom Lebenssinn geht, ist nun von besonderer Bedeutung, dass die Geschichte und die Wandlungen des Selbstverständnisses und des Menschenbildes und dessen, woran sich die menschliche Lebensführung orientieren sollte, und davon, wozu wir Menschen einander verpflichtet sind, sich nicht trennen lassen von der Geschichte der Religionen in ihrem Plural als jüdische, christliche und islamische und der in ihrer Vielfalt konkurrierenden und um die jeweilige Deutungsmacht ringenden „Konfessionen".

Dies alles wird noch schwieriger dadurch, dass unsere Kultur, einschließlich ihres historischen Wandlungen unterliegenden Verständnisses von Geben und Gabe, mindestens zwei Quellen hat, die, seit sie eine gemeinsame Geschichte haben, in einem ständigen Spannungsverhältnis zueinander stehen: die biblischen Religionen einerseits und die antike, griechisch-römische Tradition andererseits. Die Rekonstruktion des jeweiligen, eben recht unterschiedlichen Verständnisses von „Geben, Nehmen und Erwidern" bildet daher den Gegenstand der folgenden Überlegungen.

## 1.2.3.2 Ethos und Ethik im Fundraising — einige Fragen

Zunächst aber gilt es, noch einmal explizit Bezug zu nehmen auf Praxis und Selbstverständnis des Fundraisings. Die zeitgenössischen Debatten um das Fundraising als institutionalisierter Form des Gaben-Sammelns kreisen dort, wo es um die Legitimation bzw. Rechtfertigung einzelner Ansätze, Verfahren und Strategien geht, oder gar um die Praxis und Organisationsformen des Fundraisings insgesamt, immer wieder um die Bewältigung oder Lösung einiger Problemlagen, die in besonderem Maße mit dem Ethos und der Ethik verschränkt sind.

Vielfach erscheinen diese Themen als so heikel, vermutlich gerade wegen ihrer Nähe zum Ethos und auch zu religiös verankerten Sichtweisen, dass man ihre Erörterung zu vermeiden sucht. Sie lassen sich aber nicht wirklich umgehen, sie nötigen die Beteiligten in jedem Fall, mindestens implizit, zu ihnen Stellung zu beziehen. Wo die Debatten jedoch ausdrücklich und öffentlich geführt werden und die jeweiligen Bewertungen, Kriterien und Menschenbilder explizit gemacht werden, dort also, wo jeder Beteiligte sein Ethos artikulieren und verteidigen muss, führt dies rasch zu Kontroversen, die mit einer beträchtlichen und irritierenden Schärfe geführt werden. – Dies wiederum ist für viele ein Grund mehr, „ganz die Finger davon zu lassen".

Das Versprechen dieses Beitrages ist es, eine Lesehilfe für nicht leicht zu entziffernde Texte anzubieten – auch Debatten, Stellungnahmen und Bewertungen sind Texte. Deshalb sollen im Folgenden zunächst kurz und exemplarisch einige ethisch besonders umstrittene Themen und Probleme (ergänzungs- und erweiterungsbedürftig) zusammengetragen werden. Sodann soll, wieder in riskanter Kürze und mit groben Strichen, eine vergleichende Rekonstruktion zweier deutlich unterschiedlicher Ethos-Traditionen und ihrer jeweiligen Deutungen des Gabehandelns unter den symbolischen Titeln „Athen" und „Jerusalem" erfolgen (siehe unter 1.2.3.3 und 1.2.3.4).

Nach der diesem Beitrag zugrunde liegenden Auffassung ist das deshalb sinnvoll, weil die Nachwirkungen und Auswirkungen dieser beiden Modelle die europäischen Debatten seither und bis heute deutlich mitbestimmen. Es ist umso wichtiger, diese Modelle zu explizieren, je stärker sie in ihrer Wirkung für heutige Kontroversen gar nicht erkannt werden und deshalb – oder auch absichtlich – unausgesprochen bleiben.

(1) „Alle oder nur die Armen?"

- Wem steht etwas zu? Was und warum? Wer ist der Gabe würdig und wer nicht?
- Geht es um das Allgemeinwohl im weitesten Sinn oder im Wesentlichen um in Not geratene, marginalisierte Bedürftige?
- Sind Mäzene und Sponsoren im Blick auf die Quellen ihres Vermögens, die Öffentlichkeit ihres Gebens und ihre damit verbundenen Absichten moralisch den bescheideneren und anonymen Gebern überhaupt gleichwertig?
- Darf oder muss das Spektrum des Gebens von Gaben für die Lösung sozialer Probleme, für Notleidende und Bedürftige, für kirchliche Zwecke bis hin zum Geben für Kultur, Kunst, Wissenschaft und Sport reichen?

(2) „Wer gehört dazu?"

- Unter welchen Bedingungen und nach welchen Kriterien und in welchen Fällen ist jemand „einer von uns", „einer von euch" oder „einer von denen"?
- Darf man Nahestehenden, Freunden und Verwandten eher und mehr geben als Unbekannten und Fremden?
- Muss man sich durch Katastrophen im Ausland eher zum Geben herausfordern lassen als durch Krisen in der Nachbarschaft?
- Wer sind die Träger des Gemeinwohls? Sind es die Mitglieder der eigenen Gruppe, der eigenen Gemeinschaft und Gesellschaft oder ist es die Menschheit? Gibt es Stufungen?

(3) Welches Verständnis vom guten Leben macht auch das Gabehandeln gut?

- Für welches Selbstverständnis, für welchen Lebensentwurf ist das Geben ein wichtiges, bedeutsames Element?
- Welches Menschenbild steht dahinter, welches soziale Ethos?
- Was am Gabehandeln macht das Geben und die Gabe „gut"? Die Gesinnung, die Motive, die Wirkung, die Anerkennung? Oder dass die Gabe tatsächlich gebraucht und angenommen wird?
- Was bedeutet die Gabe für den Empfänger? Unter welchen Bedingungen, in welchem Horizont und in welchen Formen ist die Gabe für ihn eine gute Gabe? Wie passt die Gabe in seine Lebensführung und zu seinem Lebensentwurf?

All diese Fragen kann man auch auf Einrichtungen, Organisationen und Träger beziehen, indem man nach ihrem Programm, nach ihrem Selbstverständnis, Konzept und Zweck fragt.

(4) „Reichtum verpflichtet!" – aber wen wozu?

- Sind Reichtum und Vermögen nur dann legitim, wenn sie auch oder sogar mehrheitlich als „gute Gaben zu guten Zwecken" verwandt werden?
- Sind Wohlstand und Reichtum „als solche" überhaupt legitimationsbedürftig und rechtfertigungsfähig? Vor wem? Nach welchen Maßstäben oder Prinzipien?
- Macht es einen Unterschied, ob der Besitzer des Reichtums eine Privatperson, eine Firma oder eine Institution ist?
- Welche Bedeutung kommt in diesem Zusammenhang der „Gerechtigkeit" zu? Kann ein Einzelner überhaupt gerecht sein oder können dies nur gesellschaftliche Institutionen?
- Ist eine allgemeine „Pflicht" zur Solidarität denkbar, begründbar und durchsetzbar?

(5) „Öffentliche oder private Fürsorge?"

- Sind Gaben im Blick auf „soziale Probleme" überhaupt sinnvoll und erwünscht?
- Gehört deren Bewältigung unter den Bedingungen des Sozialstaats nicht zu den „öffentlichen" Aufgaben der Sozialpolitik und der Sozialen Arbeit?
- Sind „private" Gaben (einschl. freiwilliger Dienste) in diesem Bereich „Schwarzarbeit", die sich an die Stelle der professionellen Fürsorge drängt?
- Muss das Gabehandeln in diesem Kontext auf Freundschaften, Nachbarschaften und Kirchengemeinden beschränkt bleiben?

(6) „Was hat man nun davon?"

- Was darf der Geber erwarten? Darf er überhaupt etwas erwarten?
- Was darf er als Erwiderung erwarten? Dank? In welchen Formen?
- Was muss er erwarten dürfen?
- Hat er auf bestimmte Formen der Erwiderung einen Anspruch?
- Ist man, wenn man überhaupt eine Erwiderung erwartet, bereits Egoist?
- Dürfen nur altruistische Gaben als „gute" Gaben gelten?
- Darf man öffentliche Anerkennung, Ehre und Prestige mit ethisch guten Gründen erwarten? Oder muss das Geben in jedem Fall „im Verborgenen" geschehen und darf man nur „Gottes Lohn" erwarten?

(7) „Hat der Fundraiser immer Recht?"

- Darf man jemanden dazu bringen, dass er etwas gibt? Wie? Warum (nicht)?

– Auf welche Aspekte und Dimensionen seiner Persönlichkeit darf oder muss man sich dabei beziehen?

– Heiligt der gute Zweck alle, auch dubiose Mittel?

– Ist die Tatsache, dass jemand freiwillig gibt, eine Rechtfertigung für jede Methode des Fundraisings, wenn sie ihn dazu gebracht hat?

## 1.2.3.3 „Athen": die griechisch-römische Tradition

In beiden Ethos-Traditionen sind es die freien, besitzenden und „dazugehörigen" Männer, die die Adressaten von Orientierungen für ihr Gabehandeln sind. Sie sind die „Wohl-Täter". „Die anderen" kommen zunächst nur als Empfänger der Wohltaten, als diejenigen, die ihrer „bedürfen", in den Blick. In der griechisch-römischen Tradition, wie sie hier in riskanter Vereinfachung genannt werden soll und als deren Symbol wir den Namen „Athen" gewählt haben, begegnet der junge Mann als Sohn seines Vaters und als Mitglied der gesellschaftlichen Eliten (politischer, ökonomischer und kultischer Art) einer Reihe gesellschaftlicher Erwartungen, denen zu entsprechen er im Kontext seiner Sozialisation und Erziehung lernt. Die Erwartungen im Blick auf das Gabehandeln umschließen nicht nur das unmittelbare Objekt des Gebens, sondern auch Vorstellungen, wer der Adressat welcher Gaben sein soll und wie dementsprechend die Gabe zu erfolgen habe. Der Inbegriff des individuellen Vermögens, solchen sozialen Erwartungen in angemessener Weise entsprechen zu können, heißt im Griechischen, vor allem seit Aristoteles, „Tugend" *(aretē)*.

Der freie, wohlhabende, junge Mann in Athen wurde viel stärker als von beruflichen Erziehern von seinesgleichen und von seinem Milieu sozialisiert und gebildet. Das anzustrebende Lebensideal war das gute, das gelingende Leben, orientiert an der *eudaimonia,* „am Glück", wie man meistens übersetzt, man könnte auch sagen „am Wohl".

Das zu erlernende und auszubildende Vermögen der Person war die Tugend, genauer: die Tugenden. Der Lebensentwurf war der eines Bürgers *(politēs),* nicht der einer Privatperson. Jemand, der meinte, er könnte ein apolitisches Leben führen, beziehungslos nur auf sich selbst zentriert, unabhängig von anderen, galt als ein *idiotēs.* Eine Lebensführung, in der die Tugend-Vermögen sich bildeten und zugleich verwirklichten, umschloss stets beides: Eigensinn und Gemeinsinn. Das Leben vollzog sich in unterschiedenen, aber nicht scharf voneinander getrennten Sphären: dem eigenen „Haushalt" *(oikos),* den vielfältigen Kreisen der „Freundschaft" *(philia)* und der „wohlgeordneten Gemeinschaft" *(polis).*

Gabehandeln, zumindest das, von dem wir etwas wissen, hatte seinen Ort und seine Bedeutung zunächst in den Freundschaften, einschließlich der Gastfreundschaft, und in den vielfältigen Formen der Beteiligung am „öffentlichen Leben", d. h. in der Erhaltung und Gestaltung des Zusammenlebens in der Polis. Diese Formen des Gebens wurden ausdrücklich als *philanthropia,* der Menschenfreundschaft, von der *philia,* der Freundschaft „unter Freunden", unterschieden. Diese Zusammenhänge sind bedacht und in Ratschläge zum Führen eines guten Lebens zusammengefasst worden in der „Nikomachischen Ethik" des Aristoteles, die hier als modellhaft für die antike Ethik gelten soll.

Vor Freunden und Mitbürgern und auch gegenüber berufsmäßigen Philosophen muss-te der attische Bürger Fragen beantworten können, die auf sein Selbstverständnis und auf sein Ethos zielten und damit auch auf das Bild, das andere von ihm hatten: „Was führst du da eigentlich für ein Leben? Kannst du das, was du da machst, oder unterlässt, für dich selber wollen? Als was für einer stellst du dich in deinem Handeln dar?"

Der attische „Herr" (seines Haushaltes) und „Bürger" (seiner Polis) ging folglich auf seine Umwelt zu. Er wendete sich sich selbst zu und zugleich von sich selbst fort auf den anderen zu. Arbeit und Nutzen spielten eine Rolle in diesem Lebensentwurf, sie sind sogar notwendig, aber man kann sie den anderen, den Handwerkern und Gewer-betreibenden (den „Banausen"), vor allem aber den Sklaven überlassen – keineswegs bestimmen sie das Selbstverständnis und den Lebensentwurf selbst, und auch in das Lebensideal des „Wohles" gehen sie nicht ein.

Einer der auffälligsten Unterschiede zu dem hier als alternatives Modell eingeführten biblischen Lebensentwurf ist, dass „religiöse" Argumente, Bezüge auf Götter oder gar den einen einzigen Gott keine wesentliche Bedeutung hatten. Auch die Teilnahme des Bürgers am öffentlichen Kult oder seine private Verehrung einiger Götter vollzog sich innerhalb und als Teil seines Lebens, das an der *eudaimonia* orientiert war; keineswegs definierte der Kult oder der Bezug auf die Götter umgekehrt das Verständnis vom Lebensziel.

In seinem Gabehandeln orientierte sich der freie und wohlhabende Mann an den Tu-genden der Freigiebigkeit, der Großzügigkeit und an der Vermeidung der Laster des Geizes, der Geldgier, aber auch der Verschwendungssucht und der Protzerei. Im Ver-ständnis und in der Gestaltung von Freundschaften zeigte sich in besonderem Maße der Primat der Beziehung und ihrer „Pflege". Dem Freund war Gutes zu tun, um seiner selbst willen. Ihm war auch zu helfen, auch mit Geld, wenn er es brauchte. Die Bür-gerschaft ihrerseits durfte erwarten, dass der Wohlhabende als Gönner und Förderer öffentlicher, auch kultischer Gebäude und Einrichtungen, als Mäzen von Sportlern und Künstlern sich „um das Vaterland" verdient machte. Die Bürgerschaft, der *dēmos*, bil-dete und bestimmte die Zugehörigkeit und das „Wir". Die anderen Menschen, die die Bevölkerung der Polis bildeten, Unfreie und Sklaven, gehörten „natürlich" nicht dazu, ebenso wenig wie erklärte Feinde.

Der zweite große Unterschied zum biblischen Verständnis von Lebensführung und von denjenigen Adressaten von Wohltaten, die vor allen anderen zu berücksichtigen waren, besteht darin, dass in „Athen" das Verständnis von den Armen und ihrem Status ein radikal anderes war. Auch in „Athen" und in dem dort vorherrschenden Menschenbild und Verständnis von menschlicher Gemeinschaft gab es „Arme". Als „arm" galt aber bereits der, der für seinen Lebensunterhalt regelmäßig einem Gewerbe nachgehen und arbeiten musste. Diese (freien) Mitbürger waren deshalb ebenso unterstützungsbedürf-tig wie -würdig, weil ihre Möglichkeiten, ein „gutes Leben" zu führen, durch ihren sozialen und ökonomischen Status eingeschränkt, nicht aber wirklich gefährdet waren.

Es gab freilich auch „ganz Arme", das waren die Bettler. Das Verhältnis zu ihnen war – wie wohl in vielen Kulturen – hochgradig ambivalent. Den allermeisten galten sie als arbeitsscheu, als latente Kleinkriminelle, Simulanten und Betrüger. Aber es wollte auch kaum jemand ausschließen, dass Götter oder Heroen in dieser Gestalt die Menschen prüfen wollten – wie Odysseus, der als Bettler zurück in den Haushalt, den Oikos, kam, dessen Hausherr, dessen *oikodespotēs*, er war. Bettlern mochte man geben oder auch nicht – es wurde keinesfalls als eine Tat angesehen, die zum Wohl des einzelnen Gebers oder zum Gemeinwohl beizutragen vermochte.

Der wahre Wohltäter, der auf Griechisch auch so hieß: *euergetēs*, war der Sponsor von „Panem et Circenses". Von solchen und anderen öffentlichen Wohltaten „für alle" konnten freilich auch alle Armen, einschließlich der Bettler, profitieren; nie aber bildete ihre gezielte Unterstützung ein besonderes Ziel, schon gar nicht das einzige eines solchen öffentlichen Gabehandelns. Das galt vor allem für die oft immensen Verteilungen von Getreide und Geld an römische Bürger, sowohl zu Zeiten der Republik wie zu Zeiten des Kaiserreiches. Auch öffentliche Spiele und Gladiatorenkämpfe (insbesondere aus Anlass des Todes hochgestellter Persönlichkeiten) waren Gestalten des Gabehandelns in großem Maßstab.

Für die römische Gesellschaft, und von ihr ausgehend für nahezu alle europäischen Gesellschaften, war die vollständig durch Gabehandeln vermittelte Beziehung der wechselseitigen Angewiesenheit des „Schutzherrn" *(patronus)* zu seinen „Schutzbefohlenen" *(clientes)* außerordentlich folgenreich, weil Modell bildend. Beziehungen, die uns heute vermutlich als solche der Korruption, des Stimmenkaufs, der Begünstigung, gegen jedes berufliche Ethos verstoßend, kurz: als „mafiös" erscheinen, galten lange Jahrhunderte nicht nur als normal, sondern waren notwendig und unerlässlich für den sozialen Zusammenhalt von Gemeinschaften und damit für deren Erhalt und Funktionieren. Selbst die römischen Kaiser erschienen als große Schutzherren.

Die Beziehungen in den christlichen Kirchen, die Beziehungen der Gläubigen zu den Heiligen, die Beziehung zwischen König und Adel, zwischen Staaten, zwischen Behörden und Bürgern lassen sich alle über Jahrhunderte hinweg ohne das Netz, das „unentwirrbare Knäuel" von Gabehandeln, von Geben, Nehmen und Erwidern, nicht begreifen. Das gilt nicht nur für uns Nachgeborene, sondern vielmehr noch für die Mitglieder dieser Gemeinschaften selbst und dessen, was sie lebensnotwendigerweise erlernen mussten, um deren Mitglieder zu werden und zu bleiben. Die Motive der antiken Geber sind besonders vielfältig und derart miteinander verschränkt, dass die Suche nach einzelnen Motiven oder gar dem einzigen Motiv müßig ist.

Für Angehörige moderner, aber auch christlich geprägter Gesellschaften könnte ein bestimmtes Motivbündel für Gabehandeln eher fremd und anstößig erscheinen: das allgemein geteilte und von allen akzeptierte Bedürfnis nach Ehre, breiter Zustimmung und Anerkennung, Prestige-Steigerung und Nachruhm. Viele Ämter – vor allem auf kommunaler Ebene – konnte man im Römischen Reich nur erlangen, wenn man etwas mitbrachte. Manche Ämter erforderten einen solchen Aufwand, dass Städte und Gemeinden oft große Mühe hatten, Bürger für sie zu gewinnen. Wurden die Ämter wahrgenommen, dann nicht wegen eines unmittelbaren, berechenbaren ökonomischen Nutzens, sondern es war „eine Frage der Ehre".

Neben den vielen Möglichkeiten des Dankes, die in Beziehungen von Person zu Person und in kleinen Gruppen entfaltet wurden, waren die vorherrschenden Formen der Erwiderung die „Gefolgschaft", die Treue, die Verbreitung des Ruhmes und der Jubel bei Auftritten des großzügigen Gebers – sei es als Sponsor, als Mäzen oder als Träger eines Amtes. Sie alle kreisten um die Ehre und umfassten stets eine starke öffentliche Billigung eines als Lebensstil „zur Schau gestellten" Lebensentwurfs, sie unterschieden sich deutlich von der Anerkennung der Würde und Selbstzweckhaftigkeit von Menschen, aber auch nicht weniger deutlich von einem Denken in Kategorien des ökonomischen Nutzens und des Gewinns.

## 1.2.3.4 „Jerusalem": die jüdisch-biblische Tradition

Über die Lebensläufe, über das alltägliche Leben, über Erziehung und Bildung der Mitglieder der gesellschaftlichen Eliten des Alten Israel wissen wir sehr wenig. Alles, was wir überhaupt wissen, stammt aus einer Quelle: der Bibel des Judentums. Sie ist ein Dokument, das viele literarisch sehr verschiedene Texte und Dokumente umfasst, die aus sehr unterschiedlichen sozialen und religiösen Milieus stammen, die aber alle die Funktion und Bedeutung haben, einander widerstreitende, aufeinander folgende, einander ablösende religiöse Programme zur Geltung zu bringen, zu stützen und – möglichst – auch zu implementieren und damit die Befolgung ihrer Gesetze und Gebote durch alle, die zum Volk Israel gehören, zu gewährleisten.

Diejenigen, die als Träger des „alttestamentlichen" Ethos angesprochen und mit Erwartungen sowie Forderungen konfrontiert werden, sind auch hier die (männlichen) Mitglieder der gesellschaftlichen Eliten politischer, ökonomischer und kultischer Art. Man darf vermuten, dass die Formen des gesellschaftlichen Lebens, des Umgangs miteinander, der Wahrnehmung ihrer jeweiligen Aufgaben und Ämter und schließlich auch ihres kollektiven Verhaltens zu den anderen Bevölkerungsgruppen, einschließlich der Ausgrenzung und Benachteiligung, denen der griechischen und römischen Eliten sehr ähnlich gewesen sind.

Dafür sprechen die Kritik am „Lebenswandel" der Reichen und der Mächtigen und die allgemeine Gesellschaftskritik, deren Träger vor allem die Propheten und ihre Milieus gewesen sind und die in fast allen Perioden der Geschichte Israels sich immer wieder Geltung verschafft haben. Mit besonderem Gewicht und sehr folgenreich artikuliert sich diese Gesellschaftskritik in den religiös motivierten „Programmen tief greifender Gesellschaftsreform": Bundesbuch, Heiligkeitsgesetz und Deuteronomisches Gesetz (vgl. zu den „sozialen Geboten" Exodus 21,1–23,19; Leviticus 18–20; Deuteronomium 14,22–16,2). Die Kontinuität der Kritik, ihre Schärfe und ihre Radikalität wären unverständlich ohne die Bezugnahme auf soziale Verhältnisse und Verhaltensweisen, deren Verfassung offensichtlich „zum Himmel schrie". Von genau dorther stammen aber die Autorität und die Legitimität der Kritiken und der Programme.

Im grundlegenden Unterschied zum griechischen und römischen Ethos, in dem der Einzelne als Mitglied seiner Gemeinschaft sich als Bürger versteht und ansprechbar ist, gilt der Einzelne „in Jerusalem" als Mitglied eines von Gott (der Schöpfer und Befreier in einem ist) erwählten Volkes. Da diese Erwählung sich als „Bund" (Brith) bzw. als eine

Abfolge von Bundesschlüssen vollzieht, ist der Einzelne „Bundesgenosse Gottes" und das ihm zugemutete und von ihm erwartete Leben ist eines, das darauf aus ist, in all seinen Vollzügen und Dimensionen dem Bunde Gottes zu entsprechen. Nicht auf das angeratene, tugendhafte, gute Leben, das zunächst vor sich selbst und sodann vor ausgewählten Anderen zu verantworten ist, zielt dieser gebotene und von Gottes Geboten bestimmte und vor Gott zu verantwortende Lebensentwurf.

Nichtachtung und Nichtbefolgung der göttlichen Weisungen sind nicht Laster, sondern Sünden. Sie sind Lebensformen, die die Entfernung von Gott vergrößern und in denen man das dem Bund Gottes und seiner Gerechtigkeit entsprechende Leben und damit letztlich das Leben selbst verfehlt. Nicht das Wohl (wie bei der *eudaimonia*, dem Glück in „Athen"), sondern das Heil, der Schalom Gottes, ist hier das sinnstiftende Lebensziel für Wohlhabende und Grundbesitzer.

In diesem Horizont wird dann neben dem religiösen Gabehandeln, wie dem Opfern im Tempel und dem Zehnten für Priester und Kultbeamte, die Gabe an die Armen zur sozial bedeutsamsten Form. An Arme, zu denen – ganz anders wiederum als in „Athen"– wirklich in Not geratene, extrem bedürftige Menschen „am Rande der Gesellschaft" gehören, die aber zugleich Glieder des Volkes Israel, des Volkes Gottes sind. In manchen biblischen Überlieferungen (insbesondere den prophetischen) wird dieses exklusiv den Armen geltende Gabehandeln sogar zur zentralen und letztlich entscheidenden Gestalt religiösen Handelns, wichtiger noch als die richtige Ausübung des Kultes: Gott macht das Verhalten den Armen gegenüber zum entscheidenden Kriterium der Bundestreue und der Teilhabe am Heil.

Die Notlagen, in die die Armen geraten sind, die Nöte, die sie bedrücken, aber auch die Formen der Linderung und Minderung ihrer Not hängen zu den Zeiten der Entstehung und Geltung der einschlägigen Gebote und Pflichten eng zusammen mit den Lebensbedingungen in agrarischen Gesellschaften. Missernten und Hungersnöte, klima- oder kriegsbedingt, haben immer wieder in der Geschichte des Alten Israel die Versorgung vieler mit elementaren Lebensmitteln behindert oder gar verhindert. In der Folge solcher Katastrophen fehlte es nicht nur an den benötigten Lebensmitteln, sondern auch an den Mitteln, die nötig waren, um Voraussetzungen für die nächste Ernte – Saatgut und Werkzeuge – zu schaffen.

Die Funktion der Wohlhabenden und Reichen bestand deshalb nicht nur darin, die Not durch Gaben zu lindern, sondern beinahe mehr noch, Kredite zu gewähren in Form von Gütern oder Geld. Die Zinsen für solche Kredite waren sehr hoch, sie nicht (rechtzeitig) zu zahlen bzw. abtragen zu können, führte zu weiterer Verarmung, sehr häufig zum Verlust des Besitzes am eigenen Land und häufig auch in die Schuldknechtschaft. Die Schuldknechtschaft war eine Form der „privilegierten" Sklaverei neben der in Israel eher seltenen „normalen" Sklaverei. Diese „Privilegien", zu denen auch die zeitliche Befristung (nur bis zur vollständigen Abtragung der Schulden bzw. deren Erlass) gehörte, waren dann auch einer der Ansatzpunkte für die verschiedenen Reformen bzw. Reformprogramme, die uns überliefert sind. Aber alle genannten Aspekte und Folgen der Armut in der agrarischen Gesellschaft des Alten Israel wurden Themen der Gesellschaftskritik wie auch der Reformen.

Einen wichtigen Teil der Reformen bildeten stets die verschiedenen „Erlass-Regelungen". So wurde im Blick auf die Verteilung des Ackerlandes das „Jobeljahr" eingeführt: Alle 50 Jahre sollte der Grundbesitz neu verteilt bzw. die ursprünglichen Besitzverhältnisse wiederhergestellt werden, weil letztlich Gott als Eigentümer des Landes galt. Die Schuldknechtschaft sollte (nach sieben Jahren) aufgehoben werden, denn auch die „hebräischen Sklaven" blieben ja Glieder des Volkes und des Bundes mit Gott. Das Zinsnehmen von Juden als Brüdern und als Bundesgenossen wurde als Wucher grundsätzlich verboten, doch auch diese Verbote mussten immer wieder erneuert werden. Es ist nach wie vor unklar und umstritten, ob überhaupt jemals oder wann und wo, für wie lange diese Regelungen wirklich befolgt wurden und welches die Sanktionen bei Nichtbefolgung waren.

Da die Militärpflicht lang und hart war und wegen der vielen Kriege häufig genug tödlich endete, entstand mit den vielen „Witwen und Waisen" ein großes soziales Problem. Deshalb werden sie stets in eins mit den Armen genannt. Der Grund für ihre Armut war meist, dass sie von den anderen (männlichen) Mitgliedern ihrer Großfamilie schlicht vom Erbe und von einer angemessenen Versorgung ausgeschlossen wurden. Für sie und für andere Arme wurden – mindestens in den Reformprogrammen – eine Reihe von auf den Ackerbau und besonders auf die Ernten bezogene Gaben vorgesehen. Entsprechende Gebote verpflichteten den Besitzer des Landes, bei der Ernte nicht alles abzuernten, sondern bestimmte Mengen den Armen zur „Nachlese" zu überlassen. Um die Autorität dieser Regelungen und Verpflichtungen zu steigern, und um die Befolgungsbereitschaft zu erhöhen, galten diese nicht nur als Gebote Gottes, sondern sie wurden zudem mit Gottes Gerechtigkeit verknüpft und bekamen dadurch nicht nur den Charakter von Pflichten der Vermögenden, sondern zugleich den von Rechtsansprüchen der Armen.

Viele der beschriebenen Gebote für die Beziehungen zwischen Arm und Reich sind nur als Formen des Gabehandelns zu verstehen. Darin ähneln sie aber vielen Regeln in den Beziehungen, wie wir sie auch aus anderen Ethos-Traditionen kennen. Das Besondere an all diesen von Gottes Geboten her normierten Beziehungen und des gebotenen, erhaltenden und erneuernden Gabehandelns ist nun, dass in „Jerusalem" – wieder im radikalen Unterschied zu „Athen" – die zwischenmenschlichen Beziehungen dadurch einen ganz anderen Charakter und eine ganz neue Qualität bekommen, dass sie alle im Geltungsbereich des Bundes Gottes mit seinem Volk sich vollziehen, dass sie folglich in all ihren Dimensionen und Elementen immer auch die Beziehung der Beteiligten zu Gott und Gottes zu ihnen betreffen und von daher beurteilt, gebilligt oder missbilligt, geboten oder verboten werden.

Für den Zusammenhang von Gabehandeln, Gottes Willen und Beziehungen zwischen den Menschen und insbesondere den hochgradig asymmetrischen Beziehungen zwischen den Reichen und den Armen ist es für das Modell „Jerusalem" schlechterdings konstitutiv, dass Gott gerade als Geber Subjekt der Wirklichkeit ist. Er ist dies in mehrfacher Hinsicht: als Schöpfer, dem die Menschen die „Welt" als Gabe verdanken, als Befreier im Exodus, als Stifter des Bundes mit seinem Volk und als Schenkender seiner Thora und ihrer Gebote.

Fragt man nach der religiösen und sozialen Herkunft der Reformen und ihrer gemeinsamen „Vision", so wird man verwiesen auf das Ethos der Brüderlichkeit aus der Frühzeit des Volkes Israel, das noch auf die nomadische Lebensform in der Zeit vor der Landnahme zurückgeht. Dieses Ethos der Brüderlichkeit ist ein Ethos der Gabe, ein Ethos des Teilens, Verteilens und der Teilhabe. Dies ist das Bild einer Gemeinschaft, die auch Asymmetrien einschließt, sie aber bewältigt und gestaltet in einer tendenziell egalitären, brüderlichen Lebensform.

Die allerwichtigste Gabe Gottes, die die jüdische Religion seither von allen anderen Religionen unterscheidet, ist der Schabbat. Er gehört in den Formenkreis der „Erlasse": dem Ende der Schuldknechtschaft, dem allgemeinen Schuldenerlass und der Neuverteilung des Landes. Von ihm sind wir aber sicher, dass er Wirklichkeit wurde und seit mehr als 2.000 Jahren „der" jüdische Feiertag ist. Der Schabbat mit seinen Möglichkeiten gebietet und erlaubt die Unterbrechung und die Überschreitung des Rhythmus der vielfältigen Zwänge und der Unbarmherzigkeit. Er schützt den Raum und stiftet die Zeit für die Wirksamkeit der Barmherzigkeit Gottes und für die Erneuerung eines Ethos der Brüderlichkeit, das dann weit in den Alltag ausstrahlen kann.

Der Eintritt des Gedankens der Gerechtigkeit, der Zedaka, in den Kontext der Regelungen der Gaben an Bedürftige und Arme unterstrich die Verankerung dieser Gebote in Gottes Recht. Im nachbiblischen, talmudischen Judentum setzt sich mehr und mehr die Verwendung des Wortes Zedaka als Synonym für „Wohltätigkeit" durch. Ein Symbol dafür findet man bis heute auf den Sammelbüchsen für Wohltätigkeitszwecke mit der Aufschrift „Zedaka". Im Zusammenhang mit dieser Bedeutungsverschiebung verschränkt sich die Zedaka mit Chässäd, der Barmherzigkeit. In dieser Verschränkung und in dieser wechselseitigen Verwiesenheit betont Zedaka – ihrer Herkunft aus dem Armenrecht entsprechend – den Aspekt der Gabepflicht für Menschen in Not, während Chässäd stärker die Beziehungen betont und diejenigen Gabehandlungen, die wesentlich sind zur Erhaltung der Zwischenmenschlichkeit im Horizont von Lebenslauf und Lebenskrisen. Bedingt durch die sehr ungünstigen gesellschaftlichen Umstände in der Diaspora wird es für die talmudische Lehre und für die handlungsorientierende Halacha immer nahe liegender, sich auch im Alltag der marginalisierten jüdischen Gemeinschaften wirklich an einer Vision der Brüderlichkeit mit ihrem Ethos der Gabe zu orientieren. (Hier sei ausdrücklich auf die Veröffentlichung von Klaus Müller verwiesen.)

Das Christentum ist von seinen frühen Formen an zu verstehen als Vermittlungsversuch einer aus der jüdischen Tradition stammenden „Guten Botschaft" mit einer hellenistischen Umwelt. Das Modell „Jerusalem" muss sich in einer stark von „Athen" geprägten Kultur behaupten. Das Christentum leistet das, indem es zwei Themen der jüdischen Tradition radikalisiert: Zunächst wird Gott nicht nur als Geber von Welt und Bund verstanden, sondern er wird selbst zur Gabe: Gott gibt sich selbst in Gestalt seines Sohnes. Zudem hat bereits die Jesus-Bewegung für sich eine sogar extrem egalitäre Gemeinschaftsform gefunden und zu verbreiten versucht, die man ihrerseits als Radikalisierung des jüdischen Brüderlichkeitsethos verstehen kann. Eine weitere Radikalisierung, die für die Geschichte des mittelalterlichen Mönchtums mit seiner Fürsorge für Arme und Schwache von entscheidender Bedeutung ist, ist, dass die Armut selbst als evangeliumsgemäße Lebensform verstanden wird, die freilich auf „religiöse Virtuosen" beschränkt bleibt.

Diese Erörterungen liegen aber bereits jenseits des Horizonts dieses Abschnittes. Die „Geschichte der christlichen Liebestätigkeit" ist vielfach Gegenstand historischer und theologischer Darstellungen geworden. (Hier sei ausdrücklich auf die Veröffentlichung von Oliver Müller verwiesen.)

# 1.2.4 Zwischensumme: Akteure und Strukturen — ein „Analyseraster"

Dieser Beitrag dient insgesamt der Einlösung eines Versprechens: des Versprechens, eine „Tiefenhermeneutik" menschlichen Gabehandelns, die als Lesehilfe bei Analyse und Verstehen von Geben, Nehmen und Erwidern im Horizont komplexer menschlicher Gemeinschaften verwendet werden kann. Auf dem Hintergrund dessen, was bisher dargestellt worden ist, und in Anknüpfung daran wird hier ein Analyseraster vorgelegt. Dieses Raster ist entstanden aus einer Verdichtung der – eher makrologischen – Tiefenhermeneutik und aus ihrer Transformation zu einer – eher mikrologischen – Perspektive. So erlaubt das Raster die Analyse und auch die Projektierung konkreterer, kleinräumigerer Komplexe von Gabehandeln für vielfältige Zwecke des Fundraisings.

Die Fragen „Wer gibt was, warum und wozu und wem?", Fragen also nach dem Geber, der Gabe, der Funktion und Bedeutung dieser Gabe und Fragen nach dem Empfänger bilden das Raster, von dem eine solche Analyse ausgehen kann.

(1) Zunächst ist die Frage „Wer?", also die nach dem *Geber,* zu stellen. Im Blick auf ihn ist nicht sofort und nicht allein nach seinen Motiven und Absichten zu fragen, so selbstverständlich dies zu einer genaueren Betrachtung des Gebers hinzugehört. Auch die vielfältigen Kontexte seines Gebens sind in Beschreibung und Analyse einzubeziehen: Die institutionellen und kulturellen Kontexte seines Handelns, seine Position und Rolle, seine „Verfassung" und sein Selbstverständnis sind zu klären. Von daher lassen sich dann auch seine Wahl der Gabe besser verstehen, die Bedeutungen, die er damit verknüpft, die erwarteten Wirkungen seines Handeln; insbesondere lässt sich das erwartete Verhalten (bzw. die Reaktion) des Empfängers besser erschließen.

Damit ist schon angesprochen, mittels welcher Kategorien und Theoreme die Antwort auf das „Was?" erschlossen werden kann. Die Gabe wird aufgefasst als das *Medium* für die Botschaft, die der Geber dem Empfänger (und dem sozialen Kontext beider) übermitteln möchte. Güter mit Gebrauchswert können gegeben werden wie auch Güter mit eher sekundären oder reduzierten Gebrauchswerten (wie etwa Schmuck). Aber auch unser „Vermögen": Geld (wie beim Spenden) oder Zeit und das, was man vermag (wie stärker beim Volunteering), kann Gaben bzw. Medien des Gebens bilden.

Jede dieser Gaben schließt notwendigerweise eine *symbolische Gabe* ein, die Sinn und Bedeutung des jeweiligen Gebens enthält. Man kann geradezu sagen: Je geringer der Gebrauchswert eines Gutes ist, desto größer muss die damit einher „gegebene" symbolische Gabe sein. Erst recht gilt das für den Austausch von Gesten und Zeichen, wie „Küsschen-Geben" und andere Formen der Begrüßung, aber auch für Zeichen der Missbilligung oder Verachtung. Gerade solche symbolischen Dimensionen des Gebens und von vornherein symbolische Handlungen verweisen auf ein weiteres „Anschlussthema": auf die Frage nach der jeweiligen sozialen und intersubjektiven Kultur der Anerkennung.

Eng mit den Fragen nach dem „Stoff, aus dem die Gaben sind" und nach seinen symbolischen Gewebeanteilen ist die Frage nach dem „Warum und Wozu?" bzw. nach der *Funktion und Bedeutung* der jeweiligen Gabehandlung verknüpft. Alle Gabehandlungen dienen ja dem Stiften, Pflegen und Weiterentwickeln intersubjektiver und sozialer Beziehungen und Bindungen. Sie lassen sich anordnen auf einem Kontinuum, das von der „religio" (der starken Rückbindung an eine göttliche Instanz) über verschieden stark verbindende und verbindliche Pflichten und die großzügige Freigebigkeit (liberalitas!) bis hin zum anderen Pol der völligen Freiwilligkeit reicht.

Da jedes Geben und jede Gabe, vor allem wegen ihrer symbolischen Gehalte, sowohl interpretationsfähig als auch interpretationsbedürftig sind, insofern als ihre Funktion in besonderem Maße von ihrer Bedeutung zu verstehen ist, ist an dieser Stelle darauf zu verweisen, dass die *Deutungen*, die sowohl Geber als auch Empfänger (aber auch die Mittler und Überbringer, wie Fundraiser und Nonprofit-Organisationen) der Gabe beimessen, variieren: Sie können passen, sie können sich unterscheiden, sie können aber auch im Extremfall völlig inkompatibel sein. Hier wird noch einmal deutlich, dass durch das Gabehandeln Beziehungen konstituiert werden, die weder eindeutig noch eindeutig gut sind, sondern der Konfliktbewältigung dienen, aber auch neue Konflikte hervorbringen können.

(2) Nun ist die Frage „Wem?", die Frage nach dem *Empfänger* der Gabe, zu stellen. Wieder ganz im Sinne eines Rasters sind hier zunächst verschiedene Typen von Empfängern zu unterscheiden.

*Der direkte Empfänger:* Dies können Institutionen, Instanzen und Personen sein: Götter, „höhere Wesen", die Polis oder andere (religiöse, politische und wohltätige) Gemeinschaften. Oder es können Personen sein, im gesamten Spektrum zwischen unbekannten Fremden bis zu ganz nahe stehenden Freunden und Familienmitgliedern. Selbstverständlich sind hierbei Stufenbildungen und Asymmetrien vielfältiger Art wahrscheinlich und eigens freizulegen.

*Der Mittler:* Hier ist an die unterschiedlichsten Mittler zu denken, die die Gaben zunächst annehmen, die Spenden zunächst einmal einsammeln, die gleichsam als „stellvertretende Bettler" verstanden werden können. Dies ist auch der Empfängertypus, dem sich die Institutionen und Personen des Fundraisings zuordnen lassen. Bei allen Mittlern, von Priestern bis zu Fundraisern, gilt die Gefahr, dass sie sich – insbesondere dem Geber gegenüber – als End-Empfänger verhalten oder gar dem „eigentlichen Adressaten" gegenüber (siehe unten) als der eigentliche Spender auftreten. Die Gefahr ist besonders groß, wenn sie das jeweilige Verhaltensmuster nicht nur strategisch einsetzen, sondern in ihrem Selbstverständnis verankern.

*Der indirekte Empfänger/der eigentliche Adressat:* Hier ist zunächst wiederum an Gott und die Götter zu denken, denen die (menschliche) Handlung, anderen zu geben, als Gabe, eben als Gegengabe, gegeben wird. Dabei hat der (menschliche) Geber bei seinen Gaben an andere Menschen Gott und die Götter als diejenigen, denen er eine Gegengabe schuldet, bereits vor Augen – unter Umständen so stark und ausschließlich, dass er dabei den (menschlichen) Empfänger „übersieht". Bei vielen Gabehandlungen kann sich also die Pflege der Beziehung zu Gott als das letztlich entscheidende Motiv herausstellen. Aber nicht nur Gott und die Götter können gemeint sein, sondern auch das „Publikum", das nicht nur Zeuge und Beobachter, sondern auch Bewerter dieses Handelns ist und bei dem der Geber (Spender, Mäzen u. a.) auf einen Zuwachs an Ehre, Anerkennung und Prestige setzen kann.

(3) Die vielfältigen möglichen *Erwiderungen* des Empfängers lassen sich in folgender Weise unterscheiden: Dank und Danksagungen in ihren reichen und differenzierten Ausdrucksformen; Anerkennung als Gegengabe, vor allem durch Instanzen und Institutionen; Prestige und Prestigesteigerung; „ein guter Ruf"; Orden und Ehrenzeichen; ein „dankbares Gedenken"; von Göttern erhaltener Segen, Sündenvergebung und innerweltliche Erfolge usw. Sodann ist an die vielfältigen Formen von Geschenken als Gegengabe zu denken sowie an andere Formen erwartbaren und erwarteten Verhaltens der Empfänger, wie Gunsterweise und die Gewährung von Begünstigungen aller Art. (Dies ist durchaus auch ein Anknüpfungspunkt möglicher Korruption.) Schließlich gehören hierher auch pflichtgemäße Erwiderungen des Empfängers, im strengen Sinn erwartbare Reaktionen seinerseits, wie z. B. Loyalität, Treue (dem Lehns- oder Dienstherrn gegenüber) und Dankbarkeit.

Nun bildet die Dynamik des Kreislaufs der Gaben nicht der einfache, in sich geschlossene *Kreis* aus Geben, Nehmen und Erwidern, sondern gerade der *Kreislauf* der Gabe und des Gebens. Dieser setzt damit ein, dass die Erwiderung wiederum selbst ein Geben ist; dies ist durchgängig als ein soziales Geschehen aufzufassen, in dem es nicht nur einen Typ von Empfängern gibt, sondern mehrere. Darin nimmt das Erwidern nicht nur die Gestalt einer unmittelbaren Gegengabe an, sondern auch die Gestalt und eben die Dynamik einer „Erweiterung" des Gebens: das *Weitergeben* an zunächst noch gar nicht als Akteure aufgetretene Dritte. Dieses Weitergeben ist insofern eine „Transpartikularisierung" besonderer Art, als damit der engere Kreis des Gebens noch einmal überschritten wird. Diese Form der Transpartikularisierung ist ein zentraler Ausgangspunkt und zugleich ein Punkt der Verdichtung im bereits gelebten Ethos, an das dann wiederum eine explizit theoretische und kritische Theorie des Ethos, eben die Ethik, mit ihren Reflexionen anknüpfen kann.

## Literatur zu den einzelnen Abschnitten

1.2.1 Zu den methodologischen, in vieler Hinsicht vergleichbaren Problemen ebenso wie zur Konfrontation und der Konvergenz der beiden Paradigmata:

Volz, Fritz Rüdiger: Altruismus, in: Otto, Hans-Uwe/Thiersch, Hans (Hrsg.): Handbuch der Sozialarbeit/Sozialpädagogik, 3. unveränd. Aufl., München 2005.

1.2.2 Zu den wichtigsten Theorien, mit denen sich die hier dargestellten Thesen auseinander setzen:

Bayer, Oswald: Gabe, in: Religion in Geschichte und Gegenwart (RGG), Bd. 3, Sp. 445/446, 4. Aufl., Tübingen 2000.

Caillé, Alain: Anthropologie du don. Le tiers paradigme, Paris 2000.

Godbout, Jacques T.: L'esprit du don, Paris/Montréal 2000 (1. Aufl. 1992); engl. Übersetzung: The World of the Gift, Montreal/Kingston (CA) 1998.

Ders.: Le don, la dette et l'identité. Homo donator versus homo œconomicus, Paris 2000.

Mauss, Marcel: Die Gabe (frz. Original: Essai sur le don, 1923/24 bzw. 1950), Frankfurt am Main 1968.

Volz, Fritz Rüdiger/Kreuzer, Thomas: Die verkannte Gabe – Anthropologische, sozialwissenschaftliche und ethische Dimensionen des Fundraisings, in: Andrews, Claudia u. a. (Hrsg.): Geben, Schenken, Stiften – theologische und philosophische Perspektiven, Münster 2005, S. 11–31.

1.2.3 Gabe und Ethos

*Zum Verständnis von Ethos und Ethik:*

Düwell, Marcus u. a. (Hrsg.): Handbuch Ethik, Stuttgart/Weimar 2002 (vgl. Abschnitt B.3, Schwach normative und kontextualistische Ansätze).

Comte-Sponville, André: Petit traité des grandes vertus, Paris 1995 (v. a. Abschnitte 7–10: von „La générosité" bis „La gratitude").

Volz, Fritz Rüdiger: Gelingen und Gerechtigkeit – Bausteine zu einer Ethik professioneller Sozialer Arbeit, in: Zeitschrift für Sozialpädagogik, 1/2003.

*Zur Geschichte des Gebens und zur Ethik im Fundraising:*

Fundraising Akademie (Hrsg.): Fundraising. Handbuch für Grundlagen, Strategien und Instrumente, 1. Aufl. (daraus Kapitel 1, S. 11–62), Wiesbaden 2001.

*Zu den Unterschieden der griechisch-römischen und der jüdischen Auffassungen:*

Bolkestein, Hendrik: Wohltätigkeit und Armenpflege im vorchristlichen Altertum (Erstaufl. 1939), Groningen 1967.

Volz, Fritz Rüdiger: Reichtum zwischen Missbilligung und Rechtfertigung – Zu Vorgeschichte und Grundelementen unseres „bewertenden Redens von Reichtum", in: Huster, Ernst-Ulrich (Hrsg.): Reichtum in Deutschland, 2. erw. Aufl., Frankfurt am Main 1997, S. 359–376.

### 1.2.3.3 Zur griechisch-römischen Tradition („Athen"):

Aristoteles: Nikomachische Ethik, übersetzt und hrsg. von Günther Bien, 4. Aufl., Hamburg 1985.

Davis, Scott: Philanthropy as a Virtue in Late Antiquity and the Middle Ages, in: Schneewind, J. B. (Hrsg.): Giving – Western Ideas of Philanthropy, Bloomington 1996, S. 1–23.

Hands, A. R.: Charities and Social Aid in Greece and Rome. Aspects of Greek and Roman Life, London 1968.

### 1.2.3.4 Zur jüdischen – biblischen und talmudischen – Tradition („Jerusalem"):

Crüsemann, Frank: Die Tora – Theologie und Sozialgeschichte des alttestamentlichen Gesetzes, 2. Aufl., Gütersloh 1997.

Loewenberg, Frank M.: From Charity to Social Justice – The emergence of communal institutions for the support of the poor in Ancient Judaism, New Brunswick 2001.

Müller, Klaus: Diakonie im Dialog mit dem Judentum. Eine Studie zu den Grundlagen sozialer Verantwortung im jüdisch-christlichen Gespräch, Heidelberg 1999.

Zentralwohlfahrtsstelle der Juden in Deutschland (Hrsg.): ZEDAKA – Jüdische Sozialarbeit im Wandel der Zeit, Frankfurt am Main 1992.

## Weiterführende Literatur

Adloff, Frank/Mau, Steffen (Hrsg.): Vom Geben und Nehmen. Zur Soziologie der Reziprozität, Frankfurt am Main u. a. 2005.

Andrews, Claudia/Dalby, Paul/Kreuzer, Thomas (Hrsg.): Geben, Schenken, Stiften – theologische und philosophische Perspektiven, Bd. 1 der Reihe „Fundraising-Studien – Zu Kunst und Kultur der Gabe", hrsg. von Marita Haibach, Thomas Kreuzer, Fritz Rüdiger Volz, in Zusammenarbeit mit der Fundraising Akademie, Münster 2005.

Berking, Helmuth: Schenken. Zur Anthropologie des Gebens, Frankfurt am Main/New York 1996.

Müller, Oliver: Vom Almosen zum Spendenmarkt. Sozialethische Aspekte christlicher Spendenkultur, Freiburg i. Br. 2005.

Schmied, Gerhard: Schenken. Über eine Form sozialen Handelns, Opladen 1996.

# 1.3 Der Nonprofit-Sektor oder Dritte Sektor in Deutschland

## 1.3.1 Gesellschaftliche und politische Bedeutung des Nonprofit-Sektors

*Eckhard Priller / Annette Zimmer*

Der Nonprofit-Sektor oder „Dritte Sektor" als Bereich zwischen Markt und Staat nimmt in Deutschland eine wichtige politische und gesellschaftliche Position ein, die auf historisch gewachsenen Traditionen beruht. Der Sektor hatte Mitte der 1990er-Jahre mit mehr als zwei Millionen Arbeitsplätzen und einem Leistungsanteil von 3,9 Prozent des Bruttosozialprodukts eine beachtliche wirtschaftliche Bedeutung.[1] Seine Leistungskraft äußert sich u. a. darin, dass mehr als 50 Prozent der Tageseinrichtungen für Kinder, über 40 Prozent der Krankenhäuser und fast 60 Prozent der Pflegeheime in Deutschland dem Nonprofit-Sektor zuzurechnen sind. Während sich der Sektor bis zur Jahrtausendwende durch ein beachtliches Wachstum auszeichnete, kam es in den letzten Jahren in zentralen Bereichen – wie im Gesundheitswesen und den Sozialen Diensten – zu Stagnation und partiell sogar zum Abbau von Einrichtungen sowie zum Rückgang bei der Beschäftigung. Neben der Dienstleistungserstellung übernimmt der auch als „intermediärer Bereich" bezeichnete Sektor zudem elementare Funktionen für die Bündelung und Artikulation von Interessen sowie für die gesellschaftliche und politische Sozialisation der Bürgerinnen und Bürger. Für moderne Gesellschaften sind diese Integrations- und Innovationsleistungen des Sektors unverzichtbar.

Im Gegensatz zur Diskontinuität der politischen Entwicklung des Landes zeichnete sich der Sektor in Deutschland bisher durch institutionelle Kontinuität aus. Tatsächlich zählt der Nonprofit-Sektor neben der öffentlichen Verwaltung zu den wesentlichen Garanten gesellschaftlicher und politischer Stabilität in Deutschland. Die Eigenständigkeit des Nonprofit-Sektors und damit auch seine soziale und politische Bedeutung waren jedoch während der Zeit des Nationalsozialismus und auch in der DDR stark eingeschränkt. In den neuen Bundesländern hat sich seit 1990 ein umfangreicher und vielfältiger Nonprofit-Sektor entwickelt. Die Nonprofit-Organisationen (NPOs) haben sich hier wie insgesamt in den Transformationsländern als wichtige Akteure im gesellschaftlichen und politischen Transformationsprozess erwiesen.[2]

Aktuell sehen sich NPOs in Deutschland infolge des gesellschaftlichen Wandels von der traditionellen Industrie- zur postmodernen Dienstleistungsgesellschaft einem erheblichen Anpassungs- bzw. Modernisierungsdruck ausgesetzt. Gleichzeitig ist der Sektor selbst Motor und Ausdruck gesellschaftlichen Wandels. Seine Organisationen sind in enger Verbindung mit den sozialen Bewegungen zu sehen und in gesellschaftlichen und politischen Problemfeldern ein wichtiger Ausgangspunkt für Veränderung und gesellschaftspolitische Erneuerung.

## 1.3.1.1 Begriffsbezeichnung

Bei der Bezeichnung „Dritter Sektor" handelt es sich nicht um einen Terminus technicus, sondern um eine Bereichsbezeichnung oder genauer um ein heuristisches Modell. Danach dient der Dritte Sektor zur Charakterisierung eines Bereichs, der durch die Pole Staat, Markt und Gemeinschaft bzw. Familie begrenzt ist. Den Dritten Sektor konstituieren Organisationen, deren Handlungslogik einem eigenen Steuerungsmodus folgt und sich von den Organisationen der Konkurrenzsektoren Markt und Staat unterscheidet. So zeichnen sich Organisationen des Dritten Sektors in Abgrenzung zur öffentlichen Verwaltung durch ein geringeres Maß an Amtlichkeit aus. Im Unterschied zu Firmen und Unternehmen besteht ihre Zielsetzung nicht in der Gewinnmaximierung, sondern sie unterliegen dem so genannten *nondistribution constraint*. Dies bedeutet, dass Gewinne zwar erwirtschaftet, aber nicht an Mitglieder oder Mitarbeiter ausgeschüttet, sondern in die Organisationen reinvestiert werden müssen. Ferner unterscheiden sie sich aufgrund ihrer Organisations- und Rechtsform von nicht formal-rechtlich organisierten Gemeinschaften, wie etwa Clans oder Familien; und schließlich beruhen, im Unterschied zu familiären Gemeinschaften, Mitgliedschaft und Mitarbeit auf Freiwilligkeit und damit auf einer individuellen Entscheidung.[3] Organisationen des Dritten Sektors zeichnen sich somit durch spezifische Funktionen, spezielle organisatorische Strukturen sowie durch eine Handlungs- und Steuerungslogik aus, die mit *Solidarität* bzw. gesellschaftlicher *Sinnstiftung* auf den Begriff gebracht werden kann.

Während Steuerung im Sektor Staat nach der Handlungslogik *Hierarchie* oder *Macht* erfolgt, funktioniert der Sektor Markt über *Wettbewerb* oder *Tausch*. Im Dritten Sektor hingegen greifen zum einen *Solidarität* als altruistische, wechselseitige Hilfeorientierung sowie zum anderen *Sinn*, wobei diese Steuerungslogik durch die Facetten sozialer Sinn, Gemeinsinn sowie auch Eigensinn untersetzt ist.[4] Ohne kontinuierlichen Zufluss der Ressourcen *Solidarität* und *Sinn* sind Dritte-Sektor-Organisationen, im deutlichen Gegensatz zu marktwirtschaftlichen, aber auch staatlichen Einrichtungen, nicht überlebensfähig. Insbesondere der Solidarität kommt als Motiv, als Motivation sowie als Medium der Handlungskoordination von Organisationsmitgliedern, Mitarbeitern, Förderern und Spendern ein zentraler Stellenwert zu. Dabei können die Formen der solidarischen Unterstützung unterschiedlich ausfallen. Zu nennen sind hier die freiwillige Mitarbeit und das bürgerschaftliche Engagement der Bürgerinnen und Bürger, aber auch Geld- und Sachspenden. Eine ebenso große Bedeutung kommt der solidarischen Unterstützung der Werte und Ziele zu, die durch Dritte-Sektor-Organisationen als *Wertegemeinschaften* vertreten werden. Insofern bildet der Sektor in modernen, funktional ausdifferenzierten und an ökonomischer Effizienz orientierten Gesellschaften ein Refugium sozialer Logik, die nicht in erster Linie auf dem Kalkül des individuellen Nutzens beruht. Aus modernisierungstheoretischer Sicht bilden Dritte-Sektor-Organisationen ein Relikt der Vormoderne, weil sie dem Geleitzug der funktionalen Ausdifferenzierung in gesellschaftliche Teilbereiche, wie etwa Wirtschaft, Politik oder Wissenschaft, nur bedingt gefolgt sind.

## 1.3.1.2 Historischer Rückblick und Entstehung unterschiedlicher Organisationsformen

Insgesamt kann das 19. Jahrhundert als die Gründerzeit des Dritten Sektors in Deutschland in seiner heutigen Form und Ausprägung betrachtet werden. Zum einen wurden in dieser Zeit mit der Kodifizierung des Bürgerlichen Gesetzbuches die wichtigsten und heute am häufigsten zu findenden Rechtsformen der Dritte-Sektor-Organisationen – Verein und Stiftung – festgelegt und unter die Genehmigungspflicht des Staates gestellt; zum anderen erfolgte unter der Garantie ihrer Selbstverwaltung der funktionale Einbau der Organisationen in den staatlichen Verwaltungsvollzug.[5] Ferner ist die privilegierte Position der im sozialen Bereich tätigen Organisationen, wie sie im Subsidiaritätsprinzip festgeschrieben ist[6], ebenfalls auf diese Zeit zurückzuführen. Auch die so genannte Zweiteilung des Sektors, die Differenzierung zwischen einem eher lebensweltlichen Vereinswesen und einem Bereich, der primär soziale Dienstleistungen in staatlich-öffentlichem Auftrag erfüllt, ist ein Produkt des 19. Jahrhunderts. Im Folgenden wird auf einige ausgewählte Traditionslinien des Sektors in Deutschland eingegangen und ihre Relevanz für die aktuelle Situation des Sektors herausgestellt.

(1) Stiftungen als traditionsreiche Organisationen des Dritten Sektors

Zu den sehr alten Organisationen des Dritten Sektors zählen in Deutschland die zahlreichen Anstaltsstiftungen, die fest in der kirchlichen Tradition verankert sind. Bereits im Frühmittelalter entwickelte sich in den Ländern des Heiligen Römischen Reiches Deutscher Nation ein so genanntes Verbundsystem von *Caritas* und *Memoria*. Gemeint ist hiermit, dass Wohlhabende ihr Vermächtnis zur Gründung von Anstalten für Notleidende, Kranke und Alte den Kirchensprengeln oder Klöstern hinterließen, die sich im Gegenzug verpflichteten, in bestimmten Abständen eine Messe für den Spender zu lesen. Aus dem Motiv, etwas für das persönliche Seelenheil zu tun, leisteten die damaligen Stifterinnen und Stifter einen Beitrag zu einer rudimentären Armenfürsorge sowie zur Alten- und Krankenpflege und stabilisierten damit religiös-christliche Verhaltensnormen.

Auch heute noch sind in Deutschland zahlreiche Anstaltsstiftungen – Krankenhäuser, Alten- und Pflegeheime oder Waisenhäuser – zu finden, die ihre Gründung dem Verbundsystem von *Caritas* und *Memoria* verdanken. Ansonsten ist das Stiftungswesen in Deutschland aufgrund der gesellschaftlich-politischen Umbrüche der Vergangenheit vergleichsweise jung und hat sich erst in den letzten Jahrzehnten wieder dynamisch entwickelt. Durch die aktuelle Reform des Stiftungswesens, die die Gründung von Bürgerstiftungen sowie die Zustiftung kleiner Beträge erleichtert hat, ist das Stiftungswesen stärker ins öffentliche Bewusstsein gerückt und weist derzeit deutliche Wachstumsraten auf.[7]

Für die Stiftung als Organisationsform des Dritten Sektors ist konstitutiv, dass *Vermö-genswerte* in den Dienst der Allgemeinheit und zur Erreichung gemeinnütziger Ziele und Zwecke gestellt werden. Dies unterscheidet die Stiftung vom Verein, der eine *Mit-gliederorganisation* mit Klubcharakter darstellt, wo Leistungen und Dienste idealtypisch von und für die Mitglieder erbracht werden. Stiftungen wie Vereine unterliegen staat-licher Aufsicht und Genehmigungspflicht. Erst mit Eintrag ins Stiftungsregister wird aus dem Vermögenswert eine Stiftung bzw. ein korporativer Akteur mit eigener Rechts-persönlichkeit.

(2) Der Verein als zentrale Organisationsform des Dritten Sektors

Die überwiegende Mehrheit der deutschen NPOs (rund 80 %) sind nach ihrer Rechts-form eingetragene Vereine. Der Verein wurde im Bürgerlichen Gesetzbuch des 19. Jahr-hunderts als spezifische Rechtsform für Organisationen geschaffen, die im weitesten Sinne als gesellschaftlich zu bezeichnende Ziele und Zwecke verfolgen. Damit ein Ver-ein als Rechtsperson anerkannt wird, bedarf es der staatlichen Genehmigung. Hierbei wird die Satzung des Vereins nicht nur nach formalrechtlichen Kriterien geprüft, son-dern von den staatlichen Instanzen bzw. den Amtsgerichten, die die Vereinsregister führen, wird auch eine Überprüfung der Ziele und Zwecke des Vereins vorgenommen. Der Verein als Organisationsform des Dritten Sektors erfreut sich seit seinen Anfängen ungebrochener Beliebtheit.

Das 19. Jahrhundert gilt als die Wiege des deutschen Vereinswesens. Infolge von In-dustrialisierung und Verstädterung entfaltete sich das lokale Vereinswesen damals mit beachtlicher Dynamik. Von den Turn- und Gesangs- bis hin zu den Gesellen-, Konsum- und Arbeiterbildungsvereinen boomten Vereine hinsichtlich ihrer Neugründung und Mitgliederentwicklung. Charakteristisch für die zweite Hälfte des 19. Jahrhunderts wa-ren insbesondere Vereine, die als Reaktion auf die soziale Frage entstanden. Nach wie vor ist der Verein die Rechts- und Organisationsform erster Wahl, wenn es darum geht, neue Ideen und Initiativen in die Tat umzusetzen. Als Beispiel hierfür sind die in den 1970er- und 1980er-Jahren entstandenen Umweltinitiativen, soziokulturellen Zentren oder Frauenhäuser zu nennen. Aktuell ist der Förderverein der am häufigsten gegrün-dete neue Vereinstyp.[8]

Vereine sind gleichzeitig Ausdruck, Motor und Ergebnis gesellschaftlicher Differenzie-rung. Bis in die jüngste Zeit konnte man spezifische soziale Milieus oder Lager un-terscheiden, die das gesellschaftliche und politische Leben strukturierten. Prägend für Deutschland waren lange Zeit das sozialdemokratische Lager mit seinen Arbeiterver-einen, lokalen Gewerkschaftsorganisationen und SPD-Ortsvereinen sowie das katho-lische Lager mit der Zentrumspartei, den christlichen Gewerkschaften sowie den kari-tativen und kirchlich-konfessionellen Vereinen. Diese Lager oder Milieus spielten noch in der restaurativen Nachkriegszeit der Bundesrepublik eine wichtige Rolle. Aufgrund der Abschwächung der traditionellen sozialen Milieus sowie des Einflussverlustes der Kirchen ist ihre Bedeutung inzwischen jedoch deutlich zurückgegangen.

Dennoch kann man in Ansätzen auch heute noch Organisationen des Dritten Sektors bestimmten Milieus zuordnen. Dies gilt insbesondere für die großen, in der zweiten

Hälfte des 19. Jahrhunderts entstandenen Wohlfahrtsverbände – Arbeiterwohlfahrt, Caritas, Deutsches Rotes Kreuz, Diakonie, Paritätischer Wohlfahrtsverband, Zentralwohlfahrtsverband der Juden in Deutschland[9] –, aber auch viele Kulturinitiativen und Kulturzentren, die im Umfeld der neuen sozialen Bewegungen entstanden sind, lassen sich noch einem Milieu zuordnen.

(3) Weitere Organisationsformen des Dritten Sektors

Auch die *gemeinnützige Genossenschaft* und die *gemeinnützige Gesellschaft mit beschränkter Haftung (gGmbH)* sind Organisationsformen des Dritten Sektors, die ihre Ursprünge auf das 19. Jahrhundert zurückführen. Allerdings verweist der Zusatz „gemeinnützig" bereits darauf, dass sich diese beiden Organisationsformen vor allem durch eine Ausnahmeregelung, die sich im Wesentlichen auf ihre steuerrechtliche Behandlung bezieht, als Dritte-Sektor-Organisationen qualifizieren. Hierbei ist die Geschichte der *Genossenschaft* besonders interessant, da diese als genuine Organisationsform des Dritten Sektors entstanden und erst nach und nach in Deutschland in den Sektor Markt abgewandert ist. Hingegen wurde die GmbH primär als Organisation des Marktes konzipiert. Aufgrund ihrer schlanken Managementstrukturen wird sie jedoch heute zunehmend für die Organisation von Nonprofit-Aktivitäten genutzt.

Parallel zum Vereinswesen entfaltete sich in Deutschland in der zweiten Hälfte des 19. Jahrhunderts ein dynamisches Genossenschaftswesen, das sich als Ausdruck gesellschaftlicher Selbsthilfe und wirtschaftlicher Selbstorganisation verstand. Die Gründerväter der Genossenschaftsbewegung, wie Raiffeisen oder Schultze-Delitzsch, gingen davon aus, dass vor allem Selbstorganisation und Selbsthilfe den Schlüssel zur Überwindung gesellschaftlicher Benachteiligung darstellen. Damals zählten die Genossenschaften in Deutschland insofern zum Dritten Sektor, als sie sich durch uneingeschränkte Solidarität nach dem Motto „Einer für alle, alle für einen!" sowie durch die Zurücklegung der Gewinne in ein unteilbares Genossenschaftsvermögen auszeichneten. Im Gegensatz zu den europäischen Nachbarländern Belgien, Frankreich, Italien oder Spanien kam es in der Folge in Deutschland nicht zur Entwicklung eines genossenschaftlich-gemeinwirtschaftlich geprägten Wirtschaftssektors, vielmehr wurde die Genossenschaft in Deutschland zunehmend als funktionales Äquivalent marktwirtschaftlicher Organisationsformen genutzt.[10]

Heute sind Genossenschaften in Deutschland gesetzlich ausschließlich auf erwerbswirtschaftliche Ziele festgelegt. Wenn sich heute eine Genossenschaft von ihrem Selbstverständnis her als Dritte-Sektor-Organisation und nicht als Wirtschaftsbetrieb versteht, kann beim zuständigen Finanzamt der Status der Gemeinnützigkeit beantragt werden. In ihrem Aktivitätsradius unterliegt die Genossenschaft damit den Regelungen der Abgabenordnung. Wird sie als gemeinnützige Genossenschaft anerkannt, ist sie von der Körperschaftssteuer befreit. Sie kommt ferner in den Genuss von steuerrechtlichen Privilegien, die mit dem Status der Gemeinnützigkeit verbunden sind.

Entsprechendes gilt auch für die GmbH bzw. die Organisationsform der Gemeinschaft mit beschränkter Haftung. Erstmals 1892 kodifiziert, verfügt die GmbH als Organisationsform ebenfalls über eine lange Tradition. Im Unterschied zum Verein ist zur

Gründung einer GmbH eine Ausstattung mit einem Stammkapital notwendig, das vom Gesellschafter oder den Gesellschaftern eingebracht wird (Minimum 25.000 Euro). Die GmbH ist von ihrer Gründungsidee her eindeutig dem Sektor Markt zuzuordnen. Ähnlich wie die gemeinnützige Genossenschaft wird die GmbH zu einer Organisationsform des Dritten Sektors bei Gewährung des Status der Gemeinnützigkeit durch das zuständige Finanzamt. Mit der Anerkennung der Gemeinnützigkeit im steuerrechtlichen Sinn wird aus der GmbH eine gGmbH und damit eine Organisationsform für gemeinnützige Aktivitäten. Die gGmbH ist dem Handelsrecht in vollem Umfang unterworfen und muss nach kaufmännischen Grundsätzen ebenso wie Genossenschaften Buch führen und einen Jahresabschluss erstellen, während Vereine und Stiftungen dazu nicht verpflichtet sind. Die gGmbH ist von dem Willen ihrer Eigentümer, d. h. der Gesellschafter, abhängig. Im Unterschied zum Verein können die im Gesellschaftsvertrag festgeschriebenen Regeln durchaus undemokratisch sein und die Satzungen lassen sich jederzeit ändern. Im Unterschied zur Stiftung stellt eine Organisationsauflösung bei der gGmbH kein Problem dar. Die gGmbH wird für die Organisation von Nonprofit-Aktivitäten aktuell in Deutschland zunehmend attraktiver, weil die Haftung hier auf das Gesellschaftsvermögen beschränkt ist und keine persönliche Haftung vorliegt. Zudem erlaubt die gGmbH – ebenfalls im Unterschied zum Verein – die strukturelle Trennung von Eigentum und Betriebsführung bei gleichzeitiger Aufrechterhaltung der Kontrolle. Insofern ist die gGmbH unter Managementgesichtspunkten im Vergleich, insbesondere zum Verein, die attraktivere Organisationsform.

## 1.3.1.3 Strukturprinzipien: Subsidiarität, Selbstverwaltung, Gemeinnützigkeit

Der Dritte Sektor in Deutschland zeichnet sich durch besondere Staatsnähe und hoch strukturierte Beziehungen zur öffentlichen Verwaltung aus. Geprägt wird das Verhältnis von Staat und Nonprofit-Sektor durch drei Grundprinzipien, deren Ursprung ebenfalls im 19. Jahrhundert liegt, die aber zunehmend als nicht mehr zeitgemäß infrage gestellt werden. Im Einzelnen handelt es sich hierbei um folgende:

- Das *Subsidiaritätsprinzip* hat seinen Ursprung im Ausgleich säkular-religiöser Spannungen und wurde in den 1960er-Jahren in die Bundessozialgesetzgebung aufgenommen. Unter Bezugnahme auf das Subsidiaritätsprinzip wurde NPOs staatlicherseits ein Vorrang gegenüber öffentlichen Einrichtungen wie auch privat-kommerziellen Anbietern bei der Erstellung sozialer Dienstleistungen eingeräumt.
- Das Prinzip der *Selbstverwaltung* ist Ausdruck der Einbindung traditioneller Strukturen und Organisationen, wie etwa der Gilden und Zünfte, aber auch der unabhängigen Kommunen, in den modernen Verwaltungsstaat. Während die gemeindliche Selbstverwaltung an Bedeutung gewinnt, steht die Selbstverwaltung wichtiger gesellschaftlicher Bereiche, etwa des Gesundheitswesens oder der Tarifautonomie, zunehmend in der Kritik.

– Das Prinzip der *Gemeinnützigkeit* bezieht sich im Wesentlichen auf das Steuerrecht. Danach liegt die Festlegung und Regulierung gemeinnütziger Zwecke und Ziele allein in der Verantwortung des Staates und seiner nachgeordneten Behörden.

In seinem allgemeinen Gebrauch, wie Subsidiarität auch im Kontext der Europäischen Union verwandt wird, bedeutet der Begriff, dass übergeordnete staatliche Instanzen – wie etwa die EU – den Kompetenz- und Regelungsbereich nachgeordneter Einheiten – wie den der Nationalstaaten – nicht beschneiden sollen. So verwendet, bestehen begriffliche Überschneidungen zwischen den Termini Subsidiarität und Selbstverwaltung sowie Autonomie. Subsidiarität kombiniert Elemente der Dezentralisierung und Privatisierung staatlicher Funktionen – eben diese Kombination macht das Subsidiaritätsprinzip in der aktuellen politischen Diskussion in Europa und anderswo attraktiv.

In Deutschland wurde der Begriff Subsidiarität lange Zeit jedoch eingeschränkt gebraucht und vorrangig auf die wohlfahrtsstaatliche Dienstleistungserstellung bezogen.[11] Danach war der öffentlichen Hand und insbesondere den Kommunen die Errichtung und der Betrieb sozialer Einrichtungen immer dann untersagt, wenn eine Nonprofit-Organisation in der Lage war, die Leistung in dem betreffenden Bereich bereitstellen zu können. In den 1960er-Jahren wurde die Privilegierung der NPOs gegenüber kommunal-staatlichen wie insbesondere auch privat-kommerziellen Anbietern in der bundesdeutschen Sozialgesetzgebung (Bundessozialhilfegesetz sowie Kinder- und Jugendhilfegesetz) festgeschrieben. Danach übernahm der Staat die Förderverpflichtung für die NPOs bei gleichzeitiger Garantie ihrer Eigenständigkeit. De facto waren NPOs gegenüber Organisationen der Konkurrenzsektoren Markt und Staat daher in hohem Maße privilegiert. Allerdings bezog sich die Privilegierung nicht auf alle NPOs, sondern nur auf die Mitgliederorganisationen der Wohlfahrtsverbände. Diese sind (siehe 1.3.1.2) Ausdruck bestimmter religiöser oder normativ-ethischer Milieus, die bis in die jüngste Vergangenheit die gesellschaftliche Realität in Deutschland prägten. Die beiden größten Verbände sind der der katholischen Kirche nahe stehende Deutsche Caritasverband sowie das Diakonische Werk der Evangelischen Kirche in Deutschland. Ihre besondere gesellschaftspolitische Position verdanken die Verbände insbesondere einem im letzten Jahrhundert zwischen Staat und Kirchen erzielten Kompromiss.[12]

Die gesetzliche Verankerung des Subsidiaritätsprinzips als Privilegierung der Wohlfahrtsverbände bewirkte, dass staatliche Wohlfahrtsmaßnahmen zwar öffentlich durch die Sozialkassen und die Sozialhilfe finanziert, aber häufig durch die Mitgliederorganisationen der Verbände ausgeführt wurden und werden. Das Subsidiaritätsprinzip wurde damit zum ökonomischen Fundament für große Teile des deutschen Nonprofit-Sektors. In der Vergangenheit waren die Wachstumsraten im Nonprofit-Sektor insbesondere in jenen Bereichen am größten, in denen die durch das Subsidiaritätsprinzip erfassten Wohlfahrtsverbände tätig sind. Dies ist für die Sozialen Dienste und das in Deutschland auf der Trägerebene sehr eng angebundene Gesundheitswesen der Fall. Im Kontext der Sozialstaatsreformen wurde das Subsidiaritätsprinzip als Garantie der privilegierten Stellung der Wohlfahrtsverbände als Anbieter und Träger sozialer Leistungen erheblich eingeschränkt. Wie in anderen europäischen Ländern erfolgt auch in Deutschland die sozialstaatliche Leistungserstellung zunehmend unter den Bedingungen des Kontraktmanagements, wobei der günstigste Anbieter den Zuschlag erhält und die Organisations- und Rechtsform insofern keine Rolle mehr spielt. Eine ganze Reihe von Mitgliederorganisationen der Wohlfahrtsverbände, insbesondere im Krankenhausbereich, hat daher inzwischen ihre Rechtsform umgewandelt und arbeitet als GmbH. Auch wurden die Finanzierungsmodalitäten der Leistungserstellung grundlegend geändert, sodass die Einrichtungen der Wohlfahrtsverbände sich einem erheblichen Kosten- und Konkurrenzdruck gegenübersehen. Da die so genannten freien Mittel, d. h. finanzielle Zuwendungen des Staates, die nicht an eine spezifische Leistungserstellung gebunden sind, immer knapper werden, gewinnt die Erschließung neuer Finanzquellen, darunter vor allem das Fundraising, auch für die Wohlfahrtsverbände einen immer größeren Stellenwert.

Das Prinzip der Selbstverwaltung ist umfassender als das Subsidiaritätsprinzip, das hierzulande vor allem auf NPOs im Wohlfahrtsbereich zutrifft. Konkret wurden in Deutschland, in deutlicher Abgrenzung z. B. zur Entwicklung in Frankreich insbesondere in der frühen Neuzeit und im 19. Jahrhundert, traditionelle gesellschaftliche Organisationsformen, wie die Gilden und Zünfte oder die Sonderrechte der Städte, nicht abgeschafft, sondern den Zeitumständen angepasst und in modernere Formen, d. h. in halbstaatliche Einrichtungen sowie in Verbände überführt. Deutschland hat sich im 19. Jahrhundert zu einer verbandsstrukturierten Gesellschaft entwickelt, in der viele Bereiche, wie beispielsweise das Gesundheitswesen, die Tarifgestaltung oder die sozialdienstliche Leistungserstellung, unter maßgeblicher Beteiligung der gesellschaftlichen Verbände bzw. NPOs reguliert und gestaltet werden. Der Nonprofit-Sektor ist daher in Deutschland eben nicht nur als Dienstleistungsbereich von zentraler Bedeutung, sondern auch in seiner Rolle als Mitgestalter und Mitentscheider im politischen Prozess. Das klassische Beispiel ist hier das Instrument der Tarifautonomie. Tariflöhne werden unter Ausschluss des Staates von NPOs, nämlich den branchenspezifischen Wirtschaftsverbänden und Gewerkschaften, ausgehandelt. Auch in dieser Hinsicht verfügen die Wohlfahrtsverbände als Großorganisationen des deutschen Nonprofit-Sektors im Sozialbereich über erheblichen Einfluss. Es gibt kaum eine gesetzliche Regelung oder staatliche Maßnahme, die ohne vorherige Absprache und Abklärung mit den Wohlfahrtsverbänden initiiert und umgesetzt wird. Entsprechendes gilt ebenfalls für andere zentrale Bereiche, wie etwa die Wirtschafts- oder Arbeitsmarktpolitik.

In der politikwissenschaftlichen Literatur wird die enge Zusammenarbeit zwischen Staat und Verbänden als Korporatismus definiert, wobei vor allem auf die Mitgestaltung und Mitregierung von Verbänden als NPOs abgehoben wird. Der deutsche Korporatismus hat in der Vergangenheit wesentlich zum sozialen Ausgleich in der Bundesrepublik beigetragen. Unter den veränderten Bedingungen von Globalisierung und Europäisierung wird die „Macht der Verbände" in Deutschland aufgrund ihrer vielen Einfluss- und Vetomöglichkeiten jedoch zunehmend kritisch gesehen. Für NPOs in ihrer Funktion als Verbände bedeutet dies, dass sie sich neu positionieren und umorientieren müssen. Hatten sie lange Zeit primär von der Nähe zum Staat profitiert, gewinnt jetzt die Rückbindung und Rückkoppelung an die Interessen, Wünsche und Anliegen ihrer Mitglieder zunehmend wieder an Bedeutung.

Auch die Tradition der gemeindlichen Selbstverwaltung ist für den deutschen Non-profit-Sektor eine zentrale Größe. Die Kooperation zwischen NPOs und Staat findet vorrangig auf der lokalen Ebene statt. Anders als in vielen europäischen Ländern kann die kommunale Selbstverwaltung in Deutschland auf eine lange Tradition zurückbli-cken. Schon sehr früh begannen hier die Kommunen mit NPOs zusammenzuarbeiten. In vielen Bereichen waren bis in die jüngste Zeit beinahe ausschließlich NPOs aktiv, die von der Kommune infrastrukturell und in geringem Umfang auch finanziell unterstützt wurden und werden. Der Sport als wichtiger lebensweltlicher Bereich mit seinen als NPOs tätigen Vereinen, welche die sich überwiegend in Gemeindebesitz befindenden Anlagen nutzen, ist hier an erster Stelle zu nennen. Auch der Umweltschutz ist hier an-zuführen. Manche Kommunen haben keine städtischen Umweltbüros aufgebaut, son-dern arbeiten eng mit den örtlichen Umweltinitiativen und -projekten zusammen. Weil die kommunalen Ressourcen zunehmend knapper werden, worüber die lokalen NPOs immer häufiger klagen, erhöhen sich die Anforderungen der Kommunen an den loka-len Dritten Sektor. Die Überantwortung von Stadtteilbibliotheken, Hallen- und Freibä-dern oder kleineren Museen an NPOs bzw. lokale Vereine gehört inzwischen schon zum Alltag. Da die Kommune als zentraler Finanzier von lokalen NPOs zu einem immer „unsichereren Kandidaten" wird, wenden sich die Organisationen zunehmend anderen Finanzierungsquellen zu. Hierzu zählen das Angebot und der Verkauf von Leistungen und Diensten ebenso wie die Professionalisierung ihres Fundraisings.

In welch beachtlichem Umfang der deutsche Nonprofit-Sektor staatsabhängig ist, lässt sich auch am Prinzip der Gemeinnützigkeit ablesen. Maßgeblich für den Gemeinnützig-keitsstatus ist das allgemeine Verfahrensrecht für die Steuerverwaltung, zusammenge-fasst in der Abgabenordnung. Die Finanzämter sprechen die Anerkennung der Gemein-nützigkeit aus. Eine als gemeinnützig anerkannte NPO ist von der Körperschaftssteuer befreit. Es bedarf jedoch einer weiteren staatlichen Genehmigung, damit die an die NPO gerichteten Spenden steuerlich abzugsfähig sind. Der Staat hat im Laufe der Jahre um-fassende Voraussetzungen für die Anerkennung der Gemeinnützigkeit festgelegt, und zwar in Form von Generalklauseln (Gemeinwohlorientierung, Mildtätigkeit, Selbstlo-sigkeit usw.), in der Festlegung steuerbegünstigter Zwecke (z. B. Wissenschaft und For-schung, Kunst und Kultur, Religionsausübung, Entwicklungshilfe, internationale Ver-ständigung usw.) und schließlich in Form von Verfahrensanforderungen hinsichtlich der Verfolgung der gemeinnützigen Zwecke (selbstlose, ausschließliche, unmittelbare und zeitnahe Mittelverwendung). Insgesamt sind die Regelungen so gestaltet, dass nur solche gesellschaftlichen Aktivitäten und Tätigkeiten in den Genuss der Gemeinnützig-keit kommen, die der Staat selbst nicht übernehmen kann oder nicht übernehmen will. Insofern liegt dem Gemeinnützigkeitsprinzip die Idee klassischer Wohlfahrtsstaatlich-keit in Form der „guten Polizey" bzw. eines paternalistischen Staates zugrunde, der am besten für das Wohl seiner Bürgerinnen und Bürger sorgen kann. Die Kritik an der Gemeinnützigkeitsregelung richtet sich daher zum einen gegen ihre Komplexität und Kompliziertheit sowie zum anderen gegen den Sachverhalt, dass einzelne Bereiche von Nonprofit-Aktivitäten sehr unterschiedlich bewertet werden. So werden die Wohl-fahrtsverbände und ihre Mitgliederorganisationen steuerrechtlich anders behandelt als Sport- und Kulturvereine. Die steuerrechtliche Regelung der Gemeinnützigkeit trägt somit zur internen Differenzierung des deutschen Nonprofit-Sektors bei; nicht zuletzt hat sie auch einen Anteil daran, dass sich bisher keine Sektoridentität der NPOs in Deutschland entwickelt hat.

## 1.3.1.4 Entwicklungen und Perspektiven

Der deutsche Nonprofit-Sektor hat, wie in anderen Ländern auch, in den vergangenen Jahrzehnten ein beachtliches Wachstum erfahren. Der Aufschwung und interne Strukturveränderungen des Sektors waren und sind eingebettet in die allgemeine wirtschaftliche und soziale Entwicklung Deutschlands von einer industriellen zu einer postindustriellen Wirtschaft. Auf die sich hieraus ergebenen Herausforderungen haben Staat wie Nonprofit-Sektor in Deutschland vergleichsweise spät und sehr zögerlich reagiert. Gleichwohl sind die Organisationen inzwischen zum Handeln gezwungen, wobei recht unterschiedliche Strategien gewählt werden.

So entscheiden sich insbesondere die im Bereich Gesundheitswesen und zum Teil auch im Bereich Soziale Dienste tätigen großen und personalintensiven NPOs für die „Exit-Option" und „GmbH-isierung". Damit verbunden ist ein konsequenter Schritt in den Markt, der mit einem deutlichen Wandel der Organisationskultur einhergeht. Das Dritte-Sektor-Organisationen allgemein innewohnende Moment der Spannung zwischen „Mission" und „Markt", der Orientierung sowohl an den Erfordernissen effizienter Dienstleistungserstellung als auch an normativ-ideellen Werten und Zielsetzungen wird eindeutig in Richtung einer Positionierung und Profilierung als Wirtschaftsunternehmung gelöst. Man setzt auf professionelles Management durch Betriebswirte, schlanke Strukturen und Ausbau der Marktposition vor Ort.

Einen anderen Weg wählen andere große und ebenfalls hoch professionalisierte NPOs. Sie stärken ihr Profil als „Alternativkonzerne" und „Moralunternehmen". Die Spannung zwischen „Markt" und „Mission" wird hier durch ein intensives Marketing bzw. durch eine bewusste Akzentuierung und Herausstellung der normativen Orientierung gelöst. „Moralunternehmen" sind äußerst effizient geführte Organisationen, die Betriebsabläufe und -strukturen gemäß dem aktuellen Stand der Managementlehre gestalten. Gleichzeitig kultivieren sie jedoch ihr Image als Dritte-Sektor-Organisationen, die ausschließlich im Dienst normativ-ideeller Anliegen tätig sind. Hoch professionalisiertes Fundraising bei der Mitteleinwerbung, eine Mitgliederbindung über ökonomische Vorteile, Anreize und Vergünstigungen sowie eine langfristig geplante, strategisch angelegte Kommunikationspolitik mittels Kampagnen gehören hierbei ebenso zum Konzept wie Personalentwicklung, Teamarbeit und kontinuierliche Evaluation.

Schließlich lässt sich eine weitere Strategiewahl bei NPOs feststellen, die vor allem auf die vorrangig lokal tätigen kleineren Vereine zutrifft. Hierbei akzentuieren die Organisationen die traditionelle Binnenperspektive. Mit sich selbst und dem eher kleinen Kreis der Mitglieder zufrieden, erproben sie den Rückzug in die Privatsphäre einer kleinräumigen Vereinsseligkeit. Diese Biedermeier-Variante der Strategiewahl findet man besonders bei kleinen Organisationen in den Bereichen Freizeit und Hobbyaktivitäten, die sich in hohem Maße durch soziale Schließung auszeichnen.

Auf die aktuellen Veränderungen des gesellschaftlichen und politischen Umfeldes reagieren NPOs daher auch sehr unterschiedlich. Insbesondere das Thema Konkurrenz wird je nach Arbeitsbereich und NPO-Organisationstyp unterschiedlich wahrgenommen. Während die Konkurrenz alternativer kommerzieller Anbieter die zentrale Herausforderung der großen NPOs in den Bereichen Gesundheitswesen und Soziale Dienste darstellt, fürchten die „Moralunternehmen" vor allem die Konkurrenz anderer NPOs auf dem deutschen Spendenmarkt. Dies trifft im besonderen Maße für NPOs zu, die in den Bereichen der humanitären Hilfe und der Entwicklungsarbeit tätig sind. Während sich in den 1990er-Jahren eine starke Angleichung in Auftritt und Organisationskultur vor allem der großen und international tätigen NPOs an Wirtschaftsunternehmen feststellen ließ, kann man in jüngster Zeit eine Hinwendung und erneute Wertschätzung von NPO-Spezifika beobachten. So kommt dem ehrenamtlichen bzw. bürgerschaftlichen Engagement in den Organisationen wieder eine stärkere Bedeutung zu, und auch die themenanwaltliche Funktion gewinnt einen neuen Stellenwert. Insgesamt lässt sich ein Bemühen um eine stärkere Eigenprofilierung und damit ein gewisses Abrücken vom Staat feststellen. Damit gewinnen aber auch die Mitgliederorientierung sowie die Suche nach – gegenüber öffentlichen Mitteln – alternativen Finanzmitteln bei den deutschen NPOs einen höheren Stellenwert.

## Anmerkungen

1  Priller/Zimmer, Gemeinnützige Organisationen im gesellschaftlichen Wandel, S. 55.

2  Ebd., S. 65 ff.

3  Ebd., S. 32.

4  Pankoke, Eckart: Freies Engagement – Steuerung und Selbststeuerung selbstaktiver Felder, in: Strachwitz, Rupert Graf (Hrsg.): Dritter Sektor – Dritte Kraft. Versuch einer Standortbestimmung, Stuttgart 1998, S. 251–270, 253.

5  Zimmer, Annette/Gärtner, Janne/Priller, Eckhard/Rawert, Peter/Sachße, Christoph/Strachwitz, Rupert Graf/Walz, R.: The Legacy of Subsidiarity: The Nonprofit Sector in Germany, in: Zimmer, Annette/Priller, Eckhard (Hrsg.): Future of Civil Society, S. 681–711.

6  Sachße, Christoph: Subsidiarität: Leitmaxime deutscher Wohlfahrtsstaatlichkeit, in: Lessenich, Stephan (Hrsg.): Wohlfahrtsstaatliche Grundbegriffe, Frankfurt am Main 2003, S. 191–212.

7  Bertelsmann Stiftung (Hrsg.): Handbuch Stiftungen, 2. Aufl., Wiesbaden 2003.

8  Hallmann, Thorsten/Zimmer, Annette: Mit vereinten Kräften. Ergebnisse der Befragung „Vereine in Münster", Münster 2005.

9  Boeßenecker, Karl-Heinz: Spitzenverbände der Freien Wohlfahrtspflege, Weinheim 2005.

10  Betzelt, Sigrid: Reformbedarf der rechtlichen und ökonomischen Rahmenbedingungen des Dritten Sektors, in: Zimmer, Annette/Priller, Eckhard (Hrsg.): Der Dritte Sektor international, S. 293–317.

11  Sachße 2003.

12  Hammerschmidt, Peter: Wohlfahrtsverbände in der Nachkriegszeit, Weinheim/München 2005.

## Weiterführende Literatur

Anheier, Helmut K./Priller, Eckhard/Seibel, Wolfgang/Zimmer, Annette (Hrsg.): Der Dritte Sektor in Deutschland. Organisationen zwischen Staat und Markt im gesellschaftlichen Wandel, 2. Auflage, Berlin 1998.

Zimmer, Annette/Priller, Eckhard (Hrsg.): Der Dritte Sektor international. Mehr Markt – weniger Staat?, Berlin 2001.

Zimmer, Annette/Priller, Eckhard (Hrsg.): Gemeinnützige Organisationen im gesellschaftlichen Wandel, Wiesbaden 2004.

Zimmer, Annette/Priller, Eckhard (Hrsg.): Future of Civil Society, Wiesbaden 2004.

# 1.3.2 Das quantitative Bild des Nonprofit-Sektors

*Eckhard Priller / Annette Zimmer*

Im Johns-Hopkins-Projekt wird das ökonomische Gewicht des Nonprofit-Sektors anhand der Kriterien Höhe der Ausgaben und der Anzahl der Beschäftigten erfasst. Auf Grundlage der Ergebnisse des Projekts ist für die Bundesrepublik Deutschland festzuhalten, dass das Land über einen Nonprofit-Sektor bzw. Dritten Sektor von beachtlicher Größe verfügt. Im Jahr 1990 tätigte der Sektor in den alten Bundesländern Ausgaben von 47,8 Milliarden Euro (93,4 Mrd. Mark), was etwa 3,9 Prozent des Bruttosozialprodukts entspricht. Dieser Wert hat sich 1995 unter Einbeziehung der neuen Bundesländer auf 68,7 Milliarden Euro (135,4 Mrd. Mark) und damit beachtlich erhöht. Der Anteil am Bruttosozialprodukt hat sich dabei nicht verändert.

Herauszustellen ist insbesondere die arbeitsmarktpolitische Bedeutung des Sektors. So waren 1995 rund 2,1 Millionen Bundesbürger im Nonprofit-Sektor beschäftigt. Umgerechnet in Vollzeitäquivalente entsprach dies etwa 1,4 Millionen Vollzeitarbeitsplätzen. Damit hatte der Nonprofit-Sektor in Deutschland 1995 einen Anteil an der Gesamtbeschäftigung von fast fünf Prozent. Ende der 1980er-Jahre, d. h. vor der Wiedervereinigung, waren im Nonprofit-Sektor rund 1,3 Millionen Arbeitsplätze vorhanden, was einem Äquivalent von etwa einer Million Vollzeitarbeitsplätzen gleichkam. Diese 1,018 Millionen Vollzeitarbeitsplätze entsprachen 3,7 Prozent der Gesamtbeschäftigung (vgl. Tabelle 1).

Tabelle 1: Beschäftigung und Ausgaben im deutschen Nonprofit-Sektor 1990
           (früheres Bundesgebiet) und 1995

|  | **1990**<br>**(nur früheres Bundesgebiet)** | **1995**<br>**(Deutschland gesamt)** |
|---|---|---|
| Nonprofit-Sektor, Beschäftigung in Vollzeitäquivalenten | 1.017.945 | 1.440.850 |
| Nonprofit-Sektor, Beschäftigung (Voll-, Teilzeit, geringfügig Beschäftigte) | 1.300.000 | 2.100.000 |
| Nonprofit-Sektor in Prozent der Gesamtwirtschaft | 3,74 | 4,93 |
| Gesamtausgaben des Nonprofit-Sektors in Milliarden Euro (DM) | 47,8 (93,4) | 68,7 (135,4) |
| Nonprofit-Ausgaben in Prozent des Bruttosozialprodukts | 3,9 | 3,9 |

Quelle: Johns Hopkins Comparative Nonprofit Sector Project, Teilstudie Deutschland

Hinsichtlich der Nettowertschöpfung ist 1990 der Beitrag des Nonprofit-Sektors zum Bruttoinlandsprodukt (BIP) etwa mit 2,5 bis drei Prozent zu beziffern. Diese Angaben enthalten noch nicht den Wert der freiwilligen oder ehrenamtlichen Arbeit. Wenn der Wert dieser Arbeit einbezogen wird, steigt der Beitrag des Nonprofit-Sektors an der Wertschöpfung, je nach zugrunde gelegtem Berechnungsschema, auf vier bis fünf Prozent.[1]

In der zweiten Hälfte der 1990er-Jahre lässt sich ein weiterer Zuwachs bei den Beschäftigten feststellen. So wurde zwischen 1999 und 2000 eine Zunahme der Beschäftigtenzahl um vier Prozent ausgewiesen.[2] Allerdings ist derzeit nicht mehr mit entsprechenden Zuwachsraten zu rechnen, da insbesondere in den Bereichen Soziales und Gesundheit der Rotstift angesetzt wird und die öffentlichen Mittel wie auch die Transferleistungen der Sozialversicherungen deutlich zurückgehen.

## 1.3.2.1 Zusammensetzung nach Bereichen

Der deutsche Nonprofit-Sektor wird – zumindest hinsichtlich der arbeitsmarktpolitischen Relevanz – in seiner Zusammensetzung eindeutig von den Bereichen Soziale Dienste, Gesundheitswesen sowie Bildung und Forschung dominiert. Zusammengenommen hatten diese drei Bereiche 1990 und 1995 jeweils einen Anteil von 81 Prozent an der Gesamtbeschäftigung des Sektors (vgl. Tabelle 2).

Tabelle 2: Beschäftigung im Nonprofit-Sektor 1990 und 1995 nach Bereichen
(Basis: Vollzeitäquivalente)

| Bereich | 1990 | | 1995 | | Veränderung |
|---|---|---|---|---|---|
| | Beschäftigte | Anteil am NPO-Sektor (in Prozent) | Beschäftigte | Anteil am NPO-Sektor (in Prozent) | Beschäftigte 1990–95 (in Prozent) |
| Kultur und Erholung | 64.350 | 6,3 | 77.350 | 5,4 | 20,2 |
| Bildung und Forschung | 131.450 | 12,9 | 168.000 | 11,7 | 27,8 |
| Gesundheitswesen | 364.100 | 35,8 | 441.500 | 30,6 | 21,3 |
| Soziale Dienste | 328.700 | 32,3 | 559.500 | 38,8 | 70,2 |
| Umwelt- und Naturschutz | 2.500 | 0,2 | 12.000 | 0,8 | 387,4 |
| Wohnungswesen und Beschäftigung | 60.600 | 5,9 | 87.850 | 6,1 | 45,0 |
| Bürger- und Verbraucherinteressen | 13.700 | 1,3 | 23.700 | 1,6 | 73,3 |
| Stiftungen | 2.700 | 0,3 | 5.400 | 0,4 | 101,0 |
| Internationale Aktivitäten | 5.100 | 0,5 | 9.750 | 0,7 | 89,8 |
| Wirtschafts- und Berufsverbände | 44.800 | 4,4 | 55.800 | 3,9 | 24,5 |
| Insgesamt | 1.018.000 | 100 | 1.440.850 | 100 | 41,5 |

Datenbasis: Johns Hopkins Comparative Nonprofit Sector Project, Teilstudie Deutschland

Dabei schlägt der Bereich Bildung und Forschung hierzulande im Gegensatz zu anderen Ländern wie etwa Großbritannien[3] beschäftigungsmäßig insofern weit weniger zu Buche, als das Bildungswesen vor allem im Schul- und Hochschulbereich in Deutschland überwiegend staatlich organisiert ist. Der beschäftigungsmäßig hohe Stellenwert der Bereiche Soziale Dienste und Gesundheit ist ein Ergebnis des Subsidiaritätsprinzips, das bis in die jüngste Vergangenheit Nonprofit-Organisationen (NPOs) als Freien Trägern der Wohlfahrtspflege in Deutschland die öffentliche Finanzierung ihrer Leistungen und Angebote wie auch ihrer Infrastruktur sicherte, ohne jedoch ihre Eigenständigkeit infrage zu stellen. 1995 befand sich fast jeder dritte Arbeitsplatz des deutschen Nonprofit-Sektors im Bereich des Gesundheitswesens, und für den Bereich der Sozialen Dienste war es sogar etwas mehr als jeder dritte Arbeitsplatz. In absoluten Zahlen ist der Nonprofit-Sektor im Bereich der Sozialen Dienste am stärksten. So sind 39 Prozent aller in Deutschland im Nonprofit-Sektor Beschäftigten in diesem Bereich tätig. Dies entsprach 1995 rund 560.000 Vollzeitarbeitsplätzen. Im Gesundheitswesen waren es

31 Prozent und etwa 441.000 Vollzeitbeschäftigte, im Bereich Bildung und Forschung 168.000 und im Bereich Kultur und Erholung 77.000 Vollzeitbeschäftigte.

Zwar hat sich die interne Strukturierung und Zusammensetzung des Sektors zwischen 1990 und 1995 nur geringfügig verändert, gleichwohl lässt sich gerade hinsichtlich der beschäftigungsintensiven Bereiche Gesundheitswesen und Soziale Dienste eine Änderung der Gewichtung feststellen. So befand sich der Bereich Soziale Dienste im Hinblick auf die Beschäftigten im Beobachtungszeitraum 1990–95 auf Wachstumskurs, während im Gesundheitswesen Einbußen zu verzeichnen waren. Diese strukturellen Veränderungen, die auch die aktuelle Entwicklung im Dritten Sektor Deutschlands prägen, sind auf Veränderungen staatlicher Rahmenbedingungen (Gesundheitsreformen) zurückzuführen. In den 1990er-Jahren hatte außerdem die Situation in den neuen Bundesländern mit einem ursprünglich vergleichsweise höheren Anteil öffentlicher Trägerschaften im Gesundheitswesen Einfluss. Inzwischen ist jedoch auch in diesem Bereich eine Annäherung zwischen Ost- und Westdeutschland erfolgt. Gleichzeitig haben die Zunahme sozialer Problemlagen in Ostdeutschland sowie die gestiegene Nachfrage nach persönlichen Dienstleistungen in Ost und West zu einem relativ starken Anstieg der Beschäftigung im Bereich Soziale Dienste geführt.

Im Vergleich zu den Konkurrenzsektoren Staat und Markt zeichnet sich der Dritte Sektor durch eine spezifische Beschäftigungsstruktur aus. Insbesondere weist der Sektor einen deutlich höheren Anteil an weiblichen Beschäftigten auf. So stellen Frauen 65 Prozent der Arbeitskräfte im Nonprofit-Sektor gegenüber 41 Prozent in der Gesamtwirtschaft. Zwar hat sich in den vergangenen Jahren die Zahl der berufstätigen Frauen in der Gesamtwirtschaft insgesamt erhöht, doch fiel die Steigerungsrate im Nonprofit-Sektor insofern vergleichsweise pointiert aus, als hier von einem bereits deutlich höheren Niveau ausgegangen wurde. Auch ist der Nonprofit-Sektor durch einen hohen Prozentsatz an Teilzeitarbeitsplätzen gekennzeichnet. Im Jahre 1995 betrug der Anteil an Teilzeitarbeitsplätzen im Nonprofit-Sektor 25 Prozent gegenüber 14 Prozent in der Gesamtwirtschaft. Generell sind jedoch Frauen eher teilzeitbeschäftigt als Männer. Insofern ist die Beschäftigung im Nonprofit-Sektor in beachtlichem Umfang weiblich geprägt.

Betrachtet man jedoch die unentgeltliche ehrenamtliche Tätigkeit, so verändert sich das Bild. Während Leitungs- und Führungspositionen im Ehrenamt eher Männer als Frauen innehaben, ist das Verhältnis bei der unentgeltlichen freiwilligen Mitarbeit (Volunteering) in etwa ausgeglichen. Hier sind Männer und Frauen in etwa gleich häufig aktiv, obwohl es bereichsspezifische Unterschiede gibt: Männer sind stärker in den Bereichen Sport und Freizeit tätig, Frauen eher in karitativen Einrichtungen.

## 1.3.2.2 Berücksichtigung ehrenamtlicher Tätigkeit

Wenn man die ehrenamtlich geleistete Arbeit in die Bilanz des Nonprofit-Sektors einbezieht, so erhöht sich sein arbeitsmarktpolitischer Stellenwert gemäß den Ergebnissen der deutschen Teilstudie des Johns-Hopkins-Projekts für 1995 deutlich. Konkret muss man zu den rund 1,5 Millionen hauptamtlich Beschäftigten ein Äquivalent von 1,26 Millionen Vollzeitarbeitsplätzen hinzufügen. Gleichzeitig verändert sich der Stellenwert der einzelnen Bereiche im Nonprofit-Sektor entscheidend (vgl. Tabelle 3).

Tabelle 3: Organisationen, Mitglieder und Ehrenamtliche

| Bereich | Anzahl der Organisa-tionen | Mitglieder[1] (in 1.000) | Ehrenamt-liche[2] (in 1.000) | Geleistete Stunden[2] (in 1.000) |
|---|---|---|---|---|
| Kultur und Erholung | 160.106 | 15.729 | 5.866 | 738.182 |
| Bildung und Forschung | 10.000 | 661 | 330 | 27.025 |
| Gesundheitswesen | 3.622 | 2.974 | 1.318 | 156.869 |
| Soziale Dienste | 130.962 | 1.586 | 1.187 | 181.530 |
| Umwelt- und Naturschutz | 30.000 | 2.710 | 857 | 102.827 |
| Wohnungswesen und Beschäf-tigung | 1.500 | 264 | 132 | 36.121 |
| Bürger- und Verbraucherinter-essen | 40.000 | 1.190 | 725 | 192.234 |
| Stiftungen | 6.000 | 132 | 198 | 36.385 |
| Internationale Aktivitäten | 380 | 264 | 396 | 52.600 |
| Religion | 30.000 | 2.313 | 3.098 | 430.623 |
| Wirtschafts- und Berufsverbände | 5.000 | 11.963 | 593 | 86.019 |
| Sonstige | | 1.454 | 1.978 | 284.753 |
| Insgesamt | 417.570 | 41.240 | 16.678 | 2.325.168 |

[1] Sozialwissenschaftenbus 1997, [2] Sozialwissenschaftenbus 1996

Datenbasis: Johns Hopkins Comparative Nonprofit Sector Project, Teilstudie Deutschland

Obwohl die Organisationen, die im Bereich Kultur und Erholung tätig sind, nur einen sehr kleinen Anteil bezahlter Nonprofit-Beschäftigung aufweisen, sind bei ihnen die meisten ehrenamtlichen und freiwilligen Mitarbeiter tätig. So werden 35 Prozent aller ehrenamtlichen und freiwilligen Arbeit im Bereich Kultur und Erholung geleistet, über- wiegend in Sportvereinen und ähnlichen Organisationen. Aber auch im Gesundheits- wesen, bei den Sozialen Diensten, bei Umweltschutzgruppen und staatsbürgerlichen Vereinigungen sind zahlreiche freiwillige und ehrenamtliche Mitarbeiter tätig. Insge- samt sind es also vier Bereiche, die überwiegend durch freiwillige, unbezahlte Arbeit gekennzeichnet sind: der Bereich Kultur und Erholung, Umweltschutzorganisationen, staatsbürgerliche Vereinigungen, NPOs im Bereich Internationale Aktivitäten und schließlich Stiftungen. Der Bereich Bildung und Forschung, das Gesundheitswesen und die Sozialen Dienste beruhen dagegen hauptsächlich auf bezahlter Arbeit. So kommt z. B. auf dem Gebiet der sozialen Dienstleistungen ein ehrenamtlicher oder freiwilliger Mitarbeiter auf sechs bezahlte Angestellte; im Bereich Kultur und Erholung dagegen kommen fünf Freiwillige auf einen bezahlten Mitarbeiter.

Zum Umfang des bürgerschaftlichen Engagements und der ehrenamtlichen Arbeit in Deutschland wurden in jüngster Zeit eine Reihe repräsentativer Erhebungen durchgeführt, die jedoch hinsichtlich des Umfangs des Engagements zu unterschiedlichen Ergebnissen kommen. Während einige Untersuchungen eine eher geringe Bereitschaft der Deutschen zum ehrenamtlichen Engagement konstatieren, kommt der in den Jahren 1999 und 2004 als Paneluntersuchung durchgeführte Freiwilligensurvey zu dem Ergebnis, dass sich mehr als ein Drittel aller Deutschen (1999: 34 %, 2004: 36 %) ehrenamtlich engagiert.[4] Allerdings wurde dieser Befragung von jeweils 15.000 Personen über 15 Jahre ein sehr umfassender und breit angelegter Engagementbegriff zugrunde gelegt. Untersuchungen, die sich auf das Engagement in NPOs konzentrieren und den Aspekt des regelmäßigen und für die Organisationen auch spürbaren Zeiteinsatzes betonen, kommen – wie auch das Johns-Hopkins-Projekt – zu geringeren Engagementquoten. Demnach gaben z. B. im Jahr 1992 nur 13 Prozent der Befragten an, dass sie während der zurückliegenden zwölf Monate ehrenamtlich tätig waren, wobei Männer eher ehrenamtlich aktiv (16 %) waren als Frauen (11 %). Nach den Untersuchungsergebnissen des John-Hopkins-Projekts aus dem Jahre 1996 engagierten sich rund 15 Prozent der erwachsenen deutschen Bevölkerung ehrenamtlich bzw. übten sonstige freiwillige Tätigkeiten in NPOs aus. Zwischen den Bürgern in den alten und den neuen Bundesländern bestanden zu dieser Zeit noch beträchtliche Unterschiede. Während die Engagementquote in den alten Bundesländern bei 16 Prozent lag, erreichte sie in den neuen Bundesländern nur einen Wert von zehn Prozent.

Insgesamt ist jedoch festzuhalten, dass sich das bürgerschaftliche Engagement als breites Profil unentgeltlicher Tätigkeiten[5] und selbstorganisierter Aktivitäten auf Wachstumskurs befindet. Besonders attraktiv sind für engagierte Bürgerinnen und Bürger vor allem der Sport- und Freizeitbereich sowie auch jene Organisationen, die im Umfeld der neuen sozialen Bewegungen entstanden sind, wie etwa Selbsthilfegruppen oder Projekte und Initiativen der Bereiche Menschenrechte, Ökologie oder Entwicklungshilfe. Knapp 70 Prozent der Bürgerinnen und Bürger in den alten Ländern sind Mitglied in mindestens einer NPO.[6] Hier sind mit weitem Abstand die Sportvereine an erster Stelle zu nennen, gefolgt von Freizeit- sowie religiösen und kirchlichen Vereinen.

Auch ist die Zahl der eingetragenen Vereine in den vergangenen Jahren beständig gestiegen. 2005 wurden in den Vereinsregistern rund 594.000 eingetragene Vereine geführt.[7] Leider liegen keine Gesamtangaben zu Vereinen vor, die ihre Tätigkeit einstellten und sich auflösten. Bekannt ist jedoch, dass sich jährlich etwa 15.000 Vereine neu eintragen lassen. Durch diese Entwicklung hat sich die Vereinsdichte stark erhöht. Während 1960 nur 160 Vereine je 100.000 Einwohner gezählt wurden, waren es 2003 rund 700 und 2005 bereits rund 725 Vereine je 100.000 Einwohner.

Ebenso hat sich das Stiftungswesen in Deutschland in den letzten Jahren beträchtlich ausgeweitet. Im Jahr 2004 verfügte Deutschland mit 12.940 Stiftungen[8] weltweit über den zweitgrößten Stiftungssektor nach den Vereinigten Staaten (rund 67.000 Stiftungen im Jahr 2004). Mehr als zwei Drittel der heutigen Stiftungen sind nach 1945 entstanden, wobei sich seit den 1990er-Jahren ein wahrer „Stiftungsboom" feststellen lässt. Während 1990 die Zahl der jährlich neu errichteten Stiftungen bei rund 200 lag, wurden seit 1995 pro Jahr mehr als 300 Stiftungen neu gegründet. Seit 2000 werden hier Zahlen von jährlich zwischen 700 und 900 Stiftungen erreicht. Das Jahr 2004 gilt mit 852 Stiftungsneu-gründungen als Boomjahr. Zurückzuführen ist die gestiegene Popularität der Stiftung vor allem auf neue Formen (wie etwa die der Bürgerstiftung). Die Anzahl der Stiftungs-gründungen von Privatpersonen verharrt seit den 1990er-Jahren relativ konstant bei 150 Stiftungen pro Jahr. Der Stiftungssektor erlebt zurzeit in Deutschland daher nicht nur eine Hochphase, gleichzeitig werden auch zum ersten Mal in der Geschichte des deutschen Stiftungswesens breite Schichten der Bevölkerung angesprochen und zum Zustiften angeregt.

## 1.3.2.3 Finanzierung der NPOs

Obwohl sich die Anzahl der Stiftungen in den letzten Jahren deutlich erhöht hat und ih-ren projektbezogenen und flexibel einsetzbaren Mitteln gerade bei der Initiierung neuer Vorhaben von NPOs ein wichtiger Stellenwert zukommt, haben Stiftungsmittel insge-samt betrachtet nur einen vergleichsweise geringen Anteil an der Gesamtfinanzierung des deutschen Nonprofit-Sektors. Das hängt nicht unwesentlich mit der begrenzten Summe des Gesamtvermögens der Stiftungen zusammen. Den Angaben von 6.319 Stif-tungen aus dem Jahr 2000 zufolge verfügten diese über ein Vermögen von 39 Milliarden Euro, davon entfallen etwa die Hälfte auf die zwanzig größten deutschen Stiftungen.[9] Insgesamt geht man von einem Gesamtvermögen der deutschen Stiftungen von rund 60 Milliarden Euro aus. Die jährlichen Gesamtausgaben der Stiftungen werden auf rund 15 Milliarden Euro geschätzt. Hierbei gestalten sich die Förderbereiche wie folgt: Mit 31,1 Prozent der insgesamt bewilligten Fördermaßnahmen rangiert der Bereich „Soziale Dienstleistungen" an erster Stelle und ist der größte Förderbereich der deutschen Stif-tungen. An zweiter Stelle liegt der Bildungs- bzw. Erziehungsbereich mit 21,8 Prozent der Fördermaßnahmen, gefolgt von wissenschaftlicher Forschung (12,6 %) und schließ-lich Kunst und Kultur mit 9,6 Prozent. Die Bereiche Gesundheit, Umwelt, internationale Unterstützung und Religion haben sehr geringe Bedeutung und machen nur jeweils zwischen zwei und fünf Prozent der Projektmaßnahmen der Stiftungen aus.[10] Deutsche Stiftungen weisen demzufolge eine deutliche Orientierung auf die Bereiche der sozialen Dienstleistungen und der Bildung auf, gefolgt von Forschung sowie Kunst und Kultur.

Insgesamt finanziert sich der Nonprofit-Sektor in Deutschland zu zwei Dritteln (65 %) aus öffentlichen Mitteln, wozu auch die Leistungsentgelte der Sozialversicherungen zählen. Während der Anteil der Finanzierung aus Stiftungs- und Spendenmitteln (4 %) sehr gering ausfällt, beläuft sich der Anteil aus Einnahmen am Markt (Gebühren und Mitgliedsbeiträge) auf gut ein weiteres Drittel (34 %). Vor allem Organisationen in den Bereichen Soziale Dienste und Gesundheitswesen, die noch stark vom Subsidiaritäts-prinzip geprägt sind, basieren im Wesentlichen auf öffentlichen Mitteln. Demgegenüber hat die öffentliche Finanzierung für Organisationen im Kultur- und Freizeitbereich oder im Sport eine deutlich geringere Bedeutung. Zwar kommt insgesamt betrachtet den Spendenmitteln ein sehr geringer Stellenwert zu, doch für Dritte-Sektor-Organisationen einiger weniger Bereiche hat diese Finanzquelle in den letzten Jahren deutlich an Rele-vanz gewonnen. Dies gilt im Besonderen für NPOs, die in der internationalen Zusammenarbeit und Entwicklungshilfe sowie im Bereich Humanitäre Hilfe tätig sind (vgl. die nachstehende Tabelle).

Tabelle 4: Einnahmequellen des Nonprofit-Sektors 1990 und 1995 nach Bereichen

| Bereich | Öffentliche Hand | | Spenden | | Selbst erwirt-schaftete Mittel | |
|---|---|---|---|---|---|---|
| | 1990 | 1995 | 1990 | 1995 | 1990 | 1995 |
| | in Prozent | | | | | |
| Kultur und Erholung | 16,8 | 20,4 | 9,4 | 13,4 | 73,8 | 66,2 |
| Bildung und Forschung | 69,9 | 75,4 | 2,0 | 1,9 | 28,1 | 22,6 |
| Gesundheitswesen | 83,9 | 93,8 | 2,6 | 0,1 | 13,4 | 6,1 |
| Soziale Dienste | 82,6 | 65,5 | 7,3 | 4,7 | 10,1 | 29,8 |
| Umwelt- und Naturschutz | 23,2 | 22,3 | 3,7 | 15,6 | 73,1 | 62,1 |
| Wohnungswesen | 57,2 | 0,9 | 0,0 | 0,5 | 42,7 | 98,6 |
| Bürger- und Verbraucher-interessen | 41,9 | 57,6 | 4,5 | 6,6 | 53,6 | 35,8 |
| Stiftungen | 14,8 | 10,4 | 0,5 | 3,4 | 84,7 | 86,2 |
| Internationale Aktivitäten | 76,9 | 51,3 | 16,8 | 40,9 | 6,2 | 7,8 |
| Wirtschafts- und Berufsverbände | 5,5 | 2,0 | 0,3 | 0,8 | 94,3 | 97,2 |
| Insgesamt | 68,2 | 64,3 | 3,9 | 3,4 | 27,9 | 33,3 |

Datenbasis: Johns Hopkins Comparative Nonprofit Sector Project, Teilstudie Deutschland

Der Finanzierungsmix des Nonprofit-Sektors hat sich in den 1990er-Jahren nur leicht verändert. Dem internationalen Trend folgend hat sich der Anteil öffentlicher Mittel zwar verringert, aber nur zu einem geringen Anteil. Während die selbst erwirtschafteten Mittel insgesamt zugenommen haben, blieb der Spendenanteil fast konstant. Für die vergleichsweise geringen Veränderungen der Finanzierungsstruktur in den 1990er-Jahren sind zu einem gewissen Teil die erheblichen öffentlichen Unterstützungsleistungen für den Aufbau des Nonprofit-Sektors in den neuen Bundesländern verantwortlich. Gleichzeitig spielen die traditionellen Finanzierungsstrukturen, die u. a. stark von den rechtlichen Rahmenbedingungen geprägt werden, eine entscheidende Rolle. Die Neugestaltung dieser Rahmenbedingungen (wie etwa die Reform des Stiftungsrechts) ist insofern als eine wesentliche Voraussetzung anzusehen, damit der Sektor seine Finanzierungsstruktur aus eigenem Antrieb verändert.

Zuwendungen und Subventionen stellen nur einen Teil der öffentlichen Mittel für den Nonprofit-Sektor dar. Etwa 35 Prozent des Nonprofit-Einkommens werden von der gesetzlichen Krankenversicherung und der Sozialhilfe getragen, und zwar in Form verschiedener Arten von Kosten- bzw. Leistungserstattungen. Im Bereich des Gesundheitswesens (Krankenhäuser, Pflegeheime, psychiatrische Einrichtungen) macht dieser Teil über 80 Prozent der Einnahmen der NPOs aus. In diesem Bereich sind jedoch aufgrund der Reformen im Gesundheitswesen in den kommenden Jahren weitere Veränderungen in der Finanzierungsstruktur zu erwarten.

Andere Bereiche des Nonprofit-Sektors finanzieren sich überwiegend durch Gebühren und andere private Mittel, wie etwa Mitgliedsbeiträge und Erlöse aus Verkaufsaktionen. Der Bereich Kultur und Erholung wird zu zwei Dritteln durch Einnahmen aus privatwirtschaftlicher Tätigkeit getragen, Staatsbürgervereinigungen finanzieren sich über Mitgliederbeiträge, und Stiftungen beziehen ihre Einnahmen aus ihrem Kapital- und Anlagevermögen. Demgegenüber weist vor allem der Bereich Internationale Aktivitäten einen beachtlichen Anteil an Spendenfinanzierung auf, der sich im Beobachtungszeitraum zudem deutlich erhöht hat.

Die Spendenbereitschaft der deutschen Bevölkerung liegt im Durchschnittsbereich der europäischen Vergleichsländer – allerdings nur, wenn die für Deutschland charakteristische, im internationalen Vergleich aber atypische Kirchensteuer mit eingerechnet wird.[11] Gemäß den Ergebnissen des Johns-Hopkins-Projektes belief sich die durchschnittliche jährliche Spendenhöhe im Jahr 1992 in Westdeutschland auf einen Betrag von 97 Euro (190 DM). Nach einer 1996 durchgeführten Erhebung[12] ging der Anteil der Spender leicht auf 41 Prozent zurück, während die Spendenhöhe auf 128 Euro (250 DM) im Jahr anstieg. In Ostdeutschland fielen der Anteil der Spender und das Spendenaufkommen zu dieser Zeit noch deutlich geringer aus – nur 32 Prozent der Bürger spendeten hier im Jahresdurchschnitt 82 Euro (160 DM). Dabei waren Frauen spendenfreudiger als Männer, Katholiken spendenfreudiger als Protestanten und Menschen mit niedrigeren Bildungsabschlüssen geringfügig spendenfreudiger als Menschen mit höheren Bildungsabschlüssen. Unter den Berufsgruppen sind die Freiberufler am spendenfreudigsten, gefolgt von den Selbstständigen und Angestellten.

## 1.3.2.4 Der deutsche Dritte Sektor im internationalen Vergleich

Wie sieht der deutsche Nonprofit-Sektor im Vergleich zu anderen Ländern aus? Im Rahmen des Johns-Hopkins-Projekts wurde die hauptamtliche Beschäftigung des Sektors in Relation zur Gesamtbeschäftigung in den Ländern gesetzt, und so wurden Aussagen zur Beschäftigungsintensität des Sektors im internationalen Vergleich ermöglicht. Danach lag der deutsche Nonprofit-Sektor 1995 mit einem Anteil von 4,9 Prozent an der Gesamtbeschäftigung genau im Durchschnitt der 22 Länder, für die vergleichbare Daten vorliegen (vgl. Abb. 1).

Abbildung 1:  Anteil der Beschäftigten des Nonprofit-Sektors an der
              Gesamtbeschäftigung 1995 in Prozent

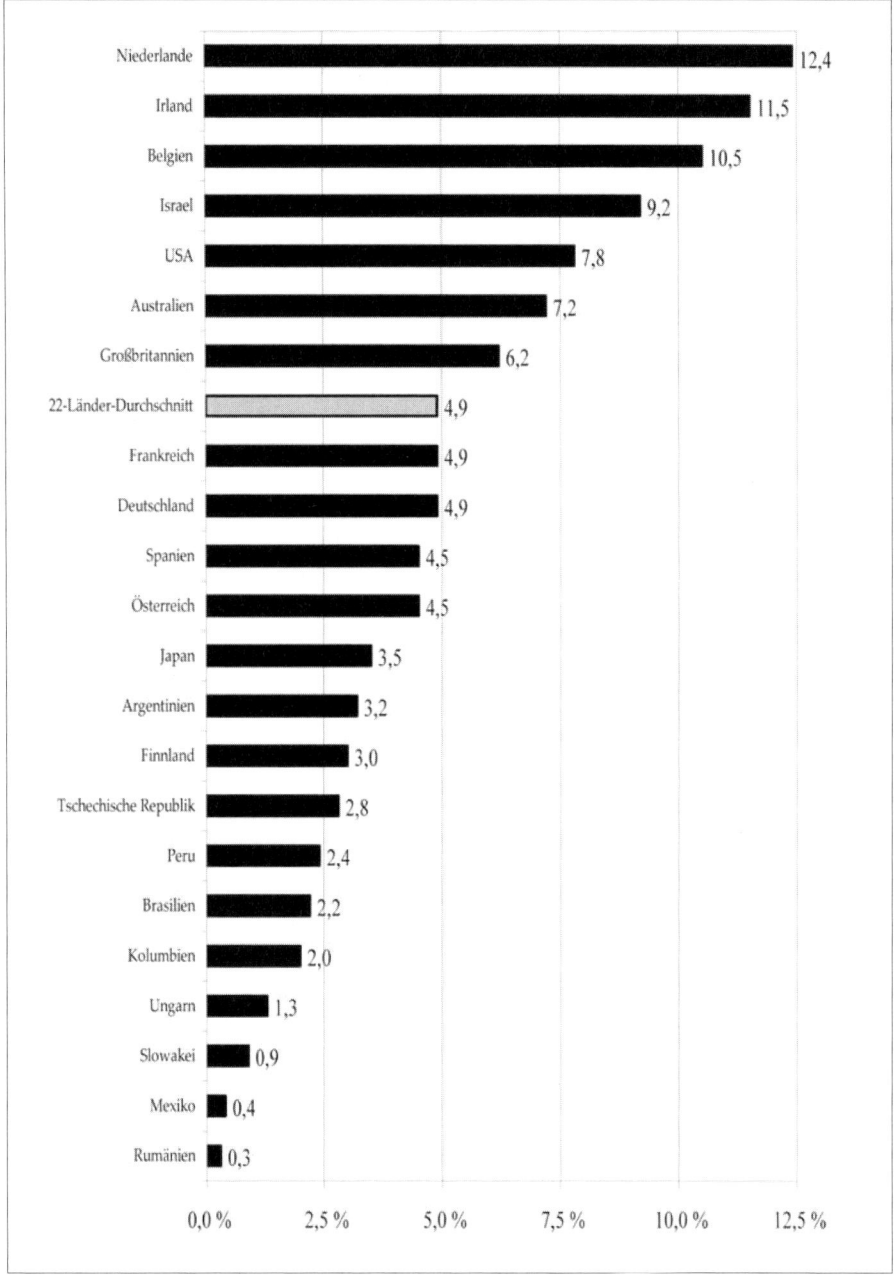

Datenbasis: Johns Hopkins Comparative Nonprofit Sector Project

Im internationalen Vergleich wird auch deutlich, dass die arbeitsmarktpolitische Bedeutung des Sektors in jenen Ländern am größten ist, in denen sich auf breiter Basis eine enge Kooperation zwischen Staat und Dritte-Sektor-Organisationen entwickelt hat, die das gesamte Spektrum wohlfahrtsstaatlicher Leistungen von der Bildung über die Gesundheit bis hin zu den Sozialen Diensten und der Kultur umfasst. In Deutschland trifft dies vor allem auf die Bereiche Soziale Dienste und Gesundheit zu. Hier haben historisch bedingt die Wohlfahrtsverbände eine zentrale Position als Dienstleister inne, während die Bereiche Schule und Universität wie auch weite Teile des Kulturbereichs überwiegend in staatlicher Trägerschaft organisiert sind. Bezogen auf die Größe des Sektors fällt, gemessen an seinen Beschäftigungszahlen, besonders ins Gewicht, ob und inwiefern Dritte-Sektor-Organisationen gerade in hoch professionalisierten und insofern beschäftigungsintensiven Bereichen im Vergleich zu Unternehmen oder staatlichen Einrichtungen stark vertreten sind. Zu den hoch professionalisierten Tätigkeitsfeldern zählen neben dem Ausbildungsbereich (Schulen und Hochschulen) vor allem das Gesundheitswesen (Krankenhäuser) wie auch die Sozialen Dienste (Beratungs- und Pflegeeinrichtungen). Werden diese beschäftigungsintensiven Bereiche vor allem durch staatliche Einrichtungen geprägt, so fällt der Dritte Sektor arbeitsmarktpolitisch und hinsichtlich seiner Beschäftigungsintensität kaum ins Gewicht. Dies trifft im europäischen Vergleich insbesondere für die skandinavischen Länder wie auch für die osteuropäischen Transformationsländer zu. Hier sind Dritte-Sektor-Organisationen weniger in den Kernbereichen der wohlfahrtsstaatlichen Dienstleistungserstellung tätig, sondern schwerpunktmäßig eher in den Bereichen Freizeit, Erholung und Sport, aber auch in den Bereichen Interessenvertretung und Lobbying. Demgegenüber kommt Dritte-Sektor-Organisationen in den Niederlanden wie auch in Irland und Belgien ein wichtiger Stellenwert in allen beschäftigungsintensiven und hoch professionalisierten Bereichen sozialer Dienstleistungserstellung zu.

Auch aus einer anderen Perspektive nimmt der Dritte Sektor bzw. Nonprofit-Sektor in Deutschland im internationalen Vergleich eine mittlere Position ein.[13] Dank des European Social Survey (ESS), der als repräsentative Bevölkerungsumfrage in 22 Ländern durchgeführt wurde, liegen Daten und Ergebnisse der ersten Befragung (2002/03) zu Mitgliedschaft, zum Mitmachen und zur aktiven Mitarbeit in NPOs sowie zu Spendenleistungen vor. Für diese verschiedenen Formen des Engagements – Mitgliedschaft, Beteiligung, Spenden und aktive Mitarbeit – wurden auf Länderebene jeweils bezogen auf alle Befragten Quoten berechnet. Der europäische Vergleich vermittelt ein interessantes Bild der Unterstützung von Dritte-Sektor-Organisationen „von unten" mittels bürgerschaftlichen Engagements (vgl. Abb. 2).

Abbildung 2: Formen bürgerschaftlichen Engagements im Ländervergleich
(Anteil der Personen ab 15 Jahre in Prozent)

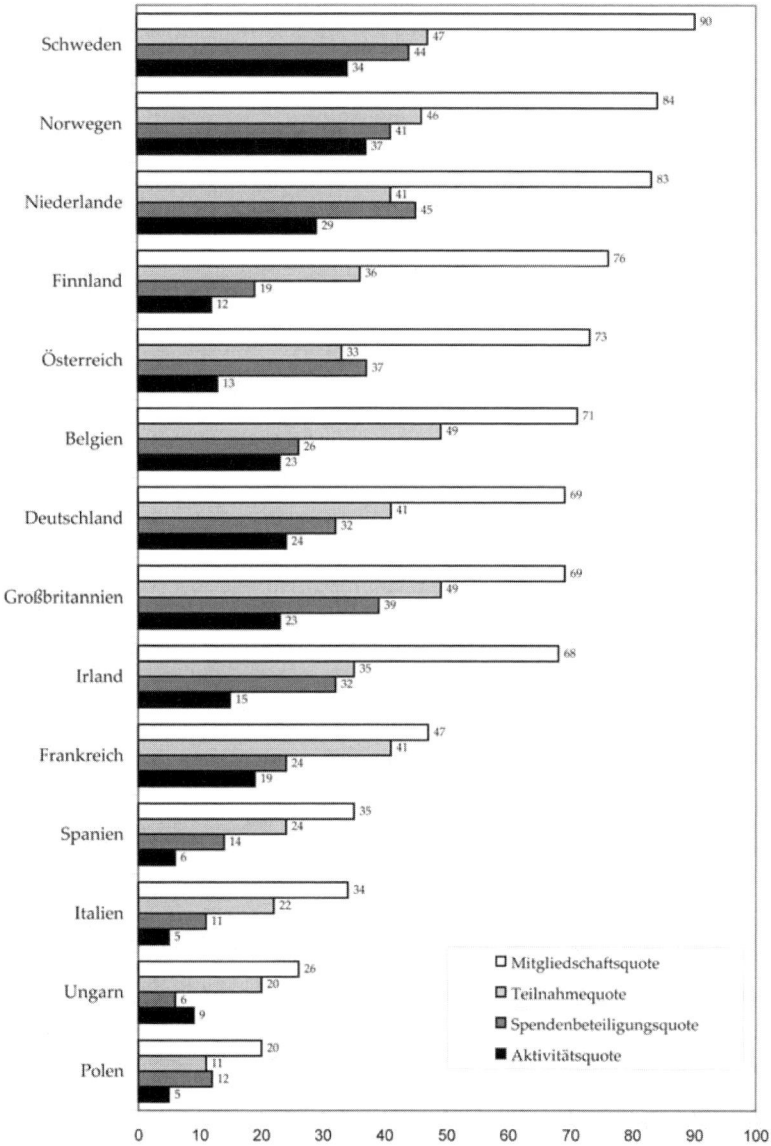

Datenbasis: ESS 2002/2003

Gemäß den Ergebnissen dieses internationalen Vergleichs des organisationsbezogenen individuellen Engagements liegt Deutschland wiederum bei allen Beteiligungsformen im Mittelfeld. Während zur Spitzengruppe bei nahezu allen Beteiligungsformen die skandinavischen Länder und die Niederlande zählen, sind die süd- und osteuropäischen Länder die „Schlusslichter" in punkto Engagement in Europa. Das Mittelfeld wird gebildet von den west- und mitteleuropäischen Ländern Deutschland, Österreich, Großbritannien, Irland, Frankreich und Belgien, wobei Deutschland im Hinblick auf die betrachteten Beteiligungsformen jeweils im guten Durchschnitt platziert ist.

## Anmerkungen

1  Das am häufigsten verwendete Berechnungsmodell folgt dem Substitutionskostenansatz und bewertet ehrenamtlich geleistete Arbeitszeit mit den durchschnittlichen zu bezahlenden Arbeitskosten entweder für die Gesamtwirtschaft oder branchenspezifisch.

2  Dathe, Dietmar/Kistler, Ernst: Arbeit(en) im Dritten Sektor, in: Kotlenga, Sandra/Nägele, Barbara/Pagels, Nils/Ross, Bettina (Hrsg.): Arbeit(en) im Dritten Sektor. Europäische Perspektiven, Mössingen-Thalheim 2005, S. 54–66.

3  Kendall, Jeremy/Knapp, Martin: The voluntary sector in the UK, Manchester/New York 1996, S. 113.

4  Rosenbladt, Bernhard von: Freiwilliges Engagement in Deutschland. Ergebnisse der Repräsentativerhebung zu Ehrenamt, Freiwilligenarbeit und bürgerschaftlichem Engagement, Stuttgart 2000; Gensicke, Thomas: Wachsende Gemeinschaftsaktivität und steigendes freiwilliges Engagement, in: Informationsdienst Soziale Indikatoren (ISI) 34, Mannheim 2005, S. 11–15.

5  Vgl. Enquetekommission „Zukunft des Bürgerschaftlichen Engagements" des Deutschen Bundestages (Hrsg.): Bericht. Bürgerschaftliches Engagement: auf dem Weg in eine zukunftsfähige Gesellschaft, Opladen 2002, S. 57.

6  Priller, Eckhard: Zivilgesellschaftliches Engagement in Europa – Gemeinsamkeiten und Unterschiede, in: Alber, Jens/Merkel, Wolfgang (Hrsg.): Europas Osterweiterung: Das Ende der Vertiefung, WZB-Jahrbuch 2005, Berlin 2005 (im Erscheinen).

7  V & M Service GmbH, Konstanz 2005, http://www.npo-info.de.

8  Bundesverband Deutscher Stiftungen: Verzeichnis Deutscher Stiftungen, Berlin 2005.

9  Ebd.

10  Anheier, Helmut: Das Stiftungswesen in Deutschland: Eine Bestandsaufnahme in Zahlen, in: Bertelsmann Stiftung (Hrsg.): Handbuch Stiftungen, 2. Aufl., Wiesbaden 2003, S. 43–85.

11  Vgl. Priller 2005.

12  Priller, Eckhard: Variationen zum Thema „Ehrenamt", in: Kistler, Ernst/Noll, Heinz-Herbert/Priller, Eckhard (Hrsg.): Perspektiven gesellschaftlichen Zusammenhalts. Empirische Befunde, Praxiserfahrungen, Meßkonzepte, Berlin 1999, S. 131–143.

13  Vgl. Priller 2005.

Weiterführende Literatur: siehe unter 1.3.1

# 1.3.3 Der Spendenmarkt in Deutschland

*Michael Urselmann*

Um es gleich vorwegzunehmen: So wichtig exakte Zahlen zu Größe und Entwicklung des Spendenmarktes in Deutschland für das Fundraising wären – es gibt sie leider nicht. Lange Jahre gab es allenfalls sehr grobe Schätzungen. Erst in allerjüngster Zeit liefern Marktforschungsinstitute zumindest seriöse Hochrechnungen zu Geld-, Sach- und Zeitspenden der Deutschen. Zunächst aber zu der Frage, was unter Spendenmarkt zu verstehen ist.

## 1.3.3.1 Die Nachfrager auf dem deutschen Spendenmarkt

Nachfrager auf dem Spendenmarkt sind zunächst alle Nonprofit-Organisationen (NPOs), also gemeinnützige Organisationen des so genannten Dritten Sektors (siehe 1.3.2) mit Sitz in Deutschland. Die mit Abstand wichtigste Rechtsform ist der *eingetragene Verein* (e. V.). Schon über die bloße Anzahl der eingetragenen Vereine in Deutschland gibt es allerdings nur Schätzungen. Dabei wäre sie theoretisch leicht zu ermitteln. Schließlich muss jeder Verein bei dem für ihn zuständigen Finanzamt die Anerkennung der Gemeinnützigkeit beantragen, um Zuwendungsbestätigungen für die steuerliche Abzugsfähigkeit der erhaltenen Spenden ausstellen zu dürfen. In einer großen Anfrage der SPD-Bundestagsfraktion über „Humanitäres Spendenwesen in der Bundesrepublik Deutschland" wurde die Bundesregierung 1994 deshalb unter anderem gebeten, eine bundeseinheitliche Zusammenstellung und statistische Aufbereitung der jedem Finanzamt diesbezüglich vorliegenden Daten einzuführen. Die Anfrage wurde jedoch mit Hinweis auf den nicht unerheblichen verwaltungstechnischen Mehraufwand abgelehnt.[1] Bis heute stehen deshalb über die Spendeneinnahmen der Vereine nur Schätzungen zur Verfügung.

In der bisher einzigen Vereinszählung wurden 2001 in Deutschland 544.701 eingetragene Vereine gezählt, von denen die allermeisten als gemeinnützig anerkannt waren.[2] Das waren fast doppelt so viele wie 1990, als das Johns Hopkins Comparative Nonprofit Sector Project noch von 286.000 Vereinen ausging, was seinerseits eine Verdreifachung des Bestandes von 1960 (88.572 Vereine) darstellte.[3] Insgesamt ein rasantes Wachstum in der Nachkriegszeit, das nach 1990 zu einem nicht unerheblichen Teil auf die Wiedervereinigung zurückzuführen ist. Auch wenn die große Mehrheit der eingetragenen Vereine abgesehen von Mitgliedsbeiträgen sowie vereinzelten Geld-, Sach- und Zeitspenden wohl kein systematisches Fundraising betreiben dürfte, wird deutlich, wie stark die Nachfrageseite auf dem deutschen Spendenmarkt gewachsen ist. Hinzu kommen mindestens 350.000 nicht eingetragene Vereine.[4] Nur angedeutet werden kann hier die steigende Zahl ausländischer Organisationen, insbesondere angloamerikanischer Pro-

venienz, die seit einiger Zeit auf den Spendenmarkt drängen (z. B. Oxfam, World Society for the Protection of Animals, Save the Children, Whales and Dolphins Conservation
Society).

Die Nachfrageseite wird zusätzlich noch durch NPOs in der Rechtsform der *Stiftung* erhöht. Auch (gemeinnützige) Stiftungen werben auf dem Spendenmarkt zunehmend um
Spenden und Zustiftungen für den Ausbau ihrer Aktivitäten. Die Anzahl der Stiftungsgründungen ist in der Nachkriegszeit kontinuierlich auf fast 1.000 Neugründungen pro
Jahr angewachsen. Einen wahren „Stiftungsboom" löste das am 26.07.2000 rückwirkend
zum 01.01.2000 erlassene Gesetz zur weiteren steuerlichen Förderung von Stiftungen
aus. Heute schätzt der Bundesverband Deutscher Stiftungen, dass es in Deutschland
etwa 14.000 selbstständige und mehr als 30.000 unselbstständige Stiftungen gibt. Diese Angaben verdeutlichen, dass auch im Stiftungsbereich statt gesicherter Zahlen nur
Schätzungen vorliegen.

## 1.3.3.2 Die Anbieter auf dem deutschen Spendenmarkt

Anbieter auf dem Spendenmarkt sind Privatpersonen und Firmen. Die wichtigste
Gruppe stellen die *Privatpersonen* dar. Das Spendenbarometer von TNS Emnid ermittelt
seit über zehn Jahren regelmäßig den Anteil der Spender an der deutschen Bevölkerung. Interviews mit über 4.000 zufällig ausgewählten Bundesbürgern ergaben einen
über die Jahre relativ stabilen Anteil von 40 Prozent Spendern an der Bevölkerung über
14 Jahren.[5] Im Jahr 2003 gab es laut Statistischem Bundesamt 70.369.600 Deutsche über
14 Jahren.[6] Dann würde sich die Zahl der Spender in Deutschland auf ca. 28 Millionen
(40 % von 70 Mio.) belaufen. Diese Menschen gilt es zu identifizieren und zu ihnen im
Sinne des Relationship-Fundraisings eine möglichst persönliche Beziehung aufzubauen.

Aufgrund des bereits erwähnten Gesetzes zur weiteren steuerlichen Förderung von Stiftungen wurde es ab dem Jahr 2000 für viele Bundesbürger interessanter, zu stiften oder
zuzustiften, als zu spenden. Ein Gutteil des Spendenmarktes – gerade im wachsenden
Segment an der Spitze der Spenderpyramide – wurde dadurch auf den Stiftungsbereich
umgelenkt. Deshalb soll dieser hier kurz beleuchtet werden, auch wenn Stiftungserträ-
ge üblicherweise nicht dem Spendenmarkt zugerechnet werden. Der Bundesverband
Deutscher Stiftungen schätzt die über 15.000 bekannten deutschen Stiftungen auf ein
Gesamtvermögen von knapp 60 Milliarden Euro. Deren Ausgabenvolumen wird auf
etwa 15 Milliarden Euro taxiert, die überwiegend für gemeinnützige Zwecke zur Verfügung stehen. Der Anteil fördernder Stiftungen beschränkte sich 2004 allerdings nur auf
geschätzte vier bis sieben Milliarden Euro. Diese Haushaltsvolumina können freilich
nicht alleine aus der Vermögensanlage resultieren, sondern umfassen zusätzlich erhebliche – wenngleich rückläufige – öffentliche Finanzierungsanteile.[7]

Über die Anzahl der *Unternehmen*, die im Rahmen von Firmenspenden gemeinnützige
Zwecke in Deutschland unterstützen, liegen nach Erkenntnis des Autors keine Untersuchungen vor. Davon abzugrenzen sind die Sponsoring-Ausgaben der Unternehmen,
die eine Gegenleistung erwarten. Sie sind aufseiten der NPOs durch die Regelungen des

so genannten „Sponsoring-Erlasses" von 1998 nicht dem ideellen Bereich, sondern dem Bereich des Wirtschaftlichen Geschäftsbetriebs oder der Vermögensverwaltung zuzurechnen (siehe nachfolgender Abschnitt) und können folglich nicht in Überlegungen zum Spendenmarkt einbezogen werden.

## 1.3.3.3 Größe und Entwicklung des Spendenmarktes

Der Frage nach Größe und Entwicklung des Spendenmarktes kann man sich von drei Seiten nähern:

- In welcher Höhe werden Spenden steuerlich geltend gemacht?
- In welcher Höhe kommen Spenden bei den sammelnden Organisationen an?
- In welcher Höhe geben Spendende ihre Spenden bei Befragungen an?

(1) Steuerlich geltend gemachte Spenden

Einen ersten Anhaltspunkt zu Größe und Entwicklung des Spendenmarktes liefert die vom Statistischen Bundesamt im Drei-Jahres-Rhythmus erscheinende Einkommen- und Vermögensteuerstatistik, die zumindest Angaben zu den nach § 10b Einkommensteuergesetz steuerlich geltend gemachten Spenden liefern kann. Willy Schneider entnahm diesen Statistiken, dass die nominale Spendensumme im Zeitraum von 1965 (189,5 Mio. DM) bis 1986 (1.952,6 Mio. DM) um rund das Neunfache (1.030,4 %) gewachsen ist. Bereinigt man diesen Wert um die Inflationsrate von rund 81 Prozent in diesem Zeitraum, so hat sich das reale Spendenaufkommen immer noch mehr als vervierfacht (440,1 %). Dies stellt ein enormes Wachstum der steuerlich geltend gemachten Spenden dar. Zum Vergleich: Das Bruttosozialprodukt je Einwohner ist im selben Intervall um gerade einmal zwei Drittel (66,8 %) gestiegen.[8]

Im Jahr 1998 stieg die Summe der steuerlich geltend gemachten Spenden sogar auf 3,43 Milliarden Euro, wobei erstmals die bis zu zehn Prozent (1,05 Mrd. Euro) bzw. fünf Prozent (2,38 Mrd. Euro) des Jahreseinkommens abzugsfähigen Spenden getrennt erfasst wurden. Dieser Wert liegt noch einmal deutlich über dem von 1986. Allerdings ist zum einen zu berücksichtigen, dass er inzwischen auch die neuen Bundesländer umfasst. Zum anderen enthält er zusätzlich 1,03 Milliarden Euro an Spenden, die sich wegen der Kappungsgrenzen nicht steuermindernd ausgewirkt haben.[9]

Weder das Statistische Bundesamt noch das Bundesfinanzministerium verfügt über Informationen zur Höhe der steuerlich nicht geltend gemachten Spenden. Dazu gehören neben (zum Teil großen) Spenden zahlreicher (nicht mehr steuerpflichtiger) Rentner auch Bagatellspenden bei Kirchenkollekten, Haus- und Straßensammlungen, ebenso wie Schenkungen und Nachlässe im Sinne des Erbschaftssteuerrechts, Aufwendungen für den Erwerb von Wohlfahrtsmarken und Lotterielosen sowie Ausgaben für Galakonzerte, Auktionen und Benefizprodukte.[10]

(2) Angaben der Spenden sammelnden Organisationen

Einen zweiten Anhaltspunkt zu Größe und Entwicklung des Spendenmarktes könnten die Spenden sammelnden Organisationen durch Angaben zu ihren Spendeneinnahmen liefern. Es wurde jedoch bereits ausgeführt, dass noch nicht einmal die genaue Anzahl der Spenden sammelnden Organisationen (Vereine und Stiftungen) in Deutschland bekannt ist. Entsprechend kann es auch keine genauen Zahlen zur Höhe ihrer Spendeneinnahmen geben. Um zumindest Anhaltspunkte für die Entwicklung des Spendenmarktes zu bekommen, wurde 1996 eine Stichprobenuntersuchung begonnen[11], die im Sinne einer Längsschnittanalyse mehrfach aktualisiert und erweitert wurde.[12] Darin gaben die 73 größten Spenden sammelnden Organisationen 2005 an, dass sie immerhin ein Spendenvolumen von fast 1,7 Milliarden Euro auf sich vereinigen konnten (siehe Abbildung 1). Ihre Zahlen weisen zwar ein nominales Wachstum der Spendeneinnahmen aus, rechnet man jedoch die Inflationsrate im selben Zeitraum heraus, so stagnieren ihre Einnahmen real. Eine Ausnahme stellen lediglich die Jahre 1999 (Kosovo-Krieg), 2002 (Elbeflut) und 2005 (Tsunami) mit hohen Spenden im Rahmen der Katastrophenhilfe dar.

Auch wenn diese Zahlen wegen der unbekannten Grundgesamtheit keinen Anspruch auf statistische Repräsentativität erheben können, stützen sie zumindest tendenziell die Vermutung vieler Fundraising-Experten, dass der deutsche Spendenmarkt seit Anfang der 1990er-Jahre stagniert. Die realen (inflationsbereinigten) Spendeneinnahmen lagen 2004 auf dem Niveau von 1991. Unberücksichtigt bleibt bei dieser Untersuchung großer Organisationen allerdings die Tatsache, dass in den letzten Jahren eine unüberschaubare Vielzahl kleiner, lokaler Organisationen und Initiativen entstanden ist, die allein schon aufgrund ihrer geografischen Nähe zum Spender Fundraising-Erfolge nach dem Motto „small is beautiful" erzielen – in unbekannter Höhe.

Abbildung 1: Entwicklung der Spendeneinnahmen der 73 größten Organisationen

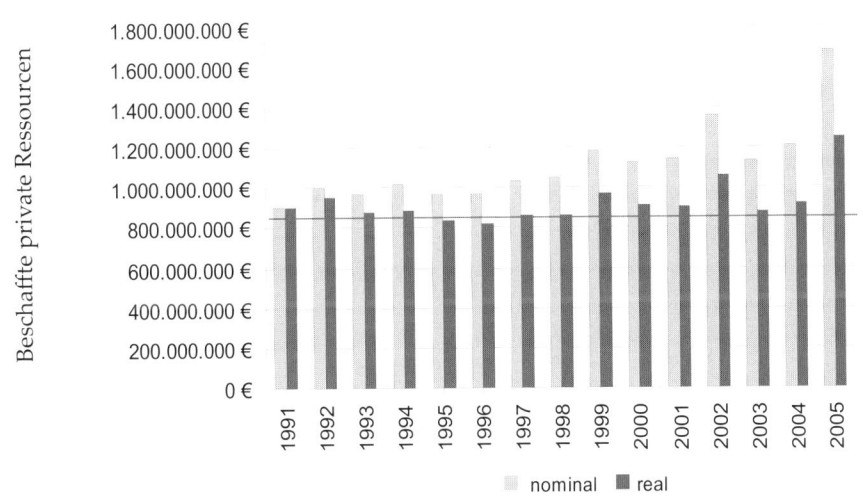

(3) Angaben der Spendenden bei Befragungen

Einen dritten Anhaltspunkt zu Größe und Entwicklung des Spendenmarktes könnten die Spenderinnen und Spender selbst durch Angaben zu ihren Spenden liefern. Wie bereits ausgeführt, liegen Vollerhebungen nur zu den steuerlich geltend gemachten Spenden, nicht aber zu den darüber hinausgehenden nicht steuerlich geltend gemachten Spenden vor. Seit Juli 2004 wird jedoch vom Nürnberger Marktforschungsinstitut GfK eine repräsentative Untersuchung des Spendenverhaltens der Deutschen durchgeführt. Unter der Bezeichnung „Charity*Scope" liefert ein repräsentativ ausgewähltes Individual-Panel aus 10.000 Personen (ab einem Alter von 10 Jahren) monatlich exakte Zahlen zu deren Ausgaben, auch zu deren Spenden. Diese Angaben können dann auf die Bundesbevölkerung hochgerechnet werden. Für den Jahreszeitraum Juli 2004 bis Juni 2005 ermittelte die GfK so ein Gesamtspendenvolumen in Höhe von 2,52 Milliarden Euro. Abbildung 2 zeigt die Verteilung dieses Betrages auf die verschiedenen Monate.

Abbildung 2: Monatliche Verteilung der Spenden nach Charity*Scope (in Mio. Euro)

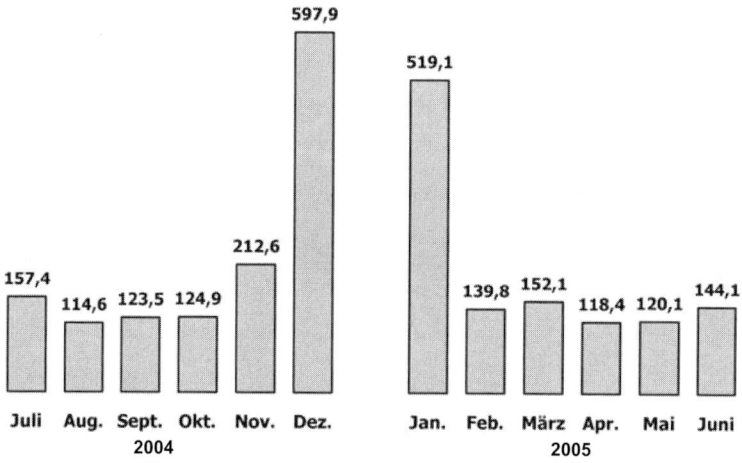

Quelle: GfK Panel Services Consumer Research GmbH, Nürnberg 2005

Wie zu erwarten, steigt das Spendenvolumen zur Weihnachtszeit auf einen Spitzenwert. Der außergewöhnlich hohe Januar-Wert ist auf die Tsunami-Katastrophe in diesem Zeitraum zurückzuführen. Schätzungen der GfK gehen davon aus, dass im Dezember ein Tsunami-Effekt in Höhe von ca. 124 Millionen Euro und im Januar in Höhe von ca. 376 Millionen Euro steckt. Ohne Tsunami-Effekt läge der Januar damit bei realistischen 143,1 Millionen Euro. Die entscheidende Frage, welcher Anteil der geschätzten 670 Millionen Euro für die Tsunami-Spendenaktion[13] zugunsten anderer Zwecke in der Nachweihnachtszeit gespendet worden wäre, wenn die Katastrophe nicht stattgefunden hätte, wird erst durch Jahresvergleiche künftiger Ergebnisse beantwortet werden können.

Das von der GfK ermittelte Gesamtspendenvolumen für ein Jahr bleibt jedoch unter dem vom Statistischen Bundesamt ermittelten Wert der steuerlich geltend gemachten Spenden (für das Jahr 1998) in Höhe von 3,43 Milliarden Euro (siehe oben). Dafür gibt es folgende Erklärungsmöglichkeiten:

– Zieht man die 1,03 Milliarden Euro an Spenden ab, die sich wegen der Kappungs-grenzen nicht steuermindernd ausgewirkt haben, so liegt der Differenzbetrag von 2,4 Milliarden Euro wieder in der Nähe des von der GfK ermittelten Wertes in Höhe von 2,52 Milliarden Euro. Eine Erklärung dafür könnte sein, dass es sich bei dem ge-kappten Betrag um Großspenden handelt, die über die Abzugsfähigkeit hinausgin-gen. Die auf die Gesamtbevölkerung betrachtet sehr kleine Gruppe der Großspender könnte im Panel der GfK unterrepräsentiert sein.

– Die GfK erfasst den wachsenden Bereich von Erbschaften und (Zu-)Stiftungen in ih-rem Panel nicht.

– Der Betrag der steuerlich geltend gemachten Spenden in Höhe von 3,43 Millionen Euro umfasst auch steuerlich geltend gemachte Sach- und Zeitspenden. Abbildung 3 zeigt die Überschneidungen zwischen Geld-, Sach- und Zeitspendern.

Abbildung 3: Geld-, Sach- und Zeitspender nach Charity*Scope (in Mio. Euro)

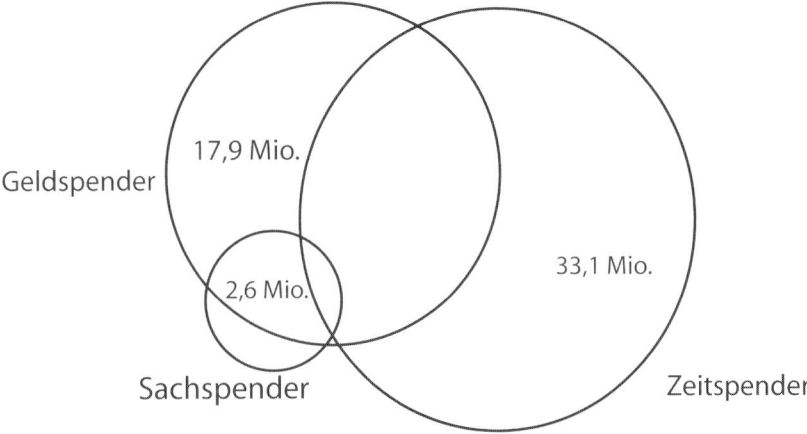

## 1.3.3.4 Internationaler Vergleich

In den Medien werden die Deutschen gerne als „Spendenweltmeister" bezeichnet, zu-letzt im Zusammenhang mit der Tsunami-Katastrophe. Zieht man den Vergleich auf einer Pro-Kopf-Basis, so liegt Deutschland mit einer durchschnittlichen Spendensumme pro Einwohner von 6,30 Euro auf Platz 6 hinter der Schweiz (23 Euro), Norwegen (15,90 Euro) und Schweden (12,10 Euro), aber noch deutlich vor den USA (1,90 Euro).[14]

Ein internationaler Vergleich auf Basis der Zahlen des European Social Survey 2002/2003 zeigt zudem, dass der Anteil der Spender an der Gesamtbevölkerung (die so genannte Spendenbeteiligungsquote) in Deutschland nur leicht über dem europäischen Durchschnitt liegt. Die Spendenbeteiligungsquoten der Niederlande, von Schweden, Norwegen, Großbritannien, Österreich und Dänemark liegen nach dieser Untersuchung über der Deutschlands.[15] Allerdings bleibt bei diesem Vergleich der Sonderfall der deutschen Kirchensteuer unberücksichtigt.

In den USA entfällt der größte Teil des Spendenmarktes auf religiöse Zwecke. Dieser bedeutende Anteil fehlt dem deutschen Spendenmarkt weitgehend. Statt durch Spenden finanzieren sich zumindest die beiden großen Amtskirchen in Deutschland zum größten Teil aus Kirchensteuereinnahmen. Würde man die Kirchensteuereinnahmen der katholischen Kirche (in Höhe von 4,2 Mrd. Euro im Jahr 2004) und der evangelischen Kirche (in Höhe von 3,7 Mrd. Euro im Jahr 2004) dem Spendenmarkt zurechnen, so würde sich dieser auf einen Schlag mehr als verdoppeln.

Freikirchen finanzieren sich aus Spenden ihrer Mitglieder. Diese Spenden werden (z. B. von Charity*Scope) dem Spendenmarkt zugerechnet. Von der Höhe her orientieren sich die Spenden der Gläubigen an ihre Freikirche am biblischen Zehnten. Damit liegen sie weit über den maximal 3,5 Prozent des Einkommens, die ein katholischer oder evangelischer Christ seiner Kirche in Form von Kirchensteuern zukommen lässt. Auch zahlt Kirchensteuer nur, wer Einkommensteuer bezahlt. So zahlen beispielsweise Rentner in der Regel keine Kirchensteuer mehr. Diese Gruppe gehört andererseits zu den besten Spendergruppen. Hier steckt noch ein enormes Fundraising-Potenzial für die beiden Amtskirchen.

## 1.3.3.5 Fazit

Sowohl auf der Angebots- als auch der Nachfrageseite des Spendenmarktes stehen anstelle exakter Zahlen nur sehr grobe und unbefriedigende Schätzungen und Hochrechnungen zur Verfügung. Als Trend lässt sich jedoch festhalten, dass einer stark wachsenden Nachfrageseite eine stagnierende Angebotsseite bei den Privatpersonen gegenüberzustehen scheint. 1998 wurden Spenden in Höhe von 3,43 Milliarden Euro steuerlich geltend gemacht. Die Höhe der steuerlich nicht geltend gemachten Spenden ist unbekannt. Die Summe der steuerlich geltend und nicht geltend gemachten Spenden könnte sich Schätzungen zufolge auf bis zu fünf Milliarden Euro jährlich belaufen. Höhere Schätzungen hält das DZI für sehr fragwürdig.[16]

Aufgrund steuerlicher Anreize verlagert sich ein zunehmender Teil des Spendenmarktes auf den Stiftungsbereich. Über die Größe dieses Effektes gibt es jedoch derzeit ebenso wenig verlässliche Zahlen wie über die Höhe der Firmenspenden.

Gefördert durch das Bundesministerium für Familie, Senioren, Frauen und Jugend wird derzeit im Rahmen eines Projektes „Spenden und ihre Erfassung in Deutschland: Vergangenheit – Gegenwart – Zukunft" eine Methodik für eine kontinuierliche nationale Spendenberichterstattung entwickelt. Es bleibt zu hoffen, dass sich aus dem Projekt eine Langzeitbetrachtung auf der Grundlage einer fundierten Spendenberichterstattung entwickelt, die künftig verlässliche Zahlen zum deutschen Spendenmarkt liefern wird.[17]

## Anmerkungen

1   Müllerleile, Christoph: Zahl der Missbräuche im Spendenwesen gering – Bundesregierung hält gesonderte Kontrollbehörden und staatliche Prüfsiegel für überflüssig, in: BSM-Newsletter 3/1994, S. 2–4, 2.

2   V & M Service GmbH (Hrsg.): Vereinsstatistik 2001, Konstanz 2001.

3   Anheier, Helmut K.: Der Dritte Sektor in Zahlen: Ein sozial-ökonomisches Porträt, in: Anheier, Helmut K./Priller, Eckhard/Seibel, Wolfgang/Zimmer, Annette (Hrsg.): Der Dritte Sektor in Deutschland. Organisationen zwischen Staat und Markt im gesellschaftlichen Wandel, Berlin 1997, S. 29–74, 32 f.

4   Maecenata Institut: Bürgerengagement und Zivilgesellschaft in Deutschland – Stand und Perspektiven, Berlin 2005.

5   TNS Emnid: Bundesbürger nach wie vor spendenbereit, Presseinformation vom 29.11.2004.

6   Vgl. unter www.destatis.de/basis/d/bevoe/bevoetab5.php vom 25.06.2005.

7   Mecking, Christoph: Stiftungslandschaft in Deutschland. Das aktuelle Erscheinungsbild der deutschen Stiftungen, in: Die roten Seiten zum Magazin Stiftung & Sponsoring 2/2005.

8   Schneider, Willy: Die Akquisition von Spenden als eine Herausforderung für das Marketing, Berlin 1996, S. 57 f.

9   Wilke, Burkhard: Zur Situation des deutschen Spendenwesens im Jahr 2003, in: Deutsches Zentralinstitut für soziale Fragen (Hrsg.): DZI-Spenden-Almanach 2003/4, S. 8–11, 8 f.

10  Schneider 1996, S. 56.

11  Urselmann, Michael: Erfolgsfaktoren im Fundraising von Nonprofit-Organisationen, Wiesbaden 1998.

12  Urselmann, Michael/Wodziczko, Waldemar: Tsunami-Spenden on top – Wie die Katastrophe den deutschen Spendenmarkt beeinflusst, in: Stiftung & Sponsoring 2/2007, S. 38–39.

13  Bär, Dagmar/Ibrahim, Tanja/Neff, Christel: Analyse der Tsunami-Spendenaktion 2004/2005 in Deutschland, in: Deutsches Zentralinstitut für soziale Fragen (Hrsg.): DZI-Spenden-Almanach 2005/6, Berlin 2006, S. 16–34.

14  Priller, Eckhard/Sommerfeld, Jana: Wer spendet in Deutschland? Der Einfluss von Erwerbsstatus und Werten, in: WZB-Mitteilungen, Heft 108, Juni 2005, S. 36–39, 36.

15  Quelle: www.europeansocialsurvey.org

16  Burkhard 2003/4, S. 9.

17  Priller/Sommerfeld 2005, S. 37.

## Weiterführende Literatur: siehe Anmerkungen

# 1.4 Fundraising – Definitionen, Abgrenzung und Einordnung

*Marita Haibach*

## 1.4.1 Definition

Fundraising wird verstanden als die umfassende Mittelbeschaffung einer Organisation (Finanz- und Sachmittel, Rechte und Informationen, Arbeits- und Dienstleistungen), wobei der Schwerpunkt auf der Einwerbung finanzieller Mittel liegt. Fundraising richtet sich an private und staatliche Geldgeber. Meist wird damit jedoch lediglich die von Nonprofit-Organisationen (NPOs) – und zunehmend von Einrichtungen in staatlicher Trägerschaft, wie Hochschulen oder Kultureinrichtungen – betriebene Mitteleinwerbung bezeichnet, bei der es gilt, private Förderer für Gemeinwohlanliegen zu gewinnen. Michael Urselmann definiert Fundraising lediglich als den Teil des Beschaffungsmarketings, „bei dem die Ressourcen ohne marktadäquate Gegenleistung beschafft werden"[1]. Nach dieser Definition gehört das Sponsoring nicht zum Fundraising, da hierbei eine Gegenleistung durch den Sponsoringnehmer erbracht werden muss. Dies allerdings widerspricht der gängigen Praxis im Fundraising: Die Fundraising-Abteilung ist in vielen Fällen für Spenden und für Sponsoring zuständig. Sponsoring ist ein Fundraising-Instrument, das allerdings Besonderheiten aufweist.

Das Wort Fundraising kommt aus den USA. Es setzt sich zusammen aus dem Substantiv *fund* und dem Verb *to raise*. *Fund* bedeutet „Geld, Kapital", *to raise* heißt „etwas aufbringen" (z. B. Geld). *Fundraising* bedeutet demnach wörtlich Geldbeschaffung oder Kapitalbeschaffung. Im angloamerikanischen Wort *fund* verbirgt sich zusätzlich die Bedeutung von „Fundus", der Kapital- und Vermögensbasis einer Organisation. Für Fundraising gibt es kein treffendes Wort im Deutschen. Begriffe wie Finanzmittelakquisition oder Geldbeschaffung greifen zu kurz. Aus diesem Grund hat sich im deutschen Sprachgebrauch, aber selbst in Ländern wie Frankreich und Spanien, der aus dem US-amerikanischen Englisch stammende Begriff durchgesetzt. Seit 2004 wird er sogar im Duden geführt.

## 1.4.2 Fundraising, Spenden und Spendenmarketing

Die Erscheinungsformen der Spende sind vielfältig. Im Duden wird der Begriff als Geschenk, Gabe, Almosen definiert. Allen Spendenaktivitäten ist gemeinsam, dass es sich um eine Übertragung von Ressourcen (Geld, Sach- oder Dienstleistungen) handelt, die freiwillig erfolgt und der keine äquivalente materielle Gegenleistung des Empfängers gegenübersteht.

Während in der Vergangenheit das Einwerben von Spenden durch gemeinnützige Organisationen weitgehend auf dem Zufallsprinzip beruhte, bedeutet die Hinwendung zum Spendenmarketing: Spenderinnen und Spender durch gezielte Aktivitäten zu gewinnen, an die Organisation zu binden und nicht darauf zu warten, dass diese von sich aus spenden. Die Unterschiede bei der Anwendung der Begriffe Spendenmarketing und Fundraising sind in der Praxis oft fließend, allerdings ist Letzterer als Oberbegriff zu werten, da es beim Fundraising nicht nur um die Einwerbung von Spenden, sondern auch um Sponsoringmittel, Stiftungsförderung, Bußgelder und andere Fördermittel geht.

## 1.4.3 Fundraising und Marketing

*„Fundraising is the principle of asking, asking again and asking for more."*[2] (Fundraising ist das Prinzip des Fragens/Bittens/Forderns, des Immer-wieder- und des Um-mehr-Fragens/Bittens/Forderns). Dieser Satz von Kim Klein, einer erfolgreichen Fundraiserin und Buchautorin aus den USA, bringt den zentralen Aspekt von Fundraising auf den Punkt. Fundraising-Erfolge erfordern aktives Marketing (siehe 3.2.1): Die eigene Leistung muss immer wieder gegenüber gegenwärtigen und potenziellen Förderern kommuniziert werden, und zwar auf eine Weise, die diese verstehen. Schätzungen zufolge ist ein Mensch pro Tag zwischen 560 und 1.800 Kommunikationsbotschaften ausgesetzt (siehe 6.3). Informationen müssen drei- bis zehnmal wiederholt und bestärkt werden, bevor sie zu einer Handlung führen.

Um eine Zielgruppe zu erreichen, muss in einer Botschaft zum Ausdruck kommen, worin die Vorteile für die Empfänger liegen. Sie muss in einer Sprache formuliert sein, die diese erfassen können bzw. in der sie ihre Interessen und Gefühle wiedererkennen. Dabei hilfreich sind auch Bilder oder bildhafte Beschreibungen (siehe 6.6). Die Information muss außerdem über Wege transportiert werden, welche die Zielgruppe nutzt. Schließlich ist es wichtig, dass die Kommunikation die Wertorientierung einer Organisation widerspiegelt. Selbst wenn genügend Menschen gefragt werden, lautet die häufigste Antwort im Fundraising „nein". Das ist normal. Leider reagieren darauf viele gemeinnützige Organisationen falsch: Sie geben ihre Bemühungen um private Unterstützer und Unterstützerinnen auf oder setzen diese nur auf Sparflamme fort.

Beim Fundraising handelt es sich um eine besondere Variante des Beschaffungsmarketings: Um auf dem Absatzmarkt Leistungen ohne (kostendeckendes) Entgelt anbieten zu können, müssen NPOs Förderer (= Kunden) finden, die bereit und in der Lage sind, ihre Arbeit zu unterstützen. Bei Wirtschaftsunternehmen kommt das Geld in der Regel dadurch ins Haus, dass Kunden für die Produkte bezahlen. Bei NPOs hingegen sind die Geldgeber (= Kunden) selten identisch mit den Nutznießern (= Klienten) der Leistungen. Das Auseinanderfallen von Kunden und Klienten bedeutet, dass versucht werden muss, die Bedürfnisse dieser unterschiedlichen Zielgruppen auf differenzierte Art und Weise zu befriedigen.

Alle potenziellen Geldgeber von NPOs – ob öffentlich oder privat – repräsentieren Märkte, auf denen eine Vielfalt von Ideen und Anliegen um Fördermittel konkurrieren. Bei der Bereitstellung von Finanzmitteln durch private Geldgeber besitzen Marktgesetze eine besondere Bedeutung. Private Förderer können Unterstützung leisten, sind allerdings weder durch Gesetze dazu verpflichtet, noch müssen sie Prinzipien der Gleichbehandlung einhalten. Der Zweck von Marketing besteht in der Herbeiführung von Austauschvorgängen auf freiwilliger Basis. Privatpersonen, Unternehmen oder Stiftungen stellen gemeinnützigen Organisationen ihre Leistungen freiwillig zur Verfügung. Sie sind im Austausch für ihre Leistung jedoch nicht Nutznießer der eigentlichen Produkte, vielmehr besteht der Austauschprozess darin, dass sie durch ihre Spende an eine NPO dazu beitragen, Menschen in Not zu helfen, Zukunft in ihrem Sinne zu gestalten oder durch Sponsoring ihr eigenes Image zu verbessern. Fundraising verlangt konkret das Erstellen einer Marketingkonzeption für die Einwerbung von Fördermitteln. Teil des Marketings ist eine strategische Kommunikation.

## 1.4.3.1 Fundraising und strategische Kommunikation

Erfolgreiches Fundraising setzt die Erstellung einer langfristig angelegten Kommunikationsstrategie für die Beschaffung von Ressourcen voraus. Spenden sammelnde Organisationen brauchen Profil und eine Kommunikationsstrategie, die die Werte der Organisation widerspiegelt. Nur so ist es möglich, angesichts der alltäglichen Informationsüberflutung überhaupt wahrgenommen zu werden. Es geht darum, das Konzept der Kundenorientierung auf die Förderer anzuwenden, und sich zu bemühen, deren Fördermotive und Kommunikationswünsche zu ermitteln und diese wirksamer als die Wettbewerber (= andere gemeinnützige Organisationen bzw. im Falle von Privatpersonen auch Konsum- oder Investitionsangebote) zu befriedigen. Die unterschiedlichen Zielgruppen müssen mit speziell auf sie zugeschnittenen Ansprachemethoden angesprochen werden. Um wirklich bei einer Zielgruppe anzukommen, muss in einer Botschaft zum Ausdruck kommen, worin die Vorteile für den Empfänger bzw. die Empfängerin liegen. Sie muss in einer zielgruppengerechten Sprache formuliert sein und außerdem über Wege transportiert werden, welche die Zielgruppe tatsächlich nutzt.

Potenzielle Spenderinnen und Spender haben oft die Qual der Wahl und sind – bewusst oder unbewusst – auf der Suche nach Möglichkeiten ihrer individuellen philanthropischen Neigungen. Fundraiser und Fundraiserinnen kommt dabei eine zentrale Mittlerfunktion zwischen Gemeinwohlanliegen auf der einen und Förderern auf der anderen Seite zu. Bedürftigkeit und Bedürfnisse manifestieren sich in einer verwirrenden Vielzahl unterschiedlicher Problembereiche und gemeinnütziger Organisationen, die häufig in Konkurrenz zueinander stehen. Dem Fundraising kommt die Aufgabe zu, das Anliegen der jeweiligen Organisation gegenüber potenziellen Förderern zu veranschaulichen.

## 1.4.4 Fundraising und Beziehungs- bzw. Freundschaftspflege

*„Fundraising is the gentle art of teaching the joy of giving."*[3] (Fundraising ist die sanfte Kunst, die Freude am Spenden zu lehren.) Dieser Satz von Henry A. Rosso, dem Gründer der Fund Raising School, einer renommierten Fortbildungseinrichtung in den USA, verdeutlicht einen zentralen Grundgedanken: Es geht beim Fundraising nicht um eine einseitige Handlung, bei der Menschen und Organisationen mit finanziellen Bedürfnissen von den potenziellen Förderern Geld wollen. Menschen, die entdeckt haben, dass sie mit ihrem philanthropischen Engagement tatsächlich etwas bewirken, und damit Einfluss auf die Entwicklung der Gesellschaft nehmen können, erleben dies als persönliche Bereicherung, als beglückend, als identitätsstiftend. Fundraiser und Fundraiserinnen können zwar viel von kommerziellen Marketingtechniken lernen, doch diese können selten direkt auf ihre Arbeit übertragen werden. Es geht darum, authentische Beziehungen und wirkliche Freundschaften zu Spenderinnen und Spendern aufzubauen.

Ken Burnett, der den Begriff des *relationship fundraising* prägte (siehe 3.3), rät, kommerzielle Marketingmethoden zu adaptieren, nicht zu adoptieren. Seine Definition lautet: „Relationship fundraising ist ein Ansatz für das Marketing eines Anliegens, in dessen Mittelpunkt nicht das bloße Auftreiben von Geld steht, sondern die Entwicklung des vollen Potenzials einer speziellen Beziehung, die zwischen einer gemeinnützigen Organisation und ihrem Unterstützer besteht. Welche Strategien und Techniken auch immer eingesetzt werden, um die Einnahmen zu steigern, die entscheidende Grundüberlegung beim relationship fundraising ist, diese besondere Bindung zu pflegen und zu entwickeln und nichts zu tun, was diese in Gefahr bringt. Beim relationship fundraising ist jede Aktivität der Organisation darauf abgestellt, dass sich Spenderinnen und Spender wichtig, geschätzt und beachtet fühlen. Auf diese Weise sorgt relationship fundraising auf lange Sicht für mehr Einnahmen pro Spender/in."[4]

## 1.4.5 Fundraising und Philanthropie

Das Wort *Philanthropie* kommt aus dem klassischen Griechisch: *philanthropos* (*philia* = Liebe, *anthropos* = Mensch). Wörtlich bedeutet es Menschenliebe. In seiner Grundbedeutung dient der Begriff der Bezeichnung der sozialen Handlung Philanthropie. Darunter wird das freiwillige, nicht gewinnorientierte Geben von Zeit oder Wertgegenständen (Geld, Wertpapiere, Sachgüter) für öffentliche Zwecke verstanden.

Philanthropie stellt eine wichtige Möglichkeit für die einzelnen Menschen dar, die Entwicklung der Gesellschaft zu beeinflussen. Philanthropisches Engagement kann dem eigenen Leben einen neuen Sinn geben und wirkt identitätsstiftend – und dies kann eine große persönliche Bereicherung bedeuten. Es besteht ein enger Zusammenhang zwischen Fundraising und Philanthropie: Fundraising ohne philanthropische Grundhaltung und ohne eine wirkliche gesellschaftliche Wertschätzung funktioniert ebenso wenig wie Philanthropie ohne Fundraising. Philanthropisches Fundraising ermöglicht und fördert durch den Brückenschlag zwischen Spenderinnen/Spendern und Spendenorganisationen freiwilliges Handeln für das Gemeinwohl.

Die Rolle der Philanthropie in einer Gesellschaft hängt eng mit dem jeweils vorherrschenden Staatsverständnis zusammen. Philanthropie gilt hierzulande als private Tugend, die nur da ansetzt, wo Lücken existieren, die der Staat nicht ausfüllt. Im Unterschied zu Europa ist Philanthropie in den USA eine öffentliche Tugend. Der Staat füllte dort lange Zeit lediglich die Zwischenräume, die die freiwilligen Aktivitäten der Bürger und Bürgerinnen ließen.

Hierzulande wird die Verantwortung für das Gemeinwohl in starkem Maße an den Staat delegiert. Die Erwartungen an den Staat sind hoch. Doch seit einigen Jahren sind Philanthropie und Bürgergesellschaft im Aufwind. Dennoch kann und darf die Philanthropie nicht als Ersatzstaat verklärt werden. Dafür wird ihr Volumen nie ausreichen, auch wenn es erheblich gesteigert werden könnte. Selbst in den USA liegt der Staatsanteil an der Nonprofit-Finanzierung weit über dem Anteil der Privatspenden.

## 1.4.5.1 Fundraising und die Erhöhung des Philanthropie-Volumens

Aus der Philanthropie-Tradition leitet sich ab, dass in den USA, im Unterschied zur Bundesrepublik und zu anderen europäischen Ländern, private Geldgeber (Individuen, Stiftungen, Unternehmen) eine größere Bedeutung bei der Finanzierung von NPOs haben. NPOs in Deutschland verlassen sich bei ihrer Finanzierung stark auf öffentliche Geldgeber. Die starke Staatsorientierung von NPOs hat dazu geführt, dass der Dritte Sektor bei uns bis vor nicht allzu langer Zeit nicht als eigenständige gesellschaftliche Kraft wahrgenommen worden ist. Die Demokratie lebt vom Willen und der Kraft ihrer Bürgerinnen und Bürger zur persönlichen Mitverantwortung. Philanthropie ist Ausdruck der Mitverantwortung von privaten Geldgebern für das Gemeinwohl. Es ist an der Zeit, dass Philanthropie hierzulande eine größere und öffentlichere Rolle spielt. Es geht um die Verankerung des Dritten Sektors nicht nur im staatlichen, sondern auch im zivilen Raum.

Mit dem Wachsen der Fundraising-Branche in den USA ging eine enorme Steigerung des Spendenaufkommens einher. Eine wichtige Voraussetzung dafür ist die Professionalisierung des Fundraisings, die Einrichtung von Stellen für Fundraiser und Fundraiserinnen, die diesem Bereich regelmäßig Zeit widmen, am besten ihr ganzes Arbeitszeitbudget, und sich so tagtäglich um die Förderergewinnung und -bindung kümmern können. Das Fundraising sollte ein integraler Bestandteil der Alltagsarbeit von NPOs sein.

Fundraising hat sich im vergangenen Jahrzehnt zunehmend zu einem eigenständigen Berufsfeld entwickelt. Die Zahl der hauptberuflich mit der Mitteleinwerbung befassten Personen in gemeinnützigen Organisationen nimmt ständig zu. Die Professionalisierung des Fundraisings ist ein Trend, der sich nicht nur in Deutschland bemerkbar macht, sondern in ganz Westeuropa und auch in anderen Teilen der Welt. Trotz der Tatsache, dass sich das Image des Fundraisings allmählich verbessert, besitzt professionelles Spendensammeln noch immer den Makel des Bettelns. Spenden, so lautet das „Idealbild", das in den Köpfen herumgeistert, sollten am besten möglichst spontan als direkte Reaktion auf die Hilfsbedürftigkeit anderer erfolgen.

In den USA ist die gesellschaftliche Akzeptanz von Fundraising weit höher als in Deutschland. Fundraising gilt als eine Art Kulturtechnik, die allgegenwärtig ist. Fast alle Amerikaner und Amerikanerinnen lernen und praktizieren Fundraising von Kindheit an. Fundraising ist positiv besetzt; kaum jemand kann oder will sich dem entziehen. Bereits Schulkinder lernen Fundraising, indem sie beispielsweise von Tür zu Tür ziehen und Süßigkeiten für wohltätige Zwecke verkaufen. Es gibt keinen gesellschaftlichen Bereich in den USA, wo nicht auf irgendeine Weise Fundraising betrieben wird; in Politik, Kirche, Wirtschaft, Bildung, Kultur, Gesundheitswesen ist es eine Selbstverständlichkeit. Fundraising wird sowohl ehrenamtlich als auch hauptamtlich betrieben und richtet sich an eine Vielfalt von privaten und staatlichen Geldgebern. Es gibt zwei Hauptarten des Fundraisings: Fundraising von und für Politiker sowie Nonprofit-Fundraising. Da die Wahlkampffinanzierung in den USA aus öffentlichen Haushalten relativ gering ist, spielt Fundraising in der Politik eine große Rolle, doch das ist nicht Gegenstand dieses Handbuches. Nahezu allen NPOs in den USA ist gemeinsam, dass Fundraising professionell betrieben wird und einen wesentlichen Teil der Arbeit darstellt.

## Anmerkungen

1  Urselmann, Michael: Fundraising – Erfolgreiche Strategien führender Non-Profit-Organisationen, Berlin/Stuttgart/Wien 2002, S. 21.

2  Klein, Kim, zitiert aus Vortrag von Karla A. Williams, Workshop „Principles and Techniques of Fund Raising", The Fund Raising School, Indianapolis, 17.–21.3.1997.

3  Rosso, Henry A., zitiert aus Vortrag von Karla A. Williams, Workshop „Principles and Techniques of Fund Raising", The Fund Raising School, Indianapolis, 17.–21.3.1997.

4  Burnett, Ken: Relationship Fundraising. A Donor-Based Approach to the Business of Raising Money, San Francisco 2002, S. 38.

## Weiterführende Literatur

Crole, Barbara/Fine, Christiane: Erfolgreiches Fundraising – auch für kleine Organisationen, Zürich 2003.

Haibach, Marita: Handbuch Fundraising. Spenden, Sponsoring, Stiftungen in der Praxis, Frankfurt am Main 2002.

Urselmann, Michael: Fundraising – Erfolgreiche Strategien führender Non-Profit-Organisationen, Berlin/Stuttgart/Wien 2002.

# Kapitel 2

# Fundraising-Management

# 2.1 Fundraising in der Struktur der Nonprofit-Organisation

## 2.1.1 Institutional Readiness

*Lothar Schulz*

Die Klagen über widerspenstige Fundraiser und misslungene Fundraising-Aktionen wollen neuerdings nicht aufhören. Da bringt doch völlig unverhofft der unpersonalisierte Spendenbrief, stundenlang von fünf Vorstandsmitgliedern getextet und mit Mühe verabschiedet, die erhofften Millionen nicht. Und der neu angestellte Fundraiser hat es doch tatsächlich für unmöglich gehalten, in zwei Jahren einen Freundeskreis aufzubauen, der zuverlässig jährlich einen Spendenertrag von 500.000 Euro erbringt. Dabei erhält der Fundraiser ein festes fürstliches Gehalt von 1.500 Euro brutto. Und als er erfährt, dass er sein Fundraising-Budget natürlich erst einmal über Sponsoren einzuwerben hat, macht er ein beleidigtes Gesicht, der Undankbare.

Solche und ähnliche Geschichten geschehen landauf und landab. Fundraising oder auch Foundraising, Pfandraising und Fundchasing, so genau weiß man es noch nicht, erregt die Gemüter, wird als der Rettungsring für Haushaltslöcher, gekürzte öffentliche Zuschüsse und Ersatz für Steuerausfälle angesehen.

### 2.1.1.1 Probleme mit dem Wort Fundraising

Wir Deutschen haben mindestens drei Probleme mit dem Wort Fundraising.

Erstens: Wir übersetzen es nicht richtig, nämlich mit Mittel- und Spendenbeschaffung. Diese Übersetzung ist schlicht falsch. Von der Herkunft des Wortes sind drei Begriffe verankert: *fun* bedeutet Spaß – Fundraising soll mit Humor und fröhlichem Herzen gemacht werden, *to fund* bedeutet etwas auszugleichen, solidarisch zu sein, und *to raise* etwas wachsen zu lassen. Fundraising: das heißt mit Humor und völlig unverkrampft ausgleichende Gerechtigkeit und Solidarität wachsen zu lassen. Fundraising wird im Mutterland des Fundraisings auch mit *friendship raising* oder *development work* bezeichnet.

Zweitens: Fundraising wird in Deutschland allgemein als ein mechanistischer Prozess angesehen. Will heißen: Der mit Tränen gesetzte und mit Schaumgummi abgefederte Herzblattschuss muss mit den richtigen Widerhaken versehen werden. Wenn der Spendenbrief nur richtig geschrieben, die Veranstaltung brillant abgewickelt, der Sponsor richtig geködert und das Vermächtnis nur umgehend eingesackt worden ist, dann haben wir uns den Fundraising-Himmel verdient.

Drittens: Der Fundraiser wird als Handwerker und Gold-Marie eingestellt. Er schüttelt mit den richtigen Methoden und Instrumenten die Menschen kräftig durch, und schon fallen sofort die Millionen in den Schoß des Fundraisers.

Wir wollen das alles zwar nicht wahrhaben, aber die Praxis beweist es immer wieder: Der schnelle und mit wenig Aufwand erworbene Euro steht an erster Stelle. Aber so funktioniert eben Fundraising nicht.

Alle drei Probleme weisen auf eine grundlegende Schwäche im deutschen Fundraising-Geschehen hin: Es wird viel zu wenig über die entscheidenden Voraussetzungen für das Fundraising nachgedacht, über die „Institutional Readiness", inhaltlich übersetzt: über die emotionale und kognitive Bereitschaft aller Mitarbeitenden in einer Spenden einsammelnden Organisation, die Grundlagen für eine Fundraising-Arbeit zu legen und mit Begeisterung am systemischen Prozess des Fundraisings glaubwürdig mitzuwirken.

Was bedeutet das nun praktisch? Wer Fundraising als zuverlässiges und berechenbares Finanzierungsmittel einführen will, sollte wissen, worauf er sich einlässt. Hier sind die wichtigsten Fragen, auf die im Vorfeld eine Antwort gefunden werden sollte.

## 2.1.1.2 Eckpunkte für eine „Institutional Readiness"

(1) Fundraising beginnt zu Hause.

Wer Menschen überzeugen will, auszugleichen und solidarisch zu sein, muss bereit sein, selbst gern und gut zu geben. Alle Mitarbeitenden einer Spenden einsammelnden Organisation sollten mit gutem Beispiel vorangehen können. Sind die Mitarbeitenden dazu bereit? Es geht hier nicht so sehr um die Höhe der Beträge. Fundraising ist eine höchst emotionale Angelegenheit. Wenn diejenigen, die für eine gute Sache arbeiten und auch davon überzeugt sind, dass sie richtig und wertvoll ist, nicht bereit sind, solidarisch zu handeln, wie können dann fremde Menschen glaubwürdig um Unterstützung gebeten werden?

Unsere angelsächsischen Freunde haben ein sehr schönes Motto: *We make a living by what we get, but we live by what we give* – Mit unserem Einkommen bestreiten wir unseren Lebensunterhalt, unser Leben gestalten wir durch das, was wir geben. Die Herzen der Mitarbeitenden sind auf die „Freude am Geben" vorzubereiten, nur auf diesem Boden kann Fundraising erfolgreich verwirklicht werden.

Zum vorbildlichen Geben gehört aber auch die Zustimmung der Mitarbeitenden für Spendenprojekte und Programme. Um diese Zustimmung muss geworben werden durch ausführliche Information und Auswertung der Fundraising-Ergebnisse.

(2) Fundraising ist ein Management- und Marketingthema.

Ziele sind zu setzen, Wege sind zu planen, ein Budget ist zu sichern, Ergebnisse sind zu kontrollieren. Im Bilde gesprochen: Fundraising hat nichts mit Jagen und Sammeln zu tun, Fundraising ist Ackerbau und Viehzucht. Felder sind zu pflügen und zu düngen, es ist zu säen und zu bewässern, Unkraut ist zu zupfen, die Ernte einzubringen und der Erntekranz zu binden. Fundraising wird nur erfolgreich sein, wenn es integraler und strategischer Bestandteil des Unternehmens wird.

Für das Fundraising ergeben sich daraus drei wichtige Prozesse, die von der Spenden einsammelnden Organisation vorher betrachtet werden sollten. Es sind dies der Klärungsprozess (a), der Konzeptionsprozess (b) und der Beziehungsprozess (c). Ist die Spenden einsammelnde Organisation bereit, sich auf diese Prozesse einzulassen?

a) Der Klärungsprozess

Hier lautet die grundsätzliche Frage: Warum und wofür ist Fundraising nötig? Genauer gefragt: Welche Werte und Visionen verbinden wir mit den zu finanzierenden Projekten? Besteht die notwendige Akzeptanz im Gemeinwesen für diese Projekte? Erlaubt unsere Organisationsstruktur den Aufbau einer Fundraising-Arbeit? Wie viel Geld und Zeit sind wir bereit zu investieren? Welche Erkenntnisse der Marktkommunikation wollen wir anwenden? Mit welchen Fundraising-Methoden und -Formen wollen wir unsere Ziele erreichen? Welche Informationstechnologien stehen uns zur Verfügung?

b) Der Konzeptionsprozess

Hier geht es in erster Linie um Analysen, um Lernziele und Ergebnisziele. Zu fragen ist: Welche Stärken und Schwächen haben wir? Welche Konkurrenz gibt es? Welche Finanzquellen und Fürsprecher stehen uns zur Verfügung? Welche Lernziele wollen wir wie kommunizieren, welche Einstellungsänderung wollen wir erreichen? Welches Budget steht zur Verfügung?

c) Der Beziehungsprozess

Im Vordergrund des Fundraisings steht nicht die Spende, sondern die Beziehung zu Freunden und Förderern. Wer aber persönliche Beziehungen aufbauen und pflegen will, braucht Zeit und Geld. Er muss lernen, Wünsche und Vorstellungen seiner Partner zu respektieren. Beziehungen leben vom Dialog, von der Qualität und vom Engagement. Diesen Prozess zu initiieren verlangt erhebliches Umdenken, verlangt Geduld, eine neue Arbeitsstruktur und ist sehr arbeitsintensiv.

(3) Fundraising ist immer konkret.

Zu jeder erfolgreichen Fundraising-Arbeit gehören ganz klare und ehrliche Projektbeschreibungen. Es sind neun Komponenten, die ein Fundraising-Projekt definieren:

– Vision und Mission: In welcher Weise ist das Projekt Ausdruck der Vision und Mission des Unternehmens? Auf welche Notlagen soll mit dem Projekt aufmerksam gemacht werden?

- Ziele: Welche Ergebnisse sollen erzielt werden, in welcher Weise soll Zukunft neu gestaltet werden?
- bisherige Möglichkeiten: Wie wurde bisher mit dem Problem umgegangen, welche Lösungen konnten angeboten werden?
- das Projekt: Wie wird es das Leben von Menschen beeinflussen (Geschichten!), die Umwelt verändern, neue Wege beschreiten und neue Maßstäbe setzen? Vor allem: Welche Vorteile hat das Projekt für den Spender?
- Führung: Welche Ausbildung und Erfahrung haben die Verantwortlichen für das Projekt? Was haben sie bisher geleistet, ist das Projekt bei ihnen in sicheren Händen? Reicht die personelle Ausstattung?
- Arbeitsmöglichkeiten und Ausrüstung: Wie effektiv kann das Projekt verwirklicht werden, weil das Raumangebot gut ist, die Lage vorteilhaft, die technischen Voraussetzungen hervorragend sind?
- Finanzen: Warum sind Spenden notwendig, welche Stiftungen beteiligen sich noch am Projekt, wie hoch sind die Eigenmittel, was werden die Mitarbeiter zur Verfügung stellen? Welche Darlehen werden aufgenommen? Wie sieht der Finanzplan aus? Hat es früher öffentliche Mittel gegeben, die nun gekürzt wurden? Gab es oder gibt es Rechtsansprüche, die einfach in der Schublade verschwanden?
- Auswertung/Verpflichtung: Mit welchen Instrumenten sollen die Projektziele gemessen werden, wie werden die Ergebnisse dokumentiert, welche Verpflichtungen ergeben sich aus der Projektarbeit?
- Tradition/Geschichte: Glaubwürdigkeit des Unternehmens, Leistungen in der Vergangenheit.

## 2.1.1.3 Institutional Readiness: Die Bedingung erfolgreichen Fundraisings

Institutional Readiness, die emotionale und kognitive Bereitschaft, sich mit den Voraussetzungen für eine erfolgreiche Fundraising-Arbeit auseinander zu setzen, ist ein hartes Stück Arbeit. Denn erfolgreich werden nur die Organisationen sein, die ständig ihre Horizonte nach neuen Möglichkeiten absuchen und sie schnell in Strategien und Aktionen umsetzen können. Sie werden sich dabei immer wieder neu definieren müssen.

Die immateriellen Werte werden wichtiger sein als die materiellen Werte. Wissen, Talent, Geschwindigkeit, Flexibilität, Vorstellungskraft, Mut zur Innovation und Investition, die Fähigkeit schnell zu reagieren werden gegenüber Größe und Bilanzen an Bedeutung gewinnen.

Was getan wird, muss FUN sein. Humor und das Feiern von Erfolgen ist wichtig. Spaß wird das Fundraising aber nur machen, wenn die Menschen neue Ideen entwickeln dürfen, gut ausgebildet sind und teilhaben können an mutigen und aufregenden Entwicklungen. Wem das Betteln zuwider und das Spendeneinsammeln zu unseriös ist, der sollte sich mit den Eckpunkten der Institutional Readiness in einer stillen Stunde und in aller Ruhe auseinander setzen. Es lohnt sich.

## 2.1.2 Strategische Positionierung des Fundraisings

*Gerhard Wallmeyer*

Wenn man mit Fundraisern oder Fundraiserinnen abseits der großen Events in ein vertrauliches Gespräch kommt, so landet dieses Gespräch nach einiger Zeit fast immer bei dem Thema: Wie gehe ich mit Vorgesetzten, Vorstand oder Geschäftsführung um? Die Geschichten sind dabei häufig abenteuerlich und zeigen meist eines: Die richtige strukturelle Einbindung des Fundraisings in die Organisation wird von sehr vielen Entscheidungsträgern oder Gremien nicht verstanden. Sehr viele Institutionen und Organisationen arbeiten so mit angezogener Fundraising-Bremse und bleiben deutlich unter ihren Möglichkeiten.

Gerade Organisationen, die schon länger existieren, bevor sie mit systematischem Fundraising beginnen, tun sich da meist schwer. Der Wunsch oder der Zwang, systematisch Fundraising betreiben zu wollen, zieht erhebliche Konsequenzen nach sich, die sämtliche Abteilungen oder Funktionsbereiche einer Organisation betreffen. Dem steht häufig die historisch gewachsene, interne Kultur entgegen.

Da Fundraising bekanntlich mit Geld zu tun hat, wird z. B. für jemanden aus der Buchhaltung eine Hälfte seiner Stelle zur Fundraising-Stelle umgewandelt. Oder jemand aus dem Bereich Öffentlichkeitsarbeit wird damit beauftragt. Oder ein Profi aus einer Werbeagentur wird eingestellt. Oder die Geschäftsführung übernimmt diesen Job mal so nebenbei. Oder es wird jemand auf Honorarbasis für ein Jahr mit einer halben Stelle beschäftigt, denn für mehr ist kein Budget vorhanden. Man will erst einmal ausprobieren, ob es denn funktioniert (siehe 2.2).

Sehr häufig sind diese Versuche von vornherein zum Scheitern verurteilt. Ein enormer Druck lastet auf diesen neu ernannten Fundraisern. Innerhalb kürzester Zeit sollen sie irgendwie Geld herbeizaubern oder beweisen, dass es klappen könnte. Allerdings sollen sie an den vorhandenen Arbeitsweisen und Strukturen nichts verändern. Sie sollen zusätzliches Geld beschaffen. Sie werden quasi als ein Service gesehen, wie eine Bank.

Vorstand und sonstige Gremien sind ja auch überzeugt, dass es sich um eine wertvolle, unterstützenswerte Einrichtung handelt, sonst wären sie nicht in diesen Gremien. Warum sollten andere Menschen nicht auch so denken, sie müssten es nur erfahren und dann spenden. Doch die anderen Menschen funktionieren leider nicht so wie gedacht.

Der Mittelpunkt aller Fundraising-Strategien ist das Überzeugen von Menschen – nicht das Betteln. Wer bettelt, bekommt mal aus Mitleid einen Euro. Bei großen Katastrophen und stark Mitleid erheischenden Ereignissen können es selbstverständlich auch große Summen sein. Es entsteht im Regelfall aber keine dauerhafte Bindung, keine dauerhafte finanzielle Unterstützung.

Wer überzeugen kann, bekommt aktive Helfer und Mitstreiter, denen die finanzielle Unterstützung eine Selbstverständlichkeit ist. Daraus entsteht eine neue Kraft, die die Organisation tief greifend verändert. Diese Helfer haben Wünsche, denken mit und wollen involviert sein. Dazu müssen eine Organisation und ihre Gremien aber bereit sein, sonst sind die Chancen für erfolgreiches Fundraising begrenzt.

Zwischen diesen beiden Polen des Gebens bestehen etliche Mischformen. In einer Patenschaft für ein Kind aus der Dritten Welt schwingen auch Elemente des Mitleids. Aber ohne Überzeugung wird fast niemand eine solche dauerhafte finanzielle Belastung eingehen.

## 2.1.2.1 Das Fundraising in der Gesamtstruktur

Wenn im Folgenden Fundraising-Abteilungen oder Organisationsstrukturen beschrieben werden, so wird dies vielen Leserinnen und Lesern als völlig überdimensioniert vorkommen. Ihre eigene Wirklichkeit ist eine viel kleinere Welt. Doch die wirklichen Strukturen zwischen den großen und kleinen Organisationen sind nicht so unterschiedlich. Nicht jede Position ist gleich auch eine volle Stelle. Daher werden im Folgenden eher Funktionen beschrieben. In kleinen Organisationen werden viele dieser Funktionen von einer einzelnen Person wahrgenommen. Man sollte sich über diese verschiedenen Funktionen trotzdem im Klaren sein. Deshalb wird hier von einer großen, voll entwickelten Fundraising-Abteilung ausgegangen.

Fundraising ist eine typische Schnittstellenaufgabe.

Fundraising hat viel mit der Buchhaltung und Budgetverwaltung zu tun (siehe 2.3). Jeder Geldeingang löst in der Buchhaltung und in der Database Reaktionen aus, die in kleineren Organisationen händisch, in größeren Organisationen automatisiert erfolgen.

Erfolgreiches Fundraising hat meist ein höheres Ausgabenbudget als die reine Öffentlichkeitsarbeit einer Organisation. Allein deshalb ist Fundraising für die Entwicklung des Images und für das öffentliche Wissen über die Organisation ebenso wichtig wie die allgemeine Öffentlichkeitsarbeit (siehe 5.1.2).

Fundraising kann nur dann erfolgreich sein, wenn die eigentliche Arbeit der Organisation öffentlich darstellbar ist. Die Arbeit der Fachabteilungen ist keine interne Angelegenheit. Fundraising stellt sie häufig im Detail dar, ihre gesellschaftliche Funktion, ihre Erfolge, ihre Probleme. Wer gewohnt ist, mehr unter Ausschluss der Öffentlichkeit zu arbeiten, z. B. weil das Projekt in weit entfernten Ländern stattfindet, soll plötzlich im Detail in einem Brief an angemietete Adressen berichten. Es entstehen Rückfragen, schwierig zu beantwortende Briefe von Lesern auf dieses Mailing. Das alles ist für die

Projektmitarbeitenden lästig. Sie wollen von der Fundraising-Abteilung eher nicht belästigt werden.

Geschäftsführung und Vorstand erwarten von der Leitung der Fundraising-Abteilung möglichst verlässliche Prognosen über die Einnahmenentwicklung. Gleichzeitig sorgen sie sich um das Image, das diese Fundraiser vielleicht beschädigen könnten. Das Fundraising kann deshalb nicht eine Abteilung innerhalb der Buchhaltung oder innerhalb der Medienarbeit sein. Dort wäre es in Interessenkonflikten gefangen und ausgebremst.

Die richtige Einbettung des Fundraisings in die Gesamtstruktur einer Organisation sieht so aus:

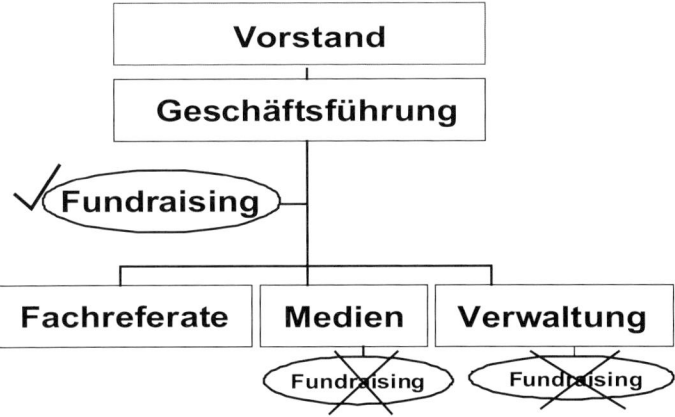

## 2.1.2.2 Fundraising braucht besondere Rechte

Entwickeln die Mitarbeitenden eines Projektes eine neue Strategie, ein neues Projekt, sollte ein Fundraiser, eine Fundraiserin einbezogen sein. Das Projekt muss von vornherein so gestaltet sein, dass eine öffentliche Fundraising-Kommunikation über dieses Projekt möglich ist.

Wird z. B. die Öffentlichkeitsarbeit für die Grundsteinlegung eines Universitätsneubaus geplant, so darf diese wunderbare Gelegenheit nicht verstreichen, ohne Fundraising-Elemente in diesen Event einzubauen. Die geplante Rede des Uni-Präsidenten bedarf der Überarbeitung durch den Fundraiser. Die geplante Festschrift bedarf der Mitarbeit des Fundraisers.

Wird eine neue Buchhaltungssoftware installiert, so müssen die Belange des Fundraisings berücksichtigt werden. Wird die Webseite entwickelt, so müssen Fundraiser daran mitarbeiten. Ein Spendenbutton muss in die Homepage eingebaut werden. Aber auch die Texte der Projektbeschreibungen selbst brauchen Querverweise und textliche Überarbeitung durch den Fundraiser.

Die Fundraiser brauchen Zugang und müssen zu allen Bereichen einer Organisation Einfluss nehmen können. Dies ist ein besonders schwieriger Prozess, wenn eine Organisation schon lange existiert und erst später mit Fundraising beginnt. Rechte und Arbeitsweisen müssen verändert und neu definiert werden. Aber auch die Maßnahmen des Fundraisings selbst können an die Grenzen der bisherigen Strukturen stoßen. Wie stelle ich ein Projekt in einem Werbemailing da? Einem Vorstand wird es sehr schwer fallen, sich da nicht einzumischen. In den meisten Fällen wird er sich ein Letzt-Entscheidungsrecht über Text und Gestaltung vorbehalten. Doch das ist nicht unbedingt klug. Über den Erfolg eines Werbemailings entscheiden die angeschriebenen Leser, nicht die Insider. Und deren Perspektive einzunehmen, deren Wahrnehmung vorauszuahnen, ist die Aufgabe und Profession des Fundraisers.

Ich selbst schlage in solchen Fällen das Recht des gegenseitigen Vetos vor. Sowohl die Seite, welche die Werbemaßnahme letztlich in der Öffentlichkeit verantworten muss, als auch der Fundraiser haben ein Veto über jedes einzelne Wort oder Element. Das kann zwar sehr mühsam sein. Aber wenn dieses Verfahren fair gehandhabt wird, wird keine Seite über den Tisch gezogen. Die gröbsten Fehler können vermieden werden, denn beide Seiten wollen ja die Veröffentlichung.

So weiß ich von einer größeren Organisation, deren Fundraiserin die Formulierung eines PS am Schluss eines Spendenaufrufes verboten wurde. Der Vorstand hatte erfahren, dass in das PS alle „Tricks" des Marketings, der psychologischen Umgarnung einfließen müssten. Und so etwas „Schmutziges" wollten sie nicht erlauben.

Oder wenn der Vorsitzende verlangt, dass sein Porträt immer am Kopf des Briefes auftauchen müsse. Meistens ist dies ja ein älterer, weißhaariger Mann. Das mögen zwar etliche Menschen sympathisch finden. Aber viele jüngere Menschen vielleicht nicht. Da sollte der Fundraiser ein Veto einlegen können.

Fundraising braucht ebenfalls besondere Rechte zum Testen neuer Ideen. In diesem Bereich sollte Fundraising weitestgehend „unzensiert" agieren können. Natürlich müssen alle Maßnahmen dem Ethikkodex der Organisation entsprechen (siehe 2.1.3). Und der Inhalt muss sachlich richtig sein und die tatsächliche Arbeitsweise der Organisation zeigen. Wenn aber jede Werbemaßnahme von diversen Gremien vorher abgesegnet werden muss, dann kann dies zur Blockade von Neuentwicklungen führen.

Testen heißt aber, dass in einem kleinen Maßstab eine größere Wirklichkeit simuliert wird. Für das Fundraising heißt dies, nicht nur eine neue Idee zu entwickeln, sondern auch ein System für einen Test. Das kann mitunter sehr schwierig sein. Wenn z. B. eine Werbeidee auf Marktpenetration basiert, so kann das heißen, dass als Test in einer ausgewählten Stadt, also einem begrenzten „Markt", mit hohem Aufwand eine große Werbemaßnahme durchgeführt werden muss. Markenartikler agieren so. Viele klassische Werbestrategien beruhen auf Marktpenetration in diesem Sinne. Durch die ewige Wiederholung eines Motivs soll eine Botschaft im Unterbewusstsein hängen bleiben. Doch das ewige Wiederholen will erst einmal bezahlt werden.

Das Fundraising muss also stets ein ganzes Bündel von Testmechanismen im Köcher haben. Und doch brauchen neue Ideen häufig auch vollkommen neue Testmethoden.

Die eigentliche Entscheidung über die Einführung einer neuen Werbestrategie kann danach in allen Gremien diskutiert werden, wenn Anmutung der Werbemaßnahme und Ergebnisse bekannt sind. Meist ist dies eine wesentlich bessere Ausgangsposition für das Fundraising.

## 2.1.2.3 Fundraising braucht besondere Budgets

Da Fundraising keine exakte Wissenschaft ist, sondern eher das systematische Sammeln von Erfahrungen, muss Fundraising das Recht und das Budget haben, systematisch Fehler zu begehen. Das klassische Beispiel für diesen Zusammenhang ist das Fremdlisten-Testmailing. Verschiedene Mailingversionen werden auf mehreren Adresslisten getestet. Es ist ziemlich wahrscheinlich, dass einige Mailingversionen auf einigen Listen versagen und dass das Testmailing insgesamt einen deutlichen Verlust produziert. Eventuell und hoffentlich ergibt sich aus dem Testmailing jedoch der Hinweis auf die Möglichkeit eines großen Roll-outs, das dann den erhofften Ertrag erbringt.

Dieses Vorgehen ist so unterschiedlich im Vergleich zur Durchführung von Projekten zur Verwirklichung des Satzungszwecks, dass es in der Budgetplanung berücksichtigt werden sollte. Ein Budget zum Testen ist notwendig, produziert aber meist Verluste.

Es gibt Organisationen, in denen das gesamte Fundraising-Jahr in allen Details durchgeplant wird (siehe 2.3.1). Im Oktober eines Jahres wird kalkuliert, welcher Nettoertrag in jedem Monat des Folgejahres dem Vereinszweck zur Verfügung steht. Vorstände lassen sich, von solchen Kalkulationen beeindruckt, leicht von Full-Service-Agenturen überzeugen. Es gibt Agenturen, die solche monatlichen Nettoüberweisungen faktisch garantieren. In solchen Jahresplänen wird meist auch schon festgeschrieben, von welchem Thema das Mailing im November des Folgejahres handelt. Eine derartige Planung kann durchaus Sinn machen, kann aber auch die Bereitwilligkeit zur Nutzung unvorhersehbarer Gelegenheiten verschütten. Das Ausgabenbudget ist ebenso präzise verplant und es bleibt nichts für die „guten Gelegenheiten".

Es gibt verschiedene Möglichkeiten, das Unvorhersehbare budgetmäßig zu erfassen: Dem Fundraising kann ein Risikobudget zugewiesen werden, das ohne weiteres Genehmigungsverfahren vom Fundraising eingesetzt werden kann. Eine Erweiterung dieses Gedankens wäre, wenn dieses Budget als Investment betrachtet wird, das erneut investiert werden kann, wenn es entsprechende Einnahmen erbracht hat. Eine andere Möglichkeit ist die Einplanung eines Extrabudgets, das bei Einhaltung von zu bestimmenden Kriterien in einem verkürzten Entscheidungswege freigegeben werden darf. Solche Kriterien können z. B. das Vorliegen von positiven Testergebnissen sein. Eine solche Budgetstruktur erzeugt einen permanenten Druck, innovativ tätig zu sein.

## 2.1.2.4 Die Struktur der Fundraising-Abteilung

In vielen großen Organisationen hat der Leiter oder die Leiterin der Fundraising-Abteilung die im Schaubild (siehe unter Punkt 2 dieses Abschnitts) dargestellten Verantwortlichkeiten. Dies macht insofern Sinn, als alle Funktionen, auf die das Fundraising wesentlichen Einfluss nehmen muss, in einer Abteilung gebündelt werden. Allerdings bedeutet die gleichzeitige Verantwortung für die Database und die kreative Gestaltung der Spenderzeitschrift und für publikumswirksame Events einen Spagat, den eine Person nur schwer leisten kann.

Diese Struktur bedeutet letztlich, dass der Leiter einen hohen Anteil seiner Arbeitszeit der Personalführung widmet. Die verschiedenen Problemfälle in den einzelnen Bereichen lassen sich mit genügend Fachwissen von einer Person kaum durchdringen und beurteilen. Je nach Größe der Organisation kann eine solche Abteilung leicht aus zwanzig Personen oder mehr bestehen.

Durch diese Struktur ist auch eine gewisse Vorentscheidung gefällt. Einem Vorstand oder einer Geschäftsführung, die sich für eine solche Struktur entschieden haben, kommt es vor allem darauf an, dass Fundraising eine starke interne Position hat und reibungslos läuft. Mögliche Konflikte innerhalb der obigen Funktionsbereiche werden innerhalb der Abteilung geklärt. Eine solche Abteilungsstruktur kommt einem Modell entgegen, das nur ein klein dimensioniertes mittleres Management zum Ziel hat. Typisch wäre neben dem Leiter Fundraising noch ein Leiter oder Leiterin für die Fachreferate Presse und Verwaltung, wobei Presse dann auch als Stabsstelle direkt der Geschäftsführung zugeordnet sein könnte.

Die obige Struktur kann aber auch in mehrere Abteilungen zerlegt werden. Der Vorteil ist, dass dann die jeweiligen Abteilungen stärker ihre Eigeninteressen vertreten können. Interessengegensätze werden nicht so leicht von der „starken Hand" des Leiters entschieden oder zugedeckt.

Obwohl eine Trennung von Database und Fundraising recht selten ist, hat dies ungemeine Vorteile. Es ist eine Vorentscheidung, dass Fundraising sich auf die Psychologie des öffentlichen Auftritts konzentrieren kann. Database-Fragen und deren Lösung bedürfen einer solchen gedanklichen Intensität, dass häufig wenig Platz bleibt für die Durchdringung der psychologischen Effekte der Fundraising-Maßnahmen. Database-Fragen erscheinen meistens unmittelbar dringender, sodass ein permanenter Trend entsteht, die Lösung der Database-Fragen prioritär zu behandeln. Die Abtrennung der Database vom Fundraising löst dieses Problem.

Es sind eben unterschiedliche Talente und Menschentypen, die sich jeweils mit diesen Fragestellungen beschäftigen. Diese Sichtweise auf die Arbeitsstrukturen legt nahe, diese Bereiche funktionell zu trennen, obwohl sie eng zusammenarbeiten müssen. Es vereinfacht auch deutlich die Besetzung von offenen Stellen, da die gesuchten Personen nicht so gegensätzliche Talente und Erfahrungen in sich vereinen müssen.

(1) Spezialistentum und Talentstruktur in der Fundraising-Abteilung

Vor allem in größeren angelsächsischen Nonprofit-Organisationen (NPOs) ist es verbreitet, für jede Funktion, für jede Aufgabe einen Spezialisten oder eine Spezialistin anzustellen. Da gibt es jemanden für Fremdlisten-Mailings, jemanden für Anzeigen, jemanden fürs Telefonmarketing, jemanden für Großspender, jemanden für Erbschaften usw. Entsprechend groß ist die Fluktuation. Funktioniert eine Maßnahme nicht wie gedacht, ist die Lösung einfach: Ein besserer Spezialist muss her oder die Maßnahme wird gestrichen, die Stelle aufgelöst. Mit jedem Personalwechsel geht ein Stück konkretes, verwertbares Know-how für die NPO verloren. Im Fundraising ist eine solche Struktur häufig fatal.

Auch die Selbsteinschätzung solcher Fundraiser ist eher die eines Dienstleisters aus einer Agentur denn eines Fundraisers der „eigenen" NPO. Statt für die Anerkennung und Durchsetzung ihrer Erkenntnisse zu kämpfen, wechseln sie eher den Arbeitgeber, wenn die Entscheidungsgremien nicht aus eigener Klugheit die richtigen Entscheidungen treffen.

Eine Alternative ist eine Arbeitsteilung und Spezialisierung, die stärker den grundsätzlichen Charakter der Arbeit und der dafür nötigen Talente betrachtet. Eine Person ist z. B. besonders gut in der direkten Ansprache von Menschen. Sie hat Überzeugungskraft und Ausstrahlung. Sie eignet sich also besonders gut für die Betreuung von Großspendern, Künstlern usw. Eine andere Person hat ein großes Talent in logischen Verknüpfungen, Zahlen, Zusammenhängen usw. Sie eignet sich gut für die Produktion von Werbemaßnahmen, Analysen u. a.

Der grundsätzliche Ansatz einer solchen Struktur geht davon aus, dass ein bestimmter Mitarbeiterstamm alles macht – egal, was kommt. Soll ein neues Fundraising-Tool eingeführt werden, wird nicht notwendigerweise jemand Neues eingestellt, sondern jemand aus der Abteilung übernimmt diese Verantwortung und erlernt dieses Tool. Es ist ein selbst-lernendes Team. Wenn jemand Neues eingestellt wird, so geschieht dies aus Gründen der Arbeitsbelastung oder weil ein bestimmtes Talent fehlt – weniger aus Gründen der fehlenden Qualifikationen.

Da in einer solchen Arbeitsstruktur jeder Mitarbeiter eine langfristige Perspektive hat, wird er oder sie sich auch stärker für die Durchsetzung ihrer Erkenntnisse einsetzen. All das trägt zur Innovation bei und zur systematischen Anhäufung eines Erfahrungsschatzes.

(2) Outsourcing-Struktur

Vor allem für kleinere Organisationen ist es sehr verlockend, den Fundraising-Bereich mehr oder weniger in die Hände einer Agentur zu übergeben. Und selbst in größeren Organisationen kommt es vor, dass die Fundraising-Abteilung nur aus einer Person besteht. Die Struktur sieht dann wie folgt aus:

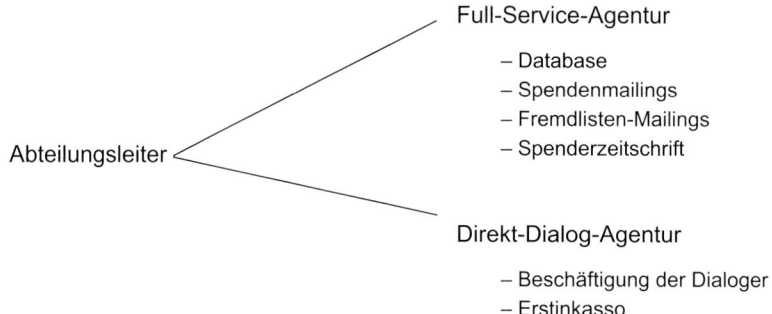

Full-Service-Agentur

   – Database
   – Spendenmailings
   – Fremdlisten-Mailings
   – Spenderzeitschrift

Abteilungsleiter

Direkt-Dialog-Agentur

   – Beschäftigung der Dialoger
   – Erstinkasso

Auf den ersten Blick ist dies speziell für Vorstände sehr verlockend. Es bedeutet jedoch auch, dass in der Organisation selbst relativ wenig Know-how über Fundraising angesammelt wird. Gerade bei der Auslagerung der Database wird diese sehr leicht zu einer Art Black Box, die eventuell gut funktioniert. Wenn aber ein ernsthaftes Problem auftritt, ist man leicht der Database-Firma hilflos ausgeliefert. Und wenn die Firma das Problem nicht lösen kann, geht gar nichts mehr oder es wird sehr teuer.

Bei allen Fragen bezüglich Outsourcings sollte ein Vorstand, eine Geschäftsführung immer bedenken, dass innerhalb der eigenen Reihen mindestens eine Fachkraft vorhanden sein muss, welche die outgesourcten Prozesse im Detail kontrollieren kann. Wenn dies nicht gewährleistet werden kann, sollte unbedingt eine weitere Agentur zur Kontrolle beschäftigt werden. In dem ganzen Feld von Database und Werbemittelproduktion geht es häufig um große Summen, deren effektive Verwendung kontrolliert werden muss. Eine outgesourcte Database läuft auf einer Art Standardsoftware, in der jede Anpassung, jeder Extrawunsch hohe Kosten verursacht.

Eine weitere Gefahr liegt in einer möglichen Verselbstständigung des Fundraisings. Gerade wenn konkrete Erfahrungen mit den verschiedenen Werbemitteln kaum vorhanden sind, wird leicht den Spezialisten und Profis der Agentur vertraut. Das muss nicht verkehrt sein, kann aber zu einer faktischen Abkopplung führen. Es werden Projekte beschrieben, die zwar Fundraising-tauglich sind, aber mit der wirklichen Arbeitsweise der Organisation wenig zu tun haben.

Gerade in den Vorständen von gemeinnützigen Organisationen finden sich nur selten Menschen, die ein gewisses Wissen um die Arbeitsweise der Werbewirtschaft mitbringen. Wenn eine Full-Service-Agentur beispielsweise auch über eine eigene Produktionseinheit von Mailings verfügt, wird sie immer bestrebt sein, diese auch auszulasten. Wenn die Auflagen von Hauslisten-Mailings (HL-Mailings) dies nicht hergeben, werden die Auflagen der Fremdlisten-Mailings (FL-Mailings) erhöht und die Kosten aus den Einnahmen der Hauslisten-Mailings bestritten. Das führt zwar zu einem schönen Anwachsen der Spenderzahlen, leert aber das Bankkonto. Ich habe einmal einem Vorstand geholfen, der diese Zusammenhänge erst begriff, als er faktisch illiquide war.

Der große Vorteil dieser Struktur ist dagegen offensichtlich: Sie ist schlank und beschränkt sich auf das Wesentliche, nämlich die Verwirklichung des Satzungszwecks. Und kleine Organisationen haben manchmal gar keine andere Möglichkeit.

## 2.1.2.5 Die Fundraising-Struktur aus Sicht eines Vorstandes

Die meisten Vorstände von gemeinnützigen Organisationen bestehen aus älteren Männern, die Berufe ausüben oder ausgeübt haben, die ihnen ein gesichertes Einkommen garantieren. Nur relativ selten finden sich z. B. selbstständige Handwerker, Industrielle oder Agenturinhaber in den Vorständen ein. Diese engagieren sich eher in der Handwerkskammer oder im Lions Club. Fundraising betreiben heißt aber, sich auf dem freien „Spendenmarkt" zu behaupten. Da muss investiert, das Risiko eingeschätzt und manchmal auch ein höheres Risiko eingegangen werden. Da soll eine sich plötzlich ergebende Marktchance nicht verpasst werden. Auch haben solche Vorstände ein Problem, wenn es um die Besetzung der Leitungsfunktion für das Fundraising geht. Nach welchen Kriterien sollte eine solche Person ausgesucht werden? Wie erkennt man, ob ein Kandidat, eine Kandidatin für diese Stelle geeignet ist?

In diesem Sinne wäre es sinnvoll, wenn eine Mitgliederschaft, ein Vorstand sich neben der Wahlordnung weitere Regeln gibt. Es könnte eine Zielvereinbarung verabschiedet werden, in welcher Weise der Vorstand in seiner sozialen und „Wissens"-Zusammensetzung strukturiert sein sollte. Mit ziemlicher Sicherheit wäre es auch im Sinne der Verwirklichung der Organisationsziele hilfreich, wenn sich im Vorstand z. B. eine Person aus der Werbewirtschaft einfinden würde. Ein Vorstandsmitglied mit einer solchen Berufserfahrung täte wahrscheinlich allen Diskussionen gut.

Es steckt eine Menge Lebensweisheit in der Regel der Lions Clubs, pro Ortsgruppe jeweils nur einen Vertreter aus einer Berufsgruppe zuzulassen. Wie anders ist doch da die soziale Zusammensetzung vieler Vereinsvorstände. Ein Vorstand ist auch ein Team in einem permanenten Lernprozess. Und je mehr unterschiedliche Erfahrungen darin zusammenkommen, desto fruchtbarer wird wahrscheinlich der Lerneffekt sein.

In einer Angestelltenstruktur würde man es niemals den möglichen Zufälligkeiten einer breiten Wahl überlassen, wie sich ein Team zusammensetzt. Die fast wichtigste Aufgabe eines Geschäftsführers bzw. einer Geschäftsführerin ist die Personalauswahl und die Planung der insgesamt nötigen Qualifikationen. In den meisten Satzungen hingegen ist an Qualifikationsvorgaben nur die Wahl eines Schatzmeisters vorgesehen. Für weitergehende Zielvorgaben ist eine Änderung der Satzung gar nicht notwendig. Eine Debatte auf der Mitgliederversammlung und ein entsprechender Beschluss genügen, um eine Kommission einzusetzen, die sich mit den beschlossenen Zielvorgaben auf die Suche nach entsprechenden Kandidatinnen und Kandidaten begibt. Die Wahlfreiheit der Mitgliederversammlung bleibt vollständig erhalten. Doch die Auswirkungen können dramatisch sein und einen echten Reformprozess einleiten, in dem u. a. das Fundraising von den organisationsinternen Fesseln befreit wird.

# 2.1.3 Fundraising und Organisationskultur

*Kai Dörfner*

## 2.1.3.1 Allgemeines

Jede Organisation hat eine eigene Organisationskultur. Diese ergibt sich, abstrakt gesprochen, aus dem vielfältigen Zusammenspiel von Normen, Denkhaltungen, Zielen, Werten und Paradigmen der haupt- und ehrenamtlichen Mitarbeitenden. Konkret manifestiert sie sich in den vielfältigen Aspekten, die das Bild einer Organisation prägen:

- in strukturellen Faktoren,
- in den Arbeitsbedingungen (materielle Ausstattung, Arbeitsbelastung, persönlicher Gestaltungsspielraum),
- in der Gestaltung von Häusern, Räumen, Büros,
- im Erscheinungsbild von Publikationen, Auslagen, Schaukästen,
- im Leitbild (formal und gelebt),
- im Verhalten der Mitarbeitenden im Organisationsalltag, deren Kleidungsstil,
- im Verhalten der Vorgesetzten,
- in der Veranstaltungs- und Sitzungskultur,
- im Umgang mit und in der Haltung gegenüber Klienten und Kunden im persönlichen, telefonischen und brieflichen Kontakt und in deren Abwesenheit,
- in der verwendeten Sprache, Wort- und Themenauswahl in der internen und externen Kommunikation (auch: Briefe, Telefonate).

Durch diese Kultur prägen sich letztendlich auch die so genannte *Corporate Identity* und das *Corporate Design* heraus, die wiederum in einer Wechselwirkung die Organisationskultur beeinflussen können (siehe 3.2.1). Dabei ist offensichtlich, dass Organisationskulturen nur bedingt statische Gebilde darstellen. Wie die Organisation als Ganze ist auch die Organisationskultur in einem anhaltenden Wandel begriffen. Wie jede Kultur und jedes Ethos sich sukzessive verändern und ihre Gestalt neu bestimmen, so auch die Kultur einer Organisation. Diese Veränderungsprozesse können sich hinter dem Rücken der Akteure vollziehen, oder sie können aktiv gestaltet werden. Dabei ist es für die Organisation bedeutsam, dass sie lernt, ihre Riten, Muster und Abläufe zu erkennen und zu gestalten. Unterscheiden lässt sich dabei, ob diese Veränderungsprozesse und Lernprozesse gewollt, gefördert und begleitet werden, oder ob sie sich unausgesprochen vollziehen.

Die Kultur einer Organisation ist nach innen und nach außen als eine gemeinsam zu „kultivierende" Herausforderung aller Mitarbeitenden zu betrachten, angefangen bei der Telefonzentrale über die Projektabteilungen bis hin zu Geschäftsführung und Vorstand. Nur dort, wo die Außendarstellung der Organisationskultur mit den Selbstdeutungen der Einrichtung, wie sie in Leitbildern und CD-Manuals fixiert sind, übereinstimmt, wird die Organisation durch ihre kommunizierte Kultur als Marke erkennbar. Wo festgeschriebene Selbstdarstellung und Außenwahrnehmung nicht zur Deckung kommen, verfehlt die geformte Organisationskultur ihren Zweck.

Durch ihre Organisationskultur sind Nonprofit-Organisationen (NPOs) trotz oft nahezu identischer Aufgabenstellungen für uns über ihren Namen hinaus unterscheidbar. So haben wir häufig intuitiv unterschiedliche Bilder vor Augen, wenn wir von Caritas, Diakonie, Rotem Kreuz oder Arbeiterwohlfahrt und BUND oder NABU sprechen – wenngleich ihre Tätigkeiten der Form nach oft sehr ähnlich sind und sich auch fachlich auf einem vergleichbaren Standard bewegen. Dennoch wird die Vielfalt wahrgenommen, und dies ist eine Folge unterschiedlicher Organisationskulturen. Nach außen wie in das Innere der Organisation hinein liegt es deshalb nahe, mit dem Begriff der Marke zu operieren, weil sowohl die Kultur der Außendarstellung als auch die Kultur der internen Abläufe und Selbstverständnisse auf Wiedererkennbarkeit zielt.

Die eindeutige Positionierung einer NPO im Spendenmarkt ist ein unverzichtbarer Erfolgsfaktor. Der Unternehmenskultur kommt dabei eine entscheidende Rolle zu. Diese Erkenntnis setzt sich langsam durch, und folgende vier typische Haltungen sind gegenüber dem Phänomen Organisationskulturen beobachtbar:

(1) *Akzeptierende Haltung:* Organisationskultur wird als zufälliges Wechselspiel innerhalb der NPO betrachtet, das nicht beeinflussbar ist und so hingenommen werden muss, wie es sich nun mal darstellt.

(2) *Gestaltende Haltung:* Es wird versucht, die Organisationskultur mittels Leitbildprozessen und Vorlagen zum Corporate Design zu gestalten. Allerdings ist bewusst, dass das Ergebnis trotzdem noch Unwägbarkeiten unterliegt und nicht präzise geplant werden kann.

(3) *Manipulative Haltung:* Organisationskultur wird als jederzeit veränderliche Komponente angesehen, die je nach Marktanforderung entsprechend angepasst werden kann. Insbesondere bei Eingliederungen oder Fusionen wird dieser Ansatz sichtbar.

(4) *Krisenansatz:* Die Organisationskultur wird als stabiles Gebilde anerkannt, das im Zuge einer Krise aber deutlichen Veränderungen unterworfen werden kann. Krisen können intern ausgelöst werden, wenn z. B. in einem Leitbildprozess herauskommt, dass die Wertevorstellungen der Organisationsmitglieder nicht mehr übereinstimmen. Oder sie werden bewusst herbeigeführt, indem bei der Neubesetzung vakanter Stellen und Ämter den externen Bewerbern der Vorzug gegeben wird, die als Außenstehende die herrschende Kultur noch nicht verinnerlicht haben.

Eine konsistente Organisationskultur ist gerade bei größeren NPOs oft die Ausnahme. Trennung von Fachabteilungen und Verwaltung, eine vom Fundraising abgekoppelte Öffentlichkeitsarbeit oder die Auslagerung von Kernaufgaben auf externe Dienstleister führen leicht dazu, dass verschiedene Sub-Organisationskulturen in der Öffentlichkeit sichtbar und wirksam werden. Solange dabei die große Linie, die übergeordnete Organisationskultur in ihrer Unverwechselbarkeit erhalten bleibt, stellt dies kein Problem dar. Vielfalt kann ein Merkmal der Organisationskultur sein. Problematisch wird es aber, wenn diese Subkulturen zu unterschiedlich sind. Also z. B. wenn eine diakonische Einrichtung in ihrer Spenderkommunikation die religiöse Komponente ihrer Arbeit betont, die Sozialarbeiter im Altenheim sich aber weigern, ein Tischgebet für die Bewohner anzubieten (und die Spender dies bei einem Besuch des Altenheims mitbekommen). Oder wenn Ehrenamtliche oder ehemalige Klienten einer NPO von der Spendenabteilung angeschrieben werden und ihnen darin ein Bild der Einrichtung gezeichnet wird, das in keiner Weise deckungsgleich mit den eigenen Erfahrungen ist.

Prinzipiell gilt es also, die Bildung der Organisationskultur zu steuern. Als Entscheidungsaufgabe ist sie damit zunächst bei der Leitung der Organisation angesiedelt, muss aber im Abstimmungs- und Umsetzungsprozedere von den Mitarbeitenden verstanden und getragen werden. Dementsprechend vollziehen sich auch die Änderungen in der Organisationskultur: als nachholendes, als prospektives, als Top-down- und Bottom-up-Phänomen.

Die Bedeutung der Organisationskultur im Fundraising-Prozess ist mittlerweile unbestritten. Sieben Austauschpartner sind primär daran beteiligt:

- Spenderinnen und Spender
- Projekte und Klienten der Organisation
- Öffentlichkeit/Medien
- Vereine, NPOs
- Fundraiserinnen und Fundraiser
- Dienstleister, Agenturen
- Staat

Jeder dieser Partner hat seine ganz spezifischen Ansprüche und erwartet implizit oder explizit ein bestimmtes Verhalten. Jeder dieser Austauschpartner will umworben sein und profitiert in unterschiedlicher, manchmal widersprüchlicher Weise von spezifischen organisationskulturellen Ausprägungen.

Gegenüber den Austauschpartnern im Fundraising, speziell gegenüber den Spenderinnen und Spendern, ist also ein konsistentes, möglichst widerspruchsfreies Auftreten der NPO notwendig, um Irritation und Desorientierung zu vermeiden. Dies ist Bedingung für die Entwicklung einer tragfähigen Spenderbeziehung.

## 2.1.3.2 Fundraising-Kodex für Organisationen

Aus der Tradition firmeninterner Leitbilder, historisch aus der Tradition beispielsweise der Zünfte abgeleitet, sind immer wieder Ansätze sichtbar, Verhaltensregeln für das Fundraising zu verschriftlichen. Diese Verschriftlichungen enthalten regelmäßig Verhaltensanweisungen für Mitarbeitende, die deutlich über den Charakter einer Arbeitsanweisung hinausgehen und Werte wie Authentizität, Ehrlichkeit und Vertrauen gegenüber den Spendenden betonen. Die Regeln des Deutschen Spendenrates, des Deutschen Zentralinstituts für soziale Fragen (DZI), des Deutschen Fundraising Verbandes stehen dafür stellvertretend.

Ziel solcher Richtlinien ist es, die Organisationskultur zu formen. Die Hoffnung lautet, solche Regeln zu einer tragfähigen und an den im Fundraising-Prozess beteiligten Austauschpartnern orientierte Organisationskultur führen. Nicht nur Dachverbänden, sondern auch einzelnen NPOs sei es sehr empfohlen, sich über ihre herrschende Kultur gegenüber den Austauschpartnern im Fundraising-Prozess klar zu werden. Der Versuch, sich auf einen innerverbandlichen Fundraising-Kodex, also ein Spenden-Leitbild, zu verständigen, unterstützt dies sehr.

Eine Gliederung dieses Kodexes kann nach folgenden Kriterien erfolgen:

- wertstiftende Maßstäbe, die Organisationskultur und Organisationswerte widerspiegeln (z. B. Menschenwürde);
- verpflichtende Regeln, die sich auf das Fundraising und die Mittelverwendung beziehen (z. B. Datenschutz, Transparenz, Zweckbestimmung der Mittel);
- konkrete Handlungsanweisungen für alle Beteiligten im Fundraising (z. B. Telefonverhalten, Umgang bei Testamentsversprechen).

Eine ausführliche Mustervorlage für einen Fundraising-Kodex finden Sie bei den Checklisten.

Nicht immer wird es gelingen, die gesamte Organisation von Sinn, Zweck und den Inhalten eines Fundraising-Kodexes zu überzeugen. Selbst wenn nur die direkt mit dem Fundraising-Prozess befassten Mitarbeitenden sich auf einheitliche Maßstäbe einigen können, ist schon viel gewonnen.

## 2.1.3.3 Einzelaspekte zur Entwicklung der Organisationskultur unter Fundraising-Gesichtspunkten

*„Der Vorstand gibt zuerst":* Dieser Satz wurde aus den USA importiert, wo es zum guten Ton gehört, dass Vorstände und Beiräte von NPOs sich selbst auch aktiv als Spender für die eigene NPO betätigen, gar der Beiratssitz von einer jährlichen Spende abhängig ist. In Deutschland hingegen trifft das Ansinnen, die Vorstände oder Mitarbeitenden einer NPO sollten mit gutem Beispiel vorangehen und selbst spenden, nur selten auf fruchtbaren Boden. Möglicherweise ist dies ein Indiz dafür, dass die Beschäftigten eine Diskrepanz zwischen dem eigenen Erleben der NPO und deren öffentlichem Auftritt bei der Spendenwerbung verspüren. Es könnte auch ein Indiz dafür sein, dass die persönliche Einstellung zum Spenden eine andere ist als die, die man von anderen erwartet. Es kann hilfreich sein, diese Frage mit allen am Fundraising Beteiligten zu diskutieren: Wieweit sollen oder müssen Vorstände und Mitarbeitende Vorbilder für die Spendenden hinsichtlich Spendenverhalten oder geteiltem Wertehorizont sein? Wieweit sind NPOs hier *Tendenzbetriebe?*

*Veränderungsresistenz* von Organisationskultur: Jede Organisationskultur birgt in sich innovationsfeindliche Tendenzen, da ein Merkmal von Organisationskultur ihre organisch gewachsene Struktur ist. Dies ist in Krisenzeiten problematisch und kann beispielsweise dazu führen, dass sich eine NPO und ihre (potenziellen) Spender auseinander entwickeln. Hier gilt es genau zu beobachten, ob die Besonderheiten der Organisationskultur noch Stärken im Sinne einer positiven Differenzierung zu Mitbewerbern im Spendenmarkt sind, oder nicht bereits Schwächen. Ein kritischer Blick von außen kann in solchen Fällen die Augen öffnen. Klassische Veränderungsmomente für eine Organisationskultur hinsichtlich ihrer Spenderbeziehung sind auch neue Mitarbeitende oder größere Softwareumstellungen, die mit veränderten Aufgabenbeschreibungen für die Mitarbeitenden einhergehen.

*Interne Kommunikation:* Die Fundraiser geraten häufig in ein innerbetriebliches Spannungsfeld, insbesondere dann, wenn sie sich einem externen oder intern nicht geteilten Kodex verpflichtet fühlen, ganz gleich, ob dieser verschriftlicht oder lediglich tradiert wurde. Dieses Spannungsfeld kann entstehen durch: rein monetäre Zielvorgaben, abwertende Einstellung von Fachkollegen gegenüber den Werten der Spendenden, Unverständnis gegenüber einer spenderorientierten Aufbereitung von Fachinhalten usw. Durch aktive interne Öffentlichkeitsarbeit lässt sich dieses Spannungsfeld abbauen.

*Einbindung externer Dienstleister:* Sprache, Umgang mit Austauschpartnern, persönliches Engagement der Mitarbeiter für die Ziele der NPO und all die anderen Bestandteile von Organisationskultur lassen sich bei Fusionen nicht einfach auf eine andere NPO übertragen. Genauso wenig lassen sie sich eins zu eins auf externe Dienstleister übertragen. Aus diesem Grund ist es unabdingbar, genau zu prüfen, welche Aufgaben ausgelagert werden sollten und welche Aufgaben unbedingt innerhalb der NPO bearbeitet werden müssen. Der schönste Spendenbrief, der freundlichste Callcenter-Anruf, das modernste Layout gehen am Ziel vorbei, wenn diese nicht zur Organisationskultur passen. Spender werden diese Diskrepanz bemerken und irritiert oder mit Verwechslung reagieren.

## Weiterführende Literatur

Badelt, Christian (Hrsg.): Handbuch der Nonprofit Organisation. Strukturen und Management, 3. Auflage, Stuttgart 2003; hier besonders Teil I: Kapitel 7 und 8, Teil II: Kapitel 4 und 15.

## 2.2 Voraussetzungen und Ressourcen des Fundraisings in Nonprofit-Organisationen

### 2.2.1 Organisatorische Voraussetzungen

*Klaus Heil*

#### 2.2.1.1 Organisationsstrukturen als Herausforderung

Erfolgreiches, vor allem nachhaltig erfolgreiches Fundraising kommt nicht ohne eine fundierte Organisationsentwicklung aus, die Ziele, Strategie und Prozesse der Organisation analysiert, aufeinander abstimmt und weiterentwickelt. Die Bereitschaft der Organisation, die zuerst selbst und aktiv prüfen muss, ob sie die notwendigen Voraussetzungen erfüllt, Fundraising zu betreiben, wird als Institutional Readiness bezeichnet[1] (siehe 2.1.1).

Dass Nonprofit-Organisationen (NPOs) eine solche Organisationsentwicklung bewusst und vor allem mit dem Ziel des Fundraisings betreiben, ist noch selten. Das hat damit zu tun, dass NPOs in der Regel sehr viel stärker an Personalität als an Strukturqualität orientiert sind. Das wiederum hängt mit ihren Produkten zusammen, die überwiegend immaterielle Dienstleistungen sind, die in einem Kontext aus Werten und Normen stehen, die sich aus dem Selbstverständnis der NPO ableiten. Derart schwer fassbare und nicht leicht zu beschreibende Gebilde lassen sich leichter über Personen repräsentieren, die für die Organisation stehen, als über Strukturen, die eher für klassische Produktionsprozesse und Wirtschaftsgüter stehen.

Dass NPOs so strukturiert sind, ist keineswegs ein Nachteil gegenüber klassischen Produktionsbetrieben, im Gegenteil. Im Zeitalter der Uniformität von Waren und deren gestiegener und gleich bleibend hoher Qualität ist das Image eines Produktes oder einer Organisation, in der Sprache des Marketings: das *Branding*, ein wichtiges Instrument, für einen Kunden im Markt interessant und unterscheidbar zu werden. So ist das Schaffen und Kommunizieren einer Marke (das bedeutet *Branding*) für kommerzielle Dienstleister und Markenartikelhersteller seit Jahren ein unverzichtbarer Bestandteil ihrer Kommunikations- und Marketingstrategie geworden. NPOs haben dagegen oftmals schon in ihrem Organisationszweck entscheidende Profil gebende und Marken bildende Möglichkeiten, die der erfolgreichen Herausbildung von unterscheidbarem Profil und öffentlicher Wahrnehmung dienen können (siehe 3.2.1). Doch bisher wird dies selten systematisch genutzt.

Um ein konsistentes Branding zu entwickeln, bedarf es zunächst der Verständigung über die Vision und Mission der NPO. Drei Fragen können dabei leitend sein:

– Ist die Vision und Mission der NPO klar, prägnant in wenigen Sätzen zu fassen und aus der Satzung abzuleiten?

– Passen die aktuellen Aufgaben der NPO dazu oder haben sie sich im Lauf der Zeit von ihnen wegentwickelt?

– Sind diese nach innen und außen kommuniziert?

Die Verständigung darüber ist ein dynamischer, ständig laufender systematischer Analyse- und Entwicklungsprozess, der der gegenseitigen Vergewisserung bedarf: Die NPO klärt diese Fragen intern und extern im Gespräch mit ihren Kunden, Unterstützern und klärt dabei, ob sie so wahrgenommen und verstanden wird, wie sie das beabsichtigt.

Aller Anfang ist schwer, das gilt vor allem für NPOs, die Fundraising neu implementieren wollen. Die situative Notwendigkeit von Fundraising-Erfolgen und auch die eine oder andere (zunächst) schnell wirkende Fundraising-Form und -Methode mögen eine notwendige Organisationsentwicklung zunächst verhindern. Tatsächlich aber wird nur eine langfristige Bindung von Unterstützern Fundraising erfolgreich machen, und das ist wiederum nur möglich, wenn der Organisation ihre Identität klar bewusst ist, deren Wirkung kalkuliert werden kann und alle Beteiligten in die Kommunikation eingebunden sind.

## 2.2.1.2 Strategie und Taktik: Die Strategiepyramide

*Strategie* ist die Anpassung des grundlegenden Auftrags einer Organisation an sich verändernde Umweltbedingungen. *Taktik* ist die Beschaffung und der Einsatz der Mittel dazu.[2] Nach dieser vom berühmtem Militärstrategen Carl von Clausewitz abgeleiteten Definition ist die Strategie einer Organisation nicht das statische Ergebnis eines Strategieworkshops oder ein Auszug aus dem Leitbildtext, sondern ein ständiger Prozess, der zeitlich in die Zukunft gerichtet ist: Strategietableaus haben einen Zeithorizont von etwa drei bis fünf Jahren und formulieren strategische Globalziele. Die davon abgeleitete jeweilige Taktik zielt etwa auf einen Jahreshorizont (ein Budgetjahr) und beschreibt die Umsetzung und vor allem die Ressourcenbewirtschaftung.

Jede Organisation braucht ein Strategiemodell, um ihren Organisationszweck zielgerichtet und erfolgreich umzusetzen (siehe 3.1). NPOs haben oft ein Defizit an systematischer Strategieentwicklung. Dennoch besitzen sie faktisch, wie jede Organisation, bestehende Strategien mit all ihren Folgewirkungen hinsichtlich ihrer Taktik und der operativen Umsetzung: All dies ist vielfach nicht bewusst oder wird zumindest nicht explizit kommuniziert. Ziel einer systematischen Strategieentwicklung ist es deshalb nicht, die Organisation neu zu erschaffen, sondern das Bestehende systematisch zu erkennen, zu explizieren, zu ordnen und (neu) auszurichten. Die folgende Grafik zeigt die Funktionsweise des Strategieprozesses als Strategiepyramide nach dem Prinzip des EFQM.[3]

Abbildung 1: Strategiepyramide nach EFQM

© Klaus Heil 2004

Strategiebildung ist stets Leitungsaufgabe. Jeder Strategieprozess funktioniert als Top-down-Prozess. Von der Spitze zum Fuß der Pyramide sehen wir nicht nur eine logische, sondern auch eine zeitliche Abfolge, das heißt: Ohne Klarheit über die Vision und Mission, das Leitbild der Organisation, kann weder eine sinnvolle, stimmige Strategieplanung erfolgen, noch eine stringente Planung von Taktik und operativer Umsetzung von Maßnahmen.

## 2.2.1.3 Analyse, Strategie und Taktik

Grundlage für die Entwicklung einer Strategie und Taktik ist eine gründliche Analyse und Zielentwicklung. In der Praxis hat sich dazu das Sieben-Phasen-Modell systematischer Kommunikation bewährt (siehe 3.2.2). Zusammenfassend sollen hier fünf wichtige Eckpunkte dieses Modells herausgehoben werden:

(1) Die *Umfeldanalyse* (vgl. Phase 1 und 2 des Sieben-Phasen-Modells)

Elemente der Umfeldanalyse sind im Wesentlichen Fragen nach:

–  der Art der Organisation, ihrem Profil (Leitkultur, ggf. formuliertes Leitbild, Organigramm),
–  der Art des politischen, ökonomischen und sozialen Umfeldes der Organisation,
–  dem aktuellen Marketing-Potenzial (Zielgruppen, Medien, Reichweite); die Aus-

gangsbasis (z. B. anhand der bestehenden Mitglieder-, Ehrenamtlichen- und Förderer-Datei) sollte bestimmt und die Potenziale beschrieben werden,

- der Konkurrenz der Organisation (Lassen sich Marktführer in diesem Segment identifizieren?),

- den prospektiven Erweiterungen des Marketing-Potenzials, von Aufwand und Wirksamkeit.

Die Ergebnisse einer Umfeldanalyse können sehr umfangreich sein. Notwendig ist es in einem zweiten Schritt, die für erfolgreiches Fundraising wesentlichen Faktoren herauszuarbeiten.

(2) *SWOT-Analyse* (vgl. Phase 2 des Sieben-Phasen-Modells)

Ein hilfreiches Darstellungsprinzip für die Ergebnisse der Umfeldanalyse bietet die so genannte *SWOT-Analyse*. Sie ist fälschlicherweise als Analyse bekannt, ist aber eher eine spezielle Form der Darstellung von Erkenntnissen und daher gut geeignet, die Dinge zusammenfassend auf den Punkt zu bringen. Die Buchstaben SWOT stehen für Strength (Stärken), Weakness (Schwächen), Opportunity (Chancen) und Threat (Risiken).

Mit Hilfe der SWOT-Analyse können nun sowohl die strategischen Ziele der jeweiligen Ebene (siehe Abb. 1) als auch die dazu notwendigen taktischen Maßnahmen und Operationen beschrieben werden (siehe auch Checkliste im Anhang).

(3) *Zielformulierungen* (vgl. Phase 3 des Sieben-Phasen-Modells)

Die strategischen Ziele werden in ein möglichst übersichtliches Zieltableau gefasst. Weniger ist hier mehr: Eine Sammlung strategischer Ziel umfasst etwa fünf bis acht Zielformulierungen, die direkt von der Mission und Vision eines Unternehmens abgeleitet sind. Ein Ziel wird stets als Aussage formuliert. Beispiele für strategische Ziele:

- Das Unternehmen wird innerhalb von drei Jahren ein VIP-Spendenprogramm aufbauen.

- Ein Upgrade-Programm wird für Dauerspender mit mittleren Durchschnittsspenden entwickelt und umgesetzt (drei Jahre).

- Das Thema „Hilfen für benachteiligte Kinder" wird als Fundraising-Thema aufbereitet und kommuniziert (vier Jahre).

- Das Unternehmen verdoppelt die Einnahmen aus regionalem Bußgeldmarketing binnen zwei Jahren.

Diese strategischen Ziele haben operative Folgen: Beispielsweise muss die Marktanalyse verfeinert werden, damit z. B. Ursache-Wirkungs-Zusammenhänge genau beleuchtet werden. Die passenden Ressourcen müssen ermittelt und budgetiert werden, schließlich muss ein Aktionsplan erstellt werden (siehe 2.3.1).

Um diese Planungsschritte sinnvoll aufeinander abzustimmen, braucht es so genannte Reviews, in regelmäßigen Abständen wiederkehrende Ergebniskontrollen. Deshalb läuft der gesamte Prozess zyklisch ab, in Form eines *Qualitätszirkels*.

(4) *Aktions-Planung* (vgl. Phase 4 des Sieben-Phasen-Modells)

Auf operativer Ebene kommt die Fundraising-Maßnahme zustande. Diese wird in einem *Aktionsplan* oder Maßnahmenplan gefasst. Hier ist eine hohe Verbindlichkeit aller Beteiligten besonders relevant.

(5) *Qualitätszirkel* (vgl. Phase 7 des Sieben-Phasen-Modells)

Um die verschiedenen Planungsschritte sinnvoll aufeinander abzustimmen, bedarf es regelmäßiger Ergebniskontrollen (Reviews). Deshalb läuft der gesamte Prozess zyklisch ab.

Abbildung 2: Qualitätszirkel

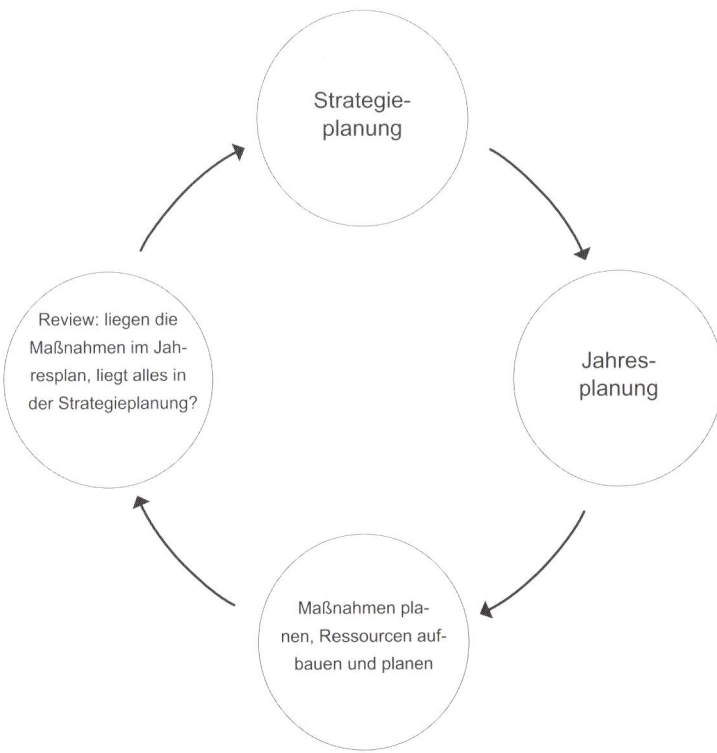

## 2.2.1.4 Implementierung von Fundraising: Verbindlichkeit durch Kontrakt

Fundraising neu aufzubauen oder wesentlich zu optimieren, erfordert Entschlossenheit und Verbindlichkeit von unterschiedlichen Personen, Bereichen oder Abteilungen in einer NPO. Für den Erfolg oder Misserfolg des Fundraisings ist nicht allein der Fundraiser oder die Fundraiserin verantwortlich. Um die erforderliche Verbindlichkeit zu ermöglichen und zu gewährleisten, hat es sich bewährt, einen organisationsinternen *Fundraising-Kontrakt* zu schließen, der folgende Punkte berücksichtigen sollte.

### (1) Budgetanalyse

- Ist die Finanzierung der Organisation transparent abgebildet (sind die Kosten, Erlöse, Rücklagen sachlich abgegrenzt zugeordnet)?
- Kann die Performance der Organisation(steile) erkannt werden?
- Entspricht die Finanzierung der Organisation(steile) dem Organisationszweck/Leitbild/der Organisationskultur?
- Wie ist der Finanzstatus (Vermögen und laufendes Budget), wie sind die Trends (drei Vorjahre/drei prognostizierte Jahre)?

Die Ergebnisdarstellung aller hier vorgeschlagenen Analysen ist zielführend möglich mit Hilfe der SWOT-Analyse.

### (2) Fundraising-Potenziale erkennen

- Organisationsanalyse durchführen.
- Umfeldanalyse durchführen.
- Fundraising-Formen und -Methoden analysieren.

### (3) Businessplan konfigurieren (siehe 2.3.1)

- Drei-Jahres-Planhorizont für die Aktionsplanung errichten.
- Marketing-Zielplanung 1: Welche Teile der Organisation sollen wie entwickelt werden? Welche Erlöserwartungen knüpfen sich daran?
- Marketing-Zielplanung 2: Welche Fundraising-Formen und -Methoden sollen dazu eingesetzt werden? Welche davon sind vorhanden, welche müssen weiter- bzw. neu entwickelt werden?
- Marketing-Zielplanung 3: Welche Kosten, welche Erlöse entstehen? (Investitionen und ROI werden errechnet; siehe 2.4.1.2)

(4) Aktionsplan

Der Businessplan wird in drei einjährige Aktionspläne mit eindeutigen Zielformulierungen übergeführt, die aus dem Strategietableau abgeleitet sind.

– (Teil-)Budgets werden den einzelnen Arbeitsbereichen zugeordnet.
– Die Verantwortung für jedes Teilbudget in der Organisation wird festgelegt.
– Ein Kontrollsystem (Reviews) wird aufgebaut.

(5) Fundraising startet

(6) Controlling

Der Fundraising-Kontrakt wird jährlich überprüft und erneuert.

Mit den im Kontrakt festgehaltenen Handlungs- und Arbeitsschritten wird eine nachhaltige Implementierung von Fundraising in die Organisation möglich. In Verbindung mit einer entsprechenden Dokumentation, die allen Beteiligten ständig verfügbar ist, wird der Charakter eines Kontraktes betont, Gemeinsamkeit, Verbindlichkeit und Verantwortung hergestellt.

## Anmerkungen

1   Vgl. Haibach, Marita: Handbuch Fundraising, Frankfurt am Main 1998, S. 79.
2   Vgl. Clausewitz, Carl von: Strategie denken, München 2003.
3   Vgl. www.deutsche-efqm.de.

## Weiterführende Literatur

Eschenbach, Rolf/Horak, Christian (Hrsg.): Führung von Nonprofit Organisationen. Bewährte Instrumente im praktischen Einsatz, 2. überarbeitete und erweiterte Auflage, Stuttgart 2003.

Gubser, Martin: Lieber in Würde untergehen. Einige Bemerkungen zur Institutional Readiness, in: FundInfo 1/2005, Schweizer Fundraising-Verband, Zürich 2005.

Lotmar, Paula/Tondeur, Edmond: Führen in sozialen Organisationen, Stuttgart 1996.

Schwarz, Peter: Management in Nonprofit Organisationen, Stuttgart 1996.

# 2.2.2 Personelle Ressourcen

*Thomas Kreuzer*

## 2.2.2.1 Professionalisierung der Mitarbeitenden

(1) Genese der Professionalisierung des Berufsbildes Fundraising in Deutschland

Seit Anfang der 1990er-Jahre zeichnet sich vor dem Hintergrund sinkender staatlicher Finanzierung ab, dass die Nonprofit-Organisationen (NPOs) in ihren Finanzierungsstrategien umsteuern müssen, wenn sie die geleistete Arbeit weiterhin solide absichern möchten. Vor allem im kirchlichen Bereich entwickelte sich ein Bewusstsein dafür, dass die zurückgehenden Kirchensteuereinnahmen langfristig flankiert bzw. zu einem gewissen Prozentanteil substituiert werden müssen – und dass, um dies zu erreichen, professionelle Standards im Bereich des Fundraisings benötigt werden. Unter dem Dach des Diakonischen Werkes in Bayern entstanden deshalb neben bereits existierenden einführenden Tagesveranstaltungen ins Thema Fundraising erste mehrtägige, auf mehrere Jahre hin angelegte Spendenmarketing-Seminare, die als Vorläufer der jetzt bestehenden Fundraising-Studiengänge angesehen werden können. Aus der gemeinsamen Initiative des Gemeinschaftswerkes der Evangelischen Publizistik, der Bundesarbeitsgemeinschaft Sozialmarketing (heute: Deutscher Fundraising Verband) und dem Deutschen Spendenrat entstand im Jahr 1999 die Fundraising Akademie gGmbH, die von ihrem Ursprung her mehrere Ziele verfolgt: das Berufsfeld Fundraising zu professionalisieren; die Ausbildung im Fundraising zu systematisieren; Fundraiserinnen und Fundraiser durch Ausbildung zu qualifizieren; ethische Kriterien und Qualitätsstandards zu formulieren sowie praxisnahe Forschungen anzuregen. Die Fundraising Akademie hat sich als führende Aus- und Weiterbildungsstätte für Fundraising im deutschsprachigen Raum positioniert. Sie hat das TQE-Qualitätsmanagement-Modell für das Fundraising angepasst, das Entstehen von Benchmark-Studien für Fundraising in NPOs angeregt und ist Partner des Europäischen Fundraising Verbandes bei der Entwicklung europaweiter Standards für Fundraising-Ausbildung, -Zertifizierung und -Akkreditierung.

Weitere Meilensteine auf dem Weg der Professionalisierung des Fundraisings wurden im Jahr 1993 mit der Gründung des Deutschen Spendenrats e. V., der Gründung der Bundesarbeitsgemeinschaft für Sozialmarketing (heute: Deutscher Fundraising Verband e. V.) sowie dem Abhalten des ersten Deutschen Fundraising Kongresses gelegt. Der Deutsche Fundraising Verband ist in zahlreiche Fachgruppen untergliedert, seit 1995 gibt es dazu noch den Deutschen Fundraiserinnen Tag.

Mit dieser begonnenen Professionalisierung entwickelt sich das Berufsbild Fundraising als eigener Berufsstand in einem sich formierenden Dritten Sektor.

(2) Formen der Qualifizierung im Fundraising

Das Anforderungsprofil für einen Fundraiser oder eine Fundraiserin ist umfassend. Ein breites Spektrum fachlicher und persönlicher Qualifikationen wird erwartet, und diese müssen ausgebildet werden. Die Erfahrung zeigt, dass dieser Lernprozess Zeit braucht, da es nicht nur um die Aneignung fachlichen Wissens geht, sondern darüber hinaus vor allem ein strategisches Können erfordert, die neu erworbenen Kenntnisse und Fertigkeiten im spezifischen Arbeitsfeld anzuwenden. Die Fundraising Akademie unterstützt und begleitet ihre Studierenden über die Studiendauer von zwei Jahren beim Aufbauen, Gestalten und Umsetzen der Fundraising-Prozesse in ihren Organisationen. Diese Verbindung von Lehre mit Consulting und Service als Modell berufsbegleitenden Lernens ist das Spezifikum der Fundraising Akademie im Spektrum der verschiedenen Fortbildungsangebote im Bereich des Fundraisings.

Die Studierenden der Fundraising Akademie werden in die Lage versetzt, Fundraising-Konzepte für ihr spezifisches Tätigkeitsfeld maßzuschneidern. Erlerntes kann so unmittelbar in einem passgenauen Transfer auf seine Praxisrelevanz hin überprüft werden. Zugleich entwickelt sich die eigene Berufspraxis durch die Reflexion des Gelernten weiter. Zwei Jahre sind dafür ein angemessener Zeitraum. Innerhalb von zwei Jahren werden persönliche Lernprozesse spürbar und damit sichtbar. In zwei Jahren können auch Entwicklungs- und Veränderungsprozesse in Organisationen erkennbar und erfolgreich werden. Bei Tagesveranstaltungen oder auch wesentlich kürzeren Fortbildungszeiträumen kann all dies nicht geleistet werden.

Da Fundraising in Deutschland bislang kaum konstitutiver Bestandteil des Managements im Dritten Sektor ist (siehe 2.1), muss eine Qualifizierung im Fundraising die Entwicklung der Organisation als ganze im Blick haben. Fundraising zeitigt nur dort Erfolg, wo die *Institutional Readiness* (siehe 2.1.1) gegeben ist. Es ist bemerkenswert, dass im Curriculum der Fundraising Akademie die Formen und Methoden des Fundraisings immer stärker rückgebunden werden mussten an die Fragen nach den institutionellen Voraussetzungen. Fundraising-Erfolge hängen von entgegenkommenden Strukturen ab und können nicht allein von dem effektiven Einsatz der Fundraising-Tools erwartet werden.

Exemplarisch soll kurz die Struktur des zweijährigen berufsbegleitenden Studiengangs an der Fundraising Akademie dargestellt werden, um die wesentlichen Notwendigkeiten einer nachhaltigen Qualifizierung festzuhalten. Die Verbindung von Lehre mit Consulting und Service wird durch fünf aufeinander bezogene Hauptelemente der Ausbildung realisiert. In vier einwöchigen Präsenzphasen (Intensivseminaren) im halbjährigen Abstand vermitteln ausgewiesene Dozentinnen und Dozenten die Theorie und Praxis des Fundraisings. Dies geschieht durch Vorträge mit Fallbeispielen und praktische Übungen in so genannten Lernagenturen. Die Studierenden erwerben hier grundlegendes fachliches Wissen, erproben Methoden und Fertigkeiten und trainieren exemplarisch die Planung, Durchführung und Bewertung von Fundraising-Aktivitäten. Die Präsenzphasen bilden zugleich ein Forum für kollegiale Beratung und Vernetzung.

Mentorierte ganztägige Regionalgruppentreffen zwischen den Präsenzphasen bieten ein Forum, Fragen aus der Ausbildung und aus den Praxisfeldern der Studierenden individuell und kollegial zu beraten und persönliche Kompetenzen weiterzuentwickeln. Diese Diskursform, die auf die „Person in der Institution" reflektiert, kann nicht hoch genug eingeschätzt werden, weil Umstrukturierungsprozesse in den Fundraising einführenden Organisationen systematisch begleitet und ausgewertet werden. In Hausarbeiten, die auch jeweils zwischen den Präsenzphasen geschrieben werden, vertiefen, übertragen und reflektieren die Studierenden das Gelernte auf ein Praxisprojekt in ihrem Arbeitsgebiet.

Ein während der gesamten zweijährigen Ausbildungszeit geführtes „Logbuch" dokumentiert kontinuierlich die eigenen Fundraising-Erfahrungen. In den Abschlussprüfungen, die eine Abschlussarbeit, eine Klausur und mündliche Prüfungen umfassen, weisen die Studierenden ihre erworbenen Fähigkeiten nach. Sie zeigen, dass sie Fundraising-Prozesse systematisch konzipieren, umsetzen und bewerten können. Nach erfolgreichem Abschluss der Ausbildung verleiht die Fundraising Akademie den von den Spitzenverbänden im Fundraising anerkannten Titel „Fundraising Manager/-in (FA)".

Eine andere Variante, die nötige Professionalisierung im Fundraising in der Organisation sicherzustellen, kann alternativ durch Inhouse-Seminare, Berater oder andere externe Dienstleister gewährleistet werden. Hierzu bieten die Fundraising Akademie und andere Anbieter Seminare für Vorstände und Geschäftsführung (Board Education) oder erarbeiten gemeinsam mit den Mitarbeiternden Fundraising-Konzepte, die sukzessive umgesetzt werden können. Die Form der Board Education ist deshalb sinnvoll, weil der Erfolg des Fundraisings wesentlich in der Institutional Readiness zu sehen ist und nicht isoliert einzelnen Personen zugeschrieben werden kann.

Insgesamt ist eine Investition in eine umfassende Qualifizierung von Mitarbeitenden im Fundraising für den Gesamterfolg einer Organisation unabdingbar.

Solange in Deutschland der Aufbau ausdifferenzierter Fundraising-Abteilungen noch im Entstehen begriffen ist und nur große Organisationen Funktions- oder Bereichsteilungen im Fundraising vornehmen, zielt die Bildung der personellen Ressourcen schwerpunktmäßig auf ein generalistisches Verständnis des Fundraisers. In Zukunft wird aller Voraussicht nach die funktionale Ausdifferenzierung der Fundraising-Abteilungen voranschreiten. Die erforderlichen und spezifischen Weiterbildungsangebote werden sich entsprechend entwickeln. Daher werden die Organisationen nicht umhinkönnen, weiter in den Auf- und Ausbau des Fundraisings zu investieren und es in die Unternehmensstrategie zu integrieren. Das wird einen Qualifizierungs-, Fort- und Weiterbildungsbedarf nach sich ziehen, da der zunehmende Wettbewerb qualitativ hohe Standards in allen Bereichen des Unternehmens erforderlich macht.

Zurzeit liegt der Schwerpunkt der vorhandenen Curricula überwiegend noch auf der Vermittlung von betriebswirtschaftlichen Kenntnissen und Management-Know-how. Andere wichtige Bereiche wie die Traditionen des Gebens, Schenkens und Stiftens, humanwissenschaftliche und sozialphilosophische Zugänge zur Gabe spielen eine nachgeordnete Rolle, was dem hohen Anwendungs- und Verzweckungsdruck der curricularen Vorgaben geschuldet ist. So ergibt sich für das Fundraising dieselbe Problemkonstellation wie für das Nonprofit-Management insgesamt, bislang einer eher adaptiven Wissenschaftsauffassung zu folgen.

(3) Fundraising als Beruf. Prognosen über die Zukunft des Berufsbildes Fundraising

Die Entwicklung und Professionalisierung des Berufsbildes von Fundraiserinnen und Fundraisern ist ein Ergebnis des gesellschaftlichen Wandels, in dem der Dritte Sektor, durch die Verknappung von Mitteln aus öffentlicher Hand, zur Übernahme von mehr gesellschaftlicher Verantwortung und einer höheren Leistungsfähigkeit herausgefordert ist. Fundraiserinnen und Fundraiser nehmen, weil sie durch ihre Arbeit die Leistungsfähigkeit und Eigenständigkeit des Dritten Sektors stärken, gesellschaftspolitische Aufgaben und Verantwortung wahr. Zum Beispiel dadurch, dass sie im Blick auf (neue) Geberinnen und Geber mit dem Gestaltungs- und Partizipationsaspekt des Gebens, Spendens und Schenkens argumentieren. So fördern sie unmittelbar die Herausbildung bürgerschaftlichen Engagements.

Fundraiserinnen und Fundraiser sind, ob sie es wollen oder nicht, Akteure des gesellschaftlichen Wandels. Sie begleiten und forcieren ihn, sie sind Change Agents. Dies ist in ihrem Alltag auch zumeist ihre schwierigste Rolle. Sie umfasst eine doppelte Aufgabe: Nach innen, in die eigene Organisation hinein, ist zu plausibilisieren, dass die Organisation umdenken, lernen und sich entwickeln muss, um – nach außen – auf dem Markt mit einem klar konturierten Profil erkennbar zu sein und im zunehmenden Wettbewerb mit anderen Organisationen auch in Zukunft leistungsfähig zu bleiben.

## 2.2.2.2 Ehrenamtliche im Fundraising

Nahezu jedes professionelle Fundraising im gemeinnützigen Sektor wird unterstützt durch freiwilliges Engagement. In der Regel wird hauptamtliche bezahlte Arbeit durch ehrenamtliche ergänzt, wobei eine einfache Unterscheidung zwischen „Laienarbeit" und professioneller Arbeit die geleistete ehrenamtliche Arbeit im Grunde durchgehend unterbestimmt. Die Aufgabenfelder der Freiwilligen im Fundraising sind unterschiedlich. Häufig haben wir es bis hinauf zu den großen Verbänden und Organisationen mit ehrenamtlichen Vorständen zu tun, die sich als „Erste Fundraiser" der Organisation verstehen sollten. Dies gilt sowohl im Blick auf das eigene Spendenverhalten („Der Vorstand zuerst!") als auch hinsichtlich ihrer Multiplikatoren-Rolle, Kontakte anzubahnen, Türen zu öffnen und Netzwerke zur Verfügung zu stellen. Fundraising-Qualifizierung der Vorstände leistet die so genannte Board Education: den Vorstand in umfassender Weise als (ehrenamtliches) Leitungsgremium aufzufassen und zu kultivieren, das Sorge trägt für den abgesicherten ökonomischen Fortbestand der Organisation.

Neben dieser Form der Leitung sind Ehrenamtliche zudem mit ausführenden Arbeiten im Fundraising befasst. Dies betrifft die Mitarbeit in der Fundraising-Abteilung, die Unterstützung bei Veranstaltungen und Events sowie das Anbahnen von Kontakten und

Ressourcen zur Ausführung der Fundraising-Aktionen. Während die Anerkennungs-strukturen ehrenamtlicher Vorstände qua Amt gegeben sind, lassen sich im Blick auf die „ausführenden" Ehrenamtlichen häufig Defizite der Anerkennungsstruktur diagnosti-zieren. In Anlehnung an den Diakonissenspruch Wilhelm Löhes „Mein Lohn ist, dass ich darf" kann man so allgemein wie richtig festhalten, dass in den Organisationen und Einrichtungen des Dritten Sektors eine anerkennungsförderliche Infrastruktur noch im-mer sehr rar ist. Neben der intrinsischen Motivation haben die Einrichtungen das hohe Gut der öffentlichen Würdigung und Ehre zu „vergeben", mit dem großzügig und pro-fessionell umgegangen werden sollte.

Die professionelle Integration von Freiwilligenarbeit in den gemeinnützigen Sektor er-fordert über die Anerkennungsstrukturen hinaus die Schulung und Kultivierung eh-renamtlicher Kräfte. Um diese Förderungen sinnvoll angehen zu können, benötigt man neben Definition und Abgrenzung von haupt- und ehrenamtlicher Arbeit präzise Vor-stellungen der Kompetenzen, Ressourcen und Motivlagen der Akteure.

Auch im Fundraising kann wie in der Literatur zum Freiwilligenengagement allgemein zwischen altruistischen Motiven, Motiven der Selbstsorge und Nutzenmotiven (Geben und Nehmen) unterschieden werden. Dabei wird man sich prinzipiell von paternalis-tischen Ehrenamtsmodellen, die nur auf den „Einsatz" der Freiwilligen ausgerichtet sind, verabschieden müssen, da die Freiwilligen aufgrund ihres Engagements selbst Teil der Organisation werden und damit an Entscheidungen partizipieren und diese auch beeinflussen werden.

Qualitative und hochwertige Leistung ehrenamtlicher Arbeit ist nicht nur abhängig von kultivierten Motivations- und Anerkennungsstrukturen, sondern ebenso von transpa-renten Arbeitsbedingungen, Ziel- und Zeitvorgaben; in den Punkten Leistung und Qua-lität unterscheiden sich demnach haupt- und ehrenamtliche Arbeit nicht wirklich. Der Verantwortungsbereich ehrenamtlichen Engagements kann sich auf das gesamte Port-folio der Fundraising-Aktivitäten beziehen. Dabei sollte es für die Leitung der Organi-sation auch hier selbstverständlich sein, dass hohe Standards eine gute Qualifizierung voraussetzen, die durch Investitionen gebildet werden muss.

## Weiterführende Literatur

Andrews, Claudia/Kreuzer, Thomas: Fundraising als Beruf. Der Studiengang an der Fundraising Akademie, in: Fischer, Kai/Hohn, Bettina/Kreuzer, Thomas (Hrsg.): Fundraising Praxis – aus erfolgreichen Beispielen lernen, Hamburg 2005, S. 163–168.

Anheier, Helmuth K.: Ehrenamtlichkeit und Spendenverhalten in Deutschland, Frankreich und den USA, in: ders./Priller, Eckard (Hrsg.): Der Dritte Sektor in Deutschland, Berlin 1997, S. 197–209.

Bank für Sozialwirtschaft (Hrsg.): Konzeptheft Ehrenamt, Köln 2003.

Becker, Manfred: Personalentwicklung, Stuttgart 2005.

Bundesministerium für Familie, Senioren, Frauen und Jugend (Hrsg.): Freiwilliges Engagement in Deutschland. Ergebnisse der Repräsentativerhebung zu Ehrenamt, Freiwilligenarbeit und bürgerschaftlichem Engagement. Gesamtbericht, Stuttgart 2000.

Deutscher Bundestag (Hrsg.): Bericht der Enquete-Kommission „Zukunft des Bürgerschaftlichen Engagements", Berlin 2002.

Heimerl, Peter/Loisel, Oliver: Lernen mit Fallstudien in der Organisations- und Personalentwicklung. Anwendungen. Fälle und Lösungshinweise, Wien 2005.

Kammerer, Till: Berufsstart und Karriere in Werbung. Marketing und PR, Bielefeld 2005.

Ryschka, Jurij/Solga, Marc/Mattenklott, Axel (Hrsg.): Praxishandbuch Personalentwicklung. Instrumente, Konzepte, Beispiele, Wiesbaden 2005.

Strachwitz, Rupert Graf: Der Zweite und der Dritte Sektor: was heißt Corporate Community Investment, München 1995.

Uekermann, Jan: Gewinnung und Betreuung Ehrenamtlicher: Management + Menschlichkeit, in: Watenphul, Jens/Vöge, Irina/Kreuzer, Thomas (Hrsg.): Fundraising: 46 Experten erläutern Kampagnen, Events, Sponsoring u. v. m., Stuttgart 2005, S. 130–133.

# 2.2.3 Technische Ressourcen

*Reinhard Detering*

Alle Nonprofit- und auch Profit-Organisationen sind auf technische Ressourcen in hohem Maße angewiesen. Dies beginnt bei den Elementarbedürfnissen des Arbeitsumfeldes (Strom, Wärme, Wasser), beinhaltet die übliche Bürotechnik (Kopierer usw.) und kann bis zu technischen Spitzenprodukten wie Wasseraufbereitungsanlagen oder Operationssaalausstattungen für die Versorgung in Katastrophenfällen gehen.

Da beim Fundraising die Kommunikation mit Spendern, Mitgliedern, Paten usw. im Mittelpunkt steht, besitzt die *Kommunikationstechnik* für das Fundraising herausragende Bedeutung. Zur Kommunikationsinfrastruktur zählen alle für die verschiedenen Medien benötigten Geräte und Anlagen wie Telefon und Fax sowie die Informationstechnik wie E-Mail-Systeme und natürlich der Internetauftritt und die Database. Diese ehemals vielfach getrennten Elemente der Kommunikationsinfrastruktur wachsen dabei zunehmend unter Führung der Informationstechnik zusammen: E-Mail-Versand aus der Database und Möglichkeiten einer One-to-one-Kommunikation über Text- oder Sprachdialog im Internetauftritt sind heute keine Seltenheit mehr.

Insgesamt ähnelt die informationstechnische Ausstattung von Nonprofit-Organisationen (NPOs) in weiten Teilen derjenigen von Profit-Unternehmen: meist unter einem Windows-Betriebssystem laufende Arbeitsplatz-PCs, die über ein lokales Netz untereinander und mit Servern verbunden sind, Standard-Software für Finanzbuchhaltung und Personalabrechnung usw. Der entscheidende Unterschied liegt in den informationstechnischen *Kernanwendungen*. Während dazu für eine Fluggesellschaft beispielsweise ihr computergestütztes Reservierungssystem gehört, ist für das Fundraising einer NPO ihre *Database* die zentrale geschäftskritische Anwendung (siehe 6.2.1).

Der Begriff „Database" deutet in seiner technisch geprägten Farblosigkeit mit nichts darauf hin, dass die Database die geballten Informationen über alle Spender und die geplanten und durchgeführten Fundraising-Maßnahmen enthält (oder enthalten sollte) sowie die operativen und analytischen Funktionen bereitstellt, dieses Wissen für die Durchführung des Fundraisings einschließlich der Buchung der Zuwendungen und für die Entwicklung von Fundraising-Strategien zu nutzen (siehe 6.2.2).

Die Spender können in sehr unterschiedlichen Beziehungen zur Organisation stehen: Die Beziehung eines sporadischen Spenders zur Organisation ist eine ganz andere als diejenige eines Paten, eines Legatgebers oder eines Mitglieds. Auch die Beziehungen zwischen der Organisation und (Noch-)Nicht-Spendern wie beispielsweise Persönlichkeiten des öffentlichen Lebens, die um Spenden werben und Kontakte schaffen, oder Ehrenamtlichen können für das Fundraising eine wichtige Rolle spielen. Zu diesen unterschiedlichen Arten von *Beziehungspartnern* der Organisation, kurz *Partnern,* sind auch Gemeinschaften von Personen (wie Ehepaare) oder Institutionen hinzuzurechnen.

Das Herzstück der Database ist demnach die *Partnerverwaltung,* die gemeinhin als Adressverwaltung bezeichnet wird, aber deutlich darüber hinausgeht. Hierzu gehören nicht nur Informationen zur Ansprache des Partners (Name, akademische und andere Titel, postalische Adressen – Hauptwohnsitz, Dienstadresse usw. –, E-Mail-Adressen, Telefonnummern usw., alle jeweils mit Gültigkeitszeitraum), sondern auch alle Kontakte der Vergangenheit nebst den dazugehörenden Dokumenten, also Spendenbriefe der Organisation ebenso wie Notizen zu Telefonaten. Auch Beziehungen von Partnern untereinander spielen z. B. für das Großspenden-Fundraising eine wesentliche Rolle.

Ein Kernelement der Database stellt zudem die *Spendenbuchhaltung* dar. Zur korrekten Buchung der Spenden, ihrer Zuordnung zu einem Partner, einer Werbemaßnahme, einem Zweck usw. sowie zur ordnungsgemäßen Ausstellung von Zuwendungsbestätigungen stützt sie sich auf Funktionen der Partnerverwaltung. Als Nebenbuchhaltung muss sie insbesondere den Geboten der Transparenz und Nachvollziehbarkeit genügen. Kontakte, Dokumente und Spendenbuchungen sind in beträchtlichem Maß von der Form der Beziehung zwischen Spender und Organisation abhängig: So werden Bußgeldzahler anders als Paten angesprochen und ihre Zahlungen auch anders gebucht, Stifter und ihre Stiftungszahlungen wieder anders behandelt.

Die Planung von Kampagnen, Aktionen und einzelnen Werbemaßnahmen, das *Kampagnenmanagement,* ist ein zentraler Funktionskomplex der Database. Professioneller Umgang hiermit beinhaltet immer gründliche vorherige Analysen. Die Database ist also ein für das Fundraising unverzichtbares Werkzeug. Damit sie ihren vollen Nutzen entfalten kann, muss ihr Betrieb auf sichere Füße gestellt werden. Dazu gehören nicht nur die technische Stabilität und Zuverlässigkeit der IT-Gesamtlösung, sondern auch der Schutz vor unberechtigten Zugriffen, die adäquate Einbettung in die organisatorischen Abläufe und last but not least die effiziente Handhabung durch zu diesem Zweck gut geschulte Anwender. Die Qualität der Nutzung besitzt ihre Entsprechung in der Qualität der Daten, die eine permanent zu beobachtende zentrale Zielgröße darstellt.

Unter Kosten- und Effizienzaspekten kann es sinnvoll sein, einzelne Bereiche der Arbeit mit der Database an Dienstleister auszulagern, so z. B. den technischen Betrieb der Server oder die Spendenerfassung. Entscheidend bei einem solchen Outsourcing ist der Erhalt der Kernkompetenzen innerhalb der Organisation, weil sie sonst in Abhängigkeiten von Dienstleistern geraten kann, die ihren Handlungsspielraum einschränken.

Der „volle Nutzen", den die Database bietet, hängt naturgemäß von der jeweils eingesetzten Database und ihrer Eignung für die jeweilige Organisation ab. Die angebotenen Database-Lösungen besitzen unterschiedliche Einsatzspektren (z. B. stärkerer Schwerpunkt auf Massenmailings vs. Schwerpunkt auf Großspendenakquise), wobei neben dem effektiv zu bearbeitenden Umfang der zu verwaltenden Daten insbesondere von Bedeutung ist, ob die Database die auf mittlere Sicht benötigten Fundraising-Formen unterstützt.

Eine leichtfertige Auswahl und ein schlecht durchdachter Betrieb der Database können Hemmnisse in der Arbeit mit der Database bewirken, die nur durch – gegebenenfalls erheblich – vermehrten Personaleinsatz auszugleichen sind. Manches, wie eine weniger zielgerichtete Ansprache der Spender aufgrund von Schwächen in der Zielgruppensegmentierung, kann überhaupt nicht wettgemacht werden. Auch wenn die Database „nur" ein Werkzeug ist, lohnt es sich also, in Auswahl und Betrieb Zeit und Sorgfalt zu investieren.

# 2.2.4 Zusammenarbeit mit Dienstleistern

*Gerald Hündgen/Irmgard Nolte*

## 2.2.4.1 Von der gezielten Auswahl zur fruchtbaren Zusammenarbeit mit Dienstleistern

Fundraising und soziale Kommunikation haben sich in den letzten Jahren zu einem ebenso anspruchsvollen wie komplexen Aufgabenbereich entwickelt. Der Trend geht zu Arbeitsteilung und Spezialisierung. Deshalb stellt sich hier immer häufiger die Frage nach der „Auslagerung" bestimmter Tätigkeiten und der Beauftragung von externen Dienstleistern. Die Gründe für eine Zusammenarbeit mit Dienstleistern stellen sich dabei z. B. entsprechend der Größe der Organisation oder des Entwicklungsniveaus ihres Fundraisings als recht unterschiedlich dar: So können notwendig gewordene Personalressourcen oder Fachkompetenzen „in house" nicht vorhanden sein und die Vergabe der entsprechenden Aufgaben an Dienstleister mehr Flexibilität und geringere Kosten mit sich bringen als die Einstellung von neuen Mitarbeitenden. Für die Zusammenarbeit mit einer Agentur kann aber auch das Bedürfnis sprechen, gewohnte Pfade zu verlassen und sich durch den „Blick von außen" neue Impulse zu verschaffen. Insgesamt wird sich eine Organisation von Dienstleistern stets einen „Mehrwert" versprechen, d. h. sie müssen im gegebenen Aufgabenbereich effektiver und/oder kostengünstiger sein.

## 2.2.4.2 Externe Dienstleister: das Für und Wider

Bei vielen Leistungen liegt der Vorteil von Dienstleistern auf der Hand, weil sie über Geräte und Know-how verfügen, die für eine Organisation buchstäblich unbezahlbar sind. Das trifft ebenso auf den Druck wie den Massenversand von Broschüren, Mailings, Newslettern oder Plakaten zu wie für die Entwicklung und Installation der Software von Datenbanken oder die Selektion und den Kauf von Adressen. Bei den Tätigkeiten hingegen, die auch von der Organisation selbst übernommen werden *könnten*, sollte der Entscheidung für oder gegen einen Dienstleister eine genaue Prüfung von Kosten und Nutzen vorausgehen. Dies gilt z. B. für die Gestaltung unterschiedlicher Materialien oder von Internetauftritten, der Unterstützung bei der Pressearbeit, der Planung und Umsetzung von Veranstaltungen oder der Durchführung von Aufklärungs- und Spendenaktionen.

## 2.2.4.3 Das Spektrum von Dienstleistern

Organisationen können mit Blick auf jede denkbare Aufgabe heute eine Wahl unter vielen spezialisierten Dienstleistern treffen: Werbeagenturen, Grafikerinnen und Webdesigner statten Organisationen mit allen gewünschten Materialien und Instrumenten für den publikumswirksamen Auftritt aus. PR-Agenturen und Journalistenbüros unterstützen die Öffentlichkeits- und Medienarbeit. Fundraising-Agenturen, Text- und Grafikbüros, Druckereien, Adressbroker, Lettershops und Briefzusteller realisieren alle Phasen eines Mailings. EDV-Beratungsunternehmen und Softwarehersteller unterstützen Inbetriebnahme und Pflege einer Datenbank. Event-Agenturen und Messebauer planen Veranstaltungen wie Veranstaltungsauftritte und führen sie durch. Auch für die Gewinnung von Unterstützern durch die „Face to face"-Ansprache auf öffentlichen Plätzen oder durch Hausbesuche, aber auch per Telefon, stehen professionelle Anbieter bereit.

## 2.2.4.4 Die Suche nach dem richtigen Partner

Vor dem Hintergrund dieses breiten Spektrums an möglichen Dienstleistern muss eine Organisation sorgfältig darüber Rechenschaft ablegen, welche Leistung sie einkaufen will und welche Voraussetzung der Anbieter mitbringen soll. Das heißt, wenn es einzig um die Gestaltung eines Plakats geht, bei dem Thema und Zielrichtung feststehen, wird sich die Organisation häufig aus Kostengründen für ein Grafikbüro und nicht für eine Werbeagentur entscheiden. Steht hingegen die Entwicklung einer breiter angelegten Kampagne an, empfehlen sich meist das größere kreative Potenzial und der „Full Service" einer Werbeagentur. Gleiches gilt für das Fundraising: Wer „nur" auf der Suche nach geeigneten Adressen ist, wird seine Ansprüche von einem List-Broker erfüllt sehen. Ist hingegen die größere, „strategische" Perspektive gefragt, ist einer Fundraising-Agentur der Vorzug zu geben.

## 2.2.4.5 Auswahlverfahren

Für eine Organisation bestehen unterschiedliche Möglichkeiten, den passenden Dienstleister zu finden:

1. Sie entscheidet sich für einen Partner, der ihr empfohlen wurde oder zu dem schon ein Kontakt besteht, und vergibt den jeweiligen Auftrag „freihändig".

2. Die Organisation lädt Agenturen zu unverbindlichen und kostenlosen Präsentationen ein und verschafft sich so ein Bild über Arbeitsweise, Leistungen und Referenzen, bevor sie sich konkret für eine Agentur entscheidet.

3. Die Organisation vergibt einen konkreten Projektauftrag, um den Dienstleister in der Praxis zu erproben. So erfährt sie, wie die Zusammenarbeit verläuft und ob die „Chemie stimmt".

4. Die Organisation führt einen „Pitch", d. h. eine Wettbewerbspräsentation, durch. Hier entwickelt eine begrenzte Anzahl von Agenturen ihre Lösungen für eine genau umrissene Aufgabenstellung.

Achtung: Bei einem Pitch handelt es sich um eine anspruchsvolle Aufgabe, die den Agenturen einen hohen Arbeitseinsatz abverlangt. *Allen* teilnehmenden Agenturen sollte daher zumindest ein Anerkennungshonorar gezahlt werden. Falls genügend Mittel für einen eigenen „Pitch-Etat" vorhanden sind, so ist nach den Standards im kommerziellen Bereich von einem Honorar von jeweils 800 bis 2.500 Euro, entsprechend des Auftragsvolumens, auszugehen.

Die Faustregel bei der Entscheidung für den geeigneten Dienstleister lautet: Je umfassender und anspruchsvoller der zu vergebende Auftrag ist, umso intensiver sollte der Auswahlprozess angelegt sein. Das heißt, bei einem Druckauftrag genügt es in der Regel, von drei bis fünf Druckereien vergleichbare Kostenvoranschläge einzuholen und dann zu entscheiden. Steht hingegen die Konzeption und Durchführung einer Kampagne an, so muss die Organisation die infrage kommenden Agenturen „auf Herz und Nieren" prüfen.

## 2.2.4.6 Der Pitch *Wettbewerb zw. Agentur*

Der erste und wichtigste Schritt auf dem Weg zu einem „Pitch" und damit zur Entscheidung für den optimalen Dienstleister bei anspruchsvolleren Aufgaben ist die Formulierung eines klaren Anforderungsprofils.

Mögliche Ansatzpunkte des Anforderungsprofils sind:

- Philosophie und Arbeitsweise
- Größe der Agentur
- Leistungsspektrum
- Erfahrungen mit vergleichbaren Aufträgen und Kunden
- Referenzen (inkl. Nennung von Ansprechpersonen)
- räumliche Nähe

Longlist

Nun wird eine Vorauswahl der infrage kommenden Anbieter vorgenommen. Am Ende sollte dann eine „Longlist" mit acht bis zehn Namen derjenigen Dienstleister stehen, die dem Anforderungsprofil am besten entsprechen. Informationen über mögliche Dienstleister finden sich in Fachzeitschriften, im Internet, durch Empfehlung anderer Organisationen und über Verbände wie den Deutschen Fundraising Verband, die Deutsche Public Relations Gesellschaft (DPRG), die Gesellschaft Public Relations Agenturen (GPRA), den Zentralverband der deutschen Werbewirtschaft (ZAW), den Gesamtverband Kommunikationsagenturen (GWA) oder den Deutschen Direktmarketing Verband (DDV).

Hat die Organisation ihre Longlist zusammengestellt, kann sie die so ermittelten Agenturen direkt zu einem Pitch einladen. In den meisten Fällen wird die Longlist jedoch in einem weiteren Schritt zu einer „Shortlist" verdichtet, um den Aufwand des Auswahlverfahrens zu begrenzen.

Shortlist

Die Agenturen der Longlist werden genauer in Augenschein genommen, indem die Organisation sich die Selbstdarstellungsunterlagen zusenden lässt und im Gespräch mit Agenturverantwortlichen zusätzliche Informationen zu Ausrichtung, Arbeitsschwerpunkten, überprüfbaren Referenzen, Arbeitsteam und Anhaltspunkte für die Kosten einholt. Nachdem die Organisation sich so ein genaueres Bild über die Agenturen der „Longlist" gemacht hat, wählt sie drei (bis maximal fünf) Favoriten für eine „Shortlist" aus. Diese Agenturen werden nun zur Wettbewerbspräsentation eingeladen, zu der sie zeitgleich ein identisches „Briefing" erhalten.

Briefing

Das Briefing stellt im Auswahlprozess die entscheidende Weichenstellung dar. Es gibt Aufschluss darüber, welche Lösung für welches Problem von den Agenturen erwartet wird. Das Briefing sollte deshalb genau und schriftlich ausgearbeitet werden *und* organisationsintern mit allen verantwortlichen und beteiligten Mitarbeitenden abgestimmt sein. Zugleich bietet ein klares Briefing die Gewähr dafür, dass die Agenturen solche Lösungen erarbeiten, die zu der Organisation passen und umsetzbar sowie bezahlbar sind (siehe auch die Checkliste im Anhang).

Nach Erhalt des Briefings sollte den Agenturen die Gelegenheit eingeräumt werden, bestehende offene Fragen mit der Organisation zu klären, indem ihnen Ansprechpartner für ein mögliches „Re-Briefing" genannt werden.

Wettbewerbspräsentation

Die Wettbewerbspräsentation bildet den Abschluss und Kern des Pitches. Bei ihr stellen die Agenturen ihre Lösungen vor und beantworten Fragen von Entscheidern und Mitarbeitenden der Organisation. Die Auftritte der Agenturen sollten ca. 30 Minuten währen und möglichst am selben Tag stattfinden, um direkt vergleichen zu können. Um die interne Entscheidung zu erleichtern, sollten die Agenturen ein Booklet mit allen Elementen der Präsentation vorlegen.

## 2.2.4.7 Die Entscheidung

Das eindeutige und strukturierte Briefing ist auch die Grundlage für eine klare Bewertung der Agenturpräsentationen.

Bewertungskriterien für die Agenturpräsentation (eine Auswahl):

– Ist die Agentur auf das Problem der Organisation eingegangen?
– Wurde den Vorgaben des Briefings entsprochen?
– Wirkt das vorgestellte Konzept realistisch und umsetzbar?
– Hat die Agentur einen kreativen Weg beschritten oder hat sie nur Standardlösungen entwickelt?
– Wie und in welchen Abständen hat die Agentur vor, Ergebnisse und Erfolge zu messen und zu bewerten?
– Für welchen Zeitraum ist die Kampagne bzw. das Programm der Maßnahmen geplant?
– Wurden die Budgetvorgaben eingehalten, unter- oder überschritten?
– Wurde das spätere Beratungsteam vorgestellt und, falls ja, welchen Eindruck machte es?
– Wie verhält sich die Agentur bei Nachfragen und Kritik?
– Stimmt die Chemie zwischen Organisation und Agentur?
(nach: Hanstein, Christiane: Wegweiser für die PR-Agentursuche, aus: Verbändereport 8/2002)

Wenn die Entscheidung für den künftigen Partner gefallen ist, sollte mit ihm zur gegenseitigen Absicherung ein schriftlicher Vertrag formuliert werden. Er umfasst die Auftragsbeschreibung, die Leistungen und Pflichten des Dienstleisters, die Vergütung der einzelnen Leistungen, Urheber- und Nutzungsrechte und die Laufzeit des Vertrages.

## 2.2.4.8 Die Zusammenarbeit

Ganz gleich auf welchem Wege eine Organisation den für sie passenden Dienstleister ermittelt hat, sollte sie im Rahmen der dann stattfindenden Zusammenarbeit einige wesentliche Punkte beachten. Das beginnt damit, dass eine Agentur eine eigene „Persönlichkeit" hat, die die Organisation nicht irritieren, sondern für die eigene Arbeit fruchtbar machen sollte. Denn Agenturen sehen eine Organisation aus einem anderen, häufig neuen Blickwinkel, der wichtige Aufschlüsse z. B. über Außenwirkung und Positionierung bieten kann.

Entscheidend für die Zusammenarbeit sind daher vor allem Vertrauen und Offenheit: Das Ansprechen möglicher Defizite durch die Agentur ist keine Majestätsbeleidigung von König Kunde, sondern erweist, dass sie mitdenkt. Umgekehrt hat eine Organisation das Recht, ja die Pflicht, wenn nötig konstruktive Kritik an Leistungen des Dienstleisters zu üben. Denn sie ist es, die für eine misslungene Fundraising- oder PR-Aktion am Ende geradestehen muss. Das letzte Wort, d. h. die Freigabe jedes Materials und jeder Maßnahme, liegt daher bei der Organisation!

Darüber hinaus muss ein möglichst ungehemmter Informationsfluss zwischen Organisation und Dienstleister bestehen: Die Agentur kann wesentliche Tatsachen (personelle Veränderungen, wichtige Termine, neue Themen) nur berücksichtigen, wenn sie ihr bekannt sind. Die Organisation hingegen möchte aus wohlverstandenem Eigeninteresse nicht abhängig werden von der Agentur und fordert daher regelmäßig Rechenschaft über den Stand, die Hintergründe und Ergebnisse der Arbeit.

Achtung: Alle Kontakte, die im Auftrag der Organisation von der Agentur gewonnen werden, gehen, unter Berücksichtigung des Datenschutzes, in den Besitz der Organisation über!

Zu einer reibungsvollen Zusammenarbeit ist auch die gegenseitige Klärung von Kompetenzen, Informations- und Entscheidungswegen unverzichtbar: Daraus folgt insbesondere bei umfassenden Kampagnen, in die gleich mehrere Entscheider einbezogen sind, eine eindeutige Benennung des jeweiligen Aufgabenbereichs und der entsprechenden Ansprechpartner aufseiten der Organisation wie der Agentur.

Das Problem ist die Lösung!

Die Arbeit eines jeden Dienstleisters stößt da an ihre Grenzen, wo Wunder von ihm erwartet werden. Wenn innerhalb einer Organisation keine Klarheit über die eigene Ausrichtung und Zielsetzung besteht, kann diese Lücke im Selbstverständnis nicht durch eine Agentur gefüllt werden. Erst recht wird sie keine Vorschläge zu Aufgabenstellungen machen können, die von der Organisation selbst nicht klar formuliert werden. Kurz: Die Qualität der Lösungen, die eine Agentur entwickelt, hängt direkt ab von der Klarheit, mit der die Organisation das Problem, bei dem sie Unterstützung benötigt, benennt.

Ein Dienstleister ist auch dann überfordert, wenn unterschiedliche Vertreter einer Organisation zum Teil widerstreitende Erwartungen an ihn formulieren. Denn Agenturen sind keine Schiedsrichter in organisationsinternen Konflikten, sondern brauchen verbindlich bezeichnete Erwartungen, um diese ebenso verbindlich zu erfüllen. Und keine Agentur kann seriöse Angebote zu solchen Problemen machen, bei denen sich die Organisation bei realistischer Einschätzung selbst keine Lösung vorstellen kann – z. B. bei großen Finanzlücken, die ganz kurzfristig geschlossen werden sollen.

## 2.2.4.9 Fazit

Jede Zusammenarbeit mit einem Dienstleister muss einer Organisation einen handfesten Vorteil durch personelle Entlastung, finanzielle Einsparungen oder die Eröffnung neuer (Finanzierungs-)Möglichkeiten bringen. Ob und in welchem Maße dies gelingt, darüber entscheiden eindeutig definierte Aufgabenstellungen und klar benennbare Erwartungen an den jeweiligen Dienstleister. Erst auf dieser Basis ist die Entscheidung für den richtigen Partner möglich. Doch es sind nicht nur die harten Fakten, die über den Erfolg einer Zusammenarbeit entscheiden: Sie ist immer auch ein Austausch von Menschen, zwischen denen von Anfang an auch der zwischenmenschliche Kontakt stimmen muss und die wissen, dass jede Partnerschaft ein ständiger gegenseitiger Lernprozess ist.

### Weiterführende Literatur

Deutscher Direktmarketing Verband e. V. (Hrsg.): Best Practice Guide Nr. 1: Auswahl einer Dialogmarketing-Agentur, Wiesbaden o. J.

Frank, Andreas (Hrsg.): Rotstift: Wie viel kostet Werbung, Ellwangen 2005.

Hanstein, Christiane: Geschäftspartner PR-Agentur, Essen 2002.

Hanstein, Christiane: Wegweiser für die PR-Agentursuche, in: Verbändereport 8/2002.

## 2.3 Finanzplanung im Fundraising

### 2.3.1 Budgetplanung

*Arne Kasten*

#### 2.3.1.1 Leistung und Voraussetzungen der Budgetplanung

Ein Budget (Haushaltsplan, Etat, Voranschlag) ist eine als Plan formulierte Aufstellung von Einnahmen und Ausgaben in ihren wertmäßigen Größen, die einer Abteilung zugeordnet ist und einen bestimmten Zeitrahmen umfasst. Das Budget der Gesamtorganisation dient der Bilanzierung und der Gewinn-und-Verlust-Rechnung (siehe 2.3.2; 2.3.3). Dabei werden sämtliche Verwaltungskosten sowie Einnahmen und Ausgaben aus der Zweckerfüllung unter Einbeziehung von Zweckbetrieben und wirtschaftlichen Geschäftsbetrieben berücksichtigt. Das Budget im Fundraising hingegen ist nur ein Teilplan der Gesamtorganisation und umfasst hauptsächlich die Einnahmen aus dem ideellen Bereich sowie die dafür nötigen Ausgaben. Es führt alle Aktivitäten auf, die im Kern dazu dienen, finanzielle, personelle und sachliche Mittel der Zweckerfüllung zur Verfügung zu stellen (Merchandising, Bußgeldmarketing, Sponsoring u. a. gehören nicht in den ideellen Bereich, jedoch zum Fundraising). Als freie Ressource sind diese Einnahmen bei vielen Organisationen die Grundlage ihrer Finanzierung und gewinnen auch bei jenen Organisationen, die sich in erster Linie durch öffentliche Mittel oder mittels Pauschalsätzen finanzieren, immer mehr an Bedeutung.

Planung ist ein systematischer Entscheidungsprozess, welcher Handlungsspielräume eingrenzt und strukturiert. Die zentralen Merkmale von Planung sind: Zukunftsbezogenheit, Ungewissheit, Rationalität, Prozesscharakter, Gestaltungscharakter, Informationscharakter.

Der „Faktor Ungewissheit" ist eine der großen Hürden in der Planung, da Zukunft nicht vorhersehbar ist und Planung lediglich der Optimierung zukünftigen Handelns dient. Damit Planung wirklichkeitsnah bleibt, ist es unabdingbar, dass ausschließlich vorhandene oder mögliche Ressourcen berücksichtigt werden. Ebenfalls muss der Sinn von Planung dadurch gewahrt bleiben, dass sie irgendwann abgeschlossen und mit den Tatsachen abgeglichen wird (siehe 2.4.1).

Die Handlungsmaxime bei der Erstellung eines Budgets ist die Operationalisierung strategischer Entscheidungen. Das Budget dient hier als Verbindungselement zwischen dem konzeptionellen Wunsch, Aufgaben in einer definierten Weise durchzuführen, und der faktischen Umsetzung.

Die Erstellung eines Budgets zwingt auch zur Reflexion der Vergangenheit. Dadurch werden Trends und Entwicklungen aufgezeigt, die eine wichtige Voraussetzung für die

Einschätzung der in der Zukunft benötigten Ressourcen sind. Gleichzeitig bietet sie die Möglichkeit, die aktuelle Ist-Situation zu spiegeln und zukünftiges Handeln als Entwicklung zu betrachten.

Eine weitere Aufgabe des Budgets ist es, Grundlagen zu schaffen, an denen Leistung gemessen und bewertet werden kann. In erster Linie bezieht sich diese Messung auf die finanzielle Performance von Fundraising-Aktionen bzw. der gesamten Abteilung in zahlentechnischer Form. Dabei muss berücksichtigt werden, dass Leistung auch in Bezug auf die Performance von Personal gemessen werden kann und sollte, wobei die Indikatoren dafür im schriftlichen Teil des Budgets (schriftlicher Bericht) festgehalten werden.

Weiterhin dient das Budget als Argumentationsgrundlage gegenüber Vorständen, Vorgesetzten und Mitarbeitenden. Mit dem Budget können Entwicklungen gestützt und die Ausrichtung der Fundraising-Arbeit gestalterisch bestimmt werden.

(1) Der strategische Mehrjahresplan als Voraussetzung für die Budget-Erstellung

Gemeinhin wird ein Budget als eine mehr oder weniger sinnvolle Zusammenstellung von Zahlen verstanden. Diese Betrachtungsweise unterschlägt den Umstand, dass Zahlen ohne einen genauen Bezug als Hilfsmittel versagen. Daraus folgt, dass ein Budget, das als Arbeitsmittel genutzt wird und prozesssteuernd und -unterstützend wirkt, den Willen voraussetzt, strukturiert und messbar zu handeln. Dieser Wille muss auf höchster Ebene von Vorständen und Geschäftsführern geteilt werden, da sie als meinungsgebende Instanzen einen direkten Einfluss auf das Verständnis von der Notwendigkeit strukturierter Planung haben.

Die positive Entwicklung einer Organisation (Wachstum) kann nur dann auf einer gesunden Basis erfolgen, wenn sie auf der finanziellen Ebene einer geordneten Entwicklung folgt. Planbarkeit bezogen auf Einnahmen und Ausgaben beinhaltet auch eine Aussage über eventuelle Risiken und Gefahren, die im Vorfeld analysiert und in die Planung mit aufgenommen werden sollen. Dazu müssen vereinbarte Plan- und Messgrößen in Kraft treten, was Controlling (siehe 2.4.1) erst ermöglicht und die Budgetplanung aus dem Bereich einer unverbindlichen Pflichtübung hebt.

Budgetplanung muss eingebettet sein in ein großes Ganzes. Sie ist Teil der Planung einer Gesamtorganisation und beeinflusst deren Entwicklung wie andere Faktoren auch, wobei die wirtschaftliche Gesundheit einer Organisation am Budget hängt und diesem dadurch eine zentrale Bedeutung zukommt.

Jede Organisation sollte alle drei bis fünf Jahre ein den entsprechenden Zeitraum abdeckendes Strategiepapier entwickeln. Dieses Papier legt für alle Bereiche den Rahmen, die Richtung und die einzusetzenden Mittel fest und erfordert daher eine intensive Auseinandersetzung mit den ethisch-moralischen Grundsätzen, nach denen sich sämtliches Handeln in der Organisation richtet. Auch diese Grundsätze müssen im Papier festgehalten werden. Darüber hinaus legt es den Rahmen der Erwartungen der Legislative (Mitgliederversammlung, Vorstand) an die Exekutive (Projekte, Verwaltungseinheiten) fest. Erklärungen und Rechtfertigungen immer gleicher Inhalte (Warum brauchen wir

Standwerbung? Sind Mailings nicht zu teuer?) werden dadurch auf ein Minimum reduziert.

Das Strategiepapier muss Fundraising als eigenständige organisatorische Einheit ausweisen, und entsprechend müssen die allgemein definierten Grundsätze auch dort ihre Anwendung finden. Denn Fundraising als einheitliche, der Geschäftsleitung direkt unterstellte Einheit ist oft strukturell nicht gegeben (siehe 2.1).

Es hat sich jedoch in der Praxis erwiesen, dass die Zuordnung von einzelnen Bereichen des Fundraisings (z. B. Spendenverwaltung, Events, Mitgliederbetreuung) zu anderen Abteilungen (Finanzen, Projekte) extrem schwer fällt und ineffizient und voller Reibungsverluste ist. Das Gleiche gilt für die Aufteilung des Fundraisings in organisatorisch voneinander unabhängig agierende Abteilungen oder gar für das Fehlen eines eigens definierten Bereiches. Mein Beitrag bezieht sich allerdings auf die eingangs erwähnte eigenständige Fundraising-Einheit. Nichtsdestotrotz kann alles, was hier Erwähnung findet, auch in kleineren Einheiten oder Unterbereichen zur Anwendung kommen. Klarheit bedarf es auch hinsichtlich der inhaltlichen Abgrenzung zur Pressearbeit, wobei man davon ausgehen muss, dass zum Fundraising jegliche Aktivität gehört, die im Kern zum Einwerben finanzieller, personeller oder sachlicher Mittel dient. Dabei stellt das Einwerben von öffentlichen Mitteln eine Sonderform dar und unterliegt anderen Dynamiken als Fundraising aus privaten Quellen. Auf diese Form der Mittelwerbung kann hier nicht näher eingegangen werden (siehe 4.6.1).

Das Fehlen eines Strategiepapiers für die Gesamtorganisation darf nicht dazu führen, sich der Verantwortung entbunden zu fühlen, als Zwischenlösung ein eigenes Papier für den Bereich Fundraising zu entwickeln und darüber hinaus ein Bewusstsein für die Notwendigkeit eines solchen umfassenden Strategiepapiers zu schaffen.

Das Budget entsteht auf der Grundlage des Strategiepapiers und muss sich in dem dort vorgegebenen Rahmen bewegen. Dennoch müssen die faktischen Tatsachen von Entwicklungen, Trends und Ereignissen berücksichtigt werden. Entsprechend können Einnahmen- oder Ausgabenprognosen sich überholen: An den Grundsätzen des Strategiepapiers sollte sich jedoch nichts ändern, da ethisch-moralische Grundsätze nicht kurzfristigen Schwankungen unterliegen dürfen (Schutz vor Inkonsistenz durch Wankelmütigkeit).

Allgemein kann noch angemerkt werden, dass ein Budget realistisch und bezogen auf Personalbedarf, Zeitaufwand und Kostenermittlung nachweislich messbar erstellt werden muss. Fünf Prozent (statistischer Toleranzwert) Abweichung (Über- oder Unterschreitung) sind ein allgemeiner Richtwert für ein gelungenes Budget.

(2) Die Evaluierung der Budgetplanung

Die Bedeutung des Budgets wird erst dann deutlich, wenn es mit den aktuellen Ergebnissen verglichen wird. Dieser Vergleich läuft auf drei Ebenen: pro Einzelaktion, als monatliche oder vierteljährliche Evaluierung und als Jahresrückblick (siehe 2.4.1).

Generell muss eine Evaluierung schriftlich erfolgen, um in der Zukunft auf dieses Wissen zurückgreifen zu können und um missverständlichen Aussagen und Interpretationen vorzubeugen. Darin sollte pro Aktivität eine Returnanalyse mit den Werten nach 10, 30 und 90 Tagen enthalten sein. Zusätzlich müssen Angaben über Brutto- und Netto-ROI (siehe 2.4.1) angegeben werden. Abweichungen vom Plan müssen erläutert und Entwicklungstrends für die nächste Periode aufgezeigt werden, deren Ergebnisse in die weitere Planung einfließen können.

Misserfolge führen meistens zu Niedergeschlagenheit. Fortdauernder Misserfolg sollte auch dazu führen, sich ernsthaft Gedanken darüber zu machen, ob die Strategie richtig ist. Dennoch sind Niederlagen nicht zu vermeiden, und eine wundervoll durchgeführte Aktion, die trotz hohen Einsatzes und perfekter Planung z. B. wetterbedingt eine Katastrophe wird, sollte gebührend gefeiert werden und mit allen nötigen Erläuterungen Einzug in die Evaluierung finden.

Das Budget alleine schützt nicht vor Schieflagen. Erst in Verbindung mit vernünftigem Controlling, einer gesunden Struktur und der richtigen Fundraising-Strategie kann das Budget seine Wirkung voll entfalten. Auf dieser Grundlage kann es seinen Teil dazu beitragen, dass alle vorhandenen Ressourcen optimal zu dem Zweck genutzt werden, der hinter jedem Fundraising-Handeln stehen sollte: dem Engagement für eine gute Sache.

## 2.3.1.2 Die Erstellung des Fundraising-Budgets (Jahresbudget)

Beteiligte

Je mehr Ebenen in die Erstellung eines Budgets involviert sind, umso solider wird das Ergebnis ausfallen. Dasselbe gilt für den Grad der Mitwirkung der beteiligten Personen bzw. Abteilungen. Grundsätzlich gilt: Je direkter eine Ebene an der Durchführung des Planes beteiligt ist, desto stärker sollte sie bei der Planung eingebunden werden (Stärkung der Motivation, größere Identifikation mit den Zielen). Idealerweise sind das folgende Ebenen: der Budgetverantwortliche (Schatzmeister, Abteilungsleiter Fundraising o. Ä.); die Geschäftsführung/der Vorstand; die Mitarbeitenden der Fundraising-Abteilung; die Kolleginnen und Kollegen aus fremden, aber betroffenen Abteilungen; externe Dienstleister.

Der Budgetverantwortliche ist verantwortlich für die Durchführung und die abschließende Erstellung des Budgets. Er ist maßgeblich für die Qualität des Budgets zuständig.

Der Vorstand, vertreten durch die Geschäftsführung, vergibt den Auftrag und stellt die Rahmenbedingungen, wenn sie nicht bereits definiert sind.

Die Mitarbeitenden der Fundraising-Abteilung sind für die Durchführung verantwortlich und daher als unmittelbare Leistungserbringer immer mit einzubeziehen.

Die Kolleginnen und Kollegen aus anderen Abteilungen (Finanzen, PR) dienen zwar nur mittelbar der Umsetzung des Planes (Buchhaltung, Medienkontakte), können aber wichtige „Inhouse"-Lieferanten sein. Sie unterstehen hierarchisch nicht der Fundraising-Abteilung, weshalb eigene Wege erforderlich sind, um die Interessen der Fundraising-Abteilung durchzusetzen.

Externe Dienstleister unterliegen der freien Marktwirtschaft und somit einer anderen Dynamik als Nichtregierungsorganisationen (NGOs). Als kostenrelevante Leistungen sollten Aktionen und die dafür nötigen freien Kapazitäten so früh wie möglich abgestimmt werden.

Zeitrahmen für die Erstellung eines Jahresbudgets

Phase 1: Ab Mitte September finden Gespräche mit einer ersten Zieldefinition statt. Die für die Erstellung des Budgets verantwortliche Person fängt an, die Zeitplanung auszuarbeiten, und berücksichtigt dabei, dass das letzte Drittel des Jahres zu den arbeitsintensivsten im Fundraising gehört und dadurch eine zusätzliche Belastung für die Beteiligten darstellt. Dennoch sollte nicht darauf verzichtet werden, alle oben Genannten einzubeziehen.

Phase 2: Im Laufe des Oktobers wird eine Evaluierung der vergangenen zwölf Monate unter Einbeziehung der Prognosen und Erwartungen für das laufende Jahr (siehe 2.4.1) durchgeführt. Die Tiefe und Intensität der Evaluierung hängt hier stark vom Bedarf der Organisation ab. Es gilt aber die Regel: Je genauer die Analyse, desto wahrscheinlicher die Prognose.

Phase 3: Im November wird der erste Entwurf ausgearbeitet, und es erfolgen erste Abstimmungen mit den relevanten Stellen (Vorstand, Geschäftsführung, Dienstleister usw.). Ende November wird der Plan der Entscheidungsebene (Vorstand oder Geschäftsführung) zur inhaltlichen Abstimmung und zum Abgleich der Zielvereinbarungen vorgelegt.

Phase 4: Der Dezember dient der Korrektur von Mängeln und der Anpassung von Wünschen seitens der Entscheidungsträger. Ab Mitte des Monats wird über den Plan abgestimmt. Hat eine starke Einbindung der Entscheidungsebenen stattgefunden, ist damit zu rechnen, dass der Plan bestätigt wird. Gab es keine oder nur eine sehr geringe Abstimmung, ist Ablehnung möglich. Ziel einer jeden Budgetplanung muss es sein, sie vor Eintritt des Geltungszeitraumes zu verabschieden.

## 2.3.1.3 Bestandteile des Budgetplans

Der Budgetplan setzt sich aus fünf Teilen zusammen:

1. Der Bericht

2. Das Einnahmenbudget

3. Das Ausgabenbudget

4. Der Aktivitätenplan

5. Der Personalplan

(1) Der Bericht

Der Bericht dient der schriftlichen Darstellung dessen, was in den unterschiedlichen Teilplänen des Budgets detailliert dargestellt wird. Er beginnt mit einer Zusammenfassung der wichtigsten Inhalte, Veränderungen und Vereinbarungen. Es folgt eine Evaluierung des Vorjahresbudgets, den Folgerungen daraus und eine Beschreibung des Ist-Zustandes (inkl. Umfeldanalyse, siehe 3.2.2). Danach folgen die Zielsetzung für das kommende Jahr in Form von Zahlen (Messgrößen) und die Festlegung der nicht messbaren Ziele (z. B. „besser informierte Spender") mit Indikatoren, die eine Einschätzung der Zielwahrscheinlichkeit erlauben. Daran anschließend erfolgen die Darstellung laufender Projekte und deren Auswirkungen auf den Plan, die Festlegung der Abteilungsstruktur (mit den nötigen oder möglichen Anpassungen) und die ausgewogene Feststellung des Personalbedarfs.

Dabei gilt: Kurz ist Trumpf. Bei der schriftlichen Ausgestaltung darf es nicht zu epischen Erzählungen kommen. Vielmehr handelt es sich um eine knappe Darstellung aller Sachverhalte, ohne relevante Informationen zu unterschlagen. Dabei darf der Empfänger (Leser) nicht außer Acht gelassen werden: Ein Bericht, der nur Fachleuten verständlich ist, hat sein Ziel verfehlt. Vielmehr muss er so verfasst werden, dass der Empfänger die Ausführungen des Verfassers nachvollziehen kann, ohne ein Stichwortverzeichnis, Fachwörterbuch, mathematisches Handbuch o. Ä. zu benötigen.

Einnahmen, Ausgaben und Marketingplan werden nur in ihren Kernaussagen aufgeführt, da die detaillierten Pläne eigene Bestandteile des Budgets sind und andernfalls unnötige Doppelungen entstehen. Es sollte sich dennoch ein aussagekräftiges Bild ergeben, das dem Leser erlaubt, sich ein Urteil zu bilden.

Um die Lesbarkeit zu erhöhen, sollte darauf geachtet werden, dass der Bericht immer die gleiche Form wahrt. Eine feste Struktur erhöht seine Akzeptanz, da der Leser sich spätestens beim zweiten Bericht problemlos darin zurechtfinden kann. Sie senkt weiterhin die Reibungsverluste, wie sie z. B. bei einem Personalwechsel entstehen, da im Idealfall auch beschrieben ist, wie die Berichte erstellt werden und wo welche Formeln Anwendung finden. Aus demselben Grund ist es sehr hilfreich, wenn die Budgetführung für die gesamte Organisation einheitlich ist, besser noch das gesamte Berichtswesen. Auf jeden Fall ist darauf zu achten, dass innerhalb eines strategischen Drei- bis Fünfjahresplanes die Form des Jahresplanes einheitlich gehalten wird.

Zu beachten ist ferner, dass der Bericht nicht dazu dient, Mitarbeitende oder Vorgesetzte zu loben oder zu kritisieren (das gehört in ein Mitarbeitergespräch). Mängel werden sachlich angeführt und lösungsorientiert behandelt.


Musterstruktur eines Berichtes

I.   Einführung
II.  Zusammenfassung (eine DIN-A4-Seite)
III. Rückblick
  1. Stärken (Was lief nach Plan oder besser?)
  2. Schwächen (Was lief schlechter als geplant oder konnte nicht realisiert werden?)

3. Besondere Vorkommnisse

4. Soll-Ist-Vergleich des Vorjahres

IV.    Ziele/Aktivitäten/Indikatoren

1. Tabellarische Kurzdarstellung der Einnahmen

2. Tabellarische Kurzdarstellung der Ausgaben

3. Messbare Ziele (z. B. Erhöhung der Mailing-Anzahl)

4. Ideelle Ziele (z. B. Spenderzufriedenheit)

5. Organisatorische Ziele (z. B. technische Ausstattung)

V.    Ressourcen (finanzielle, personelle, materielle)

1. Ist-Beschreibung

2. Abweichungen vom Soll

3. Änderungen

VI.  Anhänge

(2) Das Einnahmenbudget

Vor der Erstellung des eigentlichen Einnahmenbudgets hat es sich bewährt, die Grundlage für dessen Berechnung in einer Tabelle zusammenzufassen. Dabei sollte darauf
geachtet werden, dass diese nicht zu komplex ist und dennoch alle relevanten Werte
beinhaltet. Dadurch kann die Entwicklung von Werten über einen längeren Zeitraum
verfolgt werden. Die einfachste Tabelle beinhaltet Angaben über die Art der Aktivitäten, Menge, Returnrate pro Einzelaktion (ein Mailing kann zu unterschiedlichen Jah-
reszeiten unterschiedliche Returnraten oder Durchschnittswerte erzielen), Durchschnitt
pro Einzelaktion, Gesamtsumme und ein erklärender Kommentar.

Praktische Hinweise:

– Durchschnittswerte sollten einen Zeitraum zwischen fünf und zehn Jahren abdecken
  (siehe 2.4.1).

– Bei der Berechnung von Durchschnittswerten sollte immer darauf geachtet werden,
  dass keine Ausreißer nach oben oder unten das Ergebnis verfälschen. Wenn angebracht (z. B. weil regelmäßig Ausreißer auftreten), sollte statt des Durchschnittswertes
  der Median (eine gegen Ausreißer weitestgehend unempfindliche Art der Mittelwertberechnung, siehe 2.4.1) Anwendung finden. Hat die Zahlenkolonne jedoch mehrere
  Zahlenschwerpunkte, sollte auf den gewichteten Mittelwert ausgewichen werden.

– Es sollte eine klare Differenzierung zwischen berechneten Werten (z. B. Durchschnittsspende bei einem Dezember-Mailing) und jenen Werten geben, deren Berechnung sich auf Vermutungen begründen (z. B. bei einem erstmaligen Mailing: nötige
  Response und Durchschnittsspende zur Erreichung des Break Even (Gewinnschwelle) (siehe 2.4.1). Die Berechtigung von vermuteten Werten liegt in der Notwendigkeit,
  neuen Aktionen eine Basisannahme zu unterstellen, um überhaupt einen Richtwert
  zur Beurteilung zu haben und somit einen Indikator für Erfolg oder Misserfolg, wenn
  keine Erfahrungswerte vorliegen.

– Berechnungen sollten nur dort stattfinden, wo es auch tatsächlich etwas zu berechnen gibt. Man mag darüber streiten, inwieweit eine wissenschaftliche Rechengrundlage hilft, eine genaue Prognose über das zu erwartende Einkommen aus z. B. Bußgeldmarketing zu erstellen. Tatsache ist, dass unabhängig von den unterschiedlichen
  Wegen, die gewählt werden können, um hierfür einen Budgetwert zu erhalten, alle
  mehr oder weniger auf Spekulation basieren. Der eindringliche Rat in diesen Fällen: eine klare Beschreibung darüber, wie der Wert entstanden ist. Die damit einhergehende Transparenz erhöht die Akzeptanz des Budgets als einer glaubwürdigen
  Quelle von Informationen und erleichtert die Erläuterung von Abweichungen.

– Weiterhin ist es sehr empfehlenswert, immer eine Darstellung über der Entstehung
  von Zahlen (ob Budget-, Return- oder Durchschnittswerte) zu liefern, unabhängig
  davon, ob direkt bei den Zahlen oder in einem Erläuterungsanhang.

– Besonders für Budgets, die mit Hilfe von Tabellenkalkulationsprogrammen erstellt
  werden, gilt besonders das KISS-Prinzip. KISS (Keep it simple and short) sollte den
  Verfasser eines Budgets dabei unterstützen, sich nicht zu verzetteln und dadurch
  vermeidbare (und meist lange unentdeckt bleibende) Fehler zu begehen.

Tabelle 1: Mustertabelle Grundlage zur Berechnung eines Budgets

| Posten | Häufig-keit | Menge | Re-turn | Ø-Spen-de | Summe in € | Kommentar |
|---|---|---|---|---|---|---|
| Spenderzeit-schrift 1 | | 100.000 | 12 | 65 | 78.000.000 | Aussendemenge stabil |
| Spenderzeit-schrift 2 | | 100.000 | 12 | 65 | 78.000.000 | Aussendemenge stabil |
| Spenderzeit-schrift 3 | | 100.000 | 15 | 70 | 105.000.000 | Aussendemenge stabil |
| Spenderzeit-schrift 4 | | 100.000 | 25 | 100 | 250.000.000 | Aussendemenge stabil |
| Kaltmailing (KM) | 3 | 100.000 | 1,5 | 60 | 270.000 | Optimierungstests für das Weihnachtsmailing |
| KM Weih-nachten | | 1.000.000 | 2,25 | 75 | 1.320.000 | Anzeigenkampagne! |
| Lastschriftein-züge (LEZ) | | 30.000 | | 100 | 3.000.000 | Jahresdurchschnitt |
| Spontanspen-der | 12 | 5.000 | | 60 | 3.600.000 | Ø ohne Katastrophen |
| Vermögens-verwaltung | | 3 | | 200.000 | 600.000 | großes Potenzial |
| Wirtschaft-licher Ge-schäftsbetrieb | | | | | 50.000 | nur Gewinn, separate Gewinn-und-Verlust-Rechnung |
| usw. | | | | | | |

Mit den Erkenntnissen der Berechnungsgrundlage und der Aufführung sämtlicher sonstiger Einnahmenposten lässt sich das Einnahmenbudget erstellen. Strukturell sollte es in die drei Haupteinnahmekategorien unterteilt sein: (a) Neuspender, (b) Hausspender und (c) sonstige Einnahmen. Die hier ausgeführten Beispiele erheben keinen Anspruch auf Vollständigkeit. Die Kategorien müssen je nach Bedarf an die tatsächlichen Einnahmequellen der Organisation angepasst werden. Vor der Erstellung des Budgets ist es dringend notwendig, sich in die Zuordnung der verschiedenen Einnahmearten zu den Kategorien festzulegen. So gehört z. B. die Kollekte – wie jede Art anonymisierter Sammlung – zu den sonstigen Einnahmen (ein Spender aus der Kollekte kann nicht in die Hausspenderliste aufgenommen werden, weil Name, Adresse und Spendenhöhe fehlen und er jedes Mal neu aktiviert werden muss). Spender jedoch, deren Adressdetails beispielsweise über eine 1-Cent-Rücküberweisung in Erfahrung gebracht werden, gehören in die Neuspenderkategorie, da jetzt die Möglichkeit zur erneuten Kontaktaufnahme geschaffen wurde. Lastschriften hingegen können von Anfang an der Hausspenderwerbung (Betreuung!) zugeordnet werden, da sie eine starke Bindung voraussetzen und eine Erneuerung der Spende im Regelfall automatisch erfolgt.

(a) Neuspender. Der Begriff Neuspender bezeichnet jene Gruppe, die zuvor noch nicht finanziell in Erscheinung getreten ist. Sie sind entweder durch eine Spende erstmalig in Kontakt mit der Organisation getreten oder haben einen Kontakt hergestellt, der vermuten lässt, dass es zu einer Erstspende kommen wird. Auch Empfänger von Infopaketen, potenzielle Spenderadressen aus einer Informationsveranstaltung oder andere gehören in diese Kategorie. Die Bezeichnung Neuspender ist keine qualitative Definition. Sie bezieht sich lediglich auf den (potenziellen) erstmaligen finanziellen Kontakt.

Bei der Erstellung des Budgets für Neuspendergewinnung ist das Aufführen von Nullposten dann sinnvoll, wenn eine strategische Entscheidung erst noch gefällt werden muss oder eine politische Entscheidung, die aufkommende Fragen beantworten soll, noch aussteht.

Tabelle 2: Mustertabelle Einnahmenbudget „Neuspendergewinnung"

| Neuspendergewinnung (NSG) | Einnahmen in € | Kommentar |
|---|---|---|
| Spontanspenden | 3.600.000 | siehe Berechnung |
| Zahlscheinauslage | 100.000 | Ø Vorjahre, Annahme |
| Anzeigen mit Response | 15.000 | keine bezahlten Anzeigen |
| Kaltmailings | 1.590.000 | Auflagensteigerung laut 3-Jahres-Plan |
| Homepage | 500.000 | Einmalspenden, Lastschrifteinzüge, Kreditkarten u. a. |
| Infoanfragen | 25.000 | mehr Füllanzeigen |
| Standwerbung | 0 | muss vom Vorstand genehmigt werden |
| Hauswerbung | 0 | nicht mit Selbstverständnis vereinbar |
| Direct Response TV* | 0 | Kostenrisiko zu hoch |
| Gesamt NSG | 5.830.000 | |

* Spots mit Reaktionsmöglichkeit für Spender, z. B. Hotline

(b) Hausspender. Unter Hausspender sind jene Spender zu verstehen, die mindestens schon ein Mal finanziellen Kontakt zu der Organisation hatten und deren finanzielles Engagement erneuert werden soll.

Tabelle 3: Mustertabelle Einnahmenbudget „Hausspender"

| Hausspender (HS) | Einnahmen in € | Kommentar |
|---|---|---|
| Spendermagazin | 4.160.000 | x Kampagnen, Steigerung um x % |
| Reaktivierung 13–24 Monate | 500.000 | x Kampagnen |
| Reaktivierung ≥ 25 Monate | 100.000 | x Kampagnen |
| LEZ (Lastschrifteinzug) | 3.000.000 | stabile Entwicklung, Steigerung um x % |
| Telemarketing | 500.000 | Neuspenderbegrüßung |
| Gesamt HS | 8.260.000 | |

(c) Sonstige Einnahmen. Unter der Bezeichnung „Sonstige Einnahmen" sammeln sich alle Einnahmen, die nicht unter Neuspender oder Hausspender fallen. Es handelt sich in der Regel um Einnahmen, die mindestens einen Faktor haben, der nicht zu beeinflussen ist (z. B. die Entstehung einer Straftat, die bußgeldrelevant sein kann). Ein weiteres Merkmal dieser Gruppe ist die Schwierigkeit, exakte Prognosen zur Einkommensgestaltung zu erstellen (z. B. Höhe von Legaten). Aufgrund dieser Schwierigkeiten sollten die Erwartungen konservativ vorgenommen werden. Vollkommen legitim ist hiernach die Budgetierung von „allgemeinem Wachstum", wenn es sich aus den Trends der Vergangenheit rechtfertigen lässt.

Tabelle 4: Mustertabelle Einnahmenbudget „Sonstige Einnahmen"

| Sonstige Einnahmen | Einnahmen in € | Kommentar |
|---|---|---|
| Bußgeld | 750.000 | 75 % des Vorjahres |
| Stiftungen | 500.000 | |
| Legate | 750.000 | laufende Erbsache, konservative Prognose |
| Anlassspenden/Events | 750.000 | Ø Vorjahre |
| Vermögensverwaltung | 600.000 | |
| Wirtschaftlicher Geschäfts-betrieb (WGB) | 50.000 | |
| Zinsen | 50.000 | |
| Andere | 10.000 | Schenkung |
| Allgemeines Wachstum | 346.000 | 10 % |
| Gesamt Sonstiges | 3.806.000 | |

*Summen:* Eine Zusammenfassung der Summen aller drei Kategorien zu einer Gesamt-summe dient der Übersichtlichkeit.

Tabelle 5: Einnahmenbudget zusammengefasst nach Kategorien

| Einnahmenart | Einnahmen in € | Kommentar |
|---|---:|---|
| Neuspender | 5.830.000 | |
| Hausspender | 8.260.000 | |
| Sonstige Einnahmen | 3.806.000 | |
| Gesamt | 17.896.000 | |

(3) Das Ausgabenbudget

Je ausdifferenzierter das Ausgabenbudget ist, desto effektiver lassen sich Rückschlüsse auf die Performance der Abteilung schließen. Die Kostenarten sollten sich nach den Richtlinien der Bilanzbuchhaltung richten, selbst wenn die Organisation diese Art der Buchhaltung nicht einsetzt. Denn sie ist klar und verständlich, allgemein anerkannt und bietet klare Definitionen. Mindestens jedoch sollten die in der Organisation üblichen Kostenarten angewandt werden, um die Vergleichbarkeit zu gewährleisten und die Transparenz zu erhöhen.

Eine Aufschlüsselung der Kostenarten nach Kostenträgern ist unabdingbar, wenn die Kosten für die Fundraising-Tools genau ermittelt werden sollen. Damit liegen Brut-towerte vor, die eine klare Aussage über die tatsächliche Performance des jeweiligen Tools erlauben.

Schwierigkeiten bereitet die Aufteilung von indirekten Kosten nach Kostenträgern. Eine Möglichkeit der Berechnung ist die prozentuale Verteilung der Kosten auf der Basis einer Erhebung, eine zweite die prozentuale Verteilung von Einkommensanteilen. Eine exakte Aufteilung wird nicht möglich sein, da sich der Aufwand für die einzelnen Kos-tenträger dynamisch entwickelt und sich nur im Nachhinein eindeutig identifizieren lässt. Der Wert einer genauen Berechnung würde aber den Aufwand in keiner Weise rechtfertigen, wohingegen die Unschärfen einer prozentualen Berechnung in jeder Hin-sicht vertretbar bleiben, wenn die Prozentteile gewissenhaft erstellt wurden und jedes Jahr eine Überprüfung durchlaufen.

Selten berücksichtigt werden die Kosten, die entstehen, wenn ehrenamtliche Arbeit durch Angestellte ersetzt werden muss. Sollte ein Fundraising-Tool (Kostenträger), der von einem ehrenamtlichen Mitarbeiter durchgeführt wird, einen positiven Return on Investment (ROI) aufweisen, so kann sich der ROI ins Negative umkehren, wenn das gleiche Tool von bezahlten Mitarbeitern durchgeführt wird (siehe 2.4.1). Eine Berück-sichtigung im Budget ist unerlässlich.

Tabelle 6: Mustertabelle Ausgabenbudget

| Kostenart / Kostenträger | Spon-tan | Zahl-schein | Aus-la-gen | Kalt-mails | Home-page | Info-an-fra-ge | Stand-wer-bung | usw. | Sum-me |
|---|---|---|---|---|---|---|---|---|---|
| Personalkosten Angestellte | | | | | | | | | |
| Personalkosten Ehrenamt | | | | | | | | | |
| Abschreibung | | | | | | | | | |
| Allgemeine Bürokosten | | | | | | | | | |
| Reisekosten | | | | | | | | | |
| Porto/Telefon | | | | | | | | | |
| Drucksachen | | | | | | | | | |
| Werbekosten | | | | | | | | | |
| Nebenkosten Geldverkehr | | | | | | | | | |
| Externe Dienst-leistungen | | | | | | | | | |
| usw. | | | | | | | | | |
| Gesamt Fundraising | | | | | | | | | |

(4) Der Aktivitätenplan

Alle planbaren Aktivitäten gehören in den Aktivitätenplan. Zum einen soll der Plan vor Überraschungen schützen (Terminplanung), zum anderen einen grafischen Überblick liefern, sodass sichtbar wird, wann sich die Aktivitäten häufen. Gleichzeitig unterstützt er auch die Planung von Personaleinsatz, da die notwendigen Kapazitäten besser sichtbar werden.

Ein Aktivitätenplan, der als Arbeitsgrundlage dienen soll, muss sehr ausdifferenziert sein. Es reicht nicht, einen Vermerk zu machen „März: Mailing", sondern alle notwendigen Informationen enthalten: „15. März: Postauslieferung 1. Mailing Spenderzeitschrift mit Zahlschein an Hausspender, Auflage ca. 50.000". Je konkreter die Angaben sind, desto weniger Reibungsverluste durch Missverständnisse wird es später geben.

Der Tag der Postauslieferung (Ausstrahlung eines TV-Spots, Durchführung von Events usw.) legt nur den letzten wichtigen Termin einer Aktion fest. Von diesem Datum an muss rückwärts gerechnet die Vorlaufzeit festgelegt werden. Diese wird z. B. bei einem Mailing durch den nötigen Zeitaufwand für Gestaltung, Produktion und Versandvorbereitung bestimmt.

Beispiel: Eine Rückrechnung zum Mailing vom 15. März wäre:

15. März: Postauslieferung

05. März: Alle Versandteile an den Lettershop

25. Februar: Druckfreigabe aller Versandteile

10. Februar: Text und Bilder an die Grafikagentur

25. Januar: Text und Bilder erstellen

20. Januar: Thema festlegen, Aufträge an Dienstleister

10. Januar: Erste Gespräche zu Thema und Ziel, Angebote einholen

Es ist sehr wichtig, den nötigen Zeitaufwand für Abstimmungen und Freigaben richtig einzuschätzen bzw. genug Puffer einzuplanen, um im Zweifelsfall nicht in Verzug zu geraten und dadurch schlimmstenfalls den gesamten Jahresplan durcheinander zu bringen.

Um Abstimmungsschwierigkeiten vorzubeugen und die Zeiträume kurz zu halten, ist es hilfreich, wenn die am Abstimmungsprozess Beteiligten regelmäßig über den Stand der Aktion auf dem Laufenden gehalten werden, nötigenfalls über einen eigenen Verteiler.

Trotz aller Flexibilität, die von Dienstleistern gefordert werden kann, brauchen sie Eckdaten, um zuverlässig arbeiten zu können. Auflagenhöhe, Papierqualität, Anzahl der Teile, Postauslieferungsdaten usw. sollten sich, wenn sie an den Dienstleister weitergegeben wurden, nur noch im äußersten Notfall ändern.


(5) Der Personalplan

Das Budget wird der Gewichtung nach in drei Gruppen unterteilt: Investitionskosten, sonstige Verwaltungskosten und die Personalkosten. Die Investitionskosten sind oben behandelt worden. Die sonstigen Verwaltungskosten ergeben sich aus den Investitionen und dem Personalbedarf. Die Personalkosten bilden den dritten großen Budgetposten. Aus diesem Grund ist eine Personalplanung, die die Effizienz und Belastbarkeit der Abteilung erhöht, zu bevorzugen.

Der Personalplan sollte ein Bild des Personalverlaufes in der Abteilung liefern. Um Engpässe zu vermeiden, sind Krankheitszeiten und Urlaube zu berücksichtigen. Ebenso müssen Neubesetzungen mit der dazugehörigen Einarbeitungsphase in die Planung eingehen. Ferner sollten bei Organisationen, die stark von externen Einflüssen abhängen, immer Notfallpläne vorhanden sein, um innerhalb kürzester Zeit einen erhöhten Personalbedarf für einen überschaubaren Zeitraum zu decken.

Das Fort- und Weiterbildungsniveau der Mitarbeitenden ist ein wichtiges Merkmal für eine funktionierende Organisationseinheit. Dabei ist nicht nur die Bereitschaft der Mitarbeitenden ausschlaggebend, sondern auch die Bereitschaft der Organisation, Fort- und Weiterbildungen durch finanzielle Unterstützung und Freistellungen zu fördern. Dass solche Maßnahmen nicht nur der qualitativen Steigerung der Arbeit in der Abteilung dienen, sondern die Motivation der Mitarbeiter heben, soll, obwohl selbstverständ-lich, hier ausdrücklich Erwähnung finden.

Fort- und Weiterbildungen müssen sich in das Gesamtkonzept der Abteilung einfügen. Da sie ressourcenintensiv sind, müssen sie im Budget berücksichtigt werden.

Tabelle 7: Mustertabelle Personalplan

| Fundraising-Abteilung | Ebene | Anzahl Stellen | Vollzeitäquivalente Stellen (VZS) |
|---|---|---|---|
| Leitung | Leitung | 1 | 100 % |
| | Assistenten | 1 | 80 % |
| Bereich Marketing | Referenten | 1 | 100 % |
| | Assistenten | 0 | 0 % |
| Bereich Großspender | Referenten | 0,5 | 50 % |
| | Assistenten | 0 | 0 % |
| Bereich Spenderbetreuung | Referenten | 1 | 80 % |
| | Assistenten | 1 | 50 % |
| Bereich Spendenverwaltung | Referenten | 1 | 100 % |
| | Assistenten | 3 | 200 % |
| Bereich Anlässe | Referenten | 1 | 80 % |
| | Assistenten | 1 | 50 % |
| Bereich Legate | Referenten | 0,5 | 40 % |
| | Assistenten | 1 | 50 % |
| usw. | | | |
| Anzahl Beschäftigte | | 13 | |
| Anzahl VZS | | | 980 % |
| Aushilfen (Studenten u. a.) | | 8 | 300 % |
| Ehrenamtliche Mitarbeiter | | 12 | 120 % |
| Beschäftigte insgesamt | | 33 | |
| VZS insgesamt | | | 1.400 % |

Idealerweise wird die Tabelle durch den Wert des Vorjahres und eine prozentuale Ab-weichung ergänzt. Ebenso sollten die Arbeitsplatzbeschreibungen der Anlage beiliegen. Der Personalbedarf und der Stelleneinsatz sollten mit dem Budgetzeitraum überein-stimmen.

Tabelle 8: Mustertabelle Mitarbeiterplan

| Mitarbeiter (MA) | Jan. | Feb. | März | April | Mai | Juni | Juli | Aug. | Sep. | Okt. | Nov. | Dez. | VZS | Erläuterungen |
|---|---|---|---|---|---|---|---|---|---|---|---|---|---|---|
| MA 1 | | | | | | | | | | | | | 100 % | |
| MA 2 | | | | | | | | | | | | | 100 % | gekündigt zum 31.07. |
| MA 3 | | | | | | | | | | | | | 100 % | Nachfolger MA 2 |
| MA 4 | | | | | | | | | | | | | 80 % | |
| MA 5 | | | | | | | | | | | | | 50 % | Projekt läuft aus |
| usw. | | | | | | | | | | | | | | |
| Summe MA | | | | | | | | | | | | | | |
| Aushilfe 1 | | | | | | | | | | | | | 37,5 % | 15 Std./Woche |
| Aushilfe 2 | | | | | | | | | | | | | 37,5 % | 15 Std./Woche |
| Aushilfe 3 | | | | | | | | | | | | | 37,5 % | 15 Std./Woche Weihnachten |
| Aushilfe 4 | | | | | | | | | | | | | 37,5 % | 15 Std./Woche Weihnachten |
| usw. | | | | | | | | | | | | | | |
| Summe Aushilfen | | | | | | | | | | | | | | |
| EMA* 1 | | | | | | | | | | | | | 10 % | Osterkampagne, Weihnachten |
| EMA 2 | | | | | | | | | | | | | 10 % | Osterkampagne, Weihnachten |
| EMA 3 | | | | | | | | | | | | | 10 % | Osterkampagne, Weihnachten |
| usw. | | | | | | | | | | | | | | |
| Summe EMA | | | | | | | | | | | | | | |

* EMA = Ehrenamtlich Mitarbeitender

Die Tabelle kann zur besseren Lesbarkeit auch farblich gestaltet werden, wobei die Erläuterungen über die Bedeutung der unterschiedlichen Farben direkt beiliegen muss. Die Erläuterungen können durch die Werte des Vorjahres ergänzt werden, sodass sich die Übersicht über die Personalentwicklung direkt erschließt. Es ist zusätzlich darauf zu achten, dass in der Spalte Mitarbeitende (MA) nicht nur der Name des Mitarbeiters, sondern auch seine Funktion und hierarchische Zuordnung vermerkt ist.

# 2.3.2 Rechnungswesen gemeinnütziger Organisationen

*Michael Hagemann / Michael Kettern*

## 2.3.2.1 Einleitung

Rechnungslegung ist eine verpflichtende Norm zur Rechenschaft gegenüber verschiedenen Interessenten. Es besteht eine interne Pflicht zur Rechnungslegung gegenüber Mitgliedern, Mitarbeitenden und Organen des Vereins und eine externe Pflicht zur Rechnungslegung gegenüber dem Finanzamt und anderen Außenstehenden[1] (siehe auch die Checkliste im Anhang).

Nonprofit-Organisationen (NPOs), Vereine, gemeinnützige Organisationen und Körperschaften werden bezüglich der Rechnungslegung gleichgesetzt. Begriffe wie Einnahmen, Einzahlungen, Erlöse oder der entsprechende Mittelverbrauch wie Ausgaben, Aufwand usw. werden grundsätzlich gleich verstanden. Ihre Bedeutung kann jedoch unterschiedlich definiert werden, wenn dies thematisch bedingt ist. Allgemeine gesetzliche Regelungen zur Rechnungslegung von Vereinen bestehen nicht. Insbesondere findet das HGB bei Vereinen grundsätzlich keine Anwendung. Vor diesem Hintergrund erhalten die Stellungnahmen des Instituts der Wirtschaftsprüfer (IDW) zur Rechnungslegung gemeinnütziger Organisationen grundlegende Bedeutung. Sie sind auch Grundlage der nachfolgenden Ausführungen.

## 2.3.2.2 Grundlagen der Rechnungslegung

(1) Historische Entwicklung

Bis zum Jahr 2006 war die Stellungnahme HFA 4/95 eine der wenigen Verlautbarungen zum Thema Rechnungslegung bei gemeinnützigen Organisationen. Diese bezog sich auf Spenden sammelnde Organisationen unabhängig von ihrer Rechtsform. Hier ist nun eine deutliche Weiterentwicklung zu beobachten. Zum einen wurde der Rechnungslegungsstandard RS HFA 14 veröffentlicht (der Entwurf ERF HFA 14 war Grundlage der bisherigen Ausführungen). Darüber hinaus hat das IDW den RS HFA 5 (Rechnungslegung von Stiftungen) verabschiedet. Die Stellungnahme HFA 4/95 wurde fortentwickelt. Besonderheiten für Spenden sammelnde Organisationen enthält nunmehr der ERS HFA 21. Neben diesen Grundsätzen zur Rechnungslegung ergeben sich auch aus den beiden Prüfungsstandards PS 750 (Prüfung von Vereinen) und PS 740 (Prüfungen von Stiftungen) direkte Anforderungen an die Rechnungslegung von gemeinnützigen Organisationen.

(2) Zwecke der Rechnungslegung

a. Die Rechnungslegung von Vereinen erfüllt zunächst vier Zwecke wie die Rechnungslegung nach dem HGB.[2]

*Dokumentationsfunktion:* Sie dient dem vollständigen, zweckmäßigen und übersichtlichen Festhalten aller Geschäftsvorfälle. Eine ordnungsmäßige Dokumentation ist Voraussetzung für die Nachvollziehbarkeit der Rechnungslegung.[3]

*Selbstinformation:* Die Rechnungslegung soll den Organen der Körperschaft einen Überblick über ihre Lage geben. Der Zwang zur Rechenschaft soll verhindern, dass aus fehlender Übersicht der Verein in finanzielle Schwierigkeiten gerät.[4] Weiter sollen die Mitglieder des Vereins über den Verlauf der Vereinstätigkeit informiert werden.[5]

*Rechenschaft:* Allgemein bezieht sich diese Funktion auf die Rechnungslegung gegenüber Außenstehenden. Diese Personengruppen benötigen in unterschiedlich starkem Umfang Informationen zum Zweck der Kontrolle und Disposition.[6] Diese Funktion wird dabei besonders durch die institutionelle Verfassung der Körperschaft bestimmt (besonders § 55 AO, Selbstlosigkeit). Demzufolge verfügt der Vorstand über fremdes Vermögen, welches nicht dem Gewinnstreben von Eigentümerinteressen unterliegt.[7] Eine besondere Form der Rechenschaft ist der Nachweis der Erfüllung der steuerbegünstigten Zwecke. Dies folgt unmittelbar aus § 63 Abs. 3 der AO. Danach hat die Körperschaft den Nachweis, dass ihre tatsächliche Geschäftsführung auf die Erfüllung der steuerbegünstigten Zwecke ausgerichtet ist, durch ordnungsgemäße Aufzeichnungen zu führen. Es wird eine Rechnungslegung gefordert, welche die Tätigkeit einer gemeinnützigen Organisation vollständig und richtig abbildet. Diese Vorschrift ist auch maßgebend dafür, dass die Einnahmen und Ausgaben nach den bekannten Tätigkeitsbereichen (Sparten) getrennt festgehalten werden.[8] Die Praxis spricht von der „Vier-Sparten-Rechnung"[9]. Es wird nach der Beteiligung am Wirtschaftsverkehr (Außenwirkung) im Ertragsteuerrecht unterschieden:

- der steuerfreie ideelle Bereich (Mitgliedsbeiträge; Spenden, echte Zuschüsse),
- die steuerfreie Vermögensverwaltung (§ 14 S 3 AO, z. B. Zinserträge, Miet- und Pachterlöse),
- der steuerbegünstigte wirtschaftliche Geschäftsbetrieb/Zweckbetrieb (§§ 14, 65 ff. AO),
- der steuerpflichtige wirtschaftliche Geschäftsbetrieb (§§ 14 und 64 AO, z. B. Verkauf von Speisen und Getränken, Werbung in Vereinszeitschriften, Erlöse aus Basaren).

*Schuldendeckungsfähigkeit:* Der Verein haftet seinen Gläubigern nur mit seinem Vermögen. Aber rechtlich gibt es keine Mindestkapital- und Kapitalerhaltungsvorschriften.

Es fehlt mithin ein allgemein geregelter Schutz des Rechtsverkehrs und der Vereinsmitglieder. Die Rechnungslegung hat daher im Interesse der beteiligten Dritten auch den Zweck des Nachweises der Schuldendeckungsfähigkeit.[10]

b. Darüber hinaus ergibt sich aus der rechtsformspezifischen Besonderheit von Vereinen eine Negativabgrenzung:

*Ausschüttungsbemessungsfunktion:* Die Mitgliedschaft in einem Verein weist grundsätzlich keinen vermögensrechtlichen Status auf (HFA 14, Rn. 15; § 55 Abs. 1 Nr. 1 und 2 AO). Mitglieder haben somit keinen Anspruch auf auszuzahlende Gewinne. Abweichend vom Handelsrecht ist deshalb mit der Rechnungslegung des Vereins keine entsprechende Ausschüttungsgröße zu ermitteln. Dies ist der systemprägende Unterschied zur Rechnungslegung erwerbswirtschaftlicher Unternehmen. Die Rechnungslegung von Vereinen kennt mithin auch keine Vorschriften zur Ausschüttungssperre und Mindestausschüttung.[11]

(2) Institutionelle Regelungen über die Rechnungslegung

a. Bürgerliches Gesetzbuch (BGB)

Aus § 27 Abs. 3 i.V.m. § 666 BGB ergibt sich für den Vorstand eines Vereins die Verpflichtung zur Abgabe eines Rechenschaftsberichts. Dieser ist schriftlich und jährlich abzugeben. Die Pflicht zur Rechnungslegung beginnt mit Aufnahme der Geschäftstätigkeit (HFA 14, Rn. 21). Steuerrechtliche Gründe lassen es geboten erscheinen, die Tätigkeit erst nach Errichtung der Satzung oder nach Eintragung ins Vereinsregister aufzunehmen. Ansonsten besteht die Möglichkeit, dass die Finanzverwaltung den „Vorverein" als Personengesellschaft (Gesellschaft bürgerlichen Rechts) einordnet.

Die §§ 259 und 260 BGB enthalten inhaltliche Regelungen. Danach hat der verpflichtete Vorstand dem Berechtigten eine geordnete Zusammenstellung der Einnahmen und Ausgaben enthaltenden Rechnung mitzuteilen (§ 259 BGB). Gegebenenfalls ist ein Bestandsverzeichnis vorzulegen (§ 260 BGB). Weiter müssen nach § 42 Abs. 2 Satz 1 BGB (Insolvenzantragspflicht) Zahlungsunfähigkeit und Überschuldung feststellbar sein.[12] Diese Vorschrift ist institutionell wichtig. Aus ihr lässt sich die Verpflichtung zur Aufstellung einer Vermögensrechnung (Bilanz) ableiten.

b. Handelsrecht

Vereine sind grundsätzlich keine Kaufleute im Sinne des HGB. Sie unterliegen deshalb auch nicht den handelsrechtlichen Rechnungslegungsvorschriften (insbesondere: doppelte Buchführung, Aufstellen von Bilanz und Gewinn- und Verlustrechnung, ggf. noch der Anhang und ein Lagebericht). Die §§ 238 ff. HGB müssen aber angewandt werden,

- wenn der Verein entweder Kaufmann kraft Gewerbebetrieb ist oder durch Eintragung ins Handelsregister die Kaufmannseigenschaft erlangt hat (§§ 1–7 HGB; z. B. umfangreiche Merchandise-Abteilungen von Sportvereinen),

– wenn durch eine gesetzliche Verweisung die Rechnungslegung nach §§ 238 ff. HGB
  vorgeschrieben ist (z. B. § 3 Abs. 1 Pflegebuchführungs-VO),

– wenn der Verein mit seiner wirtschaftlichen Tätigkeit nach den Vorschriften des Publizitätsgesetzes zur Rechnungslegung verpflichtet ist (überschreiten zweier von drei
  Größenmerkmalen: 65 Mio. Euro Bilanzsumme; 130 Mio. Euro Umsatzerlöse; 5.000
  beschäftigte Arbeitnehmer in den letzten zwölf Monaten; § 1 Abs. 1 PublG),

– wenn der Verein wegen Überschreiten der Schwellenwerte in § 141 AO zur Bilanzierung verpflichtet ist.[13]

Das Handelsrecht gilt in diesen Fällen im Grundsatz für die wirtschaftlichen Geschäftsbetriebe. Dies sind der Zweckbetrieb und der steuerpflichtige wirtschaftliche Geschäftsbetrieb.


c. Steuerrecht

Die gemeinnützigen Körperschaften müssen in ihrer tatsächlichen Geschäftsführung
die steuerbegünstigten Zwecke erfüllen. Der Nachweis ist nach § 63 Abs. 3 AO durch
eine ordnungsgemäße Aufzeichnung der Einnahmen und Ausgaben zu führen.

Soweit die Buchführung bzw. die Aufzeichnungen einer Körperschaft die Anforderungen an eine ordentliche Aufzeichnung nicht erfüllen, fehlt der Nachweis, dass die
tatsächliche Geschäftsführung den gesetzlichen Anforderungen und den Satzungsbestimmungen entspricht. Die Voraussetzungen für die Steuervergünstigung sind in diesen Fällen nicht erfüllt.[14]

Das Steuerrecht bestimmt mithin umfangreich die Rechnungslegung der steuerbegünstigten Vereine. Einzelheiten sind nicht leicht zu verstehen. Die Vereine tragen dadurch
besondere Risiken. Diese sind umso größer, als damit stets die Frage nach dem Verlust
der Gemeinnützigkeit verbunden ist.

Aufzeichnungen, welche für die Besteuerung Bedeutung haben (z. B. Rechnungslegung
nach BGB, HGB, Pflegebuchführungs-VO) sind auch für steuerliche Zwecke zu führen
(§ 140 AO). Die Aufzeichnung erfolgt hier in Verbindung mit einem Nicht-Steuergesetz.
Das Steuerrecht verfolgt mit der so genannten abgeleiteten Buchführungspflicht gewissermaßen einen pragmatischen Ansatz. Diese Verpflichtung gilt auch, wenn die Körperschaft freiwillig nach der doppelten Buchführung abrechnet.[15]

Ferner ergibt sich bei Überschreiten der Grenzen des § 141 AO die Buchführungspflicht
gemäß entsprechender Anwendung der §§ 238 bis 263 HGB (originäre Buchführungspflicht). Diese tritt ein, wenn Umsätze über 500.000 Euro und Gewinne über 50.000 Euro
erreicht werden (§141 Abs. 1 AO). Die Grenzen gelten alternativ. Mehrere steuerpflichtige wirtschaftliche Geschäftsbetriebe gelten als ein Betrieb (§ 64 Abs. 2 AO). Maßgebend
sind allein die Grenzen des steuerpflichtigen wirtschaftlichen Geschäftsbetriebes. Die
Rechnungslegungspflicht beginnt in dem Wirtschaftsjahr, das auf den Zeitpunkt folgt,
zu dem das Finanzamt die Überschreitung festgestellt und mitgeteilt hat.[16]

Besteht keine Buchführungspflicht, ist der Gewinn aus dem steuerpflichtigen Geschäftsbetrieb gemäß Einnahmen-Überschuss-Rechnung nach § 4 Abs. 3 EStG (EÜR) zu ermit-

teln. Weiterhin sind grundsätzlich die Regelungen der §§ 142 bis 147 AO zu beachten: Diese Vorschriften gelten allgemein für die Besteuerung und damit für alle Steuerarten.[17] Sie betreffen die Verpflichtung zum Führen von Aufzeichnungen: Aufzeichnung des Warenein- und -ausgangs (§§ 143 und 144 AO). § 22 Umsatzsteuergesetz (UStG) verpflichtet zur Aufzeichnung zur Feststellung der Umsatzsteuer und Grundlagen ihrer Besteuerung. Diese Verpflichtung besteht unabhängig davon, ob die Umsätze im steuerpflichtigen wirtschaftlichen Geschäftsbetrieb, dem Zweckbetrieb oder innerhalb der Vermögensverwaltung anfallen. Umsatzsteuerlich gibt es deshalb den unternehmerischen und den nicht-unternehmerischen Bereich, die so genannte „Zwei-Sparten-Rechnung". Die Vorschrift § 4 Abs. 7 EStG betrifft die Aufzeichnungspflicht bestimmter Betriebsausgaben (Geschenke, Bewirtungskosten), soweit sie in einem steuerpflichtigen wirtschaftlichen Geschäftsbetrieb entstanden.

Das steuerliche Gemeinnützigkeitsrecht enthält insbesondere nachstehende Regelungen zur Rechnungslegung:

– Rücklagen nach § 58 Nr. 6 (zweckgebundene Rücklagen) und Nr. 7 AO (freie Rücklagen) sind in der Rechnungslegung – gegebenenfalls in einer Nebenrechnung – gesondert auszuweisen.[18]

– Zu den gesetzlichen Aufzeichnungspflichten gehört auch der Nachweis, dass eine Körperschaft in besonderem Maße den in § 53 AO bezeichneten Personen dient (Unterstützung hilfsbedürftiger Personen).

– Zudem ist gemäß § 63 Abs. 3 AO i. V. m. § 50 Abs. 4 EStDV der Nachweis zu erbringen, dass die erhaltenen und bescheinigten Spenden auch zweckentsprechend verwendet worden sind.[19]

– Schließlich kann der Nachweispflicht zur zeitnahen Verwendung der Mittel (folgt aus § 63 Abs. 3 AO) durch Aufstellung der Mittelverwendungsrechnung entsprochen werden.[20]

### d. Satzung

Pflichten zu bestimmten Formen der Rechnungslegung (z. B. die Rechnungslegung nach den Grundsätzen der kaufmännischen Bilanzierung zu gestalten) können sich auch aus der Satzung der begünstigten Körperschaft ergeben. Die Satzungsbestimmungen setzen zwingende gesetzliche Regelungen nicht außer Kraft. Sie unterwerfen die Rechnungslegung der Körperschaft jedoch starken Auflagen.[21] Derartige Gestaltungen sind aber für Vereinssatzungen selten.

### e. Nationale und internationale Regelungen

Der Mangel an gesetzlichen Normen in Bezug auf die Rechnungslegung wird in der Praxis verstärkt durch andere Regelungen und Maßnahmen ausgeglichen.

Hierbei sind unter anderem zu nennen: die Anforderungen des Deutschen Zentralinstituts für soziale Fragen (DZI) an das Spendensiegel, der Transparenzpreis von Price Waterhouse Coopers (PWC) oder die Zertifizierung gemeinnütziger Organisationen analog der ISO-Zertifizierungen erwerbswirtschaftlicher Unternehmen. Diese Regelungen resultieren in erster Linie aus dem Transparenzgedanken und der Darstellung des Vereins gegenüber der Öffentlichkeit und potenziellen Spendern. Die ordnungsgemäße Mittelverwendung steht im Vordergrund. Ein ordnungsmäßiges Rechnungswesen ist hier sowohl Mittel als auch Zweck und wird somit zwingend vorausgesetzt.

(3) Grundsätze der Rechnungslegung von Vereinen

Die Rechnungslegung der Vereine hat insbesondere die Aufgabe, den Informationsempfängern ein zutreffendes, zeitnahes, vollständiges und klares Bild der Lage zu vermitteln. Sollen die Zwecke der Rechnungslegung erreicht werden, sind allgemeine Grundsätze zu erfüllen. Das bedingt vor allem die acht nachstehenden Grundsätze:

- Richtigkeit und Willkürfreiheit (§ 239 Abs. 2 HGB; § 146 Abs. 1 AO),
- Klarheit und Übersichtlichkeit (§ 243 Abs. 2 HGB),
- Vollständigkeit und Saldierungsverbot (§ 246 HGB; § 146 Abs. 1 AO),
- Einzelbewertung der Vermögens- und Schuldposten (§ 252 Abs. 1 Nr. 3 HGB),
- Vorsichtige Bewertung von Vermögen und Schulden (§ 252 Abs. 1 Nr. 4 HGB),
- Bewertungs- und Gliederungsstetigkeit (§ 252 Abs. 1 Nr. 6 HGB),
- Fortführung der Tätigkeit (§ 252 Abs. 1 Nr. 2 HGB),
- Wirtschaftlichkeit.

Diese Grundsätze entsprechen den Anforderungen an eine getreue Rechenschaft. Sie sind von allen Vereinen und allen Formen der Rechnungslegung zu beachten (z. B. EÜR mit Vermögensrechnung). Der Grundsatz der Wirtschaftlichkeit ist besonders vor dem Hintergrund der ungenügenden institutionellen Ausgestaltung der Rechnungslegung von Vereinen bedeutend. Die Wahl einer bestimmten Form hat stets zwischen der zu erhaltenden Information und den hierfür entstehenden Aufwendungen abzuwägen.[22]

(4) Verantwortlichkeit für die Rechnungslegung

Für die Rechnungslegung eines Vereins ist grundsätzlich der Vorstand verantwortlich. Die Verantwortlichkeit des Vorstands ergibt sich aus den einzelnen gesetzlichen Regelwerken (z. B. die Veranlasserhaftung im Spendenrecht, § 10b Abs. 4 EStG). Der Verein haftet nach § 31 BGB für den Schaden, den der Vorstand in Ausübung der ihm übertragenen Tätigkeit einem anderen zufügt. Vorstände, die ihre steuerlichen Pflichten vorsätzlich oder grob fahrlässig verletzen, haften darüber hinaus persönlich. Mehrere gesetzliche Vertreter haften in gesamter Verantwortung. Dies kann durch einen Geschäftsverteilungsplan bedingt aufgehoben werden. Es verbleibt aber ein weites Auswahlermessen seitens des Finanzamtes, welcher der möglichen Haftungsschuldner in Anspruch genommen wird. Letztlich beruht dies auf der Grundlage, dass der BFH die Rechtsprechung zur Haftung von GmbH-Geschäftsführern auf den Vorstand eines Vereins überträgt.[23]

Der Jahresabschluss sollte durch die Mitgliederversammlung oder durch ein anderes von der Satzung vorgesehenes Organ festgestellt werden. Dies erfolgt freiwillig. Die Feststellung der Rechnungslegung ist gesetzlich nicht vorgesehen (HFA 14, Rn. 13).

## 2.3.2.3 Regelungen der Rechnungslegung von Vereinen

(1) Einnahmen-Überschuss-Rechnung nach § 4 Abs. 3 EStG (EÜR)

Diese Form der steuerlichen Gewinnermittlung ist für den steuerpflichtigen wirtschaftlichen Geschäftsbetrieb einschlägig, wenn die Grenzen zur originären steuerlichen
Buchführungspflicht nicht überschritten werden.[24] Gewinn ist demzufolge der Unterschied zwischen Betriebseinnahmen und Betriebsausgaben. Einnahmen/Ausgaben sind
alle Güter, die in Geld oder Geldeswert bestehen und im Wirtschaftsjahr zugeflossen/
abgeflossen sind (§ 11 EStG; R 11 EStR). Die Posten enthalten auch die Umsatzsteuer
(Bruttowerte). Die Vorschriften über die Abschreibungen (Absetzung für Abnutzung –
AfA) sind zu befolgen. Die Rechnungslegung gemäß EÜR fordert aus ertragsteuerlicher
Sicht ausdrücklich nicht das Erstellen einer Vermögensrechnung. Der Bereich Vermögensverwaltung ist im Ergebnis nach den gleichen Normen abzuschließen. Selbstlosig-
keit und übergeordnete Gemeinnützigkeit sind maßgebend, dass ein Verein alle Ein-
kunftsarten hat. Der Vorbehalt nach § 8 Abs. 2 KStG, dass zur Buchführung verpflichtete
Körperschaften ausschließlich gewerbliche Einkünfte haben, gilt gerade nicht. Folglich
ist für den Bereich der Vermögensverwaltung das Ergebnis als Unterschied zwischen
Einnahmen und Ausgaben (Werbungskosten) zu ermitteln. Die steuerlichen Regeln zur
Abschreibung gelten auch hier (§§ 2 und 8–9a EStG).

Die gemeinnützigkeitsrechtlichen Vorschriften zur Bildung von Rücklagen fordern
weiter für den Zweckbetrieb, das Rechenwerk nach den Grundsätzen einer EÜR abzuschließen. Rücklagen nämlich sind vom Gewinn dieser Sparte zu bilden.[25] Rücklagen
sind gemeinnützigkeitsrechtlich aufgeschobene, aber grundsätzlich zeitnah zu verwendende Mittel.[26] Mittel sind dem Verein zur Verfügung stehendes Vermögen und die
Erträge hieraus.[27] Eine Einnahmen-/Ausgabenrechnung (EAR; siehe 2.3.2.3 [2]) erfasst
auch Beträge aus aufgenommenen Darlehen als Einnahmen. Diese sind aber keine Mittel. Es sind Schulden. Hieraus können keine Rücklagen gebildet werden. Eine richtige
Ermittlung der Rücklagen erfordert deshalb, die EAR entsprechend den Grundsätzen
einer EÜR zu ändern. Derartige Neben- und Umrechnungen sind nicht wirtschaftlich.
Deshalb kann gleich eine EÜR aufgestellt werden.

Die Frage nach einer Rechnungslegung für den verbleibenden ideellen Bereich ist vor
diesem Hintergrund wie folgt zu beantworten: Rechnungslegung hat auch den Grundsätzen der Klarheit und Wirtschaftlichkeit zu folgen. Dies bedingt eine Abrechnung für
diesen Bereich nach den gleichen Grundsätzen der EÜR. Mischformen (z. B. Abrechnung entsprechend der nachfolgenden Form einer EAR) sind deshalb ausgeschlossen.
So ist es auch in der Praxis. Die meisten Vereine erfüllen ihre Pflicht zur Rechnungslegung durch eine EÜR mit eingeschlossener Vier-Sparten-Rechnung.[28]

Die Forderung einer vom BGB abgeleiteten Aufstellung einer Vermögensrechnung wird
damit aber nicht gewährleistet.[29] Diese Anforderung wird teilweise durch den besonderen Rücklagenausweis erfüllt (AEAO zu § 58 Nr. 5 und 6, Nr. 18). Weiter weisen
die elektronischen Buchführungssysteme der Vereine Vermögens- und Schuldposten in
einer eigenen Saldenliste neben der ausgedruckten EÜR aus. Besteht das Vermögen aus
nur wenigen Posten, z. B. nur flüssige Mittel in Form von Bank- und Kassebeständen,

kann dieser Ausdruck hilfsweise als Nachweis des vorhandenen Vermögens dienen. Forderungen zur Abrechnung des Vermögens aus gemeinnützigkeitsrechtlicher Sicht werden damit grundsätzlich auch durch diese Vereine erfüllt.[30] Ist andererseits größeres Vermögen vorhanden, muss insgesamt eine Rechnungslegung nach kaufmännischen Grundsätzen mit entsprechendem Jahresabschluss (Bilanz, Gewinn- und Verlustrechnung) erfolgen.

(2) Einnahmen-/Ausgaben- und Vermögensrechnung (EAR; VR)

Gemäß HFA hat zumindest die Rechnungslegung von Vereinen nach den in der Rechtsprechung entwickelten Grundsätzen durch Einnahmen-/Ausgaben- und Vermögensrechnung zu erfolgen. Diese Verpflichtung bezieht sich auf sämtliche Einnahmen und Ausgaben sowie das gesamte Vermögen.[31]

*Einnahmen- und Ausgabenrechnung:* Die Einnahmen- und Ausgabenrechnung, eine Form der Erfolgsrechnung, wird vom HFA aus Gründen einer besseren Transparenz der steuerlichen Einnahmen-Überschuss-Rechnung (§ 4 Abs. 3 EStG) vorgezogen. Einnahmen und Ausgaben werden grundsätzlich als Zu- und Abflüsse von Geldmitteln definiert. Auch können in den Geldmittelfonds jederzeit fällige Bankverbindlichkeiten – soweit sie zur Disposition der liquiden Mittel gehören – einbezogen werden. Darüber hinaus werden hierzu auch Einnahmen aus Sachspenden und Abgänge aus ihrer Verwendung qualifiziert. Hierzu rechnen auch Geldbewegungen aus reinen Finanzierungsvorgängen (z. B. Aufnahme und Tilgung von Fremdkapital) und Investitionen sowie für im Namen und für fremde Rechnung eines Dritten vereinnahmte und verausgabte Beträge. Abschreibungen sind keine Ausgaben. Im Ergebnis entspricht das vom IDW geforderte Rechenwerk dem Muster einer Kapitalflussrechnung. Inhaltlich weist es nach Orth die Bestandsveränderungen des Geldvermögens aus.[32] Der HFA hat mangels gesetzlicher Vorgaben ein Muster entwickelt.[33] Es dient den Grundsätzen einer ordnungsmäßigen Rechnungslegung, zu jedem Posten den entsprechenden Betrag des Vorjahres anzugeben und das Rechenwerk zu erläutern (HFA, Rn. 39–41).

Einnahmen und Ausgaben aus laufender Tätigkeit sollten zur Verdeutlichung wesentlicher Einnahmequellen und Ausgabearten weiter untergliedert werden (Einnahmen aus laufender Tätigkeit, Entgelte aus Leistungen, Mitgliedsbeiträge, Spenden, öffentliche Zuschüsse, Bußgelder, Einnahmen aus Vermögensverwaltung, sonstige Einnahmen). Ausgaben sollten nach satzungsmäßigen Zwecken und weiter nach Arten (Personal-, Sach- und sonstigen Kosten) getrennt werden. Gegebenenfalls kann eine Untergliederung der Ausgaben nach Satzungszwecken, Projekten und/oder Zuwendungsempfängern erfolgen. Als projektbezogene Ausgaben sind nur solche zu erfassen, die den einzelnen Projekten unmittelbar zugeordnet werden können. Die übrigen Ausgaben sind als allgemeine Verwaltungskosten auszuweisen.

Diese Aussagen geben allgemein gültige Empfehlungen zur Gestaltung der Rechnungslegung von Vereinen. Auch wenn ihre Abrechnung nicht nach diesen Grundsätzen erfolgt, sind die Empfehlungen dennoch zu beachten.[34] Entsprechend sind diese Vorschläge auch in anderen Formen und Rechenwerken wiederzufinden.

*Vermögensrechnung:* Die Vermögensrechnung enthält alle Vermögensgegenstände und

Schulden. Ihr Ansatz erfolgt entsprechend den Vorschriften des HGB (§§ 246–251). Es sind nur realisierte Schulden zu erfassen. Deshalb beschränkt sich der Ansatz von Rückstellungen auf ungewisse Verbindlichkeiten. Selbst erstellte immaterielle Vermögensgegenstände sind zu erfassen. Rechnungsabgrenzungsposten sind nicht einzustellen. Der Unterschied zwischen Vermögen und Schulden wird Reinvermögen genannt. Dieses enthält auch die Rücklagen. Die Gliederung der Vermögensrechnung gemäß HFA richtet sich weitgehend nach § 266 HGB. Es wird empfohlen, die Änderung des Reinvermögens darzustellen. Die Posten der Vermögensrechnung wären zur zutreffenden Darstellung der Vermögenslage mit ihren Zeitwerten zu bewerten (gemeiner Wert, Börsen- oder Marktpreis). Praktisch hat sich dies jedoch nicht bewährt.[35] Die Bewertung der Vermögensgegenstände und Schulden kann deshalb entsprechend den Vorschriften der §§ 252 ff. HGB erfolgen. Zutreffend sieht hierin der HFA allgemeine Bewertungsgrundsätze. Die Regelungen über Abschreibungen (§ 253 HGB) sind zu beachten. Systematisch unterscheidet sich damit dieses Rechenwerk von der Einnahmen-Ausgaben-Rechnung. Diese Form der Erfolgsrechnung kennt keinen Ansatz für den Werteverzehr der Vermögensgegenstände. Die gesamten Bewertungsgrundsätze sind auch nur insoweit einschlägig, wie sie mit der jeweiligen Verfassung des Vereins zu vereinbaren sind (z. B. kein Ansatz von Beitragsforderungen an Mitglieder, falls ihr Einzug nicht rechtlich verfolgt wird). Zudem erfolgt teilweise ein Aufschluss der Wertansätze an die Zeitwerte, wenn das Wertaufholungsgebot (§ 280 HGB) beachtet wird. Außerplanmäßige Abschreibungen auf Anlagegüter (z. B. Wertpapiere) sind danach wieder zuzuschreiben, wenn die Gründe hierfür nicht mehr bestehen.

Versucht man die vom HFA vorgeschlagenen Rechenwerke insgesamt zu bewerten, könnte der Eindruck entstehen, dass diese sich nicht wesentlich vom kaufmännischen Jahresabschluss unterscheiden. Dem ist jedoch nicht so. Der Überschuss laut EAR entspricht nicht dem Ergebnis der VR. Beide Ergebnisse werden nach verschiedenen Grundsätzen über die Ermittlung des Periodenerfolgs abgeleitet. Unterschiede ergeben sich z. B. dadurch, dass in der EAR nicht enthalten sind: aktivierte Investitionen mit folgenden Abschreibungen, Abgänge von Vermögensgegenständen zu Buchwerten, Bestandsveränderungen von Vorräten, Änderungen von Forderungen und Verbindlichkeiten, Änderungen von Rückstellungen.

Ein einheitlicher Erfolgsausweis in der Rechnungslegung des Vereins ist nur mittels Überleitungsrechnung herzustellen (HFA, Rn. 54 f). Grundsätzlich fehlt die Sicherheit einheitlicher Gewinnermittlung gemäß doppelter Buchhaltung.[36] Dies sind einige Gründe, weshalb sich eine Rechnungslegung für Vereine nach diesen Grundsätzen in der Praxis kaum finden lässt. Werden schon beide Rechenwerke angewandt, ist es deshalb naheliegend, diese auf die kaufmännische Rechnungslegung über den Jahresabschluss auszurichten.

(3) Jahresabschluss nach Handelsrecht

a. Kriterien

Vorstehende Ausführungen kommen zum Ergebnis, dass nur Vereine mit so genannten einfachen Verhältnissen periodisch nach den steuerlichen Grundsätzen einer EÜR Rechnung legen sollten. Die anderen Körperschaften sollten freiwillig ihre Rechnungslegung nach den Grundsätzen einer kaufmännischen Bilanzierung ausgestalten. Welche Maßstäbe sind hierfür einschlägig? Die kleinen Vereine sollten über leicht zu überschauende Verhältnisse verfügen. Anlagevermögen, Forderungen, Verbindlichkeiten, Rückstellungen oder Abgrenzungsposten sind nicht oder nur unwesentlich vorhanden. Treffen diese Umstände gewichtet und im Ergebnis nicht zu, ist eine Rechnungslegung nach den anderen, kaufmännischen Grundsätzen angebracht. Die Form gilt dann auch für steuerliche Zwecke.[37]

Der HFA empfiehlt nun weiter, die handelsrechtlichen Vorschriften für den Jahresabschluss von Kapitalgesellschaften bei Überschreiten der entsprechenden Größenmerkmale anzuwenden (insbesondere erweitert um einen Anhang des Jahresabschlusses – §§ 284 ff. HGB und Lagebericht – § 289 HGB). Nun ist zu berücksichtigen, dass die Rechnungslegung der Kapitalgesellschaft allgemein eine solche über fremdes Vermögen betrifft. Diese Sicht ist auch für die Rechungslegung von Vereinen einschlägig. Folglich sollten die Vorschriften des HGB für Kapitalgesellschaften (§§ 264 ff. HGB) möglichst bei Übergang zur Rechnungslegung nach kaufmännischen Grundsätzen angewandt werden. Dies gebietet die institutionelle Verfassung eines gemeinnützigen Vereins.

Wird der Empfehlung des HFA und diesen Ableitungen gefolgt, sind vor allem nachstehende Besonderheiten zu berücksichtigen: Grundnorm sind danach die Gebote der Klarheit, Richtigkeit und Vollständigkeit. Dies mit dem Ziel, dass sich der Adressat ein Urteil über die Verwendung des eingesetzten Vermögens und der damit erzielten Erträge bilden kann.

### b. Bilanz

Vermögensgegenstände und Schulden sind nach den allgemeinen Ansatzvorschriften (§§ 246–251 HGB) zu berücksichtigen. Es sind alle Schulden anzusetzen. Nicht entgeltlich erworbene immaterielle Anlagegüter sind nicht anzusetzen. Die Gliederung erfolgt nach den hier entwickelten Grundsätzen gemäß § 266 HGB. Die allgemeinen Grundsätze für die Gliederung (§ 254 HGB) sind zu berücksichtigen. Demnach sind Änderungen sowie das Hinzufügen und Weglassen von Posten zulässig. Die Bewertung folgt gemäß §§ 252 ff. HGB. Nennenswert sind: die Bewertung zu Anschaffungskosten; unentgeltlich erworbene aktivierungspflichtige Vermögensgegenstände sind zum Erwerbszeitpunkt mit den fiktiven Anschaffungskosten zu bewerten; die Einzelbewertung; das Erfassen nur realisierter Geschäftsvorfälle; es ist vorsichtig zu bewerten. Das Eigenkapital ist das Reinvermögen des Vereins. Es ist der Unterschied zwischen Vermögen und Schulden. Rücklagen und Eigenkapital unterscheiden sich nach der Dauer des Verbleibs des Kapitals im Verein. Die Abgrenzung folgt gemäß der Satzung. Rücklagen unterliegen deshalb einer zeitlichen Begrenzung hinsichtlich ihrer künftigen Verwendung. Sie werden aus dem Ergebnis gebildet.

Entsprechend ist die Verwendung des Ergebnisses im Anschluss an das Jahresergebnis laut Erfolgsrechnung anzugeben:

> Jahresergebnis + Ergebnisvortrag +/– Änderung der Rücklagen = Ergebnisvortrag

Das wirkt auf den Bestandsposten Eigenkapital in der Bilanz zurück. Er ist demnach aufzuteilen in:

> Vereinskapital + Rücklagen + Ergebnisvortrag

Diese Posten sind in ihrer Entwicklung zu zeigen (Eigenkapitalspiegel). Die Zusammensetzung und Entwicklung der Rücklagen aus steuerlicher Sicht (Rücklagenspiegel) kann als weitere Untergliederung der Rücklagen in der Bilanz dargestellt werden. Grundsätzlich ist dabei zwischen freien und zweckgebundenen Rücklagen zu unterscheiden. Die weiteren steuerlichen Anforderungen sind mittels Nebenrechnung zu erfüllen (alles HFA, Rn. 29–39).

Durch Weglassen von Leerposten, durch Hinzufügen neuer Posten oder Änderung von Gliederungs- und Postenbezeichnungen (§ 265 Abs. 5, 6 und 8 HGB) kann den besonderen Strukturmerkmalen von Vereinen Rechnung getragen werden (HFA, Rn. 32). Dies gilt auch für die Gewinn-und-Verlust-Rechnung.

c. Gewinn-und-Verlust-Rechnung

Die Gliederung erfolgt nach § 275 HGB (Gesamtkosten- oder Umsatzkostenverfahren). Weiter wird auf die obigen Ausführungen zur EAR (siehe 2.3.2.3 [1]) verwiesen.

Mitgliedsbeiträge sind praxisüblich erst bei Zufluss zu erfassen. Sie haben nämlich überwiegend Spendencharakter. Rechtlich wird deshalb ihre Einzahlung allgemein nicht verfolgt.[38]

d. Anhang

Der HFA empfiehlt die Aufstellung eines Anhangs unabhängig von der Größe des Vereins (HFA 14, Rn. 26). Der Inhalt ergibt sich aus der sinngemäßen Anwendung der §§ 284 ff. HGB entsprechend der jeweiligen Größenklasse i. S. d. § 267 HGB. Weiter empfehlen sich Angaben zum Spendenaufkommen und dessen Verwendung. Die Bewertung von Sachspenden und die Behandlung von zweckgebundenen Spenden sollten erläutert werden (HFA 21, Rn. 41).

e. Lagebericht

§ 289 HGB ist sinngemäß anzuwenden (HFA 21, Rn. 44). Der Geschäftsverlauf einschließlich des Geschäftsergebnisses des Vereins ist so darzustellen, dass ein den tatsächlichen Verhältnissen entsprechendes Bild vermittelt wird. Entsprechende Erläuterungen sind für die Umsetzung dieser Generalnorm handelsrechtlicher Rechnungslegung besonders bedeutend. Die Risiken, ihr Erkennen und deren Steuerung sollten besonders dargestellt werden. Dies empfiehlt sich bereits allgemein wegen einer fehlenden Mindestkapitalausstattung (§ 42 BGB).

Grundlegende Überlegungen zur Transparenz sowie Anforderungen an die ethische Grundhaltung von Vereinen (Corporate Governance) führen dazu, dass dem Anhang und Lagebericht eines Jahresabschlusses zukünftig eine wesentlich höhere Bedeutung zukommen wird.

(4) Sonderprobleme der Rechnungslegung von Vereinen

a. Außerplanmäßige Abschreibungen (§ 253 Abs. 2 HGB); Teilwertabschreibung (§ 6 Abs. 1 Nr. 1 und 2 EStG)

Diese Form der Abschreibung erfolgt, um Vermögensgegenstände (z. B. Wertpapiere des Anlagevermögens) mit dem niedrigeren Wert am Abschlusstag anzusetzen (beizulegender Wert oder Wiederbeschaffungskosten). Buchmäßige Kursverluste z. B. werden dadurch als Aufwand in der Erfolgsrechnung ausgewiesen. Letztlich dient diese Abschreibung dazu, die Vermögenslage des Vereins entsprechend den tatsächlichen Verhältnissen darzustellen. Gemeinnützigkeitsrechtlich betrifft eine derartige Abschreibung allgemein den Bereich Vermögensverwaltung. Der wirtschaftliche Erfolg dieses Bereichs wird als Überschuss der Einnahmen über die Werbungskosten ermittelt (siehe 2.3.2.3 [2]). Dieses Rechenwerk aber kennt keine Teilwertabschreibung (siehe § 9 Abs. 1 Nr. 7 EStG, wonach nur auf die entsprechende Anwendung der Abschreibungsregeln in § 7 EStG verwiesen wird). Dient das Ergebnis dieser Sparte als Grundlage weiterer Maßnahmen, ist es deshalb um diese Abschreibung zu erhöhen. Diese ist z. B. einschlägig für die Mittelverwendungsrechnung sowie für die Bildung einer Rücklage nach § 58 Nr. 7 Buchstabe a. Sie kann ein Drittel des Überschusses der Einnahmen über die Unkosten aus Vermögensverwaltung betragen.[39]

b. Gemischt veranlasste Aufwendungen/Gemeinkosten

Ausgaben/Aufwendungen sind der Sparte und dem Satzungszweck zuzuordnen, wenn sie durch ihn veranlasst sind. Die Frage einer Zuordnung von Ausgaben wird umfassend in der Kostenrechnung erörtert. Ein großer Teil der Kosten nämlich lässt sich nicht direkt auf die Kostenträger zurechnen, da diese Kosten für mehrere oder alle Bereiche (Kostenstellen) und mehrere oder alle Kostenträger angefallen sind. Diese Kosten werden Gemeinkosten genannt.[40]

Beruht das Entstehen dieser Ausgaben auf mehreren, unterschiedlich zu berücksichtigenden Tätigkeiten oder Ursachen, so ist für die Rechnungslegung aus steuerlicher Sicht weiter zu unterscheiden:

–   Zuordnung der Ausgaben nach Gewichtung der verschiedenen Anlässe ihres Entstehens: Dieser Verteilungsgrundsatz wurde von der Rechtsprechung des BFH entwickelt. Demzufolge wird zwischen primärem und sekundärem Anlass unterschieden. Der primäre Anlass ist für die Zuordnung allein maßgebend, wenn die Ausgabe auch ohne den anderen Bereich (z. B. steuerpflichtiger wirtschaftlicher Geschäftsbetrieb) entstanden wäre („Veranlassungsprinzip"). Da Hauptzweck des Vereins die steuer-begünstigte Tätigkeit ist, sind Ausgaben, welche sowohl mit steuerbegünstigten als auch mit steuerpflichtigen Tätigkeiten zusammenhängen, grundsätzlich dem begün-stigten ideellen Bereich zuzuordnen. Spendenaktionen, die einerseits zur Unterrich-tung der Öffentlichkeit und andererseits zur Mittelbeschaffung dienen, sind diesem Maßstab zufolge ausschließlich den Satzungszwecken zuzuordnen (AEAO zu § 64 Abs. 1 Nr. 5 ff.).

–  Zuordnung der Ausgaben auf verschiedene Bereiche nach einem objektiven Maßstab: Dieser Maßstab wird von der Finanzverwaltung für die anteilige Berücksichtigung gemischt veranlasster Aufwendungen für sachgerecht gehalten („Verursachungs-prinzip"). Danach könnten z. B. die Personalkosten im steuerpflichtigen wirtschaft-lichen Geschäftsbetrieb abgezogen werden, soweit sie bei einer Aufteilung nach ob-jektiven Maßstäben teilweise darauf entfallen (z. B. die Hälfte der Arbeitszeit eines Fundraisers betrifft die Bearbeitung steuerpflichtiger Sponsormaßnahmen, mithin sind die hälftigen Personalaufwendungen Betriebsausgabe im Bereich wirtschaft-licher Geschäftsbetrieb). Diese unterschiedlichen Aufteilungsregeln sind auch für die Abgrenzung der allgemeinen Verwaltungskosten bedeutsam. Ferner bilden sie die Grundlage für eine Verteilung von Aufwendungen in der Kostenrechnung.

c. Werbe- und Verwaltungsausgaben (Verwaltungskosten)

Werbe- und Verwaltungsausgaben sind grundsätzlich alle Aufwendungen, die nicht un-mittelbar den Einsatz der Spenden im Rahmen des jeweiligen Förderzwecks betreffen.[41] Diese Aufwendungen sind Unterarten der vorstehend erläuterten Gemeinkosten. Wer-beausgaben entstehen insbesondere für die bekannten Informationsbriefe (Mailings). Einerseits werden diese Ausgaben dadurch verursacht, dass die gemeinnützige Körper-schaft mittels dieser Briefe die Öffentlichkeit über die satzungsmäßige Arbeit informiert. Andererseits sollen durch diese Maßnahme Spendeneinnahmen erwirtschaftet werden. Die Einnahmen dienen wiederum dazu, die satzungsmäßige Arbeit umzusetzen.[42] Die Höhe dieser Aufwendungen dient allgemein als Gradmesser für die Effizienz der Ge-schäftstätigkeit eines Vereins. Deshalb wiederum gefährden überhöhte Verwaltungskos-ten die Gemeinnützigkeit.

Die Finanzverwaltung hat dem BFH folgend deshalb Kriterien zur Beurteilung der Ver-waltungskosten entwickelt.

–  Die Aufwendungen dürfen einen angemessenen Rahmen nicht übersteigen (folgt aus § 55 Abs. 1 Nr. 1 und Nr. 3 AO).

–  Der Rahmen ist überschritten, wenn die Ausgaben für Verwaltungskosten 50 % der gesamten vereinnahmten Mittel übersteigen (AEAO zu 55 Abs. 1 Nr. 1 Rn. 18).

–  Sind einzelne Verwaltungsausgaben nicht angemessen, ist dies schädlich für die Ge-meinnützigkeit (§ 55 Abs. 1 Nr. 3 AO).

–  Die Mittel der Körperschaft können in der Gründungs- und Aufbauphase (bis zu vier Jahren) überwiegend für Verwaltungskosten verwendet werden.

–  Die Angemessenheit der Verwaltungskosten richtet sich entscheidend nach den Um-ständen des Einzelfalls. Eine schädliche Verwendung der Mittel kann deshalb auch schon vorliegen, wenn der Anteil der Verwaltungskosten deutlich geringer als 50 % ist.

Diese Ausführungen legen dar, dass es keinen allgemeinen Maßstab zur Beurteilung der Angemessenheit von Verwaltungskosten gibt. Dies scheitert an der Vielfalt der gemeinnützigen Vereine. Ferner sind dafür auch institutionelle Gründe einschlägig. Eine Aussage zur Angemessenheit der Verwaltungskosten hat deshalb die hier dargestellten allgemeinen Grundsätze zur Rechnungslegung einzubeziehen. Praktisch wird empfohlen, die Richtlinie des Deutschen Spendenrats e. V. über „Verwaltungskosten und Kosten des Fundraising bei Spenden sammelnden Organisationen einschließlich des Tableaus ‚Zuordnung der Aufwendungen des Geschäftsjahres nach Sparten und Funktionen/Bereichen'" zu verwenden (abzurufen im Internet unter www.spendenrat.de; siehe auch die Checkliste im Anhang). Einzelheiten zu den Verwaltungskosten sind auch den Leitlinien des DZI zu entnehmen.

### d. Mittelverwendungsrechnung

Die begünstigten Vereine haben den Nachweis zu erbringen, dass sie ihre Mittel fortlaufend und zeitnah für satzungsmäßige Zwecke verwendet haben. Allgemein kann dieser Nachweis anhand der bestehenden Rechenwerke (Jahresabschluss, Einnahme-Überschuss-Rechnung, Rücklagenspiegel, Kapitalflussrechnung) geführt werden. Ist dies nicht möglich, fordert die Finanzverwaltung eine besondere Nebenrechnung, die Mittelverwendungsrechnung.[43] Sie leitet sich aus der Finanzbuchhaltung ab. Berechnet wird als Saldo der Mittelbetrag, welcher nicht zeitnah verwendet wurde. Hierzu dient das folgende Schema:

---

Gesamtbetrag der Mittel (allgemein Aktivseite der Bilanz)

– bereits für steuerbegünstigte Zwecke eingesetztes Vermögen (nutzungs-
   gebundenes Vermögen)
– Schulden
– Wirtschaftsgüter der steuerfreien Vermögensverwaltung (vermietete
   Grundstücke)
– Wirtschaftsgüter des steuerpflichtigen wirtschaftlichen Geschäftsbetriebes
– Rücklagen nach § 58 Nr. 6, 7 a und b, 11 und 12 AO

---

= Verwendungsrückstand (Ergebnis = positiv)
oder
   Verwendungsüberhang (Ergebnis = negativ)

---

### (5) Besonderheiten Spenden sammelnder Organisationen

Grundsätzlich legen Spenden sammelnde Organisationen in Abhängigkeit ihrer Rechtsform nach den entsprechenden Grundsätzen des IDW Rechnung (IDW RS HFA 14 für

Vereine; HFA 5 für Stiftungen; HFA 12 für politische Parteien). Dies erfolgt durch einen Jahresabschluss oder eine Einnahmen-/Ausgaben- und Vermögensrechnung. Besonderheiten ergeben sich aus dem Entwurf IDW ERS HFA 21. Hier sind insbesondere zu nennen:

## a. Bedingt rückzahlungspflichtige Spenden

Eine bedingt rückzahlungspflichtige Spende liegt vor, sofern die Spende von vornherein mit einer Bedingung hinsichtlich ihrer Verwendung verbunden ist (ein bloßer Zweckhinweis reicht hier nicht aus) und der Spender bis zum Bedingungseintritt einen konkreten Rückforderungsanspruch hat (HFA 21, Rn. 14). Sofern von einer Rückzahlungsverpflichtung auszugehen ist, sind diese Spenden ohne Berührung der Gewinn-und-Verlust-Rechnung als Verbindlichkeit zu passivieren. Bei wesentlicher Bedeutung ist der Posten gesondert auszuweisen (HFA 21, Rn. 18). In der Praxis empfiehlt sich hier eine stichtagsbezogene Betrachtung. Dabei sind solche Zahlungen abzugrenzen, für die eine Rückzahlungsverpflichtung zum Bilanzstichtag besteht. Den allgemeinen Grundsätzen folgend darf für diese Zahlung keine Zuwendungsbestätigung i. S. v. § 10b EStG erteilt werden. Diese Form der Spenden tritt nur in Ausnahmefällen auf.

## b. Spendensammlung im Verbund

Sofern eine Spenden sammelnde Organisation auch Spenden für andere gemeinnützige Organisationen sammelt oder dies ausschließlich tut, sind diese Spenden in der Gewinn-und-Verlust-Rechnung gesondert auszuweisen. Dem Umstand der Spendenweiterleitung kann in den Posten „Spendenertrag aus weiterzuleitenden Spenden" sowie „Aufwand aus Spendenweiterleitung" Rechnung getragen werden. Die empfangende Organisation soll in einem Davon-Vermerk die von anderen Organisationen erhaltenen Spenden gesondert ausweisen (HFA 21, Rn. 29–32).

## c. Erstellung gesonderter Projektberichte

Bei Spenden sammelnden Organisationen, die eine Vielzahl an verschiedenen Projekten betreuen, wird aus Gründen der Klarheit und Übersichtlichkeit empfohlen, einen so genannten Projektbericht zu erstellen. Darin kann auch eine Übersicht über das Spendenaufkommen und dessen Verwendung nach den einzelnen Projekten aufgenommen werden (HFA 21, Rn. 45).

Die genannten Regelungen beziehen sich zwar auf Spenden sammelnde Organisationen, gleichwohl sind einige Grundsätze auch für Vereine maßgebend, die sich nicht oder nicht überwiegend aus Spendenmitteln finanzieren.

## (6) Prüfung von Vereinen

Die Prüfung von Jahresabschlüssen gemeinnütziger Organisationen kann sich aufgrund branchenspezifischer Tätigkeiten (z. B. als Krankenhaus) ergeben. Auch entsteht eine Prüfungspflicht, wenn der Verein sich als Unternehmen im Sinne des Publizitätsgesetzes qualifiziert. Letztlich kann auch eine Satzungsregelung eine Prüfung des Jahresabschlusses bestimmen.[44]

Prüfungsgegenstand kann sowohl eine Einnahmen-/Ausgabenrechung mit Vermögensrechung i. S. v. IDW RS HFA 14 als auch ein Jahresabschluss i. S. d. §§ 238 ff. HGB, gegebenenfalls erweitert um einen Anhang und einen Lagebericht, sein.[45]

Aus den Anforderungen an die Abschlussprüfung ergeben sich dabei direkte Auswirkungen auf die Rechnungslegung. Dies gilt vor allem dann, wenn die Jahresabschlussprüfung nach den §§ 317 ff. HGB durchgeführt und ein umfänglicher Bestätigungsvermerk erteilt wird. In diesem Fall ist ein Jahresabschluss i. S. d. §§ 264 ff. HGB zu erstellen, was zwingend eine Rechnungslegung nach den Grundsätzen ordnungsmäßiger Buchführung im Sinne des Handelsrechts erfordert. Für Prüfungen mit einem abweichenden Prüfungsgegenstand (z. B. einer Jahresrechnung) darf kein Bestätigungsvermerk, sondern lediglich eine Bescheinigung erteilt werden.[46]

## Anmerkungen

1   Vgl. auch Hoppen, Christian: Rechnungslegung, in: Schauhoff, Stephan (Hrsg.): Handbuch der Gemeinnützigkeit, 2. Aufl., München 2005, S. 895–954, 897, zitiert als Hoppen; Küting, Karlheinz/Weber, Claus-Peter: Handbuch der Rechnungslegung, Einzelabschluss, Kommentar zur Bilanzierung und Prüfung, 5., aktualisierte und erweiterte Aufl., Stuttgart 2004, Kap. 2, Rn. 5, zitiert als Küting/Weber.

2   Vgl. HFA 14, Rn. 14 ff.; vgl. auch Lutter, Marcus: Zur Rechnungslegung und Publizität gemeinnütziger Spenden-Vereine, in: Betriebs-Berater 1988, S. 489–497, 492 ff., zitiert als Lutter.

3   Küting/Weber, Rn. 2.

4   Küting/Weber, Rn. 4.

5   Vgl. HFA 14.

6   Vgl. Küting/Weber, Rn. 5; Badelt, S. 382.

7   Vgl. AEAO zu § 55 Abs. 1 Nr. 1 Abs. 1.

8   Vgl. Schleder, Herbert: Steuerrecht der Vereine, 6. Aufl., Herne/Berlin 2001, Rn. 1576, zitiert als Schleder.

9   Finanzministerium des Landes Nordrhein-Westfalen (Hrsg.): Vereine und Steuern, Düsseldorf 1997, S. 20.

10  Vgl. HFA 14, Rn. 16.

11  Vgl. Küting/Weber, Rn. 7 ff.; vgl. auch Hagemann, Michael: Stellungnahme HFA 4/95. Zur Rechnungslegung und Prüfung spendensammelnder Organisationen – ein Beitrag zur ökonomischen Analyse der Rechnungslegung, H 13, Fachschriften der Bundesarbeitsgemeinschaft Sozialmarketing e. V., Oberursel 1997, S. 22, zitiert als Hagemann, Rechnungslegung.

12  Vgl. hierzu HFA 14, Rn. 7 f.; Wallenhorst, Rolf/Halaczinsky, Raymond: Die Besteuerung gemeinnütziger Vereine, Stiftungen und der juristischen Personen des öffentlichen Rechts, München 2004, Rn. 6 f., zitiert als Wallenhorst.

13  Wallenhorst, Rn. 19 ff.

14  Kießling, Heinz/Buchna, Johannes: Gemeinnützigkeit im Steuerrecht, 3. Aufl. Achim 1994, S. 182, zitiert als Kießling.

15  Wallenhorst, Rn. 25.

16  Schleder, Rn. 1571–1573; Hoppen, Rn. 10.

17  Rasche, Ralf: Umsatzsteuer, in: Schauhoff, Stephan (Hrsg.): Handbuch der Gemeinnützigkeit, 2. Aufl., München 2005, S. 705–744, Rn. 120, zitiert als Rasche.

18  AEAO zu § 58 Nr. 6 und 7, Rn. 18.

19  Hoppen, Rn. 13; Schleder, Rn. 1578.

20  Hoppen, Rn. 13.

21  Hoppen, Rn. 4.

22  Vgl. auch Küting/Weber, Kap. 4, Rn. 50 und Rn. 73; Göbel, S. 160.

23  Vgl. dazu BFH-Urteil vom 23.6.1998, BStBl. 1998 II, S. 761; weiter Schleder, Rn. 1646–1648; Hoppen, Rn. 20.

24  § 141 AO, siehe Abschnitt 2.3.2.2. unter (2); Buchna, Johannes: Gemeinnützigkeit im Steuerrecht, 9. Aufl., Achim 2008, S. 238, zitiert als Buchna.

25  § 58 Nr. 7 Buchstabe a, 2. Halbsatz; AEAO zu § 58 Nr. 7 Nr. 14.

26  Orth, Manfred: Rechnungslegung der Nonprofit-Organisationen, in: Breuninger, Gottfried E./ Müller, Welf/Strobel-Haarmann, Elisabeth (Hrsg.): Steuerrecht und europäische Integration. Festschrift für Albert J. Rädler zum 65. Geburtstag, München 1999, S. 457–486, 484, zitiert als Orth.

27  Orth, S. 482.

28  Schleder, Rn. 1583; Wallenhorst, Rn. 38.

29  HFA, Rn. 41 und Buchna, S. 240.

30  § 63 Abs. 3 AO; Orth, S. 480.

31  HFA 14, Rn. 41 und Buchna, S. 240.

32  Orth, S. 463.

33  Zum Muster siehe HFA, Rn. 46.

34  So auch Orth, S. 478.

35  Hagemann, Rechnungslegung, S. 25.

36  Spiegel, Harald: Warum ist die Bilanzierung für größer werdende Stiftungen empfehlenswert?, in: Stiftung & Sponsoring, Heft 3/1999, S. 8 f.

37  Siehe Anm. 2.

38  Wallenhorst, Rn. 56.

39  Buchna, S. 201.

40  Wöhe, Günter: Einführung in die Allgemeine Betriebswirtschaftslehre, 11., neu bearbeitete und erweiterte Aufl., München 1975, S. 740.

41  HFA 21, Rn. 38.

42  Hierzu grundlegend BFH-Urteil vom 23.9.1998, BStBl. 2000 II, S. 320.

43  Buchna, S. 151 und 242; AEAO zu § 55 Nr. 27.

44  Vgl. IDW Prüfungsstandard PS 750 Rn. 4, zitiert als PS 750.

45  Vgl. PS 750, Rn. 5.

46  Vgl. PS 750, Rn. 30.

## Weiterführende Literatur: siehe Anmerkungen

## Urteile, Erlasse, Gesetze u. a.:

Abgabenordnung in der jeweils aktuellen Fassung (AO).

Anwendungserlass zur Abgabenordnung (AEAO) vom 10. September 2002, abgedruckt unter Buchna, S. 449 ff.

BFH-Urteil vom 23. September 1998, I B 82/98, BStBl. 2000, Teil II.

BFH-Urteil vom 23. Juni 1998, VII R 4/98, BStBl. 1998, Teil II, S. 761.

Einkommensteuergesetz in der jeweils aktuellen Fassung (EStG).

Einkommensteuer-Richtlinien in der jeweils aktuellen Fassung (EStR).

IDW-Stellungnahme zur Rechnungslegung: Rechnungslegung von Vereinen (IDW RS HFA 14, Stand 01.03.2006), zitiert als HFA 14.

Entwurf IDW-Stellungnahme zur Rechnungslegung: Besonderheiten der Rechnungslegung Spenden sammelnder Organisationen (IDW ERS HFA 21, Stand 13.08.2007), zitiert als HFA 21.

Handelsgesetzbuch in der jeweils aktuellen Fassung (HGB).

Körperschaftsteuergesetz in der jeweils aktuellen Fassung (KStG).

## 2.3.3 Kostenrechnung

*Michael Hagemann*

### 2.3.3.1 Aufgaben und Gebiete der Kostenrechnung

(1) Ein Jahresabschluss als externe Rechnungslegung hat überwiegend die Aufgabe, außerhalb des Vereins stehende Personen zu informieren (z. B. Spender und Finanzverwaltung). Die Kostenrechnung (auch Kosten- und Leistungsrechnung genannt – KUL oder KLR) ist dagegen Bestandteil der internen Rechnungslegung. Sie ist umfassender Teil des Informations-, Planungs-, Kontroll- und Dokumentationssystems einer wirtschaftenden Organisation wie z. B. eines Vereins (siehe die Checkliste im Anhang). Sie ist auf die Entscheidungsträger (interne Rechnungslegung, Vereinsvorstand, Geschäftsführung, Abteilungsleiter usw.) ausgerichtet.[1]

Allgemein lässt sich daraus ableiten:

- Ein Ausrichten auf die Entscheidungsträger des Vereins bedingt die institutionelle Abhängigkeit von der Vereinsverfassung; Entscheidungen und Verantwortungen bedingen sich vernünftigerweise gegenseitig. Die Kostenrechnung erhält dadurch den Charakter einer personenbezogenen Verantwortungsrechnung und nicht nur den einer rein buchhalterischen Rechenschaftslegung.[2]

- Die Kostenrechnung ist im Wesentlichen frei gestaltbar; ebenso wird sie freiwillig aufgebaut und geführt. Sie kann deshalb entsprechend den Informationsbedürfnissen des Vereins ausgestaltet werden.

- Gesetzliche Regelungen über die Führung einer Kostenrechnung sind die Ausnahme. So verpflichtet die Krankenhaus-Buchführungsverordnung (KHBV) Krankenhäuser, eine KUL zu führen, die eine betriebsinterne Steuerung sowie eine Beurteilung der Wirtschaftlichkeit und Leistungsfähigkeit erlaubt (§ 8 KHBV).[3]

- Abhängig von den Zielen der Entscheidungsträger kann die Kostenrechnung Teil eines umfassenden Informations- und Entscheidungssystems sein. Sie ermöglicht auch ein operatives Controlling des Vereins.[4]

- Die Kostenrechnung ist Bestandteil des Risikofrüherkennungssystems.

(2) Aufgaben der Kostenrechnung sind die Erfassung, Verteilung und Zurechnung der Kosten, die in den Betriebsabläufen eines Vereins entstehen – mit den Zielsetzungen:

- durch Ermittlung der voraussichtlich anfallenden Kosten eine Grundlage für betriebliche Entscheidungen zu schaffen,

- gesetzlich festgelegte Anforderungen zu erfüllen (z. B. Bewertung der Bestände im steuerpflichtigen wirtschaftlichen Geschäftsbetrieb),

- durch Vergleich von Ist- und Plan-Budgetwerten betriebliche Entscheidungen zu begründen.

Sämtliche Verfahren der Kostenrechnung können aus dieser Sicht als Entscheidungshilfen verstanden werden, die den Entscheidungsträgern eines Vereins Orientierungen
liefern.[5] Die Entscheidungen beziehen sich auf eine Verfügung über die knappen Mittel
des Vereins im weitesten Sinne.

## 2.3.3.2 Kostenrechnung und das Umfeld des Vereins

(1) Die Kostenrechnung wurde im Wesentlichen für die Bedürfnisse erwerbswirtschaftlicher Betriebe entwickelt. Die Darstellung der Kostenrechnung in der betriebswirtschaftlichen Literatur bezieht sich im Allgemeinen auch auf derartige Betriebe. Entsprechend
sind insbesondere Begriffe, Gestaltungen und Beurteilungen der Kostenrechnung auf
Organisationen ausgerichtet, die nach dem erwerbswirtschaftlichen Prinzip arbeiten.

Es stellt sich deshalb die Frage, wieweit diese betriebswirtschaftlichen Sachverhalte
auch für gemeinnützige Körperschaften maßgebend sind. Eindeutig ist wirtschaftliches
und sparsames Verfügen über knappe Mittel (Prinzip der Wirtschaftlichkeit) auch für
gemeinnützige Vereine maßgebend. Hier konkretisiert sich ein allgemeiner Handlungs-
grundsatz. Auch folgt dies insoweit aus dem Grundsatz der Selbstlosigkeit, als die Mittel möglichst umfassend den Satzungszwecken zu widmen sind. Umgekehrt bedingt
dies eine Minimierung der Kosten, die aufzuwenden sind, um die Satzungszwecke zu
verwirklichen. Konkret wünschen z. B die Spender, dass ihre Zuwendung möglichst
umfassend für den gemeinnützigen Zweck eingesetzt wird.[6]

(2) Weiter sind die Systemzwänge des erwerbswirtschaftlichen Prinzips in ihrer grundsätzlichen Ausgestaltung auch für den wirtschaftlichen Geschäftsbetrieb (einschließlich
Zweckbetrieb) und die Vermögensverwaltung einschlägig. Alle diese Bereiche verfügen über den Preis-Leistungs-Zusammenhang, wie er auch für den „kapitalistischen
Bruder" wirkt. Die allgemeinen Grundsätze der Kostenrechnung können deshalb systematisch auf diese Sparten gespiegelt werden. Der ideelle Bereich als Grundsektor der
gemeinnützigen Tätigkeit verschließt sich aber dieser Methode. Dies löst eine eigene,
anders ausgerichtete Gestaltung der Kostenrechnung aus.[7] Hier ist nun entscheidend,
dass über die Absatzpreise der satzungsmäßigen Leistungen keine Erlöse erzielt werden. Eine derartige marktwirtschaftliche Steuerung der satzungsmäßigen Leistungen ist
institutionell ausgeschlossen (Hilfsgüter in einem Hungergebiet werden nicht an diejenigen Opfer ausgeteilt, welche dafür am meisten bezahlen). Folglich können die Kalku-
lationsverfahren der Kostenrechnung (Kostenträger-Stückrechnung) nicht sinnvoll zur
Bestimmung der Absatzpreise satzungsmäßiger Leistungen und als Entscheidungshilfe
zur daraus resultierenden Lenkung herangezogen werden.[8] Fragen der Kostenarten-
und Kostenstellenrechnung sowie der Kostenkalkulationen sind hier bestimmend. Dies
bedeutet weiter, dass Techniken der Kostenträgerrechnung bei der Lösung besonderer
Aufgaben der Geschäftsführung des Vereins dienen können (z. B. Verteilung der Kosten
auf die einzelnen Sparten).

(3) Die Rechnungslegung von Vereinen ist zudem wegen der zahlreichen Besonderheiten der Vereinsbesteuerung schwieriger als bei vergleichbaren Gewerbebetrieben.[9]

Dies wirkt sich auf die Gestaltung der Kostenrechnung aus. Davon betroffen ist auch ihre entsprechende Umsetzung. Diese Nachteile setzen sich in den Aufsichtsgremien der Vereine fort. Üblicherweise sind die Mitglieder der Präsidien oder Beiräte ehrenamtlich tätig. Sie verrichten diese Tätigkeiten überwiegend in ihrer Freizeit. Ihre Erfahrungen und Kenntnisse sind häufig nicht mit dem wirtschaftlichen Fachwissen von Aufsichtsratmitgliedern marktwirtschaftlich ausgerichteter Unternehmen gleichzusetzen. Zudem haben die Vereine oft nicht die Mittel, speziell ausgebildete Berater einzusetzen (beratende Betriebswirte, Steuerberater, Wirtschaftsprüfer), die diese Nachteile ausgleichen könnten.

Überlagert werden die vorgenannten Aspekte durch den relativ hohen Anteil von kurzfristig nicht veränderbaren Kosten. „Es muss davor gewarnt werden, die Kostenrechnung in einer NPO zu stark zu verfeinern. Der Nutzen einer oft nicht erforderlichen Verfeinerung wird häufig mit unverhältnismäßig hohen Kosten erkauft, während die zusätzlichen Informationen oft nur gering sind. Im Vordergrund sollte die Nutzanwendung der Kostenrechnung stehen, nicht die feinste, technisch mögliche Zurechnung von Kosten auf Kostenstellen oder Kostenträger.“[10] – Eine Ausrichtung der Kostenrechnung in gemeinnützigen Vereinen hat daher insbesondere dem Grundsatz „weniger ist mehr" zu folgen. Die Systeme haben den Zweck einer Entscheidungshilfe. Vorhandene Grundlagen des Rechnungswesens sind zu nutzen (z. B. ganz umfassend der Kontenrahmen oder die Planungsrechnungen der Finanzbuchhaltung). Damit wird gleichzeitig der Grundsatz der Wirtschaftlichkeit für die Kostenrechnung selbst berücksichtigt.

## 2.3.3.3 Elemente der Kostenrechnung

(1) Begriffsabgrenzung zwischen Finanzbuchhaltung und Kostenrechnung

a. Das betriebswirtschaftliche Rechnungswesen hat zur Bezeichnung der erfassten Zahlungs- und Leistungsvorgänge besondere Begriffe entwickelt. Es sind zu unterscheiden: Auszahlung – Einzahlung; Ausgabe – Einnahme; Aufwand – Ertrag; Kosten – Leistungen[11] (siehe auch die Begriffsdefinitionen der Checkliste).

Hieraus leitet sich weiter ab:

Finanzbuchhaltung: | Ertrag – Aufwand = Erfolg der Organisation |

Kostenrechnung: | Leistung – Kosten = Betriebsergebnis |

Der Unterschied zwischen Kosten und Aufwand ist im vorliegenden Zusammenhang zu beachten. Kosten sind allgemein der wertmäßige Verbrauch von Mitteln zur Erstellung der Betriebsleistung. Aufwendungen sind der Werteverzehr innerhalb einer Ab-

rechnungsperiode, der nicht nur der Erfüllung des Betriebszweckes, also der Leistungserstellung und Leistungsverwertung, dient.[12] Ersichtlich stimmen beide Begriffe nicht
überein. Abgleich und Abweichung dieser Begriffe werden deshalb durch die beiden
verschobenen Rechtecke dargestellt[13]:

| Neutraler Aufwand | Zweckaufwand | |
|---|---|---|
| | Grundkosten | Zusatzkosten |

b. Die Praxis der Kostenrechnung gemeinnütziger Organisationen trennt allgemein
nicht zwischen Aufwendungen und Kosten.[14] Maßgebend ist vielmehr, wie der Werteverzehr einheitlich definiert wird und wie die so abgeleiteten Rechengrößen weiter
entscheidungsorientiert angewandt werden.

(2) Verrechnungsbezogene Kosten

a. Nach Art der Verrechnung auf Bezugsgrößen (Leistungseinheiten, Abrechnungsobjekte) sind Einzel- und Gemeinkosten zu unterscheiden. Einzelkosten lassen sich für die
Bezugsgröße erfassen. Sie werden deshalb der Bezugsgröße (Kostenträger) unmittelbar
zugeordnet. Sie werden auch als direkte Kosten bezeichnet[15] (z. B. Druckkosten für eine
Informationsaktion, Lebensmittelkosten für ein betreffendes Hilfsprojekt). Gemeinkosten dagegen lassen sich nicht direkt auf die Bezugsgröße (Kostenträger, Leistung)
zurechnen. Sie sind für mehrere oder alle Zwecke der Bezugsgröße entstanden (z. B.
Kosten der Jahresabschlussprüfung, Abschreibungen des Verwaltungsgebäudes). Sie
werden auch als indirekte Kosten bezeichnet. Unechte Gemeinkosten sind wesensgemäß Einzelkosten. Sie werden aber aus abrechnungstechnischen Gründen der Bezugsgröße nicht zugerechnet (z. B. Kopierpapier für verschiedene Zwecke).

b. Diese Unterscheidung bezieht sich traditionell auf eine Zurechnung von Kosten auf
bestimmte Kostenträger. Umfassend ist aber danach zu unterscheiden, wieweit Kosten
einer Bezugsgröße zugerechnet werden können. Dies können auch Kostenstellen sein.
Diese weite Definition der Bezugsgrößen ist zudem erforderlich, wenn die Zahlenwerke
der Finanzbuchhaltung, Kostenstellen- und Kostenträgerechnung insgesamt summen-
gleich entwickelt werden sollen. Das ist z. B. nötig, wenn die Rechenwerke abgestimmt
werden. Darüber hinaus werden Einzel- und Gemeinkosten mittels Verweis auf die Bezugsgrößen relativiert. Der übliche Begriff der Einzelkosten wird erweitert. Einzelkosten
sind nun diejenigen Kosten, die für eine bestimmte Bezugsgröße entstehen und unmittelbar bei ihr erfasst werden. Die verschiedenen Bezugsgrößen, für die die anfallenden
Kosten als Einzelkosten angesetzt werden können, sind in einer Bezugsgrößenhierarchie
darzustellen (z. B. Einzelkosten eines Projektes, Einzelkosten der Projektabteilung, Einzelkosten des Vereins – Rechnungswesen, Geschäftsführung, Kosten der anderen Organe). Diese Feststellungen sind dann eine Grundlage für die Entwicklung des Kosten-
rechnungssystems der Deckungsbeitragsrechnung mit relativen Einzelkosten.[16]

(3) Verhalten der Kosten bei Beschäftigungsänderungen

Kosten lassen sich auch danach gliedern, wie sie sich bei einer Änderung des Leistungsvermögens, der Kapazität, verhalten. Dies wird auch als Beschäftigung bezeichnet (z. B.: Ein Seminar ist auf 25 Personen ausgerichtet; die Zahl der angemeldeten Personen nimmt um 3 von 25 auf 28 zu – wie beeinflusst dies die Kosten?).

In Abhängigkeit von der Beschäftigung lassen sich unterscheiden:

*Fixe Kosten,* auch „zeitabhängige Kosten" oder „Bereitschaftskosten" genannt: Sie weisen innerhalb einer bestimmten Beschäftigung und innerhalb eines bestimmten Zeitraums keine Veränderungen auf (z. B. die Kosten für die Lehrkräfte im erwähnten Seminar sind nicht davon abhängig, ob 25 statt 28 Kursteilnehmer anwesend sind). Fixe Kosten sind zeitabhängig. Langfristig sind praktisch alle Kosten nicht fix.

*Variable Kosten,* auch „mengenabhängige Kosten" oder „Leistungskosten" genannt: Sie ändern sich mit der Beschäftigung. Sie entstehen nur, wenn Leistungen erstellt werden (z. B. Kosten für Unterkunft und Verpflegung der zusätzlichen Seminarteilnehmer).

Fixe Kosten sind stets Gemeinkosten. Gemeinkosten sind aber nicht immer fixe Kosten. Sie können auch entstehen, ohne dass eine Leistung erbracht wird. Variable Kosten sind in der Regel Einzelkosten. Sie entstehen nur, wenn eine Leistung erbracht wird.[17]

Fragen der Wirtschaftlichkeit von Zweckbetrieben lassen sich auf Grundlage einer Trennung der Kosten in fixe und variable Bestandteile untersuchen.[18]

(4) Kostenrechnungssysteme

a. Werden die einzelnen Elemente der Kostenrechnung aufgabenorientiert ausgerichtet, entsteht ein Kostenrechnungssystem. Wird nach dem Zeitbezug der Kosten systematisiert, lassen sich unterscheiden:

*Ist-Kostenrechnung:* Die tatsächlich entstandenen Kosten gehen ins Rechenwerk ein. Praktisch werden die Zahlen der Finanzbuchhaltung in der Kostenrechnung weitergeführt. Diese Form ist für Vereine üblich.

*Plankostenrechnung:* Die Kosten werden nach Maßgabe einer zukunftsgerichteten Planung eingestellt. Die Normalkostenrechnung arbeitet mit durchschnittlichen Kosten, um Zufallsschwankungen der Kosteneinflussfaktoren auszuschalten. Die Kosten sind aus Vergangenheitswerten abgeleitet.

Ein Soll-Ist-Vergleich folgt diesem Ansatz. Budgetkontrolle, Steuerung des Vereins, Analyse der Wirtschaftlichkeit einzelner Tätigkeiten lassen sich hieraus entwickeln. Der zunehmende Einsatz geschlossener Planungssysteme (Bilanz, Erfolgs- und Liquiditätsplanung) zur Steuerung gemeinnütziger Körperschaften wirkt auch auf den Einsatz einer Plankostenrechnung ein. Sie stellt im Wege des Soll-Ist-Vergleichs die Differenzen zwischen vorausgeplanten und tatsächlich angefallenen Kosten fest und spaltet die Differenzen in eine Anzahl von Abweichungen auf, aus denen die Ursachen ermittelt werden sollen, warum sich die Kosten nicht so entwickelt haben, wie es bei der Aufstellung der Soll-Rechnung erwartet wurde.

b. Nach dem Umfang der verrechneten Kosten ist zu unterscheiden:

*Vollkostenrechnung:* Alle Kosten werden auf die Kostenträger (Bezugsgröße, Abrechnungsobjekt) verrechnet.

*Teilkostenrechnung:* Es wird nur ein Teil der Kosten den Kostenträgern zugerechnet.

Die Wahl für das eine oder andere System hängt vom Zweck der Kostenrechnung ab. Allgemein begünstigt eine Planung und Steuerung des gesamten Vereins Systeme, die alle Kosten auf Kostenstellen und Kostenträger zurechnen (Vollkostenrechnung). Die Frage nach der Wirtschaftlichkeit einzelner Entscheidungen wird dagegen mit Systemen der Teilkostenrechnung besser beantwortet. Allgemein aber werden steuerliche Anforderungen (Vier-Sparten-Rechnung), Budgetkontrolle und der hohe Anteil der fixen Kosten eine Kostenrechnung auf Basis der Vollkosten begünstigen. Weiter folgt hieraus, dass eingesetzte Systeme auf Grundlage von Teilkosten sehr stark vereinsspezifisch ausgerichtet sind.[19]

(5) Prinzipien der Kostenverrechnung

a. Bei der bisherigen Beschreibung der Kostenrechnung wurde offensichtlich, dass es um eine Zurechnung der Kosten auf Abrechnungsobjekte (Bezugsgrößen) geht. Die Verrechnung der indirekten Kosten hat einen geeigneten Schlüssel als Maßeinheit für die Kosten zu finden.[20] Diese Zurechnungsprobleme stellen sich in der Kostenartenrechnung bei der Aufgliederung der Kosten sowie in der Kostenstellen- und Kostenträgerrechnung bei der Verteilung der Kosten auf die Bezugsgrößen.[21] Die Zurechnung betrifft Einzelkosten (direkte Kosten) und Gemeinkosten (indirekte Kosten). Dieses Zurechnungsproblem ist allgemeiner Natur.

Die Zurechnung der Kosten hängt vom verfolgten Zweck ab. Ändert sich dieser, wirkt dies auf das angewandte Verfahren zurück. Eine Zurechnung hat den Grundsatz der Wirtschaftlichkeit zu beachten. (So kann z. B. eine Aufteilung der Arbeitszeit der Mitarbeiter eines Vereins auf der Grundlage einer besonderen auftragsorientierten Zeiterfassung erfolgen.) Eine Zurechnung ist insoweit einschlägig, als die zugerechneten Kosten den Verantwortungsbereich des jeweiligen Entscheidungsträgers betreffen. Dies wiederum bewirkt ein Heranziehen der Auswertungen aus der Kostenrechnung für Entscheidungen. Entscheidungen sind aber eingeschränkter, je größer der Anteil zugerechneter Kosten ist. In diesem Fall sind Gestaltungen der Kostenrechnung gefordert, die möglichst unterjährig auf eine Zurechnung der Kosten verzichten. Verursachungsgerecht ist eine Zurechnung nicht richtig durchzuführen (z. B. lässt sich nicht richtig festlegen, wie der Verbrauch an Heizungskosten im Verwaltungsgebäude einzelnen Projekten zuzurechnen ist). Maßgebend werden deshalb auch hier allgemeine Grundsätze der Rechnungslegung in Form der Stetigkeit, Klarheit und Dokumentation der angewandten Verfahren. Schließlich bestimmen institutionelle Verhältnisse eine Zurechung. Verfahren, die sich an Erlösen des Abrechnungsobjektes ausrichten, sind allgemein ausgeschlossen (Kostentragfähigkeitsprinzip). Erlöse nämlich lassen sich den satzungsmäßigen Leistungen nicht zuordnen. Eine Ausnahme besteht bei den Informationsbriefen (Mailings). Hier jedoch würde eine Umsetzung des Zurechnungsprinzips gemeinnützigkeitsrechtliche Grundsätze verletzen.[22]

b. Die Bedeutung der bekannten Zurechnungsprinzipien relativiert sich deshalb vor dem Hintergrund einer praktischen Gestaltung der Kostenrechnung. Es besteht unstreitig der allgemeine Grundsatz, dass Kosten möglichst verursachungsgerecht dem Abrechnungsobjekt (Verursachungsprinzip) zuzurechnen sind. Ebenso können die Kosten dem Abrechnungsobjekt aufgrund einer vermuteten proportionalen Beziehung zugerechnet werden (Proportionalitätsprinzip). Eine Verrechnung nach dem Durchschnittsprinzip soll schließlich möglich sein, wenn keine besondere Genauigkeit mehr gefordert wird.[23] Weiter ist es aus Sicht des Vereins vorstellbar, nach Maßgabe des Veranlassungsprinzips vorzugehen.[24]

Praktisch gibt es deshalb keinen einheitlichen Maßstab. Hier wird wesentlich von der Bedeutung der zuzurechnenden Kosten ausgegangen. Vor allem betrifft dies die Personalkosten. Die Personalaufwendungen selbst werden wegen ihres Umfangs vor allem nach Maßgabe der Gehälter im betreffenden Abrechnungsobjekt verteilt. Darüber hinaus dient der Personaleinsatz auch als Grundlage für die Verteilung anderer Gemeinkosten. Dies, weil häufig wegen der Personalintensität der Tätigkeiten gemeinnütziger Vereine ein enger Zusammenhang mit dem Verbrauch der anderen Mittel besteht (z. B. WEISSER RING e. V., Mainz; siehe auch Abb. 1). Es werden auch allgemeine Erfahrungen über die Verteilung der Kosten herangezogen (z. B. Zurechnung der Kosten für Mailings mit 75 % der Abteilung Spendenverwaltung und mit 25 % dem Satzungszweck Öffentlichkeitsarbeit). Schließlich kann in Zweifelsfällen auch der bekannte Halbteilungsgrundsatz einschlägig sein (Zurechnung auf verschiedene Abrechnungsobjekte jeweils zu 50 %).

(6) Aufbau der Betriebsabrechnung (Kostenrechnung)

a. System

Der Aufbau folgt im Wesentlichen der Leistungserstellung. Unterschieden wird deshalb nach Kostenarten-, Kostenstellen- und Kostenträgerrechnung. Dieser Einteilung folgend ist letztlich maßgebend, auf welches Abrechnungsobjekt die Kosten zugerechnet werden. Traditionell sind dies in der allgemeinen Betriebswirtschaftslehre die Kostenträger. Systematisch werden die Einzelkosten direkt den Kostenträgern zugerechnet. Die Gemeinkosten werden von den Kostenstellen übernommen, dann mittels Schlüssel (Zuschlagsätze) den Kostenträgern zugeordnet.[25] Ebenso ist jedoch auch eine Zurechnung auf die Kostenstellen möglich. Einzelkosten werden danach sowohl bei den Kostenträgern als auch den Kostenstellen erfasst. Damit ergibt sich grundsätzlich folgendes Schaubild:

Abbildung 1:  Schema einer Kostenrechnung, dargestellt am Beispiel
              WEISSER RING e. V., Mainz

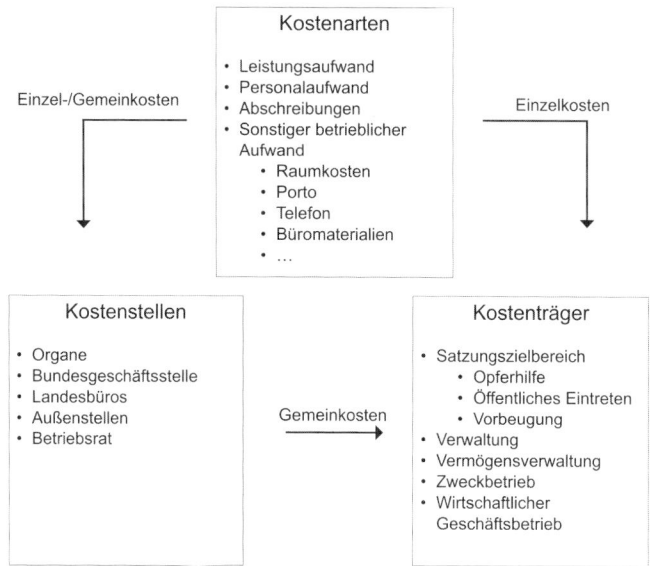

Die Gestaltung der Kostenrechnung hängt letztlich vom verfolgten Zweck ab. Entscheidend sind dabei die Bedürfnisse der Informationsempfänger. Vor diesem Hintergrund ist die gesamte Ausrichtung der Kostenrechnung fall- und praxisorientiert.

b. Kontierung

Die Zahlen des Rechnungswesens werden mittels Kontierung den empfangenden Bereichen der Kostenrechnung zugeordnet. Grundlage ist allgemein die jeweilige Kostenart. Diese hat den Ursprung in den Aufwendungen der Finanzbuchhaltung.[26] Besteht nur ein Abrechnungsobjekt oder eine Kostenstelle, wird z. B. im DATEV-System die Kostenrechnung wie folgt gebucht:

| Kostenart: | Kostenstelle | | an Verbindlichkeiten |
|---|---|---|---|
| Lehrmaterial | Ausbildung | | Unterrichtskraft |
| 4600 | 10 | / | 76100 |

Werden zwei Abrechnungsobjekte (Kostenstelle und Kostenträger) angesprochen, wird z. B. gebucht:

| Kostenart: | Kostenstelle | Kostenträger | | an Verbindlichkeiten |
|---|---|---|---|---|
| Lehrmaterial | Ausbildung | Seminar I | | Unterrichtskraft |
| 4600 | 10 | 8001 | / | 76100 |

Die Buchung im zweiten Fall ist wesentlich aufwendiger. Die Vorgabe automatischer Buchungen schafft teilweise Abhilfe. Umfassendere Gestaltung der Kostenrechnung und Fehlerwahrscheinlichkeit verlaufen gleich. Die Buchung kann erweitert werden, indem z. B. verschiedene Kostenträger angesprochen werden (hier Seminar I und II). Damit werden Grundsätze der Kostenverteilung mit berücksichtigt. Üblicherweise erfolgt dies erst auf Ebene der Kostenstellenrechnung (mittels Betriebsabrechnungsbogen – BAB). Die Grenze der Wirtschaftlichkeit derartiger Gestaltungen stellt sich hier umso eher ein.

c. Kostenartenrechnung

Die systematische Erfassung aller Kosten erfolgt mittels der Kostenartenrechnung. Die Kostenartenrechnung dokumentiert die Bereitstellung von Mitteln (allgemein Produktionsfaktoren).[27] Sie bildet sozusagen eine „Datenbank", auf die mit unterschiedlichen Zwecksetzungen zugegriffen werden kann. Anforderungen an die Kostenrechnung im Allgemeinen sind bereits in der Kostenartenrechnung zu berücksichtigen. Die Kostenarten sind entsprechend dem Kontierungssystem sachgerecht und vollständig im Kontenrahmen der Finanzbuchhaltung zu erfassen. Dies muss stets gegeben sein und gilt für alle Sparten der Rechnungslegung des Vereins. Eine entsprechende sachliche Ordnung der benötigten Kostenarten ist erforderlich. Die Anforderungen sind mithin umfassender, als dies für die Gestaltung der Kostenartenrechnung eines erwerbswirtschaftlichen Betriebes der Fall ist. Hier ist diese Aufgabe nur für einen Bereich, nämlich den wirtschaftlichen Geschäftsbetrieb, zu lösen.

Weiter hat die Kostenartenrechnung Zwecke und Entscheidungen aufzunehmen, die mittels Kostenrechnung verfolgt werden. Insbesondere sind dies Grundsätze der Planung und Budgetierung. Die hier angestrebten Zielgrößen müssen sich auch in den besonders definierten Kostenarten wiederfinden. Ansonsten ist ein Soll-Ist-Vergleich nicht sinnvoll. Bedeutsam ist auch eine sachgerechte Einteilung, nach der Einzel- und Gemeinkosten bereits bei ihrer Erfassung möglichst getrennt werden. Eine zu tiefe Gliederung des Kontenrahmens steht diesem Bemühen jedoch entgegen.[28]

d. Kostenstellenrechnung

Die Kostenstellenrechnung baut auf der Kostenartenrechnung auf. An die Erfassung der Kostenarten schließt sich ihre Verteilung auf die Stellen an, in denen sie angefallen sind.[29] Die Kostenstellenrechnung erfordert deshalb eine Aufteilung des Vereins in die Entstehungsorte der Kosten. Die Aufteilung hängt von den Zwecken der Kostenstellenrechnung ab. Einerseits hat sie eine Hilfsfunktion für die Kostenträgerrechnung. Soweit Kostenarten nicht als Einzelkosten zurechenbar sind, gehen sie als Gemeinkosten in die Kostenstellenrechnung ein. Hier werden sie den jeweiligen Kostenstellen zugeordnet und über geeignete Verteilungsverfahren den Kostenträgern zugerechnet.[30] Inhaltlich werden mit dieser Funktion Anforderungen erfüllt, die das Kostenrechnungssystem der Vollkostenrechnung verlangt (siehe oben unter Nr. 4 dieses Abschnitts). Weiter werden hiermit die Voraussetzungen geschaffen, die Kostenträgerrechnung als eigenes spezifisches Rechenwerk des Vereins einzusetzen (z. B. für die Vier-Sparten-Rechnung).

Andererseits ermöglicht die Kostenstellenrechnung eine Kontrolle der Wirtschaftlichkeit. Sie hat im Hinblick auf die Kontrollfunktion und Steuerungsfunktionen Ver-
antwortungsbereiche zu beachten. Diese Norm kann mit anderen Grundsätzen zur
Bildung von Kostenstellen kombiniert werden. So kann die Einteilung funktionsspezi-
fische, raumorientierte oder organisationsorientierte Grundsätze zusätzlich berücksichtigen.[31] Zudem ist sie mit den übrigen Instrumenten der betrieblichen Planung und
Steuerung zu koordinieren.[32] Praktisch werden diese Aufgaben über den tabellarischen
Betriebsabrechnungsbogen (BAB) oder Konten abgewickelt. Der BAB wird als eigenes
Rechenwerk geführt (z. B. über Excel). Die Abrechnung über Konten ist im Rechenwerk
der Kostenrechnung eingeschlossen. Soweit dieses vollständig über EDV abgewickelt
wird, ist deshalb eine Darstellung mittels Konten vorhanden.[33] Diese Form ist jedoch in
der Praxis der Kostenrechnung von Vereinen eher die Ausnahme.

e. Kostenträgerrechnung

Die Kostenträgerrechnung ist die dritte Stufe der Kostenrechnung. Sie hat die Aufgabe, alle angefallenen Kosten auf die Leistungseinheiten (Abrechnungsobjekte) des Vereins zuzurechnen. Definition und Abgrenzung des Abrechnungsobjekts sind zweckbe-
stimmt. Die traditionelle Betriebswirtschaftslehre sieht diese Aufgaben insbesondere in
der Ermittlung des Erfolges der Kostenträger und der Bereitstellung von Informationen
für die Preis- und Beschaffungspolitik und die Bestandsbewertung.[34] Die Ermittlung
des Erfolges ist stück- und zeitbezogen.

Die Kostenträgerstückrechnung kennt zwei Hauptformen der Zurechnung der Kosten
auf die Kostenträger: die Divisionskalkulation und die Zuschlagskalkulation. Die Divisionskalkulation ermittelt die Stückkosten, indem die Gesamtkosten einer Periode durch
die in dieser Periode erstellten Mengen dividiert werden.[35] Die Zuschlagskalkulation
erfasst die Einzelkosten je Abrechnungsobjekt unmittelbar. Die Gemeinkosten werden
diesem mit Schlüsseln oder Zuschlägen zugerechnet.[36] Die zeitbezogene Ermittlung des
Erfolges (die Kostenträgerzeitrechnung als kurzfristige Erfolgsrechnung) stellt auf die
Kosten einer Periode ab und soll Einblick in die Kostenstrukturen und Erfolgsquellen
geben.[37] Sie ist Grundlage für die Ermittlung des Betriebsergebnisses. Bezogen auf die
Aufgaben der Rechnungslegung gemeinnütziger Organisationen ergibt sich aber eine
eigene Gewichtung dieser Sachverhalte. Preisentscheidungen, Fragen des Stückerfolges
sind institutionell für diese Organisationen von geringer Bedeutung. Wegen des hohen Anteils der Gemeinkosten ist eine Divisionskalkulation meistens ausreichend.[38]
Deshalb haben auch die Verfahren der Teilkostenrechnung nur eingeschränkte Bedeutung. Sie sind mehr aus praktischen Gründen zu finden. Dies ist z. B. der Fall, wenn
aus Gründen einfacher Gestaltung der Kostenträgerrechnung Gemeinkosten bewusst
nicht umgelegt werden. Die Kostenentscheidungen erfolgen dann notwendigerweise
auf Grundlage der nur einzeln auf die Kostenträger zugerechneten Kosten. Eine zeitbezogene Rechnung für spezifisch definierte Abrechnungsobjekte ist dagegen bedeutend.
So lassen sich Anforderungen über eine Kontrolle der Wirtschaftlichkeit, betriebliche
Steuerung oder auch Vorgaben der Finanzverwaltung bei entsprechender Abgrenzung
der Kostenträger (Abrechnungsobjekte) angemessen erfüllen. Die solchermaßen defi-

nierte Kostenträgerrechnung erstarkt so zu einem wichtigen Bestandteil der internen Rechnungslegung einer gemeinnützigen Organisation.

## 2.3.3.4 Kostenrechnung in der Praxis, Beispiele

(1) Kostenstellenrechnung mittels DATEV-Kontenrahmen SKR 45

Anforderungen einer Kostenstellenrechnung werden in der Praxis häufig mittels besonderer Anordnung des Kontenrahmens umgesetzt. Die spezielle Anordnung findet dann Entsprechung in der vorgesehenen Gliederung der Erfolgsrechnung. Zuordnungen und Verbindungen werden allgemein programmtechnisch über EDV hergestellt. Die DATEV nutzt diese Gestaltungen für eine Gliederung der Vereinsgeschäfte nach der Vier-Sparten-Rechnung (Branchenlösung für Vereine). Dazu ist der Kontenrahmen modular aufgebaut. Für jeden Tätigkeitsbereich steht eine Kontenklasse zur Verfügung. Innerhalb dieser Kontenklasse werden sowohl die Einnahmen als auch die Ausgaben gebucht. So ist es möglich, pro Bereich (Sparte) eigene Ergebnisrechnungen aufzubauen. Es werden z. B. zugeordnet[39]:

| Kontenklasse | Sparte (Kostenstelle) |
|---|---|
| 2 | Erfolgskonten ideeller Bereich |
| 4 | Erfolgskonten Vermögensverwaltung |
| 6 | Erfolgskonten Zweckbetriebe |
| 8 | Erfolgskonten steuerpflichtiger wirtschaftlicher Geschäftsbetrieb |

(2) Kostenrechnung eines Tier- und Naturschutzvereins

Besonderes Merkmal des Vereins ist das Unterhalten eines großen Tierschutzzentrums. Es ist gegen Entgelt für Besucher geöffnet. Das Zentrum verursacht hohe fixe Kosten. Die Organisation hat deshalb vielfältige Aktivitäten entwickelt, um insgesamt die benötigten Einnahmen zu erzielen.

Diese Zusammenhänge prägen die Gestaltung der Kostenrechnung (DATEV-System). Erstellt wird über die Finanzbuchhaltung eine Kostenstellenrechnung. Diese ist nach Verantwortungsbereichen gegliedert (z. B. Tierforschung, Geschäftsführung). Eingeschlossen sind Abrechnungsobjekte, die der Kostenträgerrechnung entsprechen. Dies erfolgt, weil zahlreiche Einnahmen über Projekte dargestellt werden. Die entsprechend zugeordneten Aufwendungen sind Grundlage für eine wirtschaftliche Kontrolle und Lenkung. Die einzelnen Kostenstellen enthalten deshalb auch die Planwerte entsprechend den vorhandenen Kostenarten (Konten der Finanzbuchhaltung). Der Soll-Ist-Vergleich ist so für jede Kostenstelle möglich. Gemeinkosten (z. B. Kostenstelle 10, Geschäftsführung) werden nicht auf die anderen Kostenstellen verrechnet. Zusätzliche Auswertungen (z. B. Chefübersicht) erlauben eine Steuerung und Abstimmung mit der Finanzbuchhaltung.

(3) Kostenrechnung einer Fortbildungseinrichtung

Satzungszweck der Einrichtung ist die Ausbildung für einen bestimmten Beruf. Ebenso werden Fort- und Weiterbildung betrieben. Typisch sind die hohen fixen Kosten zur Vorhaltung des Schulbetriebes. Ebenso kennzeichnend ist, dass sich zahlreiche Kostenarten den einzelnen Kursen, Seminaren unmittelbar zuordnen lassen (z. B. Honorare für einen Kurs). Die Einrichtung erhält keine Zuschüsse für ihre Tätigkeit. Abrechnung der Leistungen zu marktgängigen Preisen sowie dauerhafte Finanzkontrolle sind deshalb die maßgebenden Anforderungen an die Geschäftsführung.

Diese Bedingungen setzt die Kostenrechnung um. Kostenstellen (Abrechungsobjekte) sind neben der Geschäftsführung die einzelnen Kurse, Veranstaltungen und andere Bildungsmaßnahmen. Hier sind wieder Elemente der Kostenträgerrechnung einbezogen. Dies erfolgt aus den dargelegten wirtschaftlichen Notwendigkeiten. Die Erlöse je Abrechnungsobjekt werden zusätzlich ausgewiesen. Eine Kostenträgerzeitrechnung ist insoweit auch vorhanden. Planwerte werden je Abrechnungsobjekt den einzelnen Aufwands- und Erlösarten zugerechnet. Dies geschieht perioden- und möglichst verursachungsgerecht. Die Kosten des Schulbetriebes (Kostenstelle 100, Leitung und Verwaltung) werden nicht umgelegt.

(4) Kostenrechnung einer Opferhilfsorganisation

Es ist eine große Organisation (über 60.000 Vereinsmitglieder), die satzungsgemäß Hilfe für Verbrechensopfer, Maßnahmen der Verbrechensvorbeugung sowie Unterrichtung der Öffentlichkeit betreibt. Sie ist bundesweit tätig. Die Satzungszwecke bewirken im Kern eine dezentralisierte Tätigkeit am Lebensort der betreuten Opfer. Dies löst weiter einen mehrgliedrigen Aufbau des Vereins nach Außenstellen, Landesbüros und Bundesgeschäftstelle aus. Die Satzungszwecke werden ohne staatliche Zuschüsse umgesetzt. Institutioneller Aufbau und Funktionen stellen besondere Anforderungen an Lenkung und Kontrolle des Vereins.

Dies berücksichtigt auch die dazu eingerichtete Kostenrechnung (siehe Abb. 1). Die Kostenartenrechnung hat als Grundrechnung die Aufgabe einer Datensammlung des Zahlenwerks. Sie folgt im Aufbau allgemein handelsrechtlichen Grundsätzen (siehe § 275 Abs. 2 HGB). Institutionelle Anforderungen über Erfassung, Steuerung und Kontrolle der Aufwendungen werden mittels der Kostenstellenrechnung umgesetzt.

Die Kosten werden der Vereinsstruktur folgend zugeordnet (z. B. Organe, Bundesgeschäftsstelle, Landesbüros und Außenstellen). Der Zweck dieses Rechenwerks erfordert ein Erfassen der Einzel- und Gemeinkosten. Zugerechnet werden ausschließlich aufwandgleiche Kosten. Die folgende Kostenträgerrechnung zeigt den Mittelverbrauch geordnet nach Satzungszwecken, Projekten und Funktionen (z. B. Seminare). Mittels der Kostenstellenrechnung wird die gemeinnützigkeitsrechtlich erforderliche Vier-Sparten-Rechnung erstellt. Einzelkosten werden über die Kostenartenrechnung unmittelbar zugerechnet. Die Gemeinkosten werden über die Kostenstellenrechnung eingespeist. Die Kostenträgerrechnung nimmt auch die entsprechend zugeordneten Erlöse auf (Kostenträgerzeitrechnung). Sie wird so zur allgemeinen Betriebsergebnisrechnung. Diese lässt sich wegen der vollständigen Zuordnung aller Erfolgsgrößen mit der handelsrechtlichen Erfolgsrechnung abgleichen.

Gemeinkosten werden möglichst vorab anlässlich der Kontierung den Abrechnungsobjekten zugeordnet. Die anderen Gemeinkosten (z. B. Kosten der Bundesgeschäftsstelle) werden nach Maßgabe von Schlüsseln abgegeben. Die Personalaufwendungen werden proportional der Arbeitsleistung verteilt nach Kostenträgern geschlüsselt (z. B. Personalkosten Abteilungsleiter Finanzen werden zu 100 % dem Kostenträger Allgemeine Verwaltung zugerechnet). Die übrigen Gemeinkosten (Sachkosten) werden im Verhältnis der Regelarbeitszeit bezogen auf die Kostenträger verteilt. Die Verteilungsschlüssel werden gegebenenfalls jährlich angepasst.

Zusätzlich wird das gesamte Rechenwerk in einer Planungsrechnung gespiegelt. Die Kostenrechnung wird dadurch zur so genannten Budgetkontrollrechnung. Die Kostenträgerrechnung dient insbesondere zur Steuerung und Kontrolle der Satzungsvorhaben. Ebenso gilt dies für die Vorgaben der Finanzverwaltung (z. B. Anteil der Verwaltungskosten an den Einnahmen des Vereins).

## 2.3.3.5 Kontrolle

(1) Grundlagen des Controllings

Die folgenden Ausführungen verstehen „Kontrolle" im Sinne des praxisbekannten Controllings. Dies bedeutet allgemein lenken, steuern und regeln.[40] Diese Aufgaben sind in Bezug auf das Rechnungswesen in den Vorabschnitten bereits ausführlich erörtert worden. Die weiteren Darstellungen ergänzen deshalb diese Ausführungen.

Controlling ist allgemein Teil eines Systems zur Überwachung und Steuerung einer Organisation. Es unterstützt die Geschäftsführung sowohl im strategischen als auch im operativen Bereich.[41] Die folgende Analyse erstreckt sich vorwiegend auf das operative Controlling.[42]

Notwendig ergibt sich Controlling aus dem allgemeinen Grundsatz einer sparsamen Mittelverwendung. Ebenso hat diese Allokation der Mittel gemäß den Satzungszwecken wirtschaftlich zu erfolgen. Die Anforderungen sind weiter unter § 63 AO ausformuliert. Controlling hat auch dazu beizutragen, dass die Körperschaft nachweislich mit ihrer Geschäftsführung die satzungsmäßigen Zwecke erfüllt.

Die institutionelle Ausgestaltung des Controllings ist hier offensichtlich. Die Notwendigkeit des Controllings wird darüber hinaus wie folgt begründet: Komplexität und Dynamisierung des Wirtschaftslebens; wachsender Legitimations- und Erfolgsdruck der gemeinnützigen Organisationen, womit auch mehr Transparenz notwendig wird; sorgfältige Steuerung, Planung und Kontrolle der Organisationen wegen des allgemeinen Fehlens eines funktionierenden Marktes; Koordinationsaufgabe zur Regelung der vielfältigen internen und externen Interessen der Beteiligten; Beitragen zur flexiblen Gestaltung der Organisation und damit Abkehr von bürokratischen Ausdrucksformen.[43]

Controlling hat dafür zu sorgen, dass die Geschäftsführung des Vereins mit den aktuellen notwendigen Entscheidungsgrundlagen unter Verwendung entsprechender Instrumente ausgestattet wird, um – aufbauend auf der Koordination aller Interessen – die Ziele der Organisation bestmöglich zu erfüllen. Die Wege zur Erreichung dieser Ziele unterscheiden sich aufgrund der Merkmale der gemeinnützigen Organisation von denen bei gewinnorientierten Unternehmen in der Konzeption, in der Institution und auch bei den Instrumenten. Controlling ist somit verfassungsmäßig bestimmt. Zu vernachlässigen ist dabei, dass seine Darstellung unter Rückgriff auf die üblichen Begriffe der allgemeinen Betriebswirtschaftslehre erfolgt.[44]

Controlling ist auch Teil eines allgemeinen Überwachungssystems der Organisation. Es soll insbesondere dazu dienen, Entwicklungen früh zu erkennen, die den Fortbestand des Vereins gefährden. Die geeigneten Maßnahmen werden in ihrer Gesamtheit in der Literatur und Praxis als Risikofrüherkennungssystem bezeichnet. Die Existenz eines derartigen Systems wird nach dem Handelsrecht nur für börsennotierte Aktiengesellschaften gefordert (§ 91 Abs. 2 AktG). Allgemein wird jedoch davon ausgegangen, dass damit eine Ausstrahlungswirkung auf andere Gesellschaftsformen ausgelöst wird. So ist eine Entwicklung festzustellen, dass die Einrichtung eines Risikofrüherkennungssystems sich immer stärker als ein Grundsatz ordnungsmäßiger Geschäftsführung etabliert.[45]

Vor diesem Hintergrund hat auch das Controllingsystem eines Vereins stärkere Bedeutung erhalten. Hieraus folgt auch, dass Controlling von der Größe des Vereins grundsätzlich unabhängig ist.[46] In Vereinen sind tendenziell mehr systembildende und systemkoppelnde Koordinationsaufgaben zu lösen als in gewinnorientierten Unternehmen.[47] Die zentralen Steuerungsgrößen sind prinzipiell aus dem Zielsystem abzuleiten. Jene unterscheiden sich teilweise von den Steuerungsgrößen gewinnorientierter Unternehmen durch die Betonung der qualitativen Ziele.[48] Controlling im erwerbswirtschaftlichen Umfeld ist auf das Gewinnprinzip ausgerichtet. Entsprechend sind die Ziele formuliert. Die Instrumente (Bausteine) sind darauf ausgerichtet.

Die Maßgeblichkeit des Prinzips der Selbstlosigkeit für gemeinnützige Organisationen schließt demzufolge die Übernahme vorstehender erwerbswirtschaftlicher Controlling-Ansätze aus. Systembedingt tritt in gemeinnützigen Körperschaften auch nicht ein einzelnes Ziel anstelle des gewinnorientierten Handels. Kennzeichnend sind zahlreiche Ziele. Sie schließen sich teilweise aus oder stehen in Konkurrenz zueinander. Mitunter ist ihre Umsetzung für die Körperschaft sogar existenzbedrohend. Die Vorschriften unter §§ 55 (Selbstlosigkeit) und 58 AO (steuerlich unschädliche Betätigung) verdeutlichen dies exemplarisch. Eschenbach zufolge „liegt der Schwerpunkt der operativen Ziele auf der Sicherung der Liquidität, verstanden als die Fähigkeit der Organisation, fälligen Zahlungsverpflichtungen fristgerecht nachkommen zu können"[49].

Praktikern ist die Problematik dieses Ziels vertraut: Wird der Grundsatz zeitnaher Mittelverwendung verfolgt, ist die Liquidität besonders betroffen. Ein Ausweg, Mittel anzusammeln, die nicht zeitnah zu verwenden sind, wird den Spendern und der interessierten Öffentlichkeit oft schwer darzulegen sein. Wird die Liquidität angesammelt, können sich unzulässige Rücklagen ergeben. Demzufolge kann die Finanzverwaltung einschreiten. Sie kann eine Frist für die Verwendung der Mittel setzen (§ 63 Abs. 4 Satz 1 AO). Ein institutionell bedingter Widerspruch, der auf das Controlling einwirkt.

Nach dem Umfang der einwirkenden Ziele zu urteilen, ist Controlling in gemeinnützigen Organisationen grundsätzlich umfassender als in erwerbswirtschaftlichen Unternehmen.[50] Aufbau und Gestaltung von Goodwill, Corporate Identity und anderen wertbildenden immateriellen Faktoren können nicht derart systematisch und zielstrebig verfolgt werden wie in einem erwerbswirtschaftlichen Unternehmen.

Ursächlich sind die Beschränkungen der Satzung, Ausschluss von Werbemaßnahmen u. a., obwohl Mittel zur Unterrichtung der Öffentlichkeit eingesetzt werden können (gemeinwirtschaftlich eventuell Satzungsziel, allgemein aber Werbung). Dies erfolgt bevorzugt zusammen mit den Fundraising-Aktionen. Besonders die Finanzverwaltung sieht in Höhe und Zweck dieser Ausgaben sehr rasch eine unzulässige Mittelverwendung.

Schließlich wirken fehlende Eigentümerinteressen in gemeinnützigen Organisationen institutionell einschränkend auf ein Verfolgen und Umsetzen finanzieller Ziele, die auf eine sparsame Mittelverwendung ausgerichtet sind. Die Praxis zeigt, dass Vereinsvorstände häufig nichtfinanzielle Ziele, wie sozialer Status, politische Bedeutung ihrer Tätigkeiten und persönliche Einschätzung über die Bedeutung ihrer Person, finanziellen Zielen vorziehen.

(2) Instrumente und Voraussetzungen des Controllings

a. Techniken und Mittel sind erforderlich, die entscheidungsorientierten Informationen aus dem Rechnungswesen zu verarbeiten und die aufbereiteten Zahlen den Entscheidungsträgern zu präsentieren.[51] Grundlage ist eine entsprechend aufgebaute Finanzbuchhaltung. Ein zeitnahes und richtiges Erfassen der Geschäftsvorfälle liefert in vielen Fällen bereits einen bedeutenden Beitrag für eine Steuerung der Körperschaft. Es empfiehlt sich deshalb, auf besonders eingerichtete spezielle Buchführungssysteme aufzubauen (z. B. das erwähnte System der DATEV, SKR 045). Eigene Entwicklungen sind sehr teuer, zumal sie die komplexen Anforderungen des Steuerrechts und der steuerlichen Praxis zu berücksichtigen haben. Ein weiterer Baustein ist die oben erwähnte Kostenrechnung. Ihre Anwendung unterliegt ebenfalls den vorstehenden Forderungen. Besonders wichtig ist, dass ihr Aufbau auf die mit der Kostenrechnung angestrebten Zwecke ausgerichtet ist. Ansonsten werden die Auswertungen für den Papierkorb erstellt.

b. Ohne den Anspruch auf Vollständigkeit lassen sich hieraus die folgenden Instrumente des Controllings darstellen:

Steuerung auf Grundlage der Erfolgsrechnung (betriebswirtschaftliche Auswertung – BWA). In der einfachen Form ist dies eine Gestaltung, die Werte für den Abrechnungszeitraum (z. B. Monate) und kumulierte Zahlen (z. B. für das aufgelaufene Geschäftsjahr) aufweist. Erweitert werden können diese Angaben, wenn die entsprechenden Vorjahreswerte mit dargestellt werden (Ist-Ist-Vergleich). Diese Rechenwerke werden zusammen mit den Auswertungen der Finanzbuchhaltung erstellt. Sie werden allgemein für das Controlling verwendet.

Ausgestaltete Systeme haben zum Ziel, das Controlling auf die Vermögens-, Ertrags- und Finanzlage des Vereins mittels umfassender Planungen auszurichten.[52] Entwicklung und Einsatz dieser Planungen stehen unter dem üblichen arbeitstäglichen Zeitdruck. Sie müssen zu Beginn des Geschäftsjahres vorhanden sein. Inhaltlich sind besonders Einnahmen infolge fehlender Leistungsbeziehungen schwer zu planen (z. B. Erbschaften). Die Entscheidungsträger des Vereins sind bei der Erstellung mit einzubeziehen. Mehrjährige Planungszeiträume sind teilweise zu berücksichtigen. All dies erfordert umfangreiche Fachkenntnisse der Verantwortlichen für dieses Planungsinstrument. Die *Erfolgsplanung* ist insgesamt auf ein Erfassen des Mittelaufkommens und der Mittelverwendung ausgerichtet. Die *Finanzplanung* erstreckt sich darauf, die Auswirkungen der vorgenommenen Entscheidungen auf die Finanzmittel darzustellen. Besonderes Ziel ist die Aufrechterhaltung der Liquidität des Vereins. Ebenso einschlägig ist eine finanzielle Steuerung, um periodisch eingegangene Zahlungsverpflichtungen stets erfüllen zu können. Die Planung der Bestände – *Bilanzplanung* – leitet sich einerseits aus den beiden anderen Teilplanungen ab. Darüber hinaus geht diese Planung eigenständig in das gesamte System ein (z. B. Investitions- und Kreditplanungen).

Diese Planung ist nicht nur allgemein als Instrument eines Controllings vorzusehen. Sie ist besonders in der Praxis für neu errichtete Vereine wichtig, die ihre Mittel durch gezielt umgesetzte Fundraising-Aktionen erwirtschaften. Die Anforderungen einer eingerichteten Kostenrechnung sind mit einzubeziehen. Auswertungen unter Einbezug derartiger Planungen ermöglichen den bekannten Soll-Ist-Vergleich. Das Controlling wird so mit zusätzlichen Steuerungsinstrumenten ausgestattet.

Schließlich ist ein eigenes Berichtswesen (Management-Informations-System – MIS) notwendig. Gestaltung und Umfang richten sich nach den Informationswünschen der Berichtempfänger. Der Umfang ändert sich im Zeitverlauf. Die zweckentsprechende Form ist sozusagen von allen Beteiligten zu entdecken. Standardisierte Grundinformationen, getrennt von ihrer jeweils besonderen Darstellung, erleichtern eine Kenntnisnahme seitens der Empfänger. Schnelligkeit betreffend Lieferung und Zusammenstellung der Unterlagen geht zuweilen vor Genauigkeit. Dies ist auch vor dem Umstand zu sehen, dass eine Buchhaltung, ausgerichtet auf die Vier-Sparten-Rechnung, verbunden mit integrierter Planung unter Zuhilfenahme einer Kostenrechnung, an sich schon hohe Anforderungen an Berichtswesen, Controller und Informationsempfänger stellt. Umso mehr gilt für das MIS: *Weniger ist mehr.*

## Anmerkungen

1  Vgl. Schreiber, Ulrich: Kosten- und Leistungsrechnung, in: Steuerberaterhandbuch Sonderausgabe 2005, Berlin 2005, Rn. 1, zitiert als Schreiber.
2  Badelt, Christoph (Hrsg.): Handbuch der Nonprofit Organisation, 3. Aufl., Stuttgart 2002, S. 389, zitiert als Badelt.
3  Wirtschaftsprüfer-Handbuch 2000, Band 1, 12. Aufl., Düsseldorf 2000, S. 917, zitiert als WPH.

4  Buber, Renate/Meier, Michael (Hrsg.): Fallstudien zum Nonprofit Management, Stuttgart 1997, S. 437, zitiert als Buber.

5  Schreiber, Rn. 2, S. 2012–2052.

6  Vgl. auch Buber, S. 440; Badelt, S. 364.

7  Vgl. Badelt, S. 364.

8  Ebd., S. 389.

9  Schleder, Herbert: Steuerrecht der Vereine, 6. Aufl., Herne/Berlin 2001, Rn. 1582.

10  Siehe Badelt, S. 390. Beschaffungspreise lassen sich aber kalkulieren.

11  Wöhe, Günter: Einführung in die Allgemeine Betriebswirtschaftslehre, 11., neu bearb. und erw. Aufl., München 1975, S. 685, zitiert als Wöhe.

12  Olfert, Klaus: Kostenrechnung, 6., durchges. Aufl., Ludwigshafen am Rhein 1985, S. 35, zitiert als Olfert.

13  Z. B. Wöhe, S. 688.

14  Schreiber, Rn. 58.

15  Olfert, S. 50; Wöhe, S. 881.

16  Olfert, S. 290.

17  Ebd., S. 52–58.

18  Schreiber, Rn. 9.

19  Eschenbach, Rolf (Hrsg.): Führungsinstrumente für die Nonprofit Organisation, Stuttgart 1998, S. 215, zitiert als Eschenbach.

20  Wöhe, S. 908.

21  Schreiber, Rn. 14.

22  Siehe dazu oben unter 2.3.2.3, Abschnitt 4 c.

23  Schreiber, Rn. 14; Olfert, S. 169 f.

24  Siehe oben unter 2.3.2.3, Abschnitt 4 b für Kosten der Mailings.

25  Olfert, S. 67 f.

26  Siehe hierzu auch Buber, S. 447.

27  Schreiber, Rn. 10 und 11.

28  Zum System der Kostenrechnung in einer gemeinnützigen Organisation siehe auch Buber, S. 435 ff.

29  Wöhe, S. 895.

30  Schreiber, Rn. 12.

31  Olfert, S. 129.

32  Badelt, S. 389.

33  Vgl. auch Wöhe, S. 904.

34  Olfert, S. 168 f.; Wöhe, S. 910.

35  Wöhe, S. 911 ff.

36  Ebd., S. 914.

37  Schreiber, Rn. 13.

38  Buber, S. 453.

39  DATEV eG (Hrsg.): Abrechnung der Vereine, Nürnberg 2000, S. 208.

40  Badelt, S. 393.

41  Ebd., S. 222.

42  So auch Badelt, S. 393; zum Controlling in NPOs siehe allgemein: Horak, Christian: Controlling in Nonprofit-Organisationen, 2. Aufl., Wiesbaden 1995.

43  Badelt, S. 396 f.

44  Ebd., S. 397.

45  WPH, Abschnitt P, Rn. 14.

46  Badelt, S. 398.

47  Ebd., S. 398.

48  Ebd., S. 400.

49  Eschenbach, S. 225.

50  Badelt, S. 399.

51  Horak, Christian: Instrumente des operativen Controllings, abzurufen im Internet unter www.controlling-portal.org-8-instrumente-7-7.shtml Instrumente, S. 1.

52  Ebd., S. 1 ff.

## Weiterführende Literatur: siehe Anmerkungen

## 2.4 Qualitätsmanagement und Controlling im Fundraising

### 2.4.1 Controlling

*Arne Kasten*

Die folgenden Ausführungen über Controlling beziehen sich auf operatives Fundraising auf der Ursache-Wirkung-Ebene von Vereinen, in denen die gemeinnützige Arbeit im Vordergrund steht. Nicht berücksichtigt werden Fundraising-Formen im Rahmen des wirtschaftlichen Geschäftsbetriebes, die nach gänzlich marktwirtschaftlichen Gesichtspunkten zu führen sind und betriebswirtschaftliche Kenntnisse voraussetzen. Nicht einbezogen in die Betrachtung werden außerdem die so genannten weichen Faktoren. Dazu gehört beispielsweise die Performance-Evaluierung von Mitarbeitern.

#### 2.4.1.1 Begriffsklärung

Der Begriff „Controlling" ist in der Fachliteratur nicht einheitlich definiert. Allgemein kann Controlling als „Beschaffung, Aufbereitung und Analyse von Daten zur Vorbereitung zielsetzungsgerechter Entscheidungen"[1] verstanden werden. Trotz des englisch anmutenden Begriffs handelt es sich um einen Scheinanglizismus, da er in dieser Bedeutung nur im Deutschen verwendet wird.

*Aufgaben des Controllings:* Controlling hilft, Ergebnisse, Prozesse und Strategien zu klären und somit Transparenz zu schaffen sowie die hierfür erforderliche Daten- und Informationsversorgung zu sichern. Entsprechend ist es in erster Linie als eine entscheidungsunterstützende Tätigkeit anzusehen und nicht, wie vermutet werden könnte, als Kontrollinstrument.

*Ziele:* Die Grundlage jeder unternehmerischen Entscheidung sind vorhandene Daten und (Erfahrungs-)Werte. Diese sind in ihrem Rohzustand unbrauchbar und müssen in die richtige Relation gesetzt werden. Controlling hilft bei der richtigen Reduktion dieser komplexen Daten, die eine Interpretation erst ermöglicht. Erst dann kann eine begründete Entscheidung getroffen werden.

*Zielgruppen*: Controlling unterstützt bei der Entscheidungsfindung und der Bewertung marktorientierten Handelns alle Ebenen in einer Organisation. Ob Vorstand, Geschäftsführung, Abteilungsleiter oder Bereichsverantwortlicher: Jeder braucht auf den eigenen Bedarf zugeschnittene eigene Controlling-Kennzahlen. Diese Kennzahlen müssen in ihrer Entstehung (Datengrundmengen-Definition) und in ihrer Aussagekraft (Interpretations-Definition) klar umrissen sein. Nur eine klare Definition führt zu einer einheitlichen Bewertung, da Toleranzgrenzen, Erfolg, Rahmenbedingungen, Perspektiven usw. immer organisationsspezifisch sind und über die rein mathematischen Berechnungsformeln hinausgehen.

*Controlling = Kontrolle?* Führungsinstrumente sind immer auch Kontrollinstrumente. Daraus jedoch zu schließen, dass Controlling reine Kontrolle sei, ist falsch. Controlling liefert lediglich die reduzierte Grundlage, um Ereignisse zu interpretieren und zukünftige Ereignisse aktiv richtunggebend zu steuern (Einkommensentwicklung, Rücklauf bei Mailings usw.). Inwieweit diese Steuerung als Kontrolle im Sinne der Überwachung genutzt wird, bleibt jedem Einzelnen überlassen, entspricht jedoch nicht der Intention dieses Führungsinstrumentes.

*Controlling im Fundraising:* Fundraising ist die Grundlage zur Finanzierung gemeinnütziger Arbeit. Es handelt sich dabei um die Generierung finanzieller Mittel, Sachmittel oder Freiwilligen-Ressourcen. Kosten werden dabei notgedrungen in Kauf genommen. Um die Entwicklung der Kosten im Verhältnis zu den generierten Mitteln bzw. zu den zweckerfüllenden Ausgaben steuern zu können und dafür zu sorgen, dass die Entwicklung innerhalb eines (organisationsspezifizierten) Rahmens verbleibt, ist Controlling als Instrument unabdingbar. Dabei kann man zwischen operativem und strategischem Controlling unterscheiden. Das operative Controlling bezieht sich auf die laufende Beobachtung der Entwicklung, wohingegen das strategische Controlling auf die Planungsebene zielt.

*Strukturelle Ansiedlung:* Controlling als Steuerungsinstrument unterliegt der zuständigen operativen Leitung für Fundraising. Diese sorgt als Verbindungsknoten für die Lieferung von Kennzahlen nach oben (Geschäftsführung, Vorstand), auf gleicher Ebene (Finanzabteilung u. a.) und nach unten (Bereichsleiter, Projektverantwortliche im Sinne eines Fundraising-Projektes, Dienstleister).

*Voraussetzungen:* Unabdingbare Grundvoraussetzung für Controlling ist die *elektronische Verfügbarkeit* von Daten (siehe auch die Checkliste zur Datenverfügbarkeit im Anhang). Eine weitere Voraussetzung ist deren *Struktur.* Die Daten sind nach Einnahmen und Ausgaben zu trennen, wobei die Einnahmen und die Ausgaben grundsätzlich nach dem Auslöser aufgeschlüsselt werden müssen, die Ausgaben also nicht nur nach direkten Kosten (z. B. Papierkosten eines Mailings) und indirekten Kosten (Personalaufwand, gemeine Bürokosten usw.) spezifiziert werden. Es gibt demzufolge mindestens zwei Stufen der Kodierung. Zusätzlich sind *technische Voraussetzungen* vonnöten, die im organisationsspezifischen Umfeld eine Verarbeitung der Daten erlauben. Dabei ist es unerheblich, ob die gesamte Verarbeitung auf der gleichen Softwarelösung basiert oder unterschiedliche Programme angewandt werden. Einer einheitlichen Lösung sollte jedoch der Vorrang gegeben werden.

Controlling ist zeitaufwendig. Daher muss schon bei der Planung entsprechend Raum einkalkuliert werden, damit genug Personalressourcen (bzw. Finanzmittel bei Outsourcing) zur Verfügung stehen. Gleichfalls muss technisches Know-how vorhanden sein. Ob in Form eigens dafür abgestellten IT-Personals oder als Zusatzqualifikation (z. B. angegliedert ans Marketing), ist inhaltlich nicht von Bedeutung. Dennoch sollte auch hier eine Lösung bevorzugt werden, die das technische Wissen über Controlling in der

Fundraising-Abteilung belässt und sie damit flexibler und autonomer macht. Gleichzeitig wird über den Aufbau eines „Institutional Memory" eine stärkere Kontrolle ausgeübt.

Controlling ist nicht möglich ohne einen Ist-Soll-Vergleich. Dafür ist die Verfügbarkeit von Daten über Jahre hinweg zu sichern. Diese internen Benchmarks helfen, Aktionen richtig zu evaluieren und Trends zu erkennen, was wiederum in die Aktivitätenplanung einfließen sollte. Dieser rückwärts gerichtete Blick ist wichtig, um die Erfüllbarkeit von Zielen zu überprüfen.

Den zweiten Vergleichsansatz bilden externe Benchmarks. Sie sind in Deutschland nur unzureichend vorhanden. Eine positive Entwicklung ist in einer Initiative unter Beteiligung namhafter Organisationen zu sehen, die sich seit Juli 2005 damit beschäftigt, eine Langzeit-Benchmarkstudie zu erstellen.

Die dritte Vergleichsgröße ist die Planung. Nützliches operatives Controlling ist nur dann gegeben, wenn idealerweise ein geltendes Strategiepapier vorhanden ist, welches einen Zeitraum von mindestens drei und höchstens fünf Jahren abdeckt und auf dessen Basis ein gültiger Jahresplan entsteht (strategisches Controlling). Dieser muss mindestens vierteljährlich (operatives Controlling) auf seine Gültigkeit hin überprüft werden. Controlling wird hier zukunftslenkend und dient in diesem Zusammenhang hauptsächlich der Überprüfung der Zielerreichbarkeit und eines (nötigenfalls) korrektiven Eingreifens.

*Grenzen des Controllings:* Controlling ist kein Allheilmittel. Seine Stärken liegen in der Verfügbarkeit von reduzierten Entscheidungshilfen, seine größte Schwäche in dem Umstand, dass keine Interpretation mitgeliefert wird. Das gesamte Umfeld der Organisation muss in diese Interpretation einfließen, die Empfängerinnen und Empfänger der Leistungen, die Ausführungsorgane (operative und Verwaltungseinheiten) sowie jede einzelne Spenderin und jeder Spender. Klarheit und Transparenz sind dabei Grundvoraussetzungen, die unbedingt Kernbestandteile der Organisationsphilosophie sein und alle Bereiche von der „Vision" über das Management bis hin zur Spenderkommunikation bestimmen müssen. Je stärker diese Grundvoraussetzungen verinnerlicht und gelebt werden, umso wirkungsvoller kann das Controlling eingesetzt werden.

Verantwortungsvolle Leitung setzt Wissen voraus. Mangelndes Interesse, Wissen und Verständnis, meistens gepaart mit mangelnder Durchsetzungsfähigkeit und schlechter Personalführung seitens der Entscheidungsträger, führen zu sehr hohen Reibungsverlusten. Eine Folge von unklaren Strukturen und Aufgabenverteilungen sind unzufriedene Mitarbeitende und unnötige Kosten. Dieses wird oft historisch („so wurde es schon immer gemacht") oder machtpolitisch („was keiner versteht, kann keiner kritisieren") begründet. Wo Fundraising nicht als Beziehungsmanagement gelebt, sondern als Ressource betrachtet wird, ist ihm jede Basis entzogen, da unberücksichtigt bleibt, dass hinter den Zahlen immer Menschen stehen, die sich weder als Beiträge noch als Teil einer Statistik sehen möchten.

Controlling soll dazu beitragen, ein Gesamtbild einer Organisation als lebender Organismus zu vermitteln, in dem jede Zelle ihren Teil dazu beiträgt, es am Leben zu erhalten und weiterzuentwickeln. Die Frage nach dem Maß an Kennzahlen und institutionalisierten Strukturen kann nicht einheitlich beantwortet werden. Wie viele Informationen gebraucht werden, ist eine Frage des Bedarfs, aber auch des Zukunftsblicks der Verantwortlichen. Tatsache ist, dass je größer und komplexer eine Organisationsstruktur ist, sie umso mehr mittels aussagekräftiger Kennzahlen erfasst werden muss. Gesunder Menschenverstand und ein Blick für die Lage der Organisation sollten vor Zahlenwut schützen, d. h. vor der Erstellung von Kennzahlen, die zeitaufwendig sind, ansonsten aber keinen Nutzen haben.

# 2.4.1.2 (Ökonomische) Kennzahlen

Kennzahlen verdeutlichen Zustände und Entwicklungen, reduzieren Zusammenhänge auf einen Zahlenwert und machen sie so erfassbar. Sie dienen der Objektivierung und der Visualisierung. Es gibt eine Vielzahl definierter allgemeiner Kennzahlen. Diese können auf einzelne Aktionen oder ganze Organisationseinheiten angewandt werden.

(1) Direkte/Indirekte Kosten

Bevor jedoch auf einzelne Kennzahlen, ihre Berechnung und ihre Aussage/Bedeutung eingegangen wird, muss hier nochmals dringend darauf hingewiesen werden, beim Einbezug von Kosten unbedingt auch indirekte Aktionskosten mit zu berücksichtigen. Das schließt die kostentechnische Berücksichtigung von Ehrenämtern, sofern sie für die Aktion unablässig sind, als kalkulierten Kostenfaktor mit ein.

Beispiel:

Ein ehrenamtlicher Mitarbeiter (EM) betreut die Internetauktionen, die eine Organisation zur Versteigerung von Einzelstücken aus Nachlässen durchführen lässt. Die Betreuung der Auktionen (Fotografieren, Uploaden, Beantworten von Rückfragen usw.) erfordert durchschnittlich fünf Stunden in der Woche. Im Schnitt laufen zehn Auktionen in der Woche. Die Kosten für den Versand trägt der Käufer. Durchschnittlich werden 30 Euro pro Auktion erlöst. Die direkten Kosten liegen bei 0 Euro, da der Hauptkostenfaktor, die Arbeitszeit, kostenlos zur Verfügung steht; wobei unterstellt wird, dass Online- und andere Kosten nicht anfallen. Bei den indirekten Kosten liegt der Fall etwas anders. Nur wenn der EM die Betreuung von zu Hause durchführt, liegen die Kosten niedrig. Kostenfrei ist dies dennoch nicht, da der EM der Betreuung in der Organisation bedarf. Das ergibt folgendes Bild:

Rechengrundlage

| Ausgaben | Kosten/Std. | Std./Woche | Std./Monat | Monatliche Kosten |
|----------|------------:|-----------:|-----------:|------------------:|
| EM | 16,00 € | 5,0 | 20 | 320,00 € |
| Betreuung | 22,00 € | 0,5 | 2 | 44,00 € |
| Arbeitsplatz | 6,25 € | 5,5 | 22 | 137,50 € |
| Auslagen (Hosting, Web) | | | | 50,00 € |

| Einnahmen | Woche | Monat | Erfolgreich | Erlös/Auktion | Erlöse/Monat |
|---|---|---|---|---|---|
| Auktionen | 10 | 40 | 50 % | 30 € | 600 € |

| Ergebnis | | Kosten | Einnahmen | ROI | Netto-ROI |
|---|---|---|---|---|---|
| Fall 1 | Nur Betreuungskosten | 44 € | 500 € | 11,36 | 10,36 |
| Fall 2 | Betreuungskosten, Büro-kosten, sonst. Auslagen | 232 € | 500 € | 2,16 | 1,16 |
| Fall 3 | Vollkostenrechnung | 552 € | 500 € | 0,91 | 0,09 |

Das Fallbeispiel soll die Wichtigkeit einer Vollkostenrechnung aufzeigen. Bei einer derartigen Berechnung kann die Frage, ob Internetauktionen außerhalb des Ehrenamtes einen (wirtschaftlichen) Sinn machen, eindeutig negativ beschieden werden.

Im Übrigen beziehen sich die Kosten hier immer auf die Summe von direkten und indirekten Kosten.

(2) Der Median

Die Schwierigkeiten bei der Bewertung von Durchschnittswerten liegen in der Behandlung von so genannten Ausreißern. Extremschwankungen (z. B. eine 500-Euro-Spende auf ein Kaltmailing mit einer sonstigen Durchschnittsspende von 35 Euro) verfälschen die Ergebnisse beim Errechnen des Mittelwerts. Es gilt, die Auswirkung dieser Faktoren zu reduzieren.

Der Median ist eine Art Mittelwertberechnung, die weitestgehend unempfindlich auf diese Art von Schwankungen reagiert. In einer geordneten Zahlenreihe ist der Median jene Zahl, die sich in der Mitte befindet, d. h., die eine Hälfte der Zahlenreihe ist kleiner als der Median, die andere Hälfte größer. Bei einer geraden Anzahl wird aus den zwei mittleren Zahlen der Mittelwert berechnet.

> Formel:
>
> x = Zahlenwert einer Zahlenreihe; n = Anzahl Zahlen einer Zahlenreihe
>
> Ungerade Zahlenreihe: Median = x (n + 1) / 2
>
> Gerade Zahlenreihe: Median = ½ (x1 (n / 2) + x2 ((n + 1) / 2))

Beispiel:

Ungerade Zahlenreihe: 20, 20, 20, 25, 25, 30, 30, 50, 55, 250, 300

Median: x = (11 + 1) / 2 = 6

Der Median ist entsprechend die sechste Zahl aus der Zahlenreihe.

Median = 30

Zum Vergleich: Der Mittelwert der Zahlenreihe ist: 825 / 11 = 75

Gerade Zahlenreihe: 20, 20, 20, 25, 25, 30, 30, 50, 55, 250

$x1 = 10 / 2 = 5$

$x2 = (10 / 2) + 1 = 6$

x1 ist entsprechend die fünfte Zahl der Zahlenreihe, x2 die sechste.

Median = ½ (25 + 30) = 27,5

Zum Vergleich: Der Mittelwert der Zahlenreihe ist 52,5.

Eine weitere Möglichkeit, schwierige Zahlenkonstellationen zu betrachten, ist der gewichtete Mittelwert. Dieser ergibt dann Sinn, wenn es eine Zahlenreihe zu evaluieren gilt, die aus zwei oder mehr Gruppen besteht, mit z. B. je einem Zahlenschwerpunkt. Diese Gruppen können dann mit den eigenen Mittelwerten ins Verhältnis zur relativen Größe der gesamten Zahlenreihe gesetzt werden. Da eine Erläuterung dieser Rechenmethode den Rahmen dieses Beitrages sprengen würde, wird hier auf entsprechende mathematische Fachliteratur verwiesen.

(3) Richtwerte

10/50-Regel

Ein nicht wissenschaftlich nachgewiesener, jedoch in der Fundraising-Praxis erprobter und angewandter Richtwert besagt, dass nach zehn Buchungstagen die Hälfte der Einnahmen aus einer Aktion (zumeist Mailings) eingeht. Dies hat sich sogar bei Organisationen gezeigt, die sehr häufig mit Katastrophenspenden bedacht werden und dadurch starken Schwankungen unterliegen.

20/80-Regel

Sie wird auch Pareto-Verteilung genannt. Vilfredo Pareto entwickelte diese Wahrscheinlichkeitsverteilung, nachdem er festgestellt hatte, dass 80 Prozent des italienischen Volksvermögens in den Händen von 20 Prozent der Familien lag. Allgemein besagt die Regel, dass z. B. 80 Prozent des Spendenaufkommens von nur 20 Prozent der Spender aufgebracht wird. Die Regel ist vielfältig anwendbar. Sie unterstützt den Anwender dabei, sich auf das Wesentliche zu konzentrieren, warnt aber gleichzeitig davor, das Ziel aus den Augen zu verlieren (80 % des Zeitaufwandes eines Mitarbeitenden entfallen auf nur 20 % seiner Wertschöpfung).

30/70-Regel

Finanzämter dulden in der Regel Verwaltungskosten von bis zu 30 Prozent, wobei folglich unterstellt wird, dass mindestens 70 Prozent der Erlöse für die Verwirklichung des gemeinnützigen Vereinszweckes aufgewendet werden (während der ersten Aufbaujahre werden Verwaltungskosten von bis zu 50 % toleriert). Dies bedeutet, dass jede Aktivität, die eine Brutto-ROI (siehe unten) von unter 3,33 bzw. eine Netto-ROI (siehe unten) von unter 2,33 erwirtschaftet (bezogen auf die gesamte geplante Zeitspanne, in der direkt oder indirekt mit Erlösen gerechnet wird), einen Verlust einfährt.

(4) Wichtige Kennzahlen

*Break Even (Break-Even-Punkt, Gewinnschwelle):*

Allgemein definiert diese Bezeichnung den Punkt, an dem Fundraising-Handeln Kostendeckung erreicht, d. h. der Erlös die Kosten ausgleicht. Break Even wird meistens in Zusammenhang mit dem Faktor Zeit verwendet.

Eine etwas striktere, dafür aber aussagekräftigere Definition berücksichtigt die 30/70-Regel. Sie besagt, dass die Gewinnschwelle erst dann erreicht wird, wenn die Kosten nur noch 30 Prozent des Erlöses ausmachen, wobei die 30 Prozent stellvertretend für die organisationsinternen Verwaltungskostengrenzen stehen. Diese können im Prinzip auch bei fünf Prozent liegen, wobei das kaum realistisch ist, da diese Organisationen nur deshalb so niedrige Verwaltungskosten haben, weil eine Quersubventionierung durch hohe öffentliche Mittel oder durch einen Förderverein, welcher Teile der Verwaltungskosten an die Empfängerorganisation weitergibt, erfolgt.

Zusammen mit der 10/50-Regel erlaubt Break Even eine schnelle Ermittlung des zu erwartenden Überschusses.

*Return (Rücklauf):*

Return bezeichnet die zählbare Menge „n", die aufgrund einer durchgeführten Aktion in Kontakt mit der Organisation getreten ist. Diese kann sich auf jede Art von Aktion beziehen, sei es die Generierung von Spendern, Spenden, Kontakten usw. Der Wert wird in Prozent gemessen.

> Return % = (Rücklauf / Aussendemenge) * 100

Beispiel:

Mailing an 100.000 Kaltadressen, bestehend aus zwei Listen zu 30.000 und 70.000.

Aus Liste 1 reagieren: 640. Aus Liste 2 reagieren: 1.270.

Return Liste 1: (640 / 30.000) * 100 = 2,13 %

Return Liste 2: (1.270 / 70.000) * 100 = 1,81 %

Durchschnitt Return: ((640 + 1.270) / 100.000) * 100 = 1,91 %

Die Zahlen selbst sagen nichts aus. Doch im Zusammenhang mit anderen Indikatoren gewinnen sie an Bedeutung. Wichtigste direkte Vergleichswerte sind:

(a) die durchschnittlichen deutschen Responsewerte (z. B. aus der Homepage des Deutschen Fundraising Verbandes) zur Klärung der Frage, ob es noch Optimierungspotenzial gibt,

(b) die erwarteten Werte aus der Planung (Mehrjahresplan, Jahresplan), um die Erwartungshaltung zu korrigieren,

(c) in Zusammenhang mit dem ROI, um die Wirtschaftlichkeit zu prüfen.

*ROI (Return on Investment, Renditekennzahl):*

Der ROI dient der Ermittlung der Rendite in Prozent. Beim Fundraising wird zwischen dem Brutto-ROI zur Ermittlung des Erlösfaktors (wie viel Euro wurden mit einem Euro Einsatz erwirtschaftet) und dem Netto-ROI zur Ermittlung des Gewinnfaktors (wie viel zusätzliche Euro wurden mit jedem eingesetzten Euro erwirtschaftet) unterschieden.

Brutto-ROI: | Formel: Gesamterlös / Kosten

Netto-ROI: | Formel: Nettoerlös / Kosten   (Nettoerlös = Gesamterlös – Kosten)

Beispiel:

Mailingauflage: 100.000

direkte Kosten: 85.000 €

indirekte Kosten: 528 € (24 Arbeitsstunden / 22,00 € Stundenlohn) plus 150 € (Arbeitsplatz * 3 Tage bei 1.000 € Arbeitsplatzkosten im Monat)

Erlös: 76.400 € (Return: 1,91 %, ∅-Spende: 40 €)

Brutto-ROI = 76.400 € / (85.000 € + 528 € + 150 €) = 76.400 € / 85.678 € = 0,89

Netto-ROI = (76.400 € – 85.678 €) / 85.678 € = –9.278 € / 85.678 € = –0,11

Wichtig für die Beurteilung der Aktion ist die Ermittlung des Break Even. Unter Berücksichtigung der 30/70-Regel lässt sich feststellen, wann die Aktion wirtschaftlich erfolgreich sein wird.

*Neuspenderkosten (auch für Reaktivierungskosten, Wiedergewinnungskosten):*

Die Kosten pro Neuspender ergeben sich aus den Gesamtkosten einer Aktion dividiert durch die Gesamtzahl der gewonnenen Neuspender.

Neuspenderkosten = Gesamtkosten / Gesamtneuspenderzahl

Telemarketing-Kampagne: 21.000 € Kosten, 550 wiedergewonnene Spender

Neuspenderkosten = 21.000 € / 550 = 38,18 €

Die Kosten an sich haben keine Aussagekraft. Nur in Verbindung mit dem ROI der Gesamtaktion und der durchschnittlichen Treuezeit eines Spenders kann dieser Wert interpretiert werden. Grundsätzlich gilt: Je höher die Kosten liegen und je länger es bis zum Break Even dauert, umso stärker muss die Aktion für ihre Durchführung quersubventioniert werden.

*Treuezeitraum von Spendern:*

Entsprechend der Spenderpyramide ist das Bestreben jeglichen Fundraising-Handelns darauf ausgerichtet, Spender bis ans Lebensende zu begleiten. Die Ermittlung der Treuezeit hilft festzustellen, wie lange Spender tatsächlich der Organisation treu bleiben, um z. B. realistisch einzuschätzen, ob initial defizitäre Aktionen sich mittelfristig rechnen.

> Formel:
>
> Gesamtzahl Spender pro Jahr addiert auf die Jahre im Betrachtungszeitraum / Gesamtzahl der Spender im Betrachtungszeitraum

Beispiel:

Jahr 1: 5.000 Spender, Jahr 2: 6.500 Spender, Jahr 3: 5.500 Spender, Jahr 4: 9.000 Spender, Jahr 5: 7.500 Spender

Gesamtzahl Spender: 12.000 (Mehrfachspender werden einfach gezählt)

Treuezeit = (5.000 + 6.500 + 5.500 + 9.000 + 7.500) / 12.000 = 33.500 / 12.000 = 2,79

Im Schnitt gelingt es der Organisation in diesem Beispiel, Spender für 2,79 Jahre zu binden.

Ein Betrachtungszeitraum von fünf Jahren ist jedoch zu niedrig, um aussagekräftig genug zu sein. (Ähnlich verhält es sich bei Betrachtungszeiträumen von deutlich über zehn Jahren.) Sie spiegeln nicht den gesellschaftlichen Zustand, da sie bereits abgeschlossene Entwicklungen ignorieren. Dennoch können kurze Zeiträume im Einzelfall hilfreich sein (insbesondere bei neuen Organisationen), Änderungen von Trends lassen sich bei längeren Zeiträumen besser erkennen.

Ein Zeitraum von zehn Jahren ist empfehlenswert. Der hieraus gewonnene Wert sollte jedes Jahr neu ermittelt werden, sodass auf Dauer der Trend beobachtet werden kann und bei einer negativen Entwicklung korrektive Handlungen ermöglicht werden.

*Spenderpyramide:*

Die klassische Beziehungs-Spenderpyramide stellt den optimalen Beziehungsverlauf eines Spenders zur Organisation dar. Die Betrachtungsweise ist hierbei in die Zukunft gerichtet. Sie hat zum Ziel, den Spender in eine immer höhere Beziehungsebene zu begleiten.

Die Spenderpyramide beim Controlling ist rückwärts gerichtet. Dabei gilt es, vorhandene Spender oder Spenden in Betragssegmente zu unterteilen. Diese Segmente sind immer organisationsspezifisch, sollten sich aber grundsätzlich nach den klassischen Betragsgrenzen richten ($\leq$ 10 €, 25 €, 50 €, 100 €, 250 €, 1.000 €, 5.000 €, 25.000 €, $\geq$ 50.000 €).

Die Pyramide – bezogen auf Spender – hilft z. B. bei der Festlegung von Jahresförderbeiträgen. Werden Betragsbeispiele für Mailings benötigt, kann ebenfalls auf die Spenderpyramide zurückgegriffen werden.

*Zweckbindungen:*

Zweckbindungen sind eine projektbezogene Verbindlichkeit gegenüber dem Spender. Die Frage, ob dies eine rechtliche oder moralische Verbindlichkeit ist, soll hier nicht erläutert werden. Aktiv eingeworbene, zweckgebundene Spenden sind grundsätzlich nicht mit Verwaltungskosten zu belasten und müssen als Gesamtes der Zweckerfüllung zugeführt werden. Dieses kann zu Finanzierungsproblemen führen, wenn nicht genug freie Spenden vorhanden sind, um den Verwaltungskostenanteil zu tragen.

---

Formel:

Zweckbindungen % = zweckgebundene Spenden / Gesamteinnahmen

Freie Spenden % = 100 % – zweckgebundene Spenden / Gesamteinnahmen

---

Beispiel:

Erlöse Projektmailings: 120.000 €; Erlöse Projektanträge: 190.000 €; Sonstige Erlöse: 75.000 €

Zweckbindungen % = 310.000 € / 385.000 € = 80,52 %

Freie Spenden % = 100 % – (310.000 € / 385.000 €) * 100 = 19,48 %

In diesem Beispiel dürfte dementsprechend der Verwaltungskostenanteil (Verwaltungskosten / Projektkosten) der Organisation nicht höher sein als 19,48 Prozent. Maßnahmen, die das gewährleisten, sollten immer in der Planung berücksichtigt werden.

*RFM-Analyse:*

Die Abkürzung RFM steht für Recency (Zeitnähe), Frequency (Häufigkeit) und Monetary Value (Geldwert). Dabei werden die drei Faktoren zueinander ins Verhältnis gesetzt und mit einem (meist dreistelligen) Wert versehen. Das Topsegment bilden entsprechend alle aktiven Spender, das mittlere bilden jene Spender, die Gefahr laufen, ihre Beziehung zur Organisation zu beenden, und das untere Segment bildet Spender ab, die sich von der Organisation abgewandt haben.

Die Erstellung einer RFM-Analyse ist zeit- und meistens auch kostenintensiv, da sie in den seltensten Fällen von den Organisationen selbst erstellt werden kann, da vorher das zugrunde liegende Zahlenmodell definiert werden muss. Es gibt jedoch Spenden-verwaltungsprogramme, die diese Analyse im Leistungsumfang einschließen, was die Kosten, jedoch nicht den Zeitaufwand reduziert.

Das Ergebnis einer RFM-Analyse kann an Aktionen gekoppelt werden, wie z. B. die Weitergabe von Spendern aus dem mittleren Segment (drohender Verlust von Spen-dern) an eine Telemarketingagentur zur Erneuerung des finanziellen Engagements.

*Attrition Rate (eigentlich „churn rate", Reaktivierungsverlustquote, RVQ):*

Wichtige Unterstützung bei der Planung bietet die Reaktivierungsverlustquote. Dabei wird berechnet, wie hoch der Prozentsatz an Spendern ist, deren finanzielles Engage-ment nicht erneuert werden konnte.

---

Formel:

RVQ = (Anzahl Spender im Betrachtungsjahr aus dem Vorjahr / Anzahl Spender des Vorjahres) * 100

---

Beispiel:

Betrachtungsjahr: 20.000 Spender aus dem Vorjahr haben gespendet; Vorjahr: 35.000 Spender

RVQ = 20.000 / 35.000 * 100 = 57,14 %

Die Hauptaussage in diesem Beispiel ist, dass die Organisation auf einer sehr wackeli-gen Spenderbasis steht, da fast die Hälfte der Vorjahresspender nicht reaktiviert wer-den konnte und wahrscheinlich ein enormer Aufwand betrieben werden muss, um die Projektarbeit finanziell abzusichern. Dieses kann zu unnötig hohen Verwaltungskosten führen. Eine Anpassung der Spenderbindungsmaßnahmen ist unter Umständen ange-bracht.

Dennoch sind die Gründe für eine hohe RVQ vielfältig und von Organisation zu Orga-nisation unterschiedlich. Wechselhaftigkeit, Katastrophen, mangelhafte Kommunika-tion, mangelnde Transparenz, schlechte Betreuung und wirtschaftliche Probleme der Zielgruppe sind lediglich einige Beispiele, die zu einer hohen Quote führen können.

Eine sehr niedrige Quote hingegen ist ein Hinweis auf die Treue der Spender und hängt wahrscheinlich mit einer Strategie zusammen, deren Hauptausrichtung in der Gewin-nung von Lastschriftspendern liegt, da das Engagement dieser Spender nicht jährlich erneuert werden muss. Es kann in der Regel davon ausgegangen werden, dass Last-schriftspender der Organisation mehrere Jahre treu bleiben (Erfahrungswerte verschie-dener Organisationen gehen von durchschnittlich sieben Jahren aus). Diese Strategie ist wahrscheinlich gepaart mit einer engen Beziehung zu den Spendern, in der Klarheit, Transparenz und Vertrauen auf beiden Seiten vorherrschen.

(5) Wichtige Durchschnittswerte

Wichtige Durchschnittswerte können auf allen Ebenen erhoben werden (Aktion, Bereich, Abteilung, Regionalverband, Gesamtorganisation) und sind eine wichtige Voraussetzung für die Berechnung von Kennzahlen. Die meisten Durchschnittswerte haben dennoch eine eigenständige Bedeutung.

*Buchhaltungsdaten:*

Diese Werte werden aus Daten berechnet, die zahlenmäßig erfassbar sind.

| Wert | Berechnung |
|------|------------|
| Durchschnittsspende | Gesamtspendensumme / Gesamtanzahl Spenden |
| ∅ Spende (Spenderjahreswert) | Gesamtjahresspendensumme / Gesamtjahresanzahl Spender |
| ∅ Kosten pro Werbemittel | Gesamtkosten Aktion / Gesamtanzahl Aussendungen |
| ∅ Spendenhäufigkeit | Gesamtzahl Spenden / Gesamtanzahl Spender |
| ∅ Kosten pro Spender | Gesamtausgaben / Gesamtanzahl Spender |
| ∅-liche Aktionsdauer (lt. 10/50-Regel) | (Anzahl Tage für 50 % des Erlöses + Anzahl Tage für die restlichen 50 % des Erlöses) / Anzahl Aktionen |

*Zeitwerte:*

Oft muss, um einen Sachverhalt richtig einzuschätzen, auf Indikatoren zurückgegriffen werden. Die Erfassung und Bewertung von Zeitwerten hilft unter anderem bei der Vollkostenrechnung und der Personalbedarfsanalyse. Zeitwerte sind unter anderem:

- durchschnittliche Verarbeitungszeit einer Spende,
- durchschnittliche Reaktionszeit auf Beschwerden,
- durchschnittliche Reaktionsdauer bei Anfragen (organisationsintern),
- prozentualer Anteil von Arbeitszeit (Personalaufwand) pro Aktivität,
- durchschnittliche Verweildauer in Sitzungen u. Ä. pro Mitarbeiter,
- durchschnittlicher Krankenstand,
- durchschnittliche Verweildauer von Mitarbeitern in der Organisation.

*Performance:*

Ebenso wie bei den Zeitwerten helfen Performance-Werte als Indikatoren der besseren Beurteilung von Sachverhalten. Sie werden ebenfalls hauptsächlich bei der Vollkostenrechnung wie bei der Personalbedarfsanalyse eingesetzt. Performance-Werte sind unter anderem:

- durchschnittliche Einnahmen (Kosten) pro Mitarbeiter,
- durchschnittlich bearbeitete Vorgänge pro Mitarbeiter,
- Verhältnis der verschiedenen Einnahmearten zu den Gesamteinnahmen,

– Verhältnis selbst generierter Einnahmen (bzw. Kosten) vs. Dienstleister,

– prozentuale Über- oder Unterschreitung von Jahresbudgets in Einnahmen und Ausgaben (inkl. Trends über Jahre),

– Brutto/Netto-Performance-Trendanalyse der Gesamteinnahmen (auch im Verhältnis zueinander), ebenfalls bei Aktivitäten anzuwenden,

– durchschnittliche Über- bzw. Unterschreitung von Fortbildungsbudgets,

– durchschnittliche Nutzung von Fortbildungsmöglichkeiten.

## Anmerkung

1  Berens, Wolfgang, in: Wikipedia Online-Lexikon (www.wikipedia.org), Artikel „Controlling: Einleitung", Stand: 08.08.2005.

## Weiterführende Literatur

Badelt, Christoph (Hrsg.): Handbuch der Nonprofit Organisationen. Strukturen und Management, 3. Auflage, Stuttgart 2002.

Beck, Markus: Anwendungsprobleme von Customer Relationship Management-Systemen am Beispiel von Fundraisingsoftware, Diplomarbeit im Studiengang „Public Management" der FTW Berlin und der FVR Berlin.

Eschenbach, Rolf/Horak, Christian (Hrsg.): Führung von Nonprofit Organisationen. Bewährte Instrumente im praktischen Einsatz, 2. überarbeitete und erweiterte Auflage, Stuttgart 2003, Kapitel 7 (S. 247–301) und Kapitel 9 (S. 381–407).

Koch, Christian (2004): Controlling im Fundraising; Controlling mit Tabellenkalkulation: Risiken beim Einsatz reduzieren; Schnelltest operatives Controlling; Schnelltest strategisches Controlling; Welches Controlling benötigen Nonprofit-Organisationen?; alle unter www.sozialnet.de/materialien.

Ossola-Haring, Claudia (Hrsg.): Das Große Handbuch Kennzahlen zur Unternehmensführung, 2. überarbeitete Auflage, München 2003.

Scherer, Andreas Georg/Alt, Jens Michael (Hrsg.): Balanced Scorecard in Verwaltung und Non-Profit-Organisationen, Stuttgart 2002.

Wikipedia Online-Lexikon unter www.wikipedia.org.

# 2.4.2 Qualitätsmanagement

*Verena Kesting*

## 2.4.2.1 Die Bedeutung der Qualität im Fundraising

Qualitätsmanagement und Effizienzsteigerung sind Themen, die für Fundraising-Organisationen zunehmend an Bedeutung gewinnen. Maßgeblich hierfür sind Wettbewerbsverschärfungen, die auch am Fundraising nicht vorbeigehen.

Zum einen sehen sich die Spendenden vermehrten Wahlmöglichkeiten gegenüber, die sie kritischer und anspruchsvoller in der Auswahl „ihrer" Spendenorganisation werden lassen. Zum anderen werden öffentliche Ressourcen und Mittel zunehmend reduziert, der Konkurrenzdruck bei der Beschaffung der immer knapperen Zuwendungen steigt. In dieser Wettbewerbssituation erhalten Kompetenz und Professionalität immense Bedeutung, dokumentierte Qualität wird zum Maßstab des Erfolges von Fundraisern.

Nun ist „Qualität" ein äußerst dehnbarer Begriff und wird gerne unreflektiert benutzt. Jeder will sie, aber allein schon das Verständnis darüber, was Qualität eigentlich ausmacht, ist in der Regel mit kontroversen Ansichten verbunden. Diese sind schon dadurch beeinflusst, durch wen die Qualität beurteilt wird, d. h. durch wessen „Brille" die entscheidenden Qualitätsaspekte definiert werden. Die Sicht der externen Zielpersonen, der Spenderinnen und Spender, wird in den meisten Fällen von der durch die Organisation unterstellten Einschätzung abweichen. Auch ist die Spendersicht nicht die einzige Perspektive, aus der Qualität wahrgenommen und für wichtig erachtet werden sollte: Die Mitarbeitenden in der Kontaktfunktion zu den Spenderinnen und Spendern spiegeln die interne Arbeitsplatzqualität bzw. -zufriedenheit wider und beeinflussen damit die von den Spendenden erlebte Qualität unmittelbar. Schließlich muss der Begriff „Qualität" auch aus der Sicht der Organisation beleuchtet werden, einer Perspektive, die naturgemäß finanzwirtschaftliche Aspekte nicht außer Acht lassen kann. Deshalb ist es für die Fundraising-Organisation notwendig, sich zu verdeutlichen, welche Qualitätskriterien nicht nur aus Spendersicht, sondern auch aus Mitarbeiter- und der eigenen Managementperspektive relevant sind und welches Niveau die Organisation in ihnen zu erreichen wünscht.

Eine beliebige Auflistung dieser definierten Qualitätsaspekte offenbart das grundlegende Problem bei der Umsetzung von Maßnahmen zur Qualitätssteigerung. Viele der Aspekte sind tendenziell gegenläufig und schließen sich scheinbar sogar gegenseitig aus. Qualitätssteigerung und gleichzeitige Kostensenkung? Auf den ersten Blick unvereinbar. Auf den zweiten Blick offenbart sich jedoch das Gegenteil. Gelingt es, die Qualitätswahrnehmung der am Wertschöpfungsprozess beteiligten Parteien zu erhöhen und Prozesse bzw. Strukturen zu verbessern, so führen stärkere Spender- und Mitarbeiterbindung, optimierte Prozesse und Fehlervermeidung (statt Fehler-Wiedergutmachung) im Resultat nicht nur zur Kostensenkung, sondern gleichzeitig zu einer Erlössteigerung, die für den langfristigen Erfolg unverzichtbar ist. Genau an dieser Herausforderung setzt die Aufgabe des Qualitätsmanagements an.

Das Qualitätsmanagement umfasst alle systematischen Aktionen, die das Ziel haben, *qualitative Effektivität* (die Genese und Bewahrung von optimaler Qualität) bei *quantitativer Effizienz* (hohe Performance bei möglichst minimalen Kosten) zu erreichen und dabei die eventuell gegenläufig ausgerichteten Qualitätsaspekte auf einem hohen Niveau auszupendeln.

Dabei soll an dieser Stelle ausdrücklich darauf hingewiesen werden, dass eine „maximale" Qualität nicht identisch ist mit der „optimalen" Qualität. Schon die nach DIN EN ISO festgelegte Definition des Begriffes „Qualität" macht dieses klar: *„Qualität ist die Gesamtheit von Merkmalen bezüglich ihrer Eignung, festgelegte und vorausgesetzte Erfordernisse zu erfüllen."*

Relevant für die Beurteilung ist also nicht die Menge, sondern der Grad der Übereinstimmung von erwarteter und erlebter bzw. wahrgenommener Qualität. Ferner bedeutet „Qualität" insbesondere gleich bleibende Produkt- oder Dienstleistungseigenschaften, die unabhängig von den Rahmenbedingungen der Inanspruchnahme Kontinuität aufweisen.

## 2.4.2.2 Instrumente des Qualitätsmanagements

Viele Unternehmen sind heutzutage in der Lage, eine gleich bleibend hohe Qualität bei ihren materiellen Produkten zu gewährleisten. Die Einhaltung eines bestimmten Qualitätsstandards für Dienstleistungen scheint ungleich schwerer zu sein. Der Hauptgrund hierfür dürfte in erster Linie in der Besonderheit liegen, dass in der Dienstleistung das „Produkt" zeitgleich zur Erbringung auch genutzt wird. Mit anderen Worten: Eine Prüfung oder Nachbesserung vor dem „Erwerb" der Leistung durch die Spendenden ist nicht möglich.

Aus diesem Grund bedarf es anderer Techniken zur Sicherstellung einer kontinuierlichen Qualität als beispielsweise in der industriellen Produktion. Angefangen bei den „Sieben Qualitätstechniken für den Dienstleistungsbereich" (D7)[1] über Benchmarking und Balanced Scorecard bis hin zu Six Sigma: alle diese Instrumente sind geeignet, zur Qualitätssicherung und -optimierung im Fundraising beizutragen. Sie entfalten ihre volle Wirkung jedoch erst im Zusammenspiel mit weiteren Methoden des Qualitätsmanagements. Darüber hinaus berücksichtigen sie den für den Erfolg wohl wichtigsten Faktor nicht in ausreichendem Maße: das Personal. Die Dienstleistungserbringung im Fundraising steht und fällt mit den ausführenden Menschen. Ein geeignetes Qualitätsmanagement muss daher in erster Linie bei ihnen ansetzen, um erfolgreich zu sein.

In der Praxis haben sich unterschiedliche zentrale Ausrichtungen im Qualitätsmanagement etabliert, deren Ansätze im Folgenden kurz beschrieben werden sollen.

(1) DIN EN ISO 9000 ff.

In den 1980er-Jahren einigte sich die Internationale Standardisierungsorganisation (ISO) auf eine einheitliche Norm zur Beschreibung von Qualitätsmanagementsystemen. Das DIN EN ISO 9000-Normenwerk hat seinen Ursprung in der Weltraum- und Wehrtechnik. Es wurde insbesondere durch die Automobilindustrie mit dem Ziel verbreitet, zeitintensive Überprüfungen von Zulieferern hinsichtlich ihrer Qualitätsfähigkeit zu vermeiden. Der Schwerpunkt liegt dabei im Bereich der „Prozesse" für Design und Entwicklung, Beschaffung, Produktion und Wartung.

ISO listet Normen für ein Rahmenkonzept, dem das Qualitätsmanagementsystem eines Unternehmens entsprechen sollte. Ausgangspunkt ist die Annahme, dass eine bestmögliche Qualitätsfähigkeit erzielt werden kann, wenn die Produkterstellung vereinheitlicht und wiederkehrend in immer gleicher (dokumentierter) Weise erfolgt.

Zur Erfüllung der ISO-Norm ist darzulegen, dass die beschriebenen Prozesse dokumentiert und funktionsfähig sind. Im Audit ist die Übereinstimmung der Dokumentation mit den tatsächlich vorhandenen (vorwiegend operativen) Prozessen nachzuweisen. Somit wird erfragt, *was* vorhanden ist, nicht hingegen *wie* es gestaltet ist oder zu welchen Ergebnissen es führt. Zertifiziert wird daher nicht die Qualität selbst, sondern lediglich die Qualitätsdokumentation des Herstellungs- oder Dienstleistungsprozesses.

Aufgrund der beschränkten Anwendbarkeit für Dienstleistungen wurde die Norm DIN EN ISO 9001 durch DIN EN ISO 9004 um einen Leitfaden ergänzt, der die Interpretation und Anwendung für Dienstleistungsunternehmen erleichtern soll, jedoch selbst keine Zertifizierungsgrundlage bildet.

(2) Total Quality Management (TQM)

Das Total Quality Management (TQM) verfolgt einen anderen Ansatz. Über die reine Prozessorientierung hinausgehend, stellt es die Qualität für die unterschiedlichen Anspruchsgruppen in den Mittelpunkt, was bereits aus der Definition des TQM deutlich wird: *„Total Quality Management ist eine auf Mitwirkung aller ihrer Mitglieder basierende Managementmethode einer Organisation, die Qualität in den Mittelpunkt stellt und durch Zufriedenstellung der Kunden (hier: der Spender) auf langfristigen Geschäftserfolg sowie auf Nutzen für die Mitglieder der Organisation und für die Gesellschaft zielt."*[2]

Dabei betrifft die „Qualität" nicht nur die Prozesse bzw. das „Produkt", sondern bezieht alle „menschlichen" Faktoren explizit in die Strategie ein. Diesen Sachverhalt verdeutlicht die Auflistung der Prinzipien des TQM:

- Neue Sichtweisen verinnerlichen
- Engagement der Geschäftsführung
- Führungskräfteentwicklung
- Mitarbeiterorientierung
- Kundenorientierung
- Lieferantenintegration

– Strategische Ausrichtung auf Basis von Grundwerten und festem Unternehmenszweck
– Ziele setzen und verfolgen
– Präventive Maßnahmen der Qualitätssicherung
– Ständige Verbesserung auf allen Ebenen
– Prozessorientierung
– Schlankes Management
– Benchmarking
– Qualitätscontrolling

Im Gegensatz zu vielen anderen Instrumenten oder Modellen des Qualitätsmanagements ist Total Quality Management nicht nur ein Qualitätsmanagementsystem. TQM stellt vielmehr ein Führungsmodell dar, das aufbauend auf einer mitarbeiterorientierten Management-Philosophie ermöglicht, auf die vielfältigen Anforderungen des Marktes und der Gesellschaft flexibel und angemessen zu reagieren.

Die dahinter stehenden Grundgedanken können folgendermaßen beschrieben werden:

– Qualität ist Chefsache und Führungsaufgabe.
– Qualität ist allen anderen Funktionen übergeordnet.
– Qualitätsorientierte Mitarbeiterführung ist die unmittelbare Quelle von Qualität. Unter Qualität ist dabei die Arbeitsqualität jedes Einzelnen, die Prozessqualität und die Unternehmensqualität zu fassen, woraus die „Produkt"-Qualität wie selbstverständlich entsteht.
– Dabei fallen keine höheren Kosten an, vielmehr werden Aufwendungen eingespart durch höhere Produktivität und geringeren Fehlleistungsaufwand. Gleichzeitig ergibt sich eine Erlössteigerung durch höheren Markterfolg.

Besondere Aufmerksamkeit erhält beim TQM die Forderung nach ständiger Verbesserung. Über den Gedanken der reinen Qualitätssicherung hinausgehend, schafft es damit die Basis zur Weiterentwicklung und ständigen Anpassung an neue Rahmenbedingungen.

Für Dienstleistungssektoren ist das Total Quality Management wohl unbestritten der sinnvollere Ansatz. Allerdings hat ein allgemeines TQM (wie beispielsweise das europäische Modell der EFQM[3]) genau wie die ISO-Normenreihe den Nachteil, nicht branchenspezifisch ausgestaltet zu sein. Die Anforderungen sind nicht präzise formuliert, die inhaltliche Füllung und die Anpassung auf branchenspezifische Bedürfnisse bleiben dem Anwender überlassen. Im Ergebnis ist der Erfolg somit davon abhängig, wie sinnvoll der Anwender die detaillierten Inhalte definiert und ausgestaltet.

(3) Total Quality Excellence (TQE)

Die Forderung nach branchenbezogener Anwendbarkeit zieht die Entwicklung von spezifischen QM-Modellen nach sich: *„Die Kritik an der Norm [ISO] hat dazu geführt,*

*dass sich immer mehr Branchen auf eine branchenspezifische Darlegungsform ihres Qualitäts-*
*managements konzentrieren."*[4]

Genau diese Branchenspezifität wird durch „Total Quality Excellence" gewährleistet.
TQE basiert auf dem Total Quality Management und wurde in enger Anlehnung an
das Qualitätsmodell der EFQM entwickelt. TQE ist dabei das erste und bislang einzige Qualitätsmanagementsystem, welches spezifisch sowohl auf die Anforderungen
in Fundraising-Organisationen als auch auf die Rahmenbedingungen im deutschsprachigen Raum abgestimmt ist.[5]

Dem TQE-Modell liegt ein kausales Wirkungsgefüge aus „Treibern", „Befähigern" und
„Ergebnissen" zugrunde. Es gibt eine Antwort auf die Frage, „was zu welchen Ergebnissen führt", und stellt somit eine Anleitung zur exzellenten Organisationsführung
dar. Diese Anleitung ist im umfangreichen und detaillierten „Excellence Guide" nieder-
gelegt, der alle relevanten Bereiche und Aspekte der Organisationsführung abdeckt.

Darüber hinaus bietet TQE die Möglichkeit zur neutralen Zertifizierung und damit zur
öffentlichen Dokumentation des Qualitätsniveaus. Die Zertifizierung stellt für seriöse
Anbieter von qualitativ hochwertigen Fundraising-Dienstleistungen ein geeignetes
Marketinginstrument dar, ihre Management- und Personalkompetenz, aber auch die
etablierten Prozesse darzulegen und sich auf dem Markt zu positionieren.

Potenzielle Spenderinnen und Spender erhalten durch die Zertifizierung ein Instrument,
mit dessen Hilfe sie sich unter einer Vielzahl von Anbietern orientieren können und Sicherheit gewinnen, ihre Spende in professionell und seriös arbeitende Hände zu geben.

## 2.4.2.3 Einführung und Umsetzung des Qualitätsmanagements

Der Aufbau eines Qualitätsmanagement-Systems als Führungsinstrument zur Verwirklichung von Zielen und einer erfolgreichen Organisationsführung kann nur von „oben
nach unten", also von der Organisationsspitze über das Management in die ausführenden Instanzen vorangetrieben werden. Es ist ein langwieriger Prozess, der Hartnäckig-
keit und viel Überzeugungsarbeit verlangt (siehe auch die Checkliste „Sieben Schritte
für den Einstieg in das Qualitätsmanagement" im Anhang).

Ausgangspunkt muss ein von allen Führungskräften verstandenes, akzeptiertes und
mitverantwortetes Qualitätsverständnis sein. Am Ende steht eine institutionalisierte
Qualitätspolitik, aus der sich alle Maßnahmen herleiten und rechtfertigen.

Der Aufwand, den dieser Weg mit sich bringt, darf jedoch keinesfalls unterschätzt werden. So erfolgreich ein funktionierendes TQM auch ist, so mühsam sind die Einführung
und die Umsetzung. Es gilt, diverse Blockaden und Barrieren zu überwinden. Über die
Vielfalt der möglichen Störfaktoren sollte man sich daher schon vor der Einführung
klar sein: Von mangelndem Verantwortungsbewusstsein bis zur Befürchtung einer
„Stabsübung", von fehlendem Wissen bis zu defizitärer Vorbereitung und schlechter
Einbindung der Beteiligten – die Implementierung von TQM will gut vorbereitet sein,
anderenfalls versanden die Bemühungen, noch bevor sich die ersten positiven Effekte
einstellen.

Abbildung 1: Übersicht des TQE-Modells

## Treiber

**1. Analyse-, Planungs-, Führungs- und Kontrollsysteme**

1.1 Organisationsphilosophie
1.1.1 Vision/Mission
1.1.2 Ethikgrundsätze
1.1.3 Treuhänderische Grundsätze
1.1.4 Verbraucherschutzgrundsätze
1.1.5 Führungsgrundsätze
1.1.6 Qualitätsziele
1.1.7 Strategie(n)

1.2 Geschäftsfeld-Analyse und Geschäftsplanung
1.2.1 Umfeld-/Unternehmensanalyse
1.2.2 Businessplanung
1.2.3 Investitionsplanung
1.2.4 Kennzahlenplanung

1.3 Managementsysteme
1.3.1 Qualitäts- und Effektivitäts-Management
1.3.2 Betriebswirtschaftliche Informations- und Steuerungssysteme
1.3.3 Innovations-/Veränderungs-Management
1.3.4 Kommunikationssteuerung

1.4 Ermittlung von Anforderungen/ Kampagnendefinition
1.4.1 Auftraggeber-Anforderungen
1.4.2 Aktions-/Kampagnen-Definition

1.5 Unternehmensinterne Abstimmung und Partnerschaften

## Befähiger

**2. Mitarbeiter**

2.1 Rekrutierung
2.2 Qualifizierung
2.3 Beurteilung und Entlohnung
2.4 Personalentwicklung
2.5 Personaleinsatz
2.6 Ehrenamtliche/freiwillige Mitarbeiter
2.7 Personalführung

**3. Aufbau-/Ablauforganisation und Prozesse**

3.1 Aufbau- und Ablauforganisation
3.2 Funktions- bzw. Stellenbeschreibungen
3.3 Prozessplanung, -definition, Spezifikation
3.4 Prozessdokumentation
3.5 Prozesskostenanalyse
3.6 Prozesssicherung und -optimierung
3.7 DRM-Prozess (Donor Relationship Management)

**4. Ressourcen und Technik**

4.1 Arbeitsmittel/Arbeitsplatzgestaltung
4.2 Spendenverwaltung und DMS-System
4.3 Absicherung der „Know-how"-Verfügbarkeit
4.4 Desaster-Recovery-Ressourcen und Datensicherheit
4.5 Datenschutz

## Ergebnisse

**5.1 Mitarbeiter-Bezug**

5.1.1 Zufriedenheit
5.1.2 Fluktuation
5.1.3 Krankenstand

**5.2 Spender-Bezug**

5.2.1 Zufriedenheit
5.2.2 Reklamationsquote
5.2.3 Spenderstruktur

**5.3 Auftraggeber-Bezug**

5.3.1 Vereinbarungserfüllung/Zufriedenheit
5.3.2 KPIs (Key Performance Indicators)

**5.4 BWL-/Performance-Ergebnisse**

5.4.1 Kostenstruktur
5.4.2 Kostenstellen-/Kostenträger-Ergebnisse
5.4.3 Quartals-/Jahresabschluss-Kennzahlen
5.4.4 Fundraising-spezifische Performance-Ergebnisse

Aus diesem Grund kommt der systematischen Vorgehensweise bei Einführung und
Umsetzung eine hohe Bedeutung zu. Als ein sinnvoller Weg hat sich in der Praxis folgende Vorgehensweise bewährt:

1. Managemententscheidung für die TQM/TQE-Einführung;

2. Definition der Organisationseinheiten, die durch TQM/TQE optimiert und eventuell
   auch zertifiziert werden sollen;

3. Durchführung von Einführungsveranstaltung(en) für Sensibilisierung, Briefing und
   Identifikation aller beteiligten Belegschaftsteile;

4. Ausbildung eines „TQM/TQE-Managers" zur Leitung des Projektteams;

5. Durchführung einer Selbstbewertung der Organisation zur Identifizierung des aktuellen Status;

6. umfassende Analyse und Bewertung dieses Status zum Aufzeigen der Defizite und
   To-Do's;

7. Erstellung eines Aktions- und Optimierungsplans;

8. Umsetzung der Optimierungen;

9. gegebenenfalls Anmeldung zur Zertifizierung.

## 2.4.2.4 Benchmarking

Die Existenz und die Anwendung von qualitätserzeugenden bzw. qualitätssichernden
Verfahren und Methoden sind selbstverständlich unverzichtbar, will eine Organisation
ein bestimmtes Qualitätsniveau halten oder verbessern. Es stellen sich jedoch zwangsläufig Fragen, die die Zielsetzung der Qualitätssteigerung betreffen:

- Wie ist der derzeitige Status?

- Welche Aspekte gilt es vorrangig zu verbessern?

- Welches Ausmaß soll oder muss die Verbesserung haben?

- Welches Maximum an Optimierung ist überhaupt erreichbar?

- Und schließlich: Wie gut ist gut genug?

Um in dieser Fragestellung zu einer richtigen Einschätzung zu gelangen, bedarf es einer
fundierten Bewertung der eigenen Positionierung im relevanten Marktumfeld, denn:
Ob die Leistung einer Organisation optimiert werden muss, und wenn ja, in welchem
Umfang bzw. bezüglich welcher Aspekte, hängt schließlich nicht allein von dem Status
des bisher erreichten Qualitätsniveaus ab. Denn ganz gleich, welches angestrebte Qualitätsniveau optimal ist, es ist in jedem Fall relativ – relativ zu den Erwartungen der
Spenderinnen und Spender, relativ zu den anfallenden Kosten und vor allem relativ
im Verhältnis zu dem Angebot der Wettbewerber. „Gut ist nicht gut, wo Besseres erwartet
wird" (Thomas Fuller, amerikanischer Mediziner), sodass es darum geht, diese Erwartungen zu verifizieren.

Erst wenn der Status der eigenen Organisation im Wettbewerbsumfeld analysiert ist, kann auch eine sinnvolle Zielvorgabe für die Qualitätssteigerung definiert werden. Für die Analyse bedarf es fundierter Daten der anderen Marktteilnehmer – den Benchmarks.

Im Rahmen des Benchmarkings haben sich vorrangig zwei Methoden durchgesetzt, die sich in ihrem Ansatz unterscheiden. In anonymisierten Benchmark-Studien werden relevante Kennzahlen in einer möglichst großen und repräsentativen Stichprobe erhoben und statistisch aufbereitet. Benchmark-Studien liefern einen guten Überblick des Status des Marktumfeldes und damit Anhaltspunkte für eigene Optimierungsbedarfe. Die erste für das Fundraising spezifische Benchmark-Studie wurde unter Schirmherrschaft des Deutschen Fundraising Verbandes aufgelegt.

Abbildung 2: Ablaufschema des typischen Benchmark-Prozesses

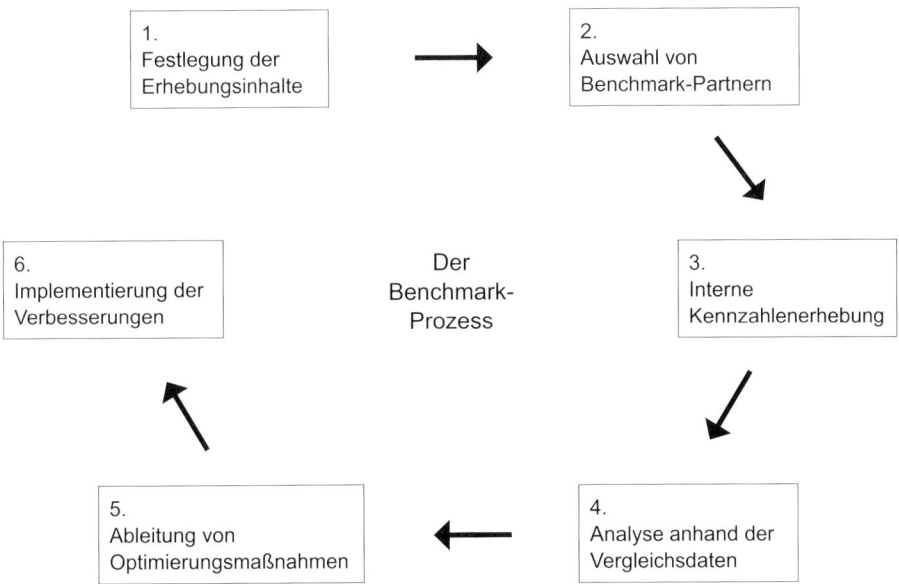

Noch wirkungsvoller ist hingegen ein offenes Partner-Benchmarking, das nicht nur Daten und Kennzahlen der Benchmark-Partner zur Verfügung stellt, sondern darüber hinaus Einblicke in Verfahren und Methoden gibt und somit auch „Best Practice"-Lösungen offen legt.

Die Ziele des Partner-Benchmarkings im Detail:

– umfassende Analyse der individuellen Stärken und Verbesserungspotenziale, insbesondere in den Bereichen Spenderorientierung, Personalmanagement, Qualitätsmanagement, Controlling/Information und Wirtschaftlichkeit;

- Identifikation der Position des eigenen Unternehmens im Vergleich zu anderen Organisationen und zum „Best-Practice-Benchmark", also der besten Lösung aus jedem Leistungsbereich;

- kritische Würdigung und gegebenenfalls Übernahme der erkannten Best Practices aus den einzelnen Bereichen in die eigene Organisation;

- Aufstellen eines konkreten Maßnahmenplanes zur Umsetzung des erkannten Handlungsbedarfs;

- Austausch und Diskussion erfolgreicher und praxiserprobter Lösungen mit den Benchmark-Partnern auf gemeinsamen Workshops und Foren.


Um eine Organisation dauerhaft erfolgreich am Markt zu halten, sind professionelles Benchmarking und Best-Practice-Analysen somit nicht nur hilfreich, sondern in Anbetracht von Kosten- und Wettbewerbsdruck sogar unabdingbar.


## Anmerkungen

1  Hoeth, Ulrike/Schwarz, Wolfgang: Qualitätstechniken für die Dienstleistung, 2. Aufl., München 2002.

2  Definition des TQM nach DIN EN ISO 8402 (1995).

3  European Foundation of Quality Management.

4  Simon, Walter: Quo vadis Qualitätsmanagement? Qualitätsjahrbuch, München 2000.

5  Für weiterführende Informationen wenden Sie sich an die Fundraising Akademie, Frankfurt am Main.


## Weiterführende Literatur

Kamiske, Gerd F. (Hrsg.): Der Weg zur Spitze, 2. Auflage, München 2000.

Zink, Klaus J.: TQM als integratives Managementkonzept, 2. Auflage, München 2004.

# Kapitel 3

# Strategien des Fundraisings

# 3.1 Strategische Planung im Fundraising

*Kai Fischer*

Fundraising ist eine hochkomplexe Tätigkeit im Management von Nonprofit-Organisationen (NPOs), die letztendlich die ökonomische Existenz der jeweiligen Organisation absichert. Die Tätigkeit findet dabei auf Märkten statt, auf denen Menschen bzw. Unternehmen, Stiftungen und andere Organisationen davon überzeugt werden müssen, die jeweilige NPO zu unterstützen und die notwendigen Ressourcen zur Erstellung der Leistungen, Projekte und Programme zur Verfügung zu stellen.

Wie bei jeder Tätigkeit auf Märkten ist eine ausreichende Planung einer der Schlüsselfaktoren des Erfolgs. Nur eine ausdifferenzierte, unterschiedliche Optionen berücksichtigende Planung stellt sicher, dass die Ziele planmäßig erreicht werden und die Erfahrungen in die nächsten Planungen wieder einfließen können. Lernprozesse über Controlling und Evaluation machen die Organisation langfristig erfolgreicher.

Strategische Planung im Fundraising bedeutet, im Rahmen der Fundraising-Planung begründete Entscheidungen für oder gegen unterschiedliche Ziel- und Handlungsoptionen zu treffen. Je bewusster die Entscheidungen getroffen werden, desto erfolgreicher kann eine Organisation ihr Handeln steuern.

Strategische Entscheidungen sind auf drei Ebenen zu treffen. Zunächst geht es in der ersten Ebene um die Festlegung der ökonomischen Zielperspektive der NPO. Die zweite Ebene hat die Gestaltung der Beziehungen zwischen Förderern und der NPO zum Gegenstand. Aspekte dieser Ebene sind die Beziehung von Förderern zur NPO, der Nutzen, den die Förderer durch ihre Unterstützung erhalten, sowie die spezifischen Verstärker, die einen Einfluss auf die Höhe der Unterstützung haben. Auf dritter Ebene wird das Verhalten der NPO auf den Märkten zu den anderen Akteuren definiert. Entscheidungen auf allen drei Ebenen fügen sich dann zu einer konsistenten Strategie zusammen.

Die einzelnen Handlungsoptionen sind untereinander per se weder besser noch erfolgreicher. Die konkrete Wahl einzelner Optionen muss vor dem Hintergrund der konkreten Organisation und ihrer spezifischen Werte und ihrer Organisationskultur entschieden werden. Die Optionen sind idealtypisch zu verstehen und treten in der Realität in den unterschiedlichsten Mischformen auf, wobei darauf zu achten ist, dass sie einander nicht ausschließen oder in ihrer Wirkung abschwächen. Die hier vorgestellten Ebenen können als Reflexionsinstrument für den Entscheidungsprozess genutzt werden.

Die in diesem Beitrag vorgestellten strategischen Optionen im Fundraising liegen noch vor den eigentlichen Planungs- und Umsetzungsschritten. Bevor entschieden werden kann, welche Zielgruppe mit welchem Angebot angesprochen werden soll, müssen zunächst die strategischen Fragen geklärt werden. Die Strategie ist auch weitgehend von Missionen und Visionen der Organisationen unabhängig. Diese liegen dem eigentlichen Planungsprozess zugrunde und können durch verschiedene Strategien ermöglicht werden.

Entscheidungen über Strategien fallen in konkreten Situationen, die von verschiedenen Variablen beeinflusst werden. Einige mögliche Einflussfaktoren auf die Strategiewahl werden hier vorgestellt. Damit wird deutlich, dass die jeweilige NPO in der Auswahl ihrer Strategie zwar frei entscheidet, die Entscheidungen jedoch immer von Rahmenbedingungen beeinflusst werden. Aufgrund dieser Rahmenbedingungen wird der Entscheidungsfreiraum immer begrenzt sein.

# 3.1.1 Die fünf strategischen Zielperspektiven

Grundsätzlich lassen sich im Fundraising fünf ökonomische Zielperspektiven unterscheiden: Wachstum, Effizienzsteigerung, Verlängerung der Dauer der Spenderbeziehung, Markenaufbau (Branding) sowie ökonomische Stabilität und Nachhaltigkeit.

## 3.1.1.1 Zielperspektive Wachstum

NPOs, die sich für Wachstum entscheiden, wollen mehr Einnahmen erzielen bzw. benötigen zusätzliche Ressourcen. Es gibt wiederum drei Möglichkeiten, die Einnahmen im Fundraising zu steigern:

(1) Durch eine Ausweitung der Fördererbasis werden neue Förderer und Unterstützer gewonnen, die zukünftig der NPO Ressourcen zur Verfügung stellen. Charakteristisch für diese strategische Option ist der Fokus aller Aktivitäten auf potenzielle Förderer, zu denen bisher noch kein Kontakt bestand. Auf der operativen Ebene bedeutet dies Investitionen in Direktmarketing zur Neuspendergewinnung. Entsprechend dominieren in der Medienauswahl häufig Investitionen in kalte Adressen oder in die verschiedenen Formen der Werbung.

(2) Die Umsätze einer NPO können auch erhöht werden, wenn die Förderer höhere Beiträge leisten. Dieses als „Upgrading" bezeichnete Verfahren stellt die bisherigen Förderer in das Zentrum der Betrachtungen. Durch geschickte Segmentierung der bestehenden Förderer und die Definition neuer Gebemöglichkeiten (Großspendenkampagne, Erbschaftsmarketing, Patenschaftsprogramme) können die Beiträge, die einzelne Förderer leisten, deutlich gesteigert werden. Auch durch ein stärkeres Involvement in die Projekte und Programme lassen sich die Leistungen pro Förderer steigern.

(3) Schließlich kann jede NPO ökonomisch wachsen, wenn es gelingt, die Spendenfrequenz zu erhöhen. Wenn die Förderer statt einmal im Jahr zwei- oder dreimal die Organisation unterstützen, wird eventuell der Spendenbetrag pro Spende sinken, der

Umsatz pro Förderer jedoch steigen. In der Praxis wird diese Strategie durch die Definition immer neuer Gebeanlässe angestoßen. Durch häufige Spendenbriefe oder die Nutzung von Verstärkern lassen sich häufig Förderer davon überzeugen, auch wiederholt zu spenden.

## 3.1.1.2 Zielperspektive Effizienzsteigerung

Eine Strategie zur Steigerung der Effizienz setzt auf die Optimierung der Ausgaben für das Fundraising. Im Zentrum stehen hiermit nicht mehr die Steigerung der Umsätze, sondern die Kosten, die Fundraising verursacht. Mit Hilfe einer Optimierungsstrategie sollen der Organisation bei einem gleich bleibenden oder moderat steigenden Fördererstamm mehr Mittel für die Projekte und Programme zufließen.

Das Effizienzoptimum kann verändert werden, indem (1) die innerorganisatorische Effizienz und Effektivität des Fundraisings verbessert wird, (2) Medien mit geringeren Kosten bei gleicher Effektivität genutzt werden oder (3) Kosten für die Produktion und Schaltung von Werbung bzw. Aussendung von Medien gesenkt werden.

## 3.1.1.3 Zielperspektive Verlängerung der Dauer der Spenderbeziehung

Da es bis zu sieben Mal günstiger ist, von einem Spender eine neue Spende zu erhalten, als einen neuen Spender zu werben, ist eine dezidierte Bindungsstrategie, die auf eine Zunahme von Loyalität seitens der Förderer abzielt, ökonomisch von besonderem Interesse. Insbesondere bei zunehmender Konkurrenz auf stagnierenden Märkten kommt der Fördererbindung eine immer größere Bedeutung zu, da die Kosten für die Werbung neuer Spender stark ansteigen. Gelingt es, die durchschnittliche Dauer einer Spenderbeziehung nur um ein Jahr zu verlängern, kann sich das im Ergebnis der Organisation deutlich ablesen lassen.

Eine besondere Form der Verlängerung der Bindung ist die Reaktivierung ehemaliger Förderer. Eine dezidierte Strategie der Fördererrückgewinnung führt zu erstaunlich erfolgreichen Ergebnissen und erreicht Quoten bis zu 30 Prozent.

## 3.1.1.4 Zielperspektive Markenaufbau (Branding)

Durch den Aufbau eines konsistenten Markenimages und eines hohen Wiedererkennungswerts in der Öffentlichkeit können NPOs einfacher neue Spender ansprechen und höhere Spendenbeiträge einwerben. Insbesondere in Fällen, in denen die Förderer keine Beziehungen zu den NPOs aufbauen bzw. in denen diese in den Augen der Förderer tendenziell austauschbar sind, ist der Aufbau einer Marke ein entscheidender Wettbewerbsvorteil.

Wie aus der Konsumgüterindustrie bekannt ist, setzt der Aufbau einer Marke nicht nur eine systematische Planung und die Umsetzung des gesamten Kontakts der NPO mit Externen voraus, sondern bedarf vor allen Dingen eines höheren Budgets für öffentliche Kommunikation. Der Aufbau einer Marke ist eine langfristige Strategie und schlägt sich erst mittelfristig in der öffentlichen Wahrnehmung und in höheren Spendeneinnahmen nieder. NPOs, die das notwendige Investment tätigen und die die Umsetzung durchhalten, haben – wie die wenigen Beispiele in Deutschland zeigen – eindeutige Marktvorteile. Dies betrifft nicht nur die Möglichkeit, Spenden einzuwerben, sondern auch die Möglichkeit, die öffentliche Meinung und die politische Willensbildung zu beeinflussen.

## 3.1.1.5 Zielperspektive ökonomische Stabilität und Nachhaltigkeit

Alle Strategien und Projekte im Fundraising unterliegen wie in anderen Bereichen der Wirtschaft einem Lebenszyklus. Nach Innovation und erfolgreicher Einführung entsteht eine Phase der effizienten Umsetzung. Aufgrund von Änderungen im Umfeld sowie der demografischen Entwicklung der Gesellschaft und der eigenen Förderer werden diese Strategien immer weniger effektiv und effizient, sodass sie gegen neue Strategien und Methoden ausgetauscht werden müssen. Fundraising-Projekte und -Kampagnen in unterschiedlichen Phasen ihres Lebenszyklus sichern der NPO langfristige ökonomische Stabilität zur Durchführung der Projekte und Programme.

Im Rahmen einer Zielperspektive ökonomischer Stabilität steht die Diversifikation von Fundraising im Vordergrund der strategischen Überlegungen. Ziel ist es, ein ausgewogenes Portfolio unterschiedlicher Maßnahmen und Projekte zu haben, um so Einnahmeausfälle mit neuen Projekten begegnen zu können. Die Entwicklung und Betreuung eines ausgewogenen Portfolios im Fundraising setzt in der Regel jedoch eine ausgeprägte Struktur und entsprechende Budgets innerhalb der NPO voraus, um letztendlich den unterschiedlichen Anforderungen auch gerecht werden zu können.

## 3.1.2 Die Perspektive auf die Förderer

Fundraising ist im Kern die Konstruktion eines beziehungsorientierten Austauschprozesses, indem eine Beziehung zu Förderern aufgebaut wird und für sie als spezielle Anspruchsgruppe spezifische Leistungen im Austausch für die Förderung angeboten werden.[1] Diese im Fundraising notwendigen Beziehungen können unterschiedlich ausgestaltet sein.

# 3.1.2.1 Beziehungen von Förderern zu NPOs

Fünf verschiedene Formen von Beziehungen, die Förderer zu NPOs aufbauen, lassen sich empirisch aufzeigen:

(1) Beziehungen zu Ereignissen

Förderer können Beziehungen zu Ereignissen haben. Medial – insbesondere durch das Fernsehen vermittelt – können Ereignisse, wie z. B. (Natur-)Katastrophen, einen emotionalen Druck bei Menschen aufbauen, der sich im Wunsch zu helfen und in einer Spende entlädt.

Bei der Hilfe in Katastrophenfällen ist charakteristisch, dass die Förderer in der Regel keine Beziehung zu den Organisationen aufbauen, denen sie spenden. Die mit den Spenden betrauten Organisationen gelten als Mittler, die das Geld transferieren sollen. Eine Beziehung zur Organisation außerhalb dieser Mittlerrolle entsteht in der Regel nicht. Erst die nächste stark emotional erlebte Katastrophe kann die Förderer zu einer erneuten Spende reaktivieren.

(2) Beziehungen zu (charismatischen) Personen

Die Ausstrahlung Einzelner überzeugt andere vom Anliegen ihrer NPO. Die Beziehung der Spender und Förderer zur Organisation und zu den Programmen und Projekten ist hier eher sekundär. Im Vordergrund steht die im doppelten Sinn persönliche Begeisterung.

An dieser Form des Beziehungsaufbaus ist problematisch, dass sich die Macht tendenziell verschiebt. Denn die charismatischen Mitglieder verfügen über das Drohpotenzial, die Organisation zu verlassen und damit die Organisation von einer wichtigen Finanzierungsquelle abzuschneiden, wodurch ihnen innerorganisatorisch Macht zuwächst. Im Einzelfall ist zu überlegen, wie mit dieser Verschiebung von Macht umgegangen werden kann.

(3) Persönliche Netzwerke und soziales Kapital

Persönliche und berufliche Netzwerke sowie die Netzwerke von Unternehmen und anderen Organisationen können im Fundraising sehr erfolgreich genutzt werden. Bekanntschaft ermöglicht zum einen den direkten Zugang zu potenziellen Förderern und schafft zum anderen einen Vertrauensvorsprung.

Die Transformation von sozialem Kapital in ökonomisches Kapital ist jedoch nicht unproblematisch. Durch die ökonomische Nutzung des sozialen Kapitals besteht die Gefahr, dass dieses erodiert. Dieser Prozess geschieht zunächst schleichend, kann aber die sozialen Netzwerke nachhaltig stören.

Die Erosion des sozialen Kapitals durch die ökonomische Nutzung begründet sich in der fehlenden Beziehung der Förderer zum Zweck und zur Organisation. Sie geben, weil sie sich einer sozialen Situation nicht entziehen können bzw. von einer Person gefragt werden, mit der sie über vielfältige andersartige Beziehungen verbunden sind. Die Spende ist für die Gebenden nur begrenzt freiwillig. Auch wenn die Nutzung von Netzwerken und sozialem Kapital im Fundraising von großer Bedeutung ist, ist zu überlegen, wie die Fördererbeziehung von den persönlichen und beruflichen Netzwerken abgelöst und zu eigenständigen Beziehungen zur NPO und ihren Projekten und Programmen transformiert werden kann.

(4) Transaktions- und vertriebsorientierte Beziehungen

Fundraising lässt sich auch als reine Vertriebsaufgabe definieren. Hierbei steht die Spendentransaktion im Vordergrund. Es werden Vertriebssituationen definiert und mittels verschiedener Medien hergestellt, in denen Menschen angesprochen und zu einer Spende veranlasst werden.

In einer Vertriebssituation entsteht nicht notwendigerweise eine Beziehung zwischen den Förderern und der unterstützten NPO. Eine Vertriebsorientierung im Fundraising ist häufig die einzige Form, in der Agenturen für NPOs das Fundraising übernehmen können. Der transaktions- bzw. vertriebsorientierte Beziehungsaufbau erklärt, warum viele Förderer eine Reihe von NPOs unterstützen und keine echte langfristige Beziehung zu den von ihnen unterstützten Organisationen aufbauen.

(5) Mission-based-Beziehungen

Kern jeder NPO ist ihre Mission, ein auf Werten und Normen basierendes Selbstverständnis. Die Mission ist hoch emotional. Sie fundiert die Vision, die Beschreibung, was die NPO in der Gesellschaft durch ihre Projekte und Programme erreichen will.

Im Mission-based-Fundraising gründet sich die Beziehung zwischen den Förderern und der Organisation auf ein gemeinsam geteiltes Werte- und Normensystem sowie auf eine gemeinsame Zielvorstellung. Da die Mission stark emotional aufgeladen ist, konstituiert sich hier die emotionale Basis einer langfristigen Unterstützerbeziehung.

Auch wenn der Aufbau eines Mission-based-Fundraisings im Gegensatz zu den anderen beschriebenen Beziehungsmustern zeit- und damit kostenaufwendiger ist, werden langfristig erhebliche Einnahmeeffekte zu realisieren sein. Die besseren Möglichkeiten zur Bindung und zum Upgrading ergeben sich aus der stärkeren emotionalen, normativen und rationalen Beziehung zwischen den Förderern und der NPO.

## 3.1.2.2 Nutzenbasierte Beziehung im Fundraising

Förderer stellen NPOs Ressourcen zur Verfügung, wenn dies für sie mit einem Nutzen verbunden ist. Aus Sicht der NPO stellt der jeweils spezifische Nutzen das entscheidende Unterstützungsargument dar: Ein auf die Zielgruppe zugeschnittener Nutzen ist für einen Erfolg im Fundraising essenziell. Es lassen sich zwei Formen von Nutzen im Fundraising unterscheiden: intrinsische und extrinsische Nutzen.

Intrinsischer Nutzen ergibt sich aus den Projekten und Programmen der NPO. Eigene Betroffenheit, die Teilung von Mission und Vision, die Teilhabe an der Umsetzung der Projekte und Programme sowie der emotionale Impuls bei der Ansprache können für die Förderer ein wichtiger Anreiz sein, eine Organisation zu unterstützen.

Beim extrinsischen Nutzen wird der Nutzen durch die Fundraising-Aktivität erst geschaffen. Häufig anzutreffende Beispiele für extrinsischen Nutzen sind: Jubiläumsspenden, bei denen der Jubilar für eine Organisation sammelt; die berufliche Nutzung von sozialen Netzwerken, die über die NPO zur Verfügung stehen; ein möglicher Prestige- und Imagegewinn oder der Kontakt zu Prominenten; die Teilnahme an einem Event kann aus sich heraus ein wichtiges Motiv sein.

Alle Beispiele von extrinsischem Nutzen – so legitim sie im Einzelfall sind – sind von den Projekten und Programmen weitgehend abgekoppelt. Die Organisationen sind damit tendenziell austauschbar. Dies hat für die NPOs den Vorteil, dass entsprechende Fundraising-Projekte initiiert werden können und von Erfahrungen anderer Organisationen gelernt werden kann.

Hinsichtlich der Höhe der Unterstützungsleistung und der Qualität und Dauer der Fördererbeziehung ist zu mutmaßen – entsprechende empirisch gesicherte Erkenntnisse liegen nicht vor –, dass diese in unmittelbarer Beziehung zum subjektiven Nutzen für den jeweiligen Förderer stehen.

## 3.1.2.3 Verstärker

Während Nutzenargumente unmittelbare Voraussetzungen für Erfolge im Fundraising sind, wirken Verstärker auf der psychischen Ebene, lassen sich also sozialpsychologisch als Einflussfaktoren auf die Entscheidungsfindung beschreiben. Verstärker wirken in der Form auf den Entscheidungsprozess, da sie die Förderer motivieren, eine höhere Spende zu geben oder sich überhaupt für eine Spende zu entscheiden.

(1) Finalität von Fundraising-Kampagnen

Fundraising-Kampagnen können mit einem Ende bzw. Finale angekündigt werden. Das Ende der Kampagne bietet nicht nur eine gute Möglichkeit, mit Förderern und Interessenten wiederholt zu kommunizieren, sondern stellt die Förderer vor die Notwendigkeit, sich zu entscheiden.

Eingesetzt wurde dieser Verstärker z. B. bei der Akquisition von Stiftungskapital für eine zu gründende Stiftung. Wer sich bis zu einem vorgegebenen Zeitpunkt entschließt, Stifter zu werden, gehört mit in den Kreis der Gründer. Auch bei Auktionen wird mit diesem Verstärker gearbeitet. Durch den definierten Endtermin der Auktion müssen sich die Interessenten entscheiden, ob und mit welchen Beträgen sie in die Auktion einsteigen wollen. Durch eine geschickte Dramaturgie kann es gelingen, die Beträge kurz vor Ablauf der Auktion noch einmal deutlich zu steigern.

(2) Wiederholungen

Viele Fundraising-Projekte und -Kampagnen profitieren von einer regelmäßigen Durchführung. Werden z. B. Events jährlich wiederholt, können sowohl neue Besucher und Förderer als auch die vom letzten Jahr angesprochen werden. Das dient der Beziehungspflege. Damit baut sich über die Jahre ein Stamm von Besuchern und Interessenten auf. Da es ökonomisch günstiger ist, mit Förderern zu arbeiten, die der Organisation schon verbunden sind, nehmen die Kosten pro Förderer bei wiederholter Durchführung ab. Gleichzeitig steigt die Effizienz der Durchführung aufgrund der Erfahrungen aus den Vorjahren.

Events sind Klassiker bei der Nutzung des Verstärkers „Mehrjährigkeit". Aber auch Fundraising-Kampagnen lassen sich mehrjährig planen. Wenn im Fundraising auf saisonale Ereignisse Bezug genommen werden kann – wenn z. B. die Klienten im Sommer oder im Winter besonders betroffen sind –, ergibt sich eine mehrjährige periodische Kampagne quasi von allein. Beim Einsatz dieses Verstärkers ist wichtig, dass Projekte und Kampagnen auch ein Ende haben, sodass zu Beginn der Wiederholung ein guter Anlass zur Kommunikation besteht.

(3) Individualisierung der Hilfe

Viele Förderer wollen mit ihrer Unterstützung etwas Konkretes erreichen. Hierfür sind sie ansprechbar. Anonyme und intransparente Strukturen führen bei vielen Förderern zu erheblichem Unbehagen.

Durch die Individualisierung der Unterstützung kann in diesem Fall ein Verstärker genutzt werden: Wie bei Patenschaften suggeriert, helfen Menschen direkt einem Kind bzw. unterstützen ein genau definiertes Projekt. Es scheint den Förderern, als wüssten sie genau, wo und wie ihre Spende eingesetzt wird und wirkt. Wenn dann auch noch die Möglichkeit besteht, das Patenkind oder -projekt zu besuchen, kann ein erheblicher Vertrauensvorschuss generiert werden.

Die Individualisierung der Hilfe wirkt dabei als Reduktion der Komplexität von Hilfsprojekten. Häufig ist es für Förderer schwierig, die Relevanz und die Funktionsweise von Hilfsprojekten einzuschätzen. Dies ist aber wichtig, um Vertrauen in die Seriosität der Projekte und Programme aufzubauen. Durch die Individualisierung kann es gelingen, diese Komplexität zu minimieren, indem die Hilfe auf einzelne Individuen reduziert wird. Nicht mehr ein komplexes Projekt wird unterstützt, sondern ganz konkret für eine Situation gegeben.

(4) Beteiligung und Involvement

Die Möglichkeit zur Beteiligung oder zum Involvement in die Projekte und Programme der NPO ist für viele Förderer eine wichtige Bedingung und eine große Motivation in ihrer Entscheidung für eine finanzielle Unterstützung. Die Förderer lernen über ihre Beteiligung komplexere Prozesse von NPOs kennen und haben unmittelbar Teil an der Verwirklichung der Vision der Organisation. Durch die Möglichkeit selbst zu handeln – und sei es auch nur symbolisch – entsteht eine direkte Verbundenheit mit dem Projekt oder der Kampagne.

Beteiligung und Involvement muss nicht zwingend bedeuten, dass die Förderer auch in die professionellen Abläufe integriert werden. Vielmehr reicht es häufig, den Förderern deutlich zu machen, in welcher Form sie am Erfolg beteiligt sind. Aktuelle Projektberichte erzählen vom Fortschritt der Projekte und dem Anteil der Förderer hieran.

(5) Verknappung und Exklusivität

Durch die Verknappung begehrter Güter, Gegenleistungen oder Ressourcen wird ähnlich wie bei der Finalität von Kampagnen ein faktischer Zwang ausgeübt, sich zu entscheiden. Will man die angebotene Leistung erhalten und ist die Nachfrage deutlich höher als das Angebot, sichert eine Entscheidung den Zugang, da dieser häufig nach der Reihenfolge der Anmeldungen vergeben wird. Verknappungen führen in der Regel zu einer deutlichen Steigerung der Einnahmen.

Verknappungsstrategien können in Rahmen von Events eingesetzt werden. Gewährte Exklusivität im Zugang zu Künstlern und Prominenten, aber auch der „Blick hinter die Kulissen" stellen für viele Förderer einen hohen Nutzen dar, für den sie bereit sind, höhere Beträge auszugeben. Wichtig ist, dass die Nachfrage größer ist als das Angebot, und die Nachfrager auch bereit und in der Lage sind, einen erhöhten Betrag für die Exklusivität zu zahlen.

(6) Reziprozität

In unserer Gesellschaft werden Güter und Leistungen nicht nur gegen Geld, sondern auch direkt untereinander ausgetauscht. Dieses für das Funktionieren der Gesellschaft wichtige Prinzip wird über den Grundsatz der Reziprozität geregelt: Eine gewährte Leistung verpflichtet den Empfänger zu einer Gegenleistung in gleichem Umfang. Das Prinzip der Reziprozität wird abgesichert über moralische Standards und soziale Kontrolle und ist – häufig unbewusst – überaus wirksam.

Im Rahmen des Fundraisings wird das Prinzip der Reziprozität genutzt, um Spenden einzuwerben. Durch die Beilage von Give-aways oder Incentives, wie z. B. Postkarten, Briefmarken, Adressaufklebern, T-Shirts u. a., kann beim Empfänger bzw. Verwender ein moralischer Druck zur Spende erzeugt werden. Aus diesem Grund haben Spendenbriefe mit Incentives häufig einen signifikant höheren Rücklauf als Spendenbriefe ohne Beilage. Langfristig kann diese Nutzung der Reziprozität deren Wirksamkeit herabsetzen, da die Empfänger der Spendenbriefe erkennen, dass die Beilagen den Zweck haben, sie zu höheren Spenden zu animieren.

(7) Simulation von Kaufakten

Im Rahmen von simulierten Kaufakten erhalten die Förderer eine entsprechende Gegenleistung, welche materieller oder immaterieller Natur sein kann. Aufgrund des Kaufs richtet sich die Höhe des Beitrags nach dem gefühlten Preis, also der subjektiv empfundenen Bereitschaft, für das Produkt oder die Leistung zu zahlen. Dieser entspricht häufig den Preisen vergleichbarer Güter und Leistungen. Er ist oftmals höher als der Spendenbetrag, den Unterstützer ohne den Verstärker des Kaufakts von sich aus leisten würden. Anzutreffen ist dieser Verstärker im Merchandising (siehe 5.6), dem Verkauf von Aktien und Bausteinen (siehe 4.1.15) oder anderen Produkten, die im Rahmen von Projekten und Programmen eingesetzt werden können.

## 3.1.3 Marktverhalten

Im Fundraising konkurrieren NPOs um die begrenzten Mittel der Förderer, die diese den Organisationen zur Erfüllung ihrer Zwecke, Missionen und Visionen zur Verfügung stellen. Da das gesamte Budget der Förderer und Förderinnen immer begrenzt ist und diese auch Mittel für andere Zwecke, Güter und Leistungen ausgeben, konkurrieren NPOs auch mit Unternehmen um die verfügbaren Ressourcen.

Grob vereinfacht dargestellt können sich NPOs zu den anderen tatsächlichen und potenziellen Konkurrenten mit zwei unterschiedlichen Einstellungen verhalten:

(1) In einer konkurrierenden Haltung werden die anderen Akteure explizit als Konkurrenten definiert. In einer konkurrierenden Haltung wird versucht, Einnahmen und Marktanteile auf Kosten anderer Akteure einzuwerben.

(2) In einer kooperativen Haltung werden potenzielle Konkurrenten als Partner zur Erschließung des Marktes angesehen. Eine bestehende Konkurrenzsituation wird zumindest teilweise aufgehoben oder stillgestellt.

Dem Fundraising ist eine Konkurrenz inhärent. NPOs müssen nicht nur die Existenz eines Marktes, sondern auch die Existenz von Konkurrenten akzeptieren. Die Profilierung der eigenen Organisation gegenüber anderen Akteuren ist notwendig, damit die Organisation wahrgenommen und überhaupt mit Ressourcen bedacht wird. Obwohl jede NPO zu allen anderen Akteuren in tatsächlicher oder potenzieller Konkurrenz steht, schließt dies nicht aus, sich gegenüber einigen Akteuren kooperativ und gegenüber anderen konkurrierend zu verhalten. In der Praxis können beide Einstellungen sogar gegenüber ein und derselben Organisation eingenommen werden, wenn z. B. inhaltlich kooperiert und im Fundraising konkurriert wird.

Die Konkurrenzsituation zwingt zu einer eindeutigen Positionierung und strategischen Kommunikation, zu Innovationen in Bezug auf Projekte und Programme sowie zu den jeweiligen Fundraising-Aktivitäten. Kooperationen sind dann angebracht, wenn die NPO Partner zum Marktzugang benötigt, durch Kooperationen Größenvorteile erreichen kann bzw. die Kooperationspartner sich komplementär ergänzen. Auch in der Nutzung von Infrastruktur (z. B. Datenbanken) können NPOs kooperieren.

## 3.1.4 Einflussfaktoren auf strategische Entscheidungen

An dieser Stelle soll nicht der strategische und operative Planungsprozess nachgezeichnet werden (siehe hierzu 3.2.2; 2.3.1; 2.4.2). Im Folgenden sollen einzelne Aspekte, die bei der Auswahl der Strategie von Bedeutung sind, aufgezeigt werden. Dabei muss berücksichtigt werden, dass empirische Studien zur Strategiewahl im Fundraising von NPOs für den deutschsprachigen Raum bisher nicht vorliegen. Deshalb können zwar aufgrund von Evidenzüberlegungen Einflussfaktoren benannt werden, ihr konkreter Einfluss muss hingegen noch untersucht werden.

## 3.1.4.1 Das Verständnis von Fundraising

Fundraising wird von vielen Organisationen als Aufgabe betrachtet, die zusätzlich zu den „eigentlichen" Aufgaben der NPO geleistet werden muss. Als ihre eigentliche Aufgabe verstehen die NPOs häufig die Leistungserbringung für Kunden und Klienten bzw. für die Allgemeinheit. Um diese Leistungen erbringen zu können, müssen in der Regel Ressourcen zur Finanzierung eingeworben werden. Von den Akteuren wird die Beschaffung der benötigten Ressourcen dann als eine weitere Aufgabe empfunden, die nicht dem „eigentlichen" Zweck entspricht.

Extrem ausgeprägt ist diese Einstellung empirisch zu beobachten, wenn NPOs Projekte und Programme definieren und erst dann versuchen, für einzelne Leistungen die notwendigen Ressourcen einzuwerben. Fundraising wird damit quasi als Ersatz staatlicher Zuwendungen verstanden und Förderer häufig entsprechend der Einwerbelogik staatlicher Mittel angesprochen.

Abstrahiert man von der konkreten Situation, wird Fundraising mit dieser Einstellung als Aufgabe im Rahmen eines Beschaffungsmarketings verstanden. Der Austauschprozess im Rahmen des Fundraisings erscheint als unabhängig von der inhaltlichen Leistung. Entscheidend ist in dieser Wahrnehmung der ökonomische Erfolg und deshalb die Optimierung aller Prozesse entlang des ökonomischen Prinzips.

Fundraising kann im Gegensatz hierzu auch als spezifische Form des Absatzmarketings verstanden werden. Entsprechend diesem Verständnis ist nicht die Leistungserstellung die primäre Aufgabe der NPOs, sondern die Formulierung von Werten und Normen und deren Verfolgung im Rahmen einzelner Projekte zur Entwicklung der Gesellschaft. Fundraising ist in diesem Verständnis dann keine externe Funktion des Leistungserstellungsprozesses, sondern integrativer und zentraler Bestandteil der Leistungen von NPOs. Durch die Umsetzung der Projekte und Programme werden die Normen und Werte verwirklicht und bieten damit *gleichzeitig* emotionale und rationale Anknüpfungspunkte für die Förderer.

## 3.1.4.2 Ressourcen und Assets

Ressourcen in jedweder Form werden von NPOs im Rahmen des Investments im Fundraising eingesetzt. Hierzu zählen neben Geldmitteln vor allen Dingen auch der Zugang zu Medien und das Personal. Entsprechend dem unterschiedlichen Zugang zu diesen Ressourcen bieten sich für die jeweilige NPO unterschiedliche strategische Optionen an.

(1) Geld

Verfügbare Finanzmittel in Form von einsetzbarem Kapital oder von Sicherheiten für Kredite sind eine wichtige Voraussetzung für die Aufstellung des Budgets für das Fundraising. Da Fundraising immer eine Investition für eine Tätigkeit auf Märkten ist, sind Finanzmittel notwendig, die bei einem Fehlschlag auch abgeschrieben werden können. Ohne ein Budget wird Fundraising nicht umzusetzen sein. Je größer die Mittel sind, die zur Verfügung gestellt werden können, desto komplexer können die implementierten Verfahren sein. Hiermit verbunden sind höhere Einnahmen aufgrund des effektiven und effizienten Einsatzes der Ressourcen. Einschränkend gelten allerdings die gesetzlichen Vorgaben, z. B. im Gemeinnützigkeitsrecht.

(2 ) Medienzugang

Fundraising ist ohne Kommunikation nicht denkbar. Verfügen NPOs über kostenlosen bzw. kostengünstigen Zugang zu Medien und Agenturen, weil sie sich z. B. an die Kommunikation von Partnern anhängen können oder weil die NPO spezifische Zugriffe auf Medien hat, können Formen der Kommunikation eingesetzt werden, die sonst kaum zu finanzieren sind.

(3) Personal

Unterschiedliche Formen des Fundraisings bedingen unterschiedliche Qualifikationen und Soft Skills. Je nachdem, welche spezifischen Qualifikationen und Skills in einer NPO vorhanden sind, können bestimmte Formen umgesetzt werden. So bedarf der Umgang mit Data-Mining-Prozessen im Zusammenhang mit Database-Fundraising (siehe 6.2) hoher analytischer und mathematischer Fähigkeiten, während bei der Face-to-Face-Kommunikation eher kommunikative Fähigkeiten notwendig sind. Im Rahmen einer strategischen Entscheidung sind deshalb die personellen Ressourcen zwingend mit zu berücksichtigen. Fehlende Qualifikationen können zwar in Form von Beratungen zugekauft werden, häufig ist jedoch eine systematische Personalplanung anhand strategischer Optionen effizienter und effektiver.

(4) Arbeitsabläufe und Infrastruktur

Unterschiedliche Strategien führen innerhalb der Organisation zu unterschiedlichen Formen von Arbeitsabläufen und benötigen jeweils eine spezifische Infrastruktur. Dies ergibt sich aus der organisatorischen Verankerung des Fundraisings, den unterschiedlich operationalisierten Aufgaben und der entsprechenden Kommunikation.

## 3.1.4.3 Zeit und Umsatzziele

Bei vielen strategischen Entscheidungen über Fundraising ist Zeit ein kritischer Faktor. Unter dem Aspekt der Liquiditätsplanung müssen zu gegebenen Zeitpunkten im

Vorwege definierte Umsätze vorhanden sein, um die geplanten Ausgaben tätigen zu können. Planungssicherheit ist durch den Bezug auf statistische Durchschnittswerte zu erhalten, welche auf jahrelangen Erfahrungen basieren. Sie sind für viele Entscheidungsträger wichtige Determinanten, wenn über Strategien und deren Umsetzung entschieden wird.

Neben der Zeit spielen auch die Umsatzziele eine wichtige Rolle bei der Wahl der Strategie. Je nachdem, wie viel Geld bzw. andere Ressourcen durch Fundraising eingeworben werden sollen, müssen entsprechende Strategien ausgewählt werden. So macht es auf der Strategieebene, in den Arbeitsprozessen und bei der Umsetzung einen erheblichen Unterschied, ob weniger als 100.000 Euro oder mehrere Millionen Euro eingeworben werden sollen.

## 3.1.4.4 Finanzierungsmix der NPO

NPOs können drei Finanzquellen haben: selbst erwirtschaftete Mittel, staatliche Zuwendungen und philanthropische Mittel. Die Untersuchungen der deutschen Teilstudie der internationalen vergleichenden Studie zum Dritten Sektor, die federführend von der Johns Hopkins University durchgeführt wurde, zeigen, dass die verschiedenen Bereiche des Dritten Sektors in Deutschland einen unterschiedlichen Mix dieser Mittel aufweisen.[2]

Es kann davon ausgegangen werden, dass NPOs, die vorwiegend staatlich alimentiert werden oder die ihre Mittel aufgrund fakturierbarer Leistungen erhalten, im Fundraising vor anderen Aufgaben stehen als NPOs, die sich ausschließlich über Fundraising finanzieren müssen. Die faktische Form der Finanzierung von NPOs führt zu unterschiedlichen Ausprägungen ihres Marketings, und für jeden Ressourcengeber müssen unterschiedlich operationalisierte Abläufe implementiert werden.

## 3.1.4.5 Persönliche und soziale Faktoren

Entscheidungen über Strategien werden immer von Menschen in konkreten sozialen Situationen getroffen. Insofern haben persönliche und soziale Faktoren einen erheblichen Einfluss auf die Entscheidungsfindung. Zu den wesentlichen persönlichen Faktoren gehören:

- die Wahrnehmung von Risiko, die Bereitschaft, Risiken einzugehen, bzw. die Aversion vor Risiken;

- die Ambiguitätstoleranz, die den Umgang mit Unsicherheit und nicht eindeutigen Situationen bestimmt;

- Führungsstile als spezifische Form des Umgangs zwischen Vorgesetzten und ihren Mitarbeitenden.

In Entscheidungssituationen spielen auch soziale Faktoren wie Macht- und Karriere-
fragen, soziale Aushandlungsprozesse sowie die Organisationskultur (siehe 2.1.3) mit
ihren spezifischen Formen der Einbeziehung der Mitarbeitenden in Entscheidungsprozesse eine Rolle. Auf der Ebene der Organisationskultur haben insbesondere Bottom-
up- und Top-down-Modelle einen großen Einfluss, da sich über die Einbeziehung der
Mitarbeitenden nicht nur die Akzeptanz der getroffenen Entscheidungen erhöht, sondern sich in der Regel auch die Qualität der Entscheidung verbessert.

## Anmerkungen

1  Vgl. Luthe 1997.
2  Vgl. Anheier 1997, S. 51 ff.

## Weiterführende Literatur

Anheier, Helmut K.: Der Dritte Sektor in Zahlen – Ein sozial-ökonomisches Portrait, in: ders./Pril-
    ler, Eckhard/Seibel, Wolfgang/Zimmer, Annette (Hrsg.): Der Dritte Sektor in Deutschland, Ber-
    lin 1997, S. 29–74.

Burnett, Ken: Relationship Fundraising. A Donor-based Approach to the Business of Raising
    Money, London 1992.

Cialdini, Robert B.: Influence: The Psychology of Persuasion, San Francisco 1998.

Fischer, Kai/Hohn, Bettina/Kreuzer, Thomas (Hrsg.): Fundraising-Praxis – aus erfolgreichen Bei-
    spielen lernen. Jahrbuch Fundraising 2005, Hamburg 2005.

Luthe, Detlef: Fundraising. Fundraising als beziehungsorientiertes Marketing – Entwicklungsauf-
    gaben für Nonprofit-Organisationen, Augsburg 1997.

Warwick, Mal: The Five Strategies for Fundraising Success. A Mission-based Guide to Achieving
    Your Goals, San Francisco 2000.

# 3.2 Konzeptionslehre

## 3.2.1 Grundlagen des Sozialmarketings

*Wolfgang Kroeber*

### 3.2.1.1 Marketing im Dritten Sektor

Für ideelle Anliegen und soziale Dienstleistungen Marketing zu betreiben, ist auch heute noch für viele engagierte Menschen im Dritten Sektor unserer Wirtschaft undenkbar. Gemeinnützige Einrichtungen, Kirchen, sogar Genossenschaften vergleichen sich nicht gern mit kommerziellen Unternehmen, denen Profitgier und zuweilen Konsumterror vorgeworfen wird. Besonders die Aussage, auch der christliche Glaube müsse sich im großen Markt der spirituellen Angebote behaupten, ruft Widerspruch hervor.

In der sozialen Wohlstandsgesellschaft, die durch hohe Beiträge zahlreicher engagierter Mitglieder und Ehrenamtlicher und ausreichender staatlicher Zuwendungen die sozialen Einrichtungen, Bildungsinstitute und Kulturstätten finanzierte, waren finanzielle Mittel, Gutes zu tun, reichlich vorhanden.

Knappe Haushaltsmittel, Deregulierung und Globalisierung sind einige Faktoren einer liberalen Zivilgesellschaft, die jede soziale Institution auffordert, sich in der Gesellschaft die existenzsichernden finanziellen Mittel zu beschaffen. Die sozialen, politischen und kulturellen Institutionen müssen sich auf einem Markt der fast unendlichen Optionen[1] mit ihren Leistungen durchsetzen und behaupten. Die notwendigen finanziellen Mittel zur betriebswirtschaftlichen Sicherheit oder die Bereitstellung von Zeit durch ehrenamtlich Engagierte müssen auf einem Markt mit nahezu unbegrenzten Angeboten gewonnen werden.

Betriebswirtschaftliches Handeln setzt intern eine identitätsstiftende und motivierende Führungspraxis und extern ein auf den Markt abgestimmtes Handeln in der Leistungs- und Kommunikationspolitik voraus: Marketing. *Soziales Marketing* setzt allerdings generell einen anderen Schwerpunkt als kommerzielles Marketing für Markenartikel der Lebensmittel-, Dienstleistungs- und Investitionsgüterbranche. Es sind keine Waren, sondern soziale, kulturelle, politische oder spirituelle Angebote, die auf einem Markt[2] der vielfältigen Optionen Interessenten bzw. Partner finden müssen. So gesehen ist die Bezeichnung „Produkt-Angebote" für die Leistungspalette eines sozialen Unternehmens problematisch, wenngleich üblich.

Sozialmarketing[3] als unternehmerisches und betriebswirtschaftliches Handeln basiert auf den allgemeinen Prinzipien des Marktes: Wettbewerb und Konkurrenz. Soziale

Unternehmen müssen überlegene Leistungen, eine glaubwürdige Positionierung und eine bessere Organisationsstruktur anbieten, um sich gegenüber anderen Marktanbietern einen Wettbewerbsvorteil zu verschaffen. Auf den Märkten wird um die Macht gekämpft. Einflussfaktoren des Marketings sind: der zunehmende Druck der gesamtökonomischen, sozialen und globalen Entwicklung; die immer komplizierter werdenden Tauschprozesse zwischen den unterschiedlichen Kulturen und Märkten; der Kostendruck in betrieblichen Leistungsprozessen und die daraus abgeleitete Effizienzsteigerung; die rasanten Innovationen neuer Informations- und Kommunikationstechnologien und damit die Erweiterung der zeitgleichen globalen Kommunikation; die Fixierung auf Börsenkurse, Dax und Finanzspekulationen; die zunehmende Hinwendung vieler Bürger zu individualistischem und egozentrischem Verhalten. Marktmacht kennzeichnet die Fähigkeit eines Marktteilnehmers, den freien Verhaltensraum eines anderen Marktteilnehmers einzuengen. Das hat beispielsweise zur Folge, dass im Spendenmarkt leistungsschwache Unternehmen langfristig verschwinden.

Der amerikanische Marketing-Experte Philip Kotler[4] definiert: „Marketing ist ein Prozess im Wirtschafts- und Sozialgefüge, durch den Einzelpersonen und Gruppen ihre Wünsche befriedigen, indem sie Produkte und andere Dinge von Wert erzeugen, anbieten und miteinander austauschen." Kotler weiter: „Als *Marketing-Management = Durchführung des Marketings* bezeichnen wir die Analyse, die Planung, die Einführung und Durchführung und die Überwachung von Programmen, die dazu entworfen wurden, gegenseitige vorteilhafte Austauschbeziehungen mit Käufergruppen zu schaffen, auszubauen und zu pflegen, mit dem übergeordneten Zweck, die Zielvorgaben der betreffenden Organisation zu erfüllen."[5]

*Social Marketing* ist nach Kotler eine „Management-Technik, die sozialen Wandel einleiten soll und sich aus Planung, Umsetzung und Kontrolle von Programmen zusammensetzt, die das Ziel haben, die Akzeptanz einer gesellschaftlichen Vorstellung oder Verhaltensweise bei einer oder mehreren Zielgruppen zu erhöhen."[6]

Kotler legt in seiner Theorie besonderen Wert auf die Austauschbeziehungen. Der allgemeinen Theorie des Tauschprinzips, der Koalisations-Theorie und der Anreiz-Beitrags-Theorie[7] liegt der verhaltenstheoretische Ansatz der Stimulus-Organisations-Response-Theorie, das SOR-Modell, zugrunde: Grundlage ist hier das Marktverhalten auf dem Absatzmarkt, nachdem ein Stimulus (Reiz) den Menschen (hier Konsumenten/Zielperson) erreicht und von ihm verarbeitet wird (Organismus), was zu einer Reaktion (Kauf/Spende) führt. Reize sind dabei etwa Botschaften in Werbung, PR, Produktinformation oder Gespräche. Reaktionen auf diese Reize sind: Kauf, Steigerung von Kaufinteresse oder Wohlwollen (Imageverbesserung). Dabei können gleiche Reize zu unterschiedlichen Reaktionen führen (Konsumenten verarbeiten Informationen unterschiedlich). Die Einflussfaktoren können individuell, emotional, kognitiv oder rational sein.

Starke Leistungen im Markt zu präsentieren, muss das Ziel sein, wenn *Non-governmental Organizations* (NGOs) ihre gesellschaftlich wichtigen Anliegen in einer Multioptionsgesellschaft erfolgreich durchsetzen wollen. Soziale Unternehmen, die auf ein erfolgreiches Fundraising angewiesen sind, müssen sich der Methoden und Techniken des Marketings bedienen. Niemals dürfen jedoch die Methoden des Marketings den ethischen Beweggrund der NGO verletzen. Nicht alles ist möglich und erlaubt: Wer glaubt, mit pfiffigen Texten und Bildern, unglaubwürdigen Events zu täuschen, um Wettbewerbsvorteile zu erringen, wird seine Marktpartner, die Spender, Käufer und engagierten Mitglieder, enttäuschen.

## 3.2.1.2 Corporate Vision, Corporate Mission, Corporate Identity: Markenaufbau

Der öffentliche Auftritt einer NGO bedarf eines authentischen, glaubhaften und identifizierbaren Kerns: einer klar verstehbaren Vision und Mission, kurz: einer Identität. Ohne eine begründete Identität kann sich eine NGO in einem differenzierten Markt nicht deutlich positionieren[8] und von anderen Mitbewerbern unterscheiden.

Sich positionieren setzt eine klare Besetzung eines räumlichen, sozialen und psychologischen Feldes voraus. Zu allen Zeiten haben Anbieter die Qualität ihrer Leistungen herausgestellt: Sie haben sie markiert, mit Zeichen, Symbolen oder Namen. Aus Leistungen und Produkten wurden Marken. Sie gaben mit ihren Marken anderen Anbietern und deren Nachfragern ein eindeutiges Signal, Orientierung und Vertrauen.[9] Strategisch lassen sich die Leistungen einer NGO markenpolitisch gestalten: Anliegen, Eigenschaft und Qualität der Leistung werden zur Markenqualität; Signale, Zeichen, Symbole, Farben und Formen zum Markenzeichen; Bezeichnungen zum wiedererkennbaren Markennamen. Die strategisch herausgearbeiteten Markeneigenschaften geben Identität, Markenverbundenheit und damit Orientierung.[10] Das ist in einer *Multioptionsgesellschaft*[11] von besonders großem Wert.

Leitsätze der Identitätsbestimmung[12]:

– Ohne Mission keine Identität.
– Ohne Identität keine Identifikation.
– Ohne Identifikation keine Motivation.
– Ohne Motivation kein fördernder Geist des Hauses.
– Ohne Geist des Hauses keine Begeisterung.
– Ohne Begeisterung keine Freude an der Leistung.
– Ohne Freude an der Leistung kein Markterfolg.
– Ohne Vision keine Zukunft.

Die Identität eines Unternehmens wurzelt in ihrem geschichtlich verankerten Leitbild, das die Mission und die Werte eines Unternehmens aufzeigt. In einem Leitbild wird die Unternehmens-Persönlichkeit, die Corporate Identity (CI) der NGO begründet. Ein klares Leitbild, eine glaubwürdige Identität lässt sich leicht auf eine Kernaussage, einen Mission-Claim[13] reduzieren. Dabei ist es wichtig, dass das Leitbild einer NGO von möglichst allen Mitarbeitenden mitgestaltet wird. Die Aussagen des Leitbildes werden in schriftlicher Form öffentlich präsentiert. Ein Leitbild hat nur dann Bestand, wenn die Mitarbeitenden die Aussagen und die Mission der NGOs akzeptieren und leben.

Aus der CI entwickelt sich unter anderem:

- die *Unternehmenskultur* mit ihren Regeln des Miteinander und ihren Ritualen,
- die *Führungsgrundsätze* und *-praxis* eines Unternehmens,
- die *Unternehmens-Kommunikation* mit ihren Kernaussagen, die Art und Weise der internen und externen Kommunikationsstrukturen und -prozesse mit ihren Interaktionsformen,
- die Gestaltungsgrundsätze, das Corporate Design (CD), das visuelle, klangliche und architektonische Auftreten. Ein CD-Manual legt die Gestaltungsrichtlinien der Unternehmensfarben, Zeichen, Symbole, Markenzeichen, Typografie und Papierformate und -qualitäten fest. Die CD-Grundlagen gelten für alle visuellen und audiovisuellen Auftritte des Unternehmens.

---

*Tipp:* Vermeiden Sie bei der Formulierung eines Leitbildes Allgemeinplätze: „Im Mittelpunkt steht der Mensch …" oder: „Wir übernehmen gesellschaftliche Verantwortung …". Beide Beispielsätze könnten für jede NGO gelten.

---

## 3.2.1.3 Bewährte Marketinginstrumente im Sozialmarketing

Um Austauschprozesse im Sinne des Fundraisings zu initiieren, bedarf es eines Einsatzes integrierter Marketinginstrumente. Als Marketinginstrumente können die sechs Faktoren Beschaffung, Produkt/Leistung, Preis, Distribution/Verteilung, Kommunikation und Service gelten.[14] Das Ziel des effektiven Einsatzes der Marketing-Mix-Faktoren ist die optimale Kombination der Marketinginstrumente und der einzelnen Aktionsparameter für ein *strategisch abgestimmtes Verhalten* auf dem Markt. Jedem integrierten Einsatz der verschiedenen Marketinginstrumente geht eine sorgsame Analyse voraus.

(1) *Beschaffungspolitik* ist die Bereitstellung von Kapital, Immobilien, Rechten, Betriebsmitteln, Arbeitskräften, ehrenamtlichen Mitarbeitenden usw. Dies geschieht immer unter Marketing-Gesichtspunkten. „Absatzmarketing" hat „Beschaffungsmarketing" zum Partner.

(2) *Produkt- und Leistungspolitik* ist die Gestaltung aller Formen der Leistung einer NGO hinsichtlich ihrer quantitativen und qualitativen Ausgestaltung.

(3) *Preispolitik* ist die Gestaltung der Preise und Spendenhöhe. Jede Leistung hat ihren Preis. Mit sinkenden Zuwendungen aus staatlichen Finanztöpfen wird es für NGOs notwendig, finanzielle Mittel durch Fundraising zu gewinnen, um die eigenen Leistungen noch marktverträglich anbieten zu können. Auch Zeit ist ein Preis, den Ehrenamtliche für den Gegenwert von Anerkennung und Selbstverwirklichung gern zahlen.

(4) *Distributionspolitik* ist die Entscheidung über Orte und Wege der Verteilung der Güter und Dienstleistungen, räumlich und zeitlich (Absatzkanäle). Dies beinhaltet auch

die Fähigkeit (Kompetenz, Autorität), Dienste und Güter an die Zielgruppe zu „transportieren" (Logistik, Lieferzeit usw.).

(5) *Kommunikationspolitik* ist die Gestaltung aller kommunikativen Maßnahmen nach innen und außen unter dem Einsatz der Kommunikationsinstrumente Werbung[15], Verkaufsförderung, Public Relations[16], Lobbying[17], Sponsoring, Product Placement[18], Dialog-Kommunikation, Messen und Ausstellungen, Event und Veranstaltungen und die interne Kommunikation.

(6) *Servicepolitik* ist die Gestaltung der Beziehung und Pflege zu Kunden, Klienten, Spendern, Multiplikatoren, Mitarbeitenden usw. Kundenbindung, Klientenbindung, Spendenbindung muss durch gut ausgebildete und motivierte Mitarbeitende gefördert werden.

Eine optimale Marketingplanung führt nur dann zum Erfolg, wenn sie im Rahmen eines systematisch geplanten Prozesses erfolgt. Marketingplanung ist interessengeleitetes, gestaltendes Handeln. Hier kann von *Marketing-Politik* gesprochen werden. Das Sieben-Phasen-Modell systematischer Kommunikation (siehe 3.2.2) ist hier eine erprobte Hilfe. Interne und externe Unternehmenskommunikation muss, wenn sie erfolgreich sein will, nach innen und außen zielgruppengerecht abgestimmt und kontinuierlich betrieben werden. Nur so kann sie authentisch, glaubwürdig und verständlich, dazu originell und einzigartig (USP)[19], selbstbewusst, Vertrauen schaffend und verantwortungsbewusst sein.

Marketingstrategien setzen u. a. die Instrumente Werbung und PR ein. Diese beiden Handlungsfelder bedienen sich der Medien. Die Medien selbst sind Transportmittel von interessengeleiteten Unternehmen und damit Einheiten, die Marketingkommunikation betreiben und ihrerseits interessengeleitet sind. Die über Medien vermittelte Unternehmenskommunikation hat drei Ziele zu erfüllen:

1. zu informieren, Wissen zu vermitteln (objektiv-rational-kognitiver Ansatz),

2. zu motivieren, zu emotionalisieren (subjektiv-affektiv-emotionaler Ansatz),

3. zur Handlung, zur Spende oder zum Engagement zu führen (konativ-verhaltensverändernder Ansatz).

Heute gilt für die Konzeption von Kommunikationskampagnen der Markendreiklang[20]: Information geben, Sympathie schaffen und Verwendung, hier Spende, auslösen.

Ziel eines geplanten Einsetzens marketingpolitischer Maßnahmen ist eine Marktsegmentierung. Sie ermöglicht eine leichtere Bestimmung der Zielgruppen. Für jedes spezielle Marktsegment lassen sich speziell abgestimmte Fundraising-Strategien entwickeln.

Märkte lassen sich nach verschiedenen *Selektionskriterien* in Teilmärkte strukturieren. Wählt man beispielsweise die *Branchenzugehörigkeit* als Unterscheidungsmerkmal, lassen sich unter anderem der Immobilienmarkt, der Automarkt, der Medienmarkt, der Markt sozialer Leistungen, der Weltanschauungsmarkt usw. voneinander abgrenzen. Auch nach ihrer *räumlichen Struktur* lassen sich Märkte in Ortsklassen gliedern: Ortsklasse a: 50.000 und mehr Einwohner; Ortsklasse b: 3.000 bis unter 50.000 Einwohner;

Ortsklasse c: bis 3.000 Einwohner. Nicht immer deckungsgleich mit diesen Ortsklassen sind die *Zuständigkeitsbereiche von Institutionen* wie Steuer- und Finanzbezirke, Zollbezirke, Industrie- und Handelskammern.

Um für die Unternehmen vergleichbare Wirtschaftsräume zu erfassen, hat das Einzelhandelspanel des Marktforschungs-Institutes ACNielsen[21] aus Frankfurt am Main folgende Wirtschaftsräume aufgeführt, die als Nielsen-Gebiete bezeichnet werden:

- Nielsen 1: Schleswig-Holstein, Hamburg, Niedersachsen und Bremen
- Nielsen 2: Nordrhein-Westfalen
- Nielsen 3a: Hessen, Rheinland-Pfalz, Saarland
- Nielsen 3b: Baden-Württemberg
- Nielsen 4: Bayern
- Nielsen 5: Berlin
- Nielsen 5a: West-Berlin
- Nielsen 5b: Ost-Berlin
- Nielsen 6: Mecklenburg-Vorpommern, Brandenburg, Sachsen-Anhalt
- Nielsen 7: Thüringen, Sachsen.

ACNielsen liefert u. a. geografisch sinnvoll untergliederte Informationen zum effizienten Einsatz des unternehmerischen Marketing-Mix. Als kleinste Einheit arbeitet ACNielsen mit Landkreisen. Die größte Unterteilungseinheit sind in jedem Land, in dem das Institut eine Gesellschaft hat, die ACNielsen-Gebiete.

Marktsegmentierungen lassen sich weiterhin nach demografischen oder sozioökonomischen Kriterien vornehmen (siehe 3.3.2).

## Anmerkungen

1  Siehe hier Gross, Multioptionsgesellschaft, Frankfurt am Main 1994.

2  Kotler u. a.: Grundlagen des Marketing (1999), S. 32: „Ein Markt besteht aus potentiellen und tatsächlichen Kunden mit einem bestimmten Bedürfnis oder Wunsch, die willens und fähig sind, durch einen Austauschprozess das Bedürfnis oder den Wunsch zu erfüllen."

3  Siehe hier die Definition von Philip Kotler/Eduardo Roberto: Social Marketing, Düsseldorf/ Wien/New York 1991, S. 37: „Social Marketing ist eine Strategie zur Veränderung von Verhaltensweisen".

4  Kotler u. a., Grundlagen des Marketing, S. 27 und 31 ff.; hier zitiert aus Kotler, Philip/Bliemel, Friedhelm: Marketing-Management. Analyse, Planung und Verwirklichung, 10. überarb. und aktualis. Aufl., Stuttgart 2001.

5  Kotler u. a., Grundlagen des Marketing, S. 36.

6  Kotler, Social Marketing, S. 37.

7  Die Anreiz-Beitrags-Theorie fragt somit: Welche Leistungen sind für den Kunden wichtig? Welche Leistungen sind selbstverständlich (Standard)? Was erwartet der Kunde? Was ist der Wert der Leistungen aus Kundensicht? Wie ist die Konkurrenzsituation? Selbstverständlich gelten im Fundraising die gleichen Fragen!

 8  Die Positionierung gibt die Richtung einer Unternehmenskonzeption vor. Die angestrebte Position soll den Unterschied zu Mitbewerbern deutlich machen.

 9  Der Altmeister der Markentechnik, Hans Domizlaff, definiert Markentechnik (in: Die Gewinnung des öffentlichen Vertrauens, Neuaufl., Marketing Journal, Hamburg 1992, S. 33) wie folgt: „Das Ziel der Markentechnik ist die Sicherung einer Monopolstellung in der Psyche der Verbraucher."

10  Siehe hier besonders: Pepels, Werner: Kommunikations-Management, Stuttgart 1994, S. 123 ff.; und zur Psychologie des Markennamens: Kroeber-Riel, Werner: Konsumentenverhalten, 3. Aufl., München 1984, S. 117.

11  Gross, Multioptionsgesellschaft, Buchbeschreibung in www.single-generation.de/schweiz/peter_gross: „Nicht alle können oder wollen sich (…) in eine Ich-Unternehmung verwandeln. (…) Immer mehr Möglichkeiten und immer weniger Gewissheiten. Dieser Punkt steht in der von mir verfassten ‚Multioptionsgesellschaft' im Vordergrund." (Peter Gross im „St. Galler Tagblatt" vom 01.05.2001) Der Schweizer Soziologe beschreibt in seinem Werk „Die Multioptionsgesellschaft" (S. 23) das herausragende Prinzip der Gesellschaft in der „Steigerung der Optionen, der Verlust an Gewissheit, die Überfülle an Ereignissen und die daraus resultierende metaphysische Orientierungslosigkeit bzw. Individualisierung". Optionen sind „prinzipiell realisierbare Handlungsmöglichkeiten". Wenn alles zur Option wird, dann gibt es keine Verbindlichkeiten. NGOs, die Spendern und Stiftern ihre Identität glaubhaft präsentieren, vermitteln verlässliche Werte und geben Orientierung.

12  Kroeber, Wolfgang: Leitbild des Leitbildes, 1997.

13  Claims vermitteln in komprimierter Form die Werte und den Anspruch einer Marke bzw. einer Leistung. Sie sind grundlegender Teil des langfristigen Imageaufbaus. Ein Claim muss für die Zielgruppe verständlich sein, damit er sein Ziel erreicht. Beispiel eines Claims des Evangelischen Jugendwerkes Friedenshort: „Dem Leben Zukunft."

14  Im klassischen Sinne werden oft diese vier Faktoren genannt: Product, Price, Place, Promotion. Gut zu merken an den vier „Ps".

15  Hans-Joachim Hoffmann (Psychologie der Werbekommunikation) sieht in der Werbung „die geplante, öffentliche Übermittlung von Nachrichten (…), wenn die Nachricht, das Urteilen und/oder Handeln bestimmter Gruppen beeinflusst und damit einer Güter, Leistungen oder Ideen produzierenden oder absetzenden Gruppe oder Institution (vergrößernd, erhaltend oder bei der Verwirklichung ihrer Aufgaben) dienen soll". Demgegenüber betont Johann D. Auffermann besonders den instrumentellen Aspekt, indem er Werbung als „eine kommunikative Beeinflussungstechnik" kennzeichnet, „deren generelle Zwecksetzung nur vor dem Hintergrund des politisch-ökonomischen Zielsystems der Werbungtreibenden (Auftraggeber, Anbieter) deutlich wird".

16  Die DPRG, die Deutsche Public Relations-Gesellschaft, bezeichnet Public Relations als „das methodische Bemühen eines Unternehmens, Verbandes, einer Institution, Gruppe oder Person um Verständnis sowie Aufbau und Pflege von Vertrauen in der Öffentlichkeit auf der Grundlage systematischer Erforschung".

17  Die Lobby ist die Vorhalle des Parlaments. Lobbying ist der Umgang mit Ämtern, Behörden, Organisationen, Politikern und anderen Meinungsträgern. Ziel des Lobbyisten ist die Durchsetzung von Interessen und damit die Beeinflussung im vorparlamentarischen Raum.

18  Product Placement im Rahmen von Marketingstrategien ist die gezielte werbewirksame Einbindung von Produkten, Dienstleistungen, Marken oder Unternehmungen als Requisiten in die Handlung eines Kinospielfilms, einer Fernsehsendung oder -serie oder eines Videoclips.

19  Unique Selling Proposition (USP): Das USP ist die besondere und unverwechselbare Eigenschaft eines Produktes oder einer Dienstleistung, durch die sie sich von Produkten oder Dienstleistungen anderer Konkurrenzprodukte eindeutig unterscheidet. (Rosser Reeves: „Reality in Advertising", 1961: „einen Menschen zum Handeln veranlassendes Nutzen-Versprechen".)

20  Siehe Brigitte-Kommunikations-Analyse 2002: „Der Markendreiklang aus Bekanntheit, Sym-
    pathie und Verwendung/Besitz kann als Schnittstelle von Markenpersönlichkeiten und Ver-
    braucherpersönlichkeiten angesehen werden. Er spiegelt wider, in welchem Ausmaß die Mar-
    ke mit allen ihren Facetten – ihren Produkteigenschaften, ihrer Distributionspolitik und ihrem
    kommunikativen Auftritt – auf Resonanz potenzieller Verbraucher trifft"; siehe unter Media.
    brigitte.de.

21  ACNielsen wurde 1923 von Arthur C. Nielsen Sr., einem der Urväter der modernen Marke-
    tingforschung, in den Vereinigten Staaten gegründet. Neben vielen anderen Innovationen er-
    fand Nielsen die bis heute eingesetzte Methode des Handelspanels, d. h. der Datenerhebung
    direkt im Geschäft, dem Ort des Kaufaktes. E-Mail: presseanfragen@germany.acnielsen.com.

### Weiterführende Literatur

Domitzlaff, Hans: Die Gewinnung des öffentlichen Vertrauens, Manuskript 1936, Neuauflage,
    Marketing Journal, Hamburg 1992.

Gross, Peter: Die Multioptionsgesellschaft, Frankfurt am Main 1994.

Kotler, Philip/Armstrong, Gary/Saunders, John/Wong, Veronica: Grundlagen des Marketing, 2.,
    überarbeitete Auflage, München u. a. 1999 (Imprint des Markt + Technik Verlags, München),
    3. Auflage 2002.

Kroeber-Riel, Werner: Konsumentenverhalten, 3. Auflage, München 1984.

Kroeber-Riel, Werner: Bild-Kommunikation, München 1996.

Pepels, Werner: Grundlagen des Marketing, Frankfurt am Main 2002.

Pepels, Werner: Grundlagen der Werbung, Wien 2004.

Philip Kotlers Marketing-Guide, völlig neue Auflage, Frankfurt am Main/New York 2004.

# 3.2.2 Projekt- und Kampagnenplanung: Das Sieben- Phasen-Modell systematischer Kommunikation

*Wolfgang Kroeber*

Das Sieben-Phasen-Modell systematischer Kommunikation bietet eine praxisnahe Anleitung für die Erarbeitung einer Fundraising-Konzeption mit besonderem Fokus auf der
systematischen Marketing-Kommunikation. Das Modell kann für die Planung kleinerer
und größerer Fundraising- oder Öffentlichkeitskampagnen genauso angewendet werden wie für ein umfassendes Gesamtkonzept für Nonprofit- Organisationen (NPOs).

Abbildung 1: Das Sieben-Phasen-Modell systematischer Kommunikation

Die sieben Phasen werden im Folgenden zunächst kurz vorgestellt und anschließend im Detail erläutert.

Phase 1: Aufgabenstellung und Fragen

Die erste Phase dient dazu, die zu Beginn oftmals vage Aufgabenstellung detailliert zu hinterfragen, um sie im Anschluss präzisieren zu können.

Phase 2: Antworten und Analysebilanz

In dieser Phase werden die Antworten zu den Fragen aus Phase 1 recherchiert, zusammengetragen und bewertet. Daraus wird die so genannte SWOT-Analysebilanz der Stärken, Schwächen, Chancen und Risiken abgeleitet. SWOT ist die Abkürzung der englischen Begriffe *Strengths, Weaknesses, Opportunities, Threats* (Stärken, Schwächen, Chancen, Risiken).

Phase 3: Zielsetzung

Diese Phase dient zur Festlegung der Marketing- bzw. Fundraising-Ziele. Diese Ziele müssen so klar und operationalisiert definiert werden, dass ihr Erreichen, Überschreiten oder Verfehlen später genau ermittelt werden kann.

Phase 4: Strategie und Planung

Hier wird die Strategie zur Erreichung der Marketingziele festgelegt. Ebenso werden Maßnahmen für die Umsetzung der Strategie entwickelt. Die generelle Kampagnenidee wird hier festgelegt.

Phase 5: Kreation

In dieser kreativen Phase werden die Maßnahmen im Detail und in Design und Text ausgearbeitet.

Phase 6: Druck, Buchung, Realisation

In Phase 6 werden die zuvor geplanten Maßnahmen hergestellt und umgesetzt, z. B. in Form von Events, Mailings, Printmedien oder Pressearbeit.

Phase 7: Kontrolle

Die erlangten Ergebnisse werden mit den gesetzten Zielen abgeglichen. Mit der Auswertung des Erfolgs oder Misserfolgs wird bereits die Grundlage für die nächste Kampagne geschaffen.

Die Zusammenfassung am Ende dieses Kapitels soll Ihnen zusammen mit den Checklisten als umfassende Arbeitsanleitung für die Erarbeitung einer Fundraising-Kampagne nach dem Sieben-Phasen-Modell systematischer Kommunikation dienen.

## 3.2.2.1 Phase 1: Aufgabenstellung und Fragen

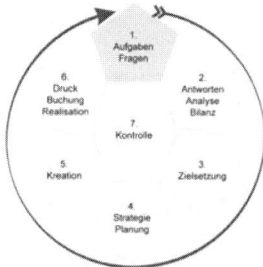

Unabhängig davon, ob das Sieben-Phasen-Modell in Projektgruppen, kleinen Teams oder sogar von Einzelpersonen eingesetzt wird, hat immer die erste Phase, die Aufgaben- und Fragestellung, ein besonderes Gewicht. Denn nur wer fragt, wird Antworten erhalten. Oder, wie der bekannte Jingle einer Kindersendung meint: „Wer nicht fragt, bleibt dumm!" Allgemeines Marketing-Management[1] beginnt dagegen in der Regel erst mit der zweiten Phase (Analyse) des hier vorgestellten Modells.

Zu Beginn der Phase 1 steht oftmals nur eine ungenau definierte Aufgabe im Raum, wie das folgende Beispiel zeigt:

*In Hamburg gibt es eine kleine Einrichtung[2], die es sich zur Aufgabe gemacht hat, obdachlosen Menschen täglich eine warme Mahlzeit zu geben, ihnen eine Dusche zu ermöglichen und eine medizinische Grundversorgung zu bieten. Zwar unterliegt diese Initiative der Trägerschaft einer*

*großen NPO, die Einrichtung wird jedoch von nur einer hauptamtlichen Person sowie zahl-*
*reichen ehrenamtlich Mitarbeitenden betreut. Für eine neue Kücheneinrichtung werden 15.000*
*Euro benötigt. Da keine Mittel vom Träger zu erwarten sind, ist an eine Fundraising-Maßnahme*
*gedacht.*

Phase 1 klärt die Aufgabenstellung einer Fundraising-Kampagne. Es wird beleuchtet, welche Hintergründe, welche internen und externen Strukturen und welche Prozesse zur Aufgabenstellung geführt haben. Es wird auch überprüft, ob die Aufgabenstellung realistischerweise dazu geeignet ist, das zugrunde liegende Problem zu lösen.

Am Ende dieser Phase wird die Aufgabenstellung in Form eines *Briefings* konkretisiert. Ein Briefing umfasst: (1.) die Grundaussagen der Corporate Identity und des Corporate Designs, (2.) das soziale Marketing- und Projektziel, (3.) die bisher formulierten finanziellen Rahmenbedingungen, (4.) die bisher formulierten Kernaussagen und die Positionierung, die transportiert werden sollen, (5.) die bisher geplanten anzusprechenden Zielgruppen und Meinungsbildner, (6.) die in jedem Fall zu beachtenden internen und externen Rahmenbedingungen, (7.) die zuständigen Personen und Ansprechpartner in der NPO sowie (8.) die aktuelle konkrete Aufgabenstellung inklusive der Zeitvorgaben.

Für den Arbeitsprozess im Rahmen des Sieben-Phasen-Modells hat es sich bewährt, ohne Einschränkungen, d. h. ohne kontrollierende „Schere im Kopf", Fragen zu stellen. Hierzu wird der Einsatz der Metaplan-Technik empfohlen. Je nach Projektgruppengröße schreiben die Teilnehmenden jeweils zehn bis 15 Fragen auf Planungskarten – jeweils nur eine Frage auf eine Karte und möglichst ohne darüber zu diskutieren. Der Vorteil dieser Methode wird schnell deutlich: Die Teilnehmenden haben die Fragen bildlich vor Augen, die Fragen können thematisch sinnvoll sortiert werden und erhalten damit eine Struktur. Zu diesem Zweck werden die Karten übergeordneten Begriffen bzw. Themenkomplexen zugeordnet.

Praktisch bewährt haben sich folgende sieben Themenkomplexe:

(1) Fragen über das *eigene Unternehmen und den Hintergrund des Projektes*, z. B.:

- Geschichte der NPO
- Vision, Mission, Organisationskultur
- Corporate Identity (CI)
- Organisationsstruktur
- Mitarbeiterstruktur und -qualität
- Finanzkraft und Finanzierungsquellen
- Notwendigkeit des zu bewerbenden Projektes

(2) Fragen über *interne und externe Persönlichkeiten* und deren *Beziehungen* und *Einflüsse* auf die NPO, z. B.:

- Vorstand, Geschäftsführer, Mitarbeitende
- Lieferanten
- ehrenamtlich Engagierte

- Nachbarn

- bisherige Zielgruppen, Spender, Fürsprecher usw.

- strukturiert nach Bezug zur Einrichtung, nach Nähe (lokal, regional) und Ferne (ggf. international, global) der Zielpersonen

- segmentiert nach soziodemografischen und psychografischen Merkmalen der Zielpersonen

(3) Fragen über den *Markt*, z. B.:

- aktuelle Marktposition der NPO

- Alleinstellungsmerkmal der eigenen NPO/des geplanten Projektes

- Nachfragesituation nach den Leistungen der NPO/des Projektes

- Netzwerk der NPO

- Stellung der konkurrierenden Institutionen, ihren direkten, indirekten oder substitutiven Einfluss auf die NPO

(4) Fragen über die *bisherigen und zukünftigen Ziele* der NPO, z. B.:

- Unternehmensziele

- Marketingziele

- Fundraising-Ziele

- Kommunikationsziele

(5) Fragen über die *bisherigen erfolgreichen oder weniger erfolgreichen Aktivitäten* der NPO, z. B.:

- frühere Projekte

- frühere Fundraising-Kampagnen

- Faktoren, die einen Erfolg ermöglicht oder verhindert haben

(6) Fragen über den *bisherigen Auftritt* der NPO, z. B.:

- bisherige visuelle und textliche Erscheinung (Corporate Design)

(7) Fragen zur Medienlandschaft und zur bisherigen Öffentlichkeitsarbeit

In der Checkliste 1 im Anhang finden Sie zu jedem Themenkomplex eine Vielzahl von möglichen Fragen. Sie können diese teilweise auf Ihre Aufgabenstellung übertragen. Teilweise sind sie jedoch ihrem Projekt anzupassen oder durch ganz neue, projektspezifische Fragen zu ergänzen.

*Tipp:* Suchen Sie jetzt noch keine Antworten auf Ihre Fragen. Das blockiert Ihre Fragestellungen. Antworten erarbeiten Sie in der zweiten Phase!

Für die meisten Fragen gibt es Antwortquellen. Die Suche nach diesen Quellen gehört ebenfalls in die erste Phase und wirft selbst eine Reihe von Fragen auf. Die Checkliste

1 im Anhang gibt Ihnen unter dem Stichwort „Quellensuche" einige Anregungen hierzu.

Hilfreiche Quellen sind das Internet, die eigenen Datenbanken oder interne und externe Studien, die gedruckt oder auf Datenträgern vorliegen.[3] Die Quellen können jedoch nur sinnvoll und ergiebig genutzt werden, wenn vorher die Fragen präzise gestellt wurden. Dies ist besonders wichtig, wenn die reichhaltigen Datenschätze der Marktuntersuchungen auf Datenträgern (AWA, TdW usw.) genutzt werden sollen.

---

*Tipp:* Nutzen Sie die Quellen der Studien von Interessengruppen, Organisationen, Medien über Internet oder CD-ROM-Dokumentationen der Verlage, Institute usw., z. B. AWA (Allensbacher Werbeträger Analyse), VA (Verbraucher-Analyse), MA (Media Analyse), TdW (Typologie der Wünsche).

---

## 3.2.2.2 Phase 2: Antworten und Analysebilanz

In Phase 2 werden die in Phase 1 gestellten Fragen mit Hilfe der eruierten Quellen möglichst genau beantwortet. Die Erfahrung zeigt, dass kaum alle Fragen beantwortet werden können. Die zusammengetragenen Informationen bleiben oftmals lückenhaft: aus Zeitmangel, aus Mangel an geeigneten Quellen oder weil für eine umfangreiche Marktforschung die finanziellen Mittel fehlen. Dennoch lassen sich die gewonnenen Informationen wie in Phase 1 strukturieren.

---

*Tipp*: Phase 1 basierte auf einer vorläufigen Aufgabenstellung: Was ist beabsichtigt? Oft wird es in der Analysephase notwendig, ergänzend zu den in Phase 1 formulierten Fragen weitere zu stellen, weil im Verlauf des Arbeitsprozesses ein neuer Informationsbedarf auftaucht. Dann ist der bisher beschriebene Weg einzuhalten: Fragen stellen, Quellen suchen und Quellen nach Antworten ausschöpfen.

---

Auf das Zusammentragen der Antworten folgt die Interpretation der so gewonnenen Informationen und Daten. Sie ist möglichst frei von persönlichen oder politischen Interessen zu halten.

Ziel der Phase 2 ist eine aussagekräftige und realistische Analyse der Stärken und Schwächen des Unternehmens bzw. des Projektes sowie der Chancen und Risiken des Umfeldes. Daraus werden wiederum Parameter für eine Strategieentwicklung abgeleitet. Eine genaue Analyse und Analysebilanz erhöht die Planungssicherheit der Kampagne.

Gerade die Schwächen – oder positiver formuliert: die Herausforderungen – können zu einer Neubewertung der Aufgabenstellung führen. Für unser fiktives Beispiel könnte dies bedeuten:

*Die Analyse hat ergeben, dass eine Überalterung der ehrenamtlichen Mitglieder die Leistungskraft der NPO gefährdet und dringend neue ehrenamtliche Mitarbeitende gewonnen werden müssen. Das Ergebnis: In die Neuformulierung der Aufgabenstellung muss einfließen, dass strukturelle Veränderungen und Motivationsmaßnahmen für die Gewinnung neuer Ehrenamtlicher zu entwickeln sind. Denn die Fundraising-Kampagne ist nur sinnvoll, wenn es ausreichende jüngere, motivierte und engagierte ehrenamtliche Mitarbeitende gibt, die den Betrieb der neuen Küche anschließend übernehmen.*

Das Analyse-Ergebnis kann auch schwer beeinflussbare Risiken und unwägbare Gefahren aufdecken: So ist beispielsweise das Risiko, dass konkurrierende NPOs zeitgleich mit einer vorzüglichen Fundraising-Kampagne auf den Markt treten, nicht auszuschließen. Auch die Gefahr, dass weltwirtschaftliche Einflüsse oder Naturkatastrophen die eigene Fundraising-Kampagne beeinflussen oder sich auf das Spenderverhalten auswirken, ist nicht vorhersehbar. Chancen, die sich aus dem Umfeld ergeben und von der NPO nicht unmittelbar beeinflusst werden können, sind zum Beispiel: Gesetzesänderungen, die sich positiv auf die Arbeit gemeinnütziger Einrichtungen oder auf die Spendenbereitschaft auswirken, oder eine zu beobachtende Verlagerung des öffentlichen Interesses zugunsten des von der NPO unterstützten Organisationszweckes.

Aufgrund der Ergebnisse aus Phase 2 ist die Aufgabenstellung zu überarbeiten und in Form eines *„Re-Briefings"*[4] verbindlich zu formulieren Dabei sind folgende Punkte festzuhalten:

- genaue Bezeichnung der Fundraising betreibenden NPO
- Problemstellung, Begründung, warum Geldmittel, Zeit- oder Sachspenden notwendig sind
- Fundraising-Ziel, operationalisiert (z. B.: In welchem Zeitraum soll welcher Spendenbetrag eingeworben, sollen wie viele Neuspender angeworben und wie viele neue Adressen generiert werden?)
- Gebietsrahmen, Ort/Orte
- Zeitrahmen
- zur Verfügung stehender Fundraising-Etat
- verantwortliche Personen
- zusätzliche Aufgabenstellungen, die sich aus der Analyse ergeben haben.

Beziehen wir diese Anforderungen auf das fiktive Beispiel der Hamburger NPO, 15.000 Euro als Finanzmittel für einen Ausbau der Küche zu erwerben, so könnte das *Re-Briefing* nun folgendermaßen aussehen:

*Die Einrichtung „Die Suppenküche e. V." – Immer eine Mahlzeit für obdachlose Menschen, Blaustraße 30, 22761 Hamburg, beauftragt die Projektgruppe Fundraising, vertreten durch Frau Anneliese Mayer, innerhalb von zwölf Monaten (besser genaue Zeitangabe) 15.000 Euro an Spendenmitteln zu generieren. Mit diesen Mitteln soll die Küche modernisiert und den ergonomischen und hygienischen Erfordernissen angepasst werden.*

*Da die sich bisher engagierenden Persönlichkeiten alsbald aus Altersgründen ausscheiden werden, sollen darüber hinaus in dem angegebenen Zeitraum zwölf weitere ehrenamtliche Mitarbeitende gewonnen werden.*

*Weiterhin soll ein Förderkreis von mindestens fünf Mitgliedern aus Persönlichkeiten der mittelständischen Wirtschaft des Stadtteils gewonnen werden, um die Arbeit der NPO ideell und finanziell in der Zukunft zu begleiten.*

*Die Aktivitäten sollen sich ausschließlich auf Hamburg-Altona, Hamburg-Bahrenfeld und Hamburg-Ottensen konzentrieren, um andere ähnliche Einrichtungen nicht zu gefährden.*

*Für diese Ziele stehen 2.500 Euro Fundraising-Etat zur Verfügung.*

*Darüber hinaus wird die Projektgruppe Vorschläge zur Namensänderung unterbreiten und eine für die Einrichtung angemessene Datenbank aufbauen.*

---

*Tipp:* Schon bei der Beantwortung der Fragen und besonders in der Analysephase scheinen die Lösungen der Aufgabe griffbereit. Die Ideen sprudeln: „Das ist doch ganz einfach. Das machen wir …" Es ist ratsam, diese Ideen auf Kärtchen zu visualisieren und sichtbar während des gesamten Planungsprozesses auf eine Metaplan-Wand zu heften. Später, wenn alles im Detail geplant wird, kann darauf zurückgegriffen werden.

---

In der Checkliste 2 im Anhang finden Sie einige Checkpunkte als Hilfestellung für Phase 2.

## 3.2.2.3 Phase 3: Zielsetzung

Nach der SWOT-Analyse und auf der Basis des neuen verbindlichen *Re-Briefing* können nun die Ziele klar, operationalisiert (in Zahlen ausgedrückt) und dadurch überprüfbar festgelegt und formuliert werden.

(1) *Marketing- bzw. Fundraising-Ziel:* Das Marketing-Ziel definiert gleichzeitig das Fundraising-Ziel. Hier wird in messbaren Zahlen festgehalten, was bis wann, wo und mit welchen verfügbaren Mitteln erreicht werden soll.

Das Marketing-Ziel definiert demnach die zu erreichenden Spendeneinnahmen, die zu gewinnenden Ehrenamtlichen, Stifter oder Besucher einer Veranstaltung oder die Anzahl der zu generierenden neuen Adressen von potenziellen Förderern. Die Angaben werden strukturiert und zahlenmäßig detailliert angegeben, differenziert nach Zielgruppen, angestrebtem Zeitrahmen und räumlicher Nähe bzw. Distanz. Marketing-Ziele können zeitlich in kurz-, mittel- und langfristigen Zeitspannen formuliert werden. Nicht nur der angestrebte Erfolg bzw. Gewinn wird beziffert, sondern auch die erforderlichen Investitionen werden nun budgetiert.

(2) *Marketing- bzw. Fundraising-Zielgruppen*[5]: Jetzt werden die Zielgruppen endgültig festgelegt. Bei kleineren NPOs oder Fundraising-Kampagnen werden sie zunächst im direkten Umfeld der Organisation gesucht. Wer fühlt sich bereits mit der NPO verbunden und kann um eine Unterstützung für das neue Projekt gebeten werden? Wer kann noch in diesen Kreis einbezogen werden?

Bei größeren NPOs oder Fundraising-Kampagnen, für die die Ansprache und das Anmieten von sogenannten Kaltadressen infrage kommt, werden sie nach fest definierten geografischen, soziodemografischen Merkmalen (Alter, Geschlecht, Haushaltsgröße, Bildung, Berufstätigkeit usw.) und psychografischen Merkmalen (Verhalten, Präferenzen, Vorurteilen, Informationsverhalten usw.) bestimmt. Auch die Größe der einzelnen Zielgruppen wird festgelegt, d. h. wie viele Personen aus welcher Zielgruppe angesprochen werden sollen. Ebenso wird bestimmt, welche Zielgruppen welche Beiträge zur Erfüllung der Marketing- und Fundraising-Ziele liefern sollen.

(3) *Kommunikationsziele*[6]: Die Kommunikationsziele ergeben sich aus dem Marketing-ziel – nicht umgekehrt! Die Kommunikationsziele definieren, welche Botschaften an welche Zielgruppen gerichtet werden sollen, um bestimmte Handlungsweisen auszulösen. Man unterscheidet drei Ebenen der Ansprache:

(a) die kognitive Ansprache/Verständnisebene: Welche Informationen – auch über die objektive Nutzenstiftung – sollen von der Zielgruppe verstandesmäßig gelernt und gespeichert werden? Kommunkationsziel: Bekanntheit schaffen.

(b) die affektive Ansprache/Gefühlsebene: Welche Gefühle, Meinungen, Einstellungen,

Präferenzen und welchen subjektiven Nutzen sollen die Zielpersonen empfinden, wenn sie die Botschaften der NPO erkennen, verarbeiten und speichern? Kommunikationsziel: Sympathie schaffen.

(c) die konative Ansprache/Handlungsebene: Welche Aktionen, Handlungen oder Unterlassungen sollen die Zielpersonen vollziehen, nachdem sie die Botschaft der NPO erkannt, verarbeitet und akzeptiert haben? Kommunikationsziel: Handlung auslösen, Spenden verwenden.

Mit den Kommunikationszielen wird demnach festgelegt, bei welchen Zielgruppen mit welchen individuellen Botschaften Verständnis und Sympathie für das Anliegen der NPO geschaffen und der Impuls zum Spenden ausgelöst werden soll.

Kommunikationsziele können je nach Kampagne unterschiedlich gewichtet werden. Mögliche Ziele sind:

– die Bekanntheit und das Image der NPO zu stärken bzw. zu verbessern,

– die Position der NPO, die Art und den Nutzen der Leistung bei den Zielpersonen zu verankern,

– den Namen der Aktion bzw. des Programms bekannt zu machen,

– Symbole, Zeichen und Slogans, Bilder, Farben und deren Bedeutung bekannt zu machen,

– Ansprüche und Appelle bei den Zielgruppen akzeptierbar zu machen,

– Serviceleistungen und Hilfsprogramme usw. vorzustellen,

– Vorurteile, Ängste oder aktive und passive Widerstände oder Verweigerungen abzubauen,

– gewünschte Motivationen und positive Einstellungen zum Unternehmen oder zu seiner Leistung zu fördern,

– gewünschte Verhaltens- oder Einstellungsänderungen zu schaffen,

– Gegenmotivationen zur Konkurrenz aufzubauen,

– eine Änderung des bisherigen Spendenverhaltens, eines Informationsverhaltens, einer Handlung usw. herbeizuführen.

Die Kommunikations-Zielsetzungen sind die Basis der strategischen und kreativen Phasen des Sieben-Phasen-Modells.

(4) *Argumentationsziel:* Soweit es die Aufgabenstellung ermöglicht, kann hier bereits die Kernaussage der Fundraising-Kampagne grundsätzlich festgelegt werden. Kernaussagen werden oft durch die Formulierungen im Leitbild vorgegeben. Sie können hier gegebenenfalls neu definiert oder übersetzt werden. Hat z. B. eine NPO die Begriffe „stadtteilnah", „verantwortlich für die Schwachen in unserer Gesellschaft" oder „Nächstenliebe" im Leitbild verankert, sind diese Begriffe in ihrem semantischen Zusammenhang Basis der Kernaussagen. Mit solchen Begriffen werden also bereits Vorlagen für die kreative Phase des Textens geschaffen. Jedoch soll hier keinesfalls schon getextet werden. Argumentationsziele sind Zielvorgaben.

(5) *Budgetziele:* Fundraising erfordert Investitionen. Hier wird der Investitionsrahmen verbindlich festgelegt bzw. ein vorgegebenes Budget berücksichtigt. In diesem Rahmen haben sich die Marketing-Maßnahmen (Produktentwicklung, Produktion, Produktgestaltung, Vertriebskosten) und die Kommunikations-Maßnahmen (Gestaltungskosten, Druckkosten, Mediakosten, Personalkosten) zu bewegen. Nebenkosten (z. B. Personalkosten bei Präsentationen, Standbesetzungen auf Messen und Veranstaltungen, Akteure bei Events usw.) sowie zu zahlende Steuern sind ebenfalls einzukalkulieren.

## 3.2.2.4 Phase 4: Strategie und Planung

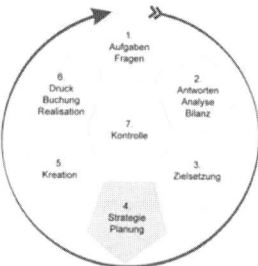

In dieser strategischen Planungsphase werden Kontrollkriterien festgelegt, die später zur Legitimation der Marketing- oder Kommunikations-Kampagne als Daten für weitere Maßnahmen zur Verfügung stehen. Festgelegt werden auch die Messgrößen und Messmethoden. Was soll gemessen werden, um einen Erfolg der Kampagne festzustellen? Basis ist die Zielsetzung. Maßnahmen und Aktionen, die eine Zielerreichung ermöglichen, werden entwickelt. Die leitende Fragestellung ist: Wie[7] werden welche Kommunikationsziele mit welchen kommunikativen Botschaften (wie) bzw. Kernaussagen über welche Medien (womit) an welche Zielgruppen (an wen) im Rahmen welcher Aktionen wann und an welchen Orten (wo) transportiert, um das Fundraising-Ziel (was) zu erreichen? So entsteht ein Mediaplan (siehe 6.5).

Die strategische Planung, der strategische Einsatz der Marketing-Kommunikation im Markt, richtet sich nach dem finanziellen Rahmen, den das Budget für die Realisierung der Fundraising-Kampagne vorgibt, nach der Zielsetzung und den Zielgruppen-Vorgaben. Im Rahmen der strategischen Planung ist es wichtig, die Recherchen bei der Personal-Einsatzplanung zu berücksichtigen. Grundsätzlich sind möglichst viele Marketing- und Kommunikations-Mixfaktoren integriert einzusetzen (siehe 3.2.1).

In der vierten Phase entstehen die präsentationsstarken Ideen für Messe- und Ausstellungsauftritte, ereignisstarke Events und Veranstaltungen. Basis ist die hier festgelegte *Kampagnenidee.*

Die einzelnen Maßnahmen können nach folgender Struktur gegliedert sein:

- interne und externe Maßnahmennummer im Sinne der zeitlichen Abfolge
- Zeit (von … bis …)

- anzusprechende Zielpersonen, Multiplikatoren usw.

- kommunikative Grundidee einschließlich der *Tonality* (Tonart der Zielgruppen-Ansprache):

- einzusetzende Kommunikationsinstrumente (Werbung, PR, Event usw.); einzuset-zende Mittel (Flyer, Plakate, Spots usw.)

- einzusetzende Medien, Grobplanung

- einzusetzendes Personal

- Zuständigkeiten

- Kosten inklusive Mehrwertsteuer und Verwaltungskosten (Sowieso-da-Kosten).[8]

Abbildung 2: Beispiel für eine Planungs-Matrix

| Maßnah-men | Zeit | Zielper-sonen | Idee | Mittel | Medien | Personal | Zuständig-keiten | Kosten |
|---|---|---|---|---|---|---|---|---|
|  |  |  |  |  |  |  |  |  |
|  |  |  |  |  |  |  |  |  |

## 3.2.2.5 Phase 5: Kreation

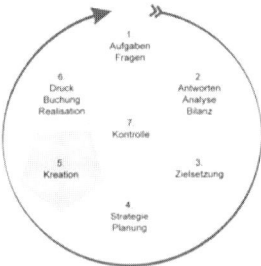

Die strategische Maßnahmenplanung liegt detailliert vor. Der Personaleinsatz, die Kommunikationsinstrumente sowie die Mittel und Medien sind festgelegt. Die Kernaus-sagen sind verbindlich abgestimmt.

In Phase 5 wird eine zielgruppengerechte Verschlüsselung der Kommunikationsziele in Text, Bild, Grafik, Farbe, Format, Ton und bewegten Bildern erarbeitet. Hier werden die kampagnenstarken Slogans und Claims, die tragenden Bildideen geboren.

Basis ist ein aus der Corporate Identity (CI) abgeleitetes Corporate Design (CD), das in einem CD-Manual dokumentiert ist. Im CD-Manual ist das Logo[9] verbindlich festgelegt. Daraus wird die kreative Plattform für die geplante Fundraising-Kampagne abgeleitet:

- In welcher *Tonality* wird die Kampagne welchen Zielgruppen präsentiert: frech und lustig; verantwortungsvoll bis moralisch-ethisch; historisch legitimiert oder anders?

- Wie soll die *Kernaussage* begründet (Reason Why) werden: Beweise durch Beispiele, eine Geschichte, Bilddokumente, Testimonials („Ich spende, weil ..."), Darstellung von Persönlichkeiten usw.?

- Wie soll dem Spender die *Nutzenstiftung* (USP) vermittelt werden: durch sachliche Argumente, durch Betonung von Lebenslust, Verantwortungsübernahme, durch Darstellung von Mitleid oder durch Angstabwehr?

- Welche *textliche Sprachebene* und welche Bildsprache sollen gewählt werden: Mundart, einfache Volkssprache, Fach- oder Branchensprache, Jugendsprache, die Sprache der gebildeten oberen Schichten (elaboriert)?

- Welche *Bildsprache* wird situationsgerecht angestrebt? Welche Lebenswelten, Persönlichkeiten, Gebäude, Landschaften, historischen Bilder werden aufgezeigt?

- Welche *Typografie* schreibt das Corporate Design vor, und welche soll in der Fundraising-Kampagne tragend sein?

---

*Tipp*: Denken Sie daran, dass alle Texte, Bilder, Farben, Formen, Zeichen und Symbole in allen geplanten Medien einsetzbar sein müssen, auf dem schlechten Papier einer Tageszeitung ebenso wie auf einem Plakat, in einem Hörfunkspot oder in einem Fernsehfilm.

---

Wichtig ist, eine große, verstehbare, sympathische und Spenden auslösende Linie der Kreativität zu schaffen. Sie muss sich in allen kommunikativen Auftritten und in den verschiedenen Medien widerspiegeln und erkennbar werden.

In der strategischen Phase wurden die einzusetzenden Medien im Rahmen eines Media-Kostenplanes festgelegt. In der kreativen Phase werden die speziellen Medien ausgewählt.

---

*Tipp:* Nicht immer verfügt ein Unternehmen über personelle Kompetenzen, um gute Texte, Fotos und Grafiken zu schaffen. Hier ist der Einsatz von Fachleuten notwendig. Doch Vorsicht: Alle Texter, Fotografen und Gestalter versuchen ihren eigenen Stil in eine Kampagne einzubringen. Ein sorgsames, kreatives Briefing, das neben den Fundraising-Zielen die Kommunikationsziele, die gewünschte Tonart und die geplanten Medien aufführt, gibt den externen Kreativen einen klaren Gestaltungsrahmen vor.

---

In der Checkliste 3 im Anhang finden Sie einige Checkpunkte als Hilfestellung für Phase 5.

## 3.2.2.6 Phase 6: Druck, Buchung, Realisation

In Phase 6 werden Entscheidungen über die Herstellung (Produktion) und Realisation der Kommunikationsmittel, die Buchung der Medien (Disposition) und die Verteilung (Distribution) von Mitteln und Medien an die ausgewählten Zielgruppen getroffen. Die besten Kampagnen können scheitern, wenn Drucktermine, Redaktionsschlusszeiten, Versandzeiten und Versandwege für die ausgewählten Kommunikationsmittel nicht beachtet werden. Phase 6 stellt sicher, dass die Kampagnen zielgruppengenau an den geplanten Orten stattfinden und die Zielgruppen erreichen (siehe auch Checkliste 4 im Anhang).

Die Buchung der Medien nach dem in Phase 4 erarbeiteten Mediaplan setzt Kenntnisse über Auftragserteilung, Auftragsüberwachung und Auftragsabrechnung voraus. Hier stellen die unterschiedlichen Medien jeweils besondere Anforderungen.[10]

---

*Tipp:* Klären Sie, wo und wann in welchem Produktionsprozess bei der Herstellung von Kommunikationsmitteln noch eingegriffen werden kann?

Nach welcher qualifizierten Datenbank werden an welche Zielgruppen wann welche Mailings mit welchen Bestandteilen versandt?

Wer hat welche Verantwortung übernommen, um mit welchen Druckereien, Plakatanschlags-Unternehmen, TV-Produktionen, Hörfunksendern oder anderen Medien zu verhandeln und den Prozess zu überwachen?

---

Am Ende dieses Planungsprozesses erreicht die Kampagne auf den vielen Ebenen der geplanten Maßnahmen und Einzelaktivitäten die verschiedenen Zielgruppen – und wirkt.

## 3.2.2.7 Phase 7: Kontrolle

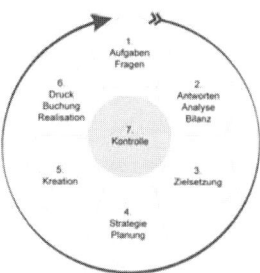

Auf Basis der in Phase 3 formulierten Zielsetzungen werden in Phase 7 die Ergebnisse der Fundraising-Kampagne überprüft. Differenziert nach Zielgruppen, eingesetzten Mitteln und Medien werden die Spendenergebnisse ausgewertet. Die wirtschaftliche Prüfung der Kampagne – Return of Investment (ROI) – je nach Spendergruppe, Maßnahme usw. gibt wichtige Hinweise für die Planung der nächsten Fundraising-Kampagne (siehe auch Checkliste 5 im Anhang).

Die Wirkung kommunikativer Maßnahmen ist messbar an *quantitativen Ergebnissen*, z. B. Spenden, Nutzung der Leistung, Verkäufen, Besucherzahlen bei Events, Messen und Veranstaltungen, Rücklauf von Direktmarketing-Aktionen, Kontaktzahlen klassischer Medien, Antworten und Dialogen im Internet, und an *qualitativen Ergebnissen*, z. B. Einstellungs-, Meinungs-, Verhaltensänderungen, Abbau von Vorurteilen, Lernergebnissen usw. Qualitative Messungen sind nur möglich, wenn eine „Nullmessung" vorliegt!

## 3.2.2.8 Zusammenfassung

Diese Zusammenfassung soll Ihnen zusammen mit den Checklisten als umfassende Checkliste für die Arbeitsanleitung einer Fundraising-Kampagne nach dem Sieben-Phasen-Modell systematischer Kommunikation dienen.

Phase 1: *Aufgabenstellung und Fragen*

Ursprüngliche Aufgabenstellung konkretisieren durch Fragen zu: Identität, Mission, Vision. Organisationsstruktur, Führung, Betriebsklima und interne Kommunikation. Betriebswirtschaftliche, finanzpolitische Details. Externe Kommunikation: Werbung, PR, Events usw. Bisherige Fundraising-Kampagnen: Erfolge, Misserfolge, Ergebnisse. Konkurrenzaktivitäten. Erreichte und potenzielle Zielgruppen. Multiplikatoren, Fürsprecher. Gesellschaftliche Einflüsse, Trends.

Phase 2: *Antworten und Analysebilanz*

Antworten mit Hilfe der eruierten Quellen recherchieren. Interpretation der Antworten und Ableiten der SWOT-Analysebilanz. Re-Briefing. Informationslücken erkennen und schließen oder akzeptieren.

Phase 3: *Zielsetzung*

Marketing- bzw. Fundraising-Ziele, Zielgruppen und Kommunikationsziele, Argumentationsziele und Budgetziele definieren. Die Ziele sollen klar und operationalisiert bestimmt werden, damit ihr Erreichen oder Verfehlen später kontrolliert werden kann.

Phase 4: *Strategie und Planung*

Basis: die generelle Kampagnenidee. „W"-Fragen: Wer macht wann was, wo, wie, bis wann, mit welchen Mitteln und Medien, will was aussagen und hat wie viel Etat zur Verfügung? Auch Planung von Präsentationen der Ergebnisse.

Phase 5: *Kreation*

Verarbeitung der Kommunikationsziele in Text, Bild, Fotografie, Grafik. Gestaltung soll formgerecht, zielgruppengerecht und mediengerecht sein. Mittelfeinplanung: formatgerecht, zielgruppengerecht, mediengerecht. Media-Feinplanung: kostengerecht und reichweitenstark. Wenn Sie mit externen Kreativen arbeiten, sind diese hinsichtlich Ihres Corporate Design besonders gut zu *briefen* (vgl. 2.2.4).

Phase 6: *Druck, Buchung, Realisation*

Umsetzung der Maßnahmen: Abstimmung mit Herstellern, Buchung und Einsatz der Medien: Buchungs- und Produktionszeiten der Medien, Drucktechnik und Kapazitäten beachten. Mit Druckern und Technikern über die Kampagnenziele sprechen. Gute Plätze an Plakatwänden usw. rechtzeitig buchen. Bearbeitungs- und Sendetechniken der audiovisuellen Medien beachten. Aufbau, Ablauf, Abbau und Rahmenbedingungen bei Veranstaltungen, Events, Messen und Ausstellungen beachten. Kommunikationsverhalten der Zielgruppen beachten.

Phase 7: *Kontrolle*

Ehrlicher Vergleich der erreichten Ergebnisse mit den gesetzten Zielen. Kontrolle der Fundraising-Ziele, erzielten Reichweiten der Medien, Kontakte, Besucherzahlen, Kostenkontrolle, Engagement der Einsatzkräfte. Grundlage für die nächste Kampagne legen.

## Anmerkungen

1  Siehe Definition Marketing-Management unter 3.2.1.

2  Die Aufgabe ist zwar fiktiv, aber einem realen Fall entnommen.

3  Heute bieten Verlage, Institute und Agenturen Daten über Informationsverhalten, Kaufgewohnheiten, Einstellungen und Zukunftsabsichten an, strukturiert nach psychografischen und soziodemografischen Daten (siehe 6.4).

4  Re-Briefings sind keine Verträge. Hier wird ausschließlich die verbindliche Aufgabenstellung schriftlich fixiert.

5  Für die Zielgruppendefinition liefern Verlage und Institute Entscheidungshilfen in Form von Zählungen und Analysen von Zielgruppentypologien. Siehe hier: „Brigitte"-Typologien, Typologie von „Das Beste" und die Info-Typologien von „Focus".

6  Siehe Markendreiklang unter 3.2.1.

7  Die hier ausgeführten „W"-Fragen erleichtern das strategische Denken.

8  Oft werden bei der Kostenplanung die Kosten nicht berechnet, die in jedem Falle in den Abteilungen oder der NPO anfallen, gleich ob die Fundraising-Maßnahme durchgeführt wird oder nicht. Es ist redlich, hier die „Soda-Kosten" (diese Kosten sind sowieso da) mit zu kalkulieren.

9  Ein Logo demonstriert die Identifikation und damit gleichzeitig die Differenzierung gegenüber Mitbewerbern. Das Logo ist Kennzeichen einer bestimmten Markenwelt und ein Symbol. Es steht für das Unternehmen, die Leistungen der Menschen, den Erfolg, die Vision und die Ziele sowie die Geschichte. Es verbindet Herkunft mit Zukunft. Gemeinsam mit den weiteren Basiselementen Schrift, Farbe, Bildsprache transportiert es die Marke und ihre Werte klar und eindeutig nach innen und nach außen.

10  Die Medienunterlagen der Tageszeitungen, Hörfunksender, Fernsehanstalten, der Plakatanschlags-Unternehmen und der Verkehrsmittelwerbung stellen ausführliche Mediaplanungs-Unterlagen bereit, aus denen neben Preisen und Rabatten die Buchungszeiten sowie die technischen Rahmenbedingungen hervorgehen.

# 3.3 Relationship-Fundraising

## 3.3.1 Motive des Gebens, Schenkens und Stiftens

### 3.3.1.1 Motive des Gebens und Schenkens von Privatpersonen

*Konstantin Reetz / Johannes Ruzicka*


(1) Einleitung

Das Spektrum spendender Privatpersonen reicht von hoch vermögenden zu fast mittellosen Menschen, von solchen, die im Rampenlicht der Öffentlichkeit stehen wollen, zu solchen, die anonym bleiben wollen, und es ließen sich weitere Gegensatzpaare anführen. Es liegt auf der Hand, dass auch die Motive des Gebens und Schenkens dieser Privatpersonen unterschiedlicher Natur sind und in ihren verschiedenen Kombinationen ein breites Spektrum umfassen. Es leuchtet auch ein, dass diejenigen Organisationen, die ihr Vorgehen im Fundraising an den Motiven des von ihnen angestrebten Spenderkreises ausrichten, besonders erfolgreich sein werden.

So wie sich die Vielfalt menschlichen Verhaltens um bestimmte Personentypen gruppieren lässt, können auch die verschiedenen inneren Motive des Gebens um Personentypen gruppiert werden. Dabei wird offensichtlich, dass sich einige Typen eher als Geber-Typen charakterisieren lassen als andere. Im Folgenden sollen deshalb fünf Geber-Typen postuliert und ihre typischen Motive erläutert werden. Drei der fünf dargestellten Typen entspringen dem aktiven, einer dem passiven und einer dem suchenden Personentyp. Diese Vereinfachung hat für eine leichtere Handhabung im Sinne möglicher Fundraising-Strategien ihre Berechtigung. Allerdings treten die Motive in den seltensten Fällen singulär in Erscheinung, noch sind sie als statisch anzusehen – gerade im Relationship-Fundraising sollte also die Möglichkeit genutzt werden, verschiedene Motiv-Kombinationen zu bedienen und bereits bestehende Motive der Spender um zusätzliche Motive zu erweitern.

Von den inneren Motiven des Spenders abzugrenzen sind Impulse, deren Ursprung im Umfeld des Spenders liegt. Gängige Beispiele hierfür sind, keine Erben zu haben, unzufrieden mit der Verwendung von Steuergeldern zu sein, dem um eine Spende Bittenden einen Gefallen zu schulden, zu einer Spende gedrängt zu werden oder aber ein bewegendes Ereignis oder ein offensichtlicher Missstand. Menschen spenden selten alleine aufgrund solcher Impulse. Zwar sind sie durch diese Umstände besonders wahrscheinliche Kandidaten des Gebens und Schenkens, für welche Organisation aber und in welchem Umfang sie spenden, hängt in der Regel doch wieder davon ab, wie ihre inneren Motive angesprochen werden. Die wenigsten Menschen werden als Wohltäter geboren – es muss also etwas getan werden, damit sie das Rechte tun, es muss ihnen möglich gemacht werden, es zu erkennen.

(2) Motive aktiver Personentypen: Macher-Typ, Wohltäter-Typ und Netzwerk-Typ

(a) Der *Macher Typ* ist gewohnt, selbst zu handeln, zu gestalten, Verantwortung zu übernehmen und Kontrolle auszuüben. Er ist unzufrieden mit dem Ist-Zustand, sucht nach dem Fehlenden und ist überzeugt von der Notwendigkeit, einen Beitrag zu leisten. In seinem Herangehen ist er enthusiastisch, von Idealen geleitet, impulsiv, manchmal streitlustig und den Widerstand suchend. Auch die Rolle des opferbereiten Märtyrers steht ihm gut.

Die Motive des Gebens und Schenkens des Macher-Typs entspringen dem Willen, Wandel zu bewirken, Impulse zu geben und mitzuwirken. Möglicherweise spielt persönliche Betroffenheit eine Rolle, Motive wie Dankbarkeit, das Bedürfnis zu helfen oder das Bedürfnis nach Gerechtigkeit können dann hinzukommen. In der Regel ist der Macher-Typ von der Wichtigkeit des Förderprojekts bereits überzeugt – er hat es aufgrund seiner persönlichen Ansichten oder Wertvorstellungen bewusst ausgewählt. Oft will er über das Spenden hinaus ein sinnvolles Betätigungsfeld finden und selbst mitbestimmen.

Aus Sicht des Fundraisings bestehen gute Chancen, den Macher-Typen als langfristigen Förderer und Partner zu gewinnen, der zudem als starker Fürsprecher und Multiplikator auftritt und die Organisation tatkräftig durch seine eigene Arbeit unterstützt. Den Charakterzügen des Macher-Typen entsprechend ist es wichtig, ihm eine große Vision an die Hand zu geben und das Bewusstsein der Organisation über die Bedeutung der gemeinsamen Ziele zu unterstreichen. Da der Macher-Typ von den Inhalten der Förderprojekte in der Regel bereits überzeugt ist, besteht die Priorität darin, die Effektivität der Organisation in der Erreichung der Förderziele unter Beweis zu stellen. Erfolge sollten kommuniziert, die Organisation als zuverlässiger Vertreter des Spenders positioniert werden. Um dem Handlungsdrang des Macher-Typs gerecht zu werden, sollte ihm die Möglichkeit zum direkten Mitwirken angeboten und möglicherweise auch Verantwortung übertragen werden. Allerdings muss sich die Organisation vorab Gedanken darüber machen, wo sie beim Mitspracherecht ihrer Förderer die Grenze ziehen will.

(b) Der *Wohltäter-Typ* liebt das Rampenlicht. Er will wahrgenommen werden, sich präsentieren und positionieren. Nicht selten gibt er sich in falscher Bescheidenheit. Er pflegt den Anschein des Altruismus und zögert nicht, Abhängigkeiten herbeizuführen.

Die Motive des Gebens und Schenkens des Wohltäter-Typs basieren auf einem starken Bedürfnis nach öffentlicher Anerkennung. Oft geht es darum, sich zu verewigen. Die Vorstellung, dass die Wahrnehmung seiner Persönlichkeit und dessen, was er aufgebaut und erreicht hat, schwinden könnte, ist ihm ein Grauen.

An den Inhalten und Zielen von Förderprojekten hat der Wohltäter-Typ oft nur ein oberflächliches Interesse. Infolgedessen wird er – trotz seiner meist hohen Präsenz in der Öffentlichkeit – auch kein wirklich starker Fürsprecher sein. Immerhin tendiert der Wohltäter-Typ zu Spendenbeträgen einer Größenordnung, die Aufmerksamkeit erregt.

Aus Sicht des Fundraisings besteht zum einen die Möglichkeit, die Bedürfnisse des Wohltäter-Typs zu bedienen. Ihn zum Initiator und Ermöglicher des Förderprojekts zu küren und zugleich die Wichtigkeit einer entsprechend hohen Spende zu unterstreichen, befriedigt seine Bedürfnisse und hilft der Organisation – zumindest aus finanzieller Sicht. Wichtige Gegenleistungen sind hierbei eine frühe und intensive Spenderpflege sowie eine großzügige Portion an öffentlicher Danksagung.

Eine alternative Strategie besteht darin, im Wohltäter-Typ gezielt die Entwicklung von Motiven anderer Personentypen zu fördern. Wenn es den Fundraiserinnen und Fundraisern gelingt, in ihm Interesse für Visionen, hehre Ziele, Inhalte und tatkräftige Umsetzung zu wecken, so wird er vielleicht auch die Freude am Geben ohne Nehmen entdecken. Die Beziehung zum Spender kann sich dann zu einer wirklichen Partnerschaft, die mehr Zufriedenheit für alle Beteiligten mit sich bringt, weiterentwickeln.

(c) Der *Netzwerk-Typ* ist erfolgsorientiert und verfolgt dabei in erster Linie eigene Ziele. Beziehungen geht er unter dem Aspekt der Nützlichkeit ein. Unter Umständen betrachtet er Täuschung und Manipulation als zweckdienliche Mittel.

Motive zum Spenden erkennt der Netzwerk-Typ dann, wenn sie der Erreichung eigener Ziele dienlich sind. Die Spende dient als Sprungbrett, z. B. um Zugang zum Kreis bestehender Förderer zu erhalten, eine temporäre Zweckgemeinschaft mit der Organisation einzugehen oder deren Ressourcen nutzen zu können.

Ähnlich dem Wohltäter-Typ ist sein Interesse an den Inhalten des Förderprojekts meist sekundär, einen wirksamen Fürsprecher kann man in ihm selten finden. Der Umfang der finanziellen Unterstützung wird in der Regel gerade die Schwelle erreichen, die ihm Zugang zu den gewünschten Vorzügen öffnet.

Auch in der strategischen Herangehensweise an den Netzwerk-Typ finden sich Parallelen zum Wohltäter-Typ. Bestehende Bedürfnisse können befriedigt werden, indem die erhofften Vorzüge aktiv als Gegenleistung angeboten werden. Als Mindestmaß sollte dabei vorausgesetzt werden, dass die Ziele des Spenders und der Organisation zumindest in eine ähnliche Richtung gehen und Schnittmengen aufweisen. Wiederum sollte das Ziel jedoch darin bestehen, die Entwicklung von Motiven des Gebens und Schenkens zu fördern, die eine glaubwürdige und nachhaltige Partnerschaft ermöglichen.

(3) Motive des passiven Personentyps

Der *passive Personentyp* ist harmoniebedürftig, weicht Problemen lieber aus und kann eine gewisse Trägheit, Inaktivität und Unbeweglichkeit nicht abstreiten. Er erkennt insgeheim den Handlungsbedarf für Veränderungen, kann sich jedoch nicht zum eigenen Handeln motivieren.

Entscheidet sich der passive Personentyp zum Geben und Schenken, so basieren die zugrunde liegenden Motive meist auf einem schlechten Gewissen. Der passive Personentyp ist betroffen vom Unglück anderer und schämt sich diesbezüglich seines eigenen Wohlergehens, das ihm trotz seiner Trägheit zuteil wurde. Für ihn stellen Geben und Schenken einen Ausweg aus einem persönlichen Dilemma dar.

Die Spende des passiven Personentyps erfolgt in der Regel sporadisch und im Umfang deutlich unter seinem finanziellen Potenzial. Da der passive Personentyp zudem selten zielgerichtet spendet, gestaltet sich die Bindung an die Organisation schwierig. Es besteht Konkurrenz mit allen gemeinnützigen Zwecken, die sich zur Beruhigung des schlechten Gewissens eignen.

Das Ziel für ein erfolgreiches Fundraising besteht beim passiven Personentyp darin, ihm die Bedeutung der Ziele der Organisation nahe zu bringen, die positiven Folgen seines Engagements aufzuzeigen und somit die Freude am Spenden in ihm zu wecken. Darüber hinaus sollte versucht werden, den passiven Personentyp zu einem aktiven Verhalten zu motivieren. Dies kann geschehen, indem er inhaltlich eingebunden oder um Rat gebeten wird, eine seiner Fähigkeiten zum Einsatz gebracht oder ihm Verantwortung übertragen wird. Wichtig ist auch hier, die Bedeutung seines Beitrags zu kommunizieren. Zudem kann es hilfreich sein, gezielt ein Wir-Gefühl zu vermitteln.

(4) Motive des suchenden Personentyps

Der *suchende Personentyp* ist einsam, schüchtern und vom Leben verunsichert. Selbstzweifel plagen ihn, er möchte sich anlehnen und absichern. Oft machen ihn die Versuche, seiner misslichen Lage zu entrinnen, zu einem aufopferungsbereiten Arbeitstier.

Die Motive zum Geben und Schenken entspringen beim suchenden Personentyp einem Bedürfnis nach Zugehörigkeit, Anschluss, Geborgenheit, oft auch seelischem Beistand oder persönlicher Anerkennung.

Ähnlich wie bei anderen Personentypen steht der Inhalt des Förderprojekts oft im Hintergrund. Allerdings entwickelt sich der suchende Personentyp meist rasch zu einem treuen Partner, der sich über seine Spende hinaus liebend gerne tatkräftig und aktiv an der Arbeit beteiligt.

Die geeignete Strategie hinsichtlich des Fundraisings liegt auf der Hand. Das Engagement des suchenden Personentyps kann gewonnen werden, indem ihm Gemeinschaftsgefühl vermittelt und Vertrauen geschenkt wird. Das Hervorheben gemeinsamer, verbindender Ziele kann helfen, die Inhalte der Förderprojekte mit in den Vordergrund zu rücken. Auch das gezielte Aufzeigen von Erfolgen in der Förderarbeit kann den Prozess unterstützen, dem suchenden Personentyp Motive des Gebens und Schenkens zu vermitteln, die über seine bisherigen Bedürfnisse hinausgehen.

(5) Fallbeispiel

Zur Verdeutlichung eines möglichen strategischen Umgangs mit den Motiven potenzieller Förderer soll als Beispiel die Organisation Greenpeace angeführt werden. Diese eignet sich hervorragend aufgrund ihrer klaren Ausrichtung auf öffentlichkeitswirksame, oft exzessiven Kräfteeinsatz demonstrierenden Aktionen im Auftrag der Natur.

Ohne Zweifel erscheint Greenpeace wie geschaffen für den *Macher-Typ*. Slogans wie „Taten statt warten" lassen keinen Zweifel, dass dem Handlungsdrang hier nachgegeben werden darf. Auch das Impulsive und das den Widerstand Herausfordernde ist bei Greenpeace Programm. Selbst Märtyrertum kann regelmäßig beobachtet werden, wenn Greenpeace-Aktivisten erhobenen Hauptes und mit stolzem Blick verhaftet und abgeführt werden. Diese Organisation ist eben ein Tiger und obendrein eine harte Nuss.

Die Motive des *Wohltäter-Typs* und des *Netzwerk-Typs* dagegen werden diese wohl kaum zu einem Engagement für Greenpeace bewegen können. Das Image der Organisation ist durchwachsen, und gerade in den Kreisen, in denen diese beiden Typen brillieren oder sich vernetzen möchten, blickt man eher mit Befremden auf die gesellschaftskritischen Aktivisten. Zudem zählen in dieser Organisation Taten mehr als Gaben, und so würde die öffentliche Anerkennung der Macher viel zu sehr vom Wohltäter-Typ ablenken, ebenso wie es für den Netzwerk-Typ schwierig sein dürfte, die Macher zu domestizieren und für seine Zwecke einzusetzen.

Der *passive Personentyp* kann seine Motive gut mit Greenpeace in Einklang bringen. Zum einen ist Umweltschutz ein nahe liegendes Thema, um mit einer Spende ein wenig das schlechte Gewissen zu beruhigen. Darüber hinaus besteht für den passiven Personentyp die Hoffnung, dass eine Unterstützung der gewagten und provokanten Aktionen zumindest gefühlsmäßig einen Ausgleich zur eigenen Trägheit und Konflikt-Vermeidungshaltung bewirkt.

Auch der *suchende Personentyp* ist mit seinen Motiven bei einer Organisation wie Greenpeace gut beraten. Es werden ausreichend Möglichkeiten geboten, vor Ort Mitglied einer lokalen Gruppe zu werden, Anschluss zu finden und sich mit Gleichgesinnten zu umgeben, die durch ein gemeinsames Ziel geeint sind. Zudem ist Greenpeace eine große, seit langem etablierte Organisation mit klaren Themen, Standpunkten, Konzepten und Arbeitsweisen. Trotz des kämpferischen und impulsiven Beigeschmacks ist Greenpeace also durchaus eine Organisation, die dem suchenden Personentyp Gelegenheit zum Anlehnen und ein Gefühl von Sicherheit und Struktur geben kann.

Es wird deutlich, dass Greenpeace in der Lage ist, auf eine Kombination unterschiedlicher Motive einzugehen. Andererseits fällt auf, dass die Organisation in ihrer eigenen Positionierung und Darstellung sehr gezielt die Motive des Macher-Typs betont. Infolgedessen ist zu erwarten, dass Vertreter des passiven und suchenden Personentyps – und gelegentlich vielleicht sogar des Wohltäter- oder Netzwerk-Typs – stetig dazu angeregt werden, Motive des Macher-Typs für sich zu entdecken und zu entwickeln. Damit sind auch beim eher wankelmütigen Spenderkreis des passiven Personentyps weitere Bindungsmöglichkeiten gegeben. Ein Vorgang also, der ganz im Sinne des Relationship-Fundraisings ist.

## 3.3.1.2 Motive des Gebens und Schenkens von juristischen Personen und Unternehmen

*Konstantin Reetz / Johannes Ruzicka*

(1) Einleitung

Im Gegensatz zum breiten Spektrum an Motiven bei gebenden Privatpersonen lassen sich die Motive des Gebens und Schenkens bei juristischen Personen und Unternehmen, hier der Einfachheit halber als Unternehmen bezeichnet, recht klar entlang der Ziele von Unternehmen gliedern und beschreiben. Der Grund hierfür liegt auf der Hand, denn alle Aktivitäten eines Unternehmens sollten sich in erster Linie dessen definierten Zielen unterordnen. Beweggründe zum Spenden können dabei entweder der Image-förderung dienen oder zur Geschäftsentwicklung beitragen. Das Motiv der Imageför-derung kann nach außen gerichtet sein *(Positionierung auf dem Markt)* oder nach innen *(Pflege der Unternehmenskultur)*. Das Motiv der Geschäftsentwicklung kann mit den Aktivitäten der geförderten gemeinnützigen Organisation korrelieren *(Interesse an der Umsetzung des Förderprojekts)* oder sich auf die Organisation selbst, also ihre Mitglieder, ihr Netzwerk usw. beziehen *(Interesse an der geförderten Organisation)*. Diese gedankliche Einteilung kann bei der Erreichung von Spendeninteresse eine große Hilfe sein, obwohl man es in der Praxis oft mit einem Zusammenspiel verschiedener Motive zu tun haben wird und darüber hinaus meist mehrere Entscheidungsträger im direkten und indi-rekten Umfeld des Unternehmens berücksichtigen muss.

Ausnahmen hiervon können dann auftreten, wenn ein Unternehmen von einer Pri-vatperson dominiert wird, die bestimmte Entscheidungen ohne Gremien bzw. an die-sen vorbei fällen kann. Klassischerweise kommt dies bei stark hierarchisch geführten Unternehmen vor sowie bei Unternehmen, in denen die Gründer oder Mehrheitsgesell-schafter nach wie vor eine aktive Rolle spielen. In der Regel ist das besonders in noch jungen, im Aufbau befindlichen Unternehmen der Fall oder bei solchen mit einer fes-ten Eigentümerstruktur. Wenn also eine Privatperson die wohltäterischen Aktivitäten des Unternehmens in Eigenregie bestimmt, können die zugrunde liegenden Motive des Gebens und Schenkens als Motive von Privatpersonen beschrieben werden (sie-he 3.3.1.1). Hier soll nicht unerwähnt bleiben, dass viele Folgeschwierigkeiten mit dem fördernden Unternehmen vermieden werden können, wenn die Spende in diesem Fall auch tatsächlich als Privatspende eingeworben wird.

Entscheidungsträger von Unternehmen reagieren oft auf Impulse aus dem persön-lichen Umfeld. So spielt beispielsweise der Umstand, dem um eine Spende Bittenden einen Gefallen zu schulden, bei Unternehmerpersönlichkeiten nicht selten eine wichtige Rolle. Allerdings kann eine Diskrepanz zwischen den persönlichen Motiven einzelner Entscheider und den Ansichten anderer Führungskräfte und der Mitarbeiter des Un-ternehmens schnell zu Konflikten führen, wenn die persönlichen Motive nicht in die Gesamtstrategie eingebettet werden.

Abschließend muss bei der Zielgruppe der juristischen Personen und Unternehmen noch auf den schmalen Grad zwischen Spenden und Sponsoring hingewiesen werden: Beide Formen machen Unternehmen als Zielgruppe für Fundraising interessant, nur dass die steuerliche Behandlung sowohl für den Geber als auch den Empfänger Unterschiede aufweist und im Fall des Sponsorings die Geschäftsbeziehung im Vordergrund steht. Deshalb müssen Spenden empfangende Organisationen, um nicht ungewollt steuerpflichtig zu werden oder gar den Gemeinnützigkeitsstatus zu verlieren, die gesetzlichen Rahmenbedingungen sehr genau beachten (siehe 7.2).

(2) Motive zur Imageförderung: Positionierung auf dem Markt und Pflege der Unternehmenskultur

(a) Das erste Motiv zur Imageförderung zielt auf eine bessere *Positionierung auf dem Markt*. Bei der Spende handelt es sich also um eine Werbemaßnahme, die zur Profilbildung des gebenden Unternehmens gegenüber Kunden, Geschäftspartnern, Mitgliedern oder sonstigen Zielgruppen dient. Oft möchte das spendende Unternehmen dabei öffentlichkeitswirksam die Erfüllung sozialer Verantwortung demonstrieren. Inwieweit juristische Personen und insbesondere Wirtschaftsunternehmen überhaupt soziale Verantwortung tragen, wird seit langem kontrovers diskutiert. Tatsache ist jedoch, dass „Corporate Social Responsibility" längst Bestandteil der Kaufentscheidung vieler Kunden und somit auch ein ökonomischer Faktor geworden ist.

Manchmal zielen Maßnahmen des gebenden Unternehmens zur Positionierung auf dem Markt weniger auf den sozialen Aspekt einer Spende ab, sondern nutzen schlichtweg die Tatsache, dass die Unterstützung eines originellen Förderprojekts um ein Vielfaches mehr an Aufmerksamkeit erzeugen kann, als dies mit konventionellen Werbemaßnahmen gelingt. Es geht also nur zum Teil darum, als verantwortungsbewusster Spender wahrgenommen zu werden, sondern auch gezielt darum, eine Verbindung zwischen dem eigenen Namen oder der eigenen Marke und dem Förderprojekt herzustellen. Da neben dem Image des geförderten Projekts auch das meist schon etablierte Image der geförderten Organisation positiv auf das fördernde Unternehmen abfärben kann, erlaubt diese Maßnahme vergleichsweise schnell und mit vergleichsweise geringem Aufwand starke Assoziationen mit positiven Themen oder Emotionen zu schaffen.

Soll das Motiv der Marktpositionierung im Fundraising genutzt werden, so müssen sich die Fundraiserinnen und Fundraiser zunächst darüber klar werden, welches Image mit ihrer Organisation und ihren Förderprojekten assoziiert wird oder werden soll. Es folgt eine Recherche nach potenziellen Spendern, für deren aktuelle Positionierungsstrategie dieses Image dienlich sein könnte. Des Weiteren müssen die Fundraiserinnen und Fundraiser recherchieren, welche Zielgruppe der potenzielle Spender mit diesem Image ansprechen möchte. Nur wenn sie aufzeigen können, dass mit dem geplanten Förderprojekt eben diese Zielgruppe wirksam erreicht werden kann, kommt eine Kooperation infrage. Sind diese grundlegenden Voraussetzungen erfüllt, so müssen die Ergebnisse der Recherchen in konkrete Angebote und freiwillige Gegenleistungen für den potenziellen Spender weiterentwickelt werden. Wirksam kann etwa das Angebot sein, die Öffentlichkeitsarbeit bezüglich des geförderten Projekts (z. B. Eröffnungsfeier mit Presseveranstaltung) eng mit dem Förderer abzustimmen, im Außenauftritt jedoch komplett selbstständig zu übernehmen. Die Kommunikation fußt somit auf dem Motto „Tue Gutes und lasse andere darüber sprechen", also auf der Tatsache, dass Aussagen des Geförderten als glaubwürdiger aufgenommen werden als die des Förderers.

(b) Das zweite Motiv zur Imageförderung ist die *Pflege der Unternehmenskultur*. Auch hier geht es um die Positionierung des fördernden Unternehmens, allerdings in erster Linie gegenüber den eigenen Mitarbeitenden. Sie ist also nach innen gerichtet. Hier spielen soziale Aspekte häufig eine wichtige Rolle. Mitarbeiter haben persönliche Wertvorstellungen, die den ökonomischen Entscheidungen ihrer Arbeitgeber widersprechen können. Fördert das Unternehmen soziale Projekte, so wird diese Diskrepanz reduziert, den Mitarbeitern fällt es leichter, ihre Tätigkeit im Unternehmen mit ihren persönlichen Wertvorstellungen in Einklang zu bringen. Zudem besteht Grund zur Hoffnung, dass ein Arbeitgeber, der soziale Verantwortung übernimmt, auch die persönlichen Anliegen seiner Mitarbeiter wahrnimmt.

Die Stärkung einer positiven Unternehmenskultur durch Akte des Gebens und Schenkens ist dabei nicht auf soziale Aspekte beschränkt. Die Unterstützung geeigneter Förderprojekte kann Themen und Aktivitäten in das Unternehmen bringen, die im Interessensfeld der Mitarbeitenden liegen und mit denen sie sich gerne identifizieren. Beispielsweise würde sich aus Sicht eines Arbeitgebers das Thema Fitness gut eignen, um ein abgerundetes Förderkonzept daraus zu entwickeln. So könnte das Unternehmen eine gemeinnützige Organisation unterstützen, die sich die Themen Fitness und Gesundheit zur Aufgabe gemacht hat, und parallel dazu den eigenen Mitarbeitenden die Nutzung von Fitnessgeräten, Trainingsangeboten und Informationsveranstaltungen anbieten.

Für das geeignete strategische Vorgehen im Fundraising gelten für das Motiv der Pflege der Unternehmenskultur zunächst einige der Aspekte, die bereits zur Positionierung des Spenders auf dem Markt genannt wurden. So muss auch hier sichergestellt werden, dass die um Spenden werbende Organisation die richtige Zielgruppe – hier also die bestehenden oder potenziellen Mitarbeitenden – mit den entsprechenden Themen, Projekten und Assoziationen erreichen kann. Die Kommunikation wird hier allerdings primär nach innen gerichtet sein. Je greifbarer das Engagement des spendenden Unternehmens dabei dessen Mitarbeitenden vermittelt wird, desto mehr Glaubwürdigkeit schenken sie diesem. Eine mögliche Methode besteht z. B. darin, die Mitarbeitenden des Unternehmens aktiv in das Förderprojekt einzubinden, wie etwa durch die Teilnahme an einer Pflanzaktion, die der geförderte Umweltschutzverein im städtischen Park durchführt. Denkbar wäre auch, die Mitarbeitenden als Paten einzusetzen, z. B. für die Bewohner eines vom Unternehmen geförderten Tierheims. Nicht nur gewinnt die Spende dadurch einen ausgesprochen konkreten Bezug, es wird der Belegschaft auch das Gefühl vermittelt, selbst einen Beitrag zu leisten.

(3) Motive zur Geschäftsentwicklung: Interesse an der Umsetzung des Förderprojekts und Interesse an der geförderten Organisation

Während bei der Imageförderung des spendenden Unternehmens die Wahrnehmung des Förderprojekts und der geförderten Organisation im Vordergrund stehen, spielen bei der Geschäftsentwicklung des spendenden Unternehmens die Ergebnisse des Förderprojekts und die Ressourcen der geförderten Organisation die entscheidende Rolle.

(a) Das erste Motiv zur Geschäftsentwicklung beruht auf einem *Interesse an der Umsetzung des Förderprojekts.* Es gründet in diesem Fall darauf, dass durch die Umsetzung des Förderprojekts zugleich Ziele der spendenden Institution gefördert werden. So kann das realisierte Projekt z. B. dem satzungsgemäßen Zweck einer Stiftung oder eines Vereins entsprechen. Auch für Unternehmen kann die Umsetzung eines Förderprojekts die Erreichung eigener strategischer Ziele zur Geschäftsentwicklung bewirken, wie z. B. die Verbesserung der Lebensqualität an einem zukünftigen Unternehmensstandort durch die Förderung von Kinderkrippen und Kindergärten im entsprechenden Stadtteil.

Für das Fundraising bedeutet das in der Regel, dass der Spender sehr ziel- und ergebnisorientiert vorgeht und primär die zügige und qualitative Umsetzung des Projekts vor Augen hat. Anders als bei der Imageförderung tragen hier visionäre Projektkonzepte und aufwendige Öffentlichkeitsarbeit meist kaum zur Zufriedenheit des Spenders bei. Vielmehr bestehen die Aufgaben der Fundraiserinnen und Fundraiser darin, glaubhaft zu vermitteln, weshalb gerade ihre Organisation besonders geeignet ist, dieses Förderprojekt zuverlässig umzusetzen. Erzielte Teilerfolge im Projektverlauf sollten rasch kommuniziert werden. Auch das Angebot einer direkten Einbindung des Spenders in das Förderprojekt (z. B. als Beirat) kann der Glaubwürdigkeit förderlich sein.

Eine Gefahr bei diesem Motiv kann für die geförderte Organisation darin bestehen, vom Spender instrumentalisiert zu werden. So ist es möglich, dass der Förderer die Inhalte des Förderprojekts zu beeinflussen versucht, um diese noch besser seinen eigenen Interessen anzupassen. So erfreulich eine inhaltliche Einbindung von Spendern ist – die geförderte Organisation muss hier klar abgrenzen, wie weit das Mitspracherecht von Förderern gehen kann und darf.

(b) Das zweite Motiv zur Geschäftsentwicklung entspringt einem *Interesse an der geförderten Institution.* Für den Spender steht dabei der Zugang zu den Ressourcen der Organisation im Vordergrund (z. B. Wissen, Immobilien, Mobilien, Mitarbeitende/Mitglieder). Hier nimmt die Umsetzung des Förderprojekts für den Spender meist eine weniger wichtige Rolle ein. Auch die bei der Imageförderung notwendige öffentlichkeitswirksame Kommunikation der Förderung ist eher sekundär. Manchmal liegt dem Geber und Schenker sogar daran, seine Partnerschaft mit der geförderten Organisation als strategischen Vorteil weitestmöglich unter Verschluss zu halten. Dem Spender ist in diesem Fall also an Exklusivität gelegen.

Für das Fundraising heißt dies, dass sich die Hinzugewinnung weiterer Spender als problematisch erweisen kann. Der bestehende Partner wird unter diesen Umständen nicht als tatkräftiger Fürsprecher und Multiplikator auftreten. Für die Fundraiserinnen und Fundraiser bedeutet dies, dass sie – vorausgesetzt, sie wollen und können auf Anforderungen dieser Art überhaupt eingehen – vorab die Nachteile der zu erwartenden Einschränkungen bewerten und in die Berechnung der Spendenzielsumme einbeziehen müssen. Alternativ kann versucht werden, dem Spender die Vorzüge zusätzlicher Kooperationspartner aufzuzeigen. Insbesondere wenn dem bestehenden Partner die Möglichkeit gegeben wird, sich bei einer strategischen Auswahl weiterer Förderer einzubringen, können somit gezielt Unternehmen und Ressourcen hinzugewonnen werden, die dem ursprünglichen Motiv des Spenders entsprechen. Im Idealfall ergibt sich somit ein bewusst zusammengestellter Verbund von Organisation und verschiedenen Unternehmen, die mit gegenseitiger Unterstützung teils gemeinsame und teils eigene Ziele verfolgen.

(4) Fallbeispiel

Zur Verdeutlichung möglicher Spendenmotive soll als Beispiel die Förderung einer Universität durch ein produzierendes Technologieunternehmen angeführt werden. Im Fallbeispiel soll es um die Förderung einer universitätseigenen Transferstelle gehen, die für die Verwertung der Entwicklungen, Erfindungen und Patente der Universität zuständig ist.

Ein nahe liegendes Spendenmotiv des Unternehmens ist mit Sicherheit dessen Positionierung auf dem Markt. Das Technologieunternehmen zeigt mit der Förderung, dass es Innovationen große Bedeutung beimisst. Die Assoziation mit dem Thema Innovation legt den Schluss nahe, dass das Unternehmen selbst innovativ ist. Darüber hinaus demonstriert der Förderer wirksam, dass er sich für Wissenschaft und Bildung engagiert. Durch die Förderung der Universität und insbesondere durch die Verbesserung des Technologietransfers zwischen Wissenschaft und Wirtschaft stärkt das Unternehmen somit auch den Wirtschaftsstandort. Die dadurch indirekt geförderte Schaffung neuer Arbeitsplätze ist zweifellos bestens zur Positionierung des spendenden Unternehmens geeignet.

Ein ebenso wahrscheinliches Spendenmotiv ist in diesem Fallbeispiel das Interesse des Unternehmens an einer erfolgreichen Umsetzung des Förderprojekts. Ein gut funktionierender Transfer von Entwicklungen aus der Wissenschaft in die Wirtschaft ist für Technologieunternehmen ein wichtiger Erfolgsfaktor. Insbesondere wenn es dem Förderer gelingt, ein bevorzugter Partner der universitären Transferstelle zu werden, ist damit ein wichtiger Schritt zu einer positiven Geschäftsentwicklung gelungen.

Über das Interesse an der Transferstelle hinaus stellt auch das Interesse an der geförderten Institution selbst ein nahe liegendes Motiv des Spenders dar. Es besteht Grund zur Hoffnung, dass sich Kooperationen zwischen dem Förderer und der Universität auch in anderen Bereichen, also abseits der Technologieverwertung, entwickeln. Diese können dem Unternehmen Zugang zu Forschungslabors, zu Experten und Wissenschaftlern, zum Kontaktnetzwerk der Universität sowie zu erfolgversprechenden Absolventen und somit zu leistungsfähigen neuen Mitarbeitern gewähren.

Von den vier dargestellten Motiven verbleibt somit noch die Pflege der Unternehmenskultur des Förderers. Auch dieses Motiv lässt sich von der Universität bedienen, z. B. durch das Angebot von Fort- und Weiterbildungsmöglichkeiten für Mitarbeiter des Technologieunternehmens zu bevorzugten Konditionen. Abhängig von den vorhandenen Fachbereichen der Universität kommt dabei ein weites Spektrum an Inhalten infrage, die arbeitsbezogene Themen wie Projektmanagement oder Präsentationstechniken, aber auch freizeitrelevante Themen wie Sprachen oder Kunstgeschichte beinhalten können.

Wie das Fallbeispiel verdeutlicht, lassen sich unterschiedliche Spendenmotive von juristischen Personen und Unternehmen durchaus kombinieren. Die Aufgabe der Fundraiserinnen und Fundraiser besteht mitunter darin, die Erfolgswahrscheinlichkeit ihrer Arbeit durch eine individuelle Zusammenstellung motivorientierter Gegenleistungen zu maximieren.

## 3.3.1.3 Motive des Stiftens

### *Karsten Timmer*

Stifter fristen im Fundraising ein Dasein zwischen zwei Extremen: Einerseits gelten private Mäzene oft als Hoffnungsträger, wenn es darum geht, ausbleibende staatliche Zuschüsse für gemeinnützige Einrichtungen zu kompensieren. Auf der anderen Seite behandeln die meisten gemeinnützigen Organisationen Stifter äußerst stiefmütterlich: Eine intensive Beschäftigung mit den besonderen Erwartungen und Ansprüchen von Stiftern ist selten; spezielle Angebote für diese Zielgruppe entstehen oft erst spontan dann, wenn der konkrete Fall eintritt und ein Stifter an die Tür klopft.

Dabei steht zweierlei außer Frage: Ein Engagement in Form einer Stiftung bietet Förderern so viele Vorteile, dass man kein Prophet sein muss, um auch für Deutschland amerikanische Verhältnisse vorherzusagen. Dort sind Stifter für viele gemeinnützige Organisationen eine unverzichtbare und besonders langfristige Quelle finanzieller Unterstützung. Genauso wenig prophetische Gaben erfordert eine zweite Vorhersage: Der Wettbewerb um private Mäzene wird härter. Ohne ein Angebot, das den besonderen Ansprüchen von Stiftern entgegenkommt, wird es nicht gelingen, diese privaten Finanzquellen systematisch zu erschließen.

Genau zu diesem Zweck haben viele gemeinnützige Organisationen und Einrichtungen in den letzten Jahren Stiftungen gegründet, die ihrerseits Stifter anziehen sollen. Zahllose Theater, Museen und Orchester sind diesen Weg in den letzten Jahren gegangen. Auch viele Spenden sammelnde Organisationen unterhalten heute eine Stiftung, die den Spendern und Förderern den Übergang zum Stiften erleichtern soll. Nicht nur bei Greenpeace oder UNICEF erbringen Zustiftungen und treuhänderische Stiftungen unter dem Dach der Greenpeace- bzw. UNICEF-Stiftung einen wachsenden Beitrag zum Projektbudget.

Um mehr über die Motive und Erfahrungen der Menschen, die hinter den Stiftungen stehen, zu erfahren, hat die Bertelsmann Stiftung eine umfangreiche Untersuchung durchgeführt. Über 650 Stifter haben in Interviews und Umfrageaktionen Auskünfte über ihre Beweggründe, ihre Erwartungen, ihren sozialen Hintergrund und ihre Einstellungen zu Wohlstand und Gesellschaft gegeben. Mit der „StifterStudie", die im

April 2005 veröffentlicht wurde, liegen erstmals für Deutschland aussagekräftige Daten über Stifter vor.[1]

Die Ergebnisse der Studie belegen einen fundamentalen Umbruch im deutschen Stiftungswesen: Wurden Stiftungen früher meistens erst mit dem Testament gegründet, werden Stifter heute bereits zu ihren Lebzeiten aktiv: Von zehn Stiftungen werden zwei von Todes wegen gegründet, also per Testament; hinter den acht anderen stehen lebende Stifter, die ihre Stiftung noch aktiv prägen und gestalten wollen. Der traditionelle Charakter von Stiftungen als Instrument der Vermögensnachfolge ist heutzutage in den Hintergrund getreten. Jenseitige Erwägungen, das Seelenheil und die Unsterblichkeit treten hinter sehr diesseitige Vorhaben zurück: Stifter möchten im Hier und Jetzt wirken, sie wollen gestalten und etwas bewegen.

Insofern unterscheiden sich die Erwartungen, die Stifter mit ihrem Engagement verbinden, nicht grundlegend von denen, die der Freiwilligen-Survey für ehrenamtlich Engagierte nachgewiesen hat: Hier wie dort stößt man auf eine Mischung aus uneigennützigen Motiven einerseits und eher egoistischen Erwartungen und Selbstverwirklichungsansprüchen andererseits.

Stifter erhoffen sich in erster Linie eine „erfüllende Aufgabe", gefolgt von der Erwartung, die „persönliche Zufriedenheit" zu steigern und „neue Freundschaften und Bekanntschaften" zu schließen. Neben diesen eher selbstbezogenen Motiven stehen altruistische Beweggründe: 68 Prozent der Stifter geben den „Wunsch, etwas zu bewegen" als ausschlaggebenden Grund für ihr Engagement an, dicht gefolgt von dem „Verantwortungsbewusstsein gegenüber Mitmenschen" (66 %) und dem Wunsch, „der Gesellschaft etwas zurückzugeben" (41 %).

Auch hinsichtlich der sozialstrukturellen Merkmale fallen zahlreiche Parallelen auf: Stifter wie ehrenamtlich Engagierte sind zum überwiegenden Teil erwerbstätig, sie haben einen überdurchschnittlich hohen Bildungsgrad und eine gute berufliche Position. Im Falle der Stifter bedeutet dies konkret, dass 44 Prozent Unternehmer sind; dazu kommen weitere 13 Prozent Freiberufler. Angestellte machen 24, Beamte 17 Prozent aus.

Ein eklatanter Unterschied zur Gesamtbevölkerung besteht hinsichtlich des Privatvermögens, das Stiftern für privat- und gemeinnützige Zwecke zur Verfügung steht. 22 Prozent der befragten Stifter gaben an, über ein Vermögen von mehr als vier Millionen Euro zu verfügen, weitere 17 Prozent nannten ein Vermögen zwischen zwei und vier Millionen Euro. Aber: Die Ergebnisse der Studie belegen auch, dass Stiften nicht mehr den besonders vermögenden Gesellschaftsschichten vorbehalten ist. Immerhin 21 Prozent der Stifter gaben an, aus einem Gesamthaushaltsvermögen (inklusive Immobilien) von weniger als 250.000 Euro gestiftet zu haben.

Hinsichtlich der eingebrachten Vermögenswerte lässt sich eine weitere Veränderung gegenüber traditionellen Stiftungen beobachten. Diese Veränderung ist eine unmittelbare Folge der Tatsache, dass viele Stiftungen heute von Lebenden gegründet werden. Denn anders als ihre historischen Vorgänger, die von Todes wegen das gesamte noch verbliebene Vermögen an die Stiftung übertrugen, müssen Stifter heute an die Absicherung ihres eigenen Lebensabends denken.

Die meisten Stifter statten ihre Stiftung daher anfangs mit einem vergleichsweise kleinen Betrag aus: Während gerade sieben Prozent der Stiftungen mit mehr als 2,5 Millionen Euro gegründet werden, starten 43 Prozent der Stiftungen mit einem Kapital von weniger als 100.000 Euro – für eine Stiftung ein äußerst kleiner Betrag, denn schließlich finanziert die Stiftung ihre Arbeit nur aus den Erträgen, die das Vermögen generiert.

Die Ergebnisse der „StifterStudie" belegen aber auch, dass die meisten Stifter ihre Stiftungen weiter aufstocken. 53 Prozent übertragen bereits zu Lebzeiten weiteres Vermögen auf die Stiftung; weitere 44 Prozent planen, das Stiftungskapital testamentarisch aufzustocken. Diese „Gründung in Etappen" hat auch den Vorteil, dass Stifter ihr Stiftungsvorhaben in der Praxis testen können, ohne gleich größere Beträge zu investieren. Schließlich kann man eine Stiftung nicht rückabwickeln; die Vermögensübertragung ist unwiederbringlich.

Diese „Ewigkeitsperspektive" wirkt auf den ersten Blick wie ein Anachronismus in einer Zeit, in der sich gesellschaftliche Prozesse immer mehr beschleunigen und die Mitarbeit in zivilgesellschaftlichen Institutionen immer kurzfristiger und projektgebundener wird. Warum entscheiden sich Menschen dafür, ihr Engagement in Form einer Stiftung zu organisieren? Was ist – in den Augen der Stifter – das Besondere an dieser Rechtsform? Die Antwort auf diese Frage hat ein Stifter im persönlichen Interview prägnant zusammengefasst: „Ich wollte etwas Sinnvolles, Eigenes und Bleibendes schaffen." Nimmt man zu dieser Aussage noch die steuerliche Privilegierung dazu, sind die ausschlaggebenden Gründe genannt, aus denen sich Stifter für die Rechtsform Stiftung – und damit gegen eine Spende oder eine Vereinsgründung – entscheiden.

Den Gründen für die Wahl der Rechtsform war in der Umfrage zur „StifterStudie" eine eigene Frage gewidmet: „Es gibt viele Möglichkeiten, sich gemeinnützig zu engagieren. Warum haben Sie sich gerade für die Errichtung einer Stiftung entschieden?" Um die Erwartungen, die Menschen speziell mit Stiftungen verbinden, deutlich zu machen, sollen die vier meistgenannten Antworten im Folgenden kurz vorgestellt und diskutiert werden.

Die meisten Nennungen entfielen auf die Antwort: „… weil ich sicherstellen wollte, dass das Geld für sehr lange Zeit dem von mir gewählten Zweck zugute kommt." 71 Prozent der Stifter schlossen sich dieser Aussage an. Zwei charakteristische Züge von Stiftungen werden in dieser Antwort deutlich: Zum einen ist für die meisten Stifter ein inhaltliches Vorhaben der treibende Faktor für eine Stiftungsgründung. Nur bei 21 Prozent der Stifter besteht zunächst der Wunsch, eine Stiftung zu gründen; erst dann wird ein förderungswürdiger Zweck gesucht. In der überwiegenden Zahl der Fälle steht jedoch ein inhaltliches Anliegen im Vordergrund: Stifter möchten etwas bewegen, ein bestimmtes Problem angehen oder eine Institution fördern und wählen dafür die Stiftung als Instrument. Der Zweck, das persönliche Anliegen ist von größter Bedeutung.

Besser als jede andere Organisationsform kann eine Stiftung gewährleisten, dass der Zweck, der dem Stifter zu Lebzeiten am Herzen lag, auch nach dessen Ableben weiterverfolgt wird. Im Unterschied zu allen anderen Rechtsformen haben Stiftungen keine Eigentümer – es gibt weder Mitglieder noch Aktionäre oder Gesellschafter, die den Satzungszweck abändern könnten. Die Langfristigkeit und Nachhaltigkeit, die sich aus dieser Konstruktion ergibt, macht die Rechtsform Stiftung für viele Bürger besonders attraktiv.

Auch die Antwort, die am zweithäufigsten genannt wurde, verweist auf eine Besonderheit, die eine Stiftung grundlegend von einer Spende unterscheidet: die Kontroll- und Einflussmöglichkeiten. Knapp über die Hälfte der Stifter (53 %) gab an, sich zu einer Stiftungsgründung entschlossen zu haben, „… weil ich durch eine Stiftung selbst entscheiden kann, wie mein Geld verwendet wird". In dieser Antwort schwingt ein gewisses Misstrauen gegen die etablierten Vereine und Wohlfahrtsorganisationen mit. Während viele Stifter dort Missmanagement und Vergeudung vermuten, können sie in „ihrer" Stiftung selbst bestimmen, wie viel Verwaltungskosten nötig sind.

Die Tatsache, dass 84 Prozent der Stifter selbst im Vorstand der Stiftungen tätig sind, bestätigt den Eindruck, dass die Gestaltungsmöglichkeiten ein wesentliches Argument für eine Stiftung sind. Die Möglichkeit, unmittelbar und direkt Einfluss zu nehmen, unterscheidet eine Stiftung nicht nur vom Spenden, sondern auch vom Steuerzahlen. „Was mir so bedeutsam daran ist", so sagte uns ein Stifter im Interview, „ist, dass ich sehe, wen ich auszeichne, dass ich es freiwillig tue und dass ich es gezielt auf den Punkt tun kann und nicht anonym über Steuerabgaben etwas unterstütze, was Politiker damit anfangen."

Zurück zu den weiteren Antworten auf die Frage: „Warum haben Sie sich gerade für die Errichtung einer Stiftung entschieden?" 43 Prozent der Befragten gaben an, „… weil ich mit einer Stiftung der Nachwelt etwas Bleibendes hinterlassen wollte." Auch wenn die meisten Stifter heute bereits zu ihren Lebzeiten gründen, hat die Stiftung ihre traditionelle Verbindung zum Nachlass offensichtlich noch nicht verloren. So verwundert es auch nicht, dass auffallend viele Stifter kinderlos sind: Während im Bevölkerungsdurchschnitt nur 16 Prozent der über 45-Jährigen keine Kinder haben, stellen Kinderlose unter den Stiftern 42 Prozent.

24 Prozent der Stifter beantworteten die Frage nach den Gründen für die Rechtsformwahl mit: „… weil die Rechtsform der Stiftung steuerlich besonders attraktiv ist." Bereinigt man diese Zahl um die Antworten aus der Zeit vor dem Jahr 2000, in dem die steuerliche Privilegierung erst wirksam wurde, steigt die Quote auf 41 Prozent.

Steuerliche Erwägungen sind allerdings kein Motiv und geben keinen Impuls für soziales Engagement, da man mit einer Stiftung keine Steuern sparen kann. Sehr wohl sind sie aber von Bedeutung, wenn es um die Frage geht, in welcher Rechtsform das Engagement gestaltet werden soll. Die Ergebnisse der Studie belegen deutlich eine Lenkungswirkung der Stiftungssteuerrechtsreform des Jahres 2000. Offen bleibt jedoch die Frage, ob diese Mittel an anderer Stelle – als Spenden für Vereine, Verbände, Initiativen – fehlen, oder ob die Reform tatsächlich neue Mittel mobilisiert hat, die sonst nicht in den gemeinnützigen Sektor geflossen wären. Die „StifterStudie" lässt vermuten, dass der Kuchen der gemeinnützigen Mittel durch Stifter und Stiftungen nicht nur neu verteilt, sondern tatsächlich größer wird. Belegen lässt sich diese Vermutung mangels Vergleichsdaten leider nicht.

Welche Lehren können Fundraiser aus den Ergebnissen der „StifterStudie" ziehen? Aus meiner Sicht ergeben sich vor allem vier Konsequenzen.

Erstens: Lebende Stifter sind die attraktivere Zielgruppe. Das Thema Stiftung ist bei den meisten gemeinnützigen Organisationen ausschließlich im Erbschaftsmarketing von Bedeutung. Die „StifterStudie" zeigt allerdings, dass lebende Stifter die weitaus attraktivere Zielgruppe sind: Ihre Anzahl ist höher und sie bringen im Laufe der Zeit mehr Geld in die Stiftung ein, als diese allein von Todes wegen erhalten hätte. Außerdem bieten Stifter – über das Geld hinaus – Ressourcen, an denen es vielen gemeinnützigen Organisationen chronisch mangelt: Stifter, die sich aktiv engagieren, bringen ihr Wissen, ihre Kontakte, ihre Netzwerke und Erfahrungen in die Arbeit ein.

Ob die Konzentration auf lebende Stifter tatsächlich attraktiver ist, hängt von den Voraussetzungen und Zielen des Einzelfalls ab. Auf jeden Fall aber greift eine Kampagne, die Stiftungen nur als Teil des Erbschaftsmarketings versteht, zu kurz. Gemeinnützige Organisationen sollten nicht auf das Testament warten, sondern Förderer früh auf die Möglichkeit zu stiften ansprechen.

Zweitens: Stifter müssen von der Organisation, nicht von der Sache überzeugt werden. Die Ergebnisse der Studie zeigen deutlich, dass die meisten Stifter ihr Thema bereits gefunden haben, bevor sie ihr Engagement in eine Stiftung umsetzen. Der Tätigkeitsbereich, der ihnen besonders am Herzen liegt, steht bei den meisten schon früh fest.

Für das Fundraising bedeutet diese Tatsache, dass Stifter nicht mehr von der Sache überzeugt werden müssen. Ein Stifter, der sich für Kinder einsetzen möchte, wird nicht zum Zustifter einer Theaterstiftung werden. Die Theaterstiftung konkurriert vielmehr mit anderen Kultureinrichtungen. Sie muss den Stifter daher nicht mehr davon überzeugen, dass Kultur wichtig und förderungswürdig ist, sondern dass sie als Institution diesen Zweck besser verwirklicht als andere.

Drittens: Stifter wollen Einfluss und Beteiligungsmöglichkeiten. Auch wenn sie sich einer bestehenden Organisation anschließen, möchten Stifter ihre Eigenständigkeit nicht verlieren, sondern ihr Engagement aktiv gestalten. Andernfalls hätten sie der betreffenden Organisation einfach eine Spende zukommen lassen können. Die erfolgreiche Werbung von Stiftern setzt daher aufseiten der Organisation die Bereitschaft voraus, Stiftern die Möglichkeit einzuräumen, Schwerpunkte zu setzen. Sie möchten Mitsprache bei Projekten nehmen, in die Auswahl und Durchführung der Projekte eingebunden sein und über die Aktivitäten der Stiftung informiert werden.

Dabei muss jede einzelne Organisation für sich entscheiden, wie weit sie den Vorstellungen der Stifter entgegenkommen kann und will. Die inhaltliche oder regionale Schwerpunktsetzung eines Stifters kann im Widerspruch zum Auftrag oder zur Politik der Organisation stehen, ebenso wie die Service-Erwartungen die Kapazität der Organisation übersteigen können. Beide Seiten müssen vor der Partnerschaft prüfen, ob sie langfristig von der Zusammenarbeit profitieren.

Viertens: Die Werbung von Stiftern muss in die Fundraising-Strategie der Organisation integriert werden. Wenn etwa ein Großspender, der jährlich eine höhere Summe gibt, für die Stiftung gewonnen wird, wird sein Spendenbetrag im Budget fehlen. Langfristig rechnet es sich zwar, Spender zu Stiftern zu machen, aber kurzfristig gehen Mittel für die Projekte verloren. Diese Kannibalisierungseffekte müssen vorab kalkuliert und intern kommuniziert werden, um Zielkonflikte zu vermeiden. Extern ist es wichtig, das

Besondere der Stiftung deutlich zu machen, ohne Spender zu „Förderern zweiter Klasse" herabzusetzen. Wo ein Verein oder Verband eigens eine Förderstiftung gründet, muss deren Verhältnis und Nähe zur bestehenden Organisation sorgfältig austariert werden: So verlockend es ist, die Stiftungsgremien durch die Vereinsvorstände zu besetzen, so abträglich ist diese Personalunion der öffentlichen Glaubwürdigkeit.

Organisationen, die mit Stiftern zusammenarbeiten, sollten sich immer ihrer großen Verantwortung bewusst sein: Stiftungen spielen im Leben ihrer Gründer oft eine äußerst wichtige Rolle, sei es als Lebenstraum, als Hinterlassenschaft oder als gemeinsame Familienunternehmung. Nur dort, wo Organisationen Stiftern bei der Verwirklichung ihrer gemeinnützigen Visionen helfen, können Partnerschaften entstehen, von denen alle Parteien – die Stifter, die Organisation und das Gemeinwohl – gleichermaßen profitieren.

### Anmerkung

1   Die Ergebnisse der „StifterStudie", auf die sich dieser Beitrag bezieht, sind ausführlich dokumentiert in Timmer 2005.

### Weiterführende Literatur

Bundesverband Deutscher Stiftungen (Hrsg.): Verzeichnis deutscher Stiftungen 2005, Berlin 2005.

Meyer, Petra/Meyn, Christian/Timmer, Karsten: Ratgeber Stiften, Band 1: Planen – Gründen – Recht und Steuern, 2. Auflage, Gütersloh 2004.

Stiftung „Stiftungszentrum.info": Stiftungstreuhänder in Deutschland 2005, München 2005.

Timmer, Karsten: Stiften in Deutschland. Die Ergebnisse der StifterStudie, Gütersloh 2005.

# 3.3.2 Spenderprofile

*Helga Schneider*

## 3.3.2.1 Zielgruppen definieren

Ein zentraler Aspekt der strategischen Planung im Relationship-Fundraising ist die „Orientierung am Spender". Spenderprofile bieten eine gute Möglichkeit, einen individualisierten und trotzdem effizienten Spenderdialog zu führen. Ein erster Schritt hin zur Erstellung von Spenderprofilen ist die genaue Beobachtung und Beschreibung der Zielgruppe, das Sammeln von Informationen unterschiedlichster Art und Herkunft, die später in einem Spenderprofil verdichtet werden.

Zielgruppen zu benennen und sich an deren spezifischen Charakteristika zu orientieren, bietet eine Möglichkeit, sowohl den Ansprüchen der Spender auf eine „quasi individuelle Betreuung" als auch der Forderung nach wirtschaftlichem Fundraising gerecht zu werden. Eine wirklich individuelle Betreuung von Spendern rechnet sich nämlich nur im Großspenderbereich und kann für die Masse der Spender nicht geleistet werden. Aber auch für diese zumindest eine individualisierte Form der Betreuung zu installieren, ist mit ökonomisch vertretbarem Aufwand leistbar.

Gerade Spendenorganisationen müssen sich, um eine gute Einnahmensituation zu erzielen, der Herausforderung stellen, auf der einen Seite die Bedürfnisse der Spender zu fokussieren und auf der anderen Seite die Spendengelder wirtschaftlich einzusetzen, um genau das zu erreichen. Dabei ist es ist in gewisser Weise paradox, dass z. B. Spender, die sich über den hohen Verwaltungsaufwand in der Organisation beschweren, einen Bearbeitungsvorgang verursachen, der genau das zur Folge hat. Und nicht zuletzt aus diesem Grund muss auch in einer Spendenorganisation die Umsatzorientierung vor der Spenderorientierung stehen. Wer nämlich die Spender ganz individuell betreut, aber leider nicht die entsprechenden Spendeneinnahmen vorweisen kann, wird keinen Vorstand von der Wirksamkeit des Fundraisings überzeugen. Und nicht nur das, er wird durch die aufwendige Spenderbetreuung unter Umständen die Spender verärgern, die Wert auf sparsamen Umgang mit Spendengeldern legen. Ein „Teufelskreis"? – Keineswegs, dank der Zielgruppen und Spenderprofile.

(1) Datenquellen

Es gibt verschiedene interne und externe Informationsquellen für die Zielgruppenfindung:

–   Spendenverhalten (wer spendet wann, wie oft, in welcher Höhe usw.)
–   geografische Informationen (Land, Region, Kreis, Bezirk, Stadtteil usw.)
–   demografische Informationen (Alter, Geschlecht, Familienstand usw.)
–   soziografische Informationen (Beruf, Einkommen, Bildung usw.)
–   psychografische Informationen (Werte, Einstellungen, Vorlieben usw.)

Jede dieser Informationsquellen weist Stärken und Schwächen in der Genauigkeit, der Relevanz oder der Anwendbarkeit auf. Auch der Kosten-Nutzen-Faktor kann eine Rolle bei der Entscheidung spielen, welche Informationen zur Zielgruppendefinition genutzt werden sollen. Für eine „wertvolle Information" kann man einen höheren Aufwand betreiben als für „allgemeine Weisheiten". Das setzt allerdings voraus, dass man einschätzen kann, welche Informationen für das Fundraising relevant sind – das kann je nach Organisation verschieden sein.

Grundsätzlich sollte man als Fundraiser oder Fundraiserin immer über die allgemeine Situation am Spendenmarkt informiert sein. Studien wie z. B. der Spendenmonitor von TNS Emnid oder Charity*Scope von der GfK bieten Informationen über die aktuelle Spendenmarktsituation in Deutschland, über „typische Spender", „typische Spendenthemen" und vieles mehr.

So erfährt man, dass der „typische Spender" und die „typische Spenderin" einen mittleren bis gehobenen gesellschaftlichen Status, ein gesichertes Einkommen oder Vermögen
haben und über einen überdurchschnittlichen Bildungsabschluss verfügen. Sie wohnen
im Ein- bis Zweifamilienhaus, haben eine höhere Kaufkraft als der „normale" Bundesbürger und lesen beim Frühstück gerne eine überregionale Tageszeitung.

Diese Beschreibung charakterisiert zwar „den deutschen Spender", aber letztendlich
drängt sich natürlich doch die Frage auf, ob ein „typischer" Greenpeace-Spender denn
die gleichen Charakteristiken aufweist wie ein „typischer" Spender für Misereor.

(2) Analyse des Spendenverhaltens

Fundierte Kenntnisse über das Spendenverhalten der eigenen Spender und Spenderinnen sind bereits ein guter Indikator, um Zielgruppen zu definieren.

Hinsichtlich des Spendenverhaltens gibt es eine klare Definition über die Wichtigkeit
von Kennzahlen. Die Aktualität der letzten Spende ist das wichtigste Kriterium zur
Beschreibung des „Wertes" eines Spenders (a), gefolgt von der Spendenhäufigkeit (b).
Erst an dritter Stelle steht die durchschnittliche Spendenhöhe (c). Hinzu können noch
Informationen über eine Projekt- oder Themenaffinität (d) und Vorlieben für bestimmte
Gestaltungsformen der Spenderansprache (e) treten.

(a) In Bezug auf die Aktualität der letzten Spende gibt es zwei unterschiedliche Möglichkeiten zur Skalierung. Zum einen kann man mit den absoluten Jahreszahlen arbeiten, d. h. letzte Spende im Jahr xxyy. Oder aber man definiert eine dynamische Skala
anhand der zurückliegenden Monate, wie in der Grafik dargestellt. Beide Methoden
haben ihre Vor- und Nachteile. Beim statistischen Jahresvergleich kann man die Jahre
immer abgegrenzt gegenüberstellen, nimmt allerdings den Nachteil in Kauf, dass z. B.
das Aussendedatum eines Mailings zum Jahresende die Spenden, die in das Folgejahr
„rutschen", massiv beeinflussen kann. Mit einer dynamischen Messung ist man hier
klar im Vorteil.

Abbildung 1: Aktualität der letzten Spende

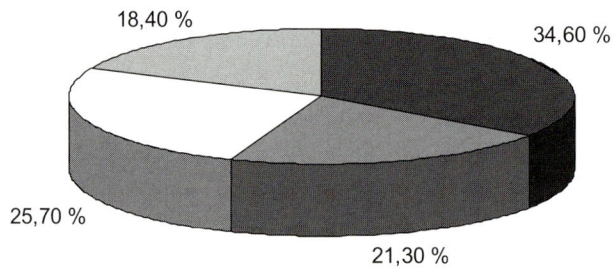

Das Beispiel zeigt eine Organisation mit 34,6 Prozent der Spender in der Zielgruppe der
Aktiven, 21,3 Prozent Kritische, 25,7 Prozent Ruhende, und 18,4 Prozent gehören der

Zielgruppe der Inaktiven an. (Erläuterung: „Aktive" haben innerhalb der letzten zwölf Monate, „Kritische" nach zwölf, aber innerhalb von 24 Monaten, „Ruhende" nach 24, aber innerhalb von 36 Monaten gespendet, und „Inaktive" haben bereits länger als 36 Monate nicht gespendet.) Ob diese Zahlen als gut oder schlecht zu werten sind, hängt von der Häufigkeit der Kontaktaufnahme der Organisation zum Spender innerhalb des Zeitraumes ab. Bei regelmäßigem, mehrmaligem Kontakt innerhalb eines Zeitrahmens ist es erstrebenswert, rund 40 Prozent der Spender innerhalb dieses Zeitfensters im aktiven Modus zu halten. Mit 34,6 Prozent liegt diese Organisation, die die Spender innerhalb der letzten zwölf Monate mehrmals angeschrieben hat, unter dem Ziel. Hier gilt es, nach Gründen zu suchen und entsprechende Aktivierungsmaßnahmen zu testen und durchzuführen.

(b) Bei der Betrachtung und Beurteilung der Spendenhäufigkeit ist die jeweilige Hilfsform der Organisation zu berücksichtigen. Das abgebildete Beispiel weist einen hohen Anteil von über 60 Prozent Einmalspendern auf. Bei Organisationen, die häufig oder gar größtenteils im Bereich der Katastrophenhilfe aktiv sind, kann dieser Einmalspenderanteil aber aus bis zu 70 oder 75 Prozent betragen.

Abbildung 2: Spendenhäufigkeit in Prozent

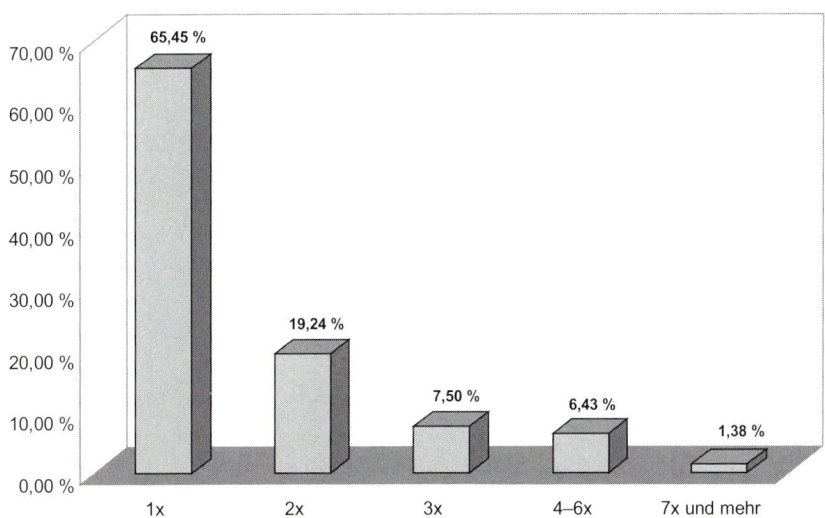

Hier diskutieren die Fachleute, ob die Katastrophenspender generell schwierig zu binden sind oder ob nicht auch das Medium der Spendenwerbung für das Folgeverhalten entscheidend ist. Viele Katastrophenspender werden nicht über ein Mailing, sondern über andere Medien zur Erstspende motiviert. Erste Untersuchungen weisen darauf hin, dass Katastrophenspender, die per Brief zur Erstspende motiviert werden konnten, eine ebenso hohe Zweitspendenquote haben wie andere Mailing-Spender.

Für den Fundraiser dieser Beispielorganisation gilt es in jedem Fall, die Zielgruppe „Einmalspender" über ein attraktives Spenderbindungsprogramm zu einer weiteren

Spende zu motivieren. Ziel sollte es generell sein, den Anteil der Einmalspender unter 50 Prozent, besser unter 40 Prozent zu halten.

Weitere Zielgruppen, die über die Spendenhäufigkeit definiert werden können, sind die Gelegenheitsspender, die zwar mehrfach, aber mit großen Lücken und ohne jede erkennbare Regelmäßigkeit spenden. Dann gibt es noch die Mehrfachspender, die zwar mit Lücken, aber doch in erkennbarerer Regelmäßigkeit gespendet haben, und zu guter Letzt die Dauerspender, die mindestens einmal im Jahr über mehrere Jahre hinweg ihre Spenden leisten. Zur Beurteilung dieser Zielgruppen sollte ein Beobachtungszeitraum von mindestens drei, besser fünf Jahren vorliegen.

(c) Die Spendenhöhe sollte man nicht mit Absolutwerten messen, sondern mit dem Spendendurchschnitt. Ansonsten würden neue Spender schnell eine schlechtere Bewertung erhalten als Spender, die schon mehrfach die Möglichkeit hatten, zu spenden. Um Dauerspender mit kleineren Beträgen nicht im Vergleich zu Einmalspendern mit höherem Betrag zu benachteiligen, ist es ratsam, den Jahresspendendurchschnitt anhand der Teilnahmen zu berechnen, d. h. die Spendensumme wird nicht durch die Reaktionen, sondern durch die Anzahl der Teilnahmen dividiert. Nachdem es eine Vielzahl an Spendendurchschnitten gäbe, bedient man sich der Methode des Clusterns, um bearbeitbare Gruppen von Spendenhöhen zu erhalten, d. h., man fasst Größen von x bis y zusammen.

Clustern ist deshalb nicht so einfach, wie es auf den ersten Blick aussieht, weil man die Grenzen der Cluster sinnvoll definieren muss. Würde man z. B. ein Cluster bis 50 Euro und das nächste bis 100 usw. definieren und als Ergebnis hätte man dann 75 Prozent der Spender im ersten Cluster, dann wäre das keine sehr aussagekräftige Clusterung. Grundsätzlich sollte man so viele Cluster bilden, wie man auch Zielgruppen überblicken kann.

Abbildung 3: Spendendurchschnitt

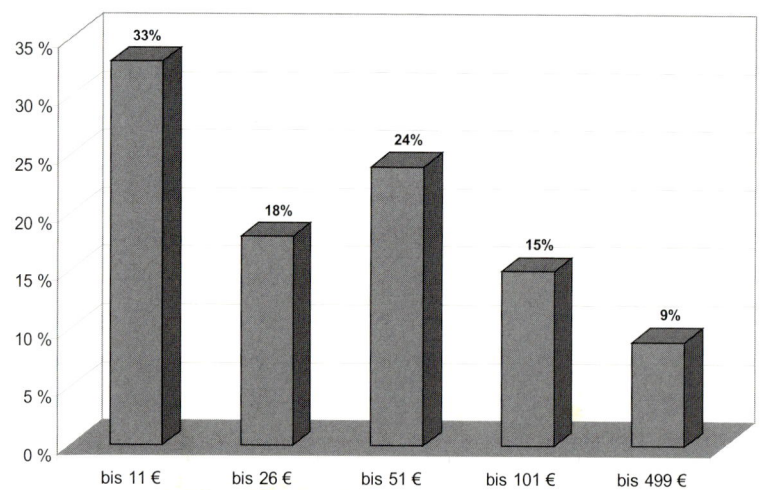

In dieser Beispielorganisation beinhaltet die Zielgruppe der „Kleinstspender" mit einem Jahresschnitt bis elf Euro über 30 Prozent, die der „Kleinspender" mit einem Jahresdurchschnitt bis 26 Euro immerhin auch noch über 15 Prozent des Gesamtspenderbestandes. Das ist insgesamt fast die Hälfte der Spender. Die Zielgruppen der „Mittelspender" bis inklusive 101 Euro machen ein weiteres Drittel aus, während die Zielgruppe der „Hochspender" mit einem Jahresschnitt bis zu 500 Euro unter zehn Prozent sinkt und die Zahl der „VIP-Spender" verschwindend gering ist. Dies ist sicher ein sehr typisches, aber nicht unbedingt wünschenswertes Bild der Spendenclusterverteilung. Eine Maßnahme des Fundraisers sollte in einem solchen Fall das systematische Upgrading im Kleinst- und Kleinspenderbereich sein.

(d) Weitere Merkmale zur Untersuchung des Spendenverhaltens kann die Projekt- oder Themenaffinität sein. Hier gilt es zunächst zu definieren, ab wie vielen Spendenanteilen zu einem Projekt oder einem Thema eine „Affinität" vorliegt und grundsätzlich sollte man hier die Einmalspender ausklammern, weil man bei einer Spende noch nicht von einer Affinität reden kann. Das Ergebnis wären in diesem Fall themenspezifische Zielgruppen.

(e) Ebenso kann man die Vorliebe für bestimmte Gestaltungsformen untersuchen, vorausgesetzt, dass man diese auch regelmäßig und systematisch einsetzt. So wäre es beispielsweise möglich zu eruieren, ob Personen bei bestimmten Größen (C 6 oder A 4) oder bei bestimmtem Material (Recycling- oder Normalpapier) oder bei bestimmten Gestaltungsformen (Bildmaterial, Farben) signifikant häufiger oder auch seltener reagieren. So könnte man die Zielgruppe „C 6" von der „A 4" unterscheiden und entsprechende Maßnahmen einsetzen.

(3) Analyse des Spenderwertes

Weitere Merkmale der Differenzierung von Zielgruppen können Qualitätskennzahlen sein, wie der ABC-Wert oder der RFM-Wert des Spenders. Mittels einer ABC-Analyse können Sie sich ein Bild über das Verhältnis zwischen Aufwand und Ertrag in Ihrer Spenderdatenbank machen. Die Spender werden in drei große Segmente eingeteilt:

–  A: wichtige / hochwertige / „umsatzstarke" Spender
–  B: mittelwichtige / mittelwertige Spender mit „mittlerem Umsatz"
–  C: weniger wichtige / niedrigwertige / „umsatzschwache" Spender

Es handelt sich hierbei nicht um eine Bewertung von Personen oder ihrem emotionalen/ mentalen Engagement – sicher „opfert" ein „armer Rentner", der 100 Euro spendet, mehr als eine „reiche Unternehmerin", die 500 Euro spendet. Die ABC-Analyse ist eine Auswertung unter rein wirtschaftlichen Aspekten.

In der Regel stellt man fest, dass ein mengenmäßig kleiner Teil der Spender einen sehr hohen Wertanteil ausmacht (Segment A). Dies entspricht dem so genannten Pareto-Prinzip: 80 Prozent des Ertrags werden über 20 Prozent des Aufwands erreicht. Im Fundraising bedeutet dies, dass ca. 10–15 Prozent der Spender einen Anteil von ungefähr 70–85 Prozent am Spendenumsatz erzielen. Für das B-Segment der mittleren Spender wird ein zahlenmäßiger Anteil von ca. 20–30 Prozent und ein Wertanteil von ungefähr 10–20 Prozent angenommen, und das C-Segment stellt mit ca. 70–80 Prozent der Spender den größten Zahlenanteil, der einen Wert von nur 5–15 Prozent generiert.

Das Fazit aus einer ABC-Analyse sind Zielgruppen, die einen dem Wertanteil des Spenders entsprechenden Aufwand im Fundraising einschätzbar machen.

Die Personen aus dem A-Segment mit dem höchsten Wertanteil dürfen auch einen höheren Aufwand, z. B. aufgrund individueller oder bevorzugter Behandlung, erzeugen. Personen aus dem B-Segment hingegen sollten wenig manuellen Aufwand erzeugen und möglichst viel über automatische Routinen bedient werden können. Spender aus dem C-Segment dürfen keinerlei manuellen Aufwand erzeugen und müssen mit möglichst kostengünstigen Methoden möglichst zielsicher angesprochen werden, um den Wertanteil zu erhöhen.

Die RFM-Analyse dient ebenfalls zur Berechnung des Spenderwertes. Der Buchstabe „R" steht für *Recency*, was der Aktualität der letzten Spende einer Person entspricht. Der Buchstabe „F" steht für *Frequency*, was der Spendenhäufigkeit entspricht. Der Buchstabe „M" steht für *Monetary Value* und entspricht dem Spendenumsatz. Die RFM-Analyse fasst sie zu einem dreistelligen Wert zusammen, der als Kennzahl für die Spenderqualität steht. Jede Kennzahl-Gruppe kann als eigene Zielgruppe betrachtet werden, wobei die Anzahl der entstehenden Wert-Zellen je nachdem sehr groß sein kann und es eine Frage der Sinnhaftigkeit und Effizienz ist, zu entscheiden, wie viele Zielgruppen aus den RFM-Werten gebildet werden sollen.

Interessanter, aber auch komplexer wird es, wenn man in einem nächsten Schritt die einzelnen Merkmale der Zielgruppen korreliert und erste „Misch-Zielgruppen" erstellt. Das ist bereits ein vorsichtiges Herantasten an die Bildung von Spenderprofilen.

Typische Fragestellungen wären z. B.:

- Lässt sich ein Zusammenhang zwischen Themenaffinität und Spendencluster feststellen und kann man anhand dessen Zielgruppen definieren?
- Lässt sich ein Zusammenhang zwischen Spendenhäufigkeit und Durchschnittsspende feststellen und kann man anhand dessen Zielgruppen definieren?
- Reagieren VIP-Spender auf Recyclingpapier signifikant anders als andere Zielgruppen?
- Lassen sich aktive Spender besser zu Lastschrifteinzügen motivieren als andere Zielgruppen?
- Sind A4-Mailings als Upgrading-Maßnahme bei Kleinst- und Kleinspendern geeignet?
- Um alle infrage kommenden Hypothesen über Zusammenhänge befriedigend zu beantworten, wäre man einige Jahre mit Testen beschäftigt. Von daher ist anzuraten, die Merkmale in den Vordergrund zu stellen, die auch aus organisationsinterner Sicht von hoher Bedeutung sind.

(4) Analyse von geo-soziodemografischen Daten

Mit Hilfe geo-soziodemografischer Daten können die Zielgruppen noch konkreter beschrieben werden. Ist es nicht möglich, zusätzliche Informationen über die Adresse des Spenders hinaus zu generieren, kann man zumindest die Verteilung der Spender im regionalen oder bundesweiten Raum betrachten. Hier zeigt sich in der Regel bundesweit immer eine ähnliche Verteilung: oben auf der Spendenskala rangiert der Süden, gefolgt vom Westen, dann kommt der Norden und zum Schluss der Osten Deutschlands. Regional kann eine nähere Untersuchung aber durchaus interessant sein, wenn man z. B. als kirchliche Organisation auf der Ebene von Diözesen oder Kirchengemeinden analysiert. Auch hier ist es möglich, unterschiedliche Zielgruppen des Spendenverhaltens auf regionale Besonderheiten hin zu untersuchen.

Zu wissen, in welchem soziodemografischen Umfeld sich ein Spender bewegt, lässt auf die möglichen Hintergründe schließen, welche Anforderungen und Bedürfnisse er als Spender hat. Anbieter für diese Art von Informationen, wie z. B. Kaufkraft, Bildungszusammenhänge oder Berufsgruppen, finden sich deutschlandweit; das Internet oder auch der Deutsche Direktmarketing Verband (DDV) seien hier als Hilfe für die Recherche genannt.

Stellt man in einem weiteren Schritt Zusammenhänge zu Informationen über das Spendenverhalten her, kann man schon zu sehr interessanten Beschreibungen von Zielgruppen kommen. Typische Fragestellungen für die Zielgruppenbildung wären in dieser Konstellation:

– Unterscheidet sich die Kaufkraft unserer Spender vom Bevölkerungsdurchschnitt (Deutschland, Bundesland, Stadt usw.)?

– Spenden Menschen aus dem städtischen Raum häufiger und/oder höhere Summen für unsere Organisation als Menschen aus dem ländlichen Raum?

– Spenden Menschen mit hohem Bildungsabschluss häufiger und/oder höhere Summen für unsere Organisation als Menschen mit niedrigem Bildungsabschluss?

– Hat sich die soziodemografische Zusammensetzung der zum jeweiligen Zeitpunkt „aktiven Spender" in den letzten drei Jahren verändert?

– Besteht ein geschlechtsspezifischer Zusammenhang zwischen dem Projektthema und der Response eines Mailings?

Das Alter von Spendern ist ein weiteres und – wie alle Untersuchungen zeigen – auch sehr wichtiges Kriterium zur Charakterisierung von Zielgruppen. Über die verschiedenen Altersgruppen gibt es zahlreiche Untersuchungen hinsichtlich ihres Lebensgefühls, ihres Konsumverhaltens und ihrer grundsätzlichen Lebenseinstellung. Judith Nichols beschreibt die unterschiedlichen „Mentalitäten" der Generationen anschaulich in ihrem Buch „Global Demographics". Sie nimmt die in der Tabelle dargestellten Segmentierungen von Spendern vor.

Tabelle 1: Mentale Grundstimmung der Generationen nach Nichols

|  | Kriegsgeneration | Boomer | Buster |
|---|---|---|---|
| Innere Haltung | Gehorsam | Selbstverwirklichung | Selbstzentriertheit |
| Politische Ausrichtung | traditionsbewusst, konservativ | veränderungswillig, liberal | bewahrend, pseudo-konservativ |
| Soziales Handeln | Recht und Ordnung als Maßstab, loyal | humanistisch, kritisch | Wettbewerb, Konkur-renzdenken |
| Ethisches Bewusstsein | Fundamentalist | Moralist | Opportunist |
| Finanzielles Gebaren | Sparen – und nicht mehr als das Ge-sparte ausgeben | Jetzt alles kaufen – später zahlen | hoffnungslos, vorsichtig |
| Kaufverhalten | Das Notwendige wird bar gekauft | Ratenzahlung, Lea-sing, Kreditkarten | Wer das meiste hat, gewinnt |
| „Spielzeuge" | Werkzeug, Häuser, Autos, Hauszubehör | Kleider, Reisen, Un-terhaltung | Hightech-Geräte für Haus und Arbeit |
| Verdienst | Ich habe dafür ge-kämpft und es ver-dient | Ich bin es wert und will alles jetzt/sofort | Ich möchte gern, werde es möglicher-weise aber gar nicht erreichen |
| Lebensgrundgefühl | Es gibt so viel nachzuholen – Sehnsucht | Es ist alles da, man braucht es sich nur nehmen – Überfluss | Alles wird weniger und das immer schneller – Unsicherheit |

Nichols bietet mit ihrem Mentalitätsansatz eine Möglichkeit, „hinter die Kulisse" des Geburtsjahrgangs zu blicken und die psychische Befindlichkeit der Menschen dieses Alters zu berücksichtigen. Dadurch erhält die rein demografische Information „Alter" eine psychologische Dimension, die für das Spendenverhalten ein interessanter Faktor ist. So werden beispielsweise Menschen, für die Sparsamkeit und das Auskommen mit dem Notwendigen eine Maxime im Leben sind, sicher anders auf ein Mailing im A4-Format mit Hochglanzpapier reagieren als Menschen, für die Selbstverwirklichung ein wichtiger Wert darstellt.

Wenn man die Verteilung der einzelnen Altersgruppen in der Spenderdatenbank kennt (am besten auch die Vergleichszahlen zur Verteilung in der deutschen Bevölkerung aus dem aktuellen Datenreport des Statistischen Bundesamtes), lassen sich in einem nächs-ten Schritt auch Zusammenhänge zum Spendenverhalten herstellen:

Tabelle 2: Beispiel für das Spendenverhalten der Generationen

|  | durchschnittliche Spendenhöhe | durchschnittliche Spendenhäufigkeit |
|---|---|---|
| Vorkriegsgeneration | 23,50 € | 4 |
| Kriegsgeneration | 21,00 € | 3 |
| Boomer | 32,50 € | 1 |
| Buster | 28,00 € | 1 |

Welche Schlüsse im Einzelnen aus diesen Zahlen zu ziehen sind, hängt natürlich ganz stark von der jeweiligen Organisation ab, ihrer gesellschaftlichen Ausrichtung, ihren Themen und ihrem bisherigen Fundraising.

(5) Analyse von psychografischen Daten

Psychografische Informationen sind gerade im Spendenbereich die interessantesten, aber auch am schwierigsten zu erfassenden Merkmale. Hier werden von unterschiedlichen Anbietern verschiedenste Merkmale zur Datenanreicherung angeboten.

An dieser Stelle soll ein Überblick über zwei Modelle gegeben werden, von denen bekannt ist, dass sie im Spendenbereich schon erfolgreich eingesetzt wurden. Dies sind zum einen das Semiometrieverfahren (a) von TNS Emnid und zum anderen die Sinus-Milieu-Studie (b) von Sinus Sociovision. Es gibt weitere Anbieter unterschiedlicher, so genannter „Lifestyle-Typen", die allerdings häufig ein Profil anhand geo-soziodemografischer Daten darstellen und keine psychografischen Merkmale berücksichtigen. Das soll nicht die Qualität oder den erfolgreichen Einsatz solcher Typologien infrage stellen, sondern lediglich die Abgrenzung hin zu psychografisch bestimmten Zielgruppen betonen.

(a) Das Semiometrieverfahren misst die Wertestrukturen von Zielgruppen über die Bewertung von Wörtern. Es werden 13 Wertefelder unterschieden.

Tabelle 3: Wertefelder der Semiometrie (nach TNS Emnid)

| Wertefelder | Wörter |
|---|---|
| familiär | Familie, Kindheit, Heirat, Geburt, mütterlich, Friede, Mut, trösten, Sanftmut, Held |
| sozial | Zuneigung, miteinander, ehrlich, Vertrauen, Treue, Fröhlichkeit, Humor, lachen, Freundschaft |
| religiös | Gott, Glaube, heilig, Priester, Schöpfer, anbeten, Seele, barmherzig, demütig, ewig |
| materiell | Reichtum, Geld, Eigentum, kaufen, wertvoll, Gold, Schmuckstück, Belohnung, erben, Ruhm |
| verträumt | Ozean, Insel, Wasser, Mond, schwimmen, Wüste, träumen, Strom, Baum, blau |
| lustorientiert | sexuell, intim, verführen, Nacktheit, lustvoll, Verlangen, Zärtlichkeit, sinnlich, befruchten, männlich |
| erlebnisorientiert | Abenteuer, Geschwindigkeit, wild, Herausforderung, Feuer, Labyrinth, Berg, Gipfel, hochklettern, Anstrengung |
| kulturell | Kunst, Theater, Poesie, Musik, Buch, Lebenskünstler, Leichtigkeit, Zeremonie, unterrichten, Eleganz |
| rational | Wissenschaft, Forscher, Logik, Erfinder, Erbauer, Präzision, Industrie, produzieren, Handel, praktisch |
| kritisch | Misstrauen, Zweifel, Fehler, Angst, Leere, kritisieren, hartnäckig, Gefahr, Unordnung, Schrei |
| dominant | beherrschen, befehlen, Macht, strafen, verbieten, erobern, gehorchen, eigenwillig, Ironie, Sieg |
| kämpferisch | Soldat, Gewehr, Krieg, Rüstung, Jagd, angreifen, Mauer, Tod, Aufstand, Flucht |
| traditionell | Disziplin, sparen, Schule, Arbeit, Respekt, Gesetz, Regel, Geduld, tüchtig, Moral |

Die Wörter werden innerhalb eines Schemas positioniert, das sich in der Vertikalen zwischen Individualität und Sozialität und in der Horizontalen zwischen Pflicht und Lebensfreude bewegt.

Grundlage für die Einordnung in die Wertefelder ist ein Fragebogen, der das Empfinden für bestimmte Wörter misst. Die Skalierung geht von sehr angenehm über neutral bis zu sehr unangenehm. Als Ergebnis ergibt sich ein so genanntes Werteprofil, das anzeigt, ob die Wertgruppe überdurchschnittlich positiv (+++), durchschnittlich (leer) oder überdurchschnittlich negativ (– – –) bewertet wurde.

Solche Werteprofile können zum einen zur Abgrenzung von Spendern der eigenen gegenüber Spendern anderer Organisationen, aber auch zur Identifizierung unterschiedlicher Zielgruppen innerhalb des eigenen Spenderpools genutzt werden. Darüber hinaus können potenzielle Zielgruppen erkannt oder gemeinsame Zielgruppen mit potenziellen Partnern, wie Firmen oder einem Testimonial, identifiziert werden. Anhand dieser Erkenntnisse lassen sich „Markenstrategien" entwickeln, Direktmarketing-Maßnahmen ausrichten oder Maßnahmen zur Neuspendergewinnung planen.

Für einen Zusammenhang mit den Auswertungen des Spendenverhaltens wären folgende Fragen zu stellen:

–	Welche Wertefelder werden von meinen Spendern generell überrepräsentiert?
–	Wie unterscheiden sich die Wertefelder der Groß-, Mittel- und Kleinspender oder die der aktiven von den inaktiven Spendern usw.?
–	Welche inhaltlichen und methodischen Vorgehensweisen eignen sich anhand der Werteinstellungen besonders für meine besten Spender?
–	Wie können wir die Wertefelder für ein Spenderbindungsprogramm nutzen?

(b) Ähnlich wie die Semiometrie dient auch bei den Sinus-Milieus der psychografische Hintergrund des Verhaltens zur Charakterisierung von Zielgruppen.

Die qualitative Studie zur Erfassung der Milieuzugehörigkeit berücksichtigt in der Befragung viele Aspekte des Alltagslebens wie Wohnwelten, Vorlieben für bestimmte Zeitschriften oder Fernsehgewohnheiten. Ein Milieu charakterisiert Menschen, die sich in ihrer Lebensauffassung und Lebensweise ähneln, die sich an ähnlichen Werten orientieren, ähnliche Interessen haben und eine ähnliche Ästhetik. Der Sinus-Ansatz will die Menschen ganzheitlich erfassen und anhand ihrer Alltagswirklichkeit beschreiben.

Ergebnis der Forschung sind zehn Milieus, die in einer „Kartoffelgrafik" dargestellt werden.

Abbildung 4:	Die Sinus-Milieus® in Deutschland 2005 –
		Soziale Lage und Grundorientierung

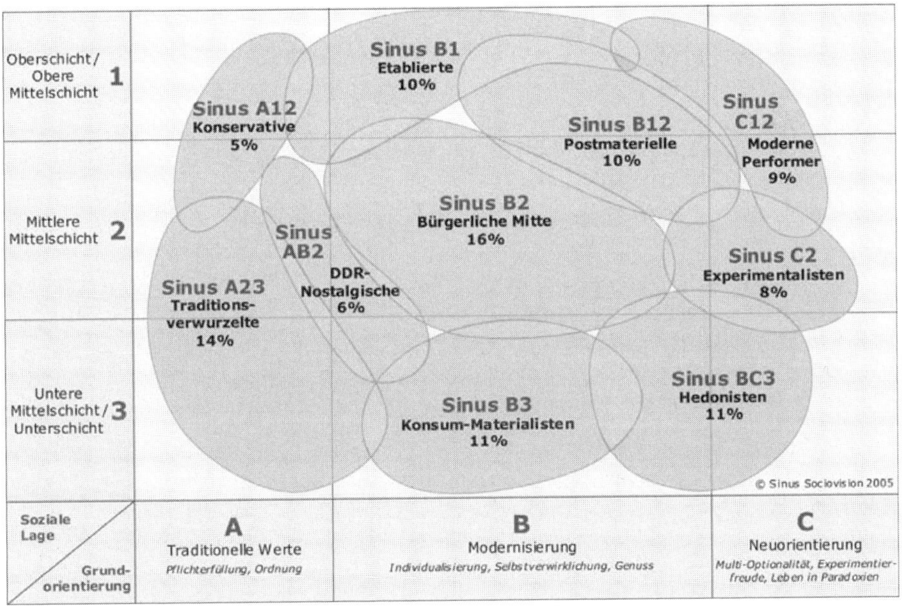

Quelle: sinus sociovision

Vertikal ist die soziale Lage in Schichten, auf der Grundlage von Alter, Bildung, Beruf und Einkommen verortet. Horizontal ist die Grundorientierung von traditionell bis postmodern eingetragen. Zusammengefasst werden die zehn Milieus in vier Milieugruppen: die gesellschaftlichen Leitmilieus am oberen Rand der Kartoffel, am linken Rand die traditionellen Milieus, in der Mitte die Mainstream-Milieus und rechts die hedonistischen Milieus.

Der Vorteil der Sinus-Milieus gegenüber den durch das Verfahren der Semiometrie ermittelten Typisierungen liegt in der zusätzlich engen Verknüpfung zur Alltagswelt, d. h. man weiß, was die Zielgruppen im Fernsehen gerne anschauen, welche Zeitungen und Zeitschriften sie gerne lesen, wie Sie wohnen, welche ästhetischen Prinzipien sie bevorzugen, wofür sie sich engagieren und wofür nicht. Es gibt mittlerweile eine Vielzahl von Studien über das Verhalten der Milieus in unterschiedlichsten Lebensbereichen, die für das Fundraising einige Ideen und kreative Impulse geben.

## 3.3.2.2 Spenderprofile erstellen

Bei der Erstellung von Spenderprofilen, dem Profiling, werden alle signifikanten Informationen über die verschiedenen Zielgruppen der Spender herangezogen und zu „Typen" verdichtet. Diese kennzeichnen sich durch bestimmte Lebensstile, Eigenschaften, Sichtweisen und Werthaltungen und zeigen zudem ein ähnliches Spendenverhalten.

Ziel ist es, diese Spendertypen als Maßstab für die zentrale strategische Ausrichtung des Fundraisings zu definieren und für diese Profile jeweils optimale inhaltliche, methodische und formale Fundraising-Programme zu entwickeln, die einen effizienten Einsatz der Ressourcen einerseits und eine möglichst spenderorientierte Ausrichtung auf der anderen Seite gewährleisten.

Profiling ist eine sehr anspruchsvolle Arbeit, die viel Erfahrung und Wissen erfordert, denn je mehr Variablen in die Profilgewinnung einfließen, desto komplexer wird der Prozess. Es kommen Mustererkennungsverfahren (Data-Mining) und Klassifikationsverfahren (Scoring) zum Einsatz, die die Anwendung spezieller Software erfordern. Hier einige Beispiele, wie „typische" Spenderprofile aussehen könnten.

Abbildung 5: Profil des organisationsloyalen, konservativen Spenders

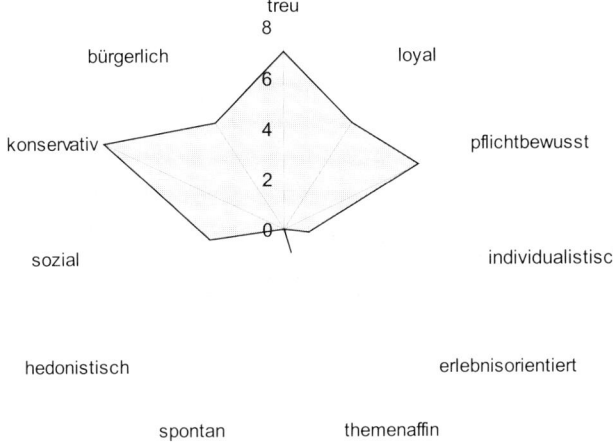

Abbildung 6: Profil des intellektuellen, kritischen „Überzeugungs-Spenders"

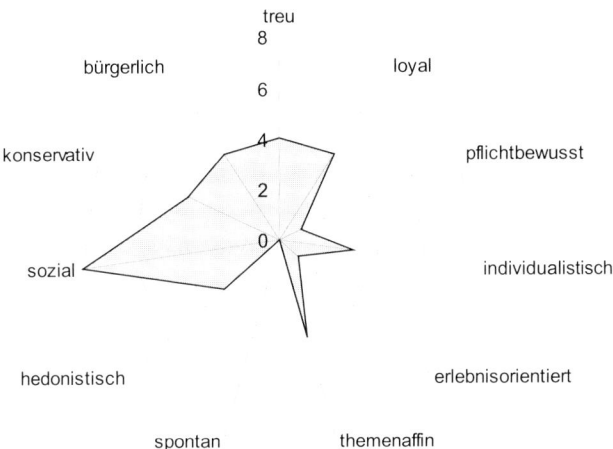

Abbildung 7: Profil des emotionalen, erlebnisorientierten „Spontan-Spenders"

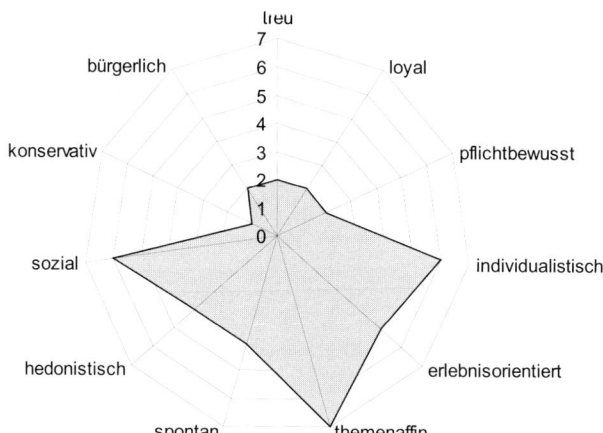

## 3.3.2.3 Zusammenfassung im Überblick

Abschließend noch einmal ein Überblick der unterschiedlichen Kriterien zur Identifizierung von Zielgruppen und mögliche Cluster zu den einzelnen Kriterien. Diese Kriterien werden letztlich zur Erstellung von Spenderprofilen herangezogen.

Tabelle 4: Übersichtstabelle über die Kriterien zur Identifizierung von Zielgruppen und mögliche Cluster

| Spendenver-halten | Aktualität der letzten Spen-de | Spendenhäu-figkeit | Jahresdurch-schnittsspende anhand der Auf-lage | Affinitäts-Cluster |
|---|---|---|---|---|
| Cluster | Aktive Kritische Ruhende Inaktive | Dauerspender Mehrfachspender Gelegenheits-spender Einmalspender | VIP-Spender Großspender Mittelspender Kleinspender | Themen Projekte Zeitpunkt Gestaltung |
| Geografische Kriterien | bundesweite Regionen | regionale Regionen | kirchliche Regionen | staatliche Regionen |
| Cluster | Nord-Süd-Ost-West, Nielsen-gebiete | Stadt/Land/ Umkreis | Diözesen | Wahlbezirke |

| Spendenver-halten | Aktualität der letzten Spende | Spendenhäu-figkeit | Jahresdurch-schnittsspende anhand der Auflage | Affinitäts-Cluster |
|---|---|---|---|---|
| Demogra-fische Kriterien | Generationen | Geschlechter | Bildung | Haushaltsgröße/Familienstand |
| Cluster | Vorkrieg Krieg Nachkrieg Boomer Buster Generation X | männlich weiblich | Titel, akade-mische Berufe | allein lebend Haushaltsvorstand Kinder |
| Soziografische Kriterien | Berufsgruppen | Einkommens-klassen | Freizeitverhalten | Kaufinteressen |
| Cluster | Beamte Arbeiter Angestellte leitende Ange-stellte Selbstständige | untere, mittlere, obere Einkom-mensklassen, Kaufkraft | Sport Urlaub EDV | KFZ Haus und Heim Versandhandel |
| Psychogra-fische Kriterien | Sinus-Milieus | Semiografie | Lifestyle-Typen | andere Typisie-rungen |
| Cluster | 10 Milieus | 13 Wertefeld-typen | div. Kategorien verschiedener Anbieter | z. B. Geldtypen, Typen von Ehren-amtlichen |

## Weiterführende Literatur

Nichols, Judith: Global Demographics. Fundraising for a new world, Chicago 1995.

Schulze, Gerhard: Die Erlebnisgesellschaft. Kultursoziologie der Gegenwart. Frankfurt am Main/New York 2000.

Vetser, Michael/Vögele, Wolfgang/Bremer, Helmut (Hrsg.): Soziale Milieus und Kirche, Würzburg 2002.

Nähere Information zur Semiometrie und zu den Sinus-Milieus sind unter www.tns-infratest.com/02_business_solutions/02017_Semiometrie.asp und www.sinus-sociovision.de zu finden.

# 3.3.3 Spendergewinnung

*Lothar Schulz*

Zum Fundraising gehört der Aufbau einer Spenderbasis. Sie soll auf Dauer eine verlässliche und berechenbare Unterstützung des Spendenzwecks einer gemeinnützigen Organisation sicherstellen. Fachleute schätzen, dass der Aufbau einer solchen Spenderbasis je nach Investitionsbereitschaft und Spendenzweck bis zu sieben Jahre dauern kann. Es ist also eine Aufgabe, für die man einen langen Atem braucht. Wer eine Spenderbasis aufbauen will, muss daher sorgfältig planen, zielgerecht vorgehen, viel Zeit, Überzeugungskraft und finanzielle Mittel bereitstellen. Einen Neuspender zu gewinnen, kann bis zu 50 oder sogar 80 Euro kosten. „Für umsonst" geht es nicht.

## 3.3.3.1 Spendergewinnung für Anfänger in der Stunde null

Wer ganz von vorn anfängt, noch keine irgendwie geartete Adresssammlung hat, wird sich über drei grundlegende Dinge Gedanken machen: (1.) über die eigene angebotene Leistung, (2.) über die Vision, die er mit dem Spendenzweck verwirklichen will, und (3.) über die möglichen Zielgruppen, die er für seinen Spendenzweck ansprechen möchte.

Fundraising folgt dem Marketingprinzip. Die eigene Leistung muss also immer wieder den gegenwärtigen und potenziellen Förderern angeboten werden, und zwar auf eine Weise, die diese verstehen. Um diese Kommunikation wirksam zu gestalten, sind Lernziele zu entwickeln, die ständig wiederholt und bekräftigt werden müssen, bevor eine entsprechende unterstützende Handlung zu erwarten ist.

Fundraising ist kein einseitiges Beziehungsgeschehen. Dem Fundraising geht es darum, Menschen zu gewinnen, die entdeckt haben, dass sie mit ihrem Engagement tatsächlich etwas bewirken können und Einfluss darauf nehmen, wie sie eine eigene Vision verwirklicht sehen können. Kurz: Die Spende ist für die Gebenden eine persönliche Bereicherung, für die sie gerne selbst überzeugt und freiwillig tief in die Tasche greifen. Welche Vision Ihrer Organisation wollen Sie also zur Vision Ihrer Spenderinnen und Spender machen?

Dabei beachten Sie bitte: Nicht jede Zielgruppe und Finanzquelle passt zu jedem Spendenzweck oder zu jeder Organisation. Was für ein Nilpferd gut ist, kann für eine Ameise tödlich sein. Dafür ein Beispiel: Wer für einen kulturellen Organisationszweck Spenden benötigt, wird Mitglieder des städtischen Kulturringes oder Kulturschaffende selbst ansprechen, wer aber für eine kirchliche Organisation Unterstützung sucht, wird eher christlich orientierte und in sozialen Berufen tätige Menschen suchen.

Für den Aufbau einer Spenderbasis in der Stunde null bietet sich nun folgendes Vorgehen an.

(1) Die Stakeholderanalyse (Interessentenanalyse)

Diese Analyse gibt Ihnen wichtige Hinweise darüber, wer zu Ihrer Spenderbasis gehört und wer noch dazu gehören könnte. Nehmen Sie sich zwei leere Blatt Papier. Auf das eine Blatt schreiben Sie alle Organisationen, Firmen, Parteien und Menschen, denen es eine Herzensangelegenheit ist, dass Ihre Organisation gut arbeitet, die stolz darauf sind, dass Ihre Leistungen anerkannt sind und einen hohen Gemeinwesenwert haben, kurz: die Ihre Organisation für unersetzlich halten. Natürlich gehören auf diese Liste auch alle Menschen, die sich ihren Lebensunterhalt bei Ihnen verdienen. Gehen Sie bei der Auflistung von innen nach außen. Beginnen Sie bei Stiftern, Vorständen, Kuratorien, Direktoren usw. Dann kommen Sie zu Mitgliedern, Angestellten, Ehrenamtlichen, Lieferanten, Sympathisanten. Sie werden dabei Überraschungen erleben. Viele schöne Worte werden Ihnen plötzlich sehr schal erscheinen, wenn Sie die Lippenbekenntnisse mit der aktuellen Gebefreudigkeit und dem geleisteten Zeiteinsatz vergleichen.

Auf das andere Blatt Papier schreiben Sie alle Namen, die gleichartige Visionen und Dienstleistungen anbieten und Sie deshalb als Mitstreiter oder auch Konkurrenten ansehen müssen. Vermerken Sie aber auch alle diejenigen, die Ihrer Meinung nach etwas gegen Ihre Arbeit vorzubringen haben, aus ideologischen oder religiösen Gründen, aber vielleicht auch deshalb, weil Ihre Organisation regelmäßig rote Zahlen schreibt, jedes Jahr mit einem Skandal aufwarten kann, das Management als überheblich und unfähig angesehen wird.

> *Tipp:* Fangen Sie nie ohne Stakeholderanalyse an! Sie können damit viel Geld und Zeit sparen, denn sie gibt Ihnen wertvolle Aufschlüsse darüber, wen Sie persönlich ansprechen, anschreiben und einladen sollten – und wen erst einmal nicht. Sie bekommen auch Aufschluss darüber, wer besondere Aufmerksamkeit verdient und mit beiden Augen beobachtet werden sollte.

(2) Einladungen

Fundraising ist wie der gezielte Aufbau eines Freundeskreises *(Friendship Raising).* Laden Sie deshalb gezielt Menschen ein, um sie für Ihre Arbeit zu gewinnen und zu faszinieren, nicht um ihnen in die Tasche zu greifen. Wer soll eingeladen werden? – Für den Anfang gehen Sie von den Ergebnissen Ihrer Interessentenanalyse aus. Weitere Adressen müssen zwei Bedingungen erfüllen: Sie sollen zu Menschen führen, die mindestens ein entferntes Interesse an Ihrer Arbeit haben und sich finanziell in einigermaßen sicherem Fahrwasser bewegen.

Stellen Sie sich jetzt zehn Fragen und versuchen Sie, sie möglichst ausführlich zu beantworten: (1.) Was hat meine Interessentenanalyse ergeben? (2.) Welche Charities (Lions, Rotary, Kiwanis, Zonta usw.) gibt es in meiner Region? (3.) In welchen Medien werden Spendernamen veröffentlicht? (4.) Wer könnte mir Freunde und Förderer nennen? (5.) Wer hat keine Erben? (6.) Welche Prominenz aus Wirtschaft, Wissenschaft, Kunst, Literatur, Lehre und Politik wohnt in unserer Region? (7.) Welche Geschäftsleute sind älter als 45 Jahre? (8.) Wie viele Firmen mit mehr als 50 Mitarbeitern und einen Umsatz von mehr als 50 Millionen Euro sind in unserer Region ansässig? (9.) Wie viele kleinere und mittlere Betriebe gibt es? (10.) Wer hat sein Geschäft in den letzten Jahren verkauft?

Informationen hierüber finden Sie im Internet, in Tages-, Wochen-, Anzeigen-, Wirtschafts-, Kirchenzeitungen und „bunten" Blättern, in Firmen- und Stiftungshandbüchern. Sie werden erstaunt sein, wie viele wertvolle Informationen Sie in kürzester Zeit sammeln können.

Haben Sie etwa fünfzig Adressen zusammen, können Sie Ihre erste Einladung verschicken. Laden Sie zu einem aktuellen Thema ein, vielleicht mit einem prominenten Redner. Auf jeden Fall sollte Ihre Einladung orientiert sein an der Vision und Mission Ihrer Organisation und einem passenden aktuellen Thema in Ihrem Gemeinwesen. Strukturieren Sie Ihren Einladungsnachmittag oder Einladungsabend didaktisch, beispielsweise so:

*3 Minuten:* Ganz kurze Begrüßung durch den Hausherren

*15 Minuten:* Sherry, Mix und Mingle. Teilnehmer stellen sich vor. Es wird über Gott und die Welt geredet.

*30 Minuten:* Das Programm beginnt mit einem Willkommen zum Thema. Hier wird anhand eines Projektes oder eines lokalen Problems Ihre Mission und Vision deutlich. Sprechen Sie ihre Gäste kognitiv an. Benennen Sie Fakten und Tatsachen. Informieren Sie. Fragen und Antworten sind möglich. Noch kein Medieneinsatz.

*40 Minuten:* Vertiefen Sie Ihre Botschaft emotional, beispielsweise mit Testimonials oder „Geschichten aus dem Leben", die die benannten Probleme verdeutlichen. Auch Videos können gezeigt, Führungen angeboten werden.

*5 Minuten:* Die Veranstaltung endet mit einem kurzen Dank und einer sehr kurzen Zusammenfassung.


Am nächsten Tag erhalten alle Teilnehmer einen brieflichen Dank mit einer kurzen Zusammenfassung der Gespräche. Auch die, die ihre Teilnahme abgesagt haben, erhalten einen Brief mit einem kurzen Bericht über die Gespräche und den Hinweis auf eine neue Einladung. Eine Woche nach dem Brief werden alle Teilnehmer angerufen, um den Kontakt weiter zu vertiefen.

Folgende Gesprächsmatrix kann abgearbeitet werden: (1.) Danke, dass Sie dabei waren. (2.) Was denken Sie, hat unsere Vision und Mission eine Chance? (3.) Zuhören, zuhören, zuhören. (4.) Könnten Sie sich vorstellen, in irgendeiner Weise unseren Weg zu begleiten? (5.) Zuhören, zuhören, zuhören. (6.) Hätten Sie eine Idee, wen wir noch einladen könnten? (7.) Zuhören, zuhören, zuhören. (8.) Danken und neu verabreden!

Über solche persönlich gestalteten Nachmittage und Abende erhalten Sie gute Kontakte und Adressen von Interessenten, die Sie nun gut pflegen müssen, um sie dadurch zu „Investoren" (nicht nur Spendern!) in Ihre Organisation zu machen.


(3) Verschiedene Formen von Direkt-Dialog

Eine öffentlichere Form des *Friendship Raising* ist der Dialog in Einkaufszentren und auf öffentlichen Plätzen, wo möglichst viele Menschen anzutreffen sind. Weitere mögliche

Gelegenheiten für Direkt-Dialog sind Tombolas, Benefizveranstaltungen, Flohmärkte, Straßenfeste und Empfänge. In erster Linie geht es um den Aufbau von Vertrauen in Ihre Arbeit und zwar durch „Reduktion von Komplexität". Sie wollen durch eine einfache und verständliche Darstellung Ihre Vision und Botschaft im Gedächtnis der Menschen verankern, damit die Entscheidung für Ihre gute Sache von den Angesprochenen auch wirklich als eine persönliche Bereicherung angesehen wird.

Wichtig für einen erfolgreichen Direkt-Dialog sind die drei Faktoren Planung, Personalentwicklung und Infrastruktur. Diese Faktoren gilt es übrigens auch zu beachten, wenn der Dialog an der Haustür geführt werden soll.

*Planung:* Sie brauchen gut visualisierbare und kommunizierbare Projekte. Stimmen Sie diese Projekte unbedingt innerhalb Ihrer Organisation ab. Alle Mitarbeitenden sollten darüber informiert sein. Unerlässlich ist ein Informationsblatt mit einer Antwortmöglichkeit und dem Vordruck für eine Einzugsermächtigung. Selbstverständlich ist die Einwilligung des Centermanagements, der Marktaufsicht notwendig – oder beim Benutzen öffentlichen Grundes die Genehmigung des Ortsamtes, der Polizei, wer immer auch dafür zuständig ist.

*Personalentwicklung:* Über den Erfolg entscheidet letztlich die Schulung und das professionelle und auch gepflegte Auftreten Ihrer Mitarbeitenden. Stellen Sie Ihren Mitarbeitenden entsprechende Ausweise zur Verfügung, um sich zu legitimieren. Wie freundlich können sie auf Menschen zugehen? Wie überzeugt sind sie selbst von den zu kommunizierenden Botschaften? Das Personalprofil der Mitarbeitenden für den Direkt-Dialog sollte beispielsweise folgenden Anforderungen entsprechen: ehrenamtlich tätig, älter als 35 Jahre, vom Zweck Ihrer Organisation überzeugt, fundiert ausgebildet in Gesprächsführung und bereit, Menschen zu gewinnen, nicht Menschen zu überreden. Selbstverständlich sind Einsatzpläne (Dienste nicht länger als zwei Stunden!), die Begleitung und Fortbildung der Mitarbeiter und Qualitätskontrollen.

*Infrastruktur:* Hierzu gehören je nach der gewählten Form des Direkt-Dialogs z. B. ein Infostand aus Leichtmetallbauweise, der in jeden Personenwagen passt, überall und von jedem aufgestellt werden kann. Für den Ausbau Ihrer Spenderbasis ist es wichtig, dass Sie auf allen Veranstaltungen Stehpulte mit Gästebüchern auslegen. Hier kann jeder seine Adresse eintragen, der gerne weitere Informationen oder Einladungen haben möchte. Vermerken Sie auf jeden Fall, dass die Adressen elektronisch gespeichert werden. Zur Infrastruktur gehört natürlich auch die Nacharbeit. Haben Sie Menschen gewonnen und eine Adresse (oder auch schon eine Mitgliedschaft im Förderkreis, einen Dauerauftrag) erhalten, bedanken Sie sich immer so schnell wie möglich!

(4) Fürsprecher

Eine wenig beachtete und benutzte Quelle beim Aufbau einer Spenderbasis ist die Gewinnung von Fürsprechern. Fürsprecher sind Personen, die gut vernetzt sind, Ihre Arbeit und Ihren Spendenzweck schätzen, aber selbst beruflich so engagiert sind, dass sie sich nicht aktiv in Ihre Fundraising-Aktivitäten einbinden lassen wollen. Diese Fürsprecher können Ihnen aber z. B. durch einen Telefonanruf, durch Nennung von Namen und Adressen Türen öffnen, die Ihnen sonst verschlossen bleiben, und Sie zu Personen führen, die Sie selbst als potenzielle Unterstützer nicht in den Blick genommen oder nicht erreicht hätten. Eine weitere Funktion der Fürsprecher ist, dass sie stellvertretend für Sie, um „Augenhöhe" zu erreichen und zu wahren, mit wichtigen Persönlichkeiten Kontakt aufnehmen und den Kontakt zu Ihrer Organisation vorbereiten.

Wie finden Sie Fürsprecher für Ihre Organisation? Fragen Sie Ihre Vorstände, Stiftungsräte, Kuratorien, Direktoren und leitenden Mitarbeiter, lesen Sie, lesen Sie.

Folgende Merkmale sollte die Person Ihres Fürsprechers auszeichnen: (1.) Sie hat Einfluss und gehört zu den Personen, denen ein Netzwerk von Beziehungen zur Verfügung steht. Sie kennt persönlich die Nomenklatura (die wichtigsten Menschen) in Ihrer Region. (2.) Sie ist fähig, andere Menschen davon zu überzeugen, eine großzügige Investition in Menschlichkeit (auch Umwelt, Tierschutz) zu tätigen. (3.) Sie hat Teamgeist und kann mit anderen Menschen gut zusammenarbeiten. (4.) Sie hat Herz. Ihre emotionale Intelligenz ist höher als ihre rationale Intelligenz. Sie ist eine moralische Autorität, sie strahlt Integrität aus. (5.) Sie lässt sich einbinden in die Führungs- und Managementkultur Ihrer Organisation. (6.) Sie zeichnet sich durch gutes Zeitmanagement aus.

## 3.3.3.2 Spendergewinnung für Fortgeschrittene mit einem Adressbestand

Haben Sie bereits einen Adressbestand, so wird es Ihnen etwas leichter fallen, neue Freunde und Förderer zu gewinnen. Sie haben so genannte „warme Adressen", Sie haben Adressen von Menschen, die mit Ihrer Vision/Mission vertraut sind, und Sie haben Angaben, mit denen sich ein Spenderprofil erstellen lässt. Hier gibt es nun viele Wege zu neuen Spendern. Je nach Vorliebe, Organisation und Spendenzweck können Sie unterschiedliche Methoden anwenden, die Ihnen ein Spenderprofil erstellen (siehe 3.3.2). Ohne den Einsatz von Datenbankanalysen geht hier wenig. Letztlich geht es auch hier um das Vermitteln und Überzeugen von der Mission und Vision Ihrer Organisation.

Außerordentlich hilfreich in der Praxis ist das philanthropische Profil, das Sie sich selbst erstellen können. Dieses Profil definiert in drei Parametern: (1.) Beziehung des Förderers zur Organisation, ausgedrückt in Zufriedenheit, Wichtigkeit, Einzigartigkeit und Ambivalenz (Verbindung zu anderen Organisationen); (2.) durch das Spendenverhalten: Wem spendet der Spender wie oft, welchen Betrag, in welchem Zeitabstand, welches Projekt; (3.) durch Kontakt-Historie: Wie ist der Spender zur Organisation gekommen (Brief, Empfehlung, Veranstaltung, wer war Kontaktperson, Direkt-Dialog usw.)?

Denken Sie bei der Spendergewinnung immer an Konfuzius: Beklage dich nicht, dass du keine Freunde hast, gestalte deine Arbeit so, dass die Menschen von deiner Arbeit fasziniert sind. Welch eine Herausforderung für jeden Fundraiser und jede Fundraiserin!

# 3.3.4 Spenderbetreuung

*Hans-Josef Hönig / Lothar Schulz*

## 3.3.4.1 Gründe für eine planvolle Gestaltung der Spenderbeziehung

Die in der Vergangenheit erprobten Methoden eines rein transaktionsorientierten Fundraisings greifen auf dem heutigen Spendenmarkt nicht mehr. Was nutzt beispielsweise die Optimierung eines Spendenmailings mit der Augenkamera, wenn der 20-jährige Spender das gleiche Mailing erhält wie die 80-jährige Spenderin. Wer künftig auf dem Spendenmarkt bestehen möchte, muss sich mit den Möglichkeiten eines beziehungsorientierten Fundraisings auseinander setzen. Es gilt,

- dem richtigen Spender
- zum geeigneten Zeitpunkt
- ein zielgerichtetes Förderangebot
- über den richtigen Kommunikationskanal

zu unterbreiten.

Genau das ist die Herausforderung für das Fundraising der nächsten Jahre!

Alle Bemühungen, neue Spender zu gewinnen und die Spenderbasis zu erweitern, werden zu einer Kostenfalle, wenn das Spenderbeziehungsmanagement nicht stimmt. Haben Sie strategisch, operativ und analytisch Ihre Spenderpflege nicht sorgfältig geplant, werden Sie aus vier Gründen nur mäßigen Erfolg haben.

(1) Es ist wesentlich teurer, neue Spender zu gewinnen, als treue Spender gut zu pflegen. Das Kostenverhältnis bewegt sich ungefähr im Rahmen von 4:1.

(2) Fundraising hat etwas mit wachsen lassen („to raise") zu tun. Sie wollen doch mit Ihrer Arbeit erreichen, das Bewusstsein Ihrer Freunde und Förderer so zu schärfen, dass sie es als eine persönliche Bereicherung ansehen, Ihre Projekte zu unterstützen. Das heißt nichts anderes, als eine intensive Beziehung zu ihnen aufzubauen und zu pflegen. Gelingt es ihnen nicht, eine „Spenderbindung" zu etablieren, werden Spender wegbleiben, ihre Beträge reduzieren oder seltener spenden.

(3) Spenderbetreuung und Spenderbindung (Customer/Donor Relationship Management) hat etwas mit Schätzeheben, mit Wertschöpfung zu tun. Nicht nur, dass ein langjähriger Spender „ertragreicher" ist (keine hohen Neuspenderkosten), durch Ihre intensive Beziehungspflege werden Ihre Freunde und Förderer, je länger sie bei Ihnen sind, ihre Spendenbeträge erhöhen. Die Beziehungspyramide kann darüber ein gutes Bild vermitteln.

Abbildung 1: Beziehungspyramide

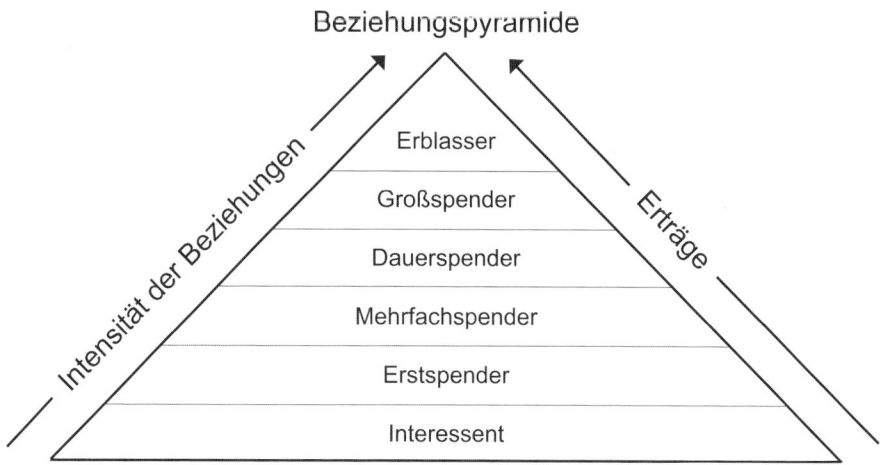

(4) Die Konkurrenz schläft nicht, und die Arbeit der Fundraiserinnen und Fundraiser ist nicht einfacher geworden. Wir haben es in Deutschland mit einem gesättigten Spendenmarkt zu tun, bei gleichzeitig sinkendem Ausgabeverhalten. Spendenprojekte sind zahlreicher und austauschbar geworden: Das Überangebot der Spendenmöglichkeiten mindert die Spenderloyalität, Spender vagabundieren öfter, spenden mal hier und mal da. Eine qualitativ gute Spenderbetreuung schöpft das vorhandene Spendenpotenzial aus und stabilisiert Spendenergebnisse.

Schlüsselfaktoren für den Erfolg sind die richtige Segmentierung der Zielgruppen, die für das jeweilige Segment passende Abstimmung der Kommunikationskanäle verbunden mit einem für die Zielgruppe geeigneten Angebot und eine CRM-Spendensoftware, die diese Vorgehensweise ermöglicht. Dabei unterstützt das Database-Fundraising den Fundraiser bei der Bestimmung der richtigen Zielgruppe, der Erkennung von Gefahren (Frühwarnsystem für wegbrechende Spendersegmente) und der richtigen Budgetierung von Spenderbindungsmaßnahmen, d. h. der richtigen Verteilung investiver Mittel zur Spenderbindung. Genauso wichtig wie Methodenkompetenzen sind für Erfolge in der Spenderbetreuung auch die persönlichen Fähigkeiten und Fertigkeiten eines jeden Fundraisers und jeder Fundraiserin (siehe 2.2.2 und 6.1). Beziehungsorientiertes Fundraising kann sich an bestehenden Beziehungs-Management-Konzepten, wie beispielsweise dem Customer Relationship Management (CRM) orientieren. Die Experten des Deutschen Direktmarketing Verbandes (DDV) haben eine heute über die deutschen Grenzen hinaus anerkannte Definition des Customer Relationship Management geschaffen: „Customer Relationship Management ist ein ganzheitlicher Ansatz zur Unternehmensführung. Er integriert und optimiert auf der Grundlage einer Datenbank und Software zur Marktbearbeitung sowie eines definierten Verkaufsprozesses abteilungsübergreifend alle kundenbezogenen Prozesse in Marketing, Vertrieb, Kundendienst, Forschung und Entwicklung u. a. Zielsetzung von Customer Relationship Management ist die gemeinsame Schaffung von Mehrwerten auf Kunden- und Lieferantenseite über die Lebenszyklen von Geschäftsbeziehungen. Das setzt voraus, dass CRM-Konzepte Vorkehrungen zur permanenten Verbesserung der Kundenprozesse und für ein berufslebenslanges Lernen der Mitarbeiter enthalten."

Das CRM bildet zwei zentrale Bereiche ab:

- die strategische Orientierung einer Nonprofit-Organisation (NPO) und
- die notwendige IT-Ausrichtung, d. h. den Einsatz von integrierten Informationssystemen.

Im Folgenden wird daher zwischen strategischem, operativem und analytischen CRM unterschieden. Die Bereiche des strategischen und operativen CRM werden weitgehend von den Ausführungen von Lothar Schulz abgedeckt, die des analytischen CRM von Hans-Josef Hönig.

## 3.3.4.2 Strategisches und Operationales CRM

(1) Strategische Voraussetzungen für beziehungsorientiertes Fundraising

Leider steht die Spende in Deutschland immer noch absolut im Vordergrund des Fundraisings. Dabei ist klar, dass die Basis für ein berechenbares und erfolgreiches Fundraising nicht durch die Frage nach den Spenden beantwortet werden kann, sondern allein durch den Aufbau einer ordentlichen Spenderbetreuung und Spenderbindung.

Doch das erfordert erhebliches Umdenken, ist ein arbeitsintensives Unternehmen, verlangt persönliches Engagement und hohe Glaubwürdigkeit. Wer Freundschaften aufbauen und pflegen will, braucht Zeit und Geld, er muss lernen, Wünsche und Vorstellungen des Partners zu respektieren. Fundraising kultiviert das Interesse des Spenders an der Organisation. Fundraising baut Vertrauen auf, ist Freundschaft und Wegbegleitung. Fundraising basiert auf gemeinsamen Werten und Überzeugungen, Fundraising entwickelt Ziele und Vorstellungen über die Gestaltung der Zukunft. Voraussetzung für eine Spenderbindung ist *authentic involvement,* was man mit glaubwürdigem Engagement übersetzen könnte.

Das glaubwürdige Engagement muss von der Organisation als Vorleistung erbracht, emotional und strategisch vorbereitet werden. Dazu gehören folgende acht Punkte (a–h):

(a) *Der Abschied vom Spender als Milchkuh:* Eine Organisation, die nur an ihre *Spenden* denkt und diese in den Mittelpunkt ihrer Fundraising-Überlegungen rückt, wird ihre Spenderinnen und Spender als Milchkühe betrachten, sie als entmündigte Wesen ansehen, die – im Glauben Gutes zu tun – nur die Konsumbedürfnisse von NPOs und von Spendeneinsammlern befriedigen und Überlebenshilfe leisten.

Fundraiserinnen und Fundraiser selbst können in diesem Rahmen nur als Spendenkasper, Drücker und Schieber, Trüffelschwein, Sozialprostituierter, Bettler, Jäger und Fallensteller bezeichnet werden. Für die Spendenkultur allgemein aber ergeben sich aus der auf Geld reduzierten Perspektive des Fundraisings unangenehme Probleme: Spendeneinwerben wird als Bettelei und Zumutung empfunden; die deutschen Führungseliten haben Angst davor, „bitte" zu sagen; professionelles Spendenmarketing wird als unseriös, manipulativ und unerlaubtes Eindringen in die Privatsphäre angesehen; die Bedeutung der Worte „Public Spirit" und „Civil Society" bleiben dem Gemeinwesen fremd; die zivile Gesellschaft leidet unter einer etatistischen Umklammerung des Staates und einer Verstaatlichung der Caritas.

(b) Der Spender als Dynamit: Rückgrat aller Spenderbetreuung und aller Spenderbindung ist der Respekt vor dem Spender. Bei einer Spenderbindung steht allein der Spender im Mittelpunkt aller Fundraising-Bemühungen. Es ergeben sich dann folgende Merkmale: Der Spender ist Partner und Freund, ein Überzeugungstäter, Träger einer Vision, denkt und entscheidet mit, er ist Agent des Wandels, Dynamit für verkrustete Strukturen.

Fundraiserinnen und Fundraiser übernehmen in diesem Konzept die Rolle eines exzellenten Kommunikators, sie sind Motivator, Katalysator und haben eine gute Allgemeinbildung (siehe 2.2.2).

(c) Neues Denken im Fundraising: Das grüne Band der Spendersympathie. Steht nicht mehr die Spende im Mittelpunkt, sondern der Spender, dann ergibt sich ein völlig neuer Ansatz im Fundraising: Organisation und Fundraiserinnen/Fundraiser sind Ansprechpartner, Ratgeber, ja Freunde. Ziel ist es, ein „Band der Sympathie" zu knüpfen, eine einzigartige und besondere Beziehung zwischen der Organisation/dem Fundraiser und dem Spender zu entwickeln. Welche Fundraising-Strategien auch verfolgt, welche Maßnahmen auch durchgeführt werden, leitender Gedanke ist es, ein Band der Sympathie zu pflegen und alles zu vermeiden, was dieses Band lockern, beschädigen oder lösen kann. Dem Spender ist glaubhaft zu signalisieren: Es ist Ihre Hilfe, die das Leben von Menschen verändert, Ihre Freundschaft ist uns wertvoll und wichtig, schreiben und sagen Sie uns, was wir besser machen können.

(d) Neues Führungsverhalten und Bereitschaft zur Teamarbeit: Mit dem neuen Denken allein ist es noch nicht getan. Die Spenderbindung ist ein Prozess, den man nicht sich selbst überlassen darf. Erforderlich sind eine kluge Führung und die Hand in Hand an dem Band der Sympathie webenden Fundraiserinnen und Fundraiser, Mitarbeitende, die Organisation und ihre Leitung, Freunde und Förderer. Ein ganz großer Irrtum ist zu glauben, der Fundraiser allein (und vielleicht nur mit einer halben Stelle) wird es schon richten. Der brillanteste Fundraiser ist mit seinen Bemühungen zum Scheitern verurteilt, wenn das Fundraising nicht fest in die Unternehmenskultur und die Unternehmenshierarchie eingebunden wird (siehe auch 2.1.1, 2.1.2, 2.2.1 und die Checklisten im Anhang).

(e) *Eine Vision als Zement für Spenderbindung:* Wer eine Spenderbindung aufbauen will, muss nicht nur authentisch leben, was er sagt, und sagen, was er von anderen erwartet. Er muss auch von seinen Visionen berichten, von seinen Vorstellungen, wie er diese Welt gestalten will, von den Werten, denen er sich verpflichtet fühlt. Denn Ziel im Fundraising ist es ja, Menschen zu finden, die diese Visionen und die daraus abgeleiteten Ziele von NPOs teilen. – Gemeinsame Werte sind die Ausgangsbasis für eine dauerhafte

Spenderbindung. Die Attraktivität von Projekten beruht auf Visionen, Werten, Hoffnungen und Träumen, die Spender damit verbinden können. Fakten, Zahlen, Statistiken und ausgefeilte Texte sind bestenfalls ergänzendes Beiwerk.

(f) *Rechte der Spender:* Zu den klaren Signalen der Offenheit und vertrauensbildenden Maßnahmen einer Organisation zählt, Rechte für Freunde und Förderer sowie freiwillige Verpflichtungen zu formulieren, die keinen Zweifel an der Unternehmenskultur und Unternehmensführung aufkommen lassen. Denn Bürgerinnen und Bürger bürgen für unsere demokratische Grundordnung. Sie stiften Zeit und Geld. Sie tun es freiwillig und sie tun es gern, weil ihr Herz daran hängt. Bürger haben deshalb auch ein Recht zu wissen, ob ihre Hilfe ankommt und sachgerecht verwaltet wird.

Freunde und Förderer unserer Arbeit haben Anspruch auf:

– Informationen darüber, wie Spenden verwendet werden und wie sichergestellt wird, dass die Spenden ihren Zwecken zugeführt werden;
– Informationen über die Organisation, ihre Leitungsstruktur und über die Fähigkeit der Leitung, gute Haushalterschaft zu üben;
– ungehinderten Zugang zum letzten Jahresabschluss der Einrichtung;
– eine Rechnungslegung über die Verwendung zweckgebundener Spenden;
– Anerkennung und Dank für ihre Hilfe;
– Datenschutz und respektvollen Umgang mit vertraulichen Informationen;
– professionelle Zusammenarbeit;
– Informationen darüber, wie die Spendenarbeit finanziert wird;
– Löschung ihrer Daten;
– Beschwerdeführung beim Deutschen Spendenrat (bei Mitgliedschaft der Organisation im Deutschen Spendenrat).

(g) *Die gläsernen Taschen:* Eine große Schwäche der deutschen NPOs sind die schwer verstehbaren und teilweise undurchsichtigen Rechenschaftsberichte über Kostenstruktur und Verwendung der Spenden. Die Vier-Sparten-Rechnung sollte Pflicht für alle gemeinnützig tätigen Organisationen sein (siehe 2.3 und 2.4).

(h) *Die emotionale Kompetenz der Organisation:* Sie bildet sich durch einen langen Prozess und gründet sich auf den guten Ruf einer Organisation. Sie ist mit entscheidend dafür, ob einer Organisation Vertrauen entgegengebracht wird oder nicht, und ob es Menschen als eine persönliche Bereicherung ansehen, sich dort zu engagieren. Es sind acht Eigenschaften, die den guten Ruf einer Organisation begründen:

1. qualitativ hochwertige Arbeit

2. Kundenorientierung

3. offene und ehrliche Information

4. Umweltfreundlichkeit

5. Innovation

6. Ertragsstärke

7. ein attraktiver Arbeitgeber

8. Engagement für die Allgemeinheit

(2) Spenderbindung durch Spenderdank

Dank – die Güte des Herzens. Wer eine Spenderbindung aufbauen will, die sich auch durch eine feste emotionale Bindung auszeichnet, kann auf den Spenderdank nicht verzichten. Spenderdank ist keine Pflichtübung aus Höflichkeit, sondern eine gelebte Aufmerksamkeit, Spenderdank ist Anerkennung von Mitmenschlichkeit und Solidarität.

Doch halt! Sie sollten wissen, dass Schuldbewusstsein, Berechnung und Kalkül die giftigen und geheimen Begleiter der Dankbarkeit sind. Dankbarkeit hat viel mit Geben und Nehmen zu tun, aber auch mit Abhängigkeiten, die wir eigentlich als professionelle Fundraiserinnen und Fundraiser verhindern möchten. Mit der ihm eigenen Klarheit formulierte schon Karl Marx: „Der Mensch ist so lange nicht frei, wie er sich verdankt."

Das sind die Gefahren des Dankens:

–   Wer immer nur empfängt, kann bald nicht mehr aufrecht gehen, wie Philipp von Makedonien seinem Sohn Alexander schon bedeutete. Geben korrumpiert *(largitionem corruptelam esse)*. Anders ausgedrückt: Dankbarkeit kann in Minderwertigkeit und Abhängigkeit führen.

–   Dankbarkeit kann dazu verleiten, nicht mehr genau hinzuschauen. Einem geschenkten Gaul schaut man nicht ins Maul, sagt der Volksmund. Die Gefahr benutzt zu werden, ist groß.

–   Wohltaten werden auch heute noch dazu benutzt, um von Übeltaten abzulenken.

–   Danken ist ein Wiedervergelten, Zurückzahlen, und zwar von Gutem für Gutes. Hier rückt das Danken in die Nähe von „Wiedervergeltung".

–   Dankbarkeit hat ihre Wurzel natürlich auch im Eigeninteresse. Die Eigeninteressen des Fundraisers/der Organisation dürfen nie die Eigeninteressen des Spenders überdecken.

Neben den vielen Gefahren des Bedankens sind auch zwei ganz wesentliche Vorteile herauszustellen:

–   Dankbarkeit hält eine Gemeinschaft zusammen. Wo Gutes mit Gutem vergolten wird, werden Handlungsmuster gesetzt und Menschen ermuntert, einander Gutes zu tun.

–   Dankbarkeit schafft eine überparteiliche Zuordnung. Wer auch immer hilft, für den Fundraiser sind im Dank alle „gleich".

Schnelles Bedanken ist wichtig. Nach Erhalt der Spende sollten die Dankbriefe im Postkasten liegen, noch bevor die Sonne wieder aufgeht. Warum? Dem Danken wird eine wichtige psycho-soziale Funktion zugesprochen, die für das „biologische Gleichgewicht" des Menschen wichtig ist. Es geht hier um die kognitive Dissonanz, den Appetenz-Appetenz-Konflikt und die Beziehungsabbruchkosten.

*Kognitive Dissonanz.* Der Amerikaner Leon Festinger fand 1957 heraus, dass nach jeder getroffenen Entscheidung eine Attraktivitätsveränderung im menschlichen Bewusstsein stattfindet. Nach jedem Kauf, nach jeder Spende tritt ein gewisser Bedauernseffekt ein. Er ist umso größer, je irreversibler die Entscheidung ist. Es ist also sehr wichtig, dass in der Nachentscheidungsphase einer Spende durch einen netten Dankbrief der unvermeidliche Attraktivitätsverlust gemildert, wenn nicht verhindert wird. Der Dank ist die Belohnung für eine getroffene Entscheidung, er „rechtfertigt" und bestätigt noch einmal die gute Tat.

*Appetenz-Appetenz-Konflikt.* In der Nachentscheidungsphase eines Kaufes oder einer Spende kommt es nicht nur zu einem Bedauernseffekt, sondern auch zu einer Attraktivitätssteigerung der nicht gewählten Alternative. Hier gerät der Spender in einen Appetenz-Appetenz-Konflikt. Die Wahl zwischen zwei guten Alternativen, z. B. Hilfe für mehrfach geistig behinderte Menschen oder Hilfe für krebskranke Kinder. Hat sich der Spender für die behinderten Menschen entschieden, erscheint ihm nach der Spende die Hilfe für krebskranke Kinder eigentlich viel wichtiger. Ein schneller und einfühlsamer Dank kann hier erhebliches Konfliktpotenzial abbauen.

*Beziehungsabbruchkosten.* Zu einem wichtigen Faktor in der Spenderbindung werden auch die die Beziehungsabbruchkosten. Nach der „Commitment trust theory" von Robert Morgan und Shelby Hunt entstehen beim Abbruch oder dem Wechsel einer Beziehung materielle und immaterielle Kosten. Je höher diese Kosten sind, desto mehr werden die Partner an einer Aufrechterhaltung der Beziehung interessiert sein. Beim Fundraising handelt es sich dabei um die materiellen und immateriellen Kosten, um eine neue Spenderbeziehung aufzubauen. Es stellen sich auch Fragen der ethischen und religiösen Bindung, wenn ein Spender seine Beziehung zu einer Organisation abbricht. Ein Dank, der Entscheidungssicherheit und Vertrauen in die Organisation stärkt, kann also durchaus die Beziehungsabbruchkosten erhöhen und somit die Spenderbindung verstärken. Da wir es heute mit sehr vielen „vagabundierenden" Spendern zu tun haben, sollte der Faktor Beziehungsabbruchkosten bei der Spenderbindung nicht vernachlässigt werden.

## (3) Spenderbindung durch Beschwerdemanagement/Zufriedenheitsmanagement

Beschwerdemanagement kann eine moderne und besonders erfolgversprechende Maßnahme für eine langfristige Spenderbindung sein. Doch die Barrieren in den Köpfen der Deutschen gegenüber einem Beschwerdemanagement sind erheblich. Seitdem Hegel den Staat zum Hüter der objektiven Wahrheit ernannt hat, werden Beschwerden gegenüber Behörden, Kirchen und anderen Institutionen als Majestätsbeleidigung und Ausdruck einer gefährlichen und existenzbedrohenden Entwicklung angesehen. Der Obrigkeitsstaat und die Obrigkeitskirche stecken uns allen noch in den Knochen.

Dabei sind Menschen, die unzufrieden sind und sich beschweren, ein großer Gewinn für jede Organisation! Die zukünftige Einstellung von Spendern und ihre Loyalität gegenüber der Organisation hängen im Wesentlichen davon ab, wie die Organisation auf Beschwerden reagiert. Bedenken Sie immer: Menschen, die sich beschweren, sind Ihre billigsten Unternehmensberater. Sie geben Hinweise zur Verbesserung der Leistungsqualität, schärfen den Blick für Probleme, die bisher unbekannt waren, und stärken das Vertrauensverhältnis zur Organisation.

Generelle Ziele des Beschwerdemanagements liegen deshalb darin, die Spenderzufriedenheit wiederherzustellen, negative Auswirkungen von Spenderunzufriedenheit zu minimieren und die in Beschwerden enthaltenen Hinweise auf organisatorische und menschliche Schwächen zu identifizieren und zu nutzen. Ich spreche daher lieber von einem Zufriedenheitsmanagement: Spender sollten konsequent ermutigt werden, sich im Falle der Unzufriedenheit an die Organisation zu wenden. Damit signalisieren die Organisationen: Wir sind an zufriedenen Spendern interessiert!

Diese Ziele sind aber nur zu erreichen, wenn der berühmte Kummerkasten in Organisationen sofort abgehängt wird. Es sind hingegen für alle leicht zugängliche Beschwerdekanäle zu schaffen, die eine sach- und problemgerechte Beschwerdereaktion und -bearbeitung garantieren. Von besonderer Bedeutung ist es, Beschwerden hinsichtlich ihres Informationsgehaltes systematisch auszuwerten.

Wer Beschwerden nicht ernst nimmt und hofft, mit einer „Kopf in den Sand"-Strategie zu überleben, der wird sich wundern, denn eine *never ending story* wird ihn in Atem halten: Mitarbeitende werden verunsichert, Spender und Öffentlichkeit reagieren irritiert, die Medien werden immer neugieriger und alle Deiche brechen, die Organisation wird zum Sündenbock für einen ganzen Arbeitszweig.


Die drei psychologischen Dimensionen des Zufriedenheitsmanagements:

*Die affektive Dimension:* Die meisten Beschwerden werden emotional geführt. Begünstigt wird diese Tendenz durch widersprüchliche und unscharfe Sachinformationen. Die affektive Komponente einer Beschwerde kann in ihrer Intensität entscheidend durch eine Versachlichung der Diskussion gemildert werden. Wie ein HB-Männchen in die Luft zu gehen heißt, Öl ins Feuer zu gießen.

*Die kognitive Dimension:* Konkretisiert sich die Beschwerdelage, wird die kognitive Dimension wichtig. Hier macht sich bemerkbar, ob Sie eine gute Öffentlichkeitsarbeit aufgebaut haben und ob die Journalisten Ihren Sachverhalten gut folgen können. Ein offener Dialog ist in jedem Fall anzuraten.

*Die konative Dimension:* Die affektive und kognitive Dimension einer Beschwerde werden durch die konative Dimension überlagert. Die konative Komponente einer Beschwerde wird in der jeweiligen Reaktion der Organisation deutlich. Sie kann reaktiv sein, dann wird die Beschwerde als Störung empfunden und „Funkstille" ist die Folge. Sie kann proaktiv sein, dann wird die Beschwerde genutzt, um Schwächen der Organisation zu beseitigen und eine neue Qualität in den unternehmerischen Prozessen herbeizuführen.

## 3.3.4.3 Die operative Umsetzung der Spenderbetreuung

Zur operativen Umsetzung Ihrer Spenderbetreuungsstrategien gehören Handlungsweisen, die den Mitarbeitenden Ihrer Organisation Sicherheit im oft turbulenten Fundraising-Alltag geben sollen. Dazu gehören: (1) die Entwicklung eines Leitbildes für die Spenderbetreuung; (2) die Entwicklung eines Spenderbetreuungs-Programms; (3) die Entwicklung einer Danksystematik und (4) die Entwicklung eines Instrumentariums für ein Zufriedenheitsmanagement.

(1) Die Entwicklung eines Leitbildes für die Spenderbetreuung

Folgende Verpflichtungen sollte ein solches Leitbild beinhalten:

– Wir haben ein klares Verständnis von unseren derzeitigen und zukünftigen Freunden und Förderern und werden dazu ein modernes Softwareprogramm für unser Database-Marketing einsetzen.
– Unsere Unternehmensspitze beschäftigt sich intensiv mit den Beziehungen zu unseren Freunden und Förderern.
– Wir haben ein klares Verständnis über das Management unserer Spenderbetreuung, wir wissen, was es kostet.
– Unsere Spendenbitten sind „spendertypisiert".
– Wir arbeiten an der Personalisierung unserer Spenderbeziehung.
– Wir entwickeln Upgradings und Loyalitätsprogramme, die eingebettet sind in Spenderbeziehungskonzepte.
– Mit Hilfe von Data-Mining-Programmen werden uns unbekannte Datenkombinationen ermittelt, um so noch besser Spenderbeziehungen pflegen zu können.

(2) Die Entwicklung eines Spenderbetreuungs-Programms

Mit diesem Programm wird sichergestellt, dass alle Elemente der Spenderbeziehung und Spenderpflege berücksichtigt werden. Vier Einflussgrößen gehören dazu:

*Freundeskreisservice:* Hier werden Zuwendungsbestätigungen ausgestellt, das Beschwerdemanagement koordiniert, Adressen gepflegt, Anfragen sofort beantwortet, Kontakte zwischen Spendern vermittelt.

*Spenderkultivierung* und *Spenderentwicklung:* Hierzu gehören Begrüßung, Dank, Besuch, Einladung zu Veranstaltungen, Information, Upgrading, Herausfiltern neuer Adressensegmente, Schulung der Mitarbeitenden.

*Zurückgewinnen von Spendern:* Gründe herausfinden, warum Spender nicht spenden, warum sie die Spenderbeziehung abgebrochen haben, briefliche und telefonische Nachfrage.

*Abgeben von Freunden:* Menschen ändern ihre Prioritäten, suchen neue Herausforderungen, sind begeistert von neuen Projekten. Es ist wichtig, dass Sie diesen Menschen für ihre bisherige Hilfe danken und ausdrücklich ihren weiteren Spendeneinsatz (wenn auch nicht bei Ihnen) loben.

(3) Die Entwicklung einer Danksystematik

Voraussetzungen für das Bedanken sind gespeicherte und schnell abrufbare Spenderdaten: Vor- und Nachname, möglichst die Privatadresse, der Anlass der Spende und die Spenderhistorie: wann aufgenommen, wann angeschrieben mit welchem Erfolg und welchem Dank, wann besucht, wann angerufen, Jahresdank, Einzugsermächtigung. Jede „Bewegung" mit dem Spender ist zu erfassen, die Informationen müssen bei der Bedankung verfügbar sein.

Es sind verschiedene Arten des Dankens für bestimmte Gelegenheiten und Personengruppen zu unterscheiden und festzulegen. Der Kontakt mit dem Spender kann auf vielfache Weise gehalten werden. Am wertvollsten ist die persönliche Begegnung, z. B. bei Hausbesuchen, Tagen der offenen Tür, Einladung zu Spenderjubiläen, Regionaltreffen, Studienreisen usw.

In der Regel wird der Kontakt zu Spendern – aus Zeitgründen oder weil ehrenamtliche Mitarbeiter häufig nicht zur Verfügung stehen – über Medien gehalten, durch das Zusenden von: Hauszeitschriften, Jahreskalendern, Geburtstagskarten, persönlichen Briefen, gezielten Spendenbriefen.

Die neun wichtigsten Merkmale für den Dank

- Ein guter Dankbrief ist wirkungsvoller als drei Spendenbriefe.
- Schicken Sie Ihren Dank, bevor die Sonne sinkt, spätestens in fünf bis zehn Tagen.
- Reden Sie den Spender persönlich mit Namen an.
- Nehmen Sie Bezug auf den Spendenzweck, besonders wenn der Spender ihn genannt hat.
- Sprechen Sie auch einen „offiziellen" Dank aus.
- Geben Sie zu verstehen, wie glücklich Sie über Menschen sind, die ein Herz für weniger glückliche Menschen, für die geschundene Schöpfung haben.
- „Entwickeln" Sie die Bewusstseinslage Ihrer Spender: Ein Spendenbrief hat gewisse Grenzen, in einem Dankbrief können Ihre Werte, die Ziele Ihrer Arbeit und Ihre Unternehmenskultur angesprochen werden.
- Versuchen Sie mit Ihrem Dank die Spenderbindung zu vertiefen und neue Spender zu gewinnen.
- Schreiben Sie auch Dankbriefe, wenn nicht unmittelbar eine Spende eingegangen ist (z. B. am Jahresende Dank für treue Begleitung).

Sie haben vieles richtig gemacht, wenn Sie eines Tages Zeilen wie diese von einem Spender erhalten, die ein Fundraiser einer großen Behinderteneinrichtung in Norddeutschland empfing: „Wir möchten einmal aussprechen, mit welch großer Anteilnahme wir alles lesen, wovon Sie berichten. Sie geben uns dadurch die Gewissheit, auch mit unseren kleinen Beträgen zum Bewegen von etwas Großem beitragen zu können, und wir erhalten das Gefühl dazuzugehören. (…) Post von Ihnen zu bekommen bedeutet jedes Mal einen Gewinn und eine besondere Freude. Sie gehört zu dem Wenigen, was man gern noch einmal wieder in die Hände nimmt, im Gegensatz zu so vielem, was gleich in den Papierkorb wandert. Wir wollten Sie wenigstens dieses Mal wissen lassen, dass Ihre Worte und Ihre Taten uns ganz persönlich erreichen, uns das glücklich macht und wir gemeinsam mit Ihnen hoffnungsfroh in das vor uns liegende Jahr blicken."

(4) Die Entwicklung eines Instrumentariums für ein Zufriedenheitsmanagement

Das Zufriedenheitsmanagement besteht aus sechs Maßnahmen:

1. Mitarbeiterschulung

2. Situationsanalyse

3. Vorbildfunktion des Managements

4. Kompetenzregelung

5. Die Krise

6. Kontrolle der erreichten Ziele

Das Zauberwort für eine Mitarbeiterschulung heißt *Clienting*. Frei übersetzt bedeutet es soviel wie: Im Herzen des Spenders ein Licht anzünden. Eine Spenderbindung wird mit davon bestimmt, wie der Fundraiser bzw. die Organisation oder die ehrenamtlich Mitarbeitenden auf die Spenderinnen und Spender zugehen. Wichtig sind dabei:

- Spaß und Freude an der Hinwendung zu neuen Gesprächspartnern,

- Neugier und Offenheit für den anderen und seine Andersartigkeit,

- Freude daran, anderen helfen zu können,

- Offenheit und Begierde, vom anderen zu lernen,

- Bereitschaft zur Teamarbeit, die Überzeugung, dass man miteinander mehr erreichen kann,

- Freude daran, netzwerkartig und partnerschaftlich zusammenzuarbeiten.

Daraus ergibt sich für das Denken und Handeln der Fundraiserin und des Fundraisers, dass ihre Argumente im Kopf des Spenders ein entspanntes Wohlbefinden erzeugen und ein Licht in seinem Herzen anzünden. Und wie kann man das erreichen? Indem man mit dem Kopf des Spenders denkt, mit dem Herzen des Spenders fühlt, mit den Augen des Spenders schaut, mit der Sprache des Spenders redet, mit der Logik des Spenders argumentiert.

Alle Fundraiserinnen und Fundraiser müssen lernen: Beschwerdeführung nicht als persönliche Beleidigung zu interpretieren; Beschwerden entgegenzunehmen und bis zur Erledigung verantwortlich dafür zu sein; eine umgehende Bearbeitung der Beschwerde sicherzustellen; die Ursachen der Beschwerden einfühlsam zu erkennen und zu beseitigen; sich zu vernetzen und Informationen umgehend weiterzugeben.

Schon vor 2000 Jahren wusste man, was Kundenorientierung bedeutet: Neuer Wein gehört nicht alte Schläuche. Die besten Mitarbeiterschulungen nutzen nichts, wenn der Spender nicht König wird und ihm nicht signalisiert wird: Geben Sie uns eine Chance, unseren Service und die Leistungen unserer Organisation zu verbessern; Sie können sich darauf verlassen, dass Ihre Beschwerden ernst genommen werden; Sie können uns immer eine Nachricht hinterlassen, wir rufen auf jeden Fall zurück.

Das Erfassen von Beschwerden in verschiedenen Kategorien nach Beschwerdeintensität und -art gehören zur *Situationsanalyse*, wie auch das Klären von Verantwortlichkeit und Aspekten des Controllings sowie der Öffentlichkeitsarbeit.

Nach diesem Schema können Beschwerden beispielsweise bearbeitet werden:

| Das Ist-Verhalten der Spender | Das Soll-Verhalten der Mitarbeitenden |
|---|---|
| dringend | Termin fixieren |
| verallgemeinert | konkretisieren |
| will Recht | Recht geben |
| verärgert | freundlich |
| aufgeregt | zuhören |
| empfindlich | ernst nehmen |

*Kompetenzregelung:* Klare Zuständigkeiten sowie verständliche Arbeits- und Verhaltensweisen sind für ein Zufriedenheitsmanagement unerlässlich. Wirksam ist eine schnelle Kontaktaufnahme. Bei schwierigen und langwierigen Sachverhalten ist ein Zwischenbescheid zu geben.

*Die Krise:* Werden Beschwerden nicht ernst genommen, Fehler ignoriert, weil keine juristische Verpflichtung zum Handeln oder eine Gefahr für Ersatzansprüche nicht besteht, die öffentliche Meinung unterschätzt wird, dann kann sich aus unscheinbaren Beschwerden schnell eine Krise entwickeln. Vertrauen, das über Jahre aufgebaut worden ist, kann durch einen Aufmacher, ob richtig oder nicht, gründlich zerstört werden und auf Jahre hinaus das Fundraising zum Spießrutenlaufen machen.

Hier einige wichtige Regeln für den Krisenfall:

- Krisenstab bilden, Krisenursachen erforschen.
- Permanente Erreichbarkeit sicherstellen, das gilt für den Fundraiser und Pressesprecher, aber auch für den Vorstandsvorsitzenden.
- Alle denkbaren Fragen und Antworten zusammenfassen, kritische Fragen stellen, Kollegen von anderen Einrichtungen hinzuziehen.

– Presseverteiler und Mailinglisten stets einsatzbereit halten für schnelle Informationen.

*Kontrolle des Zufriedenheitsmanagements:* Vertrauen ist gut – Kontrolle ist besser, besonders beim Zufriedenheitsmanagement. Nur wenn auf Dauer auch Beschwerdepunkte abgestellt werden können, wird sich die Bindung zu Ihren Spendern wieder festigen. Wenn Spender sich erneut mit Beschwerden an Sie wenden, von denen Sie glaubten, dass sie längst abgestellt sind, zeugt das von keiner guten Unternehmenskultur und ist geeignet, die Spenderbindung auf viele Jahre zu lösen.

Viele Informationen gehen im Alltagsstress verloren. Arbeitsprobleme und persönliche Stimmungen beeinflussen beispielsweise die Überzeugungskraft am Telefon. Erstellen Sie sich Musterbögen für Kontakt- und Dankgespräche, so werden Sie immer die wichtigsten und wesentlichsten Angelegenheiten abarbeiten können, die dann in Ihre Datenbank übernommen werden. Wichtig: Persönliche Befindlichkeiten dürfen nicht gespeichert werden. (Für ein Kontaktgespräch mit Spendern sind folgende Informationen wichtig: Datum, Name, Adresse, Grund für den Kontakt, Beschreibung des Anliegens, weitere Vorgehensweise. Für ein Dankgespräch sind wichtig: Name, Datum, Anlass des Dankes, Information über den aktuellen Stand des Projektes, sind weitere Informationen erforderlich, gibt es Vorschläge und Wünsche.)

Abschließend Erfahrungen aus über dreißig Jahren Berufserfahrung im Fundraising:

Die zehn Vorteile einer guten Spenderbetreuung.

Spender mit einer hohen Spenderbindung

– müssen nicht von weiteren Spenden kostenintensiv überzeugt werden,
– identifizieren sich stark mit der Vision der Organisation,
– sind immun gegen Konkurrenzaktivitäten,
– haben eine „hohe Spenden-Lebenserwartung" (Time Life Value-Faktor),
– senken die Kosten für Neuansprache,
– gewinnen neue Spender,
– werden ihre Spenderbindung „vererben",
– werden die Organisation im Nachlass bedenken,
– weisen hohe Vertrauensabbruchkosten auf,
– erinnern die Organisation als „seelisches Kürzel".

Das Rezept für eine dauerhafte Spenderbindung:

– gute und ehrliche Kontakte, aber keine Reizüberflutung,
– zuverlässiger Partner durch gutes Management, ehrliche Rechenschaft, glaubwürdiges Handeln,

– Integration des Fundraising-Gedankens in die Unternehmensstruktur: Alle Mitarbeitenden sind mit den Zielen und Visionen des Unternehmens vertraut und verbinden
ihr Handeln mit den Wünschen und Sehnsüchten ihrer Freunde und Förderer.

Daran scheitert das Spender-Beziehungsmanagement:

– Sie nutzen nicht die neuen Informationstechnologien.

– Sie haben die Bedürfnisse und Entscheidungsprozesse der Spender nicht in eine
ganzheitliche Netzstrategie integriert.

– Sie bieten Ihren Spendern keine maßgeschneiderten Benefits an.

– Sie arbeiten nicht konsequent an der Identität Ihrer Organisation durch Stärken-
Schwächen-Analysen, durch brillantes Management, erstklassige Leistungen und
Engagement für das Gemeinwesen.

– Sie optimieren nicht Ihre Spenderbeziehung durch permanente Auswertung Ihres
Datenflusses.


## 3.3.4.4 Analytisches Customer Relationship Management

Customer Relationship Management (CRM) ist in einer NPO nur durchführbar, wenn
alle Bereiche der Organisation auf den gleichen Datenbestand zugreifen können. Damit stellt die zentrale Datenbank (in der Regel ein Data Warehouse) das Herzstück des
Analytischen CRM dar. Hier sind alle Informationen über die Förderer gespeichert:
Stammdaten, Aktions- und Reaktionsdaten, Spendenhistorie, Beschwerdedaten usw.
Sie liefert die Basis für alle weiterführenden Analysen, die dann als Grundlage für eine
ganzheitliche Steuerung der Spenderkontakte über den gesamten Spenderlebenszyklus
hinweg dienen. Dabei kann es sich beispielsweise um Spendersegmentierungen oder
-klassifizierungen, Mitgliederkündigungsanalysen, Mailinganalysen usw. handeln.

(1) Verschiedene Beziehungen erkennen und nutzen

CRM bietet die Basis für ein rein beziehungsorientiertes Marketing (Pull-Marketing).
Im Fokus des CRM steht die langfristige Bindung profitabler Spender an die NPO. Die
geforderte Langfristigkeit der Betrachtung führt dazu, dass eine Bestandsaufnahme der
Spenderbeziehung für die Analyse nicht in Betracht kommt, sondern vielmehr die Berücksichtigung des Lebenszyklus des einzelnen Spenders *(Customer Lifetime Value)*. Die
Bezugnahme auf den Customer Lifetime Value als Zielgröße im CRM führt dazu, dass
sich der Fundraiser nicht nur an dem kurzfristigen mit einem Spender erzielbaren Erfolg
orientiert, sondern sich vielmehr auf den langfristigen Wert einer Spenderbeziehung
konzentriert. Der Fundraiser betreibt in diesem Fall ein „nachhaltiges" Fundraising.

Diese langfristige Betrachtung erfordert eine differenzierte Betrachtungsweise der
Beziehung der Spender zur NPO. So durchläuft der einzelne Spender in seiner „Geschäftsbeziehung" unterschiedliche Phasen. Sie bieten die Grundlage für eine lebens-

phasenspezifische Behandlung der Spender. Dieser „Phasenorientierung" muss sich das Fundraising unterwerfen, um Erfolge zu optimieren. Dabei kann sich die Fundraiserin oder der Fundraiser verschiedene Analysemethoden bis hin zum Data-Mining im CRM-Konzept nutzbar machen, um somit die unterschiedlichen kundenorientierten Aufgabenstellungen, die in den einzelnen Beziehungsphasen verfolgt werden, adäquat unterstützen zu können.

Die Spender durchlaufen im Allgemeinen folgende Beziehungsphasen:

Potenzielle Spender

Sie sollen durch geeignete Maßnahmen in tatsächliche Spender umgewandelt werden. Besonders interessant ist die Gruppe der Interessenten. Dies sind Personen, die sich aus der amorphen Masse abgehoben haben, indem sie bereits aktiv ein Interesse an den Projekten einer NPO bekundet haben.

Aktive Spender

Sie haben bereits für das Projekt der NPO gespendet. Über das Ausnutzen von Cross- und Up-selling-Potenzialen sollen Neuspender zu weiteren Spenden angeregt werden und sich somit zu wertvollen Spendern entwickeln.

Inaktive Spender

Diese Spender haben die Beziehung zur NPO abgebrochen. Bei Spendern, die einen negativen Deckungsbeitrag erwirtschaften, kann dies von der NPO gewünscht sein, bei Spendern, die einen hohen Wert oder zumindest doch ein hohes Potenzial aufweisen, ist dies dagegen unerwünscht.

Reaktivierte Spender

Dies sind Spender, die sich von der NPO abgewendet haben und durch geeignete Maßnahmen wieder zurückgewonnen wurden. Hierbei sollte es sich in erster Linie um wertvolle Spender handeln.

Je nach Spendergruppe (z. B. Großspender) differiert die Phaseneinteilung. Mit Hilfe von Data-Mining-Techniken kann ermittelt werden, welche Mitglieder oder Paten beispielsweise besonders absprunggefährdet sind. Aufgrund der Analyseergebnisse lassen sich Mitgliederbindungsmaßnahmen wesentlich gezielter einsetzen als dies ohne Data-Mining möglich ist.

(2) Erforderliche Datenbasis

Grundlage für ein beziehungsorientiertes Fundraising ist die Zusammenführung aller fördererbezogenen Informationen. Idealerweise erfolgt dies durch ein Donor Data Warehouse (DDW), dessen Aufgabe darin besteht, alle für das Fundraising entscheidungsrelevanten Daten aus unterschiedlichen Quellen der NPO in eine einheitliche Systemumgebung zu integrieren. In der Praxis ist eine derartige Systemumgebung noch selten, hier übernimmt in der Regel die Fundraising-Software eine ähnliche Funktion. Typische Informationen für ein derartiges DDW sind: Stammdaten von Förderern und Interessenten, Spendenhistorie (wann und wie oft hat der Spender gespendet), Aktionsdaten (wer wurde wann und wie oft kontaktiert), Reaktionsdaten (wer hat wann und wie auf einen Kontakt, z. B. Spendenmailing, reagiert, liegen Beschwerden vor, wurde der Spender zu einem Event eingeladen und ist er gekommen usw.), Kontaktdaten (Kontakthistorie, nach diversen Kriterien selektierbar).

(3) Vorhandenes Wissen aufbereiten: Analysewerkzeuge

Während das Sammeln und Archivieren von Transaktionsdaten in vielen Organisationen schon seit Jahren selbstverständlich ist, beginnen die NPOs erst nach und nach diese Daten auch zu nutzen, um ihre Spender besser kennen zu lernen. Dabei lassen sich Fragen wie „Welchem Spender sollte wann welches Angebot unterbreitet werden?" oder „Bei welchem Großspender lohnt sich ein Besuch?" mit Softwareunterstützung beantworten. Die Gründe dafür sind dabei zumeist in der Art der Archivierung der historischen Daten und in der Komplexität und Bedienerunfreundlichkeit vieler Analyseinstrumente zu sehen. Der Aufbau eines DDW kann hier Abhilfe schaffen.

(a) Online Analytical Processing (OLAP)

OLAP steht für Online Analytical Processing und ist eine Datenbanktechnologie, bei der so genannte Multidimensionale Datenbanken zum Einsatz kommen. Der Begriff tauchte 1993 erstmals in einer Publikation des Erfinders des relationalen Datenbankmodells, Edgar F. Codd, auf. OLAP-Systeme bilden für das Fundraising relevante Messgrößen (z. B. Spendeneingänge, Kosten, Deckungsbeiträge, Marktanteile) in Form eines multidimensionalen Datenwürfels ab. Entlang dieser Dimensionen können die Fundraising-relevanten Maßzahlen je nach Fragestellung aufgebrochen („drill down") oder aggregiert („roll up") werden (z. B. Dimensionen nach Zeit, Erlösen, Aktionen, Geografie).

Die OLAP-Datenbanktechnologie hat nicht viel gemeinsam mit klassischen, relationalen Datenbanksystemen. Relationale Datenbanken sind transaktionsorientiert und erlauben bequeme Abfragen einfacher Sachverhalte: die Anzahl von Orten mit bestimmter Einwohnerzahl oder die Summe aller Buchungen eines Tages. Aufgrund ihrer Architektur sind OLAP-Datenbanken besonders geeignet, komplexe Fragen zu beantworten, wie beispielsweise die prozentuale Verteilung der Spendeneingänge im vergangenen Monat im Verhältnis zur Gesamtsumme, verteilt über die betroffenen Postleitzahlgebiete.

Grundsätzlich verfügt der Fundraiser mit OLAP somit über einen direkten Zugriff zur Datenanalyse. Dabei gelten jedoch folgende Einschränkungen: OLAP liefert eine rein deskriptive Darstellung der Daten, die Aufdeckung interessanter Zusammenhänge in den Daten erfordert seitens des Fundraisers ausformulierte Apriori-Hypothesen über die relevanten Merkmale und die Art des Zusammenhangs. Eine derartige Vorgehensweise sprengt in der Regel das Zeitbudget, das einem Fundraiser zur Verfügung steht. Hinzu kommt, dass bei der Formulierung von Hypothesen die Fundraising-Erfahrung eine große Rolle spielt. Daher haben OLAP-Werkzeuge hier ihre Grenze. OLAP als maschinell unterstützte manuelle Suche nach in Daten verborgenen, interessanten Geschäftserfahrungen muss deshalb durch eine (manuell unterstützte) maschinelle Suche im Rahmen des Data-Minings ergänzt werden.

(b) Data-Mining

Der Begriff Data-Mining lässt sich am besten anhand der Metapher des Bergbaus erörtern. In riesigen Bergen von Daten wird nach kleinen Informationsbrocken gesucht. Die gefundenen Informationen können sich, richtig angewandt, als sehr wertvoll erweisen.

Prinzipiell wird zwischen zwei grundlegenden Methoden des Data-Minings unterschieden: das Validieren von Hypothesen auf Daten und das automatische Entwickeln von Hypothesen aus den Daten, d. h. die softwaregestützte Ermittlung bisher unbekannter Zusammenhänge, Muster und Trends in großen Datenbanken.

Bei der Validierung von Hypothesen muss zuvor eine passende Hypothese durch den Fundraiser aufgestellt werden. Diese wird anschließend anhand der zur Verfügung stehenden Daten überprüft. Es dürfte unbestritten sein, dass es eines großen Fundraising-Know-hows bedarf, um mit dieser Methode umgehen zu können, da man bereits Vermutungen über die Zusammenhänge in den Daten haben sollte.

Das automatische Entdecken von mutmaßlichen Zusammenhängen ist der vielfältigere Bereich. Das Verfahren lässt sich in zwei Verfahrensweisen einteilen: das direkte Verfahren (hier wird eine Zielvariable vorgegeben und die abhängigen Variablen gesucht) und das indirekte Verfahren (hier gibt es keinerlei vorab definierten Variablen, es wird ausschließlich versucht, aus den gespeicherten Daten Zusammenhänge bzw. Korrelationen zu finden).

Ein bedeutsames Anwendungsgebiet des Data-Minings in NPOs ist die Klassifizierung von Spendern, Mitgliedern, Paten, Sponsoren usw. mit dem Ziel, diese effektiver und effizienter binden bzw. für die Organisation gewinnen zu können oder um den Response von Spendenmailings zu optimieren. Ein weiteres Anwendungsgebiet ist die Einschätzung von Kündigungsrisiken, um gegebenenfalls durch vorbeugende Maßnahmen Kündigungen zu verhindern. Ziel der Responseoptimierung ist es, eine optimale Fördererantwort auf eine bestimmte Werbemaßnahme zu erreichen, z. B. eine überdurchschnittliche hohe Reaktionsquote mit hoher Durchschnittsspende bei einem Spendenmailing.

Mit Hilfe von Data-Mining-Tools lässt sich das frühere Spendenverhalten von Spendern auswerten. Anhand dieser Auswertungen prognostiziert man das Spendenverhalten für das nächste Mailing und selektiert dann gezielt Spender mit der höchsten Spendenerwartung. Diese Vorgehensweise setzt voraus, dass genügend Daten für eine Analyse vorhanden sind, d. h., eine entsprechende Spendenhistorie besteht. Hat man nur wenige Daten über einen Spender, sind Data-Mining-Verfahren im Allgemeinen für Analysen ungeeignet.

Data-Mining bedarf einer detaillierten und sorgfältigen Vorbereitung. Dazu gehören die Planung des notwendigen Datenbedarfs und die Inventur des vorhandenen Datenbestandes. Allein das indirekte Verfahren würde bei vielen NPOs für Überraschungen sorgen. So stellte man beispielsweise in einer Organisation fest, dass es 78 Kündigungs-gründe einer Mitgliedschaft gab, die sich bei näherem Hinsehen auf fünf Gründe redu zieren ließen.

(4) Praktische Anwendung der Analysen

(a) Kampagnenmanagement

Die Spenderdaten aus dem Donor Data Warehouse können nun genutzt werden, um immer genauere Profile der Spender zu erstellen und Spendenaufrufe zielgenau auf die Bedürfnisse der Spender abstellen zu können. Damit ist eine NPO in der Lage, die Spen-derbedürfnisse besser zu verstehen und vorherzusagen, den Aufbau einer langfristigen Beziehung zu den Spendern anzugehen, Cross-selling- und Upgrading-Maßnahmen zum optimalen Zeitpunkt durchzuführen und die Kommunikationsstrategie zu opti-mieren. Diese Aufgaben übernimmt ein modernes Kampagnenmanagement.

Abbildung 2: Ablauf einer Kampagnenplanung

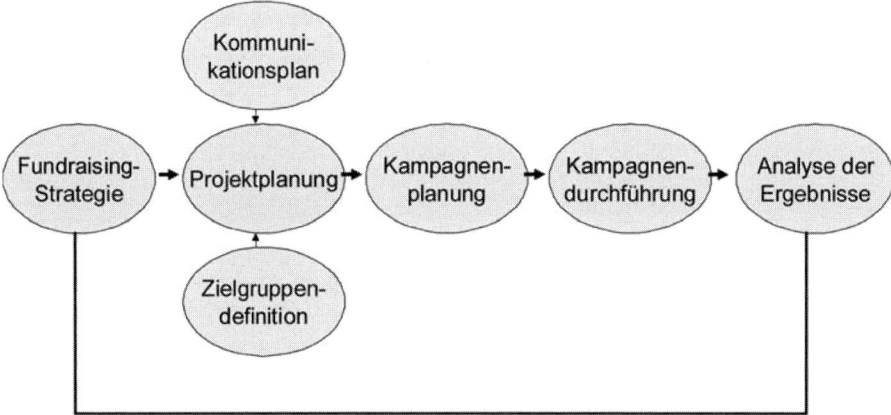

Schlüsselfaktoren für den Erfolg der Kampagne sind: (1.) die Zielgruppendefinition (Segmentierung); (2.) das angebotene Projekt; (3.) die optimale Abstimmung der Kom-munikationskanäle; (4.) die zielgruppengerechte Spenderansprache; (5.) der richtige Zeitpunkt für die jeweilige Zielgruppe.

Letztlich ist ebenfalls die Analyse der Ergebnisse entscheidend, da hieraus Erkenntnisse zur Optimierung künftiger Kampagnen gewonnen werden können. In den folgenden Analysen wurden die zur Verfügung stehenden Daten auf Datum der Zahlung, Betrag und Spendernummer beschränkt. Damit sind sie für jede NPO verwendbar.

(b) Finanzreports

Finanzreports geben einen generellen Überblick über die finanzielle Situation (siehe auch 2.3.1). Sie können bei mehrjährigen Vergleichen ein erster Indikator für Abweichungen sein und damit weitergehende Analysen auslösen.

Ein Beispiel für Finanzreports ist der Vergleich von Erlösen über mehrere Jahre.

Tabelle 1: Erlöse im Vorjahres- und Fünfjahres-Durchschnittsvergleich

|  | Januar | Februar | März |  | Gesamt in € |
|---|---|---|---|---|---|
| 1999–2003 Erlös in € | 245.220,15 | 178.998,25 | 220.245,15 | ... | 1.611.158,88 |
| 2004 Erlös in € | 210.332,15 | 189.998,36 | 224.940,36 | ... | 1.750.758,44 |
| Abs. Abweichung in € | −34.888,10 | 11.000,11 | 6.695,21 | ... | 139.599,56 |
| Proz. Abweichung | −14,23 % | 6,15 % | 2,13 % | ... | 8,66 % |

(c) Struktur und Entwicklung des Spenderbestandes

Zur Struktur und Entwicklung des Spenderbestandes existiert eine ganze Reihe von Analysen (sogar mit der Beschränkung auf die genannten drei Datenfelder): Pareto-Analyse, Dynamische Segmentierung, RFM-Analyse, Haltbarkeitsanalyse, Entwicklung des Spenderbestandes.

Pareto-Analyse

Die Analyseergebnisse weisen aus, wie stark die Unterschiede zwischen den Förderern in Bezug auf die gespendeten Summen sind. Sie helfen auf diese Weise dabei, sinnvolle Grenzen für besondere Bindungsmaßnahmen festzulegen. Durch Beschränkung auf einzelne Hilfsformen können gegebenenfalls spezifische Unterschiede ermittelt werden.

Abbildung 3: Pareto-Analyse

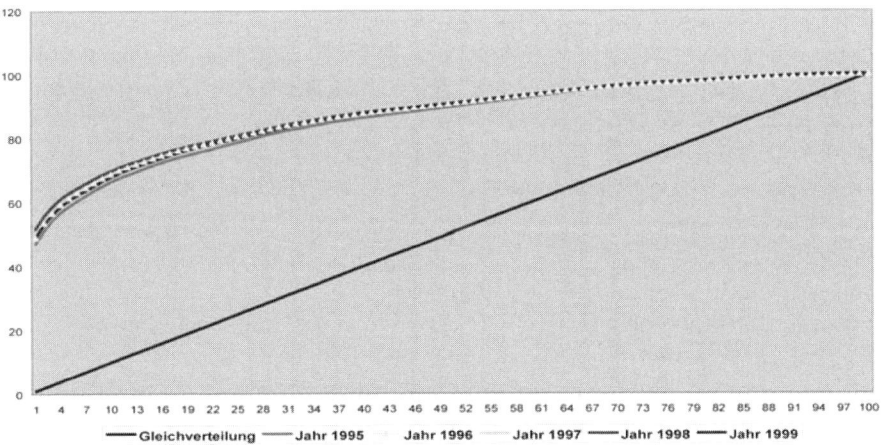

Die Kurve zeigt auf, wie viel Prozent der Spender wie viel Prozent des Spendenaufkommens erbringen: Hier erwirtschafteten ca. 25 Prozent der Spender 80 Prozent des
Spendenaufkommens. Interessant ist, diese Kurve im Zeitablauf zu betrachten. Dies
bringt Erkenntnisse darüber, ob sich beispielsweise die Qualität des Spenderbestandes
verbessert hat.

Dynamische Segmentierung

Die Dynamische Segmentierung klassifiziert die Spender unter dem Aspekt der Treue
oder, anders formuliert, der Regelmäßigkeit der Spenden. Nach John Rodd zeigen regelmäßige jährliche Spenden, dass hier die Basis für Perfektion vorliegt. Erhöht nun
ein Spender von Jahr zu Jahr seine Spenden, dann liegt nach Rodd der Beweis für Perfektion vor. Daher wird die Entwicklung vom Neuspender über 1-jährige, 2-jährige,
3-jährige, 4-jährige treue Spender bis hin zu 5-jährigen treuen Spendern in Augenschein
genommen und ebenso die Entwicklung der „Anderen" betrachtet.

Abbildung 4: Die Entwicklung der Spender nach der Dynamischen Segmentierung

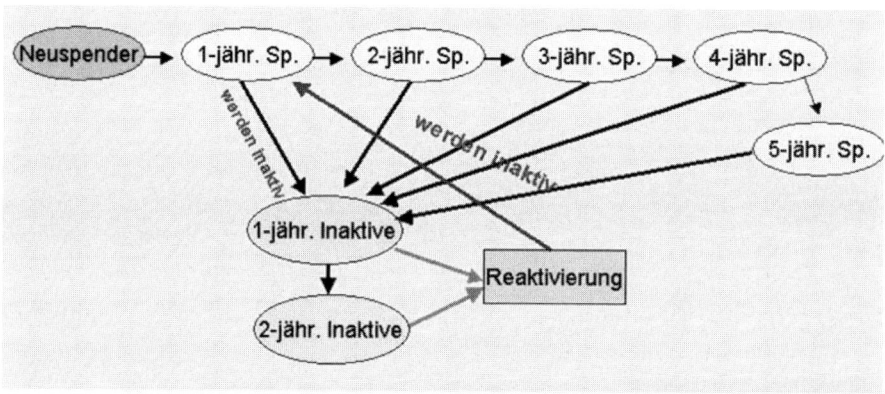

Rodd identifiziert die perfekten Spender, indem er eine Tabelle nach folgenden Verhal-
tensmustern aufbaut: Der Neuspender erhält eine 1, um aufzuzeigen, dass er im aktuellen Jahr gespendet hat. Für die Vorjahre erhält er eine Null, da in diesen ja keine
Spende vorliegt.

Tabelle 2: Einfache Darstellung der Dynamischen Segmentierung

| Spendersegment | 2005 | 2004 | 2003 | 2002 | 2001 |
|---|---|---|---|---|---|
| Neuspender | 1 | 0 | 0 | 0 | 0 |
| Wiederholungsspender 1 x | 1 | 1 | 0 | 0 | 0 |
| Wiederholungsspender 2 x | 1 | 1 | 1 | 0 | 0 |
| Wiederholungsspender 3 x | 1 | 1 | 1 | 1 | 0 |
| Wiederholungsspender 4 x | 1 | 1 | 1 | 1 | 1 |
| Inaktiver Spender | 0 | 1 | 1 | 0 | 0 |
| Verlorener Spender | 0 | 0 | 1 | 1 | 1 |

Viele Spender sehen nach dieser Tabelle perfekt aus, sind es aber nicht. Daher geht Rodd eine Ebene tiefer und differenziert einzelne Segmente nochmals nach ihrer Durchschnittsspende.

Tabelle 3: Differenzierung der Dynamischen Segmentierung nach Spendenkategorien

| Spendersegment | Wiederholungsspender 4 x | | | | |
|---|---|---|---|---|---|
| | 0–49 € | 50–250 € | 251–1.000 € | > 1.000 € | Gesamt |
| Anzahl Spender | 3.250 | 12.540 | 250 | 85 | 16.125 |
| Anteil Spender in % | 20,16 | 77,77 | 1,55 | 0,53 | 100,00 |
| Spendensumme | 1.428.000 € | 8.005.250 € | 2.634.400 € | 1.112.500 € | 13.180.150 € |
| Anzahl Spenden | 68.000 | 195.250 | 3.560 | 890 | 267.700 |
| Durchschnittsspende | 21,00 € | 41,00 € | 740,00 € | 1250,00 € | 49,23 € |
| Durchschnitts-LTV* | 185,00 € | 685,00 € | 6.840,00 € | 23.520,00 € | 610,00 € |

* LTV = Lifetime Value

Die Tabelle zeigt deutlich, in Kategorie 0–49 € sind 3.250 Spender mit einer Durchschnittsspende von 21 Euro. Berücksichtigt man die Akquise- und Kommunikationskosten, dann sind diese Spender nicht profitabel, obwohl perfekte Spender. Hier zeigt sich Potenzial für Upgrading-Maßnahmen.

Die Dynamische Segmentierung ist jedoch kein Allheilmittel, denn:

– Sie differenziert nicht zwischen kleinen Spendern und Großspendern.
– Sie liefert keinerlei Erkenntnis über häufige Lücken oder „Spendenaussetzer" (z. B. periodische, thematische Präferenzen).
– Sie liefert keinerlei Erkenntnisse über den individuellen *Customer Lifetime Value* (z. B. Kosten-Nutzen-Analyse pro Spender über seinen gesamten Lebenszyklus).
– Sie liefert keinerlei Erkenntnisse über individuelle Spenderentwicklungen und damit auch nicht über Gefährdungspotenziale. (Ob ein seit fünf Jahren aktiver Spender von zehn Spenden im ersten Jahr auf eine Spende im fünften Jahr sinkt, ist nicht

erkennbar. Er zählt nach wie vor zu den treuen Spendern. Dabei liegt aufgrund der Entwicklung die Vermutung nahe, dass er im sechsten Jahr inaktiv wird.)

RFM-Analyse

Mit Hilfe dieser Reports (je einer für Recency, Frequency, Monetary Value, und in Kombination RFM) werden die Förderer unter den genannten Aspekten klassifiziert. Die Größe der Klassen gibt je nach Aspekt unterschiedliche Auskünfte über den Fördererbestand. Aus dem Recency-Report kann abgelesen werden, wie viele Förderer seit wie langer Zeit nicht mehr gespendet haben, aus dem Frequency-Report, wie häufig die Förderer im Zeitraum ihrer Aktivität pro Jahr gespendet haben, aus dem Monetary-Value-Report, wie es um die kumulierten Einnahmen pro Förderer und Jahr bestellt ist. Hierdurch werden Anhaltspunkte für Werbemaßnahmen geliefert – so kann beispielsweise ein Versuch sinnvoll erscheinen, solche Förderer zu reaktivieren, die zwar lange Zeit keine Zahlung mehr geleistet haben (schlechte Recency), aber ehedem eine oder mehrere ungewöhnlich hohe Spenden getätigt haben.

Die RFM-Analyse ermittelt unter Berücksichtigung aller genannten Kriterien eine Kennzahl (Score), die zur Selektion herangezogen werden kann. Dies ist sinnvoll, um bei der Auswahl von Förderern für eine Werbemaßnahme anhand der R-, F- und M-Klassen nicht eine exorbitant hohe Zahl an Klassenkombinationen handhaben zu müssen.

Abbildung 5: Ergebnisse der RFM-Analyse, erweitert um die Anzahl der Kontakte

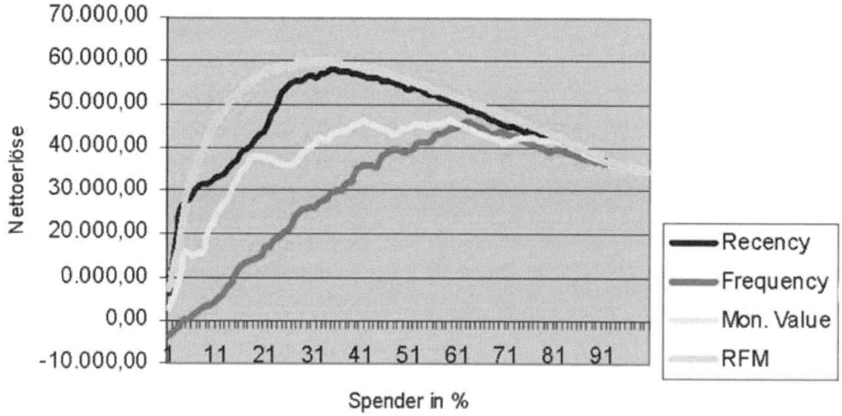

Die Abbildung zeigt auf, dass die Nettoerlöse des Mailings bei der ausgesandten Menge bei ca. 35.000 Euro liegen. Bei Wahl einer optimalen Menge (ca. 31 %) wären 60.000 Euro erzielt worden. Bei den einzelnen Bestandteilen der RFM-Analyse gibt im obigen Beispiel die Recency die besten Werte aus.

Haltbarkeitsanalyse

Mit der Haltbarkeitsanalyse wird aufgezeigt, wie schnell Neuspender inaktiv werden bzw. wie viele Neuspender nach Jahren noch aktiv sind.

Abbildung 6: Spender-Haltbarkeit

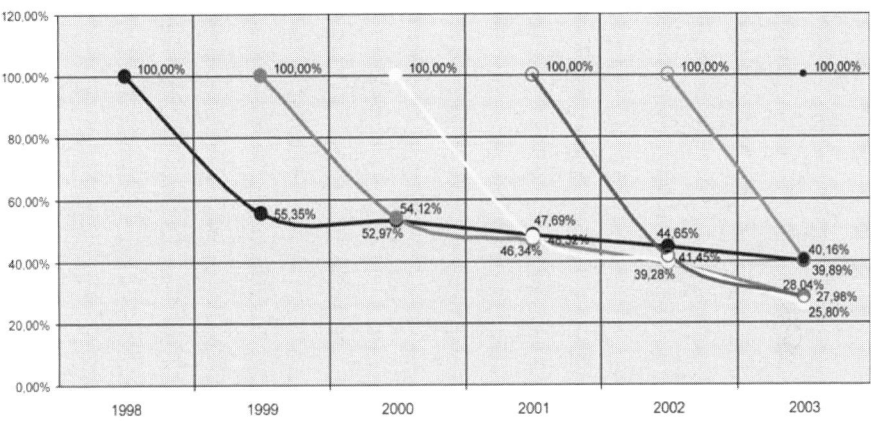

Die Haltbarkeitsanalyse zeigt auf, wie sich Neuspender in der Folgezeit verhalten haben. Von den 1998 gewonnenen Spendern sind bereits 45 Prozent nach einem Jahr inaktiv. Nach fünf Jahren sind ca. 60 Prozent inaktiv. Bei den 2002 gewonnenen Spendern sind bereits nach einem Jahr 60 Prozent inaktiv. Aufgrund dieser Darstellungsweise lassen sich Rückschlüsse ziehen, ob sich ein Investment in Neuspendergewinnung überhaupt rechnet.

Entwicklung des Spenderbestandes

Bei der Analyse der Entwicklung des Spenderbestandes dürfen nicht nur die reinen Bestandszahlen hinzugezogen werden. Ein Wachstum kann auch bedeuten, dass qualitativ schlechte Neuspender sehr gute Altspender ersetzen. Mittelfristig verringert sich damit die Qualität des Spenderstamms. Die Antwort besteht häufig nicht in Spenderbindungsmaßnahmen, sondern in einer verstärkten Neuspenderakquise, da dies für den Fundraiser leichter bei den Gremien durchsetzbar ist.

Abbildung 7: Entwicklung des Spenderbestandes brutto/netto

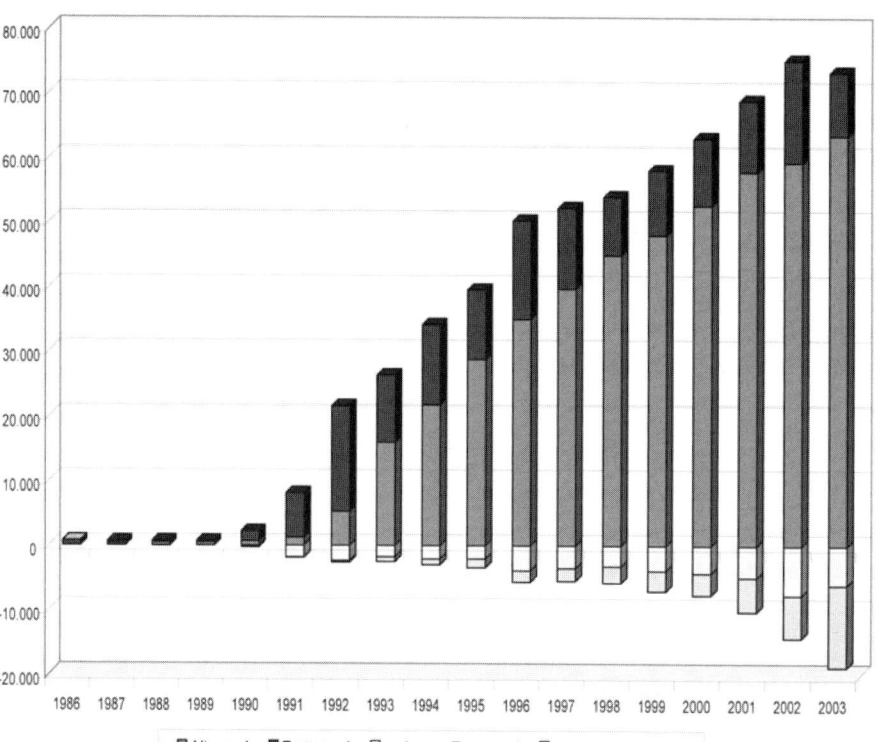

(5) Ausblick

Die derzeit verfügbaren CRM-Systeme sind aufgrund ihrer Entstehungsgeschichte überwiegend auf das Aufgabenspektrum des operativen und kommunikativen CRM zugeschnitten. Analytische Aufgaben werden häufig nur unzureichend unterstützt und finden auch bei der Definition der Systemanforderungen nur unzureichend Beachtung.

Die hohen und bisher noch nicht ausgeschöpften Potenziale im analytischen Bereich sowie der zunehmende Leidensdruck der NPOs im Wettbewerb werden jedoch dazu führen, dass viele Organisationen zunehmend versuchen werden, ihr Fundraising durch eine analytische Unterstützung zu optimieren. Hinzu kommt, dass aufgrund der Marktlage das rein transaktionsorientierte Fundraising nicht mehr nennenswert optimierbar ist. Beziehungsorientiertes Fundraising (auf Basis des CRM-Ansatzes) wird zunehmend das rein transaktionsorientierte Fundraising ablösen.

Zusätzlich zu der hier dargestellten Unterstützung des CRM durch Data-Mining und diverse Statistiken tritt zunehmend als weiteres analytisches Aufgabengebiet das Web in den Vordergrund. Der Informationsbedarf über das Spenderverhalten im Web wird dabei durch Analysen von Logfiles und Cookies sowie weiterer Kriterien erzeugt. Ziel ist hierbei u. a. die Generierung von Regeln zum personalisierten Aufbau von Websites. Weitere Anwendungen bestehen in der Optimierung der Webseiten-Gestaltung und in der Klassifikation der Spender nach ihrem Web-Informations- und -Spendenverhalten. Insbesondere in abgesicherten Bereichen für Mitglieder und Spender werden derartige Instrumente zum Einsatz kommen. Sie liefern gleichzeitig mehr Informationen über die Förderer, die wiederum in das Donor Data Warehouse einfließen. Das Web wird künftig einen bedeutenden Anteil an der Spenderbindung haben.

Ein weiteres neues Feld im analytischen Bereich ist das Text-Mining, d. h. die Analyse von nicht strukturierten Texten. Mögliche Einsatzgebiete sind z. B. die Analyse von eingehenden Beschwerden, die dann automatisch an den entsprechenden Sachbearbeiter weitergeleitet werden, oder die Klassifikation des Beschwerdeverhaltens von Kunden. Da der größte Teil der Spenderinformationen in der NPO nicht in numerischer Form, sondern in Textform vorliegt, bietet die automatische Analyse von Textdokumenten für die Zukunft eine interessante Informationsquelle zur Anreicherung des Donor Data Warehouse.

## Weiterführende Literatur

Huldi, Christian u. a.: Ratgeber Database Marketing, Zürich/Hamburg 2000.

Rosegger, Hans/Schneider, Helga/Hönig, Hans-Josef: Database Fundraising. Wie Sie Ihr Fundraising zum Erfolg führen, Ettlingen 2000.

# 3.4 Fundraising für Not- und Katastrophenhilfe (Emergency Fundraising)

*Yvonne Ayoub / Jens Barthen*

Kennen Sie den Unterschied zwischen Hockey und Eishockey? Eishockey ist wie Hockey – nur schneller. Gleiches gilt für das Fundraising für Not- und Katastrophenhilfe. Es ist wie „normales" Fundraising – nur eben viel schneller.

Es kann beim Emergency-Fundraising nicht darum gehen, nur kurzfristige Fundraising-Erfolge zu feiern. Auch geht es nicht darum, auf einen „fahrenden Zug aufzuspringen" und innerhalb kürzester Zeit hohe Mittel zu akquirieren, nur weil die Medien die entsprechende Katastrophe zu ihrem Thema machen.[1] Nein, es geht um schnelle und effektive Hilfe für die Opfer von Krieg und Gewalt oder Naturkatastrophen. Um diese besondere Art der Hilfe leisten zu können, benötigen die Hilfsorganisationen Strukturen und entsprechende Fachkräfte – also Kapazitäten, die auch ohne Katastrophen vorgehalten und finanziert werden müssen.

Das Fundraising aus Anlass einer Katastrophe muss zeitlich sehr eng mit dem Ereignis und der Medienberichterstattung zusammenfallen. Nur dann ist in der Öffentlichkeit das nötige Problembewusstsein wach und nicht von anderen Ereignissen des täglichen Lebens verdrängt worden. Darum müssen Sie schnell sein! Wie erreicht man diese höhere Geschwindigkeit? Durch den Aufbau von Strukturen, die den Einsatz der klassischen Fundraising-Instrumente beschleunigen, sowie durch den Einsatz spezifischer Emergency-Fundraising-Werkzeuge.

## 3.4.1 Was ist eigentlich Not- und Katastrophenhilfe?

Katastrophen werden unterschieden nach Naturkatastrophen, Katastrophen, deren Ursachen in Kriegen und Konflikten liegen, sowie Technikkatastrophen. Einheitliche Kriterien, wann ein Ereignis als Katastrophe einzustufen ist, gibt es noch nicht. Opfer, Versicherer, Wissenschaftler und Hilfsorganisationen definieren diesen Begriff unterschiedlich. Die Vereinten Nationen beispielsweise bezeichnen eine Katastrophe als eine „Unterbrechung der Funktionsfähigkeit einer Gesellschaft, die Verluste an Menschenleben, Sachwerten und Umweltgütern verursacht und die Fähigkeit der betroffenen Gesellschaft, aus eigener Kraft damit fertig zu werden, übersteigt".[2]

Alle anerkannten Organisationen der Not- und Katastrophenhilfe haben sich verpflichtet, gemäß dem Verhaltenskodex der „Internationalen Bewegung des Roten Kreuzes und des Roten Halbmondes"[3] zu handeln. Zudem wurden mit dem Sphere-Project[4] und dem „Do no Harm!"-Ansatz[5] Qualitätsstandards für die Not- und Katastrophenhilfe geschaffen. Unabhängig davon unterscheiden sich jedoch die Arbeitsweisen der einzelnen Organisationen mitunter erheblich. Es gibt Organisationen, die eigene Läger mit Hilfsgütern in Deutschland unterhalten und von Deutschland aus Mitarbeitende (medizinisches Personal, Helferinnen und Helfer, Hundestaffeln) und schweres Gerät per Luftbrücke in die betroffenen Regionen bringen. Andere wiederum, wie beispielsweise die Diakonie Katastrophenhilfe, arbeiten in erster Linie mit Partnern vor Ort zusammen, die die jeweilige Kultur kennen, die Landessprache sprechen, das Klima vertragen und die regionale Ernährung gewöhnt sind. Hilfsgüter werden dabei vor allem in der Umgebung der Krisengebiete gekauft, um neben der unmittelbaren Nothilfe einen zusätzlichen Beitrag zur Stabilisierung der lokalen Wirtschaft zu leisten. Dazwischen gibt es viele Mischformen der Katastrophenhilfe, die von der Art und dem Ausmaß der Katastrophe abhängig sind. Die einzelnen Hilfsleistungen gliedern sich in drei Phasen:

1. Akute Nothilfe, um die Opfer mit dem Lebensnotwendigsten zu versorgen (u. a. Wasser, Bekleidung, Lebensmittel, Medikamente, Zelte).

2. Wiederaufbauhilfe, um zerstörte Häuser, Straßen und Schulen zu reparieren oder wieder aufzubauen. Dazu zählen auch Maßnahmen zur Unterstützung von Landwirtschaft, Fischerei und Kleingewerbe, um den betroffenen Menschen wieder eine Perspektive geben zu können.

3. Vorsorgemaßnahmen, um eine Wiederholung der Katastrophe zu verhindern (Pflanzungen in Küstennähe, dürreresistentes Saatgut) oder aber die Auswirkungen von Katastrophen zu mildern (z. B. Flutbunker in Bangladesch, erdbebensicherer Wiederaufbau im Iran). Damit verbunden ist der Aufbau regionaler Hilfsorganisationen im Sinne des Capacity Building.

## 3.4.2 Voraussetzungen des Fundraisings in der Not- und Katastrophenhilfe

Alles beginnt mit einem ersten Schritt – auch im Fundraising. Sie müssen zuerst Strukturen aufbauen und die Instrumente auswählen. Erst dann können Sie beginnen, die Öffentlichkeit von Ihrem Anliegen zu überzeugen (siehe auch die Checkliste im Anhang).

Neben den Strukturen zur Umsetzung der einzelnen Hilfsmaßnahmen im Katastrophenfall müssen Sie auch für die Öffentlichkeits- und Pressearbeit, das Fundraising, die Spendenbuchhaltung, die Werbung und den Eventbereich Kapazitäten schaffen. Diese Aufgabe kann im eigenen Haus oder mit externen Partnern gelöst werden. Allerdings ist eine komplette Auslagerung dieser Bereiche kaum möglich, weil auch die Zusammenarbeit mit Agenturen und Dienstleistern internen Aufwand verursacht (Briefing, Vertragsgestaltung, Abnahmen usw.). Bestimmte zentrale Aufgaben sollten generell nicht ausgelagert werden. So ist die persönliche Kommunikation mit Spenderinnen und Spendern eine Schlüsselaufgabe, die auch eine Katastrophenhilfsorganisation selbst wahrnehmen sollte. Daher müssen Sie für diesen Bereich im Katastrophenfall zusätzliche Kapazitäten schaffen oder entsprechende Zeitbudgets bei den vorhandenen Mitarbeitenden einplanen.

Besondere Aufmerksamkeit müssen Sie den Abläufen der Spendenverbuchung widmen. Sie benötigen dafür eine leistungsfähige Stammbelegschaft für die Spendenbuchhaltung, ausreichend Arbeitsplätze für ein Mehrfaches an Aushilfen und entsprechend große Software-Kapazitäten, damit Sie kurzfristig sehr hohe Zugriffsraten verarbeiten können. Oder aber sehr leistungsfähige und flexible Dienstleister. Falls Sie sich für die Inhouse-Lösung entscheiden, müssen Sie schon beim Kauf der Soft- und Hardware und bei der Ausgestaltung des Lizenzvertrages mit den Softwareherstellern diese alternierenden Nutzungsraten berücksichtigen. Zugleich müssen Sie zusätzliche Aushilfsarbeitsplätze einrichten, die, fertig konfiguriert, sofort besetzt werden können. Schließlich benötigen Sie einen Pool von Aushilfskräften, auf den Sie innerhalb von Stunden zurückgreifen können. Diesen Pool müssen Sie im Vorfeld aufgebaut haben. Im Katastrophenfall wird es sehr schwer, neben dem Anlaufen der Hilfsmaßnahmen, der Öffentlichkeitsarbeit und dem Fundraising auch noch Personalakquise zu betreiben.

Geschwindigkeit beginnt mit Erreichbarkeit. Bereits bei der Vertragsgestaltung mit Agenturen, Dienstleistern oder auch Mitarbeitenden des Hauses muss festgelegt werden, dass diese an Wochenenden, Feiertagen und im Urlaub erreichbar oder geeignete Vertretungsregelungen getroffen sind. Dies gilt nicht nur für Öffentlichkeitsarbeit und Fundraising, sondern auch für den Projektbereich.

All diese Strukturen müssen Sie vorfinanzieren – ohne bisher auch nur einen Euro durch Fundraising erwirtschaftet zu haben.

# 3.4.3 Spezifika für das Fundraising in der Not- und Katastrophenhilfe

Nachdem die strukturellen Kapazitäten geklärt sind, müssen Sie eine Auswahl möglicher Fundraising-Instrumente treffen. Einige stellen wir nachfolgend kurz vor.

Das wichtigste Instrument für das Fundraising im „medienwirksamen" Katastrophenfall ist die Presse- und Medienarbeit (Public Relations). Machen die Medien eine Katastrophe zu ihrem Thema, wird in relativ kurzer Zeit die Öffentlichkeit sensibilisiert. In der Regel führt die Berichterstattung zu einer Betroffenheit, die einen Impuls zum spontanen „Helfen-Wollen" auslöst. Diese Bereitschaft, den Katastrophenopfern in gewisser Hinsicht beistehen zu wollen, reicht vom Wunsch, persönlich vor Ort zu helfen (Zeitspenden), über Sachspenden (Kleider, Medikamente, Möbel usw.) bis hin zu Benefizkonzerten und Geldspenden (siehe 3.3.1.1). Einer Katastrophenhilfsorganisation muss es jetzt schnell gelingen, auf sich und ihr spezifisches Hilfsangebot hinzuweisen, um das eigene Anliegen mit diesem Impuls des „Helfen-Wollens" aus der Öffentlichkeit zu verbinden und entsprechend der eigenen Hilfskapazitäten Spenden einzuwerben.

Dies setzt voraus, dass Sie Presseverteiler für Zeitungen und Zeitschriften, Radio, Fernsehen und die Online-Medien vor der eigentlichen Katastrophe aufgebaut und sich über vorherige Kontakte bei den Medien bekannt oder noch besser nachhaltig als kompetente Hilfsorganisation einen Namen gemacht haben (siehe 5.1).

Vor allem die elektronischen Medien (TV, Radio, Internet) sind aufgrund ihrer hohen Aktualität in der Lage, das Anliegen einer Hilfsorganisation in der Öffentlichkeit zu verbreiten. An dieser Stelle verbindet sich das Leistungsbild einer Organisation mit der Geschwindigkeit der Öffentlichkeitsarbeit. Nur wer schnell in den Medien vertreten ist, wird auch vor der Öffentlichkeit mit seinem Anspruch bestehen, schnelle Hilfe vor Ort leisten zu können. Natürlich ist auch die eigene Website ein wichtiges Element. Aktuelle Berichte aus dem Katastrophengebiet und über das Anlaufen der eigenen Hilfsmaßnahmen werden sowohl von den Spenderinnen und Spendern, aber auch von Journalistinnen und Journalisten erwartet.

Eine Website dient jedoch nicht nur der Informationsübermittlung, sondern kann aufgrund der inzwischen fortgeschrittenen Verschlüsselungstechnologien zum direkten Einwerben der Mittel genutzt werden. Eine Spendenseite mit der Möglichkeit, Einzugsermächtigungen vom eigenen Konto zu erteilen oder eine Spende per Kreditkarte zu tätigen, gehört inzwischen zum Standard. In der Regel werden die dabei erstellten Listen in die EDV-Systeme per Hand eingespielt. Jeder weitere Automatisierungsschritt beschleunigt die internen Prozesse und verringert den Aufwand. Bei der Diakonie Katastrophenhilfe werden inzwischen derartige Aufträge automatisch im Spendenmodul der Buchhaltungssoftware verbucht. Dadurch können Einzüge sehr viel schneller getätigt werden. Auch dies bestimmt wiederum zu einem großen Teil das Leistungsbild der Organisation in der Öffentlichkeit. Bei zeitlich verzögertem Einzug entsteht beim Spender sehr schnell der Eindruck, dass man das Geld nicht benötigt oder aber es mit der schnellen Hilfe nicht so ernst meint. Im Endergebnis verliert man auf diese Weise Spenderinnen und Spender.

Unterstützen können Sie das Online-Fundraising durch kostenlose oder auch kostenpflichtige Bannerschaltungen bei ausgewählten Portalen und Internetseiten mit starken redaktionellen Elementen und durch Suchmaschinenmarketing (siehe 5.2).

Spendenhotlines sind ein wichtiges Instrument beim Emergency-Fundraising. Diese werden meist in zwei Formen angeboten: Entweder kann der Spender eine Spende in Form eines festen Betrages (5, 10, 20, 30 Euro) mit jedem Anruf über die Telefonrechnung leisten oder aber man erteilt telefonisch die Berechtigung zum Einzug eines frei zu definierenden Betrages vom eigenen Konto. Nachteilig an der Abrechnung über die Telefonrechnung ist die fehlende Spenderadresse. Damit können Sie nach einer getätigten Spende nur über indirekte Kommunikation (PR, Werbung) erneut mit dem Spender oder der Spenderin in Kontakt treten. Der Vorteil liegt im einfachen Ablauf und der niedrigen Hemmschwelle für Erstspender. Größere Beträge sollten jedoch durch die Organisation selbst oder den beauftragten Dienstleister verifiziert werden, um einen Missbrauch auszuschließen. Ein solches Vorgehen empfiehlt sich auch bei Online-Spenden.

Die Nutzung einer Telefonhotline können Sie enorm verstärken, wenn es Ihnen gelingt, Medienpartner (Zeitungen, Radio, Fernsehen) in Ihre Fundraising-Aktion aktiv einzubinden. Das stärkste Medium ist dabei natürlich das Fernsehen, doch dessen Türen stehen nur den größeren Organisationen offen. Neben der Spendenfunktion hat das Telefon aber auch eine Informationsfunktion. Um den „direkten Draht" sicherzustellen, können permanente oder temporäre, zentrale oder dezentrale, interne oder externe Callcenter geschaffen werden (siehe 5.4).

Bei TV-Galas oder Kooperationen mit Hörfunkstationen ist es wichtig, dass die Kontaktmöglichkeiten (Spendenkonto oder Hotlinenummer) möglichst oft eingeblendet oder genannt werden. Auch die Anzahl der Agenten am anderen Ende der Hotline ist von enormer Bedeutung. Je nach Sender- bzw. Programmreichweite sind bis zu 2.000 Agenten notwendig, um möglichst wenig Spender auf den Mass-Calling-Plattformen „auflaufen" zu lassen. Die Agenten werden dabei über ein Skript durch den Dialog mit den potenziellen Spenderinnen und Spendern geführt. Diese Telefonskripte sind in enger Abstimmung mit dem Callcenter und den beteiligten Organisationen zu erstellen.

Auch im Emergency-Fall ist das gute alte, klassische Post-Mailing die erste Wahl für ein Fundraising bei der Hausliste. Jedoch ist auch hier der Faktor Zeit zu berücksichtigen. Denn selbst ein relativ aufwendiges Mailing muss innerhalb weniger Tage, idealerweise zwei bis drei Tage nach der Katastrophe, bei den Empfängern eintreffen. Ein klassisches Mailing besteht aus Anschreiben, Zahlschein, Antworthülle, Versandhülle und einer Beilage. Wie soll das in dieser kurzen Zeit produziert, verarbeitet und versandt werden? Die Lösung lautet: Vorproduktion! Alle notwendigen Bestandteile werden vorproduziert und die Beilage weggelassen. Nur im Anschreiben spezifizieren Sie das Mailing im Hinblick auf das aktuelle Ereignis. Dadurch reduzieren sich die Arbeitsschritte auf das Erstellen des Textes für das Anschreiben, Personalisieren, Schneiden, Kuvertieren und Postausliefern. Mit entsprechend leistungsfähigen Lettershops ist es durchaus zu schaffen, innerhalb von ein bis zwei Tagen die Sendung auszuliefern. Die Digitaltechnik wird in nächster Zeit die Möglichkeiten weiter verbessern.

Bei „medienwirksamen" Katastrophen sind auch Firmen für Spenden und Fundraising-Kooperationen verstärkt ansprechbar. Das Management ist gerne bereit, die Betroffenheit der Mitarbeitenden aufzugreifen und im Sinne der *Social Responsibility* zu nutzen, um das Image des Unternehmens als sozial verantwortungsbewusste Firma zu steigern. Bei den Kooperationen stehen Payroll Giving (siehe 4.1.11) und gemeinsame Spendenaufrufe an die Mitarbeiterschaft über den hausinternen Verteiler ganz oben auf der Agenda (siehe 3.3.1.2).

Wenn Ihre Fundraising-Maßnahmen einmal angelaufen sind, haben Sie aufgrund des kleinen Zeitfensters kaum noch eine Korrekturmöglichkeit. Hier zeigt sich dann, ob Ihre Vorbereitungen richtig waren und Ihre Maßnahmen zu der Katastrophe passen.

Daher ist es eine der wichtigsten Aufgaben eines Fundraisers, das Ausmaß einer Katastrophe schnell abzuschätzen und die geeigneten Fundraising-Instrumente entsprechend einzusetzen. Wie groß ist die Katastrophe? Welche Mittel werden benötigt?

Welche Instrumente sollen eingesetzt werden? Ein „großes" Mailing für eine „kleine" Katastrophe oder eine „kleine" Bannerkampagne für eine „große" Katastrophe sind nicht nur falsche Entscheidungen für das Fundraising, sondern beeinflussen die Möglichkeiten der Hilfe negativ. Sie müssen lernen, Katastrophen und die Reaktion der Öffentlichkeit einzuschätzen. Niemandem ist geholfen, wenn Sie Spenderinnen und Spender verärgern oder Sachkosten verschwenden. Den Erfolg späterer Fundraising-Maßnahmen könnten Sie damit gefährden.

# 3.4.4 Zielgruppen des Fundraisings in der Not- und Katastrophenhilfe

Wie bei jeder Marketingaufgabe haben Sie auch beim Emergency-Fundraising stets mehrere Zielgruppen zu bedenken. Neben der breiten Öffentlichkeit (Noch-nicht-Spender und Stakeholder der Organisation) wollen Sie Spenderinnen und Spender des Hauses (Hausliste), Schulen und Lehrer, Gemeinden, Stiftungen und Firmen sowie Richterinnen und Richter (Bußgeld) erreichen. Die breite Öffentlichkeit können Sie jedoch nie direkt, sondern nur indirekt über die Medien (Zeitungen, Zeitschriften, Radio, Fernsehen, Internet) ansprechen. Somit sind die Medienschaffenden in den Redaktionen und Anzeigenabteilungen eine ganz wichtige Zielgruppe.

Aufgrund des engen Zusammenhangs zwischen Ereignis und Spende und einem punktuellen Hilfsimpuls als Spendenmotiv ist eine Spenderbindung an eine Organisation für Not- und Katastrophenhilfe schwerer herzustellen als bei Organisationen mit stetigen Hilfsanliegen. Somit sind diese Spenderinnen und Spender für zukünftige Spendenaufrufe schlechter motivierbar. Die Responsequoten übersteigen allerdings die Ergebnisse von Kaltadresslisten um ein Mehrfaches. Daher sollten diese Adressen bei zukünftigen Aktionen immer wieder eingesetzt und gegenüber Fremdadresslisten vorgezogen werden. Zudem sind die potenziellen Spender für die Not- und Katastrophenhilfe deutlich jünger als für andere Spendenzwecke. Daher ist es zugleich eine Chance, jüngere Zielgruppen anzusprechen, die langfristig an die Organisation gebunden werden könnten (siehe 3.3.1.1).

Innerhalb der Themen und Anlässe muss allerdings auch differenziert werden. Bei näherer Betrachtung scheint es leichter zu sein, die deutsche Bevölkerung für die Opfer von Naturkatastrophen um Spenden zu bitten, als für die Opfer von Krieg und Gewalt. Offensichtlich existiert beim Spenden für die Opfer von Naturkatastrophen eine „Unschuldsvermutung" („Die können nichts dafür! Das kann jeden treffen!"), und zugleich scheint eine Art Perspektivenübernahme („Das könnte auch mir passieren!") stattzufinden. Bei Kriegen ist offensichtlich genau das Gegenteil der Fall. Als weitere Spendenmotive bei Katastrophen werden in der Literatur genannt: Sozialprestige, Sehnsucht nach der heilen Welt, Familienersatz, Staatsräson, Mitläufereffekte u. a.[6]

## 3.4.5 Erfolgskontrolle

Wie ist der Erfolg einer Fundraising-Aktion aus Anlass einer Katastrophe zu messen? Auch hier gelten die gleichen Regeln wie beim klassischen Fundraising: Schon am Jahresanfang sind für die entsprechenden Maßnahmen Gelder einzuplanen und zu budgetieren. Alle (Spenden-)Einnahmen und Ausgaben werden, soweit möglich, den einzelnen eingesetzten Instrumenten zugeordnet und entsprechend bewertet. Somit können Gesamtkosten und Einnahmen, Kosten pro Kontakt, Durchschnittsspende, Responsequoten, Return on Investment (ROI), Anzahl der Neuspender, Anzahl Nichtspender der Hausliste usw. leicht ermittelt werden. Allerdings sind diese Kennzahlen nicht einfach nur von Aktion zu Aktion zu vergleichen. In eine Beurteilung müssen das Thema (vor allem Anlass und regionaler Bezug) und die Rahmenbedingungen (Zeitpunkt und mediale Resonanz) der jeweiligen Aktion mit einfließen.

Vor jeder einzelnen Aktion müssen Sie das finanzielle Ziel und die Teilbeiträge der einzelnen Instrumente schätzen, um den Einsatz der Werkzeuge gezielt steuern zu können. Die Erfolgskontrolle der einen Aktion ist zugleich die Vorbereitung der nächsten. Dies entspricht dem Fundraising-Kreislauf: Analyse, Zielsetzung, Planung, Entscheidung, Umsetzung, Kontrolle (siehe 3.2.1). Die Ergebnisse der Responseanalyse liefern wertvolle Hinweise für die Planung der nächsten Aktion. Auch die Ergebnisse der einzelnen Instrumente helfen für zukünftige Ereignisse bei der Auswahl der richtigen Fundraising-Werkzeuge.

## 3.4.6 Ausblick

Klimaänderungen und zunehmende Spannungen in der Welt werden leider auch zu einem Anwachsen der Katastrophenfälle führen. Vergleicht man die letzten zehn Jahre mit den 1960er-Jahren, so hat sich die Anzahl der Naturkatastrophen mehr als verdoppelt, die volkswirtschaftlichen Schäden haben sich versiebenfacht (!).[7] Damit werden auch die Bedeutung der Katastrophenhilfe und die Notwendigkeit des Fundraisings für Not- und Katastrophenfälle steigen. Die Kommunikationstechnologien und Herstellungstechniken werden immer schneller und somit auch die Reaktionsmöglichkeiten verbessert. Daher wird die Geschwindigkeit im Emergency-Fundraising in Zukunft weiter zunehmen. Alle schnellen Medien gewinnen an Bedeutung. Derzeit haben die klassischen elektronischen Medien (TV, Telefon, Radio, Internet, SMS/MMS) einen kleinen strukturellen Vorteil gegenüber den Printmedien. Mit dem weiteren Einzug der Digitaltechnik im Printbereich könnte dieser Abstand wieder verringert oder gar ausgeglichen werden. Die zunehmende Verbreitung der modernen Medien wird das Emergency-Fundraising erleichtern. Gleichzeitig wird die Öffentlichkeit verstärkt die Geschwindigkeit der Marketingaktivitäten auf die realen Hilfsleistungen einer Nonprofit-Organisation (NPO) im Katastrophenfall projizieren.

Abbildung 1:  Anteil der Spenden für Not- und Katastrophenhilfe
(Mehrfachnennungen möglich)

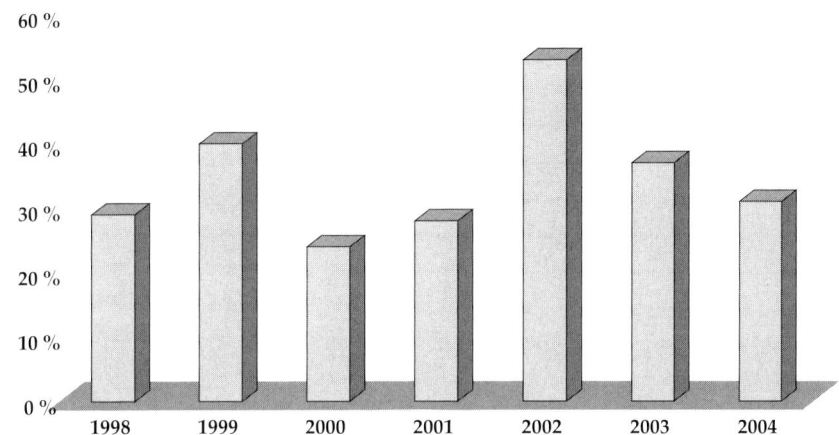

Quelle: TNS Emnid-Spendenmonitor 1999–2004

Vermutlich wird der Anteil der Not- und Katastrophenhilfe am Gesamtspendenmarkt ebenfalls wachsen. Augenblicklich wird etwa jede dritte Spende für die Not- und Katastrophenhilfe akquiriert. Leidtragende könnten langfristig die Bereiche Umweltschutz und Entwicklungszusammenarbeit werden.

Die immer stärkere Zersplitterung der Medienlandschaft und der Zielgruppen wird sich ebenfalls nachteilig für die NPOs auswirken. Für alle Organisationen bedeutet dies steigende Investitionen in Personal und Ausstattung, gerade was die steigenden Investitionen in Spenderbindungsmaßnahmen betrifft. Der ROI wird sinken und vielleicht auch zu stärkeren Kooperationen untereinander bis hin zu kompletten NPO-Fusionen führen.

## Anmerkungen

1  Müllerleile, Christoph: Die Ich-auch-Flut, in: Fundraising aktuell online Nr. 104 vom 03.01.2005.

2  Zitiert nach Deutsches Komitee für Katastrophenvorsorge e. V.: Journalistenhandbuch zum Katastrophenmanagement, Bonn 2002.

3  www.ifrc.org/what/values/principles/index.asp

4  www.sphereproject.org/

5  Anderson, Mary B.: Do no Harm, How aid can support peace – or war, Boulder (Colorado) 1999.

6  Müllerleile, Christoph: Spendensendungen und Spendenabwicklungspraxis der öffentlich-rechtlichen Rundfunkanstalten in Deutschland, Maecenata Institut, Opusculum Nr. 16, Berlin 2005.

7  Münchener Rück: Topics Geo. Jahresrückblick Naturkatastrophen 2004, München 2005.

## Weiterführende Literatur

Deutsches Komitee für Katastrophenvorsorge e. V.: Journalistenhandbuch zum Katastrophenmanagement, Bonn 2002.

Gemeinschaftswerk der Evangelischen Publizistik (Hrsg.): Öffentlichkeitsarbeit für Nonprofit-Organisationen, Wiesbaden 2004.

Purtschert, Robert: Marketing für Verbände und weitere Nonprofit-Organisationen, Bern 2001.

# Kapitel 4

# Formen des Fundraisings

# 4.1 Fundraising-Möglichkeiten von A bis Z

## 4.1.1 Affinity Credit Cards

*Mathias Kröselberg*

Die Affinity Credit Cards sind eine spezielle Form der *Co-Branding-Cards*. Hierbei werden Kreditkarten von einer Kartenorganisation oder einem autorisierten Kreditinstitut in Zusammenarbeit mit einem Unternehmen oder einer Organisation aus dem Nichtbankenbereich herausgegeben. Diese ist speziell auf die Bedürfnisse der Kunden bzw. Mitglieder zugeschnitten und enthält deshalb spezifische Sonderleistungen.

Die Zahlungs- und Kreditfunktionen werden vom Kreditinstitut übernommen, während der Partner für die Vermarktung und die Kundenbetreuung zuständig ist. Die Vermarktung der Karten wird seitens der Kreditkartenorganisationen auch mit Mailings, Anzeigen und anderen Werbemitteln unterstützt. So wird der Bekanntheitsgrad der Nonprofit-Organisation (NPO) nachhaltig gefördert. Ebenso werden im Rahmen der Co-Brandings häufig weitere gemeinsame Aktivitäten vereinbart, etwa die Unterstützung eines bestimmten Spendenprojektes oder die Bereitstellung von kostenlosen Dienstleistungen oder Sachspenden durch die Kreditkartenorganisation. Zwei der bekanntesten Co-Branding-Karten aus dem Profit-Bereich sind die ADAC-Visa-Karte der Berliner Bank AG sowie die BahnCard als Visa-Karte mit Zahlungsfunktion in Zusammenarbeit mit der Citibank. Die Kartenorganisationen zahlen dem Partner für die Vermittlung eine Provision und beteiligen diesen auch prozentual an den Kartenumsätzen in Höhe von durchschnittlich ca. 0,2–0,3 Prozent.

In Deutschland gewinnt die Affinity Credit Card als eine neue Form der Mittelbeschaffung zunehmend auch bei NPOs an Bedeutung. Insbesondere große Organisationen wie z. B. die Aids-Hilfe, NABU oder UNICEF vermarkten diese an Mitglieder oder Förderer. Über die hierdurch erzielten Einnahmen gibt es zurzeit keine statistischen Daten. Allerdings lassen sich aus den allgemeinen Marktdaten Rückschlüsse auf die Einnahmemöglichkeiten ziehen. Denn von den ca. 20 Millionen Kreditkartenbesitzern in Deutschland werden jährlich im Durchschnitt etwa 2.000 Euro umgesetzt.[1] Bei einem Provisionssatz von 0,25 Prozent verbleiben demnach fünf Euro pro Jahr und Karte bei der NPO.

Diese „Kleinstspende" kann bei großen Organisationen und einem starken Absatz der Karten dennoch zu relevanten Einnahmen führen. Bei 20.000 Karteninhabern stellen sich immerhin rund 100.000 Euro Erlöse pro Jahr ein. Untersuchungen aus dem angloamerikanischen Bereich liefern vergleichbare Werte: Demnach sind die Einnahmen aus Affinity Credit Cards lediglich unter einem Prozent der Gesamteinnahmen bei NPOs – allerdings betrugen diese bei großen Organisationen bis zu 1,5 Millionen Euro im Jahr.[2]

Neben diesen Einnahmen werden mit den Affinity Credit Cards aber auch „Bindungs-
aktivitäten" seitens der NPOs verfolgt: Denn die Karten zeigen das Logo der jeweiligen
Organisation und erhöhen so die Identifikation der Karteninhaber und bei jedem Zah-
lungsvorgang betreibt die Organisation aktive Öffentlichkeitsarbeit.

Für die Karteninhaber bieten sich in der Regel Vorteile durch eine geringe oder vollkommen fehlende Jahresgebühr und den Einschluss zusätzlicher kostenloser Leistungen oder Preisvorteile (z. B. kostenlose Zeitungsabonnements, Prämien, Rabatte usw.).

Beispiel: Die UNICEF-Friendshipkarte

Unter dem Motto „Punkten für die Kinder dieser Welt – die UNICEF-Friendshipkarte"
vertreibt die Kinderhilfsorganisation der Vereinten Nationen seit April 2003 eine Affinity Credit Card. Dabei wird über eine weitere Kooperation mit PAYBACK – dem mit
über 27 Millionen eingesetzten Karten führenden Bonusprogramm in Deutschland –
eine weitere „Sammelfunktion" genutzt. Kunden und Förderer von UNICEF leisten damit automatisch bei jedem Kaufvorgang eine indirekte Spende *für* diese Organisation.
Bei je vier Euro Umsatz mit der Friendshipkarte erhält UNICEF 1 Cent Spende. Voraussetzung hierfür ist, dass der PAYBACK-Kunde seine gesammelten Bonuspunkte an
UNICEF weitergibt. Bisher haben 22 Millionen PAYBACK-Kartenbesitzer ihre Punkte
für UNICEF gespendet. Von November 2000 bis Juli 2003 kamen auf diese Weise 325.000
Euro für das Kinderhilfswerk der Vereinten Nationen zusammen.[3]

## Anmerkungen

1  Meldung bei www.metafinanzen vom 30.03.2004.
2  Vgl. Horne, Suzanne/Worthington, Steve: Paying the price: The affinity credit card relationship, London 1997.
3  WDR, Redaktion Familie.

## Weiterführende Literatur: siehe Anmerkungen

# 4.1.2 Anlassspende

## *Klaus Heil*

*Anlass-* oder auch *Kranzspenden*[1] sind Geschenke oder Zuwendungen, die zu einem gegebenen Anlass auf Wunsch des Betroffenen oder seiner Angehörigen einer gemeinnützigen Organisation als Spende gegeben werden. Klassische Beispiele hierfür sind: Todesfall, Geburtstag, Hochzeit, personenbezogene Jubiläen. Neuere Beispiele sind besondere Anlässe in Unternehmen (z. B. Jubiläum, Neueröffnung, Umzug, Marketing-Events zu den jahreszeitlichen Fest- und Feiertagen u. a.) und Sponsorenläufe/Spendenläufe.[2]

Der besondere Charakter einer Anlassspende liegt in ihrem „Umweg": Die Spender wollen in der Regel den Anlassgebenden etwas zuwenden. Sie haben oft keine oder nur eine marginale Beziehung zu der Organisation, an die ihre Spende fließt – die Anlassgebenden dafür zum Teil umso mehr.

Bei Anlassspenden von Unternehmen, die mit Marketinginteressen verbunden sind, stellt sich das Problem der Abgrenzung zu Social Sponsoring und den dabei relevanten Fragen des Steuerrechts (siehe 4.7 und 7.2.2).

Sponsorenläufe sind eine neuere Erscheinung und eine offenbar zeitgemäße Form, Fitness und Charity gewinnbringend zu koppeln. Bei Sponsoren- oder Spendenläufen ist ebenfalls die Zuwendung des Ertrags an eine Organisation für einen vorher genannten Zweck das Ziel. Dafür wirbt in der Regel der Läufer möglichst viele persönliche Sponsoren, die ihn mit einem bestimmten Betrag für zumeist definierte Leistungseinheiten unterstützen. Hier gibt es vielerlei Spielformen.

Anlassspenden im Fundraising-Mix

Im Fundraising-Mix einer Nonprofit-Organisation (NPO) ist die Anlassspende nicht mehr wegzudenken. Viele Organisationen werben aktiv bei verschiedenen Zielgruppen für entsprechende Anlassspenden und bieten dazu logistische Unterstützung, die von der einfachen Ausfertigung von Zahlscheinen bis hin zur Herstellung von speziellen Einlegekarten für Einladungen und besonderem Service bei der Abwicklung reicht.

Systematisches Fundraising für Anlassspenden bewegt sich im Feld des Marketings von Stakeholdern, die manchmal auch direkt die Anlassgeber sein können. So werden beispielsweise im kirchlichen Bereich Geistliche oft gezielt nach Spendenanlässen gefragt, sei es bei Hochzeiten oder Beerdigungen. Hier kann systematisches, dem Anlass angemessenes Fundraising aufgebaut werden. Andere Schlüsselpersonen des öffentlichen Lebens können für die persönliche Anlassspende zur richtigen Zeit sensibilisiert werden und sind dafür oft eher aufgeschlossen als für eine persönliche Spende. Im Zuge von Unternehmenskooperationen gehören Anlassspenden in die mögliche Vorschlagsliste.[3]

Abwicklung von Anlassspenden

Bei der Abwicklung und im Verfahren der Zuwendungsbestätigungen (ZWB) für Anlassspenden gibt es wenig Einheitliches. Die seit einigen Jahren verschärften Nachweis-
regelungen im Steuerrecht (siehe 7.2.2) verlangen eine nachvollziehbare (im Zweifel
durch die gemeinnützige NPO nachweisbare) Willensbekundung des Spenders als
Grundlage für die Ausstellung einer ZWB. Die Übergabe des Spendengeldes mit einer
handgeschriebenen Liste von Namen, Adressen und Einzelbeträgen darf beispielsweise nicht Grundlage für die Ausstellung einzelner ZWB sein. Ebenso ist es nicht möglich, dem Anlassgeber eine ZWB über die Restsumme der Spenden zu geben, für die
die Einzelspender keine ZWB wollten. Sollen ZWB ausgestellt werden, ist ein unbares
Verfahren, vielleicht sogar mit vorgedruckten Überweisungsträgern, in jedem Fall eine
steuerrechtlich korrekte Lösung.

Dem Anlassgeber darf von der begünstigten Organisation, die Überweisungen erhalten
hat, für Dankeszwecke eine Liste mit den Namen und Adressen der Spenderinnen und
Spender übergeben werden. Nur die Höhe der Einzelspenden darf nicht personenbe-
zogen mit genannt werden, es sei denn, es liegt die ausdrückliche Zustimmung der
Spender vor. Die öffentliche Nennung und Würdigung der Spenderinnen und Spender
kann dann natürlich erfolgen (z. B. bei Sponsorenläufen).

Anlassspenden sind ein interessantes und noch kleines Segment mit guten Entwick-
lungschancen für neue Formen, für die beispielhaft der Sponsorenlauf steht.

## Anmerkungen

1   Kranzspende nennt man die Anlassspende vor allem im süddeutschen und im deutschspra-
    chigen Alpenraum.
2   Spendenläufe machen eine exponentielle Entwicklung durch, kein Ort, vor allem keine Schule
    mehr ohne Spendenlauf (google-indices für „Sponsorenlauf" bzw. „Spendenlauf" im Novem-
    ber 2005: 87.000 bzw. 24.000).
3   Auch Bestattungsunternehmen zählen dabei zur möglichen Zielgruppe.

## Weiterführende Links

www.anlassspende.de
www.alsterdorf.de/Ihre Spende/Anlassspende
www.sos-kinderdorf.de/download/kranzspendenflyer

# 4.1.3 Aufwandsspende

## *Mathias Kröselberg*

Wird auf Vergütungen oder Aufwandsersatz von Mitgliedern, Mitarbeitern, Lieferanten oder Dienstleistern verzichtet, so bezeichnet man dies als Aufwandsspende. Gemeinnützige Organisation können darum werben, dass auf diesen Aufwandsersatz oder auf einen Vergütungsanspruch verzichtet und der entsprechende Betrag gespendet wird.

Der Begriff der Aufwandsspende und die gesetzlichen Grundlagen für die korrekte steuerrechtliche Behandlung sind in einem Erlass des Bundesfinanzministeriums[1] und in einer Verfügung der Oberfinanzdirektion Frankfurt am Main[2] geregelt.

Wichtigster Grundsatz: Aufwendungen können nur erstattet und als Aufwandsspende verbucht werden, wenn hierfür eine Rechtsgrundlage (§ 670 BGB) bei der Organisation besteht. Der Aufwendungsersatzanspruch muss also durch (1.) einen Vertrag zwischen der Organisation und dem Leistungsempfänger (z. B. Betreuer, Übungsleiter) sowie (2.) eine grundsätzliche Regelung in der Satzung oder einen rechtsgültigen Vorstandsbeschluss der Organisation verbindlich geregelt sein.

Ein Aufwendungsersatzanspruch muss vor dem Entstehen der Aufwendungen rechtswirksam begründet werden. Die richtige Reihenfolge vom Entstehen bis zur Verbuchung ist daher einzuhalten.

Abbildung 1: Die richtige Reihenfolge bei Aufwandsspenden

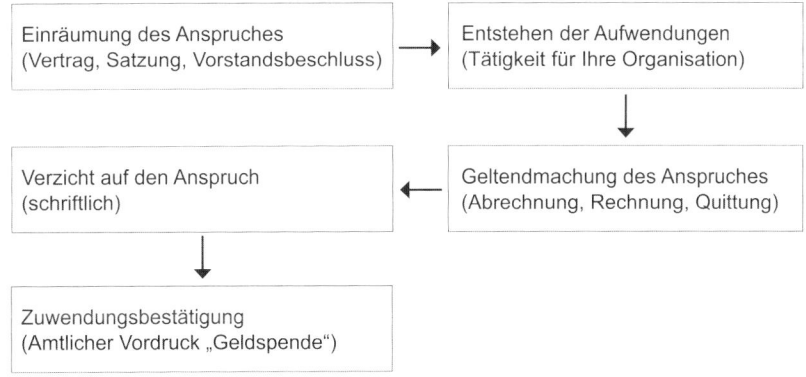

Aufwand und Höhe der Vergütung müssen der Höhe nach angemessen sein. Bei Fahrtkostenersatz empfiehlt sich, maximal die lohnsteuerlichen Höchstbeträge von 0,30

Euro/km zu vereinbaren. Bei Übungsleitervergütungen erkennen die Finanzverwaltungen Stundensätze bis ca. 30 Euro als angemessen an.[3] Hierüber müssen Aufzeichnungen geführt werden. Aus den Aufzeichnungen muss hervorgehen, was der Spender getan hat und welche Kosten dem Spender hierfür entstanden sind. Bei Fahrten mit dem eigenen Pkw sind die jeweiligen Fahrten mit Datum, Ziel, Entfernung und Zweck anzugeben. Erstattet werden grundsätzlich auch nachgewiesene Reisenebenkosten wie Parkgebühren usw., nicht aber pauschal oder durch „Eigenbelege".

Folgende Aufwendungen können erstatten werden:

- Telefongebühren, Telefaxgebühren, Internetkosten, weitere Telekommunikationsdienstleistungen
- Porti
- Verpflegungsmehraufwendungen
- Übernachtungskosten
- Kosten für Büromaterialien (Papier, Kopierer usw.)
- Fahrtkosten Sitzungen, Tagungen, Veranstaltungen, Weiterbildungen
- Teilnehmergebühren, Start- und Meldegelder bei Wettkämpfen, Kongressen oder Seminaren
- Kosten für Arbeitskleidung

Darüber hinaus muss die Organisation wirtschaftlich in der Lage sein, alle eingeräumten Aufwendungsersatzansprüche auch tatsächlich befriedigen zu können. Aufwendungsersatzansprüche können daher nicht unter dem Aspekt des „Goodwill gegenüber Freiwilligen" in exorbitanter Höhe eingeräumt werden. Organisationen müssen sich daher bei der Einräumung von Aufwendungsersatzansprüchen immer die Frage stellen, ob sie diese, wenn alle potenziellen Ansprüche geltend gemacht werden, auch befriedigen können. Es muss jederzeit genügend Vermögen für die fälligen Ansprüche vorhanden sein.

Bei der Akquirierung der Aufwandsspenden bei Unternehmen müssen Organisationen die oben genannten Grundsätze ganz besonders beachten. Denn zunächst gilt, dass die Leistungen oder Lieferungen auch tatsächlich in Rechnung gestellt werden (könnten). Die Einnahmen, auf die verzichtet wurden, müssen in der Höhe dem marktüblichen Preis entsprechen und beim Unternehmen versteuert werden. Für die Unternehmen ergeben sich somit keine steuerlichen Vorteile, da die Spende, die einkommensmindernd ist, einer zu versteuernden Einnahme gegenübersteht.

In der Praxis muss zwischen dem Anspruchsberechtigten und einer Organisation kein Geld fließen. Das heißt, der Verzicht auf den Anspruch kann nach der Geltendmachung erfolgen, ohne dass es hier zu einer vorherigen Auszahlung kommt. Man kann aber auch so verfahren, dass der Anspruch durch die Auszahlung des Aufwendungsersatzbetrages erledigt wird und der Anspruchsberechtigte dann seinerseits nach einer gewissen Zeit eine Geldspende an die Organisation tätigt. Hier kann aber die Finanzverwaltung bei einer möglichen Prüfung kritische Nachfragen stellen, insbesondere dann, wenn der Zeitraum zwischen Auszahlung des Aufwendungsersatzes und Spende an die Organisation klein ist. Man könnte hier ein Gegenseitigkeitsverhältnis (Auszahlung nur gegen [Rück-]Spende) vermuten. Wie lange der Zeitraum zwischen Befriedigung des Anspruches und Spende in der Praxis zu bemessen ist, darüber liegen keine bindenden Erfahrungswerte vor. In jedem Fall sollte der Zeitraum nicht zu kurz bemessen sein und es sollte nicht der gleiche Betrag, der ausgezahlt wurde, gespendet werden.

Bei Aufwandsspenden handelt es sich um abgekürzte Geldspenden. Als Zuwendungsbestätigung ist der Vordruck „Geldzuwendung" und nicht der Vordruck „Sachzuwendung" zu verwenden.

Wird auf einen Vergütungsanspruch aus dem wirtschaftlichen Geschäftsbetrieb verzichtet, z. B. ein Mitarbeiter verzichtet auf seinen Aushilfslohn anlässlich seines Bewirtungseinsatzes, muss der Spender ausdrücklich schriftlich erklären, dass die Organisation die Spende für gemeinnützige Zwecke zu verwenden hat. Diese so genannte Verwendungsauflage gilt ab seit dem 1. Januar 2000. Da die Organisation hinsichtlich der gemeinnützigen Verwendung dieser Spende eine Nachweispflicht trifft, empfiehlt sich, für solche Zwecke ein eigenes Spendenkonto einzurichten. Der Spendenbetrag geht dann vom Konto des wirtschaftlichen Geschäftsbetriebs ab und dem Spendenkonto zu, von dem aus gemeinnützige Ausgaben finanziert werden.

## Anmerkungen

1   BMF-Schreiben vom 07.06.1999, Aktenzeichen IV C 4 – S. 2223 – 111/99.
2   OFD Frankfurt am Main vom 21.02.2002, Aktenzeichen S. 2223 A – 22 – St II 25.
3   Fundraising direkt, Ausgabe 09/2005.

## Weiterführende Literatur

Geckle, Gerhard/Zimmermann, Joachim: Spenden- und Sponsoringratgeber für Vereine, Planegg 2002.

# 4.1.4 Eigenwirtschaftliche Tätigkeit

*Claudia Andrews*

Eigenwirtschaftliche Tätigkeit ist ein durch die Steuergesetzgebung definierter Begriff. Gemeinnützige Körperschaften sind nach § 55 Abs. 1 AO der Selbstlosigkeit verpflichtet, d. h., sie verfolgen *nicht in erster Linie* eigenwirtschaftliche Zwecke. Die Formulierung „nicht in erster Linie" erlaubt gemeinnützigen Körperschaften ein gewisses Maß an eigenwirtschaftlicher Tätigkeit. Dies können Nonprofit-Organisationen (NPOs) im Rahmen ihres Fundraising-Mix für sich nutzen. Die Zuordnung von Fundraising-Aktivitäten zu den einzelnen Tätigkeitsbereichen gemäß der Vier-Sparten-Rechnung (siehe 7.2.1.4) kann schwierig sein. Am häufigsten ist die eigenwirtschaftliche Tätigkeit dem wirtschaftlichen Geschäftsbetrieb einer gemeinnützigen Körperschaft zuzuordnen und unterliegt somit der Steuerpflicht, doch gibt es keine pauschale Aussage. Es ist immer im jeweiligen Einzelfall unter Berücksichtigung der Satzung und der faktischen Tätigkeit einer gemeinnützigen Körperschaft zu prüfen und zu entscheiden, in welchen steuerrechtlich definierten Bereich die eigenwirtschaftliche Tätigkeit einzuordnen ist.

Eine wirtschaftliche Betätigung kann aber auch steuerfrei sein. Sie ist es dann, wenn sie als Zweckbetrieb gemäß §§ 65–68 AO anzusehen ist. Ein wirtschaftlicher Zweckbetrieb ist durch das Zusammenspiel dreier Kriterien in § 65 AO definiert: (1) Der Zweckbetrieb muss unmittelbar die satzungsgemäßen Ziele der Körperschaft verwirklichen. (2) Die Körperschaft muss den Zweckbetrieb zur Verwirklichung der satzungsgemäßen Ziele unbedingt benötigen. (3) Die Konkurrenz zu nicht steuerbegünstigten Betrieben ähnlicher Art muss auf das unvermeidbare Maß begrenzt sein.

Wenn die Einnahmen aus dem wirtschaftlichen Geschäftsbetrieb die Besteuerungsgrenze von 35.000 Euro/Jahr übersteigen, besteht für die Gewinne eine partielle Körperschaftsteuer- und Gewerbesteuerpflicht. Für nähere Bestimmungen hierzu siehe 7.2.1.7.

Bei einer ausgeprägten eigenwirtschaftlichen Tätigkeit durch Fundraising-Aktivitäten ist es also wichtig, die Steuergesetzgebung genau zu kennen. Leicht können an sich erfolgreiche und gewinnträchtige Fundraising-Maßnahmen zu steuerlichen Nachteilen führen oder schlimmstenfalls den Status der Gemeinnützigkeit gefährden.

Eigenwirtschaftliche Tätigkeit im Fundraising-Mix

Im Bereich der eigenwirtschaftlichen Tätigkeit treten die Freunde und Förderer der NPO in eine Geschäftsbeziehung mit der NPO ein, sie tätigen eine echte Kaufhandlung zumeist mit marktüblichen Preisen und einem marktüblichen Gegenwert. Somit unterscheidet sich der Bereich der eigenwirtschaftlichen Tätigkeit wie auch das Sponsoring (siehe 4.7) und Merchandising (siehe 5.6) grundlegend von denjenigen Formen des Fundraisings, die auf das Akquirieren von Spenden ausgerichtet sind, für die keine Gegenleistung gegeben wird. Entsprechend stellt die eigenwirtschaftliche Betätigung eine

Möglichkeit dar, den Förderer- und Unterstützerkreis von NPOs um entsprechende Zielgruppen zu erweitern.

Zu einem ausgewogenen Fundraising-Mix von NPOs gehören verschiedenste Formen eigenwirtschaftlicher Tätigkeiten zumeist konstitutiv dazu. Nicht zuletzt ist beispielsweise der Verkauf von Getränken und Speisen sowie das Eintrittsgeld zu (Benifiz-)Veranstaltungen in der Regel der eigenwirtschaftlichen Tätigkeit zuzurechnen.

Es kann für NPOs sinnvoll und wichtig sein, sich durch eigenwirtschaftliche Tätigkeit eine stabile Einkommenssäule neben dem Zugang zu Spendengeldern aufzubauen. Insbesondere können so freie Eigenmittel gestärkt werden.

Der internationale Vergleich des Fundraising-Mix zeigt, dass in anderen Ländern die Einnahmen aus eigenwirtschaftlicher Tätigkeit viel höher liegen als in Deutschland. Das deutet darauf hin, dass hier ein großes Entwicklungspotenzial liegt und eigenwirtschaftlichen Tätigkeiten innerhalb der Fundraising-Strategie in Deutschland zukünftig mehr Bedeutung zukommen wird.

Tabelle 1: Einnahmequellen von Nonprofit-Organisationen im internationalen Vergleich

| Land | Leistungsentgelte | Öffentlicher Sektor | Philanthropie |
|---|---|---|---|
| Deutschland | 32 % | 64 % | 3 % |
| Belgien | 18 % | 77 % | 4 % |
| Frankreich | 35 % | 58 % | 8 % |
| Großbritannien | 45 % | 47 % | 9 % |
| Irland | 15 % | 78 % | 7 % |
| Japan | 62 % | 34 % | 2 % |
| Niederlande | 36 % | 60 % | 2 % |
| Spanien | 49 % | 32 % | 19 % |
| USA | 57 % | 31 % | 13 % |
| Durchschnitt | 47 % | 42 % | 11 % |

Quelle: Salamon/Anheier: Der Dritte Sektor, Gütersloh 1999, S. 24

Als Hürden der marktbasierten Finanzierung von NPOs in Deutschland sind der Mangel an Kapazitäten im Bereich von Personal und Startkapital, von betriebswirtschaftlichem und juristischem Know-how und die häufig mangelnde Kompatibilität von Strukturen der NPOs gegenüber dem Markt auszumachen. Die Robert Bosch Stiftung hat 2003/2004 das Erstellen einer Studie der SOCIUS Organisationsberatung gGmbH über die Eigenmittel-Erwirtschaftung im gemeinnützigen Bereich gefördert (siehe Weiterführende Literatur). Darin werden u. a. ein handlungsorientierter Leitfaden für eine erfolgreiche Geschäftsgründung durch NPOs entwickelt und erfolgreiche Praxisbeispiele ausgeführt. Die entscheidenden Erfolgskriterien von Eigenfinanzierungsmodellen werden in den Ressourcen der NPO identifiziert und fünf Kriterien benannt:

das passende Trägerprofil, der richtige Zuschnitt des Geschäftsfeldes, eine kompetente Leitung, eine gute Vernetzung im Umfeld sowie eine gesunde Mischung von Risikobereitschaft und Skepsis während des Aufbauprozesses.

Der Aufbau von selbst erwirtschafteten Anteilen im Finanzierungs-Mix von NPOs bietet die Chance, die strukturelle Abhängigkeit des Dritten Sektors vom Staat weiter zu reduzieren. Den Geschäftsideen zur Erwirtschaftung von Eigenmitteln im gemeinnützigen Kontext sind dabei so gut wie keine Grenzen gesetzt.

### Weiterführende Literatur

Knoth, Andreas: Eigenmittel erwirtschaften. Eine Navigationshilfe für gemeinnützige Träger, Arbeitshilfe Nr. 33, Verlag Stiftung MITARBEIT, Bonn 2004.

Teile der Arbeitshilfe können eingesehen werden unter www.buergergesellschaft.de/praxishilfen/eigenmittel_erwirtschaften.

# 4.1.5 Förderverein

*Bernd Kreh*

Der Aufbau eines Fördervereins oder auch Förderkreises eignet sich, wenn langfristig eine Stelle finanziert oder regelmäßig ein Sportverein, eine Kantorei oder ein Museum unterstützt werden sollen. Sich nur auf immer neue einzelne Spendenaufrufe zur Finanzierung regelmäßiger Verbindlichkeiten zu verlassen, ist nicht zu empfehlen.

## 4.1.5.1 Zwei Grundmodelle

Eine Organisation, die über eine steuerliche Freistellung durch das Finanzamt verfügt, also als gemeinnützig anerkannt ist, und Förderer binden möchte, kann dazu einen *Förderkreis* aufbauen. Dieser kann als eingetragener oder als ein nicht eingetragener Verein mit Satzung und Vereinsorganen organisiert werden, die Vereinsform ist aber nicht zwingend. Dabei kann sich ein Förderkreis eine Ordnung geben und einen Vorstand wählen und Spenden sammeln. Die zweckgebundene (!) Verbuchung und die Ausstellung der Zuwendungsbestätigungen erfolgt dann aber unmittelbar in der anerkannt gemeinnützigen Organisation.

Will man Förderer in einem rechtlich verbindlichen Rahmen und in einer bewussten Eigenständigkeit binden, wird der Aufbau eines *Fördervereins* empfohlen. Dieser unterliegt dem Vereinsrecht (siehe 7.1.1) und wird mit der Eintragung in das Vereinsregister beim zuständigen Amtsgericht eine eigene Rechtsperson. Im Vereinszweck kann die Unterstützung einer bestimmten Organisation oder Einrichtung oder auch eines bestimmten Themenbereichs festgelegt werden.

Bei der Entscheidung für den Aufbau eines Fördervereins ist zu beachten, dass dies in der Praxis mit einem höheren Verwaltungsaufwand verbunden ist, da der Verein durch das Amtsgericht und das Finanzamt eigenständig überprüft wird und damit einer Berichtspflicht unterliegt. Diese rechtliche Absicherung eines Förderkreises als eingetragener Verein sorgt aber für Transparenz und kann das Vertrauen aufseiten der Unterstützenden fördern.

Eine verbreitete Vereinsmüdigkeit, wie sie von Kritikern vermutet wird, kann in Deutschland bisher nicht festgestellt werden. Die Statistik vermerkt einen Zuwachs von etwa 50.000 Vereinen in den vergangenen vier Jahren. Die Gesamtzahl beträgt knapp 600.000 (sieben Vereine auf 1.000 Bundesbürger). Auch die Entwicklung von Mitgliedsbeiträgen (siehe 4.1.8) als Fundraising-Möglichkeit hat sich – entgegen einiger Prognosen – sehr positiv entwickelt.

Beide Modelle eignen sich gut zur Gewinnung weiterer Unterstützer – beispielsweise mit gezielten Aktionen unter dem Motto „Förderer gewinnen Förderer" und für gezielte Upgrading-Aktionen, die aber eine gut gepflegte Datenbank voraussetzen (siehe 6.2).

## 4.1.5.2 Chancen und Stolpersteine

Förderbeiträge bilden einen stabilen Sockel der Finanzierung einer Nonprofit-Organisation, der deren weitere Finanzierungs- und Fundraising-Planung erleichtert.

Fördervereine und Förderkreise können die Identifikation der (potenziellen) Spender mit dem zu fördernden Projekt eindeutig erhöhen und tragen damit zur Spenderbindung bei (siehe 3.3.4). Eine Mitwirkung von Mitgliedern des Fördervereins über finanzielle Zuwendungen hinaus ist möglich und in der Regel auch erwünscht. Im Blick sind dabei sowohl Zeitspenden (ehrenamtliche Mitarbeit) als auch Sachspenden, Kontaktvermittlung und die Bereitstellung von Know-how.

Andererseits muss beachtet werden, dass ein Förderkreis oder Förderverein von der begünstigten Einrichtung nicht nur unter dem Aspekt der Geldbeschaffung gesehen und behandelt werden kann. Die Praxis zeigt, dass Personen, die in Förderkreisen oder Fördervereinen Verantwortung übernehmen, nicht nur über wichtige Qualifikationen und Kontakte verfügen, sondern auch eigene Ideen und Interessen mitbringen, die sie verwirklichen wollen. So kann es an einzelnen Stellen durchaus zu Parallelstrukturen zu der zu fördernden Organisation kommen, die Probleme verursachen.

## 4.1.5.3 Konzeptionelle Fragen

Vor dem Aufbau eines Förderkreises oder Fördervereins ist zu klären, in welchem Rahmen und für welchen konkreten Zweck er aufgebaut werden soll. Ein Schulförderverein bedingt beispielsweise andere Entscheidungen als ein Förderkreis Kirchenmusik innerhalb einer Kirchengemeinde oder der Aufbau eines Systems von Förderkreisen in einer großen Organisation.

Auch die Interessen der Beteiligten sollten transparent gemacht werden, damit mögliche Interessenkonflikte zwischen Förderkreis und der zu fördernden Organisation weitgehend ausgeschlossen werden können. So ist vorher zu klären, ob ein Förderkreis von der begünstigten Organisation wirklich gewollt und unterstützt wird. Spätestens bei der Frage nach der administrativen Bewältigung, der Öffentlichkeitsarbeit und unter Umständen auch bei der Übernahme einer Anschubfinanzierung ist eine einvernehmliche Klärung mit der Organisation durchaus sinnvoll.

Die Betreuung der Förderer durch die begünstigte Organisation muss konzeptionell und auch personell geklärt werden. Sofern die Leitung des Förderkreises nicht ausschließlich durch ehrenamtliche Kräfte geleistet werden kann, ist – besonders bei größeren Organisationen – eine Mitwirkung der Abteilungen für Fundraising und Öffentlichkeitsarbeit nicht nur sinnvoll, sondern oftmals auch nötig. In jedem Fall ist auf eine gute Kommunikation zwischen Förderkreis und Organisation zu achten.

Strategisch ist zu klären, welche Zielgruppe man ansprechen möchte, um die Förderbeiträge entsprechend zu gestalten. Mit moderaten Beiträgen zielt man eher auf die Masse von Unterstützern, mit höheren Beiträgen zielt man auf eine kleinere Gruppe Besserverdienender. Man kann die Höhe der regelmäßigen Zuwendung auch ins Belieben der Förderer stellen.

Diese Vorentscheidungen haben in jedem Fall Auswirkungen auf das zu entwickelnde Betreuungs- und Bindungskonzept (siehe 3.3.4). Während bei eher breit angelegten Fördervereinen Tage der offenen Tür, Sommerfeste, Benefizkonzerte und Vorträge geeignet sind, die breite Masse der Förderer anzusprechen, können im anderen Fall durchaus exklusivere Veranstaltungen wie Dinner, Reisen, Tennis- oder Golfturniere ins Auge gefasst und damit eine Spenderclub-Kultur aufgebaut werden.


### Weiterführende Literatur

Haibach, Marita: Handbuch Fundraising, Frankfurt am Main 2002.
Rosegger, Hans u. a.: Database Fundraising, Ettlingen 2000.

# 4.1.6 Kollekte

*Bernd Kreh*

Eine freiwillige Sammlung für kirchliche oder karitative Zwecke in Deutschland und missionarische und diakonische Aufgaben in der weltweiten Ökumene im Rahmen eines christlichen Gottesdienstes wird als Kollekte bezeichnet (von lat. collegere = sammeln). Eine Kollekte ist wesentlicher Bestandteil eines christlichen Gottesdienstes.[1] Der Ursprung liegt in der jüdischen Tradition der Gabe des Zehnten (Bibel, 3. Mose 27,30). Sie steht in einer engen Verbindung zum Fürbittengebet. Die Kollekte wird auch als Dankopfer bezeichnet – sie ist Zeichen des Dankes und der Verantwortung. Ein wichtiger Aspekt ist dabei der Versuch, einen sozialen Ausgleich herzustellen (Bibel, 2. Korinther 8,14).

Ihre Sammlung ist durch die jeweiligen Kirchenordnungen der Evangelischen Landeskirchen und Bistümer sowie durch die Gemeindeordnungen im Bereich der Freikirchen geregelt. Die Sammlungen erfolgen während des Gottesdienstes oder/und nach dem Gottesdienst. In der Regel wird für alle Gottesdienste an Sonn- und Feiertagen von den kirchenleitenden Gremien ein verbindlicher Kollektenplan vorgelegt. Um in die Kollektenpläne der Gemeinden und Kirchen Aufnahme zu finden, bedarf es eines längeren Vorlaufs. Abweichungen vom einmal festgelegten Kollektenplan bedürfen in der Regel des Beschlusses der entsprechenden kirchenleitenden Gremien.

Wesentlich für den Erfolg einer Kollekte ist die Kollektenankündigung. Das Anliegen sollte klar und transparent dargestellt werden. Wenn jemand selbst in das begünstigte Projekt involviert ist, kann er den Zweck mit Leidenschaft vorstellen und die Gemeinde um Unterstützung bitten. Durch umfassende Informationen können die Besucher besser abwägen, ob und wie sie sich an der Realisierung eines Projektes beteiligen wollen. Dies kann durchaus auch über Geldleistungen hinausgehen. Ein Flyer mit weiteren Informationen zum Kollektenzweck kann auf die Sitzplätze verteilt oder den Besuchern am Ende des Gottesdienstes überreicht werden.

Kollektenbons

Mit den so genannten Kollektenbons haben Gottesdienstbesucher in einigen Kirchengemeinden die Möglichkeit, eine Zuwendungsbescheinigung für ihre Kollektenbeiträge zu erhalten. Die Bons im Wert von z. B. 1, 2, 5 und 10 Euro werden in beliebiger Stückelung meistens im Gemeindebüro erworben. Kollektenbons gibt es mittlerweile in verschiedener Gestalt, z. B. als eigens geprägte Münze oder in Form einer Scheckkarte. Im Gottesdienst können sie dann je nach Ermessen in die Kollekte eingelegt werden. Aus organisatorischen Gründen ist die Gültigkeit der Kollektenbons häufig auf die ausstellende Gemeinde begrenzt. Die Einführung von Kollektenbons hat zum Teil Ertragssteigerungen bis zu 30 Prozent erbracht. Zu berücksichtigen ist ein gewisser Verwaltungsmehraufwand und die einmaligen Anschaffungskosten für die Kollektenbons. Eine sehr anschauliche Darstellung dieser Idee mit einem nutzerfreundlichen Service bieten z. B. die Evangelische Kirche in Hessen und Nassau mit einer gemeindespezifischen (www. ekhn.de) und die Evangelische Kirche in Baden mit einer einheitlichen Version der Kollektenbons (www.ekiba.de/fundraising).

## Partizipation

Kirchennahe Nonprofit-Organisationen haben die Möglichkeit, so genannte „freie Kollekten" von Gottesdiensten zu erhalten. Dies bedarf einer frühzeitigen Absprache mit dem Leitungsgremium der jeweiligen Gemeinde. Eine Mitwirkung an der Gestaltung des in der Regel dann thematischen Gottesdienstes und besonders eine eindrucksvolle Vorstellung des Kollektenzwecks (Projekt) erhöhen die Chancen auf einen guten Ertrag. Die so genannten „Pflichtkollekten" werden sehr lange im Voraus festgelegt und flächendeckend erhoben. Sie kommen in der Regel unmittelbar kirchlichen Einrichtungen und karitativen Zwecken zugute.

## Anmerkung

1 Eine Geldsammlung während der gemeinsamen Gebete in den Moscheen ist nicht üblich. Siehe auch: VELK/EKD (Hrsg.): Was jeder vom Islam wissen muss, 2. Aufl., Gütersloh 1991, S. 42 f. Im Islam gibt es sowohl die spontane Nothilfe, die als Konsequenz des ernsthaften Gebets angesehen wird (Koran, 70,24 ff.), als auch die Vorstellung des Ausgleichs, die der Almosensteuer (Koran, 2,111) zugrunde liegt. Sie zählt zu den fünf Säulen des Islam und soll als jährliche Sozialabgabe während des Fastenmonats geleistet werden. „Aus diesem Armenfonds kann jedem Bedürftigen, gleich ob Mann oder Frau, Muslim, Christ oder Jude, Unterstützung gewährt werden" (Antes, Peter: Islam – Religion, Kultur, Politik, in: Funkkolleg Religion, Studienbrief 4, Weinheim 1983, S. 37).

## Weiterführende Literatur

Evang, Martin: Lebensgewinn für andere – die Kollekte bzw. das Dankopfer, herunterzuladen unter www.ekir.de/gottesdienst/Inhalt/Thema_Gottesdienst/Archiv/Heft_17/08.Evang.PDF.

Georgi, Dieter: Der Armen zu gedenken. Die Geschichte der Kollekte des Paulus für Jerusalem, 2. Auflage, Neukirchen 1994.

Kalb, Friedrich: Grundriß der Liturgik, 2. Auflage, München 1982.

Internetadressen: www.de.wikipedia.org/wiki/kollekte und www.kollektenbon.de

# 4.1.7 Matching Funds

## *Mathias Kröselberg*

Die Idee der Matching Funds („ergänzende Zuwendung"), der Spendenvervielfachung, ist in Deutschland noch relativ wenig verbreitet. Es gibt zwei Varianten: Eine Person oder Institution stellt einen großen Förderbetrag in Aussicht, unter der Voraussetzung, dass sich noch andere Personen oder Institutionen in mindestens gleicher Höhe beteiligen. Oder eine Person oder Institution sagen zu, jeden gespendeten Betrag (ggf. bis zu einer bestimmten Höhe) durch eine eigene Spende zu verdoppeln, zu verdreifachen usw.

So richtete beispielsweise die Firma Henkel 1991 einen solchen Matching Fund zur Gründung des Henkel-Förderwerks Genthin ein, als sie ihr altes Werk dort übernahm. Jede Mark, die von einem Düsseldorfer Belegschaftsmitglied für soziale Zwecke in Genthin gespendet wurde, wurde von dem Unternehmen mit einer Spende verdreifacht. Oder: Die amerikanische Kellog-Foundation stellte für die Gründung von Kinder- und Jugendstiftungen in jedem der früheren Ostblockstaaten (inkl. der neuen Bundesländer) ein Grundkapital zur Verfügung. Voraussetzung dafür, dass es abgerufen werden konnte, war aber, dass im jeweiligen Land selbst noch einmal Spenden in gleicher Höhe für die Grundkapitalausstattung gesammelt wurden.

Eine weitere, immer mehr zunehmende Variante ist die Verbindung von freiwilligem Engagement und Geldspenden. So unterstützt z. B. der Mineralölkonzern BP Mitarbeitende, die sich freiwillig in ihrer Freizeit bei gemeinnützigen Körperschaften engagieren, über einen „Matching Fund", einem 2004 von der BP gegründeten und in Deutschland bisher einzigartigen Programm. Dabei unterstützt BP die Mitarbeitenden und insbesondere die sozialen Institutionen, indem Spenden von BP-Mitarbeitern verdoppelt werden, Zeiteinsatz in Geld umgerechnet und dann der sozialen Einrichtung zugeführt wird oder aber indem BP-Mitarbeitende Spenden werben und dieser Betrag dann erneut durch BP verdoppelt wird.[1]

Oft übertrifft der Erfolg solcher Spendenwerbung die Erwartungen anderer Spendeninstrumente, wenn es gelingt, den Ehrgeiz der Spender anzuregen. Es spornt an, wenn durch die eigene Spende noch weitere Förderbeträge mobilisiert werden können. Auch ist es viel leichter zu spenden, wenn man weiß, dass auch andere etwas tun. Denjenigen, die das Geld für den Matching Fund zur Verfügung stellen, wird zugleich sichtbar, dass sie nicht bloß Geld auf irgendein Konto überweisen, sondern dass die Idee von vielen engagierten Menschen mitgetragen wird.

Im Bereich der Bürgerstiftungen sind Matching Funds als Instrumente zur Erhöhung oder Erstausstattung mit Stiftungskapital häufiger anzutreffen. Dabei werden mit der öffentlichen Hand, Unternehmen oder privaten Mäzenen Verträge vereinbart, die eine Vervielfachung des gesammelten Zustiftungsbetrages vorsehen. So brachte z. B. die Stuttgarter Bürgerstiftung von privater Seite bis Februar 2002 Zustiftungen und Spenden von knapp 485.000 Euro auf. Da die Stiftung von Anfang an als Matching Fund angelegt worden war, bewilligte der Gemeinderat der Landeshauptstadt Stuttgart im Jahre 2001 zur ersten halben Million DM des Stiftungskapitals weitere 500.000 DM und stiftete 2002 weitere 256.000 Euro, da private Stifter den gleichen Betrag aufgebracht hatten.[2]

### Anmerkungen

1   Vgl. Bundesnetzwerk Bürgerschaftliches Engagement, Berlin, Pressemitteilung vom 13.09.2005: „Gesellschaftliches Engagement der deutschen BP – Ein SeitenWechsel wird zum Tapetenwechsel".

2   Vgl. www.buergerstiftungen.de, Selbstdarstellung Bürgerstiftung Stuttgart, Europahaus, Nadlerstraße 4, 70173 Stuttgart.

### Weiterführende Literatur

Walkenhorst, Peter: Building Philanthropic and Social Capital: The Work of Community Foundations, Gütersloh 2001.

# 4.1.8 Mitgliedsbeiträge

## *Klaus Heil*

Das deutsche Vereinsrecht (siehe 7.1.1) kennt eine Mitgliedschaft in Vereinen bzw. Verbänden[1] als persönliches oder juristisches (institutionelles) Mitglied, d. h., in Vereinen kann man grundsätzlich als Person oder als Verein oder Firma mit beliebiger Gesellschaftsform Mitglied werden.[2] Ein Verein kann die Frage der Mitgliedsbeiträge autonom regeln, das Vereinsrecht gibt hier Raum zur Gestaltung.

Nur ein Verein, der ins Vereinsregister eingetragen ist (e. V.), ist eine Rechtsperson und kann den Status der Gemeinnützigkeit beantragen und erlangen – sofern seine Satzung und tatsächliche Ausrichtung entsprechende Ziele verfolgt und verwirklicht (siehe 7.1.1 und 7.2.1). Ein als gemeinnützig anerkannter Verein kann Zuwendungsbestätigungen (ZWB) ausstellen. Erhebt ein als gemeinnützig anerkannter e. V. Mitgliedsbeiträge, hat er gemäß den gültigen Einkommensteuerrichtlinien eine interessante Gestaltungsmöglichkeit: Erhält das Mitglied für seinen Beitrag keine Gegenleistung des Vereins (z. B. Sportangebote, Musikunterricht usw.), gilt sein Beitrag als so genannter *Förderbeitrag* und kann von den Mitgliedern wie eine Spende behandelt werden; der Verein kann dafür eine ZWB ausstellen (siehe 4.1.5 und 7.2.2).

Im hoch differenzierten Feld der Vereine und Verbände gibt es so genannte Fördervereine, die ausschließlich zahlende, von Gegenleistung freie Mitgliedschaften führen und deren Mitglieder im Grunde Dauerspender mit einem festen Spendenbetrag und einer berechenbaren zeitlichen Mindestbindung sind.

Andere Vereine sehen verschiedene Mitgliedschaften nebeneinander vor: *fördernde* und *nicht fördernde* Mitglieder. Synonym werden auch die Begriffe passive und aktive Mitgliedschaft gebraucht. Oft sind die Mitgliedsbeiträge für beide Gruppen unterschiedlich hoch. Aktive oder nicht fördernde Mitglieder erhalten Gegenleistungen des Vereins. Die Formen der Mitgliedschaft sind oft kombiniert mit verschiedenen Regelungen bezüglich der Stimmberechtigung. In der Regel sind in diesen Vereinen die Fördermitglieder oder passiven Mitglieder *nicht* stimmberechtigt. Ein traditionelles Beispiel dafür ist das Deutsche Rote Kreuz, das seit vielen Jahren Marktführer im Bereich der Fördermitgliedschaften ist. Das DRK hatte 2004 nach eigenen Angaben 4.522.810 fördernde Mitglieder.[3] Greenpeace Deutschland führt als erklärte Kampagnenorganisation rund 540.000 Fördermitglieder, die gleichfalls nicht stimmberechtigt sind.[4]

Insgesamt sinkt tendenziell die Bereitschaft zu langfristigen formalen Bindungen, wie etwa durch eine Mitgliedschaft. Fördermitgliedschaften und andere (einer Dauerspende ähnliche) Beziehungen zu Nonprofit-Organisationen (NPOs) bedürfen deshalb besonderer Bemühungen im Rahmen von Bindungsmaßnahmen (siehe 3.3.4). Strategisch sind sie als potenziell stabiles Element des Finanzierungsmix von NPOs sehr wichtig.

### Engagementförderung oder Fundraising? Ein kritischer Blick auf Beitragsformen

Mitgliedsbeiträge sind ein finanzieller Ausdruck der Unterstützung einer beitragserhebenden Organisation durch die Mitglieder. Im klassischen deutschen Verein gestalten Mitglieder gleichzeitig durch ihre vereinsnahen Tätigkeiten den Verein und bestimmen in aller Regel in den Gremien des Vereins mit. Insofern ist der Verein eine traditionelle, auch viel gerühmte Form bürgerschaftlichen Engagements. Bürgerschaftliches Engagement ernst zu nehmen bedeutet auch unbedingt, funktionierende Foren für Mitbestimmung und Mitgestaltung zu errichten und zu pflegen, und Freiwillige nicht zu instrumentalisieren. Daher erscheint ein kritischer Blick auf Fördermitgliedschaften angebracht: Mitgliedsbeiträge als eine besondere Form des Fundraisings zu praktizieren stößt dort an die Grenzen der Glaubwürdigkeit, wo Mitgliedschaft von Möglichkeiten der Mitbestimmung entkoppelt ist. Das Geschäftsgebaren und die Tätigkeit des Vereins müssen zu den jeweiligen Beteiligungsformen passen, beides muss für die Mitglieder transparent sein.

Dies müssen viele Organisationen prüfen, unabhängig von ihrer Größe oder der Dauer ihres Bestehens. Die großen kirchlichen Wohlfahrtsverbände, Diakonie und Caritas, sind beispielsweise eher traditionelle Honoratiorenvereine als echte Mitgliederverbände, Mitglieder und ihre Beiträge spielen hier nur eine marginale Rolle. Greenpeace dagegen hat aus seiner Sicht einen modernen Aktionsverein gegründet und kommuniziert bewusst die Trennung zwischen Förderern und einer schlanken Struktur aktiver Mitglieder, die die Kampagnen verantworten.

## Anmerkungen

1 Im deutschen Vereinsrecht wird nicht zwischen Vereinen und Verbänden unterschieden, so bleibt es individuellen Regelungen in der Satzung überlassen, die jeweiligen Ebenen zuzuordnen.

2 Die genannten Möglichkeiten können kombiniert oder auch ausgeschlossen werden, Genaues regelt immer die jeweilige Satzung.

3 www.drk.de/Zahlen und Fakten.

4 Greenpeace e. V., Jahresrückblick 2003, Hamburg 2004, S. 6.

# 4.1.9 Patenschaften

*Wolfgang Eisert*

## 4.1.9.1 Patenschaften ermöglichen persönliche und enge Beziehungen

Seit über sechzig Jahren bieten verschiedene Hilfsorganisationen mit Patenschaften Unterstützung für Waisenkinder und Kinder in schwierigen Lebensverhältnissen an. Das Prinzip der Patenschaften wird mittlerweile in vielfältigen Formen praktiziert und auf andere Zielgruppen übertragen: Es existieren beispielsweise Patenschaften für Bäume, Zoo- und Wildtiere, Sterne oder Bibliotheken. In diesem Beitrag wird das Thema Patenschaften exemplarisch für Kinder in Entwicklungsländern betrachtet.

Im Fundraising-Mix einer Nonprofit-Organisation (NPO) stellen Patenschaften eine Form der langfristigen Spenderbindung an die NPO dar, die die Möglichkeit zu einer persönlichen Bindung bietet. Die persönliche Bindung wird bei Patenschaften zu einem bestimmten Patenkind aufgebaut. Dazu werden Patinnen und Paten von der Hilfsorganisation regelmäßig über die Fortschritte und das Wohlergehen des Kindes informiert. Besteht die Möglichkeit zum Briefkontakt oder Besuch vor Ort, steigert das die Bindung und Identifikation mit den Zielen der NPO noch mehr. Die Möglichkeit der unmittelbaren Teilhabe an der Entwicklung und eines wechselseitigen Kontaktes unterscheidet eine Kinderpatenschaft von jeder anderen Form der Patenschaft. Und häufig ist dies für viele potenzielle Spender die stärkste Motivation, sich für diese Form der Unterstützung zu entscheiden, statt sich lediglich mit einer Spende für eine bestimmte Thematik oder akute Notsituation zu engagieren.

Die Spenderin oder der Spender signalisiert mit der Übernahme einer Patenschaft in der Regel auch die Bereitschaft zur mittel- und langfristigen Unterstützung eines Anliegens und identifiziert sich im Laufe der Patenschaft zunehmend mit den weitergehenden

Projektmaßnahmen, die zur Gestaltung des Umfeldes der Patenkinder, zur Sicherung ihrer Grundbedürfnisse, Ausbildungschancen und Kultur von den Hilfsorganisationen vorgenommen werden.

Patenschaftsinteressierte sollten deshalb von Anfang an darauf hingewiesen werden, dass die persönliche Anteilnahme nur ein Aspekt der Patenschaft ist. Ein anderer konstitutiver Aspekt der Patenschaften ist es, langfristige und nachhaltige Entwicklungshilfe für eine ganze Region zu leisten. Ohne diese Verzahnung von persönlicher Hilfe für das Patenkind und darüber hinausgehender Unterstützung des Umfelds der Kinder wäre eine Patenschaft ausschließlich auf der persönlichen Beziehung zwischen dem Patenkind und dem Paten aufgebaut und damit leicht zu erschüttern und würde beispielsweise beendet werden, wenn das Kind volljährig wird. Das wäre für die Entwicklungsprogramme der Hilfsorganisationen nicht hilfreich.

## 4.1.9.2 Verschiedene Modelle von Kinderpatenschaften

Nach wie vor gibt es jedoch Hilfsorganisationen, die Patenschaften für Waisenkinder vermitteln. Hier dient die Patenschaft dazu, den Kindern einen Familienersatz zu bieten und darüber hinaus die grundlegenden Bedürfnisse wie Nahrung, Kleidung, medizinische Betreuung und Schulausbildung abzudecken.

Ein weiteres gängiges Patenschaftsmodell besteht darin, Kindern und deren Familien im Rahmen von Dorfentwicklungsprojekten zu helfen. Bei diesem Ansatz reicht die Hilfe bereits über den persönlichen Bereich des Patenkindes hinaus und bezieht sowohl die Familie als auch deren Umfeld ein.

Andere Patenschaftsmodelle gehen noch einen Schritt weiter. So umfasst beispielsweise das Patenschaftsmodell von World Vision breit angelegte Entwicklungsprojekte, die neben den Patenkindern und ihren Familien die dazugehörigen Dorfgemeinschaften und eine geografisch definierte Region mit einer feststehenden Anzahl von Dörfern gezielt und nachhaltig fördern, um sie langfristig unabhängig von fremder Hilfe werden zu lassen.

Basierend auf mehr als fünfzig Jahren Erfahrung im Bereich der Entwicklungszusammenarbeit, entstand bei World Vision das Konzept des Regional-Entwicklungsprojektes. Ihm liegt die Erkenntnis zugrunde, dass Entwicklungsfortschritte wie der Aufbau einer Basisgesundheitsversorgung oder einer Grundschulbildung nicht dauerhaft mit den begrenzten Ressourcen einzelner Dorfgemeinschaften gesichert werden können. Um dies zu realisieren, wird die lokale Bevölkerung in die Projektplanung, die Zielsetzung einzelner Schritte sowie deren Abfolge eingebunden. Zu den Prinzipien von World Vision gehört es, in den jeweiligen Ländern, wo immer es möglich ist, lokale Fachkräfte einzusetzen: 2005 waren mehr als 97 Prozent aller World-Vision-Mitarbeiter Einheimische. Dieser Umstand stellt sicher, dass ungeachtet sprachlicher, kultureller und ethnischer Unterschiede die einheimische Bevölkerung von Anfang an in die Projektarbeit einbezogen wird.

In der ersten Phase eines Regional-Entwicklungsprojektes sollen die Bedürfnisse der Bevölkerung identifiziert und Prioritäten gesetzt werden. Zudem muss herausgefunden werden, welche Personen und Gruppen bereit sind, sich in die Projektarbeit einzubringen und wie es um die lokalen Ressourcen bestellt ist. Die Fachkräfte vor Ort unterstützen die Bevölkerung dabei, eigene Wünsche und Möglichkeiten der Mitarbeit zu formulieren und am eingeleiteten Prozess Anteil zu nehmen. Dazu gehört auch die Wahl eines Projektkomitees, das die Menschen aus dem gesamten Projektgebiet repräsentiert und über alle wichtigen Entscheidungen im Verlauf des Projektes mitbestimmt. Dieses Komitee trifft anhand definierter Kriterien auch die Entscheidung darüber, welche Kinder als Patenkinder ausgewählt werden. Neben der Berücksichtigung von Altersvorgaben und Bedürftigkeit der Kinder spielt bei der Auswahl auch ein ausgewogenes Verhältnis zwischen den ethnischen, religiösen oder politischen Gruppen sowie zwischen den Geschlechtern eine wichtige Rolle. Die Gruppe der Patenkinder soll einen repräsentativen Querschnitt der armen Bevölkerung im Projektgebiet darstellen.

Im Rahmen dieses Entscheidungsprozesses informiert das Projektkomitee die Eltern der ausgewählten Kinder über das Patenschaftskonzept. Dabei wird ebenfalls deutlich gemacht, dass die Patenschaft nicht als Einzelfallhilfe für diese Kinder zu verstehen ist, sondern im Zuge des Regional-Entwicklungsprojektes z. B. durch den Bau von Schulen alle Kinder im Projektgebiet gefördert werden.

Obwohl die Einbindung der Bevölkerung in den Entscheidungsprozess hinsichtlich der Projektaktivitäten sowie der Auswahl der Patenkinder zeitintensiv ist und ein hohes Maß an Interaktion erfordert, hat sich gerade diese Vorgehensweise als sehr erfolgreich erwiesen. Mit Fortschreiten des Projektes können sich die Beteiligten mit den Maßnahmen identifizieren. Gleichzeitig gelingt es, auf die unterschiedlichen individuellen Erwartungen hinsichtlich der Patenschaften und der Projektziele durch die betroffen Familien einzugehen. Es gilt heute als erwiesen, dass nachhaltige Entwicklung nur dann erfolgreich sein kann, wenn sie integrativ und gemeindenah *(community based)* durchgeführt wird. Langfristig wäre keine sinnvolle und vertrauensvolle Projektarbeit möglich, bestünde seitens der Familien der Patenkinder die Erwartung, direkte Zuwendungen in Form von Bargeld oder regelmäßiger Geschenke zu erhalten.

Die aktive Partizipation der lokalen Bevölkerung ist zentraler Bestandteil aller World-Vision-Projekte. Um sicherzustellen, dass alle Beteiligten Ansatz und Zielrichtung der Maßnahmen verstehen und unterstützen, kann die erste Phase eines Regional-Entwicklungsprojekts, in der es um die Erhebung der Bedürfnisse und das daraus resultierende Projektdesign geht, bis zu zwei Jahre dauern.

## 4.1.9.3 Erwartungen von Patenkindern und Paten

So unterschiedlich die Erwartungen der nutznießenden Bevölkerung an ein Projekt sind, so unterschiedlich können auch jene eines Paten an seine Patenschaft sein. Daher ist es wichtig, beide Seiten von Beginn an über die wesentlichen Elemente einer Patenschaft zu informieren. Dazu gehört beispielsweise auch, die Patenschaft dezidiert als

Hilfe auf Zeit und nicht als eine Art von Adoption darzustellen. In den meisten Fällen leben die Patenkinder bei einem Elternteil oder beiden Eltern, die nach wie vor erziehungsberechtigt sind und bleiben.

## 4.1.9.4 Konzeptionelle und organisatorische Aspekte

Kinderpatenschaften bieten großartige Möglichkeiten, Menschen aus unterschiedlichen Kulturkreisen und Lebensbedingungen miteinander zu verbinden. Sie sind Brücken zwischen Menschen, die helfen wollen, und denen, die dringend Hilfe benötigen. Um beiden Gruppen gerecht zu werden, bedarf es viel Know-how, guter Organisation und einer funktionierenden Struktur. Werbebotschaft und Projektarbeit müssen hier in besonderem Einklang stehen. Selbstverständlich besteht dabei auch immer die Möglichkeit von Missverständnissen und Fehlinterpretationen. Schon allein deshalb muss das regelmäßige Kommunikationsspektrum einer Patenschaftsorganisation breiter sein als bei einem Hilfswerk ohne den persönlichen Bezug zum Hilfsempfänger. Schließlich wollen die Patinnen und Paten ja sowohl über das Wohlergehen des Patenkindes als auch über die Fortschritte im Projekt und darüber hinaus auch noch über Hintergründe zu Land und Leuten informiert werden. Die Briefe der Paten müssen in der Regel in die Stammes- oder die jeweilige Landessprache übersetzt werden, woraus ein durchaus nennenswerter Mehraufwand entsteht. Doch gerade der persönliche Bezug zu Patenkind und Projektgebiet führt zu langjährigen und regelmäßigen Beiträgen, die den Mehraufwand gemessen am Ertrag von Einzelspenden mehr als wettmachen: Insgesamt ist dieses Prozedere nicht aufwendiger als die Spenderbetreuung bei Nichtpatenschafts-Organisationen, die zwar weniger Informationen aufbereiten müssen, dafür jedoch in einer höheren Frequenz auf potenzielle oder eingeführte Spender zugehen müssen, um die nächste Spende zu generieren.

Dennoch ist unbestreitbar, dass für die Durchführung von Projekten, die mit Patenschaftsbeiträgen finanziert werden, eine deutlich komplexere Struktur etabliert werden muss, um das Versprechen der individuellen Kontaktaufnahme einzulösen. Dies betrifft sowohl die vielerorts fehlende Post-Infrastruktur, die von der Patenschafts-Organisation aufgebaut werden muss, als auch den Übersetzungsaufwand. Das regelmäßige Aufsuchen der Patenkinder, um das persönliche Wohlergehen der Kinder zu prüfen und aktuelle Fotos zu erstellen, ist in Projekten ohne Patenschaftsbezug ebenfalls nicht erforderlich. Dieser Aufwand wird jedoch durch zufriedene Paten belohnt, die regelmäßig und langfristig ihre Patenschaftsbeiträge entrichten und dabei wie intendiert den Blick über das eigene Patenkind hinaus richten. Viele Maßnahmen in den Projekten werden erst durch dieses langfristige und integrative Konzept möglich. Nur durch zufriedene Patinnen und Paten sind die durchschnittlichen Projektlaufzeiten von 15 Jahren, wie beispielsweise bei World Vision, realisierbar.

Kinderpatenschaftsprojekte müssen im Gesamtkontext einer NPO geplant und durchgeführt werden. Ähnliches gilt bei der Beurteilung des Fundraisings, der Öffentlichkeitsarbeit sowie der Effizienz von Patenschaftsorganisationen. Auf Dauer ließe sich keine Patin oder Pate in die Irre führen, und auch die Bevölkerung in den Projektgebie-

ten der Patenschaftsprogramme möchte greifbare Fortschritte bei der Bekämpfung des
eigenen Elends sehen und spüren. Eine Patenschaft ist sowohl aus Sicht der Paten als
auch der Menschen, denen in den Projekten geholfen wird, eine großartige Möglichkeit,
zu helfen und Hilfe zu erfahren.

# 4.1.10 Prominente im Fundraising

*Ursula Kapp-Barutzki / Nadja Malak*

## 4.1.10.1 Die Bedeutung von Prominenten im Fundraising

Warum sind Prominente denn so wichtig für Nonprofit-Organisationen (NPOs) und
ihr Fundraising? Die deutschen NPOs haben gelernt, dass sie mehr öffentliche Aufmerksamkeit für ihre Anliegen benötigen. Hilfsorganisationen haben dabei in der Regel
nur ein kleines Budget für ihre Öffentlichkeitsarbeit und Spendenwerbung zur Verfügung. Um dies möglichst gezielt einzusetzen, braucht eine Hilfsorganisation auch ein
gewisses Maß an Bekanntheit, damit die Spender ihnen spenden. Hier kann beispielsweise ein prominenter Fürsprecher sehr segensreich wirken, vorausgesetzt es wurde
die richtige Persönlichkeit ausgewählt.

Prominente öffnen Türen zu Branchen, die nicht zum alltäglichen Kontakt einer NPO
zählen. Mit ihrer Hilfe kann die Organisation leichteren Zugang zu Medien erhalten
und auch Zielgruppen erreichen, die sonst nicht auf die NPO aufmerksam würden.
Prominente Persönlichkeiten tragen dazu bei, spannende Events zu gestalten, Werbe-
partner zu finden, Unternehmenskooperationen zu starten und eine breite Aufmerksamkeit auf ein schwieriges Thema zu lenken. Schließlich kann das Engagement der
Prominenten auch nach innen motivierend wirken, wenn die Mitarbeitenden spüren,
welche Unterstützung die eigene Organisation von Externen erfährt. Kurz, der Einsatz
von Prominenten bietet ungeahnte Chancen. Aber bei aller Begeisterung sind die Risiken gut abzuschätzen. Nur wenn alle Beteiligten offen ihre Erwartungen kundtun und
eine Win-win-Situation angestrebt wird, ist die Investition, vor allem personeller Art,
sinnvoll. Sind die jeweiligen Vorstellungen und Wünsche für das gemeinsame Wirken
erst einmal abgeklärt, dann kann die Zusammenarbeit mit Prominenten auch richtig
Spaß machen!

Prominente Persönlichkeiten, die zur Unterstützung des Fundraisings engagiert werden können, gibt es in fast allen Bereichen: Sport, Musik, Schauspiel, Fernsehen, Politik,
Wissenschaft und Kultur – national und international. Wer jeweils prominent genug ist,
um das Fundraising effektiv zu unterstützen, hängt von der Situation und den Zielen
der NPO ab. Ist die Aktivität der NPO beispielsweise regional beschränkt, reicht „Pro-

minenz", also ein hohes Maß öffentlicher Bekanntheit, in der entsprechenden Region aus. Sind NPOs hingegen überregional, bundesweit oder gar international tätig, sollte der Bekanntheitsgrad der unterstützenden Person entsprechend groß sein.

Viele Stars haben den Wunsch zu helfen – und setzen neben dem persönlichen Engagement auch ihre Popularität in der breiten Öffentlichkeit als Verstärker der Anliegen von NPOs ein.

## 4.1.10.2 Welcher „Promi" passt zu uns?

Die Auswahl des passenden Prominenten für die eigene Organisation hängt natürlich von vielen Faktoren ab. Sicher möchte sich jede Organisation mit regional oder bundesweit, wenn nicht sogar international bekannten Prominenten schmücken. Auf der Hand liegen neben dem Bekanntheitsgrad Auswahlkriterien wie Sympathie, Image, Glaubwürdigkeit und Branchenaffinität. Wer mit dem Gedanken spielt, Prominente für das Fundraising einzusetzen, sollte vorher unbedingt folgende Fragen beantworten:

(1) Wer ist unsere Zielgruppe?

Auch wenn man selbst überzeugt ist, ganz Deutschland müsse die „Fantastischen Vier" kennen, wird einem schon bei einer kleinen Umfrage im familiären Umfeld schnell bewusst, dass die Generation 60+ nicht unbedingt zu den Hörern von deutschem Hip-Hop gehört. Oder wer unter den 20- bis 25-Jährigen hat schon einmal etwas von Katja Ebstein gehört? Mit einem prominenten Namen wirklich alle Zielgruppen abzudecken, ist utopisch, es gibt da nur wenige Ausnahmen, die etwa 90 Prozent der deutschen Öffentlichkeit bekannt sind, wie Steffi Graf oder Boris Becker. Eine zielgruppengerechte Herangehensweise ist daher sicher angebracht.

(2) Was wollen wir erreichen?

Mindestens genauso wichtig ist es, sich über das Ziel des VIP-Einsatzes bewusst zu werden. Die einen garantieren eine breite Medienberichterstattung, die anderen ziehen ein kleines, aber gut betuchtes Spenderpublikum an. Ist es uns wichtig, mit Hilfe der Prominenten einen TV-Spot zu produzieren, dann sollten wir auf eine Persönlichkeit setzen, die allein schon aufgrund ihres Mitwirkens für hohe Pro-bono-Sendungen garantiert. Gleiches gilt für die Ansprache von Unternehmen: Wenn wir mit Hilfe des Prominenten eine Unternehmenskooperation anstreben, dann ist zu recherchieren, welcher mit dem Unternehmen bereits kooperiert hat oder aufgrund seiner Branchenzugehörigkeit gut ins Blickfeld des Unternehmens passt.

(3) Was erwarten wir von dem Prominenten?

Vor der Ansprache von Prominenten sollten wir uns darüber im Klaren sein, was wir eigentlich von ihm erwarten: Reichen uns ein Foto und ein Zitat für eine Benefiz-Anzeige, gibt es einen konkreten Termin für ein Benefiz-Event oder möchten wir ein weitergehendes Engagement, das Zeit und vielleicht sogar Geld kostet? Klarheit im Vorfeld und Offenheit bei der weiteren Kommunikation ersparen beiden Seiten Ärger und Enttäuschung. Immer mehr Prominente lassen sich vor allem aus Zeitgründen von ihrem Management beraten und vertreten. Das heißt, die Absprachen laufen häufig über mehrere Ecken, und nicht immer ist eindeutig, wer nun die Entscheidung fällt, das Management oder der Prominente selbst.

(4) Was erwartet der Prominente von uns?

Sicher steht bei den meisten Prominenten das Engagement für die gute Sache aus Überzeugung an erster Stelle. Dabei ist es trotzdem vollkommen legitim, dass er oder sie sich eine positive Auswirkung des Engagements erwartet, z. B. eine Profilierung des eigenen Images, eine breite Medienberichterstattung oder die Vermittlung von interessanten Kontakten. Allerdings wird wohl kaum einer diese Punkte gegenüber der Organisation eingestehen. Um aber trotzdem diesen Erwartungen gerecht zu werden, sollte die Organisation sich im Vorfeld Gedanken darüber machen und z. B. nicht nur eine Medienberichterstattung zusichern, sondern diese im Rahmen des Möglichen auch gewährleisten, wenn die Zusammenarbeit mit dem Prominenten von Dauer sein soll.

(5) Ist die Gesamt-Organisation strukturell bereit?

Der Einsatz eines Prominenten sollte in der ganzen Organisation gewollt und bekannt sein. Ob die freundliche Begrüßung an der Telefonzentrale, die begeisterte Bedankung durch den Vorstand, die Geburtstagskarte der Geschäftsführerin oder die bereitwillige Betreuung durch die Mitarbeiter: Der Prominente spürt, wenn in der Organisation alles Hand in Hand läuft, er fühlt sich gut aufgehoben und in seiner Entscheidung für die Organisation bestätigt.

Für welche Art des Prominenteneinsatzes sich die Organisation auch immer entscheidet, sie muss bereit sein, die entsprechenden personellen Ressourcen zur Verfügung zu stellen. Denn eine ganz persönliche Betreuung der Prominenten ist zu gewährleisten, um eine langfristige Zusammenarbeit zu sichern. Die Prominenten müssen inhaltlich immer auf dem Laufenden sein und motiviert werden, und schließlich gilt auch hier: Kleine Aufmerksamkeiten erhalten die Freundschaft. Die Beziehung zu Prominenten ist sehr wertvoll. Es kann lange dauern, sie aufzubauen, und hängt nicht selten von persönlichen Vorlieben und Sympathien ab. Stellt ein Mitarbeiter fest, dass die Chemie nicht stimmt, und wird dadurch die Kooperation blockiert, sollte er sich nicht scheuen, die Betreuung einem Kollegen zu übertragen.

## 4.1.10.3 Risiken beim Fundraising mit Prominenten

Der Einsatz von Prominenten im Fundraising birgt neben all den Chancen auch klare Risiken. Manche Prominente polarisieren und ziehen die eine Zielgruppe an, während sie bei der anderen auf Abwehr oder Unverständnis stoßen. Wenn der Organisation dies bewusst ist, kann sie den polarisierenden Effekt des VIPs ganz bewusst und gezielt einsetzen.

Für viele Prominente ist es wichtig, sich nicht nur für eine Organisation oder einen Zweck einzusetzen, sondern mehrere Themen zu unterstützen. Allerdings gibt es einige, die auf zu vielen Hochzeiten tanzen und dadurch an Glaubwürdigkeit verlieren. Ihr Konterfei ist bei zig Organisationen zu finden, ihre Unterstützung erscheint dadurch beliebig und verliert an Wert.

Problematisch kann der Einsatz von Prominenten auch sein, wenn sich eine Aktion auf den Prominenten konzentriert oder eine Kampagne um den Prominenten herum gestrickt wird und sich schmerzhaft herausstellt, dass die Person wenig zuverlässig ist. Daher sollte vorher die Frage gestellt werden: „Was ist, wenn Hollywood anruft?" Denn gerade ehrenamtliches Engagement der Prominenten ist selten mit Verträgen verbunden. Eine leicht gegebene Zusage kann schnell zu einer unvorhergesehenen Absage werden, und schon kann das Event des Jahres ins Wasser fallen, wenn dem sonst so engagierten Hauptakt plötzlich auffällt, dass er bei einer zeitgleichen kommerziellen Veranstaltung Zehntausende von Euro verdienen könnte oder die Liebe des Lebens lockt.

Wenn sich die Organisation für eine prominente Persönlichkeit entscheidet, die gerade besonders populär ist, läuft sie gleichzeitig Gefahr, dass diese schon kurze Zeit später vollkommen unbekannt ist und nur noch unter „B-Promi" läuft. So genannte One-Hit-Wonder sind eigentlich nur bedingt im Fundraising einzusetzen, am ehesten noch im Eventbereich.

Das größte Risiko ist allerdings, dass Prominente, die ständig im Rampenlicht stehen, gern auch mal in Skandale verwickelt sind. Der heutige Liebling der Nation kann sich morgen schon in Schlammschlachten wiederfinden. Die Auswirkungen eines Negativ-Images beispielsweise eines prominenten Schirmherrn, der in einen Korruptionsskandal verwickelt ist, können verheerend sein. Denn dann wird nicht mehr unterschieden zwischen der Person und der Organisation, und im schlimmsten Fall bleibt über Jahre hinweg ein negativer Beigeschmack an der Organisation haften.

## 4.1.10.4 Einsatzmöglichkeiten und Chancen beim Fundraising mit Prominenten

Für viele Prominente gehört es inzwischen nicht nur zum guten Ton, sondern ist Teil ihres Jobs, mindestens einen guten Zweck fest zu unterstützen und sich aber auch sonst bei Wohltätigkeitsaktionen einspannen zu lassen. Die Einsatzmöglichkeiten sind dabei sehr vielseitig. Der wichtigste Faktor, ob eine Unterstützung zugesagt wird, ist sicher der Faktor Zeit. Relativ einfach ist es daher, prominente Unterstützung für einzelne PR- oder Fundraising-Aktionen zu gewinnen, angefangen mit Testimonials für Direct-Mail-Aktionen und andere Werbung bis hin zu Benefiz-Events. Manchmal identifizieren sich Prominente aber auch wesentlich stärker mit einer Organisation und lassen sich in ein Vereinsgremium aufnehmen, z. B. als Vorstands- oder Kuratoriumsmitglieder, und agieren als Schirmherr oder als Botschafterin der Gesamtorganisation.

(1) Unterstützungsmöglichkeiten für Prominente mit wenig Zeit

Testimonials

Fürsprecher setzen sich mit ihrem guten Namen ein – sie dienen als Mittler gegenüber Medien und Unternehmen. In der Sprache der Werber heißt dies „Testimonial-Werbung". Sie ist als Kommunikationsinstrument für alle klassischen Kommunikationsmaßnahmen einsetzbar. Ähnlich wie im kommerziellen Bereich spielen die Popularität und das Image des Fürsprechers auch im Fundraising eine wesentliche Rolle. Verschiedene Studien zeigen, wie effektiv z. B. der Einsatz von Testimonials im Sport für die Produkte ist: „Werbung mit Promis fällt mehr auf", sagten 61,5 Prozent. Dass sie sich auch sehr positiv auf die Wahrnehmung der Marke auswirkt, bestätigen 46,1 Prozent. Allerdings hinsichtlich des höheren Vertrauens in eine Marke ist die Wirkung von Prominenten begrenzt, da nur knapp 20 Prozent der Befragten dies bestätigten.

Testimonials werden ähnlich wie bei kommerziellen Unternehmen sehr gerne im Bereich der klassischen Werbung eingesetzt, d. h. vorzugsweise bei Freianzeigen. Denn erfahrungsgemäß steigt die Bereitschaft zum Abdruck von Freianzeigen, wenn diese prominente Unterstützung dokumentieren. Allerdings gilt trotz der Vorliebe für den Star auch hier: Kleinere Formate werden eher abgedruckt als zu große.

Direct-Mailings

Es ist üblich, Prominente als Unterzeichner oder Absender bei Mailings einzusetzen, um damit die Aufmerksamkeit und Responserate zu erhöhen. Dies gilt insbesondere beim Einsatz von Fremdlisten. Der Einsatz eines Prominenten im Mailing ist besonders dann wertvoll, wenn dieser die Projektarbeit auch im Brief an die Spender glaubwürdig vertreten kann, weil er sich z. B. vor Ort selbst ein Bild gemacht hat, gerade von einer Projektreise zurückgekehrt ist, in den Medien aktuell als Unterstützer der Organisation aufgetreten ist oder sich entweder selbst oder im persönlichen Umfeld von der Arbeit der Organisation überzeugen konnte.

Um bösen Überraschungen vorzubeugen, sollte auf jeden Fall mit dem Prominenten und/oder seinem Management klar abgesprochen sein, dass es sich um einen Fundraising-Brief und nicht um ein politisches oder sonst wie geartetes Statement handelt. Es sollte die Bereitschaft vorhanden sein, vom eigenen Briefstil abzuweichen und beispielsweise mehr Emotionen zu wecken. Denn in erster Linie geht es auch beim Mailing mit prominenten Unterzeichnern darum, Spenden für die Arbeit der Organisation einzuwerben. Kompromisse sind hier fehl am Platz.

Events

Nicht wegzudenken sind Prominente bei Fundraising-Events: Ob Benefiz-Sportveranstaltung oder Fundraising-Dinner, ob Ausstellungseröffnung oder Jubiläumsfeier, ob Auktion oder Lesung oder Konzert, die Prominenten tragen zu einer bunten Programmgestaltung bei und sind diejenigen, die Publikum und Medien anlocken.

Für Prominente sind Events eine schöne Gelegenheit, Gesicht zu zeigen und sich mit etwas zu präsentieren, das ihnen liegt. Viele Prominente lassen sich gern für Benefiz-Events engagieren, geben ihre Künste kostenlos zum Besten und haben Spaß daran, auch einmal etwas für sie Branchenfremdes zu tun. Wer eine breite Medienberichterstattung seines Events wünscht, tut durchaus auch gut daran, prominente Gäste einfach im Publikum zu haben, die für Interviews in den Pausen und für schöne Bilder bereitstehen. Gerade bei größeren Events zählt das Prinzip: Sobald der erste Prominente zugesagt hat, fällt es leicht, weitere für ein Engagement zu gewinnen. Bei einigen Veranstaltungen gehört es schon zum guten Ton, dabei zu sein, wie z. B. bei der UNESCO-Gala oder bei der jährlichen Aids-Gala.

Dennoch ist bei der Programmgestaltung unter Kostengesichtspunkten zu beachten, dass die Prominenten zwar selbst ohne Gage auftreten, aber oft ihre Band, Crew oder Maskenbildner es sich nicht leisten können, einen Abend rein der guten Sache zu widmen. Unbedingt sollte auch beachtet werden, ob und welche Form der Sonderbehandlung Prominente erwarten, selbst wenn sie kostenlos auftreten.

(2) Unterstützungsmöglichkeiten für Prominente, die mehr Zeit investieren können

Vereinsgremien/Schirmherrschaft

In den verschiedenen Vereinsgremien können Prominente effektiv und einfach für die Organisation tätig werden. Prominenten Persönlichkeiten aus verschiedenen Bereichen, z. B. Politik, Kultur, Sport, geben der Organisation ein vertrauenswürdiges Gesicht, verleihen ihr Gewicht und vermitteln mit ihrer Unterstützung den Eindruck, dass es sich um eine wichtige, einflussreiche Organisation in der deutschen Gesellschaft oder Vereinslandschaft handelt. Viele Vereine haben Gremien, in die sie Prominente berufen, denen eine größere Aufgabe zukommt, als „nur" in der Öffentlichkeit über die Organisation zu berichten, sie werden auch für ihre Sachkompetenz geschätzt. Für die NPOs ist es wichtig, durch prominente Unterstützung zu zeigen, dass sie breite Unterstützung, z. B. über Parteigrenzen hinweg, genießen.

Einige Vereine entschließen sich, noch intensiver mit Prominenten zusammenzuarbeiten, und berufen sie als Vorstandsmitglieder, Vorstandsvorsitzende oder Schirmherren/-frauen. Diese Persönlichkeiten prägen das Bild der Organisation nach innen und außen und sind damit ihr Aushängeschild. Ein bekanntes Beispiel ist Uschi Glas als Vorsitzende der Deutschen Hospiz-Stiftung.

Botschafter

UNICEF hat das Konzept der prominenten Botschafter bekannt gemacht und inzwischen zahlreiche Nachahmer gefunden. Viele empfinden es sogar als eine Ehre, bei einer bekannten Organisation als Botschafter berufen zu werden. Immer beliebter wird das Konzept der Kampagnen-Botschafter, d. h., die Prominenten binden sich nicht für ewig und grundsätzlich an eine Organisation, sondern setzen sich zunächst nur befristet für ein bestimmtes Thema ein.

Das Botschafter-Prinzip ist relativ einfach. Es geht darum, dass sich internationale und nationale Prominente mit ihrem Namen für eine Organisation einsetzen. Einerseits schmückt sich die Organisation mit dem Namen und weckt damit Aufmerksamkeit in der Öffentlichkeit. Noch wichtiger ist andererseits, dass die Prominenten bei möglichst vielen öffentlichen Gelegenheiten über ihr Engagement als Botschafter sprechen. So stellen sie in TV- und Printinterviews die Projektarbeit vor und erreichen damit ein großes Publikum ohne finanziellen Einsatz der NPO.

Eine wichtige Voraussetzung ist, dass die Prominenten die Organisation auch gut kennen. Daher sollten sie die Arbeit auch persönlich kennen gelernt haben, um konkret und authentisch über die Projekte der Organisation berichten zu können. Die Organisation sollte sich hier nicht scheuen, die Prominenten auch auf etwas aufwendigere Reisen in Projekte vor Ort einzuladen. Die Kosten und Mühen sind es wert, denn die Glaubwürdigkeit in den Medienauftritten steigt enorm und die Prominenten lassen sich auf diese Weise auch langfristig für eine Zusammenarbeit binden.

### Weiterführende Literatur

Gerke, Claus Dieter: Sport und Werbung – Eine kritische Analyse, in: Kalt, Gero/Institut für Medienentwicklung und Kommunikation (Hrsg.): Öffentlichkeitsarbeit und Werbung. Instrumente, Strategien, Perspektiven, 4. erweiterte und aktualisierte Auflage, Frankfurt am Main 1993.

Haibach, Marita: Handbuch Fundraising, Frankfurt am Main 1998.

Norton, Michael: A Directory of Social Change Publication, London 1998.

# 4.1.11 Payroll Giving

*Mathias Kröselberg*

Die in Großbritannien und den USA weit verbreitete Spendenart des Payroll Giving (engl. *payroll* bedeutet Lohnliste) besteht darin, dass Arbeitnehmer einen geringen Teil ihrer Einkünfte für einen gemeinnützigen Zweck spenden (z. B. 45 Cent bei einem Monatsgehalt von 1.752,45 Euro). Diese „Gehaltsspende" wird automatisch von der Lohnbuchhaltung des Arbeitgebers einbehalten und einer Nonprofit-Organisation (NPO) als Spende überwiesen.

Typischerweise geben die Erwerbstätigen entweder eine Organisation ihrer Wahl an, suchen sich eine Organisation aus einer vorgegebenen Liste aus oder sie spenden alle gemeinsam für einen einzigen Zweck. Besonders attraktiv ist Payroll Giving, wenn es mit dem „Matching Fund" (siehe 4.1.7) kombiniert wird. Koppelt ein Unternehmen einen Matching Fund mit der Möglichkeit zum Payroll Giving, spüren die Arbeitnehmer die Ernsthaftigkeit des Anliegens und sind eher zum Mitmachen bereit.

Voraussetzung für die Durchführung eines Payroll-Giving-Projektes ist ein gut durchdachtes Konzept, das neben einer Reihe von attraktiven Projekten eine sorgfältige Auswahl von potenziellen Partnern auf der Unternehmensseite berücksichtigt. Folgende Aspekte sollten in einem solchen Konzept unbedingt enthalten sein:

– konkrete Verwendung der Spenden (z. B. Anschaffungen)
– Nachweis über Verwendung
– Vorschlag für öffentlichkeitswirksame Darstellung des Unternehmens

Die Mindestgröße eines Unternehmens für ein Payroll-Giving-Projekt sollte bei etwa zwanzig Angestellten sein. Daneben sind eine funktionierende Buchhaltung/Verwaltung und die Bereitschaft des Unternehmens bzw. seiner Mitarbeitenden, ein solches Projekt über einen längeren Zeitraum (mindestens zwölf Monate) durchzuführen, unerlässlich. Die Zustimmung jedes einzelnen Mitarbeiters zur Lohnspende ist zwingend notwendig, und es muss ein tatsächlicher Vermögensabfluss beim Spender erfolgen. Zuwendungsbestätigungen über „Geldspenden" können ausgestellt werden.

Die mit der Verwaltung verbundenen Kosten (Zahlungsverkehr, Buchhaltung usw.) sollten von Unternehmensseite übernommen werden.

Tabelle 1: Beispiel-Berechnung von Payroll-Giving- und Matching-Fund-
Spenden je nach Größe eines Unternehmens

| Anzahl Mitarbeiter | 200 | 5.000 |
|---|---|---|
| Durchschnittlicher Rundungsbetrag pro Mitarbeiter | 0,50 € | 0,50 € |
| Anzahl Monate | 12 | 12 |
| Durchschnittlicher Spendenbetrag pro Mitarbeiter und Jahr | 6,00 € | 6,00 € |
| Spendenbetrag insgesamt im Monat | 100,00 € | 2.500,00 € |
| Spendenbetrag insgesamt pro Jahr | 1.200,00 € | 30.000,00 € |
| Matching-Fund-Spende Unternehmen | 1.200,00 € | 30.000,00 € |
| Jährliche Spendeneinnahmen | 2.400,00 € | 60.000,00 € |

In Deutschland haben sich weitere Varianten des Payroll Giving entwickelt:

– Spenden der letzten Arbeitsstunde im Jahr: Hier wird darum geworben, einen Netto-Stundenlohn der letzten Arbeitsstunde im Dezember anlässlich einer Weihnachtsspendenaktion einem gemeinnützigen Zweck zuzuführen.
– Spenden von Zuschlägen zum Arbeitslohn, die Arbeitnehmer auf ihren Lohn erhalten (z. B. Schichtzulagen, Überstunden usw.): Hier wird unter dem Motto „eine

Stunde mehr für den guten Zweck" der Lohn für eine gemeinnützige Organisation gespendet.

Als Instrument zur Mittelbeschaffung eignet sich diese Form des Fundraisings, wenn es gemeinnützigen Organisationen gelingt, ein möglichst großes Unternehmen und die Mitarbeiterschaft für ein konkretes Spendenprojekt zu gewinnen. Hieraus lassen sich auch längerfristige Partnerschaften mit dem Unternehmen entwickeln.

# 4.1.12 Sachspendenmarketing (Charity Recycling)

## *Claudia Andrews / Christian Budde*

Nicht nur Bares ist Wahres. Bekanntlich gibt es vier Möglichkeiten des Spendens: Geld, Zeit (Ehrenamt), Wissen und die (geldwerte) Sachspende. 10,6 Prozent betrug der prozentuale Anteil von Sachspenden am Spendenkuchen laut der GfK-Studie von 2004. Sachspenden sind trotz dieses geringen Umfangs am Gesamtspendenaufkommen jedoch eine nicht zu unterschätzende Einnahmequelle für Nonprofit-Organisationen (NPOs), die für Spenderinnen und Spender wie für die NPO große Vorteile bieten: Viele Spender können Dinge für eine Sachspendensammlung oftmals ohne eigene Entbehrung abgeben. Helfen ohne Geld – das ist eine reizvolle Alternative; Sachspenden bzw. deren Abgabe ermöglichen einen besonders niederschwelligen Kontakt und Zugang zu einer NPO.

Dennoch führen Sachspenden scheinbar ein ungeliebtes Schattendasein.[1] Das mag daran liegen, dass manche Sachspenden schwer steuerbar erscheinen und mit einem hohen Aufwand an (Fach-)Personal, Logistik, technischer Ausstattung und Lagerkapazität einhergehen können. Doch nicht nur der Erfolg von so genannten Charity Shops wie beispielsweise Oxfam in Großbritannien, auch Erfahrungen im deutschen Charity-Recycling-Sektor zeigen, dass es sich lohnt, Strategien des Sachspendenmarketings als stetig fließende Einnahmequelle zu entwickeln und auszubauen.

Der Markt für Sachspendenmarketing verändert sich ständig mit der Entwicklung neuer Produkte sowie neuer Abfallvermeidungs- und -beseitigungsordungen von EU, Bund und Ländern sowie deren Umsetzung auf kommunaler Ebene und auch mit der Veränderung aufseiten der Abnehmermärkte. Zu beachten ist, dass Sammlungen für manche Altmaterialien in vielen Bundesländern erlaubnispflichtig sind und gegebenenfalls eine Vielzahl von umweltspezifischen Verordnungen und Gesetzen bestehen. Für einige Bereiche des Recycling-Marketings gibt es starke (kommerzielle) Konkurrenz, wie z. B. im Bereich der Altkleidersammlungen. Andere Bereiche sind weniger umkämpft, und es gibt immer wieder Nischen, die noch nicht besetzt sind.

Vorteile für NPOs – gerade solche mit Vereinsstrukturen – gegenüber kommerziellen Anbietern im Recycling-Marketing können ihre regionale Bekanntheit oder aber ihre flächendeckende Präsenz mit räumlichen Möglichkeiten (z. B. im Bereich der Kirchen), ihre vorhandene Kommunikationsstrukturen und ihr zumeist großes Potenzial an ehrenamtlich tätigen Mitgliedern sein.

Im Rahmen von Charity Recycling werden z. B. gesammelt: Altkleider, Briefmarken, Bücher, Büromaterial, Computer und Zubehör, Druckerpatronen, Fahrräder, Handys, Korken, Lebensmittel, Medikamente, medizinische Hilfsmittel, Möbel, Spielzeug, Sportartikel, Tonerkartuschen, Wachs.

Die Vermarktung von Sachspenden ist eine eigenwirtschaftliche Tätigkeit und somit steuerpflichtig (siehe 4.1.4).

Eine Sachspendenmarketing-Kampagne will so gut geplant sein wie jede andere Fundraising-Kampagne auch, z. B. mit dem Sieben-Phasen-Modell systematischer Kommunikation (siehe 3.2.2).

Wo in diesem Spendensegment Chancen und Grenzen liegen und wie eine entsprechende (Marketing-)Strategie entwickelt wird, soll hier anhand eines konkreten Beispiels, der Einsammlung, Reparatur und Wiedervermarktung gebrauchter Computer, exemplarisch beleuchtet werden.

Beispiel: MäC (Mehrweg für *ältere* Computer) – ein Projekt von Nutzmüll e. V.[2]

1999 wurde das Computer-Recycling unter dem Slogan *„Eine zweite Chance für Menschen und Mäuse"* in das Dienstleistungsportfolio des Vereins aufgenommen. Formulierte Ziele zum Start des Computerrecycling-Projektes waren:

a) einen modellhaften Beitrag zur Müllvermeidung und -verwertung und zum nachhaltigen Umgang mit Ressourcen zu leisten *(ökologische Dimension)*[3],

b) Qualifizierung, Anschlussperspektiven und (dauerhafte) Beschäftigung für langzeitarbeitslose bzw. schwerbehinderte Menschen zu schaffen *(soziale Dimension)*[4] und

c) zur Überwindung des so genannten „digitalen Grabens" zwischen denen, die an der Informationsgesellschaft teilhaben, und denen, die zumeist aus sozialen und bildungspolitischen Gründen draußen sind, durch die Weitergabe von günstiger gebrauchter Hardware beizutragen *(politische Dimension).*[5]

Zunächst galt es, durch Datenerhebung und -beschaffung Genaueres über eine potenzielle Kundenstruktur sowie über mögliche Geber- und Nehmermärkte zu eruieren: Eine Untersuchung des Instituts für Produktdauerforschung Hamburg (i.p.f.) ergab, dass jährlich etwa 650.000 PCs in Hamburger Unternehmen (Produktlebenszyklus: 3 Jahre) ausgemustert werden, von denen etwa 100.000 nicht den offiziellen, fachgerechten Entsorgungsweg nehmen. Auf der Nachfrageseite für preiswerte Computer wurden allein in Hamburg knapp 7.000 gemeinnützige Vereine, 812 Stiftungen, 462 Schulen, diverse Kinder- und Jugendeinrichtungen sowie mehr als 75.000 erwachsene Sozialhilfeempfänger gezählt.

Aus Steuerungs- und Effektivitätsgründen sollten als Zielgruppe auf Spenderseite insbesondere Hamburger Großunternehmen im Fokus der Geräteakquisition stehen. Hier galt es, in der Kommunikationsstrategie die Win-win-Situation für alle Beteiligten und den Nutzen für die Region herauszustellen: Firmen brauchen z. B. für ihren Altgerätebestand keine teuren Lagerkapazitäten mehr vorhalten, finden für ihr Entsorgungsproblem eine Lösung aus einer Hand, müssen sich nicht um Transport oder Datenlöschung kümmern und können ihre „gute Tat" auch noch für ihre Unternehmenskommunikation nutzen. Auf der Abnehmerseite galt es, insbesondere dem möglichen Vorurteil, bei ausgemusterten Altgeräten handele es sich quasi automatisch um Schrott, durch entsprechende Garantie- und Gewährleistungszeiten entgegenzuwirken.

Eine gute und gründliche Adressrecherche, die Nutzung gewachsener Kontakte und Netzwerke sowie eine möglichst direkte Ansprache (Direct Mail und telefonische Nachfassaktionen) bei der Geber- und Nehmerakquisition sind auch beim Sachspendenmarketing unerlässlich. Auf diesem Wege konnten große namhafte Unternehmen als langfristige Partner für EDV-Sachspender gewonnen werden. Durch direkte Ansprache z. B. von Vereinen, kirchlichen Einrichtungen und Schulen konnte auf ähnlichem Wege schnell der Abnehmermarkt angekurbelt werden.

Eine effektive und billige Kommunikationspolitik muss nicht viel kosten. Eine eingängige Namensgebung des Projektes, Testimonials von prominenten Persönlichkeiten, die Teilnahme an lokalen oder nationalen (Umwelt-)Wettbewerben, eine gute Presse- und Öffentlichkeitsarbeit (Zeitungs-, Radio- und Fernsehbeiträge), die Einbindung von lokalen und regionalen Multiplikatoren, das Eingehen strategischer Kooperationen sowie Networking sind schon die halbe Miete für den Erfolg. Den Rest besorgt dann, wenn die Leistung stimmt, eine gute Mund-zu-Mund-Propaganda.

Was nach sechs Jahren aus den ursprünglich formulierten Zielen geworden ist? Weit über 10.000 Computer, Monitore und Drucker wurden seit dem Projektstart 1999 in Hamburg von Nutzmüll eingesammelt, aufgearbeitet und einer nachhaltigen Weiternutzung zugeführt. Der Verkehrswert der bisher gespendeten Geräte lässt sich auf insgesamt etwa 400.000 Euro taxieren. Bei bis zu 20 Prozent der gespendeten Geräte handelte es sich um Geräte, die man nicht mehr im Rahmen des Projektes weiterverwenden kann. Die hierfür anfallenden Entsorgungsgebühren konnten durch wiederholte pressewirksame Sonderaktionen, wie z. B. den Verkauf von 1-Euro-Altgeräten an Bastler, gesenkt werden. Zudem konnte als ein lokaler Entsorgungspartner und Branchenpartner die Genossenschaft der Werkstätten (GdW) bzw. die Hamburger Elbe Werkstätten GmbH gefunden werden, die durch manuelle Zerlegung des Computerschrotts besonders ökologisch arbeitet und psychisch behinderten Menschen Arbeit gibt.

Etwa drei Prozent aller Hamburger gemeinnützigen Vereine konnten bisher als Kunden gewonnen werden und über 5.000 einkommensschwache Personen dank preiswerter „Neuwert-Geräte" in die Informationsgesellschaft einsteigen.

Durchschnittlich jeder dritte im Projekt befristet Beschäftigte konnte in ein dauerhaftes Arbeitsverhältnis im regulären Arbeitsmarkt vermittelt werden.

Um die Nachfrage auch von „Normalkunden" besser bedienen sowie die Service- und Dienstleistungsangebote erweitern zu können (z. B. Planung, Einrichtung, Administration und Wartung von Netzwerken), wurde im Juli 2001 eine gemeinnützige GmbH ausgegründet, die bis heute kostendeckend arbeitet. Für vier schwerbehinderte Projektteilnehmer konnte so ein fester Arbeitsplatz geschaffen werden.

## Anmerkungen

1  Es gibt so gut wie keine Literatur oder Handlungsorientierungen zu diesem Thema. Dies gilt auch für den angelsächsischen Sprachraum. Ein erstes umfassendes, systematisierendes Buch wurde im März 2007 veröffentlicht: Conta Gromberg, Ehrenfried: Die neuen Sachspenden. Wie eine unbemerkte Revolution das Fundraising verändert, Jesterburg 2007.

2  Nutzmüll e. V. ist ein 1984 in Hamburg gegründeter Umweltverein und zugleich ein so genannter sozialer Beschäftigungsträger. Seit 21 Jahren zeigt der Verein erfolgreich Alternativen zum „Ex-und-Hopp" auf.

3  Computer haben aufgrund ihrer immer kürzer werdenden Lebenszyklen einen immer größeren Anteil an der Ressourcenverschwendung. Zur Herstellung eines einzigen PCs werden 2.000 Kilowattstunden Strom, etwa 30.000 Liter Wasser und 15–19 Tonnen Rohstoffe verbraucht. Angesichts dieser Öko-Bilanz ist der Wiedereinsatz gebrauchter PCs ein besonders nachhaltiger Beitrag zur Ressourcenschonung bzw. zum Umweltschutz. 1999 sind in der Bundesrepublik nach Schätzungen des Bundes für Umwelt und Naturschutz Deutschland (BUND) fast zwei Millionen Tonnen Elektrogeräte mit einem Volumen von zehn Millionen Kubikmetern auf dem Müll gelandet.

4  Nutzmüll beschäftigt und qualifiziert – nach dem Motto *„Wir geben Menschen und Dingen wieder einen Wert"* – langzeitarbeitslose, oft schwerbehinderte Menschen, um für diese Klientel Brücken in den regulären Arbeitsmarkt zu bauen.

5  Eine Forsa-Umfrage (Zeitschrift „Die Woche", April 2000) ergab, dass 77 % der Bundesbürger Internet-Analphabeten sind, darunter überdurchschnittlich viele Arbeiter und Frauen.

# 4.1.13 Stand- und Straßenwerbung

## *Mathias Kröselberg*

Die persönliche Direktansprache ist im Fundraising die erfolgreichste Möglichkeit, neue Spenderinnen und Spender oder Förderinnen und Förderer für eine Organisation zu gewinnen. Gut ein Drittel der Spender in Deutschland werden durch diese Form des Dialogmarketings auf eine Organisation aufmerksam.[1] Damit liegen die Stand- und Straßenwerbung als Kommunikationsinstrument deutlich vor anderen Formen wie etwa Spendenbriefen, Telefonmarketing, TV-Werbung oder Plakaten.

Nonprofit-Organisationen (NPOs) verbinden bei der Stand- und Straßenwerbung häufig drei Ziele. Zunächst geht es darum, eine NPO und ihre Ziele bekannt zu machen (Image und Bekanntheitsgrad fördern). Hierzu werden Informationsmaterial und kleinere Incentives (wie z. B. Aufkleber, Postkarten usw.) verteilt. Daneben sollen im persönlichen Kontakt Adressen von interessierten Menschen gewonnen werden, die zu den Themen der NPO besonders affin sind (Adressbeschaffung, siehe 6.4). Diese werden in Follow-up-Aktionen zu einem späteren Zeitpunkt genutzt, um z. B. Neuspender zu gewinnen. Als drittes Ziel gilt regelmäßig die konkrete Sammlung von Geld- oder Sachspenden mittels Haus- oder Straßensammlungen (siehe 5.5).

Unter dem Kosten-Nutzen-Aspekt lohnen sich die Stand- oder Straßenwerbung, wenn sie mit Freiwilligen einer NPO durchgeführt werden. Bei der Durchführung einer Stand- oder Straßenwerbung im öffentlichen Raum (z. B. auf Gehwegen, Plätzen usw.) verlangen die zuständigen Gemeinden oder Städte eine „Sondernutzungsgenehmigung", für die je nach Art der Werbung auch Gebühren erhoben werden. Zuständig für die Beantragung sind die Ordnungsämter. In den meisten Gebührenordnungen ist jedoch eine Gebührenbefreiung vorgesehen, wenn die Sondernutzung gemeinnützige Zwecke erfüllt.

Ist die Genehmigung der Nutzung öffentlicher Flächen eingeholt, sind für die Organisation der Stand- und Straßenwerbung weitere Voraussetzungen zu klären: Welche Zielgruppe soll angesprochen werden? Was ist das Ziel der Straßenwerbung (siehe oben)? Die logistische Umsetzung (Personal und Technik) muss vorab geplant werden, ebenso wie die vorherige sorgfältige Schulung der Mitarbeitenden. Diese sollten gut Auskunft geben können über die Organisation, deren Tätigkeitsschwerpunkte und konkrete Projekte. Bei der personellen Betreuung ist ein Mix aus Haupt- und Ehrenamtlichen in aller Regel empfehlenswert. Hilfreich ist es auch, wenn sich die Mitarbeitenden als Vertreter der NPO ausweisen können. Bei Sammlungen ist in den Landesgesetzen fast überwiegend eine Ausweispflicht vorgesehen.

Die Kommunikation am Stand oder an der Haustür wird bei größeren NPOs, die diese Art der Werbung häufig einsetzen, in ein- bis zweitägigen Schulungen mit den Mitarbeitenden genauestens eingeübt. Hierzu gehören folgende Inhalte:

- Festlegung der Ansprachemöglichkeiten auf der Straße oder am Stand
- Einwandbehandlung/Umgang mit Kritik
- Einübung von typischen Gesprächs- oder Fragesituationen
- Vermittlung der wichtigsten Ziele und Projekte der Organisation

Wichtig sind schriftliche Informationen, die in textlicher und gestalterischer Hinsicht im Kontakt überzeugen können. Hierzu gehören u. a. eine Kurzinformation über die Organisation, Informationen über ein herausragendes Projekt, Formulare oder Coupons für die Adressgewinnung.

Wichtig ist die Gestaltung des Standes, denn sie trägt maßgeblich dazu bei, ob ein Stand auf die Menschen attraktiv wirkt oder eher abschreckend. Von allzu improvisierten Tapeziertischen mit zwei bunten Sonnenschirmen ist abzuraten. Bei der häufigeren Durchführung von Stand- und Straßenwerbung empfiehlt sich der Einsatz eines professionellen Standsystems, das mehrfach und universell eingesetzt werden kann.

Auch Zeit und Ort für Stand- und Straßenwerbungen sind gut zu planen. Sich an einem einzigen Tag in die Fußgängerzone zu stellen, bringt in aller Regel wenig. Es ist empfehlenswerter, mehrere Male – strategisch überlegt – entweder am selben oder an unterschiedlichen Orten präsent zu sein. Als Standort kommen nur Orte infrage, die stark frequentiert sind, z. B. Fußgängerzonen oder Plätze mit öffentlichen Gebäuden (z. B. Rathausplatz, Bürgerbüro, Touristinformation, vor der Sparkasse, Kirchplatz). Als ideale Zeiten haben sich Freitag (vor allem nachmittags), Samstag (den ganzen Tag) und Wochentage zwischen 15.00 und 20.00 Uhr (beliebte Einkaufszeit) erwiesen.

## Anmerkung

1  So das Ergebnis der repräsentativen Studie „Spenden-in-Deutschland 2005". Rund 5.200 Personen wurden dabei in Deutschland zu ihrem Spendenverhalten, ihren Wahrnehmungen und Einschätzungen befragt.

# 4.1.14 Tombola

## Mathias Kröselberg

Tombolas sind bei Veranstaltungen eine wichtige Einnahmequelle neben z. B. Eintrittsgeldern. Hierbei können Sachpreise verlost werden, die zuvor in Form von Sachspenden bei Unternehmen oder Privatpersonen akquiriert wurden. Die Gewinner dieser Preise werden dann durch die Ziehung von Losscheinen ermittelt. Der Erlös hieraus fließt dann dem Veranstalter zu.

Da eine Tombola rechtlich betrachtet eine Sonderform der Lotterie (Ausspielung) ist, sind verschiedene rechtliche und steuerrechtliche Grundlagen unbedingt zu beachten (siehe 7.2). Grundsätzlich müssen alle Tombolas, die bei öffentlichen Veranstaltungen durchgeführt werden sollen, genehmigt werden. Zuständig hierfür sind die in den jeweiligen Landesgesetzen genannten Stellen, in der Regel die Ordnungsämter der Gemeinden oder Städte. Vor der Durchführung einer Tombola muss von der veranstaltenden Organisation geklärt werden, ob die Tombola gegebenenfalls genehmigungspflichtig ist. Nicht genehmigungspflichtig sind dagegen nicht öffentliche Lotterien.

Nicht öffentliche Lotterien sind Lotterien, die die Mitspielmöglichkeit auf einen festen Teilnehmerkreis begrenzt haben. Das Lotteriegesetz[1] geht dabei davon aus, dass es sich hierbei z. B. um Vereinsmitglieder handelt, wobei auch eingeladene Gäste nicht hinderlich sind. Ebenso sind Tombolas nicht genehmigungspflichtig, wenn die Lose kostenlos abgegeben werden. Allerdings dürfen diese nicht Bestandteil der Eintrittskarte sein, da dann davon ausgegangen wird, dass der Lospreis im Eintrittsgeld bereits enthalten ist.

Das Steuerrecht schreibt die Einordnung hinsichtlich der Besteuerung von Tombolas vor.[2] Wird eine Tombola nur zweimal von einer gemeinnützigen Körperschaft durchgeführt und wird der Reinertrag unmittelbar und ausschließlich zur Förderung mildtätiger, kirchlicher oder gemeinnütziger Zwecke verwendet, unterliegen die Einnahmen dem steuerbegünstigten Zweckbetrieb. Verfügt eine gemeinnützige Körperschaft über einen Förderverein, können je zwei Lotterien (Tombolas) durchgeführt werden. Werden mehr als zwei Ausspielungen vorgenommen, so werden die Einnahmen dem steuerpflichtigen wirtschaftlichen Geschäftsbetrieb zugeordnet. Dies gilt nicht erst für die dritte Ausspielung, sondern dann auch für alle Ausspielungen.

Sachspenden, die zugunsten einer Tombola getätigt werden, die dem Zweckbetrieb der gemeinnützigen Körperschaft zugeordnet werden, werden genauso behandelt wie Sachspenden im ideellen Bereich der Organisation. Hierfür dürfen demnach auch Zuwendungsbestätigungen ausgestellt werden. Dabei ist darauf zu achten, dass der Wert der Spenden sorgfältig ermittelt wird (siehe 7.2).[3]

Der Erfolg einer Tombola hängt im Wesentlichen von zwei Faktoren ab: Zum einen sind ausreichende und attraktive Sachpreise notwendig. Diese sollten dem Teilnehmerkreis der Veranstaltung bzw. Lotterie angemessen sein. Bei der Gewinnung von Sachspendern bieten sich Kooperationen mit Firmen an, die sich um eine Imageförderung oder um einen erhöhten Bekanntheitsgrad bemühen. Die Abbildung der Gewinner z. B. mit dem Hauptpreis, einem Produkt des Unternehmens XY, ist bei der Berichterstattung in der Presse ein beliebtes Werbeinstrument. Zum anderen ist ein guter Moderator der Tombola, der durch ein gut vorbereitetes „Verkaufsteam" auf der Veranstaltung unterstützt wird, ein wesentlicher Erfolgsfaktor.

## Anmerkungen

1  Staatsvertrag zum Lotteriewesen in Deutschland (LotStV).
2  Abgabenordnung (§ 68, 6).
3  Buse/Herberer/Fromm: Newsletter „Informationen aus Gesetzgebung und Rechtsprechung", September 2003, S. 3.

## Weiterführende Literatur

Geckle, Gerhard/Zimmermann, Joachim: Spenden- und Sponsoringratgeber für Vereine, Planegg 2002.

# 4.1.15 Verkauf von symbolischen Anteilen: Aktien, Bausteine u. a.

*Bernd Kreh*

Bei „Bausteinen" handelt es sich oftmals um einen symbolischen Gegenstand, den Spender als Dank erhalten. Sowohl bei Bausteinen als auch bei schön gestalteten symbolischen Aktien ist darauf zu achten, dass diese Gegengaben einen geringen Wert haben, da es sich ansonsten um eine Verkaufsaktion handelt, die eine wirtschaftliche Betätigung darstellt. Es ist ratsam, im Vorfeld derartiger Fundraising-Aktionen eine Klärung mit dem eigenen Finanzamt vorzunehmen.

In der Praxis hat sich die Abgabe von symbolischen Aktien bewährt, die – beispielsweise von Gewerbetreibenden – als Ausdruck gemeinnützigen Engagements sichtbar aufgehängt werden können. Dabei kann es sich sowohl um eine Bescheinigung in Form einer Urkunde als auch um den signierten und nummerierten Abdruck eines eigens für diesen Zweck gestalteten Kunstwerks handeln.

Bei einem symbolischen Anteilsverkauf wird der Spendenbedarf für ein größeres Projekt, je nach Zielgruppe, in kleinere oder größere „bissgerechte Häppchen" aufgeteilt. Durch die Ausgabe von Aktien z. B. wird ein Kaufakt simuliert, durch den die „Anteilseigner" in Analogie zur Geschäftswelt zu „Teilhabern" werden. Deswegen eignet sich diese Fundraising-Form besonders auch zum Aufbau von Identifikation und Bindung (siehe 3.3.3 und 3.3.4), konkret beispielsweise zum Aufbau eines Freundes- oder Förderkreises (siehe 4.1.5). Auch kann man über eine solche Aktion gut öffentliche Aufmerksamkeit für die Organisation gewinnen.

Es ist darauf zu achten, dass die ausgewählten symbolischen Anteile, die „verkauft" werden, zum Projekt passen. So liegt es beispielsweise für eine Sternwarte nahe, eine bestimmte Gruppe von Sternen zu „verkaufen", was durch eine originelle Bescheinigung dokumentiert werden kann. Ein gepflasterter öffentlicher Platz kann quadratmeterweise „veräußert" werden – die Namen der Spendenden können jeweils in einen Stein eingraviert werden.

Es werden beispielsweise alle symbolischen Anteile mit einem einheitlichen Preis „verkauft", es können aber auch gestaffelte Preise angesetzt werden. Bei einem Atelieranbau für ein Museum wird z. B. mit einem differenzierten System von „Bausteinen" (1.000, 5.000 und 10.000 Euro) geplant, wobei die Namen in spezielle und unterschiedlich große „Spendersteine" an der Außenwand eingraviert werden.

Mit dem „Verkauf" symbolischer Anteile lassen sich auch weitere Aktionen verbinden, die der Spenderbindung, der Öffentlichkeitsarbeit, dem Fundraising oder allen dreien dienen. So lassen sich bei einer Kirchendachrenovierung sowohl die einzelnen Ziegel „verkaufen" als auch eine künstlerische Bemalung von einer kleinen Auswahl organisieren, die gegen einen höheren Betrag abgegeben wird. Bei Aussichtstürmen lassen sich die einzelnen Stufen „verspenden". Der Phantasie sind (fast) keine Grenzen gesetzt.

# 4.1.16 Versteigerungen

*Mathias Kröselberg*

Versteigerungen (auch Auktionen) haben sich seit dem Start von eBay zu einem richtigen Volkssport entwickelt. Auch Nonprofit-Organisationen (NPOs) nutzen zunehmend diese Form zur Mittelbeschaffung. Eine Versteigerung ist eine besondere Form der Preisermittlung und des Verkaufs. Dabei werden von potenziellen Käufern und/ oder Verkäufern Gebote abgegeben. Der gewählte Auktionsmechanismus bestimmt, welche der abgegebenen Gebote den Zuschlag erhalten, und definiert die Zahlungsströme zwischen den beteiligten Parteien.

Es gibt verschiedene Varianten von Versteigerungen bzw. Auktionen:

*Einseitige* und *zweiseitige Versteigerungen.* Bei einseitigen Versteigerungen werden Gebote entweder nur von Kaufinteressenten oder nur von Verkaufsinteressenten abgegeben. Bei zweiseitigen Versteigerungen bieten sowohl Käufer als auch Verkäufer, und passende Gebote werden zusammengeführt. Ein Beispiel für eine zweiseitige Versteigerung ist eine Börse.

Versteigerungen mit *offenen* und solche mit *verdeckten Geboten.* Teilnehmer einer offenen Versteigerung wissen, welche Gebote bisher abgegeben wurden (möglicherweise allerdings nicht, von wem). Die klassische Versteigerung ist eine offene Auktion. Teilnehmer einer verdeckten Auktion geben ihre Gebote ohne dieses Wissen ab, z. B. in einem verschlossenen Umschlag.

*Offene Auktionen können aufsteigend oder absteigend sein.* Bei der bekannten *Englischen Auktion* werden, von einem festgesetzten Mindestpreis beginnend, aufsteigend Gebote abgegeben, bis kein neues Gebot mehr eintrifft. Der letzte Bieter erhält den Zuschlag. Diese Variante eignet sich für einzelne Gegenstände und ist heutzutage auch im Internet möglich; die bekannteste Plattform ist eBay. Daneben gibt es aber auch zahlreiche andere Plattformen. Für den deutschen Markt allein gibt es zurzeit über hundert Auktionsplattformen. Eine Möglichkeit, in allen deutschen Internetauktionen zu suchen, bietet die Website www.asearch.de. Die *Holländische Auktion*, in der von oben herab Beträge genannt werden, bis ein Erster auf dieses Angebot eingeht, eignet sich bei mehreren gleichartigen Artikeln, da sie schneller vonstatten geht.

*Die Zahlungsströme können unterschiedlich verlaufen.* Bei der *First Price Sealed Bid-Auktion* gibt jeder Nachfrager ein verdecktes Gebot ab. Das beste Gebot erhält den Zuschlag, und der Gewinner leistet eine Zahlung in Höhe seines Gebots. Bei der *Second Price Sealed Bid-Auktion* (Zweitpreisauktion) oder auch *Vickrey-Auktion*, erhält ebenfalls der Höchstbieter den Zuschlag, zahlt aber nur in Höhe des zweithöchsten Gebots. Der Vorteil dieser Auktion gegenüber der oben genannten besteht darin, dass es hier für Bieter vorteilhaft ist, ein Gebot in Höhe ihrer wahren Wertschätzung für das zu versteigernde

Gut abzugeben, während sie bei der First-Price-Auktion niedriger bieten werden, um im Falle des Zuschlags noch einen Gewinn zu haben.

*Einzelauktion* und *kombinatorische Auktion*. Stehen mehrere unterschiedliche Güter zum Verkauf, kann eine Auktion Gebote zulassen, die einen Preis für mehrere Güter in ihrer Gesamtheit bieten. Diese Art von Auktion heißt kombinatorische Auktion. Sie hat den Vorteil, dass Bieter nicht dem Risiko ausgesetzt sind, nur einen für sie wertlosen Teil der von ihnen benötigten Güter zu ersteigern. Ihr Nachteil besteht darin, dass die Gewinnermittlung komplizierter ist als bei der klassischen Einzelauktion.

Als Sonderform ist noch die *amerikanische Versteigerung* zu erwähnen, die in der Regel zugunsten gemeinnütziger Zwecke durchgeführt wird. Bei ihr zahlt jeder Bieter jeweils sofort den Differenzbetrag zwischen seinem Gebot und dem Vorgängergebot. Mit Hilfe dieser Versteigerungsform werden oft Einnahmen erzielt, die weit über dem Wert des zu versteigernden Gegenstandes liegen. In aller Regel werden die zu versteigernden Güter oder Dienstleistungen von den NPOs in Form von Sachspenden akquiriert, sodass die Erlöse zu möglichst großen Anteilen für die satzungsmäßigen Zwecke bzw. für bestimmte Projekte verwendet werden können. Erfahrungen zeigen, dass Reisen und Gegenstände von Prominenten die höchsten Erlöse erzielen.

In Deutschland wird eine Versteigerung rechtlich im Bürgerlichen Gesetzbuch[1] geregelt. Bei gewerblichen Versteigerungen finden außerdem die Gewerbeordnung[2] und die Verordnung über gewerbsmäßige Versteigerungen Anwendung.[3]


Internetauktionen

Eine Internetauktion ist eine über das Internet veranstaltete Versteigerung. Bekanntester Veranstalter von Internetauktionen ist eBay. Der Anbietermarkt von Auktionsplattformen ist die letzten Jahre schier explodiert, und das Thema Charity-Auktionen findet überall mehr oder weniger professionell statt. Nach erfolgter Auktion findet die Übergabe der Ware in der Regel auf dem Versandweg statt; bezahlt wird meistens per Überweisung, per Nachnahme oder über Drittanbieter wie PayPal. Für die Durchführung einer Internetauktion benötigt man keine Genehmigung.

Auch im Bereich der Internetauktionen gibt es verschiedene Varianten, wie die aufsteigende (Englische Auktion) oder absteigende (Holländische Auktion) offene Auktion. Auktionshäuser, die das Modell der Holländischen Aktion verwenden, sind z. B. Azubo und Tireto. Bei allen Typen gilt in der Regel, dass dem Bieter bei dem Auktionsablauf keine Kosten entstehen. Die anfallenden Gebühren übernimmt meist der Verkäufer.

Wesentlich für die erfolgreiche Durchführung der Internetauktions-Variante ist es, ob eine Organisation für die Durchführung einen Medienpartner gewinnen kann. Denn die Zugriffszahlen bei Online-Auktionen auf die entsprechenden Webseiten müssen möglichst hoch sein, um ein optimales Ergebnis zu erreichen. Gleichzeitig wird damit auch eine gute Publicity für die NPO erzielt.

Traumfänger-Auktionen[4]

Neben den klassischen Auktionsgegenständen, die sonst durch den Käufer im Handel erworben werden können, hat sich im Fundraising eine weitere Variante entwickelt: Hier werden Leistungen oder Gegenstände versteigert, die im normalen Handel nicht zu erwerben sind. Das können von Prominenten gestiftete Gegenstände sein, Unikate oder Sonderanfertigungen, oder auch „unvergessliche Momente", wie z. B. ein Drehtag mit einem Schauspieler oder ein Besuch bei einem Sportstar. Für Traumfänger-Internetauktionen gibt es inzwischen verschiedene Anbieter, die NPOs hierfür kostengünstig oder kostenlos die technische Plattform zur Verfügung stellen.[5]

## Anmerkungen

1   Vgl. § 156 BGB.

2   Vgl. § 34b, Gewerbeordnung (GewO).

3   Nach Urteil des Bundesgerichtshofs vom 7.11. 2001 (Aktenzeichen: VIII ZR 13/01) finden auf Internetauktionen der § 156 BGB, § 34 b GewO und die Verordnung über gewerbsmäßige Versteigerungen keine Anwendung. Das OLG Frankfurt am Main hat außerdem in einem Urteil vom 1.3.2001 (Aktenzeichen: 6 U 64/00) entschieden, dass die Bezeichnungen „Auktion" oder „Versteigerung" für Verkäufe gegen Höchstgebot im Internet, die keine Versteigerungen im Sinne des § 34b GewO sind, ohne Hinzutreten weiterer Umstände nicht irreführend sind. Mit Urteil vom 3.11.2004 hat der Bundesgerichtshof entschieden, dass einem Verbraucher gem. § 13 BGB bei Internetauktionen ein Widerrufsrecht gem. § 312 d Abs. 1 BGB zusteht, da sie nicht von der Ausnahmeregelung des § 312 d Abs. 4 Nr. 5 BGB erfasst werden (BGH, Urteil vom 3.11. 2004 – VIII ZR 375/03).

4   Der Name „Traumfänger" ist im Zusammenhang mit Charity-Auktionen von „unbezahlbaren Gelegenheiten" urheberrechtlich geschützt. Informationen zur Lizenz und zur Nutzung des Internetportals unter: www.traumfaenger-auktion.de.

5   So z. B. die amm GmbH, Hamburg, oder internetspende.org, München.

## Weiterführende Literatur

Connelly, Anne/Winter, Maureen: Going… going… gone…! Successful auctions for Non-Profit-Institutions, 2. Auflage, Greenwich (CT) 1999.

# 4.1.17 Wohlfahrtsbriefmarken

*Klaus Heil*

Geschichte

Die heute bekannten Wohlfahrtsmarken gehen auf eine Initiative von Monsignore Kuno Joerger zurück, Generalsekretär des Deutschen Caritasverbandes, der als begeisterter Philatelist 1949 die Idee hatte, Sonderbriefmarken mit einem Zuschlag für soziale Zwecke zu versehen. Zwar hat Joerger maßgeblich das heutige System der Wohlfahrtsbriefmarken entwickelt, die Erfindung einer Wohlfahrtsmarke ist aber viel älter. Bereits 1919, kurz nach Ende des Ersten Weltkriegs, erschien Deutschlands erste Wohlfahrtsmarke, die damals weit verbreitete 10-Pf-Germania-Marke mit dem Aufdruck „5 Pf für Kriegsbeschädigte". Die „Deutsche Nothilfemarke", die zwischen 1924 und 1935 erschien, war zum ersten Mal nicht nur bei der Post, sondern auch bei den Wohlfahrtsverbänden erhältlich, in der heutigen Zeit die wichtigste Vertriebsschiene.

Die erste Serie, „Helfer der Menschheit", war allerdings so schlecht beworben, dass die nächste Aktion erst 1951 fortgesetzt wurde. Diesmal wurden Gewerbekunden gezielt in der Weihnachtszeit angesprochen, mit einem enormen Erfolg. Dieses „Marketingprinzip" hat sich bis heute fortgesetzt.[1] 1956 übernahm zum ersten Mal der damalige Bundespräsident Theodor Heuss die Schirmherrschaft über die Jahresaktion, auch damit hat er eine Tradition begründet, die bis heute fortbesteht.[2]

Wohlfahrtsbriefmarken heute

Die Zuschlagserlöse aus dem Postverkauf werden über die Bundesarbeitsgemeinschaft der freien Wohlfahrtspflege (BAGFW)[3] an die angeschlossenen Wohlfahrtsverbände verteilt, die lokalen Verkaufserlöse verbleiben direkt bei den Verkaufsstellen. Bisher konnten insgesamt rund 3,85 Milliarden dieser Briefmarken mit einem Zuschlagswert von gut 560 Millionen Euro verkauft werden. Der Zuschlagserlös beträgt heute 20, 25 bzw. 55 Cent je nach Nominalwert der Briefmarke.

Die Wohlfahrtsbriefmarke teilt das Schicksal des Kommunikationsmediums Brief und entwickelt sich analog. Private Briefe sind signifikant rückläufig, der Geschäftskundenverkehr eignet sich unter ökonomischen Gesichtspunkten nicht für den ständigen Einsatz von Wohlfahrtsbriefmarken, das Gleiche gilt für übliche Spendenmailings.

So besetzen Wohlfahrtsbriefmarken im Geschäftskunden-Weihnachtsgeschäft mit den dort üblichen eher hochwertigen Weihnachtsmailings eine relativ stabile Nische, der Verkauf der Briefmarken an diese Kunden bietet dem Fundraising einen guten Anlass für Beziehungspflege. Die Wohlfahrtsbriefmarke ist im Wortsinne eine „Marke". Für die freie Wohlfahrtspflege wird die Wohlfahrtsbriefmarke noch auf Jahre hinaus ein kleiner Markt für spezielle Kunden bleiben.

## Anmerkungen

1  Der Slogan damals: „Der Werbebrief mit Wohlfahrtsmarke hilft, dass Dein Renommee erstarke! Der Kunde denkt: ‚Da gucke mal – die sind großzügig und sozial!'"

2  Zu der gewöhnlichen Serie, die traditionell im Oktober erscheint, gibt es seit 25. Mai 1962 auch Jugendmarken (erscheinen im Juni) sowie seit dem 12. Januar 1978 Sportmarken (Februar).

3  Siehe www.bagfw.de.


## Weiterführende Links

www.wohlfahrtsmarken.de
www.diakona.de
www.caritas-wohlfahrtsmarken.de

# 4.2 Großspenden-Fundraising

## 4.2.1 Major Giving Programs

*Melanie Stöhr*

Interessant ist die Feststellung, dass die meisten Fundraiserinnen und Fundraiser unter *Major Giving Programs* jeweils etwas anderes verstehen. Woher kommt das? Es gibt keine einheitliche Definition, was „Großspenden-Fundraising" eigentlich ist. Betrachtet man das Ursprungsland für Major Giving Programs, die USA, denkt man gleich an Capital Campaigns, große Finanzierungskampagnen, um z. B. einen Neubau einer Universität zu finanzieren. Im Rahmen dieser Kampagnen kommt einzelnen Großspenderinnen und Großspendern größte Bedeutung zu, weil sie, gestaffelt nach einer Art Spendenpyramide, durch große Einzel- oder Mehrfachzuwendungen den Löwenanteil der Kampagne finanzieren (siehe 4.2.2). Solche Capital Campaigns sind in Deutschland noch sehr selten. Ein erfreuliches Beispiel ist die erfolgreiche Kampagne zum Wiederaufbau der Frauenkirche in Dresden. Jedoch darf man unter Major Giving Programs viel mehr verstehen. Ganz verschiedene Fundraising-Ansätze und -Strategien, jeweils auf die Organisation abgestimmt, sollten zum Einsatz kommen.

### 4.2.1.1 Voraussetzungen für Major Giving Programs

Zunächst beginnt man mit der Innenansicht auf die vorhandene Situation in der eigenen Organisation. Dazu gehört zuerst die Analyse der eigenen Datenbank, aber auch die Analyse eines möglichen Beziehungsgeflechts zwischen den Mitarbeitenden Ihrer Organisation und vorhandenen bzw. potenziellen Großspenderinnen und Großspendern. Jede Organisation hat Potenzial, das oft nur teilweise erkannt und genutzt wird. Diese Analysen und die daraus entwickelten Konzepte für kurz-, mittel- und langfristige Strategien finden sich in einer *Machbarkeitsstudie* wieder. Diese Machbarkeitsstudie kann Ihre Fundraising-Abteilung selbst durchführen oder Sie beauftragen eine externe Beratungsfirma, die zwar teurer ist, deren Analyse aber nicht von möglicher Hausblindheit getrübt ist.

Nach den Datenbank-Auswertungen sollten Sie sich Gedanken machen, nach welchen Kriterien Sie Großspenden für Ihre Organisation definieren. Folgende Kategorien können die Basis für eine Definition geben, wer bei Ihnen als Großspenderin oder Großspender gilt:

– Spendenhöhe: Einzelspende oder jährliche Summe der gesamten Zuwendungen,

- Dauer der Zugehörigkeit zur Organisation,
- Anzahl der Personen die in die jeweilige Gruppe fallen würden,
- Upgrading-Potenzial aufgrund des bisherigen Spendenverhaltens.

So werden z. B. bei Greenpeace drei Hauptgruppen unterschieden:

- *High Donor:* jährliches Spendenvolumen zwischen 500 und 999 Euro,
- *Major Donor:* jährliche Spenden ab 1.000 bis 9.999 Euro,
- *Top Donor:* 10.000 Euro und mehr.

Es steht Ihnen völlig frei, andere Gruppen-Einteilungen und Begrifflichkeiten zu wählen. Nur eins sollte beachtet werden: Wenn sich Ihre Organisation einmal auf ein Wording festgelegt hat, sollten Sie unbedingt dabei bleiben. Es erleichtert die interne Kommunikation erheblich, die Kolleginnen und Kollegen wissen genau, was gemeint ist.

Für jede Gruppe, die Sie bilden, sollten Sie sich ein eigenes Bindungs-/Kontaktprogramm überlegen. Ihre Möglichkeiten hängen natürlich stark davon ab, welches Budget für diesen Bereich vorgesehen und welche personellen Ressourcen eingeplant sind. Erste Überlegung für alle Gruppen ist: Wie viel von dem allgemeinen Programm für alle Förderer soll die Zielgruppe weiterhin erhalten, was soll ausgetauscht oder ergänzt werden?

Auch sollte für alle Gruppen eine Person dauerhaft als Ansprechpartner bekannt gemacht werden, an die sich die Spenderinnen und Spender mit ihren Anliegen wenden können. So tritt der Großspendenbereich aus der Masse der Spenden heraus und bekommt ein Gesicht. Das schafft Vertrauen und ist ein wichtiges Bindungsinstrument zur Organisation.

Basis für alles, was Sie planen, ist das klassische Relationship-Fundraising (siehe 3.3). Sie müssen die Menschen in ihrem Herzen berühren. Erst im zweiten Moment kommt der Verstand. Sie brauchen ein dialogorientiertes, emotionales Programm mit Erlebnis-Elementen und hohem Identifikationswert, das der jeweiligen Gruppe angepasst ist.

## 4.2.1.2 Die High-Donor-Gruppe

In der Gruppe der High Donor finden Sie meistens Spenderinnen und Spender, die Ihnen einen Lasteneinzug (LEZ-Verfahren) erlaubt haben. Ziel für diese Gruppe sollte ein gestaffeltes Upgrading über einen längeren Zeitraum sein.

Analysieren Sie, wer wie viel in welchem Rhythmus gibt. Es ist leichter, jemanden, der einmal zu Weihnachten einen Beitrag einziehen lässt, zu einer zweiten Spende im Jahr zu bewegen, als jemanden, der eine monatliche LEZ gegeben hat, von der Notwendigkeit zusätzlicher finanzieller Unterstützung zu überzeugen. Hier muss man sehr überlegt und sensibel planen.

Individuellere Betreuung, wie Einladungen zu Events, kleine Geschenke oder Weihnachtskarten, wird oft als übertrieben empfunden und erzeugt eher ein Gefühl von: „Die haben wohl zu viel Geld. Sollen sie das doch lieber in die Projekte stecken." Nehmen Sie solche Bemerkungen und Kritik ernst. Ihre Datenbank muss fit sein und Sonderwünsche wie „bitte keine Geschenke" oder „keine Dankschreiben" erfüllen können (siehe 6.1.2). Lassen Sie sich aber keinesfalls entmutigen. Danksagungen sind äußerst wichtig und sollten in dieser Zielgruppe regelmäßig, aber eben etwas bescheidener geäußert werden.

Bieten Sie Ihren High-Donor-Spenderinnen und -Spendern eine bestimmte Projekt-Finanzierung an. Zweckgebundene Spenden erhöhen die Identifizierung mit Ihrer Organisation und dem konkreten Anliegen. Da es sich in dieser Gruppe oft um viele tausend Menschen handelt, ist hier das Projekt-Mailing das richtige Mittel. Es sollte sich optisch von den sonst bei Ihnen üblichen Mailings unterscheiden und die besondere Dringlichkeit Ihres Anliegens transportieren. Mit gestaffelten Spendenvorschlägen, abgestimmt auf das jeweilige Spendenverhalten, werden Sie ein gutes Upgrading-Ergebnis erzielen. Betonen Sie aber, dass jede Spende wichtig ist, dass jeder Euro zählt. Bauen Sie Tests in Ihren Mailing-Aufbau mit ein. Probieren Sie bestimmte Beilagen, Layouts und Tonalitäten aus.

Abbildung 1: Großspenden-Mailing zum Thema Amazonas, 09/2004

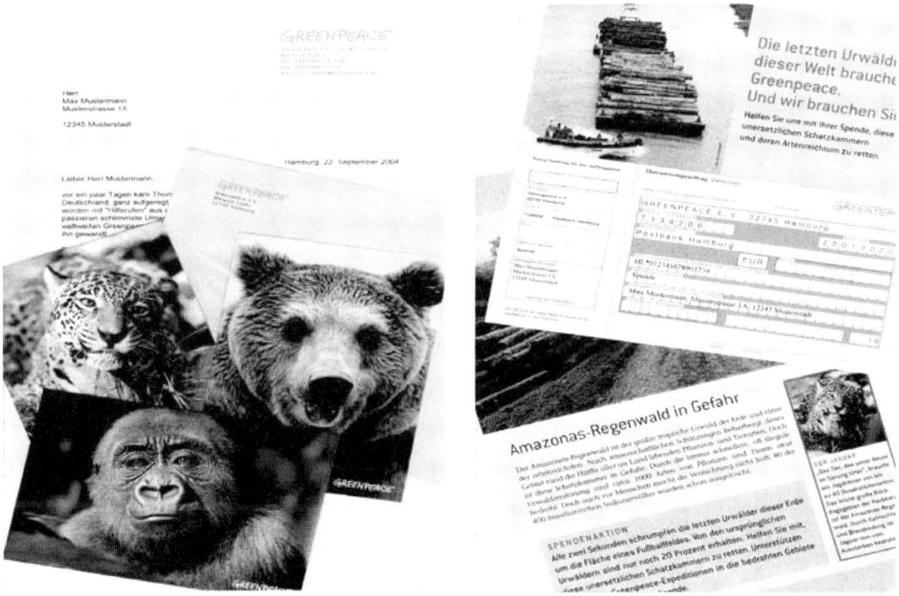

Fotos: Greenpeace / Stöhr

Größere Einzelspenden sollten mit einem persönlichen Brief bedankt werden. Wenn jemand traditionell eher kleinere Beträge gibt und jetzt aufgrund des Mailings mit einer größeren Spende reagiert, seien Sie euphorisch und zeigen Sie Ihre Freude. Gerne auch durch einen spontanen Anruf. Die gesamte Gruppe sollte zusätzlich einmal im Jahr gesondert bedankt werden.

Nehmen Sie sich Zeit für die Auswertung der Mailing-Ergebnisse. Diskutieren Sie die Zahlen mit Ihren Kolleginnen und Kollegen, um die richtigen Rückschlüsse zu ziehen. Diese „Learnings" sind bares Geld wert. Sie sind die Grundlage für Ihr nächstes, dann noch erfolgreicheres Projekt-Mailing.

Außerdem, ganz wichtig, identifizieren und kennzeichnen Sie die „neuen" Major Donor. Einige Spender werden z. B. mit einer 1.000-Euro-Spende die obere High-Donor-Grenze überspringen und von nun an in den Genuss Ihres Major-Donor-Programms kommen.

## 4.2.1.3 Die Major-Donor-Gruppe

Diese Gruppe unterscheidet sich deutlich von den High-Donor-Spenderinnen und -Spendern. Erst einmal sind es viel weniger Leute und das Spendenverhalten ist anders: Der Anteil der Förderer, die Einzelspenden geben, ist in dieser Gruppe deutlich höher.

Die Major-Donor-Gruppe zwischen 1.000 und 9.999 Euro ist sehr weit gespannt. Es empfiehlt sich, noch weitere Unterteilungen zur Bestandsanalyse und späteren Auswertung vorzunehmen. So sind z. B. Spender, die 1.000 bis 1.500 Euro jährlich geben, häufig (zusätzliche) Nutzer des LEZ-Verfahrens. Doch ab 3.000 Euro sind es fast immer Einzelspenden.

Die Major Donor stehen „persönlicher Betreuung" viel aufgeschlossener gegenüber. Sie sind nicht irritiert über Geburtstags- und Weihnachtskarten oder ein Buch als Dankeschön und freuen sich über die Möglichkeit, durch Veranstaltungen etwas vom Innenleben und den Projekten der Organisation mitzubekommen. Sie empfinden das als angemessen und normal. Natürlich ist das individuell ganz verschieden. Ich gebe hier eine Einschätzung aus langjähriger Erfahrung. Aber ich warne vor vorschnellen Pauschalierungen. Jede Gruppe besteht aus einzelnen Menschen mit unterschiedlichen Bedürfnissen und Wertvorstellungen. Überraschungen sind vorprogrammiert. Sie müssen bei aller Gruppenbildung immer flexibel bleiben!

Auch in der Major-Donor-Gruppe kommt das projektbezogene Großspender-Mailing zum Einsatz. Aufwendiger gestaltet, persönlich unterschrieben, mit Briefmarken beklebt und mit höheren Spendenvorschlägen versehen, stellt es die Grundlage des Major-Donor-Programms dar.

Als wichtiges neues Element kommt hier noch das „persönliche Kennenlernen" hinzu. Nutzen Sie jede Gelegenheit, die sich in Ihrer Organisation bietet, einen Großspender-Event zu veranstalten. Das können z. B. sein: Exkursionen mit Ihren Fachleuten, eine Fachreferentin hält einen Vortrag über eine aktuelle Kampagne, oder sie kommt gerade von einem Projektbesuch aus Afrika zurück und wird sehr authentisch von ihren Erlebnissen berichten. Organisieren Sie eine Führung durch Ihre Organisationszentrale und arrangieren Sie ein Treffen mit der Geschäftsführung. Jubiläen, Auktionen, Benefizkonzerte, Schiffsfahrten, Kamingespräche, Baumpflanzaktionen usw. sind alle hervorragend geeignet, Ihre Organisation als kompetent und seriös zu präsentieren.

Versäumen Sie aber nicht, ausführlich zu beschreiben, was Sie zukünftig vorhaben und warum die Organisation auf dauerhafte Unterstützung angewiesen ist.

Abbildung 2:  Greenpeace Major- und Top-Donor-Event am 30. Juni 2004 in Hamburg anlässlich der Jungfernfahrt des neuen Greenpeace-Schiffs „Beluga II"

Foto: Greenpeace / Vielmo

Anlass eines Events kann auch sein, langjährigen Großspenderinnen und Großspendern einmal Danke zu sagen. Auf diesen Veranstaltungen dürfen Sie am Ende nicht mit der „Spendendose" da stehen. Die Spenderinnen und Spender müssen das Gefühl bekommen, ihr Geld ist gut eingesetzt und effektiv verwendet worden. Sie sollen sich dazugehörig fühlen und im Gefühl gestärkt nach Hause gehen, dass sie Ihre Organisation noch viele weitere Jahre unterstützen werden. Beim nächsten Projekt-Mailing werden sich die Besucher der Veranstaltung mit einer großzügigen Spende bedanken. Das ist eine sehr schöne Form von Upgrading.

Auf Veranstaltungen haben Sie und Ihre Kolleginnen und Kollegen Gelegenheit, mit den Major-Donor-Gästen ins Gespräch zu kommen. Sie werden viel darüber erfahren, wie Ihre Organisation oder die Themen, die Sie bearbeiten, gesehen werden. Es wird viel Lob, aber auch Verbesserungsvorschläge geben. Hören Sie aufmerksam zu. Außerdem erfahren Sie einiges über die private Situation und das individuelle Engagement. Das sind sehr wichtige Informationen für Ihre zukünftige Planung. Hier erfahren Sie unter Umständen, ob ein Major Donor ein Top-Donor-Potenzial hat.

## 4.2.1.4 Die Top-Donor-Gruppe

In dieser Gruppe geht es um Spenden im fünf- und teilweise sechsstelligen Bereich. Diese Leute betrachten ihre Spende als eine Art „Investment" in die Ziele Ihrer Organisation. Entsprechend muss die Kommunikation aufgebaut sein.

Sie müssen unterscheiden, ob Sie einen bereits existierenden Förderer für ein Projekt begeistern wollen oder ob Sie einen „Prospect Donor" identifiziert haben, der bisher noch nicht Ihrer Organisation gespendet hat. Planen Sie die strategische und logistische Umsetzung Ihres Ziels. Sie müssen sich darüber im Klaren sein, dass es ein bis zwei Jahre dauern kann, bis Sie die Gelegenheit bekommen, die entscheidende Frage *(The Ask)* zu stellen (siehe 5.8).

Folgende sieben Planungsschritte sind nötig und in einem „Relationship-Fundraising-Zyklus" darstellbar. Diese sieben Schritte haben sich in der Praxis bewährt. Ihre Abgrenzung voneinander differiert leicht in verschiedenen Modellen, die sich im Laufe der Jahre entwickelt haben (siehe 4.2.2.4).

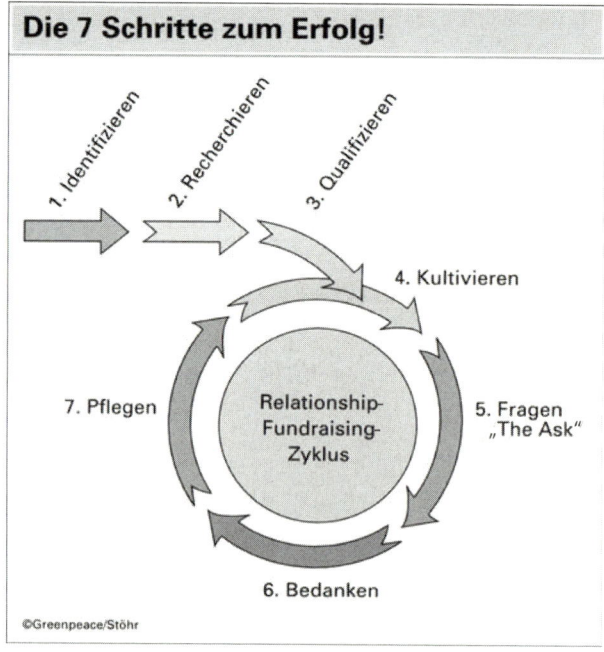

## (1) Identifizieren

Die Identifizierung erfolgt z. B. über öffentlich zugängliche Quellen. Vielleicht hat sich ein prominenter Unternehmer, eine Schauspielerin, eine Band o. Ä. positiv über Ihre Organisation geäußert. Wenn der- oder diejenige noch nicht als Spender bekannt ist, haben Sie einen neuen „Potential Donor" identifiziert. Beobachten Sie die Szene und informieren Sie sich regelmäßig, angefangen von Yellow-Press-Zeitschriften bis zu Wirtschaftsmagazinen. Es gibt auch kommerzielle Anbieter von Informationen. Diese Datenbanken sind jedoch kostenpflichtig.

Natürlich hören Sie sich auch in der eigenen Organisation um. Fragen Sie bei allen Mitarbeitern ab, wer wen kennt. Das wäre der Idealfall: Jemand z. B. aus Ihrem Aufsichtsrat ist befreundet mit Promi X und bereit, den Kontakt herzustellen.

## (2) Recherchieren

Damit sind Sie nahtlos in die Phase des Recherchierens übergegangen. Sammeln Sie so viele Informationen über Ihre Zielperson wie möglich. Besonders wichtig ist natürlich, einiges über die Lebensverhältnisse, die philanthropischen Interessen und über die Vermögenssituation von Promi X zu erfahren. Erstellen Sie eine Checkliste, was Sie herausbekommen wollen. Daraus können Sie dann zunächst ein Kurzprofil und später ein ausführliches Dossier über den „Prospect Donor" erstellen. Wer viel im Major- und Top-Donor-Bereich machen möchte, sollte über eine eigene Recherchestelle nachdenken. Diese Profis halten Ihnen als Fundraiser den Rücken frei und Sie haben mehr Zeit für die weiteren Schritte.

## (3) Qualifizieren

Bewerten Sie die gesammelten Informationen und setzen Sie Prioritäten. Überlegen Sie, welches Projekt zu Promi X passt und was Sie ihm anbieten wollen. Erstellen Sie einen Plan zur strategischen und logistischen Umsetzung. Wer nimmt Kontakt auf und warum? Hier sollte die gleiche „Augenhöhe" beachtet werden. Eine Geschäftsführerin einer Firma sollte vom Vorstand oder Geschäftsführer Ihrer Organisation angesprochen werden.

## (4) Kultivieren

Jetzt beginnt der Relationship-Fundraising-Zyklus. Sie beginnen den Dialog und laden gemäß Ihrem Plan den „Prospect Donor" zu Veranstaltungen ein, halten ihn z. B. mit Zeitungsartikeln zu einem Thema, das ihn besonders interessiert, auf dem Laufenden. Protokollieren Sie jedes Treffen, Telefonate usw. Das Spenderprofil wird laufend um neue Erkenntnisse ergänzt. Achtung! Halten Sie die Daten unter Verschluss und besprechen Sie mit Ihrem Datenschutzbeauftragten, welche personenbezogenen Daten Sie im Rahmen des Datenschutzgesetzes sammeln dürfen!

(5) Fragen: „The Ask"

Sie sind am entscheidenden Punkt angekommen. Ein Treffen ist vereinbart. Meist wird ein Besuch durch die Organisation gewünscht. Je nach Konstellation müssen auch Sie Ihr Team zusammenstellen. Es gilt verschiedene Rollen zu besetzen, wie die richtige Hierarchie, Fachkompetenz, menschlich-soziale Komponente und die Person, meist der Fundraiser oder die Fundraiserin, die nach der gewünschten Geldsumme fragt. Mehrere Funktionen können sich auf eine Person vereinen. „Üben" Sie das Gespräch vorher.

(6) Bedanken

Die wichtigste Sache im Dialog mit Ihrem neuen Top Donor ist die adäquate Bedankung. Wiederholen Sie bei vielen Gelegenheiten, wie entscheidend die Spende zum Gelingen des Projektes war. Ehren Sie den Top Donor eventuell mit einer Namensgebung oder pflanzen Sie einen Baum für ihn. Berichten Sie über diese großzügige Zuwendung in Ihrer Vereinszeitung (wenn der Spender es erlaubt), damit diese Aufmerksamkeit für Nachahmer sorgt.

(7) Pflegen

Es werden teilweise schriftliche Vereinbarungen über die Mittelverwendung der großen Spende getroffen. Manche Spenden sind über mehrere Jahre gestaffelt. Sie müssen als Fundraiserin oder Fundraiser am Ball bleiben und für ein regelmäßiges Update durch schriftliche Projektberichte oder besser durch einen persönlichen Erfahrungsbericht Ihres Projektleiters sorgen. Die Kontaktpflege zu Ihrem Top Donor wird fester Bestandteil Ihrer Arbeit und gegebenenfalls noch ausgebaut. Wenn es eine positive Erfahrung für ihn war, eines Ihrer Projekte finanziert zu haben, wird er es wieder tun! Außerdem können Sie ihn fragen, ob er Freunde und Bekannte hat, die sich auch für Ihre Arbeit interessieren. Möglicherweise ist er oder sie der ideale „Botschafter/Botschafterin" für Ihre Organisation.

## 4.2.1.5 Kosten von Major Giving Programs

Großspenden-Programme sind sehr kostenintensiv, weil persönliche Kontaktpflege sehr viel Personalzeit in Anspruch nimmt. Es gibt eine Faustregel, die besagt, dass eine Fundraiserin bzw. ein Fundraiser es maximal schafft, 200 Major und Top Donor im Jahr zu betreuen. Es hängt natürlich sehr stark davon ab, was in den jeweiligen Gruppen geplant ist und realisiert werden soll. Die Idealbesetzung für eine gut funktionierende Großspenderabteilung wäre eine Person für den High-Donor-Bereich, eine weitere für die Major- und Top-Donor-Gruppen, eine Assistenz für beide und eine Halbtagsstelle für die Recherche und Hintergrundarbeit. Die wenigsten Organisationen in Deutschland leisten sich bisher eine eigene Abteilung für Major Giving Programs, weil sie nicht an die Wirtschaftlichkeit glauben. Ganz anders in den USA. Hier sind Major-Giving-Programme fester Bestandteil fast aller Nichtregierungsorganisationen – mit sehr großem Erfolg.

## Weiterführende Literatur

Burnett, Ken: Friends for life, Relationship Fundraising in practice, London 1996.

Donovan, James A.: Take the fear out of asking for major gifts, Orlando (Florida) 1994.

Elischer, Tony/Carnie, Christopher: Greenpeace International Fundraising Skillshare. Mega Gifts Campaign, Amsterdam 1999.

Haibach, Marita: Handbuch Fundraising, Frankfurt am Main 1998.

Osborne, Karen: A Truly Noble Profession, Vortrag auf dem Deutschen Fundraising Kongress 2004.

# 4.2.2 Capital Campaigns

## *Marita Haibach*

Der Einsatz von Capital Campaigns, einer insbesondere in den USA erprobten Fundraising-Form zur Gewinnung von Großspendern, steht hierzulande noch am Anfang und dies trotz der Tatsache, dass das Major-Gift-Fundraising (siehe 4.2.1) seit einigen Jahren an Bedeutung gewonnen hat. Es gibt jedoch Anzeichen dafür, dass der Einsatz dieser Fundraising-Form künftig auch im deutschsprachigen Raum zunehmen wird.

## 4.2.2.1 Begriffsdefinition, Einordnung und Abgrenzung

Bei einer Capital Campaign handelt es sich um ein strukturiertes Fundraising-Programm, das eine Organisation in die Lage versetzt, eine hohe Geldsumme in einem begrenzten Zeitraum (in der Regel zwischen drei und fünf Jahren) für spezifische Förderprojekte einzuwerben. Kapitalkampagnen richten sich sowohl an Individuen als auch an Unternehmen (ggf. auch als Sponsoren) und Stiftungen als Förderer. Sie zeichnen sich dadurch aus, dass die Zuwendung des größten Teils des Finanzziels der Kampagne durch einige wenige Geldgeber erfolgt. Die Basis einer erfolgreichen Capital Campaign ist der *top down/inside out approach* (der Von-oben-nach-unten-/von-innen-nach-außen-Ansatz), das folgerichtige Vorgehen bei der Gewinnung von Gönnern. Neben einem professionellen Fundraising-Büro und der aktiven Mitwirkung der Führungsspitze einer Organisation an den Fundraising-Aktivitäten ist zudem die Involvierung von potenziellen Großspenderinnen und Großspendern als ehrenamtliche Führungspersönlichkeiten in Form eines Fundraising-Komitees zur Unterstützung der Aktivitäten der Organisationen über einen längeren Zeitraum unabdingbar. Die Zielstellung und die Förderprojekte werden ebenso wie das Finanzziel der Capital Campaign in einer *Feasibility Study* zu Beginn auf der Basis einer Machbarkeits- und Planungsstudie bestimmt.

In den USA gibt es kaum eine Hochschule, die nicht bereits eine oder mehrere Capital Campaigns durchgeführt hat. Auch in den anderen Bereichen des Fundraisings, ob Kultur-, Sozial- und Umwelt-Fundraising, gibt es zahlreiche Organisationen, die eine solche Fundraising-Kampagne mit Erfolg durchgeführt haben. Die Erfolge derjenigen Institutionen, die Capital Campaigns in Westeuropa durchgeführt haben, belegen: Sie funktionieren, sofern die Vorgehensweise auf hiesige Verhältnisse adaptiert wird, auch in unseren Landen. Ein mittlerweile für den Hochschulbereich in ganz Europa richtungweisendes Modell einer Kapitalkampagne ist das der Technischen Universität Chalmers in Göteborg in Schweden. Das bislang erfolgreichste Beispiel in Deutschland ist die Capital Campaign der Technischen Universität München.

In den USA wird diese Form von Fundraising-Kampagne oft zusätzlich zu einem Annual Giving Program durchgeführt, fast immer jedoch erst dann, wenn das Fundraising in der Organisation bereits gut und lange etabliert ist, auch was den Grad der Professionalisierung und die personelle Ausstattung angeht. In Westeuropa gibt es jedoch mehrere Beispiele dafür, dass Capital Campaigns mit Erfolg von Institutionen organisiert wurden, die vordem noch keine professionellen Fundraising-Aktivitäten durchgeführt hatten. Mit der Kampagne einher ging der Aufbau eines Fundraising-Büros. Der Vorteil einer solchen Vorgehensweise liegt darin, dass damit Motivation und Identifikation mit dem Fundraising, der Institution und dem Kampagnenziel geschaffen werden. Es entsteht eine aktive Gruppe von Freunden und Partnern der Institution, die auch nach Ablauf der Kampagne die Basis für künftige Fundraising-Aktivitäten bilden. Zudem gewinnt das Fundraising-Personal einen enormen Schatz an Wissen, Erfahrungen und Kontakten, sodass das Fundraising auch nach der Kampagne fortgesetzt werden kann.

Zwischen Capital Campaigns und Major-Gift-Programmen bestehen viele Gemeinsamkeiten und einige markante Unterschiede. Die wesentlichen Unterscheidungsmerkmale liegen darin, dass Letztere kein von vornherein geplantes Finanzziel und keine festgelegte Laufzeit haben. Zudem entfallen die Von-oben-nach-unten-Vorgehensweise, also die explizite Konzentration auf die höchsten Förderbeträge, bei der Gewinnung von Förderern und die Involvierung von potenziellen Großspenderinnen und Großspendern in Form eines Fundraising-Komitees.

## 4.2.2.2 Voraussetzungen für eine erfolgreiche Capital Campaign

Der Erfolg einer Capital Campaign ist im Wesentlichen von fünf Elementen abhängig:

- einem überzeugenden und motivierenden Fundraising-Zielbild *(case for support)*,
- dringlichen Förderprojekten und plausiblem Finanzbedarf,
- dem Zugang zu potenziellen Major Donors,
- dem Engagement ehrenamtlicher Führungspersönlichkeiten und Fürsprecher,
- der internen Fundraising-Bereitschaft.

(1) Ein überzeugendes und motivierendes Fundraising-Zielbild

Das Fundraising-Zielbild einer Institution *(case for support)* setzt sich aus allen Faktoren zusammen, für die diese steht: ihren Traditionen und Erfolgen in der Vergangenheit, in ihrem Nutzen heute, ihren gegenwärtigen Leistungen und, was am wichtigsten ist, ihren Plänen, Ambitionen und ihrer Zukunftsvision. „People give to make the world better." (Menschen engagieren sich für eine bessere Welt.) Die Formulierung des Zielbildes bildet die Grundlage und das argumentative Dach, um die potenziellen Förderer vom Finanzbedarf der Institution und der Notwendigkeit von größeren Zuwendungen zu überzeugen. Viele Institutionen verfügen zwar mittlerweile über Leitbilder, deren Wirkung nach innen durchaus groß sein mag, die aber meist nicht so formuliert sind, dass sie gewinnend auf private Förderer wirken.

(2) Dringliche Förderprojekte und plausibler Finanzbedarf

Erfolgreiches Fundraising setzt voraus, dass die Bedarfe einer Organisation und die in diesem Zusammenhang genannten finanziellen Erfordernisse Nachfragen standhalten können. Sie müssen plausibel sein und auf anschauliche Weise erklärt werden. Wichtige Faktoren sind dabei Exklusivität und Vorreiterfunktion. Von großer Bedeutung in diesem Zusammenhang sind individuelle Würdigungsmöglichkeiten für Spender, Stifter und Sponsoren (im letzten Falle Gegenleistungen).

(3) Zugang zu potenziellen Major Donors

In Zusammenhang mit der erfolgreichen Durchführung von Fundraising-Aktivitäten muss eine ausreichende Zahl an potenziellen Förderern identifiziert werden: (wohlhabende) Privatpersonen, Unternehmen, Stiftungen. Die Höhe dessen, was diese in der Lage wären zu geben, muss mit dem Finanzziel in Einklang stehen. Zudem muss die Hoffnung gerechtfertigt erscheinen, dieses Potenzial in eine tatsächliche Förderbereitschaft umwandeln zu können.

(4) Engagement von ehrenamtlichen Führungspersönlichkeiten und Fürsprechern

Ehrenamtliche Führungskräfte von außen, Persönlichkeiten, die hinter der Zielsetzung stehen, der Arbeit Prestige und Ansehen verleihen, die Kontaktarbeit mittragen und unterstützen sowie Türen zu Zustifterinnen und Großspendern öffnen, bilden den Schlüssel für jede groß angelegte Fundraising-Aktivität.

5) Interne Fundraising-Bereitschaft

Ein weiterer Faktor für Fundraising-Erfolge ist die Bereitschaft innerhalb einer Organisation oder Institution, tatsächlich Fundraising zu betreiben. Voraussetzung dafür ist das Vorhandensein von klaren Vorstellungen über die Prioritäten der Organisation, eine breite Unterstützung der Kampagne innerhalb der Organisation und eine enge Verbindung zwischen den Zielen der Kampagne und der langfristigen Entwicklung der Institution insgesamt. Hinzu kommt die Notwendigkeit einer klaren, konsequenten und inspirierenden Führung innerhalb der Institution und von Menschen, die dem Fundraising kontinuierlich Zeit widmen (Fundraising-Personal). Ein Budget für Fundraising-Aktivitäten ist dabei ebenso unabdingbar wie eine mittels einer Fundraising-Software geführte Fördererdatenbank, die den Anforderungen des Major-Gift-Fundraisings gerecht wird.

Der erste Schritt hin zu einer Capital Campaign ist in der Regel eine Machbarkeits- und Planungsstudie (Feasibility Study; siehe Checkliste im Anhang). Im Rahmen einer solchen Studie wird geprüft, ob die Organisation die genannten fünf Voraussetzungen für eine erfolgreiche Kapitalkampagne erfüllt. Die Studie sollte immer von externen Beratern durchgeführt werden, denn Außenstehende erhalten in persönlichen Gesprächen meist ehrlichere Antworten als Insider. Für die interne Situationsanalyse werden vertrauliche Interviews mit internen Schlüsselpersonen geführt und auch schriftliche Materialien ausgewertet. Die externe Analyse besteht hauptsächlich aus vertraulichen persönlichen Interviews mit ausgewählten „hochkarätigen" Persönlichkeiten, Menschen, die selbst vermögend sind und/oder eine Führungsrolle in der Wirtschaft innehaben.

Die Ideen und Vorschläge der internen und externen Analyse werden in einem Abschlussbericht zusammengefasst, der Stellung dazu bezieht, ob eine Organisation in der Lage ist, eine erfolgreiche Capital Campaign durchzuführen und welches Finanzziel erreicht werden kann. Der Bericht enthält auch Empfehlungen in Form einer systematischen Organisationsstrategie, einschließlich der Arbeitsabläufe, Budget- und Jahrespläne für die Kampagne.

Bereits in der Machbarkeits- und Planungsstudie wird mit Spendentabellen (Gift Charts) gearbeitet. Dabei handelt es sich um die statistische Darstellung dessen, wie eine Kampagne das gesteckte Ziel erreichen kann, also wie viele Einzelspenden mit welchen Einzelsummen in welcher Spendenkategorie notwendig sind. Grundlage dafür bilden Erfahrungen mit anderen erfolgreichen Kampagnen. Eine Faustregel ist das 40/40/20-Prinzip: Mindestens 40 Prozent des Gesamtziels resultieren aus nicht mehr als 10 Spenden, die nächsten 40 Prozent aus 100 Spenden, die restlichen 20 Prozent aus Hunderten oder möglicherweise Tausenden Spenden, wobei die Spitzenspende zwischen 10 und 20 Prozent des Gesamtziels abdecken sollte.

Die Spendentabelle dient als Planungsinstrument (Wie sieht das ideale Spendenmuster für die betreffende Kampagne aus? Wie viele Spenderinnen und Spender sind in welcher Größenordnung erforderlich? Wie viele müssen gefragt werden?) und als visualisierter Plan, der Förderern und potenziellen Spenderinnen und Spendern gezeigt wird, um ihnen einen Überblick zu geben und klar zu machen, aus wie vielen Einzelspenden sich das Ergebnis einer erfolgreichen Kampagne zusammensetzen muss. Außerdem kann dem potenziellen Spender an geeigneter Stelle anhand der Tabelle aufgezeigt werden, in welcher Kategorie man sich eine Spende von ihm wünscht.

Tabelle 1: Spendentabelle (Beispiel) bei einem Kampagnenziel von 30 Millionen Euro

| Spendenhöhe | Potenzial benötigt | Anzahl Spender | Gesamt Euro | Kumulativ Euro | Anteil in % |
|---|---|---|---|---|---|
| Initialspenden | | | | | |
| 3.000.000 | 3 | 1 | 3.000.000 | | |
| 2.000.000 | 6 | 2 | 4.000.000 | | |
| 1.000.000 | 15 | 5 | 5.000.000 | 12.000.000 | 40 |
| Leadershipspenden | | | | | |
| 500.000 | 18 | 6 | 3.000.000 | | |
| 200.000 | 60 | 20 | 4.000.000 | | |
| 100.000 | 120 | 50 | 5.000.000 | 12.000.000 | 40 |
| Alle anderen Spenden | | | 6.000.000 | | 20 |

Die Tabelle verdeutlicht: In der Kategorie 1.000.000 Euro werden beispielsweise fünf Spender und Spenderinnen benötigt. Um diese zu finden, müssen mindestens 15 Personen identifiziert, qualifiziert, kultiviert und gefragt werden, weil man von einem Verhältnis 1:3 bis 1:5 ausgeht.

Anhand der Spendentabelle lässt sich auch der *top down/inside out approach* (der Von-oben-nach-unten-/von-innen-nach-außen-Ansatz) erläutern: Während der Kampagne erfolgt eine *sequential solicitation*, die folgerichtige Einwerbung der Förderbeträge. Zunächst erfolgt die Konzentration auf eine Gruppe von Menschen mit einer engen Beziehung zu der Organisation, von denen die größten Spenden möglich sind und erwartet werden, die mit ihrer Großzügigkeit das Muster für andere bilden. Die nächste Gruppe sind potenzielle Förderer, die ebenfalls in der Lage sind, sich mit einer hohen Summe zu engagieren, allerdings geringer in Höhe und Wirkung als die Initialspenden.

## 4.2.2.3 Planung und Umsetzung einer Capital Campaign

Eine Capital Campaign erstreckt sich in der Regel über drei bis fünf Jahre; je höher das Finanzziel ist, desto länger ist die Laufzeit. Vor der Kampagne selbst erfolgt die Durchführung der Machbarkeits- und Planungsstudie. Hierfür sind meist vier bis sechs Monate erforderlich. Sind die Empfehlungen positiv, so kann unmittelbar in die Vorbereitungsphase eingestiegen werden. Eine Hürde ist dabei allerdings oft die innerorganisatorische Entscheidung, tatsächlich in eine Capital Campaign einzusteigen und dabei insbesondere die Klärung der Frage der Finanzierung der Anfangsinvestitionen. In der Vorbereitungsphase gilt es zunächst, die notwendige Infrastruktur zu installieren (Personal, Organisationsabläufe, Fundraising-Datenbank).

Abbildung 1: Managementstruktur einer Capital Campaign (Finanzziel 30 Mio. Euro)

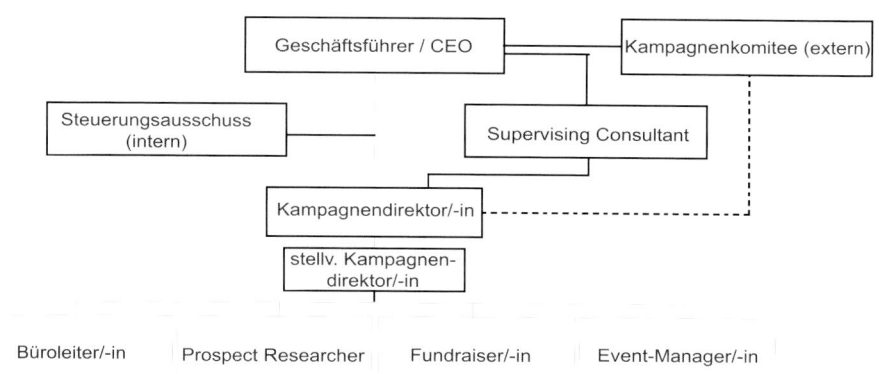

Ein wichtiger Teil der Vorarbeiten ist es auch, das Fundraising-Zielbild in der Vollversion auszuarbeiten, eine Art Projektportfolio in Form einer Broschüre oder einer Mappe mit Einlegeblättern zusammenzustellen, um aufzuzeigen, was alles finanziert werden soll, und um den potenziellen Förderern die Möglichkeit zu eröffnen, einzelne Bereiche, die ihnen am meisten zusagen, zu unterstützen. Außerdem muss geklärt werden, in welcher Form die Würdigung erfolgen soll, ob beispielsweise eine Tafel in der Eingangshalle ausgehängt werden soll, auf der die Namen der Förderer entsprechend ihrer Spenderkategorie, auf Plaketten unterschiedlicher Größe und eingeteilt in entsprechende Gruppen verewigt werden. Die Anerkennungsformen sollten in Richtlinien festgehalten werden.

Zu den Kampagnenvorbereitungen gehört es auch, die notwendigen strukturellen Voraussetzungen zu schaffen. Es müssen verschiedene Gremien installiert werden: der interne Steuerungsausschuss, das Kampagnenkomitee und ein angesehener, ehrenamtlicher *Campaign Chair* (Kampagnenvorsitzender bzw. -direktor). Was das Einwerben der Spenden betrifft, so müssen zunächst die Spender für die Initialspende gewonnen und dann die Spendentabelle von oben nach unten abgearbeitet werden. Erst wenn etwa 40 bis 50 Prozent des Kampagnenziels erreicht sind, wird die Kampagne in der Öffentlichkeit bekannt gemacht. Es gibt also zunächst eine stille Phase, die einschließlich der Vorarbeiten bis zu zwei oder drei Jahre dauern kann. Erst wenn bereits genügend Förderer in den oberen Kategorien gefunden sind, ist zu erwarten, dass auch andere mitziehen.

Die Kosten für eine Capital Campaign belaufen sich meist zwischen sieben und 15 Prozent der eingeworbenen Gesamtsumme, wobei darin sämtliche Kosten enthalten sind, ob die Personalkosten der Institution, die Kosten für Fundraising-Software, für Broschüren, Events oder Beratungskosten, einschließlich der Kosten für die Machbarkeits- und Planungsstudie. Je höher das Finanzziel, desto mehr Personal ist erforderlich bei gleichzeitiger Verbesserung des Kosten-Einnahmen-Verhältnisses. Die Kosten fallen relativ gleichmäßig verteilt über die Laufzeit an. Mit der Einwerbung der ersten Spenden ist aber frühestens zwölf Monate nach Kampagnenbeginn zu rechnen.

## 4.2.2.4 Die sieben Schritte des Major-Gift-Fundraisings

Die Einwerbung von hohen Förderbeträgen – ob von Individuen, Unternehmen oder Stiftungen – setzt trotz gelegentlicher „Zufallstreffer" in der Regel die strategisch geplante persönliche Ansprache von Förderern voraus. In einer Capital Campaign ist es unabdingbar, entlang der sieben Schritte des Major-Gift-Fundraisings (siehe 4.2.1.4) vorzugehen, und zwar in Bezug auf jeden einzelnen der potenziellen Förderer.

Abbildung 2: Die sieben Schritte des Major-Donor-Fundraisings

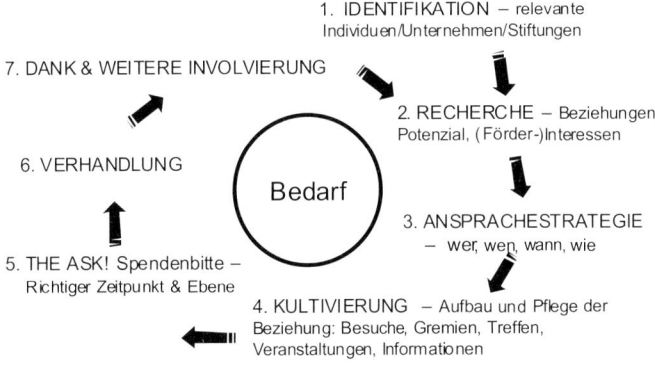

Schritt 1: Identifikation möglicher Spender

Personen und Organisationen, von denen angenommen werden kann, dass sie in der Lage sind, hohe Spendenbeträge leisten zu können, müssen identifiziert werden. Hierbei gilt es unter anderem, eine Art Schneeballsystem zu initiieren und die persönlichen Netzwerke der Führungsspitze der Organisation und anderer relevanter Personen zusammenzutragen.

Schritt 2: Recherche und Evaluation

Recherchen, *prospect research*, über mögliche Spender sind eine der wichtigsten Aufgaben im Großspenden-Fundraising. In der Regel ist es notwendig, zumindest eine Person im Fundraising-Büro voll dafür abzustellen.

Schritt 3: Planen der Ansprachestrategie

Die Ansprache muss sowohl strategisch (durch wen, wann und wie die Ansprache eines Spenders in den Gesamtplan passt) wie auch taktisch (die Art und Weise, in der der Kontakt zu jedem potenziellen Spender gepflegt wird) geplant werden.

Schritt 4: Kultivierung und Involvierung des potenziellen Spenders

Erst nach einer ausreichenden Zahl an persönlichen Kontakten mit möglichen Spendern (bei hohen Beträgen bis zu fünf und mehr) und dem dadurch bewirkten Heranführen an die Organisation und ihre Bedarfe sollte die eigentliche Spendenbitte erfolgen. Der potenzielle Spender muss auf den Gedanken, dass er die Kampagne mit einer signifikanten Spende unterstützen könnte, vorbereitet werden. Wenn er schließlich um die Spende gebeten wird, sollte der Spender so vorbereitet sein, dass sich der Anfragende über den erfolgreichen Ausgang ziemlich sicher sein kann.

Schritt 5: The Ask – die Spendenbitte

Wichtig ist hierbei sowohl der richtige Zeitpunkt als auch die richtige Ebene. Derjenige, der den Kontakt zu einem möglichen Spender gepflegt hat, wird in den meisten Fällen auch derjenige sein, der um die Spende bittet. Der mögliche Spender wird vielleicht keine sofortige Antwort geben wollen, sondern die Spende möglicherweise mit seinem Finanzberater, mit der Unternehmensleitung, mit dem Ehepartner oder einem anderen Familienmitglied diskutieren wollen.

Schritt 6: Die Spendenbitte zum Abschluss bringen

Die Person, die um die Spende gebeten hat, muss mit dem möglichen Spender in Kontakt bleiben und zu gegebener Zeit nachfassen. Welche Würdigung ein Spender erhalten sollte und die Art und Weise, in der die Spende öffentlich gemacht wird, ist Teil des Gesprächs mit dem potenziellen Spender. Dies setzt ein gewisses Verhandlungsgeschick voraus. Es ist ratsam, im Voraus hier eine klare, aber flexible Haltung zu formulieren, um sicherzustellen, dass die Art der Anerkennung einer Spende zu dem Spender passt.

Schritt 7: Dank und weitere Involvierung des Spenders

Es ist unbedingt wichtig, den Spender auch nach seiner Zusage involviert zu halten. Der Spender wäre enttäuscht, wenn die Organisation nicht Schritte unternähme, um ständige Wertschätzung für die Spende auszudrücken, ihn bei wichtigen Entscheidungen zu konsultieren und ihn als jemanden zu behandeln, der künftig durchaus weitere Spenden tätigen könnte.

## Weiterführende Literatur

Dove, Kent E.: Conducting a Successful Capital Campaign, New York 1999.

Kihlstedt, Andrea/Schwartz, Catherine P.: Capital Campaigns. Strategies That Work, Gaithersburg 1997.

Weinstein, Stanley: Capital Campaigns from the Ground Up : How Nonprofits Can Have the Buildings of Their Dreams, New York 2003.

# 4.2.3 Organisation von Mäzenatentum

## 4.2.3.1 Verankerung der Stiftung in der Zivilgesellschaft

### *Rupert Graf Strachwitz*

(1) Einführung

Seit rund 200 Jahren ist es üblich geworden, das Stiftungswesen im Wesentlichen unter juristischen Gesichtspunkten zu erforschen und zu beurteilen. So relevant diese zweifellos sind, so sehr verstellen sie doch den Blick für andere Dimensionen dieses Faktors einer Gesellschaft, eines Faktors, dessen Bedeutung weit jenseits eines eventuellen finanziellen Beitrags liegen kann. Dies gilt besonders in einer Zeit, in der autonomes Handeln bis hin zu einer Polyarchie zumindest im Diskurs der Möglichkeiten einen Stellenwert einnimmt, den es gewiss seit dem 18. Jahrhundert nicht mehr einnehmen konnte. Es erscheint daher wichtig, das Stiftungswesen aus dem Korsett des etatistisch geprägten Stiftungsrechts zu befreien und Überlegungen anzustellen, wie es sich unter den Bedingungen einer bürgergesellschaftlichen politischen Ordnung entwickeln kann. In diesem Zusammenhang kommt der Einbindung der Stiftung in die Zivilgesellschaft besondere Bedeutung zu, ist diese doch zu einem der entscheidenden Akteure in der Gesellschaft geworden.[1]

Bestimmt sich Zivilgesellschaft wesentlich aus dem freiwilligen, selbst ermächtigten und selbst organisierten Handeln von Bürgerinnen und Bürgern für die und in der Gesellschaft, so stellen Stiftungen eine der Möglichkeiten dar, diesen Anspruch zu verwirklichen. Unter den Organisationsformen der Zivilgesellschaft zeichnet sich die Stiftung von ihrem Wesen her durch Nachhaltigkeit, Autonomie und Individualität aus. Das definitorische Merkmal ist die Bindung an den objektivierten Stifterwillen, in Abgrenzung von dem Willensbildungsprozess einer genossenschaftlich aufgebauten Organisation (etwa dem Verein). Nicht zuletzt aufgrund der bei jeder Stiftungsgründung intendierten Langfristigkeit sind die ältesten noch bestehenden Organisationen Stiftungen. Die ältesten, noch heute arbeitenden Stiftungen gehen vermutlich auf das 1. Jahrtausend n. Chr. zurück. Stiftungen gehören zu unserer kulturellen Tradition wie zu der fast aller anderen Kulturkreise, insbesondere auch des islamischen. Lange Zeit wurden sie als marginale Organisationsform sui generis betrachtet. Eine gesellschaftliche Wirkung wurde ihnen nicht oder kaum zugesprochen. Erst im Licht neuerer international vergleichender Untersuchungen werden sie heute als Subsektor des Dritten Sektors neben Staat und Markt bzw. der organisierten Zivilgesellschaft gesehen, versehen mit den erwähnten Besonderheiten, aber auch mit Merkmalen, die sie mit anderen Ausprägungen der Zivilgesellschaft teilen.

Die empirische Forschung über sie weist in Deutschland nach wie vor viele Lücken auf, die zum Teil der (mangels entsprechender Verpflichtung) nur partiellen Auskunftsfreudigkeit von Stiftungsverwaltern, zum Teil aber auch bisher nicht überwundenen methodologischen Schwierigkeiten geschuldet sind. So ist etwa eine Auflistung der größten Stiftungen unmöglich, da es an einheitlichen Bewertungskriterien für die Vermögenswerte mangelt und diese in der Tat sehr schwer zu definieren sind. Auch das Problem der Einbindung der rund 100.000 Kirchen- und Kirchenpfründestiftungen in den Bestand der rund 15.000 anderen Stiftungen, die in der Regel als Gesamtmenge genannt werden und von denen etwa 10.000 einigermaßen präzise erfasst sind, ist nicht gelöst. Gänzlich unbekannt ist die Zahl der im Lauf des 20. Jahrhunderts untergegangenen Stiftungen. Schätzungen reichen von 10.000 bis 100.000. 30.000 dürfte eine valide Zahl sein.

Die Zahl der Neugründungen hat seit dem Jahr 2000 deutlich zugenommen. Verbesserte steuerliche und zivilrechtliche Rahmenbedingungen sind dafür eine gängige Erklärung, die erhebliche Vermehrung des Vermögens in privater Hand eine andere. Es sollte jedoch nicht übersehen werden, dass auch das Bewusstsein von der Notwendigkeit bürgerschaftlichen Engagements stark gestiegen ist.

Auf der Basis der rund 15.000 dokumentierten Stiftungen lassen sich über Vermögen und Zweck einige Aussagen treffen. So haben von diesen nur rund 17 Prozent ein Vermögen, das vermutlich 2,5 Millionen Euro übersteigt; das Vermögen von 60 Prozent der Stiftungen liegt unter 500.000 Euro. Daraus wird überdeutlich, dass Mutmaßungen, Stiftungen könnten einen entscheidenden quantitativen Beitrag zur Finanzierung von Aufgaben des Gemeinwohls leisten und insofern die Staatskassen entlasten, in das Reich der Phantasie gehören. Aus Analogien zu anderen Untersuchungen lässt sich vielmehr schätzen, dass der Beitrag zur Finanzierung des Dritten Sektors allenfalls bei 0,3 Prozent der Gesamtfinanzierung, der Beitrag zur Gesamtfinanzierung des Gemeinwohls im nicht mehr messbaren Bereich liegt. Die tatsächliche Bedeutung von Stiftungsarbeit liegt hingegen in ihrer Qualität.

51,1 Prozent der deutschen Stiftungen verfolgen im weitesten Sinn soziale Zwecke, 33,1 Prozent Zwecke der Bildung und Erziehung, 22,5 Prozent wissenschaftliche Zwecke, 22,6 Prozent Zwecke im Bereich von Kunst und Kultur, 13,1 Prozent solche im Gesundheitswesen, wobei große Stiftungen regelmäßig mehrere Zwecke verfolgen.[2] Insgesamt stellen die Stiftungen rund 80.000 Arbeitsplätze in Voll- oder Teilzeit zur Verfügung, ganz überwiegend in den Einrichtungen der operativ tätigen Stiftungen. Für das bürgerschaftliche Engagement, das sich zunächst durch den Stiftungsakt verwirklicht, ist aber besonders die Tatsache von Interesse, dass nur rund 15 Prozent der Stiftungen hauptamtliche Mitarbeiter beschäftigen. Stiftungsräte und Vorstände sind fast ausnahmslos ehrenamtlich tätig. Zum Stiften von Geld kommt folglich regelmäßig das Stiften von Zeit hinzu, sei es durch die Stifter oder Dritte, die sich in einer Stiftung engagieren.

Es darf nicht übersehen werden, dass Stiftungen nicht nur aus originärem bürgerschaftlichem Engagement entstehen. Seit es Stiftungen gibt, haben auch Träger öffentlicher Macht Stiftungen gegründet, um einzelne Ziele oder Einrichtungen künftigen andersartigen Willensbildungen zu entziehen. Diese Motivation ist auch dem demokratischen Staat zuzubilligen. Soweit er das Recht der Bürgerinnen und Bürger schützt, nachhaltig das Wohl und Wehe einer selbst gegründeten Organisation zu bestimmen, kann er dieses gewiss auch für seine Organe in Anspruch nehmen, sollte sich dabei aber an den geschützten Idealtypus der Stiftung auch selbst gebunden fühlen. Korporative Stifter privatrechtlichen Charakters stehen bürgerschaftlichem Engagement näher. Jedoch sind zum Marktsektor gehörende Stifter stets kritisch zu fragen, ob ihr Eindringen in diesen Subsektor der Zivilgesellschaft tatsächlich ein Element des Engagements enthält oder ob es ausschließlich eine alternative Ausdrucksform der Öffentlichkeitsarbeit oder anderer selbstbezogener Ziele darstellt. Eine Verbindung zu Letzteren ist schon im Hinblick auf die Schwierigkeiten jeder Motivzuordnung nicht grundsätzlich zu beanstanden, aber ein völliges Fehlen des Ersteren würde die Stiftung im Einzelnen und als Idee beschädigen. Bereits im Dritten Sektor verankerten Stiftern, etwa Vereinen, dient die Stiftung als Organisationsmittel; bürgerschaftliches Engagement kommt hier gewissermaßen mittelbar zum Ausdruck. So entstandene Stiftungen haben darüber hinaus häufig das Wecken von Philanthropie zum Ziel.

(2) Stiftungen und Vereine

Vereine sind wesentlich zahlreicher als Stiftungen. Den rund 15.000 Stiftungen (ohne Kirchenstiftungen) stehen rund 500.000 eingetragene, d. h. rechtsfähige Vereine und eine vermutlich ebenso große Zahl nicht rechtsfähiger Vereine gegenüber. Im Gegensatz zum Verein, der von seinem Wesen her eine Vereinigung von Menschen ist *(universitas personarum)*, hat die Stiftung in der Regel eine materielle Basis *(universitas bonorum)*.

Es muss jedoch deutlich hervorgehoben werden, dass nicht die materielle Basis das unterscheidende Merkmal der Stiftung darstellt, sondern die Bindung. Das Vermögen großer vereinsmäßig strukturierter Verbände übersteigt dasjenige selbst der größten Stiftungen in Einzelfällen bei weitem.

Die Zielsetzung eines Vereins wird demgemäß in einem ständigen Willensbildungsprozess seiner Mitglieder, der auch radikale Veränderungen zulässt, fortgeschrieben, während den Zweck der Stiftung als Ausdruck des Stifterwillens die Stifter und Stifterinnen bekunden. Dieser gilt, solange die Stiftung besteht, und beinhaltet auch den Grad der Anpassungen oder Veränderungen, die spätere Verwalter vornehmen dürfen.

Vor allem dort, wo Stiftungen selbst agieren, stellt sich in diesem Zusammenhang die interessante Frage, ob diese Bindung einer Entwicklung nicht allzu sehr im Wege steht. So ist schon für die mittelalterlichen Universitätsstiftungen nachgewiesen, dass das Spannungsverhältnis zwischen dem Stifterwillen und dem korporativen Willensbildungsprozess der Universitas immer wieder zu erheblichen Problemen geführt hat.[3]

Mit dem Argument, dass in einer demokratischen Gesellschaft ihre Mitglieder jederzeit über alle relevanten Belange dieser Gesellschaft und damit auch über alle vorkommenden Institutionen grundsätzliche Entscheidungen fällen können müssen, ist die Existenzberechtigung der Stiftung als solche gelegentlich angezweifelt worden. Unter Verweis darauf, dass auch die Entscheidungsträger in einer grundsätzlich evolutionär angelegten Gesellschaft kulturelles Erbe so lange zu respektieren haben, wie es das Gemeinwohl nicht schädigt, wenn sie nicht die Grundlagen ihrer Entscheidungskriterien negieren wollen, sind diese Zweifel in Deutschland (ebenso wie in fast allen anderen europäischen Ländern, aber im Gegensatz etwa zu Frankreich) allerdings nie rechtswirksam geworden. Im modernen deutschen Verfassungsstaat ist zwar nur die Vereinigungsfreiheit als Grundrecht verankert, aber auch das Recht zu stiften findet im Grundrecht auf freie Entfaltung der Persönlichkeit seine verfassungsmäßige und in zahlreichen gesetzlichen Bestimmungen des Bundes und der Länder (z. B. im Bürgerlichen Gesetzbuch) seine gesetzliche Grundlage. Die Stiftung ordnet sich dem Aspekt unserer Gesellschaft ein, der als Rechtsstaat definiert ist und den der demokratische Staat bei aller Entscheidungsfreiheit um des nachhaltigen Erhalts der Gesellschaft willen zu respektieren hat.

(3) Der Akt des Stiftens

Aufgrund seiner definitorischen Merkmale kommt dem Akt des Stiftens eine weit höhere Bedeutung zu als dem Gründungsakt eines Vereins. Nur hier kann tatsächlich der Stifterwille objektiviert werden. Im Gegensatz zu anderen europäischen Ländern wird in Deutschland die gelegentlich als „Herrschaft der toten Hand" apostrophierte Stiftung nur in Verbindung mit dem Gemeinwohl als gesellschaftspolitisch förderungswürdig erachtet. Nicht gemeinwohlorientierte Stiftungen sind zwar legitim, aber ihre geringe Zahl (knapp 300) weist schon darauf hin, dass sie als Instrument des Handelns wenig Attraktivität besitzen. Dass in der jüngsten Diskussion um eine Reform ihre Legitimität grundsätzlich infrage gestellt wurde, ist nicht unproblematisch. Einerseits sind Herrschaften der toten Hand keineswegs auf die Stiftungen beschränkt. Jede Baugenehmigung begründet etwa – durchaus nicht unbedingt gemeinwohlorientiert – ein nachhaltiges Baurecht auch für spätere Grundstückseigentümer und vor allem auch den Bestandsschutz des Gebäudes selbst. (Im englischen *foundation* spiegelt sich noch stärker als im deutschen *Gründung* die Nähe eines Stiftungsaktes zu einem Bau wider.) Auch das privatnützige Erbrecht ist von der Rechtsordnung geschützt. Andererseits werden hier Gemeinwohl und steuerliche Gemeinnützigkeit unzulässig vermischt. Die Mehrzahl der bestehenden privatnützigen Stiftungen, wegen ihres Destinatärkreises meist Familienstiftungen genannt, ist Ausdruck des Stifterwillens, für Familienmitglieder zu sorgen, die einen anderen Versorgungsanspruch nicht besitzen (Witwen und Waisen, in Not geratene Familienmitglieder). Dass ihnen wegen des begrenzten Personenkreises heute keine Steuerbefreiung gewährt wird, ist Ausdruck eines historischen Wohlfahrtsstaatsverständnisses und ist von einem allgemeineren, sich fortlaufend ändernden Gemeinwohlverständnis zu trennen. Im Übrigen ist – historische Beispiele belegen dies – der Gemeinwohlbegriff in hohem Maße politisch missbrauchsanfällig.

Zu den größten Missverständnissen über die Stiftungen gehört, dass Stiftungen *nur* Vermögensmassen seien. Diese Auffassung ist im Wesentlichen in der Rechtswissenschaft zu finden und verkennt den Prozesscharakter des Stiftens. Der Akt des freiwilligen Schenkens ist zunächst ein definitorisches Merkmal jedes bürgerschaftlichen Engagements; er bildet die Essenz der Zivilgesellschaft.[4] Er bedingt bei jedem Engagement die Hingabe eines individuellen Propriums, mögen dies nun Überzeugungen, Gedanken, Ideen, Zeitkontingente oder Vermögenswerte sein. Stiftungsspezifisch ist die absichtsvolle Nachhaltigkeit des Geschenks, die dazu führt, dass der individuelle Stiftungsakt in eine ebenso individuell gestaltete und in die Zukunft hinein bestimmte Form münden kann. Daher ist ein solcher Stiftungsakt prinzipiell auch ohne den Einsatz materieller Güter möglich. Nicht ohne Grund spricht die klassische christliche Theologie von der Kirche als der Stiftung Jesu Christi.

Daraus ergibt sich, dass auch die Meinung, das Wesen einer Stiftung sei nur das Verteilen von Erträgen ihres Vermögens an andere gemeinwohlorientierte Akteure, grundsätzlich irrig ist. Insofern ist die zurzeit häufig geäußerte und durchaus berechtigte Kritik an vermögenslosen Stiftungen durch öffentliche Körperschaften mit diesem Argument allein nicht zu begründen. Der grundsätzlich unwiderrufbare Akt des Stiftens einer Idee ist hingegen jedem Stifter, sei er nun Bürger oder Staat, abzufordern. Die zurzeit bei öffentlichen Mandatsträgern ebenso wie bei der Verwaltung beliebte staatlich gegründete Stiftung, deren Organisation der eines öffentlich-rechtlichen Zweckverbandes gleicht und die zu ihrer Wirksamkeit immer wieder auf die anderswo zu beschließende Zuweisung von öffentlichen Mitteln angewiesen ist, untergräbt das Wesen der gebundenen Form.[5] Insofern sind auch nicht die Stiftungen „unecht", die kein Vermögen haben, sondern die, deren Bindung durch Eingriffsmöglichkeiten z. B. einer öffentlichen Körperschaft ganz oder fast aufgehoben ist.

(4) Funktionen von Stiftungen

Versucht man aus den sehr unterschiedlich erscheinenden Ausformungen eine funktionsorientierte Typologie herauszufiltern, so ergeben sich drei Grundtypen. Stiftungen haben Funktionen als Eigentümer, als Unternehmungen und als Intermediäre. Diese Funktionen treten vielfach in Kombination miteinander auf, was die Wahrnehmung der einzelnen Funktion von außen erschwert.

Es mag erstaunen, dass die Eigentümerfunktion mit Abstand am häufigsten auftritt. Dies liegt nicht etwa daran, dass Stiftungen regelmäßig über Vermögen verfügen – dies ist mit der Eigentümerfunktion nicht gemeint –, sondern an dem großen Bestand an Kirchenstiftungen. Die Eigentümerfunktion beinhaltet die oft alleinige Aufgabe einer Stiftung, als Eigentümerin von solchen Vermögenswerten, die dem Zweck der Stiftung entsprechen, die bindungsgerechte Bewahrung und Pflege dieses Vermögens sicherzustellen. Das Kirchengebäude, als deren Eigentümerin im Grundbuch die Stiftung eingetragen ist, ist ein gutes Beispiel. Ein anderes ist etwa die Wittelsbacher Landesstiftung für Kunst und Wissenschaft, Eigentümerin, aber eben nicht Verwalterin eines großen Teils der Bestände der Münchner Museen, dennoch von hoher eigenständiger Bedeutung für den Zusammenhalt der Bestände. Auch Stiftungen als Eigentümer historischer Denkmäler mit dem Zweck, diese und nur diese zu erhalten, gehören zu dieser in der Öffentlichkeit kaum erkannten Gruppe.

Eine zweite Gruppe bilden die Unternehmungen. Hierzu gehören die klassischen, oft jahrhundertealten Anstalten, die im 19. Jahrhundert eine neue Blüte erlebten und auch heute wieder durchaus beliebt sind, obschon sie im eigenen Selbstverständnis oft nicht als Stiftungen gesehen werden. Dabei wird der fundamentale Unterschied zu genossenschaftlichen Formen hier besonders deutlich. Ihre Gründungsbindung verleiht ihnen eine besondere Stabilität, erschwert ihnen aber auch die Anpassung an veränderte Rahmenbedingungen. Schon die Ausgliederung des eigentlichen Betriebs in eine Tochtergesellschaft kann an Grenzen der satzungsmäßigen Zulässigkeit stoßen. Zu dieser

Gruppe, auch als operative Stiftungen bezeichnet, sind auch die zahlreichen Stiftungen zu rechnen, die in eigenen Verfahren der Auslobung und Jurierung Preise oder Stipendien vergeben. Auch dies stellt eine unternehmerische Tätigkeit dar. Ferner rechnen sich dazu auch die Stiftungen, die mit eigenem Personal Projekte durchführen. Die Bertelsmann Stiftung, neben der Robert-Bosch-Stiftung die größte deutsche Stiftung, ist beispielsweise eine operative Stiftung dieser Art.

Die Stiftung als Intermediärin ist zwar der bekannteste, aber nur der zweithäufigste Typ. Gemeinhin als Förderstiftung bezeichnet, galt sie im 20. Jahrhundert lange Zeit als die Stiftung schlechthin, andere Typen galten als Ausnahmen. Wenn etwa das European Foundation Centre von den nationalen Stiftungsverbänden als den *Associations of Grant Makers* spricht, dann spiegelt dies, seltsamerweise unwidersprochen, dieses Missverständnis wider. Der Ausdruck Intermediäre, entlehnt einer Charakterisierung der Europäischen Kommission (1997), soll überdies verdeutlichen, dass die Gewährung von finanziellen Mitteln nicht die einzige Intermediärleistung sein muss und in der Praxis auch nicht ist, die dieser Stiftungstyp anzubieten hat. Organisatorische und inhaltliche Beratungsleistungen gehören beispielsweise heute zum Standardrepertoire vieler größerer und kleinerer Förderstiftungen. Dass nur in diesen, zumal dann, wenn die Destinatäre bereits in der Satzung namentlich verankert sind, die anders gelagerte Funktion einer Stiftung als Eigen- und Fremdkapitalanbieterin für die Zivilgesellschaft zum Tragen kommt, versteht sich von selbst. Dass aber bis heute die Stiftungen dagegen anzukämpfen haben, in der Öffentlichkeit nur in dieser letzteren Funktion gesehen zu werden, ist nicht nur der Tatsache geschuldet, dass sich diese Öffentlichkeit in der jüngeren Vergangenheit zu wenig mit diesem Instrument des Handelns auseinandergesetzt hat, sondern auch offenkundigen Defiziten der Kommunikation der Stiftungen selbst mit dem sie umgebenden Umfeld. In der Kritik stehen besonders die Stiftungen, die ihre Ziele nicht aus den Erträgen eigenen Vermögens, sondern nur mit Hilfe von öffentlichen Zuwendungen oder Spenden von Bürgerinnen und Bürgern erfüllen können. Dabei wird übersehen, dass im Zentrum des Stiftungsgedankens eben nicht das Vermögen, sondern die Stiftungsidee steht.

(5) Versuch einer Definition

Zusammenfassend lässt sich die zivilgesellschaftliche Organisationsform Stiftung als das Ergebnis der Objektivierung einer Idee und in der Regel der Übertragung von Vermögenswerten an eine mit eigener Zielsetzung ausgestattete Körperschaft definieren, welches so gestaltet ist, dass der im Gründungsakt niedergelegte Stifterwille die späteren Verwalter bezüglich der Erhaltung und Verwendung des Vermögens dauerhaft bindet. An eine bestimmte Rechtsform ist dieses Ergebnis nicht gebunden, solange die Bindung an den Stifterwillen durch Satzung sichergestellt und in der tatsächlichen Tätigkeit erkennbar ist. Unter dauerhaft ist die Zeit des Bestehens der Stiftung zu verstehen. Die Verwalter (Organe) müssen insoweit an einer weitergehenden Verfügung über das Vermögen und an den Stifterwillen überschreitenden Verwendungsvorschriften gehindert sein. Stiftungen bürgerlichen Rechts und nicht rechtsfähige (treuhänderische) Stiftungen sind durch Gesetz und Satzung regelmäßig dieser Definition unterworfen. Anderen Körperschaften ist ein Stiftungscharakter zuzubilligen, wenn Satzung und Tätigkeit dieser Definition entsprechen. Dies kann vorbehaltlich der Nachprüfung vermutet werden, wenn sie das Wort Stiftung im Namen führen. Trifft diese Vermutung nicht zu, sollten sie an der Führung des Namensbestandteils „Stiftung" gehindert werden.

(6) Stiftungen und ihre Aufgaben

Zahlreiche privatrechtliche Stiftungen sehen sich bis heute nur in einer Ergänzungsfunktion zu staatlichem Handeln und nicht als Teile der Zivilgesellschaft.[6] Besonders im Bereich der Förderung von Wissenschaft und Forschung ist die Unterstützung von Einrichtungen und Projekten der staatlichen Wissenschaftspflege, d. h. insbesondere der staatlichen Universitäten, die Regel. Eingebunden in eine traditionelle Systematik von Drittmittelfinanzierung mit zum Teil fester Destinatärbindung und häufig auch in ein von der Gesamtheit der Destinatäre bestimmtes Gutachternetzwerk, vermögen sie zwar durchaus einzelne Forschungsvorhaben voranzubringen. Ihrer allgemeinen gesellschaftspolitischen Aufgabe werden sie hingegen nicht gerecht.

Da bekanntlich auch demokratisch legitimierte Prozesse zu fehlerhaften Entwicklungen führen können, ist andererseits auch das demokratische System auf komplementäre selbstbestimmte Entwicklungszentren angewiesen. Für diese Aufgabe erscheinen gerade die Stiftungen infolge ihres potenziell hohen Autonomiegrades geeignet. Daher haben sich manche von jeher Arbeitsfeldern gewidmet, deren Bearbeitung in einer historischen Periode nicht beliebt und daher auch nicht mehrheitsfähig war. Diese Funktion weist freilich diesen Komplementären ein hohes Maß an Verantwortlichkeit zu. Es ist daher zu bedauern, dass die Diskussion um das Stiftungswesen nicht nur unter einer gewissen Marginalisierung, die angesichts ihrer kleinen Zahl verständlich ist, und der schon geschilderten Verengung auf die Erschließung zusätzlicher Geldquellen für öffentliche Aufgaben leidet, sondern auch unter einer einseitigen Apologetik der Argumentation. Eine ernsthafte kritische Auseinandersetzung mit der Rolle von Stiftungen in der Gesellschaft hat in Deutschland erstaunlicherweise nur zu Beginn des 20. Jahrhunderts stattgefunden, als ihnen von konservativen Kreisen eine zu progressive Haltung vorgeworfen wurde. Der Blick auf die USA zeigt jedoch, dass gerade die kontinuierliche konstruktiv-kritische Begleitung von Grundsätzen und Ergebnissen von Stiftungstätigkeit diese Form bürgerschaftlichen Engagements mehr befördert als alle steuerlichen Anreize. Diese ebnet den Stiftungen auch den Weg zu einem modernen, von der Zugehörigkeit zur Zivilgesellschaft geprägten Selbstverständnis, ein Weg, auf dem sie unterschiedlich weit vorangekommen sind.

(7) Die Zukunft des Stiftungswesens

Es muss deutlich hervorgehoben werden, dass Reform nur zum kleineren Teil Reform der gesetzlichen Rahmenbedingungen bedeutet. Die Zukunft des Stiftungswesens hängt vielmehr wesentlich davon ab, wie sich die Stiftungen selbst ebenso wie die neuen Stifter den Herausforderungen einer modernen Bürgergesellschaft stellen. Dies ist zugegebenermaßen nicht einfach, denn die Bindung der Stiftung an ihre Gründung erschwert naturgemäß spätere Veränderungen, bedeutet aber nicht, dass es unmöglich ist, zumal oft nicht der Stifterwille, sondern behördliche Bevormundung den Entwicklungsprozess innerhalb der Stiftung behindert.

Die Beurteilung von Zielen und Arbeit einer Stiftung, die einen Beitrag zum allgemeinen Wohl leisten will, kann in einer offenen Gesellschaft nicht der öffentlichen Verwaltung überlassen bleiben, die sich an Regeln und Vorschriften zu halten und für Visionäres keine Kriterien hat. Sie kann aber, wenngleich der Beitrag autonom entwickelt und unternommen wird, auch nicht allein in der Stiftung selbst stattfinden, nimmt diese doch Einfluss auf die öffentlichen Angelegenheiten. Sie ist Aufgabe der Gesellschaft insgesamt, mit der die Stiftung in einem transparenten Diskurs kommuniziert.

Keiner Stiftung kann letztlich vorgeworfen werden, sie sei allzu passiv und orientiere sich ausschließlich an eingeführten, längst akzeptierten Projekten. Und doch stimmt es bedenklich, dass zu viele Stiftungen zu wenig Mut zeigen und ihre spezifischen Möglichkeiten nicht nutzen. Sie müssen sich schon fragen lassen, ob nicht ein mit ständiger demokratischer Legitimation ausgestatteter Verein dieselbe Aufgabe ebenso gut erfüllen und zugleich den zivilgesellschaftlichen Anspruch der Bildung von sozialem Kapital, der Einübung von Partizipation, der Integration von am Rande stehenden Menschen in die Gesellschaft besser einlösen kann und damit im Zweifelsfall eher zu begünstigen ist. Sie müssen sich fragen lassen, ob sie ihr Potenzial ganz ausschöpfen oder lediglich legitime, aber sekundäre Ziele, etwa die Regelung der eigenen Nachfolge oder die Memoria des Stifters, im Auge haben. Stiftungen stehen im Blickpunkt und im Wettbewerb; das Wohlwollen, das ihnen häufig als Gnadenspendern entgegengebracht wird, kann jederzeit umschlagen. Sie und ihre Stifter täten daher gut daran, sich nicht auf dem Recht zu handeln auszuruhen, sondern sich selbst immer wieder neu durch Leistung zu legitimieren.

In diesen Zusammenhang gehört wesentlich eine im letzten Reformvorhaben unerfüllt gebliebene Forderung: die Verpflichtung zur öffentlichen Auskunft über Tätigkeit und Finanzgebaren. Gewiss geht vor allem der private Stiftungsakt vom einzelnen Bürger aus und ist durch dessen unbestrittenes Recht auf eine unbeobachtete Privatsphäre geschützt. Mit der Institutionalisierung aber ist die Mitte der Brücke zur Gesellschaft überschritten, und in dem nun erreichten Bereich der Zivilgesellschaft gehört Transparenz des Handelns zu den fundamentalen Maximen.

In der Ausrichtung der Stiftungen auf die Zivilgesellschaft liegt der Kern eines Reformanliegens, welches nur durch die Stiftungen selbst anzupacken ist. Die Mehrheit verhält sich nicht zivilgesellschaftskonform. So veröffentlichen nicht einmal 30 Prozent Angaben über ihr Vermögen und ihre Mittel. Nur verschwindend wenige widmen sich der Entwicklung des Stiftungswesens und der Zivilgesellschaft, fördern bürgerschaftliches Engagement und nehmen an der gesellschaftlichen Entwicklung überhaupt Anteil. Dass daraus Misstrauen gegen Stifter und ihre „Spielwiesen" erwachsen kann, liegt auf der Hand. Untersuchungen in anderen Ländern zeigen, dass es nicht unbegründet ist.[7]

In der offenen Gesellschaft entscheidet die Gesellschaft auf vielerlei Weise letztlich doch über fast alle Bereiche menschlichen Lebens. Vieles bestimmt der Markt, einiges, ob zu Recht oder zu Unrecht, der Staat, und immer mehr ein öffentlicher Diskurs, der – manchmal allzu rasch – in politisches Handeln umgesetzt wird. Es ist erst zwanzig

Jahre her, dass ein namhafter Politiker die Stiftungen als abschaffungswürdige Relikte aus der Feudalzeit bezeichnet hat. Nirgends steht geschrieben, dass solche Zeiten nicht wiederkehren können. Daher sind Transparenz und Stifterautonomie die beiden Pole, zwischen denen sich die Entwicklung eines zukunftsorientierten Stiftungswesens bewegen wird. Damit Autonomie entsteht, ist es allerdings notwendig, dass der Freiraum der Stifter und ihrer Stiftungen dem anderer Akteure angepasst wird. Es kann nicht sein, dass sie stärkerer Reglementierung unterworfen bleiben, nur weil sie im 19. Jahrhundert als im Grunde mit der damaligen Staatstheorie nicht vereinbar galten.

Auch in Stiftungen spielen sich korporative Entscheidungs- und Willensbildungsprozesse ab, die das tatsächliche Leben mitbestimmen werden. Deswegen ist der oft gebrauchte Ausdruck der Stiftungserrichtung missverständlich: Es wird kein fertiges Gebäude errichtet und sollte es auch nicht. Die Stiftung muss auf dem Fundament ihrer Gründung als lebendiger Organismus blühen können.

Diesem Ziel hat auch die zweite wichtige Weichenstellung zu dienen: die Wahl der Rechtsform. Entscheidend für die Stiftung ist der bewusste Stiftungsakt; seinen Stifterwillen verwirklichen und im tatsächlichen Wortsinn stiften kann der Stifter in mehreren Formen. Es ist nicht ausgeschlossen, dass in der Zukunft für neue Stiftungsideen eigene Rechtsformen entwickelt werden, die den besonderen Umständen dieser Gründungen Rechnung tragen.

In dem Maße aber, wie öffentlich und auch in der Wissenschaft, gleich aus welchen Gründen, intensiv über den Beitrag nachgedacht wird, den Bürgerinnen und Bürger selbstbestimmt zu ihrer Gesellschaft leisten können, wird die alte, gelegentlich totgesagte Stiftung zu neuem Leben erblühen. Sie wird die Hürden der Reglementierung überwinden und sich von Fehlentwicklungen verabschieden können. Sie wird, mit vielen anderen, einen unverzichtbaren Beitrag zur Zivilgesellschaft erbringen.


## Anmerkungen

1  Angesichts des unterschiedlichen Sprachgebrauchs erscheint eine definitorische Klarstellung unerlässlich. Zivilgesellschaft wird hier, wie international üblich, als die Summe der nichtstaatlichen, nicht gewinnorientierten Akteure in der Gesellschaft verstanden. Der Begriff ist nicht mit dem des Dritten Sektors deckungsgleich, da er auch die informellen Initiativen umfasst. Daher wird der Dritte Sektor, etwa in der Europäischen Union, oft als „Organisierte Zivilgesellschaft" bezeichnet, wodurch gleichzeitig die politische Relevanz im Gegensatz zu einer rein ökonomischen und organisationstheoretischen Betrachtung hervorgehoben wird. Vom Begriff der Bürgergesellschaft (*civic society*) unterscheidet sich der der Zivilgesellschaft (*civil society*) dadurch, dass jener eine Gesellschaft insgesamt charakterisiert, die genossenschaftlich aufgebaut ist (und theoretisch die zivilgesellschaftliche Komponente ablehnen kann), während Letzterer einen Teilaspekt beschreibt, der auch in einer allein von Herrschaft bestimmten Gesellschaftsform möglich erscheint und auch tatsächlich vorkommt.

2  Alle Zahlenangaben siehe: Sprengel, Rainer/Ebermann, Thomas: Statistiken zum deutschen Stiftungswesen 2007, Stuttgart 2007.

3  Vgl. Wagner, Wolfgang Eric/Universitätsstift und Kollegium in Prag, Wien und Heidelberg: Eine vergleichende Untersuchung spätmittelalterlicher Stiftungen im Spannungsfeld von Herrschaft und Genossenschaft, Berlin 1999.

4  Offe, Claus: Reproduktionsbedingungen des Sozialvermögens, in: Enquete-Kommission „Zukunft des bürgerschaftlichen Engagements"/Deutscher Bundestag (Hrsg.): Bürgerschaftliches Engagement und Zivilgesellschaft, Schriftenreihe der Enquete-Kommission, Bd. 1, Opladen 2002.

5  Kilian, Michael: Stiftungserrichtung durch die öffentliche Hand, in: Bellezza, Enrico/Kilian, Michael/Vogel, Klaus: Der Staat als Stifter, Gütersloh 2003, S. 273–282.

6  Vgl. Adloff u. a.: Visions and Roles, a. a. O.

7  Vgl. Strachwitz, Rupert Graf: Verschwiegenheit und Transparenz gemeinwohlorientierter Akteure, in: Walz, Rainer (Hrsg.): Rechnungslegung und Transparenz im Dritten Sektor, Köln 2004, S. 203–214.

## Weiterführende Literatur

Adloff, Frank: Untersuchungen zum deutschen Stiftungswesen 2000–2002, Arbeitshefte des Maecenata Instituts für Philanthropie und Zivilgesellschaft, Heft 8, Berlin 2002.

Adloff, Frank/Schwertmann, Philipp/Sprengel, Rainer/Strachwitz, Rupert Graf: Visions and Roles of Foundations in Europe. The German Report, Arbeitshefte des Maecenata Instituts für Philanthropie und Zivilgesellschaft, Heft 15, Berlin 2004.

Bertelsmann Stiftung (Hrsg.): Handbuch Stiftungen, 1. Auflage, Wiesbaden 1998, 2. Auflage, Wiesbaden 2003.

Europäische Kommission: Mitteilung der Kommission über die Förderung der Rolle gemeinnütziger Vereine und Stiftungen in Europa, Luxemburg: Amt für amtliche Veröffentlichungen der Europäischen Gemeinschaft, 1997.

Gölz, Heide: Der Staat als Stifter, Stiftungen als Organisationsform mittelbarer Bundesverwaltung und gesellschaftlicher Selbstverwaltung, Dissertation, Bonn 1999.

Maecenata Institut (Hrsg.): Maecenata Stiftungsführer, Berlin 5/2005.

Maecenata Institut/Bertelsmann Stiftung (Hrsg.): Expertenkommission zur Reform des Stiftungs- und Gemeinnützigkeitsrechts, Materialien, Gütersloh 2/2000.

Sprengel, Rainer (Hrsg.): Philantrophie und Zivilgesellschaft, Frankfurt am Main 2007.

Strachwitz, Rupert Graf: Stiftungen nach der Stunde Null, in: Geschichte und Gesellschaft, 1/2007, S. 99–126.

Strachwitz, Rupert Graf/Mercker, Florian (Hrsg.): Stiftungen in Theorie, Recht und Praxis. Handbuch für ein modernes Stiftungswesen, Berlin 2005.

# 4.2.3.2 Stiftungsgründung als Fundraising-Maßnahme

## Siegfried W. Grünhaupt

(1) Notwendige Vorüberlegung: Die Stiftung im Fundraising-Mix

Vor der Gründung einer Stiftung als Fundraising-Instrument muss sorgfältig durchdacht werden, ob und wie eine solche Stiftung in das gesamte Fundraising-Konzept der

Organisation passt.[1] Sie eignet sich nicht, wenn kurzfristig ein großer Betrag für eine bestimmte Aufgabe benötigt wird. Eine Stiftung bindet das in ihr gesammelte Vermögen, dessen Erträge dann zur Finanzierung der Aufgaben der Stiftung zur Verfügung stehen. Die Gründung einer Stiftung ist daher dann ein geeignetes Fundraising-Instrument, wenn die Finanzierung eines Arbeitsbereiches oder eines Projektes dauerhaft gesichert werden soll.

(2) Stiftungsbegriff und Stiftungstypen

Der Begriff Stiftung ist gesetzlich nicht definiert. Man versteht darunter ein rechtlich verselbstständigtes Vermögen, das organisatorisch mit (mindestens) einem Organ (Vorstand) ausgestattet ist und dazu dient, aus den Erträgen dauerhaft einen vom Stifter festgelegten Zweck zu erfüllen (siehe 7.1.2).

Im Voraus geklärt werden muss die Frage, welcher Stiftungstyp den Planungen am ehesten entspricht. Es ist zu entscheiden, ob die Stiftung (nur) dazu dienen soll, dass aus den Erträgen die eigene Arbeit, der eigene Verband, Verein o. Ä. gefördert werden soll (Förderstiftung), oder ob die Stiftung eigene Aufgaben haben und diese selbst durchführen soll (Operative Stiftung). In diesem Fall ist sehr darauf zu achten und organisatorisch sicherzustellen, dass die stiftende oder die Stiftung anregende Nonprofit-Organisation (NPO) und die Stiftung nicht in eine Konkurrenzsituation geraten. Schließlich kann eine Stiftung auch Trägerin in einer Einrichtung (z. B. eines Tagungshauses) werden (Trägerstiftung).

Aufgabe einer Stiftung kann es darüber hinaus auch sein, ein bestimmtes Projekt auf Dauer zu finanzieren (Projektträgerstiftung), in regelmäßigen Abständen Stipendien zu vergeben (Stipendienstiftung) oder einen Preis auszuloben und zu finanzieren (Preisstiftung).

(3) Rechtlich selbstständige oder rechtlich unselbstständige (treuhänderische) Stiftung

Soll die Stiftung als rechtlich selbstständige Stiftung des bürgerlichen Rechts oder als rechtlich unselbstständige Stiftung errichtet werden (siehe 7.1.2)? Eine rechtlich selbstständige Stiftung (§§ 80–88 BGB) wird durch staatliche Anerkennung rechtsfähig. Sie kann dadurch eigenständig handeln, am Rechtsverkehr teilnehmen und ist unabhängig von der Mitwirkung Dritter. Das Erreichen der staatlichen Anerkennung erfordert einigen Arbeitsaufwand. Die zuständigen Behörden verlangen zur Anerkennung in der Regel ein Grundstockvermögen von mindestens 50.000 Euro. Je nach Stiftungszweck und Stiftungstyp wird auch ein höheres Mindestvermögen gefordert. Die Erträge des Vermögens sollen ausreichen, den Stiftungszweck nachhaltig zu erfüllen. Es empfiehlt sich, vor der Gründung einer rechtlich selbstständigen Stiftung rechtzeitig mit der Behörde Kontakt aufzunehmen, die nach dem jeweiligen Landesstiftungsgesetz für die Anerkennung zuständig ist. Das kann das Innenministerium des Landes, eine Bezirksregierung oder eine andere Behörde sein. Wenn die Stiftung gemeinnützig werden soll, ist auch die zuständige Finanzbehörde rechtzeitig einzubeziehen. Je nach Bundesland ist dies das zuständige Finanzamt oder die Oberfinanzdirektion. Der Kontakt zur Letzteren wird häufig schon durch die für die Anerkennung zuständige Behörde hergestellt.

Die Gründung einer rechtlich unselbstständigen (treuhänderischen) Stiftung ist einfacher. Diese ist – wie schon aus der Bezeichnung deutlich wird – nicht rechtsfähig,
sie kann nicht selbst rechtswirksam handeln. Sie benötigt einen rechtsfähigen Träger,
der für sie im Rechtsverkehr tätig wird und das Stiftungsvermögen treuhänderisch
verwaltet. Die Gründung erfolgt durch Abschluss eines Stiftungsvertrages (Treuhandvertrages) mit dem Träger (Treuhänder), der auch eine Satzung der Stiftung enthält.
Für die Errichtung ist also das Zusammenwirken von zwei „Parteien" notwendig. Eine
so genannte „Eigenstiftung" einer treuhänderischen Stiftung aus einer NPO heraus ist
also nicht möglich. Eine Ausnahme gilt nur bei Körperschaften des öffentlichen Rechts
(z. B. Kommunen, Kirchengemeinden), die rechtlich unselbstständige Stiftungen durch
Satzung errichten können. Eine staatliche Anerkennung der rechtlich unselbstständigen
(treuhänderischen) Stiftung ist nicht erforderlich. Eine treuhänderische Stiftung kann
dadurch normalerweise schneller errichtet werden. Das Anfangsvermögen kann kleiner sein, der mit der Gründung verbundene Verwaltungsaufwand ist geringer. Soll die
rechtlich unselbstständige Stiftung gemeinnützig sein, sollten Stiftungsvertrag und Satzung rechtzeitig mit der zuständigen Finanzbehörde abgestimmt werden.

(4) Aufbringung des Grundstockvermögens

Eine wichtige Frage ist auch, wie das zur Stiftungsgründung notwendige Vermögen
aufgebracht werden soll. Bringt die NPO das notwendige Grundstockvermögen als
„Anstifterin" selbst auf oder sucht sie von vornherein eine Stifterin oder einen Stifter
oder mehrere Stifterinnen und Stifter? Will die NPO das Anfangsvermögen selbst aufbringen, ist darauf zu achten, dass dies nicht aus Mitteln geschehen darf, die aus steuerlichen Gründen zeitnah zu verwenden sind.

(5) Gemeinschaftsstiftung

Häufig empfiehlt es sich, die Stiftung als Gemeinschaftsstiftung zu konzipieren. Die
Gemeinschaft der Stifterinnen und Stifter will zusammen mit anderen Personen den
Zweck der Stiftung nachhaltig fördern. Dies führt in der Regel zu effizienter Arbeit der
Stiftung durch Engagement und „Nähe zur Sache". Gemeinschaftsstiftungen sind den
Bürgerstiftungen vergleichbar, die heute in vielen Kommunen bestehen: Meistens beteiligen sich mehrere natürliche oder juristische Personen an der Errichtung und Entwicklung der Stiftung. Möglich ist aber auch, dass eine natürliche oder juristische Person als
„An"stifter die Stiftung allein errichtet, sie mit einem Vermögen ausstattet und nach
weiteren Personen sucht, die als Mitstifter oder Zustifter Vermögen einbringen.

Das Besondere an der Gemeinschaftsstiftung ist also, dass sie mehrere Stifterinnen und
Stifter hat. Bei ihr sind Zustiftungen zur Erhöhung des Stiftungsvermögens immer erwünscht, ebenso die Einrichtung von Stiftungsfonds (Themenfonds) und die Errichtung rechtlich unselbstständiger Stiftungen unter dem Dach der Gemeinschaftsstiftung.
Gemeinschaftsstiftungen werden häufig zunächst als rechtlich unselbstständige Stiftungen gegründet, da meist nur ein geringes Anfangsvermögen vorhanden ist.

(6) Stifterwille – Satzungszweck

Oberster Grundsatz für die Arbeit einer Stiftung ist der im Stiftungsgeschäft und in der Stiftungssatzung (siehe 7.1.2) niedergelegte Stifterwille. Daher ist – vor allem bei der Stiftung als Fundraising-Instrument zur dauerhaften Finanzierung bestimmter Aufgaben – auf die Formulierung des Stifterwillens bei der Beschreibung des Stiftungszwecks in der Satzung besonderer Wert zu legen.

Er sollte möglichst genau gefasst werden, damit deutlich wird, was die Stiftung bewirken soll. Aber durch die Formulierung darf die Arbeit der Stiftung in Zukunft auch nicht zu sehr eingeschränkt werden. Der Stiftungszweck soll auf Dauer erfüllt werden können.

(7) Vorteile einer Stiftung für die NPO: Nachhaltigkeit, Langfristigkeit, Planbarkeit, Attraktivität

Eine Stiftung ist auf Dauer angelegt. Daher ist sie besonders geeignet, eine langfristige und beständige Finanzierung zu sichern, denn die Erträge aus der Stiftung können Jahr für Jahr genutzt werden. Damit erhält man Planungssicherheit und kann langfristige Projekte betreuen. Stiftungsmittel sichern Bewährtes, wirken aber auch innovativ.

Die Erträge aus dem Stiftungsvermögen tragen zu einer größeren, dauerhaften finanziellen Unabhängigkeit von Kostenträgern bei. Eine Stiftung kann somit unabhängiger, schneller und unbürokratischer reagieren – eben dort, wo (finanzielles) Engagement am nötigsten ist. Stiftungen sind bei genügender Vermögensausstattung nicht auf öffentliche Kassen angewiesen. Sie können ihre Arbeit unabhängiger von anderen Einnahmequellen planen.

Eine Stiftung spricht neue Zielgruppen an. Sie kann mit attraktiven „Gegenleistungen" aufwarten, z. B. mit der Einrichtung spezieller Themenfonds (Stiftungsfonds) oder Namensstiftungen. Stiftungsfonds sind Mittel, die von der Stiftung nach Weisung der Stifterin oder des Stifters des Fonds gesondert verwaltet werden. Die Mittel solcher Stiftungsfonds sind in der Regel nicht zum alsbaldigen Verbrauch bestimmt, sondern sollen – mit dem Stiftungsvermögen verwaltet – langfristig angelegt einem vorgegebenen, abgegrenzten Zweck (Projekt, Arbeitsbereich) im Rahmen einer Gemeinschaftsstiftung dienen. Die Stifterin oder der Stifter eines solchen Stiftungsfonds hat die Möglichkeit, mit der Einrichtung auch die teilweise Verwendung des Vermögens des Stiftungsfonds oder unter bestimmten Voraussetzungen auch die Aufzehrung des gesamten Vermögens des Stiftungsfonds zur Zweckerfüllung mit anschließender Auflösung vorzusehen.

Stiftungsfonds können mit dem Namen der Stifterin oder des Stifters verbunden werden. Die Stifterinnen und Stifter solcher Fonds kann man ebenso wie die Zustifterinnen und Zustifter in einen Stifterbeirat aufnehmen, sie zu einer jährlichen Stifterversammlung einladen, sie besonders informieren und betreuen usw.

(8) Vorteile und Nutzen für Stifterinnen und Stifter (siehe 3.3.1.3)

(a) *Ideelle Vorteile:* Wenn die Stiftung nicht durch die NPO errichtet wird, sondern Stifterinnen oder Stifter, Mitstifterinnen oder Mitstifter gesucht werden, sollte für diese als wichtiger, teils auch als persönlicher Nutzen beispielsweise Folgendes herausgestellt werden:

- Der in der Satzung festgelegte Stifterwille ist auf Dauer entscheidend für die Tätigkeit der Stiftung. Stiftungen sind eine altbewährte und traditionelle, aber noch immer zeitgemäße Form bürgerschaftlichen Engagements.

- Die Stiftung kann dem Zusammenhalt von erarbeitetem oder ererbtem Vermögen dienen (z. B. Lösung von Nachfolgeproblemen und Bewahrung des Lebenswerkes).

- Durch oder mit einer Stiftung kann der Name einer Person oder einer Firma „verewigt" werden.

- Durch Stiften erhält man die Befriedigung, dauerhaft etwas für eine Aufgabe getan zu haben, die einem selbst und für die Gesellschaft wichtig ist. Indem man stiftend Zukunft gestaltet, dient man dem Gemeinwohl.

- Die zu erwartende gesellschaftliche Anerkennung, für Unternehmen auch der PR-Effekt.

- Die Nachhaltigkeit und Langfristigkeit der Stiftung („Ewigkeitsgarantie"): Wachsendes Stiftungsvermögen bedeutet Stetigkeit, bessere Planbarkeit der Fördertätigkeit und somit mehr Effizienz.

- Stiftung bedeutet Zuverlässigkeit, Integrität, Offenheit und – bei einer Gemeinschaftsstiftung – Beteiligung („Sie und wir tun gemeinsam Wertvolles – und das richtig").

(b) *Materielle Vorteile:* Die Stiftung darf bis zu einem Drittel ihres Einkommens dazu verwenden, um in angemessener Weise den Stifter oder seine nächsten Angehörigen zu unterhalten, ihre Gräber zu pflegen und ihr Andenken zu ehren. („Einkommen" meint hier die Summe der Einkünfte, also z. B. Vermögenserträge, Einnahmen aus Zweckbetrieben, aber keine Spenden.)

Alle Stifterinnen und Stifter, Spenderinnen und Spender profitieren von den Änderungen des Gemeinnützigkeitsrechts durch das Gesetz zur weiteren Stärkung des bürgerschaftlichen Engagements vom 10. Oktober 2007. Es können jetzt Zustiftungen und Spenden bis zu 20 Prozent des Gesamtbetrages der Einkünfte steuerlich geltend gemacht werden. Die bisherige Differenzierung der Höhe der Abzugsmöglichkeit nach den Zwecken der gemeinnützigen Organisationen ist entfallen.[2]

Vor allem Stifterinnen und Stifter, die große Beträge stiften oder in den Vermögensstock der Stiftung einbringen (Zustiftung), werden vom Staat kräftig unterstützt. Sie können einen zusätzlichen Abzugsbetrag von 1.000.000 Euro für Zuwendungen geltend machen – auf Wunsch über einen Zeitraum von zehn Jahren gestreckt. Diese Regelung gilt nur für natürliche Personen und – beschränkt auf Einzelpersonen und Personengesellschaften – für die Gewerbesteuer. Nach der bisherigen Rechtspraxis kann der Betrag von Eheleuten doppelt geltend gemacht werden, also insgesamt 2.000.000 Euro, auch bei Zusammenveranlagung.

Wenn ererbtes (oder geschenktes) Vermögen innerhalb von 24 Monaten, nachdem die Steuerpflicht entstanden ist, auf eine steuerbegünstigte Stiftung übertragen wird, kann eine rückwirkende Befreiung von der Erbschaftssteuer (oder Schenkungssteuer) erfolgen.

(9) Steuerliche Begünstigungen für die Stiftung

Herauszustellen sind natürlich auch die steuerlichen Begünstigungen für die Stiftung. Stiftungen, die ausschließlich und unmittelbar steuerbegünstigte Zwecke verfolgen, werden steuerlich bevorzugt behandelt. Bei der Errichtung einer steuerbegünstigten Stiftung, ob rechtlich selbstständig oder unselbstständig, fallen bei der Stiftung selbst weder Schenkungs- bzw. Erbschaftssteuer noch Grunderwerbssteuer[3] an. Die Körperschaftsteuerpflicht entfällt, solange die Steuerbegünstigung der Stiftung besteht. (Ausnahme: die Stiftung hat einen wirtschaftlichen Geschäftsbetrieb.)

Die Vermögensbildung ist bei Stiftungen – z. B. gegenüber Vereinen – steuerlich erleichtert. So ist es Stiftungen – und nur diesen – erlaubt, zur Stärkung ihres Vermögens und damit ihrer Ertragskraft im Errichtungsjahr und in den beiden Folgejahren ihre Überschüsse aus Vermögensverwaltung und auch die Gewinne aus wirtschaftlichen Geschäftsbetrieben ganz oder teilweise dem Stiftungsvermögen zuzuführen. (Für Spenden gilt diese Regelung nicht!)

(10) Errichtung der Stiftung – Was ist zu tun?

(a) *Planungsphase:* Bei der Planung einer Stiftungsgründung ist zu bedenken, dass es von der Idee bis zur Errichtung einige Monate dauern wird, bei einer Gemeinschaftsstiftung sollte man mit einer Vorlaufzeit von einem Jahr oder länger rechnen.

Es mag selbstverständlich klingen, aber es ist dringend notwendig, zunächst noch einmal folgende drei Fragen zu stellen und für alle Mitplanenden und Entscheidenden zu klären: Wollen wir eine Stiftung? Warum wollen wir eine Stiftung? Was wollen wir mit der Stiftung erreichen? Nur wenn für diese Fragen Antworten gefunden werden, die alle zu Beteiligenden überzeugen, wird es auch gelingen, (Mit-)Stifterinnen und (Mit-)Stifter zu gewinnen.

Danach ist organisationsintern festzustellen, welche Gremien zu beteiligen sind und was diese zu beschließen haben. Es muss klargestellt werden, wer die Kompetenz (und die Zeit!) für die notwendigen organisatorischen und rechtlichen Klärungen hat. Vor allem: Wer kann/soll „die Arbeit" machen?

Sehr wichtig ist die Information und Beteiligung aller Mitarbeitenden der NPO sowie deren Gewinnung für den Stiftungsgedanken und für die aktive Mitarbeit bei der Stiftersuche usw.

Auch die anfallenden Kosten müssen kalkuliert und deren Finanzierung sichergestellt werden. Für die Errichtung und die Anerkennung der Stiftung entstehen keine Gebühren, aber die notwendige Beratung und die Erstellung und Verteilung von Informations- und Werbematerial kosten Geld. Die Höhe der für Beratung entstehenden Kosten hängt von dem Stiftungsvermögen und/oder von der von dem Berater aufzuwendenden Zeit ab. Das zukünftige Fundraising muss geplant, dessen Kosten ermittelt und die Finanzierung sichergestellt werden.

(b) *Arbeitsphase:* In der Arbeitsphase geht es dann an die Formulierung und Festlegung des *Stiftungszwecks* und des *Namens der Stiftung,* gegebenenfalls in Zusammenarbeit mit vorhandenen oder potenziellen Stiftern. Besonders der Stiftungszweck sollte auch unter Fundraising-Gesichtspunkten sorgfältig und „herzerwärmend" formuliert werden. Er muss potenzielle Stifterinnen und Stifter, Spenderinnen und Spender ebenso ansprechen und begeistern wie ein zugkräftiger Name (siehe 3.3.1; 3.3.2; 3.3.3).

Danach erfolgt die Erarbeitung und Ausformulierung des *Stiftungsgeschäfts* und der *Satzung.* Hierbei ist an die Vorklärung mit Stiftungsaufsicht und Finanzbehörde zu denken.

Für die Planung des zukünftigen Fundraisings und die Öffentlichkeitsarbeit muss bedacht werden, dass Stifterinnen und Stifter in der „Spenderpyramide" ganz oben stehen. Das bedeutet einen hohen Arbeitsaufwand. Dieser kann dann aber auch einen hohen Ertrag bringen. Daher muss die anzusprechende Zielgruppe sorgfältig definiert werden. Und es sollte auch ein „Marketingziel" gesetzt werden: Wie viel Kapital wollen wir einwerben?

Auch das Material für Beratung und Begleitung potenzieller Stifterinnen und Stifter und das zukünftige Fundraising sollten vor der Errichtung der Stiftung vorbereitet sein. Informationsmaterial muss erstellt, die Ausgabe von Stifterurkunden angekündigt und vorbereitet werden usw.

Ist alles so weit gediehen, dass die staatliche Anerkennung bald erfolgen kann oder bei der treuhänderischen Stiftung die Anerkennung der Gemeinnützigkeit bevorsteht, sollte eine festliche Eröffnung der Stiftung mit Presse, Prominenten, Testimonials usw. vorbereitet und durchgeführt werden. Bei einer Gemeinschaftsstiftung sollte nach der Errichtung die regelmäßige Information der Stifter ebenso wenig vergessen werden wie die jährliche Stifterversammlung (mit Presse usw.). Für alle Stiftungen gilt natürlich die Notwendigkeit, den Erfolg aller Bemühungen regelmäßig zu kontrollieren (siehe 2.4.2).

## Anmerkungen

1   Zur Wahl der Rechtsform siehe 7.1.1.
2   Näheres hierzu siehe unter 7.2.
3   Evtl. Ausnahme bei Belastung des Grundstückes.

## Weiterführende Literatur

Dörfner, Kai W.: Stiftung der Evangelischen Gesellschaft Stuttgart, in: Fischer, Kai/Hohn, Bettina/ Kreuzer, Thomas (Hrsg.): Fundraising Praxis – aus erfolgreichen Beispielen lernen: Jahrbuch Fundraising 2005, Norderstedt: Books on Demand, 2005, S. 121–140.

Evangelisches Bildungswerk München (EBW)/Institut für Beratung und Projektentwicklung (IB-Pro) (Hrsg.): Stiftungen nutzen – Stiftungen gründen, 3. überarbeitete und erweiterte Auflage, Neu-Ulm 2004 (Materialien der AG SPAK; M 149: Ratgeber-Reihe).

Hof, Hagen/Hartmann, Maren/Richter, Andreas: Stiftungen: Errichtung – Gestaltung – Geschäftstätigkeit, München 2004.

Martin, Jörg/Wiedemeier, Frank/Hesse, Ulrike: Fundraising-Instrument Stiftungen. Die neuen Möglichkeiten für soziale Dienstleister, Regensburg/Berlin 2002.

# 4.3 Erbschaftsfundraising

*Judith Albert / Susanne Reuter /*
*Norbert Schlüpen / Thomas Schwedersky*

Grundlegende Veränderungen und Umgestaltungen prägen unser Zeitalter und damit auch den Einfluss des Umfeldes, der z. B. auf industrielle Organisationen, soziale und medizinische Einrichtungen oder auf gemeinnützige Vereine ausgeübt wird. Gleichzeitig müssen sich damit auch Kompetenzen, Lernstrategien und Wissen verändern. Für verantwortlich Führende, ob Manager, Direktorin, Vereinsvorstand oder Fundraiserin bedeutet dies, auch weiterhin innovativ zu sein.

Erbschaftsfundraising ist eine Innovation, über deren Erfolg oder Misserfolg im deutschsprachigen Raum keine verlässlichen Aussagen vorliegen. Als Autoren dieses Artikels bewegen wir uns somit auf unsicherem Terrain. Wir beginnen zunächst mit den Fakten und Zahlen, die uns wichtige Grundlagen liefern. Danach stellen wir den systemischen Ansatz vor und zeigen seine Vorteile für das Erbschaftsfundraising auf. Schließlich erläutern wir die Methoden und Instrumente zur Umsetzung und beschreiben, welche Aspekte für Sie als Erbschaftsfundraiserin oder Erbschaftsfundraiser auf Ihrem Weg zum Erfolg eine Rolle spielen werden. (Siehe auch die Checkliste „Neun Tipps für erfolgreiches Erbschaftsfundraising" im Anhang.)

## 4.3.1 Die faktischen Grundlagen des Erbschaftsfundraisings

Beim Erbschaftsfundraising handelt es sich um eine spezielle Form des Fundraisings. Wenn Sie Erbschaftsfundraising betreiben wollen, besteht Ihre Aufgabe darin, um Vermächtnisse (Legate), Erbschaften, (Zu-)Stiftungen und sonstige Zuwendungen zu Lebzeiten und von Todes wegen zu werben.

Das Erbschaftsfundraising bewegt sich auf dem Erblasser- und Stiftermarkt. Seine Zielgruppe sind potenzielle Erblasser, Erben und (Zu-)Stifter. Es liegt auf der Hand, dass Sie auf dem Erbschafts- und Stiftermarkt eine wesentlich geringere Anzahl von Zielpersonen erreichen werden als auf dem allgemeinen Spendermarkt.

Eine Erläuterung der erbrechtlichen Grundlagen lesen Sie in Kapitel 7.8 Erbrecht.

## 4.3.1.1 Welche Entwicklungen erwarten uns auf dem deutschen Erbschaftsmarkt?

Nie zuvor wurden in Deutschland so hohe Vermögensvolumina durch Erbschaften übertragen wie in den letzten Jahren. Gründe hierfür sind einerseits die Veränderungen der demografischen Struktur und andererseits die oftmals unter dem Stichwort „Wirtschaftswunder" beschriebene Wachstumsphase nach dem Zweiten Weltkrieg. Die Bevölkerungsstruktur Deutschlands befindet sich am Beginn eines fundamentalen Wandels: Die allgemeine Lebenserwartung ist gestiegen, wodurch der Anteil der älteren Menschen in Deutschland steigt. Rund 30 Prozent der Bundesbürgerinnen und Bundesbürger sind 55 Jahre alt oder älter. Gleichzeitig sind die Geburtsraten rückläufig, sodass die Anteile der jüngeren Bevölkerung an der Gesamtbevölkerung schmaler werden, d. h., immer weniger Personen erben immer höhere Beträge. Es wird geschätzt, dass bis zum Jahr 2015 2,8 Billionen Euro an Nachkommen vererbt oder übertragen werden.[1] Grund für den enormen Vermögenstransfer der kommenden Jahre ist nicht eine starke Zunahme der *Erbfälle*, sondern die rasant ansteigende Höhe der Erbschaften. Besonders vor dem Hintergrund des seit Jahren stagnierenden Spendenmarktes bietet der *Erbschaftsmarkt* Ihrem Erbschaftsfundraising aufgrund seines hohen Potenzials eine große Chance.

Abbildung 1: Erbschaftsvolumen im Vergleich zur Anzahl der Erbfälle

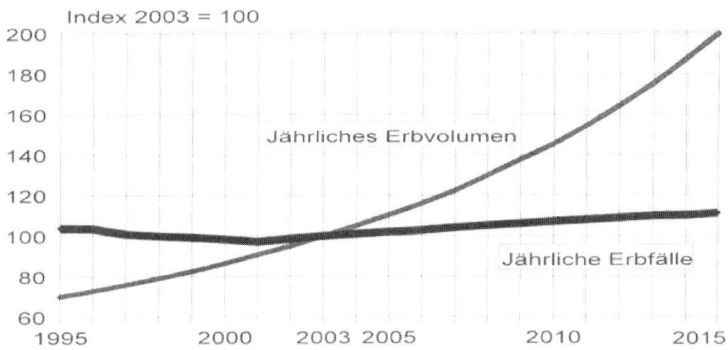

Quelle: BBE-Branchenreport, Erbschaften 2003, ab 2005 Prognose

## 4.3.1.2 Wie regeln die deutschen Bürger ihren Nachlass?

Laut einer TNS Emnid-Studie haben 69,2 Prozent der deutschen Gesamtbevölkerung noch kein Testament verfasst.[2] Bei den über 60-Jährigen haben 42,7 Prozent noch keine letztwillige Verfügung getroffen, obwohl es bei dieser Altersgruppe rational betrachtet sinnvoll wäre. Hieraus wird ersichtlich, dass es sich bei den Themen Erbschaft und Tod noch immer um Tabuthemen handelt oder den Betreffenden die Informationen zur korrekten Abfassung des Testaments fehlen.

## 4.3.1.3 Sind die deutschen Bürger grundsätzlich bereit, gemeinnützige Organisationen in ihrem Testament zu berücksichtigen?

Bei einer repräsentativen Befragung durch die GfK Panel Services Deutschland im Juli 2005 (GfK Charity*Scope) stellte sich heraus, dass nur 10 % der Bundesbürger grundsätzlich bereit sind, ihr Vermögen oder Teile daraus an eine gemeinnützige Organisation zu vererben. Mehr als jeder zweite (52 %) lehnt eine solche Nachlassregelung vollkommen ab. 34 % der Bundesbürger schwanken in ihrer Bereitschaft und 4 % machen keine Angaben. Wenn man die Zustimmung nach Geschlecht auswertet (10 % bei den Männern, 9,5 % bei den Frauen), gibt es keinen nennenswerten Unterschied. Nach Altersgruppen betrachtet sind es vor allem die jungen Erwachsenen (20–29 Jahre), die es sich vorstellen könnten, eine Organisation in ihrem Testament zu berücksichtigen (13,8 %). In den höchsten Altersgruppen ist diese Bereitschaft am geringsten: bei den 60- bis 69-Jährigen sind es 6,2 %, bei den über 70-Jährigen 6,5 %. Die Zustimmung zu Testamentspenden ist in der untersten und der obersten Gehaltsklasse am höchsten: Bei den Personen, die unter 1.000 Euro Haushalts-Nettoeinkommen zur Verfügung haben, sind es 13,6 %, bei jenen mit über 3.000 Euro Haushalts-Nettoeinkommen 11,5 %. Auffallend ist, dass die Bereitschaft zur Begünstigung einer Nonprofit-Organisation (NPO) mit zunehmendem formalem Bildungsgrad ansteigt: Hauptschule: 5,4 %, Mittlere Reife: 8,4 %, Abitur: 13,3 %, Uni/FH: 14,4 %.

Anhand der Ergebnisse aus der Befragung wird deutlich, dass ein großer Teil der Bundesbürger sich nicht vorstellen kann, eine Testamentspende zu tätigen. Für Sie als Erbschaftsfundraiser ist es daher umso wichtiger, die Öffentlichkeit intensiv über die Notwendigkeit von Testamentspenden zu informieren und damit langfristig eine Einstellungsänderung zu erzielen. Außerdem sollten Sie Ihr Augenmerk neben der Zielgruppe der Bundesbürger mit Bereitschaft zu Testamentspenden (10 %) besonders auf die Gruppe der schwankenden Bürger richten. Diese bieten Ihnen mit 34 Prozent ein großes Potenzial: Sie lehnen Testamentspenden nicht grundsätzlich ab, stimmen ihnen aber auch nicht voll und ganz zu. Auch hier gilt es, Überzeugungsarbeit zu leisten, um diese Gruppe von der Wichtigkeit und Nachhaltigkeit von Testamentspenden an Ihre Organisation zu überzeugen. Zusätzlich sollten Sie sich darauf konzentrieren, die ablehnende Haltung der höchsten Altersgruppen zu verändern, denn sie bilden aufgrund ihres Alters die Kernzielgruppe im Erbschaftsfundraising.

## 4.3.1.4 Welche Erfolge haben NPOs bisher erreicht?

Die folgenden, beispielhaft ausgewählten Organisationen konnten mit systematischem Erbschaftsfundraising ihre Einnahmen aus Erbschaften über einen Zeitraum von vier Jahren steigern.

Tabelle 1: Einnahmen aus Erbschaften

| Organisa-tion | 2003 | 2002 | 2001 | 2000 |
|---|---|---|---|---|
| Deutsche Krebshilfe | 30,2 Mio. € ⇒ 50,77 % der Gesamtspenden | 27,6 Mio. € ⇒ 48,46 % der Gesamtspenden | 23,8 Mio. € ⇒ 45,47 % der Gesamtspenden | 26,8 Mio. € ⇒ 49,84 % der Gesamtspenden |
| Christoffel Blindenmis-sion | 6,9 Mio. € ⇒ 16,74 % der Gesamtspenden | 5,7 Mio. € ⇒ 14,21 % der Gesamtspenden | 6,0 Mio. € ⇒ 14,22 % der Gesamtspenden | 5,4 Mio. € ⇒ 12,90 % der Gesamtspenden |
| Deutsches Komitee für UNICEF | 2,8 Mio. € ⇒ 3,49 % der Gesamtspenden | 2,6 Mio. € ⇒ 3,82 % der Gesamtspenden | 2,3 Mio. € ⇒ 2,99 % der Gesamtspenden | 0,7 Mio. € ⇒ 0,85 % der Gesamtspenden |

Quelle: fundraising aktuell, August 2004

## 4.3.1.5 Die Erblasser in der Fundraising-Pyramide

Die Fundraising-Pyramide zeigt den Zusammenhang zwischen der Höhe der Zuwendungen, der Anzahl der Förderer und dem erforderlichen (Zeit-)Aufwand.

Abbildung 2: Die Fundraising-Pyramide

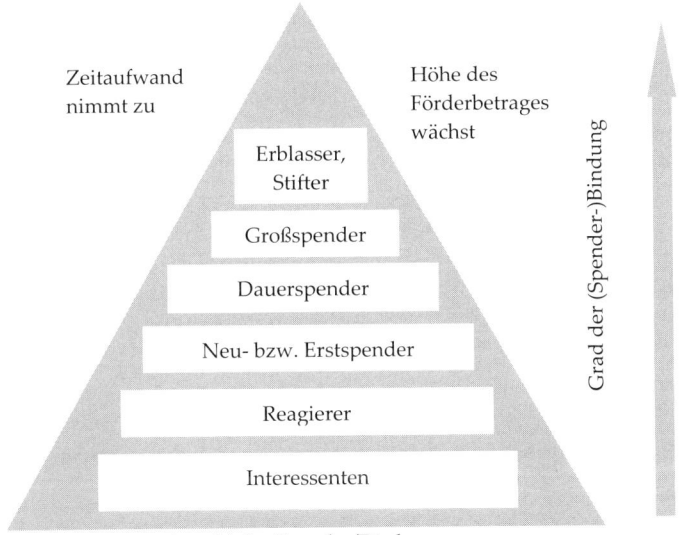

Quelle: Hans-Dieter Weger, Gemeinschaftsstiftung und Fundraising, BFS-Broschüre, S. 28

Hier wird deutlich, welche Stellung einem *Erblasser* innerhalb des Fundraisings zukommt. Testamentspenden sind im Vergleich zu anderen Spenden seltener, umfassen aber höhere Beträge und erfordern normalerweise einen größeren Zeit- und Arbeitsaufwand. Die Entscheidung für eine Testamentspende ist Vertrauenssache und hängt sehr davon ab, wie stark die Bindung des „potenziellen Erblassers" an Ihre Organisation ist. Personen, die bereits in einer langjährigen, intensiven Beziehung zu einer gemeinnützigen Organisation stehen, sind eher bereit, dieser etwas zu vererben. Es kommt allerdings auch vor, dass eine Person eine Organisation in ihrem Testament berücksichtigt, auch wenn sie keine offensichtliche Beziehung zu ihr hat.

Es spricht vieles dafür, bewusst und gezielt das Erbschaftsfundraising in Ihrer Organisation anzugehen. Im Folgenden führen wir Sie in die Praxis des Erbschaftsfundraisings ein und beschreiben Wege zum Erfolg.

# 4.3.2 Das Erbschaftsfundraising und der etwas andere Blick

Zu Beginn haben wir erwähnt, dass wir uns als Autoren – und Sie sich als Fundraiserin oder Fundraiser – auf unsicheres Gebiet begeben, wenn es um das Erbschaftsfundraising geht. Wir möchten Ihnen jedoch ein methodisches Instrumentarium vorstellen, das leichter als andere Methoden den Umgang mit Unsicherheiten bearbeiten und steuern kann. Manchem ist es als „systemischer" Ansatz in der Praxis begegnet, der im Fundraising grundsätzlich Anwendung finden kann.

Mit einer *systemischen* Herangehensweise und mit *systemischen Methoden* Erbschaftsfundraising einzuführen und zu betreiben, bedeutet zuerst einmal, sich auf ein geduldiges und längerfristiges „Beackern des Feldes" einzustellen, das die eigene Organisation verändert. *Systemisch* denken und arbeiten bedeutet zweitens, sich zu verabschieden von dem Allmachtsgedanken eines leichten Erfolges, als würde es reichen, hochwertige Broschüren und Flyer zu erstellen, sie auszulegen und zu verteilen – und im nächsten Schritt kämen dann die großen Erbschaften.

Systemisch denken heißt, sich die eigene Einrichtung, die eigene Organisation einmal genauer von oben nach unten (oder von unten nach oben) anzusehen, zu überlegen, wer unter allen Umständen dem Erbschaftsfundraising unterstützend zustimmen muss, und wen von den Mitarbeitenden es dann „vor Ort" für Erbschaftsfundraising zu gewinnen, zu begeistern und zu schulen gilt. Von vornherein muss deutlich sein: Erbschaftsfundraising ist ein zeitlich aufwendiges Projekt mit einer Laufzeit von vielleicht fünf, zehn oder gar zwanzig Jahren. In solch einem Zeitraum zu denken heißt, heute bereits Strukturen aufzubauen mit langfristigen Strategien und der Bereitschaft, lernwillige Menschen zu finden und zu gewinnen, die Lust und Freude an neuen Tätigkeiten und Veränderungen haben.

Ihr Vorteil: Sie lernen, Erbschaftsfundraising als einen komplexen Prozess zielorientiert zu führen und zu steuern. Sie können mit Unsicherheiten effektiver umgehen und sie konstruktiv nutzen.

## 4.3.2.1 Wohin schauen Sie zuerst?

Angenommen, Sie sind Fundraiserin und haben dafür 15 Stunden pro Woche Zeit. Ihr Geschäftsführer will Sie mit Erbschaftsfundraising beauftragen, „weil das alle machen, es einfach auch dran ist und uns eine Menge bringt". Wie würden Sie das Thema angehen? Würden Sie sich sofort darauf stürzen? Würden Sie sich Broschüren von Organisationen bestellen, um zu sehen, wie andere das machen? Würden Sie überlegen, ob Sie Erbschaftsfundraising mit diesem Stundenkontingent schaffen? Oder würden Sie sich mit der Öffentlichkeitsreferentin treffen und gemeinsam die Frage zu beantworten suchen: „Wie wollen wir Erbschaftsfundraising eigentlich angehen und betreiben?" – „Wollen und können wir das überhaupt?" – „Das ist doch ein heikles und sensibles Thema!" – „Dabei geht es doch auch um *Sterben und Tod*." Solche und ähnliche Gedanken könnten kommen. Aber neben den eigenen Gedanken treten auch die Erfahrungen aus dem beruflichen Alltag hinzu: „Im Vorstand sehen einige Erbschaftsfundraising als Erbschleicherei an und wollen es daher nicht." – „Der Geschäftsführer ist zwar dafür, das Kuratorium aber dagegen, weil das ethisch verwerflich ist." – „Fundraising reicht doch, warum muss es jetzt auch noch Erbschaftsfundraising sein?"

Diese Unsicherheiten führen manchmal bei einem selbst, aber auch bei anderen zu offenen oder verdeckten Widerständen und Barrieren bis hin zu Blockaden, die bei innovativen Prozessen nicht ausbleiben. Beim Erbschaftsfundraising zeigt sich dies z. B. in mangelnder Unterstützung, eingeschränkten Budgets, verschleppten Entscheidungen oder ergebnislosen Arbeitskreis-Sitzungen. *Widerstände* drücken notwendigerweise Vorbehalte und Bedenken gegen oft zu schnelle *Veränderungen* aus. Diese werden dann als Gefahr wahrgenommen, nicht mehr mitzukommen und Gewohntes aufgeben oder die eigene innere Einstellung preisgeben zu müssen.

Wer beim Erbschaftsfundraising auftretende Widerstände, Barrieren oder Blockaden nicht ernst nimmt und übergeht, riskiert zu scheitern und erzeugt nicht die zum erfolgreichen Gelingen notwendige *Ownership*. Die Ownership ist das Sich-Aneignen des Erbschaftsfundraisings in seiner ganzen *Prozesshaftigkeit*, also die innere Bereitschaft und Überzeugung, das Thema Erbschaftsfundraising innerhalb der eigenen Organisation veränderungswirksam einzuführen, umzusetzen und erfolgreich, d. h. nachhaltig und langatmig, durchzuhalten. Wer sich veränderten Bedingungen und Situationen anpassen will, sollte bereit sein, auf hinderlich wirkende gewohnte Verhaltensmuster und Denkweisen zu verzichten und andere dazu zu ermutigen.

Für den Blick auf die Organisation eignet sich ein *Diagnoseverfahren*[3], das sechs Funktionsaspekte in einem Modell zusammenhängend berücksichtigt: 1. Ziele, 2. Arbeitsstruktur, 3. Beziehungen, 4. Anerkennung, 5. technisches System, 6. Leitung.

Die Diagnose erfolgt anhand folgender beispielhafter Fragen:

Ad 1: Welche Leistungen wollen Sie mit und durch Erbschaftsfundraising erbringen?

Ad 2: Wie wollen Sie die nötigen Arbeiten koordinieren, um das Ziel zu erreichen?

Ad 3: Wie kooperieren Sie mit Ihren Mitarbeitern, Ihrem Team, Ihren Vorgesetzten, anderen Teams oder Abteilungen, und wie gehen Sie Konflikte an?

Ad 4: Wie werden Erbschaftsfundraising-Leistungen wahrgenommen und anerkannt und was geschieht z. B., wenn Sie scheitern und die erhofften Leistungen nicht erbringen?

Ad 5: Verfügt Ihre Organisation, Ihre Einrichtung, Ihr Verein über angemessene Ressourcen und Techniken, um die erwünschten Leistungen optimal zu gewährleisten?

Ad 6: Wie wird Leitung eigentlich ausgeübt und wie kompetent ist das Leitungssystem?

## 4.3.2.2 Erbschaftsfundraising stellt besondere Anforderungen

Ist die Führungsebene erst einmal von Erbschaftsfundraising als geplantem und gesteuertem Prozess durch Konsensverfahren überzeugt und wird aus dieser Überzeugung eine innere Haltung, ist das Fundament gelegt, auf dem die *Organisation* zeigen kann, dass sie zu *lernen* bereit ist. Gemeinsames Lernen wird erzeugt und gesichert, wenn es innerhalb der Organisation entsprechende Formen und Orte mit gemanagtem Wissen gibt. Doch niemand wird sich freiwillig und gerne, ohne Not und Krisensituation innerhalb einer komplexen Organisation verändern. Und spätestens da beginnen die *Anforderungen* an das *Veränderungsmanagement*: Wie wird eigentlich in Ihrer Organisation gelernt? – Wie werden Informationen wahrgenommen und verarbeitet? – Sind verschiedene Lernoptionen in ausreichender Zahl in Ihrer Einrichtung vorhanden? Hierbei kann Ihnen die Methode des systemischen Denkens nutzen, mit deren Hilfe und Regeln organisationsimmanente Muster und Ereignisse erkannt und aufgeschlüsselt werden können. Beim Erbschaftsfundraising geht es eben nicht um vorwiegend mathematische oder technische Zusammenhänge, sondern um konkrete Menschen und Beziehungen, die nicht nach den Regeln der Logik funktionieren.

Planen Sie also ruhig und bewusst Widerstände auf den verschiedensten Ebenen nach dem Motto ein: „Erbschaftsfundraising – und die damit verbundene berechtigte Erwartung an erweiterte finanzielle Möglichkeiten – ja, doch bitte keine Veränderung!" Und lernen Sie, nicht gegen diese Formen des inneren und äußeren Widerstandes anzugehen, sondern ihn dynamisch und effektiv, leicht und gelassen für Erbschaftsfundraising zu nutzen.

Neben der ethischen und ökonomischen Perspektive und neben der Auseinandersetzung mit juristischen Implikationen kann Erbschaftsfundraising also dazu dienen, sich mit allen Beteiligten in der Organisation zu den Themen Sterben, Tod und Nachfolgeregelung über die eigene Wertehaltung, die inneren Einstellungen und die Leitbilder zu verständigen. Fundraiser sollten bereit sein, schwierige Themen offen und mutig anzugehen und verschiedene Rollen einzunehmen: Akquisiteurin – nach innen und nach außen, Veränderer und Veränderungsmanagerin, Konzeptionistin und Umsetzer, Lehrer und Lernende.

Auf einem zunehmend turbulenteren und rasanteren Erbschaftsfundraising-Wettbewerbsmarkt wird es darauf ankommen, sich durch Geduld und Entschleunigung, bei gleichzeitiger professioneller Präsenz, einen Wettbewerbsvorteil zu verschaffen. Verabschieden Sie sich also selbstbewusst von einem euphorisierenden Erfolgsoptimismus auf der Kurzstrecke und begrüßen Sie den stillen Triumph auf der Langstrecke. Gerade beim Erbschaftsfundraising verspricht nicht das kurzfristige und hechelnde Powern Erfolg, sondern das eher kontinuierliche Engagement auf der Basis einer langfristig ausgerichteten Strategie.

## 4.3.2.3 Erbschaftsfundraising braucht einen Strategie-Entwicklungsprozess

Erfolgreiche Strategien für Erbschaftsfundraising können Sie nicht abrufen; Sie müssen sie für Ihre Organisation entwickeln bzw. anpassen. Zudem stellen Sie im *Strategie-Entwicklungsprozess* bereits wesentliche Weichen. Dieser Prozess entscheidet darüber, wie stark sich die Verantwortlichen und die Mitarbeitenden in Ihrer Organisation letztlich mit dem Erbschaftsfundraising identifizieren.

Die *Strategieentwicklung* muss in zwei Richtungen erfolgen, nach *innen* und nach *außen*. Letztere bekommt in der Regel mehr Aufmerksamkeit, während Erstere zu oft vernachlässigt wird. Die Strategieentwicklung nach innen gehört eher zu den unbequemen Parts eines Veränderungsprozesses, sichert jedoch die Unterstützung für das Erbschaftsfundraising aus der Organisation heraus. Die nach außen gerichtete Strategie beinhaltet die Vorgehensweise, um potenzielle Erblasser und andere wichtige Akteure anzusprechen. Die Strategie zur internen Überzeugungsarbeit sollten Sie zunächst in den Vordergrund stellen. Dadurch erreichen Sie Unterstützung und Beteiligung innerhalb der Organisation und können auf dieser Basis den Strategieentwicklungsprozess nach außen mit guter Aussicht auf Erfolg angehen.

In beiden Richtungen (nach innen und außen) sind folgende *Strategieelemente* von herausragender Bedeutung:

– Zielfindung und Leitbildentwicklung
– Einrichtung und Weiterentwicklung einer Prozessarchitektur
– Entwicklung und Umsetzung einer Kommunikationsstrategie
– Feedback und Erfolgskontrolle
– Beziehungspflege

Der *Zielfindungsprozess* gibt den Aktivitäten zum Erbschaftsfundraising eine klare Richtung. Dabei müssen Sie sorgfältig überlegen, welche Personen und Einheiten innerhalb der Organisation eingebunden werden müssen, um eine tragfähige Entscheidung über die Ziele treffen zu können. Ausgehend von der Zielrichtung zum Erbschaftsfundraising gilt es, ein entsprechendes *Leitbild* zu entwickeln. Dieses leitet sich aus dem Gesamtleitbild Ihrer Organisation ab und bringt zum Ausdruck, von welchen Grundüberzeugungen her Sie das Erbschaftsfundraising angehen. Wegen der besonderen Anforderungen im Erbschaftsfundraising sollte dieses Leitbild von allen maßgeblichen Personen und beteiligten Einheiten getragen werden. Dies sollten Sie bei der Gestaltung des Prozesses der Leitbildentwicklung berücksichtigen. Ziele und Leitbild bestimmen, welches *Profil* sich Ihre Organisation für das Erbschaftsfundraising gibt, und bilden die verbindliche Basis für die Umsetzungsarbeit. Gleichzeitig liefern sie die notwendigen Identifizierungsanker für potenzielle Erblasser.

Der Einrichtung und Weiterentwicklung einer *Prozessarchitektur* wird häufig zu wenig Aufmerksamkeit gewidmet. Die Prozessarchitektur beschreibt, wer welche Rollen und Aufgaben in der Erarbeitung und Umsetzung von Strategien im Erbschaftsfundraising übernimmt. Dabei ist es Ihre Aufgabe zu klären, inwieweit bestehende Strukturen, wie z. B. eine Abteilung für Fundraising und Öffentlichkeitsarbeit, den Prozess steuern können und wollen, oder ob temporäre Strukturen, wie z. B. Projektgruppen, einzurichten sind. Sie sollten auch überprüfen, ob die Projektarchitektur zielführend ist und dazu beiträgt, dass die *Ownership* für Erbschaftsfundraising innerhalb Ihrer Organisation zunimmt. So besteht gerade bei Projektgruppen das Risiko, dass sie ein nischenhaftes Eigenleben entwickeln und sich ihrer eigenen Organisation entfremden.

Ein Herzstück Ihrer Strategieentwicklung für das Erbschaftsfundraising ist die *Kommunikation nach innen und außen*. Die Strategie in beide Richtungen geht von einer Zielgruppenanalyse aus. Im nächsten Schritt benennen Sie konkrete Kommunikationsziele, entsprechende Botschaften und – daraus resultierend – angemessene Instrumente. Jedes einzelne Kommunikationsziel in Bezug auf eine bestimmte Zielgruppe wird daraufhin abgeklopft, welche Instrumente und Botschaften der Zielerreichung am dienlichsten sind. Schließlich dokumentieren Sie die erwarteten Kommunikationsergebnisse und belegen sie mit dazugehörenden Indikatoren, um die Voraussetzungen für eine Erfolgskontrolle zu schaffen. (*Feedback* und *Erfolgskontrolle* sollten von Anfang an in der Strategieentwicklung berücksichtigt werden – vgl. 4.3.2.5).

Auf diese Weise entsteht jeweils eine facettenreiche Strategie, die den unterschiedlichen Kommunikationserfordernissen der verschiedenen Zielgruppen entspricht. Die Kommunikationsstrategien nach innen und außen sollten Sie so anlegen, dass sie komplementär wirken können. Dabei ist die externe Kommunikationsstrategie umso erfolgreicher, je mehr die interne Kommunikationsstrategie bereits Früchte getragen hat (siehe auch Tabelle 2).

Im Erbschaftsfundraising kommt es auf umsichtige *Beziehungspflege* zu potenziellen Erblassern an. Dies hat natürlich mit Kommunikation zu tun, geht jedoch über die vorstehend beschriebene Kommunikationsstrategie hinaus. Für potenzielle Erblasser ist es zentral, über persönliche, vertrauensvolle Beziehungen eine Identifikation mit Ihrer Organisation entwickeln zu können. Hier müssen Sie eine andere Beziehungsqualität aufbauen, als wenn es z. B. um eine anlassbezogene Spende oder um eine Fördermitgliedschaft geht. Diese Beziehungsqualitäten sind auf Langatmigkeit – als Kontrapunkt zur

Kurzatmigkeit – und Stabilität angelegt. Das stellt nicht nur besondere Anforderungen an diejenigen, die im direkten persönlichen Kontakt mit potenziellen Erblassern stehen, sondern auch an die Mittel der Kommunikation und Akquisition.

## 4.3.2.4 Der Weg zu den Erblassern: Instrumente und Hilfen

Im Fundraising kennen Sie eine Reihe bewährter Instrumente (Faltblätter, Broschüren usw.), die viele wie selbstverständlich auch für das Einwerben von Erbschaften einsetzen. Im Grunde genommen ist jedoch die intensive *Beziehungspflege das* zentrale Kommunikationsmittel im Erbschaftsfundraising. Die besten Faltblätter und Broschüren sind nur so gut wie ihre Träger. Das wichtigste Medium für das Erbschaftsfundraising sind die Menschen, die glaubwürdig, seriös und unaufdringlich, dabei sensibel Kontakte zu Erblassenden herstellen und auch die Gespräche führen.

Wollen Sie erfolgreich Erbschaften einwerben, müssen Sie – ausgehend von der Strategieentwicklung – auch die Umsetzung nach innen und nach außen planen. Es gilt, den Blick sowohl auf die potenziellen Menschen zu richten, die ihr Erbe spenden oder stiften könnten, als auch auf die potenziellen *Unterstützer* innerhalb der Organisation. Hilfreich für diese Planung ist eine *Kommunikationsmatrix,* die sicherstellt, dass Sie die Instrumente und Maßnahmen integrativ konzipieren und dass diese komplementär wirken können. Die einheitlichen Kategorien der Matrix gewährleisten eine für beide Blickrichtungen parallel zu entwickelnde, systematische Konzeption:

*Zielgruppe(n)/Zielpersonen:* Wen wollen Sie (intern und extern) erreichen? Warum ist diese Zielgruppe/Zielperson interessant (wichtig) für Ihr Erbschaftsfundraising? Welche Rolle spielt sie in Ihrem Erbschaftsfundraising (Erblasser, Entscheider, Unterstützer, Blockierer, Multiplikator usw.)?

*Kommunikationsziele:* Was wollen Sie bei dieser Zielgruppe/Zielperson erreichen?

*Instrumente:* Welche Instrumente oder Medien eignen sich für diese Zielgruppe/Zielperson am besten, um Ihre Botschaften zu transportieren und Ihre Kommunikationsziele zu erreichen?

*Botschaften (je Zielgruppe):* Was wollen Sie dieser Zielgruppe/Zielperson mitteilen? Was soll bei dieser Zielgruppe/Zielperson ankommen?

*Ergebnis/Reaktion:* Was soll die Zielgruppe/Zielperson konkret als nächstes tun (Handlungsaufforderungen) und wie begleiten Sie das (Follow-up)?

*Erfolgskontrolle:* Anhand welcher Kriterien wollen Sie Ihren Erfolg/Misserfolg messen?

Tabelle 2: Beispiel für eine Kommunikationsmatrix
(intern und extern zusammengefasst)[4]

| Zielgrup-pe | Kommunika-tionsziele | Instrumente | Botschaften | Ergebnis/ Reaktion | Erfolgs-kontrolle |
|---|---|---|---|---|---|
| Intern: z. B. Ent-scheider | Thematische Identifikation, Unterstüt-zung, Res-sourcen bewil-ligen, interne Werbung | Tagungen, Gespräche, externe Bera-tung, verbind-liche Verein-barungen, Feedback-Kultur | Erbschafts-fundraising ist eine wichtige Finanzie-rungsquelle, setzt eine besondere innere Hal-tung voraus, langer Atem ist nötig, und es braucht Investitionen und spezielle Kompetenz | Kennen Bedeutung und Notwen-digkeit des Erbschafts-fundraisings, entscheiden positiv, stellen Ressourcen bereit, be-gleiten aktiv, führen Feed-back-Kultur ein | Beschluss, Personal, Geld, Zeit, Material, Be-sprechungen |
| Extern: z. B. Spender | Ist von Sinn-haftigkeit einer Erb-schaft für uns überzeugt, er-kennt uns als kompetenten Ansprechpart-ner in Sachen Nachfolge-regelung an, vertraut uns usw. | Flyer, Bro-schüre, Inter-net, Informa-tion in jeder Publikation, Anzeigen, CRM, Ge-spräche, Infoveranstal-tung Erbrecht, Dank, Aner-kennung | Dieser Orga-nisation kann ich vertrauen, hier ist mein Geld gut angelegt, ich kann selbst bestimmen und etwas Sinnvolles hinterlassen usw. | Fordert In-formationen an, wünscht persönliche Beratung, gibt Testament-versprechen, hinterlässt Erbe | Anzahl ver-sendeter Broschüren, Teilnehmer an Veran-staltungen, persönliche Beratungen, Testaments-versprechen, Erbvolumen |
| Extern: z. B. Multiplika-toren | Identifiziert sich mit un-serem Thema, ist bereit, sich für uns zu engagieren | Gespräche, Flyer, Bro-schüre, Info-veranstaltun-gen, CRM, Dank und Anerkennung | Erbschafts-fundraising ist legitim und sinnvoll, damit kann geholfen werden, ich kann selbst unterstützen, es erweitert meinen Hori-zont | Kennt Be-deutung und Notwendig-keit, will aktiv werden, bie-tet sich als Experte und Multiplikator an | Nimmt an Schulungen teil, engagiert sich bei Ver-anstaltungen und Beratung, integriert sich ins Netzwerk |

Die Definition und Auswahl der Zielgruppen sollten Sie mit großer Sorgfalt erarbeiten. Damit ist immer eine *Hypothesenbildung* hinsichtlich möglicher Motive, Einstellungen oder Bedarfe verbunden. Solche Annahmen aus der Perspektive der anderen führen die Betrachtung über den eigenen „Tellerrand" hinaus und liefern Ihnen wertvolle Anhalts-punkte für die Anforderungen der nötigen Kommunikationsmaßnahmen (siehe 3.3).

Bei der Auswahl der externen Zielgruppen suchen Sie zunächst im direkten *Umfeld* der Organisation. Es bedarf größerer Anstrengungen, neue Adressen zu gewinnen (z. B. über Kaltmailings) und daraus eine Beziehung anzuknüpfen. Noch intensiver (und aufwendiger) wären dann die Bemühungen der Beziehungspflege, wenn es darum geht, das *Vertrauen* dieser Menschen zu gewinnen, um überhaupt *Tabuthemen* wie Tod, Sterben und Vermögen ansprechen zu können.

Als mögliche Zielgruppen kommen deshalb in Betracht:

- Mitglieder, Spendende, Fördernde
- langjährig Mitarbeitende, Ehrenamtliche, Ehemalige
- ehemalige Spender und Förderer
- Vorstände, Beiräte
- Angehörige von Erbschaftsspendenden
- Führungskräfte mit Vorbildfunktion (auch als interne Multiplikatoren)

Immer mehr Menschen möchten ihr Vermögen sinnstiftend einsetzen. Sie wollen mit ihrem Anliegen, eine Wertorientierung für ihren Lebensweg zu finden, von Ihnen ernst genommen werden. Daher ist es wichtig, dass Sie sich im Vorfeld aus den vorhandenen Informationen ein Bild der Person machen (Wer hat bisher Kontakt zu der Person? Welches Projekt fand ihr Interesse oder könnte ihr Interesse finden? Wer spricht sie wann und wie an? Auf welche Weise wollen wir den Kontakt weiterhin pflegen?), um dann ein *individuelles Konzept zur Kontaktaufnahme und Kontaktpflege* erstellen zu können (siehe auch 3.3.1 bis 3.3.4).

Eine weitere, wichtige Zielgruppe bilden die externen Multiplikatoren:

- Rechtsanwälte, Notare, Steuerberater, Banker
- Journalisten
- Prominente als Testimonials

Jeder mögliche *Multiplikator* kann eine wichtige unterstützende Aufgabe erfüllen. So könnte z. B. ein Mitglied, das als Notar oder Rechtsanwalt aktiv war oder ist, fachliche Beratung für potenzielle Erblasser anbieten (z. B. Informationsabende zum Thema Erbrecht) und Ihr Ratgeber bei rechtlichen Fragen sein. Das ist u. a. wichtig, da Sie als Fundraiserin oder Fundraiser selbst keine rechtliche Beratung durchführen dürfen. Führungskräfte und Meinungsbildner im internen und externen Bereich können durch Überzeugungsarbeit oder Kontaktvermittlung das Anliegen aktiv mittragen.

Damit die Menschen, ganz gleich ob Erblassende oder Multiplikatoren, erfahren können, warum die Organisation ihr Engagement braucht und dass Sie es wertschätzen, müssen Sie den *persönlichen Dialog* aufrechterhalten. Gerade die *Anerkennung* des einzelnen Engagements, z. B. durch besondere Formen des Dankes und der Würdigung (siehe 3.3.4) – auch über den Zeitpunkt der Zuwendung hinaus – ist ein Kriterium für Vertrauen. Das bedeutet z. B. im Fall einer Erbschaft auch, dass Sie die Angehörigen in die Kommunikation miteinbeziehen (gehören sie doch zum Umfeld des Erblassers).

Für den Weg zum Erfolg ist es wichtig, dass Sie nicht unter dem Druck schneller Erfolge unerfüllbare Maßgaben setzen oder sich setzen lassen. Erbschaftsfundraising ist ein komplexes Feld, in dem Sie an vielen Punkten gleichzeitig agieren müssen. Eine wichtige Hilfe kann hierbei der Austausch mit Fundraisern anderer Organisationen oder die Unterstützung durch *externe Berater* sein. Wird eine Fremd- oder Außensicht in die Arbeit einbezogen, können deren Impulse den *Konzeptionsprozess* voranbringen. Gleichzeitig können Berater Sie in Ihrer Doppelrolle unterstützen, einerseits den Arbeitsprozess mitzugestalten bzw. zu steuern und gleichzeitig inhaltlich selbst mitzuarbeiten.

Die Ressourcen- und Kostenplanung sind wesentliche Bausteine Ihrer Konzeption. Dabei sollten Sie für das Erbschaftsfundraising u. a. folgende Positionen berücksichtigen:

- Qualifizierung und Fortbildung
- Beteiligung von Mitarbeitenden und Schlüsselpersonen im Konzeptions-, Implementierungs- und Umsetzungsprozess
- Implementierung und Koordinierung des Multiplikatoren-Netzwerkes
- Instrumente und Maßnahmen
- Beziehungspflege im „Außendienst" zu den Zielpersonen
- externe Beratung oder Coaching
- Einführung einer Feedback-Kultur und Erfolgskontrolle

## 4.3.2.5 Lernen aus Erfahrung: Die Erfolgskontrolle im Erbschaftsfundraising

Die prozessorientierte Sicht priorisiert eine *Erfolgskontrolle* in relativ kurzen Perioden und belegt sie mit *Meilensteinen*. Weiche und harte Fakten sollten Sie dabei gleichermaßen in den Blick nehmen. So können Sie vermeiden, dass in Ihrer Organisation nur auf die Veränderungen im Erbschaftsaufkommen oder nur auf die Beziehungsqualität mit potenziellen Erblassern geschaut wird.

Die *Erfolgskontrolle* sollten Sie mit der Schaffung von *Lernmechanismen* verbinden. Sinnvolle Lernmechanismen erlauben Ihrer Organisation, aus Erfahrungen zu lernen – aus den positiven ebenso wie aus den negativen. Dabei ist gerade das Lernen aus negativen Erfahrungen eher unbequem. Insofern sollten die Lernmechanismen von einer *Feedback-Kultur* getragen werden, die Ihnen und den Beteiligten in Ihrer Organisation einen konstruktiven Blick in den Spiegel ermöglicht, auch wenn dies unangenehm sein mag. Keine Organisation kann es sich bei knappen Ressourcen leisten, aus negativen Erfahrungen nicht zu lernen.

Erfolgskontrolle und damit verbundene Lernmechanismen sollten Sie so ausgelegen, dass ein regelmäßiges Feedback an die Entscheidungstragenden innerhalb der Organisation möglich ist. Andernfalls würde für Sie und alle Beteiligten das Risiko verstärkt, dass Prozesse im Erbschaftsfundraising zu sehr beschleunigt werden, weil unzureichend informierte Entscheidungsträger ungeduldig auf konkrete Erfolge warten.

Dieses Risiko sollten Sie angesichts der notwendigerweise langfristigen Ausrichtung von Strategien im Erbschaftsfundraising nicht unterschätzen. Umso mehr kann es Ihnen gelingen, die Erbschaftsfundraising-Prozesse zu einem Erfolg zu führen, der nicht nur Erbschaften einbringt, sondern auch eine angemessene Würdigung in Ihrer Organisation erfährt.

## Anmerkungen

1  Vgl. BBE-Branchenreport, Erbschaften 2003.

2  Vgl. TNS Emnid-Studie 2001 des Deutschen Forums für Erbrecht.

3  Vgl. Marvin Weisbord: Organisationsdiagnose, Karlsruhe 1983.

4  Die einzelnen Felder der Matrix sind zur Veranschaulichung exemplarisch mit einigen möglichen Aspekten ausgefüllt. Bei der Konzeption der Kommunikationsstrategien müssen die entsprechenden Aspekte für alle Kategorien vollständig erarbeitet werden. Im nächsten Schritt gilt es, ausgehend von den Matrizes Prioritäten für die Umsetzung zu setzen und Maßnahmenpläne abzuleiten.

## Weiterführende Literatur

Königswieser, Roswita/Exner, Alexander: Systemische Intervention. Architekturen und Designs für Berater und Veränderungsmanager, Stuttgart 2004.

O'Connor, Joseph/McDermott, Ian: Die Lösung lauert überall. Systemisches Denken verstehen & nutzen, Kirchzarten bei Freiburg 1998.

Reuter, Susanne/Schlüpen, Norbert: Sterben und Vererben. Erbschafts- und Stiftungsfundraising als neues Aufgabenfeld in der Gemeinde, in: Handbuch Gemeinde & Presbyterium. Kirche und Finanzen, Düsseldorf 2005, S. 96–100.

Senge, Peter M.: Die fünfte Disziplin: Kunst und Praxis der lernenden Organisation, Stuttgart 1996.

Trebesch, Karsten (Hrsg.): Organisationsentwicklung. Konzepte, Strategien, Fallstudien, Stuttgart 2000.

# 4.4 Bußgeldmarketing

*Hanspeter Billeter / Brigitte List-Gessler*

Des einen Leid ist des anderen Freud: Anfang 2007 wurden im „Mannesmann-Prozess" namhafte Wirtschaftsgrößen zu einer Geldauflage von 5,8 Millionen Euro verurteilt. 2,3 Millionen Euro erhielten davon 363 gemeinnützige Organisationen von A wie Aids-Hilfe über Jugendfeuerwehr Medelby-Holt bis Z wie Zukunftsstiftung Entwicklungshilfe. Die Organisationen konnten sich auf Zuweisungen zwischen 1.000 Euro und 30.000 Euro für die Unterstützung ihrer Arbeit freuen. Bundesweit hatten sich über 4.000 gemeinnützige Einrichtungen um die Gelder beworben. Nach Veröffentlichung des Urteils brachen beim zuständigen Gericht unter der Last der vielen Anträge nacheinander Fax, Telefon und E-Mail zusammen.

Möglich ist diese Art des Geldsegens europaweit nur in Deutschland. Nur hier verfügen Gerichte und Staatsanwaltschaft über die rechtlichen Möglichkeiten, Geldauflagen aus Straf-, Ermittlungs- oder Gnadenverfahren zugunsten gemeinnütziger Vereine oder zugunsten der Staatskasse zu verhängen. Bußgeldmarketing bezeichnet die Gesamtheit aller Maßnahmen, die eine gemeinnützige Einrichtung im Bereich der Werbung, Zuweiserbindung und der Bußgeldverwaltung durchführt, um gezielt Geldauflagen für die Finanzierung ihrer Arbeit zu erschließen. Im Fundraising-Mix großer deutscher Spendenorganisationen hat das Bußgeldmarketing schon lange einen festen Platz. Einige Einrichtungen akquirieren jährlich Geldauflagen in Höhe von über 500.000 Euro.

Kürzungen im Bereich der öffentlichen Mittel, stagnierende Spendeneinnahmen und nicht zuletzt die Professionalisierung des Fundraisings führen dazu, dass immer mehr Organisationen auf den Bußgeldmarkt drängen. Die Richter und Staatsanwälte dürften in Deutschland inzwischen die von gemeinnützigen Einrichtungen am meisten umworbene Zielgruppe sein. Nur wer seine Kommunikation systematisch aufbaut und die notwendige Überwachung der Zahlungseingänge mit einer klar strukturierten Ablauforganisation abwickelt, hat heute noch Aussicht auf Erfolg. (Siehe auch die Checkliste im Anhang.)

## 4.4.1 Der Bußgeldmarkt

Nur in wenigen Bundesländern werden regelmäßig Zahlen zur Verteilung und Höhe der auferlegten Geldauflagen veröffentlicht. Mit der statistischen Erfassung sind dort die jeweiligen Oberlandesgerichte betraut. Je nach Bezirk werden zwischen 30 und 70 Prozent des Geldbußenaufkommens der Staatskasse zugewiesen. Auf gemeinnützige

Einrichtungen dürfte bundesweit ein jährlicher Gesamtbetrag in Höhe von 80 bis 100 Millionen Euro entfallen, davon werden schätzungsweise ca. 10–15 Millionen Euro von Justizbehörden in den neuen Bundesländern verhängt.

Betrachtet man die thematische Ausrichtung der Empfängerorganisationen, so liegen justiznahe Dienste der Bewährungs-, Straffälligen-, Drogen- und Opferhilfe in der Gunst der Zuweiser mit vorne. In Rheinland-Pfalz ist ihr Marktanteil auf über 30 Prozent gestiegen. Die nachfolgende Tabelle gibt eine Übersicht der begünstigten Zwecke in diesem Bundesland.

Tabelle 1: Geldauflagen aus Straf-, Ermittlungs- und Gnadenverfahren in Rheinland-Pfalz[1]

| Bereiche | 2006 | | 2000 | |
|---|---|---|---|---|
| | Bußgelder Mio. € | % von Gesamt | Bußgelder Mio. € | % von Gesamt |
| Straffälligen- und Bewährungshilfe | 2,92 | 35,8 | 1,99 | 22,8 |
| Freie Wohlfahrtspflege | 0,12 | 1,5 | 0,26 | 3,1 |
| Kinder- und Jugendhilfe | 0,67 | 8,2 | 0,61 | 7,4 |
| Behindertenhilfe | 0,33 | 4,0 | 0,46 | 5,6 |
| Hilfe für Suchtgefährdete | 0,26 | 3,2 | 0,26 | 3,1 |
| Alten- und Hinterbliebenenhilfe | 0,03 | 0,4 | 0,05 | 0,6 |
| Allg. Sozialwesen (MHD, Weißer Ring, Sozialstationen …) | 0,74 | 9,1 | 0,61 | 7,4 |
| Verkehrserziehung und -sicherheit | 0,14 | 1,7 | 0,41 | 4,9 |
| Natur- und Umweltschutz | 0,17 | 2,1 | 0,26 | 3,1 |
| Sonstige (Kommunen, Sport, Kirchen, Feuerwehren, Kultur) | 0,61 | 7,5 | 1,07 | 13,0 |
| Staatskasse | 2,16 | 26,5 | 2,40 | 29,0 |
| Gesamt | 8,15 | | 8,28 | |

Den wenigen statistischen Quellen nach zu urteilen erhalten überregional tätige Organisationen einen Anteil in Höhe von 20 bis 40 Prozent der Zuweisungen.[2, 3] Viele Richter und Staatsanwälte scheinen eher geneigt, ortsnah tätige Einrichtungen zu begünstigen, weisen diesen dafür tendenziell aber wohl eher niedrigere Beträge zu.

Da die Höhe der Geldauflagen sich an der finanziellen Leistungsfähigkeit der Verurteilten orientiert, hängt die Gesamthöhe der Auflagen auch von der wirtschaftlichen Situation der jeweiligen Region ab. In den letzten Jahren werden immer mehr Verfahren gegen Arbeitsauflagen eingestellt, da die Verurteilten über keine Geldmittel verfügen. Auch der Täter-Opfer-Ausgleich wird nach Expertenmeinung als Auflage an Bedeutung gewinnen und tritt somit ebenfalls in Konkurrenz zur Zahlung eines Geldbetrags an gemeinnützige Einrichtungen. Die hohen Defizite in den Länderhaushalten sorgen für beständigen Druck, der Staatskasse Zuweisungen zukommen zu lassen. Andererseits werden Strafen aber häufiger als früher gegen Geldauflagen ausgesetzt. Deshalb kann insgesamt von einem stagnierenden Markt ausgegangen werden, in dem sich allerdings immer mehr gemeinnützige Einrichtungen ein Stück vom Kuchen abschneiden wollen. Analog zum Spendenmarkt findet derzeit auch im Bereich der Geldauflagen ein regelrechter Verdrängungswettbewerb statt.

## 4.4.2 Rechtliche Grundlagen

Bei Geldauflagen aus Ermittlungs- oder Strafverfahren handelt es sich um Zahlungen, zu denen Privatpersonen oder Unternehmen per Gerichtsentscheid oder durch ein Übereinkommen mit der Staatsanwaltschaft verpflichtet werden. Geldbußen werden insbesondere in Fällen geringer Schuld verhängt, wenn ein finanzieller Denkzettel ausreicht und kein weiteres öffentliches Interesse an der Strafverfolgung besteht, oder wenn eine Freiheitsstrafe zur Bewährung ausgesetzt wird. Die rechtlichen Grundlagen sind in der Strafprozessordnung (§ 153a StPO, Verfahrenseinstellung wegen geringer Schuld), im Strafgesetzbuch (§ 56b StGB, Strafaussetzung zur Bewährung) und im Jugendgerichtsgesetz (§§ 15, 23, 45 und 47 JGG) zu finden. Neben den Gerichten und Staatsanwaltschaften können aber auch ausgewählte Finanz- und Hauptzollämter Geldauflagen festsetzen, sowie die Gnadenbeauftragten der Justizbehörden im so genannten Gnadenverfahren. Rechtliche Grundlage hierfür sind die Gnadenverordnungen der Bundesländer.

Obwohl eigentlich Geldauflagen im Mittelpunkt stehen, hat sich in der Fundraising-Praxis die Bezeichnung *Bußgeldmarketing* etabliert. Meist werden die Begriffe Geldauflage, Geldbuße und Bußgeld synonym verwandt. Bei Bußgeldsachen im eigentlichen Sinn handelt es sich aber um Verstöße gegen das Ordnungswidrigkeitengesetz. Diese Bußgelder werden von den zuständigen Verwaltungsbehörden verhängt, ihnen fließen auch die Geldbeträge zu. Die Spannbreite reicht von der Ruhestörung über Schwarzarbeit bis hin zu Verkehrsdelikten und Kartellverfahren.

Die kostenpflichtige Verwarnung im Straßenverkehrsbereich – das so genannte Knöllchen – ist nur als Vorstufe zum Bußgeldverfahren anzusehen. Hier wird ein Bußgeld erst dann festgesetzt, wenn das Verwarnungsgeld nicht gezahlt wurde. Zu Gericht gelangen solche Verfahren nur, wenn der Betroffene gegen den Bußgeldbescheid Einspruch einlegt.

Von den Geldauflagen und Bußgeldern abzugrenzen sind außerdem die echten *Geldstrafen*. Sie stellen eine strafrechtliche Sanktion dar, können nur durch ein Urteil oder einen Strafbefehl angeordnet werden und fließen grundsätzlich in die Staatskasse.

Die von Wolfgang Heinz, Universität Konstanz[4], veröffentlichten Zahlen dokumentieren die Größenordnungen: In 2005 erfolgten in den alten Bundesländern über 546.000 Verurteilungen zu Geldstrafen, in rund 228.000 Fällen wurden Strafverfahren unter der Auflage der Zahlung eines Geldbetrages gem. § 153a Abs. 1 Nr. 2 StPO eingestellt und in 55.389 Fällen bei Strafaussetzung nach allgemeinem Strafrecht Bewährungsauflagen verhängt, die in der Regel ebenfalls die Zahlung eines Geldbetrags beinhalten.

Geldauflagen aus Straf-, Ermittlungs- und Gnadenverfahren stellen keine abzugsfähigen Spenden im Sinne des § 10b des Einkommensteuergesetzes dar. Es darf also keinesfalls eine Zuwendungsbestätigung ausgestellt werden! Es wäre nicht im Sinne der Gesetzgebung, wenn der Beschuldigte dadurch einen Steuervorteil erlangen würde.

Richter, Staatsanwälte, Amtsanwälte und auch die Gnadenbeauftragten bestimmen, ob eine Geldauflage zugunsten der Staatskasse oder gemeinnütziger Organisationen verhängt wird, und welcher Einrichtung der Betrag zugewiesen wird. Sie sind „unabhängig und weisungsfrei" und bestimmen nach „pflichtgemäßem Ermessen". Der Entscheidungsspielraum ist somit erheblich. Vorschläge der Verteidiger, der Schöffen und auch der Angeklagten können bzw. sollen teilweise sogar berücksichtigt werden.

Letztendlich gibt es keine allgemein gültige Regel für die Entscheidungsfindung bei der Zuweisung. Eine Rolle spielt sicherlich ein möglicher Bezug der Tat zum Tätigkeitsfeld der Einrichtung. Bei Verstößen gegen das Betäubungsmittelgesetz werden z. B. bevorzugt Einrichtungen für Drogenabhängige berücksichtigt. Schließlich soll der Betroffene sich durch die Erfüllung der Auflage mit den Folgen seiner Tat auseinandersetzen und sich das von ihm begangene Unrecht noch einmal vor Augen führen.

Einen Sonderfall nimmt Hamburg ein, wo die Bußgelder bereits seit 1972 in einem Sammelfondsverfahren verteilt werden. Zweimal im Jahr bestimmt ein Gremium aus Vertretern der Hamburger Justiz und verschiedener Behörden, wer das Geld bekommen soll. Berücksichtigt werden nur solche Vereine, die ihren Sitz in Hamburg haben oder für Hamburger Bürger wirken und die im Vorfeld einen Förderantrag eingereicht haben.

## 4.4.3 Eintrag in die regionale oder überregionale Liste

Als unverbindliche Orientierungshilfe werden von den Justizbehörden alle ein bis zwei Jahre die so genannten Bußgeldlisten erstellt, die potenzielle Empfängereinrichtungen nach Bereichen gegliedert zusammenfassen. Zuweisungsberechtigte Organisationen, die gemeinnützige, mildtätige oder kirchliche Zwecke im Sinne der §§ 52, 53 und 54 der Abgabenordnung erfüllen, können sich auf Antrag dort eintragen lassen. Diese Listen stellen keine Empfehlung an die Gerichte und Staatsanwaltschaften dar und haben auch keinen Ausschließlichkeitscharakter. Geldauflagen können auch nicht gelisteten Organisationen zugewiesen werden. Allerdings verweigern immer mehr Behörden angesichts der zunehmenden Werbeflut die Annahme schriftlicher Informationen von nicht eingetragenen Einrichtungen.

Für regional tätige Verbände wird eine solche Liste beim Landgericht, für Träger mit überregionalem Wirkungskreis beim zuständigen Oberlandesgericht (OLG) geführt und den Behörden in ihrem Bezirk zur Verfügung gestellt. In den Listen sind zwischen

500 und 2.000 Organisationen enthalten.[5] Die Antragstellung ist bundesweit nicht einheitlich.

Normalerweise sind an Unterlagen erforderlich:

- Vereinsregisterauszug
- Satzung
- Körperschaftssteuer-Freistellungsbescheid
- Verpflichtungserklärungen zur Mitteilung der zugeflossenen Geldbeträge sowie von wesentlichen, die Gemeinnützigkeit betreffenden Satzungsänderungen
- Einverständniserklärung, dass der Bericht über die Höhe der erhaltenen Gelder und deren Verwendung veröffentlicht wird

Die jeweiligen Antragsformulare können häufig direkt von der Homepage der listenführenden Stelle heruntergeladen werden. Sie sollten zusammen mit einem Anschreiben, in dem um Eintrag in die Liste der zuweisungsberechtigten Organisationen gebeten wird, zur jeweils listenführenden Stelle geschickt werden. Leider wird von dort nicht immer automatisch die Registrierung bestätigt. Der Eintrag gilt für ein bis zwei Jahre. Dann sollten meist unaufgefordert die Höhe der im Zeitraum eingegangenen Geldauflagen gemeldet und ein aktueller Körperschaftssteuer-Freistellungsbescheid geschickt werden.

## 4.4.4 Marktanalyse und Zielformulierung

Nur eine möglichst detaillierte Analyse des jeweiligen Marktsegmentes erlaubt die Festlegung realistischer und angemessener *Jahresziele* für die Bußgeldwerbung. Wie viele potenzielle Zuweiser können angesprochen werden? Wie viele vergleichbare Einrichtungen sind bereits im Markt etabliert und welche Beträge werben sie ein?

## 4.4.5 Die Bausteine des Bußgeldmarketings

Vor Beginn der eigentlichen Bußgeldwerbung sollten in einer auf die jeweilige Organisation zugeschnittenen Konzeption für alle drei Bereiche *Maßnahmen, Verantwortlichkeiten* und das *Budget* geklärt sein.

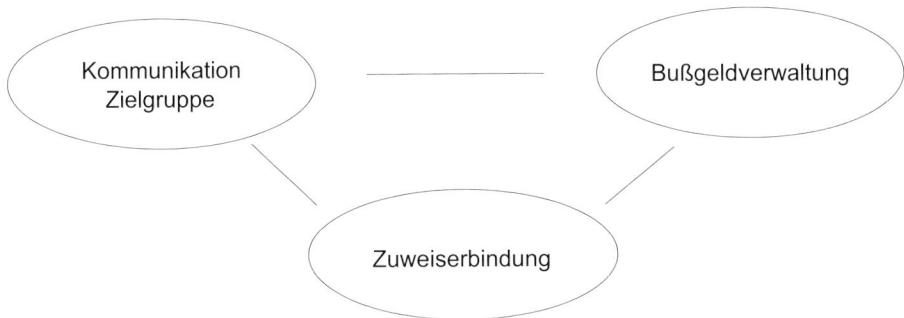

## 4.4.5.1 Organisatorische Vorarbeiten

Es empfiehlt sich, ein gesondertes *Konto nur für Geldbußen* einzurichten. Eingehende Zahlungen werden von den Verurteilten häufig nicht als Auflage gekennzeichnet. Gehen sie dann auf dem Geschäfts- oder Spendenkonto ein, kann es zu Problemen mit der Zuordnung kommen. Die Angabe der Kontenverbindung wird für die Eintragung in die Bußgeldlisten (vgl. 4.4.3) und für den Druck der Werbematerialien benötigt.

Als Werbematerialien sollten kleinformatige Adressetiketten produziert werden, auf denen auch das Bußgeldkonto angegeben ist. Sie erleichtern den Zuweisern das Ausfüllen der Bescheide und werden dort bei Angaben zum Empfänger aufgeklebt. Außerdem müssen Überweisungsträger zum Bußgeldkonto mit dem Verwendungszweck „keine Spende" bereitgestellt werden.

Bundesweit gibt es etwa tausend Behörden, die Geldauflagen verhängen können: 668 Amtsgerichte, 116 Landgerichte und etwa 120 Staatsanwaltschaften sowie ausgewählte Finanz- und Zollämter (Stichtag 1.1.2007). Auf den Internet-Serviceseiten des Bundesministeriums der Justiz können die Anschriften aller Gerichte und Staatsanwaltschaften abgerufen werden. Die Seiten der Länderministerien sind inzwischen durchgängig mit den Webseiten der einzelnen Behörden verlinkt und teilweise sogar deren Geschäftsverteilungspläne online abrufbar. Einige OLGs verschicken zusammen mit der Bestätigung, dass man in die Liste aufgenommen wurde, ein Behördenverzeichnis für ihren Gerichtsbezirk.

Im „Handbuch der Justiz"[6] sind alle Behörden mit Anschrift, Telefon, Fax und E-Mail-Adresse gelistet. Etwa 30.000 Richter und Staatsanwälte werden den jeweiligen Gerichten und Staatsanwaltschaften mit Namen, Dienststellung, Dienstalter und Geburtsdatum zugeordnet. Da aber weit weniger als die Hälfte von ihnen mit Strafsachen befasst ist, muss noch bei der jeweiligen Behörde recherchiert werden, wer als Zuweiser infrage kommt. Aufgrund der hohen Fluktuation in den Behörden muss der einmal aufgebaute Adressverteiler jedoch ständig aktualisiert werden.

Inzwischen gibt es auch spezielle Dienstleister bzw. Listbroker, die die Adressen von potenziellen Zuweisern zur einmaligen Nutzung vermieten bzw. zur Dauernutzung verkaufen. Dabei kann auch nach Zuständigkeitsbereichen der Zuweiser selektiert werden, d. h., eine Naturschutzorganisation kann beispielsweise gezielt die Adressen derjenigen Zuweiser selektieren lassen, die mit Umweltstrafsachen betraut sind.

## 4.4.5.2 Die richtige Ansprache der Zielgruppe

Wer Kontakte zu Richterkreisen und Staatsanwälten hat, sollte diese nutzen, um herauszufinden, wie die Zielgruppe denkt und reagiert. Im persönlichen Gespräch kann man die Unterstützungsbereitschaft für das eigene Anliegen testen und bekommt ein Gespür für die richtige Tonalität. Bei der Kommunikation ist es wichtig, insbesondere die Unabhängigkeit der Zuweiser zu beachten und mit Feingefühl vorzugehen. Die Justiz ist sehr bemüht, den Eindruck zu vermeiden, staatliches Handeln könne in irgendeiner Form von den privaten Interessen der jeweiligen Amtsinhaber gesteuert sein. Die Zuweiser sind dementsprechend angewiesen, keine Einrichtungen übermäßig zu begünstigen. Auch die Behördenleiter dürfen keinen Einfluss auf ihre Mitarbeiter ausüben. Alle Maßnahmen sollten deshalb gut dosiert und zur Bindung höchstens kleine Aufmerksamkeiten mit Symbolcharakter eingesetzt werden.

Richter und Staatsanwälte sind wegen des hohen Zeitdrucks auf kurze und prägnante Statements angewiesen. Sie legen Wert auf fundierte Sachinformationen: Wofür steht eine Einrichtung? Für welche konkreten Projekte und warum ist sie auf Zuweisungen angewiesen? Was kann mit welchen Beträgen bewirkt werden? Falls es über die Projektarbeit Anknüpfungspunkte zur Justiz gibt, sollten diese in der Kommunikation besonders herausgestellt werden. Bei aller Sachlichkeit gilt aber auch hier: Für den Erfolg der Werbung ist es wichtig, das jeweilige Thema zu emotionalisieren und möglichst an konkreten Schicksalen festzumachen.

## 4.4.5.3 Kontaktaufbau und Kommunikations-Mix

Wie gelingt es – angesichts der Vielzahl an Bewerbern –, die Zielgruppe für das Anliegen der eigenen Organisation aufmerksam zu machen und die Bereitschaft zur Unterstützung zu wecken? Einrichtungen, die über ihre Öffentlichkeitsarbeit bereits ein positives Image aufgebaut haben, fällt der Einstieg wesentlich leichter als unbekannten Vereinen, die sich erst einmal bei den Zuweisern bekannt machen müssen.

Insbesondere für regional tätige Einrichtungen empfiehlt sich der *persönliche Kontaktaufbau*, zunächst zu den Behördenleitern, dann auch zu einzelnen Strafrichtern, Staatsanwälten und Justizangestellten. Einen guten Anlass für den Erstkontakt bietet beispielsweise die Benachrichtigung über die Aufnahme in die Bußgeldliste. Die Einrichtung kann daraufhin kurz persönlich bei den Behörden vorgestellt und Informationsmaterialien sowie die vorbereiteten Überweisungsträger und Adressaufkleber abgegeben werden (vgl. 4.4.5.1). Auch die Veröffentlichung des Jahresberichts, Projektberichte aus der lokalen Presse oder andere, im Jahresablauf herausragende Ereignisse können für die Kontaktaufnahme genutzt werden. Grundsätzlich gilt es, sich regelmäßig in Erinnerung zu bringen und alle Möglichkeiten wahrzunehmen.

Die Häufigkeit und Qualität der Kontakte kann nur in Abhängigkeit von den Reaktionen der Zuweiser festgelegt werden. Betreiben in einem Gerichtsbezirk bereits viele Vereine aktiv persönliche Bußgeldwerbung, ist Zurückhaltung angebracht. Wichtig ist, mit dem nötigen Feingefühl vorzugehen und den Zuweisern keinesfalls „lästig" zu werden oder den Eindruck der übermäßigen Beeinflussung zu erwecken.

Bei überregional tätigen Einrichtungen erfolgt die Kontaktaufnahme *schriftlich*. Große Organisationen versenden in der Regel viermal im Jahr Bußgeldwerbebriefe. Im ersten Anschreiben wird die Arbeit der Organisation vorgestellt und darum gebeten, die Einrichtung bei der Zuweisung von Geldauflagen zu berücksichtigen. Später sollten konkrete Projektvorhaben im Mittelpunkt stehen. Ein typisches Bußgeldpackage enthält neben dem möglichst nur einseitigen Anschreiben mehrere Adressetiketten und Überweisungsträger und, falls vorhanden, einen Flyer oder eine kurze Projektbeschreibung. Manche Behörden legen Wert darauf, dass die Briefe nicht an einzelne Strafrichter und Staatsanwälte adressiert werden, sondern jeweils nur an den Dienststellenleiter.

Auch für das Bußgeldmarketing gilt: Der beste Brief kann ein persönliches Gespräch nicht ersetzen. Angesichts der zunehmenden Konkurrenz um Bußgeldzuweisungen – manche Behörden erhalten jede Woche zehn bis zwanzig Briefe – sind die Reaktionsquoten niedrig und teilweise erhebliche Investitionen notwendig, um einen festen Zuweiserstamm aufzubauen.

*Weitere schriftliche Werbemaßnahmen* sind Beilagen und Freianzeigen in juristischen Fachzeitschriften oder Beilagen beim Paketversand für Robenhersteller.

## 4.4.5.4 Maßnahmen zur Zuweiserbindung

Großzuweisungen fallen einer Organisation nicht in den Schoß, sondern sind in der Regel das Ergebnis systematischer Bemühungen und Bindungskonzepte. *Aktive Zuweiserbindung* bedeutet in Anlehnung an das Customer Relationship Management (CRM, siehe auch 3.3.4), dass Zuweiser, die durch besonders häufige oder besonders hohe Zuweisungen in Erscheinung treten, auch besonders gepflegt und betreut werden. Unter Berücksichtigung der unter 4.4.5.2 dargelegten Besonderheiten der Kommunikation muss eine Einrichtung ihren Zuweisern emotional vermitteln, wie wichtig ihre Unterstützung für die Finanzierung ihrer Projekte ist. Gleichzeitig sollte sie ihnen die Gelegenheit geben, an ihren Aufgaben, Projekten und insbesondere auch an ihren Erfolgen teilzuhaben. *Reaktive Zuweiserbindung* beinhaltet, dass die Einrichtung kompetent und zeitnah auf Rückfragen und Beschwerden eingeht. Generell sollten die Top-Zuweiser einer Organisation so wie deren beste Spender behandelt werden, dadurch lassen sich Synergien mit dem Großspenderprogramm erzielen.

Instrumente der Spenderbindung können sein:

- schriftlicher, telefonischer oder persönlicher Dank
- regelmäßige, personalisierte Informationen über die Arbeit der Organisation, kurzer Jahresbericht, Kopie Presseberichte
- persönlicher Kontaktaufbau
- Geburtstags- und Weihnachtsgrüße
- Einladung zu (exklusiven) Veranstaltungen und Feierlichkeiten
- kleine Aufmerksamkeiten mit symbolischem Charakter, z. B. handgeschriebene Dankkärtchen, Aktenlesezeichen
- exklusive, hochwertige Projektberichte
- persönliche Einblicke hinter die Kulissen, Begegnungen mit „den Machern"

Mit die wichtigste Maßnahme zur Zuweiserbindung ist jedoch die professionelle Verwaltung der Bußgelder! Wer sich hier als zuverlässiger Partner erweist und die gewünschten Serviceleistungen erbringt, empfiehlt sich damit für weitere Zuweisungen.

## 4.4.5.5 Bußgeldverwaltung

Pünktliche und korrekte Zahlungsmeldungen sind grundlegend für den Erfolg. Der administrative Aufwand darf nicht unterschätzt werden. Die Mitteilungen der Behörden zur Höhe und Fälligkeit einer Geldbuße kommen meist spät – häufig erst nach Eingang einer ersten Zahlung des Verurteilten. Die Bescheide sind nicht einmal innerhalb einer Behörde einheitlich. Häufig werden die Namen der Zahler aus Gründen des Datenschutzes nicht genannt. Die Zuordnung einer Zahlung zu einer Strafsache ist dann nur anhand des Aktenzeichens möglich. In vielen Bescheiden kann außerdem der Verurteilte seine Auflage in Raten zahlen. Raten in Höhe von 20 Euro und eine Zahlungsdauer von bis zu mehreren Jahren sind keine Seltenheit.

Die zuweisende Behörde erwartet von der Empfängerorganisation, dass die Geldbußen gemäß ihren Meldeauflagen bearbeitet werden. Auf jeden Fall müssen eingehende Zahlungen zeitnah gemeldet werden. Darüber hinaus sind die Anforderungen recht unterschiedlich. Beispielsweise müssen Zahlscheine an den Verurteilten geschickt oder dürfen bei den Rückmeldungen an die Behörde nur spezielle Formulare verwendet werden. Manchmal muss der Zahlungspflichtige, nachdem die gesetzte Frist verstrichen ist, an den überfälligen Zahlungstermin erinnert werden. Aber auf keinen Fall darf einem Verurteilten für den einbezahlten Betrag eine Zuwendungsbestätigung ausgestellt werden! Einige Zuweisungsstellen verlangen deshalb, dass den Zahlern eine Quittung mit dem Vermerk zugeschickt wird, dass es sich bei dem Betrag um eine Geldauflage handelt, die nicht von der Steuer absetzbar ist.

Mit Rückfragen vonseiten der Zuweisungsstellen, Bewährungshelfern und Verurteilten muss gerechnet werden. Deshalb ist es wichtig, eine klare Verantwortlichkeit für eingehende Anfragen und eine gute Erreichbarkeit der betreffenden Stelle zu organisieren. Bei Bitten von Zahlungspflichtigen um Verlängerung von Fristen oder um Zahlungsreduktion ist an die entsprechende Zuweisungsstelle weiterzuverweisen. Zahlungsausfälle von bis zu 15 Prozent der Gesamteinnahmen in einem Jahr sind die Regel. Deshalb sollten hohe Zuweisungen erst nach Zahlungseingang verplant werden.

Zur ordnungsgemäßen Abwicklung der Bußgeldverwaltung ist eine leistungsfähige Software notwendig. Nur kleine örtliche Organisationen werden mit Karteikarten oder einer handgestrickten Excel-Tabelle auskommen. Nach Abschluss eines Bußgeldfalles ist es aus Datenschutzgründen empfehlenswert, den Vorgaben der Oberlandesgerichte in Nordrhein-Westfalen folgend, alle personenbezogenen Daten innerhalb von drei Monaten zu löschen. Für spätere Nachfragen sollte auf jeden Fall das Aktenzeichen weiterhin gespeichert bleiben.

# 4.4.6 Statistiken und Erfolgskontrolle

Auf jeden Fall müssen zur Pflege der Listeneinträge bei den Oberlandesgerichten oder Landesgerichten die jährliche Höhe der eingegangenen Zahlungen und Zuweisungen in den jeweiligen Zuständigkeitsbereichen ermittelt werden. Auch einzelne Zuweisungsstellen können diese Zahlen für den Bereich ihrer Behörde anfordern.

Für die interne Erfolgskontrolle ist eine Jahresübersicht mit einer Aufstellung der monatlichen Zahlungseingänge angeraten. Die Zahlen sollten mit den Vorjahreswerten und den Planzahlen verglichen werden, um Abweichungen auf einen Blick sichtbar zu machen.

Nützlich für den Kontakt mit Zuweisern ist eine Übersicht der getätigten Zuweisungen in einem bestimmten Zeitraum. Hier leistet der Aufbau einer Kontakthistorie wertvolle Dienste, in der beispielsweise Angaben zu den Zeitpunkten der Kontakte, den zugesandten Informationsmaterialien und von zuweiserspezifischen Besonderheiten eingefügt werden.

# 4.4.7 Fazit

Der Bußgeldmarkt ist hart umkämpft. Immer mehr Organisationen steigen in den Markt ein. Dem zunehmenden Werbedruck begegnen die Zuweisungsstellen mit einer immer restriktiveren Verteilung der zugesandten Informationen. Nur wer eine systematische, langfristig angelegte und auf die Zielgruppe abgestimmte Kommunikationsstrategie entwickelt, hat Aussicht auf Erfolg. Dabei muss stets die Unabhängigkeit der Richter und Staatsanwälte respektiert werden. Eine Organisation sollte außerdem erst dann mit den Werbemaßnahmen beginnen, wenn sie intern die pünktliche Verwaltung der eingehenden Geldauflagen sichergestellt hat. Organisationen, die hierbei grundlegende Fehler machen, werden keine bleibenden finanziellen Erfolge erzielen und wieder vom Markt verschwinden. Die starke Zunahme der Werbeaktivitäten des gemeinnützigen Sektors erhöht in Summe immer mehr die Gefahr, dass von staatlicher Seite das gesamte Finanzierungsinstrument in Frage gestellt werden kann.

## Anmerkungen

1 Ministerium der Justiz Rheinland-Pfalz: Übersicht über die Zuwendungen an gemeinnützige Einrichtungen oder an die Staatskasse in Ermittlungs- und Strafverfahren sowie in Gnadensachen im Jahr 2006 bzw. 2000, in: Justizblatt Rheinland-Pfalz, Nr. 4, Mainz 2007, und Nr. 11, Mainz 2001.

2 Oberlandesgericht Nürnberg/Behrschmidt, E.: Geldauflagen aus Strafverfahren für gemeinnützige Zwecke, Nürnberg 2000; www.justiz.bayern.de/olgn/fr_start_home.htm.

3 V & M Service GmbH, Konstanz: Wer hat welchen Anteil im Bußgeld-Fundraising? www.bussgeld-fundraising.de.

4 Heinz, Wolfgang: Das strafrechtliche Sanktionensystem und die Sanktionierungspraxis in Deutschland 1882–2005 (Stand: Berichtsjahr 2005), Internet-Publikation: www.uni-konstanz.de/rtf/kis/sanks05.pdf, Version 1/2007.

5 Vgl. Informationen unter www.olg-oldenburg.de.

6 Deutscher Richterbund (Hrsg.): Handbuch der Justiz 2006/2007, Heidelberg 2006.

## Weiterführende Literatur

Biege, Horst: Geldbußen einwerben und verwalten – Musterbriefe, in: Brenner, Gerd/Nörber, Martin (Hrsg.): Öffentlichkeitsarbeit und Mittelbeschaffung, Weinheim/München 1996.

# 4.5 Freiwilliges Kirchgeld

*Paul Dalby*

## 4.5.1 Verschiedene Kirchensteuerarten

Kirchenmitglieder, die um ein Freiwilliges Kirchgeld gebeten werden, unterstützen ihre Kirche finanziell zumeist schon auf verschiedenen Wegen oder haben dies getan, solange sie berufstätig waren und Einkommensteuer gezahlt haben. Dabei haben Kirchenmitglieder zusätzlich zur Kirchensteuer teilweise auch ein Kirchgeld und Ortskirchensteuer entrichtet. Die Begrifflichkeiten für diese verschiedenen Formen der Kirchensteuer variieren regional und bedürfen daher der jeweiligen Klärung vor Ort. Über diese Finanzierungswege wurde die kirchliche Arbeit bisher ausreichend gedeckt.

Die *Kirchensteuer* beträgt bundesweit neun Prozent (Bayern 8 %) der Einkommensteuer und wird vom Finanzamt (in Bayern von eigenen Kirchensteuerstellen in München und Nürnberg) erhoben. Die rechtlichen Grundlagen hierfür sind die Kirchensteuergesetze und Staatskirchenverträge der Länder. Daneben gibt es andere Formen der Kirchensteuer, die in den einzelnen Bundesländern und evangelischen Landeskirchen sowie den katholischen Bistümern jeweils verschieden gestaltet sind und auch verschiedene Namen tragen.

Mittlerweile wird, mit Ausnahme einiger Bistümer, das so genannte *besondere Kirchgeld* als ein Beitrag zur Steuergerechtigkeit bundesweit erhoben. Es wird von Kirchenmitgliedern erhoben, deren Ehepartner keiner steuererhebenden Religionsgemeinschaft angehört, wenn der Partner, der Kirchenmitglied ist, kein oder nur ein geringes Einkommen hat. Das besondere Kirchgeld wird bei gemeinsamer Veranlagung vom Familieneinkommen beider Ehegatten berechnet. Es ist eine nach einer festgelegten Tabelle erhobene Kirchensteuer und wird im Rahmen der Einkommensteuerveranlagung vom Finanzamt festgesetzt und einbehalten. Es beträgt in der Regel nur rund ein Drittel der Kirchensteuer, in etwa zwischen 0,24 und 1,2 Prozent des gemeinsam zu versteuernden Einkommens. Die Rechtsgrundlage zur Erhebung des besonderen Kirchgelds findet sich in den jeweiligen Kirchensteuergesetzen der Bundesländer in Verbindung mit den jeweiligen Kirchensteuerordnungen.[1]

Neben der Kirchensteuer und dem besonderen Kirchgeld gibt es in manchen Kirchen noch die *Ortskirchensteuer,* gelegentlich auch Ortskirchgeld genannt. Die Ortskirchensteuer ist eine Pflichtabgabe. Sie wird im Unterschied zur Kirchensteuer und zum besonderen Kirchgeld aber nicht von den Finanzämtern erhoben, sondern von der Kirchengemeinde bzw. den zuständigen Verwaltungseinheiten der Kirchengemeinden. Die rechtliche Grundlage zur Erhebung einer Ortskirchensteuer ist die jeweilige Kirchgeldordnung der Landeskirche oder des Bistums. Die Kirchgeldordnung bestimmt auch den Rahmen für die Höhe des Kirchgeldes (meist 12–120 Euro im Jahr).

Aufgrund des Steuergeheimnisses und der Vertragslage der Kirchen mit den Ländern sind Dankbriefe an Kirchensteuerzahler schwierig. Aus der Perspektive des Fundraisings ist ein Dank auch an die regelmäßig Kirchensteuer Zahlenden unerlässlich, sind sie doch so etwas wie „Dauerspender". Mehr als ein pauschaler Dank an Kirchensteuer in Gemeindebriefen oder durch andere Formen der Presse- und Öffentlichkeitsarbeit ist aufgrund der Datenlage zurzeit leider noch nicht möglich (zur Dankkultur im Fundraising siehe 3.3.4).

## 4.5.2 Freiwilliges Kirchgeld

Nur etwa 30 Prozent aller Kirchenmitglieder zahlen Kirchensteuer. Ebenso unterstützt nur ein Teil der Mitglieder seine Kirche durch Spenden (5–20 %). Allein aufgrund der demografischen Entwicklung werden die Einnahmen aus der Kirchensteuer in den kommenden Jahren so weit sinken, dass kirchliche Aufgaben nicht mehr im gewohnten Umfang wahrgenommen werden können. Daher erwägen immer mehr Kirchen, Fundraising als zweite Finanzierungssäule neben der Kirchensteuer auf- und auszubauen.

Das Freiwillige Kirchgeld ist eine kirchenspezifische Form des Fundraisings – und gar nicht neu: Einige Kirchengemeinden werben das Freiwillige Kirchgeld schon seit den 1960er-Jahren ein. Die rechtlichen Rahmenbedingungen zur Einführung und Erhebung des Freiwilligen Kirchgelds sind regional verschieden. Sie werden geregelt durch Landeskirchen und Bistümer.

Neu am Freiwilligen Kirchgeld im Kontext von Fundraising ist, dass es zunehmend systematisch und flächendeckend eingesetzt wird und dabei den Regeln klassischer Mailings folgt. Im Blick sind dabei verschiedene Zielgruppen. Die Gruppe, an die sich die klassische Bitte um Freiwilliges Kirchgeld richtet, ist die große Gruppe der Kirchenmitglieder, die bisher weder Kirchensteuer zahlen noch zu den aktiven, regelmäßig für Kirche Spendenden zählt. Aus der Mitgliedschaft wird ein prinzipielles Interesse zur Unterstützung der kirchlichen Arbeit abgeleitet. Ihre Adressdaten sind vorhanden. Auch ehemalige Mitglieder helfen immer wieder gerne für konkrete Projekte der Kirche vor Ort, wenn man sie persönlich anspricht. Denn häufig hatte der Austritt aus der Kirche nichts mit der konkreten Ortsgemeinde zu tun. Neu als Zielgruppe ist bei den aktuellen Freiwilligen-Kirchgeld-Aktionen die Gruppe der Nicht-Kirchenmitglieder in den Blick gerückt. Hier zeigen erste Auswertungen, dass kirchliche Projekte auf eine gute Spendenbereitschaft treffen. Kirchen scheuen bisher meist vor großvolumigem Listleasing bei Adressbrokern zurück und arbeiten lokal durch persönliche Verteiler mit Ortskenntnis.

Aktionen zum Freiwilligen Kirchgeld werden bisher in der Regel auf Ebene der örtlichen Kirchengemeinden initiiert, nur vereinzelt auf der nächsthöheren Verbandsebene von Gemeinden. Eine landeskirchen-, bistumsweite Mailingaktion unter Nutzung aller Adressdaten ist mir bisher nicht bekannt. Dies würde Einigungen in den Organisationsebenen über Zugriffsrechte, Projektauswahl und Einnahmenverteilung voraussetzen, die noch Zukunftsmusik sind. Die Institutional Readiness (siehe 2.1.1) ist noch nicht weit genug ausgeprägt.

Unter Einhaltung aller staatlichen und kirchlichen Datenschutzbestimmungen können die Daten der Kirchenmitglieder im Fundraising genutzt werden (siehe 7.6). Die vielgliedrige Struktur der Kirchen mit ihrer Fülle von Körperschaften öffentlichen Rechts erschwert jedoch die Zusammenfassung und zentrale Betreuung von Mitglieder- und Spenderdaten.

## 4.5.3 Organisatorische Voraussetzungen für Freiwilliges Kirchgeld

Vor Einführung und Einsatz des Freiwilligen Kirchgeldes müssen Ziele und Verantwortlichkeiten einer solchen Maßnahme geklärt sein. Dazu gehört eine Jahresplanung für alle Spendenaktionen auf Gemeinde- und der darüber liegenden Ebene, damit sich Spenderinnen und Spender nicht durch unkoordinierte Anfragen belästigt fühlen. Zu klären ist auch, wer für die Spendenverwaltung und die Spenderbetreuung (siehe 3.3.4) zuständig ist. – Natürlich wären auch Outsourcing-Lösungen für diese Bereiche denkbar. In der Praxis scheitert dies jedoch meist an den Kosten. Diakonische Einrichtungen haben damit hingegen gute Erfahrungen gemacht. In der Zusammenarbeit von Kirchengemeinden mit ihren Verwaltungsstellen ergeben sich in Bezug auf die Spenderverwaltung in der Praxis bisher immer wieder Unsicherheiten. Zuwendungsbestätigungen können oft nicht zum gewünschten Zeitpunkt ausgestellt werden, die Verbindung von Zuwendungsbestätigung und Dankschreiben erweist sich als schwierig.

Der Einsatz von Database im kirchlichen Fundraising steckt in den Kinderschuhen. Verbesserte Auswahl von Zielgruppen, automatisierte Verbuchung durch das Einlesen der Daten und exakte Evaluation sind Vorteile, die den erhöhten Pflegeaufwand solcher Software auf Dauer überwiegen werden. Zunehmend kommen Produkte auf den Markt, die in der Lage sind, die meldedatenschutzrechtlichen Besonderheiten und strukturellen Ebenen der Kirchen abzubilden. Erste Versuche im Einsatz von Fundraising-Software zur Optimierung von Buchungen und Datenerfassung finden derzeit vereinzelt, z. B. in der Evanglisch-lutherischen Landeskirche Hannovers, statt. Testläufe werden voraussichtlich ab 2006 zu ersten flächendeckenden Einsätzen führen.

## 4.5.4 Planung, Ziele und Inhalt einer Aktion für Freiwilliges Kirchgeld

Prinzipiell gelten für den praktischen Ablauf jeder Aktion für Freiwilliges Kirchgeld dieselben Regeln wie für die allgemeine Projekt- und Kampagnenplanung (siehe 3.2.2) und Mailings (siehe 5.3). Nach Festlegung der (nicht nur monetären) Ziele und der Zielgruppe braucht es eine Entscheidung für ein konkretes Spendenprojekt aus der Spendenprojekt-Jahresplanung. Die konkreten Projekte, die durch Freiwilliges Kirchgeld unterstützt werden sollen, decken das gesamte Spektrum kirchlicher und diakonischer Arbeit ab: Kinderkrabbelkreise, Kindertagesstätten, Mutter-Kind-Gruppen, Jugendprojekte, Gewaltprävention, Konfirmandenseminare, Musikprojekte jeder Couleur, Aussiedlerarbeit, Asylanten- und Migrantenarbeit, Erwachsenenbildung, Lebensberatung, Finanzierung von Personalstellen, Sanierung von Bauten (besonders von Kirchen, Kirchtürmen, Glockenstühlen und Orgeln), Hospizarbeit, Aufbau von Stiftungen, Pflege von Friedhöfen und mehr. Entscheidend für den Erfolg eines Aufrufs zu Freiwilligem Kirchgeld ist die lokale Nähe der Projekte, der plausibel kommunizierte Bedarf und die Überzeugungskraft des Projekts und der an ihm beteiligten Menschen.

In einem weiteren Schritt folgen Planung von Zeiten, finanziellen und personellen Ressourcen und Sammlung von Material zum Spendenprojekt. Wenn genug Material bereitliegt, können erste Textentwürfe und Layouts angefertigt werden. Empfehlenswert ist es, innerhalb einer Aktion für Freiwilliges Kirchgeld, verschiedene zielgruppenspezifische Mailings zu verfassen. Schon einfache Auswahlkriterien, z. B. nach Mitgliedschaft, bisheriger Spendenbereitschaft oder nach Lebensalter, können die Responserate verdoppeln. Die Mailing-Entwürfe sollten so früh vorliegen, dass sie binnenkirchlich und durch kirchenferne Gruppen getestet werden können.

Last but not least gehört auch die Gestaltung von entsprechenden Dankbriefen zur Vorbereitung einer Mailingaktion für Freiwilliges Kirchgeld. Wenn alles zum Druck bereitliegt, sollten die Daten selektiert und noch einmal abgeglichen werden. Gerade von einer Kirchengemeinde wird erwartet, dass die Daten von Taufen, Geburtstagen, Jubiläen oder Sterbefällen sorgsam gepflegt sind. Druck und Versand können hausintern oder durch ehrenamtliche Hilfe erfolgen. Dieser besondere Verteilungsweg sollte auf dem Briefumschlag vermerkt sein! Allerdings ist bei ehrenamtlicher Verteilung der Briefe darauf zu achten, dass sie in allen Straßen in etwa zeitgleich erfolgt. Kaum eine andere Organisation kann so effizient Kosten sparen und gleichzeitig menschlichen Kontakt ermöglichen wie die Kirche.

Die Buchung eingehender Spenden erfolgt je nach Kirchenform unterschiedlich. Ideal ist die Nutzung eines lokalen Kirchenkontos mit dahinter liegender regionaler oder zentraler Verbuchung. Das lokale Spendenkonto schafft Vertrauen – und kann zeitnah online oder durch Kontoauszüge überwacht werden. Das gewährleistet, dass der Dank tages- oder wochenweise ausgesprochen werden kann. Nach erfolgter Auswertung fließen die positiven wie negativen Erfahrungen der letzten Aktion in die nächste ein, sodass das nächste Projekt passgenau auf die ausgewählten Zielgruppen zugeschnitten, die Sachkosten niedrig gehalten oder verringert und die personellen Ressourcen ihren Fähigkeiten entsprechend eingesetzt werden können. Durch eine stete Verbesserung der Spendenaktion werden Spenderinnen und Spender auf Dauer gewonnen. (Siehe auch die Checkliste „Planungsschritte für die Erhebung von Freiwilligem Kirchgeld" im Anhang.)

## 4.5.5 Beispiele für das Potenzial von Aktionen zum Freiwilligen Kirchgeld[2]

Im Folgenden sind Entwicklungen zum Freiwilligen Kirchgeld aus dem Bereich der Evangelisch-lutherischen Landeskirche Hannovers dargestellt. Die bisherige Datenlage zeigt, dass die Einnahmen über das Freiwillige Kirchgeld pro Gemeindeglied zwischen einem und sieben Euro im Jahr schwanken. Damit sind bei einer Kirchengemeindegrö-ße von 2.500 Mitgliedern Summen zwischen 2.500 und 17.500 Euro möglich. Um einen Sachmittelhaushalt auszugleichen, ist die erste Summe zu niedrig, die zweite komfortabel. Kommen Personalkosten hinzu, reicht auch die zweite nicht aus. In Einzelfällen, z. B. bei Bauprojekten, sind Erlöse auch jenseits der 50.000 Euro nachgewiesen. Damit ist die Steigerung des Erlöses auf sieben Euro pro Gemeindeglied mittelfristig sinn-voll – in Einzelfällen können höhere Ziele formuliert werden.[3]

Die Durchschnittspende beim Freiwilligen Kirchgeld liegt bei ca. 32 Euro im Jahr. Die meisten Spenden liegen im Bereich um 10 und 20 Euro, nur wenige bei 50 Euro oder mehr. 50 Prozent der Einnahmen stammen von 20 Prozent der Spender. Eine Einnah-mensteigerung kann durch bewusstes Upgrading ehemaliger Spenderinnen und Spender, eine Intensivierung der Spenderbindung oder das Aktivieren von Neuspendern erfolgen.

Abbildung 1:   Freiwilliges Kirchgeld 2004 im Kirchenkreis Gifhorn:
                        Aufkommen pro Kopf nach Gemeinden

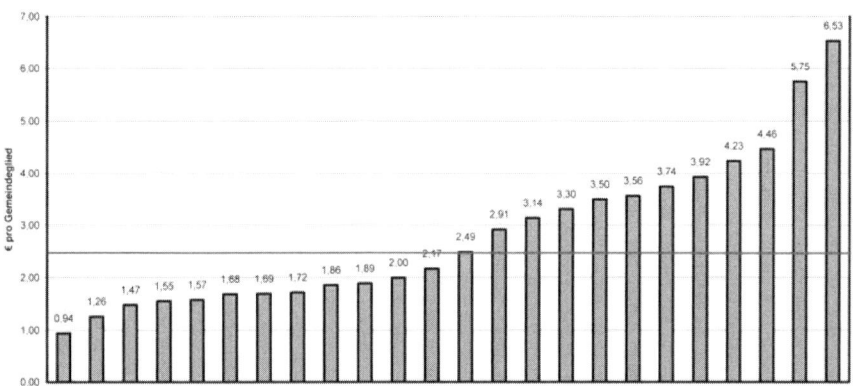

In der Regel wird der Gesamtbestand an Mitgliederadressen angeschrieben und alle Spender wie Nichtspender erhalten das gleiche Mailing für das aktuelle Projekt des Freiwilligen Kirchgeldes. Dort, wo zielgruppenspezifische Mailings eingesetzt werden, liegt die Responserate für Altspender bei 40 bis 70 Prozent, die für Neuspender bei fünf bis 30 Prozent. Mailings für das Freiwillige Kirchgeld werden bisher nicht zur aktiven Neuspendergewinnung unter Nichtmitgliedern eingesetzt. Dies wäre jedoch dringend geboten, da einzelne Gemeinden Verluste von bis zu 40 Prozent an Spendern pro Jahr verzeichnen.

Abbildung 2:  Erst- und Folgespender im Jahr 2004 im Kirchenkreis Gifhorn
(anhand von 17 für beide Jahre auswertbaren Gemeinden)

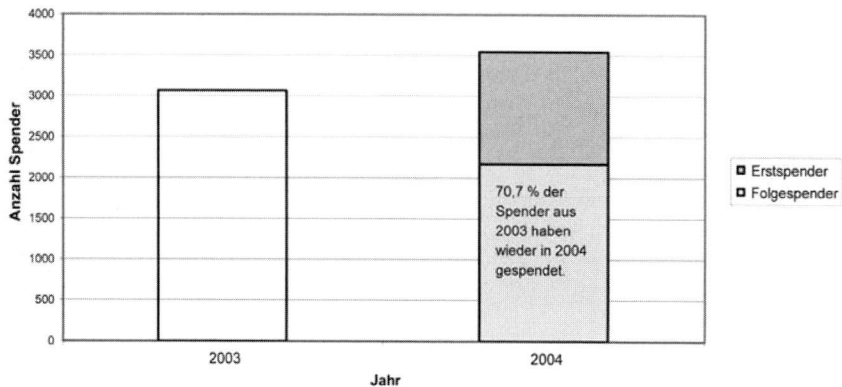

Responsequoten von Freiwilligem Kirchgeld schwanken stark von Jahr zu Jahr. Dies verwundert nicht, da die Kultur des Spenderdankes und der Spenderbindung bisher kaum entwickelt wurde. Die Abbildung 2 belegt, dass ein hoher Prozentsatz der Vorjahresspender wiedergewonnen werden kann. Zudem wird das Potenzial an möglichen Neuspendern deutlich. Eine 70-prozentige Bindung von Altspendern plus aktiver Neuspendergewinnung hat in Gifhorn deutliche Ertragsteigerungen binnen eines Jahres ermöglicht.

Abbildung 3: Alter der Spender im Kirchenkreis Gifhorn 2003 und 2004

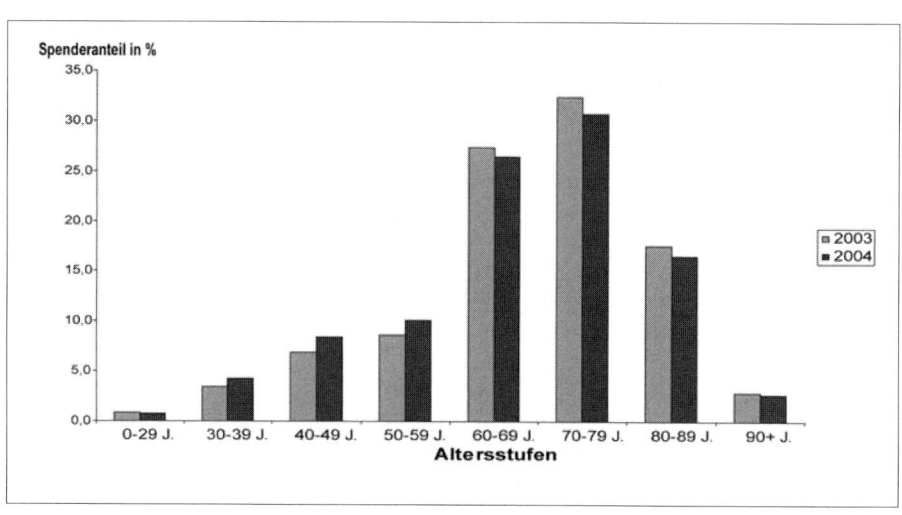

Die Kirchenspender sind oft schon lange dabei und daher in höherem Alter. Der Durchschnitt liegt bei etwa 70 Jahren. Die Auswertung bestätigt dies. Damit sind Vorgaben für den Stil der Bitte um Freiwilliges Kirchgeld gemacht. Zugleich ergibt sich die Dringlichkeit, das Durchschnittsalter zu verringern. Dies kann durch professionelle Aktionen für Freiwilliges Kirchgeld schon binnen eines Jahres gelingen, wie die Abbildung 3 zeigt. In den Altersgruppen 30–39, aber vor allem 40–49 und 50–59 sind Zuwächse zu verzeichnen – ohne dass die Briefe altersgruppenspezifisch verfasst wurden. Bei genauerer Differenzierung ließen sich hier sicherlich noch höhere Ergebnisse erzielen.

Ein großes Manko sind derzeit die fehlenden Daten zur Evaluation abgelaufener Aktionen für Freiwilliges Kirchgeld. In Sachen Vollkostenrechnung und Transparenz in der Mittelverwendung besteht Nachholbedarf. Dabei führen gerade Transparenz und Informationen zum Projektverlauf ebenso wie zeitnahe Dankbriefe oft zur – unaufgeforderten – Zweitspende!

Abbildung 4: Kirchgeld 2004 im Kirchenkreis Gifhorn

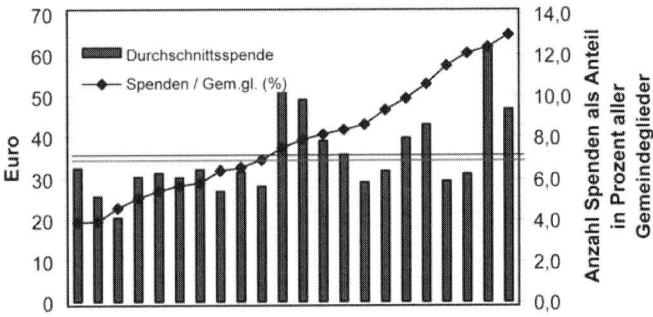

Die Spendenhöhe im Beispiel-Kirchenkreis (siehe Abb. 4) schwankt in den Gemeinden zwischen 20 und 60 Euro, im Durchschnitt sind es 32 Euro. Die Beteiligung bezogen auf die Gemeindeglieder liegt zwischen vier und zwölf Prozent. Der Durchschnitt liegt bei sieben Prozent. Damit lassen sich für die Höhe der Spende in vielen Gemeinden noch Potenziale erschließen, ebenso in der Responserate. Mittelfristig dürfte eine Verdoppelung der bisherigen Erträge möglich sein – allerdings steigen mit intensiverem Kontakt auch die Sachkosten, sodass Nettosteigerungen bis 80 Prozent zu erwarten sind.

Fazit: Freiwilliges Kirchgeld ist ein sinnvolles Standbein kirchlichen Fundraisings mit bisher ungenutzten Potenzialen!

## Anmerkungen

1 Der Vollständigkeit halber soll noch erwähnt sein, dass es eine Kirchensteuer vom Grundbesitz mit einem Hebesatz prozentual nach Bundesland verschiedenen Grundsteuermessbeträgen gibt.

2 Alle Zahlen entstammen meinen Kenntnissen aus dem Bereich der Evangelisch-lutherischen Landeskirche Hannovers. Die Datenlage ist nach wie vor dünn. Erst die Einführung von Database-Software in verschiedenen Landeskirchen wird Vermutungen über Spendenhöhen, -entwicklung, -bereitschaft und -gefälle erhärten können. Für Bestätigungen meiner Angaben oder Hinweise auf andere Erkenntnisse bin ich dankbar.

3 Die folgenden Analysen und Grafiken wurden erstellt durch Stephan Eimterbäumer, Pastor und Fundraiser im Kirchenkreis Gifhorn. Die Gifhorner Zahlen bestätigen Erkenntnisse aus anderen Kirchenkreisen der Landeskirche. Ich danke dem Kirchenkreis für die Bereitstellung der Daten.

# 4.6 Fördergelder: freiwillige Mittel aus öffentlicher Hand und Stiftungen

## 4.6.1 Fördergelder aus öffentlicher Hand

*Manfred Belle*

Staatliche Fördergelder sind Zuwendungen von Bund, Ländern und Kommunen an nichtstaatliche Körperschaften. Diese Förderung findet dort statt, wo der Staat ein Interesse an der Erfüllung bestimmter Aufgaben hat. Bei den Zuwendungen trifft das vielfältige deutsche Staatswesen auf die mindestens ebenso bunte Landschaft nichtstaatlicher Organisationen, die für das Gemeinwesen tätig sind. Daraus ergeben sich zwar nicht unendliche, aber doch unübersichtlich viele Möglichkeiten von Förderkonstellationen. Auf jeden Fall muss man sich auf ein gehöriges Maß an Bürokratie einstellen. Andererseits trifft man auch in Behörden gar nicht selten auf sachkundige und hilfsbereite Menschen, oft kann man sogar von einem gemeinsamen Interesse an der Sache ausgehen. Auch bei Fördermitteln besteht Fundraising zu großen Teilen im Aufbau von guten Beziehungen.

### 4.6.1.1 Gesetzliche Grundlagen

Wer staatliche Fördermittel sucht, begibt sich in die Landschaft des Zuwendungsrechts, das wiederum ein Teil des öffentlichen Haushaltsrechtes ist. Auch wenn man nicht plant, sich in diese Gesetze zu vertiefen, gelten sie trotzdem: die Gesetze über die Haushaltsordnung des Bundes (BHO) und der Länder (LHO), die kommunalen Haushaltsvorschriften und das Haushaltsgrundsätzegesetz (HGrG). Allerdings bestimmen diese Gesetze nur die Grundsätze für die Vergabe von Fördermitteln. Die wichtigen und konkreten Details finden sich in den einzelnen Verwaltungsvorschriften, so auch jene Dokumente, deren sorgfältige Lektüre zwingend ist, z. B. die Allgemeinen Nebenbestimmungen für Zuwendungen (ANBest). Sie sind normalerweise fester Bestandteil eines Zuwendungsbescheides und werden deshalb oft direkt als Anhang mitgeschickt – und dann nicht gelesen, oder der Inhalt wird im Laufe des Förderzeitraums wieder vergessen. Das führt später zu Problemen und zu viel zusätzlicher Arbeit, schlimmstenfalls zu Zinszahlungen und Rückforderungen. Das kann auch die Beziehungen zu den Menschen in den Behörden belasten. Man sollte es nicht so weit kommen lassen, zumal die ANBest oft nur wenige Seiten umfassen.

Es gibt zwei Arten von Zuwendungen: die *Projektförderung* und die *institutionelle Förderung*. Es gehört zum Wesen eines Projektes, das es sich klar abgrenzen lässt, vor allem zeitlich. Wo das nicht sinnvoll ist, kann die institutionelle Förderung greifen, denn hier decken die Zuwendungen einen Teil der laufenden Ausgaben des Empfängers. Beide Zuwendungen können für mehrere Jahre bewilligt werden. Normalerweise deckt die Zuwendung nur einen Teil der Kosten. Sind die Zuwendungsempfänger finanzschwach, kann dieser Teil jedoch durchaus recht groß sein. Die Vollfinanzierung gibt es nur als Ausnahme. Weil die Teilfinanzierung so häufig ist, existieren drei Unterarten. Im Bewilligungsbescheid steht entweder „Anteilsfinanzierung" oder „Fehlbedarfsfinanzierung" oder „Festbetragsfinanzierung".

Bei der *Anteilsfinanzierung* wird ein bestimmter Anteil, z. B. ein Prozentsatz der zuwendungsfähigen Ausgaben, bewilligt. Bei der *Fehlbedarfsfinanzierung* wird das Defizit gedeckt, das sich aus zuwendungsfähigen Ausgaben abzüglich eigener und fremder Mittel ergibt. In beiden Fällen wird zusätzlich ein absoluter Höchstbetrag für die Zuwendung festgelegt, also beträgt die Zuwendung z. B. „75 Prozent der zuwendungsfähigen Ausgaben, jedoch maximal 75.000 Euro". Der Empfänger würde also bei zuwendungsfähigen Ausgaben von 100.000 Euro die geringste Eigenbeteiligung erzielen (sofern das das Ziel seiner Kalkulation ist). Da wirkt die dritte Möglichkeit weniger kompliziert, die *Festbetragsfinanzierung*. Hier wird ein fester Betrag zu den zuwendungsfähigen Ausgaben bewilligt. So weit, so gut. Aber wer weiß eigentlich, was zuwendungsfähige Ausgaben sind?

Oft wird in Förderrichtlinien festgelegt, welche Ausgaben zuwendungsfähig sind. Für eine entwicklungspolitische Konferenz können z. B. die Flugkosten eines Referenten aus Indien zuwendungsfähig sein, die Flugkosten des Tagungsleiters für eine Planungssitzung in Indien dagegen nicht. Darf der Zuwendungsempfänger trotzdem nach Indien fliegen? Er darf, aber die Kosten werden vom Zuwendungsgeber bei der Berechnung der Zuwendung ignoriert, weil sie nicht zuwendungsfähig waren. Das kann zu erheblichen Unterschieden führen zwischen den tatsächlichen Gesamtkosten des Projektes und den zuwendungsfähigen Kosten. Dies ist eine zentrale Aufgabe für die Finanzplanung des Projektes, wenn man im Nachhinein keine unangenehmen Überraschungen erleben möchte.

## 4.6.1.2 Planung von Förderanträgen

Es gibt keinen allgemeinen Wegweiser, dafür sind die Förderziele und Institutionen zu vielfältig und einem zu schnellen Wandel unterworfen. Nach Förderprogrammen muss man aktiv suchen. Informieren kann man sich z. B. bei den jeweiligen Dach- und Interessenverbänden, aber auch direkt bei staatlichen Einrichtungen und auf deren Websites. Viel Mühe kann sich sparen, wer sich gezielte Tipps von Kolleginnen und Kollegen aus seiner Branche einholt. Nachdem man ein Förderprogramm gefunden hat, sollte man es zunächst mit den frei zugänglichen Unterlagen oberflächlich daraufhin prüfen, ob es für die eigene Organisation bzw. das geplante Projekt infrage kommt. Erfüllt man die nötigen Voraussetzungen? Befinden sich Projekt und Träger in der richtigen Region

(Bundesland, Landkreis, Kommune), verfolgt man die vorgegebenen Ziele, ist das Projekt an die richtigen Zielgruppen adressiert? Vorausgesetzt wird fast immer, dass der Träger als gemeinnützig anerkannt ist und korrekte Jahresabschlüsse der letzten Jahre vorlegen kann.

Im ersten Gespräch mit der für das Programm zuständigen Person macht es außerdem einen guten Eindruck, wenn man sofort gezielte Fragen stellen kann und nicht eine „Autorenlesung" erwartet mit dem, was man in den Unterlagen selbst hätte nachlesen können. Zu den gezielten Fragen gehört: Wie ist die aktuelle Etat-Situation? Zu welcher Frist sind neue Anträge sinnvoll? Wie lange dauert das Verfahren, wer entscheidet zu welchen Terminen? Welche Fördersummen sind üblich? Sollte man beim Erstantrag eine niedrigere Summe beantragen? Welcher Eigenanteil ist gewünscht? Wenn es hier keine Probleme gibt, sollte man anbieten, ein kurzes Exposé des Vorhabens informell einzureichen. So bekommt man wertvolle Rückmeldungen, bevor der „offizielle Antrag" aktenkundig ist und alle Rückfragen und Änderungen des Antrags zu langem Hin und Her führen. Bringt man das Exposé persönlich vorbei (aber bitte nicht unangemeldet), gibt man damit auch eine Gelegenheit zu einem persönlichen Eindruck. Mit einem Exposé investiert man zu diesem Zeitpunkt weniger Arbeit in das Vorhaben als mit einem vollständigen Antrag.

In dieser Planungsphase ist es wichtig, das richtige Maß zwischen Klarheit und Flexibilität zu finden. Klarheit bedeutet, dass man selbst eine klare Vorstellung davon hat, welche Maßnahme man mit den Fördermitteln realisieren möchte und welches Ziel damit erreicht werden soll. Trotzdem sollte man auch flexibel sein: Im Zweifel muss sich das Projekt den Förderkriterien anpassen, nicht umgekehrt. Bis wo akzeptable Anpassung geht und ab wann die inakzeptable Deformation der ursprünglichen Idee beginnt, muss man selbst entscheiden. Staatliche Förderprogramme bedeuten immer auch staatliche Einflussnahme. Es gehört zu den Aufgaben der Organisation, sich damit zu befassen und rechtzeitig die Grenzlinien zu ziehen. Rechtzeitig meint z. B. nicht erst dann, wenn davon die Zukunft hauptamtlicher Mitarbeiter abhängt.

## 4.6.1.3 Der Förderantrag

Meist wird klar vorgegeben, was im Antrag beschrieben und enthalten sein sollte. Trotzdem sind Anträge oft fehlerhaft und unvollständig. Mit relativ geringem Aufwand, nämlich indem man sich einfach an die Vorgaben hält, kann man also in die kleine Gruppe guter – weil vollständiger – Anträge aufsteigen (siehe auch die Checkliste „Fördermittelantrag" im Anhang). Die *Projektbeschreibung* enthält klare Auskünfte zu Zielen und Maßnahmen. Hier wird leider oft nicht präzise unterschieden. Deshalb hier ein Beispiel dafür, was gemeint ist: Der Bau einer Schule in Tansania ist nicht das Ziel, sondern eine Maßnahme des Projektes. Ziel wäre z. B. die Verbesserung des Bildungsniveaus in der Region. Sinnvoll sind ferner Angaben zum Projektinhalt (Thema), zum Hintergrund, zu erwarteten Ergebnissen, zum Zeitplan und zu Zukunftsperspektiven des Projektes. Außerdem sollte man das Projekt begründen, z. B. indem man den Bedarf darstellt und erklärt, dass keine andere Organisation diesen Bedarf besser decken könnte. Das alles sollte man vollständig, aber nicht zu ausführlich beschreiben. In manchen Fällen ist es sinnvoll, eine Zusammenfassung von ein bis zwei Seiten zu erstellen, die diese Punkte enthält.

Neben diesem sachlichen Teil gehört ein *Finanzplan* zum Antrag. Er gliedert sich in einen Kostenplan und einen Finanzierungsplan. Der Kostenplan enthält eine detaillierte Aufschlüsselung aller Kostenpositionen entsprechend der Projektstruktur, z. B. Personalkosten, Honorare und Gagen, Reisekosten, Arbeitsplatzkosten, Investitionskosten, Kosten für Publikationen, Öffentlichkeitsarbeit und Dokumentation, gegebenenfalls auch pauschale Verwaltungs- bzw. Overheadkosten. Wie bereits erwähnt, sollte man beachten und nötigenfalls ausweisen, ob Diskrepanzen zwischen Gesamtkosten und zuwendungsfähigen Kosten bestehen.

Der Finanzplan enthält die Aufschlüsselung aller Finanzierungspositionen, z. B. finanzielle Eigenmittel, Einnahmen aus Verkauf oder Teilnahmegebühren, Beiträge und Spenden sowie weitere Fördermittel. Bei Letzteren sollte man erwähnen, ob die Mittel geplant, beantragt oder bereits bewilligt sind. Zur genauen Definition der Eigenmittel ist fast immer eine Rückfrage sinnvoll, weil die Eigenmittel eines Vereins oft aus Spenden und Beiträgen bestehen. Ob diese als Eigenmittel angegeben werden oder gesondert ausgewiesen werden müssen, ist oft Verhandlungssache. Einnahmen werden dagegen fast immer gesondert ausgewiesen und sind nicht als Eigenmittel anrechenbar.

Sowohl im Kosten- als auch im Finanzierungsplan ist es hilfreich, bei den einzelnen Positionen bzw. Zwischensummen den prozentualen Anteil an der Gesamtsumme mit auszuweisen. Hier zahlt sich große Sorgfalt in jedem Fall aus. Bei einem zweijährigen Projekt mit einem Dreivierteljahr Vorlauf hat man es beim Verwendungsnachweis mit einem drei Jahre alten Plan zu tun, der als verbindlicher Maßstab gilt. Auch wenn plausible Abweichungen das Projekt nicht gefährden, machen sie viel Arbeit. Außerdem können große Änderungen die Finanzierung des ganzen Projektes gefährden. Sorgfalt beim Finanzplan bedeutet ernsthafte und realistische Planung. Noch immer kursiert ein „Insidertipp", man solle die Kosten in der Planung künstlich aufblähen, um erwartete pauschale Kürzungen des Förderbetrages damit vorwegzunehmen und ausgleichen zu können. Von solchen Täuschungsmanövern ist dringend abzuraten. Wo solche Empfehlungen gegeben werden, ist man in dubioser Gesellschaft. Ein anderer Tipp dagegen ist seriöser: Es kommt vor, dass Etats, die eigentlich ausgebucht waren, im Herbst von einzelnen Projekten Mittel-Rückläufe verzeichnen. Wenn man eine kollegiale Beziehung zu den Bearbeitern hat, kann sich eine telefonische Nachfrage lohnen. Es kann erfolgreich sein, dann eine Projektidee mit dem passenden Finanzrahmen kurzfristig als Antrag einreichen zu können.

## 4.6.1.4 Die Projektabwicklung

Es ist gar nicht selten, dass im laufenden Projekt Details aus dem Antrag und dem Kosten- und Finanzplan in Vergessenheit geraten. Das gibt später garantiert Probleme. Man sollte es sich zur Gewohnheit machen, sich die eigenen Unterlagen regelmäßig wieder vorzulegen, um seiner Mitteilungspflicht bei Änderungen zügig nachzukommen. Der Kostenplan ist mit wenigen Handgriffen in eine Controlling-Liste verwandelt: hier die Plan-Beträge, dort die Ist-Beträge. Zeitnahe Buchungen und Einträge in die Controlling-Liste ermöglichen jederzeit eine Zwischenbilanz und erleichtern Zwischen-Verwendungsnachweise sehr.

Viele Allgemeine Nebenbestimmungen (ANBest) sehen vor, die Zuwendungsbeträge schrittweise abzurufen. Hier ist ein Mittelabrufplan zu erstellen. Zu welchem Zeitpunkt erwarte ich welche Ausgabe? Meist dürfen Zuwendungen nur soweit abgerufen werden, als sie innerhalb von zwei Monaten für fällige Zahlungen benötigt werden. Zu berücksichtigen ist ferner das so genannte Besserstellungsverbot aus den ANBest: Bei Personalausgaben aus Zuwendungen dürfen die Beschäftigten des Projektes finanziell nicht besser gestellt werden als vergleichbare Beschäftigte beim Staat. Hier gilt der Tarifrahmen für den öffentlichen Dienst als Maßstab. Spätestens bei der Projektabwicklung ist es also höchste Zeit, sich mit Muße und Textmarker ausgestattet dem Kleingedruckten in den ANBest zu widmen. Wenn hier keine wesentlichen Pannen passieren, wird die Sachbearbeiterin das Projekt in guter Erinnerung behalten, und das ist gut für den nächsten Antrag.

## 4.6.1.5 Der Verwendungsnachweis

Auch hier bekommt man die Regeln mit dem Zuwendungsbescheid und den ANBest meistens frei Haus geliefert. Analog zum Antrag besteht er aus dem Sachbericht und dem Finanzbericht (zahlenmäßiger Nachweis). Der Sachbericht enthält die inhaltlichen Angaben zur Erfüllung des Zuwendungszwecks. Publikationen aus dem Projekt sollten mit eingereicht werden. Unangenehm, wenn erst jetzt auffällt, dass vergessen wurde, die Förderinstitution im Impressum zu erwähnen, oder ihr Logo auf den Werbemitteln aufzudrucken. Ein Pressespiegel dokumentiert anschaulich die Öffentlichkeitswirkung. Originalbelege sind mit einzureichen, es sei denn, es reicht ein so genannter einfacher Verwendungsnachweis. In diesem Fall reicht die summarische Auflistung der Einnahmen und Ausgaben entsprechend der Gliederung des Finanzierungsplans. Alle Belege sind fünf Jahre lang aufzubewahren. Die Bewilligungsbehörde und der zuständige Rechnungshof sind zu Prüfungen berechtigt.

Die erfolgreiche und relativ stressfreie Abwicklung des Projektes sollte eigentlich Beweggrund genug sein, sich mit den Regeln vertraut zu machen und sich an sie zu halten. Benötigen Sie mehr Druck, um sich mit klein gedrucktem Behördendeutsch zu befassen? Hier kann geholfen werden. Die ANBest sehen die Rückerstattung der Zuwendung und die jährliche Verzinsung mit fünf Prozentpunkten über dem Basiszinssatz vor, wenn der Antrag unrichtige oder unvollständige Angaben enthielt oder die Zuwendung zweckentfremdet wurde. Rückerstattung kann auch in Betracht kommen, wenn die Beträge nicht innerhalb von zwei Monaten verausgabt wurden oder der Verwendungsnachweis nicht rechtzeitig innerhalb von sechs Monaten vorgelegt wird. Das sollte als Druckmittel reichen. Nur eines noch: Für den Folgeantrag sieht es dann auch ganz finster aus.

## 4.6.1.6 Fördermittel im Fundraising-Mix

Angesichts der desolaten Staatsfinanzen wäre es sicher nicht zukunftsfähig, Fördermittel zum zentralen Element im Fundraising-Mix zu erklären. Der Trend ist, dass Organisationen, die bislang überwiegend von Fördermitteln lebten, neue Fundraising-Elemente identifizieren und aufbauen. Bestehende Förderprogramme werden gekürzt, neue Antragsteller werden selten mit offenen Armen empfangen, und neue Förderprogramme werden immer seltener aufgelegt. Auch die Einflussnahme des Staates auf die Projekte der Nichtregierungsorganisationen (NGOs) kann man sehr kritisch sehen. Mit Projekten aus Fördermitteln lassen sich keine Rücklagen für Investitionsmittel bilden. Es ist auch fast unmöglich, aus Zuwendungen kurzfristige Projekte zu realisieren, und bei politischen Inhalten wird es schnell heikel bzw. man gerät in die Auseinandersetzung zwischen den politischen Parteien. Wer von staatlichen Programmen abhängig ist, leidet außerdem bei politischen Mehrheitswechseln unter verstärkter Nervosität.

Daraus lässt sich jedoch keineswegs ableiten, man solle Förderprogramme aus seinem Fundraising-Mix am besten ganz streichen. Das muss man individuell abwägen und entscheiden. Viele Förderprogramme bieten ein sehr gutes Verhältnis von Arbeitsaufwand und Ertrag. Besonders dort, wo sich gute Beziehungen zu den Bearbeitern und Entscheidern entwickelt haben und wo sich im positiven Sinne eine Routine in der Antragsabwicklung entwickeln konnte, verliert das „Antragswesen" schnell seinen Schrecken. In der Spendenwerbung können staatliche Förderungen als Gütesiegel eingesetzt werden. Unter Umständen lässt sich aktiv damit werben: „Unsere Projekte in Afrika wurden vom Entwicklungsministerium geprüft. Sie entsprechen den Qualitätsanforderungen der deutschen Entwicklungszusammenarbeit und werden deshalb gefördert." In diesem Kontext lassen sich Zuwendungen auch als „Matching Funds" nutzen: „Für jeden Euro, den Sie spenden, gibt das Entwicklungsministerium drei Euro dazu!" Die Vervierfachung des Einsatzes erhöht die Motivation zum Spenden: „Die machen mehr aus meinem Geld!"

Zuwendungen lassen sich noch auf einem weiteren Weg für das Fundraising nutzbar machen: Wo Zuwendungen für Öffentlichkeitsarbeit bereitstehen, nutzen sie auch dem Fundraising, vorausgesetzt, es existiert ein Kommunikationskonzept, das die Ansprüche des Fundraisings gut integriert. Jede Investition in Öffentlichkeitsarbeit hat damit auch eine Wirkung auf das Fundraising, sei es weil Besucher auf die Website geführt werden oder weil das Image der Organisation gestärkt wird, oder weil das Projekt ganz einfach dazu führt, dass mehr Menschen mit der Organisation und ihren Leistungen in Kontakt kommen. Es ist Aufgabe des Fundraisers, nicht nur Zuwendungen zu akquirieren, sondern die Förderprojekte so zu beeinflussen, dass sie dem Fundraising größtmöglichen Nutzen bringen.

### Weiterführende Literatur

Igl, Gerhard/Jachmann, Monika/Eichenhofer, Eberhard: Ehrenamt und bürgerschaftliches Engagement – ein Ratgeber, Opladen 2002.

# 4.6.2 Stiftungsmarketing

*Silvia Starz*

## 4.6.2.1 Definition

Stiftungsmarketing bezeichnet die strategische Erschließung von Fördermöglichkeiten für eine gemeinnützige Organisation durch Stiftungen. Es ist als fortlaufender Prozess zu verstehen, in dem versucht wird, systematisch die besten Möglichkeiten in diesem Bereich zu erschließen und Stiftungen als Großspender in die Fundraising-Pyramide zu integrieren. Die Akquise von Stiftungsmitteln sollte zu den Fundraising-Instrumenten gezählt werden, die erst mittel- und langfristig Erfolge in Form von Zuwendungen zeigen.

Der Stiftungsmarkt in Deutschland bietet viele Möglichkeiten, Organisationen und Personen zu fördern. Der Begriff Stiftung ist nicht geschützt. So kann sich eine Organisation Stiftung nennen, die von der Organisationsform ein Verein oder gar eine nicht gemeinnützige Kapitalgesellschaft ist und gegebenenfalls auch nicht über Stiftungskapital verfügt. Politische Stiftungen beispielsweise haben bis auf die Friedrich-Naumann-Stiftung die Rechtsform des eingetragenen Vereins und speisen ihre Arbeit überwiegend aus öffentlichen Mitteln. Eine rechtlich selbstständige Stiftung kann nach bürgerlichem, kirchlichem oder öffentlichem Recht gegründet werden. Daneben gibt es auch die Möglichkeit, Fonds, größere Geldbeträge usw. nach bestimmten Vorgaben als rechtlich unselbstständige Stiftung treuhänderisch verwalten zu lassen. Diese Form wird mitunter als Vorläufer einer rechtlich selbstständigen Stiftung gewählt, bis das erforderliche Gründungskapital beisammen ist oder weil den Stiftern die Gründung und Betreuung einer selbstständigen Stiftung zu aufwendig erscheint. Eine weitere wichtige Unterscheidung im Stiftungsmarketing ist die zwischen operativ und fördernd tätigen Stiftungen. Nur fördernd tätige Stiftungen unterstützen andere Organisationen. Rein operative Stiftungen verfolgen Zwecke wie den Erhalt eines Hauses oder den Betrieb einer Schule. Es gibt auch operativ *und* fördernd wirkende Stiftungen, die eigene Förderprogramme entwickeln, z. B. zur Förderung des ehrenamtlichen Engagements von 2005 bis 2010 (Näheres zum Stiftungsrecht unter 7.1.2).

## 4.6.2.2 Überblick über Stiftungs- und Förderschwerpunkte

Der Jahresbericht 2004 des Bundesverbandes Deutscher Stiftungen spricht von 12.940 Stiftungen bürgerlichen Rechts zum 31.12.2004. Im seinem „Verzeichnis Deutscher Stiftungen 2005" sind Porträts von 10.064 Stiftungen zu finden, davon sind etwa zwei Drittel fördernd tätig. Bezogen auf die Stiftungsschwerpunkte gibt dies folgende Verteilung:

Tabelle 1: Stiftungsschwerpunkte der Stiftungen in Deutschland in 2004

| Stiftungsschwerpunkte von Stiftungen | fördernd / auch fördernd + operativ | operativ | bezogen auf die Schwerpunkte der Stiftungsarbeit 2004 in % |
|---|---|---|---|
| Soziale Zwecke | 5.164 | 1.531 | 31,68 |
| Wissenschaft und Forschung | 2.554 | 631 | 15,12 |
| Bildung und Erziehung | 2.206 | 535 | 13,23 |
| Kunst und Kultur | 2.235 | 536 | 13,98 |
| Umweltschutz | 946 | 146 | 5,57 |
| Familie und Unternehmen | 818 | 145 | 17,92 |
| Andere | 2.793 | 914 | 2,51 |

Die Verteilung der Ausschüttung im Jahr 2004 von 3.806 Stiftungen nach Themen/Inhalten wurde vom Bundesverband Deutscher Stiftungen per Befragung ermittelt und ergab folgendes Bild.

Tabelle 2: Stiftungsausschüttung 2004 nach Themen bzw. Inhalten

| Gesamtausgaben in Klassen | Soziale Zwecke | Wissenschaft und Forschung | Bildung und Erziehung | Kunst und Kultur | Umweltschutz | Andere gemeinnützige Zwecke | Privatnützige Zwecke |
|---|---|---|---|---|---|---|---|
| bis zu 5.000 € | 231,9 | 61,0 | 96,7 | 78,3 | 16,9 | 79,8 | 32,5 |
| bis zu 10.000 € | 112,1 | 43,5 | 59,5 | 56,8 | 14,9 | 45,0 | 12,2 |
| bis zu 25.000 € | 177,2 | 82,1 | 79,6 | 85,0 | 18,6 | 82,8 | 25,6 |
| bis zu 50.000 € | 163,0 | 76,3 | 53,0 | 83,7 | 32,7 | 81,5 | 11,8 |
| bis zu 100.000 € | 135,7 | 55,1 | 49,5 | 71,3 | 24,6 | 67,2 | 11,6 |
| bis zu 250.000 € | 150,4 | 61,2 | 47,4 | 66,6 | 20,6 | 68,1 | 8,7 |
| bis zu 500.000 € | 69,2 | 40,5 | 24,4 | 28,1 | 13,5 | 23,4 | 4,0 |
| bis zu 1.000.000 € | 53,6 | 29,8 | 20,2 | 30,4 | 10,9 | 23,2 | 6,9 |
| bis zu 2.500.000 € | 60,6 | 28,0 | 17,1 | 26,1 | 5,3 | 22,3 | 2,5 |
| bis zu 5.000.000 € | 39,1 | 15,9 | 9,7 | 8,8 | 2,4 | 10,1 | 1,0 |
| bis zu 10.000.000 € | 27,2 | 12,7 | 11,8 | 3,9 | 1,6 | 5,8 | 4,0 |
| bis zu 25.000.000 € | 21,1 | 7,8 | 6,4 | 7,4 | 1,9 | 13,6 | 2,7 |
| bis zu 50.000.000 € | 10,1 | 3,0 | 3,0 | 2,7 | 0,4 | 5,8 | 0,0 |
| bis zu 100.000.000 € | 8,5 | 2,9 | 2,2 | 0,1 | 0,1 | 5,1 | 0,0 |
| bis zu 250.000.000 € | 1,3 | 0,7 | 0,1 | 0,0 | 0,0 | 0,6 | 1,3 |
| über 250.000.000 € | 0,8 | 0,3 | 0,4 | 0,0 | 0,0 | 0,6 | 0,0 |

## 4.6.2.3 Förderrichtlinien und Förderfristen

Stiftungen haben in der Regel klare Vorgaben und Richtlinien, wie sie fördernd tätig werden. Die Auslobung von Preisen durch Stiftungen unterstützt die Öffentlichkeitsarbeit der Organisationen und bedeutet für die Gewinner eine zusätzliche Möglichkeit der Zuwendung. Von Stiftungen ausgelobte Stipendien fördern u. a. Jugendliche, Erwachsene, Wissenschaftler. Wenn Stiftungen eigene zeitlich befristete Förderprogramme auflegen, könnte es sein, dass der Antrag in diesem Jahr keine Aussicht auf Erfolg hat, aber gegebenenfalls bei dem neuen Programm, das im nächsten Jahr beginnt. In diesem Fall lohnt es sich ebenfalls, Kontakt bis zur nächsten Antragsmöglichkeit zu halten.

## 4.6.2.4 Antragstellung

Für die Antragstellung hat sich eine Form bewährt, die an die Projektkonzeption aus dem Projektmanagement angelehnt ist und bei vielen Stiftungen als Formular auf ihrer Internetpräsenz abgerufen werden kann. Nicht jede Stiftung gibt für die Antragstellung Formvorschriften oder Formulare aus. Einige Stiftungen verlangen als Ergänzung zum Antrag Gutachten oder Stellungnahmen von Behörden oder Experten.

Folgendes Vorgehen hat sich bewährt: Mit einem eindeutigen Projektthema und einer prägnanten Kurzdarstellung beginnen. So können sich die Ansprechpartner einen Überblick über den Bedarf, die Zielgruppen und den Lösungsvorschlag bzw. die Zielsetzung informieren. Mit Blick auf die Empfänger empfiehlt es sich oft, auf Fachbegriffe zu verzichten bzw. diese zu erklären und die Inhalte allgemeinverständlich darzustellen. Dieser Abschnitt entscheidet über das weitere Interesse am Förderprojekt. Dann kann die detailliertere Projektbeschreibung folgen und genauer auf Zielsetzung und anvisierte Zielgruppen eingegangen werden. Ein Kosten- und Finanzierungsplan sollte die Eigenbeteiligung, aber auch den notwendigen Förderzuschuss herausstellen. Ein Zeitplan, der auch einen Entwicklungsprozess darstellen kann, lässt den professionellen Umgang mit Projekten erkennen. Nicht zuletzt sollten Angaben des Ansprechpartners und Angaben über die Organisation folgen, ebenso Möglichkeiten für zusätzliche Informationen oder Gespräche angeboten werden (siehe Checkliste im Anhang).

## 4.6.2.5 Ausschüttung

Über die Ausschüttung der Mittel, die eine Stiftung erwirtschaftet hat, bestimmt in der Regel ein Stiftungsgremium, das keinen vorgeschriebenen Namen hat. Die Zusammensetzung der Gremien kann sich aus der Stiftungssatzung ergeben. Beispielsweise könnte immer ein Familienmitglied der Stifterfamilie vertreten sein müssen. Oder es kann eine politisch bestimmte Zusammensetzung sein, wie bei der Vergabe von Mitteln aus Stiftungen, die Lotteriegewinne ausschütten. Das Gremium kann auch mit Experten für die Sachzwecke besetzt sein. Die Häufigkeit der Ausschüttung von Stiftungsmitteln schwankt. Sie kann von laufend nach Eingang über einmal im Monat bis einmal im Jahr erfolgen. Noch nicht alle existierenden Förderstiftungen haben ein ausreichend großes Kapital aufgebaut, um ihre Förderziele zu verwirklichen. Das trifft beispielsweise häufig auf die in Deutschland relativ junge Form der Bürgerstiftung zu.

## 4.6.2.6 Stiftungen sind Großspender

Innerhalb der Stiftungsverwaltung/-organisation gibt es bei vielen Stiftungen Mitarbeitende, die die Anträge annehmen, eine Vorauswahl treffen, für Anfragen usw. zuständig sind, um dem Vergabegremium die Arbeit zu erleichtern. Diese sind erste Ansprechpersonen im Stiftungsmarketing und genauso wichtig wie der „Vergabeausschuss". Sie erwarten, dass sich die Antragsteller vorher genau informieren, welche Zwecke gefördert werden, welche Summe für einen Antrag überhaupt realistisch ist und wer die Ansprechperson ist. Förderanträge in Form eines Serienbriefes werden nicht beachtet. Die Mitarbeitenden achten auch auf die korrekte Ausgabe der Mittel und sind Ansprechpartner, wenn sich innerhalb des Bewilligungszeitraums etwas ändert, z. B. wenn sich Entwicklungen verzögern, Partner abspringen oder sich Kosten in eine andere Richtung entwickeln.

Stiftungsmitarbeitende und Entscheider über Stiftungsmittel sollten in der Beziehungspflege von Fundraiserinnen und Fundraisern als Großspender eingestuft werden. Das heißt, sie erfordern einen größeren Aufwand an direkter persönlicher Betreuung, die möglichst konstant bleibt. Anträge sollten erst eingereicht werden, wenn vorher ein telefonischer oder persönlicher Kontakt bestanden hat. Einige Stiftungen nehmen gern vorab eine Kurzbeschreibung des Förderanliegens an und bitten erst nach dieser Vorauswahl um den gesamten Antrag. Stiftungen sehen sich als Partner und freuen sich auch über Einladungen zum Richtfest des geförderten Baus, Fotos vom gelungenen Jugendprojekt und Informationen und Kontakthalten bis zum nächsten Antrag. Gemeinsame Pressetermine sind ebenfalls Gelegenheiten, die Partnerschaft zu pflegen. Einige Stiftungen möchten in geeigneter Weise als Förderer genannt werden, z. B. auf dem geförderten Fahrzeug, der Innenseite von wissenschaftlichen und anderen Veröffentlichungen, auf einer Fördertafel oder im Internet.

## 4.6.2.7 Informationsmöglichkeiten über Stiftungen

Informationsmöglichkeiten über Stiftungen und Fonds sind vielfältig, aber nicht immer „offen" zugänglich. Deutsche Stiftungen haben keine Veröffentlichungspflicht. Viele Stiftungen sind im „Verzeichnis Deutscher Stiftungen" zu finden, das vom Bundesverband Deutscher Stiftungen herausgegeben wird. Der Bundesverband hat Daten von knapp 13.000 Stiftungen gesammelt, aber nur 10.964 Stiftungen sind bereit, ihre Informationen im Handbuch zur Verfügung zu stellen. Organisationen mit dem Schwerpunkt Wissenschaft und Forschung sind bei Recherche und Kontaktaufnahme beim Stifterverband der Deutschen Wirtschaft richtig. Er betreut unter seinem Dach 350 Stiftungen mit etwa 1,4 Milliarden Euro Stiftungsvolumen. Zunehmend sind dort auch Stiftungen mit anderen Zwecken wie Kunst, Kultur, Soziales vertreten. Auf den Webseiten der Bundesländer findet man in der Regel über die jeweilige Stiftungsbehörde (Ministerium für Inneres oder Justiz) eine Liste der rechtlich selbstständigen Stiftungen mit Sitz im jeweiligen Bundesland.

Wohlfahrtsverbände und Stadtverwaltungen sind weitere Fundgruben, da sie teilweise „Erbschaften für die Jugendarbeit" oder nicht selbstständige Stiftungen verwalten. Einige Organisationen, wie das Maecanata Institut für Philanthropie und Zivilgesellschaft in Berlin, haben sich die Mühe gemacht, Stiftungsführer unter bestimmten Gesichtspunkten wie Stiftungen für Jugendarbeit, Kultur, Frauen und Mädchenförderung, Umwelt und Agenda 21 usw. zusammenzustellen. Gegebenenfalls macht es Sinn, die Innovation für Soziales in der Kultur oder Umweltpädagogik zu finden, wenn die bekannten Stiftungen und Lotterien zu sozialen Themen zu viele Anträge bekommen oder nur über die Vermittlung eines Wohlfahrtsverbandes möglich sind.

## 4.6.2.8 Schritte ins Stiftungsmarketing

Wenn der Fundraising-Mix um Stiftungsförderung ergänzt oder weitere neue Stiftungen angesprochen werden sollen, sollte die strategische Planung mit der Soll-Ist-Analyse unter der Aufgabenstellung „Stiftungen für unser Anliegen gewinnen" stehen.

Bei der Stärken-und-Schwächen-Analyse der Organisation sollten u. a. folgende Überlegungen einbezogen werden:

- Ist das Projekt, das die Organisation gefördert haben möchte:
  - innovativ, denn die Förder-Idee ist bisher noch nicht/wird hier zum ersten Mal umgesetzt?
  - modellhaft, denn andere Einrichtungen/Organisationen könnten davon profitieren?
  - nachhaltig geplant, sodass es am Ende selbstständig – auch finanziell – fortbestehen kann?
- Hat das Projekt noch nicht begonnen?
- Wie viel Arbeitszeit, Sachmittel und Geld (z. B. für Reisekosten, Aufbereitung des Projektmaterials usw.) stehen in der Organisation für einen systematischen Kontaktaufbau zur Verfügung? Kann die Person mittel- oder langfristig für die Stiftungsansprache zur Verfügung stehen?
- Ist die Organisation in der Lage, die eventuell geforderten Eigenbeiträge zu erbringen?
- Wo werden Informationen über Stiftungen koordiniert, um Doppelansprachen zu vermeiden?
- Welche Informationen gibt es über die Zielgruppe Stiftungen?

- Gibt es im Beziehungsnetz Kontakte, die in einem „Vergabeausschuss" einer Stiftung oder als Mitarbeiter einer Stiftung für Anträge zuständig sind? Wer könnte in diese Richtung eine Tür zu einem persönlichen Kontakt öffnen?
- Kann die Fundraising-Software auch die Zusammenarbeit mit Stiftungen abbilden?
- Ist die Buchführung der Organisation auf die Verwaltung und den Nachweis von Stiftungsmitteln vorbereitet?
- Gibt es Unterstützung durch die Geschäftsführung und Vorstand?
- Kann das Projekt gegebenenfalls zu einem späteren Zeitpunkt beginnen, falls die Mittel später als erwartet bewilligt (oder auch komplett verschoben) werden?

Als Chancen und Risiken, die von außen auf die Antragstellung Einfluss haben könnten, sind folgende Aspekte zu bedenken:

- Steht die Organisation als Mitglied eines Wohlfahrtsverbandes, der die Stiftungsanträge einreichen muss, innerhalb des Verbands in Konkurrenz zu anderen Antragstellern?
- Gibt es innerhalb der Region oder darüber hinaus eine Konkurrenzsituation zum angestrebten Projekt?
- Stiftungen sind gegebenenfalls nicht bereit zu geben, wenn andere Stiftungen miteinbezogen sind.
- Die Bewilligung dauert länger als erwartet.
- Nicht alle angefragten Stiftungen bewilligen die Fördermittel.
- Die für den Stiftungsantrag notwendige Stellungnahme durch die Verwaltung wird nicht gegeben. Kann eine Wartezeit überbrückt werden?

## 4.6.2.9 S.M.A.R.T.E. Ziele

Die Umsetzungsziele für die Akquise von Stiftungsmitteln sollten nach der Analysebilanz unter Berücksichtigung der bestehenden Ressourcen (Ausstattung mit Arbeitszeit, Sach- und Geldmitteln) S.M.A.R.T.E. Ziele sein, d. h. so festgelegt werden, dass sie innerhalb eines bestimmten Zeitraums auch erreichbar sind (S.M.A.R.T.E. Ziele sind Ziele für die Umsetzung der strategischen Ziele: *S*pezifisch, *M*essbar, *A*kzeptabel, *R*ealistisch, *T*erminiert, *E*rgebnisse).

S.M.A.R.T.E. Ziele für den Aufbau von Stiftungsmarketing können lauten: Informationen über zehn oder alle deutschen Stiftungen recherchieren; Kontakte zu zehn Stiftungen aufbauen; bestehende Kontakte verbessern; zwei Projekte für Stiftungen mit den Mitarbeitenden der Organisation entwickeln und deren Einstellung zu Projektarbeit ändern; fünf neue Ideen für Förderungsmöglichkeiten mit Stiftungsmitarbeitern, Kuratorien usw. andenken. Wenn schon Erfahrung in der Stiftungsakquise besteht, kann auch die Erhaltung oder die Erhöhung von Stiftungsmitteln als Marketingziel formuliert werden.

Dementsprechend muss der Maßnahmenplan mit der Recherche und dem Informationsaufbau von geeigneten Stiftungen nach folgenden Kriterien beginnen: Satzungszweck, Förderprogramm, Antragsfristen, Formvorschriften, Ansprechpartner, Ausschüttungssumme. Im nächsten Schritt kann es mit der persönlichen Kontaktaufnahme zu Mitarbeitern von Stiftungen und der Mitglieder von „Vergabeausschüssen" weitergehen. Hier leistet z. B. ein Telefonleitfaden mit drei kurzen Sätzen über das Projektziel und die Projektorganisation Hilfestellung für den Einstieg. Die Kultivierung der Projektentwicklung für Stiftungen sollte in der Mitarbeiterschaft verankert werden, die Buchhaltung auf die Verwaltung und Abrechnung der Stiftungsmittel eingestellt werden, eine Dank-, Informations- und Kontaktpflege-Kultur für bestehende Kontakte bei Stiftungen eingerichtet werden und Kontrollmöglichkeiten z. B. durch monatliche Überprüfung mit der Buchhaltung für die Ausgabe der Stiftungsmittel eingebaut werden. Am Ende sollten die gestellten Ziele überprüft und die Durchführung zur Erreichung der Ziele ausgewertet werden. Dabei kann es für die Partnerschaft mit der Stiftung förderlich sein, diese in eine Auswertung mit einzubeziehen. Nicht zuletzt können sich daraus wieder neue gemeinsame Projekte entwickeln. In die Kosten für die Akquise, Durchführung und Kontaktpflege des Stiftungsprojektes sollten auch die bestehenden und genutzten Ressourcen mit einberechnet werde. Diese können für die nächsten Stiftungsprojekte als Gemeinkosten/Overheadkosten leichter einkalkuliert werden (siehe auch 2.4.2).

Organisationen, die ihr Fundraising strategisch neu ausrichten möchten, können die dafür nötigen Mittel jedoch oft nicht aus ihrem laufenden Haushalt aufbringen. Sie sollten ihr Augenmerk auf Stiftungen legen, die sich überzeugen lassen, dass die Aufbauarbeit für Fundraising und/oder Öffentlichkeitsarbeit der Organisation hilft, mittel- oder langfristig finanziell unabhängiger zu werden.

## Weiterführende Literatur

Antes, Wolfgang/Czech-Schwaderer, Werner (Hrsg.): Projektfinanzierung für Profis. Grundlagen, Beispiele, Checklisten mit CD-ROM, Weinheim/München 2005.

Beauftragter der Bundesregierung für Angelegenheiten der Kultur und Medien/Bundesverband Deutscher Stiftungen/Deutscher Kulturrat (Hrsg.): Kulturstiftungen – Ein Handbuch für die Praxis, Berlin 2002.

Bundesverband Deutscher Stiftungen (Hrsg.): Verzeichnis Deutscher Stiftungen 2005, mit CD-ROM, Berlin 2005.

Stödter, Helga/Haibach, Marita/Sprengel, Rainer: Frauen im Deutschen Stiftungswesen, Arbeitsheft 6 des Maecenata Verlags, Berlin 2001.

Wissenschaftsladen Bonn (Hrsg.): Projektförderung durch Stiftungen – Umweltschutz und lokale Agenda 21, Bonn 2001.

Internetadressen: www.stiftungen.org, www.stifterverband.de, www.stiftungsindex.de, www.maecenata.de; für die Erstellung von Projektkonzeptionen und Finanzierungsplänen: Finanzierungsdatenbank BW unter www.jugendnetz.de/direct/finanzierung.jugendnetz.de, www.jugendstiftung.de.

# 4.7 Unternehmenskooperation: Firmenspenden, Corporate Volunteering, Sponsoring

*Friedrich Haunert*

„Verantwortung für die Gesellschaft zu übernehmen, ist angesichts des grundlegenden Reformdruckes in Deutschland ein Thema, das jeden Einzelnen angeht. Vor allem Unternehmen als die wesentlichen Akteure des Wirtschaftssystems sind gefordert, gesellschaftliche Verantwortung als Teil ihres ökonomischen Handelns zu verstehen."[1]

Immer mehr Unternehmen aus der Wirtschaft nutzen immer gezielter das Potenzial, das ihnen Kooperationen mit Projekten gemeinnütziger Organisationen aus dem humanitär-karitativen und dem Sozialbereich, dem Umwelt- und Naturschutz, dem Sport, der Entwicklungszusammenarbeit, Katastrophenhilfe und Bildung bieten. Fundraising-Verantwortliche ihrerseits stellen sich auf die Nutzenerwartung eines potenziellen Partners aus der Wirtschaft und dessen gesellschaftsbezogene Aktivitäten ein.

Unternehmenskooperationen, worunter analog zu anderen Fundraising-Formen beziehungsorientiertes Marketing verstanden wird, müssen neben zusätzlicher Geldmittel-Generierung weitere Aspekte ins Auge fassen: positiven Imagetransfer für beide Seiten, Nutzen für die Ziele und Zielgruppen der Nonprofit-Organisation (NPO), Nutzen für das Gemeinwesen, Unterstützung übergeordneter Marketing- bzw. Fundraising-Ziele. Passen die Partner auch in den Augen der Öffentlichkeit zusammen und ist die Kooperation insgesamt glaubwürdig, entsteht eine Win-win-Situation.

In Deutschland hat sich noch kein einheitlicher Oberbegriff für die vielfältigen Kooperationsformen zwischen der Wirtschaft und dem Dritten Sektor herausgebildet. Kleinere und mittlere Unternehmen, die sich traditionell ohnehin im Gemeinwesen als Mäzene betätigen, bezeichnen ihre guten Taten oftmals pauschal als *Sponsoring* – was umgangssprachlich verständlich, steuerrechtlich hingegen problematisch ist. Insbesondere weltweit agierende Unternehmen fassen ihre Kooperationen mit NPOs auch oft unter dem Begriff *Corporate Citizenship*[2] zusammen. Damit drücken sie aus, dass sie sich als „gute Unternehmensbürger" mit ihren Kompetenzen und Ressourcen in das gesellschaftliche Umfeld einbringen, dieses Engagement gleichwohl als Bestandteil ihrer Unternehmensstrategie begreifen.

Aktiengesellschaften unterliegen besonderen Zwängen vonseiten institutioneller Anleger und Fonds, die vom Konzernmanagement eine konkurrenzfähige Rendite auf ihr eingesetztes Kapital und zunehmend auch internationale Standards bei deren gesellschaftlichem Engagement erwarten. Daher überprüfen heute viele AGs ihre gesellschaftsbezogenen Aktivitäten, bündeln sie schwerpunktmäßig und stellen die Aktivitäten im Rahmen ihrer PR heraus.

Der Terminus *Corporate Social Responsibility* (CSR) wird häufig synonym mit Corporate Citizenship verwendet. CSR betont laut Definition der EU-Kommission die soziale und ökologische Selbstverpflichtung von Unternehmen in ihrer gesamten Unternehmenstätigkeit und in Wechselbeziehung zu ihren Stakeholdern. Unter anderem sollen Chancengleichheit, Antidiskriminierung, soziale Arbeitsorganisation, Einsatz für Menschenrechte in der Unternehmensphilosophie verankert werden.[3]

## 4.7.1 Firmenspenden

Unternehmen, die ihr gesellschaftliches Engagement strategisch als Corporate Citizenship begreifen, sind in *Corporate Giving*-Projekten, der Vergabe von Geld- und Sachspenden und *Corporate Volunteering*-Projekten – Zeitspenden der Mitarbeiter in verschiedenen Facetten – aktiv. Und sie betätigen sich mit (Sozial-, Kultur- und Öko-)Sponsoringaktivitäten, Belegschaftsfonds und Unternehmensstiftungen. Einige Beispiele verdeutlichen die breite Palette von Spendenmöglichkeiten als Ausdruck von Corporate Citizenship:

-   Die Bankgesellschaft Berlin spendete im Rahmen einer Kooperation mit dem Paritätischen Wohlfahrtsverband Berlin über mehrere Jahre hinweg rund tausend gebrauchte Computer sowie einige leistungsfähige Netzwerkdrucker aus ihren Beständen an die Mitgliedsorganisationen des Verbands.
-   Der Tengelmann-Konzern gibt der Berliner Tafel die Möglichkeit, ihre Aktion „Eins mehr" in ausgesuchten Kaiser's-Märkten durchzuführen.[4] Kunden kaufen einfach einen oder mehrere Artikel mehr als sonst und spenden ihn hinter der Kasse freiwilligen Helferinnen und Helfern der „Tafel". Die gespendeten Lebensmittel werden in Kirchengemeinden an unmittelbar Bedürftige verteilt.
-   Die Bewag (ab 1.1.2006 Vattenfall), der größte Berliner Energiedienstleister, engagierte sich schon 1996 mit erheblichen Mitteln als Kooperationspartner bei Europas größtem Kinder- und Jugendzirkus „Cabuwazi". Sie finanziert unter anderem Veranstaltungen, Zirkuszelte sowie die erforderliche Technik. Bewag-Mitarbeiter beteiligen sich an freiwilligen Arbeitseinsätzen auf dem Zirkusgelände.[5]

An den Darstellungen lässt sich die besonders starke Rolle von kommunalen und ehemals kommunalen Unternehmen ablesen, die sich überdurchschnittlich oft auch dauerhaft fördernd im kommunalen Sozial- und Kulturbereich betätigen. Das gilt vornehmlich für Sparkassen. So stellte im Jahr 2004 die Sparkassen-Finanzgruppe 353 Millionen Euro für das Gemeinwohl zur Verfügung. Sparkassen, ihre Verbundunternehmen und Stiftungen gestalten das gesellschaftliche Leben vor Ort mit, indem Gewinne in die jeweilige Region zurückfließen. Die Förderbereiche sind Kultur (122 Mio. Euro), Soziales (87 Mio.) und Sport (61 Mio.), das Stiftungskapital der über 600 Sparkassenstiftungen beträgt mehr als eine Milliarde Euro.[6]

Darüber hinaus engagieren sich größere Firmen natürlich auch international mit Spendenaktivitäten, in die sie ihre Mitarbeitenden einbeziehen. So haben Belegschaft, Konzern-Management der Volkswagen AG und Händler seit 1999 inzwischen mehrere Millionen Euro für die Projektarbeit von „terre des hommes" gespendet und ermöglichen die dauerhafte Unterstützung von Straßenkinderprojekten an den Standorten des Konzerns.

Firmen dürfen zwar nicht das Geld ihrer Aktionäre verschwenden, wie das „Committee to Encourage Corporate Philanthropy" mit Sitz an der New Yorker Wall Street betont, dessen Mitgliederliste eine beachtliche Zahl Global Player vereinigt. Doch das Komitee wirbt mit dem Argument, Unternehmen, die sich nicht als Wohltäter betätigten, gingen Kunden verloren. Üblicherweise vergeben viele Firmen auch in Deutschland Spenden für gemeinnützige Zwecke, sehr häufig Sachspenden. Größere Geldspenden ausschließlich aus Firmenvermögen, ohne Beteiligung der Belegschaft und jenseits von Unternehmensstiftungen stellen allem Anschein nach die Ausnahme dar. Es liegen jedoch keine verlässlichen Zahlen über den Umfang der Spenden vor. Geld-, Zeit-, Kompetenz- und Sachspenden von Firmen sind nirgendwo zentral erfasst. Offenbar treten erheblich mehr kleine und mittlere, inhabergeführte Unternehmen in ihrem jeweiligen Umfeld als Spender, Mäzene und Sponsoren auf, als überregional kommuniziert wird. Ein Engagement wird aber auch geradezu von ihnen erwartet, und so engagieren sich die Unternehmerinnen und Unternehmer zumeist gern. Nach einer Forsa-Umfrage spendeten 70 Prozent von ihnen in den letzten zwölf Monaten Geld. Die durchschnittliche Höhe betrug 1.600 Euro.[7]

Jede Spende kann unterschiedlichste Auslöser und Nutzenerwartungen haben (siehe 3.3.1). Eine öffentliche Scheckübergabe an einen örtlichen Verein oder die ortsansässige Untergliederung einer international tätigen Hilfsorganisation beispielsweise, über die in der Presse berichtet wird, ist nicht nur für kleinere und mittlere Unternehmen eine Werbung, die ihr Image verbessert. Spezifische Spendenprojekte können für Firmen interessant sein, die sich von bestimmten Werten leiten lassen. Eine Firma z. B., die in einem christlichen Unternehmerverband organisiert ist, kann sich mit Projekten aus der Entwicklungszusammenarbeit oder dem humanitär-karitativen Sektor identifizieren. Oder Firmen mit jugendlichem Markenimage können durch die Kooperation mit einer Jugendhilfeeinrichtung sehr viel über potenzielle Kundinnen und Kunden lernen, eigene Mitarbeiter involvieren und mit Spenden im Gemeinwesen etwas bewegen. Dafür müssen sie ganz bestimmte NPOs in den Mittelpunkt ihres Interesses stellen, weil sie dezidierte Erwartungen haben, die konzern- und weltweit gelten, aber regional unterschiedlich durchdekliniert werden.[8]

Das Werben mit der Unterstützung sozialer Zwecke oder NPOs wird als *Cause Related Marketing* bezeichnet.[9] Wer beispielsweise über BUND, WWF oder NABU eine Bahn-Card 25 oder 50 kauft, veranlasst, dass von jedem Euro, der mit der Karte verfahren wird, die Bahn AG einen Cent an eine der drei Organisationen spendet. Die Bahn schätzt, dass sie dabei rund 10.000 neue BahnCard-Käufer gewinnt. Drei Monate lang läuft eine Kooperation zwischen UNICEF und einem Mineralwasserproduzenten. Mit jedem verkauften Liter „Volvic naturelle" wird die Gewinnung von zehn Liter sauberem Trinkwasser für Menschen in Äthiopien unterstützt. Außerdem wird ein Spendenkonto beworben. Das Internet ermöglicht darüber hinaus weitere neue Kooperationsformen aus dem Bereich des Cause Related Marketing.[10]

## 4.7.1.1 Spenden von Unternehmern (als Privatpersonen)

Die Beziehungspflege zu Unternehmerinnen und Unternehmern ist im Fundraising von großer Bedeutung, weil sie potenzielle Unterstützer sind. Sie verfügen über oftmals wertvollere Ressourcen als andere Berufsgruppen und setzen diese in größerem Umfang als andere auch für NPOs ein. Unternehmerinnen und Unternehmer verfügen oft über höhere Einkommen, haben größere steuerliche Spielräume, bewegen sich häufig in Netzwerken mit anderen wichtigen Persönlichkeiten und können deshalb schnell und unbürokratisch Unterstützung organisieren. Vor allem aber verstehen sie Spenden als investive Anlage mit nachhaltiger Wirkung. Als Arbeitgeber sind sie es gewohnt, mit Aspekten sozialer und gesellschaftlicher Verantwortung umzugehen.

Die Angaben des Freiwilligensurveys zeigen, dass 75 Prozent aller Selbstständigen Geld spenden.[11] Nach der oben zitierten Forsa-Umfrage haben 56 Prozent der Inhaber von Unternehmen mit einem Jahresumsatz von mindestens 100.000 Euro in den vergangenen zwölf Monaten Geld aus ihrem Privatvermögen gespendet.[12] Die durchschnittliche Spendenhöhe betrug in diesen Fällen 1.100 Euro. 53 Prozent der Stiftungsvermögen in Deutschland stammen nach einer Studie der Bertelsmann Stiftung aus unternehmerischer Tätigkeit, 17 Prozent aus Kapitalerträgen. 43 Prozent der deutschen Stifter sind Unternehmer und weitere 13 Prozent Freiberufler.[13]

## 4.7.1.2 Erfolgskontrolle

Medienauswertungen stehen in der Liste der eingesetzten Erfolgskontrollen im Bereich der Unternehmenskooperation obenan. Weitere übliche Instrumente sind empirische Kontrolluntersuchungen sowie Experteneinschätzungen. Auf beiden Kooperationsseiten haben die verschiedenen möglichen Formen einer Erfolgskontrolle noch Entwicklungspotenzial.

Die Pioniere des Corporate Citizenships in Deutschland haben ihre Kooperationen mit NPOs mit hoher Medienpräsenz vergolten bekommen, ihr Engagement hat sich so gesehen auch von den Aufwendungen her gut gerechnet. Das Berliner Softwareunternehmen PSI AG, die schon in den 1990er-Jahren mit ihrem Sponsoring der Berliner AIDS-Hilfe für Furore sorgten, oder die Ford-Werke AG, Köln; NIKETOWN, Berlin, oder betapharm Arzneimittel GmbH, Augsburg – sie alle konnten überregionale Berichterstattung als Erfolg verbuchen, sinnvolle Projekte fördern, ihr Image verbessern und somit für Kooperationsformen werben, die über das reine Sponsoring hinausweisen.

## 4.7.2 Corporate Volunteering

Firmen können NPOs in ihrem lokalen Umfeld nachhaltig stärken, indem sie das freiwillige Engagement ihrer Mitarbeiter befördern. *Corporate Volunteering* hat sich in den letzten Jahren auch in Deutschland bereits stark ausdifferenziert, auch wenn es noch nicht so häufig zum Einsatz kommt wie beispielsweise in Großbritannien.[14]

Erfolgreiche Programme lassen sich verschiedenen Ebenen zuordnen – von der einfachen informellen Anerkennung ehrenamtlicher Arbeit der Mitarbeitenden in ihrer Freizeit über eine formalisierte Wertschätzung und Unterstützung bis hin zu Aktionen, die die Mitarbeiter ermutigen, sich zu engagieren. Weitergehende Konzepte suchen die aktive Zusammenarbeit mit NPOs, um das freiwillige Engagement der Mitarbeitenden anzuregen. Manche Firmen verfolgen darüber hinaus Ziele der Personal- und Teamentwicklung. Bei solchen Maßnahmen werden beratende Mittler hinzugezogen, die sich darauf spezialisiert haben, den Einsatz in NPOs vorzubereiten, zu begleiten und auszuwerten, um die Managementkompetenz, soziale und kommunikative Kompetenzen, Fach- und Projektmanagement-Kompetenz und Teamkompetenz zu befördern.

Auch städtische Verwaltungen oder Ministerien können Corporate Volunteering betreiben und somit Unternehmen aus der Wirtschaft vergleichbar als *Good Corporate Citizens* auftreten. Herausragendes Beispiel ist die Stadt Köln, wo der Oberbürgermeister das Thema zur Chefsache gemacht hat.[15]

Bei Freiwilligentagen in verschiedenen Städten wie Köln und Berlin werden gezielt Firmen angesprochen, um an einem Tag des Jahres parallel in vorher ausgewählten NPOs koordinierte Unterstützung zu leisten. Dabei bauen Betriebsangehörige z. B. einen Abenteuerspielplatz oder renovieren Schulklassen. Die NPO erhält unentgeltlich geleistete Arbeit, der Profit für das Unternehmen ist eine kostengünstige Maßnahme im Rahmen der Personalentwicklung sowie kostenlose PR.

Corporate-Citizenship-Kooperationen verändern im Idealfall das Verhältnis vom Gebenden zum Empfangenden einer Unterstützung in eine Beziehung auf Augenhöhe. Corporate Giving und Corporate Volunteering als Investition – das geht nur, indem Firmenressourcen durch strategische Themensetzung und lokales Engagement gewinnbringend eingesetzt werden. Dafür benötigen die Firmen kompetente und professionelle Partner aus dem Dritten Sektor.

## 4.7.2.1 Schnittstelle Fundraising – Freiwilligenmanagement

Beim Corporate Volunteering zeigt sich die Bedeutung, die innerhalb von NPOs einer Koordination zwischen Fundraising-Abteilung und Volunteer-Management zukommt. Berufstätige Freiwillige können Kontakte zu ihren Arbeitgebern herstellen. Firmenkooperationen, die erst über ein Corporate-Volunteering-Projekt entstanden sind, können bei Erfolg auf Spendenprojekte ausgedehnt werden. Beide Partner können zunächst in kleinen Schritten den Umgang miteinander lernen, Vertrauen fassen und sich langsam an die gemeinsame Lösung gesellschaftlicher Probleme vor Ort herantasten – ganz im Sinne des Corporate Citizenships.

## 4.7.2.2 Zwei Beispiele: „SeitenWechsel" und BP

(1) Sozialpraktikum von Führungskräften

Unter dem Label „SeitenWechsel – Lernen in anderen Arbeitswelten" wird seit 1995 in der Schweiz ein Weiterbildungsprojekt für Führungskräfte aus der Wirtschaft von der „Schweizerischen Gemeinnützigen Gesellschaft" getragen und erfolgreich realisiert. Vertragspartner in Deutschland ist seit 2000 die „Patriotische Gesellschaft von 1765". Andere Bezeichnungen des mittlerweile von verschiedenen Anbietern durchgeführten Ansatzes lauten „Switch", „Kontrapunkt", „Wechselwirkung", „Mit-Leidenschaft", „Soziales Lernen" oder „Transfer". Angeboten werden SeitenWechsel und Co. von externen Mittlern, Freiwilligenagenturen und Unternehmensberatern. NPOs und Firmen suchen ebenfalls eigenständig nach geeigneten Partnerprojekten aus der jeweils anderen Sphäre. Grundidee ist stets, dass Führungskräfte eine Woche aktiv in einer NPO verbringen, dort den Alltag und die Herausforderungen kennen lernen und diese Erfahrungen in ihren persönlichen Alltag zurückbringen. Sie erweitern ihre Fähigkeiten, eigene Wertvorstellungen zu überprüfen und zwischenmenschliche Probleme differenziert anzugehen. Durch die ungewohnten Begegnungen gewinnen sie an Offenheit und persönlicher Stärke.

Kontrovers diskutiert wird die Frage, ob es sich, wie „SeitenWechsel" reklamiert, um eine Maßnahme der Personalentwicklung in einem ungewohnten Rahmen handelt – dann ließe sich die Maßnahme z. B. mit Outdoor-Training vergleichen –, oder ob solche „Sozialpraktika" eindeutiger dem Corporate Volunteering zuzuordnen sind.

(2) Alles unter einem Dach

Abschließend ein Beispiel, wie die verschiedenen Möglichkeiten aufseiten von Unternehmen integriert werden können. Nach dem Ergebnis einer Studie des „manager magazins" vom Mai 2005 ist BP das sozialste Unternehmen Europas. Das „Good-Company"-Ranking bewertet die effektive Leistung der Unternehmen in den Bereichen Mitarbeiterförderung, gesellschaftliches Engagement, Umweltschutz, Finanzleistung und Transparenz. Die Deutsche BP AG verknüpft mehrere Corporate-Citizenship-Aktivitäten in einem ausdifferenzierten Programm und kommuniziert dies offensiv. Sie unterstützt bürgerschaftliches Engagement mit bis zu 4.000 Euro im Jahr pro Mitarbeiter, indem sie deren Privatspenden verdoppelt und den ehrenamtlichen Zeitaufwand der Mitarbeiter für NPOs monetär honoriert. Die sozialen Kompetenzen des Managernachwuchses werden geschult, das Projekt „Sozial Macht Schule" eines Wohlfahrtsverbands wird mit 100.000 Euro gefördert und die Deutsche BP Stiftung übernimmt soziale Aufgaben in NRW.

# 4.7.3 Sponsoring

Sponsoring ist ein vertraglich vereinbartes öffentlichkeitswirksames Geschäft, das auf dem Prinzip von Leistung und Gegenleistung beruht. Es dient Unternehmen als Kommunikationsinstrument und wird beispielsweise zur Förderung von Sportarten oder

Sportlern, kulturellen Events oder Künstlern, Bildungseinrichtungen, Umweltschutz-programmen oder sozialen Organisation eingesetzt.

Im Kommunikationsmix Werbung treibender Unternehmen kann neben der klassischen Werbung, PR, Verkaufsförderung, Messen, Events, Product Placement oder Direktmarketing das Sponsoring als weiterer Baustein die integrierte Kommunikation abrunden. Die verschiedenen Elemente verstärken wechselseitig die Marketingkommunikation. Sozialsponsoring stellt oft die Mitarbeiterkommunikation des Sponsors in den Vordergrund. Bei der Vernetzung mit anderen Instrumenten wird am häufigsten die Öffentlichkeitsarbeit gewählt, aber auch Events und klassische Werbeformen sind passende Ergänzungen. Eine Vernetzung mit Online-Kommunikation ist in Abhängigkeit der übrigen Online-Aktivitäten der gesponserten NPO möglich.

Sponsoring eignet sich je nach Firma und Projekt als übergeordnetes oder als gleichwertiges Kommunikationsinstrument. Die Verknüpfung mit medienwirksamen Ereignissen ist im Sozial- und Umweltbereich naturgemäß seltener als im Sport.

Fast drei Viertel der größten Unternehmen in Deutschland setzen Sponsoring als Kommunikationsinstrument ein. Sponsoring löste Anfang der 1990er-Jahre eine große Euphorie unter vielen NPOs aus dem Sozialbereich aus. Viele Veranstaltungen im Sozialbereich, in Schulen und Kulturbetrieben sind nur noch mit Sponsoring realisierbar. Dem Sozialsponsoring werden überdurchschnittliche Zuwachsraten und ein weiterer Bedeutungszuwachs zugetraut. Die Sponsoringbudgets jedoch werden durch Ausgaben für das Sportsponsoring dominiert, wie in der Studie „Sponsoring Trends 2004"[16] festgestellt wird. Die Budgets verteilen sich dieser Untersuchung zufolge auf die eingesetzten Sponsoringarten wie folgt: Der Anteil für Ökosponsoring beträgt 2,5 Prozent, für Sozialsponsoring 14,7 Prozent und für Sportsponsoring 44,1 Prozent. Gleichwohl wird in 55,6 Prozent der umsatzstärksten Unternehmen Sozialsponsoring eingesetzt. Die Fundraising-Form Sponsoring ist in eine Phase der Normalisierung eingetreten, eine anfängliche Skepsis ist in NPOs mit zunehmendem Einsatz in vielen Feldern nüchternem Kalkül gewichen.

## 4.7.3.1 Ziele des Sponsors und der Gesponserten

Ein Sponsor verfolgt die Ziele, für sich zu werben bzw. werben zu lassen und Kundenbindung oder Neukundengewinnung zu betreiben. Umwelt-, Kultur-, Bildungs- und Sozialsponsoring ermöglichen es Sponsoren, gesellschaftliche Verantwortung zu zeigen. Sponsoring muss sich für den Sponsor rechnen. Es sollen im Vergleich zu alternativen Instrumenten der Marketingkommunikation bzw. im Zusammenspiel mit ihnen hohe Kontaktzahlen zu einem günstigeren Preis und besondere Effekte erzielt, neue Zielgruppen angesprochen, bestimmte Zielgruppen gebunden oder spezifische Kommunikationsziele erreicht werden.

Sponsoren wollen den direkten Kontakt zu Dialoggruppen des Gesponserten sowie die Platzierung der Werbebotschaft in einem bestimmten emotionalen Umfeld. Ein Argument für Sponsoren ist die Partizipation an der hohen Glaubwürdigkeit von Image oder

Produkten der NPOs, die im Zusammenhang mit einem Sponsorship erzielt werden kann. Durch ein Sponsoringprojekt ist die Werbebotschaft eines Unternehmens in der Lebenswelt der Verbraucherinnen und Verbraucher präsent. Durch eine Verbindung mit dem Thema der gesponserten NPO oder der Aktion selbst ist eine mediale Aufmerksamkeit herstellbar. Das Sponsoring-Engagement stellt für die Verbraucherinnen und Verbraucher ein Differenzierungsmerkmal im Wettbewerb dar.

Einige Unternehmen wollen vornehmlich die Soft Skills ihrer Mitarbeiter stärken. Beispielsweise überlassen sie einer NPO qualifizierte Mitarbeitende für einen längeren Zeitraum, was als *Secondment* bezeichnet wird, oder stellen pro bono Konzepte (durch PR-Agenturen) oder Beratungen (durch Anwaltskanzleien) zur Verfügung. In diesen Kooperationsfeldern gibt es einen fließenden Übergang zwischen Sponsoring und Spenden sowie zum Corporate Volunteering. Sponsoring ist aus NPO-Sicht ein Fundraising-Instrument, mit dem in erster Linie Beschaffungsziele realisiert werden. Daher muss Sponsoring integrativer Bestandteil des Fundraising-Konzeptes sein.

Wie oben ausgeführt, errichten die Partner eine gemeinsame Kommunikationsplattform. Das Projekt respektive die NPO wird nicht nur bei deren eigenen Zielgruppen bekannter, sondern auch bei denen des Sponsors, der in aller Regel sein Engagement aktiv kommuniziert. Neben der Bekanntheit kann durch die begleitende PR auch das Image der NPO verbessert werden. Damit erreichen NPOs weitere maßgebliche Ziele.

Schließlich bietet das Sponsoring den NPOs Professionalisierungspotenziale: Durch die vertragliche Bindung werden Termintreue und Zwang zu verbindlichem Handeln durchgesetzt, die auch beim Einsatz anderer Fundraising-Tools nützen; steuer- und gemeinnützigkeitsrechtliche Unsicherheiten werden bearbeitet; Kontakte zu Persönlichkeiten aus einem anderen gesellschaftlichen Kontext dienen der Überprüfung eigener Standpunkte, und das Feedback von Entscheidern aus der Wirtschaft kann für die Organisationsentwicklung wertvolle Erkenntnisse bringen. Werden bei der internen Auswertung eines Sponsorships diese oder ähnliche Effekte festgestellt, können daraus für die Zukunft entsprechende Lernziele für die NPO abgeleitet werden. (Siehe auch das „Muster eines Sponsoringvertrags" bei den Checklisten im Anhang.)

## 4.7.3.2 Kosten

In großen Firmen machen Ausgaben für das Sponsoring ca. 15 Prozent des Kommunikationsetats aus. Aufwendungen für die Umsetzung verschlingen bei den Unternehmen mindestens ein Viertel der Kosten. Wenn eine gesponserte NPO nur geringe Gegenleistungen erbringen kann, machen die Aufwendungen für Werbung und begleitende Kommunikation bei der Firma ein Mehrfaches der Fördersumme aus. Insbesondere im Sozialsponsoring fließen dann weniger als die durchschnittlichen 75 Prozent der Gesamtaufwendungen an die Gesponserten.

Die Höhe der Aufwendungen in NPOs für Sponsoring (Konzeptentwicklung, Akquisition, Projektrealisierung, begleitende Kommunikation und Evaluation) ist von vielen Faktoren abhängig und nicht allgemeingültig darstellbar.

# 4.7.4 Voraussetzungen[17] und Kriterien für erfolgreiche Unternehmenskooperationen

Wie im Fundraising allgemein, so ist die erfolgreiche Suche nach Kooperationspartnern aus der Wirtschaft im Besonderen abhängig von den Basics: nach Qualitätskriterien erbrachte fachliche Arbeit und funktionierende Modellprojekte, Marketingorientierung, Positionierung der eigenen Marke im Wettbewerb, Bekanntheit und professionelle Kommunikation der eigenen Leistungen, Kundenorientierung usw.

Zugehörigkeit zu einem der großen Wohlfahrtsverbände, DZI Spenden-Siegel oder Mitgliedschaft im Deutschen Spendenrat und Zertifizierungen sind wichtige Vertrauens-Indikatoren für Unternehmen, die Partner im Dritten Sektor suchen. Für viele Firmenverantwortliche spielen vor allem Bekanntheit und Größe die entscheidende Rolle, nach dem Motto: „Wer hat, dem wird gegeben."

Das wichtigste Erfolgskriterium ist die persönliche Bekanntschaft mit Verantwortlichen in Marketingabteilungen, Geschäftsleitungen oder auf anderen Entscheidungsebenen. Persönliches Vertrauen ist bei Firmenkooperationen hoch angesiedelt, denn in beiden gesellschaftlichen Bereichen gibt es durchaus noch gegenseitige Ressentiments. So kommen bei genauer Betrachtung Kooperationen nicht selten als Verabredungen zwischen guten Bekannten zustande. Geschäftsführung und Vorstand in einer NPO sollten daher mit Unterstützung ihrer Fundraising-Abteilung bestehende Kontakte zu Geschäftsleitungen in Firmen pflegen und neue Kontakte systematisch aufbauen. Top-down ist das Einfädeln von Kooperationen deutlich reibungsloser.

Berater und Agenturen, die über Kontakte und Know-how verfügen, können die Fundraising-Abteilung unterstützen und eine notwendige „Übersetzungsarbeit" leisten. Freiwilligenagenturen und andere Mittler aus dem Umfeld von thematisch spezialisierten NPOs sind seriöse Partner bei der Anbahnung und Entwicklung dauerhaft tragfähiger Beziehungen und haben oft bereits selbst wertvolle Erfahrungen gesammelt.

Zentrale Bedeutung ist der Glaubwürdigkeit aller Partner beizumessen. Längst nicht nur beim Sponsoring beobachten Medien und Verbraucher, aber auch Förderer und Mitglieder einer NPO genau, ob die Partner zusammenpassen, der Gemeinwohlzweck im Vordergrund steht oder ob es vielleicht ausschließlich um Verkaufsförderung geht.

Aufseiten von NPOs ist es ratsam, präzise Kriterien für eine Zusammenarbeit mit Unternehmen aufzustellen bzw. zu überprüfen. Die Corporate Identity oder Angst vor Abhängigkeiten führen bei einigen NPOs, die dazu gute Möglichkeiten hätten, zur Ablehnung von Firmenspenden oder Sponsoring durch die Wirtschaft. Wenn keine unternehmenspolitischen Gründe dagegen sprechen, führen vielfältige Angebote, z. B. Zeitspenden von Mitarbeitenden, manchmal zu einem Umdenken gegenüber Unternehmenskooperationen.

NPOs, die in internationale Kontexte eingebunden sind, verfügen sehr häufig über entsprechende Sponsoring- oder Kooperations-Richtlinien, die sie dann für Deutschland anpassen müssen. Ethik-Guides oder Leitlinien für den Umgang mit Kooperationspartnern aus dem jeweils anderen Sektor wären hilfreich für alle Beteiligten, sind aber selten verfügbar. Ihre rechtzeitige Erarbeitung erspart jedoch am Ende viel Ärger.

Kriterien für die Aufstellung von Leitlinien für NPOs im Umgang mit der Wirtschaft sollten drei Bereiche berücksichtigen: (1.) Die eigene Philosophie und Werte der NPO, (2.) Branchen und Images der Kooperationspartner, wie etwa Ausschluss von Rüstungskonzernen, und (3.) bestimmte Tools, wie etwa die Ablehnung von Sponsoring oder Cause Related Marketing. Denn: ein namhafter deutscher Weltkonzern baut teure Autos und ist zugleich in der Rüstung tätig; ein Bierproduzent verkauft zugleich auch Mineralwasser; die Hausbank vergibt Kredite und ist zugleich über ihren Mutterkonzern in zweifelhafte Geschäfte mit Diktatoren verwickelt. Die Globalisierung macht die Einhaltung von Grundsätzen nicht einfacher. Es sollte ein ausgewogenes Verhältnis von Pragmatismus unter Beibehaltung eigener Werte gefunden werden, was eine ernsthafte Auseinandersetzung auch mit den Argumenten von Stakeholdern erfordert.[18] Ziel von solchen Leitlinien ist eine möglichst breite Zustimmung innerhalb der Organisation, denn Mitarbeitende, Mitglieder und Spender müssen den geplanten Kooperationen offen gegenüberstehen und sie unterstützen. Fundraiserinnen und Fundraiser benötigen deren Kontakte und positive Außendarstellung. Mitarbeitende, die im beruflichen und privaten Umfeld auf die Unternehmenskooperation ihrer NPO angesprochen werden, sollten überzeugend auskunftsfähig sein.

# 4.7.5 Planung und Realisierung von Unternehmenskooperationen

Bei der Planung (siehe 3.3; 3.2.2) muss die Perspektive auf die Nutzenerwartungen der Unternehmen gesetzt werden, um ein Nutzenversprechen zu einem wettbewerbsfähigen Preis formulieren zu können. Grundwerte der Firmen und der NPO müssen sich in den Kooperationen widerspiegeln.

Die Ideen sollten für eine längerfristige Kooperation tragfähig sein, damit das Unternehmen die Gelegenheit hat, sein gesellschaftliches Engagement als Bestandteil der Unternehmensstrategie weiterzuentwickeln. Daher sind Angebote viel versprechend, bei denen sich bereichsübergreifend viele Mitarbeitenden einbinden lassen. Das nachgefragte Know-how muss thematisch zu den Unternehmen passen, damit sie ihre Kompetenzen und Ressourcen zielgerichtet einsetzen können. Um die hohen Ansprüche zu erfüllen, müssen die Partner ebenso professionell wie in ihrem jeweiligen Kerngeschäft vorgehen.

Neben einer kontinuierlichen Pressearbeit können die Partner ihre Geschäftsberichte auch zur internen Kommunikation nutzen. Wenn z. B. der Nutzen für das Gemeinwohl aus fachlicher Sicht in der Corporate-Citizenship-Berichterstattung beschrieben wird, kann das von Vorteil für den Sponsor sein. Durch die Aufnahme in den Geschäftsbericht kann eine Würdigung der Kooperation auch durch die übrigen Finanziers der

NPO erfolgen. Denn gerade öffentliche Zuwendungsgeber und Politiker fordern vom gemeinnützigen Sektor die Suche nach Unterstützung aus der Wirtschaft.

Unter strategischen Überlegungen müssen zunächst die internen Voraussetzungen und die Richtung, wohin es gehen soll, abgeklärt werden. Eine spätere Diversifizierung in unterschiedliche Kooperationsformen sollte hier schon angelegt werden. Zunächst kann man mit einem abgegrenzten Projekt anfangen und dabei Freiwillige zu Unterstützern aufbauen. Dabei werden Lernerfahrungen gesammelt und mit Feedback unterlegt. Deren Verarbeitung in der PR, auf der Website und im Fundraising-Mix sind selbstverständlich. Ob im Rahmen der Konzeptentwicklung die Erstellung eines Businessplans (siehe 2.3.1) notwendig wird, hängt in erster Linie von der Größenordnung und der Zeitperspektive ab.

Um mit der Corporate Identity oder dem Corporate Design kompatible Unternehmen aufzuspüren, ist eine ausführliche Recherche vonnöten. Sofern dabei alle Möglichkeiten im lokalen Umfeld, bei Geschäftspartnern, Lieferanten und Bekannten sowie bei Firmen mit ähnlichem Namen oder Corporate Design ausgeschöpft sind, muss der Suchkreis erweitert werden.[19] Die Größe der geplanten Kooperation und denkbare „Gegenleistungen" geben Auskunft über potenzielle Partner.

Sponsoring wird in Unternehmen meistens der Marketingabteilung zugeordnet. Oft sind dort nur ein oder zwei Mitarbeiter zuständig. Die Hälfte der Unternehmen nimmt Dienstleister in Anspruch, häufig die Hausagenturen aus den Bereichen Werbung, PR oder Marktforschung. Auch zu diesen Branchen lohnen sich also Kontakte. Spezialagenturen können NPOs und Firmen, die passende Kooperationspartner suchen, zielgerichtet zusammenführen.

Aus einer Untersuchung der Lincolnshire University bei 150 führenden Hilfswerken in Großbritannien, die im Juli 2005 veröffentlicht wurde, geht hervor, dass nur zwölf Prozent der Appelle gemeinnütziger Organisationen in Großbritannien an Firmen zum Erfolg führen, wenn solche Firmen zum ersten Mal angesprochen werden. Dreiviertel der Firmenkooperationen mit dem gemeinnützigen Sektor kämen auf Veranlassung der Firmen oder ihrer Agenturen zustande, heißt es. Aus diesen Ergebnissen ist auch für Deutschland abzuleiten, dass im Vorfeld einer Kooperation mit hohem Zeitaufwand und entsprechend hohen Entwicklungskosten zu rechnen ist. Eine eigene gute Markenpositionierung und große Bekanntheit sind unerlässlich, damit Firmen, die selbst geeignete Kooperationspartner suchen, auf die eigene Organisation aufmerksam werden.

## 4.7.6 Steuerliche Aspekte

Sponsoringleistungen sind für Unternehmen als Betriebsausgaben unbegrenzt, Spenden innerhalb der üblichen Grenzen abzugsfähig (siehe 7.2). Da Sponsoren im Zusammenhang mit Sponsoring für die Anerkennung ihrer Kosten als Betriebsausgaben gegenüber dem Finanzamt den Nachweis einer beabsichtigten Werbewirkung benötigen, ergeben sich komplizierte Abwägungen, in welcher Weise und mit welchen Kommunikationsinstrumenten von wem geworben wird.

Bei Gesponserten ist das entscheidende Kriterium für die steuerliche Zuordnung, ob *aktive* Gegenleistungen erbracht werden. Als aktive Gegenleistungen werden z. B. *besonders hervorgehobene* Hinweise auf den Sponsor, Auftragsarbeiten oder aktive Teilnahme an PR-Maßnahmen gewertet. Steuerlich unbedenklich ist dagegen der einfache Hinweis auf den Sponsor unter Verwendung seines Namens, Emblems oder Logos *ohne* besondere Hervorhebung.

Wenn eine gemeinnützige Körperschaft einem Sponsor lediglich die Nutzung ihres Namens oder Logos in der Weise gestattet, dass der Sponsor *selbst* zu Werbezwecken oder zur Imagepflege auf die Leistungen, die er für eine gemeinnützige Körperschaft erbracht hat, hinweist, werden die Einnahmen in der Vermögensverwaltung der NPO verbucht. Einnahmen, die mit solchen „passiven" Gegenleistungen verbunden sind, bleiben steuerfrei.

Zur Vermarktung am ideell erworbenen Vermögen, dem Logo oder dem Markennamen der NPO wird häufig eine Agentur eingeschaltet oder eine GmbH-Ausgründung vorgenommen. Diese pachtet die Rechte an der Vermarktung von Vermögensteilen der NPO. Einnahmen abzüglich einer *mindestens* zehnprozentigen, steuerfreien Provision an die NPO müssen dann von diesem Dienstleister versteuert werden.

Einkünfte aus Gewerbetätigkeit sind jenseits von Bemessungsgrenzen und Freibeträgen voll steuerpflichtig. Ab einem gewerblichen Gesamtumsatz einer gemeinnützigen Körperschaft von 17.500 Euro fallen im *Folgejahr* 19 Prozent Umsatzsteuer auf alle Einnahmen des wirtschaftlichen Geschäftsbetriebs an, im Zweckbetrieb beträgt der Umsatzsteuersatz sieben Prozent. Bei Umsätzen der steuerpflichtigen wirtschaftlichen Geschäftsbetriebe über 35.000 Euro muss ein reduzierter Körperschaftsteuersatz in Höhe von 25 Prozent auf die Erträge, abzüglich eines Jahresgewinnfreibetrages von 3.835 Euro, entrichtet werden. Die Höhe der Gewerbesteuer ist regional unterschiedlich.

Besteht ein Sponsor in den Verhandlungen auf der Erbringung aktiver Gegenleistungen, lässt sich mit einem Spenden-Sponsoring-Mix die steuerliche Situation optimieren. Dabei wird ein Sponsoringvertrag abgeschlossen, in dessen Rahmen aktive Gegenleistungen durch die Gesponserten erbracht werden und die Leistungen des Sponsors maximal 35.000 Euro betragen. Wird die Sponsoringsumme auf mehrere Jahre verteilt, ergeben sich weitere Effekte. Darüber hinaus wird dann eine Spende durch das Unternehmen getätigt und diese Leistung durch den Empfänger, die NPO, ohne besondere Hervorhebung kommuniziert. Außerdem könnte die NPO dulden, dass der Sponsor selbst auf seine Leistung hinweist.

Sponsoring ist grundsätzlich ein steuerpflichtiger wirtschaftlicher Geschäftsbetrieb. Alle Kooperationsverträge sollten *unbedingt* vorab mit dem zuständigen Finanzamt unter Hinzuziehung einer versierten Steuerberatung auf steuer- und gemeinnützigkeitsrechtliche Folgen abgeklopft werden.

# 4.7.7 Ausblick: Entwicklungen und Entwicklungspotenziale

Geld, Zeit und Aufmerksamkeit sind knappe Ressourcen. Diese Ressourcen zu erlangen, ist das verbindende Interesse von NPOs und der Wirtschaft bei ihrer Suche nach Kooperationspartnern. Das Image und/oder der Umsatz eines wirtschaftlichen Unternehmens sollen gesteigert und zugleich eine NPO oder auch Kommune in ihrer gemeinnützigen Zweckerfüllung unterstützt werden.

Aus Sicht vieler NPOs werden Unternehmenskooperationen verständlicherweise überwiegend unter monetärem Ressourcengewinn betrachtet. Es geht Firmen bei ihren Corporate-Citizenship-Aktivitäten jedoch nicht primär um Geldtransfer zugunsten gemeinnütziger Zwecke.

Das Neue an den hier beschriebenen Kooperationsformen ist die Erkenntnis, dass Firmen ein originäres Interesse an ihrer Umgebung haben und mit dem Einsatz ihrer Ressourcen auch über das Potenzial verfügen, eigene Lösungen anzubieten, die sie im Verbund mit Politik und Drittem Sektor umsetzen können. NPOs müssen demnach ein Stück ihres Alleinanspruchs auf Lösungskompetenz und Definitionsmacht in sozialen oder ökologischen Fragen überdenken und tatsächlich *kooperieren*. Das alte Konzept vom Geldtransfer gegen Spendenbescheinigung und Messingplakette an der Parkbank ist überholt.

Der ökonomischen Logik und seinem Funktionalismus entgeht nicht einmal mehr der Dritte Sektor, sagen Kritiker. Je mehr aber Firmen als gute Unternehmensbürger Corporate Citizenship gestalten und selbstverständlich leben, desto mehr nimmt ihre soziale Verantwortung zu, und desto weniger können und werden sie sich später dieser Verantwortung entziehen.

## Anmerkungen

1 www.bertelsmann-stiftung.de/cps/rde/xchg/SID-0A000F0A-279FBEE0/stiftung/hs.xsl/21139. html.

2 Manche Unternehmen bezeichnen US-amerikanischen Gepflogenheiten entsprechend ihre gesellschaftlichen Aktivitäten als „Corporate Responsibility", z. B. AOL. Der Bertelsmann „Corporate Responsibility Report 2003" lässt sich herunterladen unter 213.83.55.196/bertelsmann_corp/wms/links/1109613770CR_report_final_deutsch_02_05_04.pdf.

3 Vgl. auch die „Transparenzstudie zur Beschreibung ausgewählter international verbreiteter Rating-Systeme zur Erfassung von Corporate Social Responsibility" der Bertelsmann Stiftung. Download unter: www.bertelsmann-stiftung.de/cps/rde/xbcr/SID-0A000F0A-279FBEE0/stiftung/Studie_CorporateSocialResponcibility.pdf.

4 www.berliner-tafel.de/cgi-bin/weblog.php.cgi?weblog=2.

5 www.bewag.de/Zirkus_Cabuwazi/Zirkus_Cabuwazi.jsp.

6 Nicht zu vergessen: Der Verein „Aktive Bürgerschaft e. V." ist eine Initiative des genossenschaftlichen Finanzverbundes unter der Schirmherrschaft des Bundesverbandes der Deutschen Volksbanken und Raiffeisenbanken (BVR) und setzt sich u. a. für die Weiterentwicklung des Corporate Citizenships in Deutschland ein; www.aktive-buergerschaft.de.

7   www.chancenfueralle.de/Interaktiv/CSR-Studie.html.

8   Vgl. z. B. www.nike.com/nikebiz/nikebiz.jhtml?page=26&item=global.

9   Auch der „Spiegel" hat das Thema entdeckt und bezeichnet in einem kritischen Beitrag in der Ausgabe 31/2005, S. 62 ff. „den Trick, der Marken ein soziales Image und dem Konsum ein karitatives Deckmäntelchen" verpasst, als „Responsible Marketing".

10  Vgl. den „shop to support" der Bundesvereinigung Lebenshilfe für Menschen mit geistiger Behinderung e. V.: www.shoptosupport.org/?STS_ID=9200.

11  Der Freiwilligensurvey wurde 1999 und 2004 im Auftrag der Bundesregierung durchgeführt und ist die quantitativ umfassendste Untersuchung zum freiwilligen Engagement in Deutschland. TNS-Infratest wurde vom Bundesfamilienministerium mit einer vertiefenden Auswertung bestimmter Bevölkerungsgruppen beauftragt. Die Veröffentlichung des Gesamtberichts lag bei Redaktionsschluss noch nicht vor; nähere Informationen unter www.tns-infratest-sofo.com/aktuelles/index.html.

12  www.chancenfueralle.de/Interaktiv/CSR-Studie.html.

13  www.bertelsmann-stiftung.de/cps/rde/xbcr/SID-0A000F0A-279FBEE0/stiftung/StifterStudie_Summary.pdf.

14  Dort ist der Begriff „Employee Community Involvement" gebräuchlich, frei übersetzt: Gemeinnütziges Arbeitnehmerengagement.

15  Vgl. www.stadt-koeln.de/stadtinitiativ/ehrenamt/corporate/artikel/06324/.

16  www.sponsors.de/mediadb/5208/12584/BBG_Trends_2004.pdf.

17  Vgl. hierzu Kapitel 2.

18  Verfahren aus der Großgruppenarbeit wie open-space, Zukunftskonferenz oder Wertschätzende Erkundung sind dabei dienlich.

19  www.upj-online.de. upj stellt dank der Förderung des Bundesministeriums für Familie, Senioren, Frauen und Jugend eine gute Recherchequelle dar. Corporate-Citizenship-, Nachhaltigkeits- oder Gesamtberichte deutscher Unternehmen, die auch auf soziales Engagement Bezug nehmen, stehen z. T. zum Herunterladen zur Verfügung. Eine empfehlenswerte Quelle stellt auch die Praxisdokumentation „Unternehmen in der Gesellschaft – Engagement mit Personal und Kompetenz – Praxisbeispiele" von Dieter Schöffmann dar, herunterzuladen unter: www.visavis-agentur.de/on/content/04_info/04_veroeffentlichungen.html.

## Weiterführende Literatur

Dubach, Elisa Bortoluzzi/Frey, Hansrudolf: Sponsoring. Der Leitfaden für die Praxis, Bern 1997.

Halley, David/fundus – Netz für Bürgerengagement (Hrsg.): Employee Community Involvement – Gemeinnütziges Arbeitnehmerengagement. Ein vollständiger Leitfaden für Arbeitgeber, Arbeitnehmer und gemeinnützige Organisationen, Köln 1999.

Maaß, Frank/Clemens, Reinhard (Hrsg.): Corporate Citizenship. Das Unternehmen als „guter Bürger", Wiesbaden 2002.

Schöffmann, Dieter (Hrsg.): Wenn alle gewinnen. Bürgerschaftliches Engagement von Unternehmen, Hamburg 2001.

# Kapitel 5

# Kommunikationswege des Fundraisings (Fundraising Channels)

# 5.1 Massenmedien

*Christoph Müllerleile*

## 5.1.1 Die Rolle der Massenmedien im Fundraising

### 5.1.1.1 Was sind Massenmedien?

Massenmedien sind technische Verbreitungsmittel, mit deren Hilfe sich Personen an ein großes Publikum wenden können. Dazu zählen Druckmedien, die Inhalte über bedruckte Oberflächen transportieren, und elektronische Medien – Hörfunk, Fernsehen und Netzwerke –, die Inhalte über elektromagnetische Wellen bzw. digital verbreiten.

Nicht unter die Massenmedien fallen – jedenfalls definitorisch – Medien der Individualkommunikation wie adressierter Brief, Telefon und E-Mail, die sich an einzelne Personen richten. Dank moderner technischer Möglichkeiten verschwimmen die Grenzen zwischen ungerichteter und individualisierter Massenkommunikation immer mehr. Per E-Mail beispielsweise lassen sich heute Millionen von Adressaten mit relativ geringem Aufwand individuell ansprechen, bei Fernsehen und Internet ist ein individueller Dialog über Rückkanal möglich.

### 5.1.1.2 Der Einfluss der Medien auf das Spendenverhalten

Massenmedien haben in Deutschland von jeher eine wichtige Rolle bei der Verwirklichung wohltätiger Zwecke gespielt, und zwar vor allem durch:

*Zuweisung von Bedeutung (Agenda-Setting):* Je nach Platzierung und Häufigkeit der Erwähnung bekommen Ereignisse in der öffentlichen Meinung einen höheren oder niedrigeren Stellenwert.

*Art der Darstellung:* Emotionale, aufwertende, abwertende, anschauliche, ausführliche Form der Vermittlung beeinflusst die Aufnahme.

*Belohnung der Handelnden (Gratifikation):* Wohltäter werden einem breiten Publikum beispielhaft vorgestellt.

*Wachhalten von Interesse (Aktualisierung):* Es werden neue Aspekte herausgestellt, die dem Publikum den Eindruck von Neuem, Überraschendem, zumindest von Bewegung vermitteln.

*Konstruktion von Realität:* Die Wirklichkeit wird medialen Bedürfnissen angepasst und die Realität wird selektiv dargestellt.

Die Wirkung der Massenmedien auf das Spendenverhalten wird begünstigt durch:

- – ihre Verfügbarkeit: Massenmedien sind leicht zu empfangen.
- – die Möglichkeit emotionaler Ansprache: Durch Bild und Ton werden die Sinne angesprochen, kann Hilfsbereitschaft leicht geweckt werden.
- – die Glaubwürdigkeit: Bild und Ton schaffen eine hohe Authentizität der Berichterstattung; das Bewusstsein gleichzeitiger Teilnahme von Millionen an den Bildschirmen oder an der Morgenlektüre der Zeitung ruft ein Gefühl gemeinsamen Erlebens und gemeinsamer Verantwortung für das Geschehen in der Welt hervor.

Technische, zeitliche und inhaltliche Zwänge konditionieren die Möglichkeiten der Massenmedien zur Darstellung spendenwürdiger Zwecke. Das Fernsehen ist auf bewegte Bilder angewiesen, der Hörfunk auf Originaltöne. Die Printmedien benötigen zumindest aktuelle Texte, desgleichen die Nachrichtenangebote im Internet.

Bei den technischen Möglichkeiten der Aktualität liegt das Internet vorn, gefolgt von Hörfunk, Fernsehen und Printmedien. Bei der Wirkung der Darstellung und damit auch für die Anwerbung von Spenden ist das Fernsehen unübertroffen. Keines der Massenmedien kann so rasch virtuelle Gemeinschaften bilden und spontane Handlungsbereitschaft wecken, die sich in Spenden oder persönlicher Hilfe niederschlägt.

Massenmedien stellen die Verbindung zwischen Lesern, Hörern und Zuschauern und Organisationen oder Institutionen her, die einer durch die Massenmedien dargestellten Notlage abhelfen sollen. Auch ohne eine bewusst vermittelnde Funktion lösen Massenmedien durch Darstellung von Katastrophen und Hilfsbedürftigkeit Wellen der Hilfsbereitschaft aus. Allein die Berichterstattungen über die dramatische Rettung von Flutopfern in Mosambik im Februar/März 2000, das drohende Versinken ganzer Gemeinden in der Oder-Flut 1997 oder der Elbe-Flut von 2002, die Überschwemmung der Strandbereiche nach dem „Tsunami" von 2004 in Südostasien lösten ein hohes Maß an Hilfsbereitschaft aus, die von den Hilfsorganisationen nur noch kanalisiert zu werden brauchte. Da die potenziellen Helfer am Bildschirm oder Radio oder nach morgendlicher Zeitungslektüre häufig nicht selbst rettend tätig werden können, beauftragen sie andere quasi als ihre Stellvertreter mit dieser Aufgabe.

Auch die Berichterstattung über Randgruppen wie Aids-Kranke, Obdachlose, Drogenabhängige oder über zuvor wenig beachtete Themen wie Artenschutz, Denkmalschutz und Gewalt gegen Frauen erleichtert es, Mittel für diese Zwecke und Gruppen einzuwerben. Die Hilfe drückt sich meist in Geld- und Sachspenden an die Mittler der Hilfe aus. Gelegentlich bekommen die Leser, Zuschauer und Zuhörer auch Gelegenheit, persönlich mitzuhelfen, z. B. wenn Spender einer bestimmten Blutgruppe gesucht werden oder ein Serientäter dingfest gemacht werden muss.

Zur passiven oder vermittelnden Rolle tritt seit den 1990er-Jahren immer stärker die aktive Rolle der Massenmedien als Fundraiser. Umgekehrt gehen Fundraiser immer stärker mit maßgeschneiderten Angeboten auf die Medien zu und bündeln ihre Aktivitäten in Gemeinschaftsaktionen wie „Aktion Deutschland hilft", ein 2001 gegründeter Zusammenschluss von zehn deutschen Hilfsorganisationen, die im Falle großer Katastrophen und Notsituationen im Ausland gemeinsam schnelle und effektive Hilfe leisten und dafür gemeinsam Mittel einwerben. Nur wenige Organisationen kaufen Sendezeiten im Hörfunk und Fernsehen oder schalten bezahlte Inserate in Printmedien. Als erfolgreich hat sich bezahltes Direct Response Television in den Nachrichtensendern ntv und N24 erwiesen, das besonders von Kinderhilfsorganisationen zur Patenschaftswerbung genutzt wird.

Nach den oben aufgezählten Wirkungsmechanismen haben beim Fundraising diejenigen Medien den größten Erfolg, denen es gelingt, ein großes gebefreudiges Publikum so lange mit einer bestimmten Botschaft zu fesseln, bis ein großer Teil die angebotenen Möglichkeiten zur Spende oder Rückmeldung anderer Art genutzt hat. Während es dem Fernsehen eher gelingt, viele Menschen für kurze Zeit an eine bestimmte Sendung zu binden und dabei zum gewünschten Handeln zu bewegen, kann ein aktuelles Printmedium, das über Wochen hinweg Aufmerksamkeit und Handlungsbereitschaft zu wecken und aufzufangen versteht, durchaus ähnliche Wirkung erzielen. Erfolgsmaßstäbe sind dabei die Anzahl der Spender bezogen auf die Reichweite des Mediums, die Höhe der Spenden insgesamt und das Verhältnis von Aufwand und Ertrag.

Medien von hoher Aktualität können in kürzerer Zeit höhere Spendenergebnisse erzielen. Sie bieten die Möglichkeit, Publikumsreaktionen unmittelbar zu messen und einen Mitmacheffekt auszulösen, der auch künstlich stimuliert werden kann. Sie können Botschaften den jeweiligen Reaktionen der Rezipienten sofort anpassen: Missverständnisse können sofort aufgeklärt, zusätzlicher Informationsbedarf kann sofort gestillt werden.

Wegen der kurzen Wirkungsdauer ist das vollständige Auffangen der Reaktionen von Medien mit hoher Aktualität technisch und kostenmäßig aufwendiger als bei Medien geringerer Aktualität. So müssten bei einer Fernsehsendung mit fünf Millionen Zuschauern, von denen in Spitzenzeiten mindestens zwei Promille, also 10.000 gleichzeitig zum Telefon greifen, um ihre Spendenbereitschaft zu bekunden, 10.000 Telefone frei sein, um niemanden warten zu lassen. Tatsächlich sind auch bei großen Sendungen kaum mehr als 2.000 Telefone geschaltet und natürlich nicht ständig frei. Spontane Hilfsbereitschaft wird sich in Zukunft immer stärker durch Homebanking und Spenden per Internet auffangen lassen.

## 5.1.1.3 Fundraising und Printmedien

Die meisten deutschen Tageszeitungen veranstalten Weihnachtsaktionen, z. B. das „Hamburger Abendblatt" die Aktion „Kinder helfen Kindern", die „Augsburger Allgemeine" die „Kartei der Not" und die „Frankfurter Neue Presse" die „Aktion Leberecht". Andere Aktionen werden aus aktuellem Anlass, vor allem angesichts von Katastrophen im In- und Ausland, gestartet. Nach einem Erdbeben in Armenien im Dezember 1988 organisierte der Bundesverband Deutscher Zeitungsverleger (BDZV) mit Freianzeigen in nahezu allen deutschen Tageszeitungen nach sehr kurzer Vorbereitungszeit eine Erdbebenhilfe. Mehr als 100.000 Bundesbürger spendeten 8,7 Millionen Mark auf ein Sonderkonto. Weitere drei Millionen Mark trugen die Münchener „Abendzeitung", der

„Kölner Stadt-Anzeiger" und der „Express" in Einzelinitiativen zusammen. Das Geld wurde über das Deutsche Rote Kreuz ins Krisengebiet geleitet.

Aus spontanen Aktionen entstehen bisweilen Dauerkampagnen. Die Weihnachtsaktionen weisen solche Entwicklungen auf. Besonders Boulevardzeitungen gelingt es, auch außerhalb der Weihnachtszeit emotionale Hilfsbereitschaft zu wecken und aufrechtzuerhalten. 1978 startete der Axel Springer Verlag in der „Bild-Zeitung" die Aktion „Ein Herz für Kinder" und überzog ganz Deutschland mit Aufklebern und täglichen Berichten über die Not von Kindern. Aufgrund dieses Erfolgs wurde die Aktion zur Dauerkampagne und brachte bis Dezember 2005 100 Millionen Euro ein. Geholfen wird Kindern im In- und Ausland. Besonders erfolgreich ist die Aktion, seit auch das Fernsehen mitmacht. Die alljährlichen Spendengalas in Verbindung mit dem ZDF brachten jeweils zwischen 1,5 und 8,9 Millionen Euro. Der Verlag trägt die Verwaltungs- und Produktionskosten der Aktion.

Bei der Wochenpresse ist vor allem das Magazin „Stern" im Spendenwesen aktiv. In Katastrophenfällen ruft die Zeitschrift regelmäßig zusammen mit bekannten Hilfsorganisationen zu Spenden auf. Ihren größten Erfolg hatte die Illustrierte gemeinsam mit dem ZDF und CARE Deutschland e. V. Anfang der 1990er-Jahre mit der Aktion „Helft Rußland", bei der 138 Millionen Mark zusammenkamen. Der Medienverbund konkurrierte auf diesem Feld mit der Aktion „Ein Herz für Rußland" von ARD und „Bild-Zeitung", die insgesamt rund 50 Millionen Mark einbrachte.

## 5.1.1.4 Fundraising im Hörfunk

Spendenaufrufe im Hörfunk sind selten. Es fällt hier wesentlich schwerer, die Hörerschaft so zu fesseln, dass sie zu einem Überweisungsformular greift, die richtige Spendenkontonummer aufschreibt und auch spendet. Hörfunk ist ein Medium, das eher nebenbei rezipiert wird und keine ungeteilte Aufmerksamkeit erhält.

Am erfolgreichsten sind Fundraising-Sendungen im Hörfunk, wenn sie mit telefonischer Rückkoppelung verbunden werden. Spendenwillige telefonieren ihre Spendenbereitschaft an leicht merkbare Auffang-Telefonnummern, unter denen die Zusagen entgegengenommen und dokumentiert werden. Ohne die telefonische Rückkoppelung kommt auch das Fernsehen nicht aus.

Immer mehr Bedeutung gewinnt die Verbindung zwischen Hörfunk, Fernsehen und Internet. Die flüchtigen Informationen über die elektronischen Medien werden ergänzt durch leicht erreichbare Inhalte im Internet. Dabei wird im Hörfunk eine leicht merkbare Internetadresse angegeben, unter der sich die häufig direkt am Computer Radio hörenden Rezipienten gleich ins Internet verbinden lassen können. Die Informationen im Internet werden mit Spendenaufrufen verbunden, die sich über Kreditkarten, Banklastschrift und speziell für das Internet entwickelte Zahlungsmethoden leicht abwickeln lassen. Im Fernsehen wird die Internetadresse eingeblendet und verbal genannt. Internetserver lassen sich kostengünstig für zahlreiche gleichzeitige Zugriffe rüsten.

Im Zusammenhang mit den „Live-Aid"-Konzerten in London, Philadelphia und anderen Städten am 13. Juli 1985 veranstalteten fast alle deutschen Hörfunksender einen „Tag für Afrika". In 169 Ländern war das Spektakel außerdem im Fernsehen zu sehen, wo mehr als eine Milliarde Menschen es verfolgten. Die Organisatoren hatten weltweit Spendeneinnahmen in Höhe von umgerechnet 20 Millionen Euro erwartet. 75 Millionen kamen zusammen. Ein Teil ging als Soforthilfe an Menschen im Sudan, in Äthiopien und anderen Ländern Afrikas, 60 Prozent wurden für langfristige Entwicklungshilfeprojekte ausgegeben. Organisator Bob Geldof wurde weltberühmt und von der englischen Königin geadelt. Die Kampagne für Afrika wurde von Hymnen wie „We are the World" von Lionel Ritchie und Michael Jackson und „Do they know it's Christmas" von Geldof und Midge Ure begleitet. Das beinahe epidemische Abspielen der Songs im Radio förderte wesentlich den Absatz der Platten, deren Erlös guten Zwecken diente.

Die Kombination Hörfunk/Fernsehen hat sich auch in vielen anderen Fällen bewährt. 1973 begann die österreichische Hilfsaktion „Licht ins Dunkel" zunächst im niederösterreichischen Hörfunk und Fernsehen. Sie gehört heute mit rund 12 Millionen Euro Jahreseinnahmen und 144 Millionen seit ihrem Start zu den erfolgreichsten Fundraising-Serien im deutschsprachigen Raum.

## 5.1.1.5 TV-Anstalten als Fundraiser

Fundraising-Sendungen im Fernsehen bringen innerhalb kürzester Zeit bei geringem Aufwand den größten Ertrag. Am aktivsten und erfolgreichsten ist bei Spendensendungen das Zweite Deutsche Fernsehen. Bei der ARD veranstalten der Bayerische Rundfunk mit „Sternstunden" und Südwestrundfunk und Saarländischer Rundfunk mit „Herzenssache" ganzjährige Spendenaktionen, die Hörfunk und Fernsehen einschließen und jeweils zu Weihnachten ihre Höhepunkte erreichen. Bei den Privatsendern ragt RTL mit seinem alljährlichen 24-stündigen „Spendenmarathon" zugunsten Not leidender Kinder heraus. Für diese Sendungen sind von den Sendern eigene Hilfsorganisationen gegründet worden.

Die bislang erfolgreichste aller einzelnen Spendensendungen im Fernsehen heißt „Wir wollen helfen – Ein Herz für Kinder" und wurde am 4. Januar 2005 vom ZDF für Opfer des Seebebens in Südostasien ausgestrahlt. Beteiligt waren neben dem Sender die Axel Springer AG mit ihren Medien und Produktionsgesellschaften, ein kurzfristig gebildetes „Aktionsbündnis Katastrophenhilfe" großer Hilfsorganisationen und die Deutsche Welthungerhilfe. Die Sehbeteiligung lag bei 6,29 Millionen Zuschauern, der Marktanteil bei 19,1 Prozent. 40,7 Millionen Euro wurden bis Mitternacht an Spenden zugesagt und auch realisiert.

Ausschlaggebend für den Erfolg der Sendung war eine Katastrophe mit hoher Opferzahl, darunter deutsche Touristen, mit deren Schicksal sich viele Zuschauer identifizieren konnten, in einer Jahreszeit, in der sich viele auf die Familie konzentrieren und das Leid der weniger Glücklichen umso stärker nachempfinden; hinzu kamen die weite Entfernung vom Unglücksgeschehen, die persönliche Hilfe ausschloss und Ersatzhandlungen durch Geldspenden begünstigte, und die Omnipräsenz der Bildmedien vor Ort, die sich auch nachhaltig im Internet niederschlug.

Besonderen Einfluss auf den Erfolg der Spendensendung und die relativ hohe Einschaltquote am 4. Januar 2005 hatte das Zusammenwirken des von spendengeneigten Teilen der Fernsehzuschauer bevorzugten öffentlich-rechtlichen Mediums ZDF mit auflagenstarken Printmedien bei der Werbung um Zuschauer im Vorfeld.

Die Vorweihnachtszeit wird von vielen Fernsehanstalten zur Ausstrahlung von Spendengalas genutzt. Eine Spitzenstellung nimmt dabei alljährlich die Show des Mitteldeutschen Rundfunks zugunsten der Deutschen José Carreras Leukämie-Stiftung ein, die bei der ersten Ausstrahlung am 22. Dezember 1995 unter dem Motto „Sind die Lichter angezündet …" umgerechnet 5,6 Millionen Euro und bis Ende 2005 mehr als 62 Millionen Euro einbrachte. Der Tenor José Carreras war 1987 selbst an Leukämie erkrankt, wurde geheilt und wirkt authentischer und glaubwürdiger als andere Prominente, die für gute Zwecke werben.

Der mit Spendengalas bundesweit aktivste und erfolgreichste Fernsehmoderator ist Dieter Thomas Heck im ZDF mit der „Stargala" zugunsten der Welthungerhilfe und mit „Melodien für Millionen" für die Deutsche Krebshilfe.

Eine besondere Rolle bei der Generierung von Mitteln für gute Zwecke spielen die Fernsehlotterien. 1964 wurde als Reaktion auf den Contergan-Skandal die Deutsche Behindertenhilfe „Aktion Sorgenkind" gegründet. Seit 1. März 2000 heißt der Verein Deutsche Behindertenhilfe – Aktion Mensch e. V. Mitglieder sind neben dem ZDF die sechs Dachverbände der Bundesarbeitsgemeinschaft der Freien Wohlfahrtspflege. Über viele Jahre hinweg war „Aktion Sorgenkind" Lieblingsprojekt zahlloser Benefizveranstaltungen. Seit 1975 gibt es alljährlich in einer anderen Stadt ein „Festival der guten Taten" zugunsten der Aktion. Das ZDF berichtet regelmäßig über aktuelle Förderprojekte und Beispiele für gute Taten, mit denen sie finanziert werden.

Bis 2004 hat die heutige „Aktion Mensch", mehr als zwei Milliarden Euro für Behindertenprojekte zur Verfügung gestellt. Grundlage für diesen Erfolg ist die Lotterie. Sie startete im Oktober 1964 mit dem ZDF-Ratespiel „Vergissmeinnicht" und entwickelte sich zur erfolgreichsten deutschen Soziallotterie. Sie erzielte 2004 einen Umsatz von 400 Millionen Euro. Der Reinertrag für Behinderte aus dem Verkauf der Lotterielose liegt nach Abzug der Lotteriegewinne, Steuern, Verwaltungskosten bei etwa 40 Prozent des Umsatzes. Hinzu kommen die Spenden.

Die „Aktion Mensch"-Lotterie wird vom ZDF durch Werbespots und Verknüpfung mit Sendungen wie „Wetten, dass …?" intensiv beworben. Ziehungen finden zur besten Sendezeit mit hoher Zuschauerbeteiligung statt.

Älter, aber weniger erfolgreich als „Aktion Mensch" ist die ARD-Fernsehlotterie, die seit 1960 ausgestrahlt wird. Seit 1969 verteilt die eigens gegründete Stiftung Deutsches Hilfswerk die Mittel. Rund 50 Prozent des Einspielergebnisses fließt der Hilfe für Kranke, Alte, Behinderte und sozial benachteiligte Menschen zu. Bis Ende 2004 hat die Fernsehlotterie seit Gründung mehr als eine Milliarde Euro an Einrichtungen der freien Wohlfahrtspflege ausgeschüttet.

Die ARD-Fernsehlotterie wird von der ARD mit TV-Spots und Product Placement in populären ARD-Sendungen kräftig beworben. Viermal jährlich präsentiert Frank Elstner die Lotterie in der Sendung „Einfach Millionär" und gibt der Lotterie bei Ziehungen ein Fernsehgesicht.

## 5.1.1.6 Fundraising per Internet

Das Internet bietet völlig neue Möglichkeiten für das Fundraising (siehe 5.2). Organisationen können hochaktuell für sich werben und über Spezialkameras (Webcams) sogar laufend Bilder aus Projektgebieten liefern.

Internetprovider und -programmanbieter beteiligen sich zunehmend auch selbst am Fundraising. Am bekanntesten wurde die Aktion „NetAid" (www.netaid.org), die im September 1999 ein Internetportal („Poverty Portal") startete, auf dem laufend über Hilfsaktionen gegen die Armut in der Welt berichtet wird. Gesponsert wird das Portal vom US-Internet-Spezialisten Cisco Systems. Unterstützt wird die Aktion vom Entwicklungsprogramm der Vereinten Nationen UNDP.

Am 9. Oktober 1999 fand an drei Orten das erste direkt im Internet übertragene weltweite Wohltätigkeitskonzert zugunsten von NetAid statt. Die Spenden wurden ausschließlich über das Internet gesammelt. Bis März 2000 gingen allerdings nur zwölf Millionen Dollar ein.

In Deutschland haben Manager der Internet-Industrie 1999 den Nonprofit-Verein Aktion HelpDirect e. V., heute mit Sitz in Bonn, gegründet, der unter www.helpdirect.org ein Internetportal für Projekte international tätiger Hilfsorganisationen bereitstellt. Gespendet werden kann über das Internet.

In den USA haben sich Websites, auf denen um Spenden geworben wird, geradezu explosionsartig vermehrt. Nach den Terroranschlägen vom 11. September 2001 ging ein Großteil der Spontanspenden per Internet ein. Da die Internetnutzung und das Online-Banking auch bei älteren Zielgruppen an Attraktivität gewinnt, dürfte das Online-Spenden das Spendenmedium der Zukunft werden. Deshalb gibt es so gut wie keine bedeutende Spenden sammelnde Organisation in Deutschland mehr, die auf Internetauftritte und Zugang zu Spendenmöglichkeiten auf der Homepage verzichtet.

## 5.1.1.7 Fundraising durch Freianzeigen

Zahlreiche Printmedien nehmen kostenlose Inserate zur Spendenwerbung für gemeinnützige Organisationen auf. Sie füllen damit Lücken in ihren Anzeigenspalten und tun zugleich Gutes.

Ähnliches geschieht durch Fernsehanstalten, die Werbezeiten kostenlos zur Verfügung stellen. Werbeagenturen erklären sich vielfach bereit, Werbespots für gemeinnützige Organisationen kostenlos oder gegen Kostenerstattung zu produzieren. Nebenbei haben sie damit gute Chancen, begehrte Auszeichnungen zu gewinnen und ihr Renommee zu stärken.

## 5.1.1.8 Welche Motivation verbirgt sich hinter dem Medien-Fundraising?

Benefizsendungen haben fast immer überdurchschnittlich hohe Einschaltquoten. Sie verbessern das Image des jeweiligen Senders. Moderatoren, Sänger und Schauspieler erklären sich gerne bereit, kostenlos mitzumachen, weil dies ihr Image und vielleicht auch ihre Karriere fördert. Michael Schanze feierte sein Comeback mit der Sendung „Kinder der Welt" für das Hilfswerk Plan International, Margarethe Schreinemakers mit „Ein Herz für Kinder". Bei den Sendern spielt der Wettbewerb eine Rolle. So war die Gründung der „Aktion Sorgenkind" die Antwort des ZDF auf die „ARD-Fernsehlotterie". Die sehr erfolgreichen Spendengalas von Sat.1 und ZDF nach der Tsunami-Katastrophe von 2004 wurden deutlich im Wettbewerb der Sender organisiert, terminiert und beworben.

Auch Zeitungsverlage und -redaktionen entdecken regelmäßig zu Weihnachten ihr Herz für weniger privilegierte Mitmenschen. Doch dahinter steckt nicht nur Berechnung. Bei Zeitungen erhöht sich vielleicht die Leser-Blatt-Bindung durch besondere Aktionen; die Steigerung der Verkaufs- und der Anzeigenerlöse kann in den meisten Fällen jedoch kaum Hauptmotiv sein, schon gar nicht in Zeitungs-Monopolgebieten.

Bis jetzt sind keine Untersuchungen bekannt über die Motive von Journalisten, sich der Linderung der Not anderer anzunehmen. Sie werden jedenfalls im Zuge ihres Berufslebens mit mehr Not konfrontiert als gewöhnliche Bürger. Vielleicht kommt vielen dabei ihre Rolle als Beobachter und Berichterstatter zu passiv vor. Einer der bekanntesten Medienvertreter, der selbst zum Helfer wurde, ist der Journalist Rupert Neudeck, der 1979 angesichts der Not der vietnamesischen Bootsflüchtlinge das Komitee Cap Anamur Deutsche Notärzte e. V. gründete. Produzent und Moderator Eduard Zimmermann mit dem „Weißen Ring" und Moderator Jürgen Fliege mit der „Stiftung Fliege" sind weitere Beispiele.

Schon um den zahlreichen Spendern Spendenquittungen ausstellen zu können, gründeten Medienunternehmen und Medienproduzenten eigene Hilfswerke. Die bekanntesten sind die schon erwähnte „Deutsche Behindertenhilfe Aktion Mensch e. V." und die „Stiftung Deutsches Hilfswerk". Die „Bild-Zeitung" gründete für ihre zahlreichen Hilfsaktionen den Verein „Bild hilft e. V.", der auch die Aktion „Ein Herz für Kinder" trägt.

## 5.1.1.9 Medien als kritische Begleiter des Fundraisings

Die kritische Berichterstattung in den Medien hat die grundsätzlich skeptische Haltung der deutschen Bevölkerung gegenüber dem Spendenwesen gefördert. CARE Deutschland in Bonn musste nach geradezu vernichtendem Medienecho über die fehlorganisierte Aktion „Menschlichkeit für Ruanda" 1994 beim Spendenaufkommen fast wieder bei null anfangen, nachdem ihr noch ein Jahr zuvor bei der Aktion „Helft Rußland" hohe Spendenbeträge zugeflossen waren. Journalisten hatten die von der Organisation entsandten Ärzte auf ihrer chaotischen Reise ins Krisengebiet begleiten dürfen und dort das Scheitern des gut gemeinten Hilfsangebots hautnah miterlebt.

Es gibt auch Fälle, in denen Medien sich gegenseitig ausbremsen. Als im Dezember 1996 Thomas Gottschalk in der Sendung „Wetten, dass …?" mit Studiogast Michail Gorbatschow um Spenden für dessen Organisation Green Cross warb, wies „Bild am Sonntag" eine Woche später darauf hin, dass Green Cross in Deutschland überhaupt nicht als gemeinnützig anerkannt war und die Spenden über eine in der Sendung nicht genannte Organisation ins Ausland geleitet wurden. Statt der von den Zuschauern zugesagten fünf Millionen Mark gingen nur noch 900.000 bei dem Hilfswerk ein.

## 5.1.1.10 Wie bekommt man sein Spendenanliegen in die Medien?

Die Frage, die sich Spenden sammelnde Organisationen stellen müssen, ist, wie ihre Spendenaufrufe in die Medien kommen. Entscheidend für die erfolgreiche Platzierung von Spendenaufrufen in Form von Freianzeigen oder -spots im Rahmen der Berichterstattung und von Benefizsendungen sind:

*Bekanntheitsgrad der Organisation:* Der Verein oder die Institution sollte lokal, regional, landes- oder bundesweit so bekannt sein, dass sie von den Medien der jeweiligen Verbreitungsebene nicht mehr eigens vorgestellt werden muss. Voraussetzung dafür ist eine kontinuierliche Presse- und Öffentlichkeitsarbeit. Wenn eine Organisation neu gegründet oder mit dem zu bewältigenden Problem erst entstanden ist, sollte sie sich prominente Befürworter und Schirmherren zulegen, die bei den Medien und der Öffentlichkeit als „Türöffner" dienen.

*Seriosität der Organisation:* Wer nur bekannt, aber eher berüchtigt ist und keine Rechenschaft über die Höhe und Verwendung der eingeworbenen Mittel leistet, mindert die Chancen, von den Medien berücksichtigt zu werden, auch dann, wenn prominente Befürworter dahinterstehen. Viele Verlage und alle Rundfunkanstalten fordern den Nachweis des DZI Spenden-Siegels oder die Mitgliedschaft im Deutschen Spendenrat, bevor Spendenaufrufe veröffentlicht werden.

*Aktualität:* Spendenaufrufe sollten im Zusammenhang mit aktuellen Ereignissen stehen und so früh wie möglich an die Medien weitergeleitet werden.

*Popularität des Spendenzwecks:* Je breiter der Spendenzweck und die Spendennotwendigkeit von der Bevölkerung oder besonderen Zielgruppen einzelner Medien anerkannt werden, desto besser.

*Mediengerechte Darstellung des Spendenzwecks:* Das Fernsehen braucht bewegte Bilder und Ton, der Hörfunk mediengerechte Tondokumente vom Geschehen, für das gesammelt wird; Printmedien benötigen Bilder, und alle brauchen Text mit der Beantwortung der berühmten sechs W's: wer, was, wann, wo, wie und warum. Das vorhandene Material kann durch Einladung von Medienschaffenden in die Projekte aktualisiert werden.

*Exklusivität:* Medien verlangen wegen der Konkurrenzsituation oft nach Exklusivität. Exklusiv gewährte Informationen schließen zwar andere Medien – wie der Begriff schon sagt – aus, können aber zu stärkerem Engagement der begünstigten Medien führen.

# 5.1.2 Presse- und Öffentlichkeitsarbeit

## 5.1.2.1 Begriffsklärung und Voraussetzungen

Presse- und Öffentlichkeitsarbeit hat die Aufgabe, die öffentliche Meinung unter Nutzung von Massenmedien und durch individuelle Kommunikation so zu beeinflussen, dass in der Öffentlichkeit ein günstiges Bild von der Organisation oder Institution entsteht. Fundraising und Öffentlichkeitsarbeit sind notwendigerweise miteinander verbunden, doch die Zielgruppen und Methoden sind verschieden.

Presse- und Öffentlichkeitsarbeit richtet sich indirekt über externe Massenmedien und direkt über selbst hergestellte Kanäle an bestimmte Zielgruppen oder eine ungezielte Öffentlichkeit; Fundraising richtet sich mittels Direktmarketing an die Teile der Öffentlichkeit, die bereit sind, die gute Sache durch Zuwendungen zu unterstützen. Verstärkte Öffentlichkeitsarbeit führt nicht zugleich zu höheren Spendeneinahmen. Zahlreiche in der Öffentlichkeit nahezu unbekannte Organisationen erzielen hohe Zuwendungen. Viele Stiftungen sammeln hohes Stiftungskapital von wenigen Stiftern unter Ausschluss der Öffentlichkeit. Gelegentlich ist das sogar die Voraussetzung für einen erfolgreichen Start ihrer Aktivitäten. Umgekehrt fließt sehr bekannten Organisationen, gemessen an der Zahl der Menschen, die mit ihnen in Berührung kommen, relativ wenig an Spenden zu.

## 5.1.2.2 Leitbild schaffen

Erfolgreiche Presse- und Öffentlichkeitsarbeit wird erleichtert durch ein einheitliches Leitbild der Organisation (siehe 3.2.1). Dazu gehören:

– ein leicht merkbarer, aussagekräftiger Name der Organisation oder eines Projekts. Abkürzungen oder Akronyme wie NABU, DRK, CARE oder fremdsprachige Begriffe wie Misereor oder World Vision brauchen einige Zeit, sich durchzusetzen. Deutsche Welthungerhilfe, Krebshilfe oder Brot für die Welt sind selbsterklärend.

– ein leicht identifizierbares Design, das mit einem einheitlichen Logo und einheitlicher Gestaltung von Werbematerialien und Internetauftritt beginnt und sich durch alle öffentlichen Auftritte der Organisation zieht.

- ein Claim, mit dem Mitarbeitende der Organisation in einem Satz sagen können, wofür sie stehen, etwa „Wir machen Deutschland aidsfrei", „Wir bekämpfen Gewalt an Schulen", „Wir retten die Marienkirche". Der Claim sollte auf jedem Briefbogen und ganz oben im Internetauftritt stehen.
- eine Darstellung der Grundsätze, der Mission und Vision, denen sich die Organisation verschrieben hat.

Presse- und Öffentlichkeitsarbeit sollte Mitarbeitenden anvertraut werden, die sich auskennen und Erfahrung haben. Sie müssen direkten Zugang zur Führung der Organisation haben. Spätestens beim Krisenmanagement zeigt sich, ob die Funktion kompetent besetzt ist. Wenn nicht, kommt oft jede Hilfe zu spät. Bei kleinen Organisationen kann die Aufgabe direkt in den Händen des oder der Leitenden liegen, also der Vorstandsspitze oder der Geschäftsführung.

## 5.1.2.3 Die Werkzeuge

Pressearbeit beginnt damit, dass Kontakte zu denjenigen aufgebaut werden, die darüber entscheiden, was, wie und wo gedruckt oder gesendet wird. Diese Entscheider sitzen in erster Linie in den Redaktionen, nicht in den Verlagsleitungen oder Intendanzen. Es werden Listen von Redaktionen erstellt. Dabei sind alle Medienarten zu berücksichtigen: Presseagenturen, Tages- und Wochenzeitungen, Anzeigenblätter, Fachzeitschriften, Schülerzeitungen, Redaktionen in Hörfunk und Fernsehen, freie Fachjournalisten, Onlinedienste. Die Redaktionen werden mit Postanschrift, Namen von Ansprechpartnern, Telefon-, Handy- und Faxnummern und E-Mail-Adressen erfasst. Hilfreich sind dabei die Datenbanken der Verlage Zimpel und Stamm und die Kroll Pressetaschenbücher.

Die Übermittlung von Nachrichten erfolgt per E-Mail und Fax, von Einladungen per E-Mail, Fax und bei besonderen Gelegenheiten per Post. Einladungen zu Pressekonferenzen werden mit Rückmeldung versehen, ausstehende Rückmeldungen nachtelefoniert.

Briefe, Faxe und E-Mails an Redaktionen sollten stets adressiert sein, also nicht „An alle Redaktionen in Hannover", sondern direkt unter Nennung des jeweiligen Mediums, der Redaktion und des Redakteurs, an den die Botschaft gerichtet ist. Das gilt besonders für E-Mails, die mit Hilfe von Serienmailern einzeln und nicht im unadressierten Pulk verschickt werden sollten. Paralleladressierungen an andere Personen in derselben Redaktion sind zu vermeiden. Im Zweifelsfall wird die Post „zu Händen Frau Gesine Maier oder Vertreter/in" adressiert.

Persönliche Kontaktaufnahme zu Redaktionen per Telefon hat sich immer bewährt. Man erfährt, warum Informationen keinen redaktionellen Niederschlag gefunden haben und ob man überhaupt an die richtige Stelle liefert. Doch sind ständige Anrufe („Haben Sie unsere Post erhalten, und werden Sie etwas bringen?") nach Möglichkeit zu vermeiden. Nach einer Weile kann man aber durchaus nachfragen, besonders wenn es um wichtige Ankündigungen geht.

Die Verteilung von Pressemitteilungen sollte so organisiert sein, dass sie sich leicht und von jedem Befugten verwirklichen lässt, auf jeden Fall auch von zu Hause aus oder aus dem Urlaub per Zugriff via Internet. Wichtig ist die Gleichzeitigkeit der Information aller Redaktionen. Serienmails und -faxe müssen innerhalb von Minuten einer größeren Anzahl von Redaktionen zugänglich gemacht und zeitgleich bereits auf den Webseiten der Organisation abrufbar sein. Dort können auch Fotos zum Herunterladen angeboten werden. Das direkte Zumailen von Fotos per E-Mail empfiehlt sich nur in Ausnahmefällen, weil sie leicht in Spamfiltern hängen bleiben oder bei Fehlübertragungen nicht zu öffnen sind. Ein misslungener Download dagegen kann wiederholt werden.

Der Parallelversand von Fax und E-Mail empfiehlt sich, weil E-Mails oft aus technischen Gründen nicht ankommen oder in Spamfiltern hängen bleiben. Am Ende der Faxe sollte darauf hingewiesen werden, dass die Nachricht auch per E-Mail verbreitet worden ist und an welche E-Mail-Adresse sie ging. Zugleich wird darauf hingewiesen, wo die Nachricht im Internet heruntergeladen werden kann, ob und wo dort weitere Informationen zum Thema zu finden sind und ob es dort auch Bild-, Film- und Hörmaterial gibt. Falsche Faxnummern und E-Mail-Adressen sind sofort zu korrigieren, falsche Briefanschriften natürlich auch.

Audiovisuelles Material kann heute schon in guter Qualität ins Internet gestellt oder per E-Mail direkt übermittelt werden. Auf diese Weise lassen sich Bilder und Originaltöne von Ereignissen verbreiten, etwa ein Interview mit Helfern im Katastrophengebiet oder ein Statement des Vorsitzenden zum Weltkindertag. Die Presseanwesenheit bei Pressekonferenzen und Veranstaltungen kann durch passwortbegrenzten Zugang zu Liveübertragung oder Videodateien im Internet sprunghaft gesteigert werden. Die Allgemeinheit sollte von solchen Zugängen zunächst ausgeschlossen bleiben, um eine Exklusivität journalistischer Berichterstattung zu sichern.

## 5.1.2.4 Der Inhalt von Informationen an die Medien

Ob Medien Botschaften aus dem Nonprofit-Sektor aufgreifen, hängt von folgenden Faktoren ab:

*Neuigkeitswert:* Etwas nicht Alltägliches, Überraschendes hat Vorrang vor der Routine.

*Aktualität:* Je nach Medium entscheidet die Schnelligkeit, mit der auf aktuelle Ereignisse reagiert wird, über die Berücksichtigung bei der Veröffentlichung. Eine Agentur und ein aktueller Onlinedienst haben eine sehr kurze Aktualitätsspanne, eine Vierteljahreszeitschrift hat eine längere. Der Beitrag im Fernseh- oder Hörfunkjournal hat eine sehr kurze Entscheidungsspanne, weil von den Redakteuren sofort nach Eingang der Neuigkeit festgelegt werden muss, wer dazu ans Telefon oder ins Studio gebeten wird.

*Bedeutung:* Die einer Sache zugemessene Bedeutung hängt von deren Nähe zum Betrachter und dem allgemeinen Nachrichtenumfeld ab. Die Meldung über die Entdeckung einer neuen Vogelart kann die Sensation des Tages sein, wenn nicht am selben Tag ein Flugzeug abstürzt. Die Meldung über den Flugzeugabsturz gewinnt an Bedeutung, wenn Landsleute an Bord sind. Eine Meldung über erfolgreiche Grippebekämpfung in Asien kann bei allgemeiner Grippefurcht in Deutschland zu einem Ansturm der Medien führen, zu anderen Zeiten in den Spalten der Fachpresse verschwinden. Bedeutungsgewinn verschaffen Jubiläen (60 Jahre Kriegsende, die ersten hundert Tage der neuen Regierung, 10. José Carreras-Gala), Gedenktage (Weltfrauentag, Tag der offenen Tür, Preisverleihung), Events mit hoher Teilnehmerzahl und möglichst prominenten Teilnehmern (Weltjugendtag mit dem Papst, Protestaktionen bekannter Umweltschützer, Demonstrationen mit bekannten Politikern, Sportlern, Sängern, Filmstars).

*Konsonanz:* Akzeptanz des Inhalts durch die Entscheider. Häufig gibt es eine meist ungeschriebene redaktionelle Linie, die als Richtschnur dient. Wenn der Inhalt nicht den Erwartungen der Redaktion entspricht, wird er infrage gestellt und mit zahlreichen distanzierenden Anführungsstrichen versehen.

*Prominenz des Absenders:* Je bekannter und kompetenter der Absender einer Botschaft eingestuft wird, desto größer seine Chancen, in die Medien zu kommen, und sei es als Personalmeldung, bei der das Nonprofit-Anliegen nur im Nebensatz vorkommt. Manchmal empfiehlt es sich, die Meldung gleich zu personalisieren: „Die bekannte Fernsehmoderatorin Anne Musterfrau hat sich bereit erklärt, Botschafterin für das XYZ-Kinderhilfswerk zu werden. Schon im kommenden Monat wird sie zusammen mit der Vorsitzenden der Organisation ins südliche Afrika reisen, um Kinderheime des Hilfswerks zu besichtigen. XYZ kümmert sich seit zwanzig Jahren um Waisenkinder und betreibt selbst vier Heime in Simbabwe."

*Eindeutigkeit:* Wenn die Empfänger der Presseinformation in den Redaktionen sofort wissen, worum es geht, fällt ihnen die Entscheidung leichter, die Information zu publizieren. Dazu gehört eine informative, keine feuilletonistische Überschrift über der Meldung und die rasche Beantwortung der sechs W's: Wer, was, wann, wo, wie und warum. Fachsprache und jegliche Abkürzungen sind nur gegenüber Fachmedien erlaubt. Eine Pressemitteilung sollte so verfasst sein, dass sie unredigiert von jedem Rundfunksprecher verlesen werden könnte. Beigefügtes oder im Internet bereitgestelltes Hintergrundmaterial sollte alles enthalten, was Medienleute sonst noch fragen könnten. Eine gute Pressemappe enthält zusätzlich einen Beitrag, den jede Fachzeitschrift sofort abdrucken könnte und der etwas anders aufgebaut ist als die nachrichtenmäßig aufgemachte Pressemitteilung, zusätzlich geeignete Bilder und Grafiken einschließlich der zugehörigen Bildunterschriften und Copyrighthinweise.

*Kontinuität:* Wenn die Redaktionen regelmäßig mit brauchbaren Informationen beliefert werden, sind sie eher geneigt, etwas zu übernehmen, als bei Absendern, von denen sie selten hören. Umgekehrt kann aber eine kontinuierliche Belieferung mit unbrauchbaren Informationen zur Nichtbeachtung wichtiger Botschaften führen.

*Kritische Darstellung:* Kritik und Anprangern schlimmer Zustände findet leichter Eingang in die Medien als positive Nachrichten.

## 5.1.2.5 Selbst gestaltete Öffentlichkeitsarbeit

Nonprofit-Organisationen (NPOs) sind nicht auf fremde Medien angewiesen, wenn sie an die Öffentlichkeit gehen. Die meisten nutzen Möglichkeiten der direkten Ansprache von Förderern und der breiten Öffentlichkeit. Die meistgenutzten Kanäle sind hierbei:

*Persönliches Gespräch:* Das persönliche Gespräch, entweder im direkten Kontakt von Angesicht zu Angesicht („Face to Face") oder per Telefon, ist die häufigste Form laufender Öffentlichkeitsarbeit, aber auch die zeitraubendste.

*Vortrag, Event, Kundgebung:* Beim Vortrag oder der Kundgebung begegnet der Vortragende einer größeren Anzahl von Interessenten, die sich direkt informieren und untereinander austauschen können. Kommunikative Events sind etwa Tage der offenen Tür, Wallfahrten, Gedenkveranstaltungen und Symposien.

*Brief, E-Mail:* Die schriftliche Kommunikation ist die meistgenutzte Form der Öffentlichkeitsarbeit wie auch der Spendenwerbung. Beides geht oft ineinander über.

*Zeitungen, Zeitschriften, Informationsblätter:* Die meisten NPOs verfügen über periodisch oder bei Bedarf erscheinende Mitglieder- und Fördererinformationen, die ihre Anliegen an eine fachlich interessierte Klientel transportieren.

*Hauswurfsendung, Flugblatt, Beilage:* Unadressierte Mitteilungen lassen sich zielgerichtet streuen und können ähnlich starke Wirkung auf das Verhalten der Empfänger haben wie adressierte Botschaften, wenn sie dem Informationsbedürfnis der Empfänger entsprechen.

*Internet:* Informationen werden auf Abruf im Netz bereitgestellt.

*Plakat, Poster:* Sie begegnen der Öffentlichkeit an gut sichtbarer Stelle auf öffentlichen Straßen und Plätzen. Ihr Anliegen muss innerhalb weniger Sekunden übermittelt sein.

# 5.1.3 Krisen-PR

Die Bewährungsprobe schlechthin für die Öffentlichkeitsarbeit von NPOs wie von Körperschaften allgemein kommt bei Krisen. Hier zeigt sich, ob die Öffentlichkeitsarbeiter wirklich eng in die Spitze der Hierarchie eingebunden sind und ob die für die rasche Verbreitung von Informationen vorbereiteten Kanäle wirklich funktionieren. Denn Zeit, etwas Neues einzurichten, bleibt kaum.

Gut bewältigte Krisen können dazu führen, dass die Förderer noch fester zu „ihrer" Organisation stehen und mehr spenden; schlecht bewältigte Krisen dagegen werfen sie oft um Jahre zurück.

Bei der Öffentlichkeitsarbeit in Krisenzeiten geht es vor allem darum:

– rasch und kompetent zu reagieren: Eine erste erschöpfende Meldung über den Stand der Dinge, an alle Interessierten – Medien, aber auch eigene Mitarbeiter, Vorständler, Mitglieder und Förderer – gemailt, erspart Missverständnisse, Verärgerung und eine unter Umständen nicht mehr zu bewältigende Fülle individueller Anfragen. Dabei sollte zur laufenden weiteren Information ein Link auf die Webseite angeboten werden, auf der jeweils der neueste Stand der Dinge zu erfahren ist.

– wahrheitsgemäß zu informieren. Wenn die Wahrheit nur scheibchenweise an den Tag kommt, obwohl die Verantwortlichen die ganze Wahrheit kennen, entsteht ein erhebliches, irreparables Glaubwürdigkeitsdefizit.

– leicht erreichbar zu sein. Eine qualifiziert besetzte Telefonzentrale leitet Anrufer ohne Wartezeiten an kompetente Mitarbeiter weiter, die bestens informiert sind, untereinander in ständigem Kontakt stehen und eventuelle Sprachregelungen genauestens kennen. Eingehende SMS, E-Mails und Faxe werden ebenso prompt und kompetent beantwortet. Die Webseite der Organisation wird ständig auf dem neuesten Stand gehalten. Viele Medien zitieren mittlerweile auch Texte von Webseiten. Kamera- und interviewsichere Mitarbeiter stehen für Interviews und Statements bereit. Zwischen- und Abschlussbilanzen können auf aktuell einberufenen Pressekonferenzen geliefert werden, die sich auch live per Internet übertragen lassen. Originaltöne und Videoclips ergänzen das Informationsangebot.

– jeden Schritt zu dokumentieren. Nach der Krise beginnt das Aufräumen, unter Umständen mit gegenseitigen Schuldzuweisungen, was die Krisenbewältigung betrifft. Eine gut dokumentierte Zusammenstellung aller unternommenen Schritte mit Auswertung der Medienresonanz bringt Kritiker schnell zum Schweigen.

## Weiterführende Literatur

Gemeinschaftswerk der Evangelischen Publizistik (Hrsg.): Öffentlichkeitsarbeit für Nonprofit-Organisationen, Wiesbaden 2004.

Knaup, Horand: Hilfe, die Helfer kommen: Karitative Organisationen im Wettbewerb um Spenden und Katastrophen, München 1996.

Mohl, Hans: Milliarden für den guten Zweck, in: Erlinger, Hans Dieter/Folting, Hans-Friedrich (Hrsg.): Geschichte des Fernsehens in der Bundesrepublik Deutschland, Bd. 4: Unterhaltung, Werbung und Zielprogramme, München 1994.

Müllerleile, Christoph: Spendensendungen und Spendenabwicklungspraxis der öffentlich-rechtlichen Rundfunkanstalten in Deutschland. Untersuchung im Auftrag der Stiftung Fliege, Opusculum Nr. 16, Berlin 2005.

# 5.2 Online-Fundraising

*Oliver Viest*

## 5.2.1 Online-Kommunikation als Grundlage für das Fundraising

Unter dem Begriff Online-Kommunikation wird das netzwerkbasierte, durch das technische TCP/IP-Protokoll gestützte Kommunizieren verstanden. Online-Kommunikation wird grundsätzlich digital übertragen und ist durch Interaktivität[1] und Bidirektionalität charakterisiert – Sender und Empfänger von Kommunikation können technisch jederzeit ihre Rollen tauschen. Ein weiterer typischer Charakterzug ist ihre Zugänglichkeit per Bildschirm.

Die wichtigsten Kanäle der Online-Kommunikation sind derzeit die E-Mail, Diskussionsforen, Newsgroups, Online-Chats und Websites. Während Chats eine synchrone Kommunikation ermöglichen – das schriftliche Äquivalent zum Telefongespräch –, sind die anderen genannten Instrumente asynchron. Das heißt, ein Dialog kann nur stattfinden, indem zwei Gesprächsteilnehmer zeitverzögert miteinander kommunizieren.

Die Internettechnologie, so die Prognosen für die nächsten Jahre, wird zunehmend mit nicht TCP/IP-basierten Diensten wie dem Fernsehen oder der Telefonie verschmelzen. Zudem werden mobile Angebote wie SMS und MMS immer weiter mit der Online-Kommunikation verknüpft. Stetig wachsende Übertragungsbandbreiten (z. B. in Form von UMTS) lassen immer neue Kommunikationskanäle entstehen. Die Konvergenz der Medien wird in den kommenden Jahren weiter zunehmen und somit mehr Möglichkeiten kanalübergreifender Kommunikation schaffen.

Genutzt wird das Internet von über 55 Prozent der deutschen Bevölkerung. Unterdurchschnittlich repräsentiert sind bislang die über 55-Jährigen. Die höheren Bildungs- und Einkommensschichten sind online am stärksten vertreten.[2] Diese Gesamtmenge der Internetnutzer wächst ständig.

Im Marketing gilt das Internet mittlerweile als das wichtigste Medium, wenn es um die Vorbereitung von Kaufentscheidungen (Transaktionen) geht. Je komplexer (oft auch: teurer) ein Gut oder eine Dienstleistung ist, desto eher wird das Internet als Medium zur Informationsbeschaffung genutzt. Die Arbeit von Nonprofit-Organisationen (NPOs) im Allgemeinen sowie das Spenden im Besonderen kann als solch ein komplexes Gut verstanden werden.

Das Konzept des Online-Fundraisings steht grundsätzlich für eine spezifische Anwendung der internetbasierten Kommunikationsinstrumente. Das Oberziel gleicht dem des klassischen Fundraisings: Mittelbeschaffung für NPOs. Auf dem Weg dorthin entfalten die Online-Kanäle, allen voran die Web-Präsenz und die E-Mail-Kommunikation, ihre Vorzüge als dialogbasierte Kommunikationsinstrumente. Derzeit wird das Internet von NPOs zur Erfüllung folgender fünf Ziele eingesetzt: (1.) Ausbau eines Organisations-images (Transparenz, Modernität), (2.) Erreichen neuer, jüngerer Zielgruppen, (3.) Akquisition von (E-Mail-)Adressen, (4.) Binden der akquirierten Kontakte, (5.) Einwerben von Mitteln.

Diese Zielkoordinaten verdeutlichen die strategische Funktion, die das Medium Internet und die darin enthaltenen Instrumente für Organisationen einnehmen: Das Internet ermöglicht Bindung durch Dialog. Es ist die unmittelbare Dialogmöglichkeit aus jedem Online-Kanal heraus, die zu den stärksten Vorzügen onlinebasierter Kommunikation zählt.

Die Online-Instrumentarien sind in der gesamten Kommunikationskette des Fundraisings einsetzbar: von der Gewinnung eines Interessenten über den persönlichen Dialog bis hin zur Transaktion via Website. Sie können klassische Maßnahmen wie Mailings begleiten oder aber gezielt als eigenständiges Instrument eingesetzt werden, um Internet-affine Zielgruppen anzusprechen. Abhängig von den Zielen, mit denen Online-Fundraising ausgestattet wird, stellen sich auch ihre Erfolgsgrößen dar: eine gestiegene Bekanntheit bei Nutzern, die Zahl der online akquirierten Adressen, die Zahl der Seitenabrufe/Zahl der Nutzer und die Höhe der Online-Spenden.

Bei großen karitativen Organisationen liegen die unmittelbar über das Internet generierten Einnahmen derzeit bei rund sieben Prozent der gesamten Spendeneinnahmen. Zwar ist die Tendenz stetig steigend, doch verdeutlicht die Zahl, dass die Stärke des Mediums in anderen Bereichen als denen des unmittelbaren Spendens zu finden sein muss. Wie die Erfahrungen aus der Praxis zeigen, sind dies vor allem der Dialog und die Kontaktakquisition.

Bei der Online-Kommunikation kann so gut wie bei keinem anderen Medium zudem der Erfolg von Einzelmaßnahmen nachvollzogen werden: Jeder Klick wird protokolliert, jede Aktion könnte mit Hilfe von Cookies einzelnen Nutzern zugeordnet werden. Data-Mining und Methoden wie Collaborative Filtering, wie es z. B. bei dem Online-Warenhaus Amazon eingesetzt wird, ermöglichen darüber hinaus sogar Hinweise auf das zukünftige Verhalten von einzelnen Nutzern. Mögliche Gefahren liegen dabei auf der Hand: Nutzer fühlen sich „ausspioniert" und in ihrer Privatsphäre beeinträchtigt. Insbesondere NPOs, deren Glaubwürdigkeit ihr höchstes Gut ist, müssen hier permanent zwischen der technischen Machbarkeit und dem Anspruch und den Ängsten ihres Publikums abwägen.

Die Frage, an welcher Stelle der Funktionsbereich Online-Kommunikation in einer Organisation verortet sein soll, ist ebenso in der Diskussion wie die Verortung der Fundraising-Abteilung selbst. Da die Online-Kommunikation genauso wie das Fundraising eine organisationsübergreifende Schnittstellenfunktion wahrnimmt, bei der alle Informationsströme zusammenlaufen, ist eine gemeinsame Stabsstelle zum Organisationsmanagement die vermutlich erfolgreichste Lösung im Rahmen der Organisationsgestaltung. Wie die Erfahrungen aus der Praxis zeigen, ist erst eine auf höchster Ebene verortete Zuständigkeit für (Online-)Fundraising in der Lage, eine konsistente Online-Strategie zu entwickeln und durchzusetzen.

## 5.2.2 Website

### 5.2.2.1 Nutzungsgewohnheiten von Internetnutzern

Eine Website ist ein so genanntes Pull-Medium (im Gegensatz zu Push-Medien wie der E-Mail). Der Nutzer muss aktiv werden, um ihre Informationen abzurufen. Entsprechend muss ihr Aufbau und Inhalt den Betrachter zum Abruf von Informationen animieren. Für eine Fundraising-Website gibt es somit fünf Herausforderungen des Kommunikationsablaufs zu meistern:

- Nutzer anlocken
- Nutzer zum Beschäftigen mit den Inhalten animieren
- Nutzer zur Aufgabe der Anonymität bewegen
- Nutzer durch Dialog binden
- Nutzer zur Transaktion bewegen

Die Website ist zumeist der Ort des Erstkontakts eines Interessierten mit der Organisation. Wenn sie erfolgreich ist und den Erwartungen der Besucher gerecht wird, ist sie Türöffner für eine weitergehende, persönliche Kommunikation (vgl. 5.2.3).

Um die Erwartungen von Internetnutzern indes zu verstehen, ist der Blick auf aktuelle Nutzungsgewohnheiten sinnvoll. Diese ermöglichen Hinweise auf die Konzeption und Gestaltung eines Online-Angebotes von NPOs.

Zu den am intensivsten genutzten Orten und Instrumenten des Internets zählen Suchmaschinen und E-Mail. Darüber hinaus werden Informations- und Shoppingseiten stark frequentiert, ebenso Auskunfts- und Buchungssysteme von Verkehrsmitteln.

Der Internetnutzer agiert unter Zeitdruck und erwartet ein schnell überschaubares und technisch funktionierendes Angebot. Die Erfahrungen aus der Wirtschaft zeigen zudem, dass Nutzer eine hohe Anspruchshaltung gegenüber der Verfügbarkeit von (Informations-)Angeboten haben. Freie Softwaredownloads, Tauschbörsen und kostenlose Info-Foren haben dazu beigetragen, dass das Internet als ein „Umsonst-Medium" wahrgenommen wird. Der Ursprung des Internets als Netzwerk der unentgeltlichen gegenseitigen Hilfe und der freien Angebote tat ein Weiteres zu dieser Erwartungshaltung.

Um den sich daraus ergebenden Anforderungen an die Inhalte einer Website gerecht zu werden und um zudem jede einzelne Kommunikationsphase im Fundraising zu unterstützen, muss eine Fundraising-Website daher folgende Kriterien erfüllen:

- relevante und aktuelle Inhalte
- gut verständliche, kurze Texte

- aussagekräftige Headlines
- einfache Bedienbarkeit
- Führen des Nutzers durch Schwerpunktsetzung
- Bereitstellung von Dialogoptionen (Kontakt, Bestellformulare, Newsletter-Abo, Gewinnformulare, Spendenformulare, Log-in-Bereiche)
- Gegenwert für Bestellungen/Kontaktaufnahme (Gewinnmöglichkeit, exklusive Informationen)
- Emotionen wecken
- Barrierefreiheit (blinden- und behindertengerechte Programmierung)

Doch Achtung! Galt mit Blick auf den oben aufgeführten Kriterienkatalog in den 1990er-Jahren noch die Maxime: Je mehr aktuelle Informationen und je mehr Online-Angebote, desto besser, so hat sich schnell der Nachteil einer solchen allgemeinen Checkliste manifestiert. Die Internetauftritte der Organisationen glichen sich immer weiter aneinander an, eine Differenzierung war kaum noch möglich. Die Gefahr der Online-Kommunikation wurde hier schnell sichtbar: Austauschbarkeit.

Bei einigen Trendsetter-Organisationen ist heute deshalb eine Rückkehr zur klaren Darstellung der Kernkompetenzen zu beobachten. Die Einstiegsseiten führen den Nutzer auf ein Leitthema und in den Auftritt hinein, ohne ihn durch zu viele Informationshäppchen im Stil von News-Sites abzulenken. Eine ausgewogene Mischung zwischen einem bewährten Direktmarketing-Ansatz des Fundraisings und den spezifischen Anforderungen an die Online-Kommunikation zu finden, bleibt die tägliche Herausforderung, der sich eine NPO und ihre Dienstleister stellen müssen.

## 5.2.2.2 Website-Technologien

Um die *Websitepflege* durch die eigene Organisation zu ermöglichen und eine laufende Aktualität der Inhalte unabhängig von externen Dienstleistern zu gewährleisten, haben sich Content Management Systeme (CMS) als Standard etabliert. Ein CMS (auch: Redaktionssystem) ermöglicht es, Inhalte von Websites ohne Programmierkenntnisse zu pflegen und zu archivieren. Eine kurze Schulung reicht oftmals aus, um die Grundfunktionen eines solchen CMS zu nutzen. Neben kommerziellen Systemen setzen sich immer mehr so genannte Open-Source-Lösungen durch – lizenzkostenfreie Programme, deren Quellcode modifizierbar ist und somit nicht an einen Anbieter bindet. Diese Programme werden von einer wachsenden Programmierer-Community ständig weiterentwickelt und haben eine hohe Leistungsfähigkeit erreicht.

Die Preise für das *Hosting* von Internetauftritten sind in den vergangenen zehn Jahren drastisch gefallen, sodass Internetauftritte mit grundlegenden Dialogfunktionen nur noch marginale laufende technische Kosten verursachen. Aus Kostengründen ist zumeist ein so genanntes „shared hosting" ausreichend. Das heißt, bei einem Provider laufen auf einem physikalischen Host unterschiedliche Web-Auftritte. Die teurere

Variante ist das Anmieten bzw. der Kauf eines vollständigen Hosts, das so genannte „Serverhousing". Hierfür wird ein dedizierter Server genutzt.

Bei der Auswahl eines Providers ist auf die Erreichbarkeit des Supports zu achten sowie auf die garantierte Verfügbarkeit (mindestens 99,5 Prozent – das sind immerhin zwei gestattete Ausfalltage im Jahr). Auch die Geschwindigkeit des Servers und das freie Transfervolumen spielen eine zentrale Rolle bei der Entscheidung. Zudem sollte durch den Provider eine tägliche Datensicherung durchgeführt werden.

Um die Website als Transaktionsinstrument für Spender zu nutzen, ist die *Verschlüsselung* der zu übertragenden Daten zu empfehlen. Insbesondere die Erfassung von Kreditkartendaten macht eine Absicherung der Transaktion notwendig. Üblich ist derzeit eine Verschlüsselung von 128 Bit. Ein entsprechender Softwareschlüssel muss bei Anbietern wie Thawte oder Deutsche Post Signtrust erworben und zumeist jährlich verlängert werden. Die Informationen des Schlüssels müssen die Organisation als Eigentümerin ausweisen. Einzusehen sind diese Informationen für den Nutzer über einen Klick auf das Schlüsselsymbol im Browser.

Ebenso wichtig wie die Verschlüsselung der Kommunikation zwischen Spender und Server ist die Verschlüsselung der Daten, die im Anschluss vom Server zur Organisation gesendet werden. Oftmals geschieht dies per unverschlüsselter E-Mail an die Buchhaltung der Organisation. Damit wandern die Daten wieder ungeschützt durch das Internet, die SSL-Verschlüsselung der Website wird zum reinen Make-up.

Eine *Spendenfunktionalität* sollte neben der Verschlüsselung auch eine mit den eingegebenen Daten der Spender individualisierte Dankesseite beinhalten, die eine erfolgreiche Transaktion abschließend bestätigt. Zudem hat sich eine umgehende Transaktionsbestätigung per E-Mail als vorteilhaft erwiesen.

Alternativ zu einem selbst gestalteten Spendenprozess lassen sich auch Dienste von Drittanbietern wie der Evangelischen Kreditgenossenschaft eG oder der Bank für Sozialwirtschaft integrieren. Entscheidungsrelevant ist hierbei vor allem die Grundsatzfrage, ob der Transaktionsprozess ausschließlich über die eigene Website geführt oder ob der Nutzer hierfür auch zu Drittanbietern umgeleitet werden darf.

Eine Herausforderung an die Organisationen stellt die Schaffung einer *Schnittstelle* zwischen der über die Website eingehenden Daten und der hauseigenen Fundraising-, Buchhaltungs- oder Kommunikationssoftware dar. Aufgrund der unterschiedlichen Anforderungen an die Datenformate sind hier zumeist individuelle Lösungen nötig. Online-Kommunikationsprozesse vollständig abzubilden, wird die Herausforderung künftiger Fundraising-Software sein.

Einige Organisationen wie der Hermann-Gmeiner-Fonds Deutschland e. V. experimentieren hier bereits mit integrierten Systemen, so genannten Customer-Relationship-Management-Lösungen (CRM; siehe 3.3.4). Sie sorgen neben einer Abbildung und Integration von Kommunikationsprozessen auch für eine Individualisierung der Kommunikation mit den Nutzern. Diese können beispielsweise ihre Nutzerdaten und Vorlieben hinterlegen und erhalten dann beim nächsten Besuch auf der Website ein entsprechend individualisiertes Angebot.

## 5.2.2.3 Erfolgskontrolle der Website als Kommunikationsmedium

Online-Kommunikation ist durch eine permanente Modifizierung und Optimierung charakterisiert. Im Gegensatz zu Printmedien ist eine Änderung von Inhalten jederzeit und global durchführbar. Anlass zu solchen Modifikationen sind neben technischen Weiterentwicklungen zum einen terminliche Notwendigkeiten und zum anderen Reaktionen aus der Zielgruppe selbst.

Im Web lassen sich solche Reaktionen präzise dokumentieren und zeitnah auswerten. Das Nutzerverhalten auf einer Website lässt sich aufgrund der Serverprotokolle, so genannter Logfiles, abbilden. Durch spezielle Programme (Logfile-Analyzer) können diese technischen Protokolle ausgewertet werden und ermöglichen aussagekräftige Rückschlüsse zum Verhalten der Nutzer auf den eigenen Seiten. Die wichtigsten Messgrößen[3] sind: die Zahl der Nutzer (Unique Users) pro Zeiteinheit, die Zahl der Besuche (Visits) pro Zeiteinheit, die am häufigsten aufgerufenen Seiten (Page-Impressions) pro Zeiteinheit, die häufigsten Einstiegsseiten und auf die eigene Website verweisende Seiten im Internet (Referer).

Ebenfalls messbar sind die Pfade, auf denen Nutzer durch die Seiten klicken. Sie beantworten Fragen wie: Was tut der Nutzer, nachdem er auf der Spendenseite war? Welche Seiten führen den Nutzer am häufigsten auf das Spendenformular? Bei welchen Seiten bricht der Nutzer seinen Besuch ab? Sogar der Schritt auf die Website kann zum Teil nachvollzogen werden: Woher sind die Besucher auf meine Seite gekommen? Noch mehr Aussagen sind beim Einsatz von Cookie-Technologie möglich. Diese können beispielsweise zur Zuordnung mehrerer Besuche zu ein und demselben Nutzer führen. Werden die so erhobenen Zahlen miteinander korreliert und inhaltlich im Rahmen eines Reportings in Verbindung gebracht, lassen sich zahlreiche Schlüsse für die Optimierung der gesamten Kette der Online-Kommunikation ziehen – von der Gestaltung der Einstiegsseite und der Auswahl darzustellender Projekte bis hin zur zielgruppengerechten Sprache.

## 5.2.3 E-Mail

### 5.2.3.1 E-Mail als individualisierbares Massenkommunikationsmittel

E-Mail gehört zum meistgenutzten Online-Kommunikationsinstrument und funktioniert auf Basis einer asynchronen Eins-zu-eins-Kommunikation zwischen Sender und Empfänger. Kommunikation über elektronische Post verläuft meist informeller, auch und in Bezug auf Hierarchien kontextärmer als konventionelle Kommunikation. Das Medium E-Mail kann in Bezug auf Nähe unmittelbar nach der persönlichen und der telefonischen Kommunikation positioniert werden und steht damit noch vor dem Brief und gedruckten Veröffentlichungen.

Das elektronische Senden und Empfangen von Text ermöglicht eine einfache Multiplizierbarkeit im Sinne einer mehrfachen Versendung einer Nachricht ohne Mehrkosten für den Sender. Dies macht sie zu einem einfachen, netzwerkfähigen Instrument für weitergehende Dienste wie z. B. Diskussionslisten oder elektronische Versandlisten. Neben der persönlichen Kommunikation zwischen zwei Menschen ist in solchen Listen auch eine Eins-zu-viele-Kommunikation möglich.

Im Bereich von NPOs dient der Kommunikationskanal E-Mail in der Regel der Vertiefung der Beziehung zwischen Nutzer und Organisation. Bei Erhalt einer E-Mail von einer Organisation ist der Nutzer üblicherweise schon zuvor mit der Organisation – z. B. über deren Website – in Kontakt getreten. Der Nutzer hat der Organisation über eine Kommunikationsoption auf der Website die eigene E-Mail-Adresse zur Verfügung gestellt und in den Erhalt spezifischer Informationen per E-Mail eingewilligt.

Der Versand einer E-Mail erfolgt als HTML (formatiert und gestaltet) oder reiner Text. Um das Corporate Design der Organisation zu kommunizieren und gleichzeitig eine technisch einwandfreie Funktion der E-Mail beim Empfänger zu gewährleisten, wird der Versand im Multipart-Format empfohlen: Wenn der Empfänger kein HTML ansehen kann, wird automatisch eine Textversion der Mail dargestellt.

Um eine E-Mail-Liste technisch aufzubauen, empfiehlt sich die Beauftragung von spezialisierten Anbietern, die spamsichere Server, feste IP-Adresse, Black- und White-Lists sowie Bounce-Handling (Rückläufer-Management) anbieten.

Für die inhaltliche und technische Gestaltung einer E-Mail bzw. eines regelmäßigen Newsletters sind folgende drei Merkmale zwingend erforderlich:

*Absender:* Die Organisation muss als Absender klar erkennbar sein. Der Leser soll sofort erkennen, wer ihm eine E-Mail schickt.

*Abbestellmöglichkeit:* Mit dem Klick auf einen Link am Ende der Mail muss sich der Nutzer austragen können.

*Impressum:* Es gilt wie bei Publikationen die Kennzeichnungspflicht mit allen Kontaktdaten.

Um möglichst breite Reaktion bei den Empfängern hervorzurufen (Response), sollten zudem folgende drei Kriterien erfüllt sein:

*Persönliche Anrede:* Aus dem Direktmarketing ist bekannt: Leser wollen mit Namen angesprochen werden.

*Betreff:* Die Betreffzeile muss aktuelle Information enthalten und soll verraten, warum es lohnt, gerade diesen Newsletter zu öffnen.

*Hinweis auf Aufnahme in Adressbuch:* Um die Spamfilter der E-Mail-Programme auch künftig zu umgehen, sollte jede E-Mail auch die Aufforderung enthalten, den Absender des Newsletters ins eigene Adressbuch aufzunehmen.

E-Mail-Marketing fängt jedoch nicht erst mit dem Versand einer E-Mail an, sondern bereits bei der Akquisition der Kontaktadresse auf der Website.

Der wichtigste Grund, einen Interessenten zu einem E-Mail-Abonnement zu bewegen, ist ein Nutzenversprechen der Organisation, z. B. exklusive Informationen oder preiswerte Vorteile. Zudem sollte einem potenziellen Abonnenten klar sein, in welchen Abständen er künftig E-Mail-Nachrichten erhalten wird.

Grundlegende Elemente, die die Anmeldeseite auf der Website darüber hinaus enthalten muss, sind:

– die Abfrage von Anrede und Nachname (zur späteren Personalisierung),
– der Hinweis auf Datenschutzbestimmungen der Organisation (Was geschieht mit der Adresse?),
– der Hinweis auf einfache Abbestellmöglichkeit des Newsletters zu jeder Zeit.

Insbesondere die letzten beiden Punkte dienen dazu, dem Nutzer die Bedenken gegenüber der Preisgabe seiner Daten zu nehmen.

Um Eingabefehler zu vermeiden, ist es zudem empfehlenswert, einen Plausibilitäts-Check der Daten in den Pflichtfeldern vorzunehmen: Bei einer grundlegend falsch eingetragenen E-Mail-Adresse macht die Website den Interessenten auf den Fehler aufmerksam.

Das Eintragen in den E-Mail-Verteiler einer Organisation sollte über einen Double Opt-in erfolgen. Das heißt, ein Interessent, der sich über die Website in einen Verteiler aufnehmen lässt, muss seine Eintragung ein zweites Mal per E-Mail bestätigen, um zukünftig Nachrichten zu erhalten. Dieses Vorgehen verhindert einen Missbrauch und gilt als der derzeit seriöseste Weg, einen E-Mail-Verteiler aufzubauen. Eine schlechtere Alternative ist ein einfacher Opt-in ohne erneute Bestätigung.

Eine Frage, die sich jede Fundraising betreibende Organisation stellt, ist die nach dem Anmieten von E-Mail-Daten (Kaltadressen) in Ergänzung zur mühsamen Akquisition von E-Mail-Adressen über die eigene Website (siehe 6.4). Im Gegensatz zur Print-Welt, in der dieses Vorgehen zum Instrument jedes Fundraisers gehört und vom Konsumenten toleriert wird, stößt der Erhalt einer unerwünschten E-Mail auf stark negative Reaktionen. Ein Image-Schaden einer auf Glaubwürdigkeit bedachten Organisation kann schnell die Folge sein.

Organisationen wie UNICEF haben hier bereits erste Erfahrungen gesammelt. Lediglich bei Emergency-Appellen scheint die Nutzung von E-Mail-Adressen, deren Besitzer grundsätzlich der Weitergabe der Adresse zugestimmt hatten (und nur solche sind legal), akzeptiert zu sein. Und das vermutlich nur bei einer Organisation, deren Name einen hohen Bekanntheitsgrad besitzt.

Neben diesen grundsätzlichen Erwägungen für oder gegen den Einsatz von Kalt-E-Mails entscheiden schließlich auch die Kampagnenziele über den Einsatz. Es gilt:

– Bei Kaltadresse ist E-Mail ein Appell-Medium im Erstkontakt.
– Bei Warmadressen ist E-Mail Kommunikationsmedium zum Beziehungsaufbau.

Die folgende Tabelle soll bei einer besseren Beurteilung helfen:

Tabelle 1: Entscheidungsmatrix Make-or-Buy

|  | **Warm-E-Mail (Akquise)** | **Kalt-E-Mail (Miete)** |
|---|---|---|
| Akquisitionsgeschwindigkeit | (−) niedrig | (+) hoch |
| Imagerisiko – Ablehnung | (+) niedrig | (−) hoch |
| Rechtssicherheit | (+) hoch | (−) niedrig |
| Akquisitionskosten/Adresse | (−) hoch | (+) niedrig |
| Reaktionswahrscheinlichkeit | (+) hoch | (−) niedrig |

## 5.2.3.2 Erfolgskontrolle der E-Mail als Kommunikationsmedium

Ähnlich wie bei Websites lassen sich bei entsprechend konfigurierten E-Mail-Servern die Reaktionen der Empfänger auf eine E-Mail messen. So gibt die Zahl der Klicks auf einen mitgelieferten Link Auskunft über das Interesse der Zielgruppe an einem bestimmten Thema. Diese Links bilden zumeist den Abschluss zu einem im E-Mailing angerissenen Thema und laden zur weiteren Information oder Interaktion auf der Website ein. Erfahrungswerte lassen eine durchschnittliche Klickrate von fünf Prozent erwarten. Bei sehr gut laufenden Kampagnen und attraktiven Themen können es schon einmal bis zu 20 Prozent sein.

Nach einem ähnlichen Prinzip funktioniert die Messung der Öffnungsraten nach einem Versand. Allerdings bleibt hier die Zahl nicht voll aussagekräftig, da nicht alle geöffneten Mails technisch bedingt gemessen werden können. Die Zuordnung von Reaktionen (Klicks auf mitgelieferte Links) zu einzelnen Empfängern ist technisch ebenfalls möglich, sie darf rechtlich jedoch nicht vorgenommen werden.

## 5.2.3.3 Zukünftige Herausforderungen der E-Mail als Kommunikationsmedium

Die Zukunft der Online-Kommunikation hält auch mit Blick auf die E-Mail-Kommunikation zahlreiche Herausforderungen parat. So findet nicht nur Personalisierung, sondern zunehmend auch eine Individualisierung der Inhalte bezogen auf stark differenzierte Empfängergruppen statt. Je nach Empfängerprofil können z. B. unterschiedliche Textblöcke (und somit Inhalte) automatisiert versandt werden.

Noch mehr als bei der Print-Kommunikation müssen die Organisationen die sich permanent ändernden rechtlichen Rahmenbedingungen beobachten. Es existieren unterschiedliche Rechtsurteile zum Thema E-Mail-Marketing sowie – je nach politischer Lage – eine permanente Modifizierung des Gesetzes gegen unlauteren Wettbewerb (UWG; siehe 7.3).

Angesichts der E-Mail-Flut und der unzähligen Spam-Mails, denen sich die Nutzer zunehmend ausgeliefert sehen, sind sie gegenüber E-Mail-Kommunikation sensibilisiert und misstrauisch geworden. Die Hürde „Spam-Filter" wächst. Auf der anderen Seite sinken für Organisationen und Privatpersonen die psychologische und die finanzielle Hemmschwelle, eine E-Mail-Nachricht zu versenden, was zu einem weiter zunehmenden Kampf um die Beachtung im E-Mail-Postfach des Empfängers führen wird.

Ganz unabhängig von technischer und rechtlicher Entwicklung auf diesem Gebiet gelten für die Inhalte der E-Mail-Kommunikation indes auch weiterhin die Standards, die sich über Jahrzehnte bei der Print-Kommunikation bewährt haben: Dialogorientierung, regelmäßige Kommunikation, ein spannender, „sprechender" Text und attraktive Projekte und – per E-Mail noch besser als mit klassischen Mailings zu realisieren – funktionierende Response-Kanäle für den (potenziellen) Spender.

# 5.2.4 Bewerbung der Online-Kommunikation

Während die meisten NPOs seit Existenz des kommerziellen Internets bereits umfangreiche Erfahrungen mit ihren Websites sammeln konnten und auch schon mehrere Relaunches hinter sich haben, befindet sich die Branche bis auf wenige große Organisationen bei der Bewerbung ihrer (Online-)Kommunikation noch in den Kinderschuhen. Dabei existieren zahlreiche bewährte Möglichkeiten, über das Internet neue Nutzer auf die eigene Website aufmerksam zu machen. Ziel der NPOs ist es dabei stets, die Präsenz der eigenen Marke zu erhöhen sowie Verlinkungen auf die eigene Website zu erhalten.

## 5.2.4.1 Partnerschaften

Partnerschaften sind mit online agierenden Unternehmen ebenso möglich wie mit befreundeten Organisationen. Je nach inhaltlicher Ausrichtung können Online-Kooperationen mit Web-Unternehmen zu einer deutlichen Erweiterung des Zuwenderkreises führen. Auch die Positionierung der eigenen Website in den Intranets großer Konzerne hat bereits bei einigen Organisationen zu deutlichen Erfolgen, beispielsweise bei der Generierung von Patenschaften, geführt.

Eine weitere Zielgruppe für virtuelle Partnerschaften sind befreundete Einrichtungen, die eine eigene Web-Präsenz besitzen und der Spenden sammelnden Organisation nahe stehen. Hier werden zumeist redaktionelle Links oder Werbebanner kostenlos von den Webmastern positioniert.

## 5.2.4.2 Online-Pressearbeit

Print-Redaktionen und Online-Redaktionen des gleichen Mediums arbeiten meist getrennt voneinander. Es ist daher sinnvoll, neben dem bestehenden „klassischen" Presseverteiler auch einen für Online-Publikationen aufzubauen. Neben dem aus der PR bekannten Ziel einer Berichterstattung über die Arbeit der eigenen Organisation steht hier eine Verlinkung aus einem redaktionellen Beitrag auf eine (Kampagnen-)Seite der Organisation auf dem Wunschzettel gegenüber den Redaktionen. Und ebenso wie bei der konventionellen Pressearbeit muss die Organisation dem Redakteur einen guten inhaltlichen Grund dafür liefern, seine Leser auf die Informationen oder Leistungen der Organisation hinzuweisen: exklusive Hintergrundinformationen oder eine komfortable Service-Seite für das Online-Spenden.

## 5.2.4.3 Bannerwerbung

Banner im Internet sind das digitale Äquivalent zu Print-Anzeigen – mit dem Vorteil, dass sie, auf Websites positioniert, bewegte, „animierte" Bilder und Text darstellen können und den Leser nach einem Klick auf das Banner direkt auf die Kampagnenseite führen. Zum Standard gehören Banner in Form animierter Gifs. Immer mehr setzen sich auch Flash-Banner durch. Diese bieten noch mehr Möglichkeiten, bewegte Bilder und ganze Filme darzustellen. Derzeit existiert neben rund acht Standardformaten eine große Zahl weiterer Formate und Platzierungsvarianten. Während die klassischen Banner oben, rechts und gelegentlich auch am unteren Ende einer Website positioniert werden, legen sich so genannte Layer-Ads oder Pop-ups vollständig über den redaktionellen Inhalt.

Der Preis von Bannerschaltungen wird in TKP gemessen. Der „Tausender Kontakt Preis" liegt je nach Medium zwischen 15 und 25 Euro. Gegenüber NPOs sind die Media-Abteilungen oftmals bereit, einen geringeren TKP zu berechnen und gelegentlich auch eine Pro-bono-Schaltung vorzunehmen. In Deutschland existieren derzeit über 3.000 relevante Online-Medien und Portale, bei denen Bannerschaltung möglich ist.

Um Banner-Kampagnen erfolgreich zu gestalten, ist die Einrichtung einer speziellen Kampagnen-Site oder zumindest einer Landing-Page zu empfehlen. Auf dieser wird das Versprechen, das im Banner kommuniziert wurde, aufgegriffen und mit den Inhalten der „Mutter-Site" verknüpft. Je nach Kampagnenziel enthält diese Landing-Page Informationen zur beworbenen Kampagne, Spenden-Button oder eine andere Dialog-Option.

Das Ziel einer Banner-Kampagne sollte neben dem Klick auf die Banner auch die Verbesserung des eigenen Images sowie die Erhöhung der Markenbekanntheit der Organisation sein. Angesichts sinkender Klickraten müssen Banner bereits durch das flüchtige Betrachten eine Wirkung auf den Nutzer ausüben.

# 5.2.4.4 Suchmaschinen-Optimierung

Eine effizientere, wenngleich nicht unbedingt effektivere Art der Werbung im Internet ist auch ohne Werbebudget zu haben: die Optimierung der eigenen Website, um bei Suchmaschinen unter den ersten zehn, zumindest aber unter den ersten zwanzig Platzierten zu landen. Da Suchmaschinen wie Google dabei sind, sämtliche (Fach-)Verzeichnisse und persönlichen Archive aus unserem Leben zu verdrängen, gilt umso mehr: Wer hier nicht unter den Top 20 vertreten ist, existiert für die Mehrheit der Internetnutzer nicht.

Eine Website sollte bereits bei ihrer Erstellung suchmaschinengerecht gestaltet werden: Relevante Texte und Headlines, in denen wichtige Schlüsselbegriffe enthalten sind, stellen den Kern hierfür dar. Weitere Kriterien befinden sich im ständigen Wandel. Die genauen Bewertungs-Algorithmen werden permanent von den Suchmaschinen geändert und geheim gehalten. Eines der wichtigsten Kriterien für eine gute Bewertung bei Suchmaschinen ist jedoch unbestritten die Verlinkung durch andere als wichtig eingeordnete Seiten. Wenn diese auf die Organisations-Site verweisen, gilt sie in der Bewertungslogik der Suchmaschinen als inhaltlich relevant. Um eine solche Verknüpfung zu erreichen, greift wiederum die Online-Pressearbeit (vgl. 5.2.4.2).

Doch so gut die Positionierung der eigenen Website auch sein mag, es können immer nur eine Hand voll Begriffe sein, nach deren Eingabe in einer Suchmaschine die eigene Site als erste gelistet wird. Aber allein ein einmaliger Katastrophenfall, wie die Flutwelle in Südasien Ende 2004, steht mit rund 2.000 Schlüsselbegriffen und Wortkombinationen in Verbindung. Durch Suchmaschinen-Optimierung und Pressearbeit alleine ist diese Herausforderung nicht in den Griff zu bekommen.

# 5.2.4.5 Suchmaschinen-Marketing

Die derzeit effizienteste Art, die eigenen Themen bei der passenden Zielgruppe im Internet zu positionieren, ist die Schaltung von kostenpflichtigen Textanzeigen und dazugehörigen Suchbegriffen in den großen Suchmaschinen und Web-Verzeichnissen. Diese Form der Suchmaschinen-Bestückung ergänzt die Maßnahmen zur Suchmaschinen-Optimierung (vgl. 5.2.4.4). Sie kann zum Teil innerhalb von wenigen Minuten webweit positioniert werden und somit genauso schnell auf die aktuelle Nachrichtenlage reagieren wie die Internetnutzer. So ist zu beobachten, dass nur wenige Minuten nach einem Fachbeitrag im Fernsehen die Suchaufträge in den Suchmaschinen zu eben diesem Thema zunehmen. Der Informationsbedarf der Menschen ist groß, wer etwas Wertvolles beizutragen hat, wird gehört.

Positioniert werden die Ergebnisse, die nach Eingabe eines Suchbegriffes erscheinen, in einem als „Sponsored Links" markierten Bereich der Suchergebnisse. Sie sind gegenüber den „echten" Ergebnissen zumeist deutlich hervorgehoben.

Gegenwärtig existieren drei Anbieter für eine so genannte Ad-Word-Positionierung, in Kürze wird ein vierter Anbieter, Microsoft, auf dem Spielfeld erscheinen. Die Anzeigen der Inserenten werden in den bekannten Suchmaschinen, aber auch in redaktionellen Umfeldern ausgespielt, wenn dort die Leser nach einem spezifischen Begriff suchen.

Aufgrund unterschiedlicher Kooperationen der Anbieter kann ein Inserent nicht nur eine webweite Präsenz in allen relevanten Suchmaschinen und Verzeichnissen gewährleisten (Google und Yahoo alleine haben einen Marktanteil von rund 90 Prozent aller Suchaufträge), sondern in nahezu allen redaktionellen Suchoptionen im Web.

Das Attraktive für Inserenten bei einer Ad-Word-Kampagne ist die Preisgestaltung. Anders als z. B. bei Banner-Kampagnen üblich, wird hier Pay per Click (PPC) praktiziert. Das heißt, nicht der Anzeigenkontakt (Impression) bestimmt die Kosten einer Kampagne, sondern ausschließlich die Anzahl der erfolgten Klicks. Wenn eine Anzeige 1.000-mal ausgespielt wird, aber niemand klickt, kostet sie den Inserenten keinen Cent Werbebudget. Bei Bannern ist beispielsweise – klickunabhängig – der festgelegte TKP fällig (vgl. 5.2.4.3).

Der Preis pro Klick ist abhängig von dem, was die Konkurrenz tut. Gibt es viele Bieter für einen Suchbegriff, so steigt der Preis. Je mehr geboten wird, desto höher wird die Suchanzeige positioniert. Es gilt das Auktionssystem nach eBay-Vorbild. Die eigene Position kann sich dabei minütlich ändern. Nach oben hin sind keine Grenzen gesetzt. Während die meisten Begriffe für 0,15 bis 1 Euro bei einer vorderen Positionierung zu haben sind, bringt das am heißesten umkämpfte Wort im deutschsprachigen Web („Datenrettung") den Suchmaschinen-Betreibern zehn Euro pro Klick.

Vier Schritte haben sich bei der Entwicklung einer Ad-Word-Kampagne bewährt:

(1) Definition der Zielgruppen

Je spezifischer anvisierte Zielgruppen sind, desto besser sind sie auch über die Anzeigen zu erreichen. Für eine Ad-Word-Kampagne reicht die klassische Definition in Alter, Geschlecht und Kaufkraft nicht aus. Vielmehr sollte hier die Frage beantwortet werden: Woher kommt meine Zielgruppe und was möchte sie? Dabei ist es üblich, für eine Hauptzielgruppe eine ganze Reihe unterschiedlicher Untergruppen zu entwickeln. Je mehr spezifische Untergruppen definiert werden, desto erfolgversprechender werden die Kampagnen.

Beispiel Hauptzielgruppe: – spendenwillige Menschen im Katastrophenfall Erdbeben.

Beispiel Untergruppen: – Nachrichtenseher; – Wissenschaftler (an Hintergründen zum Thema Erdbeben interessiert); – Reisefreudige, die eine Stadt im betroffenen Land kennen.

(2) Entwicklung der Anzeigentexte

Die Untergruppen bilden die Grundlage für die im nächsten Schritt zu entwickelnden Anzeigentexte. Für die Anzeigentexte stehen je nach Anbieter inklusive Überschrift drei oder mehr Zeilen mit begrenzter Zeichenzahl zur Verfügung. Inhaltlich sollte der Anzeigentext ein Bedürfnis oder ein Interessengebiet der Unterzielgruppe aufgreifen und gleichzeitig auf das beworbene Thema hinführen.

Beispiel Anzeigentext: -> Erdbeben in Thailand. Helfen Sie den Überlebenden in Phuket mit Ihrer Spende. www.meineorganisation.de

(3) Entwicklung der zugehörigen Suchbegriffe

Je differenzierter die Unterzielgruppen und die einzelnen Anzeigentexte, desto weniger Suchbegriffe können auch nur pro Anzeige definiert werden. Dadurch ist gleichzeitig gewährleistet, dass die Anzeige nur dann aufgerufen wird, wenn sich tatsächlich die vermutete Zielgruppe für einen Suchbegriff interessiert. Wichtig ist zu bedenken: Niemand, der nach Eingabe eines Suchbegriffes auf den Anzeigentext stößt, hatte vor, auf die Website der Organisation zu gehen. Der Anzeigentext muss also die Motivation des Nutzers antizipieren und diesen dann in drei Zeilen für den eigenen Schwerpunkt begeistern.

So ist beispielsweise zu beobachten, dass unmittelbar nach Erdbebenmeldungen in den Nachrichten die Zahl der eingegebenen wissenschaftlichen Suchbegriffe rund um die Geologie bei Suchmaschinen sprunghaft ansteigt, z. B. die der Suchbegriffe „Tektonische Platten" oder „Seismograf".

(4) Online-Stellen und Kontrolle

Je nach Anbieter kann das Online-Stellen der Anzeigen-Suchwort-Kombinationen wenige Minuten bis mehrere Tage dauern. Definiert werden Höchstgrenzen für die Klick-Kosten pro einzelnem Suchbegriff. Wichtig ist eine permanente Kontrolle der Performance sowie eine Abwägung der Qualität der durch einen einzelnen Begriff akquirierten Besucher: Wie viel ist mir ein einzelner Besucher wert? Nach einer Naturkatastrophe liegen beispielsweise Kombinationsbegriffe mit dem Wort „Spenden" an der oberen Preisskala, da davon auszugehen ist, dass jeder Nutzer, der „Spenden" nach einer Katastrophe eingibt, nach Möglichkeiten sucht, über das Internet eine Transaktion zugunsten der Opfer zu tätigen.

Es ist zudem möglich, die „Conversion Rate" zu messen, die Auskunft über die Zahl derjenigen gibt, die nach Aufruf eines bestimmten Begriffes in einer Suchmaschine und anschließendem Klick auf die Anzeige eine Transaktion auf der Organisations-Website ausführen.

Insgesamt gelten für das Suchmaschinen-Marketing die Maximen, die ohnehin das Credo sämtlicher netzbasierter Fundraising-Maßnahmen darstellen:

–  zeitnah handeln,
–  permanente Kontrolle der Performance,
–  Anpassung der Inhalte entsprechend tagesaktueller Themen in den Publikums- und Fachmedien.

## Anmerkungen

1 Vgl. zur Definition von Interaktivität: „Interaktivität meint die tendenziell weltweite Möglichkeit, dass jeder zugleich Empfänger und Sender von Informationen wird", in: Bühl, Achim:
Cybersociety – Mythos und Realität, Köln 1996, S. 49.

2 Vgl. (N)Onliner Atlas 2005, hrsg. von tns infratest; Download unter www.nonliner-atlas.de.

3 Für Details zu Messverfahren vgl. www.ivwonline.de/messverfahren/ti.php.

# 5.3 Mailings

*Annette Urban-Engels*

## 5.3.1 Das Mailing — auf den richtigen Mix kommt es an

Der gute alte – ewig junge – Spendenbrief steht in voller Blüte, trotz aller Zuwächse im Bereich des Online-Marketings. Das Mailing, wie der Spendenbrief heute meistens genannt wird, ist die schriftliche, adressierte Werbung per Post und das am häufigsten genutzte Direktwerbemittel im Fundraising. Bis heute werden 80 Prozent aller Spenden über Mailings generiert. Die Tatsache begründet sich in den spezifischen Vorteilen dieser Werbeform.

- Ein personalisiertes Mailing ist nach dem persönlichen Gespräch die direkteste Möglichkeit. mit einem (potenziellen) Spender in Kontakt zu treten und eine Reaktion auszulösen.
- Es können viele Menschen gleichzeitig und gezielt angesprochen werden.
- Der Erfolg einer Mailingaktion ist kurzfristig messbar.

Diese Vorteile, aber auch der wachsende finanzielle Druck bei vielen gemeinnützigen Einrichtungen führen dazu, dass Jahr für Jahr mehr Spendenbriefe an Millionen von Menschen versandt werden. Im Jahr 2003 wurden laut Gesellschaft für Konsumforschung (GfK) in Nürnberg ca. 2,9 Milliarden persönlich adressierte Werbesendungen an deutsche Haushalte versandt. Davon enthielten 257.853.000 Mailings Bitten um Spenden. Nicht selten führt die Briefflut in den Briefkästen zu einer Ermüdung in den Reaktionen. Immer häufiger werden Briefe nicht mehr geöffnet, sondern landen gleich im Papierkorb.

Der Erfolg einer Direkt-Mail-Aktion ist heute mehr denn je von folgenden Variablen bestimmt:

- die Vertrauenswürdigkeit der Organisation
- das überzeugende Projekt mit konkretem Spendenbedarf
- die Wahl der richtigen Adresse
- die zielgruppengerechte Ansprache
- der richtige Zeitpunkt
- eine gute Danksystematik

*Vertrauenswürdigkeit:* Die Vertrauenswürdigkeit, die Bekanntheit und Größe einer Organisation haben einen direkten Einfluss auf die Wahrnehmung und Wirkung eines

Mailings sowie auf die Spendenbereitschaft. Aber auch kleinere, häufig regional oder lokal verankerte Organisationen haben gute Chancen auf positive Reaktionen, wenn sie das Vertrauen durch hohe Zugänglichkeit und Transparenz ihrer Arbeit stärken.

*Konkrete Spendenvorschläge:* Je konkreter ein Projekt beschrieben wird, für das Spenden benötigt werden, desto einfacher kann ein potenzieller Spender von der Sinnhaftigkeit seiner Spende überzeugt werden. Je nach Zielgruppe sollten auch konkrete Spendensummen genannt werden. Für einen Spender ist es viel anschaulicher, wenn er weiß, was mit 10, 20 oder 100 Euro bewirkt werden kann. Darüber hinaus ist dies auch eine wirkungsvolle Methode, Spender zu höheren Spenden zu bewegen, also ein „Upgrading" zu erreichen. Wenn verschiedene Spendensummen einem konkreten Bedarf im Projekt zugeordnet werden, spricht man von einer „Shopping-Liste".

*Die richtige Adresse:* Die Adressen und der richtige Adresseinsatz sind die Haupterfolgsfaktoren jeder schriftlichen (Spenden-)Werbung. Hier gilt nach wie vor der alte Lehrsatz: „Ein schlecht gestaltetes Mailing an die richtige Adresse zu versenden ist erfolgreicher, als ein hervorragend gestaltetes Mailing an die falsche Adresse zu schicken." Die geschätzte Bedeutung der richtigen Adressauswahl für den Erfolg eines Mailings liegt nach Meinung verschiedener Experten des Direktmarketings bei ca. 50–60 Prozent. Die anderen 40–50 Prozent teilen sich die Spenderansprache, das Design und das Projekt.

Die besten Adressen für die schriftliche Bitte um Spenden sind immer die eigenen Spenderadressen. Je näher die letzte Spende liegt, desto höher die Wahrscheinlichkeit einer erneuten Spende. Bei Spenderinnen und Spendern, die in den letzten drei oder vier Jahren nicht mehr gespendet haben, sind die Responseraten erfahrungsgemäß deutlich niedriger.

Wenn es darum geht, neue Spender zu gewinnen, müssen fremde Adresspotenziale, so genannte Kaltadressen, beschafft und eingesetzt werden. Die Gewinnung von neuen Spendern birgt immer ein hohes Kosten-Nutzen-Risiko, denn die Responserate liegt in der Regel für viele Organisationen zwischen 0,5 und 1,0 Prozent. Neue Spenderinnen und Spender werden aber benötigt, um den Spenderbestand zu erhalten und gegebenenfalls aufzustocken.

Für den Erfolg eines Neuspender-Mailings ist daher die sorgfältige Auswahl der Fremdadressen ein unbedingtes Muss. Die Adressen werden von einem Adress- oder Listbroker für eine oder mehrere Aktionen zur Verfügung gestellt. Grundsätzlich können diese Adressen nur angemietet werden. Sie gehen nicht in den Besitz der gemeinnützigen Organisation über.

Bei den Fremdadressen unterscheidet man zwischen „Postkaufadressen", also Adressen von Menschen, die bei Versandhäusern, Verlagen oder anderen Versandfirmen bestellen, und „Adressen von Konsumentenumfragen". Diese Adressen werden durch jährlich durchgeführte Haushaltsumfragen gewonnen. Seriöse Anbieter haben das schriftliche Einverständnis der Kunden, ihre Adresse für andere Direktmarketingzwecke einsetzen zu dürfen.

Die Auswahlkriterien innerhalb der Adressbestände sind inzwischen vielfältig. So kann aus folgenden Segmenten eine Selektion frei aufgebaut werden:

- Sozio-Segmente (z. B. Alter, Geschlecht, Kaufkraft, Postkaufneigung, Spendenneigung usw.),
- Interessen- und Konsumschwerpunkte (z. B. Familie, Ökologie, Reisen, Garten usw.),
- Regionen (z. B. PLZ, Bundesland, Nielsen-Gebiete usw.).

Es gibt einige Auswahlkriterien, die alle gemeinnützigen Organisationen berücksichtigen sollten:

- Jemand, der schon einmal gespendet hat, hat in der Regel eine höhere Neigung, wieder zu spenden.
- Frauen entscheiden eher über Spenden als Männer.
- Spenderinnen und Spender sind meist gut situiert und haben eine höhere Bildung.
- Spender sind in der Regel älter als 50 Jahre.

Es empfiehlt sich, diese eher allgemein gültige Kriterienauswahl durch Kenntnisse über die eignen Spender – Spenderprofile – zu ergänzen. (Weiterführende Informationen zu Adressbeständen siehe 6.4, zu Spenderprofilen siehe 3.3.2.)

*Zielgruppengerechte Ansprache:* Die Gestaltung eines Mailings muss so gehalten sein, dass der Brief von dem Empfänger wahrgenommen und verstanden wird und zu einer beabsichtigten Reaktion, also einer Spende, führt. Beim Aufbau des Textes ist daher auf eine logische und verständliche Gliederung zu achten. Ein roter Faden muss erkennbar sein.

Darüber hinaus helfen einfache und klare Sätze. Sie erleichtern das Lesen und das Verstehen. Die in diesem Zusammenhang häufig erwähnte *KISS-Methode* („Keep It Short and Simple" oder auch „Keep It Simple and Stupid") bedeutet im Zusammenhang mit der Mailinggestaltung, dass nur kurze, aber prägnante Wörter verwendet werden sollten.

Einige Organisationen wenden auch die so genannte *RIC-Methode* (Readership Involvement Commitment) an. Sie zielt darauf ab, die Leserin oder den Leser zu einer aktiven und längeren Beschäftigung mit dem Mailing zu motivieren. In diesen Mailings finden sich Zugaben, die die Aufmerksamkeitsleistung und damit auch die Beschäftigungsdauer mit dem Mailing deutlich erhöhen. Solche Zusatzleistungen können sein: Adressaufkleber, Aufkleber für Notfallnummern, Kalender, Faltschachteln, Weihnachtsanhänger usw.

*Der richtige Zeitpunkt:* Spendenbriefe werden über das ganze Jahr versandt. Allerdings gibt es saisonale Unterschiede im Spendenverhalten, auf die die Spenden sammelnden Organisationen mit dem Zeitpunkt des Mailingversands reagieren.

Saisonale Schwerpunkte sind:

- Weihnachten (Versand in der Regel zwischen 1. November und 1. Dezember),
- Herbst (Versand ab 15. September bis 30. Oktober),
- Ostern (Versand mindestens zwei Wochen vor den Osterferien),

– Januar (Versand der Zuwendungsbestätigung in den ersten sechs Wochen des Jahres).

Um die Erfolgschancen zu wahren, ist eine Organisation gut beraten, sich an diese Termine für den Versand ihrer Mailings zu halten. Antizyklische Aussendungen sollten dennoch in Betracht gezogen werden, um:

– Meilensteine im Jahreslauf einer Organisation (Jubiläen oder andere themenbezogene Ergebnisse) zu berücksichtigen;
– Tests durchzuführen;
– das Spendenverhalten der eigenen Spender zu analysieren.

Allerdings muss bei solchen Aktionen auf ausreichenden finanziellen Spielraum geachtet werden.

*Danksystematik:* Mit jeder Mailingaktion sollte auch ein Dankbrief vorbereitet werden, der die Spenderin oder den Spender direkt nach dem Spendeneingang, spätestens jedoch nach drei bis vier Wochen erreicht.

Auch wenn es aggressiv aussieht: Dem Dankschreiben sollte ein Zahlschein beigelegt werden. Die Erfahrung hat gezeigt, dass Menschen häufig erneut eine Spende überweisen, wenn sie über den Dank eine Anerkennung ihres Engagements erfahren.

# 5.3.2 Die gestalterischen Erfolgsfaktoren eines Mailings

Das klassische Mail-Package bis 20 g besteht aus:

– Versandhülle
– Brief
– Beilagen: Prospekt als Verstärker der Botschaft, Stuffer/Flyer für Sonderinformationen
– Reaktionsmittel: Zahlschein, Antwortformular, Rückumschlag

Nach Vögele entscheidet ein 20 Sekunden dauernder Kurzdialog mit dem Spendenbrief darüber, ob er im Papierkorb landet oder ob es zur weiteren Beschäftigung mit dem Mailing und damit möglicherweise zu einer Spende kommt.

Die Signalwirkungen der einzelnen Package-Teile sind deshalb von großer Bedeutung, da sie als separate Gesprächsphasen betrachtet werden können:

– Versandhülle = Visitenkarte
– Brief = Kontaktstufe
– Beilagen = Präsentation des Projektes/des Anliegens
– Reaktionsmittel = Abschlussphase

Laut Murray Raphael kann der Anteil der einzelnen Elemente am Erfolg eines Mailings wie folgt eingestuft werden:

- Brief 65–75 Prozent
- Prospekt 15–25 Prozent
- Responseelement 10 Prozent

## 5.3.2.1 Die Versandhülle

Die Versandhülle ist der Türöffner für das schriftliche Gespräch. Laut Vögele beschäftigt sich die Empfängerin oder der Empfänger ca. drei Sekunden mit dem Briefumschlag. Dieser erste Kurzkontakt entscheidet darüber, ob der Brief geöffnet wird oder ob er im Papierkorb landet. Der Empfänger sucht dabei nach folgenden Antworten:

- Woher kommt das? Suche nach dem Absender.
- Ist das tatsächlich für mich? Überprüfung der Adresse.
- Was wollen die von mir? Was wird im Kuvert sein? – Neugierde.

Die Gestaltungselemente der Versandhülle, die Antworten auf diese Fragen geben, sind:

*Der Absender:* Die versendende Organisation sollte ihre Corporate Identity (CI) durch eine einheitliche Grundausstattung des Umschlags mit Abdruck des Organisationslogos, der Organisationsfarbe und der Adresse bei jedem Spendenbrief deutlich machen. Dies erhöht den Wiedererkennungswert und leistet einen Beitrag zur integrierten Kommunikation.

*Die Adresse:* Hier ist darauf zu achten, dass die Anschrift des Empfängers korrekt ist und nach Möglichkeit auch immer die Titel verwendet werden. Viele Menschen reagieren empfindlich, wenn sie in der Anschrift Fehler entdecken.

*Briefmarke/Entgeltvermerk:* Eine Briefmarke ist immer am persönlichsten, aber auch am zeitaufwendigsten und damit am teuersten. Für große Aussendungen ist es inzwischen Standard, so genannte Freistempler oder Entgeltvermerke zu nutzen.

*Der Teaser/Aufmacher:* Der Teaser, auch Aufmacher genannt, will aufmerksam machen und schon auf dem Umschlag den Inhalt des Briefes andeuten. Er will den Empfänger stärker in den Brief hineinziehen und vermeidet gleichzeitig falsche Erwartungen beim Leser. So sollte ein Spendenbrief nie wie ein privater Brief wirken. Ein Aufmacher kann ein Bild mit einer Unterzeile sein oder auch ein anderer wichtiger Hinweis, wie z. B. „Die Menschen in … brauchen Ihre Hilfe", „Spenden Sie für Menschen in Not" usw. Je nachdem, wie der Aufmacher gestaltet ist (farbig, schwarz-weiß usw.), entstehen zusätzliche Druckkosten, die im Budget berücksichtigt werden müssen.

*Die Vorausverfügung:* Die Vorausverfügung („Wenn unzustellbar/Empfänger verzogen, mit neuer Adresse zurück") ist bei der eigenen Hausliste ein unverzichtbares Muss, um den eigenen Adressbestand aktuell zu halten, denn nur so erfährt die Organisation, ob jemand verzogen oder verstorben ist, und kann entsprechend reagieren. Die Post verlangt für diese Dienstleistung inzwischen eine Gebühr (in 2005: 0,22 Euro pro Brief). Doch die Organisation spart Geld, weil sie Briefe nicht länger an nicht mehr existente Adressen versendet, und unterstützt gleichzeitig die Pflege der Adressdatenbank.

*Gestaltung:* Die Gestaltung der Briefhülle ist abhängig von der Zielgruppe und der Zielsetzung. Die Umschläge können farbig oder neutral aussehen. Fenster im Kuvert werden genutzt, um die Adresse des Empfängers sichtbar zu machen. Zusätzliche Fenster – oft auf der Rückseite der Briefhülle – werden eingesetzt, um einen Teil des Inhaltes zu zeigen und damit das Interesse zu stärken.

## 5.3.2.2 Der Brief

Ist die Briefhülle geöffnet, trägt der Brief entscheidend zum Erfolg einer Spendenbitte bei. Er ist traditionell die persönlichste Form der Kommunikation mit einer nicht anwesenden Empfängerin oder einem Empfänger. Die Spendenbitte sollte daher möglichst einem Originalbrief nahe kommen und nicht wie ein Massenmailing wirken.

Neben der Empfehlung, die Spendenbitte möglichst persönlich zu halten, gibt es inzwischen auch fundierte und generell gültige Kriterien für die Gestaltung von erfolgreichen Mailings. Hierzu haben insbesondere die Forschungen mit der Augenkamera beigetragen. Blickaufzeichnungskameras registrieren, wie Versuchspersonen vorgelegte Werbebriefe betrachten. Der Blickverlauf wird aufgezeichnet und ausgewertet.

Die Forschungsergebnisse zeigen: Kaum eine Leserin oder ein Leser liest einen Brief von Anfang bis zum Ende durch. Vielmehr sucht sie/er in einem ersten Schritt nach Antworten auf folgende Fragen:

- Wer schreibt mir?
- Was will der Absender von mir?
- Was bringt mir das Lesen des Briefes?
- Wer hat unterschrieben?
- Woher kennt der Absender mich bzw. woher kennt er meine Anschrift?

Auf der Suche nach den Antworten auf diese Fragen zeigen die Forschungsergebnisse bei fast allen Probanden eine s-förmige Lesekurve (siehe Abb. 1). Daraus lassen sich folgende Empfehlungen für die Gestaltung eines Briefes ableiten:

Briefkopf

Auf den Briefkopf rechts oben fällt der erste Blick der Leserin, des Lesers. Der Briefkopf der Organisation mit ihrem Logo und manchmal mit einem Foto gibt die Antwort auf die Frage: Wer schreibt mir? Auch die Angabe des Datums unter dem Briefkopf ist wichtig und sollte immer zeitnah sein.

Anschrift

Spendenbriefe sollten nach Möglichkeit immer personalisiert sein und die Empfängerin, den Empfänger namentlich ansprechen. Selbstverständlich muss die Ansprache
korrekt sein.

Überschrift / Headline / Johnson-Box

Eine Überschrift kann eingesetzt werden, um die Aufmerksamkeit und das Interesse
des Lesers zu verstärken. Der Blick wird an dieser Stelle kurz gestoppt. Statt der Überschrift kann an dieser Stelle auch ein besonders gestaltetes Merkfeld stehen, die so genannte Johnson-Box. In der Regel ist die Textpassage mit Linien umrandet (Box). Der
Kasten kann sich auch an der Stelle des Adressfeldes befinden, wenn nicht mit einer
Fensterhülle für das Adressfeld gearbeitet wird.

Persönliche Anrede

Falls eine persönliche Anrede nicht möglich ist, kann als zweitbeste Lösung auch eine
zielgruppenspezifische Formulierung verwendet werden, wie z. B. „Liebe Tierfreundin,
lieber Tierfreund".

Text

Beim Text sind die ersten Sätze wichtig. Sie sollten sofort zum Thema kommen, da lange
Einleitungen nicht akzeptiert werden.

Das Dramaturgie-Schema AIDA hat sich für viele Fundraiserinnen und Fundraiser als
gute Arbeitshilfe erwiesen:

A = Attention: Aufmerksamkeit wecken durch bildhafte Beschreibung.

I = Interest: Interesse am Spendenprojekt erzeugen, sinnvolle Lösungen aufzeigen.

D = Desire: Wunsch zur Hilfe entstehen lassen.

A = Action: Zum Abschluss des Briefes erfolgt der Anstoß zur Handlung.

Das Sprachniveau muss dabei der Zielgruppe angepasst und die Formulierung einfach
und verständlich sein. Texte wirken am stärken, wenn sie emotional aktivierend, aber
nicht übertrieben formuliert sind. Beim Texten kann es sehr hilfreich sein, sich zu erinnern, dass ein Dialog nur zwischen Menschen stattfindet. Das Schreiben eines Spendenbriefes fällt leichter, wenn man an einen wirklichen Menschen schreibt, statt an eine
Zielgruppe. Ein Dialog kann schließlich nicht mit einer Gruppe geführt werden.

Unterstreichung / Fettdruck

Der Leser soll durch den Text geführt werden. Dazu eignen sich Schlüsselworte, die das
Anliegen klar beschreiben. Damit der Leser an diesen Textstellen hängen bleibt und das
Anliegen wahrnimmt, sollten entsprechend Wörter oder Sätze unterstrichen oder fett
gedruckt werden. Solche Hervorhebungen sind allerdings sparsam einzusetzen.

## Unterschrift

Die persönliche Note des Briefes wird durch die Unterschrift verstärkt und darf also keinesfalls fehlen. Sie sollte in blauer Farbe gedruckt oder persönlich unterschrieben sein. Da Unterschriften oft unleserlich sind, sollte der Name darunter zusätzlich in Druckbuchstaben angegeben werden.

## Postskriptum

Fast alle Spendenbriefe enthalten ein PS. Und dies nicht ohne Grund. Studien haben gezeigt, dass das PS fast immer der erste vollständig gelesene Text eines Briefes ist. Dies bedeutet, das PS muss das Interesse wecken, dann wird der Empfänger auch dazu gebracht, den Brief vollständig zu lesen.

## Absätze

Absätze im Text dienen der Leseerleichterung. Aber jeder Absatz ist auch eine gefährliche Stelle, weil hier Leser verloren gehen können. Argumente sollten also über den Absatz in den nächsten leiten und nicht mit ihm abschließen.

## Typografie

Bei der Typografie kommt es insbesondere auf die Lesbarkeit des Textes an. Je älter die Zielgruppe, desto wichtiger ist ein klarer Seitenaufbau. Spielereien wie Negativschrift oder farbige Schriften können zwar den Blickverlauf beeinflussen, dennoch sind solche Texte für viele Menschen nur sehr schlecht lesbar. Am besten lesbar ist immer noch die Serifenschrift. Denn die Serifen (kleine Striche an den Füßen der Buchstaben) bilden eine Hilfs-Leselinie für die Augen. Die lesefreundlichste Schriftgröße ist 12 Punkt, aber auch 11 Punkt mit großen Absätzen lädt zum Lesen ein.

## Textlänge

Über die Länge eines Brieftextes gibt es unterschiedliche Auffassungen. Einerseits sollte er möglichst kurz sein, um wahrgenommen zu werden, andererseits ist eine gewisse Länge notwendig, um auf ein Anliegen aufmerksam zu machen und die Lösung eines Problems vorzustellen. Untersuchungen des Siegfried Vögele Instituts haben zudem gezeigt: Spendenbriefe führen bei den Empfängerinnen und Empfängern im Gegensatz zu reinen Werbebriefen zu einer hohen Lesebereitschaft. Drei bis vier Seiten lange Briefe werden aber von den meisten Lesern als deutlich zu lang eingestuft und nicht gelesen.

## Testimonial

Ein Testimonial kann eine prominente Persönlichkeit sein oder eine Person, die sich mit dem Anliegen der Organisation identifiziert und sich auch selbst dafür einsetzt. Äußert eine solche Person die Bitte um Unterstützung, kann dies die positive Reaktion der Empfänger verstärken. Wichtig sind in diesem Zusammenhang die Integrität der Person und die Glaubwürdigkeit ihrer Aussage.

Die Lesekurve

Die Lesekurve (Abb. 1) verdeutlicht den ersten Dialog mit dem Brief. Hier werden etwa zehn Fixationspunkte abgetastet, die darüber entscheiden, ob ein Brief gelesen wird oder nicht. Die Leserin oder der Leser sucht nach Antworten auf die unausgesprochenen Fragen. Fallen diese positiv aus, verstärken sie den Wunsch, weiterzulesen. Negative Signale führen zur Ablehnung. Im schlimmsten Fall wirft der Leser den Brief in den Papierkorb (siehe auch 6.6, wo die Text- und Bildgestaltung ausführlich beschrieben wird).

Abbildung 1: Lesekurve (nach Siegfried Vögele)

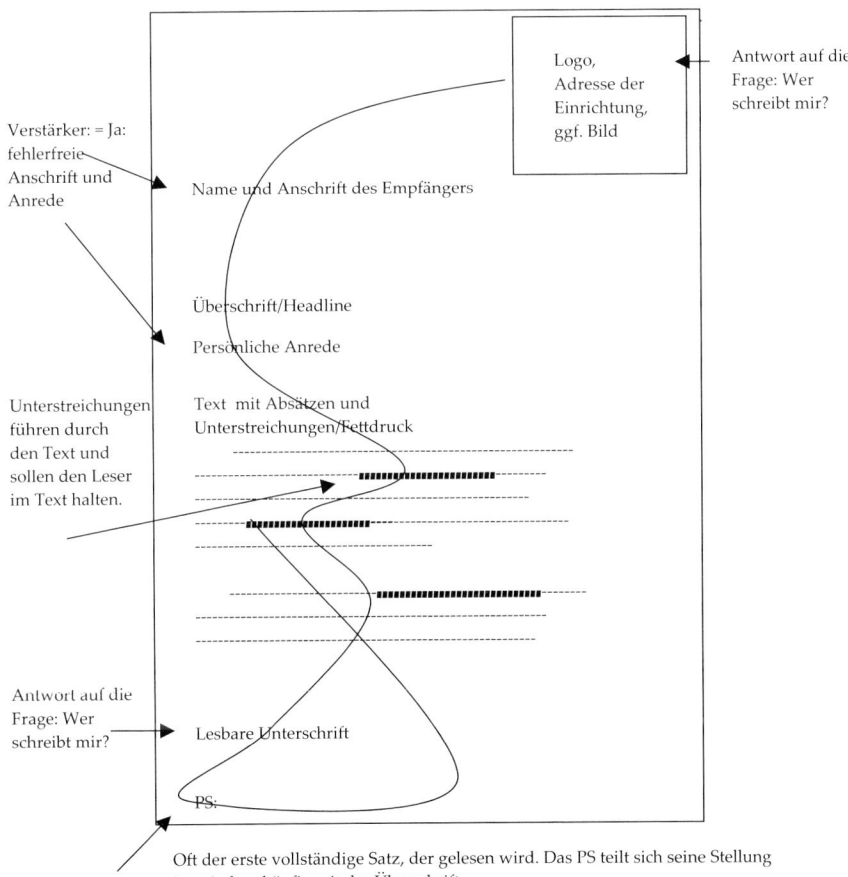

## 5.3.2.3 Die Beilage im Spendenbrief

Der Brief ist der persönlich gestaltete Dialog mit einem potenziellen Spender, allerdings gibt er keine ausführliche Information über das Projekt oder den Spendenzweck allgemein. Der Beilage mit ihren Bildern kommt die Aufgabe zu, das Projekt genau zu beschreiben, um den Nachteil der Information per Post auszugleichen.

In der Beilage sollten sich deshalb folgende Informationen finden: grundlegende Faktoren wie Ort des Projektes, seine Größe und der Umfang. Oft wollen potenzielle Spender wissen, wie viele Menschen die Hilfe erreicht, was sich durch die Unterstützung zum Positiven verändert. Weiter sollten grundlegende inhaltliche Aspekte zum Projekt, aber auch zum Thema allgemein erwähnt werden. Eine anschauliche Geschichte macht das Anliegen für den Leser begreifbarer.

Die Beilage ist auch der richtige Ort für die „Shopping-Liste" und die Angabe der Spendenkontonummer. Auf der Beilage sollten sich außerdem die Adressangabe der Organisation sowie Telefonnummer, E-Mail- und Internetadresse befinden. So kann die Beilage als eigenständiges Element auch für andere Zwecke als in einem Mailing verwendet werden (vgl. auch 5.3.4).

Beilagen können in unterschiedlichen Formen vorliegen. Es kann sich um einen einfachen, einseitigen Prospekt (Stuffer = zusätzliche Mailingbeigabe zur optimalen Ausnutzung des Mailing-Gewichtes), einen Flyer (= zusätzliches Informationsblatt) oder eine Broschüre handeln. Bei der Gestaltung des Prospekts sind aufgrund der modernen Produktions- und Falztechniken zahlreiche Möglichkeiten des Layouts gegeben. In der Regel wird für einen Spendenbrief eine Beilage auf DIN A 4 erstellt. Dieses Blatt wird dann über Mittelfalz, Wickelfalz, Kreuzfalz, Leporello oder Altarfalz auf die entsprechende Briefgröße gebracht, in der Regel auf das Format DIN lang.

Bei der Beilage sollte unbedingt auf leichte Papierqualität geachtet werden – in der Regel 60g/m² –, damit die 20 g des Mailings als Gewichtsobergrenze für den Versand als Standard-Infopost nicht überschritten werden. Ausführliche Informationen zu Versand- und Postbestimmungen finden sich unter www.deutschepost.de unter der Rubrik „Geschäftskunden".

*Ein Bild sagt mehr als tausend Worte.* Diese Aussage stimmt, denn unser Gehirn verarbeitet Bilder rund 40-mal schneller als Text und Zahlen. Auch in der Beilage kann das Interesse des Lesers entlang einer Lesekurve gelenkt werden. Dabei stellen die Bilder im Prospekt die dominierenden Gestaltungselemente dar. Ein Bild mit Unterschrift als Aufmacher auf der ersten Seite motiviert, weiter in den Prospekt hineinzugehen.

Wenn Bilder eingesetzt werden, sollte man an die Rangfolge der Bilder denken, also daran, was Menschen sich gerne ansehen:

- Menschen vor Tieren, dann Landschaften, danach Gegenstände
- Gruppen vor Einzelpersonen
- Kinder vor Erwachsenen
- Aktion vor Ruhe

- große Bilder vor kleinen Bildern
- bunte Bilder vor Schwarz-Weiß-Bildern

Der Leseablauf eines Prospektes beginnt in der Regel auf der Titelseite, dann geht er über zur Rückseite und erst dann auf die Innenseite. Gesteuert wird der Lesefluss durch die Bilder und die Bildunterschriften. Da die Bildunterschriften sehr früh gelesen werden, sollten an dieser Stelle wichtige Kernbotschaften kommuniziert werden (siehe auch 6.6).

Wer Bilder einsetzt, muss vorab die Bildrechte klären. Das Kunsturheberrecht regelt das Recht am eigenen Bild als besondere Ausprägung des Persönlichkeitsrechts. Nach § 22 KunstUrhG dürfen Bildnisse nur mit Einwilligung des Abgebildeten verbreitet oder veröffentlicht werden.

## 5.3.2.4 Der Zahlschein

Der Zahlschein ist das wichtigste Responseelement in einem Spendenbrief. Dies kann sich mit der Entwicklung des Online-Bankings ändern. Doch noch ist ein Spendenbrief ohne Zahlschein kaum vorstellbar.

Spenderinnen und Spender bevorzugen einen vollständig ausgefüllten Zahlschein, das heißt, alle Empfängerangaben wie Name der Organisation, die Kontonummer und die Bankleitzahl müssen richtig eingetragen sein. Für die Zuordnung der Spende darf die Projektziffer nicht fehlen. Zudem sollten auch die Angaben des Spenders – Name, Anschrift, Spendernummer – eingetragen sein.

Für den Zahlschein gelten einheitliche Vorgaben, die in den „Richtlinien für einheitliche Zahlungsverkehrsvordrucke" genannt werden. Die Richtlinien können über jede Bank besorgt werden.

Die wichtigsten Elemente für den korrekten Zahlschein sind:

- mindestens 80g/m²-Papier
- Einhaltung der Farbvorgabe
- Einhaltung der korrekten Größe (150 mm x 104 mm)
- Freiflächen für den Scan-Vorgang
- korrekte Position für die Unterschrift
- kein Eindruck auf der Rückseite des Zahlscheins

Wer sich nicht an diese Vorgaben hält, riskiert Probleme in der Zuordnung von Spenden, da das elektronische System der Banken Abweichungen nur unvollständig übermittelt oder im schlimmsten Fall erst gar nicht weiterleitet. Hier muss dann manuell nachgearbeitet werden. Fehler bei der Erstellung der Jahreszuwendungsbestätigung können dann nicht ausgeschlossen werden.

Bei der logistischen Umsetzung einer Mailingaktion dürfen nie der Zeitplan und die Verantwortlichen fehlen: Was muss bis wann und durch wen erledigt sein. Jede Mailingaktion schließt immer mit einer Erfolgskontrolle ab.

## 5.3.2.5 Ablaufschema einer Mailingaktion – Gut geplant ist halb gewonnen

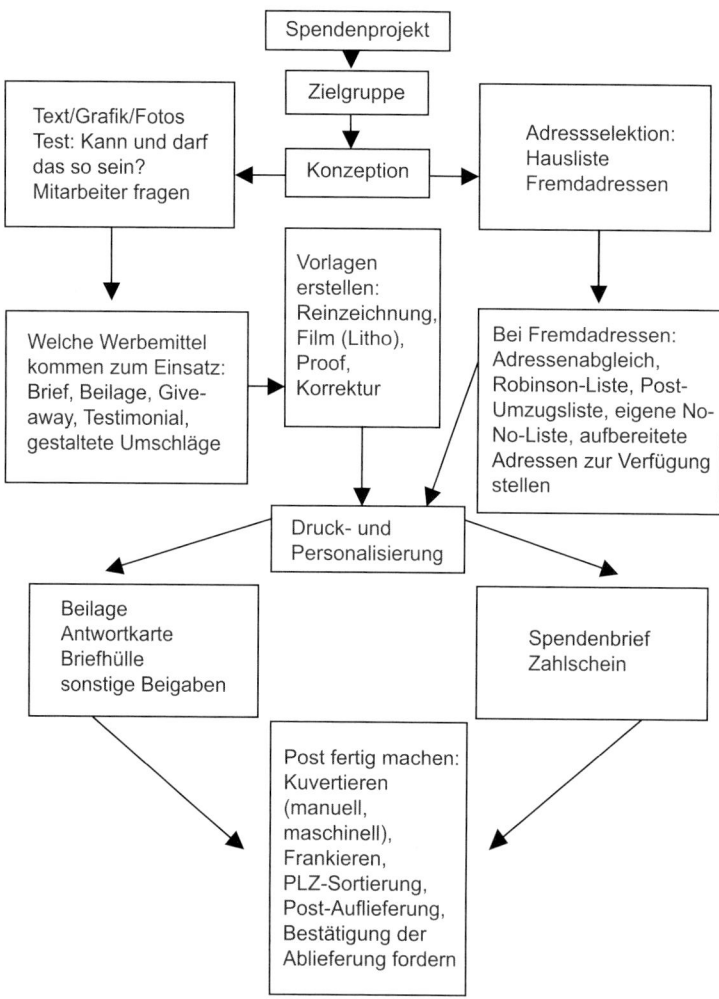

# 5.3.2.6 Exkurs: Tipps zum Texten

Spendenbriefe schreiben hat etwas mit Texten zu tun. Lesen Sie bitte den Abschnitt 6.5.1 gründlich durch. Hier soll auf einige Besonderheiten hingewiesen werden, die für das Texten von Spendenbriefen von allergrößter Bedeutung sind.

(1) Die Vorbereitungen

Stürzen Sie sich nicht ins Texten von Spendenbriefen, setzen Sie sich nicht einfach hin und kauen verzweifelt auf Bleistiftenden herum. Das führt nur dazu, dass Sie größere Mengen DIN-A4-Seiten zusammenknüllen und in den Papierkorb werfen. Erliegen Sie auch niemals der Versuchung, den Spendenbrief zusammen mit Vorstand oder Stiftungsrat oder überhaupt in einer Gruppe zu texten.

Nehmen Sie sich Zeit für einige Vorbereitungen, emotional und kognitiv! Sie sind wichtig für den Erfolg Ihres Briefes. Der Spendenbrief lebt von reizstarken Bildern, die die Vorstellungskraft der Leser wecken, er lebt von Informationen, die mit angenehmen Emotionen (manchmal auch unangenehmen wie z. B. bei Katastrophen) verbunden sind. Er lebt von einer lebendigen Botschaft, die „Lust auf Beschäftigung" mit dem Spendenzweck macht. Der Spendenbrief hat die Aufgabe, die Seele des Empfängers in den Zustand einer leidenschaftlichen Erregung zu versetzen, sodass sie für neue Wahrheiten empfänglich wird.

Die wichtigsten Punkte Ihrer Vorbereitung sind:

- Machen Sie sich klar, wie Sie selbst gefühlsmäßig zu dem Spendenzweck stehen, für den Sie um Unterstützung bitten. Klären Sie Ihre Gefühle zur Wortwahl und zum Thema. Sie schreiben keinen Abzocker-Brief, sie schreiben einen Fundraising-Brief. Hier geht es nicht um den lähmenden Herzblattschuss, der den Empfänger ohnmächtig macht, damit Sie ihm tief in die Tasche greifen können. Es geht darum, dass Ihr Brief die Menschen elektrisiert, fasziniert und somit Ihre Spendenbitte nicht als Bettelei, sondern als persönliche Bereicherung empfinden.

- Sie sollten umfassend über den Grund Ihres Spendenbriefes und das Projekt, für das Sie um Unterstützung bitten, informiert sein.

- Wichtig ist es, die Menschen zu kennen, die Ihren Spendenbrief erhalten und Ihr Projekt unterstützen sollen. Passen Spender und Projekt zusammen? Erarbeiten Sie sich Spenderprofile, damit Sie sich vorstellen können, wem Sie schreiben, welche Visionen, Träume und Hoffnungen die Menschen haben, die Ihre Bilder und Worte verstehen sollen.

- Gute Kommunikation ist immer aktionsorientiert. Versuchen Sie, Geschichten „auszugraben" (nicht zu erfinden), die Ihr Projekt lebendig illustrieren.

- Arbeiten Sie Nutzen, Wohltaten und Vorteile heraus, die mit der Spende erreicht werden sollen. Fragen Sie sich auch: Was kann ich dem Spender als „Gegenleistung" und Vorteil anbieten?

(2) Warten auf die Muse

Je besser Sie sich vorbereitet haben, desto leichter wird Ihnen das Texten Ihres Spenden-briefes fallen. Lesen Sie die allgemeinen Ausführungen zum Texten unter 6.6. Beachten Sie zusätzlich noch folgende Regeln:

- Schreiben Sie so, dass es ein Zwölfjähriger versteht.
- Stellen Sie das Bild eines Spenders auf Ihren Schreibtisch. Schreiben Sie ihm.
- Ziehen Sie den Leser in die Geschichte hinein.
- Helfen Sie dem „Schnell-Leser" (es sind 80 %) dadurch, dass Ihr erster Satz und das PS die Kurzform Ihres Spendenbriefes darstellt.
- Halten Sie Ihren Spendenbrief frei von Jargon, Fachwörtern, Abkürzungen und „wir" – das mächtigste Wort in der deutschen Sprache ist „Sie".
- Gewinnen Sie das Herz Ihres Lesers: Was das Herz nicht will, geht in den Kopf nicht hinein.
- Denken Sie an die Worte von Mark Twain: Der Kampf um das richtige Wort ist eine Entscheidung zwischen Blitz und Glühwürmchen.

(3) Die Irrtümer der Spendenbriefschreiber

Texter und Texterinnen von Spendenbriefen glauben häufig:

- Kurze Briefe sind die besten. Falsch: Leser lesen, was sie interessiert. Lange Spenden-briefe sind immer erfolgreicher, vorausgesetzt sie sind spannend geschrieben und der Leser findet sich darin wieder.
- So viele Informationen wie möglich. Falsch: Vertrauen entsteht durch Reduktion von Komplexität.
- Ich bin der Experte, den Reality Check kann ich mir sparen. Falsch: Nur der Reality Check gibt Sicherheit.
- Zweimaliges lautes Korrekturlesen kann ich mir sparen. Falsch: Nur ein fehlerfreier Brief weist auf die Sorgfalt des Schreibers hin.
- Text und Gestaltung garantieren den Erfolg. Falsch: Den Erfolg garantiert die richtige Adresse, und zwar im doppelten Sinne: Zum einen müssen Anrede und Adresse mit Titel, Vorname, Name, Hausnummer, Straße und Postleitzahl korrekt sein, zum anderen müssen das Projekt, der damit verbundene Nutzen, die Sprache und Bilder des Briefes zur Adresse passen.

# 5.3.3 Erfolgskontrollen von Mailingaktionen, Responsequoten der Spender, Return on Investment (ROI), Break Even

Zu den Vorteilen einer Mailingaktion gehört die Möglichkeit der zeitnahen Erfolgskontrolle. In der Regel gehen 80 Prozent aller Spenden innerhalb der ersten vier Wochen nach dem Versand eines Spendenbriefes ein.

Die Erfolgskennziffer, die von einem Fundraiser am einfachsten zu ermitteln ist, ist die Responsequote, also die Reaktion der Spender auf ein Mailing. Die weiteren Kontroll-Kennziffern im Fundraising basieren auf der Rücklaufquote, ziehen aber weitere Kennzahlen hinzu.

Eine gute Responsequote bei den eigenen Spendern ist abhängig von dem Anliegen/ Projekt, aber auch von einer guten Datenbankpflege. Wer Menschen anschreibt, die schon vor langer Zeit verzogen sind oder nicht mehr spenden, darf sich über eine geringe Reaktionsquote nicht wundern.

$$\text{Responsequote in \%} = \frac{\text{Anzahl der Reaktionen x 100}}{\text{Anzahl der Aussendungen}}$$

Bei einem gut gestalteten Mailing mit einem attraktiven Anliegen an die eigenen aktiven Spenderadressen sollte die Responsequote zwischen 12 und 25 Prozent liegen. Bei gezielten Ansprachen an gezielt ausgesuchte Spendergruppen kann die Reaktionsquote auch höher liegen.

Anders sieht die Responsequote bei Fremdadressen aus. Hier liegen die Reaktionen zwischen 0,3 und 1,5 Prozent. Es gibt wenige Organisationen, die eine höhere positive Reaktion verzeichnen. Sie sollten aber nicht zum Maßstab genommen werden.

Return on Investment (ROI) ist der englische Begriff für Rentabilität. Der ROI bezeichnet also das Verhältnis von Einnahmen zu Ausgaben, die eine Organisation aufwendet, um Spenden und/oder Spender zu generieren.

Wenn neue Spender gewonnen werden oder verlorene, frühere Spender zurückgewonnen werden sollen, liegen die Ausgaben in der Regel über denen der Einnahmen. Die Investition muss mittel- bis langfristig betrachtet werden, denn früher oder später amortisieren sich diese Ausgaben durch die Spendeneinnahmen der neu oder wieder gewonnenen Spender. Der Break Even liegt bei 1 (Gewinnschwelle).

$$\text{Return on Investment} = \frac{\text{Spendeneinnahmen aus der Aussendung}}{\text{Gesamtkosten des Mailings}}$$

Modellrechnungen

Die folgenden Rechenbeispiele sind modellhaft. Sie sollen veranschaulichen, wie ein Fundraiser sein Budget planen und die Einnahmen berechnen muss. (Weiterführende Informationen zur Akquisition von Neuspendern siehe unter 6.4.)

Hausliste:

20.000 Briefe werden über einen Dienstleister erstellt und versandt.

| Kosten | Kreative Leistung (Agentur), Druckerei, Lettershop pro Brief | 0,50 € |
|---|---|---|
| | Porto pro Brief (Infopost) | 0,25 € |
| | zusammen | 0,75 € |
| Gesamtkosten | 20.000 x 0,75 € | 15.000,00 € |
| Responsequote | 12 % (2.400 Spender, Durchschnittsspende 30,00 €) | 72.000,00 € |
| ROI | 72.000 / 15.000 | 4,8 |

Hier ergibt das Verhältnis Einnahmen zu Ausgaben ein positives Ergebnis.

Kaltadressen:

20.000 Briefe werden über einen Dienstleister versandt.

| Kosten | Kreative Leistung (Agentur), Druckerei, Lettershop pro Brief | 0,50 € |
|---|---|---|
| | Porto pro Brief (Infopost) | 0,25 € |
| | Preis pro Adresse | 0,45 € |
| | zusammen | 1,20 € |
| Gesamtkosten | 20.000 x 1,20 € | 24.000,00 € |
| Responsequote | 1,5 % (300 Spender, Durchschnittsspende 30,00 €) | 9.000,00 € |
| ROI | 9.000 / 24.000 | 0,375 |

Kosten pro gewonnene Spenderadresse: 80,00 € (24.000 € / 300).

Hier ergeben die Einnahmen im Verhältnis zu den Ausgaben ein negatives Ergebnis. Ein solches Ergebnis ist bei der Neuspenderakquise zu erwarten und üblich. Wichtig ist, dass der Punkt des Break Even so bald wie möglich (1 bis 2 Jahre) erreicht wird. Vom Break Even spricht man, wenn die Spenden der neu gewonnenen Spender die Kosten für die Adressen decken.

Die zentrale Kennziffer im Direktmarketing ist also der Break-Even-Punkt. Er gibt die Gewinnschwelle an, also wann die Kosten einer Aktion durch die Erträge gedeckt sind. Eine Überschreitung des Break Even bedeutet Gewinn, eine Unterschreitung Verlust.

Für jede Mailingaktion sollte im Vorfeld ein Soll-Ergebnis für die Responserate, die Durchschnittsspende und den Return on Investment ermittelt werden. Dieses Soll-Ergebnis wird später mit dem Ist-Ergebnis abgeglichen. Auf diese Weise wird ein gutes Controlling sichergestellt, das gegebenenfalls notwendige Korrekturen für das nächste

Mailing ermöglicht. Bei einer guten kaufmännischen Kostenkalkulation dürfen die Personal-/Agenturkosten nicht fehlen.

# 5.3.4 Prospekte und Broschüren

In der Kommunikation mit den Spenderinnen und Spendern, aber auch mit Interessierten und den Medien sind – trotz der rasanten Entwicklung der elektronischen Medien – Prospekte, je nach Verwendungszweck auch Beilagen genannt, und Broschüren für eine gemeinnützige Einrichtung weiterhin unverzichtbar. Die Aufgabe von Prospekten oder Broschüren ist es, Kompetenz zu vermitteln und Vertrauen aufzubauen.

Die Begriffe Prospekt und Broschüre werden oft nicht klar differenziert, da die Übergänge zwischen beiden eher fließend sind. Dennoch lassen sich einige Merkmale unterscheiden:

| Kriterium | Prospekt | Broschüre |
|---|---|---|
| Wesen | eher kommunikationsanbahnend, Informationscharakter | ausführlichere Berichterstattung |
| Zielgruppe | breit gestreut – je nach Zielsetzung | kleine, interessierte Empfängergruppe |
| Auflage | in der Regel hoch, je nach Zielsetzung | in der Regel eher gering, je nach Zielsetzung |
| Umfang | einseitig bis ca. 16-seitig | ab 8 bis etwa 180 Seiten (darüber Buch) |
| Format | DIN A 3 oder DIN A 4 gefalzt, gewickelt, als Leporello auf DIN A 6, Lang DIN oder DIN A 5 und DIN A 4, je nach Versandweg | von DIN A 8 bis DIN A 3, häufig auf DIN A 4, A 5 oder 210 x 200 mm gebracht; bei Versand: Postgebühren beachten |
| Papiergewicht | in der Regel 40–80 g/m² | in der Regel 70–100 g/m² |
| Text/Bilder | kurzer, knapper Text, hoher Anteil an Bildern | gegliederte Beiträge, je nach Broschürenart unterschiedlich hoher Bildanteil |
| Druckart | je nach Auflagenhöhe: Kopie, Schnell- oder Digitaldruck, Bogenoffset, Rollenoffset | in der Regel Offsetdruck |
| Verarbeitung, Veredelung | teils plano oder unbeschnitten, meistens gefalzt, selten geheftet | in Klemmleisten oder geheftet (Draht- oder Ringösen) |
| Streuwege | eher breite Streuung durch Versand, als Beilage, Auslage | eher gezielte Streuung an bestimmte Zielgruppen |

(nach H.-J. Holzhauer: Fundraising – Handbuch für Grundlagen, Strategien und Instrumente 1999, S. 669 f.)

Für beide Medien gilt: Sie müssen in ihren Aussagen klar, glaubwürdig und nachvollziehbar sein. Oft stehen die Inhalte beider Medien in Bezug zueinander. Im Prospekt wird um Spenden für ein Projekt geworben, in der Broschüre, die später als Jahresbericht an viele Spender versandt werden soll, wird über den Verlauf des Projektes und den Spendenerfolg berichtet.

Bei der Gestaltung von Prospekten und Broschüren gibt es einige grundsätzliche Regeln, wie sie für Beilagen allgemein gelten (siehe auch 6.6):

*Bilder vor Text:* Es sollten möglichst viele aussagefähige Bilder verwendet werden, denn auch hier gilt: Bilder vor Text. Aber es sollte kein reines Bilderbuch sein. Bei einer Broschüre kann auch die Beschreibung von Leistungen und Ergebnissen im Vordergrund stehen.

*Nutzen beschreiben:* Wenn im Prospekt um Spenden gebeten wird, muss die Leserin bzw. der Leser entsprechend motiviert werden, die Spende an die werbende Organisation zu geben.

*Interessante Überschriften:* Eingängige und interessante Headlines ziehen die Leserin oder den Leser in den Prospekt oder in die Broschüre. Gute Titel oder Unterüberschriften fallen einem nicht unbedingt auf Abruf ein. Deshalb ein Tipp: Wann immer Sie über gute Sätze stolpern, sollten diese aufgeschrieben werden, denn sie können für das eigene Texten nützlich sein.

*Farben:* Die Erinnerung wird durch Farben unterstützt. Sie bilden Kontraste und erzeugen Stimmungen. Farbberater sagen: Rot steht für vital, dynamisch, Gelb wirkt strahlend und warm, Sonnengelb vermittelt Lebensfreude.

*Schrift:* Auch hier gilt: Es sollte eine gut lesbare Schrift verwendet werden, die Schriftgröße mindestens 11 Punkt betragen.

*Prospekte/Beilagen* haben im Vergleich zu anderen Werbemitteln spezifische Vorteile, denn sie können eingesetzt werden als:

- Beilage zu einem Mailing
- Information nach einer Direkt-Mailingaktion, z. B. als Beilage zu einem Dankbrief
- Handout für Mitglieder, die die Einrichtung weiterempfehlen möchten
- Anlage zu Presseinformationen
- Handout bei Veranstaltungen
- Auslage beispielsweise in den Wartezimmern von Ärzten, Rechtsanwälten oder anderen Beratungsstellen
- Postwurfsendung
- Beilage oder Beihefter (eingeheftete oder geklebte Beilagen) in Zeitungen und Zeitschriften

Neue Zielgruppen

Als Auslage, Beilage in Zeitungen und Zeitschriften oder als Postwurfsendungen erreichen Prospekte Zielgruppen, die sonst nur über ein adressiertes Neuspender-Mailing gewonnen werden. In Zeiten, in denen gemeinnützige Organisationen intensiv auf die Neuspenderakquise setzen, können die Responsequoten deutlich sinken. Verstärkt wird dieser Effekt dadurch, dass viele gemeinnützige Organisationen auf dieselben Zielgruppen schauen und somit dieselben Adressen mit hoher Wahrscheinlichkeit im selben Zeitraum – häufig in der Vorweihnachtszeit – anmieten.

Sinkende Erfolgsquoten können es erforderlich machen, nach neuen Wegen der Spendergewinnung Ausschau zu halten. Statt adressierte Mailings zu versenden, kann eine Organisation auf Beilagen in Zeitungen und Zeitschriften oder Postwurfsendungen, gezielt an Haushalte in bestimmten Regionen, setzen. Allerdings ist hier der Streuverlust erheblich höher als bei dem adressierten Spendenbrief, und es wird in der Regel eine deutlich geringere Responsequote erzielt. Aber die Schaltung von Beilagen oder die Postwurfsendungen sind gegenüber dem adressierten Neuspender-Mailing kostengünstiger – keine oder geringere Kosten für die Adressen, keine oder geringere Portokosten. Bevor jedoch neue Wege beschritten werden, sollte sich jede Organisation ausführlich über den für sie richtigen Weg informieren.

## 5.3.5 Mitglieder- und Fördererzeitschriften

Eine bestimmte Häufigkeit der Kommunikation mit den Spendern bzw. potenziellen Neuspendern ist Voraussetzung für ein erfolgreiches Fundraising. In der Regel handelt es sich dabei um Kommunikationsstandards, die gewohnt und üblich sind, wie Mailings, persönliche Ansprache per Telefon oder durch Besuche.

Das Kommunikationsspektrum ist aber deutlich breiter und sollte, auch wenn es nicht zwingend erscheint, Interessierten gegenüber genutzt werden (Prospekte und Broschüren, wie Jahresbericht, Informationsbroschüren usw.). Positiv beeinflusst werden können die Spenderzufriedenheit und damit die Spenderbindung darüber hinaus mit einem Angebot, das der Spenderin oder dem Spender eine besonders große Nähe zur Arbeit der Einrichtung vermittelt. Dazu zählen insbesondere auch Förderer- bzw. Mitgliederzeitschriften.

Eine Vielzahl von gemeinnützigen Organisationen nutzt das Instrument der Mitgliederzeitschrift, um über relevante Themenbereiche zu berichten und für die Leserin oder den Leser nützliche Informationen bereitzustellen. Gleichzeitig kann hier über verschiedene Organisationsaktivitäten und die Mittelverwendung berichtet werden, mit dem Ziel, das Image der Einrichtung zu pflegen und möglicherweise zu verbessern. Darüber hinaus hat eine Mitgliederzeitschrift oft eine bündelnde Funktion. Sie zeigt verschiedene Aktivitäten der Einrichtung, die sonst eher getrennt erscheinen. So wird die Bindung zur Einrichtung gestärkt und das Wir-Gefühl der Mitglieder und Spenderinnen und Spender gefördert.

In der Kommunikation mit den Spendern/Mitgliedern kann man also von drei Ebenen sprechen:

*Muss-Ebene:* Mailing, persönliche Ansprache, um Spenden zu akquirieren.

*Soll-Ebene:* Prospekte und Broschüren, um die positive Wahrnehmung zu verstärken.

*Kann-Ebene:* Fördererzeitschrift, um die Bindung an die Einrichtung zu intensivieren.

Die Mitglieder- oder Fördererzeitschrift ist zunächst eine Zusatzleistung. Doch wenn sich die Spender/Mitglieder an diese Zusatzleistung gewöhnt haben, kann es passieren, dass sich die Bedeutung dieser Leistung verändert. Plötzlich nehmen die Bezieher einer Zusatzleistung diese als Standardleistung wahr. Wird diese Leistung eingestellt, kann es zu Unzufriedenheit und Enttäuschung bei den bisherigen Empfängern kommen. Deshalb sollte sich jede Organisation im Vorfeld gut überlegen, ob sie diese Zusatzleistung auch tatsächlich mittel- bis längerfristig erbringen will und kann.

Bevor eine diesbezügliche Entscheidung getroffen wird, sollten folgende Überlegungen angestellt werden:

*Langfristige Zielsetzung:* Gibt es genügend Themen, die für mehr als eine Ausgabe reichen? Sinnvollerweise sollte eine Themensammlung angelegt werden, die mindestens für drei bis vier Ausgaben reicht.

*Zielgruppengerechtes, redaktionelles Konzept:* Mitglieder- und Fördererzeitschriften unterscheiden sich von anderen Informationsträgern der Einrichtung durch größere Vielfalt und Darstellung unterschiedlicher Perspektiven zu verschiedenen Themengebieten. Eine Zeitschrift ist nur dann gut, wenn sie inhaltlich abwechslungsreich, interessant und informativ ist und die Bezieher sich bereits auf die nächste Ausgabe freuen.

*Erscheinungsbild:* Die Mitgliederzeitschrift muss einen unverwechselbaren Titel und ein Layout mit hohem Wiedererkennungswert haben. Die Gestaltung muss der CI der Organisation entsprechen. Die Einführung fester Sparten in einer Zeitschrift dient der Orientierung der Leserinnen und Leser. An immer derselben Stelle stehen beispielsweise Berichte aus Projekten, Interviews, Porträts, Termine, Service, Lesermeinungen. In eine Mitgliederzeitschrift gehört auch immer ein Überweisungsträger. Es hat sich gezeigt, dass sich Leserinnen oder Leser, die sich von einem Artikel in der Fördererzeitschrift angesprochen fühlen, eine Neigung zur Hilfe haben. Ist ein Überweisungsträger zur Hand, erhöht sich die Spendenbereitschaft.

*Impressum:* Ein Impressum ist eine Ursprungsangabe. Sie muss, auch aus rechtlichen Gründen, in jedem periodisch erscheinenden Druckwerk vorhanden sein. Im Impressum sollten stehen: der Herausgeber, der für den Inhalt Verantwortliche, die Druckerei jeweils mit Anschrift, die Auflagenhöhe, die Nachdruckbedingungen.

Eine Zeitschrift erhöht die Erwartungshaltung der Empfängerinnen und Empfänger. Deshalb muss im Vorfeld zusätzlich geklärt werden:

- Welches Budget steht zur Verfügung?
- Wer soll die Zeitschrift erhalten – Auflage?
- Wie oft soll die Zeitschrift erscheinen?

– Wer übernimmt die Verantwortung für das neue Kommunikationsmedium? Ist Outsourcing die bessere Möglichkeit?

Mitglieder- bzw. Fördererzeitschriften sind ein traditionelles Mittel der Mitglieder- bzw. Spenderbindung, aber immer eine Kann-Leistung. Wer sich für dieses Kommunikationsinstrument entscheidet, sollte sich im Vorfeld sehr genau überlegen, ob er diese Leistung auf hohem Niveau und auch längerfristig erbringen kann. Uninteressante und lieblos gemachte Zeitschriften schaden dem Image der Einrichtung. Zu Beginn gut gemachte Zeitschriften, die aber schnell eingestellt werden müssen, weil Themen fehlen oder das Budget nicht reicht, führen ebenfalls zu Enttäuschungen. Deshalb: Besser keine Zeitschrift als eine schlechte Lösung wählen.

Vielfach werden aktuelle Informationen heute auch per E-Mail-Newsletter versandt, doch die gut gemachte, gedruckte Version hat immer noch Vorteile. Sie kann mitgenommen werden, sie kann weitergegeben werden und die Organisation kann sie bei Veranstaltungen oder anderen Ereignissen einfach auslegen.

## Weiterführende Literatur

Holland, Heinrich: Direktmarketing, München 2004.

Küthe, Erich/Küthe, Fabian: Marketing mit Farben – Gelb wie der Frosch, Wissensreihe des Siegfried Vögele Instituts, Wiesbaden 2002.

Raphael, Murray: Werbung nach Maß, Bonn 1994.

Vögele, Siegfried: Dialogmethode: Das Verkaufsgespräch per Brief und Antwortkarte, 12. Auflage, München 2005.

Internetadressen: www.deutschepost.de, www.direktmarketing.de, www.sv-institut.de

# 5.4 Telemarketing

*Patrick Tapp*

## 5.4.1 Zukunftsorientiertes Fundraising nutzt Telemarketing

Das Telefon ist inzwischen längst nicht mehr ein ergänzendes Kommunikationsmittel, sondern hat sich auf breiter Basis zu einem wesentlichen Instrument der Kommunikation schlechthin entwickelt. Der Griff zum Telefon ist selbstverständlich geworden, wenn es darum geht, sich mitzuteilen, Kontakt aufzunehmen oder sich zu informieren. So ist es nicht verwunderlich, dass das Telefon nicht lediglich von Privatpersonen zur persönlichen Kommunikation benutzt, sondern auch von Unternehmen, Verbänden und Stiftungen für die individuelle Betreuung und Beratung ihrer Kunden bzw. Mitglieder in zunehmendem Maße eingesetzt wird.

Telemarketing lässt sich grundsätzlich in zwei Bereiche unterteilen. Man unterscheidet zum einen den Inbound-Bereich (passives Telemarketing), der die von den Förderern oder Mitgliedern ausgehenden Telefonanrufe möglichst zu jeder Zeit serviceorientiert aufnimmt und zur Nachbearbeitung individuell aufbereitet. Zum anderen lässt sich das so genannte Outbound-Telemarketing (aktives Telemarketing) einsetzen, bei dem die Anrufe regelmäßig von der Organisation ausgehen (vgl. 5.4.4.2 und 5.4.4.3).

Das strategische Ziel des Einsatzes von Telemarketing im Fundraising liegt in erster Linie in der Intensivierung der Beziehung zu Förderern und Mitgliedern. Die Qualität der Beziehung wird im Marketing zunehmend als der wichtigste Erfolgsfaktor für das Gelingen von Bindung betrachtet. Telemarketing ist zumeist Baustein einer komplexen Direktmarketing-Mix-Kampagne oder auch einer Förderer-Bindungs-Kampagne, die im Fundraising-Bereich gewinnbringend eingesetzt werden kann, wo durch individuelle Ansprache ein besonderer Erfolg oder Vorteil erhofft wird.

Das Telemarketing kommt dem Wunsch von Förderern und Mitgliedern nach individueller Ansprache und Betreuung entgegen. Fundraising-Organisationen, die ihre Kommunikation interaktiv, dialog- und umfeldorientiert beispielsweise auf der Basis der Life-Services-Philosophie gestalten, werden deutlich erfolgreicher sein. Die Life-Services-Philosophie ist ein dialogorientiertes Mitglieder- und Förderermanagement. Es zielt auf eine dauerhafte Bindung, eine systematische Gewinnung neuer Förderer und Mitglieder und eine positive Imagevertiefung der Nonprofit-Organisation (NPO).

Wesentliche Grundlage für ein solches Beziehungsmanagement ist eine entsprechende Kommunikationsdatenbank, in der die Informationen kontinuierlich erfasst, gepflegt, genutzt und ergänzt werden (siehe 6.2 Database).

# 5.4.2 Telemarketing für den Fundraising-Bereich

Telemarketing im Fundraising-Bereich zeichnet sich unter anderem durch folgende Vorteile aus:

- Dialog ist grundsätzlich mit allen Interessenten und Förderern möglich, auch mit solchen, die von sich aus den Kontakt mit der Organisation nicht aufnehmen würden. Jede Botschaft findet hier unmittelbares Feedback.
- Die Bindung der Förderer an die Organisation ist durch einen persönlichen Kontakt bevorzugt möglich.
- Grundsätzlich nimmt ein Telefonat direkt auf die individuelle momentane und emotionale Situation des Gesprächspartners Rücksicht.
- Die Spenden-/Beitragshöhe kann durch direkte Überzeugungsarbeit am Telefon eher gesteigert werden.
- Telemarketing gehört zu den ökologisch vernünftigsten Werbemitteln.
- Grundsätzlich gilt, dass Telemarketing erfolgreich in einer sehr rentablen Kosten-Nutzen-Relation eingesetzt werden kann.

Telemarketing setzt auf das persönliche Gespräch zwischen dem Förderer und „seiner" Organisation. Das Mitglied, der Förderer, der Interessent fühlt sich durch die individuelle Ansprache aus der Anonymität herausgehoben und durch das Gespräch motiviert, die Organisation weiter und vermehrt zu unterstützen, der er seinerzeit zumeist aus emotionalen Beweggründen beigetreten ist und zu der er sich zugehörig fühlt.

In einem Telefongespräch zwischen den Förderern und Mitgliedern und den Fundraiserinnen und Fundraisern oder auch anderen Mitarbeitenden der Organisation werden Informationen über die Mitglieder und Förderer gewonnen. Sie werden dazu verwendet, um die Arbeit der Organisation verstärkt an den individuellen Interessen und Bedürfnissen ihrer Mitglieder und Förderer zu orientieren und auf die speziellen Wünsche der Interessenten einzugehen.

Telemarketing wird im Fundraising gegenwärtig unter anderem eingesetzt:

- im aktionsbezogenen Telefoneinsatz zur direkten Förderer-/Mitgliederansprache,
- in der laufenden Entgegennahme von Wünschen und Anforderungen per Telefon,
- bei der ständigen Information (dem Auffangen von Informationsdefiziten) und der Befragung von Förderern/Mitgliedern/Interessenten,
- in der telefonischen Spendenakquisition,
- bei der Reaktivierung von Mitgliedern und
- im TV-Gala- und Event-Bereich als Instrument zum Auffangen des so genannten Mass Response.

# 5.4.3 Rechtliche und ethische Voraussetzungen des Telemarketings

Damit die Instrumentalisierung des Telefons im geschäftlichen Bereich nicht dessen hohe Akzeptanz und sein positives Image als unkompliziertes persönliches Kommunikationsmedium gefährdet, setzt dies rechtliche und ethische Grundsätze voraus. Die anfänglichen ethisch-moralischen Bedenken bezüglich des Einsatzes von Telemarketing im Fundraising sind zwischenzeitlich in juristische Rahmenbedingungen gefasst worden, sodass Telemarketing heute unter Beachtung dieser Regularien unproblematisch als modernes Instrument des Fundraisings verwandt werden kann (siehe 7.3; 7.6).

Voraussetzung für den erfolgreichen Einsatz von Telefonmarketing ist es auch, die *rechtlichen Vorgaben*, d. h. den aktuellen Stand der Rechtsprechung, zu kennen. Die Rechtsprechung betrachtet Telefonmarketing grundsätzlich in zwei Bereichen. Zum einen beschäftigen sich Gesetzgebung und Rechtsprechung mit Telefonmarketing im gewerblichen Bereich und somit der Business-to-Business-Kommunikation. Zum anderen reguliert die Rechtsprechung die Telemarketing-Aktivitäten im privaten Bereich, d. h. überall dort, wo institutionalisiert zu Privatpersonen Kontakt aufgenommen wird.

Bislang ist es zu keinen rechtlichen Einschränkungen in der Spenderkommunikation im Bereich der elektronischen Medien (Telefon, E-Mail, Fax) gekommen. Zwar gibt es seit der Reform des Gesetzes gegen den unlauteren Wettbewerb (UWG) unter der Überschrift „Unzumutbare Belästigungen" in § 7 UWG erstmals eine gesetzliche Regelung für die Frage der Zulässigkeit von kommerzieller Kommunikation, doch übernahm der Gesetzgeber eins zu eins die Ansicht der bis dahin vorherrschenden Rechtsprechung. Demnach bedarf es bei der Werbung per Telefon, Fax oder E-Mail der vorherigen Einwilligung des Werbeadressaten (Opt-in). Gleiches gilt bei der Werbung gegenüber Gewerbetreibenden, wobei hier unter bestimmten Umständen auf ein mutmaßliches Einverständnis abgestellt werden kann.

Allerdings findet nach Ansicht der Oberlandesgerichte und der Literatur das Wettbewerbsrecht auf die Spendenwerbung keine Anwendung. Wird die Legaldefinition des § 2 Abs. 1 UWG herangezogen, setzt der Absatz von Waren oder der Bezug von Dienstleistungen ein am Markt orientiertes Handeln voraus. Hieran fehlt es, da das Spendenwesen als altruistisches und gerade nicht marktmäßiges Handeln angesehen wird. Die Oberlandesgerichte haben sich daher bei der Nichterfassung der Spendenwerbung durch das UWG darauf berufen, dass es schon am geschäftlichen Handeln fehle und kein wettbewerbliches Handeln vorliege (OLG Celle, Urt. v. 27.04.1989, Az. 13 U 113/88; OLF Frankfurt, OLGZ 82, 203). Die Gerichte führten weiter aus, dass das UWG nicht jede Art von Wettbewerb regeln würde, sondern nur den Wettbewerb im geschäftlichen Verkehr. Mit Geschäftsverkehr aber ist die wirtschaftliche Zwecke verfolgende Teilnahme am Erwerbsleben gemeint, wobei das Erwerbsleben durch Leistungsaustausch gekennzeichnet sei. Auf einem Spendenmarkt bestehe jedoch keine geschäftliche Konkurrenz. Die Tatsache, dass ein Spendenmarkt existiert, auf dem insbesondere karitative und wohltätige Organisationen indirekt im Wettbewerb um Spenden stehen, ist dabei unerheblich.

Gemeinnützige Organisationen sind so lange nicht als Unternehmen im Sinne des UWG zu betrachten, solange ihre Tätigkeit nicht eine auf Dauer angelegte selbstständige wirtschaftliche Betätigung ist, die darauf gerichtet ist, Waren oder Dienstleistungen gegen Entgelt zu vertreiben. Dies ist aber beim reinen Einwerben von Spenden regelmäßig nicht der Fall, da es an einer zielgerichteten Absatzförderung fehlt. Telemarketing für gemeinnützige Organisationen, Parteien u. a. ist rechtlich unproblematisch: Die Beschränkungen des Gesetzes gegen den unlauteren Wettbewerb (UWG) finden hier keine Anwendung.

Insbesondere beim Einsatz von dialogorientiertem Kundenmanagement in gemeinnützigen Organisationen verlangen *ethisch-moralische Überlegungen*, den Einsatz so zu organisieren, dass die individuellen Wertungen des Einzelnen in Form von „gut, „vertretbar" usw. berücksichtigt werden.

Die Einhaltung rechtlicher Grundlagen und ethischer Rahmenbedingungen ist die Grundlage für eine seriöse Telefonarbeit. Es empfiehlt sich, bei der Auswahl externer Partner im Bereich Dialogmarketing auf Firmen zurückzugreifen, die Mitglied des Deutschen Direktmarketing Verbandes e. V. (DDV) sind. Durch Selbstverpflichtungen der Unternehmen ist hier ein seriöser Telefonservice garantiert.

## 5.4.4 Organisation von Telemarketing

Um Telemarketing als strategisches Instrument im Kommunikations- und Marketing-Mix von Fundraising-Kampagnen optimal nutzen zu können, bedarf es einer guten Vorbereitung und professionellen Implementierung in ein Gesamkonzept des Fundraisings sowie der Förderer- und Mitgliederbetreuung.

Dabei ist auch grundsätzlich zu diskutieren, ob mögliche Telemarketing-Aktivitäten in NPOs intern abgewickelt werden können, oder ob es sich empfiehlt, diese extern und professionell bearbeiten zu lassen. Betrachtet man den großen Vorteil des Dialog- bzw. Telemarketings, in kurzer Zeit auf möglichst breiter Ebene das direkte Gespräch mit Mitgliedern und Förderern aufnehmen zu können, erscheint die Möglichkeit einer internen Abarbeitung zumindest als außerordentlich schwierig, denn die dauerhafte Implementierung einer internen Telemarketingabteilung ist für die meisten NPOs aufgrund der oft sporadischen projektbezogenen Telemarketing-Aktivitäten zumeist wenig sinnvoll. Organisationsabläufe und -strukturen lassen sich kurzfristig in der Regel nicht derart ändern, dass diese Aufgabenstellung intern spontan geleistet werden könnte.

Zudem kann nicht deutlich genug betont werden, dass es sich beim Telemarketing nicht um „bloßes Telefonieren" handelt, sondern dass Dialogmarketing ein hochprofessionelles Instrument der Marketingstrategie darstellt, das nur dann erfolgreich Verwendung findet, wenn es zu einem sachgerechten Einsatz gelangt. Der generelle Vorteil des Outsourcings liegt somit nicht nur in einer kostengünstigeren Möglichkeit, sich dieses Instrumentes bedienen zu können, sondern auch unbestritten in der Professionalität der externen Dienstleister, die man zielgerecht einkaufen kann. Eine Partneragentur, die sich den rechtlichen und ethischen Grundsätzen verpflichtet fühlt und in einer langfristigen und partnerschaftlichen Beziehung der Sache verbunden ist, begegnet von sich aus allen möglichen Einwänden.

## 5.4.4.1 Set-up, Reporting und Auswertung von Telemarketing

Hier wird im Folgenden von der Beauftragung einer Agentur mit der Durchführung des Telemarketings ausgegangen. Soll das Telemarketing NPO-intern organisiert und durchgeführt werden, sind die benannten Aspekte analog zu berücksichtigen.

Jede Telemarketing-Aktion muss zunächst intensiv zwischen Organisation und Agentur besprochen werden. Die Agentur muss mit allen Problemen und Besonderheiten – gerade gemeinnütziger Organisationen – bestens vertraut gemacht werden. Intensive Vorgespräche helfen nicht nur, alle relevanten Aspekte schon im Vorfeld abzuklären, sondern auch die zu beginnende Partnerschaft zwischen Agentur und Organisation von Anfang an zu überprüfen.

Konkret sind nicht nur Kontakt- und Leistungsberichte der Telefonberater zu entwerfen und abzusprechen, sondern auch ein Gesprächsleitfaden zu entwerfen, der alle relevanten Punkte eines Telefonats anspricht. Sämtliche möglichen Einwände, die seitens des Mitgliedes vorgebracht werden können, müssen zwischen Organisation und Agentur ausführlich besprochen werden, um die Telefonberater entsprechend zu briefen und ein Beratungspotenzial auf hohem Niveau sicherzustellen.

Bei der Auswahl der Agentur sollte man grundsätzlich darauf achten, dass alle Telefonberaterinnen und -berater über eine breite Basis an guter Telefonschulung verfügen, was insbesondere die Bereiche Freundlichkeit, Servicekompetenz und allgemeine Sachqualifikation betrifft. Auf dieser Basis lässt sich eine intensive spezifische Projektschulung jederzeit positiv aufbauen.

Den intensiven Vorgesprächen, der Vorbereitung sämtlicher schriftlicher Unterlagen und dem projektbezogenen Briefing der Telefonberater sollten in einem zweiten Schritt einige Testanrufe folgen, bei denen ein Vertreter der Organisation anwesend ist, um sich so ein Bild von der Arbeitsweise der Agentur machen zu können. In einem solchen kurzen Praxistest lassen sich dann auch noch alle nicht angesprochenen Punkte identifizieren, die dann in einem Gespräch zwischen der Organisation und den Telefonberatern der Agentur sofort aufgegriffen werden können.

Während des eigentlichen Projekts ist regelmäßiger Kontakt zwischen der Organisation und der Agentur zu halten, um auf mögliche Besonderheiten und Entwicklungen des Projekts jederzeit kurzfristig reagieren und gegebenenfalls eingreifen zu können.

Ein projektbegleitendes Reporting, das sämtliche Telefonergebnisse statistisch auswertet, sollte der Organisation grundsätzlich angeboten werden. Dieses Reporting gibt der Organisation zu jeder Zeit einen genauen Überblick über das Projekt und erlaubt ihr schon während des Ablaufs einer Dialogmarketing-Aktivität einen Blick auf die Kosten-Nutzen-Relation.

Zu jedem Projektende sollte die Agentur das gesamte Vorgehen in einer Präsentation noch einmal protokolliert vortragen und sämtliche Ergebnisse aufbereitet präsentieren. Selbstverständlich stehen der NPO alle Unterlagen, wie Kontaktberichte, Auswertungen und ähnliches Material, uneingeschränkt während und nach Abschluss des Projekts zur Verfügung.

Praktisch stehen zur Anwendung das Inbound- und das Outbound-Telemarketing zur Verfügung.

## 5.4.4.2 Inbound-Telemarketing

Unter Inbound-Telemarketing versteht man das Angebot an die Förderer, Mitglieder und Interessenten, die Organisation von sich aus telefonisch erreichen zu können.

Das Inbound-Telemarketing ermöglicht dem Anrufer, Forderungen, Hinweise und mögliche Reklamationen direkt zu kommunizieren. Eine Steigerung der Inbound-Anrufe kann z. B. durch Senkung der Gebührenhemmschwelle (Callfree-Nummern) und durch automatische Anrufbeantwortung mit Hilfe von Audiotex erreicht werden.

Anwendungsbereiche des Inbound-Telemarketings im gemeinnützigen Bereich sind beispielsweise:

– Einrichtung spezieller Service- und Informationstelefone,
– Neufördergewinnung durch Angabe von Response-Telefonnummern in Werbebotschaften (Plakat, Mailing, TV, Radio),
– persönlich besetztes Service-Center als Ergänzung eines E-Callcenters im Rahmen des Internetauftritts.

Bei großen TV-Galaveranstaltungen, Events oder Spendenaufrufen garantiert das Callcenter persönliche Anrufentgegennahme durch Tausende von Telefonberatern in mehreren Callcentern, um in kurzen Zeiträumen Spenden direkt und verbindlich – durch die Entgegennahme von Einzugsermächtigungen – am Telefon aufzunehmen.

## 5.4.4.3 Outbound-Telemarketing

Unter Outbound-Telemarketing versteht man die direkte telefonische Kontaktaufnahme seitens der Organisation zu Förderern, Mitgliedern oder Interessenten.

Anwendungsbereiche des Inbound-Telemarketings im gemeinnützigen Bereich sind beispielsweise die Förderer-Rückgewinnung, die Neufördergewinnung und die Fördererbindung.

Die telefonische Kontaktaufnahme durch die Organisation zu ihren Förderern und Mitgliedern ist immer ein weiteres Element in dem breit gefächerten und strukturellen Betreuungskonzept, das den Mitgliedern/Förderern/Interessenten angeboten wird.

## 5.4.4.4 Callcenter-Technik

Ein Callcenter wird dann zum Organisations- und Managementzentrum, wenn es sich aus einer Reihe leistungsstarker Elemente der modernsten Telekommunikation zusammensetzt. Die Integration von Computer und Telefon, die eine Vielfalt von Funktionen ermöglicht, bildet den Kern eines Callcenters. Wesentliche Elemente eines modernen Callcenters sind:

- moderne Telemarketing-Arbeitsplätze,
- eine leistungsstarke Telefonanlage, die alle Arbeitsplätze einbindet und computergesteuert von intelligenten Wählsystemen unterstützt wird,
- eine ACD (Automatic Call Distribution)-Anlage, die als nötige Ergänzung die Einrichtung von Arbeitsgruppen und deren optimale Bedienung durch gesteuerte Anrufzuweisung sowie sekundengenaues Reporting über die Telefonie ermöglicht,
- hoch entwickelte Sprachsysteme (Voice Mail) und ein computergesteuertes Sprachdialog-System.

## 5.4.4.5 Service-Rufnummern

Service-Rufnummern entwickeln sich auch in Deutschland immer mehr zum Marketing- und Verkaufs-Tool Nummer eins. In Fernsehspots, Zeitschriften oder Mailings fordern die bekannten Service-Rufnummern 0800, 0180, 0137 oder 0190/0900 zur Kontaktaufnahme auf. Wer etwas bestellen, an Gewinnspielen teilnehmen oder aber Fragen stellen möchte, kann dies immer häufiger mittels kundenfreundlicher Service-Rufnummern tun. Denn eine Service-Rufnummer zeichnet sich dadurch aus, dass sie bundeseinheitlich zum gleichen Preis dem Kunden zur Verfügung steht.

*0800*: Mit 0800 *freephone*, der kostenlosen Service-Rufnummer, demonstriert die Organisation Kundenorientierung. Diese erhöhte Servicebereitschaft steigert den Kontakt zu ihren Mitgliedern und intensiviert die Mitgliederbindung.

*0180:* Mit 0180 *shared cost* bietet die Organisation günstigen Kundenservice zu einem bundesweit einheitlichen Tarif. Dabei teilt sich die Organisation die Verbindungskosten mit dem Anrufer. Es wird zwischen fünf verschiedenen Tarifoptionen unterschieden (01801, 01802, 01803, 01804 und 01805).

*0900:* Über 0900 *premium rate* kann eine Dienstleistung kostenpflichtig angeboten werden. Der Anrufer übernimmt die Kosten für das Gespräch. Mit 0900 können im Gegensatz zum alten 0190 die Tarife individuell festgelegt werden (maximal zwei Euro pro Minute bzw. 30 Euro pro Anruf). Bei hochwertigen Informationen wie z. B. Beratungsleistungen ist der Einsatz von 0900 ideal.

*0137:* Diese Servicenummer ist eine Rufnummer, die sich für Votings per Telefon durchgesetzt hat. Sie kann Massenverkehr bewältigen und ist eine akzeptierte Service-Rufnummer, deren Preis lediglich pro Anruf abgerechnet wird.

*Mehrwertdienste für Service-Rufnummern*

Zu den Content-Diensten des Telemarketings, die eingesetzt werden können, zählen unter anderem:

- Faxdienstleistungen (Faxabruf, Faxempfang, Massenfaxversand)
- Votingapplikationen (Abstimmungsmöglichkeiten)
- Spenden-Hotlines
- Premium-SMS (u. a. Generieren von Spenden via SMS)
- webbasierende Telefonkonferenzen (inkl. Einbindung von Präsentationen)

# 5.4.4.6 Zusatzleistungen im klassischen Telekommunikationsbereich

*Call-by-Call* (engl. „Anruf-für-Anruf", auf Englisch aber „Dial-Around-Service"). Über Call-by-Call führt man einen Telefonanruf mittels einer bestimmten Vorwahl – technisch formuliert einer Verbindungsnetzbetreiberkennzahl (VNBKZ) – über einen beliebigen Telefonanbieter. Dadurch ist dem Anrufenden die Möglichkeit gegeben, den jeweils günstigsten Anbieter für sein gewünschtes Gespräch auszuwählen.

*Preselection:* Wählt man keine Call-by-Call-Vorwahl vor, wird das Gespräch über den voreingestellten Verbindungsnetzbetreiber (VNB) geführt. In den meisten Fällen ist dies zurzeit die T-Com mit der Vorwahl 01033. Diese Voreinstellung lässt sich ändern und eine beliebige andere VNB-Vorwahl einstellen. Dieses Verfahren nennt sich Preselection.

Während der Vertragsdauer für eine Sparvorwahl (ohne mühsames Eintippen von Call-by-Call-Nummern vor jedem Gespräch) lassen sich die Verbindungskosten beispielsweise eines regulären Telefonanschlusses der Deutschen Telekom extrem reduzieren. Alle Telefonate in Orts-, Fern- und Auslandsnetze werden auf diese Weise häufig um 40 Prozent rabattiert, Mindestumsätze werden nicht abverlangt, und es können auch kurze Vertragslaufzeiten vereinbart werden. Für Vieltelefonierer in Handynetze gibt es Tarifvarianten, sodass auch Gespräche in Mobilfunknetze mit bis zu 30 Prozent rabattiert werden. Etliche Telefonanbieter gewähren Firmenkunden Rabatte, die analog auch NPOs gewährt werden. Hier empfiehlt es sich, die verschiedenen Anbieter zu vergleichen.

## Weiterführende Links

www.ddv.de

# 5.5 Haustür- und Straßenwerbung

*Robert Buchhaus / Ricarda Raths*

## 5.5.1 Haustür- und Straßenwerbung im Kommunikations-Mix der Nonprofit-Organisation

Für den Kommunikationsweg der Haustür- und Straßenwerbung sind mehrere Begrifflichkeiten im Umlauf. Die geläufigsten sind: Haustürwerbung, Mitgliederwerbung, Door-to-Door, Infostandwerbung, Face-to-Face, Direktdialog. Die Haustür- und Straßenwerbung ist eine Form des Direktmarketings, bei dem methodisch Zielgruppen direkt und aktiv angesprochen werden. Abbildung 1 zeigt die Differenzierung des Begriffs Direktmarketing.

Abbildung 1: Die verschiedenen Bereiche des Direktmarketings

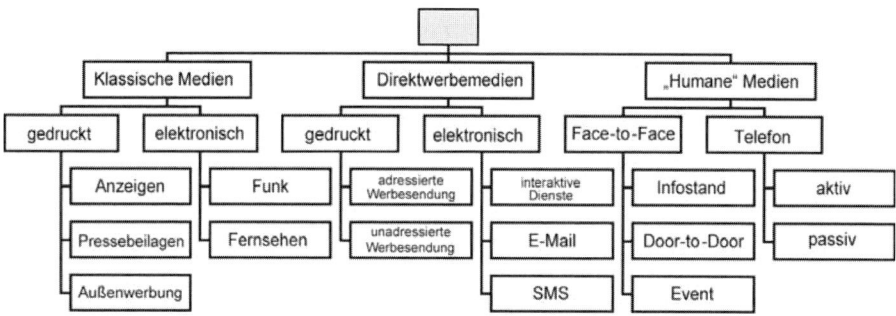

Im Folgenden wird zur Vereinfachung durchgehend vom Förderer gesprochen. Je nach Kommunikations- und Betreuungsprogramm der Nonprofit-Organisation (NPO) sind dies auch Dauerspender, Fördermitglieder oder Paten.

Das Ziel von Haustür- und Straßenwerbung ist es, neue Förderer langfristig für eine NPO durch die persönliche Ansprache und ein persönliches Gespräch zu gewinnen. Sechs Elemente zählen zu den wesentlichen Merkmalen dieser Werbemaßnahme, bei der es sich (1.) um einen unaufgeforderten, „kalten" Kontakt zu Menschen handelt, der (2.) an öffentlich zugänglichen Orten geschieht. Dabei wird (3.) die (finanzielle) Unterstützung durch regelmäßigen Zahlungsverkehr in den Vordergrund gestellt. Die Ansprache erfolgt (4.) mit geschultem Personal. Die Werbekampagnen sind (5.) strategisch und (6.) ökonomisch geplant und integrativer Bestandteil der Fundraising-Gesamtstrategie (siehe 3.1).

Strategisch zielt die Haustür- und Straßenwerbung vor allem auf die Zielperspektive Wachstum, aber auch auf das Branding und die Intensivierung der Beziehung zum Förderer. Optimale Wirkung kann diese Form der Werbung erfahrungsgemäß nur entfalten, wenn sie in andere bestehende Medien- oder Öffentlichkeitskampagnen eingebunden ist. Das so genannte Multi-Channel-Fundraising (siehe 5.9) bewährt sich hier.

Die Strategie bei der Haustürwerbung und/oder Straßenwerbung beruht auf der Auswahl der Zielgruppen. An der Haustür sind zu einem höheren Prozentsatz ältere Personen und Hausfrauen anzutreffen, dagegen ist am Infostand die Zielgruppe wenig eingrenzbar. In den letzten Jahren wurde die Ansprache am Infostand eher einer jüngeren Zielgruppe zugeordnet. Im Durchschnitt sind rund 70 Prozent der geworbenen Förderer bei einer Straßenwerbung unter 35 Jahren, somit eine Zielgruppe, die mit anderen Fundraising-Formen nur sehr schwer erreicht werden kann. Allerdings liegen bisher erst wenig Erfahrungen zielgruppenspezifischer Aktionen im Bereich der Straßenwerbung vor. In der Haustürwerbung hingegen bestehen zwar jahrzehntelange Erfahrungen, jedoch gibt es dazu keine repräsentativen Untersuchungen. Das eingesetzte Personal bei Stand- und Straßenwerbung ist zumeist jung und kann somit einen Einfluss auf die Altersansprache von Förderern haben. Auch ist zu vermuten, dass junge Förderer leichter spontane emotionale Entscheidungen treffen.

Die Haustürwerbung bietet die Möglichkeit, in einem begrenzten Gebiet eine hohe Penetrationsrate zu erzielen. Die Straßenwerbung wird schwerpunktmäßig eher an stark frequentierten Orten eingesetzt, wo mit einer hohen Anzahl an Passanten zu rechnen ist. Letztere bietet aber neben der Gewinnung von Förderern auch die Möglichkeit, durch Nutzung des Public-Relations-Effekts den Bekanntheitsgrad einer Organisation zu erhöhen (zur Standwerbung siehe auch 4.1.13).

Die Art der Kontaktaufnahme über das direkte Gespräch unterscheidet sich bei der Infostandwerbung nicht von der Haustürwerbung. Von Beginn an wird die Beziehung zwischen NPO und Förderer durch ein persönliches Gespräch aufgebaut. Die NPOs werden als aktiv und „zum Anfassen" wahrgenommen, der unmittelbare Austausch über die Ziele der NPO ist gewährleistet.

Diese besondere Form des Direktmarketings ermöglicht den Zugang zu einer breiten und neuen Zielgruppe. Das persönliche Gespräch erlaubt es, individuell auf potenzielle neue Förderer einzugehen. Dennoch stellt diese Kommunikationsform den Werbenden vor bestimmte Herausforderungen: Es ist nicht immer leicht, eine Verbindung des Förderers zu den Werten, Inhalten und der Mission der NPO herzustellen. Daher sind die durch Stand- und Straßenwerbung gewonnenen Förderer eine eigene Gruppe, deren Spendenmotivation anders gelagert sein kann als bei denjenigen Förderern, die aus Eigenmotivation an die NPO herangetreten sind. Von Beginn an stellt sich somit bei der Haustür- und Straßenwerbung die Frage nach möglichen Spendenmotiven und nach den Chancen, eine individuelle und vertrauensvolle Beziehung zum Förderer aufzubauen, um langfristiges Wachstum sicherzustellen. Auch greifen die vorhandenen Betreuungsprogramme nicht unbedingt. Die durch Stand- oder Haustürwerbung gewonnenen Förderer sind an persönliche und individuelle Kontakte und Betreuung gewöhnt. Besonders die Kommunikation mit jungen Spendern stellt für viele Organisationen eine große Herausforderung dar und erfordert ein Umdenken hinsichtlich ihrer Spenderbetreuungsprogramme.

Die Kontaktzahl am Infostand liegt meist höher als an der Haustür. Wobei der Kontakt an der Haustür dafür meist intensiver ist, da die sichere und persönliche Atmosphäre im Eingangsbereich der eigenen Wohnung Vertrauen schaffen kann. – Je nach Organisationskultur kann der Haustürkontakt aber auch als Eindringen in die Privatsphäre empfunden werden. Der Einsatz von Haustür- und Straßenwerbung ist daher bei vielen NPOs nach wie vor umstritten.

# 5.5.2 Kosten

Die Kosten einer Haustür- und Straßenwerbung sind je nach Umsetzungsgröße meist hoch, halten aber einem Vergleich mit anderen Methoden zur Gewinnung von Neuspendern stand. Die gute Planbarkeit des Einkommens durch regelmäßige Spenden per Lastschrifteinzug ermöglichen eine sichere Berechnung des Return on Investment (ROI). Derzeit werden in Deutschland durchschnittlich regelmäßige Jahresbeträge von ca. 70 Euro pro Förderer über die Haustür- und Straßenwerbung erreicht. Dabei bleiben die Förderer der NPO durchschnittlich sechs Jahre treu. Der individuelle Jahresbetrag kann durch Upgrading-Maßnahmen erhöht werden. In der Regel ist eine Erhöhung des Jahresbetrags ab dem zweiten Jahr auf einen Durchschnitt von 85 Euro realistisch.

Die Erstrealisierungsquoten der Spendenzusagen aus der Haustür- und Straßenwerbung hängen im Wesentlichen vom Management und dem Personal ab, die Folgerealisierungen vorwiegend von der Qualität der entsprechenden Kommunikationsprogramme (siehe 3.3.4). Durch qualitätssichernde Maßnahmen können Stornierungen reduziert und damit eine hohe Realisierungsrate der Beiträge sichergestellt werden.

Als Faustregel wird genannt: *Bei 100 angesprochenen Passanten können 10 inhaltliche Gespräche geführt und dabei 1 neuer Förderer gewonnen werden.* Wenn das Personal an einem Arbeitstag acht Stunden im Einsatz ist, kann somit ein Mitarbeiter fünf bis acht neue Förderer gewinnen. Diese Form der Kalkulation ermöglicht eine entsprechend vereinfachte Kostenaufstellung. Die Kostenstellen für Personal, Rekrutierung, Vergütung, Equipment, Management, Datenverarbeitung und Genehmigungen lassen sich auf die Arbeitsstunde oder den Mitarbeiter genau berechnen. Eine hohe Anzahl von Mitarbeitenden und der Einsatz von mehreren Teams kann der NPO in relativ kurzer Zeit ein enormes Wachstumspotenzial erschließen. Dennoch: Stornierungen, vor allem sofortige Austritte, mindern die Erfolgsraten einer Haustür- und Straßenwerbungskampagne – und sind entsprechend einzurechnen. Derzeit liegen die Stornierungen bei der Haustür- und Straßenwerbung bei durchschnittlich 30 Prozent im ersten Jahr. Hier macht sich das Zufriedenheitsmanagement einer NPO bezahlt: So kann z. B. ein gut geschulter Mitarbeiter einer NPO, der den Stornierungen der Förderer telefonisch nachgeht, bis zu drei Prozent sofort reaktivieren. Die Chance einer Reaktivierung ist auch nach einem Jahr gegeben und kann mit bis zu 30 Prozent kalkuliert werden.

# 5.5.3 Planung und Umsetzung von Haustür- und Straßenwerbung

Die Haustür- und Straßenwerbung bedarf eines höheren Personal- und Zeiteinsatzes als andere Methoden zur Neuförderergewinnung. Im Personalmanagement liegt daher der Schlüssel zum Erfolg.

In den meisten NPOs stehen Zeit- und Personalressourcen zur Durchführung von Haustür- und Straßenwerbungsmaßnahmen nicht zur Verfügung. Ob die finanziellen Ressourcen ausreichen, für diese Kommunikation eine Agentur zu beauftragen, wird bei der Entscheidung für oder gegen diese Möglichkeit des Fundraisings ausschlaggebend sein (siehe 2.2.4). Für bundesweit agierende Organisationen bedeutet der ständige Ortswechsel von Haustür- und Straßenwerbungskampagnen eine besondere logistische Herausforderung.

Die Fundraiserin oder der Fundraiser übernimmt die Aufgaben der strategischen Planung, Konzeption sowie der Budgeterstellung und -überwachung. Die konkrete Umsetzung erfolgt bei größeren Kampagnen idealerweise durch einen Koordinator. Dieser überwacht neben dem täglichen Einsatz des Personals auch die logistische und rechtliche Abwicklung des Projekts. Vor Ort wird das Personal durch eine Leitungs- und Supportperson (Teamleiter) geführt, um die Qualität der Gesprächsführung, aber auch die Motivation des Personals sicherzustellen.

Folgende strategische und konzeptionelle Aspekte sind bei der Planung von Infostand- oder Straßenwerbung von herausragender Bedeutung:

- die Suche und Auswahl des Personals;
- die Führung, Motivation, Ausbildung und das begleitende Coaching für das ausgewählte Personal (die Ausbildung erstreckt sich von inhaltlichen über kommunikative bis hin zu vertriebsorientierten Schulungen);
- ein ausreichender Bestand an Materialien und Ausrüstung;
- das Einholen von Genehmigungen (siehe 7.7) zur Durchführung von Sammlungen und zur Nutzung von öffentlichen Plätzen. Eine Genehmigung für die Nutzung von öffentlichen Plätzen ist immer vor Ort zu beantragen. Die Genehmigungsverfahren für Stand- und Straßensammlungen sind länderspezifisch geregelt. Die zuständigen Behörden sind zumeist entweder das Regierungspräsidium, die Kreis-, Stadt- oder Gemeindeverwaltung. Die Erlaubnis bezieht sich auf einen bestimmten Sammlungszeitraum, das Sammlungsgebiet, die Art und Weise der Sammlung sowie den Sammlungszweck. Findet eine Werbung und Sammlung auf privatem Gelände, z. B. dem eines Supermarktes oder Baumarktes statt, besteht meist keine Genehmigungspflicht. Hier reicht das Einverständnis des Eigentümers.

Die Stand- und Straßenwerbung ist erst nach der Buchung der Beiträge, nach der Datenaufbereitung und der Evaluation beendet.

Einzelne Aspekte sollen im Folgenden weiter ausgeführt werden.

(1) Personal

Die Auswahl des Personals beeinflusst den Erfolg der Haustür- und Straßenwerbung wesentlich. Die Aufgabe des Personals besteht darin, Menschen zu kontaktieren, sie über die Ziele und Aufgaben der NPO zu informieren und um regelmäßige Förderung zu bitten. Der Einsatzort ist im Regelfall draußen.

Förderergewinnung ist ein anstrengender und anspruchsvoller Job. Das Personal sollte dynamisch, redegewandt, extrovertiert, empathisch, sympathisch, konsequent, emotional gefestigt und mit hoher Frustrationstoleranz ausgestattet sein. Gerade die Straßenwerbung erfordert eine hohe Kontaktrate, bis ein Gespräch zustande kommt. Dazu wird ein hohes Maß an Kommunikationsfähigkeit, gutes Auftreten und ein gutes Gespür bei der Frage nach Geld erwartet.

Die natürlichen Kommunikationsfähigkeiten des Personals sollten individuell gefördert werden, ebenso die Gesprächsführung. Es ist darauf zu achten, dass die Qualität der Gespräche durch Coaching und Motivation gesichert wird. Motiviertes Personal vermittelt z. B. durch den Einsatz proaktiver Körpersprache einen positiven ersten Eindruck. Ausbildung und Coaching verringern darüber hinaus auch die Fluktuation des Personals.

Die richtige Motivation des Personals ist wichtig. Personal mit ausschließlich hoher ideeller Überzeugung verfügt oft nicht über den nötigen Abstand bei der Gewinnung von Förderern. Den Idealfall stellt die Kombination von ideeller und monetärer Motivation dar, da Zielvorgaben über finanzielle Anreize gut gesteuert werden können.

In NPOs werden Motivationsanreize über finanzielle Mittel unterschiedlich gehandhabt und sind überdies umstritten. Die Vergütung des Personals sollte in jedem Fall einen interessanten Verdienst im Vergleich zu anderen Jobmöglichkeiten gewährleisten und zu hohem Einsatz animieren. Um dies zu erreichen, gibt es mehrere Möglichkeiten: Die ergebnisorientierte Bezahlung ist meist die erfolgreichste, wenn Haustür- und Straßenwerbung aus ökonomischer Sicht betrachtet werden. Allerdings sollten die vermittelten Werte und der Einsatz für die NPO im Vordergrund stehen. Die Bezahlung über ein Fixum mit Sonderprämien dagegen ist ethisch vertretbarer, findet Anerkennung beim Personal und motiviert es. Allerdings müssen diese Sonderprämien bestimmte Voraussetzungen erfüllen, um gemäß der Selbstverpflichtung des Deutschen Zentralinstituts für soziale Fragen (DZI) als erfolgsabhängige Vergütung von Werbetätigkeiten zulässig zu sein.

In den vergangenen Jahren sind meist junge Menschen für eine Haustür- und Straßenwerbung beschäftigt worden. Dies liegt zum einen an den Erfordernissen eines flexiblen Zeiteinsatzes und zum anderen an der Offenheit und Lernfähigkeit dieser Altersgruppe.

(2) Gebietsauswahl

Die Auswahl des Werbegebietes hängt sowohl von den eigenen strategischen Überlegungen als auch von den gewählten Zielgruppen ab. Generell ist eine hohe Anzahl von Passanten (Frequenz) ein Schlüsselfaktor zum Erfolg. Vor großen Kampagnen müssen in jedem Fall die Frequenzen bestimmter Orte getestet und vorab bestimmt werden. Die Auswahl der Gebiete sollte die sozidemografischen Eigenschaften der Wohnbevölkerung berücksichtigen. Die Kontaktraten sind an der Haustür meist geringer als bei der Straßenwerbung, aber dafür besteht die Möglichkeit, nicht angetroffene Personen erneut gezielt aufzusuchen, bis der Kontakt zustande kommt.

(3) Uhrzeiten

Der Zeitrahmen der Maßnahme ist stark an die Gebiete und die gewählte Kampagnenform gekoppelt. Die Frequenz der Passanten in einer Fußgängerzone ist beispielsweise an die Ladenöffnungszeiten gekoppelt. Bei dem Haustürkontakt ist der zeitliche Aspekt sorgsam zu planen. Die Ansprache zwischen 12.00 und 14.00 Uhr ist weniger empfehlenswert, da in vielen Gegenden Mittagsruhe gehalten wird. Vor allem bei der Haustürwerbung erreicht man zu unterschiedlichen Tageszeiten oft deutlich unterschiedliche Bevölkerungsschichten – Berufstätige werden typischerweise tagsüber kaum angetroffen, weshalb die Abendstunden eine wichtige Werbezeit sind.

(4) Material und Ausrüstung

Der persönliche Kontakt bei Haustür- und Straßenwerbung wird durch das unterstützende Material abgerundet. Für dessen Gestaltung sind Leitlinien der Selbstverpflichtung des Deutschen Zentralinstituts für soziale Fragen (DZI) hilfreich.[1] Die Beachtung folgender Grundsätze ist unbedingt zu empfehlen:

(a) Die Zweckbestimmung der Spenden oder Sammlungen sowie die Dringlichkeit der verfolgten Zwecke und die Eignung der geplanten Maßnahmen zur Erreichung dieser Zwecke werden öffentlich und nachvollziehbar dargelegt.

(b) Die Wort- und Bildwerbung ist wahr, eindeutig und sachlich gehalten. Werbung, die geeignet ist, den Spender in seiner unabhängigen, sachbezogenen Entscheidung zu behindern, wird unterlassen. Darüber hinaus hat die Darstellung von Not und Elend die Würde der Betroffenen zu bewahren.

(c) Bezeichnungen, Namen, Namenskürzungen, Aufmachungen, Zeichen u. a., welche geeignet sind, Verwechslungen mit Bezeichnungen, Namen, Namenskürzungen, Aufmachung, Zeichen u. a. anderer Institutionen hervorzurufen oder den Eindruck einer Beziehung zu solchen Institutionen entstehen zu lassen, werden nicht verwendet.

(d) Der Name der Organisation wird ausschließlich in Bezug auf die satzungsgemäßen Zwecke der Organisation eingesetzt. Eine Verwendung des Namens bzw. Logos durch gewerblich tätige Dritte ist nur dann zulässig, wenn der damit Umworbene eindeutig erkennen kann, dass er für gewerbliche Zwecke angesprochen wird. Die Verwendung des Namens im Zusammenhang mit Sozialsponsoring bleibt davon unberührt.

Dabei werden folgende Ausführungsbestimmungen als Leitlinie akzeptiert:

(a) Die Qualität der Werbung des von der Spenden sammelnden Organisation beauftragten Werbers entspricht den Grundsätzen der Selbstverpflichtung, und die auftraggebende Organisation bleibt ohne Ausnahme dafür verantwortlich.

(b) Der Umworbene kann erkennen, dass er von einem gewerblichen bzw. beruflichen Werber auf Erfolgsbasis angesprochen wird. Dazu sind insbesondere jedes vom Umworbenen zu unterzeichnende Schriftstück (z. B. Formularsätze) sowie die vorzulegende Legitimation des Werbers durch die Organisation entsprechend eindeutig und sichtbar zu kennzeichnen.

(c) Bei der Mitglieder- und Fördermitgliederwerbung wird ein Rücktrittsrecht von mindestens zwei Wochen eingeräumt. Dieses Recht muss auf der zu unterzeichnenden Beitrittserklärung an hervorgehobener Stelle und zur gesonderten Unterschrift formuliert sein. (Anmerkung: Eine Fördermitgliedschaft stellt rechtlich eine einseitige Willenserklärung dar, die ohnehin jederzeit widerrufen werden kann.)

(d) Eine Weitergabe von uniformartiger Dienstkleidung der auftraggebenden Organisation zu Werbezwecken an Dritte ist ausgeschlossen.

Personal ist daher mit entsprechender Kleidung auszurüsten, die die Zugehörigkeit zur NPO erkennen lässt. Um Passanten und Bewohnern klar zu erkennen zu geben, wer die Haustür- und Straßenwerbung durchführt und welche Legitimation das Personal hat, ist die Ausstellung eines Ausweises zu empfehlen, sofern dieser nicht in den Sammlungsgesetzen ohnehin als Pflicht vorgeschrieben ist. Die Gesprächsinhalte sollten mit einfachem Informationsmaterial unterstützt werden. Dabei ist darauf zu achten, dass einfachere und Ausweichkommunikationswege auszuschließen sind. Informationsmaterialien mit einem Responseelement laden tendenziell dazu ein, sich dem Gespräch zu verweigern, was dem Ziel der Gewinnung von neuen Förderern hinderlich ist. Ebenso ist die Veröffentlichung von Internetadressen auf der Kleidung des Personals zwar ein sehr gutes Mittel, um deren Bekanntheit zu erhöhen, aber unterstützt eben nicht die Gewinnung von neuen Förderern.

Das Informationsmaterial sollte einen kurzen und optimalen Überblick über die NPO geben und die im Gespräch grundsätzlich angesprochenen Ziele, Aufgaben und Aktivitäten wiedergeben. Wesentlich ist, dass Formulare für Mitgliedschaften und regelmäßige Unterstützung am Informationsstand vorliegen. Der Inhalt eines Formulars erstreckt sich von den üblichen Stamm- und Bankdaten bis hin zur Aufnahme der E-Mail-Adresse und der Telefonnummer. Der Infostand sollte dem Branding der NPO entsprechen.

(5) Sammelbüchsen

Straßen- oder Haustürsammlungen mit Sammelbüchsen unterscheiden sich grundsätzlich von Mitgliederwerbeaktionen, da um (im Regelfall signifikant geringere) Barspenden gefragt wird, also nicht die regelmäßige Unterstützung, sondern eine Einmalspende im Mittelpunkt steht und meist auch keinerlei Adressdaten der Spender aufgenommen werden. Auch rechtlich sind Bargeldsammlungen von Mitgliederwerbung abzugrenzen und bedürfen in den meisten Bundesländern anderer Genehmigungen. Aber auch hier sind die zeitlichen, logistischen und personellen Anforderungen vorher abzuklären.

Strategisch und ökonomisch sind Sammlungen mit dem Ziel der einmaligen Barspende dem Wachstum einer Organisation nicht dienlich. Jedoch können einmalige Aktionen, gerade im regionalen Bereich, gut mit einer Barsammlung verbunden werden. Die Motivation der Spender, eine Barzahlung zu tätigen, ist weitaus höher und erreicht damit eine höhere Kontakt- und Realisierungsrate. Die Beträge liegen meist unter denen der Haustür- und Straßenwerbung, können aber mit so genannten Incentives verstärkt werden. So ist z. B. ein Spielzeugbaustein als Symbol für den Bau eines neuen Hauses für Obdachlose ein Verstärker, der nicht nur die Kontaktrate, sondern auch den Durchschnittsbetrag erhöht. Die Sammlung von Barspenden erlaubt zudem den Einsatz von Personal mit geringerer Gesprächskompetenz, wenn es sich mit den Zielen der NPO ausreichend identifiziert.

(6) Öffentlichkeitsarbeit

Jede Art von unterstützender Öffentlichkeitsarbeit kommt der Haustür- und Straßenwerbung zugute. So ist es beispielsweise sinnvoll, wenn Haustür- und Straßensammlungen in den regionalen Medien angekündigt werden. Auch sollten mögliche Verstärker gezielt genutzt werden, wenn z. B. durch eine zeitliche Kopplung mit anderen Informationen oder Gedenktagen mehr Aufmerksamkeit entstehen kann. Um die Kontaktraten einer NPO für medizinische Projekte zu erhöhen, dienen z. B. Informations- und Gesundheitstage eines Unternehmens als Multiplikator. Aber auch die Bekanntgabe einer hohen Einzelspende im Rahmen des Kampagnenprojekts, für das eine Haustür- und Straßenwerbung geplant ist, kann eine große Unterstützung bedeuten. Eine aktive und unterstützende Öffentlichkeitsarbeit ist besonders für wenig bekannte und kleine NPOs sehr wichtig.

(7) Dank, Evaluation und Abschluss

Das Erstgespräch endet und der Aufbau eines Betreuungsprogramms beginnt mit dem Dank an den Förderer. Schon direkt nach dem Gespräch könnten die neuen Förderer neben einer Formularkopie einen Dank in Form eines Merchandisingproduktes erhalten. In der weiteren Kommunikation sollten die Inhalte der Organisation deutlich herausgestellt werden. Jetzt ist es das Ziel, die persönlichen Interessen der Förderer zu erfahren und in die Betreuung einzubeziehen, um Identifikation aufzubauen. Da der Abschluss der Fördermitgliedschaft auf persönliche und interaktive Weise zustande gekommen ist, besteht die Gefahr, dass bei ausbleibendem aktivem Aufbau die „Lebensdauer" der Förderer niedrig wird. Empfehlenswert ist daher, sofort nach dem Gespräch und der Aufnahme der Datensätze in die Datenbank die Gesprächsbestätigung und die seiner Inhalte schriftlich zu kommunizieren. Obwohl die durch Haustür- und Straßenwerbung gewonnenen Förderer zumeist eine eindeutige Präferenz für eine direkte persönliche Kommunikation haben, legen auch sie üblicherweise Wert auf die gewohnten Kanäle, wenn es beispielsweise um die Bestätigung einer langfristigen Unterstützung geht. Dennoch sollten im weiteren Kontakt besonders die Kommunikationskanäle der humanen Medien, also der Dialog, im Vordergrund stehen.

Der Dank an die gewonnenen Förderer über das Telefon kann gleichzeitig auch zur Qualitätssicherung eingesetzt werden. Die NPOs können so das Reporting über die geführten Gespräche übernehmen. Auch die Angaben über Richtigkeit der Adress- und Bankdaten ist in diesem Telefonat zu kontrollieren. Damit werden höhere Buchungsraten realisiert. Dem Image einer aktiven NPO „zum Anfassen", das diese durch die

Haustür- und Straßenwerbung gewonnen hat, entspricht eben nicht das Schreiben von anonymen Mailings, sondern ein bedürfnis- und nutzenorientierter Umgang mit dem Förderer.

## 5.5.4 Erfolgskontrolle

Die Erfolgskontrolle einer Haustür- und Straßenwerbungskampagne basiert auf der Kostenkalkulation und bestimmten Kennzahlen. Die Anzahl der Mitarbeiterstunden kann den korrekten Datensätzen und den gewonnenen Förderern gegenübergestellt werden, wobei die Sicherung von korrekten Datensätzen im Gespräch vorgenommen wird und die Realisierung mit entsprechenden Kontrollmaßnahmen erhöht werden kann, wie z. B. das Überprüfen der Daten auf Kontokarten, bevor Bankdaten aufgenommen werden. Aber auch die Zeitfolgen zwischen geführtem Gespräch, Aufnahme des Datensatzes und der durchgeführten Buchung ist eine Kennzahl, die Schlüsse auf die Qualität und den Erfolg zulässt. Vereinbarte Zahlungsintervalle und Gesprächsinhalte müssen so schnell wie möglich durchgeführt und sichergestellt werden. Denn so erhält der Förderer einen professionellen Eindruck von der NPO. Ebenso ist der Jahresbetrag eine Kennzahl, die auf die Art der Ansprache Rückschlüsse erlaubt und entsprechend in die Berechnung einfließt. So werden u. a. die Anzahl der Förderer mit geringen Jahresbeträgen der Anzahl der Förderer mit hohen Jahresbeträgen gegenübergestellt. Erfahrungsgemäß sind durchschnittliche Jahresbeträge über 120 Euro mit Haustür- und Straßenwerbung in Deutschland nicht zu erreichen.

Die Kennzahlen sind dann entsprechend auszuwerten, wenn sichergestellt ist, dass die Haustür- und Straßenwerbung tagesgenau auf das Personal und das Gebiet umzurechnen sind. Tagespolitische Ereignisse haben auf den Erfolg dieser Werbemaßnahme ebenso Auswirkungen wie auch etwaige andere Formen der Fördereransprache und sollten in die Auswertung einbezogen werden.

## 5.5.5 Entwicklung und Entwicklungsperspektiven

Vor allem die Straßenwerbung ist in Deutschland eine junge Kommunikationsform im Fundraising. Es liegen noch zu wenig oder gar keine Statistiken vor, die repräsentative Aussagen über die Entwicklung zulassen. Es lässt sich jedoch ein Trend ausmachen, der sich mit den allgemeinen am Markt zu beobachtenden Verhaltensweisen deckt. So ist der Dialog mit den Förderern, wie auch schon in vielen Eventbeispielen dokumentiert, ein wachsender Bereich innerhalb des Kommunikations-Mix von NPOs. Das Bewusstsein, dass solche Methoden mit hohen Streuverlusten verbunden sind, muss noch geschärft werden. Erst wenn die NPOs trotz dieser Verluste die Chance für den Akquiseprozess erkennen, da über ihn ein erster Kontakt hergestellt werden kann, wird auch die Haustür- und Straßenwerbung ein wichtiger Bestandteil in ihrem Fundraising-Mix werden. Die Basis dieses Kommunikationsinstruments, das persönliche Gespräch, wird in Zukunft an Bedeutung gewinnen.

Auch der stagnierende Spendenmarkt und der Wertewandel der Spender sind klare Anzeichen für ein immer stärker werdendes Dialogbedürfnis und damit ein Argument für den Einsatz von Haustür- und Straßenwerbung. Diesem Bedürfnis wird man in Zukunft stärker entgegenkommen müssen.

Flexiblere Gestaltungsmöglichkeiten, auch vor dem Hintergrund des Multi-Channel-Fundraisings, werden individueller und kreativer auf die Zielgruppen zugeschnitten. Vor allem das Potenzial der jungen Spender wird in den nächsten Jahren stärkere Beachtung finden. Im Moment gibt es wenig alternative Fundraising-Formen und -Methoden, um junge Menschen als aktive Förderer zu gewinnen. NPOs werden umdenken und lernen müssen, denn die jungen Förderer lassen sich nicht mehr mit den üblichen Betreuungstools binden. In England hat sich der Begriff des „Charity Virgins" etabliert. Hierbei konzentrieren sich die NPOs auf junge Menschen, die im Erstkontakt über die Straßenwerbung gewonnen wurden und direkt als regelmäßige Förderer eingestiegen sind.

Eine Sättigungsgrenze ist in der Haustür- und Straßenwerbung – anders als beim Mailing – noch nicht zu erkennen. Die Straßenwerbung ist in Deutschland vergleichsweise noch unterrepräsentiert, wohingegen es hinsichtlich der Haustürwerbung weltweit an führender Stelle liegt.

Haustür- und Straßenwerbung ist und bleibt eine umstrittene Kommunikationsform. Die Diskussionen darum sind mit einem steigenden Aufkommen der Straßenwerbung noch deutlicher in die Öffentlichkeit gerückt – und das obwohl die Haustürwerbung gerade in großen Organisationen wie dem DRK oder den Johannitern bereits seit vierzig Jahren erfolgreich eingesetzt wird. Diese Organisationen haben auf diese Weise bereits mehrere Millionen Fördermitglieder geworben.

Ethische Bedenken lassen sich gut über die entsprechende Qualität der Haustür- und Straßenwerbung und z. B. die Einbindung der Leitlinien des DZI ausräumen.[2] Die in den vergangenen Jahren aufgekommenen Kritikpunkte sind ausschließlich dem unprofessionellen Umgang zuzuschreiben. Es muss ein produktiver ethischer Diskussionsprozess in Gang kommen. In England beispielsweise wurden unter Beteiligung von 95 Prozent aller Vereine und Agenturen, die Haustür- und Straßenwerbung durchführen, die Public Fundraising Regulatory Association (PFRA) gegründet. Sie fungiert als selbstregulierende Organisation, erstellt Qualitätskriterien, überwacht diese z. B. durch „Mistery Shopping" und ist zentrale Schnittstelle für die Koordination von Standplätzen, Beschwerden und Genehmigungen.

## Anmerkungen

1  DZI Spenden-Siegel: Zeichen für Vertrauen – Leitlinien und Ausführungsbestimmungen, Berlin 2003, herunterzuladen unter www.dzi.de/leitlinien.pdf.

2  Ebd.

# 5.6 Merchandising und Product Selling

*Uwe Koß*

## 5.6.1 Begriffsklärung und Entwicklungsperspektiven

In der Industrie ist Merchandising ein schon lange bewährter Erfolgsfaktor. Schulhefte mit Mickymaus-Motiv oder Strümpfe mit den Schlümpfen verkaufen sich besser als neutrale Waren. Spätestens seit George Lucas als Regisseur von „Star Wars" die Fortsetzung der fünften Episode allein mit seinen Einnahmen aus Merchandising-Produkten finanzieren konnte, werden Kinofilme auch unter dem Aspekt des Merchandisings mit konzipiert.

Im Bereich des Merchandisings bzw. Product Selling entfernt sich eine Nonprofit-Organisation (NPO) mit am weitesten vom Bereich des Dritten Sektors und tritt wie ein Teilnehmer des Zweiten Sektors am Markt auf. Dementsprechend gelten zusätzlich stärker betriebswirtschaftliche Regeln und sind beim Steuer-, Wettbewerbs- und Urheberrecht andere Regelungen zu berücksichtigen. Neben dem direkten monetären Nutzen aus dem Verkauf dient jedes Produkt auch der Werbung für Ihre Sache – Menschen benutzen „Ihren" Kugelschreiber, trinken aus „Ihrer" Tasse oder haben „Ihre" Armbanduhr am Handgelenk und werden im Alltag an Ihre Organisation erinnert. Beim Merchandising macht das Partnerunternehmen mit seinem Marketing für das Produkt en passant kostenlos Werbung für Ihre Sache.

Unter Merchandising (engl. *merchandise* = Waren) oder Product Selling (engl. Warenverkauf) versteht man im Fundraising den kommerziellen Absatz bzw. die Verkaufsförderung von Handelswaren durch bzw. unter Beteiligung von NPOs. Der Verkaufspreis entspricht mindestens dem marktgerechten Wert. Davon zu unterscheiden ist z. B. das Give-away bei Mailings oder auf Messen, mit dem um eine (freiwillige) Spende gebeten wird, oder das symbolische Anerkennungsgeschenk für eine Spende wie ein Baustein oder eine Aktie (siehe 4.1.15).

Merchandising bietet dem Käufer einen immateriellen Zusatznutzen, der den eventuell sogar höheren Preis gegenüber dem Marktwert rechtfertigen soll. Dieser besteht im Image oder positiven Gefühl, das man mit dem Produkt zusammen „mitkauft". In der Regel wertet man ein Produkt auf, indem man es mit dem Logo der Organisation versieht. Bei einer werbemäßige Aufwertung von Waren und Dienstleistungen durch die Beteiligung von sozialen Organisationen spricht man von „Responsible Marketing".

Merchandising und Product Selling haben im Dritten Sektor noch ein großes Entwicklungspotenzial, da sie Ressourcen des Zweiten Sektors aktivieren. Allerdings ist das Generieren von Mitteln durch Product Selling mit vorlaufenden Kosten bzw. unternehmerischem Risiko verbunden (vgl. 5.6.2). Beim Merchandising sind die monetären Kosten gering, allerdings besteht das Risiko, eine gut etablierte soziale Marke („den guten Ruf") nachhaltig zu schädigen.

Bedingt durch eine höhere Sensibilisierung der Verbraucher (Politik mit dem Geldbeutel) und des daraus resultierenden Bedürfnisses von Unternehmen, ihre vorhandenen oder für nötig erachteten ökologischen bzw. sozialen Kompetenzen werblich in den Vordergrund zu stellen, hat sich der Markt für Responsible Marketing in den letzten Jahren boomartig entwickelt. Die Kampagne, die als Erste größere Aufmerksamkeit in der Öffentlichkeit auf sich zog, war 2002 das „Krombacher Regenwald Projekt", das die Brauerei Krombacher zusammen mit dem WWF durchführte. „Mit jeder Kiste Krombacher Pils, die Sie in Zukunft kaufen, schützen Sie einen Quadratmeter Regenwald", warb der Fernsehmoderator Günther Jauch in Werbespots. Die Kampagne war für beide Partner finanziell ein großer Erfolg: Die Brauerei konnte ihren Umsatz – im ansonsten rückgängigen Biermarkt – 2003 um 8,1 Prozent steigern, der WWF bekam für die Aktionen der Jahre 2002 bis 2004 insgesamt 2,4 Millionen Euro von Krombacher überwiesen. Allerdings brachte die Aufnahme eines weiteren Partners, der Fluglinie LTU, dem WWF sehr negative Schlagzeilen – angesichts der Umweltschäden, die durch den steigenden Flugverkehr ausgelöst wurden, sprach man von einem „Schnäppchen", sich mit 250.000 Euro eine ökologisch saubere Weste zu besorgen.[1] Die Initiative zu dieser Aktion ging von Krombacher aus. Die Brauerei suchte von sich aus einen NPO-Partner, von der zuständigen Werbeagentur wurde das Gesamtkonzept mit Werbeträger und Aussagerichtung erstellt.

Bei den weiteren großen „Joint Ventures" zwischen Unternehmen und NPOs ging in der Regel die Initiative ebenfalls von den Unternehmen bzw. ihren Werbeagenturen aus: u. a. Volvic und UNICEF („1 Liter für 10 Liter": Gewinnung von Trinkwasser in Äthiopien), Ritter Sport und UNICEF („1 Packung Quadrago = 1 Tag lernen": Schulmaterial für Kinder in Angola, Malawi und Ruanda), Procter & Gamble Deutschland und SOS-Kinderdörfer („1 Tube Zahncreme = 1 cent-‚Baustein'": Gesundheitszentrum in Brasilien). Nachdem für die großen Unternehmen meist nur renommierte, große Wohltätigkeitsaktionen infrage kommen, scheint hier noch großes Entwicklungspotenzial für mittlere Unternehmen und mittlere NPOs bzw. lokale Unternehmen und lokal tätige NPOs vorhanden. Hier könnte auch stärker die Initiative von den NPOs ausgehen.

## 5.6.2 Voraussetzungen

Grundsätzlich empfiehlt sich vor der Realisierung von Product Selling oder Merchandising eine Bestandsaufnahme: Was passt zu mir und warum? Fehlentscheidungen an diesem Punkt können später oft nur um den Preis erheblicher finanzieller Einbußen und einer schlechten Presse korrigiert werden. Folgender Fragenkatalog kann bei der Bewertung helfen:

- Wie groß ist der Wert meines Logos? Eine „Verliebtheit" in die eigene Corporate Identity führt zu einer Überbewertung des eigenen Logos. Testfrage: Würde ich selber dieses Produkt auch kaufen, wenn es das Logo einer ähnlich bekannten Organisation trägt?

– Ist die Funktion des Produktes klar? Will ich ein „echtes" Product Selling und damit Geld verdienen, oder schillert das Produkt zwischen Give-away, Geschenk für Spender und Vorstände und Verkaufsprodukt?

– Will ich das Produkt selbst vermarkten und plane dementsprechend Vertriebsstrategien, Lagerhaltung und Werbung ein oder vergebe ich Lizenzen mit dem Risiko, mich an einen Vertriebspartner zu binden?

– Welches Image wird gegenseitig übertragen – von mir auf das andere Unternehmen, aber auch vom Unternehmen auf mich (passt der „Ruf" zu mir – auch ausgetestet in einem „Stresstest", indem ich die negativste Seite des anderen auf mich übertrage)? Wie sieht die Kalkulation aus (vgl. 5.6.3), und kann ich die Anfangsinvestitionen aufbringen?

# 5.6.3 Planung und Realisierung

Die Anwendung des Sieben-Phasen-Modells systematischer Kommunikation (siehe 3.2.2) bewahrt bei Planung und Realisierung vor strategischen Fehlentscheidungen, die in diesem Gebiet des Fundraisings sehr häufig auftreten, denn verlockend „einfach" erscheinen Firmenangebote mit einer fertig konzipierten Werbekampagne oder einem fertigen Produkt, für die eine NPO nur ihren Namen und ihr Logo zur Verfügung stellen soll. Wenn Sie sich auf ein solches Angebot einlassen, überspringen Sie die Planungsphasen eins bis drei und beginnen ein neues Projekt gleich in der vierten Phase „Strategie, Planung" oder in der fünften Phase „Kreation".

## 5.6.3.1 Merchandising

Beim Merchandising empfiehlt sich besonders, die erste Phase „Aufgabe, Fragen" des Sieben-Phasen Modells systematischer Kommunikation intensiv durchzuführen. Fragen des Images des Partnerunternehmens, des eigenen Images und des Imagetransfers sollten ausführlich bedacht werden. Ein Stresstest mit einem Worst-Case-Szenario (z. B. „Was passiert, wenn das Unternehmen XY in einen Umweltskandal verwickelt wird?") kann bei der weiteren Vertragsausgestaltung hilfreich sein (z. B. Sonderkündigungsrecht vorbehalten, Absprache in der Pressearbeit usw.).

Die Kosten für Merchandising sind zunächst gering. Sie arbeiten mit dem nicht-monetären Kapital, dem guten Ruf Ihrer NPO bzw. dem Markenwert Ihres Logos. So verlockend dieser Zinsertrag zunächst aussieht, so sehr sollten Sie aber den Preis, den eine mögliche Rufschädigung für Sie langfristig haben könnte, im Auge behalten. (Siehe auch die Checkliste „Checkfragen zum Merchandising" im Anhang.)

## 5.6.3.2 Product Selling

Beim Product Selling ergeben sich über eine normale Fundraising-Kampagne hinaus neue Aspekte, die bedacht werden müssen. Normalerweise wird die Zielgruppe (in der Regel Spender oder Interessierte) unter dem Aspekt der Spendenbereitschaft betrachtet. Beim Verkauf müssen marktwirtschaftliche Vertriebsüberlegungen dazukommen: Warum soll die Zielgruppe dieses Produkt kaufen? Interessiert sich die Zielgruppe für dieses Produkt (merke: die Zielgruppe – nicht der Fundraiser)? Wie ist die Marktlage bei diesem Produkt – gesättigt, offen?

Wenn die Entscheidung für die Realisierung eines Produktes gefallen ist, empfiehlt sich mindestens eine einfache Kalkulation („Ordentliche Kalkulation"):

|   | Materialkosten | (MK) |
|---|---|---|
| + | Betriebskosten | (BK) |
| = | Selbstkosten | (SK) |
| + | Risiko und Gewinn | (R+G) |
| = | Nettoverkaufspreis | (NVP) |
| + | Mehrwertsteuer | (MwSt.) |
| = | Bruttoverkaufspreis | (BVP) |

Bei den Betriebskosten werden häufig die „Sodakosten" vergessen („Die Arbeit unserer Mitarbeiter kostet nichts, weil sie ja sowieso da sind"). Zu berücksichtigen sind auch Versandkosten, Verpackungsmaterial, Lagerkosten und die Vertriebskosten: Wie hoch sind z. B. Standkosten auf einem Wochenmarkt?

Besonders kleinere NPOs, die mit viel ehrenamtlicher Arbeit oder gar völlig ohne Büro und hauptamtliche Kräfte arbeiten, werden diese Werte nur mühsam ermitteln können. Aber eine Schätzung ist in diesem Fall besser als gar keine Kalkulation. Nicht zuletzt steht der Produktverkauf als Fundraising-Methode in Konkurrenz zu anderen Methoden: Wie viele Spender hätten mit diesen Kosten und mit diesem Zeitaufwand gewonnen werden können?

Bei Risiko und Gewinn ist zu überlegen: Wird alles abgesetzt werden können? (Risiko) Was soll der Verkauf bringen? (Gewinn).

Zur Preisgestaltung dient der Vergleich der „Ordentlichen Kalkulation" mit der „Schaufenster-Kalkulation": Was kostet ein vergleichbares Produkt bei anderen Anbietern? So ermittelt man mit einfachen Mitteln einen marktgerechten Preis.

Wenn der ermittelte marktgerechte Preis, der wahrscheinlich erzielt werden kann, niedriger ist als der errechnete kostendeckende Preis, besteht die Notwendigkeit, diese Differenz auszugleichen. Dafür gibt es verschieden Möglichkeiten:

– günstigeren Anbieter suchen und damit die Materialkosten senken,

- genialen Verkäufer/Vertriebsweg suchen (gerade auf Festen oder Events ist das Bedürfnis nach Preisvergleich der Käufer eher gering ausgeprägt),
- Sponsoren suchen: z. B. Werbung im CD-Beileger, Sachsponsoring durch Firmen usw.

Eine weitere hilfreiche Kennzahl zur Preisgestaltung ist der Return on Investment (ROI):
Wie viel Stück des Produktes müssen zu einem geplanten Verkaufspreis abgesetzt werden, um zumindest die Unkosten zu erwirtschaften? Oder anders gesagt: Ab welcher
verkauften Stückzahl wird die Gewinnzone erreicht? In welchem Zeitraum kann dies
gelingen?

Ein wichtiger Punkt in der Planung ist die begleitende Werbekampagne. In der Kalkulation sollten Sie bei den Betriebskosten einen Anteil für zielgerichtete Werbemaßnahmen vorsehen. Das können z. B. sein: Anzeigen in Ihren Publikationen oder Dritt-
publikationen, Handzettel, Erwähnung in Mailings, Pressetexte. Wichtig ist, dass Sie
die Werbemaßnahmen im Rahmen Ihrer Gesamtplanung vorsehen – welche Zielgruppe
wollen Sie mit Ihren Produkten erreichen und wie erreichen Sie genau diese Zielgruppe
mit welchen Werbemaßnahmen möglichst ohne große Streuverluste? Bedenken Sie bei
Ihren Werbemaßnahmen auch die erforderlichen Vertriebswege mit.

Von „falschen" Product-Selling-Angeboten sollten Sie möglichst absehen: Vereinen
wird ein Zuschuss angeboten, wenn sie eine Anzahl von Zeitschriftenabonnements vermitteln. Oder Sie verkaufen in ihrer Organisation einen Schlüsselanhänger mit Fund-
system und ein Teil der Einnahmen geht an Ihre Organisation. Bei diesen Angeboten,
die zunächst wie reine Einnahmemöglichkeiten ohne Vorkosten aussehen, wird Ihre
Organisation als sehr kostengünstige Vertriebsmöglichkeit missbraucht. (Siehe auch die
Checkliste „Checkfragen zum Product Selling" im Anhang.)

# 5.6.4 Erfolgskontrolle

Bei Ihrer Planung haben Sie sich klare Ziele gesteckt. Diese sollten Sie in Ihrem vor-
gegebenen Zeitplan überprüfen (siehe 2.4.1): Haben Sie den ROI zum vorgesehenen
Zeitpunkt erreicht und sind mit Ihrem Produktverkauf in der Gewinnzone? Stimmen
Ihre vorgesehenen Kosten für Produktion und Vertrieb mit Ihren Planungen überein?
Erreichen Sie mit Ihren Werbemaßnahmen die vorgesehene Zielgruppe? Je genauer
Sie eine Auswertung vornehmen, desto mehr Erkenntnisse können Sie für Ihr nächstes
Projekt nutzen.

Sollten Sie die Ziele nicht erreicht haben und sich verkalkuliert haben, ist eine Scha-
densbegrenzung sinnvoll – sonst werfen Sie im schlimmsten Fall gutes Geld schlechten
Ergebnissen hinterher, d. h. investieren nutzlos noch mehr Geld. Wenn die Tasse, das
T-Shirt, das Kochbuch usw. sich zum Ladenhüter entwickelt und die Werbung für das
Produkt bei den Spendern eher das Gefühl hervorruft, „jetzt versuchen die immer noch,
mir ein Kochbuch zu verkaufen, dabei habe ich doch schon eines gekauft", sollten Sie
die Aktion sinnvoll beenden. Vorsicht vor Überlegungen wie „Dann verschenken wir
den Rest an …" oder „Wir machen eine Sonderaktion und verkaufen es billiger". Zum

einen entwerten Sie selbst Ihr Produkt („Erst kostet es 20 Euro und später nur noch die Hälfte") oder verärgern die Käufer („Letztes Jahr habe ich mir eine CD gekauft – und nun bekomme ich sie noch mal geschenkt").

# 5.6.5 Steuerliche Aspekte und rechtlicher Hintergrund

## 5.6.5.1 Körperschafts-/Gewerbesteuer

Product Selling gehört regelmäßig in den steuerpflichtigen Geschäftsbetrieb (siehe 7.2). Eine Steuerpflicht in diesem Bereich bedeutet nicht einen Verlust der Gemeinnützigkeit, es sei denn, die in diesem Bereich erwirtschafteten Erträge erreichen bzw. übersteigen sogar die Erträge aus dem gemeinnützigen Bereich. In solchen Fällen empfiehlt sich eine Auslagerung des wirtschaftlichen Geschäftsbetriebes in eine eigene Unternehmung, um die Gemeinnützigkeit nicht zu gefährden (vgl. PANDA Fördergesellschaft für Umwelt GmbH, die Lizenzen mit dem Panda-Logo des WWF vergibt, oder die Hermann-Gmeiner-Marketing GmbH, die den wirtschaftlichen Geschäftsbetrieb für die SOS-Kinderdörfer übernimmt).

Einnahmen aus dem steuerpflichtigen Geschäftsbetrieb unterliegen der Körperschafts- und Gewerbesteuer, wenn sie den Betrag von 35.000 Euro übersteigen. Dazu zählen allerdings alle Einnahmen zusammen – z. B. auch Einnahmen aus geselligen Veranstaltungen, Anzeigenwerbung in Vereinszeitschriften usw.

Merchandising in Form des reinen Lizenzgeschäftes mit dem Logo gehört zum Bereich der (steuerfreien) Vermögensverwaltung. Voraussetzung ist hier allerdings, dass der Lizenznehmer vom Lizenzgeber in keinerlei Weise bei der Vermarktung unterstützt wird – das kann auch schon ein anklickbarer Link auf der Homepage der NPO sein.

## 5.6.5.2 Umsatzsteuer

Eine Umsatzsteuerpflicht (Mehrwertsteuer) besteht, wenn der Umsatz im vorangegangenen Kalenderjahr 17.500 Euro (bis 31.12.2002: 16.620 Euro) überschritten hat oder der Umsatz im laufenden Kalenderjahr 50.000 Euro übersteigen wird. Interessant kann aber auch unterhalb dieser Grenzen eine Ausweisung der Mehrwertsteuer sein, da dann für diesen Bereich auch ein Vorsteuerabzug möglich ist.

## 5.6.5.3 Rechnungsstellung

Seit dem 1.1.2004 gehört nach § 14 Abs. 4 UStG (Umsatzsteuergesetz) in eine Rechnung:

- Name und vollständige Anschrift von Aussteller und Empfänger,
- Steuernummer oder Umsatzsteuer-Identifikationsnummer (USt-Id),

- Ausstellungsdatum,
- fortlaufende Nummer, die nur einmal vergeben wird (Rechnungsnummer),
- Menge und Art der gelieferten Gegenstände,
- Zeitpunkt der Lieferung, wenn nicht mit Rechnungsdatum identisch,
- Entgelt,
- anzuwendender Steuersatz oder Steuerbefreiung.

Für Kleinbeträge (bis 100 Euro) nach § 33 UStDV (Umsatzsteuergesetzdurchführungs-verordnung) genügen folgende Angaben auf einer Rechnung:

- Name und vollständige Anschrift des Ausstellers,
- Ausstellungsdatum,
- Menge und Art der gelieferten Gegenstände,
- Entgelt und den darauf entfallenden Steuerbetrag in einer Summe bzw. der Hinweis auf die Steuerbefreiung.

# 5.6.5.4 Erweitertes Impressum im Internet

Falls auf der Internetseite der NPO Produkte zum Verkauf angeboten werden oder werbend darauf hingewiesen wird, müssen Sie in Ihrem Internetauftritt nach dem Teledienstgesetz seit 1.1.2002 ein so genanntes „erweitertes Impressum" angeben. Es muss „leicht erkennbar, unmittelbar erreichbar und ständig verfügbar" sein. Was dies bedeutet, wird zurzeit in verschiedenen Gerichtsverfahren geklärt. Die sicherste Varian-te scheint eine Anbringung mit eigenem Link im Seitenkopf oder Hauptmenü zu sein, denn selbst Scrollen bzw. ein zweimaliger Mausklick war nach Ansicht von Gerichten bereits ein Verstoß gegen die Impressumspflicht. Inhalte des erweiterten Impressums müssen sein:

- Name und Anschrift, unter der Ihre Organisation niedergelassen ist, bei juristischen Personen zusätzlich der/die Vertretungsberechtigte(n),
- Angaben, die eine schnelle elektronische Kontaktaufnahme und unmittelbare Kom-munikation mit Ihnen ermöglichen, also Telefonnummer, Faxnummer, E-Mail-Adresse,
- Angaben zur zuständigen Aufsichtsbehörde, wenn Ihre Tätigkeit der behördlichen Zulassung bedarf,
- das Handelsregister oder Vereinsregister, in das Sie eingetragen sind, zusammen mit der entsprechenden Registernummer,
- die Umsatzsteuer-Identifikationsnummer (USt-Id), sofern vorhanden.

## 5.6.5.5 Rücktrittsmöglichkeit vom Kauf nach dem Fernhandelsgesetz

Wenn Sie Waren über Ihren Internetauftritt verkaufen, gilt für den Verkauf das Fernhandelsgesetz. Ohne einen Hinweis auf die Rücktrittsmöglichkeit vom Kauf beginnt die 14-tägige Rückgabemöglichkeit des Käufers nicht. Allerdings bietet sich hier eine Interessenabwägung an: Akzeptiert man, dass (theoretisch) ein Käufer die gekauften Waren zurückgibt, nicht eher, als ihn mit einem Hinweis auf Rückgabe mehr zu verunsichern?

## 5.6.5.6 Gesetz gegen unlauteren Wettbewerb (siehe 7.3)

Im Rahmen der Krombacher Regenwaldkampagne (vgl. 5.6.1) gab es eine Entscheidung des OLG Hamm[2] über die Vereinbarkeit von Merchandising und guten Sitten im Wettbewerb. Kern des Urteils war die Forderung, dass die Art und Weise der Förderung der NPO erkennbar sein muss bzw. dem Käufer neben dem Kauf die Möglichkeit geboten sein muss, auch ohne Erwerb des Produktes die Organisation zu fördern. Dies kann z. B. durch Angabe einer Kontaktmöglichkeit oder dem Angebot der Zusendung von Informationsmaterial gelöst werden: „Mit dem Kauf eines XY unterstützt die Firma Z die Organisation P mit X Euro. Sie können auch direkt an die Organisation P spenden. Informationsmaterial können Sie unter Tel. … anfordern."

### Anmerkungen

1 Vgl. Bonstein, Julia: Lächeln für Brasilien, in: Der Spiegel 31/2005, und Lugge, Beatrice: Fliegen für den Regenwald. Mit dem Urlaubsjet ein bisschen Umwelt retten, in: Süddeutsche Zeitung vom 11.07.2003.
2 OLG Hamm, Urteil vom 12.11.2002; AZ 4 U 109/02.

### Weiterführende Literatur

Hessisches Ministerium der Finanzen: Steuerwegweiser für Gemeinnützige Vereine und Übungsleiter/-innen (kostenlos erhältlich im Internet unter www.hmdf.hessen.de, dort unter „Infomaterial").

# 5.7 Events

*Peter-Claus Burens*

## 5.7.1 Begriff: Event als Ereignis

„Da ruft der Speisemeister dem Bräutigam zu und sagt zu ihm: Jedermann setzt zuerst den guten Wein vor und dann, wenn sie angetrunken sind, den geringeren. Du aber hast den guten Wein bis jetzt aufbewahrt" (Joh. 2, 10–11).

Fast jeder kennt diese Szene von der Hochzeit zu Kana, die im Neuen Testament zu finden ist. Und sie beschreibt treffend, mit welchen (Teil-)Problemen Eventmanager konfrontiert werden und wie eine Veranstaltung als *Ereignis*, über die Jahrhunderte hinweg, in Erinnerung bleibt. Auch weniger Bibelfeste kennen die Erzählung der „Hochzeit zu Kana" allein wegen dieses Malheurs. Neudeutsch ausgedrückt wegen ihrer USP, der *Unique Selling Proposition* – der Einzigartigkeit, Unverwechselbarkeit und Exklusivität!

Eventmanager haben es im Allgemeinen nicht leicht, dem Kunden und dessen Publikum gerecht zu werden. Ein jeder hat schon zu Hause eine Party gefeiert und glaubt zu wissen, worauf es ankommt: große Kerzenleuchter (deren Flamme bei einem Luftzug auch ausgehen kann), mit Champagner-Rosen reichhaltig dekorierte Tische (wobei Kosten keine Rolle spielen), runde, silberne Platzteller (worauf das trendige und rechteckige Geschirr „New Wave" keinen Platz findet). Fragen über Fragen und dazu 1.000 Meinungen …

Wohltätigkeitsveranstaltungen unterscheiden sich von anderen gesellschaftlichen Events nicht in den Ansprüchen, die Gäste an sie richten. Diese wollen sich in der Regel genauso wohl fühlen, als wenn sie eine rein kommerzielle Veranstaltung besuchten. Ausnahmen bilden hier allenfalls Einladungen zu Veranstaltungen, die den Themen Hunger, Dritte Welt, Armut, Holocaust gelten. Aber auch bei solchen Benefiz-Anliegen darf die Atmosphäre eines Events nicht zu kurz kommen. Wer will schon gerne zu einer Veranstaltung der Deutschen Welthungerhilfe, der Caritas, von Care, des Jüdischen Museums, der Christoffel Blindenmission oder der SOS-Kinderdörfer gehen, von der man hungrig und schlecht gelaunt nach Hause kommt? Da bleibt man doch lieber gleich im eigenen Heim und gibt womöglich gar seine Jahresspende anderen Organisationen.

Gemeinsamkeiten und Unterschiede gibt es in der Zielsetzung von gemeinnützigen und kommerziellen Events. So bilden alle Veranstaltungen eine wichtige Plattform für PR, Selbstdarstellung, Kontaktpflege und -anbahnung. Benefiz-Events dienen Nonprofit-Organisationen (NPOs) aber auch zum Sammeln von Geld-, Zeit- und Sachspenden, zur Präsentation von Sponsorships, zum Verkauf von Merchandising-Artikeln u. a.

# 5.7.2 Benefiz-Event: Teil des Kommunikations-Mix

Im Kommunikations-Mix von NPOs nehmen Wohltätigkeitsveranstaltungen eine zentrale Rolle ein. Zumindest ein Benefiz-Event pro Jahr sollte eine NPO kontinuierlich durchführen, um persönliche Begegnungen mit ihren aktuellen und potenziellen Förderern zu ermöglichen und ein Gemeinschaftsgefühl zu schaffen. Dabei kommt es darauf an, der/den jeweiligen Zielgruppe(n) entsprechend – Bevölkerung, *Volunteers*, Stiftern, Wirtschafts- und Medienvertreter u. a. – etwas Besonderes zu bieten. Anlässe hierzu sind vorgegeben (Jubiläen, weltliche und religiöse Festtage u. a.) oder können selbst geschaffen werden (Tag der offenen Tür, Walpurgisnacht u. a.).

Der Benefiz-Event dient als Plattform für Kommunikation und Präsentation. Dem informationsüberlasteten potenziellen Förderer muss in seiner selektiven Wahrnehmung etwas Interessantes geboten werden, um ihn als aktiven Part zu gewinnen. Der Event wird zur Kunst der Inszenierung erlebnisorientierter Ereignisse. Teilnehmer, Gäste, Besucher sollten emotional angesprochen, durch Mitmach-Aktionen involviert und somit Teil des Events werden. Das so erzeugte Wir-Gefühl ist Voraussetzung für mäzenatisches Tun.

Wesentliches Merkmal aller Benefiz-Events ist eine hohe „Dialogfähigkeit". Die Besucher solcher Veranstaltungen sind direkt und vor Ort am besten für gemeinnützige Anliegen zu sensibilisieren und ansprechbar – in einer angenehmen und stressfreien Atmosphäre. Alle Teilnehmer versprechen sich ein paar schöne Stunden des Gemein- und Eigenwohls.

Daraus gewinnt auch ein Werbeauftritt von Sponsoren zusätzliche Attraktivität. Mittels Veranstaltungssponsoring wird eine direkte Verbindung der werbetreibenden Wirtschaft zum Gemeinen Nutzen hergestellt. So organisiert der Sportartikelhersteller Adidas Streetball-Turniere für jugendliche Randgruppen und nimmt an diversen sportlichen Benefiz-Turnieren teil, was neben der Produktwerbung einen positiven Imagetransfer für das Unternehmen gewährleistet.

Ein für die Arbeit gemeinnütziger Organisationen nicht zu unterschätzender Effekt ist die öffentliche Aufmerksamkeit, die ein solches Ereignis als Erlebniswelt mit bezweckt. Über Events berichten gemeinhin die Medien. Durch die damit einhergehende PR werden Bekanntheitsgrad und/oder Image des Veranstalters verbessert und das künftige Spendenverhalten von Besuchern und Bevölkerung positiv beeinflusst.

Mancher Event wird zur Nachricht, über die man spricht, mittels Auslobung eines *Awards*. Wird die Auszeichnung für besondere Leistungen oder gar für das Lebenswerk an bekannte und anerkannte Persönlichkeiten verliehen, kann sich die Attraktivität einer Veranstaltung erhöhen und ihr Profil geben. Sie hat dann ein zusätzliches „Gesicht" und weckt Emotionen. Dies aber auch nur dann, wenn nicht nur verdiente Funktionsträger der eigenen Organisation zu den Geehrten zählen. Nicht die Innenwirkung, sondern die Außenwirkung muss bei der Nominierung zum *Award* bedacht sein – am besten von einer unabhängigen Jury.

Im Kommunikations-Mix von NPOs – neben Werbeanzeigen, Mailings, Plakaten, Telefonaten u. a. – können Wohltätigkeitsveranstaltungen eine zentrale Rolle einnehmen, so der „Ball des Sports" der Stiftung Deutsche Sporthilfe. Es handelt sich hierbei um das Flaggschiff der Stiftung, das Aufmerksamkeit für die laufende Arbeit schafft und sie als anerkannte, nationale Fördereinrichtung für den Leistungssport positioniert. Das einzigartige Image des Events als Meeting-Point von Persönlichkeiten aus Politik, Wirtschaft, Medien und Sport strahlt auf die anderen Fundraising-Instrumente der Stiftung ab, schafft Attraktivität für eine Fördermitgliedschaft im Kuratorium oder sichert den Destinatär-Status bei der Lotterie „GlücksSpirale" gegenüber politischen Entscheidungsträgern mit ab. Ohne den „Ball des Sports" ist die Existenz der Stiftung Deutsche Sporthilfe undenkbar.

# 5.7.3 Erfolgsfaktoren: Exklusivität und Perfektion

Das „Sehen und Gesehen-Werden" bedürfen der intensiven Vorbereitung, prominenter „Zugpferde" als Einladende und Anwesende, eines ansprechenden Ambientes und der Professionalität bei der Durchführung. Exklusivität und Perfektion sind letztendlich das Erfolgsrezept. Begehrt ist, „was man sich nicht kaufen kann".

Daher dürfen Tickets für hochwertige Benefizveranstaltungen nicht verkauft, sondern müssen zugeteilt werden. Die Einladungen sind als „persönlich" und „nicht übertragbar" auszustellen. Das Knappheitsangebot unterstreicht den *place to be*. Eine stimmungsvolle Ausstattung, ein dem Anlass entsprechendes Programm, eine Gastronomie mit „Pfiff" und die Platzierung der Gäste nach dem Motto „Wer passt zu wem?" sind zusätzliche Aspekte.

Bei der Platzierung ist das Protokoll zu beachten. Der ranghöchste Gast, z. B. der Oberbürgermeister, sitzt seiner Bedeutung entsprechend auf dem besten Platz. Der Gastgeber wird bei einer rechteckigen Tafel zweckmäßigerweise gegenüber platziert, um direkte Gespräche zu ermöglichen; bei runden Tischen sollten Gastgeber und Ehrengast nebeneinander gesetzt werden. Darüber hinaus sind bei der Platzierung der „Gesichter" aus Politik, Sport, Kultur, Wissenschaft, Wirtschaft und Medien „Inselbildungen" anzustreben und damit *Eye-Catcher* als Blickpunkte für die übrigen Gäste im gesamten Saal zu schaffen. So sitzt am Ende jedermann exponiert, aber nicht notwendigerweise zusammen mit bekannten „Gesichtern" an einem Tisch.

Je nach finanzieller Unterstützung der Veranstaltung bzw. der gemeinnützigen Organisation im Jahresverlauf genießen die Spender und Sponsoren eine besondere Platzierung. Ziel dabei ist, die bisher erwiesene Unterstützung zu belohnen und sie für die weitere Zukunft zu sichern. Vorstände, Kuratoren, Dauerspender und Mitglieder rangieren mit einem „Treuebonus" dabei im Idealfall vor dem Einmalspender oder Eventsponsor.

Die Frage „Wer zu wem?" ist der alles entscheidende Schlüssel für die Zufriedenheit der Gäste. Wer will/kann mit wem und – noch wichtiger – mit wem nicht? Wer hat sich etwas zu sagen (Branche, Lebensalter, gemeinsame Bekannte, Herkunft, Interessen u. a.)? Müssen neue Gäste bei Benefizveranstaltungen von Stammgästen integriert werden?

Wichtig ist, bereits bei den Einladungen Wünsche nach Platzierung und Tischpartnern zu erfragen.

Der Veranstalter sollte sich bei jeder einzelnen Platzierung die immer gleiche Frage stellen: Ist die gefundene Lösung für den Platzierten die individuell richtige und passt dieser auch ins Umfeld? Am Ballabend, bei der Matinee oder während eines Basars muss der Veranstalter ein gutes Gewissen haben, dass bei der Platzierung das Optimale für den Erfolg des Events erreicht wurde. Nörgler wird es immer geben …

## 5.7.4 Förderzwecke und -formen: Sport und Kultur für soziale Anliegen

Es sind in erster Linie sportliche und kulturelle Benefizveranstaltungen, die nicht nur zur Förderung eigener Zwecke, sondern auch für Anliegen Dritter durchgeführt werden. Im Bereich Ökologie und Mildtätigkeit tätige Organisationen bedienen sich hier gerne der Unterstützung ihrer Mitbewerber auf dem Markt der Gemeinnützigkeit.

Es gibt Tennis-Schaukämpfe zugunsten krebskranker Kinder, Radrennen für die Deutsche Stiftung Querschnittslähmung, Volksläufe für die Welthungerhilfe, die Aktion „Biathlon mit Olympiasiegern" zugunsten UNICEF, Golfturniere für die Mukoviszidose-Stiftung der verstorbenen Christiane Herzog – zuweilen mit einem Hauptsponsor aus der Wirtschaft zur (Teil-)Abdeckung der Veranstaltungskosten. Die Violinistin Anne-Sophie Mutter widmet ein Benefizkonzert rumänischen Waisenkindern, Ute Lemper singt für ein Aufforstungsprojekt in Israel, Adventskonzerte werden zugunsten der Multiple-Sklerose-Hilfe veranstaltet, die Kunstmesse „Art Frankfurt" versteigert Kunstgegenstände zur Unterstützung der Deutschen Aids-Hilfe. Und vieles andere mehr ist als Veranstaltungsform möglich:

- Party, Ball, Disco, Dinner
- Konzert, Lesung, Modenschau, Ausstellung
- Lauf, Wanderung, Radfahrt
- Tanz-, Golf-, Tennis-, Fußballturnier
- Flohmarkt, Basar, Jahrmarkt
- Tag (Nacht) der offenen Tür
- Straßen-, Schul-, Kindergartenfest
- Reisen zu Kultur-, Natur-, Dritte-Welt-Förderprojekten

6,4 Millionen Euro konnte die ARD-Fernsehgala zugunsten der Deutschen José Carreras Leukämie-Stiftung in 2004 erzielen; aus diesem Anlass treten seit Jahren nicht nur der von der Krankheit betroffene und geheilte spanische Tenor, sondern auch Künstler wie Bonnie Taylor, Sarah Brightman, Peter Maffay und Zucchero auf. Beim RTL-Spendenmarathon wird einmal im Jahr der Sender für 24 Stunden zu einer großen Spenden-

Sammelstelle zugunsten mehrerer Organisationen – mit Prominenten am Spenden-Telefon, Auktionen, Showeinlagen; das Spendenergebnis 2003 betrug 4,5 Millionen Euro. Der „Red Nose Day" von Pro Sieben fordert zum Kauf eines Merchandising-Produkts bei der Fast-Food-Kette Burger King und der REWE-Handelsgruppe auf und will den Käufern von „roten Nasen" während der Comedy-Fernsehgala Spaß, Freude, Albernheit vermitteln; das auch über eine Spenden-Hotline eingeworbene Geld (2003: 2 Mio. Euro) kommt schließlich diversen Kinderhilfsprojekten zugute.

Im Gegensatz zu den USA haben Benefiz-Dinner in Kontinentaleuropa keine Tradition und finden damit auch wenig Widerhall bei Förderern. Beispiele wie das Jüdische Museum in Berlin zeigen, dass Dinner nur dann größere Spenden einwerben, wenn das Umfeld der Eingeladenen amerikanisch bzw. angelsächsisch geprägt ist.

Der gute Zweck einer Benefizveranstaltung bringt die unterschiedlichsten Personenkreise und Prominente jeglicher Couleur zusammen. Der gute Zweck eint alles und jeden. Dies gilt für kleinere lokale Veranstaltungen genauso wie für Benefiz-Events regionaler, überregionaler oder internationaler Ausrichtung.

## 5.7.4.1 Best Practice: Ball des Sports

Die bekannteste Wohltätigkeitsveranstaltung in Deutschland ist der „Ball des Sports", den die Stiftung Deutsche Sporthilfe einmal im Jahr ausrichtet, in der Regel am ersten Samstag im Februar. Er ist mit einem durchschnittlichen abendlichen Reinerlös von einer Million Euro gleichzeitig die wirtschaftlich erfolgreichste Wohltätigkeitsveranstaltung hierzulande.

Zu den Standards beim „Ball des Sports" gehören, dem Ticketpreis von 1.000 Euro entsprechend, ein Champagner-Empfang und ein außergewöhnliches sportlich-künstlerisches Programm während des Dinners, die klassische Mitternachts-Show mit Sascha, Udo Jürgens oder Chris de Burgh, eine hochwertige Tombola, kulinarische Flanierstraßen mit Austern und anderen Delikatessen, allerlei Kurzweil sowie ein Katerfrühstück im exklusiven Kreis am nächsten Morgen. Exquisite Damen- und Herrenpräsente, der Ball-Almanach mit Gästeliste, die bundesweit vertriebene Ball-Zeitung der FAZ, Betreuungsräume für Fahrer und Presse, ein VIP-Fahrservice und kostenfreie Parkmöglichkeiten sind – wie das Abschiedsgeschenk „Mon Chéri" – weitere herausragende Merkmale. „All inclusive" lautet eine Erfolgsformel.

Zum Erfolgsrezept des „Ball des Sports" gehören ferner eine fantasievolle und außerordentlich aufwendige Dekoration, die seit Jahren der nüchternen Frankfurter Festhalle, der Wiesbadener Rhein-Main-Halle oder der Mainzer Rheingold-Halle zu einem stimmungsvollen Ambiente verhilft. Die gastronomische Logistik ist imponierend, um über 2.000 Gästen zeitgleich das Menü eines Sterne-Kochs wie Johann Lafer oder Dieter Müller servieren zu können. Die höchste nationale Repräsentanz, Persönlichkeiten der Wirtschaft, der Medien und des Sports finden eine Plattform der zwanglosen Begegnung. Jeder Gast befindet sich auf Tuchfühlung mit Sportstars wie Henry Maske, Boris Becker, Marc Spitz, Edwin Moses – und nicht nur diesen.

Das sportliche Rahmenprogramm besteht in attraktiver Sportakrobatik auf der Show-bühne oder einem ungewöhnlichen Live-Event mitten im Saal: so ein Mixed-Wettbe-werb im Stabhochsprung, bei dem mit 8,30 m addierter Höhe „en passant" 1999 ein Weltrekord für den Eintrag ins Guinness-Buch der Rekorde aufgestellt wurde. Auch Talks von TV-Starmoderator Johannes B. Kerner mit Sportgrößen wie Franz Beckenbau-er, Wladimir Klitschko oder Franziska van Almsick finden stets Aufmerksamkeit. Die posthume Verleihung des *Life-time Award* „Goldene Sportpyramide" an Max Schmeling durch Bundespräsident Horst Köhler am 5. Februar war 2005 der Höhepunkt bei die-sem „Ball des Sports".

Alle Bundespräsidenten der vergangenen dreißig Jahre haben die Schirmherrschaft für den Ball übernommen, waren zumeist persönlich anwesend und eröffneten mit dem traditionellen „ersten Tanz" den eigentlichen Ballabend.

Der „Ball des Sports" profitiert in ganz besonderem Maße von seinen Sponsoren. Zum einen ist die Tombola mit fünf Autos – wie alle Gewinne von Unternehmen als Sach-spenden zur Verfügung gestellt – hoch attraktiv und rechtfertigt den Lospreis von 20 Euro. Es gab bereits einen Porsche 911 Carrera 4 Cabriolet, einen Jaguar S-Type V6 Exe-cutive, einen BMW Z3 Coupé 2,8 oder einen Mercedes Benz SLK 350 zu gewinnen. Zum anderen werden durch Geld- und Sachbeiträge der Sponsoren Teile der Kosten einer sol-chen Benefizveranstaltung übernommen, insbesondere beim Bühnenprogramm sowie den Erlebnis- und Begegnungsstätten außerhalb des Ballsaals: der Maybach-, Olympia- und Bahnlounge oder bei interaktiven Sportspielen „sponsored by DPD". Durch die so erzielte Kostenminimierung ist von vornherein ein höherer Reinerlös sichergestellt.

## 5.7.4.2 Best Practice: UNESCO-Gala

Auch die Charity-Lady Ute Ohoven, Sonderbotschafterin der UNESCO, hat eine jähr-lich in Neuss stattfindende Gala zum Mittelpunkt ihres Fundraisings gemacht. Dort präsentiert die Gastgeberin das Ergebnis ihrer diversen Fundraising-Aktivitäten über das Jahr hin.

Im Laufe der Gala wird betuchten Mittelständlern – bei einem Mindesteintritt von 460 Euro – die Möglichkeit geboten, Top-Stars aus Film, Fernsehen und der Medienwelt hautnah zu erleben. Die Platzierung spielt auch hier, wie bei anderen Top-Ereignissen, eine entscheidende Rolle für den Gesamterfolg. Sie verlangt viel Einfühlungsvermögen und Fingerspitzengefühl. Sie ist wichtiger als der Wärmegrad der Suppe, der bei 1.100 geladenen Gästen von Tisch zu Tisch schwanken mag.

Da sich bei der UNESCO-Gala vor allem Mittelständler aus dem Bergischen Land, Mittelfranken, dem Rheinland oder dem Ruhrgebiet versammeln, die einander nicht oder kaum kennen, steht eine Non-Stop-Bühnenshow – auch während des gesetzten Essens – im Mittelpunkt des Events. Die Gäste wollen von Sasha, der Kelly-Family, Liel, Montserrat Caballé, Phil Collins, Linda Evangelista & Co. laufend unterhalten sein. Im Vergleich zum „Ball des Sports", der vornehmlich angestellte, dem Sport verbundene Top-Manager von Konzernen zu den Gästen zählt, gibt es außerhalb des Ballsaals kaum

Angebote der Begegnung und für Gespräche. Der Bedarf hierfür fehlt, und entsprechende Investitionen sind daher nicht erforderlich. Jede der beiden Benefizveranstaltungen hat ihre Alleinstellungsmerkmale, was sie zu eigenständigen Marken werden ließ.

## 5.7.4.3 Best Practice: Bremer Schaffermahlzeit

Streng sind die Rituale, wohlschmeckend das Essen und einzigartig das Ambiente: Stets am zweiten Freitag im Februar wird im Rathaus zu Bremen die „Schaffermahlzeit" zelebriert, das wohl älteste Brudermahl der Welt. Etwa 300 Männer, im Frack oder in Kapitänsuniform, tafeln etwa fünf Stunden nach einem minutiös geplanten Ablauf. Es gibt Bremer Hühnersuppe, gefolgt von Stockfisch mit Senfsauce. Des Weiteren wird Braunkohl mit Pinkel und Maronen aufgetischt, später dann Kalbsbraten mit Selleriesalat und Katharinenpflaumen. Schließlich kommt der Rigaer Butt auf den Teller, dazu gibt es Sardellen, Wurst und Zunge sowie Käse und Früchte. Vor dem abschließenden Mokka kann jeder Gast aus einer Tonpfeife schmauchen. Unterbrochen wird dieser Festschmaus von einer Reihe tiefgründiger, aber keineswegs humorloser Reden.

Seit über vier Jahrhunderten hat sich an diesem Zeremoniell, zu dem auswärtige Gäste nur einmal in ihrem Leben geladen werden, nichts geändert. Während des Essens kreist an den Tischen ein Salzfass. Dort hinein legen die Anwesenden unauffällig Geldscheine. Die Spenden kommen dem Haus Seefahrt zugute – einer Stiftung, die 1545 gegründet wurde, um mittellos gewordene Seefahrer oder deren Hinterbliebene zu unterstützen. Hierin liegt denn auch der Ursprung der „Schaffermahlzeit".

## 5.7.4.4 Best Practice: Andheri-Hilfe

Zugunsten der Andheri-Hilfe, einer unabhängigen gemeinnützigen Organisation für Entwicklungsprojekte in Indien und Bangladesch, ist der Bund der Katholischen Jugend im Dekanatsverband Darmstadt seit Jahren aktiv. Hungermärsche, eine Fahrrad-Rallye, ein „Spiel ohne Grenzen" oder Triathlon-Wettbewerbe wurden hierzu veranstaltet. Schließlich tanzte man für die Aktion „Licht für Bangladesch" 24 Stunden lang. Mobile Eye-Camps, in denen Augenoperationen vorgenommen werden, wurden dadurch unterstützt. Firmen und Privatpersonen erklärten sich bereit, je Tanz und Tanzpaar Geldbeträge zu spenden. 13.000 Euro für 1.000 Operationen wurden so beispielsweise 1997 eingeworben. Showeinlagen, Gottesdienst sowie bayerischer Frühschoppen waren im Programm integriert, das auch Standardtänze und Discomusik bot. Die Schirmherrschaft der Veranstaltung hatte der Darmstädter Oberbürgermeister übernommen.

## 5.7.4.5 Best Practice: Die Pfalz läuft für den Dom

Am 15. Juli 2004 war es nach einem Jahr der Vorbereitung soweit. Der Sportbund Pfalz als Ausrichter, die Ludwigshafener „Rheinpfalz" als Medienpartner und die Südzucker AG als Hauptsponsor veranstalteten den Benefiz-Lauf von Freizeitsportlern und Schülern zugunsten des tausendjährigen Kaiserdoms zu Speyer. Die über Spenden und Sponsorships erlaufenen 132.000 Euro kamen dem Erhalt und den Restaurierungsarbeiten des baulichen Symbols der Pfalz zugute. Die beteiligten Sportvereine, die als *Volunteers* für die Durchführung des Benefiz-Laufs und die Akquisition von Firmen- und Personenspenden Sorge trugen, hatten als Anreiz und Dank für das ehrenamtliche Engagement zu erwarten: den Eintrag in das „Buch der tausend Stifter" ab einer eingeworbenen Summe von 500 Euro.

Die Krypta des Kaiserdoms war am 1. Dezember 2004 bis auf den letzten Platz gefüllt, als die Vertreter der Vereine namentlich aufgerufen wurden, um sich im Angesicht der Sarkophage der Salierkaiser in das „Buch der tausend Stifter" einzutragen. Der Diözesanbischof von Speyer, Dr. Anton Schlembach, sagte Dank, der gemischte Chor des Gesangvereins 1857 Lachen umrahmte die Feierstunde, im Alten Rathaus der Stadt wurde anschließend zu Wein und Brezeln geladen. Das Buch mit den Namen aller Wohltäter wird in der Nähe der Kaisergräber eingemauert, sodass ihre gute Tat noch in fernen Zeiten bekannt und anerkannt bleibt.

# 5.7.5 Planung und Umsetzung: Strategie und Logistik

Um Schnellschüssen und damit Fehlern bei der Veranstaltung von Events vorzubeugen, sind ein zeitlich großzügiger Planungsvorlauf anzuraten und eine ausreichende Personalkapazität sicherzustellen. Für die Vorbereitung hilft ein von uns entwickeltes Sechs-Phasen-Modell. Je nach der Veranstaltungsform und -größe benötigt es einen zeitlichen Rahmen von sechs Monaten bis zu zwei Jahren.

*Phase 1:* Erste Eventideen und Planungsgespräche mit interessierten Personen und eventuell Mitveranstaltern; Festlegung der strategischen Ziele, der Zielgruppen und Veranstaltungsform.

*Phase 2:* Beschluss zur Durchführung eines Benefiz-Events und Bildung eines Arbeitsteams unter Einbindung eines Eventmarketing-Spezialisten; Festlegung des Event-Mottos, der angestrebten Zahl von Teilnehmern, des Teilnahmeentgelts (Kosten- und Sponsorenbeiträge, Spendenwunsch), des Veranstaltungsorts, des Termins und der Zeitplanung; Kalkulation von Investitionen und erwarteten Einnahmen.

*Phase 3:* Einholen von Genehmigungen (z. B. Nutzung des Veranstaltungsortes); Anmeldung bei Behörden (z. B. Polizei, Tombola), Versicherung (z. B. Veranstalterhaftpflicht) und Sanitätsdienst; Kontaktaufnahme mit Kooperationspartnern, Medien, Multiplikatoren, Sponsoren u. a.

*Phase 4:* Einrichtung eines Organisationsbüros bzw. Beauftragung einer Event-Agentur; Definition der Verantwortlichkeiten einschließlich Medienarbeit; Entscheidung zur Ausgestaltung Licht/Ton/Dekoration und zum Programmablauf (Moderation, Redner, Aktivitäten der Teilnehmer, Künstler u. a.); Absprachen zur Verpflegung der Gäste und

Helfer; Anwerbung von haupt- und ehrenamtlichen Helfern; Akquisition von Medien-
partnern und Sponsoren; Festlegung des Gerätebedarfs, sanitäre Anlagen, erste Hilfe
u. a.; Bestellung der Drucksachen für die Einladung, Plakatierung, von Werbe- und Or-
ganisationsmaterialien; Verabschiedung des detaillierten Event-Etats.

*Phase 5:* Pressekonferenz; Überprüfung aller benötigten Hilfsmittel; Versand der Einladungen, Hängung von Plakaten u. a.

*Phase 6:* Herrichten des Veranstaltungsortes; Kennzeichnen der Anfahrtswege, Parkplätze, WC-Anlagen; Einweisung der Helfer u. a.

Was aber geschieht bei Eintritt von Unvorhergesehenem? So bleibt bei den mitteleuropäischen Wetterbedingungen jedes Sommerfest auf dem Schulhof ein Wagnis und bedarf
einer Parallelplanung als *Indoor*-Event. Fehlen am Ende Sponsorengelder und verlaufen
der Ticketverkauf bzw. die Spendenzusagen schleppend, so sollte dies im Vorfeld der
Etat- und Organisationsplanungen als *worst case* mitbedacht werden.

Allen Benefizveranstaltungen gemein ist die Aufgabe, Finanzmittel einzuwerben, sei es
anstelle des Eintrittspreises oder zusätzlich zum Eintrittspreis. Der Verkauf von Tombo-
la-Losen, die Einbindung von Sponsoren der werbetreibenden Wirtschaft, die (amerikanische) Versteigerung oder der Verkauf von Gegenständen, die einen Bezug zum gemeinnützigen Anliegen haben sollten – all dies und vieles mehr trägt zum finanziellen
Ergebnis einer Benefizveranstaltung bei. Hierzu zehn Tipps:

- Teilnahmegebühren (Eintritt, Startgelder u. a.)
- VIP-Zusatzleistungen als „Package" (Loge; 10er-Tisch, Platzierung, „all inclusive")
- Spendenaufruf/Sammeldosen vor/während der Veranstaltung
- Tombola mit Losverkauf und gesponserten Gewinnen
- (amerikanische) Versteigerung
- Sponsoring von Programmteilen, Begegnungsstätten
- Festschrift/Almanach mit Anzeigenakquisition
- Eigenverkauf von Getränken, Speisen u. a.
- Standgebühren für Verkaufsstände Dritter
- Angebot von Merchandising-Produkten, Erinnerungsfotos bei/nach dem Event

Stets bleibt zu prüfen, ob NPOs selbst Veranstalter von Events sein wollen und damit
das „Heft des Handelns" in der Hand haben einschließlich der wirtschaftlichen und
rechtlichen Risiken. Alternativ wäre ein Destinatärstatus bei gemeinnützigen Veranstaltungen von Serviceclubs wie Rotary oder Lions zu erwägen bzw. die Partizipation bei
den Einnahmen von Charities der Firmen und Sportvereine, wenn man von den Veran-
staltern denn berücksichtigt wird. Nur selten dürfte eine NPO, in diesem Fall UNICEF,
die Gelegenheit erhalten, von einer Industriellen-Erbin wie Ann-Kathrin Linsenhoff bei
deren Jahresgala auf dem Gestüt „Schafhof" exklusiv als Destinatär bedacht zu werden.

## 5.7.6 Kosten: Professionalität hat meist ihren Preis

Zur kreativen Ausgestaltung von Events steht ein vielfältiges Instrumentarium zur Verfügung. Das Spektrum reicht von Multimedia-Präsentationen, Videospots, Showparts und Laser über Talkshows, messeähnliche Informationsbasare bis hin zum klassischen „Eierlaufen" oder „Sackhüpfen" bei Kindergartenfesten. Neben der horizontalen Vernetzung des Event-Marketings mit anderen Instrumenten der Kommunikation ist in diesem Zusammenhang vor allem die zeitliche Abstimmung ihres Einsatzes von entscheidender Bedeutung.

Zu unterscheiden sind dabei Maßnahmen, die den Event vorbereiten, begleiten oder nachbereiten. Werbemaßnahmen und Öffentlichkeitsarbeit eignen sich in der vorbereitenden Phase vor allem dazu, Interesse an der Veranstaltung zu wecken und in der Zielgruppe das Bedürfnis zu erzeugen, „dabei sein zu müssen". Die Medien sind als Multiplikatoren frühzeitig über das „Besondere" des Events zu informieren.

Events benötigen neben einer tragfähigen Idee, die gewissermaßen als konzeptionelle Klammer alle Aktivitäten umfasst, ein professionelles Management. Es bildet die Voraussetzung für den Erfolg. In diesem Zusammenhang haben sich mittlerweile eine Vielzahl von Event- oder Spezial-Agenturen etabliert, die auch Teilbereiche wie Multimediashows, Bühnenchoreografien, Dekorationen, Illuminationen, Tombola, *Food and Beverage* anbieten.

Die Regel: Ein Top-Event benötigt eine Top-Organisation, die zumeist ohne externe professionelle Hilfe von den NPOs alleine nicht zu bewerkstelligen ist. Je hochrangiger eine Veranstaltung angesiedelt ist, desto mehr *sophisticated* müssen die Veranstaltungs-Tools angelegt sein, desto höher werden jedoch auch die entstehenden Investitionen und der Personalbedarf. Das Kostenrad bewegt im Idealfall das Erlösrad.

Wenn die Kosten an die Teilnehmer (Höhe des Eintritts, Startgeldes oder Kostenbeitrages) bzw. an die Sponsoren nicht weiterzugeben sind, ist ein anderer Typ von Veranstaltung zu prüfen. Dann dürften sich andere Formen der Kontaktpflege und -anbahnung für die jeweilige Nonprofit-Initiative und ihre Zielgruppen als geeigneter erweisen. Als Faustformel mag gelten: Eine Benefizveranstaltung sollte zumindest „PR zum Nulltarif" zum Ziel haben. Auf keinen Fall darf sie, weil schlecht vorbereitet und durchgeführt, das Image einer NPO schädigen.

## 5.7.7 Erfolgskontrolle: „Nach dem Spiel ist vor dem Spiel"

Die Erfolgskontrolle bei Wohltätigkeitsveranstaltungen liegt nicht allein im direkten finanziellen Ergebnis und der Frage: Wie hoch war der Reingewinn nach Abzug aller Kosten? Findet ein Benefiz-Event im Rahmen einer dauerhaften Veranstaltungsserie statt, und das sollte aufgrund der erforderlichen Vorarbeiten stets angestrebt werden, sind weitere Faktoren bei der Evaluation heranzuziehen: Wie hochrangig war die Liste der anwesenden Gäste? Kommen die Gäste beim nächsten Mal wieder? Wie kann die Teilnehmerliste ergänzt werden? Haben die Sponsoren ihre Marketingziele erreicht? Wie war das Medienecho? Hat der Event zur Steigerung des Bekanntheitsgrades, des Images oder der Kontaktpflege beigetragen? Waren Ambiente, Programm, Dekoration, Sicherheit, Essen, Toilettenpflege, Parkplätze, Straßenführung u. a. zufriedenstellend? Insgesamt: Was ist zu verbessern?

Das Instrument „Live-Veranstaltung" bietet die einzigartige Chance einer direkten Erfolgskontrolle der Qualität des Gebotenen. Die Reaktion der Gäste erfolgt unvermittelt, die der Medien unmittelbar nach der Veranstaltung.

Für die weitere Arbeit einer NPO ganz wichtig ist die Zahl der neuen Kontakte, die während der Benefizveranstaltung geknüpft werden konnten. Hierin liegt ein hohes Akquisitionspotenzial. Wohltätigkeitsveranstaltungen bieten als informelle Begegnungsstätten die beste Möglichkeit, neue Kontakte für die eigene Arbeit zu erschließen und bestehende zu pflegen.

Umso wichtiger ist daher auch das Follow-up einer Veranstaltung: Dank an Helfer, Mitwirkende, Spender, Sponsoren sind ebenso integraler Bestandteil des Events wie die Akquisitionsbemühungen um Mitglieder, Spender, Stifter, Sponsoren durch Mailings, Telefonate, Besuche usw. direkt im Anschluss. Dabei dürfen die Planungen für die nächsten Veranstaltungen nicht aus den Augen verloren werden. „Nach dem Spiel ist vor dem Spiel", dieser Satz aus dem Fußballalltag gilt auch für Events.

## 5.7.8 Steuerliche Aspekte: Externe Hilfe tut Not

Nicht alle Ideen sind aus steuerrechtlicher Sicht ohne Weiteres umsetzbar, auch wenn sie sich als durchaus sinnvoll erweisen und für das Gelingen einer Benefizveranstaltung gut eignen. Es bedarf eines fachkundigen Beraters, ob Veranstaltungen als steuerbegünstigter Zweckbetrieb oder steuerpflichtiger wirtschaftlicher Geschäftsbereich anzusehen sind. Bei wirtschaftlich erfolgreichen Events kann die Gründung einer Gesellschaft mit beschränkter Haftung (GmbH) zur Konzeption und Durchführung von Veranstaltungen und damit verbundenen Merchandising-Aktivitäten erwogen werden. Die Zusammenarbeit mit einem Dritten bleibt als Alternative stets zu bedenken.

Auch in der Praxis kann es zu Abgrenzungsschwierigkeiten zwischen dem wirtschaftlichen Geschäftsbetrieb und der steuerfreien Vermögensverwaltung kommen. So bei Einkünften aus dem Inserentengeschäft in Zeitschriften und Programmheften, der entgeltlichen Übertragung eines Nutzungsrechts an Werbeflächen, Maskottchen, Signets, Prädikaten (Ausrüster, Lieferant, Förderer usw.) oder an dem Namen einer gemeinnützigen Einrichtung bzw. Veranstaltung.

In Zweifelsfällen sollte stets eine verbindliche Auskunft des Finanzamtes eingeholt werden.

## Weiterführende Literatur

Brockes, Hans-Willy (Hrsg.): Leitfaden Sponsoring & Event-Marketing, Düsseldorf/Berlin 1995 ff. (Loseblatt-Ausgabe).

Erber, Sigrun: Event marketing. Erlebnisstrategien für Marken, Landsberg a. Lech 2000.

Gries, Martin: Vom Sommerfest zum Fundraising-Event, Weinheim/Berlin/Basel 2002.

# 5.8 Das persönliche Gespräch (Face to Face)

*Birgit Kern*

Face to Face ist die aus dem Amerikanischen übernommene Bezeichnung für das direkte, persönliche (Einzel-)Gespräch mit Spenderinnen und Spendern. Natürlich greifen Sie bei Ihrer Arbeit auf das wichtigste Hilfsmittel, die Datenbank, zurück, aber der Schwerpunkt liegt nicht – wie im Direktmarketing und den ihm verwandten Fundraising-Formen – auf Masse und Selektion, sondern auf Individualisierung und Betreuung. In keinem anderen Gebiet des Fundraisings und der Kommunikation steht der Spender so sehr im Mittelpunkt des Geschehens, ist er der Souverän. Sind Sie bereit, sich dem Spender direkt zuzuwenden, ohne schützenden Brief, ohne schützendes Telefon?

In der Spenderpyramide finden wir den Großspender ganz oben. Definiert wird er neben seinem finanziellen Potenzial auch über das Maß an individueller Betreuung, das ihm zukommen soll und vor allen Dingen zukommen kann. Bei ihm „lohnt" sich der höhere Einsatz an Zeit und Ressourcen in Bezug zur Spendererwartung. Es versteht sich von selbst, dass bei der Definition von Großspendern und dem ihnen zugedachten Betreuungsaufwand bei allem Willen dem Ziel der Organisation zu dienen, auch auf die Wirtschaftlichkeit zu achten ist.

Nach dem Pareto-Prinzip sind höchstens 20 Prozent der Spender der Kategorie der Großspender zuzurechnen. Dies ist das erste Indiz für die Personengruppe, die es künftig individueller zu behandeln gilt. Neben den Großspendern, die über Massenbindungsmittel, wie z. B. Patenschaften, gewonnen bzw. gehalten werden können, sind es vor allen Dingen die Top-Spender, die Zustifter und die Testamentspender, bei denen die persönliche Betreuung zum Zuge kommt.

## 5.8.1 Warum ist der persönliche Kontakt wichtig?

Anders als im Massengeschäft will ich die Persönlichkeit der Spenderinnen und Spender kennen lernen. Es geht mir darum, ihre Vorlieben, ihre Abneigungen, ihre Einstellungen zu gesellschaftlichen und politischen Themen, ihre familiäre Situation, ihre tiefgreifenden persönlichen Erlebnisse kennen zu lernen und so zu begreifen, wie die Spenderinnen und Spender einzuschätzen sind. Der persönliche „Standpunkt" der Spenderinnen und Spender in ihrem Umfeld ist es, der mich erkennen lässt, wann sie oder er in welcher Weise und für welchen Zweck zu spenden bereit sind. Und auch, von wem sie gefragt werden wollen, welche Anerkennung sie suchen oder ablehnen, welche Wichtigkeit Hierarchien in ihrem Leben spielen, wie ihr Wertesystem geordnet ist.

Daraus folgt, dass das oberste Gebot beim persönlichen Gespräch das Zuhören ist. 80 Prozent des Gesprächs sollte aus Zuhören bestehen, nur 20 Prozent aus eigenem Reden. Viel zu leicht geraten wir in Versuchung, diese einmalige Chance des persönlichen Gesprächs zu nutzen, um alle Vorteile unserer Organisation herauszusprudeln, die Wichtigkeit der Projekte zu unterstreichen und uns selbst, als Fundraiser, wie auch unsere Organisation im besten Licht erscheinen zu lassen. Dabei vergessen wir oft, dass der Spender, den wir nun persönlich vor uns haben, die Organisation in der Regel bereits kennt, vertraut ist mit ihren Projekten, ihrem Tun, ihre Glaubwürdigkeit bereits erfahren hat.

Auch meine Tüchtigkeit und Bedürftigkeit ist ihm geläufig. Würde er sonst zu einem Event, einem Tag der offenen Tür, einer Gala, einer Exkursion kommen? Ich muss mich also gar nicht so bemühen, ich kann mir Zeit lassen, einmal mein Gegenüber zu Wort kommen zu lassen – die Seite, die die Organisation und mich unterstützt und unsere Arbeit möglich macht.

Im Idealfall werde ich also die Gelegenheit nutzen, die Spenderin oder den Spender im „Smalltalk" besser kennen zu lernen, Gemeinsamkeiten und Trennendes herauszufinden. Wenn ich weiß, welche Abneigungen sie haben, weiß ich auch, welche Projekte ich ihnen niemals zur Unterstützung anbieten werde. Wenn ich weiß, was er/sie am liebsten mag, woran ihr Herz hängt, weiß ich auch, welche Seiten meiner Arbeit ihnen am nächsten stehen, welche sie mithin auch am liebsten unterstützen möchten.

Wer richtig zuhört, wird auch sein Verhalten auf die Bedürfnisse des anderen einstellen. Wenn mein Top-Spender kein Aufhebens um seine Person mag, werde ich ihn nicht mit öffentlicher Ehrung zu locken versuchen. Wenn ich weiß, dass ihm persönliche Eitelkeiten nicht fremd sind, werde ich seinen Geburtstag besonders ehren.

Natürlich gehört dazu auch, dass die Spender einmal die Fundraiserin oder den Fundraiser kennen lernen. Zum einen repräsentieren Fundraiser ihre Organisation und stehen für Engagement und Professionalität. Zum anderen bringen sie ihre ganze Person und Persönlichkeit mit. Wie in jeder entstehenden Beziehung bleibt es in der Spenderbeziehung nicht aus – und soll es auch nicht –, dass die Fundraiser etwas von sich preisgeben. Gespräche sind keine Einbahnstraße. Die Spenderin und der Spender werden ihrerseits zuhören und ihre Schlüsse aus dem Gesagten und der nonverbalen Kommunikation ziehen.

Das Ziel ist klar definiert, und zwar vom ersten Moment an, da ich den Spender als potenziellen Top-Spender identifiziert habe. Innerhalb eines bestimmten Zeitraums soll eine Beziehung aufgebaut werden, die es ermöglicht, ein maßgeschneidertes Projekt zur Unterstützung anzubieten, um ein klares Ja zur Antwort zu bekommen. Dabei leistet das persönliche Gespräch die wichtige Arbeit der persönlichen Beziehungsaufnahme. Es ergänzt all das, was ich durch die Datenbank und durch Recherche über die Person des Spenders bereits weiß. Es vermittelt den persönlichen Eindruck, auf dem die Festlegung der weiteren Schritte und Bindungsmaßnahmen beruht. Dies hat selbstverständlich Konsequenzen für das kommunikative Verhalten der Fundraiserin und des Fundraisers (siehe 6.1).

## 5.8.2 Anforderungen an die Person des Fundraisers im Top-Spenderbereich

Nicht jedem Menschen ist die Gabe der leichten, aber zielgerichteten Kommunikation in die Wiege gelegt worden. Nicht alle Menschen können sich selbst zurücknehmen und dem Gegenüber in weiten Teilen den Vortritt lassen. Aber: Viele dieser Kompetenzen lassen sich lernen. Es gibt Grundregeln der Kommunikation, die in Büchern, in Seminaren oder auch im Umgang mit talentierten Kollegen zu lernen sind. Eine solche Schulung, ein Grundwissen um Sender und Empfänger, ist dringend zu empfehlen.

Die ideale Fundraiserin oder der ideale Fundraiser für den Top-Spenderbereich sollte folgende Eigenschaften haben: kommunikativ, weltgewandt, gute Allgemeinbildung, Fremdsprachen beherrschen, eloquent, im Smalltalk exzellent, bereist, belesen, gut gekleidet, geschmackvoll, stilvoll, bescheiden, zurückhaltend, vielseitig kompetent, anpassungsfähig, unverwechselbar, Organisationstalent, gut im Zuhören und – vor allem: authentisch! – Vielleicht gehört dieses Wort auch an den Anfang der langen Liste der Eigenschaften: Authentizität. Bei allem Tun und bei aller Anpassungsfähigkeit ist es wichtig, dass sich die Fundraiserin bzw. der Fundraiser nicht verbiegen muss, wenn sie oder er mit einem Herrn Müller und seinesgleichen kommuniziert. Jeder Mensch spürt intuitiv, wenn man sich nicht wirklich für ihn interessiert, sondern nur wegen seines Geldes, wegen eines bestimmten Zweckes Interesse aufbringt. Es bleibt nicht verborgen, wenn man nicht wirklich meint, was man sagt, wenn man eine Meinung oder Haltung vortäuscht. Oder wenn man sich in der Gesellschaft, in der man sich bewegt, nicht wohl fühlt.

Ein Herr Müller weiß, dass sie wahrscheinlich nie miteinander reden würden, wenn Sie nicht Fundraiser wären und er nicht potenzieller Spender. Das ist die Basis Ihrer Beziehung. Und das wissen beide, eben auch Herr Müller, denn er ist nicht dumm. Wenn Sie sich das klar machen, dann können Sie auch die notwendige Überzeugungsarbeit leisten. Dann werden Sie auch nicht denken, dass Sie manipulieren oder sich Vertrauen erschleichen oder sich anbiedern. Vergessen Sie selbst diese professionelle Basis Ihrer Beziehung nie, dann sind Sie auch frei, im Sinne Ihrer Organisation zu agieren. Dann können Sie authentisch sein.

Ken Burnett sagte den weisen Satz: "You don't get what you don't ask for."[1] George Smith setzte ganz im Sinne der Top-Spender-Fundraiser noch einen entscheidenden Hinweis hinzu: „Viele Menschen können mehr geben. Viele Menschen wollen mehr geben. Geben wir ihnen doch eine Chance!"[2]

## 5.8.3 Der Verlauf von Großspendergesprächen

Im Dialog sind viele Dinge zu klären, jede Seite erfährt mehr über die andere. Natürlich sind dieser Art der Recherche auch Grenzen gesetzt. Niemand blickt hinter die Stirn des anderen. Niemand hat jeden Tag einen guten Tag, weder der, der fragt, noch der, der antwortet. Es gibt auch Menschen, mit denen wir einfach nicht können, mit denen wir keine gleiche Wellenlänge haben, mit denen wir keine wohlwollende Beziehung aufbauen können. Hier hilft nur der Versuch, eine andere Person mit der Aufgabe zu betrauen oder sich durch ein Höchstmaß an Professionalität dieser Herausforderung zu stellen.

(1) Die Gesprächsvorbereitung

Der erste Erfolgsfaktor für ein Gespräch, z. B. auf einem Event, ist zunächst, dass die Vorbereitung stimmt. Ist beispielsweise bekannt, welche Personen kommen werden, und haben Sie die wichtigsten Menschen recherchiert? Sie kennen aus der Datenbank das Spenderleben, Sie haben die Person gegoogelt, Sie haben mit dem eigens von Ihnen entworfenen Kontaktbogen entscheidende Menschen aus Ihrer Organisation zu dieser Person befragt. Das Bild ist rund, Sie sind bereit.

(2) Das Ins-Gespräch-Kommen

Auf dem Event finden Sie allerdings keinen Weg, mit dieser Person ins Gespräch zu kommen. Entweder stehen Sie an einem anderen Tisch, oder die Person steht ständig bei anderen Menschen, und es fällt Ihnen bei größtmöglicher Phantasieanstrengung kein Weg ein, näher an sie heranzukommen oder gar anzusprechen. Was Sie vergessen haben, ist das Wichtigste: den Door-Opener. Jemand muss Sie vorstellen. Am besten sagt Ihr Vorstand, Ihr Geschäftsführer (den Sie vorher gebrieft haben, denn von sich aus machen das nur die wenigsten Vorgesetzten): „Herr X, darf ich Ihnen Frau Y vorstellen. Frau Y betreut bei uns die Großspenderprogramme."

Damit ist nicht nur der erste Kontakt geknüpft, Herr X sieht Sie zum ersten Mal an. Hier ist auch gleich Ihre Position deutlich benannt. Es ist wichtig, dass Herr X weiß, welche Rolle Sie in der Organisation spielen, warum Sie an diesem Abend oder Mittag dabei sind, und dass es so etwas wie das „extra um Großspender kümmern" überhaupt in der Organisation gibt. Einige werden das befremdlich finden und glauben, dass sie das alles ehrenamtlich machen. Die große Mehrzahl jedoch wird neugierig werden oder sich sogar geschmeichelt fühlen, denn durch das Bekanntmachen ist ja klar, dass auch Herr X zu den Großspendern gehört. Im Idealfall spricht der Vorstand weiter: „Herr X hat sich immer für … interessiert, oder Frau Y hat, genau wie Sie, Herr X, eine Vorliebe für klassische Musik." Damit wäre auch thematisch ein Anfang gemacht.

Diese Situationen gibt es und wenn Sie sie erleben, seien Sie dankbar. In der Regel müssen Sie mit der schlichten Namensnennung von Herrn X und sich selbst vorlieb nehmen. Dann nehmen Sie das Zepter in die Hand und beginnen mit dem Smalltalk, reden über die Veranstaltung, das Wetter, die Räumlichkeiten usw. Viele der Top-Spender sind geübt im Smalltalk, und Sie können sich diesem Geübten ruhig überlassen, denn (siehe oben), 80 Prozent ist Zuhören. Und nur die ersten Gesprächsanfänge sind schwer. Übung macht auch hier den Meister!

Ein kleiner Einschub sei gestattet: Vorstände und Geschäftsführer, die keine ausgesprochene Fundraiser-Erfahrung haben, müssen zumeist auf die ihnen zufallende Aufgabe des Door-Openers hingewiesen werden. Sprechen Sie mit Ihrem Vorstand und/oder Ihrem Geschäftsführer, sprechen Sie mit anderen Top-Spendern, die Sie bereits kennen. Erklären Sie die Situation und warum Sie die Hilfe brauchen, was Sie mit diesem Kontakt bezwecken und zu welchem Ziel das führen soll. Wenn Sie das können, wird Ihnen die Hilfe bestimmt nicht verwehrt werden. Es ist Teil Ihrer Position, hier initiativ zu werden.

(3) Die Spendenbitte (The Ask)

Der Moment, in dem Sie um die große Spende bitten, *The Ask,* der Gipfel Ihrer Spenderkultivierung, erfordert eine ganz eigene und besondere Art von Gespräch. Bis dahin bedarf es einer sorgfältigen Vorbereitung – Lehrbücher sprechen von einem Prozess, der 24 Monate dauert. Es wird kürzere Zeiträume geben, oder auch längere. Modellhaft soll hier von 24 Monaten ausgegangen werden, um den ganzen Vorbereitungsprozess bis zur Spendenbitte aufzuzeigen:

– Am Tag X haben Sie Herrn Müller identifiziert. Sie halten ihn für finanziell in der Lage, innerhalb der nächsten zwei Jahre eine Spende von 50.000 Euro zu leisten.

– In den nächsten 12 Monaten suchen Sie Gelegenheiten, mit Herrn Müller in Kontakt zu kommen. Sie laden ihn ein, Sie telefonieren, Sie schreiben, Sie treffen ihn bei einer Eröffnung, Sie reden mit ihm.

– Nach 12 Monaten halten Sie inne und überprüfen Ihre erste Aussage: Ist Herr Müller immer noch finanziell in der Lage, diese Spende zu leisten? Sie überprüfen weiterhin, ob Sie auch wirklich Kontakt zu ihm aufgenommen haben. Wie „können" Sie mit ihm, wie „kann" er mit Ihnen? Was haben Sie von ihm erfahren? Kennen Sie seine Vorlieben? Haben Sie bereits eine Vorstellung davon, welches Programm, Projekt Sie ihm zur Unterstützung vorlegen wollen? Wenn ja, geht es in den nächsten 12 Monaten weiter wie bisher. Wenn nein, überlegen Sie, ob Sie die Intensität der Betreuung noch aufrechterhalten wollen. Oder gibt es jemand anderen bei Ihnen, der vielleicht erfolgreicher mit Herrn Müller arbeiten könnte? Oder empfiehlt es sich, eine Kommunikationspause einzulegen? Natürlich ohne einen Beziehungsabbruch zu riskieren.

– Nach weiteren 12 Monaten kommt der Moment: Sie wissen, welches Programm Sie Herrn Müller zur Unterstützung vorschlagen wollen, Sie wissen, dass Herr Müller gerade an dieser Thematik sehr interessiert ist. So weit, so gut. Aber darüber hinaus brauchen Sie einen Plan, wann und wo dieses Gespräch stattfinden soll; Sie müssen entschieden haben, ob das Gespräch nur mit Ihnen oder beispielsweise mit Ihrem Vorstand, dem Geschäftsführer oder sonst einer anderen Person, die Herr Müller respektiert, führen wollen; und Sie müssen wissen, wie die Rollen bei einem solchen gemeinsamen Gespräch verteilt sein sollen.

Es gibt für jede Variante gute Gründe. Wägen Sie ab und entscheiden Sie, was für die konkrete Situation das Richtige ist. Es gibt Menschen, die möchten mit Max reden und nicht mit Mäxchen, will heißen, es kann sein, dass Herr Müller über eine solche Summe nicht mit Ihnen, sondern mit dem Präsidenten reden will. Wenn Sie die letzten beiden Jahre gut genutzt haben, dann wissen Sie mit hoher Sicherheit, mit welcher Person Herr Müller sich am wohlsten fühlt. Aber seien Sie vorsichtig: Es gibt auch Präsidenten, die in solchen Situationen lieber selbst mit Herrn Müller reden möchten, anstatt es Ihnen und Ihrer Entscheidung zu überlassen, wer der geeignetste Gesprächspartner ist. Sprechen Sie mit dem Vorgesetzten. Versuchen Sie, Ihrem Instinkt zu folgen. Wenn das nichts nützt, versuchen Sie, zumindest mit anwesend zu sein.

Es fällt beim ersten Mal niemandem leicht, die entscheidende Spendenbitte zu stellen. Aller Wahrscheinlichkeit nach werden Sie nervös sein. Versuchen Sie, das Präsentieren Ihres ausgewählten Projekts so natürlich wie möglich zu machen. Setzen wir das Beispiel fort:

– Sie haben sich zum Essen verabredet, Herr Müller kommt. Nach den einleitenden Sätzen berichten Sie von diesem Projekt, sagen, dass Sie es bebildert und durchgerechnet (also als richtig ausgearbeitetes Proposal) dabei haben und legen es auf den Tisch. Sie wirken so ernst und seriös wie noch nie. (Das stellt sich von selbst ein!) Dann sagen Sie, dass Sie dieses Projekt für Herrn Müller ausgesucht haben, dass Sie sich vorstellen können, dass es ihm besonders gefällt, so wie Sie ihn kennen gelernt haben. Dann gehört noch dazu, dass das Projekt jetzt realisiert werden muss/soll und nicht erst in grauer Zukunft.

– Herr Müller guckt sich das Projekt an, nickt begeistert mit dem Kopf und sagt, dass er auch schon in diese Richtung gedacht habe und dass ihm das wirklich gefällt.

– Sie zeigen ihm den Finanzrahmen und nennen jetzt die Summe, die Sie sich als seine Beteiligung vorgestellt haben. Nie zu wenig fragen. Erstens könnten Sie vielleicht noch mehr Geld akquiriert haben und ärgern sich hinterher. Schlimmer ist es aber noch, wenn Herr Müller sich unter Wert gefragt vorkommt, wenn er also denkt: Warum wollen die nur so wenig Geld von mir, denken die, dass ich nicht mehr habe? Unterschätzen Sie gekränkte Eitelkeit nicht.

– Herr Müller sagt, dass er einverstanden ist, freut sich und sichert Ihnen zu, das Geld in den nächsten Tagen anzuweisen.

– Sie sind begeistert und freuen sich zusammen mit Ihrer Organisation über den gelungenen Prozess.

Zugegeben, das ist die Schilderung des Idealfalles. Wenn Sie aber Ihre Arbeit richtig gemacht haben, dann haben Sie zur richtigen Zeit den richtigen Menschen am richtigen Ort um die richtige Sache gefragt.

Allerdings können sich auch viele Schwierigkeiten in den Weg stellen. Das Gespräch kann viele Wendungen nehmen:

– Herr Müller kann z. B. sagen, dass er Bedenkzeit braucht. Dass er sich die Unterlagen in Ruhe durchlesen will. Gehen Sie darauf ein, geben Sie ihm alles und verabreden Sie mit ihm einen Zeitpunkt, an dem Sie mit ihm wieder sprechen werden. Gehen Sie nicht auf das Angebot ein, dass er sich meldet. Sie sind der Herr des Verfahrens, an Ihnen liegt es, wann es zu einem weiteren Kontakt kommen soll.

– Herr Müller sagt nein. Sie sind verständlicherweise zunächst enttäuscht. Nehmen
Sie das Nein nicht persönlich. Vielleicht haben Sie etwas übersehen, vielleicht fehlt
Ihnen auch eine wichtige Information. Fragen Sie Herrn Müller, wie Sie dieses Nein
verstehen sollen. Ist es vielleicht ein: Nein, nicht jetzt. Oder ein: Nein, nicht in dieser
Höhe. Oder ein: Nein, nicht auf einmal, aber in Raten. Oder ein: Nein, nicht für dieses
Projekt. Oder ist es tatsächlich ein richtiges Nein: Niemals. In diesem Fall entschuldigen Sie sich und nennen Herrn Müller die Gründe, die zu Ihrer Annahme geführt
haben, dass er bereit wäre, Sie in dieser Weise zu unterstützen. – Er wird Ihnen dann
wahrscheinlich erklären, was zu diesem Missverständnis geführt hat.

Haben Sie den grundsätzlichen Unterschied zu den anderen Gesprächen gemerkt? In
diesem Gespräch werden Sie 80 Prozent der Unterhaltung bestreiten. Zumindest in
dem Teil, in dem Sie Ihr Anliegen begründet vortragen.

(4) Der Dank

Das Follow-up eines erfolgreichen Asks ist der unmittelbare und geplante Dank. Überlegen Sie bereits, bevor Sie fragen, wie Sie Herrn Müller danken, ja sogar ehren können.
Bieten Sie diesen Dank in Ihrem Gespräch an. Über Ihren persönlichen Dank hinaus
wird sich beispielsweise der Präsident oder eine ähnlich hochrangige Person Ihrer Organisation bedanken. Ehrungen jeglicher Art, von der Nennung in der periodisch erscheinenden Zeitschrift bis hin zur Namensnennung an einer Ehrentafel oder der Wid-
mung eines Saales oder Gebäudeflügels, sind denkbar, wenn Herr Müller dies möchte.

Und: Mit dem Dank ist nicht alles vorbei. Herr Müller bleibt Top-Spender und wird
auch weiterhin als solcher behandelt. Das heißt, er wird erneut in einen zweijährigen
Kultivierungsprozess aufgenommen. Wer einmal in dieser Größenordnung gespendet
hat, wird dies auch weiterhin tun.

(5) Die Dokumentation

Nach jedem Gespräch, ob am Telefon, per E-Mail (auch dort kann hoch ergiebig miteinander gesprochen werden) oder persönlich, sollte die Essenz der Kommunikation
schriftlich festgehalten werden. Das von der Fundraiserin bzw. dem Fundraiser gene-
rierte Wissen ist bei Wahrung des Datenschutzes dem Gedächtnis der Organisation
zuzuführen. Auch ist das eigene Gedächtnis nur begrenzt speicherfähig, und es kann
auch sein, dass ein Kollege die begonnene Arbeit fortsetzen wird. Dann braucht er die
wichtigsten Informationen aus erster Hand. Die Dokumentation von Kontakten erfordert Disziplin, ist sowohl in der Arbeit von fach- und hierarchieübergreifenden Teams
als auch in kleinen Organisationen essenziell notwendig. Festzuhalten sind: Wann hat
das Gespräch stattgefunden, zu welchem Anlass, wer war noch dabei, die wichtigsten
Themen, kennen gelernte Eigenschaften, weitere Besonderheiten.

# 5.8.4 Bewährte Formen von Großspenderprogrammen

Das Großspenderprogramm kennt zurzeit drei Wege der Akquisition:

- die Großspenderkampagne (siehe 4.2.1; 4.2.2),
- das Upgraden aus den eigenen Reihen,
- das Upgraden und Akquirieren von Quereinsteigern direkt in die Spitze.

Die *Großspenderkampagne* unterscheidet sich von den anderen beiden Modellen grundsätzlich dadurch, dass sie davon ausgeht, zuerst den besten Spender, die größte Spende zu akquirieren und in ihrem Sog weitere nennenswerte Spenden zu bekommen. Hierzu wird zumeist eine eigenes Fundraising-Team aufgebaut, das sich einem Projekt für eine bestimmte Zeit widmen will, z. B. der Akquisition von fünf Millionen Euro in fünf Jahren für den Neubau und die Renovierung der Bibliothek einer Universität. Hierzu wird meist ein externer Top-Volunteer gesucht, der sich dem Zweck verpflichtet fühlt und über gute Kontakte zu finanzkräftigen Spendern verfügt. Ihm zur Seite stehen weitere Volunteers und natürlich Fundraising-Profis aus der Organisation, die koordinieren und steuern.

Das *Upgraden aus den eigenen Reihen* sucht nach Programmen, die es ermöglichen, den Spender in seinem Spenderleben weiter auf den Pyramidenstufen nach oben zu bringen. Bindungsprogramme wie Patenschaften werden eingeführt, diese werden weiter hochgestuft zu besonderen Patenschaften für zeitlich begrenzte Projekte, die aber einen höheren Finanzbedarf beanspruchen – und so weiter. Aus dieser Gruppe kristallisieren sich mit der Zeit potente und besonders engagierte Spender heraus, die sich zu bestimmten Anlässen auch mit höheren, ja besonders hohen Spenden beteiligen werden.

Die dritte Variante benutzt das *Upgraden* wie eben beschrieben, setzt aber daneben auf so genannte *Quereinsteiger*, Menschen, die sich sofort mit nennenswerten Beträgen an der guten Sache beteiligen wollen und können. Der Vorteil dieser Variante ist, dass durch sie neue Menschen in die Spenderschaft Aufnahme finden – und zwar nicht auf der unteren Stufe der Erstspender, sondern direkt in der Spitze. Dass ich also nicht erst lange warten muss, bis dieser Spender neben den üblichen Beiträgen aus treuer Verbundenheit auch bereit ist, mir größere Summen zur Verfügung zu stellen. Der Vorteil liegt klar auf der Hand: Ich kann meine Ziele schneller und direkter erreichen. Ich erhöhe meine Top-Spenderbasis und damit meine Chancen, weitere Großspenden in einem überschaubaren Zeitraum zu akquirieren.

Eingebettet in diese Zielsetzung stehen mir die Fundraising-Formen und -Methoden uneingeschränkt zur Verfügung. Dabei liegt das Augenmerk darauf, einen persönlichen Kontakt zu den Spenderinnen und Spendern herzustellen. Dies kann ich zunächst mit Briefen erreichen, die nächste Stufe werden Telefongespräche sein, gefolgt von persönlichen Gesprächen – wie hier beschrieben – bei Events oder speziellen Verabredungen.

## Anmerkungen

1  Burnett, Ken: Relationship Fundraising, San Francisco 2002.

2  Smith, George: Asking Properly. The art of creative fundraising, London 1996.

## Weiterführende Literatur: siehe Anmerkungen

# 5.9 Multi-Channel-Fundraising

*Kai Fischer*

## 5.9.1 Ausdifferenzierte Kommunikationswege als Herausforderung für das Fundraising

Die traditionellen Formen der Werbung scheinen endgültig in eine strukturelle Krise zu kommen. Mittlerweile erreichen jeden Deutschen am Tag mehr als 5.000 Werbebotschaften. Seit Jahren ist die Tendenz zu beobachten, dass die Wirkung von Werbung abnimmt, da sich die Umworbenen immer stärker der Werbung zu entziehen versuchen, wie nicht zuletzt am Zappen durch die Fernsehprogramme oder an den aggressiven Reaktionen auf ungebetene Telefonanrufe oder Spam-Mails abzulesen ist. Unternehmen und auch Nonprofit-Organisationen (NPOs) reagieren auf die abnehmende Wirksamkeit von Werbung mit noch mehr Werbung.

Mit den Mitteln des klassischen Direktmarketings scheint man auch im Fundraising an Sättigungsgrenzen gestoßen zu sein. Wenn einzelne Förderer vor Weihnachten bis zu 50 Spendenbriefe erhalten, wird schnell plausibel, dass auf die meisten dieser Briefe nie reagiert werden wird. – Die Responsequote in der Neuspendergewinnung durch Kaltmailings geht seit Jahren kontinuierlich zurück und der Spendenmarkt stagniert, wenn man die Zahlen um die Inflation bereinigt. Da gleichzeitig immer mehr NPOs auf diesen Markt drängen, erhöhen sich die Kosten für die Neuspendergewinnung, da immer ausgefeiltere Techniken eingesetzt werden müssen. – Gleichzeitig steigt die Bedeutung der Kundenbindung (siehe 3.3.4), da es deutlich kostengünstiger ist, Menschen an eine NPO zu binden, als neue Spender zu werben.

Parallel zu dieser Entwicklung haben sich in den letzten zehn Jahren die Möglichkeiten direkter Kommunikation stark erweitert. Handys haben sich im Alltag durchgesetzt. Mit fast 72 Millionen Handys in Deutschland (Sommer 2005) hat fast jeder Bundesbürger eins. Damit ist auch die Nutzung von SMS stark angestiegen. Das Versenden der Textbotschaften hat sich als einer der einträglichsten Geschäftszweige der Mobilfunk-Firmen entwickelt. Auch das Internet und die Nutzung von E-Mail (siehe 5.2) sind für viele Menschen innerhalb weniger Jahre zu unverzichtbaren Kommunikationskanälen geworden.

Die digitalen Kommunikationskanäle stehen den klassischen analogen gleichberechtigt gegenüber und ergänzen diese. Allerdings haben sich die Präferenzen und Nutzungsgewohnheiten in der deutschen Bevölkerung stark ausdifferenziert. Während viele Menschen gern noch Briefe schreiben und erhalten, kommunizieren andere am liebsten per E-Mail oder SMS. Wo für einige der Flyer ein wichtiges Instrument ist, um sich zu informieren, nutzen andere dazu lieber das Internet mit seinen vielfältigen Möglichkeiten.

Dieser Ausdifferenzierung der Kommunikationskanäle müssen die NPOs in doppelter Weise Rechnung tragen. Zum einen müssen sie die Vielfalt der Kommunikationskanäle in ihrer Gesamtstrategie der Ansprache und der Kommunikation mit den verschiedenen Zielgruppen der NPO berücksichtigen. Zum anderen müssen sie mit den Förderern, Interessenten und Unterstützern über den jeweils präferierten Kanal kommunizieren, wenn eine langfristige Bindung erreicht werden soll.

Empirisch lässt sich beobachten, dass mit den verschiedenen Kommunikationskanälen unterschiedliche Zielgruppen erreicht werden.[1] So unterscheiden sich beispielsweise die Förderer, die über das Fernsehen erreicht werden, von denen, die auf Mailings reagieren. Online-Spender hingegen sind deutlich jünger als Brief-Spender, wohnen eher in Großstädten und spenden vor allen Dingen auch deutlich höhere Beträge. Soll also das Gesamtpotenzial der Förderer einer NPO ausgeschöpft werden, wird man nicht umhin kommen, möglichst verschiedene Kommunikationskanäle einzusetzen. Wichtig ist hierbei, dass die Botschaften und das Design der Kommunikation aufeinander abgestimmt sind, um keine Brüche und Irritationen auszulösen. Diese notwendige Konsistenz der Botschaften stellt in der Praxis eine der größten Herausforderungen dar, weil jeder Kommunikationskanal aufgrund seiner Kommunikationslogik und den jeweiligen technischen Rahmenbedingungen spezifische Anforderungen an die Formulierung und den Aufbau der Botschaften stellt.

Die Kombination verschiedener Kommunikationskanäle zu einer systematischen Einheit und die Übermittlung einer einheitlichen, konsistenten Botschaft über alle Kanäle werden unter dem Stichwort des Multi-Channel-Fundraisings zusammengefasst. In der Literatur werden zum Teil auch Begriffe wie „Cross-Media-Marketing" und „integrierte Kommunikation" synonym verwendet. Hierbei muss man beachten, dass „integrierte Kommunikation" im deutschsprachigen Fundraising schon mit anderen Bedeutungen eingeführt worden ist.[2] Multi-Channel-Fundraising ist dabei ein Ansatz, der radikal vom Förderer her denkt: Förderer, Interessenten und Unterstützer sollen die von ihnen gewünschten Informationen über den jeweils präferierten Kommunikationskanal zum jeweils gewünschten Zeitpunkt erhalten und einfach und zeitnah auf alle Informationen reagieren können.

Eine Reihe von Erfahrungen – sowohl aus der Wirtschaft als auch von NPOs – zeigt, dass Multi-Channel-Kommunikation deutlich bessere Ergebnisse erzielt als bisherige Formen der Werbung und der Kommunikation mit Interessenten, Käufern und Förderern. Fasst man die verschiedenen Ergebnisse zusammen, dann lassen sich folgende Aspekte für den Erfolg herausarbeiten:

*Höhere Convenience:* Multi-Channel-Kommunikation und insbesondere auch die Möglichkeit, unterschiedliche Responsekanäle zu nutzen, ermöglicht den Förderern oder Kunden, den für sie jeweils besten bzw. einfachsten Kanal auszusuchen und situativ zu nutzen. Gerade bei Katastrophen wird dies beispielsweise in der Kombination von Fernsehen und Internet exemplarisch deutlich: Die Förderer werden über das Fernsehen emotional angesprochen und können dann die Website der NPO nutzen, um ihre

Spende zu tätigen. Warteschleifen in der Telefon-Hotline gehören so der Vergangenheit an.

*Akzeptanz von Fördererpräferenzen:* Multi-Channel-Kommunikation kann auf unterschiedliche Präferenzen für Kommunikationskanäle seitens der Förderer und Interessenten optimal eingehen. Je nachdem, über welchen Kanal Menschen mit der NPO kommunizieren wollen bzw. über welchen Kanal sie Informationen wünschen, können zielgerichtet entsprechende Angebote zur Verfügung gestellt werden. Dies ist ein wichtiger Aspekt, um langfristige Beziehungen aufzubauen.

*Aufbau von Kommunikationsschleifen:* Traditionelle Formen von Werbung und Fundraising basieren auf dem Setzen emotionaler Impulse – in der Hoffnung auf eine Reaktion seitens der Adressaten. Die Adressaten werden dann in Reagierer und Nicht-Reagierer unterschieden. Multi-Channel-Kampagnen ermöglichen den NPOs eine komplexere Kommunikation und differenziertere Betrachtungen der Reaktionen von Adressaten. In der Multi-Channel-Kommunikation werden nicht nur emotionale Impulse gesetzt, sondern auch Bindung und Kultivierung der Förderer aktiv betrieben. Es werden Kommunikationsschleifen aufgebaut. Da digitale Kommunikationskanäle kostengünstig zu nutzen sind, erlaubt Multi-Channel-Kommunikation eine häufigere individualisierte Kommunikation und erreicht damit eine höhere Effizienz.

Multi-Channel-Fundraising basiert auf den unterschiedlichen Aufgaben von Kommunikation im Fundraising (vgl. 5.9.2). Es umfasst ein Konzept der Kombination von Kommunikationskanälen und sieht sich besonderen Herausforderungen gegenüber (vgl. 5.9.3).

## 5.9.2 Kommunikationsaufgaben im Fundraising

So wie sich den unterschiedlichen Kommunikationskanälen bestimmte Nutzergruppen zuordnen lassen, eignen sich bestimmte Kanäle besonders für die unterschiedlichen Kommunikationsaufgaben. Zur Information größerer Gruppen eignen sich z. B. die Massenmedien sehr gut (siehe 5.1). Die besten Ergebnisse in der Bitte um eine Spende (in Bezug auf Höhe und Spende pro Angesprochenem) erzielt nach wie vor das direkte Gespräch mit Interessenten und Förderern (siehe 5.8). Sind vielfältige und optimale Reaktions- und Antwortmöglichkeiten wichtig, bietet das Internet optimale Möglichkeiten.

Kommunikation im Fundraising hat vier unterschiedliche Aufgaben, die in einem beziehungsorientierten (Relationship-)Fundraising (siehe 3.3) erfüllt werden müssen, um langfristig erfolgreich die Erfüllung der Aufgaben der jeweiligen Organisation finanzieren zu können. Zu den wesentlichen Aufgabe gehören:

- – Öffentliche Aufmerksamkeit gewinnen (5.9.2.1);
- – Responsekanäle (Antwortkanäle) schaffen (5.9.2.2);
- – Spendenbitte und Spendentransaktion (5.9.2.3);

– Bindung von Interessenten, Förderern, Mitgliedern und anderen Zielgruppen durch Involvement und Kultivierung (5.9.2.4).

Nicht nur Zielgruppe und Kommunikationsaufgabe haben einen Einfluss auf die Auswahl der Kommunikationskanäle, sondern auch die strategischen Entscheidungen in Bezug auf das Fundraising (siehe 3.1).

## 5.9.2.1 Öffentliche Aufmerksamkeit gewinnen

Jegliche Form der Neuspendergewinnung erfordert es, Aufmerksamkeit in der Öffentlichkeit zu gewinnen. Viele NPOs setzen für diese Aufgabe Public Relations (PR) ein. Über die verschiedenen Formen der Medienarbeit werden Beiträge in den Massenmedien platziert. Im Rahmen des Multi-Channel-Fundraisings darf Medienarbeit nicht beim Generieren von Aufmerksamkeit stehen bleiben. Vielmehr muss die mediale Aufmerksamkeit mit dem jeweiligen Spendenprojekt verknüpft werden und dem potenziellen Förderer den Nutzen einer Unterstützung vermitteln. Ziel der Auswahl der Werbemedien ist nicht nur, eine möglichst umfassende Penetration der Zielgruppe mit der Botschaft zu erreichen, sondern auch Anlässe für Reaktionen der Angesprochenen zu schaffen. Je stärker dies gelingt, desto größer ist auch der potenzielle Erfolg der Fundraising-Kampagne.

Die Breite der einzusetzenden Medien umfasst das gesamte Spektrum redaktionell aufbereiteter Informationen. Neben den Magazin-Sendungen im Fernsehen gehören hierzu auch Features im Radio sowie redaktionelle Beiträge in Zeitungen und Zeitschriften. In den letzten Jahren spielen auch Online-Medien in den PR eine immer größere Rolle. Insbesondere die Special-Interest-Sites gewinnen eine große Bedeutung. Kommunikation ohne einen starken Bezug auf das Medium und seine Zielgruppe läuft gerade im Internet schnell ins Leere. Hier können Banner auf anderen Websites und Textanzeigen in Newslettern anderer Versender geschaltet werden (siehe 5.2.4.3). Zusätzlich spielen die verschiedenen Möglichkeiten der Suchmaschinen-Optimierung (siehe 5.2.4.4) eine wichtige Rolle, um Interessenten auf das eigene Thema aufmerksam zu machen und sie als Unterstützer gewinnen zu können.

Ein Beispiel für die Bandbreite eingesetzter Medien ist die Kampagne „gefühlskalt" der Berliner Stadtmission.[3] Neben einem Kino- und Fernsehspot wird Standwerbung in der Öffentlichkeit, Werbung in der U-Bahn sowie Plakate, Citylights, Freianzeigen in Tageszeitungen und weitere Formen der Werbung (Auslage von Flyern und Werbe-Postkarten) erfolgreich genutzt.

Auch *Methoden des Direktmarketings* können zur Gewinnung von Aufmerksamkeit genutzt werden. Da die Effektivität und Effizienz von solchen Maßnahmen an kalte Kontakte bei vielen Organisationen abnimmt, kann Direktmarketing vor allen Dingen dann erfolgreich eingesetzt werden, wenn Förderer und Unterstützer angesprochen werden, mit denen die Organisation schon Kontakt hat. Bei diesen Zielgruppen kann systematisch versucht werden, den Kontakt zu optimieren, indem z. B. die Erlaubnis (Permission) zur Nutzung von Telefon und digitalen Medien (E-Mail und SMS) eingeholt wird.

Aufmerksamkeit kann auch durch so genannte *Alerts* (die Aufmerksamkeit weckende kurze Hinweise) erreicht werden. Vor dem Versenden von Alerts muss dazu das Einverständnis der Adressaten erfragt werden. Kommunikation über SMS oder E-Mail ermöglicht es, kurze Alerts zu senden, um über den Eintritt eines besonderen Ereignisses zu informieren und aufzufordern, weitere Informationen auf der Website einzuholen. Wichtig ist, dass das Ereignis, auf das aufmerksam gemacht wird, für die Adressaten eine hohe Bedeutung hat.

Alerts per SMS können in der Kommunikation im Fundraising sehr gut eingesetzt werden. Zum einen lassen sich die Interessenten fast überall auf der Welt direkt erreichen. Durch das Klingeln des Handys erhält die SMS eine zusätzliche Bedeutung und Aufmerksamkeit. Die Wahrscheinlichkeit der Wahrnehmung der Botschaft und die Bereitschaft zur Reaktion dürfte bei Adressaten, die der Zusendung von Alerts ausdrücklich zugestimmt haben, sehr hoch sein.

Eine weitere Form der Gewinnung von Aufmerksamkeit sind Weiterempfehlungen. Menschen senden Botschaften der NPO an ihre Freunde, Bekannten und Arbeitskollegen weiter. Für diese als *Viral Marketing* bezeichneten Kampagnen kann insbesondere das Internet mit seinen verschiedenen Formen der Interaktion gut genutzt werden. Auf jeder einzelnen Seite können Skripte eingebaut werden, mit deren Hilfe die Besucher der Website E-Mails an Menschen schicken können, die sich für die Inhalte der spezifischen Seite ebenfalls interessieren. Auch E-Mail und E-Cards können in ähnlicher Weise zur Gewinnung neuer Interessenten eingesetzt werden.

Bei allen Viral-Marketing-Kampagnen kommt der Botschaft eine besondere Bedeutung zu. Denn Menschen werden Informationen nur dann weiterleiten, wenn diese für sie von besonderem Interesse sind und sie davon ausgehen können, dass sich ihre Freunde oder Arbeitskollegen nicht behelligt fühlen bzw. diese aufgrund der Wichtigkeit der Botschaft die Behelligung tolerieren. Bei Viral-Marketing-Kampagnen muss beachtet werden, dass die Botschaft sich nicht so weit verselbstständigen darf, dass sie nicht mehr mit dem Absender in Verbindung gebracht werden kann. Sonst geht die Werbewirkung verloren. Dies war bei einer der erfolgreichsten viralen Kampagnen in Deutschland – die Distribution des Moorhuhn-Spiels – passiert. Zwar haben viele Menschen das Spiel heruntergeladen und es in ihrem sozialen Netzwerk weiterempfohlen, doch der Bezug zum Werbetreibenden – der Whiskymarke „Johnny Walker" – ist dabei für viele Nutzer des Spiels nicht ersichtlich gewesen.

## 5.9.2.2 Responsekanäle schaffen

Menschen, die auf ein Angebot einer NPO aufmerksam geworden sind, muss eine Möglichkeit zur Reaktion geboten werden, soll ihre Aufmerksamkeit nicht ins Leere laufen. Bei Mailings wird die Responsemöglichkeit mitgeschickt: Die beiliegende Antwortkarte oder der Überweisungsträger oder auch eine Telefonnummer ermöglichen eine schnelle und einfache Reaktion. Die digitalen Medien bieten weitere Möglichkeiten, mit der NPO Kontakt aufzunehmen und zu reagieren. Als einer der wichtigsten Responsekanäle hat sich dabei in den letzten Jahren das Internet etabliert. Im Gegensatz zu Konto- und Telefonnummern können sich die meisten Menschen – einen entsprechend sinnvollen Domainnamen vorausgesetzt – eine Webadresse gut merken. Werden Online-Medien zur Gewinnung von Aufmerksamkeit eingesetzt, wird durch einen Link die Möglichkeit zum Response geschaffen. Verweist der Link auf eine Landing-Page oder Micro-Site, erhöht sich die Responsequote deutlich.

Neben der direkten Spendentransaktion (vgl. 5.9.2.3) ermöglichen die digitalen Kanäle auch weitere Reaktionen der Interessenten und Förderer. Eine niederschwellige Form von Response kann z. B. die Bestellung von Informationsmaterialien sein, womit schon erste Kontakte und Transaktionen hergestellt worden sind. Diese können über eine nachfolgende Bindung und Kultivierung der Interessenten weiter ausgebaut und die Interessenten im Idealfall zu Spendern entwickelt werden.

Im Rahmen politischer Kampagnen können Unterstützer über die Website beispielsweise eine Protest-E-Mail absenden. So werden die Unterstützer in die Arbeit der NPO involviert, was ihre Bindung und ihre Beziehung zur NPO deutlich stärkt. Langfristig steht zu erwarten, dass durch gesteigertes Involvement und stärkerer Bindung die Spendenbereitschaft steigen wird.

Auch über den Einsatz von eCommerce, dem Verkauf von Waren über die Website, kann eine einfache niederschwellige Möglichkeit des Kontaktaufbaus hergestellt werden (siehe 5.6). Erfahrungen aus der Praxis zeigen, dass viele Online-Spender zunächst Produkte im Internet kaufen, bevor sie sich entscheiden, auch online zu spenden. NPOs können von dieser Erfahrung profitieren, wenn sie, statt um Spenden zu bitten, Interessenten und potenziellen Förderern Produkte zum Kauf anbieten. Positive Erfahrungen mit der Transaktion im eCommerce können dann auch auf Online-Spenden übertragen werden, wodurch die Spendenbitte einen Vertrauensvorschuss erhalten kann. Schließlich bietet eine Website die Möglichkeit, Instrumente der Fördererbindung einzuführen, z. B. das Angebot, einen E-Newsletter kostenlos zu abonnieren.

Der Website kommt damit im Rahmen der Kommunikation zunehmend eine Schlüsselstellung zu. Als Responsekanal steht die Website in der Regel immer dann zur Verfügung, wenn der Förderer bzw. Interessent diesen Kanal nutzen möchte. Darüber hinaus können hier auch die Instrumente zur Bindung, zur Kultivierung und zum Involvement ansetzen und die Beziehungen zu den Förderern intensivieren und verstärken. Spendentransaktionen sind ebenfalls relativ problemlos möglich.

## 5.9.2.3 Spendenbitte und Spendentransaktion

Ziel aller Aktivitäten im Fundraising ist die Bitte um Ressourcen bzw. die Frage um finanzielle Unterstützung. Alle anderen Aktivitäten sind nur in Bezug auf dieses Ziel sinnvoll und müssen sich hinsichtlich ihres Beitrags zur Einwerbung der Ressourcen beurteilen lassen. Alle Schritte haben für unterschiedliche Zielgruppen bzw. Spendertypen unterschiedliche Ausprägungen und führen insgesamt über einen Entscheidungsprozess, der für die verschiedenen Gruppen durchaus unterschiedlich gestaltet ist.

Für die Spendenbitte stehen alle Formen des Direktmarketings zur Verfügung, wobei nach wie vor gilt, dass die direkte Ansprache, das Face to Face, am erfolgreichsten ist. Die Bitte kann aber auch per Brief, per Telefon, per E-Mail, auf dem Event oder auf der Website erfolgen. Welcher Kanal gewählt wird, hängt in erster Linie von der Zielgruppe bzw. den jeweiligen Förderern und ihrer Bereitschaft ab, auf die unterschiedlichen Kanäle zu reagieren. Während einige Menschen auf Spendenaufrufe per E-Mail ohne weitere Vorbehalte reagieren, können zwar viele Menschen per E-Mail gebunden werden, d. h., sie akzeptieren eine aktuelle Kommunikation über diesen Kanal, spenden jedoch nur, wenn sie per Brief oder im persönlichen Gespräch hierum gebeten werden.

Es lassen sich zunehmend cross-mediale Reaktionen der Förderer feststellen. Genauso, wie es Menschen gibt, die nie online spenden, da sie in das Medium kein Vertrauen haben, nutzen andere Förderer das Internet, um auf Spendenbitten per Brief zu reagieren. Letzteres ist für viele Menschen, die täglich mit dem Internet beruflich zu tun haben und über diesen Kanal auch ökonomische Transaktionen abwickeln, häufig der einfachste und schnellste Weg zu reagieren. Andere Menschen wiederum drucken ein Spendenformular aus und schicken die notwendigen Angaben per Fax oder per Post. Dritte wiederum überweisen ihre Spende lieber direkt und möchten am liebsten über das Internet nur ihre Spendenabsicht mitteilen.

Insgesamt dominieren damit immer noch die klassischen bankgebundenen Verfahren der Spendentransaktion. Neben der Überweisung und dem Dauerauftrag ist dies vor allem die Lastschrift vom Konto des Förderers. Die Nutzung von Kreditkarten bei der Abwicklung von Spenden hat insgesamt in Deutschland nur eine geringe Bedeutung. Neben den relativ hohen Kosten und der Notwendigkeit, mit den Kreditkartenfirmen Vereinbarungen zu treffen, liegt dies vor allem daran, dass Kreditkarten in Deutschland nur wenig genutzt werden.

Neben diesen traditionellen Verfahren wurden in den letzten Jahren insbesondere im Umfeld von eCommerce und mCommerce Möglichkeiten entwickelt, kleinere Geldbeträge zu transferieren. Diese Möglichkeiten können auch zur Transaktion von Spenden genutzt werden. Die größte Verbreitung hat dabei die Begleichung der Beträge über die jeweilige Telefonrechnung gefunden. Unabhängig, ob hiermit die Telefonrechnung eines Festnetzanschlusses oder Handys eingesetzt wird, in jedem Fall wird über eine Telefonleitung ein Impuls ausgelöst, der zu einem Rechnungsposten auf der jeweiligen Rechnung führt. Da insgesamt eher geringe Beiträge eingeworben werden, stellt sich immer die Frage, ob das Spendenpotenzial auch ausgeschöpft wurde.

Alle anderen Micro-Payment-Verfahren (z. B. Firstgate, Pay Pal, paysafecard, infinMicropayment) haben sich in der Breite nicht am Markt durchgesetzt. Inwieweit es sich lohnt, diese Verfahren zur Transaktion der Spenden zu nutzen, sollte im Hinblick auf Kosten und Nutzen gut kalkuliert werden. Der Multi-Channel-Fundraising-Ansatz hat alle genannten Möglichkeiten im Blick und versucht diese zielgruppenspezifisch zu optimieren.

## 5.9.2.4 Bindung durch Involvement und Kultivierung

Beziehungsaufbau und Spenderbindung haben im Fundraising große Bedeutung. Aus rein ökonomischer Perspektive lässt sich Fundraising nur als beziehungsorientiertes Marketing sinnvoll konzipieren. Im Beziehungsgeschehen des Fundraisings spielen immer emotionale und rationale Aspekte eine Rolle. Bei der Gestaltung von Beziehungen (siehe 3.1.2) lassen sich folgende drei Aspekte unterscheiden:

- *Kultivierung* (Cultivation) bezeichnet einen Lernprozess zwischen Förderern und NPO, in dem sich diese gegenseitig kennen lernen. Kultivierung ist eine Voraussetzung für eine langfristige Fördererbeziehung, da über diesen Prozess insbesondere die Förderer verstehen lernen, welchen Einfluss ihre Ressourcen auf die Zielverwirklichung der NPO haben und wie die Gesellschaft sich durch die Tätigkeit der NPO ändert.

- *Involvement* ist eine Aktivität, bei der die Förderer in die Arbeit der Organisation integriert werden, quasi aktiver Teil der Leistungserstellung werden. Dies bedeutet in der Regel nicht, dass sie in die professionelle Arbeit tatsächlich integriert sind. Vielmehr können sie eine aktive Rolle bei der Unterstützung spielen, indem sie freiwillige Arbeit leisten, politisch protestieren, andere Menschen auf die Organisation hinweisen usw. Aufgabe des Fundraisings ist in diesem Fall, Möglichkeiten des Involvements zu schaffen und diese Möglichkeiten auch zu kommunizieren.

- *Bindung* ist das Ergebnis eines erfolgreichen Beziehungsaufbaus zwischen NPO und Förderer. Die Förderer fühlen sich der NPO verbunden und lassen sich deshalb auf die Überlassung von Ressourcen ansprechen.

Beim Multi-Channel-Fundraising werden alle Kommunikationsaufgaben und alle Kommunikationswege des Fundraisings (siehe 5.1 bis 5.8) zur Umsetzung eines Fundraising-Konzeptes geprüft und aufeinander abgestimmt, um die Potenziale einer NPO optimal zu nutzen. Das Ziel ist hierbei immer, Bedürfnisse und Wünsche der Förderer zu erfüllen, um so die Voraussetzungen für eine langfristige Kooperation zu schaffen.

# 5.9.3 Die Kombination der Kommunikationskanäle

Multi-Channel-Fundraising ist ein komplexer mehrstufiger Ansatz in der Kommunikation mit Förderern, Interessenten und Unterstützern. Ausgangspunkt sind dabei unterschiedliche Bedürfnisse und Präferenzen der angesprochenen Menschen sowie die verschiedenen Vor- und Nachteile der einzelnen Medien und Kommunikationskanäle.

Dies bedeutet jedoch nicht, dass Multi-Channel-Fundraising nur etwas für größere NPOs mit einer ausdifferenzierten Fundraising-Abteilung sei. Gerade das Gegenteil ist richtig: Häufig sind es die kleineren und mittleren Organisationen, die aufgrund einer geringeren innerorganisatorischen Arbeitsteilung schneller in der Lage sind, zu reagieren. Es ist auch nicht notwendig, alle Kommunikationskanäle auf einmal zu nutzen.

Vielmehr reicht es aus, wenn für jede kommunikative Aufgabe ein Kanal zur Verfügung steht.

Viele NPOs nutzen heute schon verschiedene Kommunikationskanäle. So werden Flyer und Broschüren, manchmal auch Plakate gedruckt. Pressearbeit betreiben viele NPOs durchaus professionell. Eine Website besteht, manchmal auch schon mit der Möglichkeit, online zu spenden. Mit Förderern wird über Zeitschriften kommuniziert, und sie werden zu Tagen der offenen Tür eingeladen. Spenden werden häufig mit Mailings eingeworben.

Was vielen NPOs heute fehlt, ist ein Konzept, in dem die verschiedenen Medien miteinander kombiniert und in einen logischen Zusammenhang gestellt werden. So reicht es eben nicht aus, eine digitale Broschüre im Internet stehen zu haben. Vielmehr muss die Website als Responsekanal für die Pressearbeit fungieren. Dies setzt in der Praxis allerdings voraus, dass Pressearbeit auch eine strategische Funktion für das Fundraising hat.

Abbildung 1:  Schema der Kombination von Kommunikationskanälen im
Multi-Channel-Fundraising

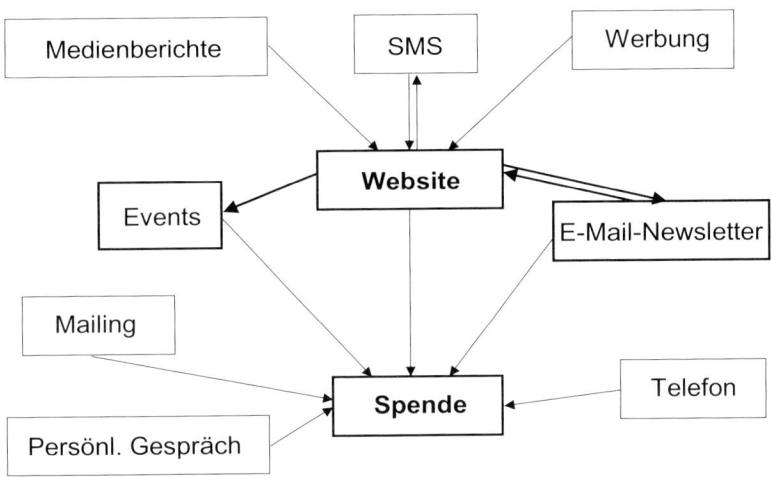

Berücksichtigt man, dass viele NPOs heute schon verschiedene Kanäle und Medien nutzen, dann ist Multi-Channel-Fundraising im Grunde eine strategische Ausrichtung aller Medien mit dem Ziel, Menschen auf die Organisation aufmerksam zu machen, sie zu binden, zu kultivieren und zu involvieren sowie sie um Unterstützung und eine Spende zu bitten. Entscheidend ist, dass für die Kommunikation über jeden Kanal bzw. die Entwicklung und Gestaltung jedes Mediums Ziele im Rahmen eines übergeordneten Konzepts von Multi-Channel-Fundraising formuliert werden. Sobald dies geschehen ist, besteht die weitere Anforderung in konsistenten Botschaften und einem übergeordneten Corporate Design bzw. einer Corporate Identity. Idealerweise werden diese im Sinne einer Marke weiterentwickelt, um die verschiedenen Medien auch im Rahmen eines Brandings nutzen zu können und so die jeweilige NPO im Markt als unverwechselbare Einheit aufzustellen. Multi-Channel-Fundraising verlangt deshalb auf der Ebene der NPOs zunächst keine großen Investitionen, sondern vor allen Dingen eine klare und systematisch umgesetzte Strategie, Disziplin bei der Entwicklung und Gestaltung der verschiedenen Medien und eine systematische Erfolgskontrolle.

Im Rahmen des Controllings ist zu beachten, dass für die Erfolgsmessung der Multi-Channel-Kommunikation Kennzahlen entwickelt werden müssen, die den unterschiedlichen Präferenzen der Förderer gerecht werden. So ist z. B. nicht so wichtig, ob ein Förderer über die Website oder seine Telefonrechnung spendet. Entscheidender ist, welche Effekte die verschiedenen Formen der Kommunikation auf seine Spendenhöhe bzw. -häufigkeit haben. Für den Erfolg einer Website ist also nicht nur entscheidend, in welchem Umfang online Spenden transferiert werden, sondern auch, welche Effekte in Bezug auf Bindung, Involvement und Kultivierung ausgeübt werden. Um effizient mit den Förderern kommunizieren zu können, ist es jedoch ratsam zu überprüfen, welche Förderer auf welche Kanäle in welcher Form reagieren, um dann die entsprechenden Botschaften über die Kanäle senden zu können, denen gegenüber die Förderer am ehesten aufgeschlossen sind.

Einen weiteren Handlungsbedarf gibt es aufseiten der Datenverarbeitung. Multi-Channel-Fundraising benötigt zur Umsetzung eine differenzierte und speziell für diese Aufgaben entwickelte Datentechnik. Viele heute im Einsatz befindliche Fundraising-Datenbanken sind für Multi-Channel-Fundraising nicht oder nur bedingt geeignet. Nimmt man die Zentrierung der Kommunikation auf die Präferenzen der Förderer ernst, dann müssen neben den zentralen Stamm- und Bankdaten weitere Profile der Förderer, Interessenten und Unterstützer angelegt werden. Hierzu gehören vor allen Dingen Daten zu den jeweiligen Interessen, den präferierten Kommunikationskanälen, der Dokumentation der jeweils erteilten Permission für die Nutzung der verschiedenen Kanäle sowie verschiedene Daten zur Kontakthistorie und zur Auswertung des Verhaltens. Erst auf Grundlage dieser Daten kann einerseits Kommunikation auf die einzelnen Personen zugeschnitten und andererseits Fundraising effektiv und effizient umgesetzt werden, weil sich nur so eine Auswertung über die Effizienz und Effektivität der einzelnen Kanäle im Hinblick auf die Einwerbung von Spenden durchführen lässt.

Wichtig ist daher, dass Daten auf allen Kommunikationskanälen aus der zentralen Datenbank versandt und alle Reaktionen zentral erfasst werden können. Fortschrittliche Datenbank-Technologien erlauben auch die Integration des Telefons (CTI) sowie die vollständige digitale Fördererakte. Erst diese stellt sicher, dass jedem Mitarbeiter im Förderer-Service auch alle Informationen sowie die bisherige Kommunikation auf Knopfdruck zur Verfügung stehen. Denn in Zukunft werden die Betreuung der Förderer und die optimal angepasste Kommunikation über den ökonomischen Erfolg im Fundraising entscheiden. – Die professionelle Pflege der Datenbank wird somit zu einem wichtigen Thema der NPO (siehe 6.2).

## Anmerkungen

1  Vgl. Sargeant, Adrian/Jay, Elaine: Building Donor Loyalty, San Francisco 2004, S. 34.

2  Michael Urselmann (in: Fundraising, 3. Aufl., Bern 2002, S. 159) verwendete diesen Begriff zur Beschreibung eines Konzepts von Fundraising förderaler Organisationen, wenn die Fundraising-Anstrengungen aller Gliederungen aufeinander abgestimmt und entsprechend einem gemeinsamen Konzept umgesetzt werden. Detlef Luthe (in: Fundraising, Augsburg 1997) fasst unter diesem Begriff die Integration interner Kommunikation, Marketing, Fundraising und Öffentlichkeitsarbeit zu einem einheitlichen Konzept.

3  Vgl. Berger, Angelika: Die Kältehilfekampagne „gefühlskalt" der Berliner Stadtmission, in: Fischer, Kai/Hohn, Bettina/Kreuzer, Thomas (Hrsg.): Fundraising Praxis – aus erfolgreichen Beispielen lernen. Jahrbuch Fundraising, Hamburg 2005, S. 91–110.

## Weiterführende Literatur

Fischer, Kai/Neumann, André: Multi-Channel-Fundraising – clever kommunizieren, mehr Spender gewinnen, Wiesbaden 2003.

Iñarra Iraegui, Marcelo: Multichannel Marketing, in: Hart, Ted/Greenfiled, James M./Johnston, Michael (Ed.): Nonprofit Internet Strategies, San Francisco 2003, S. 26–38.

Kracke, Bernd (Hrsg.): Crossmedia-Strategien. Dialog über alle Medien, Wiesbaden 2001.

# Kapitel 6

# Fundraising-Fertigkeiten und -Instrumente (Fundraising Skills and Tools)

# 6.1 Personenbezogene Kompetenzen (Soft Skills)

*Irmgard Ehlers*

Fundraising gehört zu den stark personenbezogenen Professionen, und es hat seinen Grund, dass Fundraising auf „Friendraising" aufbaut. Um Fundraising langfristig erfolgreich zu praktizieren, braucht es fundierte Fachkompetenz. Diese wird Ihnen in den übrigen Kapiteln dieses Bandes vermittelt. Fundierte fachliche Kompetenz ist jedoch „nur" die notwendige und vorausgesetzte Grundlage für Ihre Fundraising-Arbeit. Um Vertrauen zu wecken und langfristige Beziehungen aufzubauen, brauchen Sie darüber hinaus umfangreiche „Soft Skills", die Ihre Fachkompetenz für Spenderbindung und Unterstützungsnetzwerke weiterentwickeln. Anders ausgedrückt: Fachliches Wissen alleine genügt im Fundraising nicht.

Eine aufsehenerregende Studie bei IBM in den USA recherchierte die Gründe für Beförderungen. Danach sind drei Faktoren für eine Karriere entscheidend:

– die *Performance,* d. h. das fachliche Know-how,
– das *Image,* also den Eindruck, den jemand hinterlässt, und
– die *Exposure,* d. h. der Bekanntheitsgrad im Unternehmen.

Verblüffend ist die prozentuale Verteilung dieser drei Karrierekriterien: Die Arbeitsqualität, d. h. die Leistung, beträgt nur zehn Prozent; das Image, d. h. der gute Ruf, trägt 30 Prozent zum Aufstiegserfolg bei; wie gut er oder sie Vorgesetzte und sonstige Entscheidungstragende auf sich aufmerksam machen kann, beeinflusst die Karriere zu 60 Prozent! Anders ausgedrückt: 90 Prozent des beruflichen Erfolgs hängen von den Soft Skills ab. Aber, wie eben bereits betont, der fachliche Teil der Arbeit muss „top" sein, auch wenn er nur zehn Prozent zum beruflichen Erfolg beiträgt.

Die arbeitsmarktpolitische deutsche Übersetzung des englischen Begriffs *Soft Skills* übernahm 1974 Dieter Mertens, der langjährige Leiter des Instituts für Arbeitsmarkt und Berufsforschung (IAB) in Nürnberg. Mertens sprach von „Schlüsselqualifikationen" und verstand unter diesen Qualifikationen den „Schlüssel" zur rascheren und reibungslosen Erschließung von sich veränderndem Fachwissen.

Nach der Definition der Bildungskommission von Nordrhein-Westfalen (1995) sind Schlüsselqualifikationen „erwerbbare allgemeine Fähigkeiten, Einstellungen, Strategien und Wissenselemente, die bei der Lösung von Problemen und beim Erwerb von Kompetenzen in möglichst vielen Inhaltsbereichen von Nutzen sind, sodass eine Handlungsfähigkeit entsteht, die es ermöglicht, sowohl individuellen Bedürfnissen als auch gesellschaftlichen Anforderungen gerecht zu werden". Bei Schlüsselqualifikationen handelt es sich also um überfachliche Qualifikationen, die die fachliche Qualifikation in den jeweils angemessenen beruflichen und persönlichen Kontext stellen. Letztendlich geht es um unsere kognitive und affektive menschliche Grundausstattung, die wir in unterschiedlichen Situationen und Funktionen einsetzen, um situationsangemessen zu handeln. Bei Schlüsselqualifikationen handelt es sich *nicht* um Fachwissen. Aber Schlüsselqualifikationen ermöglichen den kompetenten Umgang mit fachlichem Wissen.

Schlüsselqualifikationen werden oft auch als „Schlüsselkompetenzen" bezeichnet. Sie gliedern sich in fünf Kompetenzbereiche auf:

- Selbstkompetenz (vgl. 6.1.1)
- Sozialkompetenz (vgl. 6.1.2)
- Sachkompetenz (vgl. 6.1.3)
- Methodenkompetenz (vgl. 6.1.4)
- Handlungskompetenz (vgl. 6.1.5)

Kompetenz meint die Fähigkeit, sich situationsangemessen verhalten zu können, sich situationsangemessen verhalten zu wollen und dies auch tatsächlich zu tun. Es geht darum, zu wissen, was zu tun ist und warum, um die Fähigkeit, wie es zu tun ist, und um den Wunsch oder den Willen, dies auch tatsächlich zu tun. Hier kommen gleichzeitig unsere Werte und Ziele ins Spiel und ebenso unsere persönliche und berufliche Vergangenheit sowie unsere jeweils einzigartige und empirisch nicht belegbare menschliche Tiefenstruktur.

Eine weitere Umschreibung von Schlüsselkompetenzen bzw. Schlüsselqualifikationen, insbesondere bei der Personalauswahl, lautet „Persönlichkeit".

Der Deutsche Industrie- und Handelskammertag (DIHK) befragte 2.154 Unternehmen, welche Qualifikationen junge Menschen mit einem Hochschulabschluss beim Berufseinstieg mitbringen sollten. Neben den Fachkompetenzen betrafen die häufigsten Nennungen Analyse- und Entscheidungsfähigkeit, Lernkompetenz, Einsatzbereitschaft, Team-, Kommunikations- und Konfliktfähigkeit, Kritikfähigkeit und Führungskompetenz, gefolgt von Erfolgsorientierung, Leistungswille und der Fähigkeit zum selbstständigen Arbeiten. Immer noch bei über 80 Prozent der Nennungen lagen Persönlichkeitskompetenzen wie Belastbarkeit, Unternehmergeist und Entscheidungsfreude.

Gleichzeitig beklagten die befragten Firmen die hohen Defizite bei den personenbezogenen Kompetenzen. Fast die Hälfte der Unternehmen (47,5 %) trennte sich wieder von neu Eingestellten. Nach Angabe von 29 Prozent der Unternehmen waren die neu Angestellten nicht in der Lage, die theoretisch erworbenen Kenntnisse in die betriebliche Praxis umzusetzen. Ein Viertel sah den Grund des gescheiterten Berufstarts in Selbstüberschätzung, mangelndem Sozialverhalten und mangelnder Integrationsfähigkeit.

Einer der ältesten Verfechter von Schlüsselkompetenzen, d. h. „Persönlichkeit", war Adolph Freiherr von Knigge (1752–96) mit seinem dreibändigen Werk „Über den Umgang mit Menschen", heute leider gründlich fehlinterpretiert als Vertreter einer schablonenhaften Einhaltung knöcherner Etikette. Genau das Gegenteil war seine Intention: Als die Person wahrgenommen werden, die man wirklich ist, um sich frei in der Welt zu bewegen, ohne Zwang, ohne Falschheit, ohne sich verdächtig zu machen, ohne die

Eigenständigkeit des Charakters zu verlieren und ohne selbst zu leiden. Seine Überzeugung: Mit Vorsicht und Bescheidenheit, mit Rücksicht und Toleranz kann man eigentlich nichts falsch machen, ganz gleich wo man sich gerade befindet. Das Deutschland des 18. Jahrhunderts war zersplittert in viele Dutzend Kleinstaaten und durch starke soziale Gegensätze bestimmt. Die Französische Revolution kündigte sich an. Knigge war ein Vertreter der Aufklärung und der Überzeugung, dass jeder Mensch gleich viel gilt, unabhängig von Rang und Titel.

Selbstkompetenz heißt bei ihm „Über den Umgang mit sich selbst". Damit beschäftigt sich sein erster Band. Mit Sozialkompetenz setzt er sich in seinem zweiten und dritten Band auseinander. Dort geht es um den Umgang mit anderen Menschen. Ein Kapitel ist überschrieben mit: „Über das Verhältnis zwischen Wohltätern und denen, welche Wohltaten empfangen"!

In unserer heutigen Bildsprache ist uns die Gegenüberstellung von *Hard Skills* und *Soft Skills* eingängiger: Die Hard Skills dienen dem fachlichen Umgang auf der Sachebene, z. B. dem u. a. in der Fundraising Akademie vermittelten Wissen um die üblichen Abläufe eines Spendenmailings oder die Planung und Durchführung einer Capital Campaign. Beide genannten Beispiele stehen für die Sachebene, d. h. für die Spitze des Eisbergs. Wir wissen, dass der größte Teil eines Eisberges unsichtbar unter Wasser treibt. Um im Bild zu bleiben: Bei diesem Unterwasserteil handelt es sich um die Soft Skills. Konkret: Wie kommuniziert das Fundraising-Team, das das Spendenmailing oder die Capital Campaign durchführt, teamintern, organisationsintern und nach außen? Welche Wertvorstellungen, Handlungsmotive und nicht ausgesprochenen Interessen sind am Werk? Wie kompensiert das Team Fehler, wie geht es mit Missverständnissen um, wie feiert es Erfolg, wie drückt es Dank aus?

Der unterschätzte Teil des Eisbergs – unter Wasser liegend und nicht sichtbar – war der Grund für das Sinken der „Titanic"! Nicht die Sachebene ist die häufigste Ursache für Schwierigkeiten innerhalb von Teams, sondern die Beziehungsebene. Fachliche Differenzen – wenn es wirklich nur fachliche sind – lassen sich in der Regel relativ rasch klären. Differenzen auf der Beziehungs- und Werteebene sind nur mit Hilfe von Soft Skills zu bewältigen. Fundraising lebt von den Soft Skills, den Schlüsselkompetenzen bzw. -qualifikationen.

Bei einem der Fundraising-Kongresse in Magdeburg betrat ich morgens den Aufzug und grüßte als Eintretende den jungen Mann, der in der Ecke lehnte. Keine Reaktion! Unangenehm berührt schaute ich auf sein Namensschild. Ich war schockiert: Es handelte sich um einen Vertreter der weltweit operierenden Umweltorganisation, die ich seit ihrem Bestehen jährlich mehrfach unterstützte. Ich hatte sogar überlegt, ob ich dauerhaft mit größeren Beträgen einsteigen sollte. Das erstreckte sich bis zu Phantasien bezüglich eines neuen Testaments! Nun, diese Überlegungen haben sich seit jener morgendlichen Aufzugsbegegnung erübrigt. Meine Zuwendungen sind seitdem um die Hälfte reduziert, und ich suche nach einer anderen Organisation, die bezüglich der Soft Skills ihrer Beschäftigten professioneller und mir deshalb „sympathischer" und unterstützenswerter erscheint. Die gute und die schlechte Nachricht lautet: Als Fundraiserin und als Fundraiser sind wir immer im Dienst – auch wenn unser Arbeitstag noch gar nicht offiziell begonnen hat oder wir uns im Urlaub befinden.

Dieser „kleine" frühmorgendliche Höflichkeitsfehler beim Beantworten eines Grußes lässt sich entweder einordnen in den Bereich der Selbstkompetenz, zu der Offenheit, Aufmerksamkeit und Präsenz zählen, oder zur Sozialkompetenz mit sozialer Sensibilität und Höflichkeit. Er hat diese Organisation bereits Einnahmen in dreistelliger Höhe gekostet, bei einem Millionenbudget ein äußerst geringer Betrag, aber – viel schlimmer – ich benutze dieses Negativ-Beispiel sehr gerne bei Trainings für Soft Skills. Da geht es dann bereits um die Reputation.

## 6.1.1 Selbstkompetenz

Selbstkompetenz und Persönlichkeitskompetenz werden häufig synonym verwendet. Gemeint sind die Fähigkeit und die Haltung, in denen sich unsere individuelle Einstellung zu uns selbst, zu unserer Umwelt und insbesondere zu unserer Arbeit ausdrückt. Dabei handelt es sich um Persönlichkeitseigenschaften, die im gesamten Leben und nicht nur in der Arbeit von Bedeutung sind.

Um im Fundraising zu wirklich guten Ergebnissen zu kommen, ist Vertrauenswürdigkeit eine grundlegende Voraussetzung. Sie ist mehr als Ehrlichkeit. Vertrauenswürdigkeit setzt sich zusammen aus Charakter – einer Mischung aus Integrität und Reife – und hoher fachlicher Kompetenz. Beides zusammen ergibt Vertrauenswürdigkeit und führt zu dem Vertrauen, das andere einer vertrauenswürdigen Person entgegenbringen.

Zur Selbst- bzw. Persönlichkeitskompetenz gehören Haltungen wie Großzügigkeit und Freundlichkeit, Offenheit und Neugier, Zuverlässigkeit und Risikobereitschaft ohne Leichtsinn, Leistungsfähigkeit und -bereitschaft sowie Frustrationstoleranz und Belastbarkeit – statistisch werden beim Fundraising neun von zehn Bitten um eine Geldzuwendung mit „nein" beantwortet. Belastbarkeit bedeutet außerdem, Ärger nicht in sich hineinzufressen und auch in Stresssituationen einen kühlen Kopf zu bewahren, um qualitativ hochwertig zu arbeiten. Sie können Niederlagen verkraften und gehen nur aus gutem Grund den Weg des geringsten Widerstands. Selbstdisziplin, Konzentration, Stressresistenz und emotionale Ausgeglichenheit gehören ebenfalls zu Ihrer Selbstkompetenz.

Die Auseinandersetzung mit Soft Skills erinnert an die Auflistung eines Tugendkatalogs – und um genau dies handelt es sich.

Weitere wichtige Eigenschaften sind Toleranz und Loyalität. Toleranz zeigt sich vor allem im Umgang mit eigenen Fehlern und denen der anderen, einer engagierten Gelassenheit, aber ohne Gleichgültigkeit. Stehen Sie voll hinter Ihrer Organisation? Loyalität drückt sich aus in der Treue zur eigenen Organisation und in Fairness gegenüber Kolleginnen und Kollegen, den Untergebenen und externen Kooperationspartnerinnen und -partnern. Über Ihre Organisation, über Vorgesetzte oder nicht Anwesende schlecht zu reden ist ein Tabu, genauso wie Interna auszuplaudern oder Indiskretes zu äußern.

Ebenfalls ein Tabu, wenn auch häufig gebrochen, ist das Jammern über den Umfang der Arbeit. Bei häufiger Wiederholung langweilen Sie damit und setzen sich dem Verdacht aus, entweder nicht gut zu arbeiten, sich häufig zu überfordern oder keine Prioritäten setzen zu können. All dies spricht gegen Ihre Selbstkompetenz.

Zur Selbstkompetenz zählt ferner die Verantwortung für die eigene fachliche und persönliche Weiterentwicklung also, die Lernkompetenz – eine Kombination aus Willen, praktischer Umsetzung und Selbstreflexion. Weiter gehört das klassische Selbst- und Zeitmanagement dazu: Ziele klar zu definieren und in einen Zeitplan auf der Grundlage von Prioritäten zu übertragen, die Fähigkeit zur Disziplin, systematisch und kreativ an der Umsetzung zu arbeiten – insbesondere bei Widerständen – sowie bei Belastungen Stressresistenz und Selbstbeherrschung zu zeigen, ohne rigide zu werden oder Panik zu bekommen. Dazu gehört ebenso, die eigene Leistungsbereitschaft und Leistungsfähigkeit immer wieder zu erweitern, eingespielte Lösungsmuster und Ideen bei Bedarf auf den Prüfstand zu stellen und sich auch äußerlich auf ständige Veränderungen einzustellen, d. h. innere und äußere Beweglichkeit. Sind Sie z. B. bereit, sich kurzfristig von Hamburg nach München oder Mailand auf den Weg zu machen, um sich mit einer Ihrer Großspenderinnen zu treffen? Sind Sie bereit, sich nach langjähriger Kooperation von Ihrer Werbeagentur zu trennen, weil Sie den begründeten Eindruck gewonnen haben, dass Ihre Agentur sich nicht mehr zu 100 Prozent für Ihre Mailings einsetzt? Sind Sie bereit, eine zeitaufwendige und kostenintensive zweijährige berufsbegleitende Fundraising-Ausbildung anzupacken, um sich beruflich und persönlich weiterzuentwickeln? Neben der räumlichen Mobilität gehört zur Flexibilität insbesondere die Bereitschaft, sich ungewohnten Situationen auszusetzen und gewohnte Pfade zu verlassen.

Weiterhin geht es darum, die eigenen Kräfte regelmäßig zu erneuern, d. h. unsere „Lebens-Batterie" aufzuladen. Bei unserem Auto kommen wir nicht auf die Idee, den leeren Tank aufgrund von Zeitmangel und Arbeitsdruck nicht zu füllen. Eigenartigerweise meinen wir in unserem Berufs- und Privatleben anstehendes „Auftanken" und regelmäßige „Wartungen" vernachlässigen zu können. Das mag kurzfristig funktionieren, langfristig führt es zu Burn-out und im schlimmsten Fall zu ruinierten Lebensbeziehungen.

Ein weiteres zentrales Thema für gute Selbstkompetenz ist der Umgang mit Grenzen, sowohl mit den eigenen persönlichen und beruflichen als auch denen der eigenen Organisation sowie den Grenzen Geld gebender Personen oder Institutionen. „Nein" in unterschiedlichen Nuancen ist die häufigste Antwort, die Fundraiserinnen und Fundraiser auf ihre Anfrage um Unterstützung bekommen. Es gehört zu den ganz großen Leistungen unserer Einschätzungsfähigkeit und Erfahrung, korrekt zu entscheiden, wo Grenzen – zumindest momentan – zu respektieren sind, und wo es andererseits darum geht, Grenzen zu verschieben oder zu umgehen. Eine meiner wichtigsten USA-Lektionen stammt aus einem Vortrag der Geschäftsfrau Debbie Aguirre: „Never take a no for a no!" Frei übersetzt: „Glauben Sie nie, dass jedes Nein ein Nein bedeutet." Sie bezieht sich damit auf die Erfahrung, dass Menschen häufig dann nein sagen, wenn sie noch nicht genügend verständliche und überzeugende Information über unser Anliegen oder unser Angebot erhalten haben und deshalb noch nicht einschätzen können, welche positiven Auswirkungen dieses Angebot auf sie selbst haben könnte. Ein „Nein" in diesem

Verständnis enthält von daher die Aufforderung zu einer besseren Kommunikation mit unserem Gegenüber unter dem Blickwinkel, was ihm oder ihr am meisten nützt. Nahe verwandt ist die Selbstmotivation, d. h. die Kraft, sich trotz Rückschlägen, Absagen und eigener Unlust immer wieder neu für die Arbeit zu begeistern.

Ein sehr professioneller Weg der eigenen Orientierung und Weiterentwicklung im dynamischen Fundraising-Markt ist der „Luxus" eines Mentoring-Prozesses oder einer (kollegialen) Supervision. Mentoring bedeutet die Begleitung einer jüngeren Person durch eine ältere und erfahrene Person in Form von regelmäßigem Meinungsaustausch und Beratung, gegebenenfalls auch Unterstützung durch das zur Verfügung gestellte Beziehungsnetzwerk. In Deutschland gerät Mentoring oft in die Sackgasse eines einseitigen Gebens bzw. Nehmens. Das angelsächsische Verständnis von Mentoring umfasst eine langfristige unterstützende Beziehung für beide Seiten, die den oder die Mentee ebenfalls zur Loyalität und Unterstützung des Mentors oder der Mentorin verpflichtet, z. B. durch öffentliches, positives Zitieren, interessante Einladungen und attraktive berufliche Vermittlungen.

Supervision ist die fachliche Begleitung nach professionellen Standards klassischer sozialwissenschaftlicher Schulen. Es kann sich um einen systemischen, einen psychoanalytischen oder einen transaktionalen Zugang handeln, um drei der häufigsten zu nennen. Der Austausch basiert auf Bezahlung.

Sowohl Mentoring als auch Supervision unterstützen uns u. a. in unserem Selbstbewusstsein, d. h. in unserem Prozess, die eigenen Stärken und Schwächen zu kennen und zu benennen, als Person wie als Organisation.

## 6.1.2 Sozialkompetenz

Ein sehr beeindruckendes Beispiel für Selbst- und Sozialkompetenz entdeckte ich in diesem Jahr in der Aprilausgabe von „Chrismon". Unter der Überschrift „Die Melodie von Not und Stolz" ging es um das Leben von Wanderarbeitern in Vietnam und ihr Wissen „über die Würde des Gebens". Diese Menschen sind sehr arm. Der Artikel endet mit folgendem Absatz: „Minh lädt seinen Nachbarn auf eine Zigarette ein und auf noch einen Schnaps, denn wer nicht gibt, der ist wirklich arm. ‚Ich habe nicht viel, aber ich bin trotzdem nicht geizig', sagt Minh. Die Armut dürfe den Charakter nicht kaputtmachen. Sie dürfe sich nicht zeigen. Die Kleidung muss immer frisch gewaschen sein und die Haare korrekt gekämmt. ‚Und vor allem darf die Armut deine Herzlichkeit und deinen Stolz nicht zerstören!'"

Sozialkompetenz meint alle Kenntnisse, Fertigkeiten und Fähigkeiten, die uns helfen, in unserer Beziehung zu anderen Menschen situationsangemessen zu handeln.

Häufig wird in diesem Zusammenhang auch von *emotionaler Intelligenz* gesprochen, ein Sammelbegriff für Persönlichkeitseigenschaften, die den Umgang mit eigenen und fremden Gefühlen betreffen. Den Begriff führten die beiden Wissenschaftler Salovey und Mayer 1990 ein. Populär wurde er durch das gleichnamige Buch des amerikanischen Psychologen Daniel Goleman. Er stellte in 300 Untersuchungen fest, dass Firmen, die bevorzugt emotional intelligente Mitarbeitende beschäftigen, ein besseres Betriebsergebnis erzielen. Dabei ist folgende Unterscheidung wichtig: Nicht das Vorhandensein von Gefühlen, sondern der bewusste Umgang mit ihnen macht eine hohe emotionale Intelligenz aus. Besonders hilfreich ist dabei die Fähigkeit, nicht nur die eigenen Gefühle, sondern auch die Gefühle und Bedürfnisse anderer wahrzunehmen. Dies bezeichnen wir als die Fähigkeit zur Empathie.

Ein wichtiger Baustein ist unsere Kommunikationsfähigkeit: die Art, wie wir sprechen und Gespräche führen. Kommunikationsfähig bedeutet nicht, viel zu reden, sondern die Fähigkeit, zielgerichtet und störungsfrei mit anderen zu sprechen und zu schreiben, d. h. mit Menschen gut zu kommunizieren, verbal und nonverbal. Gut Zuhören ist dabei eine grundlegende Voraussetzung, aber für viele extrem schwierig! Aufmerksames Zuhören ist unsere wichtigste Brücke zum Verständnis anderer Menschen. Obwohl dies zu den Binsenweisheiten zählt, reden die meisten Menschen weitaus mehr, als dass sie zuhören. Und noch schlimmer: Sie unterbrechen die andere Person – eine schwere kommunikative Sünde!

Achten Sie in einem gewöhnlichen, informellen Gespräch darauf, dass Sie nicht länger als eine Minute am Stück sprechen, und dass die Redezeit, die Ihnen und Ihrem Gegenüber zur Verfügung steht, zeitlich möglichst ausbalanciert ist. Ein drastisches Beispiel für eine kommunikative Unausgewogenheit erlebte ich vor einiger Zeit in der Schweiz bei einem Fundraising-Ausbildungskurs: Ein deutscher Student erzählte bei der abendlichen Bierrunde seinem Schweizer Professor über eine Stunde lang von seinen Fundraising-Heldentaten in Deutschland. Der Student geriet mehr und mehr in Fahrt und von einer Anekdote zur nächsten, der Professor zog sich mehr und mehr zurück, die Körpersprache wechselte von höflicher Aufmerksamkeit über Rückzug zu Langeweile bis hin zu Ärger. Der Student schien davon nichts zu merken, er redete. Nach einer Stunde und 15 Minuten verließ der Professor den Tisch. Das Gespräch hatte gegen die Kommunikationsregel der Ausgewogenheit verstoßen und enthielt zusätzlich kulturelle Regelbrüche bezüglich „jünger und älter" sowie „Schüler und Lehrer". Es war überdies interkulturell anstößig und unterstützte das Stereotyp von den überdominanten Deutschen, die alles besser wissen.

Zum Allgemeinwissen gehört inzwischen das erste Kommunikationsaxiom von Paul Watzlawick: „Wir können nicht nicht kommunizieren." Für die Konsequenzen aus diesem Kommunikationsgesetz entwickelte Stephen Covey das anschauliche Bild vom emotionalen Beziehungskonto: Was immer wir tun – inklusive unserem Reden – führt zu einer Ein- oder Auszahlung auf unserem Beziehungskonto, das unser Gegenüber mit uns unterhält. Haben wir dort ein hohes Wertschätzungsguthaben, dann führt auch eine größere „Abbuchung" z. B. in Form einer größeren Verspätung nicht in den Minus-Bereich. Bewegt sich das Beziehungskonto aber schon im tiefen Rot, dann genügen bereits kleine zusätzliche Abbuchungen, z. B. durch einen schlechten Witz, eine flapsig formulierte E-Mail oder ein verspätetes Dankschreiben, um die Beziehung weiter zu entfremden. Besonders schwierig wird es dann, wenn uns die Existenz eines Kontostands gar nicht bekannt ist, weil uns Sozialkompetenzen nicht sonderlich interessieren.

Seien Sie loyal. Loyalität zeigt sich in der Treue zu Ihrer Organisation und in der Fairness gegenüber den Personen, mit denen Sie geschäftlich und privat zu tun haben. Klatschen Sie nicht und beteiligen Sie sich nicht an der Weiterverbreitung von Gerüchten. Reden Sie nie negativ über andere Menschen, denn diejenigen, denen Sie heute diese negative Information anvertrauen, werden zu Recht vermuten, dass Sie morgen in ähnlicher Weise über sie sprechen werden. Im Gegenteil: Versuchen Sie, nicht anwesende Personen in Schutz zu nehmen – ein solches Verhalten spricht für Sie und Ihre Loyalität. Respektieren Sie Hierarchien. Wenn Sie Probleme mit Kolleginnen und Kollegen haben, oder mit unmittelbaren Vorgesetzten, versuchen Sie diese Probleme zuerst unter vier Augen und im direkten Austausch auszuräumen. Eine Beschwerde beim Chef oder der Chefin sollte immer Ihr allerletztes Mittel sein, um Konflikte zu lösen.

Wenn Sie vertrauenswürdig sind – siehe oben – werden Ihnen andere Personen Vertrauen schenken und Ihnen viel erzählen. Verschwiegenheit ist dann ein Muss, insbesondere wenn es sich um schützenswerte Informationen handelt. Eine Erbin, die in ihrer Stadt nicht als Erbin bekannt sein möchte, schätzt es überhaupt nicht, wenn Sie Ihr Wissen über diese Frau „im vertrauten Kreise" weitergeben. Es gibt äußerst wenige vertraute Kreise!

Seien Sie taktvoll: Versuchen Sie Ihre soziale Sensibilität ständig zu verfeinern und zu erweitern – insbesondere in Ihrer Ausdrucksweise und inklusiven Sprache – gegenüber Gender, Kultur, Alter, Rasse, sexueller Orientierung, sozialer Herkunft usw. Die Fettnäpfchen stehen überall, und häufig nehmen wir sie nicht oder zu spät wahr. Höflichkeit ist die Grundform von sozialer Sensibilität. Unhöflichkeit ist ein schleichendes Gift in zwischenmenschlichen Beziehungen – ebenso wie für die Produktivität am Arbeitsplatz. Die Komplikation dabei: Unhöfliches Verhalten ist nicht unbedingt beabsichtigt. Ein unhöflicher Kommentar oder dass man vergisst, den Arbeitskollegen zum Mittagessen mitzunehmen, können schon genügen. Eine Untersuchung der University of South Florida ergab, dass 69 Prozent der befragten Untersuchungsgruppe an ihrem Arbeitsplatz herablassend behandelt werden und sich diese Erfahrung in der täglichen Arbeit auswirkt. Sie provoziert weiteres negatives Verhalten: 72 Prozent der Befragten äußerten sich aufgrund einer respektlosen Behandlung im Unternehmen gegenüber anderen abfällig über den Betrieb. 41 Prozent kommentierten die Leistung der Kollegenschaft negativ. 40 Prozent drosselten ihr Arbeitstempo und hielten Deadlines nicht ein. 43 Prozent behandelten Auftraggeber oder Kunden unhöflich und 41 Prozent stritten sich mit Kolleginnen und Kollegen. Stellen Sie sich solche Ergebnisse bei einer Organisation vor, die Fundraising betreibt!

Beziehungsförderlich ist es, wenn Sie wichtige Ereignisse im Leben der Menschen, mit denen Sie zu tun haben, wahrnehmen, schätzen und ansprechen. Das kann der Geburtstag sein, ein wichtiges Ereignis wie die Beförderung, ein beruflicher oder persönlicher Erfolg oder eine öffentliche Auszeichnung, aber auch der Tod eines Angehörigen. Dann ist ein handverfasstes Kondolenzschreiben ein Muss, gegebenenfalls auch die Teilnahme an der Beerdigung. Verlassen Sie sich bei wichtigen Daten nicht auf Ihre Erinnerung, sondern auf Ihren Kalender – und aktualisieren Sie ihn entsprechend. Dies hilft Ihnen, langfristige Beziehungen und Freundschaften aufzubauen und zu pflegen. Merken Sie sich auch, was Menschen in Ihrem Umfeld brauchen können: den Tipp auf ein eben erschienenes wichtiges Buch, den Hinweis auf eine besondere Ballettveranstaltung oder einen guten Film, eine interessante Stellenanzeige, eine frei werdende Wohnung.

Lernen Sie die Spielregeln der Konversation – anlässlich eines Empfangs, eines Events, eines offiziellen Essens, einer Geburtstagsfeier. Sprechen Sie mit möglichst vielen Personen, insbesondere mit solchen, die Sie noch nicht kennen, vergessen Sie dabei nicht sich vorzustellen. Machen Sie Menschen gegenseitig bekannt. Drücken Sie Anerkennung und Wertschätzung aus, mit und ohne Worte. Dies gelingt Ihnen nur, wenn Sie eine positive Einstellung zu ihrem Gegenüber entwickeln, d. h. zumindest einen positiven Anknüpfungspunkt erkennen und aktivieren können.

Lothar Schulz prägte in der Fundraising Akademie den treffenden Satz: „Danken Sie, bevor die Sonne untergeht!" Dank ist eine professionelle Selbstverständlichkeit gegenüber unseren Spenderinnen und Spendern. Danken gehört zu den wichtigsten Handlungen – nicht nur von Fundraiserinnen und Fundraisern! Dankbarkeit ist die angemessene Haltung gegenüber der Fülle des Lebens, die uns umgibt und trägt. Machen Sie einen 30-minütigen Test mit sich selbst. Sie brauchen dazu Ruhe, im Idealfall Ihren Lieblingsplatz mit einer guten Tasse Tee oder Kaffee, sowie ein großes Blatt Papier und einen Stift. Erinnern Sie sich an sieben Leistungen in Ihrem Leben, über die Sie sich freuen, auf die Sie stolz sind. Versuchen Sie sich vor Ihr inneres Auge die Personen zu holen, die Sie bei Ihren sieben Leistungen unterstützt haben. Was haben sie getan oder gerade nicht getan, wie haben sie mit Ihnen geredet? Und: *Wie haben Sie sich bei diesen Personen bedankt?* Übertragen Sie anschließend diese Wertschätzungsreflexion auf Ihre vergangene Woche.

Wertschätzung zeigt sich in Ihrem Verhalten: Freundlichkeit und Aufmerksamkeit sollten selbstverständlich sein. Am wichtigsten sind aber Ihre Fähigkeit und Ihr Wille, Bedürfnisse und Wünsche Ihres Gegenübers zu erkennen und so weit wie möglich zu erfüllen. Das bedeutet auch Entgegenkommen über vertraglich vereinbarte Leistungen oder allgemeine Höflichkeitsstandards hinaus. Ihr Alltag ist die Arena zum Ausdruck Ihrer Wertschätzung, auch verbal und durch Körpersprache. Im deutschen Kontext heißt dies direkter Blickkontakt, freundliche Mimik, körperliche Zugewandtheit – ohne zu berühren, es sei denn beim Gruß durch Händeschütteln oder Umarmung.

Respektieren Sie die situations- und kontextübliche Nähe und Distanz. Wir empfinden unseren eigenen körperlichen und gedanklichen Freiraum als etwas sehr Wichtiges und uns Eigenes. Nehmen wir anderen diesen persönlichen Raum, indem wir die jeweils gültigen Distanzzonen übertreten, entziehen wir anderen Personen sowohl den Handlungsspielraum als auch ihre Schutzzone. Menschen markieren ihre Schutzzonen unterschiedlich deutlich. Hüten Sie sich vor absichtlichen Verletzungen dieser Zonen, wenn Sie wertschätzend mit anderen umgehen wollen. Achten Sie deshalb auf die kleinen Signale Ihres Gegenübers, wenn diese z. B. den Stuhl oder die Akten weiter zurückziehen oder umgekehrt nach vorne schieben. Diese Gesten kommunizieren das Nähe-Distanz-Befinden, das Sie respektieren sollten. Missachten Sie es, verursachen Sie Unbehagen – eine schlechte Grundlage für zukünftiges gemeinsames Arbeiten.

Seien Sie sicher in den Grundregeln von Begrüßung und Verabschiedung, gegenseitigem Vorstellen, Verhalten im Restaurant in beiden Rollen: gastgebend und in der Rolle des Gastes. Echte Wertschätzung äußert sich nicht in strikter Etikette, sondern in situationsangemessener, authentischer Offenheit. Das kann z. B. bedeuten, die Unsicherheit oder den Fehler einer anderen Person diskret und gelassen zu kompensieren. Wenn Sie in der gastgebenden Rolle sind, dann behandeln Sie alle Personen mit gleichem Respekt und gleicher Wärme – treten Sie nicht in die Falle, „wichtige" Personen aufmerksam und „unwichtige" Personen herablassend oder missachtend zu behandeln. Dies verstößt erstens gegen die Grundregeln der Menschenwürde („jede Person ist gleich") und zweitens gibt es fast immer ein „zweites Mal", bei der sich die „Wichtigkeitshierarchie" bereits verändert haben kann. Kränkungen prägen sich tief ein und sind nur sehr schwer zu löschen. Und sollten Sie einen Fehler gemacht haben – Fehler zu machen ist normal –, dann entschuldigen Sie sich sofort, direkt und von Herzen. Machen Sie auf keinen Fall Vertuschungsmanöver und suchen Sie keine fadenscheinigen Erklärungen für Ihr Verhalten.

Überprüfen Sie die Wirkung Ihrer Person und haben Sie dabei die Formel des amerikanischen Psychologen Albert Mehrabian vor Augen: Der Inhalt Ihrer Worte trägt sieben Prozent zu Ihrer Wirkung auf andere bei, Ihr Tonfall 38 Prozent und Ihre Körpersprache sowie Ihr Aussehen 55 Prozent! „Aussehen": Gemeint ist hier nicht Ihre äußere Erscheinung im Sinne von Schönheitsidealen, sondern Ihr Wohlfühlen mit sich selbst, Ihre Kongruenz, Ihre Authentizität. Fühlen Sie sich wohl in Ihrer Haut? In Ihrer Kleidung? Ist sie sauber und dem Anlass angemessen? Sind Sie aufnahmefähig, aufmerksam und entspannt? Sind Sie ausgeschlafen und drogenfrei? Ist Ihr Körpergeruch in Ordnung? Es macht einen Unterschied, ob Sie abends oder morgens duschen.

Ein Freund, der für das Internationalisierungsprogramm einer Fachhochschule zuständig ist, erzählte mir kürzlich von einem frustrierend erhellenden Abendessen mit einem seiner Kollegen. Es ging um die Vorbereitung einer Konsultation, bei der Professorinnen und Professoren aus verschiedenen EU-Ländern erwartet werden. Der Kollege möchte bei dieser Konsultation anwesend sein, unter anderem weil er plant, mittelfristig im Ausland zu arbeiten. Er hatte Spaghetti und Salat zum Abendessen bestellt. Mein Freund schockiert: „Spaghetti-Reste und Salat hingen in seinem Bart, er schmatzte und nuschelte! Wie kann er uns im Ausland vertreten!" Es stimmt: Wie wir sind, wie wir reden und uns verhalten, wir repräsentieren immer auch unsere Organisation und unser Land.

Die gute Nachricht: Selbstpräsentation durch Aussehen und Benehmen, Stimme, sprachliche Kompetenz, Ausstrahlung oder Charisma sind durchaus erlernbar und korrigierbar. Es braucht allerdings den starken Willen zur Veränderung und die dafür nötige Zeit sowie gezielte professionelle Unterstützung.

In Bezug auf die Zusammenarbeit mit anderen sind Teamfähigkeit, Anpassungsfähigkeit und Kooperation unerlässlich. Als teamorientiert gilt, wer nicht nur effektiv im Team arbeiten kann, sondern seine ganze Denk- und Arbeitsweise am Team ausrichtet. Gleichzeitig brauchen Sie Führungsqualitäten wie Durchsetzungsvermögen, Flexibilität, Konsequenz im Handeln, Vorbildfunktion und die Fähigkeit, konstruktiv zu kritisieren. Hinter diesen gegensätzlichen Anforderungen steht die alltägliche Realität, dass wir im Fundraising sowohl eine Führungsrolle als auch eine Teamrolle einnehmen – und uns diskret und ohne Murren zurücknehmen, wenn unsere Leitung in der Öffentlichkeit „Ruhm und Ehre" für unsere Arbeit entgegennimmt.

Wie kommunizieren Sie am Telefon? Vergewissern Sie sich, dass Ihr Anruf im Moment gelegen kommt, ansonsten machen Sie einen neuen Termin aus. Sprechen Sie in einem angenehmen Tempo und in einer Stimmlage, die gute Stimmung mitteilt. Bereiten Sie sich auf ein Gespräch vor und konzentrieren Sie sich während des Telefonats. Machen Sie währenddessen keine zusätzlichen Erledigungen an Ihrem Computer – das Klappern der Tasten ist zu hören! Erlauben Sie auch keine Störung durch Ihr Handy – das ist eine grobe Unhöflichkeit, es sei denn, Sie erwarten einen dringenden Anruf und teilen dies der Person am Telefon von Anfang an mit. Und schließlich: Halten Sie das Telefonat – im deutschen, dienstlichen Kontext – so kurz wie möglich, bedanken Sie sich am Ende für das Gespräch und machen Sie sich eine Telefonnotiz – je nach Wichtigkeit des Telefonats zusätzlich als Kopie auch für Ihr telefonisches Gegenüber.

Wenn Sie nicht anwesend sind, dann aktivieren Sie Ihren Anrufbeantworter oder stellen das Telefon um. Die Person, die dann in Ihrem Auftrag antwortet, muss von Ihnen informiert sein, wann Sie wieder erreichbar sind. Noch besser ist die Datenaufnahme für Ihren raschen Rückruf.

Auch in der schriftlichen Kommunikation können Sie ungewollt Missachtung ausdrücken: Lassen Sie niemanden auf Antwort warten. Wenn Sie Bedenk- oder zusätzliche Bearbeitungszeit brauchen, dann bestätigen Sie den Eingang der Nachricht und teilen Sie gleichzeitig mit, wie lange die Bearbeitung voraussichtlich dauern wird. E-Mails sind einfach und unkompliziert. Dennoch gelten auch für sie unsere Höflichkeitsstandards. „MfG" als Abkürzung für „Mit freundlichen Grüßen" signalisiert Ihrem empfangenden Gegenüber, dass Sie in Sachen E-Mail-Etikette nicht fit sind. Eine eindeutige, verständliche Ankündigung im „Betreff" und ein übersichtlicher Textaufbau, gegebenenfalls mit Hervorhebung der wichtigen Information, vermitteln Ihre Sensibilität und Ihr Mitdenken für den oder die andere. Ironische Bemerkungen sind riskant, weil sie häufig missverstanden werden und Sie dies nicht erfahren. Spontaner Ärger und Ausdruck von Frust als unmittelbare Antwort auf eine unerfreuliche Mail können einen kommunikativen GAU (größten anzunehmenden Unfall) auslösen. Besonders bei Ärger behandeln Sie Mails wie traditionelle Briefdokumente – und schlafen eine Nacht darüber, bevor Sie reagieren. Grundregel beim Umgang mit E-Mails und Briefen, die Sie ärgern: Schreiben Sie höflich und formulieren Sie in einer Weise, die die andere Seite nicht verletzt und Ihnen auch in Zukunft Optionen in der Beziehung offen hält. Oft ist es besser, wenn Sie vor dem Schreiben erst einmal Telefonieren – behutsam nachfragen und ausgiebig zuhören, d. h., sich ernsthaft um ein Verständnis der Sichtweise Ihres Gegenübers bemühen.

## 6.1.3 Sachkompetenz

Sachkompetenz meint die Fertigkeiten und Fähigkeiten, die nicht nur in einer fachlichen Disziplin, sondern fachübergreifend einsetzbar sind. Dazu gehören Kenntnisse über Organisationsabläufe, insbesondere in Nonprofit-Organisationen (NPOs), SWOT-Analyse und andere Organisationsdiagnose-Instrumente, Statistik- und EDV-Kenntnisse,

Fremdsprachen, ein Führerschein, guter Umgang mit Geld und Geldanlagen, Wissen um den pfleglichen Umgang mit Gebäuden und technischer Ausrüstung, erste Hilfe und sonstige Sicherheitskenntnisse.

## 6.1.4 Methodenkompetenz

Gemeint sind alle Kenntnisse und Fertigkeiten, die bei der Aufgaben- und Problembewältigung helfen. Dazu gehört insbesondere alles, was mit Planungs- und Lösungsstrategien zu tun hat.

Zugang zur eigenen Kreativität ist im Fundraising unverzichtbar. Kennen Sie sich selbst in dem Maße, das es Ihnen erlaubt, geplant Zugang zu Ihrer Kreativität zu finden und neue gedankliche Wege zu gehen? Kennen Sie die gängigen Kreativitätstechniken? Schaffen Sie den Spagat, in den kreativen Prozess Ordnung zu bringen? Sind Sie in der Lage, auch unter Zeitdruck kreativ zu denken, in Brainstorming-Prozessen unzensiert Ihre Phantasie und die von anderen zu aktivieren und daraus zielgerichtet Neues zu entwickeln? Dies schließlich auch verständlich zu kommunizieren, z. B. gegenüber Ihren Vorgesetzten oder Ihrer Werbeagentur? Und darüber hinaus: Wie pflegen und nähren Sie Ihre Fähigkeit zur Kreativität im Alltag? Wie überraschen Sie sich selbst? Wie spielen Sie und nähren das kreative Potenzial in sich?

Ihre Präsentationsstärke ist gefragt, wenn es darum geht, einer Kundin oder einem Kunden das von Ihnen entwickelte Fundraising-Konzept zu kommunizieren. Dies geschieht z. B. bei der Ergebnispräsentation einer Agenturarbeit: Können Sie sich auf die wesentlichen Inhalte konzentrieren und die Kernaussagen schlüssig, klar und prägnant darstellen? Stimmt die „Verpackung", d. h., ist die Information verständlich und unterhaltsam aufbereitet? Ihre Präsentation sollte eine Dramaturgie haben und durch den sinnvollen Einsatz verschiedener Medien unterstützt werden. Präsentationsstärke ist auch eine Frage der frühzeitigen und richtigen Vorbereitung: Wer seine Inhalte kennt, kann frei sprechen und auf Nachfragen direkt und verständlich antworten.

Zur konstruktiven und reflektierten Moderation von Konflikten brauchen Sie zuerst die Bereitschaft, Konflikte offen zu legen und auf sie einzugehen. Dies ist der erste Schritt zur Lösung, denn es geht um Lösung, nicht um Schuld. Vertreten Sie Ihre Auffassung deutlich, aber nicht rechthaberisch. Gehen Sie auf die Standpunkte aller Beteiligten ein, bis Sie wirklich verstanden haben, worum es den Konfliktparteien geht. Haben Sie die Souveränität, eigene Fehler einzugestehen, und signalisieren Sie Ihren Willen zur Einigung, ohne Ihre eigene Position zu verleugnen. Sammeln Sie gemeinsam Lösungsmöglichkeiten und wählen Sie danach gemeinsam die „beste" Lösung aus. Legen Sie einen Evaluierungszeitpunkt fest, um zu prüfen, ob die Lösung tatsächlich funktioniert oder ob nachgebessert werden muss. Dann geht es an die Umsetzung.

Bei der Verhandlungsmoderation brauchen Sie eine überzeugende Rhetorik und Kenntnis über unterschiedliche Verhandlungstaktiken. Wenn Sie gut vorbereitet in eine Verhandlung gehen, haben Sie den inneren Spielraum, um sich mit Hilfe empathischen Zuhörens in Ihr Verhandlungsgegenüber hineinzuversetzen. Gehen Sie mit Gegenargumenten sensibel um. Was für die Konfliktmoderation gilt, können Sie auch bei der Verhandlungsführung überzeugend einsetzen: die Berücksichtigung der Interessen aller Parteien und die Suche nach einem Ergebnis, das für alle gut vertretbar ist.

Können Sie die Jahresplanung und die dazugehörenden diversen Abläufe in Ihrer Organisation zeitlich und inhaltlich so aufeinander abstimmen, dass beispielsweise das Weihnachtsmailing zu dem von Ihnen geplanten Termin bei den Empfängerinnen und Empfängern im Briefkasten liegt – inklusive der Zeitreserven, die zur Kompensation der Fehler und unvorhergesehener Ereignisse, die trotz aller Ihrer Voraussicht eintreten werden, nötig sind? Haben Sie dazu das nötige Fachwissen, genügend Personal, die nötige Erfahrung und die notwendige intakte materielle Ausstattung?

Können Sie gleichzeitig mit einer Vielzahl von Personen, Projekten und Details umgehen, falls nötig auch zwischen zwei Sprachen wechseln? Können Sie – insbesondere unter länger anhaltendem Zeit- und Aufgabendruck – zwischen relevanten und irrelevanten Informationen unterscheiden? Können Sie unterscheiden zwischen dringenden und wichtigen Aufgaben und entsprechend Ihre Prioritäten setzen? Vermitteln Sie diese Prioritäten auch intern?

Haben Sie einen Krisenplan in der Schublade für den Fall, dass Ihre Organisation auf einmal negativ oder positiv in den Schlagzeilen erscheint? Wer ist für die Medien erreichbar? Wer spricht für Ihre Organisation? Wie werden Ihre Mitarbeitenden schnellstmöglich informiert, ebenso Ihre Spenderinnen und Spender?

Jenseits der Krise: Wie konsequent betreiben Sie Fehlermanagement? Wie erhöhen Sie kontinuierlich Ihre Qualitätsstandards, als Person, als Team, als Gesamtorganisation? *Wie kontrollieren Sie, dass Sie die Dinge richtig tun?*

Wie erneuern Sie sich als Organisation, als Team, als Person? Welche „Auszeiten" planen Sie, um regelmäßig zu überprüfen, *ob Sie noch die richtigen Dinge tun?*

## 6.1.5 Handlungskompetenz

Handlungskompetenz bezeichnet die Verfügbarkeit über die oben genannten Kompetenzbereiche und die Fähigkeit, diese in verschiedenen Situationen und unter unterschiedlichen Bedingungen angemessen einzusetzen und durchzusetzen.

Hier ist Ihr Organisationswissen gefragt, Ihr Wissen um systemische Zusammenhänge, um die typischen Entwicklungsstadien von Organisationen und die dazugehörenden Interventionsstrategien. Dazu zählt die Fähigkeit zur beobachtenden Distanzierung, um von der Perspektive der Metaebene zu entscheiden, welche Zieldefinition und welche Maßnahmenumsetzung die richtige ist. Hierzu gehört auch Ihr Wissen um Macht, Einfluss und Konfliktbearbeitung. Und schließlich gehört die realistische Einschätzung der politischen, wirtschaftlichen und gesellschaftlichen „Großwetterlage" dazu, also des Umfelds, in dem sich Ihre Organisation, Ihr Team und Sie selbst erfolgreich behaupten wollen.

Als Hilfsmittel zur Selbstevaluierung Ihrer Soft Skills finden Sie bei den Checklisten einen Feedbackbogen. Beim Feedback geht es nicht darum, Sie in Ihrer Persönlichkeitsstruktur zu verändern, sondern darum, die Zusammenarbeit mit anderen Menschen durch einen strukturierten und selbst eingeleiteten Vergleich von Selbst- und Fremdwahrnehmung zu verbessern.

## Weiterführende Literatur

Asgodom, Sabine: Eigenlob stimmt. Erfolg durch Selbst-PR, 3. Auflage, München 2000.

Carnegie, Dale: Wie man Freunde gewinnt. Die Kunst, beliebt und einflussreich zu werden, München 2003 [USA 1936].

Covey, Stephen R.: Die sieben Wege zur Effektivität. Ein Konzept zur Meisterung Ihres beruflichen und privaten Lebens, 11. vollständig überarbeitete Auflage, Frankfurt am Main 1992.

Haibach, Marita: Handbuch Fundraising. Spenden, Sponsoring, Stiftungen in der Praxis, Frankfurt am Main 2002; hier: „Qualifikationsanforderungen an die FundraiserInnen", S. 97 ff.

# 6.2 Database

*Reinhard Detering*

## 6.2.1 IT-Ausstattung/Software

Bei der Frage nach der für eine Nonprofit-Organisation (NPO) sinnvollen IT-Ausstattung stehen die benötigten *Anwendungen* im Mittelpunkt. Dabei ist zu unterscheiden zwischen den *Kernanwendungen* – das sind diejenigen Anwendungen, die für die Abwicklung der für eine NPO typischen Geschäftsvorgänge benötigt werden – und den *Support-Anwendungen,* die in vielen Organisationen und Gesellschaften zum Einsatz kommen. Beispiele für Letztere sind Personalabrechnung und Finanzbuchhaltung, zentrales Beispiel für eine Kernanwendung ist die Fundraising-Database. Um die Anwendungen betreiben zu können, sind zahlreiche Hard- und Softwarekomponenten nötig, die hier unter dem Begriff *Infrastruktur-Komponenten* zusammengefasst sind.

Im Folgenden sollen zunächst typische Kernanwendungen von NPOs benannt und die Infrastruktur-Komponenten klassifiziert und exemplifiziert werden. Im Anschluss sind einige wesentliche Aspekte für die Gestaltung der IT-Ausstattung zusammengestellt.

Bei den Kernanwendungen sind diejenigen zentral, die mit dem Fundraising in Verbindung stehen, zuvorderst also die Database. Die Database ist über Schnittstellen eng verknüpft mit vielen Support-Anwendungen, wie Textverarbeitung, Tabellenkalkulation, E-Mail-System, Finanzbuchhaltung, Dokumentenmanagement-System usw. Der Internetauftritt wird als eigene Fundraising-Kernanwendung betrachtet, da er zum Ersten über die Gewinnung von Online-Spenden unmittelbar zur Erzielung von Einnahmen dient, zum Zweiten ein wesentliches Instrument zur Kommunikation mit den Spendern darstellt und zum Dritten aus Sicherheitsgründen üblicherweise von der Database entkoppelt betrieben wird. Auf der Ausgabenseite sind die Projekte typisch für die jeweilige Organisation, die der Erfüllung der satzungsgemäßen Aufgaben dienen, und somit gehören die zugehörigen Anwendungen ebenfalls zu den Kernanwendungen. Deren Bandbreite ist verständlicherweise ungleich größer als die auf der Fundraising-Seite. Sie reicht von Programmen zur Steuerung von Katastrophenhilfe-Projekten zum Versand von Hilfsgütern und zur Planung und Kontrolle der Zusammenarbeit mit örtlichen Projektträgern bis hin zur Durchführung von Bauprojekten oder der Einsatzplanung von Mitarbeitenden für einen Mahlzeitendienst.

Die für den Betrieb der Kernanwendungen nötige Infrastruktur umfasst mehrere Bereiche, von denen vier bedeutende exemplarisch genannt werden sollen: (1.) Hardware und Software zur Bereitstellung der Rechenkapazität am Arbeitsplatz, also typischerweise Arbeitsplatz-PCs nebst Betriebssystem; (2.) Hard- und Software zur Datenspeicherung wie File-Server, Datenbank-Management-Systeme und Datensicherungssysteme; (3.) Hard- und Software zur Vernetzung der Arbeitsplätze und zur Kommunikation mit der Außenwelt, das sind diverse Netzkomponenten wie Netzwerkkarten, Kabel oder Wireless-Verbindungen, Router usw., und (4.) Sicherheitskomponenten, wozu beispielsweise die Firewall zur Abschottung gegen Web-Angriffe, Virenscanner, SPAM-Filter usw. gehören.

In vielen Nonprofit- (und Profit-)Organisationen herrscht in Bezug auf Anwendungen und Infrastruktur ein Zustand, den man treffend und dennoch euphemistisch gern als „gewachsen" bezeichnet und der in manchen Fällen besser mit „Wildwuchs" zu charakterisieren wäre: Diverse PC-Typen mit unterschiedlichsten Betriebssystemen, unterschiedliche Office-Anwendungen für denselben Zweck, Insellösungen für bestimmte Abteilungen usw. Ein solcher Zustand kostet vor allem deshalb viel Geld, weil er viele Fehlerquellen enthält und (daher) schwer zu administrieren ist. Es lohnt sich also darüber nachzudenken, in welchem Maß Einhalt geboten werden kann. Über Leasingmodelle kann möglicherweise die Homogenität und Stabilität der Infrastruktur verbessert werden.

Neben der in sinnvollem Umfang anzustrebenden Homogenität der Infrastruktur stellt die Sicherheit der gesamten IT-Lösung eine extrem wichtige Zielgröße dar. Angesichts der häufig sehr sensiblen Daten dürfen beim Schutz vor unberechtigtem Zugriff (und zwar von außen und von innen) keinerlei Kompromisse eingegangen werden. Ebenso wenig darf bei der Ausstattung gespart werden, die für eine regelmäßige verlässliche Sicherung der Daten notwendig ist (einschließlich der Auslagerung der Sicherungen in Räume außerhalb der eigenen – Bankschließfach).

Standard-Software oder Individual-Software gehört zu den seit jeher besonders intensiv diskutierten Fragen im Zusammenhang mit der Frage nach einer geeigneten IT-Lösung. Am Beispiel „Textverarbeitung", die heutzutage niemand mehr speziell für die eigene Organisation entwickeln lässt, wird die generelle Aussage, dass es keinen vernünftigen Grund mehr gibt, Support-Anwendungen individuell zu entwickeln, nachvollziehbar. Anders verhält es sich mit den Kernanwendungen: Mit einem Internetauftritt von der Stange kann man sich nicht positiv profilieren, und definitiv lassen sich nicht die Anforderungen aller NPOs auf dem deutschen Markt durch eine der Standard-Databases abdecken. Das bedeutet jedoch nicht, wie die verkürzte Alternative am Beginn des Absatzes suggerieren mag, dass man auf eine vollständig neue, individuell zugeschnittene Lösung setzen muss, sondern entsprechende Funktionsbausteine als Add-on zu einer bestehenden und architektonisch geeigneten „Standardlösung" entwickeln lässt.

## 6.2.2 Database

### 6.2.2.1 Einführung

Dass eine Database (unabhängig von möglichen Verständnisunterschieden) für jede ernsthafte NPO ein unverzichtbares Werkzeug darstellt, ist unumstritten. Ohne spezifische informationstechnische Unterstützung der Abläufe im Fundraising ist eine differenzierte Ansprache von Spendern ebenso wenig zu leisten wie die zügige und korrekte Buchung der Spenden und vieles andere mehr. Wie hoch der konkrete Nutzen, den die Database der Organisation bringt, jedoch tatsächlich ist, hängt entscheidend davon ab, wie professionell die Database eingesetzt wird und zuvor ausgewählt wurde. Die Professionalität wiederum zeigt sich vor allem darin, wie differenziert die Einsatzbereiche der Database betrachtet werden und wie konsequent ihr Einsatz organisiert wird. Aufgrund des Konfliktes zwischen dieser Differenziertheit und der in einem Handbuch geforderten Kompaktheit muss sich dieses Kapitel darauf konzentrieren, Ansatzpunkte und Anregungen für die von jeder Organisation selbst vorzunehmenden detaillierten Überlegungen zu liefern.

Im Fortgang des Kapitels wird zunächst der Begriff „Database", wie er sich im Fundraising eingebürgert hat, erläutert (6.2.2.2). Zentraler Aspekt für die weiteren Betrachtungen sind dann die wesentlichen „Einsatzbereiche der Database" (6.2.2.3), wobei exemplarisch für einzelne Bereiche die Aufgaben skizziert werden, bei deren Erfüllung die Database nutzbringend eingesetzt werden kann. Daraus abgeleitet werden in 6.2.2.4 „Abläufe, die die Datenbank unterstützt" übergreifend über die Einsatzbereiche kompakt zusammengefasst. Effiziente tägliche Arbeit mit der Database setzt Anstrengungen in finanzieller, organisatorischer, technischer und personeller Sicht voraus, die unter „Betrieb der Database" in 6.2.2.5 beleuchtet werden. Dem Betrieb wiederum geht die sorgfältige „Auswahl der richtigen Database" voran (6.2.2.6). Abschließend werden im „Fazit" (6.2.2.7) einige Faktoren für den erfolgreichen Einsatz einer Database zusammengefasst.

## 6.2.2.2 Der Begriff Database

Der Begriff Database kommt in der englischen Form wie auch in der deutschen Übersetzung Datenbank recht unscheinbar, weil alltäglich, daher. Gerade das führt zu einer in der Praxis oft unscharfen Verwendung. Im informationstechnischen Ursprung bedeutet Datenbank – grob gesprochen – die Gesamtheit der Daten eines Anwendungsbereiches, die von einem „Datenbanksystem" dauerhaft, zuverlässig und von den einzelnen Anwendungsprogrammen unabhängig verwaltet werden, wobei das Datenbanksystem auch den quasi gleichzeitigen Zugriff mehrerer Anwender erlaubt und Sicherheitsmechanismen bereithält. Davon ausgehend wird mit Datenbank umgangssprachlich oft auch das gesamte Datenbanksystem bezeichnet, was neben der Datenbank auch ein Datenbank-Management-System wie Oracle, Informix oder SQL/Server beinhaltet.

Die Begriffsverwendung im Fundraising geht noch darüber hinaus. Wird hier von „Database" gesprochen, so schwingt die ursprüngliche informationstechnische Bedeutung zwar mit, der Begriff wird jedoch weiter gefasst. Zwei Elemente scheinen dabei wesentlich:

– *Daten:* d. h. die (hoffentlich gut strukturierte) Sammlung von Informationen einer oder mehrerer Organisationen über ihre Spenderinnen und Spender, die Spenden, die Aktionen und Kampagnen usw., also über alles, was für das Fundraising von Bedeutung ist und technisch abgespeichert werden kann. Dabei ist es trotz des Begriffsursprungs völlig unerheblich, ob die Daten in einer oder mehreren Datenbanken im engeren Sinn oder auch nur in Dateien abgelegt sind.

– *Anwendungen:* d. h. die Programme, mit denen die oben genannten Daten verwaltet oder besser „genutzt" werden können. Dies sind „operative" Programme zur Durchführung der täglichen Arbeiten (z. B. Erfassung, Buchung von Spenden) wie auch „analytische", die u. a. bei der Auswertung der Ergebnisse der durchgeführten Fundraising-Maßnahmen verwendet werden und damit gleichzeitig eine wichtige Grundlage für die kontinuierliche Verbesserung dieser Maßnahmen und die Erarbeitung von Strategien darstellen.

## 6.2.2.3 Einsatzbereiche der Database im Fundraising

Eine Grenzziehung zwischen verschiedenen Einsatzbereichen der Database kann unter diversen Aspekten vorgenommen werden. So kann sie sich z. B. an typischen organisatorischen Einheiten wie Spendenbuchhaltung, Spenderbetreuung orientieren oder an typischen Prozessen wie der Buchung von Spenden usw., was naturgemäß nahe beieinander liegt.

Ausgangspunkt für die hier getroffene Abgrenzung der Einsatzbereiche stellt die Tatsache dar, dass jede Organisation ihren Spendern und auch anderen Personen und Institutionen verschiedene Beziehungsformen anbietet. Das geht von der üblichen Beziehung zu dem zu nichts verpflichteten sporadischen Spender und der zumindest temporär regelmäßigen Beziehung zu Lastschrifteinzugsspendern oder Paten bis hin zur sehr engen Beziehung mit Großspendern und aktiven Mitgliedern (siehe Abb. 1). Insoweit korrespondieren die verschiedenen Formen von Beziehungen sehr eng mit den Formen des Fundraisings, wie sie in Kapitel 4 dargestellt sind. Beziehungen bestehen jedoch auch zu Nicht-Spendern wie Interessenten oder ehrenamtlichen Helfern – und auch diese Beziehungen sollte die Database verwalten können. Daher wird nachfolgend statt von Spenderinnen und Spendern summarisch von Beziehungspartnern oder kurz Partnern gesprochen, wobei es sich nicht nur um einzelne natürliche Personen, sondern auch um Gemeinschaften von Personen (wie Ehepaare) oder um Institutionen handeln kann. Natürlich stehen einzelne Partner häufig in vielen unterschiedlichen Beziehungen zur Organisation. In der Abbildung wurde aus Gründen der Übersichtlichkeit darauf verzichtet, dies z. B. durch überlappende Kreise kenntlich zu machen.

Abbildung 1: Wesentliche Funktionskomplexe einer Database

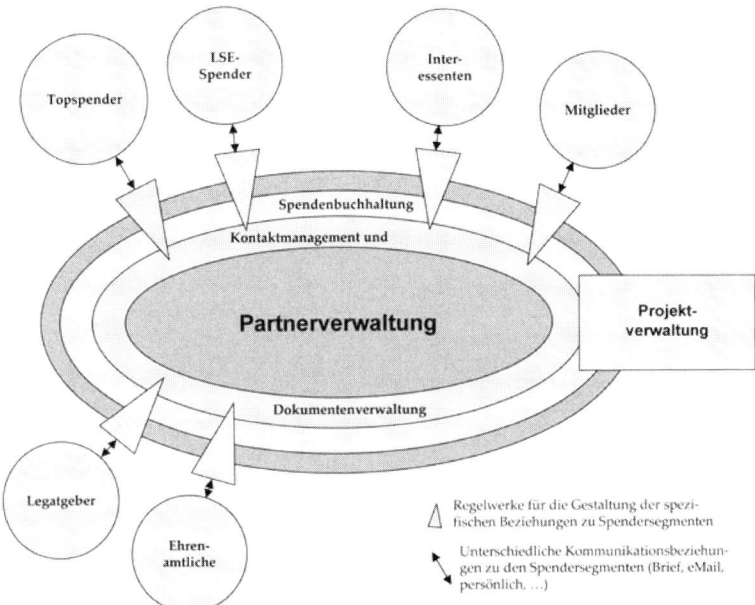

Die Dreiecke, die in der Abbildung die Regelwerke für die Gestaltung der spezifischen Beziehungsformen darstellen, ragen in die Bereiche der Partnerverwaltung, der Spendenbuchhaltung, des Kontaktmanagements und der Dokumentenverwaltung hinein. Dadurch soll verdeutlicht werden, dass die jeweilige Beziehungsform sowohl die Grundregeln der Kommunikation zwischen der Organisation und dem Partner bestimmt (mit Paten wird z. B. anders kommuniziert als mit sporadischen Spendern) als auch die Form eventueller Zuwendungen (Bußgelder sind z. B. von anderer Natur als Mitgliedsbeiträge). Dies ist der Grund dafür, dass der Beziehungsaspekt hier als Kriterium für die Abgrenzung der Einsatzbereiche der Database gewählt wurde. Die verbindende Klammer zwischen den Beziehungsformen wird von zwei zentralen Einsatzbereichen der Database gebildet, und zwar von der Partnerverwaltung und der Spendenbuchhaltung, die beide eine beziehungsübergreifende Sicht auf die Partner ermöglichen bzw. benötigen.

Daher werden nachfolgend zunächst Partnerverwaltung und Spendenbuchhaltung angesprochen, bevor dann exemplarisch auf ausgewählte Beziehungsformen eingegangen wird. Eine Auswahl erscheint hier aufgrund der oben erwähnten erforderlichen Kompaktheit unumgänglich. Zu jedem Einsatzbereich werden schlaglichtartig einige wenige (auch hier war eine Beschränkung erforderlich) typische Aufgaben der Organisation in Zusammenhang mit der (möglichen) Rolle der Database skizziert. Die notwendige vertiefende Differenzierung muss von jeder Organisation den spezifischen Anforderungen entsprechend selbst vorgenommen werden.

(1) Partnerverwaltung/Partnerbetreuung

Die entscheidende Aufgabe der Organisation ist es, ihre Partner über das richtige Medium zum richtigen Zeitpunkt zu den richtigen Themen korrekt anzusprechen bzw. reaktiv korrekt mit ihnen zu kommunizieren. Hierfür stellt die Database das zentrale operative und analytische Instrument dar.

Zu den operativen Unterstützungsmöglichkeiten gehört zunächst, dass die Database den Anwender dabei unterstützt, die Partner richtig zu adressieren. Die trivialen Aspekte hierzu wie z. B. Dublettenprüfung und Postleitzahlencheck bei der Eingabe, Berücksichtigung von Versandsperren und anderes sollen hier nicht weiter ausgeführt werden. Die Database leistet selbstverständlich auch die Abspeicherung von diversen Titeln (Amtstitel, Adelstitel, akademische Titel) und sorgt für den korrekten Aufbau des Adressetiketts, gegebenenfalls auch für das Ausland, und die korrekte Anrede. Bei Paaren muss die Database in der Lage sein, zu beiden Partnern die vollständigen Informationen vorzuhalten und die Beziehung zwischen ihnen zu speichern.

Als Beispiel für eine tiefer gehende Forderung an die Database soll angemerkt werden, dass die „richtige" Adresse des Partners einschließlich des richtigen Kommunikationsweges vom Zeitpunkt und dem Sachzusammenhang abhängen kann. So kann beim Versand einer Zeitschrift die richtige Adresse die Arztpraxis sein und beim Versand der Zuwendungsbestätigung die Adresse des Steuerberaters. Für eine ad hoc notwendige Mobilisierung von Aktivisten per SMS kann eine Mobiltelefon-Nummer die richtige Adresse sein. Um den Spender in einigen Wintermonaten zu erreichen, muss möglicherweise die Anschrift der Zweitresidenz auf Mallorca nebst Zeitraum des Aufenthaltes dort festgehalten sein. Eine gute Database kann und sollte die richtige Adresse für eine bestimmte Ansprache weitgehend automatisch bestimmen und den Anwender davon entlasten.

Spricht umgekehrt der Partner die NPO an, so muss der Anwender, der den Anruf entgegennimmt, mit Hilfe der Database den betreffenden Partner schnell identifizieren können (schnelle Suche, möglicherweise CTI) und sich rasch einen Überblick über den Partner verschaffen können. Dazu muss er auf den gesamten Schriftverkehr und Notizen zu eventuellen Telefonaten (Kontakthistorie) zugreifen und alle Beziehungen des Partners zur Organisation nebst den zugehörigen Zuwendungen überblicken können. Die mögliche besondere Vertraulichkeit bestimmter Informationen hat die Database dabei sicherzustellen.

Über die operativen Möglichkeiten hinaus muss die Database Möglichkeiten bieten, die Struktur und die Entwicklungstendenzen des Partnerbestands zu analysieren. Sie sollte Fragen wie die folgenden beantworten können: Konzentrieren sich die Partner in bestimmten Regionen? Wie lange bleiben die Partner der Organisation durchschnittlich treu? Existieren Gemeinsamkeiten soziodemografischer oder psychografischer Natur? Wächst der Bestand an aktiven Partnern? Wie entwickeln sich die Kündigungsraten bezüglich einzelner Beziehungsformen isoliert und im Vergleich? Die Antworten auf solche und ähnliche Fragen fließen unmittelbar in die Planung von Maßnahmen und strategische Überlegungen ein.

(2) Spendenbuchhaltung

Die Spendenbuchhaltung gehört so sehr zum innersten Kern der Database, dass vielfach Database und Spendenbuchhaltung fast gleichgesetzt werden. Entscheidend ist hier, dass die Database alle Funktionen einer Nebenbuchhaltung aufweist und dementsprechend die Nachvollziehbarkeit und Transparenz der Buchungen sicherstellt. Dies leuchtet nicht immer auf den ersten Blick ein, denn man könnte die Ansicht vertreten, dass eine gute Hauptbuchhaltung mit einer „sauberen" Schnittstelle zur Database genauso gute Dienste leisten würde. An der Speicherung der einzelnen Zuwendungen in der Database führt jedoch aus mehreren Gründen, von denen ich nur drei nennen möchte, kein Weg vorbei: Eine „normale" Hauptbuchhaltung kennt keine Zuwendungsbestätigungen und schon gar nicht unterschiedliche Arten solcher Bestätigungen. Weiterhin besitzt sie üblicherweise nicht die Möglichkeit, die Zahlungen eines Partners seinen verschiedenen Beziehungen zur Organisation zuzuordnen, also zu erkennen, dass von der 80-Euro-Zahlung eines Mitglieds 65 Euro für den Mitgliedsbeitrag zu verwenden und 15 Euro als Spende zu verbuchen sind. Auch die für die Auswertung von Werbemaßnahmen unerlässliche Zuordnung der Zahlungen zu den Maßnahmen ist in der Regel nicht möglich. Nichtsdestoweniger muss die Spendenbuchhaltung der Database kumulierte Werte an die Hauptbuchhaltung übergeben können, entweder maschinell oder über eine „Papierschnittstelle".

Die Effizienz der Buchung eingehender Zuwendungen mit Hilfe der Database beginnt mit dem automatisierten Einlesen von Zahlungsinformationen der Banken. Die Spendenbuchhaltungsfunktionen der Database müssen dabei den Anwender so weit wie möglich von der Aufgabe entlasten, den eingegangenen Betrag einem Partner, einer Beziehung dieses Partners, einem Zweck und einer Werbemaßnahme zuzuordnen – und das aus möglicherweise nur bruchstückhaften Angaben auf dem Zahlschein.

Zum operativen Kern der Spendenbuchhaltung der Database gehören viele weitere Funktionen wie die Erzeugung korrekter Zuwendungsbestätigungen, deren Druck, möglicherweise der Druck von Duplikaten oder Zweitausfertigungen, die teils automatisierte Erstellung von Dankbriefen und die korrekte Berücksichtigung möglicher Kartengebühren bei Online-Spenden (Zuwendungsbestätigung über den vollen Betrag).

Die zugeordneten Zahlungen sind Ausgangspunkt zahlreicher Analysen. So sind Tendenzen aufzuspüren bezüglich der Summe der Einnahmen insgesamt und bezogen auf die einzelnen Beziehungsformen, Konsequenzen für die Liquiditätsplanung abzuleiten, der Return on Investment (ROI) für Maßnahmen und kumuliert für Beziehungsformen zu ermitteln, Pareto-Analysen durchzuführen, die Entwicklungen der zweckgebundenen und der freien Spenden aufzuzeigen und vieles mehr. Ohne eine entsprechend ausgerüstete Database ist dies nur mit einem enormen Aufwand oder überhaupt nicht möglich.

(3) Beziehungsformen

(a) Beziehung zu sporadischen Spendern

Bei vielen Organisationen stellen die sporadischen Spender den Großteil der Spender. Sie werden in vielen Fällen über Mailings, Telefonmarketing, öffentliche Aufrufe o. Ä.

gewonnen und angesprochen. Es ist eine der zentralen Aufgaben der Database, diese häufig recht große und inhomogene Gruppe zu segmentieren, d. h. in geeignet erscheinende Teilgruppen zu unterteilen, um im Wesentlichen zwei Ziele zu erreichen: Erstens sollen im Rahmen der Planung von Kampagnen die für die jeweilige Kampagne erfolgversprechendsten Adressaten ausgewählt werden, um das Geld der Spenderinnen und Spender nicht leichtfertig auszugeben, und zweitens sollen die Adressaten auf die genau passende Weise angesprochen werden. Für die Durchführung der Segmentierung muss die Database die Informationen zu Merkmalen des Spenders genauso bereithalten wie solche zu seinem Spendenverhalten in der Vergangenheit (formal nach Treue, Häufigkeit, Spendenhöhe und inhaltlich z. B. nach Themenaffinitäten). Operativ muss die Database natürlich den Export der Daten der ausgewählten Spenderinnen und Spender an entsprechende Dienstleister unterstützen, wie auch den Import zugekaufter Fremdadressen.

(b) Beziehung zu Paten

Abhängig von der Organisation muss die Database in der Lage sein, verschiedene Arten von Patenschaften zu verwalten. Dabei hat der mögliche Bezug zum Verwendungszweck (Menschen, Objekte oder Projekte) genauso nachvollziehbar zu sein wie der Bezug zwischen den Paten und den Patenschaften und der Bezug von Spenden zur einzelnen Patenschaft. Möglicherweise muss in Abhängigkeit von Art und Zweck der Patenschaft der Pate mit gezielten Informationen versorgt werden. Die Database hilft dabei, Empfänger von Patenschaftsurkunden (möglicherweise in Abhängigkeit von der Höhe oder Dauer der Patenschaft) zu identifizieren und Geschenkpatenschaften, bei denen der Geldgeber und der Empfänger von Informationen/Urkunden sich voneinander unterscheiden, zu verwalten. Auch auslaufende Patenschaften kann die Database erkennen und rechtzeitig ein Agieren der Organisation anmahnen.

Analytisch kann die Database z. B. dazu beitragen, bevorzugte Zwecke zu identifizieren, um das Angebot an die Paten besser auf diese auszurichten, über die Kontakthistorie typische Informationswünsche zu identifizieren, den Erfolg von Upgrading-Kampagnen zu ermitteln, Kündigungsrisiken zu erkennen usw.

(c) Beziehung zu Top-Spendern

Die ganz besondere Wertschätzung, die (potenzielle) Top-Spender genießen, spiegelt sich in der besonderen Betreuung und einer anderen Art der Ansprache. Da es sich häufig um Personen des öffentlichen Lebens handelt, müssen die Informationen über sie besonders vertraulich behandelt werden. Die Database muss daher Mechanismen bereitstellen, die diese Informationen nur einer besonderen Gruppe von Mitarbeitenden zugänglich machen. Um zueinander passende Personen zu einem Event einladen zu können, muss die Database nicht nur Informationen zu mit dem Event verknüpften spezifischen Interessen bereithalten, sondern auch das gesamte Beziehungsgeflecht mit positiven und negativen Beziehungen zwischen den Personen registrieren können. Für die Vorbereitung von Besuchen ist die Ablage einer lückenlosen Kontakthistorie in der Database nebst Berichten zu vorangegangenen Besuchen entscheidend. Spendenversprechen müssen nachgehalten werden können.

(d) Beziehung zu Ehrenamtlichen

Ehrenamtlich Mitarbeitende bilden das Rückgrat vieler Organisationen, weil sie Botschafter für die Ziele der Organisation sind und ihre Arbeit aus den Mitteln der Organisation nicht zu finanzieren wäre. Die Database kann ihre Einsatzmöglichkeiten und Interessen speichern, um sie gezielt auf Einsätze ansprechen und mit Informationen versorgen zu können. Sie kann darüber hinaus dabei helfen, dass die Ehrenamtlichen oder Gruppen von Ehrenamtlichen untereinander Beziehungen knüpfen können (z. B. Eine-Welt-Gruppen). Die Motivation der Ehrenamtlichen zu stärken, indem man z. B. zu zehn- oder mehrjähriger Unterstützung Dankschreiben verschickt, ist mit Hilfe einer guten Database kein Problem.

Auch in analytischer Hinsicht gibt es diverse Fragestellungen: Nimmt die Zahl der Ehrenamtlichen (in bestimmten Bereichen) ab oder zu? Wachsen genügend junge Ehrenamtliche nach? Haben diese andere Interessen oder Schwerpunkte? Und vieles mehr.

(e) Sonstige Beziehungen

Die oben genannten Beziehungsformen sind bei Weitem nicht erschöpfend. Lastschrifteinzugsspender, Großspender unterhalb der Top-Spender, Legatgeber, Abonnenten, Teilnehmer an Reisen der Organisation, Warenkäufer, Seminarteilnehmer, Anlass-Spender, Interessenten, Bußgeldzahler und Richter sind einige andere, die vielfach jeweils spezifische Formen der Beziehungsgestaltung und entsprechende Funktionen in der Database benötigen.

Auch für Beziehungen ohne Spendenhintergrund können die Funktionen der Partnerverwaltung verwendet werden, so z. B. für die Partner auf der Ausgabenseite der Organisation (Projektpartner) oder Journalisten, Lobbyisten u. a. Dadurch wird nicht nur unnötiger Aufwand zum Erlernen mehrerer Systeme vermieden, sondern vor allem eine integrierte Sicht auf die Partner in *allen* Beziehungen zur Organisation erreicht.

## 6.2.2.4 Abläufe, die die Datenbank unterstützt

Bei aller Verschiedenartigkeit der für die Abwicklung der einzelnen Beziehungsformen benötigten Database-Funktionen unterstützt die Database die Organisation in vielen Abläufen, die unabhängig von der Beziehungsform gleich sind.

(1) Datenobjekte

Die in der Database zu speichernden Daten lassen sich am besten nach fachlich logischen „Objekten" zusammenfassen, zu denen jeweils einige Beispielelemente in Klammern aufgeführt sind: Organisationsdaten (Unterorganisationen, Abteilungen nebst Berechtigungen, Jahresplan), Partnerdaten (Partnerarten, Adressen, Merkmale, Beziehungen), Zahlungsinformationen (Zeitpunkte, Betrag, Zweck, Werbemaßnahme), Kontaktinformationen (Zeitpunkt, Art des Kontaktes, gegebenenfalls Dokumente/Notizen zum Kontakt), Zwecke (Projekte, Objekte), Kampagnendaten (Kampagnen, Aktionen, Werbemaßnahmen, Streupläne nebst Informationen zu den Adressaten, zu Plan- und Ist-Kosten), Produktinformationen (Zeitschriften, Waren, Reisen), Materialien (Briefe, Broschüren), Referenzdaten (postalische Informationen, Bankenverzeichnis, Titel).

(2) Funktionskomplexe

Als Funktionskomplexe wurden bereits oben die Partnerverwaltung und die Spendenbuchhaltung genannt. Analysiert man die Anforderungen aus den einzelnen Beziehungsformen, so kristallisieren sich Kontaktmanagement, Kampagnenmanagement und Analysefunktionen als weitere große Komplexe heraus, wobei für Kampagnenmanagement und Analysen feinkörnige Suchmöglichkeiten einschließlich Mengenoperationen einen wichtigen Teilkomplex bilden.

(3) Schnittstellen

Die Database kann nur dann optimal betrieben werden, wenn sie auch mit Database-externen Diensten verknüpft werden kann. Es kann sich dabei um IT-Komponenten handeln oder um Dienstleister. Typische Beispiele für IT-Komponenten, mit denen die Database kommuniziert, sind dabei Office-Anwendungen (Textverarbeitung, Tabellenkalkulation), E-Mail-Systeme, Telefonanlagen und der Internetauftritt. Als Dienstleister sind an erster Stelle die Banken zu nennen, die Zahlungsinformationen in geeigneten Formaten bereitstellen, dann diejenigen, die Fremdadressen beisteuern oder eine Qualitätssicherung der in der Database vorhandenen Adressen vornehmen (Check gegen Umzugsdatei usw.), und solche, die den Versand von Mailings (Briefe oder E-Mails) im Auftrag vornehmen. Die Database leistet optimalerweise selbst auch Zubringerdienste für andere Systeme, darunter die Finanzbuchhaltung, die üblicherweise mit verdichteten Daten aus der Nebenbuchhaltung der Database gespeist wird, und Fundraising-externe Abteilungen wie die Projektplanung und -verwaltung, für die die Database u. a. Informationen zur Höhe der zweckgebundenen Spenden bereitstellt.

## 6.2.2.5 Betrieb der Database

Um die Möglichkeiten einer Database als Organisation effektiv und effizient nutzen zu können, sind diverse personelle, organisatorische und technische Vorkehrungen zu treffen, die in diesem Abschnitt beleuchtet werden sollen.

(1) Sicherstellung der Betriebsbereitschaft

Um mit der Database zu arbeiten, muss zunächst die Technik stimmen. Hardware, Software, Netz und die Administration müssen funktionieren. Die Administration muss dafür sorgen, dass die Database so häufig und auf eine solche Weise gesichert wird, dass sich beispielsweise im Fall eines „Plattencrashs" der Aufwand durch Neuerfassung in vertretbaren Grenzen hält. Das Management muss die Frage beantworten, wie viel Ausfallzeit bei technischen Problemen toleriert werden soll, und muss das Budget dafür bereitstellen, höhere Ausfallzeiten zu vermeiden (Backup-Rechner, Plattenspiege-lung u. a.). Nicht nur die Technik benötigt ein Backup, auch der Administrator (Urlaub, Krankheit). Notfall- und Ausnahmesituationen sollten soweit möglich getestet werden! Schon oft hat sich in solchen Fällen herausgestellt, dass Datensicherungen zwar regel-mäßig angefertigt wurden, jedoch im Ernstfall ihren Zweck nicht erfüllten.

### (2) Qualität der Daten

Der Nutzen einer Datenbank steht und fällt mit der Qualität der Daten. Entscheidend für diese Qualität sind sowohl die in der Database verankerte Logik wie auch die Ge-staltung der Prozesse in der Organisation. Dies beginnt bei der Vermeidung von Du-bletten bei den Partnerdaten, und zwar sowohl durch Prüfungen bei der Neuerfassung von Partnern wie auch periodische Untersuchungen des gesamten Bestandes. Stellt die Database sicher, dass Ortsnamen, Straßen, Titel usw. immer gleich geschrieben werden oder kann der eine Anwender „Dr.", der zweite „Doktor" und der dritte ein fehlerhaftes „Dktor" eingeben? Stellt sie es nicht sicher, laufen nicht nur entsprechende Suchläufe ins Leere, sondern es fühlen sich möglicherweise Adressaten nicht richtig behandelt. Wie verhält es sich mit Merkmalen und Freitextfeldern? Kann dort jeder Anwender nach seinem Geschmack etwas eintragen, prüft die Database die eingegebenen Werte gegen eine Tabelle ab oder gibt es hierzu Verfahrensanweisungen, möglichst über Ab-teilungsgrenzen hinweg?

### (3) Richtiger Umgang mit der Database

Der richtige Umgang mit der Database umfasst persönliche und organisatorische Facet-ten. Auf der Seite des einzelnen Anwenders ist neben den üblichen Faktoren wie Eig-nung und Motivation besonders wichtig, dass er hinreichend intensiv geschult wurde. Die Forderung nach „intuitiver" Bedienbarkeit ist zwar in Teilen durchaus berechtigt, dient aber manches Mal nur dazu, Investitionen in sinnvolle Schulung zu vermeiden. Zu geringe Kenntnisse im Umgang mit der Datenbank haben nicht nur eine mangelnde Akzeptanz dieses Arbeitsmittels, sondern auch mangelnde Effizienz und mangelhafte Datenqualität zur Folge. Die Schulungen müssen differenziert nach Anwendergruppen erfolgen. – Je souveräner Fundraiserinnen und Fundraiser mit ihrer Database umgehen können, desto erfolgreicher werden sie arbeiten.

Auch bei der Gestaltung der von der Database unterstützten Arbeitsabläufe ist eine Vielzahl von Faktoren wesentlich, die teilweise in einem engen Zusammenhang mit der Art der NPO stehen. Handelt es sich um eine Organisation, die in Katastrophenfällen aktiv wird, muss insbesondere der Prozess der Spendenerfassung auf hohe Schnellig-keit ausgelegt sein und es müssen technische und organisatorische Vorkehrungen dafür getroffen sein, Aushilfskräfte in die Abläufe einzubeziehen. Handelt es sich um eine Or-ganisation, die sich auf Top-Spender konzentriert, ist der Schwerpunkt darauf zu legen, möglichst jeden Fehler in der Ansprache dieser Spender zu vermeiden.

(4) Inhouse-Database oder Outsourcing

Traditionell werden viele der mit dem Fundraising und der Database zusammenhängenden Tätigkeiten durch Dienstleister erbracht, so z. B. die Qualitätssicherung des Adressbestandes, Druck und Versand von Mailings und Kreativleistungen. Vor- und Nachteile von Inhouse- oder Outsourcing-Lösungen bei Betrieb und Anwendung der Database sind abzuwägen. Dabei ist mit Auslagerung von Betriebsbereichen gemeint, dass technische Leistungen von Dritten erbracht werden, und mit Auslagerung von Anwendungsbereichen, dass Teile der Geschäftsvorgänge von Dienstleistern erledigt werden.

Eine erste Stufe des technischen Outsourcings stellt das Hosting dar, bei dem die Anwendung, die die Organisation beschafft hat, auf einem Server eines entsprechenden Dienstleisters läuft. Dabei handelt es sich also im Wesentlichen um Rechenzentrumsdienstleistungen. Der Vorteil für die Organisation besteht dabei vor allem in administrativen Erleichterungen: Der Dienstleister kümmert sich um die richtige Bandbreite für den Netzanschluss, sichert den Rechnerzugriff nach außen ab, erledigt die Datensicherung und garantiert bei Rechnerausfall die rasche Bereitstellung eines Ersatzsystems usw. Auch das „Mitwachsen" der Serverleistung mit wachsenden Bedürfnissen der Organisation, also die Skalierbarkeit, ist ohne Neuanschaffung eines Servers möglich. Ist der Dienstleister jedoch nicht sorgfältig gewählt, birgt dies bei unzureichender vertraglicher Absicherung erhebliche Risiken in Bezug auf die Nicht-Verfügbarkeit der Anwendung.

Eine nächste Stufe des technischen Outsourcings besteht in der Nutzung der Dienste eines Application Service Providers, der die Anwendung selbst beschafft hat (oder dem sie sogar gehört) und der sich zusätzlich zu den Rechenzentrumsdienstleistungen die Nutzung der Anwendung bezahlen lässt. Der mögliche zusätzliche Vorteil für die Organisation besteht darin, dass die Investition in die Softwarebeschaffung entfällt und stattdessen monatliche Gebühren anfallen. Zu Nachteilen kann es kommen, wenn der Dienstleister mehrere Kunden nicht unabhängig voneinander bedient: Dann können sich nicht nur von einem Kunden verursachte Systembelastungen auf die anderen Kunden auswirken, sondern auch Wartungsarbeiten für andere den eigenen Betrieb stören.

Ein weiterer Schritt des technischen Outsourcings ist die Auslagerung der Bearbeitung von Geschäftsvorgängen, z. B. die Erfassung von Spenden durch einen Dienstleister. Eine Diskontinuität beim Arbeitsanfall kann bei mengenorientierter Abrechnung mit dem Dienstleister Vorteile gegenüber dem Vorhalten eines festen Personalstamms bieten. Sorgfältige Vertragsgestaltung ist auch hier ein Muss, damit eine extrem verspätete Erfassung von Spenden vermieden wird. Auch das Kampagnenmanagement selbst kann natürlich „outgesourct" werden – man sollte sich jedoch bewusst sein, dass man damit Kernkompetenzen abgibt. Eine gewagte Stufe des Outsourcings schließlich erklimmt derjenige, der die (telefonische und briefliche) Betreuung der Spenderinnen und Spender auslagert, denn hierin liegt die Gefahr, dass es durch den Mangel an unmittelbarem Kontakt zu den Spendern möglicherweise leichter zu Fehleinschätzungen und Fehlhandlungen kommt.

Viele weitere graduelle Abstufungen sind denkbar. Unabhängig davon, auf welche Bereiche man das Outsourcing ausdehnen möchte, darf man auf dreierlei nicht verzichten: 1.) die Kernkompetenzen im Hause zu behalten, 2.) die Freiheit des Dienstleisterwechsels zu wahren (ohne dafür teuer bezahlen zu müssen) und 3.) die alleinige Eigentümerschaft über die Daten zu sichern.

Analysen außer Haus durchführen zu lassen ist dann unumgänglich, wenn das analytische Know-how und die spezifische Software fehlt. Ohne eine enge Zusammenarbeit zwischen dem betreffenden Dienstleister und der Organisation können solche Analysen nicht ihre volle Kraft für das Kampagnenmanagement und strategische Überlegungen entfalten.

## 6.2.2.6 Auswahl der richtigen Database

Die Frage nach der Wahl der „richtigen" Database suggeriert eine Konstanz der genutzten Database, die völlig realitätsfern ist. In Wirklichkeit ist diese Konstanz sowohl in der Querschnitts- als auch in der Längsschnittbetrachtung nicht gegeben. Die richtige Database ist immer eine für die Organisation spezifisch ausgewählte und gegebenenfalls individuell eingestellte und angepasste Database:

– Unterschiedliche Organisationen benötigen unterschiedliche Databases, denn Organisationen besitzen ein unterschiedliches Spektrum von Spendern, zu denen unterschiedliche Beziehungsformen zu kultivieren sind – und dafür muss die Database jeweils spezifische Funktionen bieten.
– NPOs verändern sich im Laufe der Zeit (Wachstum, andere Schwerpunkte, neue Angebote wie Patenschaften usw.), und damit verändert sich der Database-Bedarf.
– Der Markt für NPOs verändert sich.

Darüber hinaus geht es nicht nur um die richtige Database, sondern um die richtige Gesamtlösung unter Einbeziehung anderer technischer und organisatorischer Aspekte.

Der erste Schritt bei der Auswahl einer Database muss daher darin bestehen, den aktuellen und zukünftigen Bedarf der eigenen Organisation zu identifizieren. Welche Fundraising-Strategie soll verfolgt werden (siehe 3.1)? Soll vorwiegend auf sporadische Spender (schlechtere Kalkulierbarkeit, hohe Abhängigkeit von externen Ereignissen) gesetzt werden oder eher auf Beziehungsformen wie Patenbeziehungen oder LSE-Spender mit einer höheren Konstanz und Planbarkeit? In einem zweiten Schritt ist zu prüfen, ob bestimmte Bereiche des Betriebs der Database auf jeden Fall oder unter Umständen ausgelagert werden sollen bzw. können.

Erstellen Sie hieraus eine Checkliste der Punkte, die Ihre (neue) Lösung erfüllen muss oder sollte. Dazu bieten die Entscheidungshilfen für die Auswahl einer Software-Lösung, die kostenlos von der Seite des Fundraising Verbandes herunterzuladen sind (www.fundraisingverband.de), eine Fülle von Anregungen und Aspekten. Dort finden Sie auch ein Verzeichnis von Anbietern.

Die Kosten für eine Database werden von den Anbietern von unterschiedlichen Parametern abhängig gemacht: So spielt die Anzahl der Adressen, die Anzahl der Anwender, das konkret zu verwendende Datenbank-Management-System (Informix, Oracle u. a.), die Komplexität der Datenmigration (hier spätestens rächt sich schlechte Datenqualität), Art und Umfang gewünschter organisationsspezifischer Anpassungen, Intensität der Schulungen und der gewünschte Support eine Rolle.

Unabhängig davon, in welchem Maß bei Erwerb und/oder Betrieb der Database auf externe Hersteller/Anbieter zurückgegriffen wird, zählt nicht nur die Qualität des Produktes oder der Dienstleistung, sondern ebenso sehr die Seriosität des Anbieters und die Perspektiven der Zusammenarbeit mit ihm. Da heutzutage niemand vor plötzlichen Übernahmen oder Insolvenz sicher ist, ist es ratsam, für solche Fälle in den Verträgen den uneingeschränkten Zugriff auf die Daten und den Rückgriff auf (die möglicherweise zu diesem Zweck bei einem Notar hinterlegten) Quellprogramme abzusichern.

## 6.2.2.7 Fazit

Die Auswahl von Aspekten für eine Quintessenz kann nicht frei sein von Prioritäten aufgrund subjektiver Erfahrungen. Die nachfolgende Aufzählung einiger persönlicher Ratschläge sollte in diesem Sinne verstanden werden:

– Analysieren Sie, welche Database-Unterstützung Sie für Ihre Organisation benötigen. Berücksichtigen Sie dabei nicht nur den gegenwärtigen Bedarf, sondern auch die absehbare Zukunft und die Fundraising-Strategie. Prüfen Sie, wie Sie die Beziehungen zu Ihren (potenziellen) Partnern gestalten wollen!

– Machen Sie in Bezug auf die Database nur das, was Sie als Organisation auch können oder zumindest können wollen – aber verzichten Sie unter keinen Umständen auf die detaillierte Kenntnis der Daten zu Ihren Spendern, zur Struktur Ihrer Spender, zur Entwicklung der Spenderstrukturen, zur Einnahmesituation bezogen auf die verschiedenen Beziehungsformen usw., kurzum auf die tiefgehende Vertrautheit mit den gesamten Daten in Ihrer Database.

– Sorgen Sie für die Qualität der Daten und stellen Sie sicher, dass diese unabhängig von allen Dienstleistungsverträgen Ihnen allein gehören und Sie jederzeit ohne überteuerte Kosten und mit einer aussagekräftigen Beschreibung der Datenelemente und -strukturen vollständig über die Daten verfügen können.

– Organisieren Sie die Prozesse klar und effizient. Nicht geregelte Verantwortlichkeiten und unnötige Brüche in den Abläufen machen nicht nur die Arbeit mit der besten Database zu einer Qual, sondern kosten viel Geld und bremsen das Fundraising aus.

– Sorgen Sie für eine intensive Schulung und Betreuung der Anwender. Dies verbessert nicht nur die Akzeptanz der Database und das Arbeitsklima, sondern zahlt sich auch in hohem Maße aus.

Die Database ist ein Werkzeug – nicht mehr und nicht weniger. Eine gute Database ist keine Garantie für gutes Fundraising, fehlt sie aber, so wird gutes Fundraising fast unmöglich. Es lohnt sich also, Zeit und Mühe in die sorgfältige Auswahl und den durchdachten Betrieb der Database zu investieren.

## Weiterführende Literatur

Fischer, Kai/Neumann, Andre: Multi-Channel-Fundraising – clever kommunizieren, mehr Spender gewinnen, Wiesbaden 2003.

Gündling, Christian: Maximale Kundenorientierung, Stuttgart 1997.

Haibach, Marita: Handbuch Fundraising, Frankfurt am Main 2002.

Huldi, Christian/Kuhfuß, Holger: Ratgeber Database Marketing, Zürich/Hamburg 2000.

Link, J./Brändli, D./Schleuning, C./Kehl, R. (Hrsg.): Handbuch Database Marketing, Ettlingen 1997.

Rosegger, Hans/Schneider, Helga/Hönig, Hans-Josef: Database Fundraising. Wie Sie Ihr Fundraising zum Erfolg führen, Ettlingen 2000.

# 6.3 Marktforschung

*Sandro Matzke*

## 6.3.1 Die Bedeutung der Marktforschung für das Fundraising

Die beiden Begriffe Marktforschung und Marketing gehören in den klassischen Wirtschaftsbereichen nahezu von Beginn an untrennbar zusammen. Denn Marketing bedeutet ja nichts anderes, als Produkte und Dienstleistungen auf den Markt zu bringen. Denn: Wer, wenn nicht derjenige, der über solide Marktdaten verfügt, könnte fundiertere Informationen über die Wünsche und Bedürfnisse, aber auch Probleme der primär relevanten Zielgruppen geben? Wer, wenn nicht derjenige, der auf belastbares Zahlenmaterial zurückgreifen kann, ist überhaupt in der Lage zu entscheiden, wer diese primären Zielgruppen sind? – Diese Fragen haben natürlich rhetorischen Charakter; sie sollen hier aber dazu dienen, den besonderen Stellenwert der Marktforschung als Basis- und auch Scharnierinstitution für alle zentralen Unternehmensbereiche auch von Nonprofit-Organisationen (NPOs) zu verdeutlichen.

Es erstaunt sehr, dass in Deutschlands gemeinnützigem Sektor Sozialmarketing zunächst meist ohne Berücksichtigung der Erkenntnisse der Marktforschung betrieben wurde. Doch je mehr die Kundenbedürfnisse in den Mittelpunkt jeglichen unternehmerischen Handelns gestellt werden, umso weiter nähern sich Sozialmarketing und Marktforschung an. Genau diese Bewegung ist in Deutschland mittlerweile zu beobachten. Ein Basiswissen über den (Spenden-)Markt, in dem man sich bewegt, sollte zum Basiswissen für Entscheider in den NPOs dazugehören. Mit Hilfe der Marketingforschung und -beratung, mit allgemeinen Marktdaten und Kennziffern können solide Grundlagen für jede marketingstrategische und damit auch Fundraising-strategische Entscheidungen erarbeitet werden. Die „Kompatibilitätsrate" der Analysemodelle der Markt- und Meinungsforschung für den Spendenmarkt ist sehr hoch.

Moderne *Markt*forschung versteht sich als *Marketing*forschung. Die Dienstleistung der Marktforscherin oder des Marktforschers sollte dementsprechend längst nicht mehr mit der Lieferung von Daten enden, sondern dort erst beginnen. Die Kompetenzanforderung an die Marketingforscher heißt heute handlungsrelevante Beratung, die die datenbasierte Analyse vollendet. Konsequenterweise muss sich ein Marketingforscher bzw. -berater dann auch an den Unternehmenserfolgen oder -misserfolgen messen lassen.

# 6.3.2 Leistung und Grenzen der Marktforschung für den deutschen Spendenmarkt

## 6.3.2.1 Der „Deutsche Spendenmonitor" als Spiegel des Spendenmarkts

Der erhöhte Wettbewerb um die beschränkten finanziellen Ressourcen macht es zunehmend erforderlich, Entscheidungen für die Zukunft auf handlungsrelevante Informationen zu gründen. Mit dem „Spendenmonitor" wird den gemeinnützigen Organisationen in Deutschland seit nunmehr elf Jahren eine verlässliche Informationsquelle rund um das Thema Spenden in Deutschland an die Hand gegeben. Die Studie leistet damit, über Informationen für das Spendenmarketing hinaus, von Anfang an auch einen erheblichen Beitrag zur objektiven Darstellung des deutschen Spendenwesens in der Öffentlichkeit.

Das Besondere am Spendenmonitor ist, dass er über die Jahre zu einem Gemeinschaftswerk geworden ist: Die NPOs tragen als Teilnehmer, Besteller und/oder Kritiker durch aktive Unterstützung selbst dazu bei, eine für Deutschland einzigartige Datenübersicht zum Spendenverhalten der Bundesbevölkerung fortschreiben zu können. Bei diesem Projekt ist dazu der Gedanke der Multi-Client-Forschung und -Finanzierung konsequent umgesetzt.

Ein wichtiges Ergebnis des Spendenmonitors ist beispielsweise, die Konstanz der Spenderquote[1] bei ca. 40 Prozent aufgezeigt zu haben. Ausnahmen von diesem Trend lassen sich nur durch Katastrophenfälle verzeichnen, wie Abbildung 1 zeigt: das Elbe-Hochwasser bzw. weitere Überschwemmungen in Deutschland im Jahr 2002 sowie die Tsunami-Katastrophe Ende 2004.[2]

Abbildung 1: Entwicklung der Spenderquote in Deutschland

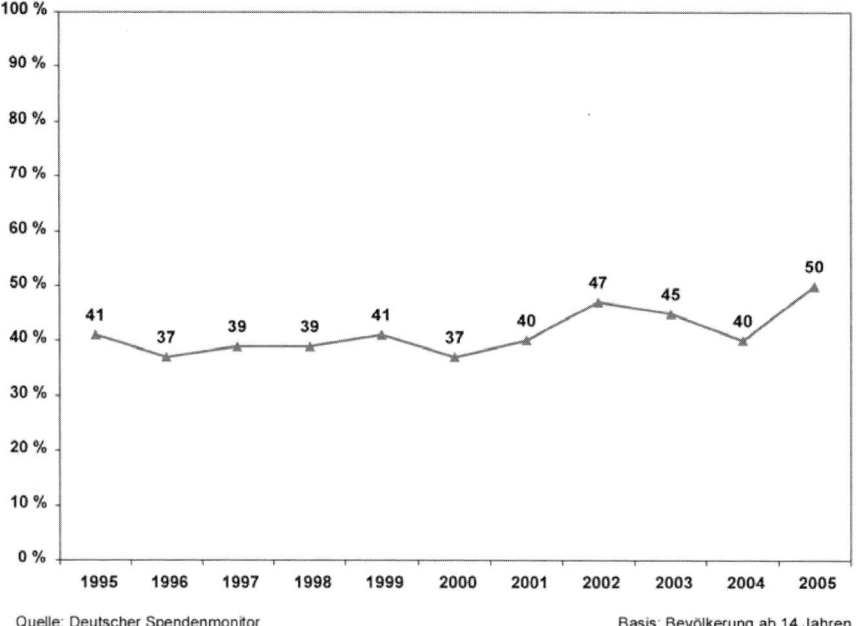

Quelle: Deutscher Spendenmonitor                          Basis: Bevölkerung ab 14 Jahren

Am Kurvenverlauf lässt sich ebenfalls ablesen, dass sowohl nationale wie auch internationale Katastrophen erst in den letzten Jahren überhaupt zu einer spürbar erhöhten Spendenbereitschaft unter deutschen Bundesbürgern führten. Als Gründe hierfür können sicherlich das gesteigerte Medieninteresse für derartige Themen, aber natürlich auch die erfolgreiche Arbeit der Fundraiserinnen und Fundraiser in den NPOs angeführt werden, die u. a. zu einer Sensibilisierung der Öffentlichkeit für die Notwendigkeit persönlichen Engagements geführt hat.

Für Deutschland konnte ein grundsätzlicher Wertewandel der Gesellschaft in Richtung einer wirklich nachhaltigen Bewusstseinsänderung hinsichtlich der Spendenbereitschaft bislang noch nicht explizit nachgewiesen werden. Was die Rahmenbedingungen für eine solche Entwicklung betrifft, gehen die Meinungen auseinander: Einerseits lässt sich argumentieren, dass die weiter anhaltende wirtschaftliche Flaute in Deutschland dazu führen dürfte, dass immer weniger für gemeinnützige Zwecke gegeben wird, andererseits kommt gerade den NPOs in Zeiten eines fortschreitenden Rückzugs staatlicher Institutionen aus gemeinnützigen Aufgabenbereichen eine immer wichtigere Bedeutung zu – ein Umstand, der durchaus auch öffentlich wahrgenommen wird. Die Diskussionen lassen sich also auf die einfache Frage reduzieren, um wie viel dem deutschen Bürger das Hemd näher sitzt als der Rock.

Aufschlussreich ist in diesem Zusammenhang auch der Vergleich zwischen West- und Ostdeutschland bzw. zwischen alten und neuen Bundesländern: Es zeigt sich – und das ist für Fundraiserinnen und Fundraiser erst einmal keine große Neuigkeit –, dass die Bürgerinnen und Bürger in den alten Bundesländern deutlich spendenfreudiger sind als jene in den neuen Bundesländern. In der Praxis dürfte diese Erkenntnis wohl auch in spürbar niedrigeren Mailing-Response-Quoten im Osten Deutschlands ihren Niederschlag finden. Wichtig ist allerdings, dass trotz diverser „Ausreißer" der Trend zum Spenden über die Zeit sowohl in Ost- als auch in Westdeutschland aufwärts zeigt. Bedauerlich hingegen, dass sich nach 2002, dem Jahr der großen Solidarität, die Spenderquoten in beiden Teilen Deutschlands wieder zunehmend auseinander entwickelt haben. Im Jahr 2005 ist der Abstand sogar größer als in den vorangegangenen zehn Jahren (siehe Abb. 2).

Abbildung 2: Vergleich der Spenderquote in West- und Ostdeutschland

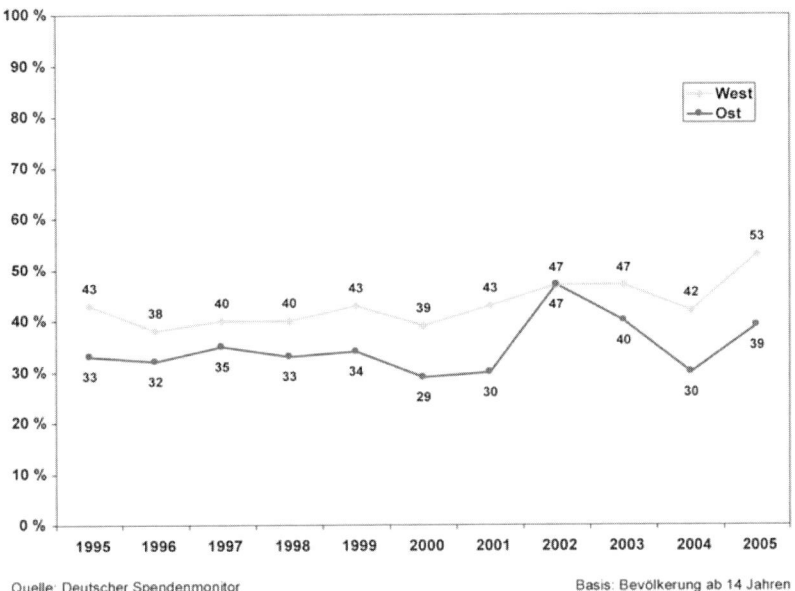

Die Spenderquote an sich hilft den Fundraiserinnen und Fundraisern in den Organisationen bei ihrer Arbeit allerdings nicht unmittelbar weiter. Sie gibt lediglich an, ob sich die Rahmenbedingungen für ein professionelles Engagement im Dritten Sektor künftig verschärfen werden oder eher nicht – das allerdings auch zielgruppenspezifisch. Um nun konkretere Potenziale abschätzen zu können, muss noch eine „Gewichtung" dieser „Bereitschaftsquote" hinzukommen. In diesem Zusammenhang wird dann meist die durchschnittliche Spendenhöhe herangezogen (siehe Abb. 3). Die Kombination der durchschnittlichen Spenderquote mit der durchschnittlichen Spendenhöhe lässt dann Rückschlüsse auf den Umfang des gesamten „Spendenkuchens" zu.

Abbildung 3: Spendenhöhe (geglätteter Jahresdurchschnitt in Euro)

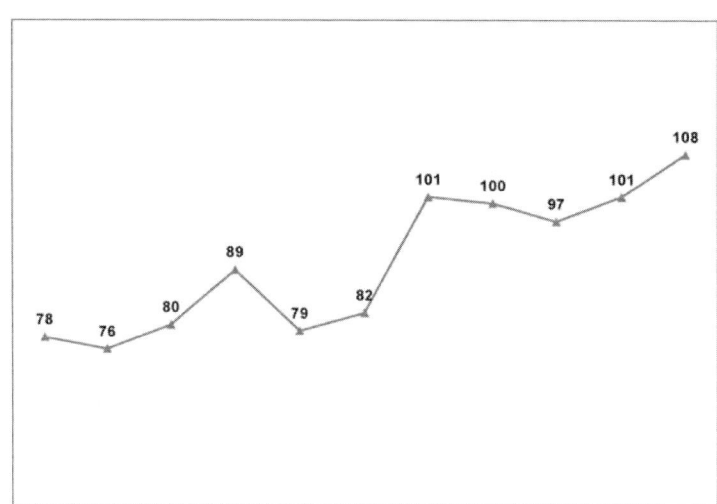

Betrachtet man die Entwicklung der durchschnittlichen Spendenhöhe in den vergangenen elf Jahren, so sticht ein ganz markanter Zeitpunkt oder „Ausreißer" ins Auge: der sprunghafte Anstieg von 2000 auf 2001. Da sich ab diesem Zeitpunkt der Trend eher moderat aufwärts entwickelt – ohne vergleichbare deutliche Auf- und Abwärtsbewegungen –, liegt nur ein Schluss nahe: Die gesteigerte Durchschnittsspende muss unmittelbar etwas mit der Einführung unserer neuen Währung, dem Euro, zu tun haben. Kein anderes Phänomen erscheint plausibel genug, um diesen nachhaltigen Anstieg zum damaligen Zeitpunkt erklären zu können. Offensichtlich ist es den NPOs mittels Fundraising-Maßnahmen in nennenswertem Umfang gelungen, ein Upgrading der Spenderinnen und Spender zu erreichen.

Bringt man nun in der zuvor beschriebenen Weise die Entwicklungen der Spenderquote und der durchschnittlichen Spendenhöhe zusammen, so lautet die zentrale Botschaft: Der Spendenkuchen war in Deutschland nie größer als im Jahr 2005, und das trotz einer wirtschaftlich angespannten Gesamtsituation.

Aus der Sicht einer einzelnen Organisation sind diese Informationen – wenngleich von grundlegender Bedeutung – aber immer noch nicht speziell genug, um individuell relevante Zielgruppen identifizieren oder gar gezielt ansprechen zu können.

## 6.3.2.2 Marktforschung und Zielgruppensegmentierung

Als relevant für eine NPO kann eine Zielgruppe dann bezeichnet werden, wenn Sie zumindest eine Affinität zum Spenden im Allgemeinen, besser aber noch in Bezug auf die Ziele der eigenen Organisation oder sogar hinsichtlich der eigenen Marke besitzt.

Hilfreich – weil noch ein Stück konkreter – ist in jedem Fall die Kenntnis des klassischen Spenderprofils. Die folgende grobe Beschreibung hat sich über die Jahre herauskristallisiert, und an dieser Beschreibung hat sich im Verlauf der Zeit nur wenig geändert:

- Der überwiegende Teil (aktuell 84 %) der Spenderinnen und Spender stammt aus Westdeutschland. Allerdings ist das Verhältnis der Spenderquoten zueinander nicht proportional zu den Bevölkerungsanteilen. Genau in dieser Disproportionalität kommt noch einmal die spürbar geringere Spendenbereitschaft im Osten Deutschlands zum Ausdruck.
- Die Mehrheit der Spendenden sind Frauen (aktuelles Verhältnis Frauen zu Männern: 55 zu 45 %).
- Rund neun von zehn Spendenden sind 30 Jahre und älter (aktuell 87 %), wobei die Gruppe der Senioren (65+ Jahre: 27 %) momentan das gleiche Gewicht hat wie die Gruppe der 50- bis 64-Jährigen (28 %). Derzeit ist jeder dritte Spendende (33 %) zwischen 30 und 49 Jahre alt.
- Knapp zwei von drei Spendenden sind Beamte oder Angestellte (aktuell 61 %).

Allgemein gilt in der Marktforschung der Grundsatz: Je intensiver die Verknüpfung der Daten bzw. je vielschichtiger und verschachtelter die Analysen, desto individueller das Ergebnis. So können z. B. – immer eine ausreichend große Ausgangsstichprobe vorausgesetzt – Spenderprofile (siehe 3.3.2) natürlich nicht nur auf der Gesamtebene aller Spenderinnen und Spender, sondern auch auf der Ebene der jeweils unterstützten Spendenziele oder sogar auf der Markenebene, also auf der Ebene der aktiv unterstützten oder als potenziell unterstützungswürdig erachteten Organisationen erstellt werden.

Wie intensiv die Datenverknüpfung und -analyse auch immer ausfallen mag, sie basiert nahezu ausnahmslos auf klassischen Zielgruppenindikatoren zur Beschreibung von Spendenverhalten wie z. B. Alter, Geschlecht, Beruf, Einkommen usw. Diese Indikatoren sind vornehmlich soziodemografischer bzw. sozioökonomischer Natur. – Kann man aber das Verhalten eines Menschen mit Mitteln der Soziodemografie verlässlich beschreiben oder vorhersagen? Ohne den Einsatz statistischer Modelle und Verfahren wird man diese Frage grundsätzlich verneinen müssen. Aber selbst ausgefeilte Algorithmen bringen auf dieser Datengrundlage nur mäßigen und am Ende oft nur zufälligen Erfolg.

An diesem Punkt sind wir bei den Grenzen klassischer Marktforschungsmethoden angelangt. Aus Fundraising-Sicht lässt sich grob eine Trennlinie ziehen zwischen einer *Basisdaten-Marktforschung,* die – wie oben beispielhaft gesehen – den Markt grundsätzlich beschreibt oder allgemeine Meinungen und Einstellungen abbildet und deshalb unerlässlich ist, und einer *Individual-Marktforschung,* die u. a. in der Lage sein muss, den

Fundraiserinnen und Fundraisern ganz individualisierte Handlungsempfehlungen für ihr Direktmarketing bzw. für ein effektives DRM (*Donor Relationship Management*) anzubieten (siehe 3.3.4.1). Mittlerweile werden aber sowohl die Grenzen mangelnder Individualisierung als auch mangelnder Operationalisierbarkeit durch neue marktforscherische Methoden wie z. B. die *Semiometrie*, die vornehmlich auf der Erhebung und Modellierung psychografischer Daten beruhen, mehr und mehr durchbrochen.

Die Grenzen der Marktforschung sind natürlich auch dort, wo der Schutz des Individuums beginnt: Für das Direktmarketing wäre es z. B. durchaus hilfreich, wenn man auf personenbezogene Marktforschungsdaten zurückgreifen könnte, aus ethischen Gründen verbietet sich aber eine derartige Auswertungstiefe. Natürlich unterliegen die Institutionen, die Daten erheben und verarbeiten, strengsten Datenschutzbestimmungen, die eine personenbezogene Weiterverwendung der Informationen strikt untersagen (siehe 7.6).

Bezogen auf den Bereich der Handlungsempfehlungen hört marktforschungsbasierte Marketing- oder Fundraising-Beratung zumeist dort auf, wo es um die Umsetzung der Ergebnisse in gestalterische Elemente bzw. um den konkreten Entwurf von Kommunikationsmitteln geht. Diesen Part übernehmen dann in aller Regel Kreativ- oder Kommunikationsagenturen. Marktforschung beurteilt den Erfolg alternativer Konzepte im Vorfeld einer Maßnahme und während ihres Wirkens.

## 6.3.2.3 Marktforschung und Marketingberatung

Marketingberatung liefert sowohl die Kommunikationsstrategie für Fundraising-Kampagnen von NPOs als auch die Überprüfung ihres Umsetzungserfolgs. Oftmals werden diesbezügliche Handlungsempfehlungen in Form einer so genannten Handlungsrelevanz-Matrix oder auch SWOT-Matrix (SWOT = *Strengths*, *Weaknesses*, *Opportunities*, *Threats*) visualisiert (siehe Abb. 4). Die durchschnittlichen Bewertungen werden auf der Y-Achse, die jeweils dazugehörigen Bedeutsamkeiten aus Sicht der Zielgruppe auf der X-Achse abgetragen. Durch Bildung von Mittelwerten für beide Dimensionen und deren visuelle Darstellung in Form einer Horizontal- und einer Vertikallinie ergeben sich vier Felder unterschiedlicher Handlungsrelevanz. In der Grafik wurde den einzelnen Matrix-Quadranten die verkürzte Form der Handlungsempfehlungen als Sprechblase zugeordnet.

Abbildung 4:  Matrix konkreter Leistungs- und/oder Image-Merkmale einer NPO
nach ihrer Beurteilung durch ausgewählte Zielgruppen

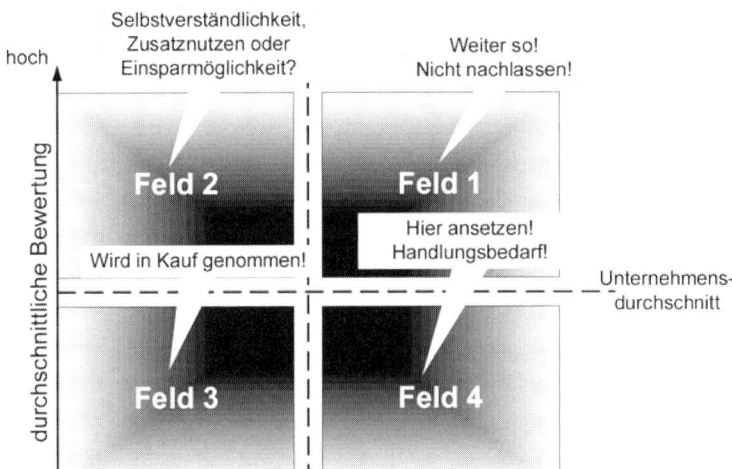

Konkrete, individuelle und verlässliche Handlungsempfehlungen brauchen Analysen,
die auf validem Datenmaterial beruhen. Wie sich Fundraiserinnen und Fundraiser solche Daten beschaffen können, und welche Instrumentarien hierbei eine besondere Rolle
spielen, ist Gegenstand des folgenden Abschnitts.

# 6.3.3 Fundraising-relevante
## Marktforschungsinstrumente

Viele Anzeichen sprechen dafür, dass sich das Fundraising in den kommenden Jahren
spürbar verändern wird. Analog zum klassischen Marketing wird sich auch im Fundraising die Ansprache der primär relevanten Zielgruppen immer professioneller und
individueller gestalten. Eine der Hauptursachen dieser Entwicklungsprognose liegt in
der Tatsache begründet, dass der Spendenmarkt von hoher Konkurrenz geprägt ist. Die
Leistungen der NPOs („der gute Zweck") sind aus Sicht der Bevölkerung substituier-
bar. Aufgrund der Austauschbarkeit der Leistungen gelingt es NPOs allerdings nur in
ganz bestimmten Fällen, eine echte, tiefe, emotionale Bindung ihrer Förderer zu erreichen (siehe 3.3.4). Auch bei Dauerspendenden lässt sich der Akt der immer wiederkeh-
renden, automatischen Spende eher als *loyales Handeln* und eher nicht als *Commitment*
bezeichnen. Die Unterscheidung dieser beiden Begrifflichkeiten ist wichtig, wenn man
die Strategie eines *Commitment-led Fundraisings* umsetzen und verfolgen möchte.

| Loyalität | Commitment<br>(Bindung im engeren Sinn) |
|---|---|
| – Loyalität ist, was Personen gewohnheitsmäßig (wieder) tun.<br>– Loyalität gibt die Wahrscheinlichkeit einer erneuten Spende auf der Basis von vergangenem Verhalten wieder.<br>– Bislang loyale Spenderinnen und Spender müssen nicht unbedingt emotional gebunden sein. | – Commitment gibt Auskunft über Denkweisen und Absichten.<br>– Commitment ist die psychologische bzw. emotionale Stärke der Bindung an eine Organisation.<br>– Gebundene Spenderinnen und Spender verhalten sich nach Möglichkeit in der Zukunft loyal. |

Am wichtigsten aber ist: Commitment korreliert nachweislich höher mit zukünftigem Verhalten als Loyalität! Für Spender-Bindungsstrategien lässt sich die folgende Regel formulieren: *Steuere Aktivitäten so, dass die Zahl gebundener Förderer* – im Sinne des Commitment-Begriffs – *maximiert wird!* Auf der anderen Seite gilt es aber natürlich auch, möglichst viele neue Förderer zu gewinnen.

Um geeignete Entscheidungen über Spendergewinnungs- und Spenderbindungs-Maßnahmen treffen zu können, werden möglichst genaue, aktuelle und auf die individuelle Situation zugeschnittene Informationen benötigt, wie man sie nur mit Mitteln der Marktforschung erhalten kann. Es bieten sich in diesem Zusammenhang grundsätzlich zwei Möglichkeiten:

– die Nutzung und Analyse bereits vorhandenen Datenmaterials (Sekundärforschung),

– die Generierung bzw. Erhebung originär neuen Datenmaterials und dessen anschließende Analyse (Primärforschung).

Die Primärforschung ist grundsätzlich dann erforderlich, wenn die mit Mitteln der Sekundärforschung zu erreichenden Erkenntnisse für den Untersuchungszweck nicht ausreichen, weil die Sekundärdaten einfach nicht speziell genug bzw. nicht ausreichend auf die individuelle Situation zugeschnitten sind, oder weil sie einfach veraltet sind. Letztlich sind aber häufig auch Kosten- und Zeitersparnisargumente ausschlaggebend, wenn es um die Entscheidung für den einen oder anderen Forschungsweg geht.

Im Bereich der Datenerhebung mittels Primärforschung gilt es, die Entscheidung zu treffen, die Erhebung mit *Methoden der quantitativen oder der qualitativen Forschung* oder mit einem Mix aus beiden Forschungsansätzen vorzunehmen. Beide Wege unterscheiden sich deutlich voneinander, und es gibt eine Vielzahl von Differenzierungskriterien.

*Qualitative Methoden* oder Instrumente können zur Anwendung kommen,

– wenn standardisierte Verfahren nicht „tief genug gehen" (können) und damit bei bestimmten Problemstellungen wenig Erfolg versprechend erscheinen. Beispiel: ein Projekt, bei dem es darum geht, neue Ideen für neue Dienstleistungen zu generieren. Mit einem standardisierten Fragebogen könnte man die freien Assoziationen und

Gedankengänge, die gerade bei dieser Art von Zielsetzungen besonders wertvoll sind, nicht adäquat erfassen;

– wenn es darum geht, subjektive – und nicht objektive – Tatbestände zu erheben, die nicht den Anspruch erheben, miteinander vergleichbar sein zu müssen;

– wenn eine enge persönliche, engagierte und emotionale Einbindung des Forschers in die Erhebung nicht nur für zulässig erachtet, sondern sogar gewünscht ist.

Allgemein könnte man auch sagen, dass qualitative Forschung dann der geeignete Ansatz ist, wenn es ausschließlich auf die Inhalte und nicht auf belastbare Fallzahlen ankommt. Denn das Wesen qualitativer Methoden ist es, dass sie mit einem relativ überschaubaren Personenkreis arbeiten. Wer die qualitativen Erhebungsmethoden einsetzt, dem kommt es in diesem Moment auch nicht auf die Ausprägung von Gütemaßen an. Qualitativ erhobene Daten sind z. B. nicht verallgemeinerbar in Bezug auf eine Grundgesamtheit – es sei denn, die Grundgesamtheit selbst ist zahlenmäßig so klein, dass auch mit einem qualitativen Verfahren in akzeptablen statistischen Fehlertoleranzbereichen gearbeitet werden kann. Diese Ausnahme ist allerdings eine sehr theoretische, denn zumeist beschäftigt sich die Marktforschung mit derart spezifischen Personengruppen eher nicht in dieser Tiefe.

Weil man mittlerweile weiß, dass zur Beschreibung und Prognose von Spendengewohnheiten rein soziodemografische Kriterien zu kurz greifen und dass die Präferenzen für bestimmte Organisationen vielmehr auch von Grundeinstellungen und Wertvorstellungen der Menschen abhängen, ist es ein Ziel der modernen Forschungspraxis, genau diese Wertemuster im Menschen aufzudecken (siehe 3.3.2). Die Idee, die hinter diesen Bestrebungen steckt, erscheint einleuchtend: Wenn ich die Wertemuster meiner primären Zielgruppen – z. B. potenzielle Spender für meine Organisation – kenne, dann kann ich als Fundraiser ganz gezielt auf die korrespondierenden Wünsche und Bedürfnisse eingehen und diese in den Vordergrund meiner Kommunikationsmaßnahmen stellen.

So weit, so gut; es bleibt nur die Problematik: Wie finde ich die primär für mich relevanten Zielgruppen? Antwort: Die traditionelle Herangehensweise in den NPOs führt über den Weg der Sekundärforschung. Meist wird dabei in einem ersten Schritt der eigene Förderer-Datenbestand entsprechend intensiv analysiert (siehe 6.2). Von dieser Basis aus sucht man im Fundraising dann nach Personengruppen in der Bevölkerung, die den eigenen Förderern soziodemografisch ähneln. Zu diesem Zweck bedient man sich sekundärstatistischer Quellen.

Hinter dem soeben beschriebenen Prozedere steht die zunächst logisch erscheinende Hypothese, dass Personen, die sich hinsichtlich ihrer äußeren Lebensumstände sehr ähnlich sind, vielleicht auch ein ähnliches Kauf- oder Spendenverhalten aufweisen, aber es grenzt von vornherein mögliche zusätzliche Spendenpotenziale aus, und zwar diejenigen Personen, die der jeweiligen Organisation affin gegenüberstehen, aber unter Umständen ganz anders „ticken" als die bestehende Spenderschaft. Außerdem wird bei der traditionellen, allein auf Soziodemografie aufbauenden Herangehensweise das Rollenverhalten der Menschen in unserer Gesellschaft vernachlässigt, denn allzu häufig spiegelt das äußerlich wahrnehmbare Verhalten einer Person nicht ihre wirkliche Einstellung oder gar ihre grundlegenden „Wertemuster" wider.

Vernachlässigt werden aber auch die Wünsche und Bedürfnisse der relevanten Zielgruppen, denn hierzu kann die Sekundärforschung so gut wie keine Informationen liefern. Ebenfalls unberücksichtigt bleiben aus demselben Grund auch zielgerichtete Maßnahmen des Haltemarketings bzw. der Fördererbindung.

Um an dieser Stelle keinen falschen Eindruck entstehen zu lassen, sei gesagt, dass der traditionelle Fundraising-Ansatz aus Sicht der NPO durchaus zu ökonomisch interessanten Ergebnissen führen kann – etwa in Form zufrieden stellender Responsequoten eines Mailings. Was den Fundraiserinnen und Fundraisern bei der ausschließlichen Verfolgung sekundärstatistisch basierter Strategien aber immer fehlen wird, sind fundierte Erkenntnisse bezüglich der eigenen (Marken-)Positionierung und bezüglich der externen Sichtweise der eigenen Förderer oder auch Nicht-Förderer. Um als gemeinnützige Organisation zukünftige Herausforderungen und Anforderungen des Spendenmarktes rechtzeitig antizipieren zu können, bedarf es (zusätzlich) eindeutig primärforscherischer Mittel und Methoden.

Auch mit einem schmalen Budget lässt sich mit dem nötigen Know-how einiges bewegen.[3] So ist es beispielsweise jederzeit möglich, zu relativ niedrigen Preisen einen schnellen Überblick über die Meinung und Einstellung von Zielgruppen zu aktuellen, individuell relevanten Themen zu erlangen. Die Instrumente hierzu sind zum einen die Mehrthemenumfragen (Omnibusbefragungen), die von den namhaften Markt- und Meinungsforschungsinstituten Woche für Woche – ja beinahe Tag für Tag – durchgeführt werden, zum anderen aber auch die so genannten Panels, über die die größeren Institute verfügen. In diese Befragungen kann man sich, zu günstigen Konditionen, mit eigenen Fragen „einklinken", und man erhält die Ergebnisse binnen kurzer Zeit.

Das Kostenargument wird immer wieder bemüht, wenn es darum geht, Einwände gegen die Professionalisierung des Fundraisings mittels primärforscherischer Aktivitäten vorzubringen. Mit diesem Vorurteil, dass Marktforschung für NPOs grundsätzlich einfach zu teuer sei, soll an dieser Stelle aufgeräumt werden. Denn: Eine professionell durchgeführte und beratungsorientierte Marktforschung verursacht schon kurz- bis mittelfristig keinen bilanziellen Negativsaldo mehr, sondern überkompensiert die Investitionen durch höhere Kosteneinsparungs- und Effizienzsteigerungseffekte. Beispiele für per Saldo kostensenkende Marktforschungsinstrumente sind Kampagnen- oder Mailing-Pretests sowie gezielte Mediaplanungs-Tools. Diese Instrumente haben in erster Linie den Sinn, Streuverluste zu minimieren.

Im Zusammenhang mit der Finanzierung von Marktforschungsprojekten sei hier noch einmal das so genannte Multi-Client-Konzept – wie z. B. beim „Deutschen Spendenmonitor" seit Jahren erfolgreich praktiziert – erwähnt. Hierbei schließen sich mehrere Organisationen, z. B. in Form einer Arbeitsgruppe, zusammen, um ein gemeinsames Forschungsprojekt in die Tat umzusetzen. Der Vorteil einer solchen Vorgehensweise liegt auf der Hand, denn die Partner teilen nicht nur die Forschungsergebnisse, sondern natürlich auch die Kosten des Projekts. Der Dritte Sektor ist prädestiniert für diese Art der Zusammenarbeit, weil es bislang kaum eine andere Branche gibt, in der untereinander so offen mit Studienergebnissen umgegangen wird wie in dieser.

Abschließend eine Übersicht über die Marktforschungsinstrumente, die für die Fundraiserinnen und Fundraiser in NPOs in erster Linie relevant sind.

| Aufgabenstellung | Instrument | Funktionsweise |
|---|---|---|
| allgemeiner Überblick über den Markt | (bevölkerungsrepräsentative) Grundlagenstudien (z. B. *Deutscher Spendenmonitor*) | Primärforschung (alle Erhebungsmethoden) oder Sekundärforschung |
| spontanes Stimmungsbild, schnelle Klärung aktueller Fragen, Bekanntheitsmessung | spontane Meinungsumfragen (Flash) | Mehrthemenumfragen (Omnibus) Fragenschaltung in Panels |
| Meinungsbild bei eigenen Förderern (Zufriedenheit, Markenbindung, kommunikative Handlungsempfehlungen) | „klassische" Fördererbefragung | repräsentatives Befragungsdesign (i. d. R. telefonisch) inkl. Modul zur Messung der emotionalen Bindung |
| Entscheidung zwischen alternativen Mailing-/Kampagnendesigns | Konzepttest, Mailing-/Kampagnen-Pretest | validiertes Befragungsmodell mit Benchmarkoption (Erhebung meist als Studiotest) |
| Strukturen in Datenbanken erkennen und für DRM (Donor Relationship Management) nutzen | Data-Mining-/Profiling-Software | lernende, möglichst wartungsarme Systeme, die neue Marktforschungsdaten in der Datenbank in Prognosen einbeziehen können |
| Zielgruppenanalyse und Neuspendergewinnung | Meinungsumfragen, Response-Analysen, Adressqualifizierung | optimalerweise kombiniertes, verzahntes Modell (z. B. *Semiometrie/SemioSelect/ SemioScore*) |
| Kontrolle des Kampagnen-/Kommunikationserfolgs | Kampagnen-/Kommunikations-Trackings | kontinuierliche Beobachtung wichtiger Kommunikationskennziffern |
| Mediaplanung | (bevölkerungsrepräsentative) Grundlagenstudien (z. B. *Media-Analyse*) oder Spezialstudien (z. B. *Semiometrie*) | Primärforschung (z. B. *Semiometrie*) oder Sekundärforschung (z. B. *Media-Analyse*) |

## Anmerkungen

1 Die Spenderquote wird gemessen als Anteil derjenigen an der Bevölkerung ab 14 Jahren, die jeweils im Zeitraum von 12 Monaten mindestens einmal für eine gemeinnützige Organisation gespendet haben. Demzufolge lässt diese Quote auch ausschließlich Rückschlüsse auf die private Spendenbereitschaft zu.

2 Der „Tsunami-Effekt" spiegelt sich in der Spenderquote für das Jahr 2005 wider.

3 Vgl. Checkliste 5 „Vier bewährte Formen der Marktforschung, die sich von NPOs oftmals intern realisieren lassen" zu 6.4 Adressenkunde.

## Weiterführende Literatur

Atteslander, Peter: Methoden der empirischen Sozialforschung, Berlin 2003.

Backhaus, Klaus/Erichson, Bernd/Plinke, Wulff/Weiber, Rolf: Multivariate Analysemethoden. Eine anwendungsorientierte Einführung, 11. überarbeitete Auflage, Berlin 2005.

Hammann, Peter/Erichson, Bernd: Marktforschung, Stuttgart 2006.

McQuarrie, Edward: The Market Research Toolbox – A Concise Guide for Beginners, London 2005.

Meffert, Heribert: Marketing, Wiesbaden 2000.

Pepels, Werner: Lexikon der Marktforschung, München 1997.

# 6.4 Adressenkunde

*Barbara Crole*

Das Spendenaufkommen in Deutschland wird zu 70 bis 80 Prozent von Privatpersonen aufgebracht. Direct Mail wiederum bringt davon bei den meisten Nonprofit-Organisationen (NPOs) noch immer bis zu 80 Prozent des Einkommens. Daher ist es noch immer eine der bevorzugten Fundraising-Methoden (siehe 5.3). In den Briefkästen der Republik herrscht ein reger Wettbewerb der Hilfsorganisationen. Das Direct-Mail-Volumen nimmt immer noch zu und jeder Haushalt erhält pro Jahr etwa 100 Briefe. Während Sie früher Ihre Mailings verhältnismäßig breit streuen konnten und immer noch einen vertretbaren Rücklauf erhielten, müssen Sie heute vor dem Versand diejenigen Gruppen aus der Gesamtbevölkerung herausfiltern, die Ihrem Aufruf positiv gegenüberstehen. Wer das ist, wird stark vom Anliegen Ihrer Organisation abhängen. Die Vorbedingung für ein rentables Direct-Mail-Programm sind natürlich gute Adressen. Diese – nach Zielgruppen geordnet – sollten unbedingt und auf Dauer einen hohen „Return on Investment" (ROI) haben, also einen möglichst hohen und raschen Rückfluss des eingesetzten Kapitals.

## 6.4.1 Welche Bedeutung haben Adressen für die Spender-Datei?

Einen adressierten Brief (im Gegensatz zum Streuversand) kann man nur versenden, wenn man eine gültige Adresse hat. Im Direct Mailing trägt die richtige Adresse bei der Akquise zu etwa 70 Prozent zum Erfolg einer Aussendung bei. Daher ist die Adressenselektion wohl der wichtigste, wenn auch der am meisten unterschätzte Arbeitsgang bei einem Mailing an „kalte" Adressen.

In der Vergangenheit haben Organisationen oft über Jahre, wenn nicht über Jahrzehnte eine Spender-Datei aufgebaut, vorsichtig nach der „trial and error"-Methode – immer darauf bedacht, haushälterisch mit dem Geld der Gebenden umzugehen und sich möglichst keine Irrtümer zu leisten. Es gab aber ebenso Organisationen, die einen großen Teil ihrer Einnahmen aus Spendenaufrufen in den Ausbau ihrer Spender-Datei steckten und so in kurzer Zeit sehr große Dateien aufbauten. Wie es im kommerziellen Bereich notwendig ist, in die Zukunft und in Wachstum zu investieren, so müssen auch karitative Organisationen wachsen und eine Größe erreichen, die es ihnen erlaubt, Spendenaufrufe mit möglichst geringen Kosten zu produzieren. Vor allem aber müssen sie ihre Zukunft sichern, indem sie die Zahl ihrer Spender vergrößern, wenigstens jedoch konstant halten. Alle Organisationen sind also – unabhängig von ihrer Größe – dazu verurteilt, durch anhaltende Werbeaktivitäten neue Spender zu gewinnen und diejenigen zu ersetzen, die abspringen. In den meisten Organisationen sind das mindestens 25 Prozent Verlust pro Jahr, oft aber auch 50 Prozent. Die letzte, hohe Zahl trifft besonders für Spenderadressen zu, die anlässlich einer Hilfsaktion für Katastrophenopfer gewonnen wurden.

## 6.4.2 Was Fundraiser über Adressen wissen müssen

### 6.4.2.1 Was beinhaltet eine Adresse?

Eine vollständige Adresse enthält in der Regel Namen, Vornamen, Geschlecht, Straße und Hausnummer, Wohnort mit der Postleitzahl. Das sind die Basisdaten. Oft können Sie auch die Telefon- und Faxnummer, Titel, Berufsbezeichnungen usw. erwerben. Bei den meisten Listen können Sie außerdem noch Informationen über die Vorlieben (meistens handelt es sich um Konsumgewohnheiten) des Adressaten erhalten. Merke aber: Jede Zusatzinformation kostet Geld. Überlegen Sie, welche Informationen Sie gewinnbringend verwerten können! Zum Beispiel ist es oft billiger, die Telefonnummer von Anfang an anzumieten, wenn Sie telefonisch nachfassen wollen.

### 6.4.2.2 Welchen Wert hat eine Adresse?

Der Wert einer Adresse errechnet sich aus der Summe aller Spenden, die zu Lebzeiten einer Spenderin bzw. eines Spenders gebucht werden können; man spricht hier von einem *Time Life Value Factor*. Eine Adresse kann im Extremfall Millionen wert sein – nämlich dann, wenn aus dem Neuspender ein Freund wird, der später vielleicht sein ganzes Vermögen der NPO hinterlässt. So etwas geschieht sicher nicht jeden Tag, aber es geschieht!

Drei Gründe, jede Adresse wie ein kostbares Juwel anzusehen:

– Hinter jeder Adresse können sich potenzielle Freunde und Förderer verbergen. Sie gilt es zu informieren und zu motivieren, mit ihren Hoffnungen und Wünschen ernst zu nehmen und in ihren Vorstellungen zu respektieren. Freundschaft ist ein kostbares Gut, das gepflegt und gehegt werden muss.

– Es bedarf oft einer erheblichen Investition, um aus einer „kalten" Adresse einen Freund und Förderer zu gewinnen und dauerhaft für die Ziele Ihrer Organisation zu begeistern. Rücklaufquoten bei Neuspender-Aktionen liegen meist zwischen ein bis drei Prozent. Die Kombination der Faktoren zielgruppengerechte Adresse, Projekt, Ansprache und Zeitpunkt des Versandes bestimmen den Erfolg, den Return on Investment (ROI).

Einfache ROI-Berechnungsformel:

Rentabilität = Gewinn / eingesetztes Kapital

– Die Pflege einer Adresse kostet mindestens 10 bis 15 Euro im Jahr. Eine Neuspender-Adresse wird durchschnittlich nach ein bis zwei Jahren „Gewinn" abwerfen, d. h., die Spenden übersteigen dann die Anfangsinvestition und Kosten der Spenderpflege. Man spricht vom Break Even Point (BEP), wenn die Kosten der Neuspendergewinnung durch die eingenommenen Spenden gedeckt sind (Punkt der Rentabilitätsschwelle).

## 6.4.2.3 Das Beschaffen von Adressen

(1) Eigene Möglichkeiten nutzen!

Ehe Sie sich zur Anmietung von Adressen entschließen, nutzen Sie zunächst Ihre eigenen Möglichkeiten. Wenn Sie kaum Anfangskapital haben, kaum etwas über das komplexe Direct-Mail-Geschäft wissen und praktisch alleine mit dieser Aufgabe sind, gibt es simple, aber effektive Wege, mit der Adressbeschaffung anzufangen.

(a) Sie versuchen, mit einem redaktionellen Beitrag in lokale oder Gratis-Zeitungen zu kommen. Die meisten Journalisten stehen solchen Bitten durchaus wohlwollend gegenüber, wenn sie gut begründet sind. In diesen Artikel bauen Sie einen Rücklauf-Coupon für Interessenten ein.

(b) Sie machen einen Informationsstand und bitten alle Personen, mit denen Sie Kontakt haben, um deren Adresse. Bereiten Sie dazu vorgedruckte Notizzettel sorgfältig vor, damit der Eintrag schnell und problemlos erfolgt – und nichts vergessen wird. Oft sind derartige Aktionen besonders erfolgreich, wenn die Adressgeber an einem Wettbewerb teilnehmen. Lassen Sie sich dazu Preise sponsern!

(c) Machen Sie eine Ketten-Aktion. Schreiben Sie an die Spenderinnen und Spender Ihrer Adressenliste und bitten sie diese um Namen von Freunden, Bekannten und Verwandten, die gleichfalls interessiert sein könnten. Wieder hängt der Erfolg einer derartigen Aktion davon ab, dass Sie den potenziellen Adressgebern die Antwort ganz leicht machen: Verwenden Sie Adressenlisten, frankierte Rücksendeumschläge (hierdurch wird auch ein sanfter Druck ausgeübt) und geben Sie einen Anreiz, an dieser Aktion teilzunehmen. Der Anreiz kann materieller, aber auch ideeller Art sein, z. B. ein Anerkennungsschreiben mit der Zahl der gewonnenen Adressen und Veröffentlichung der Ergebnisse.

(d) Briefe an Mitglieder anderer Organisationen: Bitten Sie Vereine und Verbände um die Erlaubnis, ein Mailing an deren Mitglieder versenden zu dürfen, beispielsweise an Kleintierzüchter, wenn sich Ihre Organisation auch für den Tierschutz einsetzt.

(e) Vergessen Sie Ihr persönliches Umfeld nicht. Bitten Sie die eigene Familie und Ihre Freunde um Hilfe. Das fällt zwar oft schwer, ist aber meistens am erfolgreichsten. Ermuntern Sie weitere Mitarbeitende Ihrer Organisation hierzu.

(f) Veranstalten Sie einen Wettbewerb. Im Rahmen einer Ausstellung, eines Vortrags o. Ä. müssen Teilnehmer simple Fragen beantworten und nehmen so an einer Verlosung teil. Wieder ist es wichtig, glaubwürdig zu bleiben und sich Preise sponsern zu lassen.

(g) Bitten Sie jeden Anrufer, jeden Interessenten um seine Adresse.

(h) Vergessen Sie die moderne Technik nicht! Sie gibt Ihnen die Möglichkeit, beispielsweise mittels einer Telefondaten-CD wertvolle Listen zu generieren.

Dazu ein Beispiel aus der Praxis: Journalisten gründeten eine neue Organisation, die im Kriegsgebiet von Ruanda einen Nachrichtensender installieren sollte. Durch diesen wollte man die Bewohner mit objektiven Nachrichten versorgen und so Panik und Hass abbauen. Um mögliche Spender zu finden, schrieben sie alle Radio- und Fernsehhändler sowie alle Installateure derartiger Geräte an. Die antwortenden Geschäfte baten sie, Information auszulegen. Außerdem schrieben sie natürlich an alle Mitglieder von Journalistenvereinigungen. Mit den ersten Adressen veranstalteten sie sofort eine „Spender-wirbt-Spender"-Aktion. Diese Organisation besitzt nun eine kleine, aber feine Adressenliste, mit der sie fast 80 Prozent Rücklauf bei Spendenaufrufen erzielt.

Dieses Beispiel zeigt, dass man auch heutzutage mit wenig Geld, aber mit Initiative und persönlichem Einsatz erfolgreich eine Fundraising-Datei gründen kann (siehe Checkliste 1 „Methodenübersicht zum Ausbau einer Spenderdatei" im Anhang).

(2) Adressen beim Adressbroker mieten

Zuerst eine wichtige Präzisierung: Adressen kaufen Sie nicht, Sie mieten sie. Und zwar für den einmaligen Gebrauch. In jeder gemieteten Liste gibt es Kontrolladressen. Wenn Sie also in Versuchung kommen sollten, die gleiche Liste zweimal einzusetzen, so würde der Vermieter der Liste das schnell merken.

Adressen gibt es beim Adressbroker, der dafür eine Vermittlungsgebühr bekommt. Die Mietpreise variieren stark. Im besten Fall berät er Sie objektiv und so, wie es für Ihr spezielles Anliegen am sinnvollsten ist. Im schlimmsten Fall ist er nur daran interessiert, Ihnen so viele teure Adressen wie möglich aufzuschwätzen. Es lohnt sich, sich für die Gespräche mit Adressbrokern Zeit zu nehmen, mehrere Kontakte herzustellen, Referenzen einzuholen und sich mit Kollegen auszutauschen (siehe Checkliste 2 „Checkfragen an den Adressvermieter" im Anhang). Die wichtigste Frage ist: Brauchen Sie wirklich einen Adressbroker? Die Vielfalt der auf dem Markt erhältlichen Listen ist so groß, dass es für einen Laien fast unmöglich ist, einen Überblick zu gewinnen. Außerdem hat ein Adressbroker vielfach spezielle Bedingungen für die Adressmiete. – Achtung: Der Adressbroker ist nur so gut wie die Information, die Sie ihm geben. Sie müssen aktiv mitarbeiten und ihm alles mitteilen, was Sie über die eigene Organisation und das schon vorhandene oder gewünschte Spenderprofil wissen. Sie müssen sich vielleicht auch sagen lassen, dass Ihre Vorstellungen unrealistisch sind.

Die etwa 30 Millionen deutschen Haushalte können über mehrere tausend „Adressenlisten" angesprochen werden! Quellen, aus denen Adressbroker ihre Daten schöpfen, sind zum einen Primärquellen (öffentlich zugängliche Quellen wie Einträge in Telefonbüchern und Branchenverzeichnissen, Telefonbüchern, Adressbüchern und die

Handelsregister) und zum anderen Eigenerhebungen über Firmen wie „Verlag Hoppenstedt" oder „Creditreform", Auswertungen interner Publikationen wie Lions-Jahrbuch, Mitgliederlisten der Deutschen Public Relations-Gesellschaft, Firmen- und Telefonhandbücher u. Ä., Wahlstatistiken, Kundendatenbanken von Versandhandel, Versicherungen, Finanzdienstleistern wie z. B. Vermögensverwaltung, Investmentfonds usw.

Einige Verlage qualifizieren ihre Listen durch telefonische Nachfrageaktionen. Hier geht es nicht um „individuelle", sondern um statistisch „aggregierte" Daten.

Die folgenden Listen werden von verschiedenen Organisationen bevorzugt eingesetzt:

(a) Listen von Spendern anderer karitativer Organisationen

Hier gilt es, vorsichtig zu sein: Einerseits könnten diese Ihre erfolgreichsten „kalten Listen" (also fremde, angemietete) sein; andererseits handelt es sich oft um alte Listen von ehemaligen Organisationen oder von Hilfswerken, die diese Adressen nicht mehr bedienen wollen, weil sie unrentabel geworden sind.

Es gibt Unternehmen, die sich auf Versandarbeiten für NPOs spezialisiert und sich im Laufe der Jahre gute Spender-Adressenlisten erarbeitet haben. Diese sind oft hoch rentabel – aber auch teuer und teilweise an die Bedingung geknüpft, dass Sie Ihre Mailings bei der listenbesitzenden Firma drucken lassen. Hier gilt es, die Preise sorgfältig zu vergleichen.

In anderen Ländern ist es üblich, dass karitative Organisationen die Listen ihrer Spender untereinander austauschen. Dort hat man die Erfahrung gemacht, dass die Spender der einen Organisation auch anderen Hilfswerken spenden. Dieser Listenaustausch ist hierzulande nicht (oder nur versteckt) möglich.

(b) Listen von Versandhauskunden

Diese Listen sind sehr beliebt. Es wird argumentiert, dass Kunden von Versandhäusern daran gewöhnt sind, Werbung per Post zu erhalten und diese auch aufmerksam ansehen. Aus welcher Branche Sie diese Listen erwerben, hängt stark von der Art Ihrer Organisation ab.

(c) Listen von Abonnenten diverser Zeitungen und Zeitschriften

Diese Listen erweisen sich oft als guter Tipp. Welche Art von Zeitung oder Zeitschrift man abonniert hat, sagt viel über Wertvorstellungen und Grundeinstellungen aus: Ist das Medium konservativ oder progressiv, regional oder national? Von besonderem Interesse sind hierbei Blätter mit religiösem Gehalt, auch wenn Sie nicht für eine kirchliche oder religiöse Organisation sammeln. Wie schon erwähnt, sind Spender überdurchschnittlich oft religiös.

Auch weitere Zeitschriftenlisten sind empfehlenswert, z. B. Tierzeitschriften. Wer sich für Tiere interessiert, hat oft auch ein Ohr für Umweltfragen und menschliche Probleme. Es gibt aber auch weniger offensichtliche Synergien: Abonnenten von Kreuzworträtsel-Heften oder Handarbeits-Zeitschriften sind häufig älter; auch sie gehören also zur Gruppe der häufigen Spender.

(d) Listen von Haushalts- und Telefonadressen

Während die vorher aufgeführten Kategorien von Adressenlisten immer nur einen kleinen Teil der Bevölkerung umfassen (wie man im Fachjargon sagt: ein beschränktes Universum), gibt es neuerdings viel versprechende Listen, die auf Haushalts- und Telefonadressen beruhen.

Der Vorteil dieser Listen ist einleuchtend: Während zum Beispiel Versandhaus- oder Zeitschriftenkunden selbst etwas tun müssen, um in einer Adressenliste zu erscheinen (nämlich etwas kaufen oder abonnieren), braucht der potenzielle Interessent bei den Haushaltslisten nichts zu tun: Der Adressbroker macht die Arbeit. Wie funktioniert das? Er reichert zuerst einfache Adressen mit allen möglichen Daten an und vergleicht diese dann untereinander. Mit Hilfe komplexer Analyseverfahren ist es möglich, eine Vielzahl von Daten miteinander zu verknüpfen und damit Zusammenhänge aufzudecken. Wenn Sie auf einen solchen Adressbroker zugehen, wird er zunächst die in Ihrer Organisation bereits vorhandenen Adressen auf deren spezifische Merkmale hin untersuchen. Anschließend filtert er aus seiner großen Menge von Haushaltsadressen diejenigen heraus, die die gleichen Merkmale wie Ihre Spenderadressen haben. Diese Analyse Ihrer Spenderadressen führt zu neuen Spendern, die Ihrem Spenderprofil entsprechen. In einem solchen Fall sollten Sie jedoch unbedingt für den Datenschutz Ihrer eigenen Liste Vorsorge treffen.

(3) Fremde Listen nutzen?

Wenn Sie neu anfangen, also selbst keine Adressen haben, sondern nur eine Vorstellung vom gewünschten Spender, definieren Sie einfach das gewünschte Spenderprofil und lassen Sie sich entsprechende Adressen herausfiltern. Aber Vorsicht: „Adressenkunde" ist eine ganz hohe Kunst, und als Anfänger zahlen Sie mit diesem Vorgehen unter Umständen viel Lehrgeld.

Bevor Sie Adressenlisten mieten, sollten Sie bei verschiedenen Adressbrokern eine Übersicht über die angebotenen Adressenlisten anfordern und dann Angebote und Preise miteinander vergleichen. Wenn Sie sich für einige Listen entschieden haben, klären Sie noch Folgendes ab:

– Wie viele Adressen müssen Sie mindestens abnehmen? Sie sollten als Anfänger nicht mehr als 5.000 Adressen testen.

– Wie viele Adressen enthält die Liste? Eine kleine Liste mit nur wenigen Namen ist in den meisten Fällen nicht interessant, weil das „Universum" (also die Gesamtzahl der Namen der Liste) nicht groß genug ist. Beim Einsatz jeder Liste, unabhängig von ihrer Größe, entstehen gewisse Grundkosten: Je weniger Adressen die Liste enthält, desto höher sind diese Grundkosten pro Adresse. Andererseits ist eine zu große Liste wahrscheinlich nicht spezifisch genug.

## 6.4.2.4 Adressenselektion und -segmentierung

Die Begriffe *Adressgruppe* und *Zielgruppe* können durchaus synonym verwendet werden. Zielgruppen sind Personen, die ein oder mehrere Merkmal(e) gemeinsam haben. Alternativ dazu heißt es in der Fundraiser-Fachsprache: Zielgruppen sind Träger bestimmter Merkmale und Merkmalskombinationen, deren Vorhandensein auf eine erhöhte Wahrscheinlichkeit für den Erfolg (sprich Spendeneinkommen) schließen lässt (siehe auch 3.3.2 und die Checklisten 3 und 4 „Prüfkriterien Adressensegmentierung" im Anhang).

Unter einer Adressenselektion versteht man die exakte und nach bestimmten Kriterien definierte Auswahl innerhalb von Adressenlisten nach:

– geografischen Daten (Region, Stadtteil, Straße)
– demografischen Daten (Alter, Geschlecht, Einkommen, Bildung)
– psychografischen Daten (Lebensstil, Visionen, Träume, Werte, Einstellungen)
– soziokulturellen Daten (Religion, ethnische Zugehörigkeit, Familie)
– sozioökonomischen Daten (Egozentrierte, Aktive Mitte, Traditionelle)
– sozialen Milieus (Oberschicht, Mittelschicht, Unterschicht, Lifestyle)
– Spendenverhalten nach RFM: Zeitnähe (*Recency*), Häufigkeit (*Frequency*), Umsatz (*Monetary Value*)

Von Segmentierung spricht man, wenn ein Gesamtmarkt gedanklich in Teilmärkte aufgeteilt wird. In der wissenschaftlichen Literatur müssen Segmente fünf Kriterien erfüllen: 1. messbar, 2. beobachtbar, 3. stabiler Zeitablauf, 4. kaufrelevant, 5. homogen.

## 6.4.2.5 Marktforschung – eine sinnvolle Unterstützung?

Marktforschung (siehe 6.3) hat bei karitativen Organisationen den Ruf, teuer, schwierig und oft nutzlos zu sein. Marktforschung ist jedoch die ideale Hilfe, wenn es um das Gewinnen neuer Spender und um die damit verbundene Entscheidung geht, welche Listen man mieten soll.

Grundsätzlich benötigen Sie Antworten auf folgende Fragen:

1. Was motiviert Menschen, Ihrer Organisation zu spenden?
2. Was erwarten die Spender von Ihrem Hilfswerk?
3. Welche Werthaltungen zeichnen Ihre Spender aus?
4. Durch welche soziodemografischen Faktoren lassen sich Ihre Spender beschreiben?
5. Gibt es spezielle Informationen, die für Ihre Organisation wichtig sind?
6. Wer ist Ihre Konkurrenz?
7. Wer gibt wem wie viel? Wie kommen Sie an derartige Informationen?

Vier Formen der Marktforschung, die sich von NPOs oft intern realisieren lassen, sind: die Telefonbefragung, Fokus-Gruppen oder Gruppenbefragungen, Befragungen mittels Fragebögen und persönliche Interviews (Ausführungen dazu siehe Checkliste 5 im Anhang).

## 6.4.2.6 Adressenabgleich

Damit Sie einen (zukünftigen) Spender nicht mehrmals anschreiben, müssen Sie die gewählten Listen untereinander und mit Ihren bereits vorhandenen abgleichen, also überprüfen, ob eine Adresse auf zwei oder mehr Listen auftaucht. Die doppelten Adressen werden gelöscht.

Die Abgleichkosten sind umso höher, je mehr unterschiedliche Listen Sie testen. Der Abgleich ist aber eine Maßnahme, die sich lohnt, obwohl sie Geld kostet. Denn Ihre Produktions- und Portokosten werden geringer ausfallen und Sie vermeiden es, Spender durch mehrere gleiche Briefe zu verärgern. Übrigens: Je mehr Überschneidungen auftauchen, also Namen, die auf mehreren der abzugleichenden Listen vorhanden sind, desto besser. Es zeigt, dass die Profile der von Ihnen gewählten Listen übereinstimmen.

Doppelbedienungen, also mehrere Anschreiben an eine Adresse, werden Sie nie ganz vermeiden können. Darum empfiehlt es sich, schon vor dem Versand alle beteiligten Mitarbeiter darüber zu informieren, was sie auf diesbezügliche Klagen antworten sollen. Es gibt Organisationen, die das Problem auf dem Umschlag oder im Brief anschneiden und einen Satz anbringen, der etwa lauten könnte: „Falls Sie diesen Brief doppelt erhalten, seien Sie uns bitte nicht böse. Wir versuchen unser Bestes, um derartige Irrtümer zu vermeiden, aber es gelingt uns nicht immer. Vielleicht kennen Sie in Ihrem Bekanntenkreis jemanden, dem Sie den zweiten Brief geben können. Wir danken Ihnen für Ihre Mühe."

## 6.4.2.7 Der Adressentest

Fundraiserinnen oder Fundraiser, die ihren Adressvermieter nicht sehr gut kennen, sollten vor jeder größeren Adressanmietung einen Adressentest vornehmen. Bei den heutzutage sehr geringen Rücklaufquoten kann eine Organisation rasch sehr viel Geld verlieren, wenn nicht die richtige Zielgruppe angesprochen wurde.

Grundsätzlich gilt: Die Sicherheit der Testaussage nimmt mit zunehmender Testgröße und zunehmender Reaktion zu. Als Faustregel gilt: Kein Test einer Zielgruppe unter 5.000 Adressen.

Jede Adressenliste muss einen Code erhalten, über den Sie nach dem Versand feststellen können, aus welcher Liste Ihr Neuspender stammt. Es ist sehr wichtig, dass Sie die Spendenergebnisse der jeweils angemieteten Listen ermitteln und die Listen miteinander vergleichen. Hierfür existieren komplizierte Vergleichslisten, aber im Grunde genügt ein einfacher Vergleich mit der Checkliste 6 „Eigener Rücklauftest" im Anhang.

Die Ergebnisse einer Testaussendung sagen aus, dass in der Theorie mit einer gewissen Wahrscheinlichkeit die Ergebnisse der Hauptaussendung nicht über oder unter einem bestimmten Wert liegen werden. Die Schwankungsbreiten zwischen dem minimal und maximal zu erwartenden Ergebnis sind umso größer, je geringer die Testaussendung und der Rücklauf sind.

Das qualifizierte Auswerten von Tests setzt jedoch hohe Mathematikkenntnisse voraus, auf die hier nicht eingegangen werden kann. Als ein sehr vereinfachter „Wald-Wiesen-Test" (Signifikanz-Niveau-Test) mit einer Ergebnis-Wahrscheinlichkeit von 95 Prozent eignet sich die nachfolgende Tabelle. Noch einfacher ist es, die Ergebnisse der Testaussendung hochzurechnen.

Tabelle 1: Standardtest

| Testsendung | Rücklaufergebnis der Testsendung | | | | | |
|---|---|---|---|---|---|---|
| | 1 % | 2 % | 3 % | 4 % | 5 % | 10 % |
| Anzahl der Briefe | Rücklaufschwankungsbreite, mit der bei der Hauptstreuung gerechnet werden muss (Sicherheit 95:100) Bei identischer Werbung und gleicher Adressenliste | | | | | |
| 100 | 0,00 – 2,99 | 0,00 – 4,80 | 0,00 – 6,41 | 0,08 – 7,92 | 0,64 – 9,36 | 4,00 – 16,00 |
| 250 | 0,00 – 2,26 | 0,23 – 3,77 | 0,84 – 5,16 | 1,52 – 6,49 | 2,24 – 7,76 | 6,20 – 13,80 |
| 500 | 0,11 – 1,89 | 0,75 – 3,25 | 1,48 – 4,52 | 2,25 – 5,75 | 3,05 – 6,93 | 7,32 – 12,68 |
| 1.000 | 0,37 – 1,63 | 1,12 – 2,88 | 1,92 – 4,08 | 2,76 – 5,24 | 3,62 – 6,38 | 8,10 – 11,90 |
| 2.000 | 0,55 – 1,45 | 1,37 – 2,63 | 2,51 – 3,70 | 3,12 – 4,88 | 4,05 – 5,97 | 8,66 – 11,34 |
| 5.000 | 0,72 – 1,28 | 1,60 – 2,40 | 2,52 – 3,48 | 3,45 – 4,55 | 4,38 – 5,62 | 9,15 – 10,85 |
| 10.000 | 0,80 – 1,20 | 1,72 – 2,28 | 2,66 – 3,34 | 3,61 – 4,39 | 4,56 – 5,44 | 9,40 – 10,60 |

Beispiel: Wenn 500 Briefe verschickt werden und ein Rücklauf von einem Prozent erreicht wurde, kann die Rücklaufschwankungsbreite der Hauptaussendung zwischen 0,11 und 1,89 Prozent liegen.

Wäre das Kostenlimit beispielsweise bei 0,5 Prozent erreicht, wäre ein Ergebnis von 1 Prozent beim Test noch völlig wertlos, denn es würde ein Rücklauf von 2 Prozent benötigt.

Die Schwankungsbreite für 2 Prozent bei 500 Testaussendungen liegt zwischen minimal 0,75 und maximal 3,25 Prozent.

(Siehe Checkliste 6 „Eigener Rücklauftest für Adressenlisten" im Anhang zum Ertragsvergleich verschiedener Adressenlisten.)

## 6.4.2.8 Pflege der Fundraising-Datei

Während eines Jahres „bewegen" sich 20 bis 30 Prozent der Adressen in einer Fundraising-Datei: Menschen ziehen um oder sie setzen neue Fundraising-Prioritäten, sie wollen nicht mehr angeschrieben werden oder sie sterben. Namen oder andere Adressbestandteile sind fehlerhaft oder erscheinen doppelt in Ihrer Liste. Wer seine Freunde und Förderer respektiert, wird also sehr darauf achten, dass er eine saubere Mailingliste hat. Ganz abgesehen davon: Porto und Druck sind teuer; durch fehlerhafte Anschriften können leicht hohe Beträge entstehen, die „in den Sand gesetzt sind" (siehe Checkliste 7 im Anhang).

## 6.4.2.9 Postalische Vorausverfügungen auf Sendungen

Wer Adressen wie seinen Augapfel hütet, wird sich mit den Vorausverfügungen der Deutschen Post AG und mit deren Geschäftsbedingungen vertraut machen. Vorausverfügungen sind bei Infopost-Sendungen kostenpflichtig. Genaue Informationen hierzu enthalten die Merkblätter der Deutschen Post AG („Service Informationen" u. a.).

Es gibt zwei Arten von Vorausverfügungen:

(a) Vorausverfügungen, bei denen Sie Ihre Infopost zurückerhalten. Je nach Bedarf kann hier zwischen drei Möglichkeiten gewählt werden: (1.) „Wenn Empfänger verzogen, zurück!", (2.) „Wenn unzustellbar, zurück!" (bei Infopost mit Kosten verbunden: 0,31 Euro pro Brief), (3.) nur bei Briefen und Postkarten gibt es zusätzlich folgende Hinweismöglichkeit: „Nicht nachsenden!", eventuell mit Zusatz „Bei Umzug mit neuer Anschrift zurück!".

(b) Vorausverfügungen in Verbindung mit einer Anschriftenberichtigungskarte: Hier erteilen Sie der Deutschen Post AG mit Ihrer Vorausverfügung den Auftrag, Ihnen anstelle der Sendung eine Anschriftenberichtigungskarte zuzusenden. Das kostet bei Infopost 0,31 Euro pro Karte. Die Post führt diesen Auftrag aus, wenn die Anschrift Mängel aufweist, der Empfänger unbekannt ist, der Empfänger verzogen ist, der Empfänger verstorben ist, der Empfänger die Annahme verweigert.

Drei Vorausverfügungen für Anschriften-Berichtigungskarten sind möglich: (1.) „Bei Umzug Anschriftenberichtigungskarte!": Ihr Mailing wird dem Empfänger nachgeschickt; Sie als Absender erhalten die Anschriftenberichtigungskarte mit der neuen, richtigen Anschrift. (2.) „Bei Unzustellbarkeit Anschriftenberichtigungskarte!": Sie werden über die Unzustellbarkeit informiert; die Post vernichtet die nicht zustellbare Sendung. (3.) „Bei Mängeln in der Anschrift Anschriftenberichtigungskarte!": Die Post stellt die Sendung zu, informiert Sie aber über die korrekte Anschrift.

Alle Vorausverfügungen müssen den offiziellen Texten entsprechen und können sinnvoll miteinander kombiniert werden. Nachsendungen und Anschriftenberichtigungen werden nur ausgeführt, wenn die Empfänger eingewilligt haben.

# 6.4.3 Datenschutz

Datenschutz (siehe 7.6) ist für die Fundraiserin und den Fundraiser sehr wichtig. Freunde und Förderer haben einen Anspruch darauf, dass ihre Daten nicht missbraucht werden und die Bestimmungen des Bundesdatenschutzgesetzes (BDSG) in der Fundraising-Organisation eingehalten werden. Nahezu überlebensnotwendig aber ist die Vorsorge, dass die Daten der Gebenden, Freunde und Förderer nicht in unbefugte Hände fallen. Die „Spender-Datei" ist das wertvollste Kapital einer jeden Fundraising-Organisation!

Jede Fundraising-Institution muss folgenden Fragen zum Datenschutz nachgehen:

- Muss ein Datenschutzbeauftragter benannt werden?
- Welche Datenschutz-relevanten Vorkehrungen sind zu treffen, wenn eigene Adressen außer Haus gegeben werden (z. B. an einen Lettershop zur Weiterverarbeitung)?
- Soll die Organisation das Gütesiegel des Deutschen Direktmarketing Verbandes (DDV) beantragen und sich damit dessen strengen Qualitäts- und Sicherheitsricht-linien unterwerfen?
- Ist Vorsorge getroffen, dass die eigenen Daten nicht durch Viren, Brand, Compu-terabsturz usw. verloren gehen können? (Anregung: Werktäglich Sicherheitskopien ziehen und diese an einem anderen Ort, möglichst in einem anderen Gebäude, oder in einem feuerbeständigen Safe aufbewahren.)
- Sind alle Daten vor unberechtigtem Zugang (Passwort-Schutz) und vor Diebstahl sicher? Bitte bedenken: Auch eigene Mitarbeitende könnten verlockt sein, die Daten zu Geld zu machen.

Vertrauen ist gut, Kontrolle ist besser. Fundraiserinnen und Fundraiser, die ihre Adres-sen außer Haus geben, sind deshalb gut beraten, Kontrolladressen unter ihren Daten-bestand zu mischen. Solche Kontrolladressen sind die von Vertrauenspersonen, deren Name und Anschrift mit bestimmten Kennzeichen versehen werden, die eine eindeu-tige Identifizierung im Missbrauchsfalle ermöglichen.

Kontrolladressen können z. B. mit akademischen Titeln oder mit zusätzlichen Vorna-men versehen werden oder mit falsch geschriebenem Familiennamen. Straßennamen zu verändern, empfiehlt sich nicht, denn Computerprogramme berichtigen solche Feh-ler heutzutage automatisch.

Fünf Tipps für Kontrolladressen:

(1) Die wichtigste Regel: Holen Sie sich Referenzen über die Vertrauenspersonen ein.

(2) Vertrauenspersonen müssen gut auf ihre Aufgabe vorbereitet sein. Sie dürfen auf keinen Fall mit der Kontrollanschrift antworten, auch kein beigefügtes Responseele-ment benutzen, sonst ist die Tarnung „verbrannt" und die Adresse gerät in den legalen Datenkreislauf.

(3) Wenn man mit unterschiedlichen Agenturen zusammenarbeitet, muss jede Vertrauensadresse einem bestimmten Mailing zugeordnet werden.

(4) Dokumentieren Sie, welche Kontrolladressen Sie zu welchem Zeitpunkt verwendet haben und wer Zugang zu diesen Adressen hatte.

(5) Mit dem Dienstleister, der diese Adressen verarbeitet, ist ein Datenschutzvertrag abzuschließen. Entsprechende Vorlagen gibt es beim DDV.

# 6.5 Mediaplanung

*Wolfgang Kroeber*

## 6.5.1 Wandel in der Medienwelt und Mediennutzung

Medien prägen die moderne Informationsgesellschaft. Medien informieren und unterhalten, sie sind politischen Interessen unterworfen und prägen Meinungen, Einstellungen, Urteile, Vorurteile und Handlungsabsichten ihrer Leser, Hörer, Seher und Nutzer. Dazu tragen die redaktionellen Inhalte ebenso bei wie die werblichen Aussagen. Denn über die Medien transportiert die Werbung ihre Botschaften, Kauf- und Spendenappelle. Medien verändern die Lebensstile und den Zeitgeist, wie etwa die „Geiz-ist-geil"-Kampagne belegt. Die Publikumszeitschriften beispielsweise wecken durch ihre politische oder lebensstilgeprägte Positionierung das Interesse jeweils spezieller Nutzerkreise.

Das klassische Medienquartett Zeitung, Zeitschrift, Fernsehen und Hörfunk hat einen munteren Konkurrenten bekommen: das Internet und das Handy. Bedingt durch elektronisch leistungsfähigere, schnellere und flächendeckende (globale) Übertragungs, Wiedergabe- und Speichereinrichtungen, insbesondere durch Digitalisierung von Information, computergestützte Steuerung des Übertragungsprozesses und Vernetzung von Medien und Nutzern, präsentieren sich die Medien allgegenwärtig. Die rasante Entwicklung der Medientechnik hat die Nutzungsgewohnheiten der Bürger verändert, wie die schnelle Akzeptanz des Handys und des Internets zeigt.

In den letzten 35 Jahren ist die Mediennutzungszeit der erwachsenen Bürger in Deutschland von 146 Minuten pro Tag auf 276 Minuten gestiegen. Diese Mediennutzungszeit kann jedoch nicht unbegrenzt weiter ansteigen, denn bekanntlich hat der Tag nur 24 Stunden. Kommen zusätzliche Medien auf den Markt, so führt dies zu einer Neuverteilung der Nutzungszeiten. Immer noch gehören Zeitunglesen (85 %) und Radiohören (85 %) zu den wichtigsten Informationsquellen der *Entscheider* in Deutschland. Mit nur 46 Prozent rangiert in dieser Zielgruppe der PC mit Onlinenutzung an vierter Stelle nach dem Fernsehen. Prognosen gehen bis 2010 von einem Rückgang des Zeitungsanteils am Gesamtmarkt von 33 auf 30 Prozent aus.[1]

In einem harten Wettbewerb kämpfen Verlage, Sendeanstalten, Anschlagsunternehmen u. a. um Kontakte zu Lesern, Hörern, Sehern und Nutzern als speziell definierten Zielgruppen. In der so genannten *Media-Analyse* werden die Werbeträger regelmäßig auf ihre Nutzer, deren soziodemografische und psychografische Merkmale sowie die spezifischen Medienquantitäten und -qualitäten untersucht. Die so gesammelten Nutzerdaten werden den werbetreibenden Kunden angeboten.

_Tipp:_ Wer sich als Nonprofit-Organisation (NPO) der Medien bedient, sollte Folgendes beachten:

1. Medien verfügen über Leser-, Hörer-, Seher- und Nutzer-Daten. Diese Daten können bei den Verlagen, Medienunternehmen und Medienanstalten abgerufen werden.

2. Die Nutzungsgewohnheiten der Medienrezipienten geben Aufschluss über die Nutzungsintensitäten und -qualitäten der jeweiligen Leser, Hörer, Seher und Nutzer.

3. Bei der Auswahl der Medien ist zu beachten, dass die jeweiligen Mediennutzerkreise eine möglichst große gemeinsame Schnittmenge mit den eigenen Marketing- und Kommunikations-Zielgruppen aufweisen.

Der Wettbewerb im Kommunikationsmarkt setzt die Medien auch unter das Diktat der _Schnelligkeit,_ der _Reichweite_ und der _Quote._ Der Zwang zur Anpassung an den Mainstream droht zulasten der journalistischen und publizistischen Qualität zu gehen. Für die Medien bedeutet dies, dass sie ihre Prioritäten anders setzen: zugunsten des betriebswirtschaftlichen Denkens und auf Kosten des publizistisch-aufklärerischen Auftrags. Unternehmensgesteuerte Kommunikation vermischt sich mit redaktionellen journalistischen Beiträgen. Daher ist mediaplanerisches Denken bei der Planung von Public Relations und Product Placement ebenso erforderlich wie beim gezielten Einsatz der Werbeträger. Im Rahmen der Marketingüberlegung gilt es, die ausgewählte Zielgruppe mit dem richtigen Medium dort zu treffen, wo sie sich befindet: auf der Straße, im Auto, zu Hause, im Büro, im Kino oder im ICE.

Die fragmentierten Waren- und Medienmärkte mit ihren hoch differenzierten Zielgruppen zwingen die Verlage und Medienanbieter zu immer neuen und innovativen Special-Interest-Angeboten mit immer kleineren Auflagen, Reichweiten und Märkten. Hinzu kommt, dass eine Durchschnittsperson in einer Großstadt täglich etwa 3.500 Werbeimpulsen durch die verschiedensten Werbemittel ausgesetzt ist. Als Folge erleben die Rezipienten eine Informationsüberflutung, die die Medienrezeption blockiert, oder sie nehmen Medien, Werbung und PR-Artikel nur noch selektiv wahr.

Die Finanzierung der Medien wird weitgehend durch Werbeeinnahmen bestritten. Tageszeitungen werden zu etwa 70 Prozent durch Einnahmen aus Anzeigen sowie Beilagen und nur zu 30 Prozent durch Abonnements oder Einzelverkauf finanziert. Den Kosten für Informationsbeschaffung, Herstellung und Vertrieb stehen die Einnahmen durch den Verkauf von Raum und die Vermietung von Zeiten (Anzeigen-Insertion, TV- oder Hörfunk-Spot-Schaltung, Bereitstellung von Plakatwänden usw.) gegenüber.

Die Werbung in den Medien steht in der Kritik. Immerhin empfinden zwei Drittel der Deutschen, dass es zu viel Werbung gibt, wobei dies zu 67 Prozent die Gruppe der Älteren angibt. Zustimmung zur Werbung äußern im Westen der Bundesrepublik 54 Prozent der Bevölkerung über 14 Jahren; in Ostdeutschland sind es nur 45 Prozent. Vornehmlich Frauen (66 %) kritisieren nach einer Erhebung des Instituts für Marktentwicklung und Kommunikationsberatung (IMA) die Werbeflut[2], obwohl es gerade die

Frauen sind, die mit 65 Prozent der Werbung aufgeschlossener gegenüberstehen; nur 54 Prozent der Männer halten Werbung für wichtig bis sehr wichtig.

Wer Werbung anwendet, muss sich immer auch mit ihrer Wirkung auseinander setzen. E. St. Elmo Lewis hat 1898 die älteste und heute noch zitierte Wirkungsformel AIDA entwickelt, das Stufen-Modell der Werbewirkung: Aufmerksamkeit (*Attention*); Interesse (*Interest*); Kaufbegehren (*Desire*); Kauf (*Action*). Diese Wirkungsformel wird auch im Fundraising angewendet und dient dort als Leitfaden für die Kommunikation mit den ausgewählten Zielgruppen. Anstelle des Kaufbegehrens soll der Wunsch geweckt werden, eine NPO oder ein bestimmtes Projekt zu unterstützen. Die vierte Stufe (Action) will den Impuls zum Handeln auslösen, sei es in Form von ehrenamtlicher Mitarbeit, als Sach- oder Geldspende oder durch anderweitiges Engagement.

## 6.5.2 Was ist Mediaplanung?

Mediaplanung ist die Entscheidung, in einem gegebenen Zeitrahmen optimal ausgewählte Zielgruppen ökonomisch sinnvoll unter dem Einsatz verschiedener Werbeträger an ausgewählten Orten (Cross-Media, Medien-Mix) zu erreichen. Mediaplanung heißt: Die richtigen Leute zum richtigen Zeitpunkt in der richtigen Häufigkeit und einem gegebenen Etat zu erreichen. Die *Analyse der Mediennutzung* soll Planungssicherheit vermitteln: Welches Medium soll für welche Zielgruppe wo, wann und wie lange genutzt werden? Dabei ist abzuwägen, ob die Mediennutzung, die Reichweiten der Medien und die Zielgruppengenauigkeit in einem ökonomisch sinnvollen Verhältnis zum Preis stehen.

---

*Tipp:* Jede Mediaplanung erfordert ein klares Media-Briefing. Dieses legt die Aufgabenstellung für die Mediaplanung fest: das Aufgabenfeld des Unternehmens oder der Institution, die Leistungspalette, das Fundraising-Ziel, die bisherige Marktsituation, die selektierten Zielgruppen (Marketing- bzw. Kommunikations-Zielgruppe), die Kommunikations-Zielsetzungen, die Gestaltungskonzeptionen und den Media-Etat.

---

Für eine sichere Mediaplanung müssen die *quantitativen* und *qualitativen Merkmale* der Medien analysiert und die wirtschaftlichen Preis-Leistungs-Verhältnisse geprüft werden. Quantitative Merkmale geben Auskunft über Auflagen, Kontakte, Reichweiten (generell und aufgeteilt auf bestimmte Zielgruppen-Segmente), über Preise und die rechtlichen und technischen Rahmenbedingungen. Qualitative Merkmale zeigen dem Mediaplaner das Informations-, Kommunikations- und Konsumverhalten, die Einstellungen und Wünsche der Zielgruppen.

Die *Mediaplanung* eines Unternehmens basiert weiterhin auf folgenden Voraussetzungen:

– Es liegt ein klar definiertes Marketing- und Fundraising-Ziel vor.

- Für jede einzelne Kommunikations-Zielgruppe wurde das passende Kommunikationsziel festgelegt.

- Es wurden feste Etatvorgaben für die Schaltkosten benannt.

- Es gibt eine klare kommunikative Plattform.

- Die Kampagnenidee liegt vor, ebenso wurden die geplanten Mitteleinsätze (Anzeigen, Plakate, Briefe, Prospekte, Hörfunk/TV/Kino-Spots, elektronische Medien) in Bezug auf Formate, Frequenzen und Zeiten definiert.

Um die unterschiedlichen Medien, z. B. Print- und audiovisuellen Medien (AV-Medien), ökonomisch sinnvoll einzusetzen, werden bei der Mediaplanung die *Media-Vergleichskriterien* herangezogen. Diese sind:

- *Auflage*: gedruckte Auflage, verteilte Auflage, verkaufte Auflage, Abonnentenanteil, Anteil des Einzelverkaufs an den einzelnen Wochentagen

- *Verbreitungsgebiet*

- *Penetration*: Reichweiten der einzelnen Medien, generell und zielgruppenbestimmt, d. h. Anzahl der Mediennutzer in einem bestimmten Zeitraum

- *Kontakte* zwischen Medium und Lesern, Hörern, Sehern und Nutzern sowie die *Kontaktmenge*, die das Medium in der Zielgruppe der NPO erreicht

- *Zielgruppengenauigkeit*: die optimale Zielgruppenabdeckung mit minimalen Streuverlusten durch das gewählte Medium oder den festgelegten Media-Mix

- *Umfeld und Image des Mediums* (politische Färbung) in Bezug auf das Produkt (oder die Leistung)

- *Bearbeitung der Gestaltung*: Bild, Ton, Typografie, Bewegung, Aktion: die Gestaltungsmöglichkeiten für die eingesetzten Kommunikationsmittel (z. B. Anzeigen oder Spots)

- *Produktion*: Technik (Druck, Studiobearbeitung, Computeranimation)

- *Preis-Leistungs-Verhältnis*: absolute Kosten/Rabatte (z. B. Millimeterpreis) versus relative Kosten (z. B. Tausend-Kontakt-Preis oder Tausend-Nutzer-Preis)

- *Steuerbarkeit* im Sinne der Werbestrategie: räumlich, zeitlich, individuell

- die *Buchungsmöglichkeit* zum gewünschten Zeitpunkt

Siehe auch die Checkliste „Maßnahmenkatalog Mediaplanung" im Anhang.

> *Tipp*: Klären Sie als Fundraiser, in welchen Umfeldern Ihrer NPO Sie Ihre Zielgruppe wo und wann mit welchen Medien optimal erreichen können.

## 6.5.2.1 Entscheidungskriterien der Mediaplanung

Wie wir gesehen haben, ist Mediaplanung der systematische und strategische Einsatz von Werbeträgern unter zielgruppenspezifischen, zeitlichen, räumlichen, technischen, gesellschaftlichen und ökonomisch-rationalen Bedingungen. Die wichtigsten Entscheidungskriterien der Mediaplanung sind:

(1) Medien-Kontakt oder Werbemittel-Kontakt

Diese „Währung" zur Bewertung von Werbeträgern und Werbemitteln gibt dem Mediaplaner eine gut vergleichbare Berechnungsgröße an. Der Kontakt-Begriff definiert jede auch noch so flüchtige Berührung einer Person mit einem Medium oder Werbemittel. Für den Hörfunk gilt z. B.: Wie viele Personen sind in einer durchschnittlichen Viertelstunde erreicht worden? Die Zahl ergibt sich aus dem arithmetischen Mittel der Anzahl der Hörerinnen und Hörer, die in vier Viertelstunden einer Stunde erreicht wurden.

(2) Affinität

Der Anteil einer bestimmten Zielgruppe an der Nutzerschaft eines Mediums wird in ein Verhältnis gesetzt zum Anteil dieser Zielgruppe an der Gesamtgesellschaft. Die Affinitätswerte werden in Indexzahlen angegeben und geben Auskunft über die Nähe einer Zielgruppe zu dem Medium. So zeigt z. B. die Indexzahl 120 der Zielgruppe „Erben" in der Nutzerschaft eines Mediums, dass der Anteil dieser Zielgruppe um 20 Prozent höher liegt als im Gesamtdurchschnitt der Bevölkerung.

(3) Bruttoreichweite

Die Reichweite ist ein zentraler Begriff in der Mediaplanung. Die Reichweiten eines Mediums bzw. Werbeträgers werden in Millionen oder Prozenten (Gross Rating Point) ausgedrückt. Die Bruttoreichweite gibt die Summe aller Kontakte/Kontaktchancen mit einem oder mehreren Medien (auch mit einem oder mehreren Werbemitteln) an. Mehrfachbelegungen werden bei der Berechnung der Bruttoreichweite nicht berücksichtigt.

Die Bruttoreichweite soll am Beispiel von Zeitungen oder Zeitschriften erläutert werden: Zeitung A erreicht 25.000 Leser; Zeitung B 10.000 Leser; Zeitung C 45.000 Leser. Somit wird die Bruttoreichweite der gewählten Zeitungen mit 80.000 Lesern angegeben. Diese Zahl gibt keinen Aufschluss darüber, wie viele Personen tatsächlich wie oft erreicht werden. Die Bruttoreichweite benennt gleichzeitig die Werbeträger-Kontakte.

(4) Gross Rating Point (GRP) = Bruttoreichweite in Prozent

Die rein rechnerische Messgröße für die Bewertung von Mediaplänen ist ein Durchschnittswert, der für die Kontaktqualität eines Mediums keinerlei Aussagewert hat. Es handelt sich um die addierte Anzahl der Kontakte ohne Berücksichtigung von Überschneidungen; der Wert wird in Prozent des Zielgruppenpotenzials angegeben. Der GRP drückt somit die prozentuale Bruttoreichweite aus. Der Wert zeigt jedoch an, wie stark der Werbedruck sein muss, um ein bestimmtes Werbeziel zu erreichen. Es gibt verschiedene Formeln, um den GRP zu berechnen:

(5) Nettoreichweite

Die Nettoreichweite von Medien oder Werbeträgern benennt die Zahl derjenigen Personen, die mit einem Werbemittel (z. B. Anzeige, Spot) mindestens einmal Kontakt bzw. mindestens eine Kontaktchance haben. Ein gegebenenfalls mehrmaliger Kontakt mit demselben Werbemittel über verschiedene Werbeträger oder Werbeträger-Kombinationen wird also nicht berücksichtigt. Die Nettoreichweite gibt somit die Zahl der Personen an, die bei Einschaltungen einer Anzeige z. B. in verschiedenen Medien mindestens einmal erreicht werden. Für unser Beispiel heißt dies: In Zeitung A haben 25.000 Personen, in Zeitung B 10.000 Personen und in Zeitung C 45.000 Personen Kontakt mit der geschalteten Anzeige. Insgesamt lesen 25.000 Personen sowohl A, B als auch C, 55.000 Personen lesen nur A, B oder C. Die Nettoreichweite beträgt somit 55.000 Leserinnen und Leser.

(6) Weitester Leserkreis (WLK) eines Printmediums

Dieses Kriterium bezeichnet den Prozentanteil der Leserinnen und Leser vom Zielgruppenpotenzial einer Zeitung oder Zeitschrift, der mindestens mit einer von zwölf Ausgaben des Mediums Kontakt gehabt hat.

(7) Weitester Hörerkreis (WHK)

Hierzu zählen alle Personen, die innerhalb der letzten 14 Tage ein Programm gehört haben. Anhand dieses Wertes kann man sehen, wie verbreitet ein Programm grundsätzlich ist und wie viele Personen überhaupt die Gelegenheit wahrgenommen haben, dieses Programm einzuschalten. Der WHK definiert auch den Rundfunk: Hörer ist, wer in den letzten 14 Tagen Radio gehört hat.

(8) Kernleser

Der Begriff bezeichnet die Leserinnen und Leser in Prozent, die mindestens mit zehn der zwölf Ausgaben einer Monatszeitung oder -zeitschrift Kontakt hatten. Bei Abonnementzeitungen und -zeitschriften ist der Kernleseranteil hoch.

(9) Tausend-Kontakt-Preis (TKP) und Tausend-Leser-Preis (TLP)

Der Tausend-Kontakt-Preis drückt aus, wie viel 1.000 Kontakte mit einem Werbeträger kosten, z. B. wie viel eine Anzeige bezogen auf 1.000 Kontakte mit dem Werbeträger kostet. Der Tausend-Kontakt-Preis bezieht sich auf die Bruttoreichweite: Wie teuer werden tausend Kontakte bei einer Belegung von mehreren Medien oder mehrmaliger Belegung? Der Tausend-Leser-Preis gibt die Kosten für die erzielte Reichweite wieder (Preis pro 1.000 Nutzer eines Werbeträgers). Bei einmaliger Belegung z. B. einer Zeitung oder Zeitschrift stimmen Tausend-Kontakt-Preis und Tausend-Leser-Preis überein. Bei einer Kombination aus mehreren Titeln oder bei mehrfacher Belegung eines Titels sind beide Angaben möglich, Tausend-Kontakt-Preis und Tausend-Leser-Preis.

Der Tausend-Kontakt-Preis wird mit folgender Formel errechnet:

$$TKP = \frac{\text{Preis x 1.000}}{\text{Gesamtzahl der Kontakte}}$$

Beispiel: Das Nachrichtenmagazin „Der Spiegel" hatte 2004[3] eine verbreitete Auflage von 1.020.000. Der Preis für eine Seite in 4 c (vierfarbig) betrug 49.500 Euro. „Der Spiegel" erreichte mit einer Ausgabe 5,73 Millionen Erwachsene über 14 Jahren. Der Tausenderpreis je Auflage betrug 48,53; der TKP betrug 8,47 Euro.


# 6.5.3 Mediengattungen in der Mediaplanung

Das sich immer weiter differenzierende Medienangebot macht es den Mediaplanern zunehmend schwer, sichere und zielgenaue Kommunikationswege zwischen ihrem Unternehmen und einer definierten Zielgruppe auszuwählen.

Grundsätzlich unterscheiden wir fünf Mediengattungen, die sich durch die Art ihrer Rezeption auszeichnen:

- *Printmedien:* Zeitungen, regionale Abonnementzeitungen, Anzeigenblätter, Zeitschriften, Fachzeitschriften, Kundenzeitschriften usw.
- *auditive Medien:* Hörfunk
- *audiovisuelle Medien:* z. B. Fernsehen, Kino
- *Outdoor-Medien/Außenwerbung:* z. B. Plakatwände, Infoscreens, City-Light-Poster, Medien der Verkehrsmittel usw.
- *interaktive Medien:* z. B. Internet und Handy.

Exemplarisch werden im Folgenden zehn Medien vorgestellt.


## 6.5.3.1 Printmedium Zeitung

Die *regionale Tageszeitung* erreicht fast alle Schichten der Gesellschaft und gewährt damit eine gute Kontaktverteilung. Dennoch: Im Alterssegment 14–29 Jahre verlieren die Zeitungen dramatisch an Reichweite. Es ist zu befürchten, dass dieses Alterssegment auch nach der beruflichen Festlegung wenige Zeitungsabonnements abschließt. Die 11- bis 14-Jährigen verzichten eher auf die Tageszeitung als auf die Nutzung des Internets. Die Zeitung wird erst bei den 45-Jährigen und Älteren als unverzichtbar angesehen. Nach Berechnungen der Studie „Typologie der Wünsche" (TdW 2004/2005) lesen 85 Prozent der Bürger über 14 Jahre gelegentlich eine Zeitung, 55 Prozent regelmäßig. Die Reichweite wurde 2004 mit über 64 Prozent der Bevölkerung über 14 Jahre angegeben.[4]

Das Medium Zeitung ist jedoch weiterhin eine starke Informationsquelle. Die Tageszeitung findet eine hohe Beachtung bei den Bürgern und gewährleistet für das *Werbemittel Anzeige und für PR-Artikel eine hohe Wirkung*. Für viele Mediaplaner erscheint das lokale Medium Tageszeitung allerdings regional und zuweilen auch überregional schwer planbar: Der hartnäckige und schwer durchschaubare Dschungel von unterschiedlichen Formaten, Preisen, Anzeigenschlussterminen, Ansprechpartnern und Mediaplanungsdaten ist selbst für Spezialisten keine Freude. Hinzu kommen unterschiedliche Sonderformen, Lokal- und Regionalausgaben sowie Unterausgaben (Kopfblätter). Planungshilfe bietet hier die Zeitungs Marketing Gesellschaft (ZMG[5]): Das Planungsprogramm ZIS (Zeitungs Informations System) erleichtert die Auswertung von Verbreitungsgebieten sowie die Kostenberechnungen für Anzeigenkampagnen und Beilagen-Konzepte.

Das Medium Zeitung lässt sich klassifizieren nach:

- *Erscheinungsweise:* Tageszeitung, Wochenzeitung, Sonntagszeitung,
- *Vertriebsart:* Abonnementzeitung, Kaufzeitung, Boulevardzeitung,
- *Verbreitungsgebiet:* lokal, regional, überregional, international,
- *redaktionellem Konzept:* z. B. Wirtschaftszeitung, Lokal-Zeitung, konfessionelle Zeitung, Morgenzeitung usw.

Zeitungen werden außerdem nach Formaten unterschieden:

- *Nordisches Format*, Maße: 400 mm x 570 mm, Satzspiegel: 520 mm x 373 mm
- *Halbnordisches Format* (Tabloid), Maße: 285 mm x 400 mm
- *Rheinisches Format*, Maße: 360 mm x 530 mm, Satzspiegel: 480 mm x 325 mm
- *Berliner Format*, Maße: 315 mm x 470 mm, Satzspiegel: 420 mm x 280 mm

Die Beachtung der Zeitungsformate ist besonders wichtig, wenn Anzeigen in verschiedenen Blättern mit unterschiedlichen Formaten eingesetzt werden sollen. Wenn eine Zeitung vom Rheinischen ins Nordische Format umstellt, ist der Umfang bei gleichem Inhalt um ca. 16 Prozent geringer. Aus 24 Seiten im Rheinischen Format würden so beispielsweise nur 20 Seiten im Nordischen Format. Wenn eine Zeitung vom Rheinischen ins Halbnordische Tabloid-Format umstellt, wird der Umfang bei gleichem Inhalt um ca. 67 Prozent größer. Aus 24 Seiten im Rheinischen Format würden so beispielsweise 40 im Halbnordischen Tabloid-Format.[6]

Der Preis für Werbung in Zeitungen und Anzeigenblättern richtet sich nach der Höhe der Anzeige in Millimetern und der Breite der Anzeige in Spalten. Werbung in Zeitschriften wird nach ganzen Seiten bzw. Seitenteilen berechnet.

Beispiel: Eine Anzeige ist 200 Millimeter hoch und dreispaltig. Der Preis der Anzeige errechnet sich wie folgt: Millimeterpreis x 200 x 3.

## 6.5.3.2 Printmedium regionale Abonnementzeitung

Die regionale Abonnementzeitung gilt als „Königin der Medien". Untersuchungen des Branchenverbandes der Regionalpresse weisen darauf hin, dass die regionale Abonnementzeitung durchschnittlich 38 Minuten am Tag gelesen wird, wobei hier jedoch die Leseintensität der älteren Leserinnen und Leser besonders ins Gewicht fällt. Eine Studie gibt an, dass 69 Prozent der Leserinnen und Leser mindestens drei Viertel aller Seiten lesen.[7] Mit kleinformatigen und reichweitenstarken Blättern, den *Tabloids*, möchten die Verlage die jungen Leserinnen und Leser zurückgewinnen. Kostenlos verteilt oder als 20-Cent- und 50-Cent-Blätter erhältlich, versuchen die Verlage Axel Springer, Holtzbrinck und DuMont Schauberg sich damit neue Leserschichten zu erschließen.[8]

> *Tipp:* Die Anzeigenabteilung Ihrer Tageszeitung liefert Ihnen auf Anfrage Daten für den sicheren Einsatz der Tageszeitung als Werbemittel.

Wichtige Daten für den Mediaplaner sind:

- Auflagenzahlen: hier die verkaufte Auflage, die verteilte Auflage, der Anteil an Abonnenten und Einzelkäufern
- Formate: besonders Satzspiegel, Spaltenzahlen und Spaltenbreite
- Leserdaten: nach psychografischen und soziografischen Merkmalen strukturiert
- Preise: Anzeigenpreise je Millimeter, Preise für Sonder-Platzierungen und Farbzuschläge sowie für mögliche Beilagen
- Themenschwerpunkte: z. B. Sonderausgaben, Themenseiten
- technische Rahmenbedingungen: z. B. Möglichkeit, Panorama-Anzeigen zu schalten
- Termine: Anzeigenschluss, Redaktionsschluss und Druck
- wichtige Kontaktpersonen

Die *Vorteile* der regionalen Abonnementzeitung im Überblick:

- Die Zeitung gilt in der Bevölkerung als informativ, seriös, aktuell, offensiv, verständlich, klar, wahrhaftig, glaubwürdig, übersichtlich.
- Die Zeitungsleserin, der Zeitungsleser hat zu seiner Tageszeitung, die in der Regel abonniert wird, ein besonderes Vertrauensverhältnis (Leser-Blatt-Bindung).
- Die Zeitung wird von ihren Lesern täglich erwartet. Sie gibt Informationen über das lokale und regionale Tagesgeschehen und über aktuelle Angebote des Handels und des Dienstleistungssektors.
- Die Tageszeitung wird sehr gründlich gelesen. Durchschnittlich beträgt die Lesedauer 38 Minuten, wobei die ältere Leserschaft den hohen Zeitanteil ausmacht.
- Etwa zwei Drittel aller Zeitungsleser informieren sich vor dem Einkaufen in ihrer Zeitung über die Angebote.

- Zeitungswerbung wird von den Leserinnen und Lesern als besonders informativ, nützlich und glaubwürdig beurteilt.

- Zeitungsanzeigen erzielen einen hohen Beachtungswert, ganz gleich, in welchem redaktionellen Umfeld sie stehen.

- Als Kernkompetenz der Zeitungen gelten die regionale Verwurzelung, ihre Glaubwürdigkeit, insbesondere für kaufkräftige Zielgruppen mit starker Familienbindung.

## 6.5.3.3 Printmedium Anzeigenblatt

In Deutschland gab es in 2005 über 1.300 Anzeigenblatt-Titel mit einer Wochenauflage von 85,6 Millionen. Nach Berechnungen der AWA[9] erreichten die Anzeigenblätter einen weitesten Leserkreis von 90 Prozent der Bevölkerung. Anzeigenblätter werden kostenlos verteilt. Ihre Stärke liegt in einer hohen Reichweite[10] und einer zunehmend besser werdenden Berichterstattung im Stil einer Lokalzeitung, teilweise sogar im Boulevardstil. So sind die kostenlosen Anzeigenblätter eine ernst zu nehmende Konkurrenz für die Tageszeitungen. Hinzu kommt, dass viele Anzeigenblätter sich dem Leser sonntags präsentieren.

Die Leserschaft der Anzeigenblätter erreicht nach Untersuchungen des Bundesverbandes Deutsche Anzeigenblätter e. V. (BVDA[11]) 43,62 Millionen Leser pro Ausgabe (LpA) ab 14 Jahren in Privathaushalten am Ort der Hauptwohnung. In der Altersgruppe der 14- bis 29-Jährigen erreichen die Anzeigenblätter 50,7 Prozent, bei den 30- bis 49-Jährigen 68 Prozent im entsprechenden Bevölkerungssegment.

Auch wenn das Verhältnis Redaktion zu Anzeigen oft nur $\frac{1}{3}$ zu $\frac{2}{3}$ ausmacht, wächst durch farbige Darstellung und zunehmende journalistische Qualität die Akzeptanz für das Medium. Zeitungsverlage sind selbst Herausgeber von Anzeigenblättern und bieten Kombinationspreise für die Schaltung von Anzeigen in der Lokalzeitung und im eigenen Anzeigenblatt an. Die Anzeigenblätter betonen im Intermedia-Vergleich ihre hohe Zielgenauigkeit. Sie können das Medium auf Postleitzahlebene differenziert streuen. Für Bürgerinnen und Bürger ist das Anzeigenblatt eine wichtige Informationsquelle unmittelbar vor der Kaufentscheidung.

> *Tipp:* Anzeigenblätter sind mit ihrer lokalen Nähe zum Bürger hervorragend für PR-Aktivitäten besonders kleiner NPOs geeignet. Voraussetzung sind allerdings eine gute Beziehungsarbeit zu den Journalisten und leserfreundliche Themen, die im Vorwege professionell in Text und Bild aufbereitet werden.

Für Mediaplaner bietet der Internetauftritt www.bvda.de (Marktdaten – Daten & Fakten) Übersichten über die Titel, Auflagen, Erscheinungsweisen der Anzeigenblätter. Außerdem gibt diese Quelle Links zu den vertretenen Anzeigenblättern an, zu Tarifdaten und zu einem Anzeigenpreis-Kalkulator.

Neben den normalen Anzeigen in den rubrizierten Anzeigenteilen (z. B. Familienanzeigen, Auto-Anzeigen) sind verschiedene *Anzeigenformen* möglich:

*Textteil-Anzeigen:* Sie sind von mindestens drei Seiten Text eingeschlossen.

*Eckfeld-Anzeigen:* Die Anzeige steht in der Ecke einer Seite, links oder rechts unten, außen, neben und unter dem Text.

*Panorama-Anzeigen:* Anzeigen, die in der Blattmitte über zwei Seiten gedruckt sind, oft als Streifenanzeigen.

Der Anzeigenpreis errechnet sich aus der *Abdruckhöhe*: Zugrunde gelegt wird die absolute Höhe der gedruckten Anzeige. Bei einer dreispaltigen Anzeige von 100 mm Höhe errechnet sich demnach eine Abdruckhöhe von 300 mm, zuzüglich eventueller Farbaufschläge.

## 6.5.3.4 Printmedium Zeitschriften

Unter dem Begriff Zeitschrift werden sehr verschiedenartige Publikationen zusammengefasst. Sie werden je nach Art, Leserschaft, Erscheinung, Vertriebsart, Themenschwerpunkt, Umfang, Auflage und vielen anderen Merkmalen unterschieden. Zeitschriften gelten als regelmäßig erscheinende Druckwerke.

Hier eine Auswahl von Publikumszeitschriften: Aktuelle Illustrierte, Programmzeitschriften, Frauenzeitschriften, Elternzeitschriften, Gesundheitszeitschriften, Kinder- und Jugendzeitschriften, Themenzeitschriften, Sportzeitschriften, Computerzeitschriften, Nachrichtenmagazine, Supplements zu Zeitungen und Zeitschriften, Kundenzeitschriften, Stadtillustrierte und Lifestyle-Magazine, Fach-, Standes-, Berufs-, Verbands-, Haus- und Werkszeitschriften.

Die *Wahrnehmung von Anzeigen* in Zeitschriften und Zeitungen wird in der Wirkungsforschung durch Copy-Tests[12] und Blickregistrierungen vorgenommen. So wird z. B. durch Befragungen ermittelt, welche Seite gesehen, was und wie viel gelesen wurde. Bei einer werbeführenden Seite mit einer oder mehreren Anzeigen kann untersucht werden, wer – nach soziodemografischen und psychografischen Merkmalen strukturiert – die Anzeige gesehen hat und welche Anteile (Headline, Bild, Text, Markenzeichen) beachtet wurden. Die Ergebnisse werden in Prozentzahlen ausgedrückt. Eine weitere Forschungsmöglichkeit besteht darin, Versuchspersonen einen Helm mit einer Spezialkamera aufzusetzen, die alle Pupillenbewegungen registriert.[13] So kann festgestellt werden, welchen Blickverlauf die Augen des Betrachters nehmen und welche Bild- und Textteile wahrgenommen wurden.

Mediaplaner beurteilen Zeitschriften z. B. nach Erscheinungsweisen, Kernverbreitungsgebieten, dem Heftumfang, dem Verhältnis zwischen Text und Anzeigen und nach den Möglichkeiten, die die Umschlagseiten, die erste Doppelseite, die Heftmitte usw. bieten.

Zeitschriften-Anzeigen werden nach *Seitenpreisen* berechnet (oder nach Teilen von Seiten). Für Mediaplaner sind daher die möglichen Anzeigenformate wichtig:

- ganze, halbe, viertel Seiten, innerhalb des Satzspiegels, mit Anschnitt (den Satzspiegel überschreitend)
- Doppelseiten-Formate
- Doppelseiten zum Aufklappen
- Anzeigen auf dem Umschlag, schwarz-weiß (s/w), farbig (4 c)
- Beilagen, Beikleber, Beihefter
- Spezialwerbung, z. B. Ad Specials wie eingeklebte Waren- und Duftproben

Der Preis für den Einsatz von Zeitschriften ist abhängig von der Auflage, der Zielgruppe und der Vertriebsform. Für den intermedialen Vergleich werden der TKP (Tausend-Kontakt-Preis) und die Reichweiten herangezogen. Die Reichweiten können zielgruppengenau errechnet werden. Für die Programmzeitschrift „Hörzu" gilt z. B. die folgende Grobeinteilung nach Zielgruppen-Segmenten[14]:

| Preis 1/1 Seite 4 c | 41.660 € |
|---|---|
| Verbreitete Auflage | 1.793 Mio. |
| Reichweite Männer 14+ | 2,33 Mio. / 7,5 % |
| Reichweite Frauen 14+ | 2,65 Mio. / 7,9 % |
| Reichweite Erwachsene 14–49 Jahre | 1,87 Mio. / 5.3 % |
| Haushaltsführende 14–49 Jahre | 0,95 Mio. / 5,6 % |
| Erwachsene 14+ | 4,99 Mio. / 7,7 % |
| TKP | 8,35 € |

*Tipp:* Zeitschriften bieten NPOs Raum für kostenlose Füllanzeigen an. Besser ist es jedoch, den Zeitschriften themenspezifisch und Zielgruppen-differenziert Informationen über Ereignisse, Personen, Erfolge und besondere Projekte anzubieten. Spannende Texte, aussagefähige Bilder und gute Geschichten haben bessere Chancen, angenommen zu werden.

## 6.5.3.5 Auditives Medium Hörfunk

Der Hörfunk ist ein ideales Medium für die PR-Arbeit und für Werbung, sowohl als Monokampagne als auch im Zusammenspiel mit anderen Medien. Die Vielfalt der Programmarten macht das Radio interessant, wenngleich begleitende Aktivitäten der Zielpersonen nicht immer ihre volle Aufmerksamkeit garantieren. Radiowerbung gehört in einem klassischen Media-Mix dazu. „Radio ist Kino im Kopf", sagt eine alte Weisheit der Hörfunk-Macher. So wirken Hörfunk-Kampagnen im Verbund mit TV und Print wie eine Verstärkung: Die gesehenen Bilder werden im Kopf reaktiviert.

Das Radio dient heute nicht mehr vorrangig als Informationsquelle. Vielmehr präsentiert sich heute der Hörfunk mit öffentlich-rechtlichen und vielen differenzierten Privatsendern[15], mit einer Zielgruppen-spezifischen Senderfarbe und Musikrichtung sowie mit markenstarken Sendeerkennungen. Das Radio hat eine große Reichweite (82 % bei Personen ab 14 Jahren) und ist doch ein „Nebenbei-Medium". Es ist vor allem ein Medium der Entspannung und Unterhaltung: 81 Prozent der Mediennutzer in Deutschland[16] geben als Motiv für die Radio-Nutzung an: „um mich zu entspannen".

Die Sendeanstalten liefern Planungsdaten. Besonders für das Privatradio stellt der Radio Marketing Service[17] Daten zur Verfügung. Hörfunkwerbung wird nach Zeitsegmenten und Durchschnittspreisen je 30 Sekunden berechnet. Das Beispiel NDR2 macht es deutlich: durchschnittlicher Preis je 30 Sekunden von 6 bis 18 Uhr: 1.523 Euro (von 6 bis 9 Uhr: 1.990 Euro, von 9 bis 12 Uhr: 1.580 Euro, von 12 bis 15 Uhr: 1.330 Euro und von 15 bis 18 Uhr: 1.193 Euro).

Die angegebenen Hörfunkreichweiten beziehen sich auf stundenweise Zeitabschnitte und können zusätzlich nach soziodemografischen Daten und jeweiligem TKP präzisiert werden. Auf der Basis so differenzierter Daten lässt sich das Medium Radio fein nach Regionen und Zielgruppen planen.

---

*Tipp:* Das aktuelle Medium Radio ist ideal zur Verbreitung von Informationen über Ereignisse, Projekte, Veranstaltungen usw. Interviews in speziellen Musiksendungen oder Features zu bestimmten Themen sind als PR-Maßnahmen planbar. Voraussetzung ist jedoch auch hier eine gute Beziehungsarbeit mit den Journalisten.

---

## 6.5.3.6 Audiovisuelles Medium Fernsehen

Die öffentlich-rechtlichen und die privaten Fernsehsender erreichen rund 72 Millionen Zuschauer bzw. rund 34 Millionen Haushalte. Nach der Media-Analyse 2004 sind über 57 Prozent der Haushalte verkabelt und über 37 Prozent besitzen einen Satellitenanschluss.[18] Das Medium Fernsehen fesselt täglich den Zuschauer. Talkshows und Politiker-Runden vor der Wahl, Dokumentationen, Nachrichten-, Wirtschafts-, Verbraucher- und Wissenschaftsmagazine, Kultur- und Sportsendungen, Natur- und Spielfilme geben den Gesprächsstoff am Arbeitsplatz und in der Freizeit.

Für Mediaplaner gilt TV-Werbung als „Key-Driver" im Marketing-Mix. In den ersten Tagen einer TV-Kampagne ist ein Abverkauf von bis zu 40 Prozent zu beobachten. Für das TV-Publikum ist das Fernsehen ein „Spaßmedium". So sehen es Langzeitstudien[19] zu den Nutzungsmotiven der Medien: 86 Prozent der über 14-Jährigen sagen, „weil es mir Spaß macht". Immerhin 87 Prozent der TV-Nutzerinnen und -Nutzer sagen, sie wollen vergessen, dass sie sich allein fühlen. Den Alltag vergessen wollen 70 Prozent.

An einem durchschnittlichen Wochentag des Jahres 2004 saßen 90 Prozent aller Personen ab 6 Jahren und 60,6 Prozent aller Kinder im Alter von 3–13 Jahren vor den Fernsehgeräten. Durchschnittlich sehen Erwachsene ab 14 Jahren täglich 209 Minuten fern; Personen ab 3 Jahren verbringen täglich 86 Minuten vor dem Fernsehgerät.[20]

Fernsehwerbung nervt die Nutzer einerseits; besonders die Unterbrecherwerbung bei Spielfilmen und Informationssendungen ärgert viele Seher (90 %). Andererseits sagen auch 75 Prozent, sie hätten nichts gegen Fernsehwerbung, wenn sie gut gemacht sei. Die klassische Werbeform, der Fernsehspot, wird durch viele ergänzende Formen bereichert: Sponsoring, Scharnierwerbung[21], Bannerwerbung.

Das deutsche Fernsehen ist dreigeteilt: (1.) öffentlich-rechtliches Fernsehen, ARD/ZDF/3. Programme/Regional-Fenster, (2.) Free-TV, Privatsender und (3.) Pay-TV.

Die öffentlich-rechtlichen Sendeanstalten gelten als glaubwürdig, seriös und anspruchsvoll; sie bieten ausführliche, tagesaktuelle Berichterstattung mit professionellen Korrespondenten. Die Privatsender werden vom Publikum als unterhaltend und entspannend, Spaß und gute Laune bietend beurteilt.

Die TV-Sender untersuchen monatlich die Seher-Anteile nach *Altersgruppen* (3–13 Jahre und 14–49 Jahre) und *Tageszeiten* (9–17 Uhr, 17–20 Uhr, 20–23 Uhr).

Hier eine Übersicht über die Zuschauer-Marktanteile der Fernsehprogramme in Deutschland (April 2005) an ausgewählten Sendern (Zuschauer ab 3 Jahren: montags bis sonntags 20.00 bis 23.00 Uhr):

| ARD – Das Erste | 16,2 % |
|---|---|
| ZDF | 14,4 % |
| ARD – Dritte | 13,7 % |
| RTL | 13,3 % |
| Sat.1 | 10,3 % |
| ProSieben | 7,4 % |
| Super RTL | 2,3 % |
| Kabel 1 | 4,1 % |
| Vox | 3,4 % |
| RTL II | 3,8 % |
| Sonstige | 11,1 % |

Die Sender kämpfen um *Einschaltquoten*. Die Quoten wiederum bestimmen die Tausend-Kontakt-Preise (TKP). So kosteten im April 2005 die 1.000 Seherkontakte beim ZDF 37,21 Euro, bei der ARD 36,10 Euro und bei RTL 22,01 Euro.

Das Fernsehen konzentriert sich bisher auf die *Zielgruppe* der 14- bis 49-Jährigen. Die Nürnberger Gesellschaft für Konsum-, Markt- und Absatzforschung (GfK) hält diese starre Konzentration allerdings für zu eng; es gäbe keine Belege für eine einheitliche Verhaltensweise dieser Gruppe. Die AFG/GfK Fernsehforschung belegt zudem, dass die hohen Zuschauerzahlen im Altersegment ab 50 Jahren mit über 45 Prozent die bestimmende Größe sind. Die Berechnung des TKP am Beispiel der ARD macht es deutlich: In der Zeitzone Mo–Fr 17.00 bis 20.00 Uhr erreicht die ARD Erwachsene ab 14 Jahren zu einem TKP von 7,64 Euro. Wer die Zielgruppe der Frauen von 14 bis 49 Jahren erreichen möchte, wird einen TKP von 44,21 Euro zugrunde legen.[22]

*Tipp:* Es gibt in den Regionen die Regionalfenster der Sender. Hier ist ein vorzüglicher Platz, sich als NPO mit interessanten Themen und Projekten zu präsentieren. Voraussetzung: Die Zuschauer müssen das Thema als wichtig empfinden. Wie immer hilft eine gut gepflegte Beziehung zu den Lokalredakteuren, den Zugang zur Öffentlichkeit zu finden.

Interessant für den Mediaplaner sind die *Selektivseher*. Sie speichern Werbebotschaften am intensivsten. Selektivseher sehen knapp eine Stunde fern pro Tag und sind überproportional auf die öffentlich-rechtlichen Sender fixiert. Da die Selektivseher weniger Spot-Kontakten ausgesetzt sind, ist die Wirkungschance von TV-Spots besonders groß.

## 6.5.3.7 Audiovisuelles Medium Kino

Das Kino ist zum Erlebnisraum, zu einem totalen Medium geworden. Insgesamt erzielte das Kino im Jahr 2004 eine Reichweite von 43 Prozent[23] der Bevölkerung. Während im Kinoraum der klassische Filmwerbespot das Publikum auf das Filmereignis vorbereitet, hat sich das Foyer zu einem Ort von Events, Promotions und vielfältigen Werbeträgern entwickelt. Marken wie Coca-Cola, Langnese und Nestlé präsentieren sich durch Infostände oder über Infoscreens. Leinwandbetreiber bezeichnen das Medium als *zielgruppenstark*: Kino ist Klasse, aber kaum Masse; innen vibrieren die Bässe im Bauch für ein offenes und zeitgeistnahes Publikum.

Im Vergleich zum Heimkino (Video/DVD) hat sich das Kino im Jahr 2004 mit 66 zu 34 Prozent klar abgesetzt.[24] Die eifrigsten Kinogänger sind die 14- bis 29-Jährigen. Sie stellen fast drei Viertel all derer, die mindestens einmal in der Woche einen Film ansehen. Interessant ist auch, dass 35,7 Prozent der Kinobesucher sich als „aufgeschlossen gegenüber Print und TV" bezeichnen.[25]

Das *Mediabudget* im Markt der Unterhaltung teilte sich 2004 wie folgt auf:

| | |
|---|---|
| Musik-Markt | 16,5 % |
| Video-Leihmarkt (VHS/DVD) | 3,2 % |
| Video-Kaufmarkt (VHS/DVD) | 13,8 % |
| Kino | 9,3 % |
| Bücher/Comics | 37,2 % |
| Entertainment Software | 14,3 % |
| CD-/DVD-R(W) | 3,7 % |
| Sonstige | 2,0 % |

Die *Reichweitenuntersuchung Kino* des Consumer Panels der GfK ergab für 2004:

| 10 bis 19 Jahre | 66 % |
|---|---|
| 20 bis 29 Jahre | 72 % |
| 30 bis 39 Jahre | 54 % |
| 40 bis 49 Jahre | 44 % |
| 50 Jahre und älter | 20 % |

Die *Vorteile* des Kinos als Werbemedium sind: Kinos sind national planbar und regional fein planbar bis in einzelne Orte. Kino erreicht die interessante Zielgruppe der 14- bis 29-Jährigen präziser als andere Zielgruppen. Die Kontaktzahlen sind genau bestimmbar: Es gelten nur die tatsächlichen Kinobesucher. Der Werbeträger-Kontakt (Medienkontakt) ist gleich dem Werbemittel-Kontakt (Dia, Film usw.). Kinowerbung gewährt eine nur minimale Fehlstreuung.

---

*Tipp:* Will man das junge Publikum ansprechen, ist die Kinowerbung lokal auch mit geringen finanziellen Mitteln einsetzbar. Werbung ist im Kinomagazin ebenso möglich wie auf Kinokarten oder als Plakatanschlag im Foyer; die Werbewirkung ist jeweils zu prüfen.

---

## 6.5.3.8 Outdoor-Medien / Außenwerbung

Außenwerbung, in den Fachmedien oft als *Outdoor-Werbung* oder *Out-of-Home-Media* bezeichnet, ist allgegenwärtig. Mehr als 23 Prozent der deutschen Gesamtbevölkerung haben täglich Kontakt zu Plakaten. Rund acht Prozent der Bevölkerung benutzen die öffentlichen Verkehrsmittel, die selbst und in ihrem Umfeld unzählige Werbemöglichkeiten bieten.

Plakate der Außenwerbung prägen unsere Stadtlandschaften: Neben Großflächen und Litfaßsäulen gibt es riesige Superposter, die Baugerüste an Bürogebäuden oder auch an Kirchtürmen dekorieren, sowie abends erleuchtete City-Light-Poster. Hinzu kommen Giebelbemalungen, Leuchtreklamen und Lichtwerbung sowie die neuen elektronischen Großflächen, die auf Bahnhöfen als „elektronische Zeitungen" zu sehen sind. Das so genannte *Out-of-Home-TV-Infoscreen*[26], die elektronischen Werbeträger, sind überall präsent – ob im Fitness-Studio oder in den U-Bahnstationen, U-Bahnzügen oder in Straßenbahnen. Allein in den ICE-Zügen der Deutschen Bahn AG sind Videoprogramme auf 5.400 Sitzplätzen möglich. Geboten wird ein Programm aus Kurz- und Spielfilmen, Informationen über Wirtschaft, Reisen, Sport, Kultur usw.

Daneben konkurrieren immer noch die klassischen *Schaukästen* bzw. *Vitrinen*. Sie sind, gerade bei kirchlichen Einrichtungen, an guten Standorten platziert. Die gestalterischen Möglichkeiten sind jedoch selten voll ausgeschöpft.

*Vorteile* der Schaukästen: dreidimensional – plakativ, standortgebunden, Standortvorteil, farbige Ansprache, Bildsprache, knapper Text, Informationen und Emotionen anbietend, schnelle Aktualisierung, geringe Mediakosten, bis Großformat möglich (Schaufenster).

Die wichtigsten Formen der Außenwerbung sind:

(1) Allgemeinstellen

Allgemeinstellen sind Anschlagtafeln oder Säulen (Litfaßsäule), die an öffentlichen Plätzen stehen und für die Plakatwerbung bestimmt sind. Sie stehen einem oder mehreren Werbetreibenden gleichzeitig zur Verfügung. Erfunden wurde die Litfaßsäule im Jahr 1854 von dem Berliner Buchdrucker Ernst Litfaß.

(2) Großflächen

Die Großfläche ist die am häufigsten genutzte Form der Plakatwerbung. Auch NPOs dient sie für ihre Spendenaufrufe. Sie ist quer zur Hauptverkehrsstraße angebracht an Fassaden von Geschäften, U- und S-Bahnstationen, Verbrauchermärkten und Banken, auf Bahnhöfen oder in der Nähe von öffentlichen Einrichtungen. Jede Großfläche steht einem einzelnen Werbetreibenden zur Verfügung. Großflächen sind Ganzstellen, d. h. Tafeln, die auf privatem Grund und Boden stehen und den Anschlag von 18 DIN-A1-Bögen (84 x 59 cm) ermöglichen. Sie haben ein Format von 356 cm Breite mal 252 cm Höhe. Großflächen können einzeln, in regionalen oder bundesweiten Netzen belegt werden. Ihre Mindestbelegzeit beträgt zehn Tage (eine Dekade). Bei Vitrinen (18/1) mit Hintergrundbeleuchtung ist darauf zu achten, dass das Papier eine optimale Durchleuchtung und hohe Transparenz aufweist.

(3) Spezialstellen

Spezialstellen sind Säulen, Flächen oder Tafeln, die weder Allgemeinstellen sind noch Ganzstellen bzw. Großflächen. In diesem Sinne sind City-Light-Poster Spezialstellen. Ihr Vorteil liegt in der Beleuchtung. In den Wintermonaten wird dadurch die tägliche Plakat-Beachtungschance erweitert. Auch die Verkehrsmittelwerbung zählt zur Spezialstellenwerbung, die vielfältige Mittel und Medien bietet und die von NPOs wegen der Nähe zu den Bürgern gern genutzt wird.

Der Fachverband Außenwerbung e. V. (FAW)[27] bietet den Mediaplanern regelmäßig Mediadaten für ihre Planungen an, indem er die Werbewirkung untersucht. Demnach haben Plakate eine hohe Reichweite; hinsichtlich der Erinnerungswerte erreichen jedoch Großflächen nur 16 Prozent, Ganzsäulen elf Prozent und City-Light-Poster nur neun Prozent der Gesamtbevölkerung.

Die Werbeleistung jedes Plakatstandortes hängt davon ab, wie viele Personen sich an dem Standort vorbeibewegen und wie gut das Plakat für Passanten und Verkehrsteilnehmer einzusehen ist. Die „Plakat-Media-Analyse" (PMA) untersucht Reichweiten, Kontakte, Kontaktverteilung und Tausend-Kontakt-Preise (TKP) für die verschiedenen Belegungen von Großflächen, City-Light-Poster und Ganzstellen. Als Berechnungswert gilt der *Gesamtwert* (G-Wert), der im Rahmen der GfK-Plakatstellen-Bewertung die Werbeleistung einer Plakatstelle[28] angibt. Dieser Wert ist ein Leistungsparameter für eine Plakatfläche bzw. Großfläche und soll ausdrücken, dass darin die Gesamtheit aller *relevanten Passantenarten und Passantenströme* berücksichtigt wird. Er gibt an, wie viele Passanten sich pro Stunde an ein dort angebrachtes Plakat erinnern können. Die *Frequenzerfassung* ermittelt, wie viele Passanten tatsächlich die Chance haben, das Plakat an einem bestimmten Standort zu sehen (Plakat-Beachtungschance).

Grundlage für die Berechnung des G-Werts sind die Zahl der *Passanten*, deren *Wahrnehmung* und der *Standort* des Plakats. Es werden drei Passantengruppen berücksichtigt: Fußgänger, Fahrzeuginsassen (einschl. Radfahrer) und Fahrgäste in öffentlichen Verkehrsmitteln. In Bezug auf die Wahrnehmung werden berücksichtigt: Konkurrenz durch andere visuelle Reize in der Umgebung, die Kontaktchancendauer der Passanten sowie die Beanspruchung der Plakatbetrachter durch den Verkehrsstrom. Die Qualität des Standortes wird bestimmt durch: den Stellwinkel der Plakate, die Entfernung der Plakatstelle zur Straße bzw. zum Verkehrsstrom und das Ausmaß der Verdecktheit durch Sichthindernisse. Die Zukunft der Plakatforschung – und damit der genauen Frequenzmessung – liegt in der Satelliten-gestützten Überwachung jedes einzelnen Plakates.

*Vorteile* der Plakat-Werbung im Media-Mix sind: Plakate haben eine hohe Reichweite. Sie leben von der emotionalen Ansprache (Bildsprache). Standorte des Mediums können nach ausgewählter Frequenz belegt werden. Standortkontakte werden durch die Arbeitsgemeinschaft Media-Analyse e. V. (AG.MA) berechenbar. Planungsdekaden. Viele Formate sind möglich (18/1-Formate und größer). *Nachteile*: hohe Mittelkosten und Herstellungskosten.

---

*Tipp:* Oft bieten die Plakatanschlagunternehmen und die Verkehrsmittelbetriebe kostenlose Belegzeiten an. Das spart Geld. Jedoch ist zu beachten, dass die Herstellung der Werbemittel oft hohe Kosten verursacht. Besser ist es, mit den Plakatanschlagunternehmen zu verhandeln, die schon bezahlte Belegzeit kostenfrei zu überziehen. Diesem Wunsch wird in den Sommermonaten gern entsprochen.

---

*Plakatberechnung:* Plakatflächen werden in der Regel zehn Tage gemietet (eine Dekade). Berechnet wird ein Plakat (z. B. 1/1-Plakat) multipliziert mit der Anzahl der Plakate je Stelle (z. B. 18 bei Großflächen), multipliziert mit der Anzahl der gebuchten Stellen.

## 6.5.3.9 Interaktive Medien Internet

Das *Internet* ist ein interaktives Medium zur *aktuellen und schnellen Informationsaufnahme*. Im Media-Mix sind die interaktiven Medien schnelle Reichweitenbringer und Themenbesetzer. Im ersten Quartal 2005 verfügten 61 Prozent der deutschen Erwachsenen über einen Internetanschluss.[29] 79 Prozent der 18- bis 24-Jährigen nutzen mindestens einmal wöchentlich das Internet, in den Altersgruppen 25–29 und 40–49 sind es 76 Prozent, in der Altersgruppe 30–39 sogar 78 Prozent. Auch 67 Prozent der Altersgruppe 50–59 nutzen das Netz.

Immer noch scheint das Internet ein „Spielzeug für Männer" zu sein: 73 Prozent der Männer nutzen das Internet gegenüber 27 Prozent bei den Frauen. Und immer noch ist die Internetnutzung vom Bildungsgrad und dem Beruf der Person abhängig: Vier von fünf Deutschen mit Hochschulabschluss verfügen über einen Internetanschluss. Beamte und höhere Angestellte nutzen das Internet zu 67 Prozent, Selbstständige zu 80 Prozent.

Das Internet wird am häufigsten zur Versendung von E-Mails (73 %), für eine zielgerichtete Suche nach Angeboten (52 %) und zum Surfen (51 %) genutzt. Erst acht Prozent der Nutzer interessieren sich für das Onlineshopping. Nach ihrer Motivation für die Internetnutzung befragt, antworten 54 Prozent: „um Denkanstöße zu bekommen".

Die Qualitäten des Mediums Internet: Auch kleine Anbieter können das Internet als Vertriebsweg nutzten. Die Preise für 1.000 Page Views (Anzahl von Seitenabrufen) sind vergleichbar mit dem TKP bei Special-Interest-Zeitschriften. Zusätzlich gibt es die Chance des Direct Response. Die Zielgruppenstärke des Mediums liegt im Segment der 13- bis 19-Jährigen und bei Fachzielgruppen.

Die *Reichweiten* des Mediums Internet werden seit 1997 durch die Informationsgemeinschaft zur Feststellung der Verbreitung von Werbeträgern e. V. (IVW)[30] belegt. Gemessen wird der Seitenabruf (Page Impressions oder Page Views). Die Werbemittel-Kontakte werden u. a. gemessen durch: (1.) *AdClicks:* die Zahl der Klicks auf einen Banner oder Button, die zur Seite eines Werbetreibenden im Netz führen. (2.) *Visits:* Als einen Visit (Besuch) bezeichnet man die zusammenhängenden Seitenabrufe einer Website durch ein und denselben Nutzer. Gleichzeitig wird der jeweilige Werbeträgerkontakt definiert. (3.) Die *Content Page Impressions* werden von der IVW gezählt. Content Pages sind alle Seiten, bei denen es sich nicht um Werbeseiten oder Navigationsseiten handelt. (4.) *Page Impressions:* alle Kontakte eines Nutzers mit einer potenziellen werbeführenden Seite eines Anbieters. Die Summe aller (Content) Page Impressions zeigt die Attraktivität des Werbemittels bzw. der Information auf.

## 6.5.3.10 Interaktives Medium Handy

Nach Untersuchungen von Talkline gibt es im Jahr 2005 in Deutschland 72 Millionen Handy-Nutzer. Damit besitzen inzwischen statistisch gesehen neun von zehn Bundesbürgern ein Handy. Das Handy ist zu einer zentralen Kommunikationsform geworden: Es kann fotografieren, E-Mails versenden, Radio empfangen, Termine verwalten und SMS versenden. Das Handy ist das Tor zur Welt. Das Multimedia-Messaging-System (MMS) verspricht die Übertragung von kleinen Videos und Musikstücken auf Handys. Unternehmen wollen den Bildversand von Handy zu Handy sponsern und die Inhalte mit Marketing-Botschaften verknüpfen.

> *Tipp:* Permission Marketing (Erlaubnis-Marketing) ist das Zauberwort. Wer sich die Erlaubnis vom Handybesitzer holt, kann ihr oder ihm täglich oder zumindest regelmäßig Informationen aufs Handy liefern. Und diese Informationen werden erwartet und nicht als Werbung bewertet.

Die telekommunikationsaffinen Zielgruppen nutzen eine eigene Medienwelt: Heutige Leser von Computer- und Online-Magazinen verfügen über PC und Handy, oft auch über eine Digitalkamera. Computer- und Handy-Nutzer, darunter vor allem die 14- bis 29-Jährigen, wünschen sich Geräte, die Telefon, TV, PC, Internet und E-Mail in einem Produkt vereinen.

Auf dem deutschen Mobilfunkmarkt herrscht ein harter Wettkampf um den Kundenzuwachs. Die Marktführer T-Mobile, Vodafone D2, E-Plus und $O_2$ kämpfen um das vornehmlich junge Publikum. Im Jahr 2005 erreichte der Grad der Marktdurchdringung 87 Prozent. Marktführer unter den vier deutschen Anbietern ist die Telekom-Tochter T-Mobile mit etwa 28 Millionen Kunden.

# 6.5.4 Media-Mix (Cross-Media)

„Der Mix macht es", sagt eine Weisheit der Mediaplaner. Cross-Media-Marketing meint die integrierte Entwicklung aller Marketingmaßnahmen für alle Medien – indem jedem Medium die Funktion zugeteilt wird, die es besser (billiger!) als andere erfüllen kann. Die parallele oder nacheinander geschaltete Platzierung von Werbemitteln mit gleichen oder sehr ähnlichen Inhalten kann ihre Wirkung beträchtlich steigern. Idealerweise erreicht die Botschaft ihre Rezipienten über verschiedene Kanäle und wird dadurch mehrmals und verstärkt wahrgenommen. Der Media-Mix erhöht somit die Wahrscheinlichkeit von Wiedererkennungseffekten, die sonst nicht oder nicht im selben Ausmaß geschaffen würden.

Beispiele: In der Kombination von *Radio und Fernsehen* können beide Medien eine unterschiedliche Aufgabe übernehmen: Das Fernsehen kann als imagebildendes und prägendes Medium eingesetzt werden. Fernsehen baut Markenbilder und Markenwelten auf. Das Radio ist für die kurzfristige Abverkaufssteigerung zuständig. Ein Media-Mix aus *Fernsehen* und den tagesaktuellen Medien *Radio und Tageszeitung* kann wirkungsvolle Kontakte bis zu dem Moment der Kaufentscheidung anbieten. Kein anderer Media-Mix kann innerhalb kurzer Zeiträume mehr Reichweiten aufbauen.

Auch *Print und Web* eignen sich für eine Medienkombination. Die Beliebtheit der Internetseiten von Tageszeitungen zeigt sich über alle Altersgruppen hinweg. 33 Prozent der 14- bis 39-Jährigen haben Internet-Präsentationen von Zeitungen schon besucht, und 82 Prozent der 14- bis 29-Jährigen sind durch Hinweise in den Printmedien auf den Internetauftritt aufmerksam geworden.

## Anmerkungen

1 Media.Research.Group, Handelszeitung Werbetrends 2005.

2 Horizont 3/2005.

3 Siehe Media-Analyse-Befragung 2004.

4 Siehe für die Mediaplanung die Daten der GWA 2005. Das kleine Büchlein für die Mediaplanung erscheint jedes Jahr. Kontaktadresse: Friedensstraße 11, 60311 Frankfurt am Main.

5 Die ZMG ist die zentrale Vermarktungsorganisation für alle Zeitungen und Zeitungsgruppen, die ihren Sitz in Deutschland haben; Kontaktadresse: Schmidtstraße 53, 60320 Frankfurt am Main, Internet: www.zmg.de.

6 Siehe hierzu ZDL Zeitungsdruckerei Leipzig; Kontaktadresse: Leipziger Verlags- und Druckereigesellschaft mbH & Co. KG, Zeitungsdruckerei Leipzig, Druckereistraße 1, 04159 Leipzig.

7 Letzte Studie der ZMG 2005: ZMG-Mehrthemen-Umfrage 2001. Bundesweite Befragung von 2.476 Bundesbürgern im Juli 2001.

8 „Gratistitel bedrängen Tabloids", in: Horizont 18/2005 vom 5. Mai 2005, S. 31.

9 Die AWA – Allensbacher Markt- und Werbeträger-Analyse – ist Markt- und Media-Analyse in einem. Das Institut für Demoskopie Allensbach erhebt mit dieser seit über 44 Jahren in jährlichem Rhythmus durchgeführten Studie aktuelle Daten zu Konsumgewohnheiten und Mediennutzung.

10 Die „Leipziger Rundschau" erreicht 89 % aller Briefkästen in ihrem Verbreitungsgebiet, so die verlagseigene Umfrage „Informations- und Einkaufsverhalten 2004", Leipzig.

11 Bundesverband Deutscher Anzeigenblätter e. V.; Kontaktadresse: Haus der Presse, Markgrafenstraße 15, 10969 Berlin, E-Mail: info@bvda.de.

12 „Testverfahren, bei dem unter Vorlage einer Zeitung, Zeitschrift oder auch Anzeige(n) der Wiedererkennungswert, Feststellungen über die Nutzung, allgemeine und spezielle Beurteilungen und Einstellungen erhoben werden. Speziell in der redaktionellen Forschung und bei Anzeigentests ist dies ein Befragungsablauf, bei welchem dem Leser ein Heft der zu testenden Zeitung vorgelegt wird, er dieses durchblättert und angibt, welche Beiträge und/oder Anzeigen er gelesen/gesehen hat und welche nicht. Der Copy-Test kann u. a. auch in Verbindung mit einer Stichbefragung zur Ermittlung der durchschnittlichen Seiten- bzw. Doppelseiten-Nutzung verwendet werden." (Definition aus LA-MED Glossar „Mediabegriffe aus Planung und Forschung"; siehe unter www.la-med.de)

13 Derartige Untersuchungen führt z. B. das Siegfried Vögele Institut, Ölmühlweg 12, 61462 Königstein durch. Nähere Informationen unter www.sv-institut.de.

14 GWA 2005 Zahlen, Media-Analyse 2004. Die Preise und die Reichweiten und damit die TKP verändern sich je nach Erfolg der Medien auf dem Markt.

15 Nach der Media-Analyse 2004 gab es 62 öffentlich-rechtliche Sender, 197 private Sender und 72 sonstige Sender (Auslandssender, Uni-Radios usw.).

16 Media Perspektiven Basisdaten 2004, S. 65. Und für die Online-Nutzer: Eimeren/Gerhard/Frees, in: Media Perspektiven 8/2003, ARD/ZDF-Online-Studie 2003, S. 356.

17 RMS Radio Marketing Service GmbH & Co. KG, Frankenstraße 7, 20097 Hamburg, Internet: www.rms.de.

18 AGF/GfK Fernsehforschung, Fernsehpanel, Senderauflistung der KEK/Spot-Planungsdaten.

19 AGF/GfK, integriertes Panel, April 2005. Siehe auch: Media Perspektiven Basisdaten 2004, S. 65 und Eimeren/Gerhard/Frees, in: Media Perspektiven 8/2003, ARD/ZDF-Online-Studie 2003, S. 356.

20  Media Perspektiven Basisdaten 2004, S. 71. Zum Vergleich 2002: Quelle AGF/GfK, PC-TV, in: Media Perspektiven 4/2002, S. 154.

21  Im Unterschied zu Unterbrecherwerbung bezeichnet man mit Scharnierwerbung einen Werbeblock zwischen zwei abgeschlossenen Programmteilen.

22  AFG/GfK Fernsehforschung „Fernsehpanel 2004 BRD gesamt".

23  Individualpanel der Gesellschaft für Konsumforschung (GfK), Filmförderungsgesellschaft FFA, Kinobesucher 2004, April 2005.

24  Basis des GfK Consumer Panels.

25  Gute Planungsdaten liefern u. a. WerbeWeischer; Kontaktadresse: Elbberg 7, 22767 Hamburg, E-Mail: info@werbeweischer.de, Internet: www.werbeweischer.de.

26  Siehe Focus-Medialexikon, Infoscreen: In der Außenwerbung ein Werbeträger in U- und S-Bahn-Stationen von Großstädten. Mit Hilfe von digitalen Hochleistungsprojektoren werden Bilder, Videos und Multimedia-Anwendungen auf Wandflächen (LED-Screens) im Format 350 cm Breite und 264 cm Höhe abgebildet. Sie sind in Deutschland seit 1998 im Einsatz. Das Programm läuft ohne Ton ab.

27  Kontaktadresse: Ginnheimer Landstraße 11, 60487 Frankfurt am Main, E-Mail: info@faw-ev.de, Internet: www.faw-ev.de.

28  Eine für Plakate vorgesehene Anschlagstelle, die dem Bogenanschlag eines einzigen Werbetreibenden vorbehalten ist. Anders als die Allgemeinstelle hat die Ganzstelle also nur einen Werbekunden pro Dekade (medialine.focus.de).

29  Forschungsgruppe Wahlen 1–3/2005.

30  Die IVW kontrolliert Auflagenhöhe und Auflagenstruktur von Werbeträgern, hier auch das Internet. Die Zahlen werden vierteljährlich veröffentlicht und geben dem Werbetreibenden verlässliche Planungsdaten.

# 6.6 Text und Bild

*Thorsten Schraven / Jens Watenphul*

## 6.6.1 Textgestaltung: die sprachliche Ebene

### 6.6.1.1 Mit wenigen Worten Menschen bewegen

„Bevor Sie ein Adjektiv hinschreiben, kommen Sie bitte zu mir in den dritten Stock und fragen, ob es nötig ist." Diesen Satz heftete der französische Zeitungsverleger und spätere Ministerpräsident Georges Clemenceau in seine Redaktionsräume. Ganz bitter ernst hat er das nicht gemeint, aber er spricht eine verbreitet fahrlässige Haltung in der Profession des Schreibens an, die sich in anderen Berufszweigen niemand vorstellen könnte. Kein gelernter Maschinenbauer baut so schwer und sperrig wie es irgend geht, kein Kellner bringt den Appetizer am Schluss, und die Floristin vergisst nicht die Blumen zum Grün. Schreinern, Schlossern oder anderes Handwerk wird über die Jahre gelernt – aber Schreiben scheint man einfach zu können. So entstehen einerseits wunderbar kreative und konventionslose Originale, andererseits aber auch grobe und verquere Versuche, die unter erfahrener Anleitung abgelehnt oder umgebaut, letztlich fein geschliffen und poliert werden können.

Dass wir nicht in der Schule lernen, zielgerichtet, lebendig und überzeugend zu schreiben, bleibt für die meisten Menschen ohne Folgen. Solange nur wir selbst unsere Texte mögen müssen und wir keine professionellen Erfolge damit erreichen wollen, ist alles gut. Kein Freund wird die Lektüre unserer Urlaubspost abbrechen, weil wir die Nominalkonstruktionen „brachte die Entspannung" nicht zerschlagen haben, und niemand schmeißt die Einladungskarte zu Ihrem runden Geburtstag in den Müll, weil Sie eine Passivkonstruktion wie „es wird gefeiert" verwendet haben – und das auch noch in einer serifenlosen Schriftart. Auch für eine Bitte um Unterstützung an einen gut bekannten Unternehmer oder jahrelangen Förderer ist normales Schreiben gut genug. Bei so genannten „kalten Mailings" an Tausende fremde Adressen dagegen zeigen Auswertungen der Responseraten von Testaussendungen sowie direkte Beobachtungen von Testpersonen, die z. B. Augenkameras tragen, dass Schwachpunkte im Schreibstil Leser um Leser kosten und die Responsequote unter ein Prozent sinkt.

Was aber sind Worte, die Menschen bewegen? Berichten Sie von etwas menschlich wirklich Wichtigem. Sie selbst oder die Menschen in Ihrer Nonprofit-Organisation (NPO), für die Sie schreiben, tun mutige, selbstlose oder unverzichtbare Dinge, über die die meisten Adressaten sonst nur noch aus dem Fernsehen erfahren. Sie tun etwas real Wichtiges. Sie wollen keine Klingeltöne verkaufen und nicht den X-tausendsten kommunalen Popstar anpreisen. Machen Sie sich klar, dass Sie sich dafür nicht klein, sondern groß fühlen können. Versuchen Sie daher, durch deutliche und engagierte Worte dafür zu sorgen, dass Ihr Text nicht als ein weiterer verwechselbarer Werbe-Sermon unter vielen untergeht.

Auch wenn Sie beruflich in verschiedenen Zusammenhängen viel und gut schreiben, sind Sie nicht unbedingt darin geübt, Menschen zu packen, zu bewegen und zügig und überzeugend zu einer Handlung anzuhalten. Bei sachlicher, beruflicher Korrespondenz kann man – anders als beim Fundraising – voraussetzen, dass der Adressat ein Interesse z. B. an Ihrer Bestell- oder Mängelliste hat. Es wird nicht erwartet, dass Sie seine Leselust mit einem rhetorischen Feuerwerk anfachen. Es wird allenfalls negativ auffallen, wenn ihr Schriftverkehr unnötig unübersichtlich, lang oder missverständlich ist. Häufig ist es lediglich wichtig, korrekt zu protokollieren, zu informieren oder zu erklären, womit immerhin die beim Fundraising wichtigen Kriterien der Klarheit und Relevanz trainiert werden. Es spricht für sich, dass sich das sperrigste, leserunfreundlichste Beamtendeutsch nur dort halten kann, wo die Autoren sich wegen formaler Zwänge wirklich gar nicht um die Leselust ihres Gegenübers zu scheren brauchen.

Wenn Sie nun aber mit einem Brief Spender oder Sponsoren für sich gewinnen möchten, müssen sie ausgesprochen viel in die Leselust Ihrer Zielgruppe investieren. Das bedeutet, dass Sie vieles bedenken müssen: die Erstanmutung Ihres Kuverts, die Wirkung des Layouts, die Attraktivität kleiner „Lesehappen" wie Bildunterschriften oder PS, die Eignung Ihrer Projekte, Menschen zu interessieren, Ihre stimmige Argumentationskette hin zur Bitte um eine Spende usw. (siehe auch 5.3). Dazu gibt es viele mehr oder minder originelle Faustregeln und Tricks. Einige sind hier im Folgenden aufgezählt. Aber: Ihnen muss klar sein, dass ein starker Text nicht aus Mist Gold spinnen kann. Große Schwächen im Konzept fängt ein guter Texter nicht mal „eben so" auf. Und gerade bei sozialen Projekten kommt es früher oder später als Bumerang zurück, wenn Sie mit starken Worten schwache Projekte anbieten. Ebenso wird Ihre Erfolgsrate nicht gerade toll sein, wenn Sie über gute Projekte zwar mit guten Texten, aber zu breit gestreut und unverbindlich kommunizieren. Die schönste Schriftart rettet kein leidenschaftsloses Projekt, eine reißerische Überschrift kompensiert keine schlechte Adressliste, und ein noch so szenischer Einstieg erspart Ihnen nicht den Kampf um inhaltliche Erfolge, und die Erfolge wiederum erübrigen nicht das telefonische Nachfassen bei Sponsoren usw.

## 6.6.1.2 Die Aufmerksamkeit der Leser gewinnen

Nun ist es bei der Vorbereitung Ihres Mailings schon aus Zeit- und Geldgründen nötig, die richtige Kombination aus Sorgfalt und Unbefangenheit zu finden. So wäre es fahrlässig, wenn Sie das beworbene Projekt und die Interessen und Lesegewohnheiten der Zielgruppe nicht aufeinander abstimmen; ebenso fahrlässig ist es aber auch, wenn Sie ewig diskutieren, ob Textstellen durch Unterstreichungen oder doch lieber durch Fettdruck oder vielleicht eher Kursivsetzung oder lieber gar nicht hervorgehoben werden. Am Ende verpassen Sie deswegen geeignete Termine für den Versand Ihrer 300 oder 30.000 Briefe, deren Einhaltung mehr gebracht hätte als die kursivste Kursivsetzung, die man sich überhaupt vorstellen kann.

Drei Punkte verdienen besondere Beachtung, wenn Sie die Aufmerksamkeit der Leserinnen und Leser gewinnen möchten: Projektauswahl – Erstanmutung und Dramaturgie – Klarheit.

## 6.6.1.3 Projektauswahl

Sie dürfen nicht mit allzu großer initialer Aufmerksamkeit und Aufmerksamkeitsdauer der Adressaten Ihrer Printmedien rechnen. Überlegen Sie daher genau, welche Aspekte Ihrer Organisation sich aus welcher Perspektive besonders lesenswert kommunizieren lassen. Verwenden Sie hier möglichst das „Pars pro Toto", also ein spezielles Teil, das stellvertretend für das Ganze steht. Wenn Sie sich beispielsweise gegen die Vertreibung von Obdachlosen einsetzen, lassen Sie einen betroffenen jungen Menschen zu Wort kommen und sorgen Sie dafür, dass die Leser seine Perspektive einnehmen können. Das bringt die Leser der Obdachlosenproblematik näher als sterile Statistiken über die Anzahl von Platzverweisen und Bußgeldern für Bettler usw.

Überlegen Sie grundsätzlich, mit welcher Person sich die Leser bestmöglich identifizieren können bzw. welche Statements so nahe gehen, dass man sie nicht ohne Weiteres übergehen kann. Schreiben Sie möglichst reportagenhaft. „Zoomen" sie also mal nahe an einen Menschen heran, um dann die Perspektive für gesellschaftliche Zusammenhänge „aufzuziehen", und „schwenken" Sie zu anderen relevanten Betroffenen, Helfern, Politikern, Kritikern usw. herüber, um bei aller gebotenen Kürze auch hier eine unterhaltende Mischung aus Zitaten, Porträts und Hintergrundwissen sichern zu können.

Es lässt sich nicht pauschal beantworten, welches Projekt oder welche Person maximale Identifikation ermöglicht. So werden Sie Menschen finden, die keine Patenschaft für ein Kind, wohl aber für ein Pferd übernehmen. Ebenso engagieren sich manche Küstenbewohner lieber im Alpenverein als gegen Tankerunglücke. Eine bessere werbliche Eignung bestimmter Dinge oder Lebewesen gegenüber anderen ist nachgewiesen: Menschen identifizieren sich eher mit dem Delfin als mit dem Thunfisch, eher mit dem Sieger als mit dem Sechsten, eher mit dem wohnungslosen Mädchen als mit dem gezeichneten Junkie und spenden lieber für die Reparatur der Kirchenorgel als für die Reparatur des Ölbrenners, auch wenn der für die Gemeinde genauso teuer und ebenso wichtig ist. Diese Erkenntnisse sollte man sich bei der Themenauswahl für ein Mailing zunutze machen, ob man es nun zu manipulativ oder gar verwerflich findet oder nicht.

## 6.6.1.4 Erstanmutung und Dramaturgie

Die Erstanmutung ist der Eindruck, den Sie in den ersten Sekunden oder nur Bruchteilen von Sekunden von einem Briefkuvert und gegebenenfalls dem geöffneten Brief gewinnen. Sie selbst haben sicher schon häufig Post kurz nach relevanten Zeichen „abgescannt" und sie dann mit einer lockeren Bewegung aus dem Handgelenk in den Papierkorb geworfen. Ungeöffnet. Gründe gibt es genug: Das Kuvert wirkte pseudo-persönlich oder einfach billig, Ihr Name war obendrein falsch geschrieben, das Thema war für Sie ohne Relevanz oder überhaupt nicht ersichtlich, oder Sie hatten einfach keine Zeit und keine Lust. Packen Sie einen Spendenbrief dennoch aus dem Kuvert, wartet Ihr Handgelenk bereits darauf, erneut aktiv zu werden.

Schauen Sie sich nun ganz unabhängig vom Inhalt an, welchen der beiden abgebildeten Briefe Sie unter diesen Umständen lieber empfangen und welchem Sie gerne ein wenig Aufmerksamkeit schenken würden.

Abbildung 1: Erstanmutung

Auch bei der Gestaltung des Kuverts sollten Sie sich schon sorgfältig überlegen, was den Adressaten ausreichend interessiert, damit er Lust hat, den Brief zu öffnen. Anders als bei durchschnittlichen Haushalten müssen Sie sich bei potenziellen Sponsoren darüber im Klaren sein, dass Ihr Brief durch die Hände geschulter Sekretärinnen geht. Die werden dafür bezahlt, dass sie uninteressante Post von genau der Person fernhalten, an die Sie nahe heran möchten.

Um die Sekretärin mit Ihrem Mailing zu beeindrucken, brauchen Sie gute Beziehungen und Empfehlungen, eine große, aufforderungsstarke Popularität oder zumindest die Referenz eines abgebildeten Schirmherrn oder einer Schirmherrin. Wird Ihr Brief von relevanter oder befreundeter Stelle angekündigt oder direkt überreicht, ist die Wahrscheinlichkeit, dass er zur Kenntnis genommen wird, 30 Mal höher.

Abbildung 2:   Drei unterschiedliche Textbeispiele für einen Briefanfang zum selben
                      Thema – mit unterschiedlichen Erfolgsaussichten:

(A) Sehr allgemein gehalten:

Sehr geehrte Unternehmer,

gerade im Bereich der Freizeitgestaltung behinderter junger Menschen kommt es in dichten Bebauungsgebieten regelmäßig zu Engpässen, sodass private Interventionen immer mehr an Dringlichkeit gewinnen.

(B) Etwas persönlicher:

Liebe Bauunternehmer unseres Stadtteils,

wissen Sie, dass behinderte Kinder in unserem Viertel keine Angebote erhalten? Wir möchten Sie bitten, durch Ihre Spende daran etwas zu ändern …

(C) Gut wäre zu schreiben:

Sehr geehrter Herr Berger,

Ihr Kegelbruder Herr Wichtig von der Wirtschaftsförderung hat uns dringend empfohlen, Sie als erfolgreichen Bauunternehmer anzusprechen. Stellen Sie sich bitte vor, Sie wären noch einmal 14 und säßen so wie acht weitere Kinder unseres Stadtteils im Rollstuhl. Dann würde unser Verein Ihnen mit diesem Spendenaufruf den Weg in die Freizeit- und Mehrzweckhalle ebnen. Es geht nur um einige überschaubare Maurerarbeiten …

Für die Sekretärin von Herrn Berger ist das Wort „Kegelbruder" wahrscheinlich ein besserer Grund, den Brief vorzulegen, als das Wort „Rollstuhl".

Wird Ihr Text nun tatsächlich gelesen, sollten Sie dazu die Highlights nach vorne stellen. Grundsätzlich machen Sie nichts falsch, wenn Sie sich an die alte Werbeformel AIDA halten. Die wurde bereits Ende des 19. Jahrhunderts entwickelt, bleibt mit ihrer bestechenden Logik aber ewig aktuell. Die Buchstaben stehen für *Attraction*, *Interest*, *Desire*, *Action*.

Als Erstes müssen Sie die Aufmerksamkeit *(Attraction)* gewinnen und binden: Schreiben Sie daher in den ersten Absatz das, was ungewöhnlich, begeisternd, empörend oder unerträglich ist. „Unerträglich" möglichst nicht auf eine Art, die dem Leser in Gänze unerträglich ist. Selbst wenn Sie oder Ihre Mitarbeitenden furchtbare Missstände erlebt haben, müssen Sie daran denken, dass manche Wahrheit unglaubwürdig oder überzogen klingt und den Leser buchstäblich abstößt.

Die Mittelgrau markierten Satzteile in Abbildung 3 sind interessant und informativ, interessant insbesondere für den potenziellen Spender. Dunkelgraue Flächen sprechen Empfehlungen, Erfolge, Auszeichnungen usw. an, Hellgrau geht vor allem auf die Niederschwelligkeit der Spendenvergabe und Hochwertigkeit der Spendenverwendung ein.

Abbildung 3:  Beispiel für eine einfache, aber zielführende Überprüfung Ihrer Texte durch kritisches Hervorheben mit einem Textmarker

Im linken Beispiel sehen Sie ein weit verbreitetes, aber wenig geeignetes Schema: Im ersten Absatz hat der Schreiber an alles denken wollen. An die allgemeine und missliche Lage der Nation, das Herausziehen des Staates aus diversen Verantwortungen, die erste Erwähnung der Stadtbefestigung in der Kurzprosa des Hartmann von Aue usw. Dann endlich fängt er an, lockerer und relevant zu werden und kann nur hoffen, dass der Leser das noch mitbekommt. Markieren Sie selbst einmal die von Ihnen verwendeten Texte. Unter Umständen müssen Sie natürlich individuelle Kriterien herausarbeiten. Grundsätzlich sollten Sie sich fragen, ob und warum Sie anderen Menschen Sätze zumuten, die nicht relevant sind.

Ein mehrfach markierter Satz wie das viel und früh gelesene PS im zweiten Beispiel kann heißen: „Wenn Sie sich fragen, ob unsere Aktion lohnt, kontaktieren Sie gern Herrn Dr. Wallermann von der hiesigen Wallermann Baumaschinen GmbH. Mit ihm als Sponsor konnten wir der regionalen Presse nunmehr das 3. gelungene Projekt präsentieren." Durch die Doppeldeutigkeit des „lohnen" erzählen Sie dem Adressaten von seinem Zusatznutzen, ohne sein Unterstützungsinteresse darauf zu reduzieren.

Nun weiter zu der AIDA-Folge: *Interest* bedeutet, dass Sie die gewonnene Aufmerksamkeit des Lesers in das Interesse wandeln sollten, etwas mehr erfahren oder verstehen zu wollen. Hier können Sie kurz Zusammenhänge und Lösungen erläutern, die den

Leser beeindrucken oder einfach wissenswert unterhalten. Versuchen Sie so zu schreiben, wie man üblicherweise spricht. Hörfunktexte sind hierfür fast immer sehr gute Lehrbeispiele. Nicht nur müssen die Hörer alles in einem Rutsch verstehen, auch bleibt außer anderen akustischen Reizen nur der gesprochene Text, um mehrere Sinne der Adressaten zu bedienen.

Aus dem Bereich des neurolinguistischen Programmierens erhält man Anregungen, wie möglichst viele Sinne angesprochen werden können. Bei der Beschreibung eines Naturparks beispielsweise können Sie sich in Ihrer Beschreibung darauf beschränken, über wie viel Quadratkilometer sich dieser erstreckt, und die Tier- und Baumbestände aufzählen. Sie können aber auch beschreiben, welche Balzlaute und welches Blätterrauschen der Besucher hört, welche Blüten und Böden er riecht, welche Rinden und Humusarten er fühlt, welche Kräuter und Nüsse er schmeckt (wenn er sich nicht erwischen lässt), welche Greifvögel und Wildarten er sieht und welches Behagen und welche Entspannung er dabei womöglich fühlt usw. Auch das, was den Sinnen nicht begegnet, kann anregen: Kein Spritgeruch, kein Hupen, kein vibrierendes oder tönendes Handy, keine Kettensägen usw.

*Desire* bedeutet, im Leser das Verlangen zu fördern, in irgendeiner Form aktiv zu werden, z. B. um den beschriebenen Naturpark zu erhalten. Man kann in diesem Falle von einer mehr oder weniger spürbaren kognitiven Dissonanz sprechen, die der Leser wegen der beschriebenen Missstände empfindet und nun auflösen möchte.

Das klingt recht berechnend und technisch, soll an dieser Stelle aber dringend dazu ermutigen, den Leser wenigstens ein wenig in die Verantwortung zu nehmen. Zu leicht passiert es, dass Menschen sich lediglich als Betrachter oder Zuschauer wahrnehmen und in dieser Rolle verweilen. Dies führt dazu, dass diese Menschen Ihre Organisation durchaus loben, sich aber in keiner Weise verantwortlich bzw. persönlich zuständig fühlen. So als geschähe alles Tragische nur im Film. Deshalb sollten Sie diese Menschen aktivieren und sie zu mehr machen als einem passiven Konsumenten einer weiteren emotionalisierenden Unterhaltung. Die passive Verweilhaltung immunisiert und schützt die Betrachter vor unerwünschten emotionalen und schließlich auch finanziellen „Kosten".

Reflektiert, öfter noch unreflektiert, fragt er sich an irgendeinem Punkt der Kommunikation: Was kostet es mich an gedanklicher Kompensation oder an Vermeidungsstrategien, wenn ich nicht spende, welchen Nutzen habe ich, wenn ich es tue. Der „Nutzen" erweist sich dabei nicht nur durch die konkreten Erfolge, die Ihre Organisation mit der Spende erreichen kann, sondern auch durch die mentale Entspannung des Adressaten, sich mit einem guten oder neutralen Gefühl nicht mehr mit diesem „störenden" Thema befassen zu müssen. So ist es beispielsweise ein Fehler, einzig die Dringlichkeit Ihres Projektes zu bewerben und zu wenig auf die Niederschwelligkeit der möglichen Unterstützung einzugehen. Auch können Sie sich fragen, warum so viele Menschen nicht Blut spenden. Wenige werden am Nutzen einer Blutspende zweifeln. Doch scheinbar werden bei den Nichtspendern der Aufwand oder die „Kosten", sich um einen Blutspendetermin zu kümmern, immer wieder zu einer solchen Hürde aufgetürmt, dass die Spende regelmäßig ausbleibt. Beim Entwurf eines Mailings zum Blutspenden müssten Sie also nicht zum wiederholten Male erklären und betonen, wer von der Spende profitiert. Es geht vor allem darum, klar zu machen, wie niederschwellig und angenehm das Spenden im 150 Meter entfernten Gemeindehaus, am besten direkt nach dem Gottesdienst, ist.

*Action* bedeutet, dass Sie eine Reaktion des Adressaten niederschwellig ermöglichen und auch direkt ansprechen. Durch einen Überweisungsträger, eine Faxantwort, eine kostenlose Kontaktnummer usw. sollten Sie die soeben erarbeitete und besonders geeignete Situation unmittelbar nutzen. Andernfalls gerät Ihre Botschaft nicht erst nach Tagen, sondern durch die permanente Reizüberflutung nach wenigen Minuten in den Hintergrund und ist damit verloren. Nutzen Sie hier z. B. auch die metakommunikative Ebene und erklären Sie dem potenziellen Spender, dass genau das passieren wird, wenn er den beiliegenden Überweisungsträger zwar wohlwollend, aber dennoch zur Seite legt.

## 6.6.1.5 Klarheit

Wenn Sie sich selbst mit den Zielen Ihrer Organisation identifizieren, womöglich selbst intensive Erfahrung in humanitärer Hilfe, im Umweltschutz oder der Krankheitsbekämpfung gesammelt haben, hat das große Vorteile für die Eindringlichkeit und Glaubwürdigkeit dargestellter Szenen. Für die Klarheit von größeren Zusammenhängen dagegen kann es Nachteile bedeuten. Unter Umständen scheinen Ihnen z. B. Wirkzusammenhänge der Globalisierung, die Konsequenzen von Gesetzesänderungen, Bedeutungen von Kürzeln und Schlagworten wie WTO, FSC, Kyoto oder G8 völlig selbstverständlich. Ihre Leser aber können unter Umständen bestimmte Aufregungen nicht nachvollziehen, Verantwortungen nicht zuordnen, Konsequenzen für die eigene Situation gar nicht erkennen.

Hier eine scheinbar einfache Übung für eine klare Beschreibung. Beschreiben Sie das abgebildete Symbol allein durch Text so einfach und eindeutig, dass eine fremde Person, die das Bild nicht kennt und der Sie diesen Text nur ein einziges Mal vorlesen, spontan und exakt dieses Symbol richtig aufzeichnen kann.

Sie könnten also schreiben: Stellen Sie sich ein Kreuz vor, auf dem links und rechts zwei Kreise eingezeichnet sind. Dieser Text erlaubt viele Missverständnisse, obwohl wahrlich nicht so komplexe Dinge wie Globalisierung oder Subsidiarität beschrieben wurden.

Hier nun drei „richtige", dennoch deutlich abweichende Interpretationen des ersten Versuchs einer Beschreibung. Sie werden merken, wie leicht Ihr Text selbst in so überschaubaren Zusammenhängen missverstanden werden kann.

In der Praxis kann man sich nur wundern, welche Interpretationen bei scheinbar wenig komplizierten Texten möglich sind. Es ist nötig, klarer, eindeutiger zu formulieren, in klaren Sinneinheiten und einer konsequenten „Deixis" – einer vereinfachenden Verknüpfung der Sinneinheiten durch Begriffe wie „und daher", „um das zu beschleunigen", „damit das nicht passieren kann" usw. Abstraktes und Komplexes lassen sich sehr gut durch den Vergleich mit bekannten Zusammenhängen vereinfachen. Unerklärtes wird so mitverstanden.

Hätte man bei der Beschreibung des Kreuzes in unserer kleinen Übung z. B. von einem Querbalken gesprochen, wäre durch unser kulturelles Mitverstehen klar gewesen, dass es sich nicht um ein „+" und nicht um ein „X", sondern um ein christliches Kreuz handelt. Die Bezeichnung als Diakoniekreuz hätte das Ganze natürlich extrem vereinfacht, allerdings lediglich für diejenigen, die es kennen. Andere hätten fälschlicherweise an ein Benediktinerkreuz denken können.

Achten Sie bei den an sich sehr hilfreichen und vereinfachenden Vergleichen in Ihren Texten darauf, dass diese nicht so unglücklich gewählt sind, dass sich Missverständnisse ergeben. Der bekannte Werbespruch, der besagt, dass der Köder dem Fisch und nicht dem Angler schmecken muss, leuchtet völlig ein. Aber schön ist er nicht, vor allem nicht für den potenziellen Langzeitspender – den „Fisch". Hauen Sie ihn nicht in die heiße Pfanne. Schenken Sie ihm lieber die Freiheit. Werfen Sie ihn zurück in die weite See, wo er seinen Schwarm finden, sich mehren und Gutes über Sie berichten kann. Sehen Sie aber zu, dass er vorher einen Lastschrifteinzug für ihre NPO unterschreibt. Und nun zur Gestaltung.

# 6.6.2 Textgestaltung: Typografie

„Gestaltung ist Geschmackssache." Diese Aussage stimmt nur zum Teil. Bei der Gestaltung von Drucksachen oder digitalen Medien gibt es Grundregeln, die es zu beherrschen gilt, bevor man sich daranmacht, sie – eventuell aus gutem Grund – zu brechen. Diese Regeln stellen einen Standard dar. Sie sind nicht als Gesetze zu sehen. Als guter Gestalter lernt man über viele Jahre hinweg, wie man diese Regeln gezielt brechen kann, um daraus einen Vorteil für die Kommunikationsziele des Auftraggebers zu erhalten.

Einige Standardregeln werden hier anhand einfacher und eingängiger bildlicher Darstellungen erläutert. Da sich dieser Beitrag nicht mit der „künstlerischen Gestaltung", sondern mit der Gestaltung von anwendungsorientierter Grafik beschäftigt, gilt hier: „The form follows the function".

Das Ziel der Typografie ist es, dem Betrachter eines Gestaltungswerkes dessen Inhalt auf die visuell bestmögliche Art nahe zu bringen. Dabei geht es in erster Linie darum, den Text so lesefreundlich wie möglich zu gestalten. Dies erreicht man durch die Wahl der richtigen Schriftart, Schriftgröße, Auszeichnungsart (bold/fett, kursiv, unterstrichen usw.) sowie den Zeilenabstand, die Satzbreite (Zeilenlänge), die Positionierung des Satzspiegels innerhalb des Formates und viele weitere Faktoren. Die Aufgabe der Typografie ist es also, die Aussage des Textes visuell zu unterstützen. Das kann auch heißen, dass eine wichtige Passage eines Textes bewusst in einer extrem kleinen Schrift gesetzt werden kann, um den Betrachter gezielt dazu zu zwingen, sich anzustrengen, um diesen Part lesen zu können und somit seine Aufmerksamkeit auf den entsprechenden Abschnitt zu lenken. Dies wäre ein probates Mittel, um beispielsweise bei der Spendenwerbung für Sehbehinderte dem Leser den Perspektivwechsel in diese Sehschwäche zu vermitteln.

Wie bei allen anderen Techniken der anwendungsorientierten Gestaltung geht es auch bei der Typografie darum, nicht sich selbst und seine Kreativität zu verwirklichen, sondern darum, die Zielgruppe bestmöglich anzusprechen.

Einige Beispiele zur Anwendung von „guter" Typografie:[1]

(1) Nutzen Sie den Weißraum, wenn Sie Texte auf einer Seite positionieren. Das ist angenehm für das Auge und lässt die Information nicht zu umfangreich erscheinen.

Abbildung 4: Richtiger Umgang mit dem Weißraum

Vergleicht man die beiden Seiten miteinander, wird Ihnen auffallen, dass trotz gleicher Textmenge das rechte Beispiel viel aufgeräumter, klarer und leserlicher wirkt als das linke.

(2) Vermeiden Sie den Einsatz von mehr als zwei verschiedenen Schriftarten und Schrift-
größen. Dies lässt die Seiten sonst unruhig erscheinen und verhindert einen sinnvollen
und logischen Aufbau. Vermeiden Sie vor allem die Mischung von zwei sehr ähnlichen
Schriften (z. B. Times und Garamond).

Die verschiedenen Schriftschnitte (fett, kursiv usw.) können Sie gefahrlos miteinander
mischen, aber übertreiben Sie es nicht. Im Beispiel links merken Sie selbst, dass die über-
triebene Mischung für eine sehr amateurhafte Anmutung sorgt, rechts sind ebenfalls
sehr großzügig Schriftschnitte verändert worden, doch immerhin wirken sie für das
Auge nicht unangenehm.

Abbildung 5: Richtiger Umgang mit verschiedenen Schriften

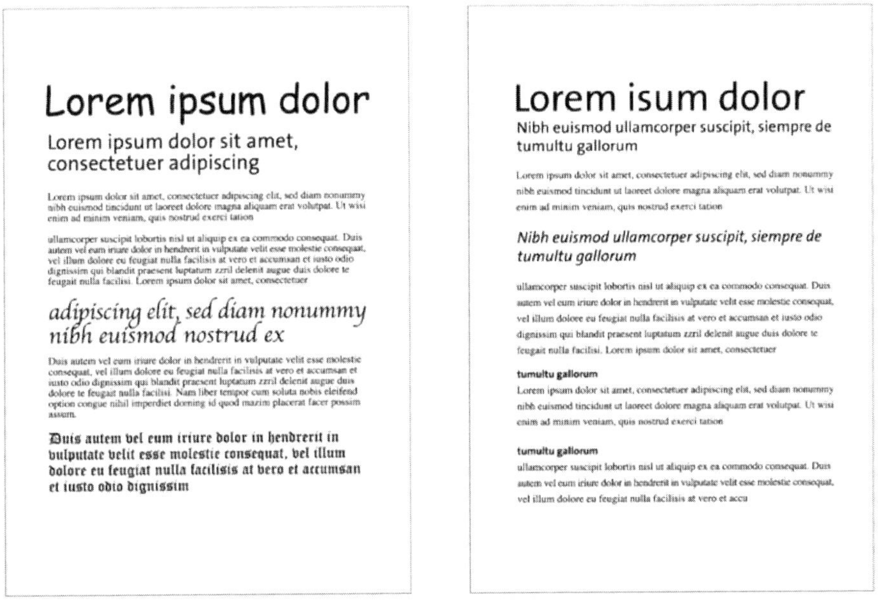

Beim Vergleich dieser beiden Beispiele wird klar, dass das rechte Beispiel durch einen
weniger umfangreichen Einsatz verschiedener Schriften ein viel klareres Schriftbild aufweist und das Auge nicht überanstrengt wird.

(3) Ordnen Sie Buchstaben nicht vertikal untereinander an. Stürzen Sie das Wort lieber
so, dass es mit nach links geneigtem Kopf lesbar ist. Die vertikale Schreibweise liest sich
nur sehr mühsam.

Abbildung 6: Richtiger Umgang bei der Gestaltung von vertikal laufenden Schriften

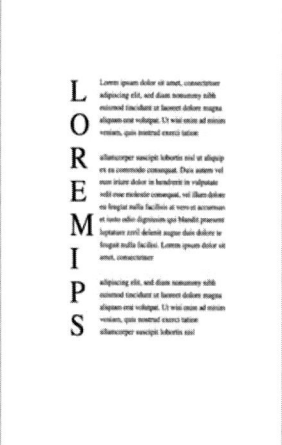

Wie Sie an diesem Beispiel gut erkennen können, ist das Wort „Loremips" beim Beispiel auf der linken Seite kaum noch zusammenhängend zu lesen.

(4) Achten Sie darauf, dass Sie optische Achsen nutzen, davon aber nicht zu viele einsetzen. Greifen Sie diese Achsen auf, um Ihren Text oder Ihre Bilder daran auszurichten. Das Auge braucht eine klare Struktur und sollte nicht zu oft hin und her springen müssen. Typografisch schwierig wird es, wenn die optischen Achsen verschiedene Winkel haben.

Abbildung 7: Verwendung verschiedener optischer Achsen

Das Beispiel auf der linken Seite weist eindeutig zu viele optische Achsen auf, was es dem Betrachter schwer macht, sich auf den Text zu konzentrieren. Das Beispiel auf der rechten Seite veranschaulicht dagegen, wie viel angenehmer es für das Auge ist, wenn man sich auf ein bis zwei optische Achsen beschränkt.

(5) Achten Sie darauf, dass Sie lange Wörter oder gar ganze Zeilen nicht in Großbuchstaben (Versalien) setzen. SO GESETZTE WORTE ODER ZEILEN WERDEN UNLESERLICH UND WIRKEN ZUDEM SEHR SCHWERFÄLLIG UND SPERRIG UND SORGEN SPÄTESTENS AB DER ZWEITEN ZEILE DAFÜR, DASS SIE GROSSE UNLUST VERSPÜREN, WEITERZULESEN. Für Fundraising-Ziele ist „Unlust" wenig zielführend.

Bei den verschiedenen Ausrichtungsarten gibt es einige Gesichtspunkte, auf die man achten sollte:

Blocksatz: Beachten Sie beim Blocksatz, dass Sie mindestens 55 Zeichen in einer Zeile unterbringen, da der Blocksatz sonst sehr schnell löchrig wirkt.

Mittelsatz: Achten Sie beim Mittelsatz darauf, dass Sie diesen nicht mit den anderen Satzarten mischen.

Rechtsbündiger Satz: Der Einsatz von rechtsbündigem Satz ist nur bei sehr kurzen Textblöcken oder Headlines zu empfehlen, da das Auge bei längeren Texten Probleme hat, den Zeilenanfang schnell und unkompliziert wiederzufinden.

*Linksbündiger Satz:* die wohl unkomplizierteste Satzart. Hier ist fast nur darauf zu achten, dass die Zeilen nicht zu sehr in ihrer Länge variieren, sonst fangen diese Zeilen an, stark zu „flattern".

# 6.6.3 Das Logo

Das Logo ist der Ursprung aller wichtigen Elemente für das Corporate Design (siehe 3.2.1). Es sollte so klar und einfach wie möglich gestaltet sein und keine Fehlinterpretationen ermöglichen. Corporate Design (CD) ist ein Teilbereich der Corporate Identity (CI) und beinhaltet das gesamte visuelle Erscheinungsbild eines Unternehmens oder einer Organisation. Dazu gehören sowohl die Gestaltung der Kommunikationsmittel (z. B. Firmenzeichen, Geschäftspapiere, Werbemittel, Verpackungen) als auch das Produktdesign. Die Gestaltung aller Elemente des Corporate Design geschieht unter einheitlichen Gesichtspunkten, um bei jedem Kontakt einen Wiedererkennungseffekt zu erreichen.[2]

Achten Sie bei der Gestaltung Ihres Logos darauf, dass es auf allen Werbemitteln einsetzbar ist. Dies erreichen Sie z. B. dadurch, dass Sie nicht zu viele Farben einsetzen und nicht mit unnötigen Verläufen arbeiten, was z. B. die Produktion von Aufklebern und auch die Integration auf Printprodukten von Sponsoren vereinfacht und Geld spart. Achten Sie darauf, dass Sie Farben anhand eines Farbfächers definieren (z. B. Pantone oder HKS). Das sind Normfarben, die jede Druckerei, Zeitschrift usw. klar zuordnen kann. Dies ermöglicht Ihnen, einen immer exakt gleichen Farbton zu treffen, was wiederum die Wiedererkennung erhöht. Stellen Sie sich z. B. vor, dass Milka plötzlich in Grün oder Coca-Cola in Pink auftauchen würde. Des Weiteren ist darauf zu achten, dass Ihr Logo auch in Schwarz-Weiß und invertiert einsetzbar ist. Das kann bei der Produktion Kosten sparen und sichert die Wiedererkennung auch auf einem Fax oder einer Kopie.

Das Logo einer Firma oder Institution ist in seiner Wichtigkeit nicht zu unterschätzen und sollte in der Regel lieber einem Profi überlassen werden, der das Logo in psychologischer, drucktechnischer und produzierbarer Hinsicht überprüft und gestaltet. Führen Sie sich immer vor Augen, dass die Logogestaltung auch innerhalb der Grafikszene zu einer der Königsdisziplinen gehört. Es ist Ihr Gesicht nach außen und kann für Ihren Erfolg von immenser Wichtigkeit sein. Es ermöglicht Ihnen auf einfachste Weise, den Inhalt Ihrer Philosophie, Ihre Tätigkeitsschwerpunkte u. v. m. darzustellen. Denken Sie an so klare Zeichen wie die der Marken Burger King, Lufthansa oder dem Katzenfutter-Hersteller Sheba. All diese Marken schaffen es in sehr reduzierter Art und Weise, dem Betrachter sofort klar zu machen, worum es geht. Jemand, der Sie sponsert, weil Sie ihm einen sympathischen Imagetransfer bieten, wird es beispielsweise als positiv empfinden, wenn Ihr Logo selbstverständlich und unmissverständlich verstehen lässt, dass hier eine sympathische und soziale Einrichtung unterstützt wird. Da sind sowohl der Name als auch das Logo wichtig. „Brot für die Welt" ist nicht nur kurz, sondern auch eindeutig, VAK e. V. ist hingegen kürzer, aber nicht selbsterklärend. Es gibt im kommerziellen Bereich viele Firmen, die ohne Weiteres einen Kunstnamen und ein völlig abstraktes Logo weltbekannt machen. Dies aber ist nur über ihre massive Medienpräsenz möglich. Als Beispiel kann hier die Telekom angeführt werden, die das „T" ebenso besetzt hat wie kleine Vierecke und die an sich wenig gefällige rote Farbe Magenta. Diese Wiedererkennung erreicht der Telekommunikationsanbieter über eine ausgesprochen kostenintensive Präsenz in den Medien und die regelmäßigen Kontakte in unserem Alltagsleben. Von diesem Vorgehen kann man als kleinere oder mittelgroße soziale Einrichtung nur sehr bedingt „abgucken".

Abgucken ist erlaubt, aber behalten Sie im Hinterkopf, dass bei einer reinen Kopie eines Zeichens immer der Größere gewinnt. Wenn Sie also bewusst oder unbewusst ein Logo oder die Farb- bzw. Erlebniswelt einer sehr bekannten Institution oder einer Marke kopieren, werden Sie mit dieser Marke in Verbindung gebracht – aber Sie erhalten dadurch kein eigenes Gesicht und werden in der Medienpräsenz des Großen untergehen. Beschränken Sie sich bei der Gestaltung auf das Wesentliche und versuchen Sie nicht, Hunderte von Bildinformationen unterzubringen. Setzen Sie Prioritäten. Halten Sie es bei ihrer Darstellung ähnlich wie mit Ihren inhaltlichen Angeboten: Suchen und finden Sie Ihr Alleinstellungsmerkmal, Ihr USP, ihre Einzigartigkeit, um nicht als beliebig unterzugehen.

Fünf Fragen, die Sie sich bei der Entwicklung eines Logos stellen sollten:

(1) Wird innerhalb von ein bis zwei Sekunden klar, worum es sich bei Ihrer Institution handelt, und lässt sich Ihr Name schnell und einfach merken (Ärzte ohne Grenzen, Greenpeace)?

(2) Kann der Name Ihrer Institution durch ein Bildzeichen unterstützt werden, um eine schnelle Identifikation zu vereinfachen (Ähren für Brot, sakral stilisierte Ähren für eine christliche Hungerhilfe usw.)?

(3) Kann ein Alleinstellungsmerkmal hervorgehoben werden (z. B. „Bio"-Bäckerei: Kombination der typischen Bäckereifarben Orange, Beige, Erdfarben mit der Biofarbe Grün)?

(4) Ist Ihr Name klar zu identifizieren und klangvoll auszusprechen?

(5) Sollte Ihr Name mit einem Claim erläutert werden, um einen Imagetransfer zu unterstützen (z. B.: Apple – Think different, Hornbach – Es gibt immer was zu tun, eBay – 3... 2... 1... meins)?

## 6.6.4 Bildsprache

Die Bildauswahl wird genauso oft unterschätzt wie das Logo. Wie wichtig die Arbeit mit Bildern ist, sieht man z. B. an der Bildsprache des Telekommunikationsanbieters O$_2$. O$_2$ schafft es, im Corporate Design alleine durch eine gewisse Bildsprache einen sehr hohen Grad an Wiedererkennung zu schaffen. O$_2$ kann durch die spezielle Typik seiner Bilderwelt sogar schon fast auf den Einsatz eines Logos verzichten und wird alleine anhand der Bilderwelten klar identifiziert. Die Darstellung einer Unterwasserwelt, die in die „Überwasserwelt" gebracht wird, und ein extrem hoher Blauanteil schaffen es, eine Unverwechselbarkeit aufzubauen.

Die Typik der Bilder ist also sehr wichtig für die Wiedererkennung Ihrer Institution. Tun Sie sich deshalb selbst einen Gefallen und versuchen Sie nicht „mal kurz" mit Ihrer Digitalkamera ein paar Bilder zu schießen. Suchen Sie zumindest jemanden, der ein bisschen Herzblut und technisches Wissen in die Fotografie steckt. Nicht ohne Grund werden Profifotografen jahrelang ausgebildet und müssen immer am Ball bleiben, um die erlernten Techniken in Bruchteilen von Sekunden oder unter widrigen Umständen zu entfalten. Und trotz ihrer Routine im Umgang mit Lichtverhältnissen, den richtigen Belichtungszeiten, Perspektiven, Brennweiten gibt es solche und solche Fotografen. Entscheiden Sie, ob sie reportagenhaft oder in Mittelformat-Hochglanz die richtigen Akzente setzen. Rote Augen zu vermeiden oder nicht zu überblitzen ist das eine. Die richtige Mimik und Emotion vor dem richtigen Hintergrund zu bringen, ist das andere. Bewegungen einzufrieren, Harmonien oder Dramatiken zu inszenieren, gelingt auch bei noch so vielen Schnappschüssen äußerst selten. Aber wenn es gelingt, sparen Sie viel Text.

Wenn Sie nicht über die Mittel verfügen, einen professionellen Fotografen zu engagieren, und auch keinen Fotografen in Ihrem Bekanntenkreis haben, sollten Sie versuchen, sich an umliegende Universitäten zu wenden, die Fotodesign als Studiengang anbieten. Studierende dieses Fachbereichs freuen sich über eine Referenz in ihrem Portfolio und sind schon oft mit einem kleinen Obolus zufrieden. Oder schauen Sie bei freien

Bildagenturen wie z. B. www.photocase.de oder www.pixelquelle.de im Internet nach. Diese verlangen meist nur eine Nennung im Impressum oder auf dem Bild. Ein gutes Foto ist mindestens genauso entscheidend für den Erfolg einer Werbemaßnahme wie der Text und die Grafik, und ist in seiner Wirkung nicht zu unterschätzen.

Hier ein paar Tipps zur Arbeit mit Fotos:

Achten Sie bei Fotos immer darauf, dass sie drucktechnisch reproduzierbar sind. Einige Parameter hierfür sind: (1.) *die optimale Auflösung eines Bildes* – in der Regel gilt, dass für den Offsetdruck mindestens eine Auflösung von 300 dpi in Originalgröße vorliegen muss; (2.) *der richtige Farbraum eines Bildes* – das Bild sollte im CMYK-Farbraum abgespeichert sein und in den Lichtern mindestens noch vier Prozent Farbwert, in den Tiefen höchstens 96 Prozent Farbwert aufweisen, das verhindert ein hässliches Ausbrechen in den Lichtern und ein „Zusuppen" in den Tiefen; (3.) *Dateiformate eines Bildes* – Bilder sollten für die Printproduktion am besten im TIF-, JPEG- oder EPS-Format abgespeichert werden.

Probieren Sie nicht, durch eine zu hohe Anzahl von Bildern die Fülle Ihres Angebots zu untermalen. Denken Sie lieber darüber nach, ob es möglich ist, assoziativ zu arbeiten. Beispiel: Sie wollen ein Kinderkrankenhaus bewerben. Vielleicht ist es ja gar nicht nötig, all Ihre Hightech-Geräte, die tollen Pflegebetten, Ihre wunderschöne Cafeteria und den Chefarzt mit seinem kompletten Team abzubilden. Denken Sie lieber über das Ergebnis nach und arbeiten Sie mit einem Bild, das z. B. ein glückliches Kindergesicht zeigt, das den Betrachter freudig anblickt, ihm ein Wohlgefühl vermittelt, seinen Blick direkt auf die Anzeige lenkt und mit ihm in einen direkten visuellen Dialog tritt. Bilder von Menschen wecken starke Emotionen.

Manchmal ist es der richtige Bildausschnitt, der ein Bild brauchbar macht. Da es sehr schwer ist, ein Foto direkt im passenden Ausschnitt zu schießen, sollten Sie es nachbearbeiten, z. B. das Porträt, das Sie aus einem Gruppenfoto entnehmen, oder das Bild einer Landschaft mit Hütte, bei der durch die Wahl des richtigen Ausschnitts die Hütte plötzlich viel interessanter wirkt.

Unschönes muss nicht immer unschön dargestellt werden. Das kann sogar zu Ablehnung, Ekel und Antipathie führen. Seien Sie ehrlich zu sich und testen Sie Ihre gewählten Bilder mit unterschiedlichen Leuten, um deren Reaktionen darauf herauszufinden. Auch hier gilt wie bei allen anderen Gestaltungsdisziplinen: Arbeiten Sie zielgruppenorientiert.

Machen Sie sich Gedanken darüber, ob das von Ihnen gewählte Bild in allen Formaten, die Sie benötigen, die gleiche Wirkung erzielt (auf dem Plakat genauso wie in der sehr viel kleineren Anzeige). Der weite Blick über ein Naturschutzgebiet wirkt beispielsweise doppelseitig sicher bezaubernd. Als eines von acht Bildern auf einer Antwortpostkarte sieht es aus wie irgendetwas Grünes mit irgendwas Braunem.

Machen Sie sich kundig, ob Sie Probleme mit Bildrechten bekommen könnten. Bilder aus dem Internet zu nutzen, die nicht von speziellen Seiten zum Download angeboten werden, ist fast immer verboten und hilft Ihnen in der geringen Auflösung, in der diese zur Verfügung stehen, sowieso meist nicht weiter.

## Anmerkungen

1  Die wichtigsten Regeln der Typografie finden Sie in: Willberg, Hans Peter/Forssman, Friedrich: Erste Hilfe in Typografie. Ratgeber für Gestaltung mit Schrift, Mainz 1999.
2  Vgl. www.wikipedia.de.

## Weiterführende Literatur

Gulbins, Jürgen/Kahrmann, Christine: Mut zur Typographie. Ein Kurs für Desktop-Publishing, 2. überarbeitete und erweiterte Auflage, Berlin 2000.

# Kapitel 7

# Recht

# 7.1 Mögliche Rechtsformen gemeinnütziger Organisationen

*Siegfried W. Grünhaupt*

*Die* geeignete Rechtsform für eine Nonprofit-Organisation (NPO) bzw. gemeinnützige Organisation gibt es nicht. Je nach Ziel und Zweck, der Finanzkraft und den benötigten Mitteln der Einrichtung gibt es verschiedene Möglichkeiten, die infrage kommen und geprüft werden sollten.

Für manches Fundraising-Ziel reicht ein Förderkreis ohne eigene Rechtsform aus. Die Spenden werden dann unmittelbar an die zu fördernde Organisation gegeben.

Soll der Förderkreis selbst gemeinnützig sein und Spenden entgegennehmen können, kommt die Gründung eines nicht rechtsfähigen Vereins infrage (Gemeinschaft der Freunde und Förderer der Einrichtung X).

Der nicht rechtsfähige Verein und die rechtlich unselbstständige (nicht rechtsfähige) Stiftung können beide bei Vorliegen der Voraussetzungen als gemeinnützig anerkannt werden. Hierfür ist die Erlangung der Rechtsfähigkeit – durch Eintragung in das Vereinsregister (siehe 7.1.1) oder durch staatliche Anerkennung (siehe 7.1.2) – nicht erforderlich. Die Rechtsfähigkeit erleichtert die Teilnahme am Rechtsverkehr. Sie sollte dann angestrebt werden, wenn z. B. Eigentum erworben werden soll oder die Anstellung von Mitarbeitenden geplant wird (Näheres unter 7.1.1 und 7.1.2). Das Erreichen der Rechtsfähigkeit erfordert einen gewissen Aufwand und beansprucht einige Zeit. Es kann daher sinnvoll sein, den geplanten Zweck zunächst als nicht rechtsfähige Organisation zu verfolgen und dann die Rechtsfähigkeit anzustreben.

Als Rechtsformen für gemeinnützige Einrichtungen haben sich der Verein, die Stiftung und die Gesellschaft mit beschränkter Haftung (GmbH) bewährt. Sie sollen im Folgenden behandelt werden. In letzter Zeit wird auch die Errichtung von (gemeinnützigen) Aktiengesellschaften diskutiert und praktiziert. Deren Behandlung würde den Rahmen dieses Handbuchs sprengen. Die Gründung ist angesichts des hohen Mindestkapitals von 50.000 Euro und der Formvorschriften aufwendig. Die Aktiengesellschaft ist stärker auf den Kapitalmarkt ausgerichtet. Fundraising für eine Aktiengesellschaft dürfte eine besondere Herausforderung darstellen.

Es ist schwierig, die Eigenschaften und Möglichkeiten der Rechtsformen als Vor- oder Nachteile zu klassifizieren. Dies ist jeweils eine Frage des Zwecks und auch der individuellen Wertung. Daher wird hier darauf verzichtet und durch die nachfolgenden Beiträge versucht, die Wahl der (richtigen) Rechtsform zu erleichtern (siehe auch die Checkliste „Übersicht zur Rechtsformwahl gemeinnütziger Körperschaften" im Anhang).

Es soll aber noch auf einen steuerrechtlichen Aspekt hingewiesen werden. Durch das Gesetz zur weiteren steuerlichen Förderung von Stiftungen aus dem Jahr 2000 sind zusätzliche steuerliche Abzugsmöglichkeiten für Zuwendungen an Stiftungen geschaffen worden, die über die sonstigen Abzugsmöglichkeiten bei Spenden hinausgehen (siehe 7.2). Dies kann auch ein Gesichtspunkt sein, der bei der Wahl der Rechtsform eine Rolle spielt.

### Weiterführende Literatur

Menges, Evelyne: Gemeinnützige Einrichtungen. Nonprofit-Organisationen gründen, führen und optimieren, München 2004.

Randenborgh, Lucas van: Rechtsformwahl, in: Schauhoff, Stephan (Hrsg.): Handbuch der Gemeinnützigkeit. Verein – Stiftung – GmbH; Recht, Steuern, Personal, 2. Auflage, München 2005, S. 29–37.

## 7.1.1 Vereinsrecht

*Siegfried W. Grünhaupt*

## 7.1.1.1 Was ist ein Verein?

Ein Verein ist ein freiwilliger körperschaftlicher Zusammenschluss mehrerer Personen, der

- einen gemeinsamen Zweck verfolgt,
- auf eine gewisse Dauer angelegt ist,
- unabhängig vom Wechsel seiner Mitglieder besteht,
- einen eigenen Namen hat und
- durch Organe handelt.

Rechtsgrundlage für den eingetragenen (rechtsfähigen) Verein sind die §§ 21 ff. des BGB.

Für den nicht rechtsfähigen Verein gelten nach § 54 BGB zwar die Vorschriften über die bürgerlich-rechtliche Gesellschaft (BGB-Gesellschaft) der §§ 705 ff. BGB. Durch die Entwicklung der Rechtsprechung kann man aber heute davon ausgehen, dass im Wesentlichen doch die Regelungen des Vereinsrechts anzuwenden sind. Dies gilt vor allem dann, wenn der nicht rechtsfähige Verein alle Merkmale eines rechtsfähigen Vereins aufweist. Dadurch ist z. B. nach herrschender Meinung die Haftung der Mitglieder für Verbindlichkeiten des Vereins auf das Vereinsvermögen beschränkt.

Eine zu beachtende Besonderheit ergibt sich allerdings aus der Regelung des § 54 Satz 2 BGB. Danach haftet bei einem Rechtsgeschäft, das z. B. ein Vorstandsmitglied für den Verein abschließt, der Handelnde neben dem Verein persönlich. Bei größerem Finanzvolumen des nicht rechtsfähigen Vereins sollte auch aus diesem Grund die Rechtsfähigkeit des Vereins durch Eintragung in das Vereinsregister (vgl. 7.1.1.3) angestrebt werden. Von diesem Zeitpunkt an haftet der Verein nach § 31 BGB für Schäden, die Vorstandsmitglieder bei der Ausübung ihrer Aufgaben Dritten schuldhaft zufügen.

## 7.1.1.2 Erscheinungsformen von Vereinen

Die gesetzlichen Regelungen betreffen vor allem den so genannten *Idealverein*. Damit sind Vereine gemeint, deren Hauptzweck nicht auf einen wirtschaftlichen Zweckbetrieb gerichtet ist. Ein wirtschaftlicher Nebenzweck, der der ideellen Zielsetzung untergeordnet ist, ist hierbei unbeachtlich.

*Wirtschaftliche Vereine*, deren Zweck also auf einen wirtschaftlichen Zweckbetrieb gerichtet ist, haben für den Bereich der Nonprofit-Organisationen (NPOs) keine Bedeutung. Sie erlangen ihre Rechtsfähigkeit durch staatliche Verleihung (§ 22 BGB).

## 7.1.1.3 Gründung eines rechtsfähigen Vereins

An der Gründung eines Vereins müssen mindestens sieben Personen mitwirken. Dies können unbeschränkt geschäftsfähige natürliche Personen sein (Minderjährige mit Zustimmung der gesetzlichen Vertreter) sowie inländische und ausländische juristische Personen (z. B. andere Vereine, Kommunalgemeinden, GmbH). Auch Handelsgesellschaften und nicht rechtsfähige Vereine können an der Vereinsgründung mitwirken.

Zur Gründung ist eine Gründungsversammlung erforderlich. Für diese wird zweckmäßigerweise ein Satzungsentwurf vorbereitet. Dieser muss beschlossen und von mindestens sieben Mitgliedern unterschrieben werden. Sodann ist nach den Regelungen dieser Satzung der Vorstand zu wählen.

Die vertretungsberechtigten Vorstandsmitglieder haben den Verein schriftlich bei dem zuständigen Amtsgericht zum Vereinsregister anzumelden. Zuständig ist das Amtsgericht des Vereinssitzes. Die Anmeldung muss öffentlich (notariell) beglaubigt sein. Ihr sind die Satzung im Original und eine Abschrift sowie ein Auszug aus dem Protokoll der Gründungsversammlung beizufügen, aus dem zumindest der Beschluss der Satzung und die Wahl des Vorstandes hervorgehen müssen.

Die Eintragung setzt voraus, dass die Satzung Bestimmungen enthält über

- den *Vereinszweck* (dies kann die Förderung jedes „gemeinwohlkonformen" Zieles sein),
- den *Namen* des Vereins, der nicht den Begriff „Verein" enthalten, sich aber von den Namen anderer Vereine im gleichen Gebiet unterscheiden muss; er darf nicht irreführend sein,
- den *Sitz* des Vereins, für den meist der Ort gewählt wird, in dem sich die Verwaltung des Vereins befindet,
- die beabsichtigte *Eintragung in das Vereinsregister*,
- den *Ein- und Austritt von Mitgliedern*, wobei klargestellt werden sollte, ob für den Eintritt die bloße Beitrittserklärung ausreicht oder ob z. B. der Vorstand über die Aufnahme entscheidet; für den Austritt dürfen keine allzu hohen Hürden (überlange Kündigungsfristen) vorgesehen werden,
- eventuelle *Beitragspflichten* der Mitglieder,
- Bildung und Zusammensetzung des *Vorstands*,
- Voraussetzungen und Form der Einberufung der *Mitgliederversammlung* und der Beurkundung ihrer Beschlüsse.

Der Verein wird mit der Eintragung in das Vereinsregister rechtsfähig, aber auch steuerpflichtig. Wenn die Gemeinnützigkeit angestrebt wird, sind die entsprechenden Regelungen in die Satzung aufzunehmen (siehe 7.2). Es empfiehlt sich dann, die Satzung vor Beschluss durch die Gründungsversammlung mit dem zuständigen Finanzamt abzustimmen.

## 7.1.1.4 Organisation und Verwaltung des Vereins

Die *Mitgliedschaft* in einem Verein wird durch den Eintritt in den Verein erworben. Viele Satzungen sehen vor, dass der Vorstand über die Aufnahme entscheidet und im Falle der Ablehnung die Entscheidung der Mitgliederversammlung herbeigeführt werden kann. Mit der Aufnahme erwirbt das Mitglied das Recht, an der Mitgliederversammlung und anderen Veranstaltungen des Vereins teilzunehmen. Es erhält das aktive und passive Wahlrecht zu den Ämtern des Vereins.

Zu den Pflichten eines Vereinsmitglieds gehören die Zahlung der Beiträge und die Bereitschaft zur aktiven Mitarbeit sowie zur Übernahme von Verantwortung für den Verein.

Die *Haftung* der Vereinsmitglieder für Verbindlichkeiten des Vereins ist auf das Vereinsvermögen beschränkt.

Der Verein hat zwingend zwei *Organe: die Mitgliederversammlung* und den *Vorstand*. Es können aber auch weitere Organe gebildet werden, z. B. ein Beirat oder ein Verwaltungsrat. Ein wichtiger Gesichtspunkt für die Berufung der Mitglieder eines solchen weiteren

Organs könnte z. B. die Einbindung des Vereins und seiner Arbeit in die fachliche und die interessierte oder zu interessierende Öffentlichkeit sein. Auch die Gewinnung von Gönnerinnen und Gönnern, großherzigen (und finanzkräftigen) Spenderinnen und Spendern kann ein Aspekt bei der Besetzung eines solchen Organs sein.

Die *Mitgliederversammlung* ist das oberste Organ des Vereins. Sie hat die Kompetenz zur Regelung aller Vereinsangelegenheiten, wenn diese nicht durch Satzung einem anderen Organ übertragen sind. Sie entscheidet durch Beschlüsse über die Grundlinien der Vereinspolitik, setzt die Mitgliedsbeiträge fest und wählt den Vorstand. Es empfiehlt sich, in der Satzung Regelungen darüber zu treffen, wer die Mitgliederversammlung einberuft und leitet, wann sie beschlussfähig ist und welche Mehrheiten für Beschlüsse erforderlich sind. Bei der Regelung der Beschlussfähigkeit sollte bedacht werden, dass bei Vereinen mit großer Mitgliederzahl die Zahl der an der Mitgliederversammlung Teilnehmenden relativ gering sein kann. Mann kann z. B. die Beschlussfähigkeit jeder ordnungsgemäß einberufenen Mitgliederversammlung vorsehen. Eine andere Möglichkeit ist es, die Einberufung einer weiteren Mitgliederversammlung zu schaffen, die dann ohne Rücksicht auf die Zahl der Erschienenen beschlussfähig ist.

Geschäftsführungs- und Vertretungsorgan des Vereins ist der *Vorstand*. Er vertritt den Verein gerichtlich und außergerichtlich (§ 26 BGB). Der Vorstand kann aus einer Person bestehen. Üblich ist allerdings die Bestellung mehrerer Personen als Vorstandsmitglieder, wobei dann geregelt werden muss, wer den Vorstand im Sinne von § 26 BGB bildet und wie der Verein im Rechtsverkehr vertreten wird (Alleinvertretung durch die Vorsitzende oder den Vorsitzenden bzw. Vertretung durch mehrere Vorstandsmitglieder gemeinsam). Es empfiehlt sich, auch für den Vorstand in der Satzung Regelungen über die Einberufung, die Beschlussfähigkeit und die für Beschlüsse erforderlichen Mehrheiten zu treffen.

Nur die vertretungsberechtigten Vorstandsmitglieder werden in das Vereinsregister eingetragen. Ihre Vertretungsbefugnis wird durch einen Auszug aus dem Vereinsregister nachgewiesen. Die Vereinssatzung kann für einzelne Aufgabenbereiche die Bestellung besonderer Vertreter nach § 30 BGB vorsehen. Diese haben für ihren Aufgabenbereich eine Stellung wie ein Vorstand und werden ebenfalls in das Vereinsregister eingetragen.

Geschäftsführung und Verwaltung des Vereins sowie die Ausführung der Beschlüsse der Mitgliederversammlung sind in erster Linie Aufgabe des Vorstands. Bei größeren Vereinen kann es sinnvoll sein, in der Satzung die Bestellung einer Geschäftsführerin oder eines Geschäftsführers vorzusehen, die oder der die allgemeinen Geschäfte der laufenden Verwaltung zu führen hat. Diese können auch zu besonderen Vertretern gemäß § 30 BGB bestellt werden, wenn die Satzung eine solche Bestellung vorsieht.

Der Verein haftet nach § 31 BGB für Schäden, die Vorstandsmitglieder und besondere Vertreter bei der Ausübung ihrer Aufgaben Dritten schuldhaft zufügen. Dies kann zu Schadensersatzansprüchen des Vereins gegenüber dem Vorstandsmitglied führen. Daher sollte z. B. in der Satzung die Haftung der Vorstandsmitglieder auf Vorsatz und grobe Fahrlässigkeit beschränkt werden. Der Abschluss entsprechender Versicherungen ist anzuraten.

## 7.1.1.5 Satzungsänderungen, Zweckänderung, Auflösung des Vereins

Zuständig für Satzungsänderungen ist nach § 33 BGB die Mitgliederversammlung. Das Gesetz sieht für einen entsprechenden Beschluss eine Mehrheit von drei Vierteln der Erschienenen vor. Die Satzung kann hierfür andere Mehrheiten vorsehen und die Entscheidung auch einem anderen Vereinsorgan übertragen. Letzteres ist wegen der Bedeutung einer solchen Entscheidung für den Verein nicht zu empfehlen. Auch sollte bei einer geplanten Satzungsänderung eine rechtzeitige Information aller Mitglieder vorgesehen (und durchgeführt) werden.

Für eine Zweckänderung sieht das Gesetz (§ 33 BGB) die Zustimmung aller Mitglieder des Vereins vor. Die Zustimmung der Mitglieder, die zur Mitgliederversammlung nicht erschienen sind, wäre in diesem Fall schriftlich einzuholen. Dies kann in der Praxis zu großen Problemen und zu einer faktischen Unabänderlichkeit des Vereinszwecks führen. Daher sollte die Satzung eine andere Regelung vorsehen, die der Bedeutung eines solchen Beschlusses angemessen und auch praktikabel ist.

Der Verein kann durch Beschluss der Mitgliederversammlung aufgelöst werden. Auch hierfür sollte die Satzung ein angemessenes Verfahren und eine entsprechende Mehrheit für einen Beschluss vorsehen. Im Falle der Auflösung findet eine Liquidation statt, entweder durch den Vorstand oder durch von der Mitgliederversammlung bei der Auflösung bestellte Liquidatoren. Diese haben die Geschäfte des Vereins abzuwickeln. Das verbleibende Vermögen fällt an die Person oder Institution, die in der Satzung dafür benannt ist. Bei gemeinnützigen Einrichtungen muss dies eine steuerbegünstigte Körperschaft sein (siehe 7.2).

### Weiterführende Literatur

Harant, Dieter/Köllner, Ute: Vereinspraxis. Ein Ratgeber zum Vereinsrecht, zum Arbeitsrecht und zu kaufmännischen Fragen, 4. Auflage, Neu Ulm 2006.

Randenborgh, Lucas van: Vereinsrecht, in: Schauhoff, Stephan (Hrsg.): Handbuch der Gemeinnützigkeit. Verein – Stiftung – GmbH; Recht, Steuern, Personal, 2. Auflage, München 2005, S. 39–105.

Waldner, Wolfram: Der eingetragene Verein. Eine gemeinverständliche Erläuterung des Vereinsrechts unter besonderer Berücksichtigung der neuesten Rechtsprechung, 18. neu bearbeitete Auflage, München 2006.

Stöber, Kurt: Handbuch zum Vereinsrecht, 9. Auflage, Köln 2004.

# 7.1.2 Stiftungsrecht

*Siegfried W. Grünhaupt*

## 7.1.2.1 Was ist eine Stiftung?

Der Begriff Stiftung ist gesetzlich nicht definiert. Kennzeichen einer Stiftung ist, dass sie als Vermögensmasse, die mit Rechtsfähigkeit ausgestattet und einem bestimmten Zweck auf Dauer gewidmet ist, dazu dient, aus den Erträgen dieses Vermögens nachhaltig die vom Stifter bestimmten Zwecke zu erfüllen. Organisatorisch muss die Stiftung mindestens ein Organ (Vorstand) haben.

Die Rechtsfähigkeit der Stiftung kann auf öffentlichem oder bürgerlichem Recht (Privatrecht) beruhen. Im Folgenden wird mit Rücksicht auf die Bedeutung für Nonprofit-Organisationen (NPOs) und Fundraising die *Stiftung des Privatrechts* behandelt.

## 7.1.2.2 Erscheinungsformen von Stiftungen[1]

*Örtliche Stiftungen* werden nach dem Willen des Stifters von einer Kommunalgemeinde verwaltet. Sie dienen überwiegend Zwecken, die von der verwaltenden Stadt bzw. Gemeinde in ihrem Bereich als öffentliche Aufgaben erfüllt werden können.

*Kirchliche Stiftungen* dienen ganz oder zumindest überwiegend kirchlichen Zwecken und werden nach dem Willen des Stifters von einer Kirche verwaltet oder beaufsichtigt.

*Familienstiftungen* haben die Förderung oder Unterstützung Angehöriger einzelner oder mehrerer Familien zur Aufgabe (privatnützige Stiftung, nicht steuerlich privilegiert).

*Bürgerstiftungen*/Stadtstiftungen sind Stiftungen, bei denen sich eine Vielzahl von Stifterinnen und Stiftern zusammenfinden, die gemeinsam das Grundstockvermögen der Stiftung aufbringen. Die Zwecke der Stiftung sind dabei meist sehr vielfältig, beziehen sich aber immer auf das Lebensumfeld der Stifter, also eine Stadt, einen Ort oder eine Region.

Im gemeinnützigen Bereich haben sich *Gemeinschaftsstiftungen* bewährt. Sie sind den Bürgerstiftungen vergleichbar. Meistens beteiligen sich mehrere natürliche oder juristische Personen an der Errichtung und Entwicklung der Stiftung. Es gibt aber auch eine andere Möglichkeit: Eine natürliche oder juristische Person (z. B. die NPO) errichtet als „Anstifter" die Stiftung allein, stattet sie mit einem Vermögen aus und sucht weitere Personen, die als Mitstifter oder Zustifter weiteres Vermögen einbringen. Das Besondere an der Gemeinschaftsstiftung ist also, dass sie mehrere Stifterinnen und Stifter hat. Diese Gemeinschaft der Stifterinnen und Stifter, die gemeinsam mit anderen Personen den Zweck der Stiftung nachhaltig fördern wollen, führt zu effizienter Arbeit durch Engagement und „Nähe zur Sache". Zum Selbstverständnis einer Gemeinschaftsstiftung gehört auch die über den Gründungszeitraum hinausgehende aktive Beteiligung der Stifterinnen und Stifter. Dies kann z. B. dadurch sichergestellt werden, dass in der Satzung eine regelmäßige Information und jährliche Zusammenkunft der Stifterinnen und Stifter vorgesehen wird.

## 7.1.2.3 Stiftungsgründung

Rechtsgrundlage für die Stiftung des Privatrechts sind die §§ 80 bis 88 BGB und die Stiftungsgesetze der Bundesländer. Für gemeinnützige Stiftungen sind die Vorschriften der Abgabenordnung (Abschnitt „Steuerbegünstigte Zwecke"), der Anwendungserlass zur Abgabenordnung und weitere Steuervorschriften von Bedeutung (siehe 7.2).

(1) Die *Errichtung einer rechtlich selbstständigen Stiftung* bürgerlichen Rechts erfolgt durch ein Stiftungsgeschäft, sie benötigt eine Stiftungssatzung und die staatliche Anerkennung durch die nach dem jeweiligen Landesstiftungsgesetz zuständige Stiftungsaufsichtsbehörde. Für gemeinnützige Stiftungen ist noch die Anerkennung der Gemeinnützigkeit durch die zuständige Finanzbehörde wichtig (siehe 7.2).

Stifterin oder Stifter können natürliche oder juristische Personen sein. Das Stiftungsgeschäft ist eine verbindliche schriftliche Erklärung des Stifters oder der Stifter, eine bestimmte Summe auf Dauer für einen oder mehrere von dem Stifter bzw. den Stiftern bestimmte(n) Zweck(e) zu widmen.

Das Stiftungsgeschäft hat entweder die Form eines Rechtsgeschäfts unter Lebenden (einseitige, nicht empfangsbedürftige Willenserklärung), oder es ist in einer Verfügung von Todes wegen (Testament, Erbvertrag) enthalten. In beiden Fällen ist die Schriftform erforderlich. Bei der Errichtung durch Testament oder Erbvertrag sind zusätzlich die erbrechtlichen Formvorschriften zu beachten.

Das Stiftungsgeschäft muss Angaben enthalten über:

- den Namen und den Sitz der Stiftung,
- den Zweck der Stiftung,
- die Organe der Stiftung (und wie sie gebildet werden),
- die Vermögensausstattung.

Das Stiftungsvermögen kann aus Geld bestehen, aber auch Grundstücke, Wertpapiere und anderes Vermögen können gestiftet werden.

Durch das Stiftungsgeschäft muss die Stiftung auch eine Satzung erhalten. Diese muss Regelungen beinhalten über:

- den Namen der Stiftung,
- den Sitz der Stiftung,

- den Stiftungszweck,
- das Vermögen der Stiftung und
- die Bildung des Vorstands der Stiftung.

Die Stiftungssatzung sollte (fakultativ) noch regeln,

- ob es außer dem Vorstand noch ein weiteres Organ (z. B. Beirat, Kuratorium) oder eine Geschäftsführung geben soll,
- wie sich der Vorstand und gegebenenfalls andere Organe zusammensetzen, gebildet werden und wie lange die Amtszeit sein soll,
- wie die Stiftung vertreten werden und wie die Zuständigkeit der einzelnen Organe abgegrenzt sein soll,
- bei Stiftungen, die als gemeinnützig anerkannt werden sollen, die hierfür erforderlichen Ausführungen,
- die Voraussetzungen für Satzungsänderungen, für die eventuelle Umwandlung oder Aufhebung der Stiftung und das dafür zuständige Organ und
- wer das Vermögen der Stiftung erhalten soll, falls diese ihren Zweck nicht mehr erfüllen kann und aufgelöst wird.

Es hat sich bewährt, der Satzung eine Präambel voranzustellen. In ihr können in werbewirksamer Form Entwicklung, Aufgaben und Ziele der Stiftung kurz beschrieben werden. Es empfiehlt sich unter dem Gesichtspunkt des Fundraisings, in die Satzung eine Regelung aufzunehmen, dass Zustiftungen jederzeit möglich und erwünscht sind. Auch die Annahme und Einrichtung von Stiftungsfonds (Themenfonds) sollte vorgesehen werden.

Zustiftungen sind vor allem für Gemeinschaftsstiftungen wichtig. Es sind Zuwendungen an die Stiftung, die dem Stiftungsvermögen zufließen sollen und – im Gegensatz zur Spende – nicht für die zeitnahe alsbaldige Verwendung zur Erfüllung der Stiftungszwecke genutzt werden. Sie fördern einen schrittweisen Aufbau des Stiftungsvermögens, aus dessen Erträgen die Stiftungszwecke und -ziele dann umfassender und nachhaltiger erfüllt werden können. Eine Zustifterin oder ein Zustifter identifiziert sich also mit den Zielen einer Stiftung und stärkt mit dem eingebrachten Vermögen die Stiftung.

Stiftungsfonds (Themenfonds) sind Mittel, die von der Stiftung nach Weisung der Stifterin oder des Stifters des Fonds gesondert verwaltet werden. Die Mittel solcher Stiftungsfonds sind in der Regel nicht zum alsbaldigen Verbrauch bestimmt, sondern sollen – mit dem Stiftungsvermögen verwaltet – langfristig angelegt einem vorgegebenen, abgegrenzten Zweck (Projekt, Arbeitsbereich) im Rahmen der (Gemeinschafts-)Stiftung dienen. Die Stifterin oder der Stifter eines solchen Stiftungsfonds hat die Möglichkeit, mit der Einrichtung auch die teilweise Verwendung des Vermögens des Stiftungsfonds vorzusehen. Unter bestimmten Voraussetzungen kann auch an die Aufzehrung des gesamten Vermögens des Stiftungsfonds zur Zweckerfüllung mit anschließender Auflösung gedacht werden. Stiftungsfonds können mit dem Namen der Stifterin oder des Stifters verbunden werden (siehe 4.2.3.2).

Die zur Rechtsfähigkeit erforderliche staatliche Anerkennung der Stiftung wird auf Antrag von der nach Landesrecht zuständigen Behörde ausgesprochen. Das kann das Innenministerium des Landes, eine Bezirksregierung oder eine andere Behörde sein. Diese prüft, ob das Stiftungsgeschäft und die Satzung den Formerfordernissen entsprechen und die notwendigen Regelungen enthalten sowie ob „der Stiftungszweck das Gemeinwohl nicht gefährdet" (§ 81 Abs. 2 BGB). Vor allem wird auch geprüft, ob das Stiftungsvermögen ausreichend ist, um die dauernde und nachhaltige Erfüllung des Stiftungszwecks sicherzustellen. In der Regel wird ein Anfangsvermögen von mindestens 50.000 Euro erwartet, die Tendenz geht allerdings eher zur Forderung eines höheren Mindestvermögens.

(2) Die *Gründung* einer *rechtlich unselbstständigen (treuhänderischen) Stiftung* ist etwas einfacher. Sie benötigt keine staatliche Anerkennung und es ist kein Mindestkapital erforderlich. Die rechtlich unselbstständige Stiftung ist keine juristische Person. Sie kann nicht selbst rechtswirksam handeln. Daher benötigt sie einen rechtsfähigen Träger, der für sie im Rechtsverkehr auftritt und das Stiftungsvermögen, das in sein Eigentum übergeht, treuhänderisch verwaltet. Daher wird sie auch als Treuhandstiftung oder treuhänderische Stiftung bezeichnet. Die Gründung erfolgt durch Abschluss eines Stiftungsvertrags (Treuhandvertrags), der auch eine Satzung der Stiftung enthält, zwischen der Stifterin oder dem Stifter und dem Träger (Treuhänder). Für die Errichtung ist also das Zusammenwirken von zwei „Parteien" notwendig. Eine so genannte „Eigenstiftung" einer treuhänderischen Stiftung aus einer NPO heraus ist also nicht möglich. Eine Ausnahme gibt es nur bei Körperschaften des öffentlichen Rechts (z. B. Kommunen, Kirchengemeinden), die rechtlich unselbstständige Stiftungen durch Satzung errichten können.

Soll die rechtlich unselbstständige Stiftung gemeinnützig sein, sollten Stiftungsvertrag und Satzung rechtzeitig mit der zuständigen Finanzbehörde abgestimmt werden (siehe 4.2.3.2 und 7.2).

Wegen des geringeren erforderlichen Vermögens werden Gemeinschaftsstiftungen oft zunächst als rechtlich unselbstständige Stiftungen mit dem Ziel der baldigen Umwandlung in eine rechtlich selbstständige Stiftung gegründet. Gemeinschaftsstiftungen sehen oft auch die Möglichkeit der Treuhänderschaft und Verwaltung für rechtlich unselbstständige Stiftungen vor.

Für *gemeinnützige rechtlich unselbstständige Stiftungen* und deren Stifterinnen und Stifter, Spenderinnen und Spender gelten die gleichen steuerlichen Erleichterungen wie bei einer rechtlich selbstständigen gemeinnützigen Stiftung (siehe 4.2.3.2 und 7.2).

Keine Stiftungen im Rechtssinn sind Stiftungs-GmbHs (z. B. Robert-Bosch-Stiftung GmbH) und Stiftungs-Vereine (z. B. Konrad-Adenauer-Stiftung e. V.). Für sie gilt Gesellschaftsrecht bzw. Vereinsrecht. Auch wenn sie als gemeinnützig anerkannt sind, genießen sie nicht die steuerlichen Vorteile wie Stiftungen.

## 7.1.2.4 Organisation und Verwaltung der rechtsfähigen Stiftung

Oberster Grundsatz für die Arbeit einer Stiftung ist der im Stiftungsgeschäft und in der Stiftungssatzung niedergelegte Stifterwille. Er dokumentiert sich vor allem in der Beschreibung des Stiftungszwecks. Daher ist auf dessen Formulierung in der Satzung besonderer Wert zu legen (siehe 4.2.3.2).

Zur Verwaltung und Vertretung der Stiftung muss wenigstens ein Organ, der Vorstand, vorhanden sein. Dieser kann aus einer Person, z. B. der Stifterin oder dem Stifter, bestehen. Üblich ist allerdings die Bestellung mehrerer Personen als Vorstandsmitglieder, wobei dann geregelt werden muss, wer den Vorstand im Sinne von § 86 in Verbindung mit § 26 BGB bildet und wie die Stiftung im Rechtsverkehr vertreten wird (Alleinvertretung durch die Vorsitzende oder den Vorsitzenden bzw. Vertretung durch mehrere Vorstandsmitglieder gemeinsam). Die Vertretungsberechtigung der Vorstandsmitglieder wird durch eine Bescheinigung nachgewiesen, die die Stiftungsaufsichtsbehörde ausstellt.

Der erste Vorstand wird meist von der Stifterin oder dem Stifter im Stiftungsgeschäft bestellt. Sie oder er kann sich auch auf Lebenszeit die Bestellung des Vorstands vorbehalten. Bei einem Vorstand, der aus mehreren Mitgliedern besteht, erfolgt die Bestellung oder Wahl ansonsten entweder durch Selbstergänzung (Kooptation) oder durch ein weiteres Stiftungsorgan. Für die Mitglieder des Vorstands (und anderer Organe) sollte eine feste, begrenzte Amtszeit vorgesehen werden.

Viele Stiftungssatzungen sehen ein zweites Stiftungsorgan vor, das unterschiedlich als Kuratorium, Verwaltungsrat, Stiftungsrat o. Ä. bezeichnet wird. Auch die Aufgabenbeschreibung für dieses zweite Organ ist sehr verschieden. Manchmal geht es nur um die fachliche Begleitung des Stiftungsvorstands und der Arbeit der Stiftung. Häufig werden einem Kuratorium oder Verwaltungsrat aber auch Kontroll- und Aufsichtsrechte übertragen (Wahl und Entlastung des Vorstands, Verabschiedung des Wirtschaftsplans, Genehmigung der Jahresabrechnung usw.). Ein wichtiger Gesichtspunkt für die Berufung der Mitglieder eines solchen Organs, z. B. eines Stiftungsrates, dürfte auch die Einbindung der Stiftung und ihrer Arbeit in die fachliche und die interessierte Öffentlichkeit sein. Auch die Gewinnung (potenzieller) Stifterinnen und Stifter, Zustifterinnen und Zustifter kann ein Aspekt bei der Besetzung des zweiten Stiftungsorgans sein.

Die Verwaltung der Stiftung unter Beachtung des Stifterwillens ist in erster Linie Aufgabe des Vorstands. Bei größeren Stiftungen kann es sinnvoll sein, in der Satzung die Bestellung einer Geschäftsführerin oder eines Geschäftsführers vorzusehen, die oder der die allgemeinen Geschäfte der laufenden Verwaltung zu führen hat. Die Satzung kann auch die Bestellung besonderer Vertreter nach §§ 86, 30 BGB vorsehen.

Der Vorstand und gegebenenfalls die Verwaltung der Stiftung haben darauf zu achten, dass das Grundstockvermögen der Stiftung in seinem Bestand ungeschmälert erhalten wird. Es darf umgeschichtet werden. Umschichtungsgewinne dürfen im Allgemeinen im Rahmen der steuerlichen Vorschriften ganz oder teilweise zur Erfüllung des Stiftungszwecks verwendet werden. Die Erträge des Vermögens und Zuwendungen, die nicht zur Erhöhung des Stiftungsvermögens bestimmt sind, sind für die Verwirklichung des Stiftungszwecks zu verwenden. Bei gemeinnützigen Stiftungen ist auf zeitnahe Verwendung dieser Mittel zu achten (siehe 7.2).

Die Stiftung haftet nach §§ 86, 31 BGB für Schäden, die Vorstandsmitglieder und besondere Vertreter bei der Ausübung ihrer Aufgaben Dritten schuldhaft zufügen. Dies kann zu Schadensersatzansprüchen der Stiftung gegenüber dem Vorstandsmitglied führen. Daher sollte z. B. in der Satzung die Haftung der Vorstandsmitglieder auf Vorsatz und grobe Fahrlässigkeit beschränkt werden. Der Abschluss entsprechender Versicherungen ist anzuraten.

## 7.1.2.5 Stiftungsaufsicht

Die für die staatliche Anerkennung der rechtsfähigen Stiftungen bürgerlichen Rechts zuständigen Behörden nehmen auch die Stiftungsaufsicht wahr. Diese ist als Rechtsaufsicht ausgestaltet. Da Stiftungen kein Kontrollorgan haben müssen, das die Beachtung des Stifterwillens auf Dauer sicherstellt, wird diese Aufgabe den Gesetzen entsprechend der staatlichen (oder kirchlichen) Stiftungsaufsicht zugewiesen.

Die allgemeine Aufsicht über die Stiftungsverwaltung dient der Prüfung, ob die Verwaltung im Rahmen der Stiftungssatzung und sonstiger zu beachtender Bestimmungen erfolgt. Daneben sind einige Maßnahmen und Beschlüsse der Stiftungsorgane anzeige- oder genehmigungspflichtig.

## 7.1.2.6 Satzungsänderungen, Zweckänderung, Auflösung der Stiftung

Satzungsänderungen, die nicht den Stiftungszweck ändern, können, wenn die Satzung dies zulässt, von dem nach der Satzung zuständigen Organ beschlossen werden. Sie dürfen dem ursprünglichen Stifterwillen nicht widersprechen und müssen von der Stiftungsaufsichtsbehörde genehmigt oder ihr (z. B. in Nordrhein-Westfalen) zumindest angezeigt werden.

Änderungen des Stiftungszwecks sind nur unter bestimmten weiteren Bedingungen möglich. Es muss eine wesentliche Änderung der Verhältnisse eingetreten sein, die die Erfüllung des ursprünglichen Zwecks nicht mehr ermöglichen. Sie müssen von der Stiftungsaufsichtsbehörde genehmigt werden.

Stiftungen sind auf Dauer angelegt. Daher ist die Auflösung einer Stiftung besonders erschwert. Sie ist nur möglich, wenn die Umstände es nicht mehr zulassen, den Stiftungszweck dauernd und nachhaltig zu erfüllen. Natürlich bedarf auch die Stiftungsauflösung der Genehmigung der Stiftungsaufsichtsbehörde.

## Anmerkung

1 Zu verschiedenen „Stiftungstypen" (Förderstiftung usw.) vgl. 4.2.3.2.

## Weiterführende Literatur

Praxis-Handbuch Stiftungen. Chancen, Risiken, Verpflichtungen aus rechtlicher, steuerlicher, und bilanzieller Sicht. Praxisbeispiele Stiftungsgestaltungen, Regensburg/Berlin 2001.

Hof, Hagen/Hartmann, Maren/Richter, Andreas: Stiftungen. Errichtung, Gestaltung, Geschäftstätigkeit, München 2004.

Meyn, Christian/Richter, Andreas: Die Stiftung. Umfassende Erläuterungen, Beispiele und Musterformulare für die Rechtspraxis, Freiburg i. Br./Berlin 2004.

Schauhoff, Stephan: Stiftungsrecht, in: ders. (Hrsg.): Handbuch der Gemeinnützigkeit. Verein – Stiftung – GmbH; Recht, Steuern, Personal, 2. Auflage, München 2005, S. 107–183.

# 7.1.3 GmbH-Recht

## *Mathias Lindemann*

Die GmbH ist eine rechtsfähige, durch Organe handelnde Handelsgesellschaft. Den Gläubigern haftet im Grundsatz nur das Vermögen der Gesellschaft. Die Gesellschafter sind durch einen Geschäftsanteil, die Stammeinlage, an diesem Vermögen beteiligt. Durch die Beteiligung am Vermögen der GmbH entsteht keine persönliche Haftung der Gesellschafter gegenüber den Gläubigern der Gesellschaft. Neben dem GmbH-Gesetz (GmbHG) als wichtigster Rechtsquelle für die GmbH sind spezielle Regelungen für die GmbH in weiteren Gesetzen enthalten, z. B. im Handelsgesetzbuch (HGB) und im Umwandlungsgesetz (UmwandlungsG).

Sowohl historisch als auch in der heutigen Praxis ist die GmbH für erwerbswirtschaftlich tätige Unternehmen konzipiert. Hier hat sie im heutigen Wirtschaftsleben eine überragende Bedeutung. Die Verwendung der Rechtsform der GmbH für nicht erwerbswirtschaftliche Unternehmen ist eher die Ausnahme. Im Bereich der gemeinnützigen Körperschaften dominieren in erster Linie eingetragene und nicht eingetragene Vereine sowie rechtlich selbstständige und unselbstständige Stiftungen. GmbHs haben allerdings dort ihre Bedeutung, wo gemeinnützige Krankenhäuser oder Einrichtungen der Wohlfahrtspflege betrieben werden. Zwar ist die GmbH für gewinnorientierte Unternehmen konzipiert, gemäß § 1 GmbHG kann sie allerdings zu jedem gesetzlich zulässigen Zweck errichtet werden. Eine GmbH darf daher gemeinnützige Zwecke jeglicher Art verfolgen.[1]

Gemeinnützige Körperschaften können daneben als Gesellschafter an ihrerseits nicht gemeinnützigen GmbHs beteiligt sein. Eine solche Gestaltung erfolgt in der Regel zur Ausgliederung wirtschaftlicher Tätigkeiten.

Vorab kann festgestellt werden, dass die gemeinnützige GmbH (gGmbH) keine gesellschaftsrechtliche Sonderform ist. Es gelten daher für sie die allgemeinen Vorschriften des GmbH-Rechts, auf die im Folgenden zunächst eingegangen wird. Die Unterscheidung zu gewerblich tätigen Gesellschaften mit beschränkter Haftung liegt allein in der Zielsetzung. Statt gewerblicher Zwecke verfolgt die gGmbH gemeinnützige, mildtätige oder kirchliche Zwecke im Sinne der §§ 52–54 Abgabenordnung (AO).

## 7.1.3.1 Gründung

Die Gründung einer GmbH kann auf verschiedenen Wegen erfolgen. In der Praxis am häufigsten ist die Gründung nach dem GmbHG. Bis zur „fertigen" GmbH werden die Stadien der *Vorgründungsgesellschaft* und der *Vor-GmbH* durchschritten. Von der Vorgründungsgesellschaft spricht man, sobald sich die Gründer mit der Absicht zusammenschließen, eine GmbH zu gründen. Darauf, ob zu diesem Zeitpunkt bereits ein schriftlicher Vorvertrag geschlossen wurde, kommt es nicht an. Die Vorgründungsgesellschaft ist eine Gesellschaft bürgerlichen Rechts oder eine offene Handelsgesellschaft (OHG)[2], wenn sie in diesem Stadium bereits Handelsgeschäfte vornimmt. Die Vorgründungsgesellschaft begründet regelmäßig noch keine Verpflichtung, die weiteren Gründungsschritte bis zur fertigen GmbH abzuschließen. Die Vorgründungsgesellschaft ist mit dem Abschluss eines notariellen Gesellschaftsvertrags beendet, denn dann ist ihr einziger Zweck erreicht (§ 726 BGB).

Durch den Gesellschaftsvertrag entsteht die Vor-GmbH, zum Teil auch als Vorgesellschaft bezeichnet. Diese Gesellschaft besitzt schon alle Eigenschaften der späteren GmbH, mit Ausnahme der Rechtsfähigkeit.[3] Sie trägt bereits den Firmennamen der GmbH, dem der Vorsatz „in Gründung" nachzustellen ist. Die Regeln des Gesellschaftsvertrags finden bereits in diesem Stadium Anwendung, sowohl für das Verhältnis der Gesellschafter untereinander wie im Verhältnis zu Dritten.

Mit der Eintragung in das Handelsregister entsteht die GmbH als solche (§ 11 Abs. 2 GmbHG). Sie wird zu einer juristischen Person (§ 13 GmbHG). Das beinhaltet rechtliche Selbstständigkeit, die GmbH kann selbst Trägerin von Rechten und Pflichten sein. Sie ist vom Bestand ihrer Gesellschafter losgelöst, diese sind nur vermögensrechtlich beteiligt und haben Einfluss auf die Geschäftsführung. Durch die Eintragung wird die GmbH außerdem zum Vollkaufmann (§ 6 Abs. 1 HGB). Die Anmeldung darf erst erfolgen, wenn auf jede Stammeinlage, soweit nicht Sacheinlagen vereinbart sind, ein Viertel eingezahlt ist und der Gesamtbetrag der geleisteten Bar- und Sacheinlagen mindestens die Hälfte des Stammkapitals, also mindestens 12.500 Euro bei einem Stammkapital von 25.000 Euro, beträgt. Sacheinlagen müssen zum Zeitpunkt der Eintragung vollständig bewirkt sein (§ 7 GmbHG).

Die Gründungsphase ist durch unterschiedliche Haftungsrisiken gekennzeichnet. Während des Bestehens der Vorgründungsgesellschaft haften die Gesellschafter persönlich und unbeschränkt. Werden mit Vertragspartnern keine ausdrücklichen Vereinbarungen getroffen, reicht die Haftung auch über das Vermögen der Vorgründungsgesellschaft hinaus und die Gesellschafter haften mit ihrem Privatvermögen.[4] In der Phase der Vor-GmbH haftet für rechtsgeschäftliche Verbindlichkeiten zunächst das Vermögen der Gesellschaft. Sekundär haften weiterhin die Gesellschafter persönlich. Ihre Haftung ist aber regelmäßig auf die Höhe ihrer noch nicht erbrachten Einlage beschränkt. Haben zwei Gesellschafter einen GmbH-Vertrag geschlossen und übernehmen beide eine Stammeinlage von 12.500 Euro, ist die persönliche Haftung eines jeden auf eben diesen Betrag beschränkt. Mit der Eintragung der GmbH in das Handelsregister entfällt die persönliche Haftung. Dies setzt voraus, dass zum Zeitpunkt der Eintragung das im Gesellschaftsvertrag festgesetzte Stammkapital noch ungeschmälert vorhanden ist.

Denkbar ist die GmbH-Gründung noch auf einem weiteren Weg. Sie kann durch Umwandlung eines bereits bestehenden Rechtsträgers oder durch Ausgliederung eines Teilbetriebs aus einem bereits bestehenden Rechtsträger nach dem Umwandlungsgesetz erfolgen. Bestehender Rechtsträger kann z. B. ein eingetragener Idealverein sein.

## 7.1.3.2 Gesellschaftsvertrag

(1) Allgemeine Anforderungen

Die eigentliche Gründung beginnt mit dem Abschluss des Gesellschaftsvertrags (auch: Satzung). Dieser bedarf der notariellen Beurkundung (§ 2 Abs. 1 Satz 1 GmbHG). Der Gesellschaftsvertrag muss zwingend nach § 3 GmbHG enthalten: Firma und Sitz der Gesellschaft, den Gegenstand des Unternehmens sowie den Betrag des Stammkapitals und der von jedem Gesellschafter darauf zu leistenden Einlage. Die Gesellschaft darf eine Personen-, Sach- oder auch Phantasiefirma führen (§ 18 Abs. 1 HGB), solange diese zur Kennzeichnung geeignet ist. Außerdem gilt das Verbot der Irreführung, wonach z. B. eine Sachfirma nicht im Gegensatz zum Unternehmensgegenstand stehen darf.[5] Sind die Voraussetzungen der Gemeinnützigkeit erfüllt, darf das Wort „gemeinnützig" in der Firma erscheinen. Zwingend ist dies indes nicht. Der Unternehmensgegenstand bezeichnet die Art der gesellschaftlichen Betätigung. Betreibt eine gemeinnützige GmbH etwa ein Theater, liegt darin der Unternehmensgegenstand.

Das Stammkapital muss mindestens 25.000 Euro betragen (§ 5 Abs. 1 GmbHG).[6] Es ist von den Gesellschaftern zum Schutz der Gläubiger aufzubringen und in seiner Höhe zu erhalten. Jeder Gesellschafter muss eine Stammeinlage übernehmen. Der Gesamtbetrag aller Stammeinlagen ergibt das Stammkapital. Die Erbringung der Stammeinlage ist für die Gesellschafter zwingend (§ 19 Abs. 2 GmbHG). Einlagefähig sind neben Geld auch Sachen, wenn ihnen ein wirtschaftlicher Wert beizumessen ist. Gemeinnützige Körperschaften können dadurch grundsätzlich bei Gründung einer GmbH ihre Einlageverpflichtung durch die Übertragung eines wirtschaftlichen Geschäftsbetriebs oder eines Zweckbetriebs erfüllen (vgl. 7.1.3.5).

(2) Besondere Satzungsanforderungen für gemeinnützige GmbHs

Nach dem in der Abgabenordnung geregelten Gemeinnützigkeitsrecht setzt die Anerkennung der Gemeinnützigkeit eine Reihe weiterer Bestimmungen voraus (§§ 59
und 60 AO).[7] Die AO spricht in diesem Zusammenhang von „Satzung", was auch den
Gesellschaftsvertrag einer GmbH meint. In der Satzung ist zunächst der gemeinnützige Zweck genau zu bestimmen. Dieser ist nicht zu verwechseln mit dem Begriff des
Unternehmensgegenstandes. Im Beispiel der Theater-GmbH könnte der *Zweck* in der
Förderung der Kunst und Kultur liegen, beides gemeinnützige Zwecke nach § 52 Abs.
2 Nr. 1 AO. Zur Verwirklichung des Zwecks ist der *Unternehmensgegenstand* der Betrieb
eines Theaters.[8]

Die Satzung muss darüber hinaus die Verpflichtung enthalten, dass die GmbH ihre
Zwecke ausschließlich (§ 56 AO) und unmittelbar (§ 57 AO) verfolgt. Ebenfalls ist die
Selbstlosigkeit (§ 55 AO) zu statuieren. Schließlich ist durch eine Klausel zur Vermögensbindung (§ 55 Abs. 1 Nr. 4, § 61 AO) zu gewährleisten, dass das Vermögen der GmbH
auch nach deren Auflösung gemeinnützigen Zwecken zur Verfügung steht. Vertraglich
festgesetzt werden darf lediglich die Rückgewähr der Stammeinlage an die Gesellschafter bei Beendigung der GmbH (§ 55 Abs. 1 Nr. 2 AO). Für weitere Einzelheiten wird auf
die Ausführungen zum Gemeinnützigkeits- und Steuerrecht unter 7.2.1.3 verwiesen.

## 7.1.3.3 Organe der GmbH

(1) Gesellschafterversammlung

Die GmbH gewinnt Handlungsfähigkeit durch ihre Organe. Oberstes Organ ist die Gesellschafterversammlung. Sie wird durch die Gesamtheit aller Gesellschafter gebildet.
Gesetzlich sind der Gesellschafterversammlung einerseits Verwaltungsrechte zugewiesen, so z. B. die Feststellung des Jahresabschlusses, die Einforderung der Stammeinlage, die Bestellung und Abberufung der Geschäftsführer und die Überwachung der
Geschäftsführung (§ 46 GmbHG).

Zum anderen ist den Gesellschaftern als Vermögensrecht die Beteiligung am Gewinn,
Verlust und am Liquidationserlös der Gesellschaft zugewiesen. Dies ist bei der ge-
meinnützigen GmbH allerdings von nachrangiger Bedeutung, da deren Vermögen den
Grundsätzen der gemeinnützigen Vermögensbindung unterliegt.[9]

(2) Geschäftsführer

Die Gesellschafterversammlung ist zur Geschäftsführung nicht befugt. Diese obliegt
dem Geschäftsführer. Die Bestellung von einem oder mehreren Geschäftsführern als
notwendigem zweiten Organ der Gesellschaft ist unverzichtbar (§ 6 Abs. 1 GmbHG).
Sie kann entweder im Gesellschaftsvertrag oder durch Beschluss der Gesellschafterversammlung erfolgen.

Nach § 35 Abs. 1 GmbHG wird die Gesellschaft durch den Geschäftsführer gerichtlich und außergerichtlich vertreten. Sind mehrere Geschäftsführer bestellt, vertreten diese die Gesellschaft im Grundfall gemeinsam. Der Gesellschaftsvertrag kann hiervon eine abweichende Regelung treffen und eine Einzelvertretung vorsehen. Die Vertretungsmacht der Geschäftsführer im Außenverhältnis, also im Rechtsverkehr mit Dritten, ist unbegrenzt und auch nicht begrenzbar (§ 37 Abs. 2 GmbHG). Gesellschaftsvertrag oder Gesellschafterversammlung können die Rechte des Geschäftsführers nur im Innenverhältnis begrenzen. Verstößt der Geschäftsführer gegen die Begrenzung im Innenverhältnis, macht er sich unter Umständen gegenüber der Gesellschaft schadensersatzpflichtig.

Fakultativ kann die GmbH weitere Organe besitzen. So kann der Gesellschaftsvertrag etwa einem *Aufsichtsrat* bestimmte Überwachungs- und Mitwirkungsrechte zuweisen (§ 52 Abs. 1 GmbHG). Die Einrichtung eines Aufsichtsrates bietet sich an, wenn damit zu rechnen ist, dass die Gesellschafter ihrer Kontrollfunktion voraussichtlich nicht in genügender Weise nachkommen können.

## 7.1.3.4 Kapitalerhaltung und Rechnungslegung

Die GmbH bedeutet wegen ihres beschränkten Haftungskapitals ein Risiko für ihre Gläubiger. Daher muss sichergestellt sein, dass das im Handelsregister veröffentlichte Stammkapital auch zur Verfügung steht. Die Gesellschafter haften deshalb für die Aufbringung des Stammkapitals (§ 24 GmbHG). Korrespondierend darf das Stammkapital anschließend nicht an die Gesellschafter zurückgezahlt werden (§ 30 GmbHG). Ist die GmbH überschuldet oder zahlungsunfähig, sind die Geschäftsführer verpflichtet, die Eröffnung des Insolvenzverfahrens zu beantragen (§ 64 GmbHG). Dadurch wird verhindert, dass weitere Geschäfte mit einer GmbH gemacht werden, deren Kapital bereits verbraucht ist.

Die Geschäftsführer sind verpflichtet, für eine ordnungsmäßige Buchführung zu sorgen. Die GmbH ist als Handelsgesellschaft im Sinne des HGB zur Buchführung verpflichtet.

## 7.1.3.5 GmbH-Gründung durch gemeinnützige Körperschaften – Ausgliederung

Wegen der hohen praktischen Relevanz soll kurz auf die Frage eingegangen werden, welche wirtschaftlichen Tätigkeitsbereiche aus einer gemeinnützigen Körperschaft auf eine GmbH ausgegliedert werden können und welche gemeinnützigkeitsrechtlichen Folgen eine Ausgliederung hat. Für einen ausführlicheren Überblick wird auf die in den Anmerkungen angegebenen Quellen verwiesen. Grundsätzlich sollte für eine Ausgliederung ein Steuerberater eingeschaltet werden.

Unter einer *Ausgliederung* wird hier ein Vorgang verstanden, bei dem ein Rechtsträger (z. B. ein Verein) auf eine bestehende oder neu zu gründende GmbH Vermögen oder Betriebe gegen Gewährung von Geschäftsanteilen überträgt.[10]

(1) Ausgliederung eines steuerbegünstigten wirtschaftlichen Betriebs (Zweckbetrieb)

Eine gemeinnützige Körperschaft darf ihren Zweckbetrieb auf eine neu zu gründende GmbH übertragen. Es handelt sich um eine zulässige Mittelverwendung für die übertragende Körperschaft, wenn die empfangende GmbH ebenfalls gemeinnützig ist.[11] Die Finanzverwaltung erkennt die Gemeinnützigkeit der neu zu gründenden GmbH an, wenn deren Satzung den Erfordernissen des Gemeinnützigkeitsrechts genügt und die GmbH den Zweckbetrieb in gleicher Weise fortführt.

Das Halten der Beteiligung an einer gemeinnützigen GmbH – auch einer Mehrheitsbeteiligung – erfolgt grundsätzlich auf der Vermögensebene.[12]

(2) Ausgliederung eines steuerpflichtigen wirtschaftlichen Geschäftsbetriebs

Die Ausgliederung eines steuerpflichtigen Geschäftsbetriebes auf eine GmbH ist zulässig. Die aufnehmende GmbH kann ihrerseits nicht gemeinnützig sein, denn in der Fortführung des wirtschaftlichen Geschäftsbetriebes liegt eine Tätigkeit, die bereits bei der übertragenden Körperschaft der partiellen Steuerpflicht unterlegen hat. Die neu entstehende steuerpflichtige Tochtergesellschaft hat der Mittelbeschaffung für die gemeinnützige Mutter-Körperschaft zu dienen.

Bei der Ausgliederung hat der übertragende Rechtsträger zu beachten, dass das zum wirtschaftlichen Geschäftsbetrieb gehörende Vermögen gemeinnützigkeitsrechtlich gebunden ist. Es unterliegt dem Gebot einer zeitnahen, satzungsmäßigen Verwendung. Die herrschende Literatur sieht eine Ausgliederung aber als unschädlich an, wenn die gemeinnützige Körperschaft durch den Vorgang im Ergebnis keinen Vermögensverlust erleidet. Eine schädliche Vermögensminderung tritt nicht ein, wenn das zum wirtschaftlichen Geschäftsbetrieb gehörende Vermögen auf eine GmbH übertragen wird, deren Alleingesellschafterin die gemeinnützige Körperschaft ist.[13]

Die Beteiligung wird bei der Mutter-Körperschaft nach überwiegender Auffassung in der Vermögensverwaltung gehalten. Erträge aus der Beteiligung kann die gemeinnützige Mutter-Körperschaft daher steuerfrei vereinnahmen. Etwas anderes soll gelten, wenn die steuerbegünstigte Körperschaft einen entscheidenden Einfluss auf die laufende Geschäftsführung der GmbH ausübt.[14] Eine entscheidende Einflussnahme in diesem Zusammenhang gilt bereits als widerlegt, wenn Personalunion in der Geschäftsführung vermieden wird. Gliedert beispielsweise ein Verein seinen wirtschaftlichen Geschäftsbetrieb in eine GmbH aus, sollte deren Geschäftsführer nicht gleichzeitig Vorstand des Vereins sein.

## Anmerkungen

1 Vgl. statt vieler: Roth/Altmeppen: Gesetz betreffend die Gesellschaften mit beschränkter Haftung – Kommentar, 4. Aufl., München 2003, § 1 Rn. 11.
2 BGHZ 91, 148, 151.
3 BGHZ 80, 129 ff.
4 Kort, Michael: Die Haftung der Beteiligten im Vorgründungsstadium einer GmbH, DStR 1991, 1317, 1319.
5 Priester, Hans-Joachim: Nonprofit-GmbH – Satzungsgestaltung und Satzungsvollzug, GmbHR 1999, 149, 151.
6 Für Kreditinstitute und Kapitalanlagegesellschaften sieht das Gesetz ein höheres Stammkapital vor.
7 Für eine Mustersatzung vgl. Anwendungserlass zur AO, Anlage 2 und 3.
8 Vgl. Priester, Anm. 5, 151.
9 Randenborgh, Lucas von, in: Schauhoff, Handbuch der Gemeinnützigkeit, § 4 Rn. 54.
10 Ausführlich: Schröder, Friedrich: Ausgliederung aus gemeinnützigen Organisationen auf gemeinnützige und steuerpflichtige Kapitalgesellschaften, DStR 2001, 1415 ff.
11 Es handelt sich um eine Mittelverwendung nach § 58 Nr. 2 AO, vgl. Schröder, Friedrich: Die steuerbegünstigte und steuerpflichtige GmbH bei Non-Profit-Organisationen, DStR 2004, 1815.
12 BFH vom 30.6.1971, BStBl II 1971, 753, 754; BFH vom 27.3.2001, DStR 2003, 289; AEAO zu § 64 bs. 1 Nr. 3; Wallenhorst, in: ders./Halaczinsky: Die Besteuerung gemeinnütziger Vereine, Stiftungen und der juristischen Personen des öffentlichen Rechts, 5. Aufl., München 2004, E I Rn. 46; Kümpel, Andreas: Die Besteuerung steuerpflichtiger wirtschaftlicher Geschäftsbetriebe, DStR 1999, 1505, 1509; dagegen: Arnold, Arnd, DStR 2005, 581, 583.
13 Buchna, Johannes: Gemeinnützigkeit im Steuerrecht, 8. Aufl., Achim 2003, S. 111 f.
14 AEAO zu § 64 Abs. 1 Nr. 3.

## Weiterführende Literatur

Münchner Handbuch des Gesellschaftsrechts, Band 3, 2. Auflage, München 2003.

Buchna, Johannes: Gemeinnützigkeit im Steuerrecht, 8. Auflage, Achim 2003.

Schauhoff, Stephan: Handbuch der Gemeinnützigkeit, München 2000.

# 7.2 Gemeinnützigkeits- und Steuerrecht

## 7.2.1 Grundsätzliche Erörterung

*Mathias Lindemann*

Eine umfassende Definition der *Gemeinnützigkeit* gelingt selten ohne den Rückgriff auf steuerrechtliche Begriffe. So verwendet etwa der Eintrag „gemeinnützig" im Brockhaus kurzerhand die Definition der Abgabenordnung: „*Steuerrecht:* die auf selbstlose Förderung der Allgemeinheit auf materiellem, geistigem oder sittlichem Gebiet gerichtete Tätigkeit".[1]

Gemeinnützige Körperschaften werden als wichtig für das Gemeinschaftsleben angesehen. Sie übernehmen Aufgaben, die sonst vom Staat erfüllt werden müssten. Die staatliche Förderung gemeinnütziger Körperschaften besteht in großem Maße in Form von Steuererleichterungen. Die in der Abgabenordnung (AO) in den §§ 51–69 geregelte Gemeinnützigkeit ist Voraussetzung für eine Vielzahl steuerlicher Vergünstigungen. Bei der *steuerbegünstigten Körperschaft* selbst zählen hierzu Befreiungen von der Körperschaftsteuer, Gewerbesteuer, Grunderwerbsteuer, Erbschafts-/Schenkungssteuer, Grundsteuer und Lotteriesteuer. Außerdem gelten eine Ermäßigung sowie eine Vielzahl von Einzelbefreiungen bei der Umsatzsteuer. Durch Abzugsfähigkeit von Zuwendungen von der Einkommen- oder Körperschaft- und Gewerbesteuer bei den *Spendern* sind gemeinnützige Körperschaften steuerlich mittelbar begünstigt.

Schließlich erfahren gemeinnützige Körperschaften eine Reihe *außersteuerlicher Vergünstigungen,* so die Befreiung von bestimmten Gebühren durch zahlreiche Verwaltungsvorschriften (Verwaltungsleistungen für bestimmte Leistungen im Zusammenhang von gemeinnützigen, kulturellen oder kirchlichen Leistungen gemäß vieler Verwaltungskostensatzungen).

## 7.2.1.1 Gemeinnützige Subjekte

Die steuerbegünstigten Zwecke gemäß AO gelten für *Körperschaften*. Die Abgabenordnung verwendet diesen Oberbegriff für Körperschaften, Personenvereinigungen und Vermögensmassen (§ 51 Satz 1 und 2 AO). Inhaltlich verweist der Begriff auf § 1 Körperschaftsteuergesetz (KStG). Danach sind Körperschaften insbesondere Kapitalgesellschaften, rechtsfähige und nichtrechtsfähige Vereine, Stiftungen und Betriebe gewerblicher Art von juristischen Personen des öffentlichen Rechts.

Haben regionale Untergliederungen von Vereinen (z. B. Landes-, Bezirks- oder Ortsverbände) eigene satzungsmäßige Organe und Kassenführung, sind sie als selbstständige, nichtrechtsfähige Körperschaften eigenständig steuerpflichtig. Die Untergliederung wird nur dann als gemeinnützig anerkannt, wenn sie eine eigene Satzung hat, die den Anforderungen des Gemeinnützigkeitsrechts genügt. Die Aufteilung einer Körperschaft in mehrere selbstständige Körperschaften zum Zweck der mehrfachen Inanspruchnahme von Steuervorteilen ist missbräuchlich (§ 64 Abs. 4 AO).

## 7.2.1.2 Voraussetzungen der Gemeinnützigkeit

Gemeinnützigkeit allgemein verstanden ist ein Oberbegriff, im Einzelnen sind nach der Abgabenordnung steuerbegünstigt:

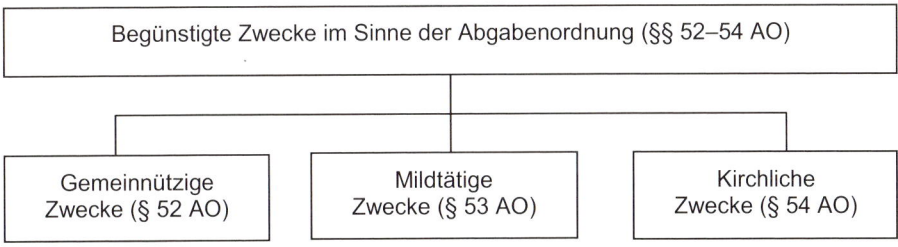

(1) Gemeinnützige Zwecke

Ein Verein dient nach der Grunddefinition des § 52 Abs. 1 AO gemeinnützigen Zwecken, wenn seine Tätigkeit darauf gerichtet ist, die *Allgemeinheit auf materiellem, geistigem oder sittlichem Gebiet selbstlos zu fördern.* Bisher enthielten § 52 Abs. 2 AO und die Anlage 1 zu § 48 EStDV eine beispielhafte Aufzählung der wichtigsten gemeinnützigen Zwecke. In der seit dem 1.1.2007 geltenden Fassung des § 52 Abs. 2 AO hat der Gesetzgeber die gemeinnützigen Zwecke in einem zunächst abschließenden Katalog definiert. Um den Finanzbehörden Gelegenheit zu geben, auf sich ändernde gesellschaftliche Verhältnisse reagieren zu können, enthält § 52 Abs. 2 Sätze 2 und 3 eine Öffnungsklausel, wonach eine von den Ländern zu bestimmende Finanzbehörde auch Zwecke, die nicht in den Katalog fallen, für gemeinnützig erklären kann.

a) Es muss die *Allgemeinheit* gefördert werden. Der Begriff wird durch das Gesetz nur negativ abgegrenzt. Eine Förderung der Allgemeinheit ist nicht gegeben, wenn der Kreis der Personen, dem die Förderung zugute kommt, fest abgeschlossen ist (z. B. Zugehörigkeit zu einer Familie oder zur Belegschaft eines Unternehmens) oder infolge seiner Abgrenzung, insbesondere nach räumlichen oder beruflichen Merkmalen, dauernd nur klein sein kann. Unschädlich ist aber, wenn dieser Kreis aus tatsächlichen Gründen nur klein sein kann, beispielsweise ein Sportverein nur begrenzt Sportstätten besitzt. Vereine, die ihre Mitglieder fördern, dürfen den Zugang nicht durch zu hohe Aufnahmegebühren oder Mitgliedsbeiträge begrenzen. Die Finanzverwaltung hält es für unbedenklich, wenn die Mitgliedsbeiträge und Mitgliedsumlagen zusammen im

Durchschnitt 1.023 Euro je Mitglied und Jahr und die Aufnahmegebühren für die im Jahr aufgenommenen Mitglieder im Durchschnitt 1.534 Euro nicht übersteigen.[2]

b) Die Förderung auf *materiellem, geistigem oder sittlichem Gebiet* hat der Bundesfinanzhof (BFH) wie folgt definiert: Materielle Werte decken den Bereich des wirtschaftlichen Lebensstandards ab; mit dem Geistigen und Sittlichen wird der ideelle Bereich, der Bereich der Vernunft und des Schöngeistigen angesprochen.[3]

c) *Fördern* bedeutet, dass etwas vorangebracht, vervollkommnet oder verbessert wird. Die Vollendung des Förderzwecks ist nicht Bedingung, andererseits reicht die bloße Absicht, irgendwann den Satzungszweck zu erfüllen, nicht aus.

(2) Mildtätige Zwecke

Eine Körperschaft verfolgt mildtätige Zwecke, wenn sie hilfsbedürftige Personen selbstlos unterstützt. Das Gesetz nennt zwei Gründe für Hilfsbedürftigkeit. Zum einen körperliche, geistige oder seelische Hilfsbedürftigkeit (§ 53 Nr. 1 AO), zum anderen wirtschaftliche Hilfsbedürftigkeit (§ 53 Nr. 2 AO). Eine Förderung der Allgemeinheit ist bei Verfolgung mildtätiger Zwecke nicht erforderlich, es können auch Einzelpersonen unterstützt werden, sofern sie die genannten Kriterien erfüllen. Die Unterstützung muss selbstlos geschehen. Völlige Unentgeltlichkeit der mildtätigen Zuwendung wird nicht verlangt, jedoch darf diese nicht nur des Entgelts wegen erfolgen (AEAO Nr. 2 zu § 53 AO).

Hilfen nach § 53 Nr. 1 AO dürfen ohne Rücksicht auf die wirtschaftliche Unterstützungsbedürftigkeit gewährt werden. Bei Personen, die das 75. Lebensjahr vollendet haben, kann die körperliche Hilfsbedürftigkeit unterstellt werden.[4] Eine dauerhafte Hilfsbedürftigkeit ist nicht erforderlich, auch eine kurzfristige Hilfsbedürftigkeit reicht aus.

Eine wirtschaftliche Hilfsbedürftigkeit wird bei Personen angenommen, deren Bezüge das Vier- bzw. Fünffache (bei Alleinstehenden oder Haushaltsvorstand) des Sozialhilfesatzes nicht übersteigen und deren Vermögen nicht zur Verbesserung ihres Unterhalts ausreicht. Die gemeinnützige Körperschaft muss anhand ihrer Unterlagen nachweisen können, dass die Bezüge der unterstützten Personen die Grenzen des § 53 Nr. 2 AO nicht übersteigen. In der Praxis empfiehlt es sich, die Art der Nachweise vorab mit dem Finanzamt abzustimmen.

(3) Kirchliche Zwecke

Die Verfolgung kirchlicher Zwecke erfordert gemäß § 54 AO, dass die Tätigkeit des Vereins auf die selbstlose Förderung einer Religionsgemeinschaft des öffentlichen Rechts gerichtet ist. Das sind insbesondere die evangelische und die katholische Kirche. Bei Religionsgemeinschaften, die nicht Körperschaften des öffentlichen Rechts sind, kann wegen Förderung der Religion aber Gemeinnützigkeit vorliegen. Die Förderung der Religion ist ein gemeinnütziger Zweck, wenn damit die Allgemeinheit auf materiellem, geistigem oder sittlichem Gebiet selbstlos gefördert wird.

# 7.2.1.3 Anforderungen an Satzungen

(1) Allgemeines

Unter Satzung ist im Folgenden die Vereinssatzung gemäß § 25 BGB, das Stiftungsgeschäft oder die Stiftungssatzung sowie eine sonstige Verfassung (z. B. Gesellschaftsvertrag einer GmbH) zu verstehen. Die im Weiteren ausgeführten Bestimmungen folgen dem Grundgedanken, dass Wettbewerb zu marktwirtschaftlichen Unternehmen verhindert werden soll. Diesbezüglich darf die Satzung keine Öffnungsklausel besitzen.

In der Satzung ist zunächst der gemeinnützige Zweck genau zu bestimmen. Außerdem muss aus der Satzung die Art der Verwirklichung so genau hervorgehen, dass sich anhand der Satzung überprüfen lässt, ob die Voraussetzungen für die Gemeinnützigkeit vorliegen (§§ 59 und 60 AO). Es genügt nicht, nur anzugeben, dass gemeinnützige mildtätige oder kirchliche Zwecke verfolgt werden. Eine Selbsteinschätzung reicht nicht aus.[5] Aus der Satzung muss sich unmittelbar ergeben, dass die Voraussetzungen der Gemeinnützigkeit vorliegen. Die bloße Bezugnahme auf andere Satzungen oder Regelungen Dritter genügt nicht.[6] Errichtet z. B. ein gemeinnütziger Verein X eine Stiftung, deren Erträge dem Verein zugute kommen sollen (Förderstiftung), ist folgende Formulierung kritisch: „Zweck der Stiftung ist die finanzielle und materielle Förderung der gemeinnützigen Zwecke des Vereins X". Zur Feststellung des tatsächlichen Satzungszwecks der Stiftung wird die Vereinssatzung benötigt. Selbst wenn diese leicht einsehbar ist, liegen die Voraussetzungen zur Anerkennung der Gemeinnützigkeit der Stiftung nicht vor. Dies hat in der Regel zur Folge, dass die Gemeinnützigkeit für ein ganzes Wirtschafts- oder Kalenderjahr nicht anerkannt werden kann.[7] Die Folgen können gravierend sein.

Für bestehende Satzungen besteht allerdings ein Vertrauensschutz.[8] Die Satzung ist vor der erstmaligen Anerkennung der Gemeinnützigkeit vom Finanzamt sorgfältig zu prüfen. Sofern nach der (vorläufigen) Erteilung der Gemeinnützigkeit später festgestellt wird, dass die Satzung nicht den Anforderungen des Gemeinnützigkeitsrechts genügt, dürfen aus Vertrauensschutzgründen hieraus keine nachteiligen Folgerungen für die Vergangenheit gezogen werden.[9] Die Körperschaft ist trotz der fehlerhaften Satzung für abgelaufene Veranlagungszeiträume und für das Kalenderjahr, in dem die Satzung beanstandet wird, als steuerbegünstigt zu behandeln. Dies gilt nicht, wenn bei der tatsächlichen Geschäftsführung gegen Vorschriften des Gemeinnützigkeitsrechts verstoßen wurde. Auf Vertrauensschutz kann sich eine Körperschaft nicht berufen, wenn sie ihre Satzung geändert hat und eine geänderte Satzungsvorschrift zu beanstanden ist. Daher ist es ratsam, die Änderung steuerlich relevanter Satzungsbestimmungen zuvor mit dem Finanzamt abzustimmen, um nachteilige Folgen zu vermeiden.

Die Satzung muss darüber hinaus die Verpflichtung enthalten, dass die Körperschaft ihre Zwecke *ausschließlich* (§ 56 AO) und *unmittelbar* (§ 57 AO) verfolgt. Ebenfalls ist die *Selbstlosigkeit* (§ 55 AO) zu statuieren. Schließlich ist durch eine Klausel zur *Vermögensbindung* (§ 55 Abs. 1 Nr. 4, § 61 AO) zu gewährleisten, dass das Vermögen der Körperschaft nach deren Auflösung gemeinnützigen Zwecken zur Verfügung steht.

(2) Ausschließlichkeit

Nach dem Grundsatz der Ausschließlichkeit (§ 56 AO) darf eine gemeinnützige Körperschaft nur ihre satzungsmäßigen steuerbegünstigten Zwecke verfolgen. Ein nicht steuerbegünstigter Zweck darf nicht Hauptzweck sein. Die Förderung des Zwecks darf nicht ein Ziel unter verschiedenen Zielen sein, es dürfen ausschließlich die in der Satzung genannten Zwecke verfolgt werden. Dabei dürfen mehrere Zwecke nebeneinander stehen, solange diese jeweils steuerbegünstigt sind.[10]

Ausnahmen vom Ausschließlichkeitsgrundsatz sind ausdrücklich eingeräumt für bestimmte Nebentätigkeiten wie *gelegentliche* gesellige Zusammenkünfte sowie die Überlassung von Räumen und Personal an Dritte für gemeinnützige Zwecke.[11] Erlaubt sind im Rahmen der tatsächlichen Geschäftsführung vermögensverwaltende Tätigkeiten sowie Tätigkeiten im Rahmen steuerpflichtiger wirtschaftlicher Geschäftsbetriebe, soweit diese Betätigungen nur einen Nebenzweck zu den steuerbegünstigten Tätigkeiten darstellen (z. B. zur Mittelbeschaffung).[12] Vermögensverwaltung und Tätigkeiten im Rahmen eines wirtschaftlichen Geschäftsbetriebs dürfen nicht Satzungszweck sein.[13]

(3) Unmittelbarkeit

Grundsätzlich muss eine gemeinnützige Körperschaft ihre Zwecke selbst verwirklichen (§ 57 AO). Vorausgesetzt wird, dass nach den Bindungen, die zwischen der Körperschaft und den für sie handelnden Personen bestehen, deren Wirken sich als eigenes Wirken der Körperschaft darstellt. Die Hingabe von Geld allein erfüllt grundsätzlich nicht das Erfordernis der Unmittelbarkeit. Vom Grundsatz der Unmittelbarkeit gibt es einige bedeutsame Ausnahmen:

a) Einschaltung von Hilfspersonen (§ 57 Abs. 1 Satz 2 AO)

Hilfsperson kann eine natürliche Person, eine Personenvereinigung oder eine juristische Person sein. Das Wirken einer Hilfsperson ist der Körperschaft dann wie eigenes Tun zuzurechnen, wenn die Hilfsperson nach den Weisungen der Körperschaft einen konkreten Auftrag ausführt.[14] Die Ausführung des Auftrags hat die Körperschaft zu überwachen. Die Körperschaft muss das Auftragsverhältnis anhand geeigneter Unterlagen nachweisen können. In der Praxis empfiehlt sich der Abschluss eines schriftlichen Dienst-, Werk- oder Arbeitsvertrages, der Art und Inhalt der Tätigkeiten sowie die Pflicht zur Rechnungslegung regelt. Ein Handeln als Hilfsperson nach § 57 Abs. 1 Satz 2 AO begründet keine eigene steuerbegünstigte Tätigkeit.

b) Dachverband (§ 57 Abs. 2 AO)

Sind in einer Körperschaft nur steuerbegünstigte Körperschaften zusammengeschlossen, gilt der Dachverband selbst als gemeinnützig, auch wenn er keine eigenen Zwecke verfolgt, sondern nur leitende und koordinierende Aufgaben für seine Mitglieder wahrnimmt. Gehören einem Dach- oder Spitzenverband auch nicht steuerbegünstigte Mitglieder an, ist § 57 Abs. 2 AO nicht anwendbar.

c) Mittelweitergabe nach § 58 Nr. 1 AO (Förderkörperschaft)

So genannten Förder- oder Mittelbeschaffungskörperschaften ist es gestattet, ohne Ausübung einer eigenen unmittelbaren steuerbegünstigten Tätigkeit Mittel für andere steuerbegünstigte Einrichtungen zu beschaffen. Die Beschaffung von Mitteln muss als Satzungszweck festgelegt sein.[15] Eine inländische Empfängerkörperschaft privaten Rechts muss ihrerseits steuerbegünstigt sein. Sammlungen für einen nicht als gemeinnützig anerkannten inländischen Verein sind daher nicht möglich, selbst wenn im Ergebnis Zwecke verfolgt werden, die als gemeinnützig zu definieren wären. Die Beschaffung von Mitteln für ausländische Körperschaften für gemeinnützige Zwecke ist aber unschädlich.

(4) Selbstlosigkeit (§ 55 AO)

Selbstlosigkeit ist nach § 55 Abs. 1 AO vorgeschrieben. Die §§ 52 Abs. 1 Satz 1, 53 Abs. 1 und 54 Abs. 1 AO weisen auf das Gebot der Selbstlosigkeit außerdem gesondert hin. Eine Körperschaft handelt danach selbstlos, wenn sie nicht in erster Linie ihre eigenwirtschaftlichen Zwecke oder die eigenwirtschaftlichen Zwecke ihrer Mitglieder verfolgt. Nach der Gesetzesformulierung „nicht in erster Linie" ist ein gewisses Maß an eigenwirtschaftlichen Interessen zulässig. Die Abgrenzung ist teilweise schwierig. Nach der in der Rechtsprechung herrschenden Geprägetheorie ist der Betrieb eines wirtschaftlichen Geschäftsbetriebs so lange unschädlich, wie er der Körperschaft nicht das Gepräge gibt. Die Gewichtung zwischen steuerbegünstigter und wirtschaftlicher Tätigkeit kann dabei anhand der Einnahmen aus beiden Tätigkeiten, aber auch anhand der für die Verfolgung beider Zwecke eingesetzten Arbeitszeit erfolgen. Nach Verwaltungsmeinung ist entscheidend, welche Tätigkeit der Körperschaft bei einer Gesamtbetrachtung das Gepräge gibt.[16]

Der Grundsatz der Selbstlosigkeit verpflichtet die Körperschaft außerdem zur sparsamen Verwendung ihrer Mittel. Insbesondere dürfen die Verwaltungskosten der Körperschaft nicht unangemessen hoch sein. Eine absolute Grenze sieht das Gesetz nicht vor.[17] Die Finanzverwaltung prüft die Angemessenheit jeweils im Einzelfall. Hinweise zur Angemessenheit so genannter Spendenwerbung finden sich auf der Internetseite des Deutschen Zentralinstituts für soziale Fragen (DZI).

## 7.2.1.4 Tätigkeitsbereiche gemeinnütziger Körperschaften

Die Tätigkeit gemeinnütziger Körperschaften kann in bis zu vier Bereiche (Sphären) aufgeteilt werden. Diese Strukturierung erfordert die so genannte partielle Steuerpflicht, der auch die steuerbegünstigten Körperschaften unterliegen (siehe zur Rechnungslegung 2.3.2.2). Soweit sich Vereine wirtschaftlich betätigen, unterhalten sie einen wirtschaftlichen Geschäftsbetrieb. Für diesen gelten Steuerfreiheit und steuerliche Vergünstigungen nicht. Gemeinnützige Körperschaften verlieren wegen des Betriebs eines wirtschaftlichen Geschäftbetriebs allerdings nicht zwangsläufig die Gemeinnützigkeit. Sie sind lediglich mit den Besteuerungsgrundlagen (Vermögen, Einkünfte, Umsätze), die dem Betrieb zuzuordnen sind, steuerpflichtig.[18]

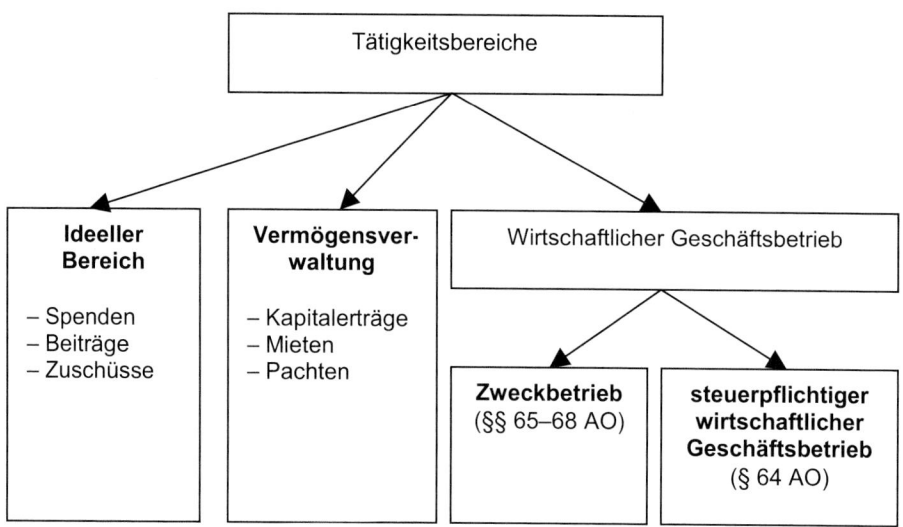

(1) Ideeller Bereich

Der ideelle Bereich ist der Kernbereich der gemeinnützigen Zweckverwirklichung. Ihm sind Einnahmen wie Mitgliedsbeiträge, Spenden, Zuschüsse und Erbschaften zuzuordnen. Diese Einnahmen unterliegen nicht der Körperschaft- und Gewerbesteuer (Ertragsteuern).[19] Der Verein erbringt für die im ideellen Bereich erfassten Einnahmen keine Gegenleistung.[20]

(2) Vermögensverwaltung

Eine Vermögensverwaltung liegt nach § 14 Satz 3 AO vor, wenn Vermögen genutzt, z. B. Kapitalvermögen verzinslich angelegt oder unbewegliches Vermögen vermietet oder verpachtet wird. Mit der Vermögensverwaltung werden nicht unmittelbar steuerbegünstigte Ziele verfolgt, gleichwohl sind Einnahmen aus diesem Bereich von den Ertragsteuern befreit.

(3) Steuerpflichtiger wirtschaftlicher Geschäftsbetrieb

Der Begriff des wirtschaftlichen Geschäftsbetriebs ist in § 14 AO definiert als eine selbstständige nachhaltige Tätigkeit, durch die Einnahmen oder andere wirtschaftliche Vorteile erzielt werden und die über den Rahmen einer Vermögensverwaltung hinausgeht. Die Absicht, Gewinn zu erzielen, ist nicht erforderlich. Die Selbstständigkeit bedingt, dass der Betrieb sich von den steuerbegünstigten Zwecken abhebt und keine Einheit mit ihnen bildet.[21] Veräußert z. B. ein Verein einen PC, der bislang nur der Mitgliederverwaltung diente (ideeller Bereich), wird durch den Verkauf kein wirtschaftlicher Geschäftsbetrieb begründet. Der Vorgang begründet keine Selbstständigkeit im Sinne von § 14 AO.

Zum steuerpflichtigen wirtschaftlichen Geschäftsbetrieb gehören Tätigkeiten, die nicht der Verwirklichung des steuerbegünstigten Zwecks dienen. Beispiele sind die selbst bewirtschaftete Vereinsgaststätte, das Inseratengeschäft in Vereinszeitschriften sowie die aktiv betriebene Werbung auf Banden, in Katalogen oder bei Veranstaltungen. Die Errichtung eines steuerpflichtigen wirtschaftlichen Geschäftsbetriebs ist nur aus Mitteln eines bereits bestehenden wirtschaftlichen Geschäftsbetriebs, aus Darlehensaufnahme, aus dafür vorgesehenen Zuwendungen Dritter und aus dem Vermögen (Vermögensstock) einschließlich der freien Rücklagen zulässig.[22] Ein wirtschaftlicher Geschäftsbetrieb ist als eigenwirtschaftliche Betätigung im Sinne von § 55 Abs. 1 AO grundsätzlich steuerschädlich. Ausnahmsweise ist eine wirtschaftliche Betätigung steuerfrei, wenn sie als Zweckbetrieb gemäß §§ 65–68 AO anzusehen ist.

(4) Zweckbetrieb

Eine Vielzahl von gemeinnützigen Tätigkeiten begründet zwangsläufig einen wirtschaftlichen Geschäftsbetrieb nach § 14 AO. Um die Steuerfreiheit gleichwohl zu gewähren, wird für bestimmte wirtschaftliche Tätigkeiten gemäß §§ 65–68 AO deren Eigenschaft als Zweckbetrieb definiert. Nach der Grunddefinition des § 65 AO müssen drei Merkmale für einen Zweckbetrieb vorliegen. Der Zweckbetrieb muss unmittelbar die satzungsmäßigen Ziele der Körperschaft verwirklichen, die Körperschaft muss den Zweckbetrieb zur Verwirklichung dieser Zwecke unbedingt benötigen, und die Konkurrenz zu nicht steuerbegünstigten Betrieben ähnlicher Art muss auf das unvermeidbare Maß begrenzt sein. Treffen auf einen wirtschaftlichen Geschäftsbetrieb alle drei Merkmale zu, bleibt er als Zweckbetrieb ertragsteuerfrei. Das Gesetz erklärt außerdem bestimmte Betriebe per Definition zu Zweckbetrieben, ohne dass es der vorgenannten Voraussetzungen bedarf (z. B. Kindergärten, Altenheime, Behindertenwerkstätten, bestimmte Krankenhäuser, sportliche Veranstaltungen eines Sportvereins). Wegen der unmittelbaren Verbindung des wirtschaftlichen Geschäftsbetriebs mit den steuerbegünstigten Zwecken wäre eine Besteuerung nicht gerechtfertigt.

## 7.2.1.5 Mittelverwendung

Im ideellen Bereich vereinnahmte Beiträge und Spenden, Überschüsse aus der Vermögensverwaltung, Einkünfte aus Zweckbetrieben sowie Einnahmen aus wirtschaftlichen Geschäftsbetrieben nach Abzug der darauf entstandenen Steuern fallen unter den Begriff „Mittel" im Sinne von § 55 Abs. 1 Nr. 1 AO. Die Vorschrift schreibt die Selbstlosigkeit gemeinnütziger Vereine vor. Diese dürfen ihre Mittel ausschließlich für die satzungsmäßigen Zwecke verwenden. Die Verwendung hat grundsätzlich zeitnah zu erfolgen. Eine zeitnahe Mittelverwendung ist (noch) gegeben, wenn die Mittel spätestens in dem auf den Zufluss folgenden Kalender- oder Wirtschaftsjahr verwendet werden (§ 55 Abs. 1 Nr. 5 AO).

Eine Ausnahme zur Verpflichtung einer zeitnahen Mittelverwendung ergibt sich aus der zulässigen Bildung bestimmter Rücklagen gemäß § 58 Nr. 6 AO und § 58 Nr. 7

AO (siehe auch Checkliste „Rücklagenbildung gemeinnütziger Körperschaften" im Anhang). Der Begriff der Rücklage deckt sich hier nicht mit dem Rücklagenbegriff aus dem
Handelsrecht.[23] Gemeint sind von der Pflicht zur zeitnahen Verwendung freigestellte
Mittel, während im Handelsrecht aufgesammelte Gewinnreserven und dem Unternehmen von außen zugeführte Vermögensgegenstände als Rücklage bezeichnet werden.

(1) Gebundene Rücklagen (§ 58 Nr. 6 AO)

Zwingende Voraussetzung der Bildung einer Rücklage nach § 58 Nr. 6 AO ist, dass
diese erforderlich ist, damit die Körperschaft ihre steuerbegünstigten Zwecke nachhaltig verfolgen kann. Es reicht nach der Vorschrift, anders als nach § 58 Nr. 7 AO, nicht
aus, wenn durch die Rücklage nur die allgemeine Leistungsfähigkeit der steuerbegünstigten Körperschaft erhalten werden soll.[24] Die Mittel müssen vielmehr im Vorhinein
für bestimmte Satzungszwecke angesammelt werden.[25] Für Rücklagen nach § 58 Nr. 6
AO lassen sich die Begriffe *Betriebsmittelrücklage* und *zweckgebundene Rücklage* (Projekt-
rücklage) unterscheiden.

a) Betriebsmittelrücklage

Die Bildung einer Betriebsmittelrücklage ist für periodisch wiederkehrende Ausgaben
wie Löhne, Gehälter, Mieten in Höhe des Mittelbedarfs für eine angemessene Zeitperi-
ode zulässig. Es muss sich bei den Ausgaben um laufende Verpflichtungen gegenüber
Dritten handeln. Zu den Ausgaben gehören auch Verwaltungskosten.[26] Der Zeitraum
für die Beibehaltung einer Betriebsmittelrücklage ist nicht fest vorgegeben. Auszugehen
ist von einem Monat bis zu einem Jahr – es kommt auf den Einzelfall an. Grundsätzlich
ist die Frist umso länger, je unsicherer oder unregelmäßiger die Einnahmen der steuerbegünstigten Körperschaft sind. Bei einem Verein, der sich überwiegend aus Spenden
finanziert, kann die Betriebsmittelrücklage bis zu einem Jahr beibehalten werden. Hat
der Verein dagegen regelmäßige Einnahmen aus Zuschüssen oder Entgelten, verkürzt
sich die Frist.

b) Zweckgebundene Rücklage

Mittel können für bestimmte, satzungsmäßige Vorhaben angesammelt werden, wenn
für deren Verwirklichung konkrete Zeitvorstellungen bestehen. Unter die zweckgebundenen Rücklagen fallen Investitionsrücklagen, Wiederbeschaffungsrücklagen, Förder-
rücklagen, projektbezogene Rücklagen und Rücklagen für größere Instandhaltungen.[27]
Ein Verein kann etwa eine Investitionsrücklage für den Bau einer Halle bilden. Die Rücklage ist dann in Höhe der Anschaffungs- oder Herstellungskosten gegebenenfalls über
mehrere Jahre zu dotieren. Die Verwirklichung des Vorhabens muss glaubhaft sein und
sich innerhalb der finanziellen Möglichkeiten des Vereins bewegen. Werden z. B. für den
in 04 geplanten Bau einer Halle Herstellungskosten von 600.000 Euro veranschlagt, darf
der Verein in den Jahren 01 bis 05 jeweils 100.000 Euro der Investitionsrücklage zuführen. Teilweise wird vertreten, die Dotierung der Rücklage habe abgezinst zu erfolgen,
wenn die geplante Investition erst in einigen Jahren verwirklicht wird.[28] Die Beschränkung ergebe sich aus dem Gesetzeseinschub, soweit dies erforderlich ist. Durch die Ab-

zinsung mindert sich der Zuführungsbetrag zur Investitionsrücklage. Meines Erachtens ist die Abzinsung durch den Gesetzeswortlaut nicht gefordert. Sonst könnten Vereine mit unregelmäßigen Einnahmen dann, wenn etwa durch eine Großspende ausreichend Mittel zur Dotierung vorhanden sind, diese eventuell nicht der Rücklage zuführen.

Wiederbeschaffungsrücklagen sind zulässig, ihre Bildung aber nur beschränkt möglich. Sie dienen dazu, ein bereits vorhandenes Wirtschaftsgut nach Ablauf der Nutzungs-dauer zu ersetzen. Konsequenterweise muss die Wiederbeschaffungsrücklage in dem Umfang aufgebaut werden, in dem das vorhandene Wirtschaftsgut abgeschrieben wird. Zu bedenken ist jedoch, dass dies den zeitnah zu verwendenden Mittelumfang in zweifacher Weise mindert: Schon die Abschreibung führt zu einem geringeren Jahres-überschuss, was zeitnah zu verwendende Mittel bindet. Daher darf die Bildung einer Wiederbeschaffungsrücklage die zeitnah zu verwendenden Mittel nicht zusätzlich min-dern. Raum für eine Wiederbeschaffungsrücklage bleibt meines Erachtens dort, wo die Wiederbeschaffungskosten voraussichtlich die Kosten des vorhandenen Wirtschafts-gutes übersteigen. Ist eine Ersatzbeschaffung nicht von vornherein geplant, scheidet die Bildung einer Rücklage aus.

Kann ein Projekt voraussichtlich nicht aus den laufenden Einnahmen der Körperschaft finanziert werden, ist die Bildung einer projektbezogenen Rücklage zulässig. Realisier-barkeit, Zeitpunkt und ungefähre Kosten des Projekts müssen feststehen. Die ernsthafte Absicht zur Durchführung des Projekts kann der Finanzverwaltung etwa durch einen schriftlich festgehaltenen Beschluss des in der Körperschaft verantwortlichen Gremi-ums glaubhaft gemacht werden. Sinngemäß gilt dies für die Bildung einer Instand-haltungsrücklage.

Fällt der Zweck für die Bildung einer Rücklage vor seiner Verwirklichung weg, lebt die Pflicht zur zeitnahen Mittelverwendung wieder auf. Die Mittel sind nach Wegfall der Voraussetzungen für die Bildung der Rücklage bis zum Ende des auf den Wegfall folgenden Wirtschaftsjahres satzungsgemäß zu verbrauchen.

(2) Freie Rücklagen

Eine steuerbegünstigte Körperschaft kann jährlich höchstens ein Drittel des Über-schusses aus Vermögensverwaltung sowie zehn Prozent ihrer sonstigen zeitnah zu ver-wendenden Mittel einer freien Rücklage zuführen (§ 58 Nr. 7a AO). Sonstige zeitnah zu verwendenden Mittel sind Gewinne aus steuerpflichtigen wirtschaftlichen Geschäfts-betrieben und Zweckbetrieben und die Bruttoeinnahmen aus dem ideellen Bereich. Ein Überschuss aus der Vermögensverwaltung ist nicht in die Bemessungsgrundlage für die Zuführung aus den sonstigen zeitnah zu verwendenden Mitteln einzubeziehen.

## 7.2.1.6 Spendenabzug

Freiwillige Zuwendungen (Spenden) sind beim Spender steuerlich abzugsfähig, wenn der gemeinnützige Empfänger die Spenden für spendenbegünstigte Zwecke einsetzt.

Begrifflich liegt eine Spende nur dann vor, wenn die Zuwendung unentgeltlich erfolgt ist. Gegenstand einer Spende kann neben Geld auch eine Sache sein. Leistungen und unentgeltlich überlassene Nutzungen sind dagegen keine abzugsfähigen Zuwendungen (§ 10b Abs. 3 Satz 1 EStG). Materiellrechtliche Voraussetzung für den Spendenabzug ist die Ausstellung einer Zuwendungsbestätigung durch den gemeinnützigen Spendenempfänger. Diese ist durch die Körperschaft nach dem amtlich vorgeschriebenen Vordruck zu erstellen (§ 50 Abs. 1 EStDV). Über erhaltene Zuwendungen müssen Aufzeichnungen geführt werden. Ferner ist ein Doppel der Zuwendungsbestätigung aufzubewahren (Näheres hierzu in 7.2.2).

## 7.2.1.7 Körperschaft- und Gewerbesteuer, Zinsabschlag

Übersteigen die Einnahmen aus wirtschaftlichem Geschäftsbetrieb die Besteuerungsgrenze von 35.000 Euro[29] im Jahr, besteht für Gewinne eine partielle Körperschaft- und Gewerbesteuerpflicht. Zu den Einnahmen im Sinne des § 64 Abs. 3 AO gehören u. a.:

- Entgelte für im wirtschaftlichen Geschäftsbetrieb erbrachte Lieferungen oder Leistungen,
- Erlöse aus Veräußerung von Wirtschaftgütern des wirtschaftlichen Geschäftsbetriebs,
- die mit den Einnahmen zusammenhängende Umsatzsteuer (vgl. 7.2.1.8).

Bei der Gewinnermittlung sind alle durch den Betrieb veranlassten Betriebseinnahmen zu erfassen (Eintrittsgelder, Erlöse aus Sommerfest usw.). Betriebsausgaben sind zu erfassen, wenn sie durch den steuerpflichtigen Bereich veranlasst wurden. Ausgaben, die primär durch die steuerfreie Tätigkeit veranlasst sind, scheiden als Betriebsausgabe aus.[30] Überschüsse und Verluste aller wirtschaftlichen Geschäftsbetriebe einer gemeinnützigen Körperschaft sind zusammenzufassen (§ 64 Abs. 2 AO).

Ist die Besteuerungsgrenze des § 63 Abs. 3 AO überschritten, besteht eine partielle Körperschaftsteuerpflicht (§ 5 Abs. 1 Nr. 9 KStG). Bei Körperschaften, die keine Kapitalgesellschaften sind (Vereine, Stiftungen) wird ein Freibetrag von 3.835 Euro vom Gewinn abgezogen (§ 24 KStG). Eine steuerbegünstigte GmbH erhält keinen Freibetrag. Der Steuersatz beträgt für steuerbegünstigte Vereine, Stiftungen und GmbHs einheitlich 15 Prozent[31] (§ 23 Abs. 1 KStG).

Ist die Besteuerungsgrenze des § 63 Abs. 3 AO überschritten, besteht ferner eine partielle Gewerbesteuerpflicht (§ 3 Nr. 6 GewStG). Jede steuerbegünstigte Körperschaft erhält einen Freibetrag von 3.900 Euro, der vom steuerpflichtigen Gewerbeertrag abgezogen werden darf (§ 11 Abs. 1 Nr. 2 GewStG).

Zinserträge sind grundsätzlich steuerfrei, da sie zu Einkünften aus Vermögensverwaltung zählen. Jedoch sind Kreditinstitute zum Einbehalt der Steuer verpflichtet. Bei Vorlage einer Freistellungsbescheinigung oder einer Nichtveranlagungsbescheinigung entfällt die Pflicht zur Einbehaltung der Zinsabschlagsteuer. Wird dennoch Zinsabschlagsteuer einbehalten, so erstattet das für die Organisation zuständige Betriebsstättenfinanzamt die Steuer auf Antrag.[32]

## 7.2.1.8 Umsatzsteuer

Steuerbegünstigte Körperschaften unterliegen hinsichtlich der Umsatzsteuer den gleichen Grundsätzen wie alle anderen Unternehmer. Für Umsätze, die den begünstigten Zwecken dienen, gilt der ermäßigte Steuersatz. Dies betrifft die Vermögensverwaltung und den Zweckbetrieb. Empfängt die Körperschaft ihrerseits für ihren unternehmerischen Bereich Leistungen, die der Umsatzsteuer unterliegen, kann sie diese Umsatzsteuer als Vorsteuer von der eigenen Umsatzsteuerlast abziehen.

Für Umsatzsteuer wird nach folgendem Schema zwischen dem unternehmerischen Bereich und dem nichtunternehmerischen Bereich unterschieden.

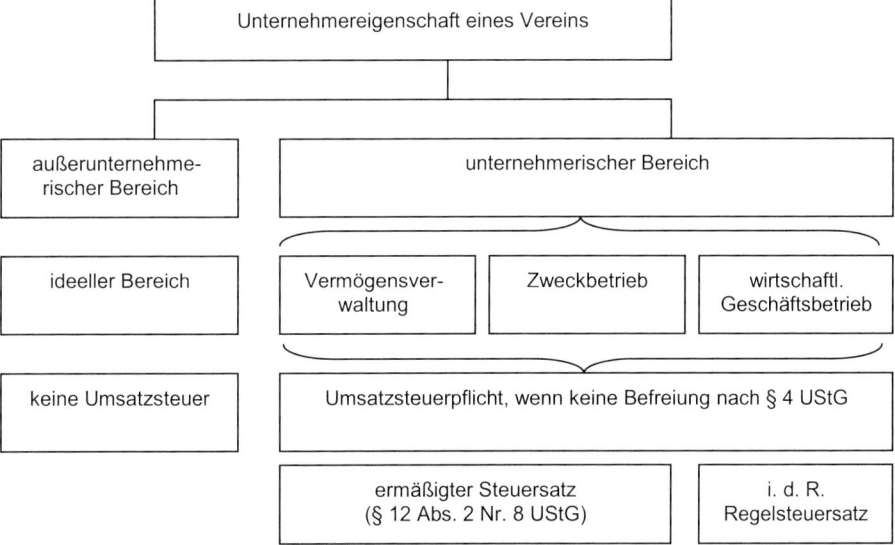

(1) Außerunternehmerischer Bereich

Zu den Einnahmen des außerunternehmerischen Bereichs gehören die Einnahmen des ideellen Bereichs. In der Regel sind dies Aufnahmegebühren, *Mitgliedsbeiträge*, Spenden, Einkünfte aus Nachlässen sowie *Zuschüsse*. Eingangsumsätze, die diesen Einnahmen gegenüberstehen, berechtigen nicht zum Abzug der Vorsteuer (§ 15 Abs. 1 Nr. 1 UStG).

a) Mitgliedsbeiträge

Werden Mitgliedsbeiträge kraft Satzung erhoben, um den Gemeinschaftszwecken der

Körperschaft zu dienen, und werden von allen Mitgliedern gleich hohe Beträge erhoben, spricht man von echten Mitgliedsbeiträgen. Nach Ansicht der Finanzverwaltung handelt es sich um Einnahmen im außerunternehmerischen Bereich. Damit wendet sich die deutsche Finanzverwaltung gegen die Rechtsprechung des Europäischen Gerichtshofs (EuGH).[33] Dieser hat entschieden, dass die Beiträge an einen (niederländischen) Golfverein im Rahmen des Leistungsaustausches erbracht werden, da das Mitglied die Nutzung der Vereinsanlagen erhält.[34]

Unechte Mitgliedsbeiträge liegen vor, wenn die Beiträge nicht allein Gemeinschaftszwecken, sondern zumindest auch den Eigeninteressen der Mitglieder dienen. In diesem Fall sind die Beiträge in ein (umsatzsteuerpflichtiges) Entgelt und einen echten Mitgliedsbeitrag aufzuteilen. Erhalten die Mitglieder eines Vereins z. B. eine Zeitschrift mit Informationen und Nachrichten aus dem Leben der Vereinigung, unterfallen Mitgliedsbeiträge nicht der Umsatzsteuer. Erhalten die Mitglieder dagegen eine Zeitschrift, die sie sonst gegen Entgelt im freien Handel erwerben müssten, ist der Mitgliedsbeitrag umsatzsteuerpflichtig, soweit dieser nur die Kosten der Zeitschrift deckt. Nur der übersteigende Teil ist als echter Mitgliedsbeitrag nicht umsatzsteuerbar.[35]

## b) Zuschüsse

Zu unterscheiden ist nach echten Zuschüssen und unechten Zuschüssen. Echte Zuschüsse liegen vor, wenn die Zahlungen nicht aufgrund eines Leistungsaustauschverhältnisses, sondern unabhängig von einer bestimmten Leistung erbracht werden. Echte Zuschüsse unterfallen nicht der Umsatzsteuer. Unechte Zuschüsse sind dann gegeben, wenn eine innere Verknüpfung zwischen einer Leistung und dem Zuschuss besteht. Dies kann sich aus den Zuschussrichtlinien oder aus zugrunde liegenden Verträgen ergeben.

Beispiel: Eine Stadt zahlt an den örtlichen Tierschutzverein einen Zuschuss zur Unterhaltung des Tierheims. Das Unterhalten von Tierheimen ist eine Pflichtaufgabe der Stadt. Der Tierschutzverein nimmt der Stadt diese Aufgabe ab. Der Zuschuss ist umsatzsteuerbares Entgelt.

## (2) Unternehmerischer Bereich

Gemeinnützige Körperschaften sind Unternehmer, wenn sie nachhaltig zur Erzielung von Einnahmen Lieferungen oder sonstige Leistungen erbringen. Zum unternehmerischen Bereich gehören der wirtschaftliche Geschäftsbetrieb (z. B. selbst bewirtschaftete Vereinsgaststätte), die Zweckbetriebe (z. B. Einrichtungen der Wohlfahrtspflege) und die Vermögensverwaltung (z. B. langfristige Vermietung von Vereinsvermögen). Auf Ausgangsumsätze des wirtschaftlichen Geschäftsbetriebs hat die gemeinnützige Körperschaft den Regel-Umsatzsteuersatz zu erheben, für solche in der Vermögensverwaltung oder im Zweckbetrieb den ermäßigten Steuersatz. Die Umsatzsteuer ist in der Umsatzsteuervoranmeldung zu erklären und an das Finanzamt abzuführen. Im Gegenzug kann die Körperschaft die Vorsteuer den Eingangsumsätzen, die die vorgenannten Tätigkeitsbereiche betreffen, von der Umsatzsteuerlast abziehen. Wegen des häufig unterschiedlichen Steuersatzes auf Eingangs- und Ausgangsumsätzen ergibt sich regelmäßig ein Vorsteuerguthaben für die Körperschaft.

Unterschreiten die Bruttoumsätze den Betrag von 17.500 Euro im Jahr, wird nach der *Kleinunternehmerregel* die Umsatzsteuer nicht erhoben. Die Körperschaft kann jedoch auf die Anwendung dieser Regel verzichten, wenn z. B. ein regelmäßiges Vorsteuerguthaben absehbar ist.

## 7.2.1.9 Steuererklärung, Freistellungsbescheid, Körperschaftsteuerbescheid und vorläufige Bescheinigung

Ein besonderes Anerkennungsverfahren zur Feststellung der Gemeinnützigkeit ist im Gemeinnützigkeitsrecht nicht vorgesehen. Die Entscheidung erfolgt für jeden Veranlagungszeitraum durch Erteilung eines Steuer- bzw. *Freistellungsbescheids*.[36] Die Finanzämter sollen die Überprüfung der Voraussetzungen für eine Steuerbegünstigung grundsätzlich alle drei Jahre anhand des Erklärungsvordrucks GEM 1 durchführen. Unterhält die Körperschaft keinen wirtschaftlichen Geschäftsbetrieb oder führen wirtschaftliche Geschäftsbetriebe wegen Unterschreitens der Besteuerungsgrenze (35.000 Euro) oder der Freibeträge zu keiner Steuer, wird ein Freistellungsbescheid erteilt. Führt ein wirtschaftlicher Geschäftsbetrieb dagegen zu einer Steuerpflicht, erteilt das Finanzamt einen *Körperschaft-* und *Gewerbesteuermessbescheid*. Der Bescheid enthält dann den Hinweis, dass die Körperschaft im Übrigen ausschließlich und unmittelbar steuerbegünstigten Zwecken dient und gemäß § 5 Abs. 1 Nr. 9 KStG steuerbefreit ist.

Ist bei einer Neugründung die Steuerbegünstigung noch nicht im Veranlagungsverfahren festgestellt worden, erteilt das Finanzamt auf Antrag eine *vorläufige Bescheinigung*. Dazu ist dem Finanzamt die Satzung der Körperschaft vorzulegen. Die vorläufige Bescheinigung berechtigt die Körperschaft zum Empfang steuerbegünstigter Spenden bereits vor Ablauf des ersten Veranlagungszeitraums.

## Anmerkungen

1 Brockhaus Multimedial Premium, Mannheim 2005, Stichwort: gemeinnützig.

2 AEAO zu § 52, Nr. 1.1, BMF-Schreiben vom 19. Mai 2005.

3 Woitschell, Heiner, in: Ernst & Young, Körperschaftsteuergesetz, § 5 Rn. 376; BFH vom 23.11.1988, I R 11/18, BStBl II 1989, 391.

4 AEAO zu § 53 Nr. 4.

5 Buchna, Johannes: Gemeinnützigkeit im Steuerrecht, 9. Aufl., Achim 2008, S. 218; FG Hamburg vom 8. Juli 1988, EFG 1989, S. 32.

6 AEAO zu § 60, Nr. 1.

7 AEAO zu § 60, Nr. 6.

8 BMF-Schreiben vom 17. November 2004.

9 BMF-Schreiben vom 17. November 2004, BStBl. I S. 1059.

10  AEAO zu § 56.

11  § 58 Nr. 3, 4 und 8 AO.

12  Woitschell, § 5 Rn. 427.

13  AEAO zu § 59 Nr. 1.

14  Verfügung der OFD Frankfurt am Main vom 2.7.1997; DB 1997, 1745.

15  AEAO zu § 58 Nr. 1.

16  AEAO zu § 55 Abs. 1 Nr. 1 AO Nr. 2.

17  Zur Frage der Angemessenheit von Verwaltungsausgaben vgl. Hagemann, Michael: Verwaltungskosten – Maßstab für eine effiziente Mittelverwendung einer gemeinnützigen Organisation, in: Stiftung & Sponsoring 4/2001, S. 23 ff., und 5/2001, S. 22.

18  Buchna, S. 247.

19  Die Befreiung ergibt sich aus den Einzelsteuergesetzen, hier: § 5 Abs. 1 Nr. 9 KStG, § 3 Nr. 9 GewStG.

20  Die an die Entrichtung von Mitgliedsbeiträgen geknüpfte Vereinsmitgliedschaft gilt nicht als Gegenleistung, solange Mitgliedern keine individuellen Vorteile entstehen.

21  RFH vom 24. Juli 1937, RStBl. 1937, 1103.

22  Woitschell, § 5 Rn. 539.1.

23  Buchna, S. 196.

24  AEAO Nr. 10 zu § 58 Nr. 6.

25  Ley, Ursula: Rücklagenbildung aus zeitnah zu verwendenden Mitteln gemeinnütziger Körperschaften, Betriebs-Berater 1999, S. 626 (629).

26  Thiel, Jochen: Mittelverwendung, Rote Seiten zu Stiftung & Sponsoring, 1998, S. 1 ff.

27  Ley, Fn. 25, S. 628; Boochs, Wolfgang, in: Reichert, Bernhard: Vereins- und Verbandsrecht, 10. Aufl., München 2005, Rn. 6581.

28  Vorgeschlagen wird die Anwendung des Zinssatzes von 5,5 % gemäß § 12 Abs. 3 BewertungsG, so etwa Thiel, Fn. 26, oder Buchna, S. 199.

29  Bis 31.12.2006: 30.678 Euro.

30  AEAO zu § 64 Abs. 1 Nr. 5.

31  Bis 31.12.2007: 25 Prozent.

32  BMF-Schreiben vom 7. Mai 2002, BStBl I 2002, 550.

33  Abschn. 4 Abs. 1 UStR 2004.

34  EuGH-Urteil vom 21. März 2002 (Rs. C – 174/00 – Kennemer Golf & Country Club).

35  Abschn. 6 UStR 2005.

36  AEAO zu § 59 Nr. 3.


## Weiterführende Literatur

Buchna, Johannes: Gemeinnützigkeit im Steuerrecht, 9. Auflage, Achim 2008.

Reichert, Bernhard: Handbuch Vereins- und Verbandsrecht, 10. Auflage, München/Neuwied 2005.

Reuber, Hans Georg: Die Besteuerung der Vereine, Stuttgart, Loseblattsammlung.

Schauhoff, Stephan (Hrsg.): Handbuch der Gemeinnützigkeit, 2. Auflage, München 2005.

# 7.2.2 Steuerliches Spendenrecht in der Praxis

## *Willibald Geueke*

Nach § 5 Abs. 1 Nr. 9 Körperschaftsteuergesetz (KStG) und § 3 Nr. 6 Gewerbesteuergesetz (GewStG) von der Körperschaft- und Gewerbesteuer befreite Körperschaften genießen zahlreiche Steuervergünstigungen. Außerdem erhalten sie das Recht, Zuwendungsbestätigungen nach amtlichem Muster auszustellen, wenn sie gemeinnützigen, mildtätigen, wissenschaftlichen oder kirchlichen Zwecken im Sinne der §§ 51–68 Abgabenordnung (AO) dienen. Mit dem zum 1. Januar 2007 rückwirkend geltenden „Gesetz zur weiteren Stärkung des bürgerschaftlichen Engagements" vom 10. Oktober 2007 wurden sämtliche vom Staat als besonders förderungswürdig erachteten anerkannten gemeinnützigen, mildtätigen, kulturellen, wissenschaftlichen und kirchlichen Tätigkeiten steuerlich gleichgestellt. Die Bemessungsgrundlage zur Berücksichtigung von Zuwendungen als Sonderausgabenabzug vom Gesamtbetrag der Einkünfte wurde einheitlich auf 20 Prozent erhöht. In den Katalog der anerkannten Zwecke wurde zusätzlich die Förderung des bürgerschaftlichen Engagements zugunsten gemeinnütziger, mildtätiger und kultureller Zwecke aufgenommen. Es bleibt auch weiterhin zulässig, einer gemeinnützigen Körperschaft steuerbegünstigte Zuwendungen über eine inländische juristische Person des öffentlichen Rechts oder eine inländische öffentliche Dienststelle zukommen zu lassen. Dieser Umweg ist aber nicht mehr vorgeschrieben und damit nicht mehr Voraussetzung für den Spendenabzug nach § 10b Abs. 1 EStG.

Die öffentliche Hand hat den Einrichtungen vor allem auf untergesetzlichem Wege aufwendige und verschärfte Aufzeichnungsvorschriften aufgebürdet.[1] Auf diese Weise sollen mögliche Spendenfehlverwendungen zum Zwecke der Spendenhaftung nach § 10b Abs. 4 EStG festgestellt werden.

## 7.2.2.1 Steuerbegünstigte Zwecke und die Höhe des Steuerabzugs

Zuwendungen zur Förderung mildtätiger, kirchlicher, religiöser, wissenschaftlicher und als besonders förderungswürdig anerkannter gemeinnütziger Zwecke sind einheitlich bis zur Höhe von 20 Prozent des Gesamtbetrags der Einkünfte bzw. vier vom Tausend der Summe der gesamten Umsätze und der im Kalenderjahr aufgewendeten Löhne und Gehälter als Sonderausgaben abzugsfähig (§ 10b Abs. 1 (1) EStG). Bei Unternehmen wird der Spendenabzug analog durch § 9 Abs. 1 Nr. 2 KStG und §§ 8 Nr. 9, 9 Nr. 5 GewStG geregelt.

*Großspenden*, die über diese Bemessungsgrenze hinausgehen, können im Rahmen der Höchstbeträge unbegrenzt in die nachfolgenden Veranlagungszeiträume vorgetragen werden (§ 10b Abs. 1 (3) EStG).

*Zuwendungen in den Vermögensstock von Stiftungen* können zusätzlich über die oben genannten Höchstbeträge nach § 10b Abs. 1a EStG bis zu 1 Million Euro (pro Ehegatte) im Jahr der Zuwendung und in bis zu neun folgenden Veranlagungszeiträumen berücksichtigt werden. Diese Möglichkeit des Sonderausgabenabzugs wird einmal in zehn Jahren gewährt.

*Zuwendungen von Todes wegen* sind von der Erbschafts- und Schenkungssteuer befreit. Diese Befreiung geht für die Körperschaft nur bei einem Verlust der Gemeinnützigkeit innerhalb von zehn Jahren nach erfolgtem Mittelzufluss verloren.

Bei *politischen Parteien und Wählervereinigungen* im Sinne des Parteiengesetzes sind Zuwendungen bis zu 1.650 Euro bzw. 3.300 Euro (Zusammenveranlagung) pro Kalenderjahr als Sonderausgaben abziehbar, sofern für sie nicht eine Steuerermäßigung nach § 34g EStG gewährt worden ist.

In §§ 51–54 AO werden die Begriffe gemeinnützige Zwecke (§ 52 AO), mildtätige Zwecke (§ 53 AO) und kirchliche Zwecke (§ 54 AO) definiert. § 52 Abs. 2 AO zählt die gemeinnützigen Zwecke nahezu abschließend auf. Der Gesetzgeber hat den Katalog insofern offengelassen, als er gestattet, dass der bislang nicht im Gesetz erwähnte Zweck einer Körperschaft dennoch von einer entsprechend zuständigen Behörde als gemeinnützig erklärt werden kann.

Bei der Förderung der folgenden Zwecke ist die *steuerliche Berücksichtigung von Spenden und Mitgliedsbeiträgen* (§ 52 Abs. 2 Nrn. 1–20/24/25 AO) gewährleistet (Stichworte): 1. Wissenschaft und Forschung; 2. Religion; 3. Gesundheit; 4. Jugend- und Altenhilfe; 5. Kunst und Kultur; 6. Denkmalschutz und Denkmalpflege; 7. Bildung; 8. Naturschutz, Umweltschutz, Hochwasserschutz; 9. Freie Wohlfahrtspflege; 10. Hilfe für politisch, rassisch, religiös Verfolgte (z. B. Flüchtlinge, Aussiedler, Vertriebene), Opfer von Straftaten; 11. Rettung aus Lebensgefahr; 12. Feuer-, Arbeits-, Katastrophen-, Zivilschutz und Unfallverhütung; 13. internationale Gesinnung, Toleranz, Völkerverständigung; 14. Tierschutz; 15. Entwicklungszusammenarbeit; 16. Verbraucherberatung und Verbraucherschutz; 17. Fürsorge für Strafgefangene bzw. ehemalige Strafgefangene; 18. Gleichberechtigung von Männern und Frauen; 19. Förderung des Schutzes von Ehe und Familie; 20. Kriminalprävention; 24. demokratisches Staatswesen; 25. bürgerschaftliches Engagement für gemeinnützige, mildtätige und kulturelle Zwecke.

*Steuerlich unberücksichtigt bleiben Mitgliedsbeiträge* bei Körperschaften, die Zwecke fördern, die unter § 52 Abs. 2 Nr. 21–23 AO aufgeführt sind: 21. Sport (Schach gilt als Sport); 22. Heimatpflege und Heimatkunde; 23. Tierzucht, Pflanzenzucht, Kleingärtnerei, Fastnacht und Fasching, Soldaten- und Reservistenbetreuung, Amateurfunk, Modellflug und Hundesport. Der Gesetzgeber ist in diesen Fällen der Ansicht, dass diese Beitragszahlungen überwiegend mit geldwerten Gegenleistungen verbunden sind.

In der Praxis ist die *Unterscheidung von mildtätigen und gemeinnützigen Zwecken* nicht immer einfach. Gemeinnützige Zwecke sind nach der Definition des Gesetzgebers auf die materielle, geistige oder sittliche Förderung der Allgemeinheit ausgerichtet. Der Personenkreis ist offen und seine Abgrenzung darf nicht nach räumlichen oder beruflichen Merkmalen dauernd nur klein sein (§ 52 Abs. 1 (1–2) AO). Mildtätige Zwecke werden dann verfolgt, wenn eine Körperschaft Personen selbstlos unterstützt, die infolge ihres körperlichen, geistigen oder seelischen Zustands auf die Hilfe anderer angewiesen sind (§ 53 Nr. 1 AO) oder deren Bezüge bestimmte Einkommensgrenzen nicht überschreiten. Davon unabhängig zu betrachten ist die Förderung von Personen, deren wirtschaftliche Situation aus besonderen Gründen zu einer Notlage geworden ist (§ 53 Nr. 2 AO).

Durch die steuerliche Gleichbehandlung der förderungswürdigen Zwecke stellen die Folgen einer fehlerhaften Klassifizierung von Maßnahmen und Projekten keine schwerwiegende Mittelfehlverwendung mehr dar.

## 7.2.2.2 Aufzeichnungen von Spenden und Mitgliedsbeiträgen

Von allen Zuwendungsbestätigungen sind grundsätzlich *Doppel* aufzubewahren bzw. auf Verlangen durch elektronische Verfahren zu reproduzieren (§ 50 Abs. 4 EStDV). Dabei ist der Begriff des „Doppels" wörtlich zu nehmen: Es handelt sich dabei um eine *Reproduktion des Originals,* die auch dann sicherzustellen ist, wenn keine Einzelkopien angefertigt werden. Bei kleinen Organisationen und Vereinen reicht die sichere Aufbewahrung von Fotokopien. Größere Einrichtungen müssen mit ihrer Software in der Lage sein, den Aufzeichnungs- und Reproduktionspflichten gerecht zu werden.

Nach dem BMF-Schreiben vom 2. Juni 2000[2] ist es generell zulässig, „das Doppel in elektronischer Form zu speichern. Die Grundsätze ordnungsgemäßer DV-gestützter Buchführungssysteme (BMF-Schreiben vom 7. November 1995, BStBl. I, S. 738) gelten entsprechend". Die Aufzeichnungspflichten verlangen in der Praxis, dass sämtliche Angaben hinterlegt werden müssen, die für die Quittierung relevant sind.

Zu den Aufgaben der Spendenbuchhaltung gehört daher die strikte Beachtung der *Grundsätze der ordnungsgemäßen Buchführung* (§§ 145–148 AO). Sie muss vollständig sein (keine Buchung ohne Beleg), die Richtigkeit gewährleisten, durch eine Nummerierung ordnungsgemäß sein und zeitnah erfolgen (§ 146 AO). Die Nachvollziehbarkeit durch einen sachverständigen Dritten (§ 145 AO) ist durch die sachliche Trennung aller Geschäftsvorfälle zu gewährleisten. Die Feststellbarkeit des ursprünglichen Inhalts der Dokumente ist sicherzustellen, damit der eigentliche Betriebsprüfungszweck erreicht werden kann (§ 147 AO).

Bei der *Verwendung von Mitteln im Ausland* oder deren Weiterleitung an eine ausländische Körperschaft im Sinne des § 58 Nr. 1 AO ergeben sich durch § 90 Abs. 2 AO bei der Aufklärung von Sachverhalten zur Gewährleistung der Steuervergünstigung besondere Verpflichtungen.

Eine Verletzung der besonderen Aufzeichnungspflichten kann Nachteile aufgrund der Bewertung von Sachverhalten nach sich ziehen (zu § 90 Abs. 2 AEAO). Beispielsweise muss die Verwendung der Mittel im Ausland auf der Zuwendungsbestätigung vermerkt sein und die ordnungsgemäße Verwendung durch andere Körperschaften oder Hilfspersonen durch entsprechende Verwendungsnachweise belegt werden.[3]

Die *Aufbewahrungsfrist* der Unterlagen und Dokumente beträgt zehn bzw. sechs Jahre (§ 147 Abs. 3 (1) AO). Es ist zu empfehlen, alle Dokumente vollständig mindestens zehn

Jahre lang aufzubewahren. Aufzeichnungen auf Datenträger müssen jederzeit verfügbar sein und unverzüglich lesbar gemacht werden können (§ 146 Abs. 5 (2) AO).

Die *Kontenfunktion* der (elektronischen) Buchhaltungssysteme muss sämtliche Angaben zur Kontierung wiedergeben, die Ordnungskriterien der Ablage transparent nachweisen, schließlich das Buchungsdatum und die Reihenfolge der Buchungen dokumentieren. Bei der Auflösung verdichteter Zahlen muss eine übersichtliche Darstellung der Einzelpositionen und der Nachweis der Einzelposten gewährleistet sein.[4]

Die (elektronischen) Aufzeichnungen müssen einer *progressiven und retrograden Prüfung* der Buchhaltung standhalten. Eine progressive Prüfung verfolgt die Grundaufzeichnungen über die Konten zur Bilanz/Gewinn-und-Verlust-Rechnung (GuV) bis zur Steuererklärung. Eine retrograde Prüfung verfolgt umgekehrt den Weg von der Steuererklärung zurück bis zu den Grundaufzeichnungen. Einzelbuchungen dürfen nicht verändert werden, Fehler sind komplett zu stornieren und an ihrer Stelle Neubuchungen anzulegen. Änderungen im Detail sind nicht erlaubt. Fehler können vor einer Buchung auf dem Beleg korrigiert werden. Neben der vollständigen Wiedergabefähigkeit der Aufzeichnungen (Ausdrucke) müssen auch die angewendeten Programme und die zugrunde liegenden Verfahren in einem internen Kontrollsystem (IKS) dokumentiert werden.[5]

*Quittungswirksam* sind Umbuchungen immer dann, wenn folgende Sachverhalte betroffen sind: Betrag, Tag der Zuwendung, Zuwendungsart (Mitgliedsbeitrag, Geldzuwendung, Sachzuwendung, Aufwandsverzicht), Spendenzweck (bei unterschiedlichen Satzungszwecken), Namensänderung, Änderung der Anschrift.

*Nicht quittungswirksam* sind Umbuchungen, wenn die Felder Geldkonto (Bankeingangskonto der Körperschaft), Bankverbindung des Spenders, Werbecode, Zahlungsart (Überweisung, Scheck, Lastschrift usw.) betroffen sind.

Im Rahmen der tatsächlichen Geschäftsführung (§ 63 AO) muss die ordnungsgemäße Aufzeichnung der satzungsgemäßen Einnahmen und Ausgaben sichergestellt werden.

## 7.2.2.3 Zuwendungsbestätigungen nach amtlichem Muster (§ 50 Abs. 1 EStDV und BMF-Schreiben)

Es gibt zwölf verschiedene amtliche Formulare für Zuwendungsbestätigungen auf der Grundlage des BMF-Schreibens vom 13. Dezember 2007. Nur Zuwendungsbestätigungen nach amtlichem Muster führen unmittelbar zum Steuerabzug.[6] Die bis zu diesem BMF-Schreiben gültigen amtlichen Muser können noch in einer Übergangszeit bis zum 30. Juni 2008 verwendet werden.

Die *amtlichen Muster* gelten jeweils für Vereine, Stiftungen, Parteien und Wählervereinigungen sowie Körperschaften öffentlichen Rechts und staatliche Dienststellen.

Die *Textmenge* für das amtlich vorgeschriebene Formular darf *eine DIN-A4-Seite* nicht überschreiten. Optische Hervorhebungen sind erlaubt, und auch die Anwendung von Ankreuzkästchen wird gestattet.

*Name und Anschrift des Zuwendenden* können auch untereinander angeordnet werden, insofern Wortwahl und Reihenfolge der Textpassage nicht verändert werden. Es handelt sich dabei um den *Namen und die Anschrift des Spenders zum Zeitpunkt der Quittierung*. Diese Angaben sind zentraler Bestandteil der Zuwendungsbestätigung und dürfen nachträglich nicht mehr geändert werden. Die aktuelle Version von Name und Anschrift (z. B. in Zusammenhang mit der Spendernummer) sollte außerhalb des Textes der Zuwendungsbestätigung positioniert werden und kann so bei geschickter Anordnung als Adressträger fungieren. Diese Praxis wurde bislang nicht beanstandet. *Zusätzliche Texte* (Danksagungen, Werbung usw.) sind unzulässig. Der Haftungstext am Ende der Bestätigung muss reproduziert werden. Die *gemeinsame Überweisung von Spende und Mitgliedsbeitrag* ist in zwei Buchungen aufzuteilen und getrennt zu quittieren.

Die *Darstellung des Geldbetrages* hat sowohl in Ziffern als auch in Buchstaben zu erfolgen. Die Benennung in Buchstaben kann auch in Form von Buchstabenbenennungen der jeweiligen Ziffern erfolgen (z. B. „*eins*zwei*null*"). Sowohl die Leerräume vor und hinter den letzten Ziffern sowie die Zwischenräume sind deutlich abzutrennen.

Im amtlichen Muster für Körperschaften im Sinne des § 5 Abs. 1 (9) KStG ist bei jeder Einzelzuwendung zu bestätigen, ob es sich dabei um den *Verzicht auf Erstattung von Auslagen* handelt oder nicht. Aufgrund dieser direkten Verknüpfung von Mittelzufluss und -abfluss sollte in jeder Einrichtung das Thema „Verzicht auf Auslagenersatz" in konkreten Verfahren geregelt werden. Zur *Trennung der Geschäftsvorfälle* trägt die Ausbezahlung erstattungsfähiger Auslagen bei, wenn es hierfür entsprechende Regelungen gibt (z. B. in Satzungen, Geschäftsordnungen oder durch Vorstandsbeschluss). Diese Beträge müssen als Aufwand gebucht werden. Es bleibt den Erstattungsberechtigten überlassen, ob der Betrag anschließend gespendet wird. Es sind ohnehin zwei Buchungsvorgänge erforderlich – im Rahmen dieser Lösung kann der Mittelzufluss und -abfluss transparent abgebildet werden.

Die Angaben zu *Finanzamt, Steuernummer, Datum, Jahre der Freistellung* sind wie üblich dem letzten Freistellungsbescheid zu entnehmen. Die zuletzt ergangenen Freistellungsbescheide behalten ihre allgemeine Gültigkeit trotz der Änderungen im Spendenrecht.

Die *Zuordnung und Angabe der Zwecke* muss eindeutig sein. Eine besondere Form ist nicht vorgeschrieben. Es kommt immer wieder vor, dass eine Einrichtung mehrere steuerbegünstigte Zwecke zugleich verfolgt und die Spender keinen näheren Spendenzweck festlegen. Ein entsprechender Einwand des Verfassers gegenüber dem BMF führte zur ausdrücklichen Erlaubnis, in den genannten Fällen auf dem Formular *mehrere steuerlich begünstigte Zwecke* benennen zu dürfen.

Bei den amtlichen *Formularen für Stiftungen* muss das Ankreuzfeld „Die Zuwendung erfolgte in unseren Vermögensstock" nicht ausgedruckt werden, wenn der Sachverhalt nicht zutrifft (z. B. weil der Zuwendende eine Spende zur zeitnahen Mittelverwendung geleistet hat). Dies gilt auch in allen Formularen für die alternativ angegebenen Freistellungsvoraussetzungen (Freistellungsbescheid bzw. vorläufiger Bescheid), bei denen der nicht zutreffende Absatz weggelassen werden kann.

Nicht mehr das amtliche Muster, allerdings nach wie vor das gültige BMF-Schreiben vom 2. Juni 2000 verlangt auch Auskunft darüber, ob die *steuerlich begünstigten Zwecke im Ausland* realisiert werden. Die entsprechende Angabe ist unverzichtbar, wenn der Fall zutrifft (hierzu wie bereits erwähnt: Koordinierter Runderlass „Verwirklichung steuerbegünstigter Zwecke im Ausland").[7] Auf Rückfrage des Verfassers wurde es gestattet, den *Zusatz „ggf. auch im Ausland"* zu benutzen, wenn nur ein Teil der Zuwendungen im Ausland verwendet wird. Er gilt aber auch für alle Fälle, bei denen zum Zeitpunkt der Zuwendung noch nicht feststeht, ob die tatsächlichen Ausgaben im Inland oder im Ausland getätigt werden (BMF-Schreiben vom 2. Juni 2000, Rdnr. 11).

Arbeitsaufwendig ist vor allem bei Einrichtungen mit mehreren als förderungswürdig anerkannten Zwecken die EDV-Steuerung der *korrekten Zuordnung von Zahlung und Projekt*. Die Schlüsselvariable im Buchungssatz zur Steuerung der Zwecke ist die Projektnummer (Erlöskonto der Finanzbuchhaltung). Mit der Durchführung konkreter Projekte realisiert jede Organisation ihre Zwecke. Die Unterscheidbarkeit der Projekte muss durch die Abbildung möglicher unterschiedlicher Zwecke im Text der Zuwendungsbestätigung gewährleistet sein. Die Steuerung des wichtigen Feldes „*Art der Zuwendung*" (Mitgliedsbeitrag / Geldzuwendung) muss eigenständig erfolgen und auf der Zuwendungsbestätigung eindeutig gekennzeichnet sein. Im neuen amtlichen Muster müssen nur Einrichtungen, bei denen Mitgliedsbeiträge nicht steuerlich abziehbar sind, ausdrücklich bestätigen, dass es sich bei der bestätigten Geldzuwendung nicht um einen Mitgliedsbeitrag handelt.

Hinsichtlich maschinell erstellter *Spendenbestätigungen ohne eigenhändige Unterschrift* gelten die Einkommensteuerrichtlinien (R10b.1 Abs. 4 EStR): Demnach muss die Umstellung des Verfahrens und die Verpflichtung auf einschlägige Regeln gegenüber dem Finanzamt angezeigt und auf den Zuwendungsbestätigungen vermerkt werden. Da die neuen amtlichen Vordrucke für Zuwendungsbestätigungen diese Vorschrift nicht abbilden, hat das Bundesfinanzministerium dem Verfasser die Erlaubnis für folgenden Lösungsvorschlag erteilt: Für bisher erteilte Genehmigungen kann der Aufdruck des Textes zur Genehmigung maschinell erstellter Zuwendungsbestätigungen ohne eigenhändige Unterschrift entfallen. Für die Anzeigen an die zuständige Finanzbehörde sollte es auf den Zuwendungsbestätigungen heißen: „Dem Finanzamt (A) wurde die Umstellung auf maschinell erstellte Zuwendungsbetätigungen ohne eigenhändige Unterschrift am (Datum) mitgeteilt." Dieser Satz soll im amtlichen Formular direkt über den Unterschriften positioniert werden.

*Tipp:* Die Ausstellung von Zuwendungsbestätigungen sowie die Einrichtung von Projekten und deren Zuordnung nach den unterschiedlichen satzungsgemäßen Zwecken stellt eine Schlüsselhandlung bei der Erfüllung der Aufzeichnungspflichten dar. Umbuchungen, die eine Änderung des Steuerabzuges der Zuwendung zur Folge haben, sind nachvollziehbar (elektronisch) zu dokumentieren. Dieser Verantwortungsbereich sollte zusätzlich geschützt sein und nur von wenigen autorisierten Personen vorgenommen werden dürfen. Diese sollten zur Wahrung des Steuergeheimnisses eine Datenschutz-Verpflichtungserklärung nach § 5 Bundesdatenschutzgesetz (BDSG) abgeben. Auch bei allen Outsourcing-Lösungen ist dies zu beachten und durch vertragliche Vereinbarungen verfahrenssicher zu organisieren.

Im Anhang befinden sich unter den Checklisten verschiedene Musterbeispiele für Zuwendungsbestätigungen von Vereinen.

Zuwendungsbestätigungen bei Sachzuwendungen

Die generellen Anmerkungen zur Erstellung von Einzelbestätigungen für Mitgliedsbeiträge/Geldzuwendungen gelten beim Formular für Sachzuwendungen entsprechend. Der Satz zum Verzicht auf Auslagenerstattung entfällt. Dagegen müssen *Alter, Zustand und Kaufpreis* einer Sachspende in der Bestätigung detailliert vermerkt werden. Darüber hinaus werden weitere Angaben des Spenders benötigt: Es muss aufgezeichnet werden, ob die Sachspende dem Betriebs- oder dem Privatvermögen entnommen worden ist. Stammt die Sachzuwendung aus dem Betriebsvermögen, so ist der Entnahmewert anzusetzen. Bei Sachspenden dem Privatvermögen müssen zusätzliche Unterlagen (Gutachten usw.), die zur Wertermittlung herangezogen worden sind, erwähnt und aufbewahrt werden.

Unternehmen müssen außerdem für Sachspenden ab einem Wert von 40 Euro Umsatzsteuer zahlen (§ 3 Abs. 1b Nr. 3 UStG in Verbindung mit § 4 Abs. 5 Nr. 1 EStG). Die eventuell anfallende Umsatzsteuer ist bei der Zuwendungsbestätigung zu berücksichtigen. Es hat sich in der Praxis bewährt, sich zuvor vom Zuwendenden sämtliche Inhalte der Sachzuwendungsbestätigung mit Hilfe eines „Infoblattes" bescheinigen zu lassen.

Abbildung 1: Muster „Infoblatt" zur Erstellung von Sachzuwendungsbestätigungen

Absender des Zuwendenden:


Genaue Beschreibung des Gegenstandes:
- Bezeichnung:
- Alter:
- Zustand:
- Kaufpreis:


Die Sachzuwendung wurde entnommen:
- aus dem Betriebsvermögen
oder
- aus dem Privatvermögen


Entnahmewert:

alternativ: niedriger gemeiner Wert:


Geeignete Unterlagen (Rechnung/Gutachten usw.):


_____      _____

Ort, Datum                          Stempel/Unterschrift


Im Anhang befindet sich unter den Checklisten ein Musterbeispiel „Sachzuwendungs-bestätigung".

## 7.2.2.4 Der vereinfachte Spendennachweis (§ 50 Abs. 2 EStDV)

In Katastrophenfällen können im vereinfachten Nachweis generell Zuwendungen für Hilfsmaßnahmen berücksichtigt werden, wenn die Körperschaft ein mit den Finanzbehörden abgestimmtes Sonderkonto für einen klar abgegrenzten Zeitraum einrichtet. Für diese Zuwendungen und bei einzelnen Spenden bis 200 Euro ist der vereinfachte Nachweis durch die Vorlage des Kontoauszuges bzw. einer elektronischen Buchungsbestätigung *„Zahlung erfolgt"* für Bareinzahlungen seitens eines Kreditinstituts möglich. Diese Belege werden anerkannt, wenn der Steuerzahler zusätzlich einen vom Zuwendungsgeber hergestellten Beleg vorlegt, der die Grundlage der steuerlichen Freistellung, den Verwendungszweck der Zuwendung und die Angabe enthält, ob es sich bei der Zuwendung um eine Spende oder um einen Mitgliedsbeitrag handelt (§ 50 Abs. 2 Nr. 2 EStDV). Zu den Buchungsbestätigungen gehört gemäß Verfügung der OFD Frankfurt vom 8. Februar 2006 (S 2223 A 109 St II 2.06) auch eine elektronische Buchungsbestätigung wie z. B. der PC-Ausdruck bei Online-Banking.

Die Vorlage einer abgestempelten Durchschrift des Überweisungsbeleges wird bei den Finanzämtern schon seit längerem nicht mehr anerkannt. Bei Zuwendungen bis 200 Euro muss der inländische Empfänger den Zuwendungszweck auf dem von ihm erstellten Beleg aufdrucken. Es muss dabei vermerkt sein, ob es sich um eine Spende oder um einen Mitgliedsbeitrag handelt.[8]

## 7.2.2.5 Sammelbestätigungen

Das BMF erhebt keine Bedenken gegen die Ausstellung von Sammelbestätigungen, legt in diesem Fall aber kein amtliches Muster vor. Stattdessen werden verbindliche Regeln festgelegt, nach denen Sammelbestätigungen ohne Bedenken erstellt werden dürfen.

Das BMF-Schreiben vom 2. Juni 2000 stellt folgende Regeln für die Ausstellung von Sammelbestätigungen auf:

- Anstelle des Wortes „Bestätigung" ist das Wort „Sammelbestätigung" zu verwenden.
- Bei „Art der Zuwendung" und „Tag der Zuwendung" ist auf die Rückseite oder die beigefügte Anlage (siehe unten) zu verweisen.
- In der Zuwendungsbestätigung ist die Gesamtsumme zu nennen.
- Nach der Bestätigung, dass die Zuwendungen zur Förderung steuerbegünstigter Zwecke verwendet werden, ist folgende Bestätigung zu ergänzen: „Es wird bestätigt, dass über die in der Gesamtsumme enthaltenen Zuwendungen keine weiteren Bestätigungen, weder formelle Zuwendungsbestätigungen noch Beitragsquittungen o. Ä., ausgestellt wurden und werden."
- Auf der Rückseite der Zuwendungsbestätigung oder in der Anlage ist jede einzelne Zuwendung mit Datum, Betrag und Art (Mitgliedsbeitrag, Geldspende) und nur im Falle unterschiedlich hoch begünstigter Zwecke auch der begünstigte Zweck aufzulisten. Diese Auflistung muss ebenfalls eine Gesamtsumme enthalten und als „Anlage zur Zuwendungsbestätigung vom …" gekennzeichnet sein.
- Zu den in der Sammelbestätigung enthaltenen Geldspenden ist anzugeben, ob es sich hierbei um den Verzicht auf Erstattung von Aufwendungen handelt oder nicht (vgl. auch Rdnr. 10). Handelt es sich sowohl um direkte Geldspenden als auch um Geldspenden im Wege des Verzichtes auf Erstattung von Aufwendungen, sind die entsprechenden Angaben dazu entweder auf der Rückseite der Zuwendungsbestätigung oder in der Anlage zu machen.
- Eine Sammelbestätigung kann für einen beliebigen Zeitraum ausgestellt werden. Dieser ist eindeutig anzugeben.
- Werden im Rahmen der Sammelbestätigung Zuwendungen zu steuerlich unterschiedlich hoch begünstigen (sic!, W.G.) Zwecke bestätigt, dann ist unter der in der Zuwendungsbestätigung genannten Gesamtsumme ein Klammerzusatz aufzunehmen: „(von der Gesamtsumme entfallen _____ DM (sic! W.G.) auf die Förderung von _____ ([Bezeichnung der höher begünstigten Zwecke])".

Bei Sammelbescheinigungen kommt es *nicht* darauf an, ob *alle* Zuwendungen der fraglichen Periode berücksichtigt und bestätigt werden. Wurden also bereits unterjährig einzelne Zuwendungsbestätigungen ausgestellt, so dürfen diese Zuwendungen gerade nicht mehr in der Sammelbestätigung aufgeführt werden. Auch später darf es für diese einzelnen Zuwendungen kein zweites „höherwertiges" Original geben.

Bei der *Kontrolle der Steuererklärungen* der Spender müssen also nach wie vor die Finanzämter abgleichen, ob Zuwendungen, die über den vereinfachten Spendennachweis vorgelegt werden, bereits auf den Sammelbestätigungen bzw. Einzelbestätigungen der Einrichtungen aufgeführt sind. „Legt ein Steuerpflichtiger bei dem für ihn zuständigen Finanzamt eine Zuwendungsbestätigung vor und macht er gleichzeitig den vereinfachten Spendennachweis geltend, muss das Finanzamt prüfen, ob hier nicht möglicherweise eine Zuwendung doppelt geltend gemacht wird. Hierzu muss es die Zuwendungshöhe und das Zuwendungsdatum, ggf. unter Berücksichtigung der Überweisungsdauer, prüfen."[9]

Im Anhang befindet sich unter den Checklisten ein Lösungsvorschlag für eine Sammelbestätigung.

Konsequenzen für die EDV

Gerade im Falle der Sammelbestätigung muss bei der jeweiligen Programmsoftware überprüft werden, ob ein elektronisches Doppel hinterlegt werden kann. Eine besondere Schwierigkeit besteht sicher darin, programmtechnisch bereits unterjährig quittierte Zuwendungen bei der Ermittlung der Buchungen für die Sammelbestätigung auszuschließen.

Alle Einrichtungen, die nicht in der Lage sind, Doppel von Sammelbestätigungen elektronisch zu speichern, sind gezwungen, diese zweifach zu erstellen. Diese Kopien sind zusammen mit der Ausgangsdatenbank im Rahmen der gesetzlichen Verwahrungsfrist mindestens zehn Jahre lang sicher zu archivieren. Doppel dieser Bestätigungen sind dann aus diesen Papierauszügen zu reproduzieren und als solche zu kennzeichnen.

Das BMF fordert die Auflistung sämtlicher Einzelzuwendungen mit den entsprechenden Angaben auf der Rückseite oder als Anlage. Produktionstechnisch wird beim Druck die Sicherstellung der direkten Zuordnung von Sammelbestätigungen und ihrer Anlage zur Herausforderung. Immerhin ist das Format der Seiten nicht vorgeschrieben, sodass es möglich ist, die Sammelbestätigung bis zur Gewichtsgrenze von 20 g zu versenden.

## 7.2.2.6 Haftungsrechtliche Rahmenbedingungen

Die Erlaubnis zur Ausstellung von Zuwendungsbestätigungen ist immer mit einer Haftungsgefahr nach § 10b Abs. 4 EStG, § 9 Abs. 3 KStG und § 9 Nr. 5 GewStG verbunden. Vorsätzlich oder grob fahrlässig unrichtig ausgestellte Zuwendungsbestätigungen oder auch eine nicht korrekte Mittelverwendung führen zur Haftung für die dem Fiskus entgangene Steuer in Höhe von 30 Prozent der Spenden und Mitgliedsbeiträge. Der Verlust der Gemeinnützigkeit kann außerdem zur Rückzahlung von öffentlichen Zuwendungen und damit direkt zur Insolvenz der Körperschaft führen. Vorstandsmitglieder haften persönlich bei grober Fahrlässigkeit oder Vorsatz.

## 7.2.2.7 Ausblick

Das Parlament hat mit dem „Gesetz zur weiteren Stärkung des bürgerschaftlichen Engagements" von 2007 einen deutlichen Schritt in die richtige Richtung vorgenommen – leider aber bedeutende Vorschläge der verbandsübergreifenden Projektgruppe „Reform des Gemeinnützigkeits- und Spendenrechts" nicht aufgegriffen. Dazu zählt auch die Forderung nach einer deutlichen Vereinfachung der Muster für Zuwendungsbestätigungen.

Auf die Organisationen kommen in naher Zukunft weitere große administrative Aufgaben im Bereich der Spenderbetreuung zu:

- die Einführung der Steueridentifikationsnummer gem. §§ 139a–d AO,

- das Drängen der Finanzverwaltung zur elektronischen Steuererklärung (ELSTER) mit dem Ziel der Schaffung einer elektronischen (also papierlosen) Zuwendungsbestätigung,

- die Umsetzung der europäischen Zahlungsrichtlinie im Kontext des elektronischen Lastschriftverfahrens und dessen Umstellung auf SEPA (Single European Payment Area).

Es bleibt zu hoffen, dass der Prozess der Reform des Gemeinnützigkeitsrechts noch nicht zu Ende ist. Die öffentliche Hand sollte weitere Änderungen in Zusammenarbeit mit der Projektgruppe Gemeinnützigkeitsrecht vornehmen, damit wir der Vision einer verantwortungsbewussten Zivilgesellschaft ein weiteres Stück näherkommen.

## Anmerkungen

1  BMF-Schreiben vom 13. Dezember 2007 – IV C 4 S 2223 – 07/0018 und BMF-Schreiben vom 2. Juni 2000 – IV C 4 S 2223 – 568/00, außerdem „Grundsätze zum Datenzugriff und zur Prüfbarkeit digitaler Unterlagen GDPdU, BMF-Schreiben vom 16. Juli 2001 – IV D 2 – S0316 – 136/01.

2  Rdnr. 15, S. 6.

3  Näheres dazu: OFD Düsseldorf vom 18. Juni 1997 – S 2728 A – St 1312; OFD Köln vom 8. Dezember 1997 – S 0171 – 123 – St 133; OFD Münster vom 2. Februar 1998 – S 2729 – 182 – St 13 – 31.

4  „Grundsätze zum Datenzugriff und zur Prüfbarkeit digitaler Unterlagen" GDPdU; BMF-Schreiben vom 16. Juli 2001 – IV D 2 – S 0316 – 136/01.

5  BMF-Schreiben vom 7. November 1995.

6  BMF-Schreiben vom 18. November 1999 (IV C 4 – S 2223 – 211/99), BMF-Schreiben vom 2. Juni 2000 (IV C 4 – S 2223 – 568/00) und BMF-Schreiben vom 7. Dezember 2000 (IV C 4 – S 2223 – 934/00).

7  OFD Düsseldorf vom 18. Juni 1997 – S 2728 A – St 1312; OFD Köln vom 8. Dezember 1997 – S 0171 – 123 – St 133; OFD Münster vom 2. Februar 1998 – S 2729 – 182 – St 13 – 31.

8  OFD Karlsruhe vom 10. Januar 2003 – S 2223 A – St 314.

9  BMF-Schreiben vom 13. Oktober 2000 an den Deutschen Spendenrat – IV C 4 S 2223 – 801/00.

## Weiterführende Literatur

Buchna, Johannes: Gemeinnützigkeit im Steuerrecht, 9. Auflage, Achim 2008.

Schauhoff, Stephan (Hrsg.): Handbuch der Gemeinnützigkeit, 2. Auflage, München 2005.

# 7.3 Wettbewerbsrecht

*Anette Brücher-Herpel*

Im Sommer 2004 ist das aktuelle Gesetz gegen den unlauteren Wettbewerb (UWG) in Kraft getreten. Seit Juni 2007 ist das UWG zugleich im Lichte der Richtlinie 2005/29/ UWG über unlautere Geschäftspraktiken (= UGP-Richtlinie) auszulegen.

Das Wettbewerbsrecht soll die Einhaltung bestimmter Regeln im Wettbewerb gewährleisten. Schutzzweck des UWG ist das Marktverhalten der Unternehmen im Interesse der Marktteilnehmer, insbesondere der Mitbewerber und der Verbraucher, und damit zugleich das Interesse der Allgemeinheit an einem unverfälschten Wettbewerb. Die Konkretisierung des Begriffs unlauterer Wettbewerbshandlungen erfolgt insbesondere durch den – nicht abschließenden – Beispielskatalog der §§ 4 bis 7 UWG.

## 7.3.1 Anwendbarkeit des Wettbewerbsrechts auf gemeinnützige Organisationen

Das UWG bezieht sich auf den Wettbewerb zwischen Unternehmen. Vor diesem Hintergrund ist umstritten, inwieweit das Gesetz auf gemeinnützige Organisationen im Allgemeinen und das Sammeln von Spenden bzw. sonstige Fundraising-Aktivitäten im Besonderen anwendbar ist.

Vor dem Hintergrund des Fehlens eines geschäftlichen Zwecks im Sinne des Wirtschaftsrechts bzw. des Fehlens eines wettbewerblichen Handelns verneinen die Oberlandesgerichte und die juristische Literatur überwiegend eine Anwendung des Wettbewerbsrechts auf die Spendenwerbung.[1] Da sich der Begriff des „Unternehmens" im wettbewerbsrechtlichen Sinn jedoch nicht an der Rechtsform orientiert, sondern ausschließlich an der tatsächlichen Stellung im Wettbewerb, ist inzwischen anerkannt, dass auch gemeinnützige (z. B. auch kirchliche) Vereine oder Unternehmen dem Wettbewerbsrecht unterfallen können, falls sie sich unternehmerisch betätigen.[2] Ausreichend für den wettbewerbsrechtlichen Unternehmensbezug ist eine auf Dauer angelegte, selbstständige wirtschaftliche Betätigung, die darauf gerichtet ist, Waren oder Dienstleistungen gegen Entgelt zu vertreiben.[3] Entgeltlich in diesem Sinne ist eine Tätigkeit, wenn sie auf Erzielung einer Gegenleistung gerichtet ist, wobei die rechtliche Gestaltung unerheblich ist. Für die Entgeltlichkeit reicht bereits aus, wenn ein Entgelt zwar nicht gefordert, aber genommen wird.[4] Ein Entgelt kann insbesondere in der Zahlung von Mitgliedsbeiträgen bestehen.[5]

Gemeinnützige Vereine können darüber hinaus auch dann dem Anwendungsbereich des Wettbewerbsrechts unterfallen, falls sie gegenüber ihren Mitgliedern für sich gesehen unentgeltliche, aber durch den Mitgliedsbeitrag abgedeckte Leistungen erbringen, die auch auf dem Markt gegen Entgelt angeboten werden (z. B. Sportvereine oder Lohnsteuerhilfevereine).[6] Dies gilt in ähnlicher Weise, wenn Waren oder Dienstleistungen (z. B. Grußkarten) gegen Entgelt an Dritte abgegeben werden.[7]

Die Anwendbarkeit des UWG auf Fundraising-Aktivitäten von Nonprofit-Organisationen (NPOs) ist auch davon abhängig, ob sich die Maßnahme der Organisation als Wettbewerbshandlung einstufen lässt, d. h. gemäß § 2 Abs. 1 Nr. 1 UWG auf die Förderung des Absatzes oder Bezugs von Waren oder Dienstleistungen gerichtet ist.

Unerheblich ist, ob ein Erwerbszweck verfolgt und ein Gewinn erzielt wird oder Gewinnerzielung überhaupt beabsichtigt ist. Deshalb können auch gemeinnützige oder einem wohltätigen Zweck dienende Unternehmen im geschäftlichen Verkehr handeln, ebenso (Ideal-)Vereine, wenn sie mit ihren Mitgliedern in geschäftlichem Verkehr stehen.[8]

Nicht unter den Begriff des Absatzes oder Bezugs von Waren oder Dienstleistungen fällt die Mitgliederwerbung von Verbänden, nichtwirtschaftlichen Vereinen und Idealvereinen. Dies gilt auch für die Betreuung solcher Verbands- und Vereinsmitglieder – ungeachtet der Erhebung von Mitgliedsbeiträgen. Derartige Tätigkeiten unterfallen nicht dem geschäftlichen Verkehr im Sinne des UWG.[9] Verfolgen solche Vereinigungen über ihre eigentliche Zielsetzung hinaus Erwerbszwecke, handeln sie dagegen im geschäftlichen Verkehr, d. h., das UWG ist auf die Handlung/Werbung anwendbar.[10]

Soweit sich im Spendenmarkt die Tätigkeit gemeinnütziger Organisationen auf die Einwerbung von Geldspenden beschränkt, liegt eine Wettbewerbshandlung nur vor, wenn eine Ware oder Dienstleistung als Gegenleistung versprochen wird. Von einer Dienstleistung in diesem Sinne kann nur gesprochen werden, wenn der Spendenaufrufer ein konkretes Tätigwerden (z. B. Veröffentlichung des Spendernamens auf einer Liste, Verwendung der Spende für ein konkretes Projekt) im Interesse des Spenders verspricht.[11] Anders verhält es sich, wenn um Sachspenden geworben wird und diese dann gewinnbringend veräußert werden, weil insoweit ein Absatzwettbewerb mit privaten Unternehmen möglich ist.

## 7.3.2 Generalklausel des § 3 UWG und die Beispielstatbestände der §§ 4 bis 7 UWG

Nach der Generalklausel des § 3 UWG werden als unlauter und damit unzulässig nur solche Wettbewerbshandlungen eingestuft, die geeignet sind, den Wettbewerb zum Nachteil der Mitbewerber, der Verbraucher oder der sonstigen Marktteilnehmer nicht nur unerheblich zu beeinträchtigen. Das UWG verbietet daher unlautere Wettbewerbshandlungen erst, wenn diese eine bestimmte Erheblichkeitsschwelle überschreiten. Die Feststellung des Überschreitens dieser *Bagatellgrenze* erfolgt unter Wertung sämtlicher

Einzelfallumstände, wobei insbesondere die Art und Schwere des Verstoßes und der zu erwartenden Auswirkungen – insbesondere auch eine mögliche Nachahmungsgefahr – zu berücksichtigen sind.

Die Generalklausel des § 3 UWG erfüllt zugleich eine Auffangfunktion und verbietet über die Beispielsfälle des § 4 Nr. 1–11 und die Spezialtatbestände der §§ 5–7 hinaus jedes unlautere wettbewerbsrechtliche Verhalten.

Die elf Beispielstatbestände der §§ 4 bis 7 UWG konkretisieren verschiedene Fälle der Unlauterkeit und kodifizieren von der Rechtsprechung über viele Jahre entwickelte wettbewerbsrechtliche Fallgruppen. Für das Fundraising sind insbesondere (1.) die wettbewerbsrechtlichen Regelungen zur Beeinträchtigung der Entscheidungsfreiheit, (2.) die Rechtsbruchregel sowie (3.) die Sondertatbestände der §§ 5 und 7 UWG (irreführende Werbung bzw. Regelungen über unangemessene Belästigung) von Bedeutung.

So handelt unlauter im Sinne des § 4 UWG insbesondere, wer

- Wettbewerbshandlungen vornimmt, die geeignet sind, die Entscheidungsfreiheit der Verbraucher oder sonstiger Marktteilnehmer durch Ausübung von Druck, in menschenverachtender Weise oder durch sonstigen unangemessenen unsachlichen Einfluss zu beeinträchtigen (§ 4 Nr. 1 UWG);
- einer gesetzlichen Vorschrift zuwiderhandelt, die auch dazu bestimmt ist, im Interesse der Marktteilnehmer das Marktverhalten zu regeln (§ 4 Nr. 11 UWG).

## 7.3.2.1 Die Entscheidungsfreiheit

Gegenstand des Schutzbereichs des § 4 Nr. 1 UWG ist die Entscheidungsfreiheit. Das bedeutet Schutz der marktbezogenen Freiheit, sich zwischen den Angeboten verschiedener Unternehmen entscheiden zu können, ohne dabei einer unsachlich-unlauteren Beeinflussung vonseiten der Anbieter bzw. Nachfrager ausgesetzt zu sein.[12] Das Merkmal der Beeinträchtigung erfordert nicht die Aufhebung oder vollständige Einschränkung der Entscheidungsfreiheit. Es genügen Einwirkungshandlungen, die den Umworbenen zu einer Entschließung drängen, die er ohne sie nicht oder so nicht getroffen hätte.[13] Die Regelung soll den Adressatenkreis in die Lage versetzen, Nachfrageentscheidungen informiert und frei zu treffen. Maßgeblich ist hierbei, ob die Wettbewerbshandlung geeignet ist, die Rationalität der Nachfrageentscheidung auszuschalten. Maßgebend für die Beurteilung einer unlauteren Beeinflussung ist hierbei ein Verbraucherleitbild bzw. Unternehmerleitbild, das auf einen durchschnittlich informierten, situationsadäquat durchschnittlich aufmerksamen und durchschnittlich verständigen Verbraucher oder sonstigen Marktteilnehmer des jeweiligen Verkehrskreises abstellt.[14]

In der aktuellen BGH-Rechtsprechung ist eine Tendenz feststellbar, die Interessen der Werbenden in stärkerem Maße zu berücksichtigen und als schutzwürdiger anzuerkennen, als dies bisher der Fall war.[15] Der BGH erkennt an, dass die werbende Wirtschaft ein berechtigtes Interesse daran hat, auf ihre Angebote aufmerksam zu machen, und dass viele Marktteilnehmer an dieser Art der Werbung interessiert sind, um attraktive Angebote wahrnehmen zu können.[16]

## 7.3.2.2 Rechtsbruchregel

Für den in § 4 Nr. 11 UWG geregelten Rechtsbruch kommen nur solche Regelungen in Betracht, die auch das Marktverhalten regeln. Hierunter versteht man Tätigkeiten auf einem Markt, die unmittelbar oder mittelbar der Förderung des Absatzes oder Bezugs eines Unternehmens dienen. Hierunter fällt beispielsweise der Werbebrief trotz Widerspruch. Fordert beispielsweise der Empfänger eines individuell gestalteten Werbebriefs das werbende Unternehmen auf, von weiteren Werbesendungen abzusehen, verschafft sich das werbende Unternehmen bei Missachtung des Verlangens einen Vorsprung durch Rechtsbruch.

## 7.3.2.3 Sondertatbestände

(1) *Gefühlsbetonte Werbung:* Eine Werbung, die sich an Gefühle wie Mitleid, Hilfsbereitschaft, Spendenfreudigkeit und soziale Verantwortung von Verbrauchern richtet, ist wettbewerbswidrig, wenn sie geeignet ist, den Verbraucher irrezuführen. Während früher die sog. gefühlsbetonte Werbung auch dann als unlauter eingestuft wurde, wenn es an einem sachlichen Zusammenhang zwischen dem in der Werbung angesprochenen Engagement und der beworbenen Ware fehlte, hat der Bundesgerichtshof (BGH) mit der sog. „Artenschutz-Entscheidung" – gestützt auf § 4 Nr. 1 UWG – seine diesbezügliche Rechtsprechung revidiert.[17] Ein Unternehmen, das Optikergeschäfte betreibt, hatte in einer Anzeige für Sonnengläser das Emblem einer Artenschutzorganisation und einen Hinweis auf die Unterstützung des Vereins abgebildet. In diesem Zusammenhang hat der BGH entschieden, dass eine Werbeaussage *nicht* schon dann als unlauter angesehen werden kann, wenn das Kaufinteresse durch Ansprechen des sozialen Verantwortungsgefühls, der Hilfsbereitschaft, des Mitleids oder des Umweltbewusstseins geweckt werden soll, ohne dass ein sachlicher Zusammenhang zwischen dem in der Werbung angesprochenen Engagement und der beworbenen Ware besteht. Maßgeblich ist vielmehr, ob eine unsachliche Beeinflussung vorliegt, d. h. die Werbung geeignet ist, die freie Entscheidung des Verbrauchers durch unangemessenen Einfluss zu beeinträchtigen, und damit mit der Lauterkeit des Wettbewerbsrechts unvereinbar ist. Die Schwelle zur Unlauterkeit ist überschritten, wenn die Werbung über die Einflussnahme hinaus ein Maß überschreitet, das geeignet ist, die freie Entscheidung der Verbraucher zu beeinträchtigen. Hinsichtlich der Kopplung des Warenabsatzes mit dem Versprechen der Förderung sozialer, sportlicher, kultureller oder ökologischer Belange hat der BGH ebenfalls entschieden, dass diese nicht per se als unlauter im Sinne des § 4 Nr. 1 UWG eingestuft werden kann, weil dadurch die Entscheidungsfreiheit des Verbrauchers nicht beeinträchtigt wird. Vielmehr hat bezüglich der Lauterkeit des Verhaltens regelmäßig eine Abwägung der Umstände des Einzelfalls im Hinblick auf den oben dargestellten

Schutzzweck des UWG und unter Berücksichtigung der Grundrechte der Beteiligten zu erfolgen. Der BGH stellt hierbei zunehmend auf die Rationalität der Kaufentscheidung des verständigen Verbrauchers ab.[18] Hinsichtlich der wettbewerbsrechtlichen Anforderungen an derartige Kopplungen ist zu unterscheiden: Beschränkt sich das werbende Unternehmen auf das Versprechen einer nicht näher spezifizierten Leistung an einen Dritten für den Fall des Kaufs seiner Produkte, sind die Erwartungen des Verbrauchers und damit die Anforderungen an besondere Hervorhebung von Informationen geringer. Erst wenn die Werbung konkrete Angaben zum Sponsoring macht, kann daraus eine Pflicht zu aufklärenden Hinweisen folgen, wenn es ansonsten zu einer wettbewerbsrechtlich relevanten Fehlvorstellung von Verbrauchern usw. kommt.[19] Das OLG Hamburg hat eine Werbung als hinreichend angesehen – obwohl die konkrete Spendensumme nicht genannt wurde –, in der ein Händler für Elektroartikel damit geworben hat, dass er die UNICEF-Aktion „Bringt die Kinder durch den Winter" unterstützt und dass sein Unternehmen für jeden in den nächsten Monaten eingehenden Auftrag einen festen Betrag an die Organisation überweist.

(2) *Belästigende Werbung:* Nach § 7 Abs. 1 UWG handelt unlauter, wer einen Marktteilnehmer in unzumutbarer Weise belästigt. Die belästigende Werbung erfasst verschiedene Maßnahmen werblicher Ansprache, wobei der Katalog der Beispiele des § 7 Abs. 2 UWG nicht abschließend ist. Als belästigend in diesem Sinne werden Wettbewerbsmethoden verstanden, die bereits wegen der Art und Weise des Herantretens an andere, unabhängig von ihrem Inhalt, von den Adressaten als Beeinträchtigung ihrer privaten oder beruflichen Sphäre empfunden werden. Die Beeinträchtigung besteht darin, dass das Anliegen den Empfängern aufgedrängt wird, sie sich also damit auseinandersetzen müssen. Unzumutbar ist Werbung grundsätzlich, wenn sie gegen den erkennbaren Willen des Empfängers erfolgt. Der entgegenstehende Wille des Empfängers muss für den Werbenden jedoch erkennbar sein. Dies ist stets der Fall, wenn die Ablehnung gegenüber dem Werbenden erklärt wurde, sei es schriftlich oder telefonisch. Auch im Rahmen des § 7 UWG müssen jedoch die sonstigen Anforderungen wettbewerbswidrigen Handelns erfüllt sein, d. h., auch belästigende Werbung ist nur dann unlauter, wenn eine Wettbewerbshandlung im oben dargestellten Sinne vorliegt und die Belästigung sich mehr als unerheblich darstellt.

In der Praxis stehen insbesondere die in § 7 geregelten Fälle der Telefon-, Fax- und E-Mail-Werbung sowie das Ansprechen in der Öffentlichkeit im Vordergrund und bergen – bei unerbetenen persönlichen Kontakten zum Adressaten – die Gefahr einer unzumutbaren Belästigung.

(a) Aufgrund des geringeren Grads der Belästigung der Privatsphäre des Empfängers ist *Briefkastenwerbung* grundsätzlich zulässig, Ausnahme bildet die Missachtung ausdrücklicher Sperrvermerke durch den Empfänger (z. B. durch Hinweis „Keine Reklame"). Unter Briefkastenwerbung wird der Einwurf nicht adressierter Werbematerialien (Prospekte, Handzettel usw.) in den Briefkasten der Empfänger verstanden.[20] Haben sich Personen, die keine Werbesendungen erhalten wollen, in die „Robinson-Liste" durch den Deutschen Direktmarketing-Verband e. V. aufnehmen lassen, müssen diese Personen von künftigen Werbesendungen ausgeschlossen werden.

(b) Die *Briefwerbung*, d. h. persönlich adressierte (individualisierte) Sendungen, ist grundsätzlich ohne vorheriges Einverständnis des Empfängers zulässig. Unlauter nach § 4 Nr. 3 UWG kann die Briefwerbung jedoch sein, wenn der Werbebrief als Privatbrief getarnt ist und der Empfänger erst nach näherer Befassung mit dem Inhalt erkennen kann, dass es sich um Werbung handelt.[21] Der Versender hat daher sicherzustellen, dass der werbliche Charakter zwar nicht schon aus dem Briefumschlag, jedoch nach dem Öffnen des Briefs sofort und unmissverständlich erkennbar ist.[22] Unlauter ist Briefwerbung auch, wenn der Empfänger ihr widersprochen hat. Der Widerspruch muss jedoch für den Werbenden erkennbar sein.

(c) Die *Telefonwerbung* ist in Deutschland einem Verbot mit Einwilligungsvorbehalt unterworfen, d. h. gemäß § 7 Abs. 2 Nr. 2 UWG gegenüber Verbrauchern unlauter, wenn sie ohne deren zumindest mutmaßliche Einwilligung erfolgt. Mit dieser Regelung wurde die bisherige Rechtsprechung kodifiziert. Während bei Privaten eine tatsächliche Einwilligung erforderlich ist, genügt bei anderen Marktteilnehmern eine mutmaßliche Einwilligung. Unter Telefonanrufen in diesem Sinne wird ausschließlich die von Werbenden eingeleitete individuelle mündliche Kommunikation verstanden.[23] Unter den Begriff der Werbung in § 7 fällt regelmäßig nur die Absatzwerbung. Noch nicht geklärt ist, inwieweit die telefonische Spenden- oder Mitgliedswerbung unter den Begriff der Werbung im Sinne von § 7 Abs. 2 Nr. 1 UWG fällt. Ein Werbeanruf liegt stets vor, wenn der Angerufene zum Eingehen, zur Fortsetzung, zur Wiederaufnahme, zur Änderung oder zur Erweiterung eines Vertragsverhältnisses bewegt werden soll.[24] Es genügt, wenn der Anruf der Anbahnung eines geschäftlichen Kontakts dienen soll. Ob eine Einwilligung vorliegt, beurteilt sich nach den Umständen vor dem Anruf und nach Art und Inhalt der Werbung. Im Streitfall hat der Anrufer die Einwilligung daher darzulegen und zu beweisen. Die Einwilligung muss zwar nicht ausdrücklich erfolgt sein, sondern kann sich aus den Umständen ergeben. Ein potenzielles Interesse des Empfängers reicht dafür aber regelmäßig nicht aus; ebenso wenig die nachträgliche Billigung eines Anrufs.

Unter Einwilligung im Sinne des § 7 Abs. 2 Nr. 2 UWG ist das ausdrückliche oder konkludente vorherige Einverständnis des Angerufenen mit dem Anruf zu verstehen. Entscheidend ist, ob dem Anrufer eine Erklärung oder Äußerung vorliegt, aus der er den Schluss ziehen darf, der Anzurufende sei mit einem Anruf zu dem betreffenden Zweck einverstanden. Eine ausdrückliche Einwilligung liegt vor, wenn der Umworbene konkret um Anruf oder Rückruf gebeten hat oder bei Aufnahme des Geschäftskontakts erklärt hat, mit einer telefonischen Betreuung einverstanden zu sein. Eine konkludente Einwilligung ist noch nicht ohne weiteres anzunehmen, wenn der Angerufene in einer geschäftlichen oder mitgliedschaftlichen Beziehung zum Anrufer steht. Sie kann aber vorliegen, wenn der Angerufene, z. B. auf einem Formular des Unternehmens/der Organisation, seine Telefonnummer in der Kenntnis mitgeteilt hat, diese werde von dem Betreffenden zur Fortführung des geschäftlichen Kontakts genutzt. Maßgeblich ist hierbei jedoch auch, auf welche potenziellen Anrufe sich das Einverständnis bezieht. Inwieweit die Angabe der Telefonnummer auf einem Bestell- oder Vertragsformular als Einwilligung anzusehen ist, hängt von den Umständen des Einzelfalls ab.

Gegenüber Gewerbetreibenden ist Telefonmarketing zulässig, wenn das Einverständnis des Gewerbetreibenden zu vermuten ist. Dies ist regelmäßig dann anzunehmen, wenn ein konkreter aus dem Interessenbereich des Anzurufenden herzuleitender Grund vorliegt. Für die Annahme einer mutmaßlichen Einwilligung kann insbesondere ein billigenswerter sozialer Zweck der Werbung sprechen.[25]

(d) Für die Werbung unter Versendung von *elektronischer Post (E-Mail-Marketing)* gilt § 7 Abs. 2 Nr. 3 UWG. Auch die E-Mail-Werbung ist daher nur mit Einwilligung des Adressaten zulässig, es sei denn, der Werbende hat die E-Mail-Adresse im Zusammenhang mit dem Verkauf einer Ware oder Dienstleistung von einem Kunden erhalten, sei es auf Anfrage, sei es unmittelbar, und er hat sie nur zur Direktwerbung für eigene ähnliche Waren oder Dienstleistungen verwendet (sog. Opt-out-Modell).[26] Hinzu kommen muss, dass der Kunde der Verwendung unangeforderter E-Mail-Werbung nicht widersprochen hat und bei der Erhebung der E-Mail-Adresse und bei jeder Verwendung klar und deutlich darauf hingewiesen wird, dass er der Verwendung jederzeit widersprechen kann, ohne dass hierfür andere als die Übermittlungskosten nach den Basistarifen entstehen.[27] Im Einzelfall erlaubt § 7 Abs. 3 UWG daher unangeforderte E-Mail-Werbung auch ohne erklärte Einwilligung des Empfängers, wenn der Betreiber der Direktwerbung die Kontaktinformation im Rahmen einer bestehenden Kundenbeziehung erhalten hat, wenn er sich auf (unangeforderte) E-Mail-Werbung auf eigene ähnliche Produkte beschränkt und wenn er dem E-Mail-Empfänger klar und deutlich die Möglichkeiten des problemlosen und gebührenfreien „opt-out" einräumt.[28] Voraussetzung hierfür ist, dass die Kontaktinformationen im Zusammenhang mit dem Verkauf eines Produkts oder einer Dienstleistung erlangt wurden und sich ein Vertragsverhältnis verdichtet hat. Problematisch ist, welche Anforderungen an die Beschränkung auf eigene ähnliche Produkte zu stellen sind. Hierbei sollte es sich um aus der Sicht des Verbrauchers austauschbare bzw. komplementäre Produktangebote handeln.[29] Der Empfänger muss die Möglichkeit erhalten, die Nutzung seiner elektronischen Kontaktinformationen bei deren Erhebung und bei jeder Übertragung gebührenfrei und problemlos abzulehnen. Die Möglichkeit, unangeforderte E-Mail-Werbung abzulehnen, muss leicht erkennbar, unmittelbar erreichbar und ständig, d. h. bei jeder unangeforderten E-Mail, erneut verfügbar sein.[30] Der Empfänger muss alternativ die Möglichkeit erhalten, die unangeforderte Werbung durch einen Mausklick abzulehnen oder darauf hingewiesen werden, dass er der unangeforderten E-Mail-Werbung durch eine E-Mail an eine eindeutig und unübersehbar angegebene, als Hyperlink vernetzte E-Mail-Adresse widersprechen kann.[31]

Unangeforderte E-Mail-Werbung ist ausnahmsweise erlaubt, wenn der Empfänger ausdrücklich oder konkludent sein Einverständnis erklärt hat oder wenn bei der Werbung gegenüber Geschäftstreibenden aufgrund konkreter tatsächlicher Umstände ein sachliches Interesse des Empfängers vermutet werden kann.[32] Unerheblich ist hierbei, ob die E-Mail an einen Verbraucher oder Unternehmer gerichtet wurde. Auch hier hat der Werbende das Vorliegen einer Einwilligung des Adressaten zu beweisen. Eine Einwilligung liegt vor, wenn der E-Mail-Empfänger im Einzelfall freiwillig erklärt hat, dass er mit der Nutzung seiner Kontaktdaten für unangeforderte E-Mail-Werbung einverstanden ist. Die Markierung eines entsprechenden Eingabefeldes reicht aus.[33]

Einen Unterfall der elektronischen Post bildet die Versendung von MMS und SMS. Die MMS- und SMS-Werbung ist gemäß § 7 Abs. 2 Nr. 3 UWG nur mit Einwilligung des Adressaten zulässig, unabhängig davon, ob es sich dabei um Gewerbetreibende oder

Privatpersonen handelt. Auch § 7 UWG verweist hinsichtlich der Unlauterbarkeit der Belästigung auf § 3 UWG. Eine Belästigung durch vereinzelte und deutlich als solche erkennbare Werbe-E-Mails kann daher auch unerheblich und damit wettbewerbsrechtlich unschädlich sein.

(e) *Telefaxwerbung* ist nur mit Einwilligung der Adressaten zulässig (§ 7 Abs. 2 Nr. 3 UWG). Ob die Werbung gegenüber einem Verbraucher oder einem sonstigen Marktteilnehmer erfolgt, ist unerheblich.

(f) Hinsichtlich des *Ansprechens in der Öffentlichkeit* unterscheidet der BGH zwischen den Unlauterbarkeitsaspekten Entscheidungsfreiheit und Belästigung. Der BGH hat verdeutlicht, dass das unerbetene Ansprechen in der Öffentlichkeit unzulässig ist.[34] Das gezielte individuelle Ansprechen von Passanten in der Öffentlichkeit in der Absicht, sie zu werben, wird dann als unlauter angesehen, wenn der Werbende als solcher nicht erkennbar ist.[35] So ist die mit der Ansprache verbundene Belästigung zwar allein gesehen regelmäßig geringfügig, würde die Werbemethode jedoch (uneingeschränkt) zugelassen, könnte dies zu einer unzumutbaren Summierung der Belästigung führen. Als unlauter werden auch solche Formen der öffentlichen Ansprache bewertet, die sich nicht durch bloßes Ignorieren abwehren lassen. Dies ist der Fall, wenn der Werber sich nicht als solcher zu erkennen gibt, dem Angesprochenen folgt oder diesen an einem Ort anspricht, an dem ein Ausweichen nur schwer möglich ist.[36] Als öffentlich in diesem Sinne ist ein Ort nur dann anzusehen, wenn er allgemein und grundsätzlich jedermann zugänglich ist. Dazu gehören öffentliche Straßen, Wege und Plätze. Das Ansprechen ist zulässig, wenn der Angesprochene ein Verhalten an den Tag legt, aus dem der Werber auf ein Einverständnis mit dem Ansprechen schließen darf. Dieses Einverständnis kann insbesondere durch entsprechende Aufforderung oder Frage geklärt werden. Das Ansprechen in allgemein zugänglichen Geschäftsräumen (Einkaufszentren, Warenhäusern, Passagen) ist zulässig, soweit es das dort typischerweise anzutreffende Waren- und Dienstleistungsangebot betrifft, weil der Kunde insoweit nicht unvorbereitet ist und zudem durch das Betreten der Geschäftsräume ein allgemeines Interesse an dem dortigen Angebot signalisiert.[37] Das bloße Verteilen von Werbematerialien (Werbezettel usw.) in der Öffentlichkeit ist unbedenklich, da die davon ausgehende Belästigung regelmäßig geringfügig ist und auch keine unmittelbare Gefahr der unsachlichen Beeinflussung besteht. Anders ist dies, wenn der Werber weitergehende Maßnahmen ergreift, wie z. B. die Verwicklung in ein Werbegespräch oder das Hindern am Weitergehen.

(g) Der unerbetene Hausbesuch zu Werbezwecken *(Haustürgeschäfte)* ist unzulässig, wenn der Werber ein erkennbares Verbot (z. B. „Betteln und Hausieren verboten") missachtet oder einer Aufforderung des Wohnungsinhabers, die Wohnung zu verlassen, nicht nachkommt.[38] Die neuere Rechtsprechung sieht den ohne vorheriges Einverständnis getätigten Hausbesuch bei Verbrauchern oder Unternehmen grundsätzlich als zulässig an, sofern nicht aufgrund besonderer Umstände die Gefahr einer untragbaren oder sonst wettbewerbswidrigen Belästigung oder Beunruhigung des privaten Lebensbereichs gegeben ist.[39]

# 7.3.3 Rechtsfolgen

Wettbewerbsverstöße werden nicht von Amts wegen durch die staatlichen Behörden verfolgt. Das UWG räumt bestimmten Personen und Organisationen jedoch das Recht ein, zivilrechtlich vom Wettbewerbsverletzer Unterlassung zu verlangen. Anspruchsberechtigt sind:

- der durch die Wettbewerbshandlung unmittelbar Verletzte,
- Gewerbetreibende, die Waren oder Leistungen gleicher oder verwandter Art auf demselben Markt anbieten,
- Wettbewerbs- und Verbraucherschutzverbände,
- Industrie- und Handelskammern sowie Handwerkskammern.

## Anmerkungen

1  Köhler, Helmut/Bornkamm, Joachim/Baumbach, Adolf: Wettbewerbsrecht, 25. Aufl., München 2007, § 2 Rdnr. 8.
2  Köhler/Bornkamm/Baumbach, § 2 Rdnr. 9.
3  BGH GRUR 1995, 697, 699.
4  BGH GRUR 1981, 665, 666.
5  BGH NJW 1976, 370, 371.
6  Köhler/Bornkamm/Baumbach, § 2 Rdnr. 8.
7  NJWE-WettbR 1996, 197, 198.
8  Köhler/Bornkamm/Baumbach, § 2 Rdnr. 9; BGH GRUR 53, 446, 447.
9  Vgl. BGH GRUR 72, 427, 428; BGH GRUR 97, 907, 908; Piper, Henning/Ohly,Ansgar: Gesetz gegen den unlauteren Wettbewerb, 4. Aufl., München 2006, § 2 Rdnr. 17 m.w.N.
10 Piper/Ohly, § 2 Rdnr. 18; OLG Stuttgart NJWE-WettbR 96, 197, 198.
11 Köhler/Bornkamm/Baumbach, § 2 Rdnr. 20.
12 Piper/Ohly, § 4 Rdnr. 1/4.
13 Piper/Ohly, § 4 Rdnr. 1/5.
14 Piper/Ohly, § 4 Rdnr. 1/14.
15 Vgl. Pauly, Stephan/Jankowski, Julia: Rechtliche Aspekte der Telefonwerbung im B-to-B-Bereich, in: GRUR 2007, S. 118 ff.
16 BGH GRUR 1989, 255.
17 BGH-Urteil vom 22.9.2005 (I ZR 55/02) GRUR 2006, 75 ff.
18 Vgl. Köhler GRUR 2006, 114; BGH GRUR 2006, 161; Köhler GRUR 2007, 131 m.w.N.
19 BGH GRUR 2007, 251 – Regenwald II.
20 Köhler/Bornkamm/Baumbach, § 7 Rdnr. 21.
21 BGH GRUR 1973, 552, 553.
22 Köhler/Bornkamm/Baumbach, § 7 Rdnr. 30.
23 Köhler/Bornkamm/Baumbach, § 7 Rdnr. 40.
24 Piper/Ohly, § 7.
25 BGH GRUR 2001,1181.

26  Begr. BT-Dr 15/1487, S. 21.

27  Begr. BT-Dr 15/1487, S. 21.

28  Brömmelmeyer, Christoph: E-Mail-Werbung nach der UWG-Reform, in: GRUR 2006, 285, 288.

29  Brömmelmeyer, m.w.N.

30  Brömmelmeyer, Christoph: Internetwettbewerbsrecht, Tübingen 2007, S. 342 ff.

31  Brömmelmeyer, GRUR 2006, 285, 289.

32  BGH GRUR 2004, 517.

33  Brömmelmeyer, GRUR 2006.

34  BGH GRUR 2005, 443.

35  Köhler/Bornkamm/Baumbach, § 7 Rdnr. 96; Köhler GRUR-RR 2006, 76; BGH GRUR 2004, 699, 700.

36  Köhler/Bornkamm/Baumbach, § 7 Rdnr. 96.

37  OLG Köln GRUR 2002, 641, 644.

38  Köhler/Bornkamm/Baumbach, § 7 Rdnr. 109.

39  Köhler/Bornkamm/Baumbach, § 7 Rdnr. 111.

# 7.4 Urheber- und Verwertungsrecht

*Christian Schmoll*

## 7.4.1 Einleitung

Für Nonprofit-Organisationen (NPOs) kann das Urheberrecht im Rahmen ihrer Marketing- und Fundraising-Aktivitäten eine wichtige Rolle spielen. So stellen sich bei der Gestaltung einer Informationsbroschüre, der Erstellung einer Internetpräsenz, der musikalischen Untermalung einer öffentlichen Veranstaltung und in zahlreichen anderen Zusammenhängen urheberrechtliche Fragen, denen auch eine NPO größte Aufmerksamkeit schenken sollte. Verstöße gegen die Rechte eines Urhebers können beispielsweise dazu führen, dass die komplette Auflage einer Broschüre vernichtet werden muss oder dass erhebliche Nachzahlungen an Verwertungsgesellschaften wie die GEMA zu leisten sind.

## 7.4.2 Welche Werke sind urheberrechtsfähig?

Das Urheberrecht entsteht nicht, wie beispielsweise das Patentrecht, durch eine behördliche Registrierung oder die Anbringung eines ©, sondern schlicht und einfach bei der Erstellung eines literarischen, wissenschaftlichen oder künstlerischen Werkes. Allerdings ist nicht jeder Text, nicht jedes Bild, nicht jedes Musikstück und nicht jedes Computerprogramm urheberrechtlich geschützt. Voraussetzung für den urheberrechtlichen Schutz eines Werkes ist nach der gesetzlichen Definition in § 2 Abs. 2 Urheberrechtsgesetz (UrhG), dass es sich um eine „persönliche geistige Schöpfung" handelt.

Diese gesetzliche Einschränkung bewirkt, dass nicht jede banale Malerei auf einer Papierserviette und nicht jeder gesprochene Satz unter das Urheberrecht fällt. Bei der Frage, welche Werke urheberrechtlichen Schutz genießen, ist die Definition der „persönlichen geistigen Schöpfung" jedoch wenig hilfreich. Nichtjuristen können damit in der Regel ebenso wenig anfangen wie auf diesem Gebiet nicht regelmäßig tätige Juristen. Klar wird zunächst einmal, dass das Urheberrecht sich lediglich auf Produkte eines menschlichen Schaffensprozesses bezieht. Rein zufällig entstandene Werke sind dementsprechend nicht urheberrechtlich geschützt. Auch Grafiken, die nach Eingabe bestimmter Parameter selbstständig von einem Computerprogramm erzeugt werden, sind nicht das Ergebnis eines menschlichen Schaffensprozesses. Urheberrechtsfähig ist in diesem Fall lediglich das zugrunde liegende Computerprogramm.

Ein Werk kann auch nur urheberrechtlich geschützt sein, wenn es eine wahrnehmbare Form angenommen hat. Eine bloße Idee ist nicht schutzfähig. Eine abstrakte Idee muss in irgendeiner Form wahrnehmbar gemacht werden, um zu einem Werk zu werden. Dabei genügt die unkörperliche Form – also z. B. ein Stegreifgedicht oder eine Saxophon-Improvisation (auch wenn sich hier regelmäßig große Beweisschwierigkeiten ergeben werden).

Wie bereits angedeutet, ist auch nicht jedes wahrnehmbare Werk, das auf einem menschlichen Schaffensprozess beruht, urheberrechtsfähig. Ein Werk, das den besonderen Schutz des Urheberrechts erlangen möchte, muss sich durch ein gewisses Maß an Kreativität auszeichnen. Juristisch formuliert, muss es *schöpferische Eigentümlichkeit* oder *eigenschöpferische Prägung* aufweisen.

Die Beurteilung, ob diese schöpferische Eigentümlichkeit vorliegt, ist der springende Punkt im Urheberrecht. Die Gerichte beurteilen den Grad der Kreativität eines Werkes in zwei Prüfungsschritten: (1.) Verlässt das Werk den Bereich des Durchschnittlichen bzw. weicht es vom vorbekannten Formenschatz ab oder handelt es sich lediglich um eine handwerksmäßige, schablonenhafte Allerweltsleistung? (2.) Übersteigt die schöpferische Prägung des Werks das Können eines vergleichbaren Durchschnittsgestalters bzw. ist ein deutliches schöpferisches Überragen gegeben und weist das Werk somit eine bestimmte „Gestaltungshöhe" auf?

Bei der Beurteilung der „Gestaltungshöhe" gehen die Gerichte von der Auffassung der mit schöpferischen Gestaltungen der jeweiligen Art einigermaßen vertrauten und hierfür aufgeschlossenen Verkehrskreise aus, also weder vom uninteressierten Laien noch vom Fachkenner.

Durch diese vergleichende Zwei-Stufen-Prüfung sollen im ersten Schritt die eigentümlichen Merkmale eines Werkes ermittelt und im zweiten Schritt deren Gestaltungshöhe festgelegt werden. Diese Prüfung ist notwendig, da der weitreichende Schutz des Urheberrechts nur Werken zukommen soll, die tatsächlich eine neuartige wissenschaftliche oder künstlerische Leistung darstellen. Die Kriterien der zweistufigen gerichtlichen Prüfung und deren komplexe Differenzierungen sollen anhand zweier Beispiele greifbarer gemacht werden.

Bei der Beurteilung, ob der stilisierten Sonnenblume der Grünen urheberrechtlicher Schutz zukommt, stellte das OLG München fest, dass es sich bei der Sonnenblume zwar um eine gefällige grafische Gestaltung handele, die auch eine gewisse handwerkliche Fähigkeit verlange – den Grad an Eigentümlichkeit, der zur Bejahung einer eigenständigen persönlichen geistigen Leistung erforderlich ist, sah das Gericht aber nicht erreicht.

Der Entwurf sei weitgehend an die natürliche Gestalt der Sonnenblume angelehnt, und dementsprechend sei auch keine eigenwillige Idee in der Ausführung erkennbar. Das Werk weise somit nicht die erforderliche Gestaltungshöhe auf.

Zu einem anderen Ergebnis kommt das Landgericht Frankfurt/Main im Falle der stilisierten Sonne der Anti-Atomkraft-Bewegung: „Das Zeichen erfährt seine schöpferische Ausprägung durch das lächelnde Strichgesicht in eigentümlich gezackter Umrandung. Der Wertung als schöpferischer Leistung steht nicht entgegen die Vorbekanntheit von Strichgesichtern und der roten Sonne (etwa als Emblem der japanischen Flagge). Denn die individuelle Ausprägung des ‚Gesamtwerkes‘ erzeugt eine eigene Wirkung, welche den Schutz des Urheberrechts begründet.“

Das Gericht sah hier eine überdurchschnittliche gestalterische Leistung gegeben, die auch eine bestimmte Gestaltungshöhe aufweist.

Diese Beispiele machen deutlich, dass die rechtliche Beurteilung der im Einzelfall gegebenen Gestaltungshöhe und des damit einhergehenden Urheberschutzes eines Werkes oft nicht zweifelsfrei möglich ist. Möchte man ein Werk im Rahmen der Marketing- und Fundraising-Aktivitäten einer Organisation verwenden, sollte man daher im Zweifel immer davon ausgehen, dass es sich um ein urheberrechtsfähiges Werk handelt, dessen Verwendung ohne Genehmigung rechtlich riskant sein kann.

## 7.4.3 Wer ist Urheber?

§ 7 UrhG stellt eindeutig fest: „Der Urheber ist der Schöpfer des Werkes." Das bedeutet, dass Urheber nur eine natürliche Person sein kann. Juristische Personen wie GmbHs oder Körperschaften wie eingetragene Vereine können damit nicht Urheber sein. Auch bei einer Schöpfung im Rahmen eines Arbeits- oder Auftragsverhältnisses entsteht das Urheberrecht bei dem tatsächlichen Schöpfer. Die Übertragung des Rechtes zur Nutzung an den Arbeitgeber bzw. Auftraggeber bedarf einer vertraglichen Vereinbarung. Dementsprechend ist auch der so genannte Ghostwriter Urheber, auch wenn er nicht unter eigenem Namen veröffentlicht.

Wenn mehrere Personen gemeinsam ein urheberrechtsfähiges Werk erstellen, wird jeder Miturheber. Alle an einem Werk beteiligten Urheber können dann nur gemeinsam über die Rechte an diesem Werk verfügen. Auch hier ist eine vertragliche Vereinbarung empfehlenswert, wie über das gemeinsame Werk verfügt wird und was beispielsweise im Falle des Todes eines Miturhebers passiert.

Die Anbringung eines Copyrightvermerkes auf einem Werk ist nicht Voraussetzung des Urheberrechts. Allerdings wird die Urheberschaft desjenigen vermutet, der auf einem Werk als Urheber bezeichnet wird, solange nicht das Gegenteil bewiesen ist. Die Nennung des Urhebers ist dementsprechend zwar nicht unabdingbare Voraussetzung für den Schutz durch das Urheberrecht, sie kann aber oftmals hilfreich sein und ist somit meist empfehlenswert.

## 7.4.4 Dauer des Urheberrechts

Das Urheberrecht entsteht, sobald der Urheber ein schutzfähiges Werk erstellt hat. Es bedarf also weder einer Veröffentlichung noch einer Registrierung. Die Rechte an einem Werk erlöschen gemäß § 64 UrhG 70 Jahre nach dem Tod des Urhebers. Steht das Urheberrecht mehreren Miturhebern zu, erlischt es 70 Jahre nach dem Tod des Längstlebenden.

Daher sind beispielsweise die Werke klassischer Komponisten wie Mozart und Beethoven urheberrechtsfrei und können ohne Genehmigung verwendet werden – wobei hier zu beachten ist, dass jede Interpretation durch ein Orchester regelmäßig wiederum urheberrechtlichen Schutz genießt. Auch an Übersetzungen literarischer Werke besteht ein Urheberschutz des Übersetzers. Besonders zu beachten ist, dass auch an Lichtbildern ein weitreichender urheberrechtlicher Schutz besteht. Möchte man also beispielsweise ein Werk Rembrandts in einer Broschüre verwenden, so ist das Werk an sich zwar urheberrechtsfrei, es ist jedoch eine Lizenz des Fotografen einzuholen, der die Ablichtung erstellt hat.

## 7.4.5 Fotografien

Die Bebilderung mit Fotografien spielt bei der Gestaltung von lebendigen und aussagekräftigen Kommunikationsmedien wie Broschüren und Internetseiten eine große Rolle. Fotografien genießen einen sehr weitreichenden urheberrechtlichen Schutz. Im Urheberrecht werden Fotografien als Lichtbilder oder Lichtbildwerke bezeichnet. Das bloße Lichtbild ist dabei eine „normale" Aufnahme, während das Lichtbildwerk ein Werk von einer gewissen Gestaltungshöhe ist. Das bloße Lichtbild bedarf keiner schöpferischen Eigentümlichkeit, während eine über das bloße Ablichten hinausgehende persönliche geistige Schöpfung die Fotografie zum Lichtbildwerk adelt.

In der Praxis ist diese Unterscheidung meist jedoch irrelevant. Der Unterschied im urheberrechtlichen Schutz zwischen Lichtbild und Lichtbildwerk besteht vorwiegend in der unterschiedlichen Schutzdauer. Lichtbildwerke genießen wie alle anderen urheberrechtlich geschützten Werke den Schutz des Urheberrechtes für einen Zeitraum von 70 Jahren nach dem Tod des Fotografen, während einfache Lichtbilder gemäß § 72 UrhG lediglich für einen Zeitraum von 50 Jahren nach ihrer Herstellung geschützt sind. Aufgrund dieses in beiden Fällen weitreichenden Schutzes sollte vor der Verwendung eines Fotos also stets die Genehmigung des Fotografen eingeholt werden.

Eine Alternative dazu stellen kostenlose lizenzfreie Bilddatenbanken im Internet dar. Hier können Bilder kostenfrei heruntergeladen und beliebig verwendet werden. Meist ist jedoch auf die Herkunft aus der jeweiligen Datenbank hinzuweisen. Eine der größten deutschen Datenbanken dieser Art ist www.pixelquelle.de, die kostenlosen Zugriff auf derzeit ca. 35.000 Bilder bietet.

## 7.4.6 Recht am eigenen Bild

Das Urheber- oder Nutzungsrecht an einer Fotografie gibt dem Inhaber nicht automatisch die Berechtigung, diese Fotografie in beliebigem Umfang zu nutzen, wenn auf dieser Fotografie Personen abgebildet sind. Bei Fotografien von Personen muss auch das Rechtsverhältnis zu den abgebildeten Personen geklärt werden.

Jede Person hat ein Recht am eigenen Bild. Dieses Recht ist Teil des Allgemeinen Persönlichkeitsrechts. Geregelt ist das Recht am eigenen Bild in den §§ 22–24 Kunsturhebergesetz (KUG). Grundsätzlich ist es gemäß § 22 KUG verboten, ohne Einwilligung des Abgebildeten Bildnisse herzustellen, zu verbreiten oder öffentlich zur Schau zu stellen. Die auf der Aufnahme abgebildeten Personen müssen sowohl damit einverstanden sein, dass sie überhaupt abgelichtet werden, als auch mit der konkreten Verwendung der Aufnahme. Die Einwilligung kann dabei ausdrücklich oder stillschweigend sowie unbeschränkt oder beschränkt erteilt werden. Für Werbezwecke werden solche Einwilligungen regelmäßig entgeltlich erfolgen.

Bei der Verwendung von Bildern ohne Einverständnis der Abgebildeten oder zu einem nicht vereinbarten Zweck können die abgebildeten Personen unabhängig von der Frage des Urheberrechts Ansprüche auf Unterlassung und Schadenersatz gegen den Verwender geltend machen. Bei der Aufnahme von Personen sollte man sich daher stets eine „Veröffentlichungs- und Verwertungsgenehmigung" erteilen lassen. Lediglich in Ausnahmefällen kann auf eine solche Genehmigung verzichtet werden. In § 23 KUG sind einige Ausnahmetatbestände vorgesehen, bei denen keine Einwilligung der abgebildeten Personen erforderlich ist.

Der für die Medien wichtigste Ausnahmetatbestand betrifft Bildnisse aus dem Bereich der Zeitgeschichte. Abbildungen von absoluten und relativen Personen der Zeitgeschichte dürfen danach ohne deren Einwilligung veröffentlicht werden (§ 23 Abs. 1 Nr. 1 KUG). Eine *absolute Person der Zeitgeschichte* ragt durch Geburt, Amt oder Leistung aus der Allgemeinheit heraus und steht im Blickfeld der Öffentlichkeit. Aufgrund der besonderen Stellung dieser Personen steht der Allgemeinheit ein legitimes Informationsinteresse an diesen Personen und ihrer Teilnahme am öffentlichen Leben zu. Die Einschränkung des Rechts von absoluten Personen der Zeitgeschichte am eigenen Bild gilt jedoch nur, soweit sich diese an öffentlich zugänglichen Orten aufhalten. Das klassische Paparazzifoto eines Prominenten auf seinem Privatanwesen ist daher unzulässig und löst Unterlassungs- und Schadenersatzansprüche aus. Eine *relative Person der Zeitgeschichte* tritt nur in Zusammenhang mit einem bestimmten Ereignis vorübergehend aus der Anonymität heraus. Die Abbildungsfreiheit beschränkt sich dabei auf Bildnisse, die in Zusammenhang mit diesem Ereignis stehen.

Eine weitere, gerade auch für Vereine relevante Ausnahme findet sich in § 23 Abs. 1 Nr. 3 KUG. Dort ist geregelt, dass Bilder von Versammlungen, an denen die dargestellte Person teilgenommen hat, ohne Einwilligung verbreitet und zur Schau gestellt werden dürfen. So können Bilder der Mitgliederversammlung dementsprechend ohne Einwilligung jedes einzelnen Mitglieds in Publikationen des Vereins verwendet werden.

# 7.4.7 Urheberrecht im Internet

Auch wenn im Internet die Übernahme fremder Leistungen durch schlichtes „Copy and Paste" äußerst unkompliziert und schnell möglich ist, entfaltet das Urheberrecht selbstverständlich auch hier Geltung. Sowohl das Design einer Webseite an sich wie auch jede einzelne Grafik und jeder einzelne Text auf einer Webseite können urheberrechtlichen Schutz beanspruchen, wenn sie die erforderliche Gestaltungshöhe aufweisen. Auch wenn die gerichtliche Entscheidungspraxis im Bereich des Urheberrechtsschutzes von Webdesignleistungen in letzter Zeit noch relativ uneinheitlich war, so ist hier doch in absehbarer Zeit mit einer Harmonisierung in Richtung der Anerkennung eines höheren Schutzniveaus zu rechnen.

Bei der Gestaltung einer Website für eine gemeinnützige Organisation sollte also keinesfalls eine bestehende Internetpräsenz abgekupfert werden. Die Organisation sollte sich von ihrem Webdesigner auch die Nutzungsrechte an der erstellten Website und an allen darin verwendeten Grafiken und Texten einräumen lassen. Diese Einräumung der Nutzungsrechte sollte schriftlich dokumentiert werden. Damit werden potenzielle Streitigkeiten vermieden, wenn z. B. ein Vereinsmitglied die Website erstellt hat, später den Verein verlässt und die Nutzung der von ihm erstellten Layouts untersagen will.

# 7.4.8 Nutzungsrechte

Das Urheberrecht selbst kann nicht übertragen werden. Inhaber des Urheberrechts ist stets der Urheber. Will ein Dritter ein urheberrechtlich geschütztes Werk beispielsweise im Rahmen von Fundraising-Aktivitäten verwenden, so hat sich der Verwender vom Urheber ein Nutzungs- oder Verwertungsrecht einräumen zu lassen.

Hinsichtlich der Nutzungsarten wird in § 31 UrhG zwischen einem einfachen und einem ausschließlichen Nutzungsrecht unterschieden. Ein *einfaches Nutzungsrecht* gestattet dem Inhaber, das Werk neben dem Urheber und unter Umständen weiteren Nutzungsberechtigten zu nutzen. Ein *ausschließliches Nutzungsrecht* gibt dem Nutzungsberechtigten exklusiv das Recht, das Werk unter Ausschluss aller anderen Personen, einschließlich des Urhebers selbst, zu nutzen. Der Nutzungsberechtigte kann mit Zustimmung des Urhebers auch weitere einfache Nutzungsrechte vergeben.

Der Urheber kann dem Nutzungsberechtigten ein Nutzungsrecht für alle Nutzungsarten einräumen, er kann das Nutzungsrecht aber auch zeitlich, räumlich oder inhaltlich beschränken. So kann z. B. ein Autor einem Verlag sein Werk zur Veröffentlichung in einem Druckwerk zur Verfügung stellen, sich die Nutzungsberechtigung im Onlinebereich jedoch vorbehalten. Ein Filmproduzent kann für einen Film eine Lizenz zur Aufführung in Kinos vergeben, sich aber die lukrative Verwertung als DVD selbst vorbehalten.

Bei der Einräumung eines Nutzungsrechts ist dabei jede einzelne Nutzungsart ausdrücklich einzeln zu bezeichnen. Wird über den Umfang der Nutzungsberechtigung keine vertragliche Vereinbarung getroffen, so gilt der so genannte Zweckübertragungs-grundsatz. Der Umfang der übertragenen Nutzungsrechte bestimmt sich dann aus dem Vertragszweck. Wird also beispielsweise ein Designer beauftragt, eine Corporate Identity für einen Verein zur Verwendung bei einer Broschüre und einem Briefpapier zu entwickeln, so ist damit noch lange nicht gesagt, dass der Verein die einzelnen Gestaltungselemente auch im Rahmen seiner Website verwenden darf. Weitergehende Verwendungen müssen ausdrücklich geregelt werden.

Grundsätzlich sind damit keine pauschalen Rechtseinräumungen möglich. In der Praxis werden jedoch möglichst umfassende Rechtekataloge erstellt, mit denen die Urheber weiterhin faktisch alle Nutzungsrechte für alle bekannten Nutzungsarten übertragen.

## 7.4.9 Urhebervertragsrecht

Aufgrund der Praxis der weitreichenden und langfristigen Rechtseinräumungen und der strukturellen Überlegenheit der Verwerter gegenüber den Urhebern gewährt das im Jahr 2002 in Kraft getretene „Gesetz zur Stärkung der vertraglichen Stellung von Urhebern und ausübenden Künstlern" den Urhebern einen Anspruch auf angemessene Vergütung und angemessene Beteiligung an den Erträgen ihrer Werke.

Im Unterschied zur früheren Rechtslage hat ein Urheber jetzt gemäß § 32 Abs. 1 UrhG einen Anspruch auf eine *angemessene Vergütung,* wenn entweder vertraglich keine Vergütung vereinbart ist oder die vereinbarte Vergütung nicht angemessen ist. Ob eine vereinbarte Vergütung angemessen ist, bestimmt sich entweder nach den gemeinsamen Vergütungsregeln, die von den Vereinigungen der Urheber mit den Vereinigungen der Werknutzer ausgehandelt werden, oder nach den am Markt üblichen redlichen Honoraren.

Eine weitere Neuregelung des Urhebervertragsrechts betrifft die so genannten „Bestsellerfälle". Erzielt ein Werk einen unerwarteten wirtschaftlichen Erfolg, an dem der Urheber beispielsweise aufgrund eines vertraglich vereinbarten Pauschalhonorars nicht partizipiert, so kann der Urheber gemäß § 32a UrhG eine angemessene Beteiligung an den Einnahmen verlangen.

## 7.4.10 Änderungen eines urheberrechtlich geschützten Werkes

Darf ein Verein eine vor längerer Zeit von einem inzwischen ausgeschiedenen Mitglied erstellte Broschüre ohne dessen Zustimmung überarbeiten und in geänderter Form neu veröffentlichen?

Die Übertragung eines Nutzungsrechts bedeutet für den Nutzungsberechtigten noch lange nicht, dass er freie Hand hat, mit dem Werk zu machen, was er will. Ein wichtiger

Teil des Urheberrechts ist das Recht des Urhebers, Entstellungen seines Werkes verbieten zu können (§ 14 UrhG). Sowohl das einfache wie auch das ausschließliche Nutzungsrecht beinhalten daher regelmäßig nur die Berechtigung zur Nutzung des Werkes in der Form, wie es geschaffen wurde. Änderungen eines urheberrechtsfähigen Werkes sind ohne die Genehmigung des Urhebers nur in sehr engen Grenzen möglich. Will der Nutzungsberechtigte das Werk zu einem späteren Zeitpunkt verändern, so ist es ratsam, sich von Anfang an eine vertragliche Befugnis auch zu Änderungen einräumen zu lassen.

Ohne eine solche vertragliche Vereinbarung und ohne Zustimmung des Urhebers sind Änderungen nur zulässig, wenn der Urheber seine Einwilligung nach Treu und Glauben nicht versagen kann. Hier werden die Interessen des Urhebers und die Interessen des Nutzers gegeneinander abgewogen. Je ausgeprägter die schöpferische Eigentümlichkeit und Individualität des Werkes ist, desto weniger muss der Urheber eine Änderung hinnehmen.

So muss etwa die Kürzung von Beiträgen in Zeitungen und Zeitschriften meist hingenommen werden, während die Änderung eines literarischen Werkes ohne ausdrückliche Einwilligung regelmäßig unzulässig ist. Im Gegensatz zu den Autoren literarischer Werke müssen die Autoren von Bühnenwerken auch umfangreichere Änderungen ihrer Werke im Rahmen der jeweiligen Inszenierung akzeptieren. Auch bei Werbebroschüren kann der Urheber Änderungen üblicherweise nicht untersagen, wobei willkürliche und sinnentstellende Änderungen stets unzulässig sind.

Wenn die Notwendigkeit von späteren Änderungen nicht auszuschließen ist, sollte zur Vermeidung von Streitigkeiten soweit möglich ein Änderungsrecht vereinbart werden. Selbst wenn ein Urheber seine Tätigkeit ehrenamtlich im Dienste einer gemeinnützigen Organisation erbringt, kann nämlich nicht davon ausgegangen werden, dass er stillschweigend mit jeder Änderung seines Werkes einverstanden ist.

## 7.4.11 Urheberbenennungspflicht

Muss der Webdesigner der Vereinswebsite im Impressum genannt werden? Dem Urheber steht gemäß § 13 UrhG das Recht zu, darüber zu entscheiden, ob er anonym bleiben oder als Urheber genannt werden möchte. Er hat auch das Recht, die Art und Weise seiner Benennung als Urheber festzulegen. Für die Praxis bedeutet dies, dass der Name des Urhebers bei seinem Werk anzugeben ist, soweit der Urheber darauf nicht ausdrücklich oder stillschweigend verzichtet hat.

Voraussetzung eines stillschweigenden Verzichts des Urhebers auf seine Nennung in Zusammenhang mit seinem Werk ist neben der Verkehrsüblichkeit dieses Verzichts auch die Kenntnis des Urhebers von seinem Recht auf Benennung. Von dieser Kenntnis kann üblicherweise jedoch nicht ausgegangen werden. Somit empfiehlt sich immer entweder die ausdrückliche vertragliche Vereinbarung eines Verzichts auf Urhebernennung oder schlicht und einfach die Nennung des Urhebers im Rahmen seines Werkes.

# 7.4.12 Individuelle Rechtewahrnehmung und Verwertungsgesellschaften

Schließt ein Urheber mit dem Verwender eines seiner Werke selbst einen Nutzungs-vertrag und handelt die ihm zustehende Vergütung selbst aus, so handelt es sich um individuelle Rechtewahrnehmung – so beispielsweise bei einem Verlagsvertrag, in dem Autor und Verleger ihre jeweiligen Rechte und Pflichten regeln, oder beim Lizenzver-trag zwischen einem Fotografen und einem Zeitschriftenverlag.

Die kollektive Rechtewahrnehmung obliegt den Verwertungsgesellschaften wie der GEMA oder der VG Wort. Die Wahrnehmung bestimmter Rechte, die nicht individuell von den Berechtigten wahrgenommen werden können (z. B. die Vergütung für die Sen-dung eines Liedes im Rundfunk oder die Kopie eines Fachartikels aus einer Zeitschrift), werden meist den Verwertungsgesellschaften überlassen. Diese stellen Tarife auf und ziehen die jeweilige Vergütung ein. Die Erlöse werden nach bestimmten Verteilungs-plänen an die Urheber ausgeschüttet. Haupteinnahmequelle der Verwertungsgesell-schaften sind die Geräteabgabe und die Bild- und Tonträgerabgabe. Die Geräteabgabe ist eine Pauschalzahlung, die jeder Hersteller und Importeur von Geräten leisten muss, die zur Vornahme von Vervielfältigungen urheberrechtlich geschützter Werke bestimmt sind (Fotokopiergeräte, Videorekorder, CD-Brenner usw.). Die Bild- und Tonträgerab-gabe erstreckt sich auf Leerkassetten, bespielbare CD-ROMs und DVDs, Memorysticks und Disketten.

Vor jeder öffentlichen Veranstaltung, bei der musikalische Darbietungen geplant sind, ist der Veranstalter verpflichtet, an die GEMA zu melden, welche Werke auf welche Weise zur Aufführung gelangen. Auch das Abspielen von Tonträgern und die Benut-zung von Radios und Fernsehern in öffentlichen Räumen sind anmeldepflichtig. Nach der Veranstaltung muss eine Liste der tatsächlich gespielten Stücke eingereicht werden. Die Höhe der zu zahlenden Vergütung richtet sich nach der Größe des Veranstaltungs-raumes, der Höhe des Eintritts und der Zahl der Besucher. Es ist in jedem Fall ratsam, sich vor größeren Veranstaltungen durch die GEMA beraten zu lassen.

Hier eine Übersicht über die wichtigsten Verwertungsgesellschaften:

- GEMA – Gesellschaft für musikalische Aufführungs- und mechanische Vervielfälti-gungsrechte. Die GEMA nimmt die Urheberrechte an Werken der Musik im Auftrag von Komponisten, Textdichtern und Musikverlegern wahr (www.gema.de).
- VG Wort. Die VG Wort ist der Zusammenschluss von Autoren und Verlagen zur Wahrnehmung ihrer literarischen Urheberrechte gegenüber Dritten (www.vgwort. de).
- VG Bild-Kunst. Die VG Bild-Kunst ist der Zusammenschluss von Künstlern, Foto-grafen und Filmurhebern zur Wahrnehmung ihrer Urheberrechte gegenüber Dritten (www.bildkunst.de).
- VG Musikedition. Die VG Musikedition nimmt im Auftrag ihrer Mitglieder die Ur-heberrechte an grafischen Vervielfältigungen von Werken der Musik wahr (www. vg-musikedition.de).

– VFF – Verwertungsgesellschaft der Film- und Fernsehproduzenten. Die Aufgabe der VFF ist die Wahrnehmung der Urheberrechte der Film- und Fernsehproduzenten, insbesondere auch der Ansprüche aus der Geräte- und Leerkassettenvergütung gemäß §§ 54, 54a, 54d UrhG (www.vff.org).

– GWFF – Gesellschaft zur Wahrnehmung von Film- und Fernsehrechten mbH. Die GWFF nimmt im Wesentlichen die an Filmlizenzhändler abgetretenen Urheber- und Produzentenleistungsschutzrechte wahr (www.gwff.de).

– GVL – Gesellschaft zur Verwertung von Leistungsschutzrechten mbH. Die GVL nimmt die so genannten Zweitverwertungsrechte für ausübende Künstler und Tonträgerhersteller wahr (www.gvl.de).

## Weiterführende Literatur

Eine reiche Sammlung an beispielhaften Gerichtsentscheidungen bietet das Werk „Designschutz: Fallsammlung zum Schutz kreativer Leistungen" von Sabine Zentek (Düsseldorf, 2003). Anhand der umfangreich bebilderten Gerichtsurteile werden die Anforderungen an die Gestaltungshöhe eines Werkes deutlich gemacht.

Im Bereich der juristischen Fachliteratur ist neben den umfangreichen Standardwerken und Kommentaren zum Urheberrecht (z. B. Loewenheim: Handbuch des Urheberrechts, München 2003) als Einführung in das Thema das Werk „Urheberrecht" von Paul W. Hertin (München 2004) empfehlenswert.

Im Internet finden sich weiterführende Informationen zum Urheberrecht und aktuelle Entwicklungen und Gerichtsentscheidungen auf der Website des Instituts für Urheber- und Medienrecht unter www.urheberrecht.org und auf der Website des Juristischen Internetprojekts Saarbrücken unter www.jura.uni-sb.de/urheberrecht.

# 7.5 Vertragsrecht

*Anette Brücher-Herpel*

## 7.5.1 Allgemeine rechtliche Rahmenbedingungen

Das deutsche Vertragsrecht ist vom Grundsatz der Vertragsfreiheit geprägt, d. h., Vertragsinhalt und die jeweiligen Rechte und Pflichten sind grundsätzlich zwischen den Vertragsparteien frei vereinbar. Die Einordnung unter einen gesetzlich geregelten Vertragstypus erfolgt anhand des Gesamtgepräges der zwischen den Parteien getroffenen Absprachen bzw. des einvernehmlichen Parteiwillens. Je nach Vertragsgegenstand richten sich die gesetzlichen Rechtsfolgen nach dem einschlägigen Vertragstypus.

Für das Verhältnis zwischen Nonprofit-Organisationen (NPOs) und Agenturen bzw. Dienstleistern kommt – abhängig vom jeweiligen Vertragszweck – insbesondere der Abschluss von Werkverträgen (§§ 631 ff. BGB), Dienstverträgen (§ 611 BGB), Geschäftsbesorgungen oder – zumeist – eine Mischform aus einem oder mehreren Vertragstypen in Betracht.

Während Gegenstand eines *Werkvertrags* stets ein konkreter Erfolg ist (z. B. Erstellung einer Fundraising-Konzeption, Entwicklung eines Mailings, Erstellung des Layouts für Broschüren/Flyer), schuldet die Agentur bei Abschluss eines *Dienstvertrags* bestimmte Tätigkeiten (z. B. Beratung, Planung und/oder Durchführung bestimmter Fundraising-Maßnahmen). Leistet eine Agentur bzw. ein Dienstleister als „Full-Service-Agentur" für eine monatliche Pauschale die Planung und Durchführung aller Fundraising-Aktivitäten (z. B. Konzeption des Fundraisings einschließlich Bestandsaufnahme und -analyse, Festlegung der Fundraising-Ziele, Erarbeitung einer Strategie, Konzeption einzelner Fundraising-Maßnahmen, Umsetzung des Konzepts, z. B. durch Herstellung von Broschüren – einschließlich Einholung entsprechender Kostenvoranschläge und Angebote z. B. für Homepage und Druck –, Versendung von Mailings, Durchführung von Events, Einwerbung von Sponsoren, Buchung von Plakatraum, abschließender Kontrolle usw.), kann Dienstvertragsrecht gelten.

Ist Werkvertragsrecht anwendbar, so schuldet die Agentur vor allem die rechtzeitige und mangelfreie Herstellung des versprochenen „Werks" (§§ 631, 633 BGB). Werkvertragsrecht ist auch anwendbar bei Herstellung so genannter nichtkörperlicher Sachen oder solcher Sachen, bei denen – wie z. B. bei der Gestaltung von Homepages, Plakaten, Slogans oder Claims – die Sacheigenschaft völlig zurücktritt. Was versprochen in diesem Sinne ist, richtet sich primär nach der Vereinbarung bzw. einem entsprechenden (stillschweigenden) übereinstimmenden Willen der Beteiligten. Nur soweit die Vertragsparteien derartige Beschaffenheitsvereinbarungen nicht getroffen haben, wird auf die Gebrauchstauglichkeit eines Werks zur vorausgesetzten Verwendung abgestellt (§ 633 Abs. 2 Nr. 1 BGB), hilfsweise zuletzt auf die gewöhnliche Verwendung des Werks einschließlich der üblichen Beschaffenheit (§ 633 Abs. 2 Nr. 2 BGB).[1]

Die Beteiligten sollten sich daher vor Vertragsschluss möglichst umfassend sowohl hinsichtlich der Ausführung als auch der mit dem Werk verbundenen Fundraising-Ziele abstimmen. Das Werk muss geeignet sein, die im Rahmen der Vertragsverhandlungen und/oder des anschließenden Briefings (erkennbar) anvisierten Ziele der NPO zu erreichen. Sämtliche im Rahmen der Vertragsverhandlung bzw. des Briefings vereinbarten Umsetzungs- bzw. Fundraising-Ziele können Ausgangspunkt für die Feststellung der Beschaffenheit eines bestimmten Werks bilden.

Die Agentur bzw. der Dienstleister hat bei Erstellung des Werks insbesondere zuvor vereinbarte zeitliche, räumliche, zielgruppen- und budgetbezogene Vorgaben zu beachten. Bei der Gestaltung von Werbemitteln, insbesondere Anzeigen, Broschüren, Homepage, ist darüber hinaus auf eine wahrnehmbare und einheitliche Umsetzung zu achten.[2] Ein konkreter Fundraising-Erfolg ist dagegen bei der Gestaltung von Werbemitteln regelmäßig nicht geschuldet. Ausreichend ist, wenn von einer bedingten Wirksamkeit ausgegangen werden kann.[3] Ausbleibende oder negative Resonanz lässt allein noch nicht auf die Untauglichkeit einer Maßnahme schließen.

Insbesondere für die Gestaltung von Werbemitteln gilt, dass vertraglich vorausgesetzt und vom Auftraggeber erwartet werden kann, dass diese rechtlich unbedenklich eingesetzt werden können. Die Agentur trifft eine vertragliche Nebenpflicht, auf etwaige rechtliche Bedenken hinzuweisen, eine darüber hinausgehende Haftung verbleibt regelmäßig beim Auftraggeber. Zu den Vertragspflichten der Agentur bzw. des Dienstleisters gegenüber dem Auftraggeber gehört grundsätzlich auch die Kontrolle, ob eine geplante Maßnahme mit geltendem Recht, insbesondere werberechtlichen Regelungen, in Einklang steht. Die Agentur hat daher das Werk auf Zulässigkeit hin zu überprüfen und den Auftraggeber auf eventuelle Bedenken hinzuweisen.[4] So ist beispielsweise wettbewerbswidrige Werbung grundsätzlich nicht verwendbar und mangelhaft.[5] Dies gilt auch bei einem Verstoß gegen Urheberrechte, falls z. B. die zur Herstellung einer Broschüre oder eines Plakats erforderlichen Nutzungsrechte nicht eingeholt wurden, und bei Missachtung von Persönlichkeitsrechten.[6] In derartigen Fällen sind die Anforderungen an die oben genannte (Soll-)Beschaffenheit nicht erfüllt, der Wert der Leistung ist gemindert. Anders kann dies zu beurteilen sein, wenn – z. B. um Aufmerksamkeit zu erzielen – NPO und Agentur bewusst Risiken rechtlicher „Grauzonen" bzw. drohender Wettbewerbsverstöße in Kauf nehmen. In derartigen Fällen hat die Agentur den Auftraggeber jedoch über etwaige Risiken – zu Beweiszwecken am besten schriftlich – zu informieren.

Begrenzt wird die Pflicht zur rechtlichen Prüfung von Werbemitteln u. a. durch Zumutbarkeitsgrenzen im konkreten Einzelfall. Maßgeblich hierfür sind alle Umstände, die für den Auftragnehmer (Agentur, Dienstleister usw.) bei sorgfältiger Prüfung als bedeutsam erkennbar sind. Die Anforderungen an die Prüfungs- und Beratungspflicht können in Relation zum Auftragsumfang der anvisierten Aktivitäten und der Höhe der Vergütung differieren.[7] Wird eine Agentur oder ein Dienstleister lediglich damit beauftragt, durch Dritte hergestellte Broschüren, Anzeigen usw. zu vervielfältigen oder einzusetzen, so fehlt regelmäßig der maßgebliche Einfluss auf die Konzeption, und die Prüfungspflicht kann sich in einer Beratungs- und Hinweispflicht unschwer erkennbarer Rechtsverstöße (z. B. bei Veranlassung eines unverlangten E-Mail-Versands zu Werbezwecken) erschöpfen. Je nach Auftragsumfang und Einzelfall kann eine Prüfungspflicht von der Agentur oder dem Dienstleister auch vollständig entfallen.

Die Erfüllung der Leistungspflichten kann durch die Agentur – je nach vertraglicher Vereinbarung – in eigenem Namen und auf eigene Rechnung, durch Beauftragung und Überwachung Dritter oder durch Auftreten in eigenem Namen für fremde Rechnung (z. B. bei der Schaltung von Anzeigen für die NPO) erfolgen.

## 7.5.2 Bestandteile vertraglicher Vereinbarungen

Eine *Präambel* entfaltet formaljuristisch keine Bindungswirkung, kann jedoch hilfreiche Erläuterungen zum Vertragswerk enthalten. Diese können sich beispielsweise auf den Geist der Vereinbarung oder die mit der Zusammenarbeit verbundenen Ziele erstrecken.

Im Anschluss an die Präambel bzw. zu Beginn des eigentlichen Vertragsinhalts bzw. -gegenstands sollte eine Darstellung des *Auftragsumfangs* erfolgen. Sollte dieser besonders groß sein, ist auch die Beifügung eines Leistungsverzeichnisses als Anlage zum Vertrag und eine entsprechende Bezugnahme im Vertragstext denkbar. Die Leistungsbeschreibung kann z. B. Analysen, Konzepterstellung, Eventplanung und/oder Durchführung, Gestaltung, Telefonmarketingmaßnahmen, Mailingmaßnahmen, Koordinationsmaßnahmen usw. enthalten.

Sollte der Auftragnehmer Dritte zur Auftragserfüllung einschalten dürfen, so sollte sich die NPO (Auftraggeber) gegebenenfalls ein Mitspracherecht bei der Auswahl sichern. Denkbar ist auch eine Verpflichtung der Agentur, bei der Auswahl Dritter auf ein ausgewogenes Verhältnis von Wirtschaftlichkeit und bestmöglichem Erfolg im Sinne der NPO zu achten.

Im Anschluss an die Beschreibung des Leistungsumfangs sollte die *Vergütung* geregelt werden. Denkbar sind Pauschalregelungen, aufwandsbezogene Vergütungsregelungen oder Mischregelungen, z. B. durch Vereinbarung einer Pauschalvergütung zuzüglich einer Provisionsregelung bzw. eine Kombination aus Pauschal- und Aufwandsvergütung. Im Rahmen der Vergütungsregelung sollte auch festgehalten werden, welche Leistungen durch die Vergütung abgegolten sind und welche nicht. Für etwaige Sonderleistungen sollte gegebenenfalls eine zusätzliche Vergütungsabsprache getroffen werden.

Der Vergütungsregelung sollten Absprachen zu den Zahlungsterminen (z. B. nach Abschluss, monatlich usw.) und Zahlungsmodalitäten (Fälligkeit der Vergütung, etwaige Vorauszahlung, Vergütung inklusive oder exklusive der jeweils gültigen gesetzlichen Mehrwertsteuer, Bankverbindung) angefügt werden. Erfolgt keine vertragliche Festlegung der Fälligkeit der Vergütung, greift die gesetzliche Regelung des § 186 Abs. 3 BGB, wonach die Vergütung 30 Tage nach Rechnungsstellung fällig ist.

Zur Vereinfachung der Zusammenarbeit können darüber hinaus Regelungen für bestimmte Arbeitsschritte bzw. zuständige Ansprechpartner getroffen werden. Derartige Regelungen können sich beispielsweise auf Berichtspflichten (Anfertigung von Besprechungsprotokollen, Abschlussberichten), Freigabeerklärungen, Pflichten zur Einholung von Kostenvoranschlägen für die Beauftragung Dritter beziehen. Im Rahmen von Freigabeerklärungen sollte definiert werden, in welcher Form (telefonisch, per Fax o. Ä.) und bis wann (z. B. binnen drei Tagen) der Auftraggeber einzelne Arbeitsschritte/Ergebnisse freizugeben hat.

Denkbar sind darüber hinaus vertragliche *Haftungsregelungen*. Gegenstand dieser Regelung kann insbesondere die Verpflichtung der Agentur sein, die Sorgfaltspflichten eines ordentlichen Kaufmanns, insbesondere des Einsatzes spezifischer Fachkenntnisse der Wirtschaftswerbung, zu beachten.

Darüber hinaus können Regelungen zur *Geheimhaltung* von Geschäftsvorgängen in den Vertrag aufgenommen werden. Hierbei kann der Dienstleister, in diesem Fall die Agentur, auch dazu verpflichtet werden, sämtliche Vorkehrungen zu treffen, Geschäftsvorgänge geheim zu halten, an denen der Auftraggeber ein berechtigtes (wirtschaftliches) Interesse hat. Diese Verpflichtung kann insbesondere auf eine Verpflichtung der Mitarbeiter sowie beauftragter Dritter erstreckt werden.

Zur Vermeidung von Streitigkeiten sollte insbesondere bei Verträgen, die Kreativleistungen umfassen, eine Regelung zur *Rechteübertragung* bzw. der Rechte an Arbeitsergebnissen erfolgen. Dies kann insbesondere durch die geografische, zeitliche und medienbezogene Regelung bzw. durch uneingeschränkte Übertragung des Nutzungsrechts erfolgen.

Der Vertrag sollte eine *Laufzeitregelung* enthalten, er kann jedoch auch unbefristet abgeschlossen werden. Denkbar ist auch eine Mindestvertragslaufzeit mit Verlängerungsoption.

Im Rahmen etwaiger *Schlussbestimmungen* werden insbesondere die Schriftformklausel, der Erfüllungsort und Gerichtsstand sowie die so genannte Salvatorische Klausel definiert.

Unter den Checklisten im Anhang finden Sie ein Musterbeispiel für eine vertragliche Vereinbarung zwischen einer NPO und einer Agentur.

## Anmerkungen

1 Nennen, Dieter: Vertragspflichten und Störerhaftung der Werbeagenturen, in: GRUR 2005, Heft 13, S. 214 (215).

2 Behrens, Gerold/Esch, Franz R./Leischner, Erika/Neumaier, Maria: Gabler Lexikon Werbung, Wiesbaden 2001, S. 423.

3 Für den Bereich der Werbewirksamkeit: LG Berlin Urteil vom 3.3.2003, 51 S301/02.

4 Vgl. BGH GRUR 1974, 284 (285); OLG Düsseldorf CR 2004, 466.

5 Vgl. OLG Düsseldorf CR 2004, 466.

6 Nennen, S. 216.

7 Ebd., S. 217.

## Weiterführende Literatur: siehe Anmerkungen

# 7.6 Datenschutzrecht

*Tanja Wolber-Josch*

Das Datenschutzrecht ist ein vergleichsweise junges Rechtsgebiet. Seit das erste bundesweit geltende Datenschutzgesetz 1977 in Kraft getreten ist, hat das Datenschutzrecht eine erstaunliche Entwicklung durchgemacht, die im Wesentlichen auf die technische Entwicklung in der elektronischen Datenverarbeitung zurückzuführen ist, aber auch auf die Veränderung des rechtlichen Umfeldes.[1]

Während die erste Generation der Datenschutzgesetze die Grundprinzipien des Datenschutzrechts regelte, erhielt das Datenschutzrecht durch das Volkszählungsurteil des Bundesverfassungsgerichts vom 15. Dezember 1983[2] einen erheblichen Bedeutungszuwachs. In diesem Urteil wurde festgestellt, dass Bestandteil des durch das Grundgesetz geschützten Grundrechts auf freie Entfaltung der Persönlichkeit auch das so genannte Recht auf informationelle Selbstbestimmung ist. Dies beinhaltet das Recht, grundsätzlich selbst über die Preisgabe und Verwendung seiner persönlichen Daten zu bestimmen. In das Recht auf informationelle Selbstbestimmung darf ohne Einwilligung des Bürgers nur aufgrund eines Gesetzes eingegriffen werden.

In einer zweiten Welle der Datenschutzgesetzgebung wurden daraufhin die Datenschutzgesetze novelliert und eine Fülle von bereichsspezifischen Datenschutzgesetzen geschaffen. Schließlich folgte in einem dritten Schritt die Europäisierung des Datenschutzrechts durch die Europäische Datenschutzrichtlinie[3] und ihrer Umsetzung in Deutschland durch die Novellierung des Bundesdatenschutzgesetzes (BDSG) vom 23. Mai 2001.[4] Aber auch mit diesem Gesetz konnte das Ziel einer umfassenden inhaltlichen Modernisierung des deutschen Datenschutzrechts noch nicht verwirklicht werden. Daher ist eine so genannte zweite Stufe der Novellierung des Datenschutzgesetzes geplant, um das Datenschutzrecht zu vereinfachen und an die neuen technischen und wirtschaftlichen Gegebenheiten anzupassen. Das Bundesministerium des Innern hat hierzu ein Gutachten in Auftrag gegeben, das den Reformbedarf und die Reichweite aufzeigt und Grundlinien zur „Modernisierung des Datenschutzrechtes" vorschlägt. Dieses Gutachten wurde im Herbst 2001 der Öffentlichkeit vorgestellt. Bis heute liegt allerdings kein neuer Gesetzesentwurf vor.

## 7.6.1 Fundraising und Datenschutz

### 7.6.1.1 Schutzbereich des BDSG

Schutzrichtung des BDSG ist gemäß § 1 Abs. 1 der Schutz des Einzelnen vor der Beeinträchtigung seines Persönlichkeitsrechtes durch den Umgang mit seinen personenbezogenen Daten, sei es durch öffentliche oder nichtöffentliche Stellen. Personenbezogene Daten sind in § 3 Abs. 1 BDSG definiert als „Einzelangaben über persönliche oder sachliche Verhältnisse einer bestimmten oder bestimmbaren natürlichen Person". Damit sind alle eine Person betreffenden Daten gemeint, egal ob es sich dabei um Namen und Adressen, Krankheits- oder Einkommensdaten handelt. Bestimmte Daten wie Angaben über die rassische und ethnische Herkunft, politische Meinungen, religiöse oder philosophische Überzeugungen, Gewerkschaftszugehörigkeit, Gesundheit oder Sexualleben[5] werden vom BDSG als besonders sensibel eingestuft und daher einem besonderen Schutz unterworfen. Diese Daten dürfen gemäß § 28 Abs. 6 BDSG nur mit der ausdrücklichen Einwilligung des Betroffenen erhoben, verarbeitet und genutzt werden. Geschützt werden vom BDSG grundsätzlich nur solche Daten, die natürliche Personen betreffen, nicht dagegen Daten über juristische Personen, z. B. von Vereinen oder Stiftungen.

## 7.6.1.2 Anwendbare Vorschriften

Gemäß § 1 Abs. 2 gilt das BDSG für die Erhebung, Verarbeitung und Nutzung personenbezogener Daten durch öffentliche Stellen des Bundes und öffentliche Stellen des Landes, soweit der Datenschutz nicht durch Landesgesetz geregelt ist, sowie für nichtöffentliche Stellen, soweit sie die Daten unter Einsatz von Datenverarbeitungsanlagen verarbeiten oder nutzen. Eine Ausnahme gilt nur, wenn die Datenverarbeitung ausschließlich für eine persönliche oder familiäre Tätigkeit erfolgt.

Fundraiser sind in der Regel für private Organisationen tätig und verarbeiten dabei geschäftsmäßig Daten. Dementsprechend haben sie bei ihrer Tätigkeit die Vorschriften der §§ 1–11 und 27–38 sowie 43–44 zu beachten. Eine Ausnahme hiervon gilt nur, wenn Fundraiser für die beiden großen christlichen Kirchen oder Organisationen tätig werden, die den Wohlfahrtsverbänden dieser Kirchen zugeordnet sind. Das BDSG hat im Bereich der katholischen und der evangelischen Kirche keine Gültigkeit, und die Kirchen haben für ihren Bereich inhaltlich analog zum BDSG verfasste eigene Datenschutzgesetze erlassen: Kirchengesetz über den Datenschutz der Evangelischen Kirche in Deutschland (DSG-EKD), in Kraft getreten am 1. Januar 1994, und Anordnung über den kirchlichen Datenschutz (KDO), in Kraft getreten am 1. Oktober 2003.

Darüber hinaus hat das Bistum Hildesheim am 1. Juli 2004 als erste deutsche Diözese eine Rechtsgrundlage für die Durchführung von Fundraising-Maßnahmen geschaffen, die „Anordnung zum Schutz personenbezogener Daten bei der Durchführung von Fundraising-Maßnahmen im Bistum Hildesheim – FundrO".[6] Diese hat dem Bistum zufolge das Ziel, „weitere Möglichkeiten der Finanzierung zu eröffnen und die Betroffenen dabei vor unkontrolliertem ‚Wildwuchs' zu schützen"[7]. Um dieses Ziel zu erreichen, wurde eine Meldepflicht für alle geplanten Maßnahmen und eine zentrale Koordinierungsstelle (das Fundraising-Büro Goslar) geschaffen.

Nicht den Reglementierungen des BDSG unterliegen gemäß § 27 Abs. 1 Satz 2 BDSG Datenverarbeitungen, die ausschließlich für persönliche oder familiäre Tätigkeiten erfolgen. Die in der früheren Fassung des BDSG enthaltene positiv formulierte Begrenzung des Anwendungsbereichs auf kommerzielle Verarbeitungen, d. h. solche, die geschäftsmäßig oder für berufliche oder gewerbliche Zwecke erfolgen, wird in der neuen Fassung des BDSG klarstellend negativ mit dem Nichtanwendungsbereich beschrieben.[8] Da Fundraiser Daten nicht ausschließlich für persönliche oder familiäre Zwecke verarbeiten, haben sie, abgesehen von den genannten Sonderregelungen im religiösen Bereich, die allgemeinen Vorschriften des BDSG zu beachten. Die allgemeinen Datenschutzbestimmungen gelten für gemeinnützige Vereine genauso wie für kommerzielle oder öffentliche Datenverarbeiter, da es unerheblich ist, ob Daten aus kommerziellen oder nichtkommerziellen (gemeinnützigen) Zwecken ermittelt, verwendet oder übermittelt werden.

## 7.6.1.3 Zulässigkeit der Datenspeicherung und -nutzung

Das BDSG ist als so genanntes Verbotsgesetz mit Erlaubnisvorbehalt ausgestaltet, d. h., dass die Verarbeitung von personenbezogenen Daten grundsätzlich verboten ist, es sei denn das BDSG selbst oder eine andere Rechtsvorschrift erlauben sie oder ordnen sie an, oder der Betroffene hat darin eingewilligt (§ 4 Abs. 1 BDSG).

Die zentralen Vorschriften im BDSG, die eine Datenverarbeitung erlauben, sind die §§ 28 und 29. § 28 BDSG regelt die Erhebung, Verarbeitung und Nutzung von personenbezogenen Daten *für eigene Zwecke*, während § 29 BDSG die geschäftsmäßige Datenerhebung und -speicherung *zum Zwecke der Übermittlung*, also für fremde Zwecke, regelt.

Beim Fundraising werden personenbezogene Daten zum Zwecke der Spendenwerbung erhoben, gespeichert und genutzt. Dabei ist die Spendenwerbung ein Mittel für die Erfüllung eigener Geschäftszwecke der speichernden Stelle, nämlich der Organisation, für die die Fundraiser diese Spendenwerbung durchführen. Da es sich also um Datenverarbeitung zur Erfüllung eigener Geschäftszwecke handelt, richtet sich die Zulässigkeit der Erhebung und Nutzung von personenbezogenen Daten von Spendenden zur Spendenwerbung insbesondere nach § 28 BDSG.

Zulässig ist eine Datenverarbeitung gemäß § 28 Abs. 1 Nr. 1 BDSG, wenn dies im Rahmen der Zweckbestimmung eines Vertragsverhältnisses oder eines vorvertraglichen Vertrauensverhältnisses erforderlich ist. Bei einem Vertrag oder einem vertragsähnlichen Vertrauensverhältnis steht grundsätzlich ein Leistungsaustausch im Vordergrund. Bei einer Person, die eine Spende an einen Fundraiser leistet, ist dies aber gerade nicht der Fall. Daher kommt diese Alternative hier nicht in Betracht.

Die Datenverarbeitung ist gemäß § 28 Abs. 1 Nr. 2 BDSG auch zulässig, soweit sie zur Wahrung berechtigter Interessen der verantwortlichen Stelle erforderlich ist und kein Grund zu der Annahme besteht, dass das schutzwürdige Interesse des Betroffenen am Ausschluss der Verarbeitung dieses Interesse überwiegt. Es muss also eine Abwägung der Interessen der speichernden Stelle mit denen des Betroffenen erfolgen. Bei Dauerspendenden hat z. B. die speichernde Stelle, also die gemeinnützige Organisation, ein berechtigtes Interesse daran, die Adressen derer festzuhalten, die sich freiwillig verpflichtet haben, monatlich einen bestimmten Geldbetrag zu spenden. Diesem berechtigten Interesse dürfen jedoch keine schutzwürdigen Interessen des Betroffenen entgegenstehen. Es stellt sich also die Frage, ob die Organisation davon ausgehen kann, dass ein Spender nichts dagegen hat, wenn bekannt wird, dass er gespendet hat.

Während ein entgegenstehendes Interesse bei Dauerspendenden nicht angenommen werden muss, ist dies bei „Spontanspendern" durchaus zu hinterfragen. Wenn etwa aufgrund einer Naturkatastrophe oder eines individuellen Unglücks zu Spenden aufgerufen wird und jemand diesem Aufruf nachkommt, handelt es sich um einen spontanen Akt der Hilfsbereitschaft. Der Spendende drückt keine Bindung gegenüber der zur Spende aufrufenden Organisation oder zu den sonstigen von der Organisation vertretenen Zwecken und Zielen aus. Es liegt eine zielgerichtete Spende auf ein konkretes Ereignis hin vor und der Spendende hat sonst keinerlei Kontakt zu der Spendenorganisation und weiß auch nichts über sie.

Es stellt sich außerdem die Frage, ob der Spendende damit rechnen muss, dass seine Adresse gespeichert wird. Dies dürfte zu verneinen sein. Wenn der Spendende einen von der Spendenorganisation vorgegebenen Überweisungsträger nutzt, so enthält er mit diesem den Hinweis, dass er, soweit es sich um eine Spende von über 100 Euro handelt und er eine Spendenbestätigung zur Geltendmachung in seiner Steuererklärung haben möchte, seinen Namen und seine Anschrift im Überweisungsträger mitteilen soll. Diese Angaben macht der Spendende jedoch ausschließlich, um eine Spendenbescheinigung zu erhalten. Mit einer anderweitigen Verwendung seiner auf diese Weise gewonnenen Adresse muss er jedoch in diesem Fall nicht rechnen.

Andererseits lässt sich gut die Ansicht vertreten, dass eine einmalige Spende es rechtfertigt, den Spendenden künftig anzuschreiben und ihn um eine Spende zu bitten, da aufgrund einer einmaligen Spende eine höhere Wahrscheinlichkeit für eine erneute Spende besteht als in Fällen, in denen bisher noch nicht gespendet wurde.

Der Betroffene hat die Möglichkeit, der Organisation mitzuteilen, dass er künftig nicht mehr von ihr angeschrieben werden möchte, falls diese ihn im Anschluss an seine Spende um weitere Spenden bittet. Einen solchen Widerspruch muss der Fundraiser unbedingt und unverzüglich beachten, da in diesem Fall der Nutzung der Daten offensichtlich schutzwürdige Interessen des Betroffenen entgegenstehen (vgl. zum Widerspruchsrecht 7.6.1.5).

Sofern man mit dieser Argumentation von einem berechtigten Interesse des Fundraisers an einer Speicherung und Nutzung von Daten von Einmalspendenden ausgeht und kein entgegenstehendes schutzwürdiges Interesse des Spendenden ersichtlich ist, muss bedacht werden, dass nicht alle Angaben gesammelt und gespeichert werden dürfen, die auf rechtmäßige Weise beschafft werden können, sondern nur diejenigen, die für die Zwecke der Spendenwerbung erforderlich sind. Dies dürfte bei der Adresse, bei dem Geburtsjahr bzw. bei der Alterszuordnung der Fall sein. Dagegen findet die Interessenabweisungsklausel keine Anwendung, wenn so genannte besondere Daten gemäß § 3 Abs. 9 BDSG betroffen sind (z. B. Religions- und Gesundheitsangaben).

## 7.6.1.4 Zulässigkeit der Datenübermittlung

Eine weitere Frage ist, ob Fundraiser Adressdaten von Spendenden an Dritte weitergeben dürfen, beispielsweise an andere Fundraiser. Diesbezüglich gestattet die Vorschrift des § 28 Abs. 3 Nr. 3 BDSG unter bestimmten Umständen eine Übermittlung von gewissen personenbezogenen Daten zum Zwecke der Werbung, nämlich soweit es sich bei diesen Daten um listenmäßig zusammengefasste Daten handelt, sofern kein entgegenstehendes schutzwürdiges Interesse des oder der Betroffenen ersichtlich ist und sich die in einer solchen Liste enthaltenen Daten auf folgende Angaben beschränken: die Angabe über die Zugehörigkeit des oder der Betroffenen zu einer bestimmten Personengruppe, die Berufs-, Branchen- oder Geschäftsbezeichnung, Namen, Titel, akademische Grade, Anschrift und Geburtsjahr. Dieses so genannte Listenprivileg enthält damit eine Privilegierung für Unternehmen, die Daten, die sie primär für eigene Zwecke verarbeiten, nur ausnahmsweise zum Zwecke der Werbung übermitteln. Dabei muss beachtet werden, dass jeweils nur eine Angabe über die Zugehörigkeit des oder der Betroffenen zu einer Gruppe enthalten sein darf.[9] Dies ist grundsätzlich bereits dann gegeben, wenn eine Liste z. B. dadurch gekennzeichnet ist, dass es sich um Spender einer bestimmten Spendenaktion handelt. Weitere Merkmale dürfen nicht hinzukommen. Diese Vorschrift gestattet es Fundraisern, ihre Adresslisten mit den Adresslisten anderer Unternehmen, insbesondere anderer Spendenorganisationen auszutauschen. Einem solchen Austausch stehen jedoch dann schutzwürdige Interessen der Betroffenen entgegen, wenn sich die Listen beispielsweise auf gesundheitliche Verhältnisse, religiöse oder politische Anschauungen der Betroffenen beziehen. Eine Weitergabe solcher Listen wäre somit nach dem Wortlaut des BDSG nicht zulässig. Zur Möglichkeit des Austauschs von Adresslisten vgl. 7.6.2.

## 7.6.1.5 Pflichten bei der werblichen Ansprache

Um dem Anspruch des Betroffenen auf die Abwehr unerwünschter Werbung Rechnung zu tragen, räumt ihm das Gesetz ein uneingeschränktes Recht gegenüber der verantwortlichen Stelle ein, der Nutzung seiner Daten zu Werbezwecken zu widersprechen. Über dieses Recht muss der Betroffene gemäß § 28 Abs. 4 Satz 2 BDSG bei der werblichen Ansprache unterrichtet werden. Der Hinweis auf das Widerspruchsrecht muss so erfolgen, dass er nicht erfahrungsgemäß überlesen wird.[10] Nach dem Wortlaut des Gesetzes ist der Betroffene *bei* der Ansprache zum Zweck der Werbung auf sein Widerspruchsrecht hinzuweisen, also grundsätzlich bei jeder Werbung. Der Fundraiser ist also verpflichtet, auf jeder Spendenwerbung einen Hinweis anzubringen, dass der Adressat der Werbung der Nutzung seiner Daten jederzeit mit Wirkung für die Zukunft widersprechen kann. Weiter muss er darüber informieren, wem gegenüber dieser Widerspruch erklärt werden kann. Er muss also die verantwortliche Stelle mit postalischer Adresse benennen.

## 7.6.2 Adressverlage und Listbroker

Fundraiser beschaffen sich Adressen, die zum Zwecke der Spendenwerbung genutzt werden sollen, häufig von Dritten. Dafür kommen zum einen so genannte Adressverlage infrage. Diese bauen speziell zur Vermietung Adresslisten auf, wobei sie ihre Daten häufig aus öffentlich zugänglichen Quellen wie Telefonverzeichnissen, Zeitungen und Zeitschriften, Branchenverzeichnissen, Berufsgruppenverzeichnissen, Vereinsnachrichten, Messekatalogen usw. beziehen und zu unterschiedlich selektierten Adresslisten formieren.[11] Zum anderen kann sich ein Fundraiser auch an einen so genannten Listbroker wenden. Listbroker verfügen über Kontakte zu Unternehmen, die ihre Adresslisten Dritten zur Aussendung von Werbung zur Verfügung stellen (sog. Listeigner). In diesem Bereich wird oft von der „Vermietung" von Adressen gesprochen. Obwohl dieser Begriff nicht im Sinne der §§ 535 ff. BGB zu verstehen ist, da im Normalfall der Adressbestand dem „Mieter" nicht zur Verfügung gestellt wird, sondern ausschließlich dem IT-Dienstleister, der die Daten verarbeitet. Dennoch wird dieser Begriff im Folgenden verwendet, da er in den Bereich der Adressvermarktung Einzug gefunden hat.

Möchte ein Fundraiser einen Adressbestand anmieten, wendet er sich also an einen Adressverlag oder an einen Listbroker. Diese stellen nach den Selektionsvorgaben des Fundraisers Adresslisten zusammen. Die Adresslisten werden in der Regel nicht dem Fundraiser, sondern einem so genannten Lettershop zur Verfügung gestellt. Lettershops sind Unternehmen, die sich darauf spezialisiert haben, professionelle Dienstleistungen im Bereich des Versands von Direktwerbung durchzuführen. Sie verarbeiten die Adressdaten und führen das adressierte und personalisierte Material (Briefe, Kuverts, Etiketten usw.) mit den sonstigen Bestandteilen einer Werbeaussendung zusammen. Dabei verarbeitet der Lettershop die Adressdaten gemäß § 11 BDSG im Auftrag des Listeigners (sog. Auftragsdatenverarbeitung). Das bedeutet, dass er die ihm überlassenen personenbezogenen Daten nur im Rahmen der Weisungen des Listeigners verarbeiten darf. Im Falle des § 11 BDSG gilt der Auftragsdatenverarbeiter nicht als „Dritter" im Sinne des § 3 Abs. 8 Satz 2 BDSG, sondern wird gleichsam als „verlängerter Arm" bzw. als ausgelagerte Abteilung des Listeigners tätig, der weiter verantwortliche Stelle bleibt. Der Listeigner bleibt damit für die Datenverarbeitung verantwortlich, während der Lettershop dafür Sorge zu tragen hat, dass das Anschriftenmaterial dem Mieter der Adressen nicht zugänglich gemacht und nach Durchführung des Auftrags vernichtet wird.

Vom Mieter erhält der Lettershop das zu versendende Spendenwerbematerial, das er mit den Adressen des Listeigners versieht und dann versendet. Der Fundraiser erhält auf diese Weise nur dann Kenntnis von einer Adresse, wenn sich ein Spendender auf die Spendenwerbung hin an ihn wendet. In diesem Fall darf der Fundraiser die Adresse als eigene Spenderadresse in seinen Datenbestand aufnehmen. Da sich auf diese Weise zu keinem Zeitpunkt der Adressenbestand im Besitz oder Verfügungsbereich des Fundraisers befindet, er eine Adresse vielmehr ausschließlich auf die eigene Initiative eines angeschriebenen Betroffenen hin erhält, findet datenschutzrechtlich keine Übermittlung von personenbezogenen Daten an ihn statt, sodass die Versendung von eigener Spendenwerbung beispielsweise an Spendende anderer Unternehmen möglich wird. Auch hier müssen jedoch die schutzwürdigen Interessen der Betroffenen bedacht werden. Eine Versendung an eine Liste von Spendern von Organisationen, die auf die Gesundheitsverhältnisse oder religiöse bzw. politische Anschauungen o. Ä. des Spenders schließen lassen (vgl. 7.6.1.4), ist auch auf diese Weise ohne Einwilligung der Betroffenen nicht zulässig, denn es muss von einem entgegenstehenden schutzwürdigen Interesse der Adressaten ausgegangen werden.

Im Vertrag zwischen dem Mieter und dem Listbroker wird üblicherweise vereinbart, dass die Adressen nur zur Adressierung einer bestimmten und vorher gegenüber dem Listbroker bekannt gegebenen und genehmigten Werbesendung genutzt werden. Meist enthalten die Verträge mit den Listbrokern Vertragsstrafenandrohungen für den Fall von Verstößen der Mieter gegen diese vertraglich vereinbarten Verpflichtungen.[12] Diese Vertragsstrafen liegen normalerweise im Rahmen des zehn- bis 20-fachen Rechnungsbetrags der Adressen und werden gemäß den meisten Vertragsklauseln bereits fällig, sobald der Nachweis für einen Verstoß durch die Vorlage einer einzelnen Kontrolladresse aus dem fraglichen Bestand erbracht wird.[13] Dem Mieter obliegt dann der Gegenbeweis, dass er die Kontrolladresse ordnungsgemäß (gegebenenfalls aus einem anderen Adressbestand) angemietet hat, um der Pflicht zur Zahlung der Vertragsstrafe zu entgehen.[14]

# 7.6.3 Datenschutzrechtliche Anforderungen an den Fundraiser

## 7.6.3.1 Technische und organisatorische Maßnahmen

Öffentliche und nichtöffentliche Stellen, die personenbezogene Daten verarbeiten, sind dazu verpflichtet, die technischen und organisatorischen Maßnahmen zu treffen, die erforderlich sind, um die Ausführung der Vorschriften des BDSG zu gewährleisten (§ 9 Satz 1 BDSG), wobei nur solche Maßnahmen als erforderlich angesehen werden, bei denen der Aufwand in einem angemessenen Verhältnis zu dem angestrebten Schutzzweck steht. Insbesondere müssen die gespeicherten Daten gegen unbefugte Einsichtnahme und Verwendung gesichert werden.

Die Anlage zu § 9 BDSG nennt verschiedene Maßnahmen, die bei der Verarbeitung von personenbezogenen Daten zu treffen sind. Diese beziehen sich zum einen auf die Kontrolle des Zutritts, des Zugangs sowie des Zugriffs auf die Daten, also die Frage, wie die Daten gegen den physikalischen Zutritt zu den Datenverarbeitungsanlagen gesichert sind (Gestaltung der Räumlichkeiten, in denen die Daten verarbeitet werden), wie eine unbefugte Nutzung der Datenverarbeitungssysteme verhindert wird (z. B. durch den Einsatz von Verschlüsselungssystemen und spezieller Sicherheitssoftware) und wie die Daten gegen unbefugtes Lesen, Kopieren, Verändern oder Entfernen geschützt werden (durch die Vergabe von Zugriffsberechtigungen, Protokollierung der Zugriffe usw.).

Darüber hinaus muss eine Weitergabekontrolle bestehen, die sicherstellt, dass die Datenübermittlung überprüfbar und nachvollziehbar ist und der Zugriff Unbefugter auf dem Transportweg verhindert wird. Maßnahmen für eine Eingabekontrolle sollen sicherstellen, dass überprüfbar ist, wer wann aus welchem Grund personenbezogene Daten eingegeben, verändert oder entfernt hat, während Maßnahmen der Verfügbarkeitskontrolle mit dem Ziel getroffen werden müssen, die Verfügbarkeit von personenbezogenen Daten zu gewährleisten (Maßnahmen zum Schutz vor zufälliger Zerstörung durch Stromausfälle, Wassereinbrüche, Blitzschläge usw.). Schließlich muss auch sichergestellt werden, dass Daten, die zu unterschiedlichen Zwecken erhoben wurden, getrennt verarbeitet werden (Gewährleistung der Zweckbindung, etwa durch Speicherung in physikalisch getrennten Datenbanken, unterschiedliche Verschlüsselung von Datensätzen usw.).

## 7.6.3.2 Bestellung eines Datenschutzbeauftragten

Wenn mehr als vier Mitarbeiter mit der automatisierten Erhebung, Verarbeitung oder Nutzung personenbezogener Daten beschäftigt sind oder wenn personenbezogene Daten auf andere Weise erhoben, verarbeitet oder genutzt werden und damit in der Regel mindestens zwanzig Personen beschäftigt sind, hat die nichtöffentliche Stelle einen Datenschutzbeauftragten zu bestellen (§ 4f Abs. 1 BDSG). Zum Datenschutzbeauftragten darf nur bestellt werden, wer die zur Erfüllung seiner Aufgaben erforderliche Fachkunde und Zuverlässigkeit besitzt (§ 4f Abs. 2 Satz 1 BDSG). Zur Vermeidung eines Interessenkonflikts dürfen die Aufgaben des Beauftragten für den Datenschutz nicht von einem Mitglied der Geschäftsleitung wahrgenommen werden, da diese Personen sich nicht selbst wirksam überwachen können. Mit dieser Aufgabe kann auch eine Person außerhalb der verantwortlichen Stelle betraut werden.

Der Datenschutzbeauftragte ist in Ausübung seiner Fachkunde weisungsfrei und darf wegen der Erfüllung seiner Aufgaben nicht benachteiligt werden (§ 4f Abs. 3 BDSG). Er unterliegt einem besonderen Kündigungsschutz und kann hinsichtlich seiner Funktion als betrieblicher Datenschutzbeauftragter nur in entsprechender Anwendung von § 626 BGB oder auf Verlangen der Aufsichtsbehörde abberufen werden (§ 4f Abs. 3 Satz 4 BDSG).

## 7.6.3.3 Wahrung des Datengeheimnisses

Alle Mitarbeitenden eines Unternehmens, die mit der Verarbeitung von personenbezogenen Daten befasst sind, sind bei der Aufnahme ihrer Tätigkeit auf das Datengeheimnis zu verpflichten (§ 5 Satz 2 BDSG). Das bedeutet, dass sie sich dazu verpflichten müssen, die ihnen überlassenen Daten nur für die Zwecke zu verarbeiten und zu nutzen, zu denen sie erhoben bzw. gespeichert wurden. Jede andere Nutzung von Spenderdaten als zu Zwecken der Spendenorganisation stellt somit eine unbefugte Nutzung dieser Daten dar. Das Datengeheimnis besteht auch nach Beendigung ihrer Tätigkeit fort.

## 7.6.3.4 Wahrung der Rechte der Betroffenen

Verarbeitet und nutzt ein Unternehmen personenbezogene Daten, so hat es dabei verschiedene Rechte der von dieser Datenverarbeitung betroffenen Personen zu beachten. So muss der Betroffene darüber informiert werden, wer die für die Datenverarbeitung verantwortliche Stelle ist (Name und Anschrift), zu welchen Zwecken die Daten gespeichert werden und an welche Kategorien von Empfängern diese Daten gegebenenfalls weitergegeben werden (§ 4 Abs. 3 BDSG). Den Betroffenen steht laut BDSG darüber hinaus das Recht zu, von der datenverarbeitenden Stelle auf Verlangen Auskunft darüber zu erhalten, welche Daten zu seiner Person gespeichert werden, woher diese stammen, zu welchen Zwecken diese gespeichert werden und an welche Kategorien von Empfängern diese gegebenenfalls weitergegeben werden (§ 34 BDSG). Die für die Datenverarbeitung verantwortliche Stelle muss dementsprechend dafür Sorge tragen, dass ein Betroffener schnell und unproblematisch die oben genannten Auskünfte erhalten kann, und zwar grundsätzlich unentgeltlich und in der Regel schriftlich.

Daneben hat der/die Betroffene ein Recht auf Berichtigung seiner/ihrer Daten, soweit diese unrichtig sind (§ 35 Abs. 1 BDSG), sowie in bestimmten Fällen auf Löschung bzw. Sperrung von Daten, soweit einer der gesetzlich genannten Gründe hierfür vorliegt (§ 35 Abs. 2 BDSG).

## Anmerkungen

1   Vgl. hierzu Rossnagel, Alexander: Einleitung, in: ders. (Hrsg.): Handbuch Datenschutzrecht, München 2003, Rn. 18 ff.

2   BVerfGE 65, 1 ff.

3   Richtlinie 95/46/EG des Europäischen Parlaments und des Rates vom 24. Oktober 1995 zum Schutz natürlicher Personen bei der Verarbeitung personenbezogener Daten und zum freien Datenverkehr.

4   BGBl. I 2003 Nr. 3 vom 24.01.2003, S. 66, zuletzt geändert durch Gesetz vom 5. September 2005, BGBl. I 2005, S. 2722.

5   Aufzählung der so genannten besonderen Arten von personenbezogenen Daten gemäß § 3 Abs. 9 BDSG.

6   www.datenschutz-kirche.de/download/FundrO.pdf.

7   Vgl. www.datenschutz-kirche.de/meldung02.html.

8   Gola, Peter/Schomerus, Rudolf: BDSG Kommentar, München 2002, § 1, Rn. 21.

9   Simitis, Spiros: § 28 BDSG, in: ders.: Kommentar zum Bundesdatenschutzgesetz, München 2003, Rn. 239.

10  Gola/Schomerus, § 28, Rn. 62.

11  Vgl. dazu auch Wuermeling, Ulrich: Die Rahmenbedingungen des Adresseinsatzes, in: Dallmer, Heinz (Hrsg.): Das Handbuch Direct Marketing & More, Wiesbaden 2002, S. 127–145, 131.

12  Im Ergebnis auch OLG Frankfurt, Betriebsberater 1985, S. 1560 f.

13  Eine Vertragsstrafe in Höhe des 20-fachen Mietpreises wurde jedoch vom OLG München für unwirksam gehalten (Betriebsberater 1993, S. 1687).

14  Vgl. dazu auch Wuermeling, in: Dallmer, S. 141.

## Weiterführende Literatur

Gola, Peter/Schomerus, Rudolf: BDSG: Bundesdatenschutzgesetz. Kommentar, 8. überarbeitete und ergänzte Auflage, München 2005.

Rossnagel, Alexander (Hrsg.): Handbuch Datenschutzrecht, München 2003.

Dallmer, Heinz (Hrsg.): Das Handbuch Direct Marketing & More, 8. Auflage, Wiesbaden 2002.

# 7.7 Sammlungsrecht, Lotterierecht

*Anette Brücher-Herpel*

## 7.7.1 Sammlungsrecht

Für viele gemeinnützige Organisationen stellen Sammlungen nach wie vor einen zentralen Bestandteil ihres Fundraising-Mix dar. Hierzu zählen beispielsweise das Müttergenesungswerk (seit 1950 jährlich bundesweite Sammlungen zum Muttertag), der Volksbund Deutsche Kriegsgräberfürsorge (Sammlungen anlässlich des Totensonntags) oder das Kindermissionswerk „Die Sternsinger" (Sammlungen jeweils zu Jahresbeginn).

Sammlungsrechtlich sind diese Sammlungen, bei denen ein unmittelbares Einwirken auf den potenziellen Spender erfolgt, zu unterscheiden von Aktivitäten, bei denen im Rahmen von Sammlungen ein unmittelbares Einwirken unterbleibt, wie z. B. bei der Aufstellung von Spendendosen in Geschäften oder anderen öffentlich zugänglichen Orten (z. B. durch die Deutsche Gesellschaft zur Rettung Schiffbrüchiger). Während die erstgenannten Sammlungen regelmäßig erlaubnispflichtig sind, sind Sammlungen, bei denen die Einwirkung auf den Adressaten fehlt, regelmäßig erlaubnisfrei.

Das Sammlungsrecht in Deutschland unterliegt der Zuständigkeit der Länder. Es soll einen Ordnungsrahmen für das Sammeln von Geld- und Sachspenden durch gemeinwohlorientierte Organisationen und Personen in der Öffentlichkeit bilden und dient dazu, die öffentliche Sicherheit und Ordnung bei Veranstaltung erlaubnisfreier Sammlungen aufrechtzuerhalten und damit zugleich das Vertrauen der Bevölkerung in deren ordnungsgemäße Durchführung zu schützen.

Im Zuge von Deregulierungen haben zwischenzeitlich die Länder Sachsen-Anhalt (1997), Nordrhein-Westfalen (1998), Berlin (2004), Bremen (2005), Hamburg (2005), Brandenburg (2006) und Niedersachsen (2007) ihre Sammlungsgesetze aufgehoben. Der Bayerische Landtag hat am 27. November 2007 die Aufhebung des Sammlungsgesetzes zum 1. Januar 2008 beschlossen. In Schleswig-Holstein bestehen Bestrebungen, das dortige Landesgesetz zum 1. Januar 2009 aufzuheben. In diesen Ländern wird – nach Wegfall der dortigen Sammlungsgesetze – die Veranstaltung von Sammlungen durch das Polizei- und Ordnungsrecht, das Zivil- und Strafrecht sowie das Jugendschutzrecht eingegrenzt. Der damit verbundene Verzicht auf eine Erlaubnis und etwaige Abrechnungen im Rahmen der Durchführung von Sammlungen schafft für die sammelnden Organisationen zusätzliche Freiheiten und Erleichterungen.

## 7.7.1.1 Begriffsklärung und allgemeine rechtliche Rahmenbedingungen für Sammlungen

Die verbliebenen Sammlungsgesetze der Bundesländer unterstellen *Haus- und Straßensammlungen* von Geldspenden, Sachspenden oder geldwerten Leistungen einer Erlaubnispflicht, soweit die Sammlungen unter unmittelbarer Einwirkung von Person zu Person erfolgen.[1] Der Begriff der *Haussammlung* bezieht sich auf Sammlungen von Haus zu Haus, insbesondere unter Verwendung von Sammellisten. Eine Haussammlung liegt dagegen nicht vor, wenn in einem geschlossenen Raum einer öffentlichen Versammlung um Spenden geworben wird. Für die Durchführung von Haussammlungen wird regelmäßig die Verwendung laufend nummerierter Sammellisten verlangt. Diese müssen auf der ersten Seite den Namen des Veranstalters, die Sammlungszeit und den Sammlungszweck enthalten. Die Folgeseiten müssen Spalten für Name und Wohnung, den Spendenbetrag und die eigenhändige Unterschrift des Spenders enthalten.

Der Begriff der *Straßensammlung* erfasst Sammlungen unter unmittelbarer Einwirkung von Person zu Person auf Straßen oder Plätzen, in Gastwirtschaften, Schankwirtschaften oder in anderen jedermann zugänglichen Räumen.[2] Die Straßensammlung hat unter Verwendung verschlossener Sammelbüchsen zu erfolgen, auf denen der Name des Veranstalters der Sammlung deutlich sichtbar ist. Die Sammelbüchsen und entsprechenden Listen sind der Erlaubnisbehörde vor und nach Durchführung der Sammlung einzureichen. Von Bundesland zu Bundesland differieren die jeweiligen Anforderungen der Sammlungsbehörden für die Durchführung von Straßensammlungen. Durch einzelne Sammlungsbehörden werden die Sammelbüchsen vor Beginn der Sammlung verplombt. Die Büchsen sind regelmäßig fortlaufend nummeriert in einer entsprechenden Liste durch den Veranstalter einzutragen. Nach Abschluss der Sammlung dürfen die Sammelbehälter regelmäßig nur in Anwesenheit mehrerer Vereins- bzw. Organisationsmitglieder geöffnet werden, der Sammlungsertrag ist zu protokollieren. Als Nachweis über den Sammlungserlös genügt beispielsweise das entsprechende Protokoll und ein Bankbeleg über den entsprechenden Geldeingang auf dem Vereins-/Organisationskonto.

Auch der *Vertrieb von Waren* bzw. das *Andienen von Dienstleistungen in Form von Haus- oder Straßensammlungen* ist regelmäßig erlaubnispflichtig, soweit dies unter ausdrücklichem Hinweis auf die Verwendung des Erlöses sowie auf die Gemeinnützigkeit des Veranstalters erfolgt oder in sonstiger Weise beim Käufer der Eindruck erweckt werden kann, dass er durch den Erwerb der Ware gemeinnützige oder mildtätige Zwecke fördert. Dies gilt nicht für den Vertrieb von Blindenwaren und Zusatzwaren nach dem Blindenwarenvertriebsgesetz.[3]

Erlaubnisfrei sind (Haus-)Sammlungen, die *Vereinigungen unter ihren Mitgliedern oder Angehörigen* oder ein Sammlungsveranstalter innerhalb eines mit ihm durch persönliche Beziehungen verbundenen Personenkreises durchführt.[4] Dies gilt in gleicher Weise für Sammlungen, die in räumlichem und zeitlichem Zusammenhang mit einer Versammlung oder einer sonstigen Veranstaltung in geschlossenen Räumen oder abgegrenzten

Grundflächen unter den Teilnehmern der Veranstaltung durchgeführt werden.[5] Erlaubnisfrei ist auch die *persönliche Mitgliederwerbung*.[6]

In einzelnen Bundesländern besteht eine Anzeigepflicht gegenüber der Erlaubnisbehörde auch für *Sammlungen durch Spendenbriefe* vor Beginn der Sammlung. Dies gilt nicht, wenn der Veranstalter in einem anderen Bundesland bereits der dortigen Anzeigepflicht nachgekommen ist oder eine entsprechende Erlaubnis erhalten hat.[7] In der Mehrzahl der Bundesländer sind Sammlungen durch Spendenbriefe erlaubnis- und anzeigefrei.

Das *Sammeln durch öffentlichen Aufruf*, z. B. in Presseorganen, Postwurfsendungen, Plakaten, Funk, Fernsehen, Internet, oder für Kleidersammlungen ist – mit wenigen Ausnahmen – erlaubnisfrei, unterliegt jedoch einer Überwachung durch die Sammlungsbehörden.[8]

Verantwortlich für die Durchführung von Sammlungen ist der *Veranstalter*, d. h. derjenige, der um Spenden bittet oder durch seine Beauftragten darum bitten lässt.[9] Der Begriff erfasst auch Unternehmen, die Sammlungen im Auftrag der Organisation durchführen.[10]

Die *Sammlungserlaubnis* ist bei der jeweils für das Sammlungsgebiet zuständigen Behörde (Regierungspräsidium, Kreisverwaltung, Gemeinde) zu beantragen und bezieht sich auf einen bestimmten Sammlungszeitraum, das Sammlungsgebiet, die Art und Weise der Sammlung sowie den Sammlungszweck.[11] Die Erlaubnis kann unter Auflagen erteilt werden, die z. B. dem Schutz des Spenders vor unlauteren Sammlungsformen dienen können.[12] Bei Antragstellung sind regelmäßig folgende Angaben erforderlich: Veranstalter der Sammlung, Sammlungszweck, Sammlungszeitraum, Sammlungsgebiet, Art der Sammlung (Haus-, Straßensammlung, Warenvertrieb usw.) und voraussichtliche Kosten der Sammlung. Werden Dritte mit der Durchführung der Sammlung beauftragt, so sind auch diese zu benennen.[13] Die Sammlungsbehörden erstellen regelmäßig bereits im Vorjahr den jeweiligen Sammlungsplan für ein bestimmtes Gebiet. Vor diesem Hintergrund empfiehlt es sich, die Erlaubnis rechtzeitig vor Durchführung der Sammlung zu beantragen.

Die Kosten der Sammlung (Werbe- und Verwaltungskosten) dürfen nicht außer Verhältnis zum *Sammlungsertrag* stehen, d. h., es muss ein angemessener Betrag für den verfolgten gemeinnützigen Zweck verbleiben. Zum Sammlungsertrag zählen Geld- und Sachspenden sowie geldwerte Leistungen, die aus Sicht des Spenders für gemeinnützige Zwecke verwendet werden sollen. Neben direkten Spenden können hierunter auch Erträge fallen, die gemeinnützigen Organisationen z. B. durch den Verkauf von gesammelten Altkleidern zufließen. Bei Sammlungen zum Vertrieb von Waren bzw. dem Andienen von Dienstleistungen muss regelmäßig mindestens ein Viertel des Verkaufspreises für gemeinnützige Zwecke verbleiben.[14] Der Sammlungsertrag darf nur mit Genehmigung der Sammlungsbehörde für einen anderen als den im Antrag bezeichneten Sammlungszweck verwendet werden.[15]

Es besteht regelmäßig ein Anspruch auf die Veranstaltung einer Sammlung, wenn keine Gefahr für die öffentliche Sicherheit und Ordnung gegeben und die ordnungsgemäße Durchführung und zweckentsprechende Verwendung des Sammlungsertrags gewährleistet ist und kein Missverhältnis zwischen Kosten und Reinertrag der Sammlung besteht.[16] Die Sammlungserlaubnis kann versagt werden, wenn eine Häufung von Sammlungen in einem Gebiet zu einer Belästigung der Öffentlichkeit führen könnte.[17]

Kinder unter 14 Jahren dürfen zum Sammeln grundsätzlich nicht herangezogen werden, Jugendliche vom 14. bis zum 18. Lebensjahr nur unter bestimmten Einschränkungen hinsichtlich der Tages- bzw. Jahreszeit bzw. der Anzahl der Sammelnden. Einzelne Sammlungsgesetze sehen für den Einsatz Minderjähriger Ausnahmegenehmigungen vor.[18]

Besonderheiten gelten für *Sammlungen von Kirchen und Religions- und Weltanschauungsgemeinschaften,* deren Sammlungen – mit einzelnen Ausnahmen – grundsätzlich nicht unter die Sammlungsgesetze fallen, soweit es sich um Körperschaften öffentlichen Rechts handelt und die Sammlungen auf den Gemeinschaftsgrundstücken, in Kirchen oder sonstigen (dem Gottesdienst oder der Pflege der Weltanschauung dienenden) Räumen, in örtlichem Zusammenhang mit kirchlichen, anderen religiösen oder der Pflege der Weltanschauung dienenden Veranstaltungen oder in Form von (Haus-)Sammlungen unter den Angehörigen veranstaltet werden.[19]

Ordnungsrechtlich ist das *Gebot der Transparenz* zu beachten. So sind z. B. karitative Kleidersammlungen mittels öffentlichem Aufruf wie oben erwähnt bzw. Schuh- bzw. Kleidercontainer sammlungsrechtlich regelmäßig genehmigungs- bzw. anzeigefrei. Bei Durchführung der Sammlung muss jedoch auf den Namen des durchführenden Unternehmens bzw. den Namen des Vereins (z. B. Handzettel oder Containeraufdruck) und auf die Art der Durchführung ausdrücklich hingewiesen und die Verwendung der Spende klar beschrieben werden. Der Spender muss klar erkennen können, wer die Sammlung durchführt und was der werbenden Organisation zugute kommt. Hinsichtlich des Werbe- und Informationsmaterials für Sammlungen ist darauf zu achten, dass potenzielle Spender bereits durch flüchtiges, oberflächliches Hinschauen erkennen können, wofür gespendet werden soll. Irreführende oder unwahre Werbeaussagen sind mit dem Sammlungsgesetz nicht vereinbar.[20]

Verstöße gegen die bestehenden Sammlungsgesetze können als Ordnungswidrigkeiten mit Geldbußen bis zu 5.000 Euro geahndet werden. Darüber hinaus kann der Sammlungsertrag einer nicht erlaubten Sammlung eingezogen werden.

## 7.7.1.2 Landesrechtliche Besonderheiten

*Mecklenburg-Vorpommern:*[21] Über die oben genannten Voraussetzungen für die Erteilung einer Sammlungserlaubnis hinaus hat der Veranstalter für sämtliche erlaubnispflichtigen Sammlungen generell zu gewährleisten, dass ein Viertel des Entgelts für gemeinnützige oder mildtätige Zwecke verbleibt.[22]

*Rheinland-Pfalz:* Über die grundsätzliche Erlaubnispflicht von Haus- und Straßensammlungen sowie den Warenvertrieb hinaus erfasst das Sammlungsgesetz auch den Verkauf von Eintrittskarten für öffentliche künstlerische Veranstaltungen, die mit dem Hinweis auf die Mitwirkung blinder Künstler durchgeführt werden.[23] Für den entsprechenden

Waren- bzw. Eintrittskartenvertrieb ist Voraussetzung der Erlaubniserteilung, dass mindestens ein Viertel des Verkaufspreises für gemeinnützige oder mildtätige Zwecke verbleibt.[24]

*Schleswig-Holstein:* Neben den Straßen- und Haussammlungen unterstellt das Schleswig-Holsteinische Sammlungsgesetz[25] auch Sammlungen von Altmaterialien durch öffentliche Aufrufe (Altmaterialiensammlungen) dem Sammlungsgesetz und der Erlaubnispflicht, wenn dabei durch einen ausdrücklichen Hinweis auf die Verwendung des Sammlungsgutes oder des Erlöses oder auf die Gemeinnützigkeit des Veranstalters oder in sonstiger Weise beim Spender der Eindruck erweckt werden kann, dass er durch die Hergabe des Altmaterials gemeinnützige oder mildtätige Zwecke fördert.[26] Auch bei Altmaterialsammlungen hat der Veranstalter der Sammlung zu gewährleisten, dass mindestens ein Drittel des Sammlungsertrags für gemeinnützige oder mildtätige Zwecke verbleibt.

*Hessen:* In Hessen erfasst die Erlaubnispflicht über die oben genannten Grundsätze hinaus auch den Verkauf von Eintrittskarten für öffentliche Konzerte, die unter dem Hinweis auf die Mitwirkung blinder Künstler veranstaltet werden.[27] Das Hessische Sammlungsgesetz erstreckt die Erlaubnisfreiheit für Sammlungen von Kirchen, Religions- und Weltanschauungsgemeinschaften auch auf politische Parteien.

*Sachsen:* Das Sächsische Sammlungsgesetz unterwirft auch Altmaterialsammlungen durch öffentliche Aufrufe der Erlaubnispflicht, wenn zur Förderung gemeinnütziger oder mildtätiger Zwecke aufgerufen wird bzw. beim Spender durch Hinweise auf die Gemeinnützigkeit des Veranstalters, auf die Verwendung des Verkaufserlöses für dessen satzungsgemäße Arbeit oder in sonstiger Weise der Eindruck erweckt werden kann, er fördere durch die Hergabe des Altmaterials gemeinnützige oder mildtätige Zwecke. Die Erlaubnisfreiheit gilt demgegenüber auch für Sammlungen unter den Angehörigen eines Betriebs oder einer Behörde in geschlossenen Räumen oder auf abgegrenzten Grundstücken unter den Teilnehmern (§ 1 Abs. 3 SächsSammlG).

*Saarland:* Über die allgemeinen Sammlungsgrundsätze hinaus ist im Saarland auch der Verkauf von Eintrittskarten für öffentliche Konzerte unter Hinweis auf die Mitwirkung blinder Künstler erlaubnispflichtig. Dies gilt auch für das Sammeln von Altmaterialien, wenn dabei durch ausdrücklichen Hinweis auf die Verwendung des Sammlungsgutes oder auf die Gemeinnützigkeit des Veranstalters oder in sonstiger Weise beim Spender der Eindruck erweckt werden kann, dass er gemeinnützige oder mildtätige Zwecke fördert (§ 1 Abs. 2 SaarlSammlG).

*Thüringen:* Das Thüringer Sammlungsgesetz[28] unterstellt neben den Haus- und Straßensammlungen auch den Verkauf von Eintrittskarten für öffentliche künstlerische Veranstaltungen und Konzerte unter Hinweis auf die Mitwirkung blinder Künstler der Erlaubnispflicht (§ 1 Abs. 2 ThürSammlG). Die Erlaubnis wird höchstens für einen Monat erteilt. Für Sammlungen in Form des Vertriebs von Waren oder Dienstleistungen kann die Sammlungserlaubnis auch für einen längeren Zeitraum erteilt werden.

# 7.7.2 Lotterierecht

Viele gemeinnützige Organisationen veranstalten im Rahmen von Veranstaltungen Verlosungen oder Tombolas. Derartige Lotterien sind als Glücksspiele erlaubnispflichtig und unterliegen der Lotteriesteuer, wenn sie öffentlich erfolgen und ein Entgelt für die Teilnahme (Lospreis usw.) erhoben wird.

Lotterierecht unterliegt als Sondermaterie des Polizei- und Ordnungsrechts der Länderzuständigkeit. Mit Inkrafttreten des Glücksspielstaatsvertrages zum 1. Januar 2008 haben sich die Länder auf einheitliche Grundlagen für das Lotteriewesen verständigt, die durch entsprechende Ausführungsbestimmungen der Länder ratifiziert werden. Sämtliche öffentlich veranstalteten Glücksspiele unterliegen einem repressiven – durch die §§ 284 bis 287 StGB strafbewehrten – Verbot mit Erlaubnisvorbehalt. Gemäß § 287 Abs. 1 StGB bedarf jede Veranstaltung einer öffentlichen Lotterie oder Ausspielung der behördlichen Erlaubnis. Der Gesetzgeber will mit dieser Regelung einer übermäßigen Anregung der Nachfrage nach Glücksspielen entgegenwirken, durch staatliche Kontrolle einen ordnungsgemäßen Spielablauf gewährleisten und die Ausnutzung des natürlichen Spieltriebs zu Gewinnzwecken verhindern.[29] Diesen Zielen dient auch der zum 1. Januar 2008 in Kraft getretene Glücksspielstaatsvertrag, mit dem das Glücksspielrecht – und damit auch das Lotterierecht – zugleich reformiert und vereinheitlicht wurde. Die Genehmigungserfordernisse öffentlicher Lotterien und Ausspielungen ergeben sich aus dem jeweiligen Landesrecht und den Ausführungsgesetzen zum Glücksspielstaatsvertrag.

Ein *Glücksspiel* liegt vor, wenn im Rahmen eines Spiels für den Erwerb einer Gewinnchance ein Entgelt verlangt wird und die Entscheidung über den Gewinn ganz oder überwiegend vom Zufall abhängt. Um ein Glücksspiel in diesem Sinne handelt es sich jedoch nur, wenn es bei dem vereinbarten Gewinn um einen nicht ganz unbedeutenden Vermögenswert geht.[30]

Eine besondere Art des Glücksspiels ist die Lotterie. Unter einer *Lotterie* versteht man eine Veranstaltung, bei der einer Mehrzahl von Personen die Möglichkeit eröffnet wird, nach einem bestimmten Plan gegen ein bestimmtes Entgelt die Chance auf einen Geldgewinn zu erlangen. Wesentlich ist hiernach, dass der Spieler, um an einer Gewinnchance teilzuhaben, durch seinen Einsatz ein Vermögensopfer erbringt. Zu berücksichtigen ist, dass auch ein indirekter Einsatz die Genehmigungspflichtigkeit auslösen kann. Dies ist der Fall, wenn ein Los nur an diejenigen abgegeben wird, die Waren oder Eintrittskarten erworben haben, da davon ausgegangen wird, dass der Preis des Loses im Kaufpreis enthalten ist.[31] Eine genehmigungspflichtige Lotterie kann auch vorliegen, wenn die Teilnahme an einem Gewinnspiel nur über eine kostenpflichtige Mehrwertdienstnummer (z. B. 0900er-Telefonnummer) möglich ist.

Unter einer *Ausspielung* werden Gewinnspiele mit Sachvorteilen oder anderen geldwerten Vorteilen verstanden. Maßgeblich ist, dass die Gewinne nicht in Geld, sondern in Sachen oder geldwerten Leistungen (z. B. Reisen) bestehen. Typische Form der Ausspielung ist die Veranstaltung einer Tombola.

*Genehmigungsfrei* sind Lotterien und Ausspielungen, wenn die Lose kostenfrei und ohne Bindung ausgegeben werden. Dies gilt in gleicher Weise für nichtöffentliche Veranstaltungen. Anders ist dies nur, wenn der Zweck einer geschlossenen Gesellschaft gerade in der Durchführung der betreffenden Glücksspiele besteht, d. h., das gemeinsame Interesse der Gesellschaft auf die Teilnahme an diesen Spielen gerichtet ist und die Tombola nicht nur einen Nebenaspekt darstellt.

*Öffentlich* ist eine Lotterie oder Ausspielung, wenn sie einem unbestimmten Personenkreis zur Teilnahme offensteht. Abgrenzungsmerkmal zur nichtöffentlichen Veranstaltung ist die persönliche Beziehung. Dementsprechend sind Veranstaltungen in einem Privatzirkel nicht öffentlich und nicht genehmigungspflichtig (z. B. innerhalb eines festen Personenkreises, dessen Mitglieder durch Beruf, persönliche Bekanntschaft, gemeinsame Interessen oder in ähnlicher Weise innerlich miteinander verbunden sind).[32]

Die Veranstaltung darf regelmäßig nur genehmigt werden, wenn ein *hinreichendes öffentliches Bedürfnis* besteht. Ein solches kann nur dann bejaht werden, wenn das bereits vorhandene Angebot an genehmigten (staatlichen) Lotterien/Ausspielungen nicht ausreicht, um den in der Bevölkerung vorhandenen Glücksspieltrieb zu befriedigen.

Für jede Lotterie ist ein verbindlicher *Gewinn- oder Spielplan* aufzustellen, in dem die Anzahl und die Höhe der Gewinne sowie die Verteilung an die Mitspieler aufzulisten sind. Der Gewinnplan unterliegt dem Zustimmungserfordernis der zuständigen Genehmigungsbehörde.

Über die *Erteilung der Erlaubnis* zur Lotterie/Ausspielung entscheidet die zuständige Genehmigungsbehörde. Die Erteilung der Erlaubnis liegt im Ermessen der Behörden. Sie darf nur erteilt werden, wenn mit der Lotterie/Ausspielung keine wirtschaftlichen Zwecke verfolgt werden, die über den mit dem Hinweis auf die Bereitstellung von Gewinnen verbundenen Werbeeffekt hinausgehen. Darüber hinaus ist zu gewährleisten, dass durch die Veranstaltung oder Verwirklichung des Veranstaltungszwecks der Lotterie/Ausspielung oder die Verwendung des Reinertrags die öffentliche Sicherheit oder Ordnung nicht gefährdet werden. Der Reinertrag bezeichnet die Einnahmen, die aus dem Losverkauf erzielt werden, abzüglich der unmittelbar der Lotterie/Ausspielung zurechenbaren Kosten (Druckkosten, Notarkosten, Losverkäufer usw.) sowie der Steuern.

Die Erlaubnis zur Lotterie/Ausspielung wird regelmäßig für das Gebiet des jeweiligen Bundeslandes bzw. ein Teilgebiet erteilt.

Die Veranstaltung von Lotterien ist solchen (juristischen) Personen vorbehalten, die im Wesentlichen aus Gründen der Gemeinnützigkeit von der Körperschaftsteuer gemäß § 5 Abs. 1 Nr. 9 KStG befreit und als zuverlässig anzusehen sind, d. h. genügend Gewähr für die ordnungsgemäße Durchführung der Lotterie/Ausspielung sowie für die zweckentsprechende Verwendung ihres Ertrags bieten. Für den Reinertrag und die Gewinnsumme sollen mindestens 30 Prozent vorgesehen sein. Auch darf kein Grund zu der Annahme bestehen, dass diese Quote nicht erreicht wird.

*Rein- oder Zweckertrag* ist der Betrag, der sich aus der Summe der Entgelte nach Abzug von Kosten, Gewinnsumme und Steuern ergibt. Der Reinertrag muss grundsätzlich entsprechend der Beantragung verwendet werden. *Gewinnlose und Nieten* sind fortlaufend zu nummerieren und unter notarieller Aufsicht zu mischen, über die erfolgte Vermischung ist ein Protokoll zu erstellen. Der kleinste Gewinn muss der Höhe des Lospreises entsprechen. Form, Ausdruck und Verschluss der Lose unterliegen der Zustimmungspflicht der Genehmigungsbehörde. Die *Lose* sind unter notarieller Aufsicht zu vermischen, über die erfolgte Vermischung ist ein Protokoll zu erstellen und der Behörde einzureichen. Das Protokoll muss Auskunft über die Gesamtzahl der Lose, Nieten und Gewinnlose geben. Nach Beendigung der Lotterie/Ausspielung ist der Genehmigungsbehörde eine Abrechnung über die Lotterie und die Verwendung des Zweckertrags einzureichen.

Gemäß § 64 AO begründet die Durchführung einer Tombola oder Lotterie regelmäßig einen steuerpflichtigen *wirtschaftlichen Geschäftsbetrieb* für die gemeinnützige Organisation. Nur in Ausnahmefällen können derartige Ausspielungen als steuerfreie *Zweckbetriebe* eingeordnet werden. Genehmigte Lotterien können nach § 68 Nr. 6 AO als Zweckbetriebe anerkannt werden, wenn der Reinertrag unmittelbar und ausschließlich zur Förderung mildtätiger, kirchlicher oder gemeinnütziger Zwecke verwendet wird. Eine Lotterie/Ausspielung kann von der Finanzverwaltung nur dann als Zweckbetrieb behandelt werden, wenn die Genehmigung der zuständigen Erlaubnisbehörde zur Lotterie/Ausspielung vorliegt. In allen anderen Fällen liegt immer ein steuerpflichtiger wirtschaftlicher Geschäftsbetrieb nach § 64 AO vor. Steuerschuldner ist der Veranstalter, der die Steuer vor Beginn des Losabsatzes zu entrichten hat. Nach § 18 Rennwett- und Lotteriegesetz (RennwLottG) sind von der zuständigen Behörde genehmigte Lotterien und Ausspielungen mit einem Gesamtumsatz bis zu 40.000 Euro steuerbefreit, wenn diese ausschließlich gemeinnützigen, kirchlichen oder mildtätigen Zwecken dienen und mindestens zu 25 Prozent des Gesamtpreises für die begünstigten Zwecke verwendet werden.[33]

## Anmerkungen

1   § 1 Abs. 1 SammlG M-V, § 1 Rh.Pf. SammlG.

2   § 1 Abs. 1 Ziff. 1 SammlG M-V.

3   § 1 Abs. 2 Rh.Pf. SammlG, § 1 Abs. 2a SaarlSammlG (nur für Warenvertrieb), § 1 Abs. 3 Schl. Hol. SammlG, § 1 Abs. 1 u. 2 SächsSammlG (für Waren und Dienstleistungen).

4   § 1 Abs. 3 Ziff. 2 SammlG M-V, § 1 Abs. 3 Schl.Hol. SammlG.

5   § 1 Abs. 3 Ziff. 2 SammlG M-V, § 1 Abs. 3 Rh.Pf. SammlG, §1 Abs. 3 SächsSammlG, § 1 Abs. 3 SaarlSammlG, § 1 Abs. 3 ThürSammlG.

6   § 6 Abs. 1 SammlG M-V, § 9 SGBbg, § 9 Abs. 1 SächsSammlG.

7   § 9 Abs. 2 ThürSammlG, § 9 Abs. 2 Hess. SammlG, § 9 Abs. 2 SaarlSammlG.

8   § 6 Abs. 1 SammlG M-V, § 9 Abs. 1 Rh.Pf. SammlG, § 6 Schl.Hol. SammlG.

9   Vgl. OVG Koblenz, NVwZ-RR 2005, Heft 5, 351.

10  Vgl. OVG Rh.Pf. vom 13.9.2002, Az: 12A10648/02.

11  § 3 Abs. 1 SammlG M-V, § 3 Abs. 1 Hess. SammlG, § 3 Abs. 1 SaarlSammlG.

12  § 4 Abs. 2 SächsSammlG, § 3 Abs. 2 ThürSammlG, § 3 Abs. 2 SaarlSammlG.

13  § 2 Abs. 2 SächsSammlG.

14  § 2 Abs. 1 ThürSammlG, § 2 Abs. 1 Ziff. 3 SammlG M-V, § 2 Abs. 1 Ziff. 4 Rh.Pf. SammlG.

15  § 6 Abs. 2 Hess. SammlG, § 6 SächsSammlG, § 6 SaarlSammlG, § 6 Abs. 2 ThürSammlG.

16  § 2 Abs. 1 Ziff. 1 u. 2 SammlG M-V, § 2 Abs. 1 Rh.Pf. SammlG, § 2 Abs. 1 Schl.Hol SammlG.

17  § 2 Abs. 3 Rh.Pf. SammlG, § 2 Abs. 3 Schl.Hol. SammlG.

18  § 5 Abs. 2 SammlG M-V,  § 8 Abs. 2 Hess. SammlG (Ausnahmen möglich), § 5 Schl.Hol. SammlG (Sammlung bei über 14-J. zu zweit), § 13 ThürSammlG (gilt auch für Gliederungen der Gemeinschaften).

19  § 11 Abs. 1 SammlG M-V, § 12 Abs. 1 Rh.Pf. SammlG, § 9 Schl.Hol. SammlG, § 12 Ziff. 1 Saarl-SammlG (gilt ausdrücklich auch für Kirchenvorplätze).

20  Vgl. für Rh.Pf. OVG Rh.Pf. vom 10.12.1985, Az. 123 77/85.

21  Vgl. zum Ganzen: GVOBl. M-V S. 266, geändert durch: 1) Artikel 2 des Gesetzes vom 18.12.1997 (GVOBl. M-V 1998 S. 2), in Kraft seit 15.1.1998; 2) Artikel 14 des Gesetzes vom 22.11.2001 (GVOBl. M-V S. 438) in Kraft seit 1.1.2002.

22  § 2 Abs. 1 Ziff. 4 SammlG M-V.

23  § 1 Abs. 2 Rh.Pf. SammlG.

24  § 2 Abs. 1 Ziff. 4 Rh.Pf. SammlG.

25  Vgl. zum Ganzen: Schl.Hol. SammlG vom 10.10.1969, i. d. F. d. B. vom 31.12.1971, GVOBl. Schl.H. 1969 S. 276, geändert durch Gesetz vom 12.7.1972, GVOBl. S. 129, Art. 30 Gesetz zur Anpassung des schleswig-holsteinischen Landesrechts an das Zweite Gesetz zur Reform des Strafrechts und andere straf- und bußgeldrechtliche Vorschriften des Bundes vom 9.12.1974, GVOBl. S. 453, LVO zur Anpassung von Rechtsvorschriften an geänderte Zuständigkeiten der obersten Landesbehörden und geänderte Ressortbezeichnungen vom 24.10.1996, S. 652.

26  Vgl. § 1 Abs. 1 Ziff. 2 Schl.Hol. SammlG.

27  Vgl. Hess. SammlG vom 27. Mai 1969, Hess. GVBl. I S. 71.

28  Vgl. zum Ganzen: ThürSammlG vom 8.6.1995, GVBl. 1995, 197.

29  Vgl. BT-Drucks. 13/8587, S. 67.

30  Vgl. Reichsgericht 40,33, Dahs/Dierlamm GewArch 1996, 273.

31  Reichsgericht 60,127; Reichsgericht 65,195.

32 Buchna, Johannes: Gemeinnützigkeit im Steuerrecht. Die steuerlichen Begünstigungen für Vereine, Stiftungen und andere Körperschaften – steuerliche Spendenbehandlung, 8. Aufl., Achim 2003, S. 293.

33 BFH vom 7.7.1954, BstBl. 1954 III S. 244.

## Weiterführende Literatur: siehe Anmerkungen

# 7.8 Erbrecht

*Bernd Beder*

## 7.8.1 Grundsätze der gesetzlichen Erbfolge

Das Bürgerliche Gesetzbuch geht im Hinblick auf die gesetzliche Erbfolge von einem linearen Ordnungsprinzip aus, wobei die vorangehende Ordnung jeweils die nachfolgende Ordnung ausschließt. So erben – der Ehegatte bleibe zunächst außen vor – grundsätzlich die Abkömmlinge zu gleichen Teilen. Lebende Abkömmlinge schließen dabei ihre eigenen Nachkommen aus. Anstelle eines bereits verstorbenen Abkömmlings des Erblassers wiederum treten dessen Abkömmlinge. Diesen Grundsatz regelt § 1924 BGB. Es handelt sich dabei um die Erben erster Ordnung.

Erben zweiter Ordnung sind die Eltern des Erblassers und deren Abkömmlinge. Hierbei erben die Eltern zu gleichen Teilen. Stirbt ein Elternteil vor dem Tod des Abkömmlings, so erbt der überlebende Elternteil allein. Hat jedoch der Vorversterbende Abkömmlinge, so treten diese an Stelle des Verstorbenen. Leben auch die Eltern nicht mehr, so erben die Großeltern und deren Abkömmlinge (Erben dritter Ordnung). Folgerichtig handelt es sich dann bei den Urgroßeltern und deren Abkömmlingen um die Erben vierter Ordnung.

Grundsätzlich kann man also feststellen, dass die Erben erster Ordnung immer die Abkömmlinge bzw. deren Abkömmlinge, bezogen auf den Erblasser, sind. Die Erben zweiter, dritter und vierter Ordnung werden bestimmt durch Eltern und Geschwister sowie Großeltern und Urgroßeltern und deren jeweilige Abkömmlinge. Die Erben erster Ordnung verhindern den Eintritt des Erbrechts der Folgeordnungen.

Eine Sonderstellung nimmt insoweit der Ehegatte des Erblassers ein. Das Ehegattenerbrecht besteht nur, wenn im Todeszeitpunkt die Ehe besteht. Ist die Ehe für nichtig erklärt oder rechtskräftig aufgehoben worden, entfällt das Ehegattenerbrecht. Das Gleiche gilt, wenn die Voraussetzungen für eine Scheidung vorgelegen haben und der Erblasser den Scheidungsantrag gestellt hat. Zu beachten ist hierbei, dass das Erbrecht des überlebenden Ehegatten nur entfällt, wenn der antragstellende Ehegatte verstirbt.

Im Hinblick auf die Erbquote des Ehegatten kommt es darauf an, ob die Eheleute zum Zeitpunkt des Erbfalls im gesetzlichen Güterstand gelebt oder Gütertrennung vereinbart hatten. Im Falle des gesetzlichen Güterstandes der Zugewinngemeinschaft erhöht sich der gesetzliche Erbteil des überlebenden Ehegatten gemäß § 1371 BGB um ein Viertel. Praktisch bedeutet dies, dass der Ehegatte die Hälfte, die Abkömmlinge des Erblassers die andere Hälfte zu gleichen Teilen erben. Im Falle der Gütertrennung fehlen jegliche güterrechtlichen Beziehungen zwischen den Ehegatten. Dies hat zur Folge, dass der überlebende Ehegatte veränderliche Erbquoten erhält. Praktisch bedeutet dies, dass der überlebende Ehegatte mit den Kindern zu gleichen Teilen erbt. Er erhält jedoch in jedem Fall ein Viertel des Nachlasses.

Bei bestehender Zugewinngemeinschaft kann der überlebende Ehegatte entscheiden, ob er es bei den zuvor dargestellten erbrechtlichen Lösungen belässt, oder ob er die Erbschaft ausschlägt und vorab von den Erben den Zugewinnausgleich (Differenz zwischen Anfangsvermögen bei Beginn der Ehe aufseiten des Erblassers und Endvermögen aufseiten des Erblassers beim Tode) verlangt und zusätzlich den so genannten kleinen Pflichtteil, der in Höhe von 1/8 aus dem um die Zugewinnausgleichsschuld verminderten Gesamtnachlass besteht.

Die Unbekannte, die hier zu ermitteln ist, ist der Prozentsatz des Zugewinns an der Erbmasse. Unterstellen wir beispielsweise, dass der überlebende Ehegatte neben den Verwandten der ersten Ordnung erbt, so rentiert sich die güterrechtliche Lösung dann, wenn der Prozentsatz des Zugewinns an der Erbmasse größer als 85,71 Prozent ist. Dies lässt sich aufgrund der nachbenannten Formel errechnen, wobei X für den gesuchten Prozentsatz des Zugewinns an der Erbmasse steht: X:2 + (100–X:2)x 1/8 = 50

Die einzelnen Größen ergeben sich wie folgt:

X = gesuchter Prozentsatz des Zugewinns an der Erbmasse

1/8 = Pflichtteilsanspruch

50 = gesetzliche Erbbeteiligung von 50 Prozent.

Beim Erbrecht neben Verwandten der zweiten Ordnung ist der Betrag von 1/8 durch den Pflichtteilsanspruch in Höhe von 3/8 zu ersetzen. Die gesetzliche Erbbeteiligung beträgt nicht mehr 50, sondern 75 Prozent am Nachlass. Die Veränderung der entsprechenden Größen zeigt, dass der Anteil des Zugewinns am Nachlass 120 Prozent betragen müsste, was natürlich nicht der Fall sein kann. Hieraus ergibt sich, dass die güterrechtliche Lösung durch den überlebenden Ehegatten praktisch nur dann gewählt werden kann, wenn der überlebende Ehegatte neben den Verwandten der ersten Ordnung erbt.

# 7.8.2 Gewillkürte Erbfolge

Die gesetzliche Erbfolge greift nur dann ein, wenn der Erblasser zu Lebzeiten seinen Willen nicht in testamentarischer Form geäußert hat. Das Testament bedarf nicht unbedingt der notariellen Form. Gemäß § 2247 BGB können Testamente auch privatschriftlich errichtet werden. Sie müssen allerdings handschriftlich abgefasst sein, Maschinenschrift reicht nicht aus; sie müssen darüber hinaus vom Erblasser eigenhändig unterschrieben worden sein und sollen Ort und Datum ihrer Abfassung enthalten.

Ein öffentliches Testament gemäß § 2232 BGB liegt vor, wenn das Testament zur Niederschrift eines Notars errichtet wird, oder wenn der Erblasser dem Notar zu Lebzeiten seinen letzten Willen in einer Schrift mit der Erklärung übergeben hat, dass diese seinen letzten Willen enthält. Diese Schrift kann dem Notar offen oder verschlossen übergeben werden. Sie braucht nicht vom Erblasser persönlich geschrieben worden sein.

Eine Sonderform des Testaments stellt das so genannte gemeinschaftliche Testament dar, das gemäß § 2265 BGB nur von Ehegatten/Lebenspartnern errichtet werden kann. Die Besonderheit des gemeinschaftlichen Testaments besteht darin, dass gemäß § 2271 BGB der Widerruf von so genannten wechselbezüglichen Verfügungen nur in notarieller Form und nur durch Erklärung gegenüber dem anderen Ehegatten erfolgen kann. Ist einer der Ehegatten bereits verstorben, so ist das Recht zum Widerruf ausgeschlossen. Der Widerruf ist gemäß § 2271 (2) BGB nur möglich, wenn der Überlebende gleichzeitig das ihm im Testament Zugewendete ausschlägt.

Wechselbezügliche Verfügungen liegen immer dann vor, wenn die Verfügung des einen nicht ohne die Verfügung des anderen getroffen worden wäre. Daraus folgt, dass die Nichtigkeit oder der Widerruf der Verfügung des einen Ehegatten notwendigerweise auch zur Unwirksamkeit der Verfügung des anderen Ehegatten führt. Wenn Ehegatten sich im Testament gegenseitig bedenken, ist immer davon auszugehen, dass es sich um wechselbezügliche Verfügungen handelt.

Haben Ehegatten sich in einem gemeinschaftlichen Testament gegenseitig als Erben eingesetzt mit der Bestimmung, dass nach dem Tode des Überlebenden der beiderseitige Nachlass an einen Dritten fallen soll, so handelt es sich um ein Berliner Testament (§ 2269 BGB).

Der Abschluss von Erbverträgen ohne gleichzeitigen Abschluss eines Ehevertrags kommt relativ selten vor. Gemäß § 2278 (2) BGB sind lediglich Erbeinsetzungen, Vermächtnisse und Auflagen zulässig. In aller Regel besteht daher keine Veranlassung, Testierungen über das gemeinschaftliche Testament hinaus in Form des Erbvertrags vorzunehmen. Grundsätzlich ist zu beachten, dass der Erbvertrag gemäß § 2276 BGB notarieller Form bedarf und nur durch Erbvertrag wieder aufgehoben werden kann. Auch die Aufhebung bedarf der notariellen Form. Ein Rücktritt vom Vertrag ist möglich, wenn der Erblasser sich den Rücktritt vorbehalten hat, wenn die Verpflichtung zur Gegenleistung vor dem Tode des Erblassers aufgehoben wird und wenn der Bedachte sich einer Verfehlung schuldig gemacht hat, die den Erblasser zur Entziehung des Pflichtteils berechtigen würde. Es muss sich dabei um erhebliche Verfehlungen handeln, die Leben und körperliche Unversehrtheit betreffen, sowie um Verbrechen oder schwere Vergehen und die böswillige Verletzung von Unterhaltspflichten.

# 7.8.3 Die Folgen fehlerhafter letztwilliger Verfügungen

Letztwillige Verfügungen sind nur in relativ engen Grenzen der Auslegung zugänglich. Zunächst einmal ist der mutmaßliche Wille des Erblassers zu erforschen. Je älter ein Testament ist, desto schwieriger ist es, Anhaltspunkte dafür zu finden, was der Erblasser gewollt hat. Ist auf diesem Wege der letzte Wille des Erblassers nicht zu ermitteln, so muss das Testament ausgelegt werden. Die von Gesetzes wegen zur Verfügung stehenden Auslegungsregeln beziehen sich aber auf relativ wenige Fälle im Bereich der Testamentsgestaltung. So ist gemäß § 2067 BGB beispielsweise eine Erbeinsetzung von Verwandten ohne nähere Bestimmung eine solche, die sich auf die zur Zeit des Erbfalls als gesetzliche Erben berufenen Verwandten bezieht. Gemäß § 2069 BGB ist die Vererbung gegenüber „den Abkömmlingen" immer eine solche, die sich auf die zur Zeit des Erbfalls lebenden Abkömmlinge bezieht. Bereits aus diesen beiden Beispielen ist erkennbar, dass den Möglichkeiten zur Testamentsauslegung relativ enge Grenzen gesetzt sind.

Vorausgesetzt werden muss allerdings immer, dass ein Testament vorliegt. Im Hinblick auf die zuvor dargestellten Formen des Testaments ist dies relativ einfach festzustellen (z. B. § 2247 BGB). Fehlt ein zwingender Formbestandteil, so liegt ein Testament nicht vor mit der Folge, dass die gesetzliche Erbfolge gilt.

Ein relativ häufiger Fall im Bereich der von Erblassern selbst errichteten Testamente stellt die Zuwendung von Einzelgegenständen dar. Aus dem Grundsatz der Universalsukzession folgt, dass im Falle des Todes das Vermögen insgesamt übergeht. Dies schließt einen Übergang von einzelnen Gegenständen des Vermögens auf einzelne Personen ohne die Benennung eines Erben aus. Ein Testament, das – ohne Erbeinsetzung – z. B. folgende Regelung enthält: „A erhält das Haus, B erhält die Firma, C erhält die Aktien", enthält keine Erbeinsetzung und ist damit kein Testament.

Liegt ein Testament nicht vor, gilt die gesetzliche Erbfolge mit der Konsequenz, dass (1.) der Wille des Erblassers nicht erfüllt werden kann und (2.) die Aufteilung des Nachlasses nicht erfolgt mit der Folge, dass die gesetzlichen Erben berufen sind und zunächst einmal eine Erbengemeinschaft bilden.

Insbesondere das Bestehen einer Erbengemeinschaft mit der Möglichkeit der Erben, unabhängig voneinander die Erbschaft auszuschlagen, bildet eine vom Erblasser praktisch nie gewollte Gefahr für die Auflösung von übertragenen Unternehmen.

Geht das übertragene Unternehmen auf den Erben oder die Erbengemeinschaft über, so muss dies noch nicht zwingend zur Betriebsaufgabe mit den damit verbundenen steuerlichen Konsequenzen führen. Schlägt jedoch einer der Erben die Erbschaft aus, so hat dies im Falle der ungeteilten Erbengemeinschaft regelmäßig zur Folge, dass das Unternehmen nicht im steuerlichen Sinne fortgeführt wird, wiederum mit der Folge, dass eventuell vorhandene, stille Reserven einkommensteuerschädlich aufgedeckt werden müssen. Im Einzelnen wird hierzu später Stellung genommen.

# 7.8.4 Rechte und Pflichten des oder der Erben bei Belastungen des Nachlasses

Der – gesetzliche oder durch Testament bedachte – Erbe übernimmt die komplette Haftung für die Nachlassverbindlichkeiten (§ 1967 BGB), unabhängig davon, ob er die Nachlassverbindlichkeiten in voller Höhe kennt oder nicht.

Belastungen des Nachlasses sollten in jedem Fall nach folgenden Gesichtspunkten überprüft werden:

- *Vermächtnisse:* Vermächtnisse sind sämtliche Zuwendungen des Erblassers an einen Dritten (Erbe oder Nichterbe), die einen Anspruch gegenüber dem Nachlass begründen.
- *Auflagen* (§ 2192 BGB): Auflagen begünstigen dritte Personen (Erben oder Nichterben) insoweit, als sie von dem oder den Erben die Durchführung von Handlungen verlangen können. Dieser Anspruch kann von dem Begünstigten gegenüber dem oder den Erben gerichtlich durchgesetzt werden.
- *Beerdigungskosten* (§ 1968 BGB) und
- *Ansprüche pflichtteilsberechtigter Erben:* pflichtteilsberechtigt sind die Eltern, der Ehegatte und die Abkömmlinge des Erblassers. Der Pflichtteil besteht immer in der Hälfte des gesetzlichen Erbteils. Er ist gegenüber dem Nachlass auf Zahlung von Geld gerichtet.

Zum Nachlass gehört grundsätzlich das Vermögen, das der Erblasser zum Zeitpunkt des Todes hinterlässt. Der Nachlass erhöht sich aber um die so genannten Ausgleichsansprüche gemäß § 2050 BGB. Hierunter fällt alles, was Abkömmlinge, die als gesetzliche Erben zur Erbfolge gelangen, vom Erblasser zu dessen Lebzeiten als Ausstattung erhalten haben. Ausstattung kann jede Vermögensmehrung sein, die im Hinblick auf die Verheiratung oder auf die Erlangung einer selbstständigen Lebensstellung erfolgen. Als Beispiele sind insofern anzuführen: die Aussteuer, die Einrichtung eines Handwerksbetriebs, die Zahlung der Schulden des Schwiegersohnes, eine einmalige Kapitalzuwendung, jedoch grundsätzlich keine unentgeltlichen Arbeits- oder Dienstleistungen. Nicht hierunter fallen auch die Kosten einer angemessenen Berufsausbildung.

Die Ausgleichsansprüche erhöhen zwar nicht den Nachlass, sondern sind unter den übrigen Miterben entsprechend der Erbquote zum Ausgleich zu bringen; bei der Berechnung eventueller Pflichtteilsansprüche sind Ausgleichsansprüche gemäß § 2050 BGB jedoch für die Berechnung nachlasserhöhend zu berücksichtigen.

Das Bestehen einer gesetzlichen Erbfolge im Falle des Todes des Ehemannes, der seine Ehefrau (E) und zwei Kinder (S und T) hinterlässt, unterstellt, kann sich folgende Konstellation ergeben:

Sohn S erhält zu Lebzeiten des Erblassers eine Betriebsausstattung von 250.000 Euro. Das gesamte Vermögen des Erblassers beträgt zum Zeitpunkt des Erbfalls 500.000 Euro. Bei gesetzlicher Erbfolge entfallen auf E 250.000 Euro und auf S und T jeweils 125.000 Euro. S muss die Hälfte des früher erhaltenen Wertes in Höhe von 250.000 Euro an E abgeben, sodass E im Ergebnis 375.000 Euro erhält. Ein Viertel muss er an T abgeben, sodass diese im Ergebnis 187.500 Euro erhält. S erhält praktisch nichts (das weitere Viertel müsste er an sich selbst bezahlen) und ist zusätzlich noch mit den Ausgleichungsansprüchen von E und T belastet.

Jeder Erbe hat das Recht, die Erbschaft auszuschlagen. Gemäß § 1944 BGB kann nur innerhalb von sechs Wochen seit dem Erbfall ausgeschlagen werden. Die Ausschlagungsfrist beginnt mit dem Zeitpunkt, in welchem der Erbe von dem Anfall und dem Grunde der Berufung als Erbe Kenntnis erlangt hat.

Hat der Erbe die Frist fruchtlos verstreichen lassen, kann er die Annahme der Erbschaft nur anfechten, wenn er sich über den Wert der Erbschaft geirrt hat. In Frage kommt hier der Irrtum über eine verkehrswesentliche Eigenschaft. Hierunter fällt aber nicht jeder Irrtum über Bestand und Höhe des Nachlasses, sondern bestenfalls die Überschuldung des Nachlasses. Unbeachtlich ist ebenfalls der Irrtum, der in Kenntnis sämtlicher Vermögensgegenstände und Verbindlichkeiten bei der Ermittlung des Wertes unterlaufen ist. Gemäß § 1954 BGB ist die Anfechtung innerhalb von sechs Wochen seit Kenntnis des Anfechtungsgrundes möglich.

## 7.8.5 Grundzüge des Pflichtteilsrechts

Pflichtteilsberechtigt sind die Eltern des Erblassers, sein zum Zeitpunkt des Erbfalls in gültiger Ehe lebender Ehegatte sowie seine Abkömmlinge. Geschwister sind nicht pflichtteilsberechtigt. Der Höhe nach umfasst der Pflichtteil jeweils die Hälfte des Wertes des gesetzlichen Erbteils (§ 2303 BGB). Er ist auf Zahlung in Geld gegen den oder die Erben gerichtet und grundsätzlich unentziehbar. Die Mindesthöhe des Pflichtteils wird gewährleistet durch den Zusatzpflichtteil, wenn das Erbe geringer ist als der Pflichtteil (§ 2305 BGB). In diesem Fall kann der Pflichtteilsberechtigte von den Miterben als Pflichtteil den Wert des an der Hälfte fehlenden Teiles verlangen.

Wegfall einer Beschwerung (z. B. Vermächtnis oder Auflage, § 2306 BGB) betrifft den pflichtteilsberechtigten Erben, dessen Erbquote geringer ist als der Pflichtteil.

Entspricht die Erbquote dem Pflichtteil oder ist sie höher, kann der Erbe ausschlagen und seinen Pflichtteil von dem nächstberufenen Erben verlangen. Dies ist sinnvoll, wenn der Wert des Vermächtnisses gegenüber dem verbleibenden Erbteil so hoch ist, dass der Erbe weniger als den Pflichtteil bekommen würde.

## 7.8.6 Zuwendung eines Unternehmens

### 7.8.6.1 Zuwendung eines Unternehmens durch Erbeinsetzung

Die Zuwendung eines Unternehmens durch Erbeinsetzung macht keine Probleme, wenn lediglich ein Erbe da ist.

Sind mehrere Erben vorhanden, ist immer davon auszugehen, dass unterschiedliche Interessen im Hinblick auf das Unternehmen bestehen. Ist entsprechende Vorsorge nicht getroffen, entsteht eine ungeteilte Erbengemeinschaft mit der Folge, dass diese Gemeinschaft jederzeit aufgelöst werden kann. Erfolgt die Auflösung zur Unzeit, können durch die damit verbundene Betriebsaufgabe einkommensteuerliche Folgen mit unternehmensvernichtender Konsequenz eintreten.

Bei der Vererbung des Unternehmens durch Erbeinsetzung ist im Hinblick auf mehrere Miterben in jedem Fall darauf zu achten, dass der Erbe oder diejenigen Erben bedacht werden, die das Unternehmen tatsächlich fortführen. Im Interesse der Kontinuitätssicherung eines Unternehmens ist daran zu denken, die übrigen Erben vertraglich auf ihr Erbteil und ihr Pflichtteil verzichten zu lassen.

Steht der übernahmefähige Erbe noch nicht fest, so besteht die Möglichkeit, den Ehegatten als Alleinerben einzusetzen, verbunden mit einer unter Lebenden vereinbarten Übergabeverpflichtung, wonach der Ehegatte das Unternehmen auf einen von ihm zu bestimmenden Abkömmling zu einem späteren Zeitpunkt zu übertragen hat. Diese Regelung ist zulässig und widerspricht nicht § 2065 (2) BGB, wonach die Bestimmung eines Erben durch Dritte nicht möglich ist.

## 7.8.6.2 Zuwendung eines Unternehmens durch Teilungsanordnung gemäß § 2048 BGB

Die Teilungsanordnung setzt voraus, dass der durch § 2048 BGB Begünstigte zugleich Miterbe ist. Will der Erblasser dies ausschließen, muss er den Begünstigten durch ein Vermächtnis bedenken. Die Miterbenstellung hat aber im Hinblick auf die Übertragung eines Unternehmens zur Folge, dass der Miterbe auch an den sonstigen Verbindlichkeiten des Erblassers beteiligt ist. Er erbt dadurch also nicht nur das Unternehmen mit seinen Aktiva und Passiva, sondern auch den entsprechend der Erbquote auf ihn entfallenden Anteil an sonstigen Verbindlichkeiten.

Einen Sonderfall der Erbeinsetzung mit Teilungsanordnung stellt das so genannte Frankfurter Testament dar. Die Erben werden hierbei im Verhältnis der sich aus den einzelnen Nachlassgegenständen ergebenden Werte zum Gesamtnachlass zu Erben eingesetzt. Im Hinblick auf die Übertragung eines Unternehmens bedeutet dies, dass der Unternehmenswert zum Gesamt-Nachlasswert ins Verhältnis gesetzt wird und der Unternehmenserbe eine Erbquote in Höhe des auf das Unternehmen entfallenden Erbanteils erhält. Ist das Unternehmen 500.000 Euro wert und beträgt der Gesamtnachlass beispielsweise einschließlich einer Immobilie und außerhalb des Betriebsvermögens verfügbarer Bankguthaben 1.500.000 Euro, so wäre der Unternehmenserbe mit einer Quote von 1/3 und die übrigen Erben mit einer Quote von insgesamt 2/3 zu Erben einzusetzen. Diese Konstruktion kann natürlich nur dann gelingen, wenn dieser Wert auch zum Zeitpunkt des Erbfalles noch in der bei Testamentserrichtung geschätzten Höhe vorhanden ist und sich nicht in einem Ausmaß verändert, das – bezogen auf den gesamten Nachlasswert – zur Unterschreitung der Pflichtteilsgrenze zu Lasten eines der Erben führt.

## 7.8.7 Anordnung der Testamentsvollstreckung

Gemäß § 2205 BGB kann zur Verwaltung des Nachlasses ein Testamentsvollstrecker bestellt werden. Die Testamentsvollstreckung ist in jedem Fall auf 30 Jahre beschränkt. Die so genannte Verwaltungstestamentsvollstreckung ist aber grundsätzlich nur zulässig, wenn und soweit es sich um einen Nachlassgegenstand handelt, bei dem eventuell neu zu begründende Verbindlichkeiten weder zur persönlichen Haftung des Testamentsvollstreckers noch zu einer Haftung der Erben über das Nachlassvermögen hinaus führen. Dies bedeutet in seiner praktischen Konsequenz, dass sich die Testamentsvollstreckung bei Unternehmen grundsätzlich nur für *Kapitalgesellschaften,* nicht aber für Personengesellschaften eignet.

Gleichwohl ist natürlich nicht zu verkennen, dass eine der Testamentsvollstreckung vergleichbare Lösung gefunden werden kann, beispielsweise weil der Betriebsübernehmer noch nicht zur Verfügung steht oder weil die Fortführung des Betriebs zur Sicherung von Einkünften der Erben, die zur Einkunfterzielung noch nicht selbst in der Lage sind, sinnvoll erscheint. In der Praxis haben sich aus diesem Grund zwei Alternativlösungen entwickelt, die das oben dargestellte faktische Verbot der Testamentsvollstreckung umgehen:

– Die *postmortale Vollmacht,* die der Erblasser zu Lebzeiten dem Testamentsvollstrecker erteilt und über den Tod hinaus wirksam ist mit der Folge, dass der Testamentsvollstrecker das Unternehmen nach dem Tode fortführt; gleichzeitig muss der Erbe testamentarisch mit der Auflage bedacht werden, seinerseits den Testamentsvollstrecker zu bevollmächtigen. In diesem Fall führt der Testamentsvollstrecker das Unternehmen praktisch für Rechnung des Nachlasses mit der Möglichkeit, zu Lasten des Nachlasses Verbindlichkeiten einzugehen.

– Die *Treuhandlösung,* bei der dem Testamentsvollstrecker das Einzelunternehmen übertragen wird, sodass der Testamentsvollstrecker die unbeschränkte Haftung selbst trägt. Bei dieser Treuhandlösung ist eine Übertragung zu Lebzeiten erforderlich. Ob sich Testamentsvollstrecker finden lassen, die ein derartiges Amt übernehmen, erscheint jedoch zweifelhaft.

## 7.8.8 Gebräuchliche Nachfolgeklauseln und ihre Bedeutung

Die Regelung durch Nachfolgeklauseln betrifft in erster Linie die *Personengesellschaften.* Bei Kapitalgesellschaften (GmbH, AG) können sich Komplikationen deswegen in aller Regel nicht ergeben, weil die Kapitalanteile in die Erbmasse fallen und lediglich die Anteile übergehen. Das Recht der Personengesellschaften ist jedoch so ausgestaltet, dass bei Veränderungen in einer Person zunächst einmal die alte Gesellschaft aufgelöst wird und gleichzeitig eine neue Gesellschaft entsteht. Da durch diese Konstruktion regelmäßig die steuerlich nachteiligen Folgen der Betriebsaufgabe entstehen, muss durch die testamentarische Regelung eine Lösung gesucht werden, die diesen negativen Effekt vermeidet. Auf der anderen Seite besitzt aber nicht jeder Erbe die fachliche Qualifikation zur Fortführung eines Unternehmens. Aus diesem Grunde haben sich drei Grundtypen der Nachfolgeklauseln herausgebildet, die im Folgenden kurz dargestellt werden sollen:

(1) Die *Fortsetzungsklausel* schließt die Erben eines Gesellschafters grundsätzlich aus und bestimmt, dass die Gesellschaft mit den übrigen Gesellschaftern fortgesetzt wird. Die Fortsetzung der Gesellschaft führt dazu, dass eine Betriebsaufgabe nicht stattfindet. In die Erbmasse fällt lediglich ein eventuell bestehender Abfindungsanspruch. Veräußerungsgewinn ist in diesem Fall lediglich die Differenz zwischen dem Kapitalkonto des Erblassers und dem Abfindungsanspruch. Es handelt sich dabei darüber hinaus um einen gemäß §§ 16 und 34 EStG begünstigten Gewinn aus der Veräußerung eines Mitunternehmeranteils. Soweit der Abfindungsanspruch dem Kapitalkonto (= Buchwert) entspricht, entsteht keine Steuerpflicht.

(2) Die *einfache Nachfolgeklausel* bestimmt, dass sämtliche Erben in die Gesellschafterposition des Erblassers einrücken. Diese – zunächst unproblematisch erscheinende – Lösung birgt jedoch einige Fallstricke. Wie wir bereits oben festgestellt haben, treten die steuerlichen Konsequenzen der Betriebsaufgabe dann ein, wenn die Gesellschaft mit anderen als den ursprünglichen Personen oder deren Erben fortgesetzt wird. Schlägt keiner der Erben im Falle der einfachen Nachfolgeklausel die Erbschaft aus, gibt es auch keine steuerliche Betriebsaufgabe mit der Folge, dass Einkommensteuer nicht zu zahlen ist. Anders liegt der Fall jedoch, wenn einer der Erben die Erbschaft ausschlägt. In diesem Fall haben nämlich nicht alle Erben die Nachfolge angetreten; vielmehr ändert sich nunmehr die Personalstruktur der Personengesellschaft mit der Folge, dass die ursprüngliche Gesellschaft aufgelöst und die neue Gesellschaft mit den übrigen Erben fortgeführt wird. Auch dieser Vorgang ist zunächst noch unschädlich, wenn es gelingt, das Anlagevermögen auf den neuen Betrieb zu übertragen. In diesem Fall können die alten Buchwerte problemlos fortgeführt werden. Gelingt dies jedoch nicht und muss Anlagevermögen veräußert werden, um die Pflichtteilsansprüche des Ausschlagenden zu bedienen, so kann hierbei durchaus eine Aufdeckung stiller Reserven mit der Folge der Zahlung von Einkommensteuer auf den über den Buchwert hinausgehenden Veräußerungserlös infrage kommen.

(3) Bei der *qualifizierten Nachfolgeklausel* kann eine solche Konstellation der Erben untereinander nicht vorkommen. Diese Klausel bedeutet nämlich, dass lediglich ein einzelner Erbe oder einzelne Erben in die Gesellschafterposition einrücken. Zwar können auch diese Erben die Erbschaft ausschlagen; typisch für diese Fallkonstellation ist jedoch, dass die einrückenden Erben schon vorher im Unternehmen mitgearbeitet haben und den Betrieb beim Tod des Erblassers tatsächlich auch übernehmen wollen. Auch in diesem Fall müssen aber die ausgeschlossenen Erben abgefunden werden, und zwar insbesondere dann, wenn die übrige Erbschaft nicht ausreicht, um wenigstens den Pflichtteil zu gewährleisten.

## 7.8.9 Probleme beim Frankfurter Testament

Die im Hinblick auf die Fortsetzungsklauseln entstehenden Probleme versucht das *Frankfurter Testament* zu lösen. Typisch für das Frankfurter Testament ist die Erbeinsetzung nach geschätzten Erbteilen. Wir wollen uns vorstellen, dass drei Erben vorhanden sind und die Erbschaftsgegenstände in Form eines Unternehmens mit einem Wert von 500.000 Euro sowie zwei Immobilien mit einem Wert von je 500.000 Euro vorhanden sind. Wir wollen uns weiterhin vorstellen, dass richtigerweise alle drei Personen als Erben eingesetzt werden und die Erben jeweils das Unternehmen bzw. eine Immobilie erhalten.

Unproblematisch ist diese Gestaltung so lange, wie die Werte des Unternehmens und die Immobilienwerte sich kaum unterscheiden. Ergeben sich lediglich geringfügige Differenzen, wird bei keinem der Erben die Pflichtteilsgrenze mit der Folge der Auslösung von Ergänzungsansprüchen unterschritten werden. Das Frankfurter Testament ist daher lediglich als Regelungsmittel für die Zeit kurz vor dem Tod des Erblassers geeignet. Nun gibt es zweifellos nichts Unkalkulierbareres als den Todeszeitpunkt des Erblassers. Aus diesem Grund erfordert das Frankfurter Testament die kontinuierliche Überwachung im Hinblick auf die vorhandenen Vermögenswerte. Spätestens alle fünf Jahre sollte die Verteilung der Vermögenswerte unter den Erben kontrolliert und gegebenenfalls durch ein neues Testament angepasst werden.

## 7.8.10 Probleme beim Berliner Testament

Beim *Berliner Testament* handelt es sich um ein wechselseitiges Testament unter Ehegatten mit der Maßgabe, dass zunächst der überlebende Ehegatte als Alleinerbe und die gemeinsamen ehelichen Abkömmlinge als Schlusserben eingesetzt werden. In dieser Struktur muss Klarheit darüber bestehen, dass durch diese Konstruktion zwei Erbfälle erzeugt werden. Dies bedeutet natürlich auch, dass zweimal Erbschaftsteuer anfällt. Jeder Erbfall, sowohl beim Tod des erstversterbenden als auch beim Tod des letztversterbenden Ehegatten, löst Steuerpflicht im Sinne des Erbschaftsteuergesetzes aus.

Darüber hinaus entsteht durch die Einsetzung des Letztversterbenden ohne Berücksichtigung der in aller Regel pflichtteilsberechtigten Schlusserben das Risiko, dass einer dieser Schlusserben den Pflichtteil geltend macht. Hierdurch mindert sich die noch verbleibende Erbmasse, ohne dass dadurch die Schlusserbenstellung des Pflichtteilsberechtigten nennenswert beeinträchtigt wäre.

Um derartige Ergebnisse zu vermeiden, werden Berliner Testamente gerne mit Strafklauseln versehen. Eine der relativ typischen und im Übrigen auch einfacheren Klauseln ist die so genannte *Wiederverheiratungsklausel.* Dadurch wird bestimmt, dass der Schlusserbfall auch dann eintritt, wenn der überlebende Ehegatte erneut heiratet. Mit dieser Regelung sind Probleme praktisch sehr selten verbunden.

Schwieriger in ihren Auswirkungen ist jedoch die *Jastrowsche Klausel* zu beurteilen. Diese Klausel bedeutet, dass der Schlusserbe, der im ersten Erbfall seinen Pflichtteilsanspruch geltend macht, auch bei Eintritt des Schlusserbfalles lediglich den Pflichtteil verlangen kann.

Bei dieser Konstruktion ist zu berücksichtigen, dass die Beträge bei der Geltendmachung des Pflichtteilsanspruchs durchaus unterschiedlich groß sein können. Gerade in gewerblichen Strukturen besteht häufig aus den unterschiedlichsten Gründen die Neigung, den Hauptteil des Vermögens auf den nicht gewerblich tätigen Ehegatten zu übertragen. Dies mag entweder aus Gründen des unternehmerischen Haftungsrisikos, das naturgemäß größer ist als das entsprechende Risiko des nicht unternehmerisch tätigen Ehegatten, oder aber aus steuerlichen Gründen geschehen. So kann durch Übertragung der Immobilie auf den nicht gewerblich tätigen Ehegatten sicher vermieden werden, dass die gegebenenfalls überwiegend gewerblich genutzte Immobilie ins notwendige Anlagevermögen des Gewerbebetriebes fällt.

So anerkennenswert diese Gründe sein mögen, bedeutet dies jedoch auch, dass der mögliche Pflichtteilsanspruch beim Tod des „reichen" Ehegatten für die Schlusserben entschieden attraktiver ist als die Geltendmachung des Pflichtteilsanspruchs gegen den möglicherweise nur mit geringfügigen Vermögenswerten ausgestatteten gewerblich tätigen Ehegatten.

Rein rechnerisch kann natürlich bei der Geltendmachung des Pflichtteilsanspruchs nicht viel passieren, da der Pflichtteilsberechtigte in diesem Fall mit Sicherheit weniger bekommt, als er im Ergebnis ohne Geltendmachung des Pflichtteils bekäme. Der Sinn des Berliner Testaments besteht aber darin, den überlebenden Ehegatten vor der Geltendmachung derartiger Pflichtteilsrechte zu schützen und ihm die Nutzung des in aller Regel gemeinsam aufgebauten Vermögens zu sichern. Da das Pflichtteilsrecht in jedem Fall besteht, ist ein umfassender Schutz praktisch nicht möglich. Manche Berliner Testamente sehen auch für den Fall der Geltendmachung des Pflichtteilsanspruches eines Schlusserben das Recht des Letztversterbenden vor, im Hinblick auf den Anspruchsteller das Testament abzuändern. Auch dies ist kein vollkommener Schutz, da dem Pflichtteilsberechtigten in jedem Fall der Pflichtteil verbleiben muss.

# 7.8.11 Gestaltungsvarianten zu Lebzeiten

Solange gesichert ist, dass die Unternehmensnachfolge durch Familienangehörige durchgeführt wird, besteht eine zwingende Notwendigkeit, schon vor dem Tod eine Regelung zu treffen, nicht. In aller Regel wird es dann so sein, dass die Abkömmlinge in den Familienbetrieb „hineinwachsen" und ihn im Falle des Todes des Erblassers problemfrei selbst übernehmen können.

Sind jedoch die Verhältnisse so, dass im Familienkreis niemand vorhanden ist, der den Betrieb fortführen möchte oder kann, stellt sich die Frage der Übertragung des Betriebes auf einen Dritten, in aller Regel einen Betriebsangehörigen, bei gleichzeitiger wirtschaftlicher Absicherung der Angehörigen.

Um dies zu erreichen, ist zunächst die Rechtsform der Personengesellschaft weniger geeignet. Zunächst sollte daher – sofern dies noch nicht geschehen ist – das Unternehmen in eine Kapitalgesellschaft, in aller Regel eine GmbH, umgewandelt werden. Ist dies geschehen, so sind folgende Varianten denkbar:

(1) Das gesamte Unternehmen wird auf den oder die Betriebsangehörigen übertragen, die letztlich das Unternehmen auch fortführen sollen. Gleichzeitig werden sämtliche Familienangehörigen einschließlich des bisherigen Inhabers stille Gesellschafter des Unternehmens. Diese stille Gesellschaft kann unterschiedlich ausgestaltet werden. Es kann eine typische stille Gesellschaft sein, bei der die Gesellschafter auch am Verlust des Unternehmens teilnehmen; es kann ferner eine atypische stille Gesellschaft sein, bei der die Gesellschafter ein wie auch immer zu errechnendes Gewinnbezugsrecht erhalten.

(2) Es wird zunächst nur ein Anteil am Gesamtunternehmen auf den zur Verfügung stehenden Betriebsangehörigen übertragen. Die weitere Verfügung kann so ausgestaltet sein, dass eventuell weitere Anteile entweder nach Ablauf einer bestimmten Zeit oder aber nach Erreichen einer bestimmten Umsatz- oder Gewinnschwelle auf den Betriebsangehörigen übertragen werden. In jedem Fall muss hierbei darauf geachtet werden, dass genügend Spielraum im Hinblick auf die Gründerfamilie auch bei der Bestimmung über die Gewinnverwendung verbleibt. Der Schutz und die Sicherung der Angehörigen werden nämlich mit Sicherheit nicht erreicht, wenn die Angehörigen keinerlei maßgeblichen Einfluss auf die Gewinnverwendung nehmen können. Hierbei kann es sich z. B. anbieten, den Gesellschaftern im Gesellschaftsvertrag ein Mitentscheidungsrecht in Form der Einstimmigkeit der Gesellschafterbeschlüsse für Investitionen ab einem bestimmten Gesamtvolumen, bezogen auf das Investitionsgut oder bezogen auf den Investitionszeitraum, zuzugestehen. Um die Vermögensstruktur des Unternehmens nicht zu schwächen, kann es darüber hinaus sinnvoll sein, einen jeweils feststehenden Prozentanteil der Gewinne im Unternehmen zu belassen und auf neue Rechnung vorzutragen.

Die vorgenannten Varianten seien lediglich beispielhaft aufgeführt. In diesem Bereich sind auch andere Kombinationen, wie z. B. die Begründung von Kommanditanteilen, denkbar.

# 7.8.12 Probleme bei der Betriebsaufspaltung

In den 1960er-Jahren wurden in großem Umfang so genannte Betriebsaufspaltungen durchgeführt. Sinn einer solchen Betriebsaufspaltung war es, Gewerbesteuer einzusparen. Dem lag der Gedanke zugrunde, dass Einkünfte aus Vermietung und Verpachtung nicht gewerbesteuerpflichtig sind, während dies bei gewerblichen Einkünften der Fall ist. Dies führte zu der Konstruktion, dass das komplette Anlagevermögen auf eine so genannte Besitzgesellschaft übertragen wurde und die operative unternehmerische Tätigkeit einer so genannten Betriebsgesellschaft oblag. Damit die Betriebsgesellschaft ihre Tätigkeit ausüben konnte, wurde das Anlagevermögen der Besitzgesellschaft an die Betriebsgesellschaft verpachtet. Aufseiten der Besitzgesellschaft entstand dadurch der Effekt, dass die Einkünfte aus der Verpachtung nicht der Gewerbesteuer unterlagen und im gleichen Umfang bei der Betriebsgesellschaft den Kosten zuzurechnen waren. In den Grenzen des Fremdvergleiches konnten dadurch im Übrigen auch die Gewinne der Besitzgesellschaft gesteuert werden.

Diese Konstruktion wurde und wird von der Finanzverwaltung allerdings nur dann anerkannt, wenn die Eigentümer der Besitzgesellschaft und der Betriebsgesellschaft identisch sind. Im Fall des Betriebsübergangs durch Erbfall schließt das von vornherein die Verteilung der einzelnen Vermögensgegenstände an unterschiedliche Personen aus. Entfällt die Personenidentität, so liegt in jedem Falle eine Betriebsaufgabe vor.

Wir hatten bereits in den vorangegangenen Abschnitten festgestellt, dass die Betriebsaufgabe im Bereich der Einkommensteuer erhebliche Nachteile mit sich bringt. Vereinfacht erklärt, wird bei der Betriebsaufgabe ein einkommensteuerpflichtiger Übertragungsakt fingiert. Das Anlagevermögen wird nämlich dem Betriebsvermögen entnommen und in das Privatvermögen überführt. Voraussetzung ist hierbei keineswegs, dass bei diesem Vorgang tatsächlich eine Gegenleistung fließt. Allein die Aufgabe des Betriebes, unabhängig davon, ob er verkauft wird oder nicht, führt zu den einkommensteuerrechtlichen Folgen.

Ein Beispiel mag dies verdeutlichen. Nehmen wir einmal an, vor 50 Jahren sei der Betrieb im Haus des Betriebsinhabers gegründet worden. Nehmen wir weiter an, der Betrieb sei recht schnell so stark gewachsen, dass die betrieblich genutzte Fläche heute mehr als die Hälfte der Immobilie ausmacht. In diesem Fall ist vom so genannten notwendigen Betriebsvermögen auszugehen. Die Immobilie fällt also unabhängig vom Willen des Unternehmers ins Betriebsvermögen. Nehmen wir weiter an, dass der Buchwert der Immobilie aufgrund der zwischenzeitlich durchgeführten Abschreibungen nur noch 1 Euro ist. Der Verkehrswert der Immobilie beträgt jedoch nunmehr bereits 1 Million Euro. Die so genannte stille Reserve (Differenz zwischen Buchwert und Verkehrswert) beträgt daher 999.999 Euro. Im Fall der Betriebsaufgabe ist dieser Wert unter dem Gesichtspunkt des § 34 EStG mit dem reduzierten Steuersatz zu versteuern. Es ist daher ein erheblicher Betrag an Einkommensteuer zu zahlen, ohne dass überhaupt ein Vermögens- oder Liquiditätszuwachs in der Person des Unternehmers erfolgt wäre. Diese Steuerlast entfällt lediglich dann, wenn die Immobilie in ein anderes Betriebsvermögen oder eine gemeinnützige Stiftung überführt wird.

# 7.8.13 Freibeträge und Steuersätze

Die *Freibeträge* ergeben sich bei natürlichen Personen aus der verwandtschaftlichen Nähe zum Erblasser. Im Einzelnen betragen die Freibeträge:

- Ehegatten 307.000 Euro
- bei Kindern, Stiefkindern und Kindern verstorbener Kinder 205.000 Euro
- bei Kindeskindern lebender Kinder, Eltern und Großeltern 51.000 Euro

Dieser Personenkreis gehört der Steuerklasse I an. Das Gleiche gilt für Unternehmen, deren Übertragung im Erbfall einen weiteren, teilweise wertabhängigen Freibetrag zur Folge hat.

Bei Geschwistern, Abkömmlingen 1. Grades von Geschwistern, Stiefeltern, Schwiegerkindern, Schwiegereltern, geschiedenen Ehegatten beträgt der Freibetrag 10.300 Euro. Dieser Personenkreis gehört zur Steuerklasse II.

In die Steuerklasse III fallen alle übrigen Personen. Sie haben einen Freibetrag von 5.200 Euro.

Die *Steuersätze* richten sich nach dem steuerpflichtigen Erwerb und entsprechen der nachfolgenden Tabelle:

| Wert des steuerpflichtigen Erwerbs bis einschließlich Euro | Vomhundertsatz in der Steuerklasse | | |
|---:|:---:|:---:|:---:|
| | I | II | III |
| 52.000 | 7 | 12 | 17 |
| 256.000 | 11 | 17 | 23 |
| 512.000 | 15 | 22 | 29 |
| 5.113.000 | 19 | 27 | 35 |
| 12.783.000 | 23 | 32 | 41 |
| 25.565.000 | 27 | 37 | 47 |
| über 25.565.000 | 30 | 40 | 50 |

## Weiterführende Literatur

Deutscher Erbrechtskommentar, Köln/Berlin/München 2003.

Doppstadt, Joachim/Koss, Stefan/Toepler, Stefan: Vermögen von Stiftungen – Bewertung in Deutschland und den USA, Gütersloh 2002.

Ubert, Guido/Hochmuth, Johannes: Erbrecht: Erbfolge – Testamentsauslegung – Testamentsanfechtung – Pflichtteil – Erbengemeinschaft – Erbschaftsteuer, 5. Auflage, München 2003.

# Checklisten

# Inhaltsverzeichnis Checklisten

## Checkliste zu 2.1.3 Fundraising und Organisationskultur

## Entwurf eines Kodexes ethischer Grundregeln als Anregung für die eigene Organisation

Die hier niedergelegten Grundregeln der Musterorganisation sollen den Anforderungen aller am Fundraising Beteiligten gerecht werden und werden von den in der Musterorganisation Mitarbeitenden als Maßstab ihres Wirkens anerkannt.

---

1. Unsere Werte

Die folgenden Werte sind für uns handlungsleitend und stellen den Rahmen für die später folgenden konkreten Verpflichtungen dar.

1.1 Mittler zwischen Gebenden und Empfangenden

Fundraising ist Mittelbeschaffung für gemeinnütziges Gestalten. Dabei verstehen wir Fundraiserinnen und Fundraiser uns als Mittler zwischen allen Beteiligten. Dies sind:

- die Spenderinnen und Spender, die mit ihren Zuwendungen die Grundlage für die soziale, karitative und mildtätige Arbeit legen;
- Menschen, Tiere, Naturräume und Projekte, zu deren Gunsten die Spenden erfolgen;
- die gemeinnützigen Organisationen und Vereine (NPOs), die durch ihre Arbeit einen wirkungsvollen Einsatz der gespendeten Mittel erst möglich machen;
- die Medien und eine kritische Öffentlichkeit, die den Blick für seriöses Fundraising schärfen und damit für ein spendenfreundliches Klima sorgen;
- der Staat mit seinen Organen, der durch seine steuerlichen Vergünstigungen im gemeinnützigen Sektor sein Interesse am bürgerschaftlichen Engagement zeigt;
- die Agenturen, die Fundraiserinnen und Fundraiser beschäftigen und durch ihre Tätigkeit vielen NPOs erst ermöglichen, um Spenden zu werben;
- und die Kolleginnen und Kollegen, die freiberuflich oder als Angestellte in Agenturen oder NPOs im Fundraising tätig sind.

1.2 Menschenwürde

Oberstes Grundrecht unseres Staates ist die Menschenwürde. Sie ist unantastbar. Sie zu achten und zu schützen ist auch Aufgabe von Fundraiserinnen und Fundraisern. Dieser Schutz gilt allen am Fundraising-Prozess Beteiligten.

1.3 Aufbau langfristiger Spenderbeziehungen

Ziel unserer Arbeit ist die Förderung des Ansehens der Spendenwerbung in Deutschland. Dies stellt die Basis für unser Wirken dar. Unsere Arbeit muss verhindern, dass

Spenderinnen und Spender enttäuscht werden oder sich das gesellschaftliche Klima zur Spende verschlechtert.

Wir verfolgen daher das Ziel, die Freude am Geben zu vermitteln und möglichst langfristige Spenderbeziehungen aufzubauen. Wir wenden uns gegen ein kurzfristiges, gewinnorientiertes Denken, das auf Dauer nicht tragbar ist.

Wir stellen dabei unseren Auftrag über den persönlichen Gewinn.

## 1.4 Austausch

Fundraising lebt vom Miteinander. In diesem Sinne sehen wir uns nicht als Konkurrenten, sondern suchen die offene und vertrauensvolle Zusammenarbeit mit Gleichgesinnten unserer Branche in Deutschland und in aller Welt.

## 1.5 Recht und Gesetz

Wir lassen uns von Buchstaben und Geist des geltenden Rechts leiten. Dabei steht für uns das Wohl der Spendenden an erster Stelle. Wir informieren uns über anfallende Änderungen und tragen Sorge, dass auch unsere Mitarbeitenden mit den gesetzlichen Bestimmungen vertraut sind. Insbesondere sind dies das Haustürwiderrufsgesetz, die einschlägigen Steuerrechte, das Auftragsrecht gemäß BGB und die Sammlungs- und Datenschutzgesetze.

## 1.6 Schutz

Wir beteiligen uns an keinen Aktivitäten, die unsere Auftraggeber, Spender, Klienten oder das Berufsfeld der Fundraiser beschädigen könnten.

## 1.7 Fortbildung

Wir erhöhen den Nutzen für alle am Fundraising-Prozess Beteiligten, indem wir uns fortbilden und neue Erkenntnisse zügig umsetzen.

## 1.8 Sauberes oder schmutziges Geld

Als Fundraiser werden wir immer wieder mit der Situation konfrontiert werden, ob wir Zuwendungen moralisch bedenklicher Herkunft, Personen oder Organisationen annehmen dürfen oder nicht. Wir werden dabei nicht private Maßstäbe, sondern die unserer Auftrag- und Arbeitgeber, des allgemeinen sittlichen Empfindens und der Empfänger der Zuwendung zum Maßstab unserer Entscheidung machen und deren Wohl im Auge haben.

## 2. Verpflichtungen

Wir verpflichten uns, die nachfolgenden Grundregeln als Bestandteil unserer täglichen Arbeit einzuhalten bzw. bei unseren Auftrag- und Arbeitgebern einzufordern.

## 2.1 Transparenz

Jede Spende ist ein Auftrag des Spenders, das Gespendete seinem Bestimmungs-zweck zuzuführen. Damit dies überprüft werden kann, verpflichten wir uns zu einer ordnungsgemäßen Buchführung und Berichterstattung. Die Berichterstattung um-fasst insbesondere

- die Ziele unserer Arbeit;
- Jahresabschluss bzw. Einnahmen-/Ausgabenrechnung, Lagebericht und Bestäti-gungsvermerk;
- Erläuterung der wesentlichen Aufwands- und Ertragsarten, u. a. der Personalkos-ten und der Aufwandsentschädigungen;
- Erläuterung von Bereichen, in denen Provisionen oder Erfolgsbeteiligungen ge-zahlt wurden;
- Hinweis darauf, falls Spenden an andere Organisationen weitergeleitet wurden, und deren Höhe;
- Erläuterung der Behandlung von projektgebundenen Spenden.

Dieser Bericht steht allen Interessierten gegen Erstattung der Selbstkosten zur Ver-fügung, insbesondere auch den Medien.

## 2.2 Freie Entscheidung

Wir respektieren die freie Entscheidung von Spenderinnen und Spendern und un-terlassen jedes Handeln, das von diesen als Druck empfunden werden kann. Insbe-sondere verwenden wir keine Methoden, die als „Druckverkauf" bezeichnet werden können.

## 2.3 Wahrheit

Die Darstellung der Anliegen, zu deren Erfüllung wir Spenden erbitten, erfolgt wahr-heitsgemäß und sachgerecht. Diese wahrheitsgemäße Darstellung umfasst auch un-sere eigene Leistungsfähigkeit.

## 2.4 Sparsamkeit und Zweckbestimmung

Effektive Arbeit in Vereinen, Agenturen und auch unsere eigene Arbeit kostet Geld. Diesen Verwaltungskostenanteil werden wir so gering wie möglich halten. Insbeson-dere verzichten wir auf Mitglieder-, Förderer- und Spendenwerbung mit Geschen-ken oder Vergünstigungen, die nicht in unmittelbarem Zusammenhang mit dem Satzungszweck stehen oder unverhältnismäßig teuer sind. Wir werden die uns anver-trauten Mittel sparsam und unter strikter Beachtung der Zweckbestimmung verwen-den. Dazu gehört, dass die Verwaltung von Spenden höchsten Standards entspricht.

## 2.5 Verbraucher- und Datenschutz

Wir beachten die allgemein zugänglichen Sperrlisten und Richtlinien zum Verbraucherschutz.

Über die Bestimmungen der Datenschutzgesetze hinaus verpflichten wir uns, den Verkauf, die An- oder Vermietung sowie den Tausch von Mitglieder- oder Spenderadressen von gemeinnützigen Vereinen zu unterlassen.

Die Adressen von Spendern und Interessenten, die dies wünschen, löschen wir aus unseren Dateien.

Wir geben keine personenbezogenen Daten an Dritte weiter.

Wir beachten die Vertraulichkeit von Spenden.

Wir mieten und gebrauchen keine Daten, die offenkundig unter Missbrauch des Datenschutzes zustande gekommen sind.

Wir pflegen unsere Datenbestände zeitnah und kontinuierlich, um unerwünschte Postzusendungen an Verstorbene und unnötige Fehlläufe zu verhindern.

## 2.6 Werbung und Wettbewerb

Werbung ist notwendig, damit wir auf unser Spendenanliegen aufmerksam machen und ein positives Spendenklima schaffen können. Dabei gilt für uns:

– Wir werden Name und Symbole von Mitbewerbern nicht imitieren oder verwenden.
– Wir werden keine unbestellten Waren gegen Rechnung verschicken.
– Wir verpflichten uns zu lauterem, auf Vergleiche verzichtenden Wettbewerb.
– Wir achten die Würde des Menschen, insbesondere auch derjenigen, denen Hilfe gewährt werden soll.
– Werbung, die gegen die guten Sitten, religiöse, moralische und ethische Normen verstößt, wird unterlassen.
– Wir unterlassen die Verleumdung oder Diskriminierung anderer Spenden sammelnder Organisationen.
– Sammlungen und Werbemaßnahmen werden so gestaltet, dass aus diesen keine unzumutbare Belästigung entsteht oder diese als Nötigung empfunden wird.

## 2.7 Interessenkonflikt

Wir weisen unsere Partner auf mögliche Interessenkonflikte in unserer Arbeit hin.

## 2.8 Bezahlung

Fundraiserinnen und Fundraiser arbeiten professionell und verlangen eine angemes-

sene Honorierung ihrer Leistungen. Wir akzeptieren und verlangen keine leistungs-
bezogenen Gehälter oder Honorare, die in einem direkten prozentualen Zusammenhang mit den eingeworbenen Spendenmitteln stehen.

Als Mitarbeitende in Agenturen werden wir bei Ausschreibungen keine kostenlosen
Fundraising-Analysen oder Präsentationen durchführen, sondern ein branchenüb-
liches Honorar verlangen. Dieses kann bei Auftragserteilung verrechnet werden.

### 2.9 Fachkenntnisse

Wir tragen Sorge, dass alle am Fundraising Beteiligten unserer Organisation stets
über die relevanten rechtlichen Bestimmungen und deren Änderungen zeitnah informiert sind, und setzen diese Bestimmungen schnellstmöglich nach Kenntnisnahme
um, insbesondere, wenn es um die Rechte von Spenderinnen und Spendern geht.

### 2.10 Beratung

Wir streben einen langfristigen Nutzen für alle am Fundraising-Prozess Beteiligten
an. Dies bedeutet:

- Wir führen keine Aufträge aus, für die wir nicht ausreichend qualifiziert oder ausgestattet sind.
- Wir weisen unsere Arbeit- und Auftraggeber offen und ehrlich über die Chancen
  und Grenzen von Fundraising-Maßnahmen hin.

### 3. Branchenregeln

Einige Arbeitsfelder von Fundraisern haben in ihrer Praxis spezielle Branchenregeln
zum Schutz von Spenderinnen und Spendern entwickelt. Die nachfolgenden Regeln
erklären wir für uns als verbindlich. Sie finden insbesondere auch bei der Vergabe von
Aufträgen Anwendung.

### 3.1 Telefon-Fundraising

Telefon-Fundraising ist die Nutzung des Telefons zur Spenderbindung und Spendenwerbung. Das Telefon ist in Deutschland zu einem alltäglichen Kommunikationsmittel geworden, das auch in der Spendenwerbung seinen Platz hat, wenn folgende
Regeln beachtet werden.

- Es liegt eine ausdrückliche oder durch schlüssiges (= konkludentes) Handeln getä-
  tigte Einverständniserklärung vor.
- Es wird eine konkrete Beziehung zu den Spendern (Mitgliedern usw.) genutzt, um
  bezüglich dieser konkreten Beziehung Kontakt aufzunehmen.
- Der Spender nimmt von sich aus den Kontakt auf (Inbound-Telemarketing).
- Bei jedem Anruf ist in klaren Worten der Name des/der Anrufenden zu nennen
  und in wessen Auftrag angerufen wird. Es muss unterscheidbar sein, ob es sich

beim Anrufenden um Mitarbeitende der NPO oder einer beauftragten Agentur handelt.

– Es müssen die Grundsätze von Wahrheit und Klarheit gelten. Es darf insbesondere keine Markt-, Sozial- oder Meinungsumfrage vorgetäuscht werden oder als Gesprächseinstieg genutzt werden, wenn das Ziel in der Spendenwerbung besteht.

– Es wird nur in zumutbaren Zeiten angerufen. Diese sind wochentags zwischen 8.00 und 20.00 Uhr. Nur auf Wunsch wird an Wochenenden angerufen.

– Die Mitarbeitenden am Telefon dürfen sich keiner Werbetechniken oder Formulierungen bedienen, die aufdringlich wirken und im allgemeinen Sprachgebrauch als „Druckverkauf" bezeichnet werden.

– Alle substanziellen Aussagen werden in Telefonleitfäden festgehalten, an die sich die Telefonierenden zu halten haben. Abweichungen sind nicht zulässig.

– Die Mitarbeitenden am Telefon werden soweit geschult, dass sie ausreichende Auskünfte zur auftraggebenden Organisation und dem genauen Spendenzweck geben können.

– Betreiber von Callcentern stellen sicher, dass die Qualität der Anrufe gleich bleibend gut ist.

– Telefonmitarbeitende werden erfolgsunabhängig bezahlt.

– Callcenter-Verträge mit gemeinnützigen Vereinen dürfen maximal eine ergebnisorientierte Honorierung von 30 Prozent enthalten.

## 3.2 Erbschaften und Vermächtnisse

Menschen, die eine Organisation als Erbe einsetzen oder mit einem Vermächtnis bedenken, tun dies nicht aus einem spontanen Impuls heraus, sondern aus reiflicher Überlegung. Eine Überlegung, die nicht selten auf einer jahrelangen Beziehung zu dieser Organisation basiert. Das Werben um Erbschaften und Vermächtnisse ist in diesem Sinne niemals am kurzfristigen Erfolg orientiert. Ziel ist eine langfristige Beziehung zu den potenziellen Erblassern. Bei der Behandlung von Vermächtnissen ist auch deswegen eine besondere Sorgfalt geboten, da die Erblasser unser Tun selbst nicht mehr kontrollieren können. Wir achten daher folgende Standards:

– Spendende werden nicht gedrängt, die Organisation in ihr Testament aufzunehmen. Wir werden uns keiner Werbetechniken oder Formulierungen bedienen, die aufdringlich wirken und im allgemeinen Sprachgebrauch als Druck oder Druckstrategie bezeichnet werden können. Dazu gehört auch der Verzicht auf unangemessene oder uneinlösbare Versprechen, die über das übliche Maß (z. B. Grabpflege, Messe lesen) hinausgehen.

– Wir nutzen keine psychische oder physische Notlage von Erblassern aus, um ein Vermächtnis oder eine Erbschaft zu erhalten.

– Wir empfehlen, ein notarielles Testament abzufassen.

– Konkurrierende Einrichtungen werden bei dem Nachlassenden nicht abgewertet.

- Wir sind mit den Regelungen des Erbrechts vertraut. Gleichwohl ziehen wir Fachpersonen hinzu, wenn es um schwierige Rechtsverhältnisse geht.
- Wir mischen uns nicht in Streitigkeiten zwischen Erblasser und Angehörigen ein.
- Die persönliche Entscheidung, wer oder was im Testament bedacht wird, wird anerkannt. Dies gilt auch, wenn eine konkurrierende Einrichtung Nutznießerin des Testaments ist.
- Wir lehnen es ab, persönlich in einem Testament bedacht zu werden.
- Testamentarische Zweckbindungen werden streng beachtet.

3.3 Haustürsammlung und -werbung

Um die Qualität dieses Sammlungsfeldes zu sichern und den Ruf dieses Fundraising-Instruments zu wahren, geben wir uns die folgenden Regeln:

- Haustürsammlungen und -werbungen werden in geeigneter Form durch Mitteilung in der Tagespresse, Anzeigenblättern oder Postwurfsendungen angekündigt. Dabei wird der Sammlungszweck mitgeteilt, aber auch eine Telefonnummer für Rückfragen oder Beschwerden.
- Sammler und Werber werden geschult, keinen psychischen oder physischen Druck auf die besuchten Menschen auszuüben und auch jeden Anschein von Druck zu unterlassen.
- Sammler und Werber stellen sich vor und sagen, in wessen Auftrag und für welchen Zweck sie sammeln. Sie können im üblichen Rahmen Auskünfte über die sammelnde Organisation und den Spendenzweck geben. Wenn sie eine Frage nicht beantworten können, sagen sie dies deutlich und verweisen auf die eingerichtete Service-Telefonnummer.
- Spendern wird, analog zum Haustürwiderrufsgesetz, ein 14-tägiges Widerrufsrecht für ihre Spende eingeräumt. Als Grundlage dient der in der Sammlerliste notierte Betrag. Der Eintritt in eine Fördermitgliedschaft ohne Mitgliedsrechte kann innerhalb von vier Wochen widerrufen werden.

3.4 Werbebriefe (Direkt-Mail)

Werbebriefe (Direkt-Mail) sind eines der wichtigsten Instrumente bei der Spendenwerbung. Wir verpflichten uns zu folgenden Regeln:

- Über die Bestimmungen der Datenschutzgesetze hinaus verpflichten wir uns, den Verkauf, die An- oder Vermietung sowie den Tausch von Mitglieder- oder Spenderadressen von gemeinnützigen Vereinen zu unterlassen.
- Die Adressen von Spendern und Interessenten, die dies wünschen, löschen wir aus unseren Dateien.
- Wir geben keine personenbezogenen Daten an Dritte weiter.
- Wir beachten die Vertraulichkeit von Spenden.

- Wir mieten und gebrauchen keine Daten, die offenkundig unter Missbrauch des Datenschutzes zustande gekommen sind.
- Wir pflegen unsere Datenbestände zeitnah und kontinuierlich, um unerwünschte Postzusendungen an Verstorbene und unnötige Fehlläufe zu verhindern.

4. Unsere Verantwortung

Wir Fundraiserinnen und Fundraiser übernehmen die Verantwortung für unser Tun und Unterlassen und achten die hier niedergelegten Grundregeln in ihrem Wortlaut und Sinn. Um die hier niedergelegten Standards zu verbreiten, wenden wir uns auch an die Öffentlichkeit, unsere Auftrag- und Arbeitgeber und unseren beruflichen Nachwuchs.

4.1 Arbeit- und Auftraggeber

Wir können als selbstständige oder angestellte Fundraiser in gemeinnützigen Organisationen oder Agenturen nicht immer frei nach unserem eigenen Willen und losgelöst von Dritten handeln. Wir befinden uns in einem Netzwerk verteilter Zuständigkeiten, Hierarchien, geschriebenen und ungeschriebenen Regeln und Gewohnheiten. Wir streben aber an, in unserem beruflichen Wirken alles Tun zu unterlassen, das den hier niedergelegten Grundregeln widerspricht. Wir sehen es als unsere Aufgabe an, die Grundregeln in Buchstaben und Geist in den Alltag unserer Organisation oder Agentur einzubringen. Wir setzen uns daher ein,

- dass die uns beauftragenden oder beschäftigenden Spenden sammelnden Organisationen diese Grundregeln aufnehmen und als Selbstverpflichtung beschließen;
- dass die uns beauftragenden oder uns beschäftigenden Agenturen gemäß diesen Grundregeln arbeiten.

Wir lehnen die Arbeit für und mit Auftrag- oder Arbeitgebern ab, wenn sie die in diesen Grundregeln niedergelegten ethischen Standards wissentlich grob verletzen.

4.2 Öffentlichkeit, Medien

Als Fundraiserinnen und Fundraiser sind wir auf eine hohe Wertschätzung des Gebens und Nehmens von Spenden in der Öffentlichkeit angewiesen. Neben unseren ethischen Standards kommt den Medien eine besondere Rolle bei der Schaffung eines spendenfreundlichen Umfeldes zu. Wir unterstützen daher die Medien in ihrer Berichterstattung und berichten offen über unsere Arbeit.

4.3 Aus- und Weiterbildung

Die hier beschlossenen Grundregeln sollen als Maßstab für die Aus- und Weiterbildung bei uns im Spendenwesen tätiger Menschen dienen.

# Checkliste zu 2.2.1 Organisatorische Voraussetzungen
# Anwendung der SWOT-Analyse

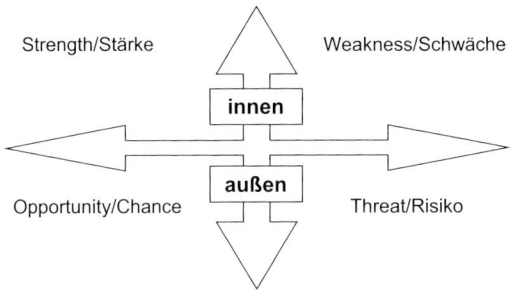

Versuchen Sie nach Ihrer Umfeldanalyse (siehe 2.2.1.3) zu jedem der unten aufgeführten Punkte eine Aussage abzuleiten.

1. Stärken/Schwächen (bezogen auf die jetzige Innensicht der Organisation!):

- Aufbau und Ablauforganisation
- Produkte (Produktentwicklung, Produktpflege, Produktvergleich)
- Mitarbeitende
- Marktorganisation (Marktkommunikation)
- Standort
- Preise
- Dienstleistungen
- Finanzen
- Informationsmanagement

2. Chancen/Risiken (bezogen auf künftige Außenpotenziale in Marktbeziehungen):

- Marktstrukturen
- Marktpotenzial
- Kundenstrukturen
- Kundenpotenzial
- Wettbewerb/Konkurrenz
- Umfeldbedingungen:
    - gesetzlich
    - gesellschaftlich
    - technologisch
    - politisch

# Checkliste zu 2.2.4 Zusammenarbeit mit Dienstleistern

## Checkfragen zum Briefing

- Worin besteht die konkrete Aufgabenstellung? Was ist das (Kommunikations- bzw. Fundraising-)Ziel und wie lautet die Kernbotschaft?
- Welche Ergebnisse sollen erzielt werden?
- Welche Zielgruppe soll angesprochen werden?
- Wie hoch ist der zur Verfügung stehende Etat?
- Existieren ein übergeordnetes Strategiepapier oder andere Vorgaben für die Organisation oder den Arbeitsbereich, die auf die Maßnahme Einfluss haben können?
- Gibt es Erfahrungen der Organisation mit vergleichbaren Aufgaben in der Vergangenheit?
- Bestehen CI- und CD-Vorgaben, die beachtet werden müssen (Hausfarben, bestimmte Schriften usw.)?
- Bestehen Vorgaben hinsichtlich der Formate bestimmter Materialien? Gibt es bereits Gestaltungswünsche?
- Wie tief, d. h. detailgenau, soll das Angebot/die Präsentation angelegt sein?
- In welcher Form soll das Angebot erfolgen bzw. in welcher Form soll die Präsentation vorgenommen werden (Pappen, Beamer, Anzahl der Booklets usw.)?
- Welcher Termin für die Auftragsabgabe bzw. welche Zeitplanung ist vorgesehen (für die Präsentation, die Bekanntgabe der Entscheidung)?
- Welche Ansprechperson in der Organisation steht für Rückfragen bereit? Mit Nennung der Telefonnummer!

(nach: Deutscher Direktmarketing Verband e. V. [Hrsg.]: Best Practice Guide Nr. 1: Auswahl einer Dialogmarketing-Agentur, Wiesbaden o. J.)

# Checkliste zu 2.3.2 Rechnungswesen gemeinnütziger Organisationen

## Mustervorlage „Zuordnung der Erträge und Aufwendungen des Geschäftsjahres 2004 nach Sparten und Funktionen" des Deutschen Spendenrates

| | 2004 EUR | Projekte EUR | Projekt-betreuung EUR | Öffentlich-keitsarbeit EUR | Sonstige Programme EUR | Erträge EUR | Spendenverwaltung und -werbung EUR | Allgemeine Verwaltung EUR | Gesamt EUR | Vermögens-verwaltung EUR | Wirtschaftl. Geschäftsbetrieb EUR |
|---|---|---|---|---|---|---|---|---|---|---|---|
| | | | | | *Ideeller Bereich* | | | | | | |
| 1. Spenden und Zuwendungen | | | | | | | | | | | |
| a) Spenden | 30.881.543,33 | | | | | 30.881.543,33 | | | 30.881.543,33 | | |
| b) Bußgelder | 1.057.529,98 | | | | | 1.057.529,98 | | | 1.057.529,98 | | |
| c) Mitgliedsbeiträge | 4.093,00 | | | | | 4.093,00 | | | 4.093,00 | | |
| d) Erbschaften | 1.138.782,38 | | | | | 1.138.782,38 | | | 1.138.782,38 | | |
| e) Zuwendungen aus öffentlichen Mitteln | 300.846,00 | | | | | 300.846,00 | | | 300.846,00 | | |
| | 33.382.794,69 | | | | | 33.382.794,69 | | | 33.382.794,69 | | |
| 2. sonstige betriebliche Erträge | 309.261,04 | | 6.289,35 | 514,34 | | | 2.467,18 | 96.602,52 | 105.873,39 | 195.169,76 | 8.217,89 |
| 3. Material- und Projektaufwand | | | | | | | | | | | |
| a) Materialaufwand | -6.652,61 | | | | | | | | 0,00 | | -6.652,61 |
| b) Projektaufwendungen für internationale Projekte | -17.862.986,25 | -17.612.118,00 | | -116.341,25 | -134.527,00 | | | | -17.862.986,25 | | |
| | -17.869.638,86 | -17.612.118,00 | 0,00 | -116.341,25 | -134.527,00 | | | | -17.862.986,25 | | -6.652,61 |
| 4. Personalaufwand | | | | | | | | | | | |
| a) Löhne und Gehälter | -1.389.036,28 | | -458.321,81 | -230.629,00 | | | -336.685,35 | -363.400,12 | -1.389.036,28 | | |
| b) Soziale Abgaben und Aufwendungen für Altersversorgung und Unterstützung | -324.514,65 | | -107.075,78 | -53.880,88 | | | -78.658,37 | -84.899,62 | -324.514,65 | | |
| | -1.713.550,93 | | -565.397,59 | -284.509,88 | | | -415.343,72 | -448.299,74 | -1.713.550,93 | | |
| 5. Abschreibungen auf immaterielle Vermögensgegenstände des Anlagevermögens und Sachanlagen | -66.990,27 | | -20.660,28 | -10.606,29 | | | -19.490,54 | -16.233,16 | -66.990,27 | | |
| 6. sonstige betriebliche Aufwendungen | | | | | | | | | | | |
| a) Reisekosten | -230.217,43 | | -135.565,93 | -24.393,46 | | | -4.070,68 | -66.187,36 | -230.217,43 | | |
| b) Fremdleistungen | -307.228,25 | | -14.814,65 | -23.010,19 | | | -195.169,72 | -74.234,29 | -307.228,25 | | |
| c) Porto und Telefon | -747.152,96 | | -42.781,88 | -66.698,81 | | | -602.758,63 | -34.913,64 | -747.152,96 | | |
| d) Publikationen | -54.181,61 | | -1.222,03 | -52.159,71 | | | -506,32 | -293,55 | -54.181,61 | | |
| e) Information und Werbung | -1.098.065,26 | | -52.956,48 | -91.007,28 | | | -950.099,90 | -4.001,60 | -1.098.065,26 | | |
| f) Bürokosten | -281.496,63 | | -94.525,68 | -36.849,70 | | | -80.727,58 | -69.393,87 | -281.496,63 | | |
| g) Nebenkosten des Geldverkehrs | -40.646,75 | | | | | | -34.535,82 | -6.110,93 | -40.646,75 | | |
| h) Sonstige | -3.069.710,19 | | -29.322,93 | -13.652,94 | | | -31.011,03 | -174.202,07 | -248.188,97 | -2.821.282,97 | -238,25 |
| | -5.828.699,28 | | -371.189,58 | -307.772,09 | | | -1.898.879,08 | -429.337,31 | -3.007.178,06 | -2.821.282,97 | -238,25 |
| 7. Sonstige Zinsen und ähnliche Erträge | 72.428,50 | | | | | 29.000,00 | | | | 43.428,50 | |
| 8. Jahresüberschuss | 8.285.604,89 | -17.612.118,00 | -950.958,10 | -718.715,17 | -134.527,00 | 33.411.794,69 | -2.331.246,16 | -797.267,69 | 10.866.962,57 | -2.582.684,71 | 1.327,03 |
| 9. Entnahme aus der Projektrücklage | 0,00 | | | | | | | | | | |
| 10. Entnahme aus der Rücklage aus Erbschaften | 2.794.522,87 | | | | | | | | | | |
| 11. Einstellungen in die Projektrücklage | -8.440.346,68 | | | | | | | | | | |
| 12. Einstellung in die freie Rücklage | -1.521.498,70 | | | | | | | | | | |
| 13. Einstellungen in die Rücklage aus Erbschaften | -1.118.282,38 | | | | | | | | | | |
| 14. Bilanzergebnis | 0,00 | | | | | | | | | | |

## Checkliste zu 2.3.3 Kostenrechnung
## Überblick über die wesentlichen Begriffe der Finanzbuchhaltung und Kostenrechnung

*Rechnungslegung:* laufende Aufzeichnungen über die Geschäftstätigkeit des Vereins und periodischer Abschluss dieser Aufzeichnung.

*einfache Buchführung:* erfasst buchmäßig nur die Bestandsveränderungen des Geldvermögens. Es gibt keine Gegenbuchung auf Sachkonten (Bestands- und Erfolgskonten).

*(kaufmännische) doppelte Buchführung:* erfasst die Bestandsveränderungen des Geldvermögens und des Sachvermögens aufgrund von Leistungsvorgängen. Dadurch besteht die Möglichkeit der doppelten Gewinnermittlung. Dies erfolgt durch Vermögensvergleich in der Bilanz und Aufwands- und Ertragsvergleich in der Gewinn- und Verlustrechnung.

*Konto:* Gegenüberstellung von Zu- und Abnahmen definierter Geschäftsvorfälle in der Buchhaltung.

*Bestandskonten:* zeigen die Bewegungen der Bestände und ermöglichen durch Gegenüberstellung von Anfangsbestand und Zugängen einerseits und Abgängen andererseits die Ermittlung des Endbestandes.

*Erfolgskonten:* enthalten getrennt die Aufwendungen und Erträge einer Abrechnungsperiode.

*Jahresabschluss:* Abschluss der buchhalterischen Aufzeichnungen in der Regel zum Ende eines Geschäftsjahres; sind die Rechnungslegungsvorschriften des HGB für Kapitalgesellschaften maßgebend, besteht der Jahresabschluss aus Bilanz, Gewinn- und Verlustrechnung und Anhang.

*Bilanz:* enthält die Salden der aktiven und passiven Bestandskonten und ist eine Gegenüberstellung von Vermögen und Schulden.

*Gewinn- und Verlustrechnung:* Gegenüberstellung von Aufwendungen und Erträgen.

*Einzahlung* und *Auszahlung:* Veränderung der jederzeit verfügbaren liquiden Mittel.

*Einnahme* und *Ausgabe:* Einzahlung + Forderungszugang + Schuldenabgang bzw. Auszahlung + Forderungsabgang + Schuldenzugang; allgemein Bestandsveränderungen des Geldvermögens.

*Ertrag* und *Aufwand:* Wertezugang einer Abrechnungsperiode bzw. Werteverzehr einer Abrechnungsperiode; allgemein Bestandsveränderungen des Geld- und Sachvermögens.

*Kosten:* Werteverzehr anlässlich der Erstellung betrieblicher Leistungen; das Steuerrecht bezeichnet zusätzlich Zu- und Abgänge geldwerter Güter als Einnahme und Ausgabe.

*Leistungen:* die in Erfüllung des Betriebszwecks erstellten Güter und Dienstleistungen.

*Abrechnungsobjekt:* entscheidungsorientierter Oberbegriff für eine Zurechung der Voll- und/oder Teilkosten (auch Leistungseinheit genannt).

*Bezugsgröße:* hierarchische Ebene einer Organisation, für die die anfallenden Kosten als Einzelkosten angesetzt werden können.

*Kostenart:* systematische Unterteilung der Kosten, die bei der Erstellung und Verwertung der Leistungen entstehen (*Welche* Kosten sind angefallen?).

*Kostenstelle:* Zurechnung der Kosten auf definierte entscheidungsrelevante Bereiche der Organisation (*Wo* sind die Kosten entstanden?).

*Kostenträger:* Zurechnungsobjekt der Kosten für die Erstellung der Leistungen (*Wofür* sind die Kosten entstanden?).

*Betriebsabrechnungsbogen (BAB):* technisches als Tabelle gestaltetes Hilfsmittel zur Durchführung der Kostenstellenrechnung.

*Kontenrahmen (Kontenplan):* vollständige und systematische Darstellung der verfügbaren Konten der Finanzbuchhaltung, gegliedert nach Klassen, Gruppen, Kontenarten und Hinweisen.

# Checkliste zu 2.4.1 Controlling

# Checkliste zur Datenverfügbarkeit

Diese Liste ist eine Aufstellung von Daten, die für Controllingzwecke benötigt werden. Sie hat keinen Anspruch auf Vollständigkeit. Sie soll lediglich den Blick öffnen für die Vielfalt an Daten, von denen durch Controlling profitiert werden kann. Die Verfügbarkeit von Daten ist eine reine Managemententscheidung, und die zuständigen Stellen sollten, wenn sie die Verfügbarkeit niedrig halten, sich bewusst sein, welche Chancen verpasst werden.

1. Spenden

- Höhe
- Buchungsdatum
- Werbecode (Herkunft der Spende)
- Zweck
- Beitragsart (Spende, Beitrag)
- Zahlungsart
- Kontenschlüssel
- Stornodatum
- Stornogrund
- Quittungsmerkmale (mehrere Felder)

2. Lastschriften

- Aufnahmedatum
- Betrag
- Zyklus
- Herkunft
- Werbecode (Herkunft der Spende)
- Zweck
- Stornodatum
- Stornogrund
- Rücklastschrift
- Grund der Rücklastschrift
- Aktion aus Rücklastschrift

3. Spender

–  Adressdaten (mehrere Felder)
–  Herkunft
–  Aktivitäten (mehrere Felder)

4. Kontakte

–  Datum
–  Art
–  Grund
–  Ausgelöste Aktionen (mehrere Felder)

5. Planung

–  Personalkosten (Gehalt, Nebenkosten, Vergünstigungen usw.)
–  Bürokosten (Verbrauchsgüter, Gebrauchsgüter, Miete, Arbeitsplatz, Abschreibungen usw.)
–  Kosten pro Aktivität
–  Verwaltungskosten (im Sinne von Spendenbearbeitungskosten)
–  Alle Kosten von Dienstleistern, nach Aktivität mit Einnahmenprognose

# Checkliste zu 2.4.2 Qualitätsmanagement

# Sieben Schritte für den Einstieg in das Qualitätsmanagement (QM)

Schritt 1: Standortbestimmung/Aufnahme des Ist-Status

- Welchen Status hat „Qualität" derzeit in Ihrer Organisation?
- Wie sieht Ihre Positionierung im Marktumfeld aus?
- Welchen Status hat Ihre Organisation in den Augen der Spendenden?

Schritt 2: Stärken-Schwächen-Analyse

- In welchen Bereichen liegen Stärken Ihrer Organisation?
- In welchen Bereichen liegen Schwächen Ihrer Organisation?
- Ist ein Abgleich von Selbstbild (Organisation) und Fremdbild (Spendende, Gesellschaft usw.) erfolgt?
- Welche Optimierungspotenziale ergeben sich?
- Haben Sie hieraus die wichtigsten Ansatzpunkte für Ihr QM abgeleitet?

Schritt 3: Definition von Zielen

- Haben Sie aus den Optimierungspotenzialen konkrete Ziele abgeleitet?
- Haben Sie diese Ziele quantifiziert, d. h. mit definierten Zielgrößen belegt?

Schritt 4: Bedarfskalkulation

- Ist die Entscheidung für die Anwendung eines komplexen QM-Modells oder nur für einzelne Komponenten und QM-Instrumente gefallen?
- Ist die Durchführung einer Selbstbewertung erfolgt?
- Sind Auswertung und Analyse der Ergebnisse verfügbar?
- Sind die Optimierungsbedarfe lokalisiert und definiert?

Schritt 5: Prüfung und Planung der Ressourcen

- Sind die benötigten „technischen" Ressourcen vorhanden (Datenquellen, Messung, Evaluation, Controlling usw.)
- Gibt es Bedarf für externe Unterstützung (z. B. Beratung)?
- Existieren ausreichende Mitarbeiterkapazitäten zur Umsetzung von TQM?
- Sind eigene Kapazitäten und Kompetenzen für die Qualifizierung der Mitarbeitenden vorhanden?

Schritt 6: Mitarbeitereinbindung

- Sind Sinn und Inhalte des QM allen Beteiligten umfassend kommuniziert?
- Wurden die Mitarbeitenden gedanklich „abgeholt" (Info-Veranstaltungen, Workshops, Einzelgespräche u. Ä.)?
- Ist die Bereitschaft zur Veränderung bei allen Beteiligten vorhanden?
- Sind die notwendigen Qualifizierungsmaßnahmen geplant und verfügbar?

Schritt 7: Planung Projekteinstieg

- Wurde die Priorisierung der gewünschten Optimierungen durchgeführt?
- Sind die organisationsspezifischen Maßnahmen zur Umsetzung definiert?
- Ist ein detaillierter Aktions-Projektplan zur Umsetzung von Optimierungen vorhanden?
- Sind die Verantwortlichkeiten bzw. Zuständigkeiten kommuniziert und von den Beteiligten angenommen?
- Sind Verfahren zur Messung und Bewertung der Fortschritte definiert?

## Checkliste 1 zu 3.2.2 Projekt- und Kampagnenplanung: Das Sieben-Phasen-Modell systematischer Kommunikation

## Checkfragen zur Phase 1 des Sieben-Phasen-Modells

Die nachfolgend aufgeführten Checkfragen dienen Ihnen zur Orientierung in der ersten Arbeitsphase. Sie sind dabei Ihrer konkreten Aufgabe jeweils spezifisch anzupassen, z. B. entsprechend zu erweitern oder zu reduzieren.

1. Fragen über das *eigene Unternehmen und den Hintergrund des Projektes:*

- Welche Geschichte prägt das Unternehmen? Wer hat es gegründet? Wann und aus welcher Absicht (Mission)?
- Wie definieren sich heute die Werte der NPO im Selbst-, Fremd- und Wunschbild und im Weltbild?
- Sind die Werte in einem Leitbild definiert? Gibt es Unterlagen aus dem Leitbild-prozess? Wer war an der Ausarbeitung des Leitbildes beteiligt?
- Ist das Leitbild, die Identität, intern bei den Mitarbeitenden und extern im Markt und in der Gesellschaft verankert und akzeptiert?
- Welche Vorstellungen, Stimmungen, Ängste, Hoffnungen bestimmen in der NPO das Betriebsklima und die Unternehmenskultur?
- Über wie viele und welche Geschäftsfelder[1] mit welchen Produkten oder Leistungen verfügt das Unternehmen?
- Wie setzen sich die Einnahmen der NPO zusammen: Leistungsentgelte, öffentliche Zuschüsse, Stiftungszuschüsse, Spenden?
- Wie sind die finanzielle Basis und die Sicherheit (auch Liquidität) des Unternehmens zurzeit zu bewerten?
- Welche Erfahrungen liegen in der Zusammenarbeit mit Unternehmensberatungen, externen Kreativen oder Werbeagentur-Leistungen vor?
- Mit welchen Kompetenzen sind die verantwortlichen Personen im Unternehmen ausgestattet, und sind sie in der Lage, diese Kompetenzen auszufüllen?
- Woraus ergibt sich die Notwendigkeit des (neuen) Projektes/der vorliegenden Auf-gabenstellung? Was macht es unverzichtbar? Wie wurde es entwickelt? Besteht in-tern Einvernehmen über seine Notwendigkeit?
- Wie wird die Lösung der vorliegenden Aufgabenstellung durch die Organisations-struktur, die Mitarbeiterstruktur und -qualität sowie die Finanzkraft beeinflusst – sei es positiv oder negativ?
- Wie wirkt sich das interne und externe Meinungsklima, die Wertedynamik, die Iden-tifikation in Bezug auf die anstehende Aufgabenstellung aus?
- Wie stark wirken sich Individualisierung, Hedonismus, „Jammerkultur" und Resi-gnation auf die Lösung der geplanten Aufgabenstellung aus?

2. Fragen über *interne und externe Persönlichkeiten* und deren *Beziehungen* und *Einflüsse* auf die NPO:

– Welche internen und externen Persönlichkeiten und deren Beziehungen haben die NPO bisher besonders gefördert oder behindert? (Lieferanten, ehrenamtlich Engagierte, Nachbarn, bisherige Zielgruppen, Spender, Fürsprecher usw.)

– Welche Meinungen, Einstellungen werden von den Mitarbeitenden oder deren Familien, von Freunden oder Kunden geäußert über Kommunikationsformen und -inhalte, die Unternehmenskultur, die Umgangsformen im Unternehmen, das Führungsverhalten der Führungskräfte?

– Welche Meinungen, Einstellungen, Werte, Trends, Moden, Stimmungen werden durch welche Meinungsträger in Institutionen, Ämtern, Parteien, Organisationen, Vereinen, Verbänden, formellen und informellen Gruppen, Zirkeln oder Netzwerken innerhalb und außerhalb des Unternehmens geprägt oder vertreten?

– Welche besonderen Serviceleistungen werden notwendig sein und von welchen Zielgruppen erwartet?

– Welche Zielgruppen, strukturiert nach z. B. Zielgruppensegmenten, Milieus und Lebensstilen, wurden mit welchen Mitteln und Medien, in welchem Zeitraum und mit welchem Erfolg analysiert und angesprochen? Liegen aus vergangenen Kampagnen Ergebnisprotokolle vor?

– Welche Zielgruppen wurden bisher von den Maßnahmen des Unternehmens nicht erreicht und mit welcher Begründung?

– Welche verbalen und visuellen Inhalte wurden wie wann, mit welcher Intensität und mit welchen Mitteln und Medien an welche Zielgruppen (auch Segmente) transportiert?

– Wer hat ein besonderes Interesse an der Realisation des Vorhabens/an der Arbeit der NPO?

3. Fragen über den Markt:

– Wie wird die eigene Marktposition gesehen? Wie unterscheidet sich die NPO von konkurrierenden Organisationen?

– Inwiefern beeinflusst die aktuelle Marktposition die Lösung der vorliegenden Aufgabenstellung?

– Welchen geografischen, gesellschaftlichen, kulturellen, politischen Einflüssen ist die NPO in den letzten sechs Monaten besonders ausgesetzt gewesen?

– Welche gesellschaftlichen oder branchenbezogenen Trends sind zu beachten, und wie sind diese wo dokumentiert?

– Welche neuen rechtlichen Einflussfaktoren ergeben sich aus der globalen und europäischen Entwicklung?

– Welche Einflussfaktoren ergeben sich aus der technologischen Entwicklung, besonders im Bereich der Informationstechnologie?

- Wie ist der Markt mit den konkurrierenden Institutionen und ihren direkten, indirekten oder substitutiven Einflüssen strukturiert?
- Wie prägt sich das Image und Leitbild (Fremd- und Selbstbild) der Konkurrenten bei welchen Zielgruppen und Multiplikatoren aus? Gibt es ein Leitbild bei konkurrierenden Unternehmen, und wo liegen die Unterschiede zum Leitbild des eigenen Unternehmens?
- Welche Leistungen haben konkurrierende Unternehmen in dem anstehenden Aufgabenfeld bisher geleistet?
- Wie haben sich Aktivitäten und Leistungen anderer vergleichbarer Unternehmen oder Organisationen, die nicht zum direkten Konkurrenzumfeld gehören, mit welcher Intensität bei welchen Zielgruppen und mit welchem Erfolg ausgewirkt?
- Welche Stärken und Schwächen hat die Konkurrenz im Vergleich zum eigenen Unternehmen?
- Welche Zielgruppen der Unternehmung wurden wann, wie, mit welchen Mitteln und Medien und mit welchem Erfolg von der Konkurrenz angesprochen?
- Welche verbalen und visuellen Inhalte hat die Konkurrenz wie wann, mit welcher Intensität und mit welchen Mitteln und Medien an welche Zielgruppen transportiert?

4. Fragen über die *bisherigen und zukünftigen Ziele* der NPO:

- Welche Unternehmensziele, Marketing- und Fundraising-Ziele wurden in den vergangenen fünf Jahren definiert und verfolgt? Wie wurden sie erreicht? Was hat gegebenenfalls den Erfolg verhindert?
- Welche Unternehmens-, Marketing- und Fundraising-Ziele wurden für die kommenden zwei, fünf, zehn Jahre definiert? Welche Visionen gibt es?
- Welche Kommunikationsziele wurden in den vergangenen fünf Jahren auf welchem Weg an welche Zielgruppen transportiert?

5. Fragen über die *bisherigen erfolgreichen oder weniger erfolgreichen Aktivitäten* der NPO:

- Welche Projekte oder Fundraising-Kampagnen waren in der Vergangenheit besonders erfolgreich? Was hat den Erfolg ausgemacht?
- Welche Aktivitäten oder Projekte sind treuen Förderern in besonders guter Erinnerung? Worüber wird heute noch positiv (oder negativ) gesprochen?
- Auf welche Aktion gab es die höchste Responserate?
- Mit welcher Aktion wurden die meisten Adressen generiert?
- Welche Aktion hat die meisten Neuspender hervorgebracht?
- Mit welcher Aktion konnte die höchste Durchschnittsspende erzielt werden?
- Gab es Flops? Sind die Gründe für die Flops bekannt?

6. Fragen über den *bisherigen Auftritt* der NPO:

–   Ist das Corporate Design durchgängig umgesetzt? Tragen alle Printmedien dieselbe „Handschrift"? Gibt es Wiedererkennungseffekte?

–   Entsprechen Geschäftsführung und Mitarbeitende in ihrem Auftreten (einschließlich Sprache und Kleidung) dem schriftlichen Erscheinungsbild?

–   Gibt es eine Danksagungskultur und eine Danksagungssystematik? Können sie jederzeit eingehalten werden?

–   Wurden die zusätzlichen Arbeiten, die in der Vergangenheit durch neue Projekte verursacht wurden, organisatorisch problemlos bewältigt?

–   Entsprechen die organisatorischen Voraussetzungen noch den durch weitere Aktivitäten gestiegenen Erfordernissen?


7. Fragen zur *Medienlandschaft* und zur bisherigen *Öffentlichkeitsarbeit:*

–   Wie stark war die Presse (auch das lokale Anzeigenblatt, die Lokalsender) in die bisherigen Aktionen einbezogen? Wie war die Berichterstattung: positiv, neutral, negativ?

–   Welche Medien berichteten bislang über die unternehmerischen Aktivitäten und das Unternehmen als Ganzes oder von Teilbereichen?

–   Welche Kommunikationsinstrumente, -mittel und -medien hat das Unternehmen bisher bevorzugt zur Durchsetzung seiner Unternehmenskommunikation gewählt?

–   Welche Veranstaltungen, Events oder auf die Unternehmensgeschichte bezogenen Ereignisse hat das Unternehmen in den letzten drei Jahren durchgeführt?

–   Wer sind die Multiplikatoren in Redaktionen der Tageszeitungen, des Hörfunks und Fernsehens, der Anzeigenblätter, Fachzeitschriften, Vereinsblätter usw.?

–   Welche Mediadaten der relevanten regionalen, für das Marktgebiet geltenden Medien liegen vor?

–   Welches Informationsverhalten bzw. welche Mediennutzung pflegen die Zielgruppen oder die Multiplikatoren des Unternehmens? Wann, wo, wie oft?

–   Welche zusätzlichen Kommunikationskanäle bzw. Maßnahmen könnten die Zielgruppe oder die Multiplikatoren akzeptieren?

–   Welche finanziellen Mittel standen bisher und stehen zukünftig für den Einsatz von Medien zur Verfügung?

–   Mit welchen bisherigen Nutzenversprechen im Rahmen von Fundraising-Kampagnen oder anderen Marketing-Aktivitäten (USP – Unique Selling Proposition) hat die NPO sich der Öffentlichkeit präsentiert?

–   Welches Bild vermittelt die Unternehmung in der Öffentlichkeit und bei den Mitarbeitenden hinsichtlich ihres ökologischen Verhaltens[2]?

–   Welche Widerstände, Hoffnungen, Trends, Wünsche, Vorurteile bestehen in der Öffentlichkeit oder in Teilöffentlichkeiten in Bezug zur Unternehmung und deren

Leistungen, Zielsetzungen und bisherigen Handlungen, welche könnten die Lösung der vorliegenden Aufgabenstellung beeinflussen?

- Gibt es Widerstände oder Motivationen in bestimmten Gruppen oder Teilöffentlichkeiten, auf der Ebene der Entscheider, der Mitarbeitenden oder der Verwaltung gegenüber dem Leitbild, der Corporate Identity, der externen Kommunikation, dem bisherigen Marktauftritt der NPO?

### Quellensuche

Um die gesammelten Fragen möglichst zeitsparend, korrekt und sinnvoll beantworten zu können, müssen die jeweils passenden Quellen gefunden werden. Die Suche nach diesen Quellen wird zum Beispiel durch folgende Fragen erleichtert:

- Welche kompetenten Persönlichkeiten der eigenen Institution und welche Fachabteilungen könnten Daten haben oder zur Datenbeschaffung eingesetzt werden?
- Sind Personen, Multiplikatoren bekannt, die Informationen liefern können? Gibt es eine aussagefähige Adressenkartei für diesen Zweck?
- Welche weiteren möglichen Quellen[3] können zur Beantwortung der anstehenden Fragen herangezogen werden?
- Liegen Ausarbeitungen, Daten, Dokumentationen, Fachzeitschriften über Themen der Aufgabenstellung vor?
- Gibt es Ergebnisse aus Befragungen, Beobachtungen oder Experimente, die das Unternehmen selbst durchgeführt hat?
- Liegen Auswertungen und Unterlagen der letzten Messen/Ausstellungen, Tagungen und Kongresse vor?
- Welche Adressen liegen für die Internetnutzung vor, und welche anderen elektronischen Datenquellen und -träger können genutzt werden?
- Welche neuen Forschungsergebnisse, Innovationsergebnisse, Berichte, Tagungs- und Kongressergebnisse können herangezogen werden?

## Anmerkungen

1  Geschäftsfelder sind eigenständig, mit eigener verantwortlicher Führung und Abrechnung gekennzeichnet.

2  Beispiel: Nutzung von plastikverpackten Konfitüren in Tagungsstätten, Altenheimen usw.

3  Quellen, Daten, Adressen sind durch Verbände oder andere Organisationen zu erhalten. Z. B.: Studien, Aufsätze, Daten usw. aus der Allensbacher Werbeträger Analyse (AWA), der Verbraucheranalyse (VA), der Media-Analyse (MA), der Sinus-Untersuchungen, der Untersuchungen der Medien-Verlage (Axel Springer, Heinrich Bauer Verlag, „Der Spiegel", „Das Beste") usw.

## Checkliste 2 zu 3.2.2 Projekt- und Kampagnenplanung: Das Sieben-Phasen-Modell systematischer Kommunikation

### Checkpunkte zur Phase 2 des Sieben-Phasen-Modells

Die nachfolgend aufgeführten Checkpunkte dienen zu Ihrer Orientierung in der zweiten Arbeitsphase. Sie sind der konkreten Aufgabe jeweils anzupassen, z. B. entsprechend zu erweitern oder zu reduzieren.

– Ordnen der Fragen nach mündlicher oder schriftlicher Befragung (Feldforschung *Field Research*) und nach Nutzung vorhandener Daten, des Internets oder anderer Quellen (Schreibtisch-Forschung *Desk Research*).

– Stehen mehrere Mitarbeitende in der Projektbearbeitung zur Verfügung: arbeitsteiliges Vorgehen bei der Analyse.

– Zusammentragen und Strukturieren der Antworten: Möglich und sinnvoll ist die bereits bei den Fragen vorgestellte Gliederung.

– Interpretation und Zusammenfassung (Konklusion, Rückschluss, Folgerung) der Ergebnisse in einer Analyse, d. h. einer Bilanz der Stärken und Schwächen, Chancen und Risiken der NPO hinsichtlich der zu lösenden Aufgabe. Diese Bilanz wird auch aufzeigen, welche Fragen offen geblieben sind, weil es aus Zeitmangel oder wegen fehlender Quellen keine Antworten gab. Daraus können eventuelle Informationslücken abgeleitet werden.

– Schriftliche Fixierung der nun endgültigen, verbindlichen Aufgabenstellung.

– Abstimmen der so entwickelten Aufgabenstellung und Gegenzeichnen durch den Auftraggeber.[1]

### Anmerkung

1 Auftraggeber können Vorstände, Vorgesetzte, Persönlichkeiten oder, wie im Beratungsfall, Kunden sein.

## Checkliste 3 zu 3.2.2 Projekt- und Kampagnenplanung: Das Sieben-Phasen-Modell systematischer Kommunikation

## Checkpunkte zur Phase 5 des Sieben-Phasen-Modells

Die nachfolgend aufgeführten Checkpunkte dienen zu Ihrer Orientierung in der fünften Arbeitsphase.

Die zu gestaltenden Kommunikationsmittel könnten Anzeigen, Plakate, Werbege-schenke, Fernsehspots, Multimediashows, Hörfunkspots, Videos, Displays, Internet-seiten, Broschüren, Festschriften, Schaukästen, Schaufenster, Verkehrsmittel-Bemalung, Scheibenkleber sowie Beilagen – CDs, Prospekte, Flyer, Werbebriefe/Briefe, Aufkleber usw. sein.

1. Die *Tonart* (Tonality) der Kommunikation kann je nach Kampagnenart und Zielgrup-pe unterschiedlich sein:

- betont verbal, sprachorientiert
- betont sachlich, informativ, argumentativ
- betont partnerschaftlich
- betont argumentativ
- betont Lebensstil-orientiert
- betont emotional, eskapistisch
- betont esoterisch
- betont religiös
- betont avantgardistisch
- betont klassisch-konservativ
- betont frech bis dreist


2. Die *textliche und grafische Umsetzung* der Gestaltung orientiert sich an der CD-Vorgabe der NPO und an den Kommunikationszielen. Sie kann:

- Prioritäten setzen
- bevorzugt themenorientiert sein
- erlebnisorientiert, unterhaltend sein
- besonders motivorientiert und problemlösend sein
- Argumente und Lösungen aufzeigen
- den zentralen Gedanken und Nutzen (USP) als Kernidee herausstellen
- visuell dominierend sein
- verbal, textlich dominierend sein

3. Kriterien des *Briefings an die kreativen Experten:*

– Leitbild oder Exposé der Corporate Identity und verbindliche Rahmenvorgaben des Corporate Design, hier insbesondere verbindliche Hausfarben, Typografien, Zeichen, Markenzeichen, Firmenzeichen, Symbole, Formen

– Marketing-Zielsetzung einschließlich der Distributionen, Zielgruppenbestimmung und der einzusetzenden Kommunikationsinstrumente, -mittel und Mediengattungen

– Vorstellung des Zeitrahmens und der angestrebten Positionierung der Unternehmung bzw. der Leistung

– Festlegen des künstlerischen und gestalterischen Interpretationsspielraumes


4. Die *Mediaplanung* stellt für die Feinplanung bereit:

– die Daten der spezifischen Medien, differenziert nach Gattungen, Media-Zielgruppen, Reichweiten (Bruttoreichweiten und Nettoreichweiten nach Zielgruppen-Differenzierung)

– Mediakosten, Schaltkosten geordnet nach den Medien

– Musterexemplare der gewählten Printmedien oder, wenn möglich, Präsentationen der gewählten Hörfunk- und Fernsehsender


5. Kriterien der *Media-Feinplanung:*

Die Medien werden je nach ausgewählter Zielgruppe nach Reichweiten, Affinitäten der Media-Zielgruppe und Tausend-Kontakt-Preisen in Bezug zur anstehenden Fundraising-Aufgabe ausgewählt (Marketing-Zielgruppe).


6. Briefing-Kriterien für *externe Mediaplaner:*

– Aufzeigen der Marketing-Zielgruppe bzw. der Zielgruppensegmente

– Aufzeigen der Kommunikations-Zielgruppe einschließlich Multiplikatoren wie den internen Zielgruppen

– Aufzeigen der groben Darstellung der geplanten Medien

– Aufzeigen der Darstellung der gewählten Kommunikationsmittel und deren Gestaltung. Die Wiedergabe einer 4C-Anzeige hängt oft entscheidend von der Papierqualität der gewählten Medien ab.

## Checkliste 4 zu 3.2.2 Projekt- und Kampagnenplanung: Das Sieben-Phasen-Modell systematischer Kommunikation

## Checkfragen zur Phase 6 des Sieben-Phasen-Modells

Die nachfolgend aufgeführten Checkpunkte dienen zu Ihrer Orientierung in der sechsten Arbeitsphase.

1. Anfragen zur Herstellung von Kommunikationsmitteln

- Liegen die Vorlagen zur Herstellung der Kommunikationsmittel für die gedruckten, auditiven und audiovisuellen sowie elektronisch-interaktiven Medien vor, und sind sie mit den verantwortlichen Fachleuten im Unternehmen abgestimmt?
- Ist die kostengünstige Form bei erwünschter Qualität der Produktion, Druckherstellung, Studioproduktion usw. gewählt worden? Lagen drei Preisangebote vor?[1]
- Ist den Herstellern (z. B. Druckereien) bei der Preisanfrage mitgeteilt worden, welche Unterlagen sie erhalten und welche typografischen und gestalterischen Regeln gelten, wenn die Hersteller auch Satz, Layout und Blattkonzeption übernehmen?
- Sind dem Hersteller die benötigten genauen Daten, besonders über Zeit, Auflagen und Verpackungen für das Preisangebot genannt worden?[2]

2. Disposition (Buchung) der Medien

Medien müssen zeitgenau, rechtzeitig und technisch korrekt gebucht werden.

- Wurden die Anzeigenschlusstermine beachtet?
- Wurden die Bestimmungen der Post für das Mailing beachtet?

3. Durchführung von Veranstaltungen, Events, Messen und Ausstellungen

- Sind vor und beim Einsatz von audiovisuellen Medien die technischen Voraussetzungen geprüft und beobachtet worden?
- Sind bei der Durchführung von Veranstaltungen die örtlichen, technischen, rechtlichen, sicherheitsbezogenen, lokalen, nachbarschaftlichen und logistischen Probleme und Rahmenbedingungen geklärt worden?
- Sind für den Messebesuch die Richtlinien der Messeveranstalter hinsichtlich zeitlicher, technischer, rechtlicher Bestimmungen geklärt worden?
- Sind für den Plakatanschlag Standorte, Klebetermine, Formatanforderungen und bei elektronischen Medien der Außenwerbung Buchungszeiten und technische Rahmenbedingungen geklärt worden?
- Sind beim Einsatz von Hörfunk, Kino und Fernsehen die technischen Bedingungen der Buchungszeiten (z. B. wer benötigt bis wann welche Kopien, Bänder usw.) beachtet worden.

## Checkliste 5 zu 3.2.2 Projekt- und Kampagnenplanung: Das Sieben-Phasen-Modell systematischer Kommunikation

## Checkfragen zur Phase 7 des Sieben-Phasen-Modells

Die nachfolgend aufgeführten Checkpunkte dienen zu Ihrer Orientierung in der siebten Arbeitsphase.

- Welche Maßnahmen, Instrumente, Medien und Mittel haben wo und wann bei welchen Zielgruppen welchen Erfolg gebracht?
- Welche Maßnahmen, Instrumente, Medien und Mittel haben keinen oder nur geringen Erfolg gebracht?
- Warum haben welche Maßnahmen, Instrumente, Medien und Mittel wann und wo keinen Erfolg gebracht?
- Welche Einflussfaktoren, auch Aktivitäten der Konkurrenz, haben den Erfolg unterstützt oder behindert?
- Welche Punkte der Kontrolluntersuchung sind wichtig für eine nachfolgende Kampagne?

### Anmerkungen

1 Vorsicht bei „internen" Anbietern oder konzerneigenen Druckereien. Sie sind oft teurer und in der Qualität nicht immer ausreichend.
2 Je ausführlicher die Informationen für den Setzer, Lithografen, Drucker, die Produktionen usw. sind, desto genauer wird das Preisangebot.

# Checkliste 1 zu 3.3.4 Spenderbetreuung

# Übersicht über herkömmliches und neues Denken im Fundraising: Das Grüne Band der Sympathie

Das neue Denken hat folgende Konsequenzen:

| Herkömmlicher Denkansatz | Neues Denken |
|---|---|
| Klage: Das Glas ist halb leer. | Freude: Das Glas ist halb voll. |
| Wir sind eine professionell organisierte Einrichtung | Die Einrichtung ist eine neue Welt, die der Spender sich wünscht. |
| Die Einrichtung möchte etwas. | Der Spender möchte etwas tun. |
| kritisches Denken | kreatives Denken |
| problemorientiert | Vision eines besseren Lebens |
| Der Spender reagiert. | Der Spender agiert. |
| Der Spender wird „angemacht". | Der Spender handelt aus Freundschaft von selbst (Stichwort: Compassion). |
| Die Spende steht im Mittelpunkt. | Der Spender als freiwilliger Helfer |
| Mangel an Hilfsmitteln | Überfluss an Hilfsmitteln |
| Geschichte der Einrichtung | Geschichte des Spenders |
| Der Spender wird „abgekanzelt" (Wie die Spenden verwendet werden, ist unsere Entscheidung). | Der Spender wird mit seinen Wünschen ernst genommen und erhält erstklassige Informationen über die Verwendung seiner Spende. |
| Dem Spender wird etwas „beigebracht". | Der Spender lernt an Beispielen. |
| Kostenbewusst. Klage: Alles ist teuer. | Es geht um Investition in die Menschlichkeit. |
| Wir haben etwas erreicht. | Beispiellose Erfolge der Freunde und Förderer |
| Wir spenden selbst nicht, weil wir hier schon arbeiten. | Alle geben ab für ein gemeinsames Ziel. |

# Checkliste 2 zu 3.3.4 Spenderbetreuung
# Testfragen zum Führungsverhalten

Alle Mühen werden nur Erfolg haben, wenn auch Vorstand (Kuratorium, Leitung) sich am Fundraising beteiligen und Vorbild sind für Freunde, Förderer und Mitarbeiter. Das gebietet der Respekt vor den Spendern, die sich oft ihre Spende buchstäblich vom Munde absparen.

Können folgende Fragen alle mit „Ja" beantwortet werden?

Unsere Führung/Leitung:

|  | Ja | Nein |
|---|---|---|
| 1. Spendet entsprechend Einkommen | ___ | ___ |
| 2. Nimmt an strategischer Planung teil | ___ | ___ |
| 3. Versteht Fundraising-Strategien | ___ | ___ |
| 4. Bringt neue Adressen | ___ | ___ |
| 5. Hilft dabei, gute Spender zu identifizieren | ___ | ___ |
| 6. Knüpft persönliche Kontakte mit wichtigen Freunden und Förderern | ___ | ___ |
| 7. Besucht zusammen mit dem Fundraiser Spender | ___ | ___ |
| 8. Schreibt persönliche Dankbriefe | ___ | ___ |
| 9. Hilft mit bei Veranstaltungen | ___ | ___ |
| 10. Knüpft ständig an einem Netzwerk der Beziehungen für die Organisation | ___ | ___ |

## Checkliste 3 zu 3.3.4 Spenderbetreuung
## Vier Tests zur Spenderbeziehung und Danksystematik

Überprüfen Sie Ihre Spenderbeziehung: Das Schöne, Interessante und Spannende am Fundraising ist, dass Sie sehr gut feststellen können, ob Sie mit Ihrem Beziehungsmanagement auf dem richtigen Weg sind, ob Sie sich richtig bedanken, ob für Ihr Spenderpotenzial das Fundraising-Mix richtig gewählt ist. Einmal jährlich sollten Sie sich den nachfolgenden Tests unterziehen:

**Überprüfen Sie Ihre Spenderbeziehung. Stimmt Ihre Danksystematik? (1)**

Zeitschiene ⟶

| Anzahl der Spenden | 3 Monate | 6 Monate | 9 Monate | 12 Monate und mehr |
|---|---|---|---|---|
| 1 | A | | | D |
| 2 | B | | | |
| 3 | | | | |
| 4 | | | | |
| 5 und mehr | C | | | E |

*Aufgabe:*  1. Wer bekommt einen roten Teppich ausgerollt?    _____
2. Wer erhält einen Blumenstrauß?    _____
3. Wem schlagen Sie eine Dauerüberweisung vor?    _____
4. Wer erhält einen besonders motivierenden Dank?    _____
5. Wen besuchen Sie?    _____
6. Wer muss neu motiviert werden?    _____
*Mehrfachnennungen sind möglich*

| Überprüfen Sie Ihre Spenderbeziehung. Stimmt Ihre Danksystematik? (2) | | | | |
|---|---|---|---|---|
| Betrag ⟶ | | | | |
| Häufigkeit der Spenden | bis zu 50 Euro | bis zu 100 Euro | bis zu 500 Euro | 500 Euro und mehr |
| 1 | A | | | D |
| 2 | B | | | |
| 3 | | | | |
| 4 | | | | |
| 5 und mehr | C | | | E |

*Aufgabe:* 1. Wer bekommt einen roten Teppich ausgerollt? _____
2. Wer erhält einen Blumenstrauß? _____
3. Wem schlagen Sie eine Dauerüberweisung vor? _____
4. Wer erhält einen besonders motivierenden Dank? _____
5. Wen besuchen Sie? _____
6. Wer muss neu motiviert werden? _____
*Mehrfachnennungen sind möglich*

Bestimmen Sie eine Rangfolge, indem Sie Zahlen von 1 bis 25 in die Kästchen verteilen. Die Zahl 1 erhält der Spender mit der besten Spenderbindung.

| Überprüfen Sie Ihre Spenderbeziehung. Stimmt Ihre Danksystematik? (3) | | | | | | |
|---|---|---|---|---|---|---|
| Spendenhöhe im Jahr ... | Spenden im folgenden Jahr | | | | | |
| | bis 5.000 Euro | bis 1.000 Euro | bis 500 Euro | bis 100 Euro | bis 10 Euro | keine Spende |
| bis 5.000 Euro | | | | | | |
| bis 1.000 Euro | | | | | | |
| bis 500 Euro | | | | | | |
| bis 100 Euro | | | | | | |
| keine Spende | | | | | | |

es haben erhöht: _____ gleiche Summe: _____

weniger gespendet: _____ ausgeschieden: _____

**Überprüfen Sie Ihre Spenderbeziehung. Stimmt Ihre Danksystematik? (4)**

|                | Strategie | | | |
|----------------|-----------|--------|--------------|--------------|
|                | Aktivieren | Erhöhen | Zurückhalten | Zurückholen |
| Dauerspender   |           |        |              |              |
| – sehr hoch    |           |        |              |              |
| – mittel       |           |        |              |              |
| – niedrig      |           |        |              |              |
| Jahresspende   |           |        |              |              |
| – sehr hoch    |           |        |              |              |
| – mittel       |           |        |              |              |
| – niedrig      |           |        |              |              |

Wenn Sie herausgefunden haben, wie Ihre Spender im vergangenen Jahr reagiert haben, dann entwickeln Sie eine Strategie, wie Sie in Zukunft auf Ihre Spender zugehen wollen. Je differenzierter Sie Ihre Spender anschreiben, desto erfolgreicher wird auf Dauer gesehen Ihr Beziehungsmanagement sein.

# Checkliste 4 zu 3.3.4 Spenderbetreuung

# Testfragen zur Danksystematik

| Haben Sie eine gute Danksystematik? | |
|---|---|
| | |
| Grundsätzliches: | |
| Jede Spende wird bedankt | 3 |
| Der Dank liegt in einer Hand. | 3 |
| | |
| Dankkarten: | |
| Es gibt vorgedruckte Dankkarten. | 1 |
| Die Texte entsprechen den Spendenzwecken. | 2 |
| Spender erhalten auch Kartengrüße ohne aktuelle Spende. | 3 |
| Die Danktexte ändern sich jährlich. | 1 |
| Es werden auch handgeschriebene Karten verschickt. | 2 |
| | |
| Dankbriefe: | |
| Es gibt nur einen vorgedruckten allgemeinen Brief. | −3 |
| Es gibt einen personalisierten und persönlich unterschriebenen Brief. | 3 |
| Dankbriefe richten sich nach dem Spendenzweck. | 1 |
| Wir schreiben ganz individuelle Dankbriefe nach der ersten, zweiten und dritten Spende. | 4 |
| Nach einem Besuch schreiben wir noch am selben Tag einen Dankbrief. | 3 |
| Nur der Vorstand/die Leitung unterschreibt die Dankbriefe. | −4 |
| Dauerspender erhalten einen ausführlichen Jahresdankbrief. | 3 |
| Auch „kleine Spender" erhalten in Abständen einen Dankbrief. | 2 |
| Auf unsere Dankbriefe kommen Briefmarken. | 2 |
| Spender, die mehrmals im Jahr spenden, erhalten verschiedene Briefe. | 2 |
| | |
| Danktelefonate: | |
| Jede Spende über 1.000 Euro wird umgehend telefonisch bedankt. | 3 |
| Wenn sich Spender ein Jahr nicht gemeldet haben, rufe ich sie an oder schreibe ihnen. | 2 |
| | |
| Einladungen: | |
| Wir laden Spender ein, um ihnen Projekte vorzustellen und ihnen zu zeigen, dass mit ihrer Hilfe viel Gutes getan werden konnte. | 4 |
| Wir laden zu Spenderjubiläen ein. | 3 |
| Wir laden Menschen ein, die Spender kennen. | 2 |
| | |
| Besuche: | |
| Wir besuchen Spender. | 2 |
| | |
| Sonstiges: | |
| Großen und kleinen Spendern schicken wir auch einmal Blumen. | 2 |
| Häufen sich Spender in einer Region, laden wir dort zu einem Treffen ein. | 2 |

Wer unter 10 Punkte hat, muss Fundraising-Entwicklungshilfe beantragen.

## Checkliste 5 zu 3.3.4 Spenderbetreuung

## Beschwerdemanagement/Zufriedenheitsmanagement: Ein Beispiel aus der Praxis

So wird bei der Deutschen Bank auf Beschwerden reagiert.

| Maßnahmen, die sofort umgesetzt werden können | Anregungen, die das Verhalten jedes Einzelnen betreffen |
|---|---|
| Beschwerden beantworten wir grundsätzlich innerhalb von 48 Stunden.<br><br>Sofern innerhalb dieser Frist keine abschließende Bearbeitung möglich ist, erteilen wir zumindest einen Zwischenbescheid und sorgen für die Erledigung innerhalb von spätestens 7 Tagen.<br><br>Beschwerden bringen wir grundsätzlich dem Beschwerdemanagement zur Kenntnis.<br><br>Alle erkannten Ursachen für gerechtfertigte Beschwerden werden sofort behoben. | Wir müssen Beschwerden verstehen lernen als:<br>– Hinweise auf Fehlleistungen, die wir offen zugestehen müssen<br>– Anregungen zur Beseitigung organisatorischer Schwachstellen<br>– Anlässe, die eigene Leistungsbereitschaft immer wieder zu überdenken<br>– Aufforderung zum kundenorientierten Denken und Handeln<br>– wertvolle Hinweise für unsere Position auf dem Markt<br>– ständigen Maßstab für Kundenorientierung und Zufriedenheit<br>– möglichen Anstoß zur Veränderung des Führungsverhaltens<br><br>Wir erreichen, dass Beschwerden:<br>– immer unser uneingeschränktes Interesse erhalten,<br>– innerhalb unseres Tagesgeschäftes hohe Priorität erhalten,<br>– fair, kompetent, korrekt und im Kundeninteresse behandelt werden,<br>– eine Kundenverbindung nicht gefährden, sondern festigen,<br>– von allen Mitarbeitern aktiv und motiviert bearbeitet werden.<br><br>Verzögerung in der Bearbeitung teilen wir dem Kunden sofort mit. |

# Checkliste 6 zu 3.3.4 Spenderbetreuung

## Test: Stimmt Ihr Zufriedenheitsmanagement (1 und 2)

## Test 1

| Nr. | Testfragen zum Thema: Vorstand, Kuratorium/ Aufsichtsrat | Immer (3 Punkte) | Gewöhnlich (2 Punkte) | Manchmal (1 Punkt) | Nie (0 Punkte) |
|---|---|---|---|---|---|
| 1 | Die Mitglieder des Vorstandes usw. spenden entsprechend ihren Einkommen und Vermögen. | | | | |
| 2 | Eine Arbeitsgruppe „Fundraising" fördert, entwickelt und begleitet alle Fundraising-Aktivitäten. | | | | |
| 3 | Einflussreiche und gute Spender gehören dem Kuratorium/ Aufsichtsrat an. | | | | |
| 4 | Vorstands- und Aufsichtsratsmitglieder sind bei wichtigen Fundraising-Aktivitäten anwesend und engagiert. | | | | |
| 5 | Vorstands- und Aufsichtsratsmitglieder stellen Kontakte zu wichtigen Spendern her, gewinnen neue Großspender. | | | | |

| Nr. | Testfragen zum Thema: Jährliche Fundraising-Aktionen | Immer (3 Punkte) | Gewöhnlich (2 Punkte) | Manchmal (1 Punkt) | Nie (0 Punkte) |
|---|---|---|---|---|---|
| 1 | Das Fundraising-Aufkommen wird jährlich um 10 % gesteigert. | | | | |
| 2 | Die Zahl der Neuspender übersteigt die Zahl der abgesprungenen Spender. | | | | |
| 3 | Neue Spender werden systematisch durch Scoring-Methoden und FIT-Analysen gesucht. | | | | |
| 4 | Es gibt eine Jahres- und optimierte Medienplanung für alle Fundraising-Aktivitäten. | | | | |
| 5 | Für die Gewinnung von Neuspendern werden jährlich mindestens 5 % des Spendenaufkommens ausgegeben. | | | | |

## Test 2

| Nr. | Testfragen zum Thema: Planungen | Immer (3 Punkte) | Gewöhnlich (2 Punkte) | Manchmal (1 Punkt) | Nie (0 Punkte) |
|---|---|---|---|---|---|
| 1 | Der Vorstand legt jedes Jahr kurzfristige und längerfristige Spendenprojekte fest. | | | | |
| 2 | Eine Arbeitsgruppe „Fundraising" diskutiert und beurteilt die Spendenprojekte, legt Prioritäten fest. | | | | |
| 3 | Die Arbeitsgruppe entwickelt Strategien zur Erreichung der Spendenziele, kontrolliert, ob Ziele erreicht werden. | | | | |
| 4 | Die Spendenprojekte orientieren sich an den Bedürfnissen der Klientel und des Gemeinwesens. | | | | |
| 5 | Der Vorstand bemüht sich um öffentliche Zuschüsse, um Zuschüsse aus EU-Programmen und um private Investoren. | | | | |

| Nr. | Testfragen zum Thema: Kommunikation mit den Spendern | Immer (3 Punkte) | Gewöhnlich (2 Punkte) | Manchmal (1 Punkt) | Nie (0 Punkte) |
|---|---|---|---|---|---|
| 1 | Das ganze Jahr wird mit allen guten Spendern auf verschiedenste Weise Kontakt gehalten. | | | | |
| 2 | Die Öffentlichkeit kennt die Spendenprojekte. Sie werden mit den Spendern abgerechnet. | | | | |
| 3 | Die Spender werden ausführlich und ehrlich informiert. Auf Verlangen werden Bilanz, G und V zur Verfügung gestellt. | | | | |
| 4 | Wir entwickeln verschiedene Veranstaltungstypen für unsere Spender. | | | | |
| 5 | Wir haben ein ausführliches Dankprogramm, es gibt eine „Bill of rights" für unsere Spender. | | | | |

Test: Stimmt Ihr Zufriedenheitsmanagement (1) und (2).

Bei weniger als 30 Punkten sollten Sie die Fundraising Akademie in Frankfurt am Main besuchen.

## Checkliste zu 3.4 Fundraising für Not- und Katastrophenhilfe (Emergency Fundraising)

## Checkliste zu vorbereitenden Maßnahmen für das schnelle Emergency Fundraising

- Lizenzvertrag Fundraising-Software um Aushilfen erweitert
- Aushilfspool für Spendenbuchhaltung eingerichtet
- Zusatzarbeitsplätze in der Spendenbuchhaltung eingerichtet
- Arbeitsverträge um Passus zu Wochenend- und Nachtarbeit erweitert
- Presseverteiler aufgebaut
- Medienverteiler TV aufgebaut
- Medienverteiler Radio aufgebaut
- Medienverteiler Online aufgebaut
- Telefonliste für alle Mitarbeitenden erstellt
- Layout für Internet-Banner erstellt
- Verteiler für Spenden-E-Mailing erstellt
- Verteiler für Post-Mailing erstellt
- Post-Mailing vorproduziert
- Vertrag mit Lettershop abgeschlossen
- Medienpartner sondiert
- Layoutrahmen für Anzeigen erstellt
- Layoutrahmen für Plakate erstellt
- Vertrag mit Internet-Agentur abgeschlossen
- Materialien für Benefizveranstaltungen vorproduziert
- Nummer für Telefonhotline reserviert
- Dienstleistungsvertrag mit Telefondienstanbieter geschlossen

# Checkliste zu 4.2.2 Capital Campaigns

# Übersicht über die Elemente einer Machbarkeits- und Planungsstudie (Feasibility Study)

1. Interne Situationsanalyse

- 20 Interviews mit „internen" Schlüsselpersonen
- Evaluation der bisherigen Fundraising-Aktivitäten
- Vorbereitung für die externe Phase der Studie, Entwicklung der notwendigen Unterlagen: Zielbild, Projektliste, Spendentabelle(n), Namensliste der externen Gesprächspartner

2. Externe Machbarkeitsstudie

- 20 Interviews mit externen Führungspersönlichkeiten und wohlhabenden Individuen
- qualitative „Marktforschung"
- Kontaktaufbau zu potenziellen Initialförderern

3. Gesamtbericht

- Bewertung des Fundraising-Zielbildes
- Bewertung der Attraktivität der Förderbereiche und Anerkennungsformen
- Bestätigung oder Veränderung des Finanzzieles
- Vorschlag für Aktionsplan zur Kontaktpflege mit potenziellen Förderern, insbesondere zu den potenziellen Initialförderern
- Vorschlag für optimale Fundraising-Struktur, Zeitplan und Finanzplan der Kampagne

## Checkliste zu 4.3 Erbschaftsfundraising
## Neun Tipps für erfolgreiches Erbschaftsfundraising

1. Wenn Sie Erbschaftsfundraising in Ihrer Organisation einführen oder verbessern wollen, bewirken Sie in jedem Fall eine Veränderung. Darauf sollten Sie sich vorbereiten.

2. Nutzen Sie systemische Verfahren – sie helfen Ihnen, das Erbschaftsfundraising prozessorientiert anzugehen und damit die Ownership für Erbschaftsfundraising in Ihrer Organisation zu fördern. Sie werden dann im Veränderungsprozess mit Unsicherheiten leichter umgehen und Widerstände konstruktiv nutzen können.

3. Planen Sie sorgfältig nach außen *und* nach innen, auch wenn Ihnen die Strategieplanung nach innen unbequem erscheint!

4. Versichern Sie sich kontinuierlich der Unterstützung von Führungskräften und Schlüsselpersonen in Ihrer Organisation und vermeiden Sie so die Gefahr mangelnder Rückendeckung auf Ihrem Weg.

5. Konzipieren Sie Ihre Strategien und Maßnahmen integrativ und komplementär. Eine Broschüre allein generiert noch keine Erblasser!

6. Stellen Sie bei alledem Fragen aus der Perspektive der anderen und gewinnen Sie so wertvolle Hinweise für Ihre Konzeption.

7. Erlauben Sie sich auch Fehler: Erbschaftsfundraising darf Spaß machen und gerade Fehler liefern interessante Einsichten, was Sie anders machen könnten – Fehler sind unsere Lehrer.

8. Betrachten Sie sich und Ihre Organisation als Lernende und sichern Sie das gewonnene Wissen, damit es an die Mitarbeitenden weitergegeben werden kann.

9. Streben Sie nicht nach schnellen Erfolgen, sondern behalten Sie einen langen Atem. Genießen Sie den stillen Triumph der Nachhaltigkeit.

## Checkliste zu 4.4 Bußgeldmarketing

## Maßnahmenkatalog Bußgeldmarketing

- Analyse des regionalen Bußgeldmarktes bzw. des jeweiligen Marktsegmentes (z. B. Internationale Hilfe, Menschenrechte usw.)
- Planzahlen, Budget, positiver Vorstandsentscheid
- Eröffnung eines separaten Kontos für Geldbußenzahlungen
- Eintrag in die regionalen oder überregionalen Bußgeldlisten beantragen
- Bestehende Kontakte zu Zuweisungsstellen oder Zuweisern innerhalb der Organisation abfragen
- Festlegung der Verantwortlichen für Kommunikation und Überwachung, Abläufe regeln
- Druck von Überweisungsträgern und Adressetiketten
- Nachfassen, sofern Eintrag in die Bußgeldliste noch nicht bestätigt
- Maßnahmenplan und Kommunikations-Mix festlegen
- Zuweiserbindung
- Bußgeldverwaltung
- Wer ist zuständig für telefonische Nachfragen von Zuweisungsstellen?
- Statistiken und Reporting Geschäftsführung: Struktur der Auswertungen abstimmen – wer erstellt wann die Statistik?
- Organisationsinterne Information über die Werbung

# Checkliste zu 4.5 Freiwilliges Kirchgeld

# Planungsschritte für die Erhebung von Freiwilligem Kirchgeld

| | Kirchen-gemeinde | Kirchen-kreis / Dekanat / Propstei | Kirch-licher Fundrai-ser | Wer? | Bis wann? |
|---|---|---|---|---|---|
| Fundraising-Ziele festlegen | | Aufstel-lung des Haushalts | | | |
| Fundraising-Projekt festlegen | | | | | |
| Zeitplan erstellen | | Abstim-men mit Kirchen-kreis | | | |
| Finanzplan erstellen | | | | | |
| Material: Texte, Fotos sammeln | | | | | |
| Bisherige Spenderdaten auswer-ten | | Datenbe-reitstel-lung | | | |
| Zielgruppen festlegen: | | | | | |
|     Mitglieder | | | | | |
|     Nichtmitglieder | | | | | |
|     Ausgetretene | | | | | |
| Spendenbriefe formulieren | | | | | |
| Dankbriefe formulieren | | | | | |
| Datenselektion | | | | | |
| Mit Meldedaten abgleichen | | | | | |
| Druck | Hausdruckerei oder Lettershop | | | | |
| Konfektionieren, Kuvertieren | | | | |
| Versand | | | | |
| Buchung | je nach Kirche unter-schiedlich | | | | |
| Bedankung | interne Abstimmung | | | | |
| Auswertung | | Datenbe-reitstel-lung | | | |
| Bekanntgabe der Ergebnisse in Gemeindebrief, Website, Veran-staltungen | | | | | |

# Checkliste zu 4.6.1 Fördergelder aus öffentlicher Hand

# Checkliste Fördermittelantrag

Grundsätzlich ist davon auszugehen, dass der Zuwendungsgeber genau vorgibt, welche Angaben und Unterlagen einzureichen sind. Diese Checkliste gibt eine Orientierung, was zu einem vollständigen Antrag im Normalfall einzureichen ist.

1. Stammdaten:

– Vollständiger Name der Einrichtung
– Adresse
– Ansprechpartner
– Rechtsform
– Register und Nummer (z. B. Vereinsregister)
– Registerauszug (z. B. Amtsgericht)
– Vertretungsberechtigte Person
– Bevollmächtigte Person
– Vorsteuerabzugsberechtigung ja/nein
– Satzung
– Kassen- und Tätigkeitsbericht (Vorjahr/e)
– Freistellungsbescheid
– Steuernummer
– Bankverbindung
– Angabe, ob ein gleicher Antrag an anderer Stelle eingereicht wurde

2. Antrag mit folgenden Gliederungspunkten:

– Hintergrund
– Ziele
– Zielgruppen
– Projektinhalt (Thema)
– Begründung
– Erfahrungen mit ähnlichen Projekten
– Geplante Maßnahmen
– Erwartete Ergebnisse
– Perspektiven und Fortführung

3. Kostenplan:

- Aufschlüsselung aller Kostenpositionen entsprechend der Projektstruktur
- Angebote (bei größeren Beträgen)

4. Finanzplan:

- Aufschlüsselung aller Finanzierungspositionen
- Angabe zum Status von Drittmitteln (geplant, beantragt, bewilligt)

Checkliste 1 zu 4.6.2 Stiftungsmarketing

Mustervorlage „Projektantrag"

# Projektantrag

**Wichtige Informationen auf einen Blick**

**1. Titel des Projektes:**

▶

Nennen Sie bitte den Projekttitel. Dies sollte ein eingängiger kurzer Name sein, der gut im Gedächtnis haften bleibt. Ein griffiger Titel erleichtert Ihnen die Mittelwerbung auch bei anderen Geldgebern.

**2. Bitte beschreiben Sie in maximal fünf bis sieben Sätzen den Kern Ihrer Projektidee:**

▶

Berücksichtigen Sie dabei die Förderrichtlinien der Jugendstiftung. Fünf oder sieben Sätze sind zugegebenermaßen knapp. Aber es dreht sich ja um eine Kurzaussage, die wir so auch in unsere Datenbank übernehmen. Falls Sie ein ausführliches Konzept haben, legen Sie es einfach als Anlage dazu!

**3. Wie stellen Sie sich den inhaltlichen und zeitlichen Verlauf vor?**

▶

Bitte nennen Sie in kurzen Sätzen oder stichwortartig die beabsichtigten Aktionen, Schwerpunkte oder Aktivitäten. Machen Sie hier möglichst konkrete, auch für Sie überprüfbare Angaben. Geben Sie einen groben Monatsüberblick über Ihren „Projektkalender".

1

**4. Nennen Sie beispielhafte Aspekte Ihres Projektes und legen Sie dar, welche neuartigen Ideen Sie umsetzen.**

▶

> Berücksichtigen Sie bitte dabei, inwieweit es in Ihrem lokalen oder regionalen Umfeld bereits vergleichbare Aktivitäten gibt. Nennen Sie diese gegebenenfalls.

**5. In welcher Projektphase befindet sich gerade Ihr Projekt?**

▶

> Teilen Sie uns bitte mit, in welcher Projektphase Ihr Vorhaben sich gerade befindet.

☐ ⚡Idee⚡  ☐ ◁Zielsetzung  ☐ Planung  ☐ Durch-führung  ☐ ⬭Abschluss

**6. Wann kann das Projekt beginnen?**

▶

**7. Bitte nennen Sie Zielgruppen und, falls vorhanden, mögliche Kooperationspartner:**

▶

**8. Beschreiben Sie kurz Anzahl, Alter und Zusammensetzung der Projektgruppe:**

▶

> Mit Projektgruppe sind Personen gemeint, die aktiv an der Planung und Durchführung des Projektes verantwortlich beteiligt sind.

**9. Projektanschrift:**

▶

> Nennen Sie bitte Namen und Adresse der Projektleitung und der Projektgruppe bzw. des Projektträgers (z. B. Verein, AG, Arbeitskreis, Förderverein, Initiativgruppe) mit Telefon-, Faxnummer und E-Mail-Adresse. Bitte legen Sie gegebenenfalls einen Infoprospekt Ihres Projektträgers mit einer aktuellen Satzung oder eines Gesellschaftsvertrags (für e. V., GmbH, GBR usw.) bei. **Öffentliche Träger sind von der Antragstellung ausgeschlossen.**

**Trägeranschrift:**

▶

> (falls unterschiedlich zur Projektanschrift)

**Stadt oder Landkreis:**

Quelle: Jugendstiftung Baden-Württemberg, www.jugendstiftung.de

**2**

## Checkliste 2 zu 4.6.2 Stiftungsmarketing

## Mustervorlage „Finanzierungsplan"

# Finanzierungsplan

*Bitte stellen Sie hier den **Gesamtfinanzierungsplan** Ihres Projektes dar.*

Titel des Projektes: ▶

Beginn des Projektes: ▶

Voraussichtliche Beendigung: ▶

Bei der Aufstellung des Finanzierungsplans handelt es sich immer um kalkulierte Beträge zum Zeitpunkt der Antragstellung

Bitte stellen Sie immer das Gesamt-finanzierungsvolumen Ihres Projektes dar.

| Aufwendungen Aus welchen Einzelpositionen setzen sich die vorgesehenen Gesamtausgaben zusammen? | kalkulierte Gesamtkosten des Projekts ▼ | beantragter Zuschuss bei der Jugendstiftung ▼ |
|---|---|---|
| 1. ▶ | | |
| 2. ▶ | | |
| 3. ▶ | | |
| 4. ▶ | | |
| 5. ▶ | | |
| 6. ▶ | | |
| 7. ▶ | | |
| 8. ▶ | | |
| 9. ▶ | | |
| 10.▶ | | |
| 11.▶ | | |
| 12.▶ | | |
| 13.▶ | | |
| 14.▶ | | |
| 15.▶ | | |
| **Gesamtsumme der Aufwendungen in Euro:** | 0,00 € | 0,00 € |

In der Spalte "beantragter Zuschuss bei der Jugendstiftung" können Sie die Kostenpositionen ansprechen, die Sie über die Jugend-stiftung gefördert haben wollen. Sie haben hier jedoch auch die Möglichkeit, keine direkte Kosten-position, sondern einen Pauschal-betrag zu beantragen. Tragen Sie diesen bitte unten in das gelbe Feld in der Spalte "beantragter Zuschuss bei der Jugendstiftung" ein.

1

| **Erträge**<br>Welche Einnahmen stehen zur Verfügung bzw.<br>sind vorgesehen? | kalkulierte<br>Gesamterträge<br>des Projekts ▼ | bisher stehen<br>als Erträge sicher<br>zur Verfügung ▼ | |
|---|---|---|---|
| 1. EU-Mittel: | | | |
| 2. Bundes-/Landesmittel: | | | |
| 3. von kommunalen Stellen: | | | |
| 4. von Stiftungen, Spenden: | | | |
| 5. weitere Mittel: | | | |
| 6. selbsterwirtschaftete Mittel: | | | |
| 7. finanzielle Eigenleistungen: | | | |
| 8. Finanzierungslücke: | | | |
| 9. beantragte Mittel bei der Jugendstiftung:<br>*(9. nicht ausfüllen, da hinterlegt mit Formel!)* | 0,00 € | | **Projektgesamt-summe:** |
| **Gesamtsumme der Erträge in Euro:** | **0,00 €** | **0,00 €** | **0,00 €** |

Da die Jugend-stiftung i.d.R. keine 100%-Förderung aussprechen kann, sollten Sie hier weitere Ertrags-positionen benennen, auch wenn diese noch nicht gesichert sind. Offene Beträge in der Finanz-kalkulation tragen Sie bitte unter Punkt 8 "Finan-zierungslücke" ein.

*Kontrollsumme (muss = null sein!):*  ▶  *0,00 €*

**Falls der Projektträger während der letzten drei Jahre durch die Jugendstiftung gefördert wurde, nennen Sie bitte den Projekttitel und die Höhe der Fördersumme:**

▶

**Rechtlich verantwortlicher Projektleiter gegenüber der Jugendstiftung:**

▶

**Datum:**                                    **rechtsverbindliche Unterschrift:**

▶                                              ▶

_____            _____

Quelle: Jugendstiftung Baden-Württemberg, www.jugendstiftung.de

2

# Checkliste zu 4.7 Unternehmenskooperation: Firmenspenden, Corporate Volunteering, Sponsoring

## Muster eines Sponsoringvertrags

Bevor ein Vertrag abgeschlossen wird, ist die Hinzuziehung eines Rechtsanwalts und/ oder Steuerberaters wichtig. Sind steuer- oder gemeinnützigkeitsrechtliche Unklarheiten zu erwarten, sollte vorher auch beim Finanzamt für Körperschaften eine Auskunft eingeholt werden.

Jedes Sponsoringprojekt und jede andere Firmenkooperation ist etwas Besonderes. Unterschiede gibt es z. B. in den verschiedenen Arbeitsfeldern des Dritten Sektors: Lang laufende Sozialsponsoringverträge unterscheiden sich deutlich von Eventsponsoringverträgen im Kulturbereich, Cause Related Marketing wirft neue Fragen auf usw.

Im Folgenden werden eingedenk dieser Anmerkungen generell übliche Inhalte von Sponsoringverträgen genannt und Formulierungshilfen gegeben.

---

Präambel

Zwischen der gemeinnützigen Körperschaft …, nachfolgend Sponsoringnehmer, und (Firmenname), nachfolgend Sponsor genannt, wird diese Vereinbarung getroffen, um gemeinsam (es folgt das Ziel der Partner) zu erreichen. Sponsoringnehmer und Sponsor fördern durch geeignete Kommunikationsmaßnahmen jeweils das Ansehen des Partners.

**Sponsoringvertrag**

§ 1 Das gemeinsame Projekt

Der Sponsoringnehmer führt das Projekt (Projektname) … eigenständig durch. Er ist zuständig für Planung, Organisation, Durchführung und Kontrolle. Weitere Beteiligte sind …

Details des Projekts sind in dem Konzept vom … formuliert.

Das Projekt/der Vertrag hat eine Laufzeit von …

Die Kosten des Projekts/der Kooperation belaufen sich auf … Euro zzgl. MwSt.

Auf die einzelnen Jahre verteilen sich die Kosten wie folgt:

2006 …

2007 …

…

---

§ 2 Leistungen des Sponsors

Der Sponsor wird das gemeinsame Projekt mit einer Gesamtsumme von … Euro unterstützen, die in jährlichen (monatlichen) Beträgen in Höhe von … Euro ausgezahlt werden.

Der Sponsor verpflichtet sich, auf das Projekt/die Kooperation und den Gesponserten jeweils nach Rücksprache mit folgenden Kommunikationsmaßnahmen … regelmäßig hinzuweisen.

§ 3 Leistungen des Sponsoringnehmers

Der Sponsoringnehmer verpflichtet sich, die Sponsoringbeiträge ausschließlich für das gemeinsame Projekt zu verwenden.

Der Sponsoringnehmer verpflichtet sich, den Sponsor … Mal jährlich in folgender Weise zu informieren: …

Der Sponsoringnehmer verpflichtet sich, auf das Projekt und den Sponsor jeweils nach Rücksprache mit folgenden Kommunikationsmaßnahmen … regelmäßig hinzuweisen.

§ 4 Sponsoringnehmer und Sponsor vereinbaren Vertraulichkeit über den Vertragsinhalt.

§ 5 Vorzeitige Vertragsbeendigung ist nur möglich, wenn … und löst folgende Rückgewähr von Leistungen aus … Änderungen des Vertrags bedürfen der Schriftform.

§ 6 Sollte eine Bestimmung dieses Vertrags unwirksam sein, so wird die Wirksamkeit der übrigen Bestimmungen nicht berührt. Sponsor und Sponsoringnehmer sind bemüht, in diesem Fall die ungültige Bestimmung durch eine wirksame Bestimmung zu ersetzen, die dem wirtschaftlichen Zweck der Bestimmung möglichst nahe kommt.

§ 7 Gerichtsstand ist …

# Checkliste 1 zu 5.6 Merchandising und Product Selling

## Checkfragen zum Merchandising (Verkauf von Produkten mit dem Logo der NPO)

Beantworten Sie für Ihre Organisation folgende Fragen:

5 Stichworte, die unserem Spender/einem Dritten zu unserer Organisation einfallen würden:

    a) ........................

    b) ........................

    c) ........................

    d) ........................

    e) ........................

5 Stichworte, die unserem Spender/einem Dritten zu dem Produkt/Unternehmen einfallen würden:

    a) ........................

    b) ........................

    c) ........................

    d) ........................

    e) ........................

Gibt es Gemeinsamkeiten, addiert sich etwas, widerspricht sich etwas?

Stresstest mit Worst-Case-Szenario:

Was ist der schlimmste Fall, der bei dem Produkt/Unternehmen vorkommen kann?

    ........................

Welche Vorkehrungen/Verabredungen haben wir für diesen Fall?

– gemeinsame Presseerklärungen
– Sonderkündigungsrecht
– ........................

Was ist vertraglich vorgesehen?

- Logolizenz
- Nutzung der Vertriebswege
- Gemeinsame Werbung
- Personelle Ressourcen
- Mindestabnahme von Produkten

Steht der Ertrag im Verhältnis zu unserem Aufwand/unserem Risiko?

# Checkliste 2 zu 5.6 Merchandising und Product Selling

# Checkfragen zum Product Selling

Muster einer „Ordentlichen Kalkulation":

|   | Materialkosten | (MK) |
|---|---|---|
| + | Betriebskosten | (BK) |
| = | Selbstkosten | (SK) |
| + | Risiko und Gewinn | (R+G) |
| = | Nettoverkaufspreis | (NVP) |
| + | Mehrwertsteuer | (MwSt.) |
| = | Bruttoverkaufspreis | (BVP) |

Fragen zur Ermittlung der Betriebskosten:

– Arbeitszeit der eigenen Mitarbeitenden?

– Versandkosten extra berechnet oder inklusive?

– Verpackungsmaterial?

– Lagerkosten?

Fragen zur Ermittlung von Risiko und Gewinn:

– Werde ich alles absetzen können?

– Welchen Betrag möchte ich erwirtschaften?

Fragen zur Preisgestaltung:

– Schaufenster-Kalkulation: Was kostet ein vergleichbares Produkt bei anderen?

Welche Möglichkeiten finde ich bei Differenz zwischen errechnetem Preis und tatsächlich zu erzielendem Preis?

– Sponsoren suchen

– günstigeren Anbieter suchen (Materialkosten senken)

– genialen Verkäufer/Vertriebsweg suchen

– Aktion nicht durchführen

Auf welchen Vertriebswegen kann ich mein Produkt verkaufen?

– Internet

– Events

– Mailings

– Publikationen der Organisation

# Checkliste zu 6.1 Personenbezogene Kompetenzen (Soft Skills)

## Test „Personenbezogene Kompetenzen" (Soft Skills)

*Anleitung:* Lesen Sie in jeder Sparte die Liste der genannten Aktivitäten und entscheiden Sie, ob Sie sie in der Regel tun („tue ich"), ob Sie mehr davon tun sollten („mehr nötig") oder weniger davon tun sollten („weniger nötig").

Wenn Sie andere Menschen um eine Einschätzung dieser Fähigkeiten bei Ihnen selbst bitten, geben Sie ihnen ein leeres Formular und füllen Sie die Bogen unabhängig voneinander aus, damit Sie frische, eigenständige Daten bekommen, die Sie dann miteinander vergleichen können.

In jeder Kategorie ist eine Zeile freigelassen, damit Sie die Fähigkeiten einsetzen können, die nicht erwähnt, aber für Sie selbst wichtig sind.

Wenn Sie die ganze Liste ausgefüllt haben, wählen Sie die drei bis vier Fähigkeiten oder Aktivitäten aus, die Sie am meisten entwickeln wollen, und überlegen Sie allein oder mit Ihren Gesprächspartnerinnen und Gesprächspartnern, was Sie dafür tun können, um sich in diesen Bereichen weiterzuentwickeln.

| Feedbackbogen | Selbsteinschätzung | | | Einschätzung durch andere | | |
|---|---|---|---|---|---|---|
| | tue ich | mehr nötig | weniger nötig | tut sie/er | mehr nötig | weniger nötig |
| **Kommunikationsfähigkeiten** | | | | | | |
| 1. Anderen sagen, was ich denke | | | | | | |
| 2. Verstanden werden | | | | | | |
| 3. Andere verstehen | | | | | | |
| 4. Andere einladen, sich zu äußern | | | | | | |
| 5. Gut zuhören | | | | | | |
| 6. | | | | | | |
| **Wahrnehmungsvermögen** Ich nehme wahr: | | | | | | |
| 1. Spannung in der Gruppe | | | | | | |
| 2. Wer zu wem spricht | | | | | | |
| 3. Das Maß von Interesse in der Gruppe | | | | | | |
| 4. Gefühle der Einzelnen | | | | | | |
| 5. Außenseiter | | | | | | |
| 6. Reaktionen auf mich | | | | | | |
| 7. Wenn die Gruppe einen Tagungsordnungspunkt vermeidet | | | | | | |

| Feedbackbogen | Selbsteinschätzung | | | Einschätzung durch andere | | |
|---|---|---|---|---|---|---|
| | tue ich | mehr nötig | weniger nötig | tut sie/er | mehr nötig | weniger nötig |
| 8. Körpersignale | | | | | | |
| 9. | | | | | | |
| **Emotionales Ausdrucksvermögen** | | | | | | |
| 1. Anderen sagen, was ich denke | | | | | | |
| 2. Meine Gefühle verbergen | | | | | | |
| 3. Offen widersprechen | | | | | | |
| 4. Herzliche Gefühle ausdrücken | | | | | | |
| 5. Dankbarkeit ausdrücken | | | | | | |
| 6. Ärger ausdrücken | | | | | | |
| 7. | | | | | | |
| **Gefühlsbesetzte Situationen akzeptieren** | | | | | | |
| 1. Mich mit Konflikt und Zorn auseinander setzen | | | | | | |
| 2. Mich mit Nähe und Zuneigung auseinander setzen | | | | | | |
| 3. Mich mit Enttäuschung auseinander setzen | | | | | | |
| 4. Schweigen können und aushalten | | | | | | |
| 5. Spannungen aushalten können | | | | | | |
| 6. | | | | | | |
| **Soziale Kontakte** | | | | | | |
| 1. Konkurrieren | | | | | | |
| 2. Dominieren | | | | | | |
| 3. Anderen vertrauen | | | | | | |
| 4. Hilfreich sein | | | | | | |
| 5. Andere beschützen | | | | | | |
| 6. Aufmerksamkeit auf mich lenken | | | | | | |
| 7. Für mich selber einstehen | | | | | | |
| 8. | | | | | | |

| Feedbackbogen | Selbsteinschätzung | | | Einschätzung durch andere | | |
|---|---|---|---|---|---|---|
| | tue ich | mehr nötig | weniger nötig | tut sie/er | mehr nötig | weniger nötig |
| **Allgemeines** | | | | | | |
| 1. Verstehen, warum ich das tue, was ich tue | | | | | | |
| 2. Feedback für eigenes Verhalten ermutigen | | | | | | |
| 3. Hilfe akzeptieren können | | | | | | |
| 4. Mich deutlich entscheiden können | | | | | | |
| 5. Selbstkritik | | | | | | |
| 6. Mich absetzen, um zu lesen oder zu denken | | | | | | |
| 7. | | | | | | |
| **Probleme lösen** | | | | | | |
| 1. Probleme oder Ziele formulieren | | | | | | |
| 2. Nach Ideen, Meinungen fragen | | | | | | |
| 3. Eigene Ideen mitteilen | | | | | | |
| 4. Ideen kritisch auswerten | | | | | | |
| 5. Diskussion zusammenfassen | | | | | | |
| 6. Themen klären/ausgrenzen | | | | | | |
| 7. | | | | | | |
| **Zusammenhalt in einer Gruppe** | | | | | | |
| 1. Interesse zeigen | | | | | | |
| 2. Dazu beitragen, dass Mitglieder nicht ignoriert werden | | | | | | |
| 3. Zu Absprachen verhelfen | | | | | | |
| 4. Spannungen reduzieren | | | | | | |
| 5. Die Rechte Einzelner angesichts von Gruppendruck vertreten | | | | | | |
| 6. Anerkennung ausdrücken | | | | | | |
| 7. | | | | | | |

| Feedbackbogen | Selbsteinschätzung | | | Einschätzung durch andere | | |
|---|---|---|---|---|---|---|
| | tue ich | mehr nötig | weniger nötig | tut sie/er | mehr nötig | weniger nötig |
| **Kreativität** | | | | | | |
| 1. Spontan, lebendig auf Situationen reagieren | | | | | | |
| 2. Freude an Musik und Tanz | | | | | | |
| 3. Freude an Theater und Literatur | | | | | | |
| 4. Andere sehen lassen, wie ich tanze, mich bewege, spiele | | | | | | |
| 5. Freude an Phantasien haben | | | | | | |
| 6. | | | | | | |

Quelle: Schmidt, Eva Renate/Berg, Hans Georg: Beraten mit Kontakt. Handbuch für Gemeinde- und Organisationsberatung, Offenbach am Main 1995, S. 108 ff.

# Checkliste 1 zu 6.4 Adressenkunde
# Methodenübersicht zum Ausbau einer Spenderdatei

Ermitteln Sie Ihre eigenen Möglichkeiten für den Ausbau Ihrer Spendendatei mit einer Liste wie dieser (vgl. Fragenkatalog in 6.4.2.3).

| Methode | brauchbar | nicht brauchbar |
|---|---|---|
| Fragen Sie Ihre Freunde und Förderer nach Adressen von Freunden und Bekannten. | | |
| Veröffentlichen Sie eine Anzeige in Ihren eigenen Publikationen. | | |
| Legen Sie bei allen Ihren Veranstaltungen Informationen aus (mit Responsemöglichkeit wie z. B. Postkarte, Coupon). | | |
| Stellen Sie Informationsständer an hoch frequentierte Plätze Ihrer Umgebung wie Einkaufszentren, Baumärkte, Wochenmärkte. | | |
| Benutzen Sie „Bürgerkanäle" und „Bürger-Plakatflächen" für Ihre Informationen. | | |
| Legen Sie Informationsmaterial in Behörden und Ämtern sowie Arztpraxen, Apotheken und Sportvereinen aus. | | |
| Gewinnen Sie Freunde, die Zugang zu Prominenten, Politikern und Journalisten haben. | | |
| Erstellen Sie ein Profil Ihrer Freunde und lokalisieren Sie Menschen mit ähnlichem Profil. | | |
| Sammeln Sie Adressen von allen Teilnehmenden, die Ihre Veranstaltungen besuchen. | | |
| Veranstalten Sie Preisausschreiben mit kleinen Preisen. | | |
| Entwickeln Sie einen Fragebogen für mögliche Freunde – Fragen Sie, was an Ihrer Arbeit besonders wertvoll ist. | | |
| Bitten Sie Verlage um den kostenlosen Abdruck von Anzeigen mit Coupon. | | |

## Checkliste 2 zu 6.4 Adressenkunde

## Checkfragen an den Adressvermieter

- Wie wurde die gewünschte Adressenliste zusammengestellt?
- Wie gepflegt ist diese Liste? Werden Adressänderungen laufend ausgeführt?
- Wann wurde sie zuletzt „gesäubert"?
- Wann und an wen wurde die Liste innerhalb der letzten sechs Monate vermietet?
- Wie oft wurde sie im letzten Jahr eingesetzt? Ist diese Liste also „ausgelaugt"?
- Wie hoch sind die Grundkosten der gewünschten Liste?
- Wie hoch sind die Zusatzkosten (Selektionskosten, Abgleich, Bänder)?
- Welche Aspekte sind in der Adresse berücksichtigt: Sex-Code, Vorname, Ansprechpartner, Titel, Privatadresse, personalisierbar?
- Welche Zusatzinformationen zu den Adressen sind im Preis enthalten?
- Wie können die Adressen geliefert werden: Diskette, Band, CD-ROM, E-Mail?

## Checkliste 3 zu 6.4 Adressenkunde

## Prüfkriterien Adressensegmentierung — gesellschaftlich-wirtschaftliche Marktsegmentierung

Ein Filterkriterium für eine Segmentierung kann das Konsumverhalten von Menschen sein. Hier unterscheidet man drei Hauptgruppen:

1. Die Traditionellen

Zu ihnen gehören rund 44 Prozent der Bevölkerung. Innovationen werden nur langsam weitergegeben oder gar nicht akzeptiert. Zu den Traditionellen gehören die Mitläufer und Traditionsfixierten.

2. Die Egozentrierten

Zu ihnen gehören 29 Prozent der Bevölkerung. Innovationen werden benutzt, aber auch schnell durch andere Neuigkeiten ersetzt. Zu den Egozentrierten gehören die Einstiegsbereiten und die Abweichler.

3. Die Evolutionären

Zu ihnen gehören 27 Prozent der Bevölkerung. Innovationen werden integriert als Verbesserung der Lebensqualität und weiteren Kreisen vermittelt. Zu ihnen gehören die aktiven Lenker und die aktiven Gestalter.

# Checkliste 4 zu 6.4 Adressenkunde

## Prüfkriterien Adressensegmentierung — die sozialen Milieus (Lifestyle-Typen)

Die Chicagoer Agentur Leo Burnett und die Universität Chicago entwickelten 1968 als Erste die so genannten Lifestyle-Typen. Dabei werden Zielgruppen horizontal entlang der sozialen Schichtung ergänzt durch so genannte „Milieus", also Lebensstile, die nicht vom Einkommen, Geschlecht oder Alter geprägt sind, sondern vom soziologischen Verhalten. Unter Namen wie „Wilhelm und Wilhelmine = die resignierten Alten" oder „Frank und Franziska = die Arrivierten" wurden mehrere solcher Lifestyle-Typen entwickelt und visualisiert.

Eine Weiterentwicklung geschah in den 1980er-Jahren durch das Sinus-Institut in Heidelberg. Nach dem Lebenswelt-Modell des Instituts lassen sich soziale Milieus über gemeinsame Schichtmerkmale, aber auch über gemeinsam geteilte Werthaltungen beschreiben und abgrenzen. Vereinfacht gesagt, fassen sie Menschen zusammen, die sich in Lebensauffassung, Wertorientierung und Grundhaltung ähneln – trotz zum Teil sehr unterschiedlicher Berufe und Einkommenslagen. So wird eine ganzheitliche Beschreibung gesellschaftlicher Gruppen möglich.

Das Sinus-Institut fasst die deutsche Wohnbevölkerung nach milieuspezifischen Einstellungen und Wertorientierungen zu folgenden acht Gruppen zusammen, einschließlich parteipolitischer Präferenzen:

(1) Kleinbürgerliches Milieu

Hauptschulabschluss, kleine bis mittlere Einkommen, Angestellte, Selbstständige und Beamte. Wichtig sind Sparen und Besitz, harmonisches Familienleben. Man muss im Leben etwas Anständiges erreichen. Es zählen Ordnungsdenken, Ehrfurcht, Sauberkeit und Fleiß. Private Idylle sind: Schrebergarten, Briefmarken sammeln, Gesangverein. Süßes Nichtstun ist out.

(2) Aufstiegsorientiertes Milieu

Hauptschule mit Berufsausbildung, mittlere Reife, Facharbeiter und mittlere Angestellte; mittleres bis hohes Einkommen. Die Menschen kommen aus „kleinen" Verhältnissen, sozialer Aufstieg ist wichtiger als Familie, Prestige zählt und man bringt dafür große Opfer, Weiterbildung ohne Ende: Jeder ist zum Erfolg geboren. Einmischung von anderen wird abgelehnt. Finanzielle Sicherheit ist wichtig; man gibt sich konventionell konservativ, aber nicht angepasst.

(3) Technokratisch-liberales Milieu

Abitur, Studium. Höhere Angestellte und Beamte, Selbstständige, Freiberufler, hohes Einkommen. Personen sind geprägt von Sachlichkeit, Vernunft und Liberalität. Mit geringsten Mitteln höchste Effizienz erzielen. Leistungsorientiert, karriere- und prestigeorientiert. Hoher Lebensstandard. Man ist tolerant, Familie soll funktionieren. Es wird viel geklagt über Egoismus und mangelnde Menschlichkeit – selten aber etwas dagegen getan.

## (4) Konservativ gehobenes Milieu

Mittlere bis sehr hohe formale Bildung, Universität, sehr hohes Einkommen. Angestellte und Beamte in leitenden Positionen, Freiberufler, Selbstständige, viele ältere Personen. Klage über Sittenverfall, harmonisches Familienleben. „Gut situiert", naturverbunden, großer Wert auf Individualität. Trotz sehr gehobenen Lebensstils gibt man sich bescheiden. In der Freizeit „sehr rührig", engagiert im Gemeinwesen, kulturell vielseitig interessiert. Lebenszufriedenheit durch soziales Ansehen und überdurchschnittlichen materiellen Erfolg.

## (5) Traditionelles Arbeitermilieu

Niedere formale Bildung, Hauptschule, viele Facharbeiter, ältere Menschen, kleines bis mittleres Einkommen. Traditionelle „Arbeiterkultur": Gewerkschaft, nachbarschaftliches Leben in der Kneipe, Solidarität mit Kollegen, Streben nach sicherem Arbeitsplatz und materieller Sicherheit. Realistische Einstellungen: Man arrangiert sich. Tugenden sind Sparsamkeit und Disziplin. Familie ist wichtig für Ruhe und Erholung. Keine Experimente.

## (6) Traditionsloses Arbeitermilieu

Hauptschule ohne Berufsausbildung, Arbeitslose. Ausgeprägter Materialismus. Von der Hand wird in den Mund gelebt, viel Wert auf Äußerlichkeit. Gestörtes Familienleben. Motto: „Jeder ist sich selbst der Nächste."

## (7) Hedonistisches Milieu

Mittlerer Schulabschluss, kleine bis mittlere Einkommen, jüngere Personen. Lehnen „bürgerliche Karriere" ab, haben keine Lust, sich für sozialen Aufstieg „kaputtzumachen". Arbeit ist notwendiges Übel. Leben findet in Freizeit statt. Viele unverbindliche Kontakte. Hohe stilistische Ansprüche, man möchte „echt" sein. Zentrales Lebensziel: Unabhängig und selbstständig sein. Streben nach Genuss und Spaß. Keine festen Ziele und moralischen Prinzipien.

## (8) Alternatives, „linkes" Milieu

Sehr hoher Bildungsstand, relativ junge Menschen, Arbeitslose, höhere Beamte und Angestellte, freie Berufe. Niedriges Einkommen, aber auch sehr hohes Einkommen. Immaterielle Werte sind wichtig: Mitmenschlichkeit, soziale Gerechtigkeit. Man wünscht sich eine gesellschaftlich sinnvolle Arbeit; da das oft nicht möglich ist, stellt sich ein gestörtes Verhältnis zur Arbeit ein. Diese Gruppe lebt oft in akademischen „Schonräumen", träumt von einem sozialen Ökostaat. Einfacher Lebensstil, selten aktives Engagement zur Verwirklichung der Phantasien.

# Checkliste 5 zu 6.4 Adressenkunde

# Vier bewährte Formen der Marktforschung, die sich von NPOs oft intern realisieren lassen

## 1) Telefonbefragung

Die Befragung per Telefon ist eine schnelle und verhältnismäßig einfache Methode, um Informationen zu erhalten. Sie können die Befragungen selbst durchführen oder ein hierauf spezialisiertes Institut beauftragen. Damit Sie aussagekräftige Ergebnisse erhalten, muss die Befragung gründlich vorbereitet werden. Dabei gilt es, zwei Dinge besonders zu beachten:

a) Ihre Fragen müssen sehr genau formuliert werden. Sie sollten dabei versuchen, alle möglichen Antworten der Befragten schon zu berücksichtigen.

b) Die Adressen, bei denen Sie anrufen, sollten sorgfältig ausgewählt werden. Sie können beispielsweise eine Zufallsauslese unter Ihren Spendern treffen, jede zehnte oder hundertste oder tausendste Adresse Ihrer Datei anrufen.

Wenn Sie sich jedoch für die Charakteristika Ihrer besseren Spender interessieren, wählen Sie aus Ihrer Liste nur Spender ab einer gewissen Spendenhöhe aus.

Bei einer anderen Methode stellen Sie aktiven Spendern und ehemaligen Spendern die gleichen Fragen. Auf diese Weise erhalten Sie wertvolle Hinweise darauf, wie sich treue Spender von der Gruppe unterscheiden, die nur einmal zahlte. Mit Hilfe der so gewonnenen Ergebnisse filtern Sie Adressen oder gar Listen aus mit „Einmal-Spendern", die sich nicht an Ihre Organisation binden möchten.

## 2) Fokus-Gruppen oder Gruppenbefragungen

Laden Sie ausgewählte Spender zu einer Gesprächsrunde ein. Unter der Leitung eines qualifizierten Moderators diskutieren die Spender über verschiedene Fragestellungen. Die Wahl des Moderators ist entscheidend für Erfolg und Misserfolg. Denn er muss darauf achten, dass die Gruppe ausgewogen bleibt, dass jeder zu Wort kommt und auch sagt, was er wirklich denkt – und nicht unter dem Druck der Gruppe nur noch „nette" Sachen äußert. Die Ergebnisse werden per Video oder schriftlich dokumentiert.

Fokus-Gruppen scheinen mir besonders wichtig und wertvoll, weil man hier Gelegenheit hat, Spender „live" zu erleben. In einer solchen Diskussion erfahren Sie viel Interessantes über die Ansichten Ihrer Spender, und oft führen gerade spontane Äußerungen zu Eindrücken, die Ihnen keine schriftliche Befragung geben kann.

Auch können diese Gruppenbefragungen sehr heilsam sein. Denn die Befragten sind häufig sehr emotional und sagen bei solch einer Gelegenheit meist unverblümt ihre Meinung. Mich hat in mehreren Fällen verblüfft, wie wenig die eingeladenen Spender über die Arbeit und Ziele einer Organisation wussten, obwohl sie diese nicht selten schon jahrelang unterstützten.

3) Fragebögen

Die kostengünstigste Variante einer Spenderbefragung ist die schriftliche Erhebung. Sie veröffentlichen in Ihrer Hauszeitschrift einen Fragebogen oder legen ihn Ihren Mailings bei. Eine derartige Befragung können Sie selbst durchführen und auswerten. Oft sind die Rücklaufquoten erstaunlich hoch. Aber es gibt bei einer derartigen Befragung auch einen Pferdefuß: Wer nimmt sich die Mühe, solche Fragebogen auszufüllen und abzuschicken? Vermutlich nur überdurchschnittlich motivierte Spender. Dann erhalten Sie ein eher positiv verzerrtes Bild Ihrer Organisation. Umgekehrt werden auch ein paar notorisch Unzufriedene antworten. Was fehlt, ist der gesamte Mittelbau: Menschen, die gelegentlich spenden. Oft wollen Sie aber gerade über diese Gruppe mehr erfahren, z. B. wie sie zu regelmäßigeren Spenden motiviert werden kann.

Sie können die Rücklaufquote einer solchen Befragung erheblich steigern, wenn Sie den Rücksendern ein kleines Geschenk versprechen. Dies hat den Nebeneffekt, dass Sie die Namen und Adressen der Beantworter erfahren, die Sie flugs in Ihrer Datenbank speichern. Aber Vorsicht: Das Versenden der Geschenke macht viel Arbeit!

4) Persönliche Interviews

Mündliche Befragungen sind sicher die aufwendigste, aber auch die verlässlichste Form der Befragung. Wenn Ihre Organisation eher regional tätig ist, können Sie Besuche bei Spendern (nur nach vorheriger brieflicher Ankündigung!) selbst vornehmen. Sobald eine Agentur diesen Auftrag ausführt, müssen Sie mit deutlich höheren Kosten rechnen.

Welche Form der Informationsbeschaffung Sie auch wählen: Wichtig ist immer, dass Sie die Informationen auch auswerten und intelligent einsetzen. Durch die Marktforschung erfahren Sie, wofür sich Ihre Spender in erster Linie interessieren und welche Maßnahmen sie am liebsten unterstützen. Diese Informationen können Sie auch für die Inhalte Ihrer Mailings an potenzielle neue Spender einsetzen.

## Checkliste 6 zu 6.4 Adressenkunde

## Eigener Rücklauftest für Adressenlisten: Ertragsvergleich verschiedener Adressenlisten

| Adres-senlis-te | Herkunft der Adres-senliste | Name der Kam-pagne, Code und Datum | ∅-Spenden-betrag in € | Rücklauf-quote in % | Ertrag/ Mailing: €/Stück |
|---|---|---|---|---|---|
| 1 | | | | | |
| 2 | | | | | |
| 3 | | | | | |
| 4 | | | | | |
| 5 | | | | | |
| 6 | | | | | |
| 7 | | | | | |
| 8 | | | | | |
| 9 | | | | | |
| 10 | | | | | |
| 11 | | | | | |
| 12 | | | | | |
| 13 | | | | | |
| 14 | | | | | |
| 15 | | | | | |
| 16 | | | | | |
| 17 | | | | | |
| 18 | | | | | |
| … | | | | | |

## Checkliste 7 zu 6.4 Adressenkunde

## Eckpunkte für die Pflege Ihrer Fundraising-Datei

- Durch Umzug und „Schwund" sind jedes Jahr 20 Prozent der Adressen zu ersetzen.
- Pflegen Sie alle Daten im eigenen Haus.
- Verwenden Sie Ihre Adressen mindestens viermal im Jahr.
- Gleichen Sie Ihren Adressbestand mit der „Robinson-Liste" des DDV und mit der Liste der „Kürzlich Umgezogenen" (Post/Adressmakler) ab.
- Erstellen Sie eine „No-no-Liste" mit Adressen, die nur „handverlesen" angeschrieben werden sollen.
- Berücksichtigen Sie sofort jeden Wunsch Ihrer Freunde und Förderer, z. B.: Nur Infos / Nur Weihnachtsbrief / Kein Dank usw.
- Gleichen Sie vor jeder Aussendung Ihre Adressen ab.
- Reinigen Sie nach jeder Aussendung Ihren Adressbestand entsprechend der Rückläufe (Umzug, Tod, will nicht mehr usw.).
- Bei „unbekannt verzogen": Sofort die Meldebehörde um Auskunft bitten.

# Checkliste zu 6.5 Mediaplanung

## Maßnahmenkatalog Mediaplanung

- Erarbeiten Sie eine Medienliste Ihres Umfeldes. Strukturieren Sie die Medienliste lokal, regional, national, international – je nach dem Verbreitungsgebiet Ihrer Institution und dem Ort der vermuteten Spender.

- Erarbeiten Sie sich die jeweiligen Reichweiten, Themenpläne, Telefonnummern, Faxnummern und Internetadressen Ihrer gewählten Medien.

- Legen Sie fest, welche Zielgruppen Sie mit welchen Medien treffen wollen: Anteil Ihrer Kommunikations-Zielgruppe an der Leser-, Hörer-, Seher- und Nutzerschaft der gewählten Medien.

- Legen Sie einen Zeitplan fest, wann Sie mit welchen Aktivitäten (Werbung und PR) welche Medien belegen wollen.

- Klären Sie, ob Ihr Fundraising-Ziel bei den Lesern, Hörern, Sehern und Nutzern der relevanten Medien auf eine besondere Affinität trifft.

- Legen Sie einen Medienetat nach den Kriterien der Zielgruppen-Reichweite und gegebenenfalls des Tausend-Kontakt-Preises (TKP) fest.

- Beachten Sie Redaktionsschluss- und Anzeigenschlusszeiten ebenso wie die Buchungszeiten der Medien.

- Prüfen Sie, ob die Inhalte Ihrer Botschaften sich über die jeweiligen Medien inhaltlich, emotional und im Format transportieren lassen.

- Halten Sie den Medienerfolg fest. Messen Sie bei PR-Artikeln Höhe und Spaltenbreite der erschienenen Artikel und notieren Sie die Reichweiten-Daten (hier: Leser pro Ausgabe/LpA). Verfahren Sie bei den anderen Medien analog.

- Ermitteln Sie, welche Medien wann und mit welchem Werbemitteleinsatz bzw. mit welchen PR-Aktivitäten welche Responserate erbracht haben.

- Prüfen Sie, welche Faktoren für einen Medienerfolg ausschlaggebend waren: die Medienwahl, das Thema und PR oder andere Faktoren.

# Checkliste zu 7.1 Mögliche Rechtsformen gemeinnütziger Organisationen

## Übersicht zur Rechtsformwahl gemeinnütziger Körperschaften

| | Verein (eingetragener Verein; Idealverein) | Stiftung (rechtsfähige Stiftung bürgerlichen Rechts) | gemeinnützige GmbH (gGmbH) |
|---|---|---|---|
| **Kurzdefinition** | Zusammenschluss von (natürlichen und juristischen) Personen zur Verwirklichung eines gemeinsamen Zwecks | Vermögensmasse zur Verfolgung eines vom Stifter einseitig auf Dauer festgelegten Zwecks aus den Erträgnissen des Vermögens | Gesellschaft (juristische Person), an der einer oder mehrere Gesellschafter beteiligt sind, wobei die Haftung der Gesellschafter für Verbindlichkeiten der Gesellschaft auf das Gesellschaftsvermögen beschränkt ist |
| **mögliche Zwecke** | jeder gesetzlich zulässige Zweck mit Ausnahme eines wirtschaftlichen Geschäftsbetriebes | jeder gemeinwohlkonforme Zweck | jeder gesetzlich zulässige Zweck mit Ausnahme eines wirtschaftlichen Geschäftsbetriebs |
| **Mitglieder, Gesellschafter, Mitgliedschaftsrechte** | mindestens sieben Gründungsmitglieder, Mitglieder können natürliche und juristische Personen sein, die Mitgl. haben grundsätzlich gleiche Rechte, diese sind höchstpersönlich und nicht übertragbar | rechtlich verselbstständigtes Vermögen, keine Mitglieder, keine Anteilseigner, evtl. Einfluss des Stifters über Benennungsrechte, Begünstigte haben i. d. R. keinen Rechtsanspruch auf Leistungen der Stiftung | ein oder mehrere Gesellschafter, Gesellschafter können natürliche und juristische Personen sein, Stimmrechte nach Geschäftsanteilen, Geschäftsanteil kann grundsätzlich übertragen, verkauft oder vererbt werden |
| **Formerfordernisse bei Gründung** | Eintragung in das Vereinsregister, Anmeldung hierzu muss notariell beglaubigt sein | Errichtung zu Lebzeiten des Stifters: Stiftungsgeschäft in Schriftform. Bei Errichtung von Todes wegen: erbrechtliche Formvorschriften beachten | notarielle Beurkundung des Gesellschaftsvertrages, Eintragung in das Handelsregister |

| | Verein (eingetragener Verein; Idealverein) | Stiftung (rechtsfähige Stiftung bürgerlichen Rechts) | gemeinnützige GmbH (gGmbH) |
|---|---|---|---|
| **staatliche Anerkennung, staatliche Aufsicht** | keine staatliche Aufsicht oder Anerkennung, Prüfung der Eintragungsvoraussetzungen in das Vereinsregister durch Amtsgericht, bestimmte Tatbestände müssen zum Register angemeldet werden | staatliche Anerkennung als rechtsfähige Stiftung, ggf. kirchliche Anerkennung als kirchliche Stiftung, Rechtsaufsicht durch Bundesland (z. B. durch Bezirksregierung), ggf. durch Landeskirche: Beachtung des Stifterwillens | keine staatliche Aufsicht oder Anerkennung, Prüfung der Eintragungsvoraussetzungen in das Handelsregister durch Amtsgericht, bestimmte Tatbestände müssen zum Register angemeldet werden |
| **Dauer: Zeitraum, für den errichtet wird** | i. d. R. auf eine gewisse Dauer angelegt | auf Dauer angelegt („Ewigkeitsgarantie") | i. d. R. auf unbestimmte Dauer |
| **Willensbildung** | durch (gleichberechtigte) Mitglieder, i. d. R. in Mitgliederversammlung, kann bei Vielzahl von Mitgliedern umständlich und schwerfällig sein | durch Vorstand, je nach Satzungsbestimmungen ggf. auch durch Aufsichtsrat oder Stiftungsrat | durch Gesellschafter, Gesellschafterversammlung, Stimmrecht nach Geschäftsanteilen |
| **Organe** | Mitgliederversammlung und Vorstand; zusätzlich können durch Satzung ein Aufsichtsrat oder ein Beirat gebildet oder besondere Vertreter bestellt werden | Vorstand (dies kann eine Person sein); zusätzlich können durch Satzung ein Aufsichtsrat oder ein Stiftungsrat gebildet oder besondere Vertreter bestellt werden | Gesellschafterversammlung, Geschäftsführer; zusätzlich können durch den Gesellschaftsvertrag ein Aufsichtsrat oder ein Beirat gebildet werden |
| **gesetzliche Vertretung** | durch den Vorstand | durch den Vorstand | durch den oder die Geschäftsführer |
| **Mindesthöhe Kapitalausstattung** | nein | nicht betragsmäßig vorgeschrieben, nachhaltige Zweckerfüllung muss gewährleistet sein, von Stiftungsaufsicht werden mind. 50.000 € Grundstockvermögen verlangt | ja, 25.000 € (§ 5 Abs. 1 GmbHG) |

| | Verein (eingetragener Verein; Idealverein) | Stiftung (rechtsfähige Stiftung bürgerlichen Rechts) | gemeinnützige GmbH (gGmbH) |
|---|---|---|---|
| **Vermögens-bildung, Vermö-genserhalt** | Vermögensbildung bei Gemeinnützigkeit nur in engen steuerrechtlichen Grenzen möglich, Ver-einsvermögen gehört dem Verein, Verzehr des Vermögens möglich | Stiftungsvermögen „gehört sich selbst", Bil-dung und Ansammlung von Stiftungsvermögen zwecks Nutzung der Er-träge für Stiftungszweck gewollt, Stiftungsver-mögen ist grundsätzlich ungeschmälert zu er-halten | Vermögensbildung bei Gemeinnützigkeit nur in steuerrechtlichen Gren-zen möglich, Gesell-schaftsvermögen gehört der gGmbH, Verzehr des Vermögens möglich |
| **Satzungsän-derungen** | Satzung kann grund-sätzlich jederzeit geän-dert werden | Satzungsänderung nur unter den vom Stifter festgelegten Vorausset-zungen möglich, i. d. R. Genehmigung der Stiftungsaufsichtsbehör-de erforderlich | Gesellschaftsvertrag kann grundsätzlich je-derzeit geändert werden (notarielle Beurkundung erforderlich) |
| **Zweckände-rung, Zweckbin-dung** | der Vereinszweck kann geändert werden, wenn alle Mitglieder zustim-men | Zweckänderung nur unter den vom Stifter festgelegten Vorausset-zungen in eng begrenz-ten Ausnahmefällen mit Genehmigung der Stif-tungsaufsicht möglich | die Gesellschafterver-sammlung kann den Zweck der Gesellschaft (Unternehmensgegen-stand) grundsätzlich mit einer Mehrheit von ¾ der abgegebenen Stim-men ändern |
| **Austritt, Auflösung** | Mitglieder können jeder-zeit austreten oder die Mitgliedschaft kündigen; Mitgliederversammlung kann den Verein auf-lösen | Auflösung der Stiftung nur nach Vorgabe der Satzung mit Genehmi-gung der Stiftungsauf-sichtsbehörde | die Gesellschafter kön-nen ihre Anteile i. d. R. jederzeit kündigen; die Gesellschafterversamm-lung kann die Auflösung beschließen |
| **KSt-Satz ab VZ 2008** | 15 % | 15 % | 15 % |
| **Freibetrag bei der KSt/ GewSt** | 3.835 € / 3.900 € | 3.835 € / 3.900 € | – / 3.900 € |
| **zusätzlicher Spenden-abzug in Höhe von 1.000.000 € für Zuwen-dungen in den Vermö-gensstock** | nein | ja (§ 10b Abs. 1a EStG) (einmal in 10 Jahren) | nein |

|  | Verein (eingetragener Verein; Idealverein) | Stiftung (rechtsfähige Stiftung bürgerlichen Rechts) | gemeinnützige GmbH (gGmbH) |
|---|---|---|---|
| Gewährung von Unterhalt ist gemeinnützigkeitsunschädlich | nein | ja, an Stifterin oder Stifter 1/3 des jährlichen Einkommens (vgl. § 58 Nr. 5 AO) | nein |
| angemessene Tätigkeitsvergütung ist möglich | ja, z. B. an Vereinsvorstand | ja, z. B. an Stiftungsvorstand | ja, z. B. an Gesellschafter/ Geschäftsführer, es gilt der Fremdvergleich |
| Erlöschen der Erbschaftssteuer mit Wirkung für die Vergangenheit | nein | ja (vgl. § 29 Abs. 1 Nr. 4 ErbStG) | nein |

# Checkliste zu 7.2.1 Grundsätzliche Erörterung

## Musterbeispiel „Rücklagenbildung gemeinnütziger Körperschaften"

Ein Verein erzielt im Jahr 01 einen (Jahres-)Überschuss in Höhe von 100.000 Euro. Bezogen auf die vier Tätigkeitsbereiche (Sphären) ergibt sich im Einzelnen:

|  | € | € |
|---|---|---|
| Einnahmen Ideeller Bereich (IB) | + 250.000 | |
| Mittelverwendung Ideeller Bereich | ./. 260.000 | |
|  |  | ./. 10.000 |
| Überschuss Vermögensverwaltung (VV) |  | + 60.000 |
| Gewinn Zweckbetrieb (ZB) |  | +30.000 |
| Gewinn wirtschaftlicher Geschäftsbetrieb (WG) nach Steuern |  | + 20.000 |
| (Jahres-)Überschuss |  | + 100.000 |

Es soll eine möglichst hohe freie Rücklage gebildet werden, zulässig nach § 58 Nr. 7a AO. Außerdem soll für ein im Jahr 04 geplantes Projekt eine zweckgebundene Rücklage von 10.000 Euro gebildet werden (§ 58 Nr. 6 AO).

| | | | | | § 58 Nr. 7a AO | § 58 Nr. 6 AO |
|---|---|---|---|---|---|---|
| $\dfrac{\text{Überschuss VV}}{3}$ | = | $\dfrac{60.000}{3}$ | = | 20.000 | 20.000 | |
| $\dfrac{\text{Bruttoeinnahmen IB}}{10}$ | = | $\dfrac{260.000}{10}$ | = | 26.000 | 26.000 | |
| $\dfrac{\text{Gewinn ZB + WG}}{10}$ | = | $\dfrac{50.000}{10}$ | = | 5.000 | 5.000 | |
| Für die Zuführung zur zweckgebundenen Rücklage steht ein Betrag von 49.000 Euro zur Verfügung. | | | | | | |
| Zuführung Rücklage Projekt 04 | | | | 10.000 | — | 10.000 |
| | | | | | 51.000 | 10.000 |

Im Beispielfall verbleibt ein Betrag von 39.000 Euro, der keiner Rücklage zugeführt werden kann. Diesen muss der gemeinnützige Verein bis zum Ablauf des Jahres 02 für satzungsmäßige Zwecke verwenden.

## Checkliste 1 zu 7.2.2 Steuerliches Spendenrecht in der Praxis

## Musterbeispiel „Zuwendungsbestätigung für einen Mitgliedsbeitrag bei einer Organisation, die mehrere gemeinnützige Zwecke fördert (mit Anzeige Faksimile-Unterschrift)"

Verein e. V. Vereinsstraße 1, 50000 Köln

1234567
Herrn
Dr. Fritz Mustermann
Musterstraße 1
10000 Musterstadt

**Bestätigung über Mitgliedsbeitrag**

im Sinne des § 10 b des Einkommensteuergesetzes an eine der in § 5 Abs. 1 Nr. 9 des Körperschaftsteuergesetzes bezeichneten Körperschaften, Personenvereinigungen oder Vermögensmassen

**Name und Anschrift des Zuwendenden:**
Dr. Fritz Mustermann, Musterstraße 1, 10000 Musterstadt

**Betrag der Zuwendung in Ziffern / in Buchstaben / Tag der Zuwendung:**
200,00 Euro / *zwei*null*null* / 03.01.2008
Es handelt sich um den Verzicht auf Erstattung von Aufwendungen.     ☐ ja     ☐ nein

Wir sind wegen Förderung des öffentlichen Gesundheitswesens und der öffentlichen Gesundheitspflege, der Erziehung, Volks- und Berufsbildung und der Entwicklungszusammenarbeit nach dem letzten uns zugegangenen Freistellungsbescheid des Finanzamts ........................,
StNr. ........................, vom .................... für die Jahre ........................ nach § 5 Abs. 1 Nr. 9 des Körperschaftsteuergesetzes von der Körperschaftsteuer und nach § 3 Nr. 6 des Gewerbesteuergesetzes von der Gewerbesteuer befreit.

Es wird bestätigt, dass die Zuwendung nur zur Förderung des öffentlichen Gesundheitswesens und der öffentlichen Gesundheitspflege, der Erziehung, Volks- und Berufsbildung und der Entwicklungszusammenarbeit ggf. auch im Ausland verwendet wird.

Dem Finanzamt Köln-Ost wurde die Umstellung auf maschinell erstellte Zuwendungsbestätigungen ohne eigenhändige Unterschrift am 1. März 2008 mitgeteilt.

Köln, 01.08.2008

(Unterschrift)

Hinweis:
Wer vorsätzlich oder grob fahrlässig eine unrichtige Zuwendungsbestätigung erstellt oder wer veranlasst, dass Zuwendungen nicht zu den in der Zuwendungsbestätigung angegebenen steuerbegünstigten Zwecken verwendet werden, haftet für die Steuer, die dem Fiskus durch einen etwaigen Abzug der Zuwendungen beim Zuwendenden entgeht (§ 10 b Abs. 4 EStG, § 9 Abs. 3 KStG, § 9 Nr. 5 GewStG). Diese Bestätigung wird nicht als Nachweis für die steuerliche Berücksichtigung der Zuwendung anerkannt, wenn das Datum des Freistellungsbescheides länger als 5 Jahre bzw. das Datum der vorläufigen Bescheinigung länger als 3 Jahre seit Ausstellung der Bestätigung zurückliegt (BMF vom 15.12.1994 – BStBl I S. 884).

# Checkliste 2 zu 7.2.2 Steuerliches Spendenrecht in der Praxis

## Musterbeispiel „Bestätigung einer Geldzuwendung für einen mildtätigen Zweck"

---

Verein e. V., Vereinsstraße 1, 50000 Köln

1234567

Herrn
Dr. Fritz Mustermann
Musterplatz 1
10000 Musterstadt

**Bestätigung über Geldzuwendung**

im Sinne des § 10 b des Einkommensteuergesetzes an eine der in § 5 Abs. 1 Nr. 9 des Körperschaftsteuergesetzes bezeichneten Körperschaften, Personenvereinigungen oder Vermögensmassen

**Name und Anschrift des Zuwendenden:**
Dr. Fritz Mustermann, Musterplatz 1, 10000 Musterstadt

**Betrag der Zuwendung in Ziffern / in Buchstaben / Tag der Zuwendung:**
500,00 Euro / *fünf*null*null* / 18.04.2008
Es handelt sich um den Verzicht auf Erstattung von Aufwendungen.     ☐ ja     ☐ nein

Wir sind wegen Förderung mildtätiger Zwecke nach dem letzten uns zugegangenen Freistellungsbescheid des Finanzamts ........................, StNr. ........................, vom .................... für die Jahre ........................ nach § 5 Abs. 1 Nr. 9 des Körperschaftsteuergesetzes von der Körperschaftsteuer und nach § 3 Nr. 6 des Gewerbesteuergesetzes von der Gewerbesteuer befreit.

Es wird bestätigt, dass die Zuwendung nur zur Förderung mildtätiger Zwecke verwendet wird.
Köln, 01.08.2008

(Unterschrift)

Hinweis:
Wer vorsätzlich oder grob fahrlässig eine unrichtige Zuwendungsbestätigung erstellt oder wer veranlasst, dass Zuwendungen nicht zu den in der Zuwendungsbestätigung angegebenen steuerbegünstigten Zwecken verwendet werden, haftet für die Steuer, die dem Fiskus durch einen etwaigen Abzug der Zuwendungen beim Zuwendenden entgeht (§ 10 b Abs. 4 EStG, § 9 Abs. 3 KStG, § 9 Nr. 5 GewStG). Diese Bestätigung wird nicht als Nachweis für die steuerliche Berücksichtigung der Zuwendung anerkannt, wenn das Datum des Freistellungsbescheides länger als 5 Jahre bzw. das Datum der vorläufigen Bescheinigung länger als 3 Jahre seit Ausstellung der Bestätigung zurückliegt (BMF vom 15.12.1994 – BStBl I S. 884).

## Checkliste 3 zu 7.2.2 Steuerliches Spendenrecht in der Praxis

## Musterbeispiel „Bestätigung einer Geldzuwendung für einen Sportverein"

---

Sportclub Überall e. V., Vereinsstraße 6, 80000 Überall

1234567
Herrn
Dr. Fritz Mustermann
Musterplatz 1
10000 Musterstadt

**Bestätigung über Geldzuwendung**

im Sinne des § 10 b des Einkommensteuergesetzes an eine der in § 5 Abs. 1 Nr. 9 des Körperschaftsteuergesetzes bezeichneten Körperschaften, Personenvereinigungen oder Vermögensmassen

**Name und Anschrift des Zuwendenden:**
Dr. Fritz Mustermann, Musterplatz 1, 10000 Musterstadt

**Betrag der Zuwendung in Ziffern / in Buchstaben / Tag der Zuwendung:**
300,00 Euro / *drei*null*null* / 15.06.2008

Wir sind wegen Förderung  des Sports nach dem letzten uns zugegangenen Freistellungsbescheid des Finanzamts ..........................., StNr. ..........................., vom ........................... für die Jahre ........................... nach § 5 Abs. 1 Nr. 9 des Körperschaftsteuergesetzes von der Körperschaftsteuer und nach § 3 Nr. 6 des Gewerbesteuergesetzes von der Gewerbesteuer befreit.

Es wird bestätigt, dass die Zuwendung nur zur Förderung des Sports verwendet wird. Es wird bestätigt, dass es sich nicht um einen Mitgliedsbeitrag i. S. v. § 10 b Abs. 1 Satz 2 Einkommensteuergesetz handelt.

Überall, 01.12.2008

(Unterschrift)

Hinweis:
Wer vorsätzlich oder grob fahrlässig eine unrichtige Zuwendungsbestätigung erstellt oder wer veranlasst, dass Zuwendungen nicht zu den in der Zuwendungsbestätigung angegebenen steuerbegünstigten Zwecken verwendet werden, haftet für die Steuer, die dem Fiskus durch einen etwaigen Abzug der Zuwendungen beim Zuwendenden entgeht (§ 10 b Abs. 4 EStG, § 9 Abs. 3 KStG, § 9 Nr. 5 GewStG). Diese Bestätigung wird nicht als Nachweis für die steuerliche Berücksichtigung der Zuwendung anerkannt, wenn das Datum des Freistellungsbescheides länger als 5 Jahre bzw. das Datum der vorläufigen Bescheinigung länger als 3 Jahre seit Ausstellung der Bestätigung zurückliegt (BMF vom 15.12.1994 – BStBl I S. 884).

## Checkliste 4 zu 7.2.2 Steuerliches Spendenrecht in der Praxis

## Musterbeispiel „Sachzuwendungsbestätigung nach amtlichem Muster bei einer Entnahme aus dem Betriebsvermögen"

Verein e. V., Vereinsstraße 1, 20000 Ort

1234568
Firma
Muster GmbH
Musterplatz 2
10000 Musterstadt

**Bestätigung über Sachzuwendung**
im Sinne des § 10 b des Einkommensteuergesetzes an eine der in § 5 Abs. 1 Nr. 9 des Körperschaftsteuergesetzes bezeichneten Körperschaften, Personenvereinigungen oder Vermögensmassen

**Name und Anschrift des Zuwendenden:**
Firma Muster GmbH, Musterplatz 2, 10000 Musterstadt

**Wert der Zuwendung in Ziffern / in Buchstaben / Tag der Zuwendung:**
150,00 Euro / *eins*fünf*null* / 30.09.2008

**Genaue Bezeichnung der Sachzuwendung (Alter, Zustand, Kaufpreis):**
Peacock Bildschirm – 1 Jahr alt – neuwertiger Zustand – 150 Euro

Die Sachzuwendung stammt nach den Angaben des Zuwendenden aus dem Betriebsvermögen und ist mit 150 Euro bewertet.
Geeignete Unterlagen, die zur Wertermittlung gedient haben, liegen vor: Rechnung vom 30.09.2007.

Wir sind wegen Förderung der Entwicklungszusammenarbeit nach dem letzten uns zugegangenen Freistellungsbescheid des Finanzamts..........................., StNr. ..........................., vom ........................... für die Jahre ........................... nach § 5 Abs. 1 Nr. 9 des Körperschaftsteuergesetzes von der Körperschaftsteuer und nach § 3 Nr. 6 des Gewerbesteuergesetzes von der Gewerbesteuer befreit.

Es wird bestätigt, dass die Zuwendung nur zur Förderung der Entwicklungszusammenarbeit im Ausland verwendet wird.

Ort, 30.11.2008

(Unterschrift)

Hinweis:
Wer vorsätzlich oder grob fahrlässig eine unrichtige Zuwendungsbestätigung erstellt oder wer veranlasst, dass Zuwendungen nicht zu den in der Zuwendungsbestätigung angegebenen steuerbegünstigten Zwecken verwendet werden, haftet für die Steuer, die dem Fiskus durch einen etwaigen Abzug der Zuwendungen beim Zuwendenden entgeht (§ 10 b Abs. 4 EStG, § 9 Abs. 3 KStG, § 9 Nr. 5 GewStG). Diese Bestätigung wird nicht als Nachweis für die steuerliche Berücksichtigung der Zuwendung anerkannt, wenn das Datum des Freistellungsbescheides länger als 5 Jahre bzw. das Datum der vorläufigen Bescheinigung länger als 3 Jahre seit der Ausstellung der Bestätigung zurückliegt (BMF vom 15.12.1994 – BStBl. I, S. 884).

## Checkliste 5 zu 7.2.2 Steuerliches Spendenrecht in der Praxis

## Musterbeispiel „Sammelbestätigung mit Anlage und angezeigter Faksimile-Unterschrift"

(bei Vorlage von Zuwendungen für mildtätige und gemeinnützige Zwecke)

---

Verein e. V., Vereinsstraße 1, 50000 Köln

1234567
Herrn
Dr. Fritz Mustermann
Musterstraße 1
10000 Musterstadt

**Sammelbestätigung für den Zeitraum vom 01.01.2008 bis 31.12.2008**
über Zuwendungen im Sinne des § 10 b des Einkommensteuergesetzes an eine der in § 5 Abs. 1 Nr. 9 des Körperschaftsteuergesetzes bezeichneten Körperschaften, Personenvereinigungen oder Vermögensmassen

**Name und Anschrift des Zuwendenden:**
Dr. Fritz Mustermann, Musterstraße 1, 10000 Musterstadt

**Betrag der Zuwendung in Ziffern / in Buchstaben / Tag der Zuwendung:**
2.500 Euro / *zwei*fünf*null*null* / siehe Anlage
(Von der Gesamtsumme entfallen 500 Euro auf die Förderung mildtätiger Zwecke.)
Es handelt sich um den Verzicht auf Erstattung von Aufwendungen.   ☐ ja   ☐ nein

Wir sind wegen Förderung mildtätiger Zwecke sowie zur Förderung des öffentlichen Gesundheitswesens und der öffentlichen Gesundheitspflege, der Erziehung, der Entwicklungszusammenarbeit nach dem letzten uns zugegangenen Freistellungsbescheid des Finanzamts ..............., StNr. ........... vom ............. für die Jahre ............. nach § 5 Abs. 1 Nr. 9 des Körperschaftsteuergesetzes von der Körperschaftsteuer und nach § 3 Nr. 6 des Gewerbesteuergesetzes von der Gewerbesteuer befreit.
Es wird bestätigt, dass die Zuwendung nur zur Förderung mildtätiger Zwecke sowie zur Förderung des öffentlichen Gesundheitswesens und der öffentlichen Gesundheitspflege, der Erziehung, der Entwicklungszusammenarbeit ggf. auch im Ausland verwendet wird.
Es wird bestätigt, dass über die in der Gesamtsumme enthaltenen Zuwendungen keine weiteren Bestätigungen, weder formelle Zuwendungsbestätigungen noch Beitragsquittungen o. Ä., ausgestellt wurden und werden.
Dem Finanzamt Köln-Ost wurde die Umstellung auf maschinell erstellte Zuwendungsbestätigungen ohne eigenhändige Unterschrift am 1. März 2008 mitgeteilt.
Köln, 30.01.2009

(Unterschrift)

Hinweis:
Wer vorsätzlich oder grob fahrlässig eine unrichtige Zuwendungsbestätigung erstellt oder wer veranlasst, dass Zuwendungen nicht zu den in der Zuwendungsbestätigung angegebenen steuerbegünstigten Zwecken verwendet werden, haftet für die Steuer, die dem Fiskus durch einen etwaigen Abzug der Zuwendungen beim Zuwendenden entgeht (§ 10 b Abs. 4 EStG, § 9 Abs. 3 KStG, § 9 Nr. 5 GewStG). Diese Bestätigung wird nicht als Nachweis für die steuerliche Berücksichtigung der Zuwendung anerkannt, wenn das Datum des Freistellungsbescheides länger als 5 Jahre bzw. das Datum der vorläufigen Bescheinigung länger als 3 Jahre seit Ausstellung der Bestätigung zurückliegt (BMF vom 15.12.1994 – BStBl I S. 884).

Anlage zur Sammelbestätigung vom 30.01.2009

| | | | |
|---|---|---|---|
| 03.01.2008 | Euro 200,00 | Mitgliedsbeitrag | Förderung des öffentlichen Gesundheits-wesens und der öffentlichen Gesundheits-pflege, der Erziehung, der Entwicklungs-zusammenarbeit |
| 15.02.2008 | Euro 1.500,00 | Geldzuwendung | Förderung des öffentlichen Gesundheits-wesens und der öffentlichen Gesundheits-pflege, der Erziehung, der Entwicklungs-zusammenarbeit |
| 18.04.2008 | Euro 500,00 | Geldzuwendung | mildtätige Zwecke |
| 15.06.2008 | Euro 300,00 | Geldzuwendung | Förderung des öffentlichen Gesundheits-wesens und der öffentlichen Gesundheits-pflege, der Erziehung, der Entwicklungs-zusammenarbeit |
| Summe: | Euro 2.500,00 | | |

## Checkliste zu 7.5 Vertragsrecht

## Musterbeispiel für eine vertragliche Vereinbarung zwischen einer NPO und einer Agentur

**Vereinbarung**

zwischen … (Auftraggeber) und … (Auftragnehmer)


Präambel

Auftraggeber ist eine bundesweit tätige gemeinnützige Organisation mit dem Ziel der Förderung von …

Geschäftsgegenstand des Auftragnehmers ist …

Der Auftraggeber plant … in der Zeit vom … in … mit dem Ziel …

Dies vorausgeschickt, vereinbaren die Parteien was folgt:


§ 1 Vertragsgegenstand

Der Auftraggeber beauftragt den Auftragnehmer mit der Beratung in allen Fragen des Fundraisings. Dies umfasst insbesondere die Konzeption und Durchführung sämtlicher Fundraising-Aktivitäten für die Ziele des Auftraggebers in …; dies umfasst insbesondere die Planung, Entwicklung, Gestaltung und Durchführung aller Werbemaßnahmen.

Der Beratungsauftrag umfasst insbesondere folgende Leistungen des Auftragnehmers:

- Bestandsanalyse
- Zielgruppendefinition
- Definition der Fundraising-Ziele bezogen auf die konkreten Zielgruppen
- Entwicklung, Präsentation und Erläuterung eines schriftlichen Fundraising-Konzepts einschließlich Darstellung der durchzuführenden Maßnahmen, Termine und Kosten
- Ausarbeitung einer Kommunikationsstrategie bezogen auf die definierten Fundraising-Ziele
- Gestaltung, Entwicklung und Herstellung von (Füll-)Anzeigen und sonstigen Druckerzeugnissen
- Kontrolle von Rechnungen
- Organisation und Durchführung von Events, Pressegesprächen
- regelmäßige Berichterstattung
- Endabrechnung

Der Auftragnehmer verpflichtet sich, dem Auftraggeber jeweils im Anschluss an jede Besprechung mit dem Auftraggeber einen schriftlichen Bericht zu erstellen und diesen dem Auftraggeber unverzüglich, spätestens jedoch drei Tage nach der Besprechung, auszuhändigen.

Sofern für den Auftragnehmer zur Erfüllung der vertraglich vereinbarten Pflichten die Einschaltung Dritter erforderlich wird, bedarf diese der vorherigen schriftlichen Genehmigung des Auftraggebers.

Die Beauftragung Dritter erfolgt im eigenen Namen und für eigene Rechnung des Auftragnehmers.

§ 2 Vergütung

Für die Erfüllung der vertraglichen Leistungen zahlt der Auftraggeber an den Auftragnehmer einen Pauschalbetrag in Höhe von € … zuzüglich gesetzlicher Mehrwertsteuer (Variante 1) / monatlich einen Betrag in Höhe von € … zuzüglich gesetzlicher Mehrwertsteuer (Variante 2) / pro Stunde eine Vergütung in Höhe von € … zuzüglich gesetzlicher Mehrwertsteuer (Variante 3).

Reise- und Nebenkosten, die dem Auftragnehmer im Zusammenhang mit der Erbringung der ihm vertraglich obliegenden Leistungen entstehen, gehen grundsätzlich zu Lasten des Auftragnehmers. Ausnahmen von der in Absatz 1 festgelegten Kostenregelung bedürfen der vorherigen schriftlichen Zustimmung des Auftraggebers und werden gegebenenfalls von diesem in der abgesprochenen Höhe erstattet.

Kosten für Aufträge, die der Auftragnehmer im Rahmen dieser Vereinbarung nach vorheriger schriftlicher Genehmigung des Auftraggebers an Dritte weitergegeben hat (z. B. für Anzeigen, Mailings, Druckaufträge), werden vom Auftraggeber in der abgesprochenen Höhe erstattet. (Variante 1) / Von der in Absatz 1 festgelegten Vergütung sind auch sämtliche in Zusammenhang mit den vertraglichen Verpflichtungen aus diesem Vertrag erbrachten Leistungen Dritter erfasst. (Variante 2)

Alle Zahlungen sind spätestens zwei Wochen nach Rechnungsstellung des Auftragnehmers fällig und auf dessen nachbenanntes Konto zu zahlen:

Bankverbindung: Bankleitzahl ……… Kontonummer ………

§ 3 Übertragung von Rechten

Der Auftragnehmer überträgt dem Auftraggeber hiermit das zeitlich, örtlich und in sonstiger Weise unbeschränkte Recht zur Nutzung, insbesondere Veröffentlichung, Vervielfältigung, Verwendung, Verwertung, Verbreitung, Abänderung der unter diesem Vertrag durch den Auftragnehmer erbrachten Leistungen, einschließlich aller denkbaren Rechte an Ideen, Entwürfen und Gestaltungen.

Der Auftragnehmer verpflichtet sich, die nach diesem Vertrag für den Auftraggeber erbrachten Leistungen, einschließlich sämtlicher Ideen, Anregungen, Vorschläge,

Konzeptionen, Entwürfe und Gestaltungen, weder in gleicher noch in abgeänderter Form für andere Auftraggeber zu verwenden.

Der Auftragnehmer steht dafür ein, dass sämtliche Leistungen, die der Auftraggeber im Rahmen dieses Vertrags erhält, nicht mit Urheberrechten, Leistungsschutzrechten oder sonstigen Rechten Dritter belastet sind.

Die vom Auftraggeber an den Auftragnehmer zu zahlende Vergütung gemäß § 2 umfasst die vorstehende Rechtsübertragung bzw. Gewährleistung.

§ 4 Verschwiegenheitsverpflichtung

Der Auftragnehmer verpflichtet sich, über alle Tatsachen und Umstände, die er bei oder gelegentlich der Erfüllung der ihm nach diesem Vertrag obliegenden Leistungen erfährt, strenges Stillschweigen zu bewahren.

Der Auftragnehmer trägt Sorge dafür, dass sich seine Mitarbeiter und die von ihm beauftragten Dritten einer Verschwiegenheitsverpflichtung entsprechend der Regelung des vorstehenden Absatzes unterwerfen.

Diese Verschwiegenheitsverpflichtung gilt über die Dauer dieses Vertrags hinaus fort.

§ 5 Haftung

Der Auftragnehmer verpflichtet sich, für die rechtliche Absicherung der in § 2 umrissenen Leistungen zu sorgen. Der Auftragnehmer wird insbesondere die Einhaltung der Bestimmungen des gewerblichen Rechtsschutzes, des Wettbewerbsrechts, des Datenschutzgesetzes und des Urheberrechts sowie sonstiger relevanter Regelungen sicherstellen. Bei rechtlichen Bedenken wird der Auftragnehmer den Auftraggeber schriftlich auf die bestehenden Risiken hinweisen. Gibt der Auftraggeber eine Maßnahme dennoch frei, so haftet der Aufragnehmer insoweit nicht.

§ 6 Vertragsdauer, Kündigung

Dieser Vertrag tritt mit beiderseitiger Unterzeichnung in Kraft (Variante 1) / beginnt am … (Variante 2). Er wird auf unbestimmte Zeit geschlossen und kann mit einer Frist von drei Monaten zum Ende eines Kalenderhalbjahres (Variante 1) / zum Monatsende, erstmals zum …, (Variante 2) gekündigt werden.

Das Recht zur fristlosen Kündigung dieses Vertrags aus wichtigem Grund bleibt unberührt.

Die Kündigung bedarf der Schriftform.

§ 7 Schlussbestimmungen

Mündliche Nebenabreden bestehen nicht. Änderungen oder Ergänzungen dieses Vertrags bedürfen zu ihrer Wirksamkeit der Schriftform. Dies gilt auch für einen Verzicht auf dieses Schriftformerfordernis.

Sollte eine der Bestimmungen dieses Vertrags rechtsunwirksam oder undurchführbar sein oder werden, oder sollte diese Vereinbarung eine Lücke aufweisen, so bleiben die übrigen Bestimmungen hiervon unberührt. Anstelle der unwirksamen oder undurchführbaren Bestimmungen soll eine angemessene Regelung gelten, die soweit rechtlich möglich dem am nächsten kommt, was die Vertragspartner gewollt haben.

Gerichtsstand ist ………

(Ort) ………, den (Datum) ………

Unterschrift Auftraggeber          Unterschrift Auftragnehmer

# Autorenverzeichnis

*Judith Albert, geb. Schulte-Holtey*
Jahrgang 1971; staatlich geprüfte Betriebswirtin; seit 2001 Fundraiserin bei CARE International Deutschland e. V., 1999–2001 Aufbau der Marketing/Fundraising-Abteilung bei der Johanniter-Unfall-Hilfe e. V. im Regionalverband Rhein/Ruhr, 1993–96 Kunden-Kontakterin in der Werbeabteilung bei Esprit de Corp. GmbH.

*Claudia Andrews*
Jahrgang 1971; M. A. (Univ. Durham), Pastorin, Fundraising Managerin (FA); 2004/05 Referentin der Fundraising Akademie, 2006/07 Leitung Fundraising und Alumni-Management an einer privaten Hochschule, 2008 Promotionsprojekt im Fundraising und freiberufliche Tätigkeit. Projektarbeit, u. a. Mitarbeit am Lehrplan für die 2007 erstmals vergebene „EFA Certification" des Europäischen Fundraising Verbandes (EFA), Begleitung der Entwicklung des TQE-Qualitätsmanagementmodells der Fundraising Akademie.

*Yvonne Ayoub*
Jahrgang 1956; Germanistin und PR-Beraterin (DPRG), seit 2003 Leiterin der Abteilung Öffentlichkeitsarbeit und Werbung der Ökumenischen Diakonie („Brot für die Welt", Diakonie Katastrophenhilfe, Hoffnung für Osteuropa) im Diakonischen Werk der EKD e. V.; seit über 15 Jahren im NPO-Bereich für PR und Fundraising in leitenden Funktionen tätig.

*Jens Barthen*
Jahrgang 1965; Werkzeugschlosser, Betriebswirt (VWA) und Diplom-Fundraiser (VMI), 15-jährige Berufspraxis in Industrie und Handel, danach knapp drei Jahre Tätigkeit in einer renommierten süddeutschen Werbeagentur, seit Anfang 2003 Fundraiser für die Diakonie Katastrophenhilfe im Diakonischen Werk der EKD e. V.

*Bernd Beder*
Jahrgang 1948; Rechtsanwalt; 1997–2006 Geschäftsführer des Deutschen Spendenrates e. V., seit 1999 Vorstandsmitglied der Deutschen CARE-Stiftung, 1993–2005 Geschäftsführer der Deutschen Gesellschaft für Erbrechtskunde.

*Manfred Belle*
Jahrgang 1967; Politologe M. A., Fundraiser (FA); Fundraiser beim „Eine Welt Netz NRW" (Münster), 1995–2000 Geschäftsführer der „Aktion Humane Welt" (Rheine), 1999–2003 Mitglied im Vorstand der Nord-Süd-Initiative „Germanwatch".

*Hanspeter Billeter*
Jahrgang 1958; Betriebswirt; nach verschiedenen Stationen in der Industrie seit 1990 im Fundraising tätig, zunächst für den Naturschutzbund Deutschland. Seit 1994 eigene

Fundraising-Agentur mit Schwerpunkten im Bußgeldmarketing, Konzeption und Produktion von Spendenmailings und Fundraising-Beratung.

*Anette Brücher-Herpel*
Jahrgang 1966; Volljuristin und Fundraiserin (FA); Leiterin Recht und Beteiligungen der Stiftung Deutsche Sporthilfe. Seit 2002 Mitglied des Vorstands des Deutschen Fundraising Verbandes; Leitung der Fachgruppe Recht im Deutschen Fundraising Verband; Veröffentlichungen u. a. in „Stiftung & Sponsoring".

*Robert Buchhaus*
Jahrgang 1967; Mag.; seit 1987 im Fundraising tätig, Director von „The Dialog Group", Agenturgruppe mit Schwerpunkt Face-to-Face-Werbung mit Niederlassungen in Österreich, den USA, Großbritannien, Irland und Australien.

*Christian Budde*
Jahrgang 1960; Gymnasiallehrer (1. und 2. Staatsexamen) für Philosophie und Evangelische Religion, Fundraiser (FA); seit 1991 beim Hamburger Umweltverein und sozialen Beschäftigungsträger Nutzmüll e. V., seit 1996 dort Geschäftsführer mit den Spezialgebieten Fundraising, Öffentlichkeitsarbeit und Marketing.

*Peter-Claus Burens*
Jahrgang 1950; Dr. phil.; Gründer und Geschäftsführender Gesellschafter von PPP. Gesellschaft für Private Public Partnerships mbH. Wissenschaftlicher Mitarbeiter der Katholischen Akademie in Bayern (1978/79), stellv. Abteilungsleiter der Carl Duisberg Gesellschaft (bis 1984), Mitglied der Geschäftsleitung des Stifterverbandes für die Deutsche Wissenschaft (bis 1990), Generalsekretär der Stiftung Deutsche Sporthilfe (bis 2000), Vorsitzender des Deutschen Fundraising Verbandes (2002–06). Autor von Büchern zum Thema Fundraising; Konzeption und Durchführung von Benefiz-Events, u. a. „Ball des Sports", „Goldene Sportpyramide", „Fest der Begegnung", „Die Pfalz läuft für den Dom", „Aktion Deutschland Hilft: Im Gespräch mit der Wirtschaft"; Beratung im Bereich Event-Marketing.

*Barbara Crole*
Inhaberin und Geschäftsführerin bc-sozialmarketing; spezialisiert auf Konzeption und Durchführung von Direct-Mail-Kampagnen. Dozentin und Studienleiterin für Fundraising an den Fachhochschulen Zürich, Winterthur und Bern, Vorstandsmitglied der „European Fundraising Association" und der „International Resource Alliance", Autorin von Fundraising-Fachbüchern, Referentin auf nationalen und internationalen Fundraising-Veranstaltungen.

*Paul Dalby*
Jahrgang 1960; ev. Theologe, Fundraiser (FA); EXPO-Projekt „Eine-Welt-Kirche"; 1997–99 Verleger; 2001–03 Leiter des Projektes „Stiften ist menschlich" der Hanns-Lilje-Stiftung, seit 2003 Leiter Fundraising der Evangelisch-lutherischen Landeskirche Hannovers, seit 2005 Leiter der Fachgruppe Kirche, Diakonie und Caritas im Deutschen Fundraising Verband; Dozent an der Fundraising Akademie und der ZEW der EFH Hannover.

*Reinhard Detering*
Jahrgang 1951; Diplom-Mathematiker; seit mehr als 25 Jahren in der IT-Beratung tätig, Tätigkeitsschwerpunkt Analysen; Mitglied der Arbeitsgruppe IT des Fundraising Verbandes, Bereichsleiter der Outcome Unternehmensberatung GmbH.

*Kai Dörfner*
Jahrgang 1968; Diplom-Soziologe, Fundraiser (FA); seit 2002 bei der Evangelischen Gesellschaft Stuttgart e. V. (eva), Leiter Kommunikation (Freunde und Förderer) sowie Geschäftsführer von „eva's Stiftung"; Dozent an der Fundraising Akademie; 1997–2001 Bundesgeschäftsführer der Deutschen Wanderjugend.

*Irmgard Ehlers*
Jahrgang 1952; Dr. phil, Studium von Sozialarbeit (grad.), Erziehungswissenschaften, Psychologie, Soziologie; studienbezogene Arbeitsaufenthalte in Irland, Israel und Kanada; Zusatzausbildung zur Gesprächspsychotherapeutin (GwG), systemischen Organisationsberaterin und Kommunikationstrainerin; Studienleiterin an der Evangelischen Akademie Bad Boll im Arbeitsbereich „Öffentliche Verwaltung – Kommunalpolitik – Zivilgesellschaft", jährliche Fundraising-Fachtagungen und Seminare zum Thema Soft Skills; Mitarbeit im Arbeitskreis Fundraising der Evangelischen Akademie Bad Boll; Regionalgruppenmentorin der Fundraising Akademie; 1994 Wahlbeobachterin in Südafrika für die EU, 1997–99 Human Resource Development-Projekte in Fidschi und auf den Philippinen.

*Wolfgang Eisert*
Jahrgang 1962; Diplom-Fundraiser SGFF; Bereichsleiter Marketing sowie Paten- und Spenderbetreuung bei World Vision Deutschland e. V., Friedrichsdorf.

*Christian Eitmann*
Jahrgang 1976; Studium der ev. Theologie in Neuendettelsau, Dubuque, Iowa (USA), Berlin, Erlangen; Klinische Seelsorgeausbildung in Seattle, Washington (USA), Vikariat, Pfarrer z. A. der Evangelisch-Lutherischen Kirche in Bayern; seit 2006 Referent an der Fundraising Akademie, Pfarrer im Ehrenamt.

*Kai Fischer*
Jahrgang 1963; Diplom-Soziologe; Partner der auf regionales Fundraising und Marketing spezialisierten Agentur Spendwerk GmbH. Arbeitsschwerpunkte sind die Beratung und Einführung von Fundraising und Marketing bei regional tätigen Organisationen sowie Online- und Multi-Channel-Fundraising. Seminar- und Workshoptätigkeit bei mehreren Fundraising-Kongressen, Tagungen u. a. Anlässen. Dozent an der Fundraising Akademie, Lehrauftrag an der FHVR Berlin, Autor und Herausgeber zu Fundraising-Themen.

*Willibald Geueke*
Jahrgang 1962; Diplom-Pädagoge, Politologe M. A.; 1990–97 zunächst Fundraiser, PR-Assistent, dann Medien- und Bildungsreferent bei der Deutschen Lepra- und Tuberkulosehilfe e. V. (DAHW, Würzburg); 1997–98 Referent für „missio in den Diözesen" bei

missio e. V. (Aachen); 1999–2005 zunächst Fundraiser, dann Teamleiter Fundraising bei CARE International Deutschland e. V. (Bonn); in dieser Zeit Aufbau des Fundraisings bei Aktion Deutschland Hilft e. V. (Köln); seit März 2005 Abteilungsleiter Fundraising beim Malteser Hilfsdienst e. V. (Köln); seit 2001 Dozent an der Fundraising Akademie; seit 2002 Mandatsträger Gemeinnützigkeitsrecht beim Verband Entwicklungspolitik Deutscher Nichtregierungsorganisationen e. V. (VENRO).

*Siegfried W. Grünhaupt*
Jahrgang 1939; Jurist; lange Jahre in einem Landeskirchenamt für Stiftungsaufsicht zuständig; Rechtsanwalt in Bielefeld mit den Interessenschwerpunkten Stiftungsberatung, Stiftungsrecht, Vereinsrecht; Fundraiser (FA) und Dozent an der Fundraising Akademie, Vorsitzender des Kuratoriums der Stiftung Diakonissenhaus Friedenshort.

*Michael Hagemann*
Jahrgang 1943; Dr. rer. pol., Wirtschaftsprüfer, Steuerberater und Rechtsbeistand; Büro in Eppstein/Taunus (hauptsächlich Mandanten aus dem Nonprofit-Bereich); Mitglied im Arbeitskreis „Gemeinnützigkeitsrecht" im Paritätischen Wohlfahrtsverband; Referent und Fachautor über Fragen des Steuerrechts, der Rechnungslegung im Nonprofit-Bereich.

*Marita Haibach*
Jahrgang 1953; Dr. phil.; Inhaberin und Geschäftsführerin Fundraising & Management Consulting; spezialisiert auf Großspenden-Fundraising, insbesondere im Bereich Hochschule und Wissenschaft; Präsidentin der European Fundraising Association (EFA), Country Ambassador der Resource Alliance, stellv. Vorsitzende der Stiftung Citoyen, Mitinitiatorin der Fundraising Akademie, der Frauenstiftung Filia und des Pecunia Erbinnen-Netzwerks; Autorin von Fachbüchern zu Fundraising und Erbinnen.

*Friedrich Haunert*
Jahrgang 1957; Dr. phil., Diplom-Pädagoge; freiberuflich tätig als Fundraising- und Organisationsberater u. a. für den Paritätischen Wohlfahrtsverband Berlin, seit 2001 stellv. Vorsitzender des Deutschen Fundraising Verbandes, Mentor an der Fundraising Akademie.

*Klaus Heil*
Jahrgang 1957; Studium von Germanistik und Sport (langjährige Tätigkeit als Trainer), Diplom-Sozialarbeiter und Qualitätsmanager (Assessor EFQM); 1984–92 Tätigkeiten in der Kinder- und Jugendarbeit, 1992–2001 Geschäftsführer eines Bezirks-Caritasverbandes, 2001–07 Fundraiser im Caritasverband Frankfurt, seit Mitte 2007 Leiter des Fundraisingbüros der Diözese Hildesheim, einer bundesweit tätigen Agentur für kirchliches Fundraising. Seit 1995 als Dozent mit dem Schwerpunkt strategische Organisationsentwicklung tätig, u. a. an der Fundraising Akademie. Leiter der Fachgruppe Fundraising in Kirche, Caritas, Diakonie und Mission im Deutschen Fundraising Verband. Neuester Arbeitsschwerpunkt „Implementierung von Fundraising in komplexen Organisationen"; in diesem Zusammenhang gemeinsam mit Susanne Reuter Veröffentlichung von Publikationen und Projektleitung mit dem Schwerpunkt „systemisches Fundraising und Management von Veränderungsprozessen".

*Hans-Josef Hönig*
Jahrgang 1953; gelernter Bankkaufmann und Dipl.-Volkswirt, seit 23 Jahren im Fundraising aktiv. Zunächst als Generalsekretariat des Deutschen Roten Kreuzes als Leiter Mittelbeschaffung, Marketingleiter der Deutschen Umwelthilfe, Marketingleiter beim Naturschutzbund Deutschland, seit 2004 bei der outcome-Unternehmensberatung als Bereichsleiter für den Nonprofit-Bereich verantwortlich. Gründungsmitglied des Deutschen Fundraising Verbandes, Dozent an der Fundraising Akademie und Mitglied der Prüfungskommission.

*Gerald Hündgen*
Jahrgang 1952; Studium der Geschichte und Soziologie; langjährige journalistische Tätigkeit im Kultur- und Sozialbereich, seit 1990 Mitarbeiter und später Gesellschafter und stellv. Geschäftsführer der Sozialmarketing- und Kommunikationsagentur neues handeln Köln/Berlin.

*Jochen-Christoph Kaiser*
Jahrgang 1948; Prof. Dr. phil., Studium der Geschichte und Ev. Theologie, Promotion 1979, Habilitation 1986; seit 1994 Kirchenhistoriker an der Philipps-Universität Marburg, Forschungsschwerpunkte: kirchliche Zeitgeschichte, Diakoniegeschichte und historische Genderforschung.

*Ursula Kapp-Barutzki*
Jahrgang 1951; Diplom-Volkswirtin; Leiterin Kommunikation und Marketing bei CARE Deutschland-Luxemburg, Bonn. Zuvor Leiterin der Fachgruppe Fundraising bei der Deutschen Welthungerhilfe und Projektmanagerin bei der Kreditanstalt für Wiederaufbau im Bereich Entwicklungshilfe. Mitglied der Prüfungskommission der Fundraising Akademie.

*Arne Kasten*
Jahrgang 1967; seit 1998 Leiter Fundraising Ärzte ohne Grenzen e. V. Berlin, ehrenamtlicher geschäftsführender Vorstand der Walin Nawas Stiftung München/Berlin, Dozent an der Fundraising Akademie.

*Birgit Kern*
Jahrgang 1956; Juristin; nach dem 2. Staatsexamen 1985 drei Jahre als Rechtsanwältin, dann im öffentlichen Dienst und ab 1992 als Referentin für Bußgeld- und Erbschaftsmarketing bei der Umweltstiftung WWF-Deutschland tätig, ab 1996 dort auch für den Bereich Großspender zuständig, ab 1998 zudem auch stellv. Abteilungsleiterin Marketing. Ab 2003 Leitung des Bereiches Erbschaften und Großspenden bei der GFS Fundraising und Marketing GmbH in Bad Honnef; seit 2006 Leitung des Bereichs Fundraising bei der Deutschen Stiftung Weltbevölkerung in Hannover. Über sechs Jahre Vorstandsmitglied im Deutschen Fundraising Verband; Dozentin an der Fundraising Akademie.

*Verena Kesting*
Jahrgang 1962; Dr. rer. nat.; Senior Consultant und Gesellschafterin der profiTel consultpartner GmbH, Hamburg. Mitglied der TQE-Projektgruppe der Fundraising Akademie.

*Michael Kettern*

Jahrgang 1964; Diplom-Betriebswirt (FH); Wirtschaftsprüfer, Steuerberater, seit 1998 tätig mit dem Schwerpunkt der steuerlichen Beratung und Prüfung gemeinnütziger Organisationen.

*Uwe Koß*

Jahrgang 1968; Pfarrer, Fundraiser (FA); Studium der Ev. Theologie, Philosophie und Judaistik in Bethel, Prag und München. 1996–97 Geschäftsführer der Stadtbäckerei Schaller, Weiden. Schwerpunkt Marketing und Verkauf, Personalwesen. Vikariat in der bayerischen Landeskirche, 2000–03 Spiritual beim Windsbacher Knabenchor. Seit 2003 Fundraiser bei der EKD-Stiftung zur Bewahrung kirchlicher Baudenkmäler, Hannover.

*Bernd Kreh*

Jahrgang 1955; Diplom-Religionspädagoge, Fundraiser (FA); Fundraiser im Diakonischen Werk in Hessen und Nassau.

*Thomas Kreuzer*

Jahrgang 1967; Dr. theol., Theologe und Kommunikationswirt; Veröffentlichungen und Vorträge zur Struktur und Finanzierung des Dritten Sektors, zu Themen der Zivilgesellschaft sowie zu Sozialphilosophie und Ethik; seit 1999 Akademieleiter der Fundraising Akademie gGmbH in Frankfurt am Main.

*Wolfgang Kroeber*

Jahrgang 1939; Diplom-Sozialwirt; 20 Jahre Direktor der werbefachlichen Akademie Hamburg, Marketing- und Kommunikationsberater; seit 1980 Dozent im Studiengang Immobilienfachwirt Bereich Marketing, seit 1990 Berater von Tageszeitungen, Trainer im Bereich Schwerstkriminalität und soziale Kompetenzen der Kriminal- und Schutzpolizei; Leitbild- und Kommunikationsberatung in NGOs; Leiter ifak-Institut für angewandte Kommunikation, Kroeber Seminare GbR, Dozent an der Fundraising Akademie.

*Mathias Kröselberg*

Jahrgang 1961; Diplom-Pädagoge, Journalist; nach dem Studium Geschäftsführer mehrerer Nonprofit-Organisationen, seit 1998 freiberuflicher Journalist und Fundraiser, Geschäftsführer der Printcom GmbH, Berlin, und Pro Bono, Fundraising & Dialogmarketing, Berlin; Chefredakteur des Fachinformationsdienstes „Fundraising direkt", Autor zahlreicher Veröffentlichungen im Bereich Sozialmanagement und Fundraising.

*Mathias Lindemann*

Jahrgang 1969; Rechtsanwalt; seit 1999 Mitarbeiter bei Dr. Michael Hagemann, rechtliche und steuerliche Beratung mit Schwerpunkt im Nonprofit-Bereich.

*Brigitte List-Gessler*

Jahrgang 1959; Diplom-Oecotrophologin; zunächst als Ernährungswissenschaftlerin in der Entwicklungszusammenarbeit tätig (u. a. in Südamerika), 1994 Einstieg ins Fundraising bei der Deutschen Lepra- und Tuberkulosehilfe (DAHW) e. V.; 1999 Wechsel zum Bundesverband Selbsthilfe Körperbehinderter e. V.; inzwischen freiberuflich als Fundraiserin tätig, 2000–03 Mitglied im Vorstand des Deutschen Fundraising Verbandes, Dozentin an der Fundraising Akademie.

*Nadja Malak*
Jahrgang 1967; Diplom-Übersetzerin für Arabisch/Japanisch, Diplom-Entwicklungspolitologin; 1996–99 Koordinatorin Sonderaktionen bei der Deutschen Welthungerhilfe, ab 1999 Fundraiserin bei amnesty international Deutschland, ab 2002 Fundraiserin und stellv. Leiterin Kommunikation und Marketing bei CARE International Deutschland. Seit 2007 zunächst Leiterin Fundraising und Unternehmenskooperationen, dann Bereichsleiterin Kommunikation und Marketing beim Bayerischen Roten Kreuz.

*Sandro Matzke*
Jahrgang 1968; Diplom-Ökonom, Studium der Wirtschaftswissenschaft an der Ruhr-Universität Bochum mit den Schwerpunkten Marketing und Europäische Wirtschaftspolitik; seit 1996 als Berater im Bereich Social Marketing bei TNS Infratest Bielefeld (ehem. Emnid-Institut) und u. a. verantwortlich für die Studie „Deutscher Spendenmonitor".

*Christoph Müllerleile*
Jahrgang 1946; Dr. phil., Journalist; seit 1977 im PR-Bereich für Nonprofit-Organisationen tätig, seit 1986 auch im Bereich Fundraising, u. a. bei Kirche in Not/Ostpriesterhilfe, Königstein/Taunus, Umweltstiftung WWF-Deutschland, Frankfurt am Main, und Deutsche Herzstiftung, Frankfurt am Main; 1993 Mitgründer und bis 2002 Vorsitzender des Deutschen Fundraising Verbandes e. V., Frankfurt am Main, 1993 Mitgründer des Deutschen Spendenrats e. V., Bonn. Seit 1998 Inhaber des Büros für Öffentlichkeitsarbeit und Fundraising in Oberursel/Taunus.

*Irmgard Nolte*
Jahrgang 1960; Studium der Germanistik und Geschichte; 1989 Gründerin und seitdem geschäftsführende Gesellschafterin der Sozialmarketing- und Kommunikationsagentur neues handeln Köln/Berlin.

*Eckhard Priller*
Jahrgang 1949; Dr. sc., Soziologe und Ökonom, Wissenschaftlicher Mitarbeiter am Wissenschaftszentrum Berlin für Sozialforschung in der Abteilung Ungleichheit und soziale Integration. Schwerpunkte seiner Forschungstätigkeit sind der Dritte Sektor, zivilgesellschaftliches Engagement und die Entwicklung in den neuen Bundesländern. Seit 1991 Mitarbeit an der deutschen Teilstudie des Johns Hopkins Comparative Nonprofit Sector Project.

*Ricarda Raths*
Jahrgang 1975; Betriebswirtin und Kommunikationstrainerin; seit 1999 als Fundraiserin u. a. für die Whale and Dolphin Conservation Society (WDCS) tätig.

*Konstantin Reetz*
Jahrgang 1965; Dr. rer. nat.; 1998–2000 Senior Business Analyst im Bereich Pharma/Gesundheitswesen bei der Roland Berger Strategy Consultants GmbH; 2000–05 Bereichs-

leiter Fundraising der TUM-Tech GmbH; 2005–07 Mitglied der Universitätsleitung der privaten Universität Witten/Herdecke, Verantwortungsbereich Universitätsentwicklung; 2005 Gründer und Gesellschafter der Gesellschaft für Strategisches Fundraising; seit Februar 2008 Geschäftsführender Gesellschafter der Gesellschaft für Strategisches Fundraising; vertritt Brakeley Ltd. als Associate Managing Consultant im deutschsprachigen Raum; Dozent für Fundraising und Sponsoring an der TU München; Dozent an der Fundraising Akademie.

*Susanne Reuter*
Jahrgang 1961; Studium der Geografie, Germanistik und Publizistik; selbstständige Beraterin in den Bereichen Fundraising und Kommunikation; langjährige Erfahrung als Projektberaterin für strategische Kommunikation, gemeinsam mit Norbert Schlüpen und Thomas Schwedersky Kundenberaterin für die Bonner Beratungsfirma Virtuos.

*Johannes Ruzicka*
Jahrgang 1973; MBA, Diplom-Ingenieur, Fundraising-Berater; 2002–05 Fundraising-Berater bei der TUM-Tech GmbH, dabei verantwortlich für den Aufbau und die kommissarische Leitung des Hochschulreferats Fundraising der Technischen Universität München sowie für die Beratung weiterer Universitäten beim Aufbau von strategischem Großspenden-Fundraising; seit 2005 als Gründer und Geschäftsführender Gesellschafter der Gesellschaft für Strategisches Fundraising selbstständig in der Fundraising-Beratung tätig; vertritt Brakeley Ltd. als Associate Managing Consultant im deutschsprachigen Raum.

*Norbert Schlüpen*
Jahrgang 1951; Studium der Theologie, Psychologie und Philosophie; Pfarrer, Systemischer Familientherapeut, Coach; langjährige Erfahrung als Konflikt- und Projektmanager für international tätige Unternehmen und lokale Einrichtungen; gemeinsam mit Thomas Schwedersky Geschäftsführer der Bonner Beratungsfirma Virtos.

*Christian Schmoll*
Jahrgang 1975; Diplom-Fachwirt Public Relations (BAW); Rechtsanwalt bei Wendler Tremml, München, im Bereich IT-Recht, gewerblicher Rechtsschutz und Vergaberecht. Vorsitzender des Netzwerks Junger Münchener Juristen, das sich u. a. in der ehrenamtlichen Rechtsberatung gemeinnütziger Organisationen engagiert.

*Helga Schneider*
Jahrgang 1963; Pädagogin und Diplom-Psychologin; 1993–98 Socialmarketing Pro Juventute Österreich, seit 1999 Leiterin des Fundraising Instituts Bergheim, Arbeitsschwerpunkt Database-Fundraising.

*Thorsten Schraven*
Jahrgang 1976; Schriftsetzer und Grafiker; seit mehreren Jahren Artdirector in einer Full-Service-Werbeagentur im Ruhrgebiet. Betreuung mittelständischer und international agierender Unternehmen in den Bereichen Corporate Design, Branding, Produkti-

on, Fotografie und Verpackungsdesign bis hin zur anspruchsvollen Kommunikation in komplexen Prozessen.

*Lothar Schulz*
Jahrgang 1937; Diakon und Diplom-Sozialpädagoge, später Studium der Theologie und Betriebswirtschaft, Ausbildung zum Fundraiser in den USA. Viele Jahre Fundraiser der Ev. Stiftung Alsterdorf und der ENDO-Klinik in Hamburg. Acht Jahre Vorsitzender des Deutschen Spendenrates, 1999 Mitbegründer der Fundraising Akademie, Dozent und Studienleiter an der Fundraising Akademie, Herausgeber von ProFundraising, Deutscher Fundraising-Preis des Jahres 2002.

*Thomas Schwedersky*
Jahrgang 1954; Dr., Studium der Sozial- und Agrarwissenschaften, Soziologe; Organisationsberater und Geschäftsführer von Virtos, Bonn, langjährige Erfahrung in der Internationalen Zusammenarbeit mit den Schwerpunkten prozessbegleitende Beratung, dialogisches Lernen und partizipatives Management.

*Silvia Starz*
Jahrgang 1958; Geschäftsführerin des Deutschen Fundraising Verbandes. Arbeitete mehr als 20 Jahre in und mit NPOs, zuletzt als freiberufliche Organisationsberaterin, Trainerin und Coach. Mitglied der Prüfungskommission der Fundraising Akademie.

*Melanie Stöhr*
Jahrgang 1959; Geschäftsführender Vorstand der 1999 errichteten Umweltstiftung Greenpeace, seit 1992 Fundraiserin bei Greenpeace e. V., verantwortlich für den Bereich Großspenden und das Testament- und Erbschaftsmarketing. Zuvor viele Jahre ehrenamtlich als Aktivistin und im Presse- und Öffentlichkeitsbereich für Greenpeace tätig. Mitglied der Prüfungskommission der Fundraising Akademie.

*Rupert Graf Strachwitz*
Jahrgang 1947; M. A., Studium der Politischen Wissenschaft, der Geschichte und der Kunstgeschichte an der Colgate University (USA) und der Ludwig-Maximilian-Universität, München; seit 1989 geschäftsführender Gesellschafter der Maecenata Management GmbH, München, seit 1997 auch Direktor des Maecenata Instituts für Philanthropie und Zivilgesellschaft an der Humboldt-Universiät zu Berlin; Vorstand mehrerer Stiftungen, u. a. Kulturstiftung Haus Europa; Mitglied des Stiftungsrates u. a. der Fondazione Cariplo.

*Patrick Tapp*
Jahrgang 1965; Geschäftsführender Gesellschafter Dialog Frankfurt GmbH, Vizepräsident des Deutschen Direktmarketing Verbandes e. V. (DDV), Mitglied im Geschäftskundenbeirat der Deutschen Telekom, Vertreter des Deutschen Fundraising Verbandes in der Gesellschafterversammlung der Fundraising Akademie.

*Volker Then*

Jahrgang 1961; Dr. phil., Studium der Geschichte, Volkswirtschaftslehre und Soziologie an den Universitäten Tübingen, Bielefeld und Oxford (St. Antony's College), 1994 Promotion an der Freien Universität Berlin, 2004 Senior Fellow, Center for Civil Society, School of Public Affairs, University of California, Los Angeles. 1994–95 Referent Geistige Orientierung der Bertelsmann Stiftung, 1999–2006 Projektleiter Stiftungsentwicklung der Bertelsmann Stiftung, seit 2006 Geschäftsführender Direktor des Centrums für soziale Investitionen und Innovationen (CSI) an der Ruprecht-Karls-Universität Heidelberg. 1999–2002 Mitglied der Executive Session in Philanthropy des Hauser Centre for Nonprofit Organizations, Kennedy School of Government, Harvard University; 2000–06 Mitglied im Governing Council (Vorstand) des European Foundation Centre, Brüssel; Mitglied des National Advisory Committee der New Ventures in Philanthropy, Washington D.C.; Mitglied im Stiftungsrat der Stiftung Evangelische Akademie Thüringen; Mitglied des Kuratoriums Stiftung Kirche für Bielefeld, Bielefeld; Vorsitzender des Stiftungsrates der Stiftung Fundraising, Frankfurt am Main; Mitglied des Kuratoriums der Manfred Lautenschläger Stiftung.

*Karsten Timmer*

Jahrgang 1968; Dr. phil.; Geschäftsführer der Panta Rhei Stiftungsberatung GmbH; 2000–05 Projektleiter bei der Bertelsmann Stiftung, Bereich Stiftungsentwicklung; seit 2004 Vorstandsmitglied der Stiftung stiftungszentrum.info.

*Annette Urban-Engels*

Jahrgang 1957; Bankkauffrau und Sozialanthropologin, Studium in Münster und London; seit 1993 im Bereich Sozialmarketing sowohl für nationale als auch internationale Organisationen beratend tätig. 1998–2000 Auslandsmitarbeiterin der Gesellschaft für Technische Zusammenarbeit (GTZ) in Malawi; mehrjährige Dozententätigkeit im Diakonie Kolleg Bayern; seit 2001 Studienleiterin an der Fundraising Akademie und Geschäftsführerin der Quäker-Hilfe-Stiftung in Bielefeld.

*Michael Urselmann*

Jahrgang 1966; Professor für Sozialmanagement an der Fachhochschule Köln, Forschungsschwerpunkt Fundraising; freiberuflicher Fundraising-Berater, Autor zahlreicher Bücher und Veröffentlichungen zum Fundraising, Dozent im Nachdiplomkurs „Fundraising-Management" der Zürcher Hochschule Winterthur, Geschäftsführer der GFS Fundraising & Marketing GmbH (1997–2004), Vorstandsmitglied im Deutschen Fundraising Verband (1995–2001).

*Oliver Viest*

Jahrgang 1971; Dr. oec., Betriebswirt und Politologe; Geschäftsführer der Kommunikationsagentur <em>faktor in Stuttgart, Prüfer an der Evangelischen Medienakademie in Frankfurt am Main, Prüfer an der Hochschule für Medien, Dozent für Online-Kommunikation an der Berufsakademie sowie lokaler Koordinator des Deutschen Fundraising Verbandes.

*Fritz Rüdiger Volz*
Jahrgang 1946; Prof. Dr. phil., Studium der Sozialwissenschaften, Philosophie und Ev. Theologie in Marburg, Göttingen und Frankfurt am Main; 1977–80 Studienleiter beim Ev. Studienwerk in Villigst; 1980–82 Wissenschaftlicher Referent am Sozialwissenschaftlichen Institut der EKD (SWI); seit 1982 Professor an der Evangelischen Fachhochschule RWL in Bochum, lehrt dort Soziologie und Sozialphilosophie/Ethik.

*Gerhard Wallmeyer*
Jahrgang 1951; Diplom-Pädagoge für Erwachsenenbildung und Politik; 1978–1981 Bildungsreferent beim CVJM Hamburg-Eppendorf, seit 1980/81 bei Greenpeace e. V., dort 1983 erste Fundraising-Aktivitäten, später Mitarbeit in Greenpeace-Büros in Kanada, Australien, Neuseeland, Spanien, Belgien, Dänemark, U.K., USA, Schweiz, Ukraine und Russland; in den 1980er-Jahren Leiter der Artenschutzkampagne bei Greenpeace; 1983–99 Geschäftsführer des Greenpeace Umweltschutzverlages; seit 1995 im Vorstand von Greenpeace Russland. 1993/94 Mitbegründer des Deutschen Fundraising Verbandes. Berater zahlreicher Vereine und Initiativen in Sachen Fundraising und Satzungsfragen.

*Jens Watenphul*
Jahrgang 1970; Redakteur, Sprach- und Literaturwissenschaftler und Verbandsmanager; mehrere Jahre als Fundraising Campaigner für Greenpeace Deutschland tätig. Berät kleine kommunale Organisationen und internationale NGOs; Schwerpunkte: Koordination zentraler und dezentraler Fundraising-Maßnahmen, Vermeidungspsychologie und zielgerichtete Kommunikationsstrategien in Wort und Bild mit besonderer Expertise in der Videoproduktion und dem direkten Dialog. Unterrichtet Kommunikationsstrategien und Kampagnetraining an der Fundraising Akademie und in Managementstudiengängen. Gründung der Produktionsfirma respekt.tv. mit Hendrik John.

*Tanja Wolber-Josch*
Jahrgang 1971; Dr. jur.; seit 2002 als Rechtsanwältin in der Anwaltssozietät Latham & Watkins LLP Frankfurt tätig, Schwerpunkte: Datenschutz-, IT-, Wettbewerbs- und Verbraucherschutzrecht.

*Annette Zimmer*
Jahrgang 1954; Prof. Dr., Professorin für Sozialpolitik und Vergleichende Politikwissenschaft am Institut für Politikwissenschaft der Westfälischen Wilhelms-Universität Münster; seit 2004 zugleich Gesellschafterin des Zentrums für Nonprofit-Management (www.npm-online.de). Forschungsschwerpunkte: gemeinnützige Organisationen (NPOs/NGOs), New Public Management, Policy-Analyse, insbesondere Sozial- und Kulturpolitik, Verbände- und Interessengruppenforschung.

# Stichwortverzeichnis

## C

## D

10/50-Regel 192f., 198
20/80-Regel 192, 269f., 303f.
30/70-Regel 192f.
40/40/20-Prinzip 374